本书为国家社科基金青年项目"民国时期在华俄侨学术活动及价值研究"（13CZS041）结项成果

黑龙江省重点培育智库"俄罗斯远东智库"成果

黑龙江流域暨远东历史文化丛书

丛喜权 王禹浪 谢春河 / 主编

民国时期在华俄侨学术活动及价值研究

彭传勇 石金焕 彭传怀 ◎ 著

中国社会科学出版社

图书在版编目（CIP）数据

民国时期在华俄侨学术活动及价值研究／彭传勇，石金焕，彭传怀著 . —北京：
中国社会科学出版社，2021. 10

ISBN 978 - 7 - 5203 - 8640 - 1

Ⅰ. ①民…　Ⅱ. ①彭…②石…③彭…　Ⅲ. ①俄国人—侨民—学术研究—中国—
民国　Ⅳ. ①G325. 12

中国版本图书馆 CIP 数据核字（2021）第 137243 号

出 版 人　赵剑英
责任编辑　安　芳
特约编辑　梁　钰
责任校对　张爱华
责任印制　李寡寡

出　　　版　中国社会科学出版社
社　　　址　北京鼓楼西大街甲 158 号
邮　　　编　100720
网　　　址　http://www.csspw.cn
发 行 部　010 - 84083685
门 市 部　010 - 84029450
经　　　销　新华书店及其他书店

印　　　刷　北京明恒达印务有限公司
装　　　订　廊坊市广阳区广增装订厂
版　　　次　2021 年 10 月第 1 版
印　　　次　2021 年 10 月第 1 次印刷

开　　　本　710 × 1000　1/16
印　　　张　52
插　　　页　2
字　　　数　809 千字
定　　　价　278.00 元

编 委 会

目　录

前　言

民国时期是俄侨移居中国的重要阶段，形成了第二次浪潮。俄侨史是民国史的重要组成部分，俄侨的学术活动也应成为民国学术史研究的重要内容。

一　关于俄侨概念的界定和本书中在华俄侨的所指范畴

关于俄侨（俄罗斯侨民）概念的界定，俄罗斯学者主要使用术语"эмиграция"（侨民）。苏联著名语言学家 Д. Н. 乌沙科夫在其主编的苏联最权威的《俄语详解大辞典》中将其界定为："1. 由于经济的、政治的等原因被迫或自愿移居其他国家的人。2. 长时间或经常性地在其祖国以外居住的人。"①

关于苏联学者的这个概念界定，笔者认为其比较客观，但该概念又忽略了一个问题，即没有对移居其他国家的人进行国籍说明。笔者认为，侨民一般泛指由于经济和政治等原因被迫或自愿长时间或经常性地居留在一个国家领域内而其国籍不属于该国的外国人，他们一般有其所属国籍或失去原有国籍但并未加入新国籍。根据这个界定，笔者认为在华俄侨应包括以下三个部分：

第一，十月革命前在华居留的拥有俄罗斯帝国国籍的俄罗斯人。

第二，1917 年十月革命后因国内政权变更仓促出逃或之前在华居留的实际已丧失原有国籍的俄罗斯人。苏联政府又曾于 1921 年 12 月 15 日、1924 年 10 月 29 日和 1925 年 11 月 13 日，三次下达法令剥夺了这些

---

① Ушаков Д. Н. Толковый Русский словарь. М. , 1940. Т. 9. с. 1420 – 1421.

不肯归附苏联政府的俄罗斯人的国籍，而这些俄罗斯人大部分又没有加入中国国籍，因此，他们大多就成了"无国籍俄侨"。

第三，与这些无国籍俄侨相对，还有一些从苏俄（1917 年 11 月至 1922 年 12 月）及苏联（1922 年 12 月之后）陆续来华、拥有苏联国籍并受苏联政府保护的苏联侨民。苏联侨民还包括原先为无国籍侨民、后加入苏联国籍的俄侨。

本书所论述的在华俄侨就是由来华的拥有国籍的俄罗斯帝国臣民、失去俄罗斯帝国国籍的无国籍侨民及苏联侨民共同构成。

此外，还需要说明的一点是，俄罗斯学者在研究俄国侨民史时经常使用 российская эмиграция 或 русская эмиграция 两个俄语词汇去阐述俄国的侨民运动。实际上，这两个词汇是有明显区别的。российская эмиграция 泛指在俄国居住的所有民族的居民。русская эмиграция 仅指在俄国居住的俄罗斯族人。笔者赞同张建华教授的看法，俄国的侨民运动是以俄罗斯族侨民为主，也包括了其他民族的侨民。[①] 因此，本书中所研究的在华俄侨不仅指居留中国的俄罗斯族人，也有其他民族代表，如鞑靼人、乌克兰人、犹太人、亚美尼亚人等。

二　国内外研究现状述评，选题的价值和意义

从目前面世的国内外资料看，对该问题进行直接研究的成果几乎空白，但外源性的相关成果却有一定数量，对开展本专题的研究有很好的启示作用。

（一）国内研究

1. 俄侨学术机构研究。谭英杰（1986）对曾在黑龙江地区从事过考古活动的俄侨学术机构进行了概述性描述，并对其考古活动给予了阐述，认为就其考察活动的成果和影响来说，对黑龙江省考古学、地理学、动植物学等学科的发展，做了一些有益的工作，并产生了一些影响，但也存在一定的不足。林军（1987）对满洲俄国东方学家学会进行了专文论

[①] 张建华：《20 世纪 20—30 年代北京的俄国侨民及其社会生活》，载于《俄罗斯学刊》2014 年第 2 期，第 8 页。

述，阐述了其产生的历史背景、主要活动，认为它是帝俄侵华政策的产物，是帝俄在华势力的有机组成部分。徐雪吟（2010）对"满洲"俄国东方学家学会与东省文物研究会进行了比较研究，认为两个学术机构存在性质上的明显差异，对后者给予了积极的评价与肯定。石方等（2003）对哈尔滨俄侨学术机构进行了概述性的介绍。汪之成（1993）对上海俄侨学术机构进行了概述性的介绍。李兴耕等（1997）对在华俄侨学术机构进行了概述性的介绍。

2. 俄侨中国学及俄侨汉学家研究。彭传勇（2014）提出了哈尔滨俄侨中国学的概念，并进行了概念界定，根据具体的历史环境划分了哈尔滨俄侨中国学的历史分期，列举了各个阶段的主要代表性成果，总结了其主要发展特点，对其进行了历史评价，认为哈尔滨是俄罗斯域外中国学发展的重要基地之一，最后提出了加强哈尔滨俄侨中国学研究力度的建议。彭传勇（2011）认为中国东北地区因其特殊的地理因素和丰富的自然资源成为哈尔滨俄侨学者的重点研究对象，并就其代表性研究成果进行了分类列举，从六个方面总结了其研究特点，肯定了哈尔滨俄侨学者的研究在中俄文化交流、俄罗斯中国学、文化遗产等方面所作出的历史贡献。阎国栋（2007）认为在华俄侨汉学家是俄国汉学研究队伍的当然成员，是中国学者忽略的一个研究对象，北京和哈尔滨是俄侨汉学家比较集中的地方，其对北京和哈尔滨两地的五位著名俄侨汉学家生平和主要学术活动进行了概述性研究，肯定了他们的学术成就以及贡献。世旭（2001）认为哈尔滨俄侨汉学家在把西方文明传播给普通的中国人和把中国文化介绍给普通的俄国人等方面作出了巨大贡献。

（二）国外研究

1. 俄侨学术机构研究。Горкавенко Н. Л., Гридина Н. П. （2002）认为俄侨学术机构对俄侨学术知识分子在中国东北适应新环境过程中具有十分重要的意义，并对"满洲"俄国东方学家学会和东省文物研究会的历史以及主要成员进行了研究。Печерица В. Ф. （1998）认为哈尔滨法政大学不仅是培养人才的机构，同时也是重要的学术机构，推动了俄侨的学术活动，尤其是在法律研究上取得了显著成绩。2. 俄侨学术期刊研究。Тамазанова Р. П. （2004）是目前国际上涉足俄侨学术期刊并发表重要成果的学者，其对《亚细亚时报》进行了专题研究，主要探讨了《亚细亚时报》产生的历史背景、发展阶段、历任主编情况、刊发文章的主题等，认为《亚细亚时报》在俄侨学术活动中占有重要地位和具有不可替代的作用。3. 俄侨东方学和俄侨汉学家研究。Павловская М. А. （1999） 是国际上最早提出哈尔滨俄侨东方学概念的学者，并就这一问题进行了专题研究，探讨了哈尔滨俄侨东方学产生的历史背景、发展阶段，阐述了满洲俄国东方学家学会活动史、东省文物研究会活动史、中东铁路经济调查局学术活动史、哈尔滨法政大学学术活动史、哈尔滨东方文言商业专科学校学术活动史，分析了哈尔滨俄侨东方学的特点和主要研究方向，认为哈尔滨俄侨东方学家是中俄两国人民文化交流的纽带，对俄罗斯东方学的发展作出了巨大贡献。Хисамутдинов А. А. （1996） 认为什库尔金是一位颇有造诣的哈尔滨俄侨汉学家，对其生平和在中国文化领域的著述进行了深入研究。Хисамутдинов А. А. （2002） 利用在美国夏威夷大学收集的资料对数十位俄侨汉学家的生平和主要活动进行了研究。Белоглазов Г. П. （2007）认为雅什诺夫是一位取得很高学术成就的哈尔滨俄侨汉学家，对其生平和在中国人口、农业领域的著述进行了深入研究。4. 俄侨学术活动的综合研究。Л. Говердовская （2006）对 20 世纪 20—40 年代在华俄侨的学术活动进行了概述性研究，认为其促进了中国经济与文化的发展。Гараева Л. М. （2009）是目前国际上唯一一位对俄侨在中国东北的学术活动进行专题研究的学者，主要探讨了俄侨在中国东北从事学术活动的主客观因素、发展阶段，以及代表性学术机构和主要汉学家的活动；认为俄侨来到中国东北的目的决定了其学术活动的性质，俄侨的学术活动既与俄罗斯在亚太地区的对外政策，又与俄罗斯开发远东的区域任务密切相关，俄侨的学术活动形成了哈尔滨学派和促进了本地学校教育的发展，俄侨的学术研究具有全面性的特点，但中国东北是其研究的重中之重，为中国学者研究中国东北留下了珍贵文献。

（三）简要评述

国内外学者对该领域的研究取得了一定的成绩，但仍存在明显的不足：1. 多单一个案研究（如东方学家学会、东省文物研究会）、多概述性研究、多区域性研究，少全面综合系统性研究。2. 孤立地看在华俄侨学术活动，既未探讨在华俄侨之间的学术联系，也未将其与本国的学术界及侨居世界各地（中心依次在布拉格、柏林和巴黎）的俄侨学术界联系起来看，即不注意俄侨之间的学术联系与合作。3. 过于强调俄侨学术活动的自救与成就，未能充分分析其对侨居国文化教育的巨大影响。

（四）学术价值

1. 弥补了该领域研究的不足。民国时期在华俄侨史早已得到了国内学者的特别关注，并出版了重要著述。然而，由于受资料不足的限制，对民国时期在华俄侨学术活动的研究比较薄弱。本专题的研究恰恰填补了该领域研究的空白。2. 推动了相关学科的发展。本专题涉及中俄关系史、俄国史、区域史、东北亚国际关系史、民国史等学科的研究范畴。对本专题的研究，可以推动相关学科理论的完善和发展。

（五）现实意义

1. 是我们今天联系世界各国的俄侨及其后代的桥梁和纽带。民国时期来华的许多俄侨离华后带走了大批俄侨档案文献侨居世界各国，这些俄侨及其后代在所侨居国继续从事学术活动。开展本课题的研究，可以与侨居世界各国的俄侨及其后代建立学术联系，加强俄侨史研究的国际合作。2. 有利于历史文化资源的深入挖掘和当前的文化建设。在华俄侨学术活动的直接结果就是出版了许多调查报告与研究著述。它们不仅是俄罗斯的域外文化遗产，也是中国的文化遗产，对其进行研究可以让相关省区有关部门了解这笔文化遗产的历史文化价值，这笔文化遗产的存留、利用、保护和开发情况，为相关省区有关部门与俄罗斯相应部门开展合作，为相关省区建设文化大省、强省提供了理论支撑。

三　主要内容、研究思路、研究方法、创新之处、基本观点

（一）主要内容

1. 民国时期在华俄侨学术活动的历史分期及各个阶段概述。东北亚地区的国际局势以及俄罗斯的政局决定了民国时期在华俄侨学术活动的兴衰。这是划分民国时期在华俄侨学术活动历史分期的依据。在华俄侨学术活动经历了三个历史时期：①1912—1917 年的继续发展期。在俄侨涌入中国的第一次浪潮背景下，在华俄侨学术活动得到一定程度的发展。

其主要是在"满洲"俄国东方学家学会、"满洲"农业学会、"满洲"教育学会以及中东铁路管理局等机构的推动下开展的。具有代表性的学者有巴拉诺夫、司弼臣、梅尼希科夫、施泰因菲尔德、鲍洛班、季申科、多布罗洛夫斯基、索尔达托夫、贺马拉－鲍尔谢夫斯基、图日林等。②1917—1931年的繁荣发展期。由于俄国十月革命、苏维埃俄国国内战争和反武装干涉战争以及中苏共管中东铁路等,导致了俄侨涌入中国的第二次浪潮。在上述背景下,在华俄侨学术活动得到了迅速发展。除了上述机构的继续存在,在这一时期,东省文物研究会、中东铁路经济调查局、中东铁路中央图书馆、哈尔滨中俄工业大学校和哈尔滨法政大学等机构的活动对推动在华俄侨学术活动的发展起到了很大作用。大量很有影响的著述都是在这一时期问世的,涌现出了一批重要学者,如什库尔金、金斯、波革列别次基、苏林、柳比莫夫、科尔玛佐夫、雅什诺夫、恩格勒非利特、阿涅尔特、尼鲁斯、特列特奇科夫、托尔加舍夫、托尔玛乔夫、谢特尼赤基、格拉西莫夫、梁扎诺夫斯吉、阿维那里乌斯、阿福托诺莫夫等。③1932—1949 年的衰落期,由于日本占领中国东北、苏联把中东铁路出售给日本以及苏联出兵东北和中苏再次共管中东铁路,出现了大批俄侨从中国迁出的情形。在这一时期,除中东铁路经济调查局短暂存在外,日本庇护下的满洲俄侨事务局博物学、考古学与人种学研究青年会,基督教青年会哈尔滨自然地理学研究会,生物委员会,苏联侨民会哈尔滨自然科学与人类学爱好者学会,天津中国研究会,上海俄国东方学家学会等学术团体进行了微弱的研究。有影响的学者非常少,如乌斯特俩洛夫、卡玛洛娃、苏林、雅什诺夫、谢特尼赤基、柳比莫夫、包诺索夫、卢卡什金等,出版的代表性著作骤减。由于上述许多机构纷纷解体,在华俄侨学术活动逐渐走向衰落。

2. 民国时期在华俄侨学术机构。①主要俄侨学术机构及分布;②俄侨学术机构的组织结构与人员构成;③俄侨学术机构的主要活动;④俄侨学术机构的性质与作用评价。

3. 民国时期在华俄侨学术期刊。①俄侨学术期刊创办情况;②俄侨学术期刊创办宗旨与经营;③刊发文章数量与内容;④俄侨学术期刊的作用评价。

4. 民国时期在华俄侨著名学者个案研究。①民国时期在华著名俄侨学者中的八位代表；②代表学者的生平及主要活动；③代表著述及主要学术观点；④学术贡献。

5. 民国时期在华俄侨学术活动的主要特点、影响和当代价值。主要特点：①时局变化影响了民国时期在华俄侨学术活动的兴衰。②研究领域涉及人文社会科学与自然科学，但以人文社会科学为主。③学术研究主要是在学术机构和其他行政机构的推动下有组织进行的。影响：①公开举办学术讲座和报告，介绍了西方的社会科学、文学艺术、医学、教育和自然科学，促进了西方文明和先进的科学技术在中国的传播，对中国的历史文化和国情有了深厚的了解并把其介绍给普通俄国人，使西方文明与东方文明的互补过程得到了进一步的发展。②进行学术研究，既推动了俄罗斯域外科学的发展，形成了独特的体系和学派，也推动了其所侨居地或区域的学术研究。③创办具有重要影响力的学术刊物，搭建了学术交流的平台与媒介，推动了俄罗斯人在华办刊的进程。④开办图书馆和博物馆，促进了俄罗斯人在华图书馆和博物馆事业的兴起，使知识文化得到普及。⑤发行统计年鉴，加入了近代中国较早编纂地方统计年鉴的行列。⑥开展对外学术交流，有利于外部世界（包括俄国在内）对中国的了解。⑦把学术研究成果应用于教学，发展了俄侨在华教育事业。价值：①反映了俄侨所生活时代的诸多历史事实和事件。②补全了中国历史文献中没有记载的许多内容。③留下了不可再生的文化遗产，成为世界文化遗产不可分割的一部分，具有极大的收藏价值。④本身就丰富了民国学术史的内容，具有重要学术研究价值。

（二）研究思路

1. 对所收集到的史料进行翻译、整理。2. 系统梳理俄侨学术活动的历史线索，从宏观上对该问题进行整体关照。3. 以来华俄侨所处的时代背景为依据，将俄侨学术活动进行历史分期。4. 以俄侨学术机构、学术期刊、著名学者学术思想为重点研究对象，从微观上对该问题进行深度剖析。5. 归纳、总结民国时期在华俄侨学术活动的主要特点及对中国文化教育的影响。6. 分析民国时期在华俄侨学术活动的价值。

（三）研究方法

1. 运用历史文献学和计量史学方法，对不同阶段俄侨学者的研究成果进行分类整理和数字统计，分析不同成果所占的比例。2. 在具体研究过程中，运用历史比较法和个案研究法，坚持综合分析与个案分析相结合，突出代表性俄侨学者的作用；坚持平行研究与比较研究相结合，突出俄侨学者所处的地位。3. 以马克思主义唯物史观和辩证法为指南，科学划分在华俄侨学术活动的历史分期，实事求是、客观地总结和评价民国时期在华俄侨学术活动的主要特点、重要影响和当代价值。

（四）创新之处

1. 本书从外国人在华学术活动的视角对民国学术史进行研究，这在国内还不多见。2. 本书完全利用了俄文一手原始文献和俄罗斯学者的研究成果。3. 本书把在华俄侨学术活动放在民国时期中俄关系和民国学术发展的大背景下研究，提出了研究者的看法。

（五）基本观点

1. 民国时期在华俄侨学术活动是民国学术史研究的重要内容，应得到学者的重视。2. 哈尔滨——俄侨在华学术活动的中心。3. 促进了中俄两国的文化交流。4. 留下了珍贵的文化遗产。5. 推动了中国文化教育事业的发展。

四　关于个别术语的说明

由于特殊的历史时代，在国外对华研究进程中，其中包括俄国在内的西方学者构建了专门的话语，如东突厥斯坦、满洲、北满和南满等，一直延续至今。为了保持原作者著述的原貌，本书在行文过程中按书名、文章名全部直译出来。在这里，笔者特别说明，在本书中出现的东突厥斯坦、满洲、北满和南满等词汇，专指中国新疆、东北、东北北部地区和东北南部地区。本书在正文中就不做一一特别强调。

五　五 关于部分俄文人名和书名文章名称译法的说明

在本书中，涉及了大量俄文人名、书名文章名，多数均为首次译为中文，笔者采用现代人名、书名文章名译法翻译为中文。但由于俄侨学者长时间侨居于中国，尤其是他们所成立的一些重要学术机构具有中俄合办性质，所以在当时俄侨学者出版的一些历史文献中也出现了部分中文本，记载了许多俄文人名、书名文章名的中文名称。尤其是诸如 H. B. 乌斯特俩洛夫（又译为乌司特俩洛夫、乌什特俩洛夫，现在通用译为乌斯特里亚洛夫）、H. И. 尼基佛洛夫（又译为尼吉否洛夫，现在通用译为尼基弗洛夫）、A. M. 杂俩多夫（现在通用译为扎里亚多夫）、И. И. 谢列勃连尼科夫（现在通用译为谢列布列尼科夫）、H. A. 谢特尼赤基（又译为谢特尼斯基、协特尼次基，现在通用译为谢特尼茨基）、A. И. 波革列别次基（现在通用译为波革列别茨基）、E. M. 楚博尔阔夫斯吉（又译为楚博尔阔夫斯吉、楚布尔阔夫斯吉、切甫尔阔夫斯基、车普尔阔夫斯基，现在通用译为车布尔科夫斯基）、B. A. 梁扎诺夫斯吉（又译为良杂诺夫斯基，现在通用译为梁扎诺夫斯基）、B. B. 恩格勒非利特（又译为恩格里菲里特、艾根利非特，现在通用译为恩格里菲里德）、H. И. 莫洛作夫（现在通用译为莫洛佐夫）、H. И. 卜列什且偏国（现在通用译为普里谢朋科）、A. A. 拉赤阔夫斯基（现在通用译为拉齐科夫斯基）、K. И. 杂衣才夫（又译为杂伊才夫，现在通用译为扎依采夫）、H. Ф. 欧尔洛夫（又译为欧罗夫，现在通用译为奥尔洛夫）、H. E. 哀斯别洛夫（又译为埃司撒洛夫，现在通用译为艾斯别洛夫）、M. Э. 吉利且尔（又译为基尔切尔，现在通用译为吉利切尔）等人名。

按照今天的译法，直接使用这些中文名称显然不符合现代标准译法。我们做出了这样的处理，鉴于书名文章名与现在通用译法出入不大，因此保持历史原貌；但有些人名与现在通用译法存在明显差异，甚至让人难以接受，所以在书中完全采用现在通用人名名称。

第 一 章

民国时期在华俄侨学术活动的
历史分期及各阶段概述

　　探讨民国时期在华俄侨学术活动史，首要的就是对民国时期在华俄侨学术活动进行历史分期。民国时期在华俄侨的学术活动与在华俄侨的整体活动一样，其活动的程度、性质与特点完全取决于当时的历史环境。20 世纪上半叶东北亚地区的国际局势以及俄罗斯的政局决定了民国时期在华俄侨学术活动的兴衰。这是划分民国时期在华俄侨学术活动历史分期的依据。关于其具体情况，本章不做赘述。[①]

　　笔者认为，民国时期在华俄侨的学术活动的发展历程主要经历了三个历史时期：1912—1917 年、1917—1931 年、1932—1949 年。在这三个历史时期，民国时期在华俄侨的学术活动经历了继续发展、繁荣发展和衰落阶段。俄侨在华开展学术活动始于清代，民国时期在华俄侨的学术活动是清代的延续。因此，我们对民国时期在华俄侨学术活动进行专题研究时，不能割裂之前早已开展的学术活动。所以，在阐述民国时期在华俄侨学术活动时，我们有必要对清代在华俄侨学者的学术活动进行概述性研究。在本章的具体行文过程中，我们坚持以其学术活动为主线进行介绍。由于在华俄侨学者所发表文章数量众多，因此本书在本章以下各节中对在华俄侨学者所发表的学术文章只做基本的篇目介绍，重点介绍俄侨学者所出版的著作，尤其是最具有代表性的著作。

---

　　① 详见黄定天《东北亚国际关系史》，黑龙江教育出版社 1999 年版；《中俄关系通史》，黑龙江人民出版社 2007 年版。

第一节　民国以前在华俄侨学术活动简述

在华俄侨开展学术活动最早是由俄国驻北京传教士团进行的。俄国驻北京传教士团人员在学习语言和实际生活中，对中国的宗教、哲学、历史、文学、社会、律法等领域产生了很浓的兴趣，出于个人学术兴趣和沙俄政府的政治需要，编写词典、翻译满汉文书籍和撰写关于中国的论著成为其开展学术活动的主要内容。据汉译版《俄罗斯汉学史》（柳若梅译，社会科学文献出版社 2011 年版）一书记载，第二届俄国驻北京传教士团学生罗索欣（俄国第一位汉学家）揭开了俄侨在华学术活动的序幕。关于俄国驻北京传教士团及与其有密切关系的驻华使馆人员在华的学术活动，汉译版《俄罗斯汉学史》和阎国栋教授著《俄国汉学史（讫于 1917 年）》两部书中的部分章节已给予了分散介绍和评论。笔者根据上述两书内容进行大致梳理，概述他们在华学术活动的基本线索和主要学者及学术成果。

1739 年，罗索欣在北京开始了满文本《八旗通志》的翻译工作。这部鸿篇巨著在 1741 年罗索欣回国后与另一位第四届俄国驻北京传教士团学生列昂季耶夫（18 世纪俄国最重要的汉学家之一），经多年艰苦翻译于 1784 年最终全部出版。列昂季耶夫在北京期间也开展学术研究，留下了两部手稿，即译文《理藩院记录：阿尔巴津的陷落与 Ф. 戈洛文在尼布楚的谈判》和他编写的《中国历朝大事年表》。

从第五届俄国驻北京传教士团起，传教士团成员在北京的学术研究开始更具学术性。第五届俄国驻北京传教士团神职人员 Ф. 斯莫尔热夫斯基在北京撰写了两篇文章，即《修士司祭 Ф. 斯莫尔热夫斯基谈俄国驻北京传教士团摘录》和《论中国的耶稣会士》。两篇文章直到 19 世纪才正式发表。第六届俄国驻北京传教士团学生 Ф. 巴克舍耶夫进一步推动了俄国驻北京传教士团在北京的学术活动。他于 1776 年在北京编写完了俄国汉学史上第一部大满俄词典。Ф. 巴克舍耶夫因此而成为俄国编写满语词典的第一人。19 世纪初第九届俄国驻北京传教士团出现了一位未来俄国汉学的奠基人——Н. Я. 比丘林。1807—1820 年间，Н. Я. 比丘林在北京开展了大量学术活动，编撰了多部汉语词典，其中包括一部 9 卷本的《汉语重音词典》；翻译了"四书"、《大清一统志》《通鉴纲目》《宸垣识略》等史籍；撰写了《前四汗史》《西藏和西夏历史》《西藏志》《准噶尔志》《北京志》等 17 部手稿（后来绝大部分在俄国出版）。Н. Я. 比丘林在北京的学术活动使他成为俄国编撰汉语词典的第一人，俄国蒙古学、藏学和北京学的开拓人。

第八届俄国驻北京传教士团学生和第十届俄国驻北京传教士团团长 П. И. 加缅斯基翻译了简缩本《通鉴纲目》（明以前）、《关于成吉思汗家族的蒙古历史》（满文《元史·本纪》的全译本）、《斯帕法里北京纪事》和《明亡满兴》等手稿，并开始着手编纂《汉蒙满俄拉词典》的工作（后来在圣彼得堡编完）。值得一提的是，П. И. 加缅斯基还编写出了几部词典（手稿），如《大俄汉词典·附句例》《汉语发音声调词典·1826 年 1 月 25 日·北京》等。第十届俄国驻北京传教士团学生 З. Ф. 列昂季耶夫斯基、教堂服务人员 Н. И. 沃兹涅夫斯基和 А. И. 索斯尼茨基是 19 世纪 20 年代和 30 年代初俄侨在华从事学术活动的三个重要人物。З. Ф. 列昂季耶夫斯基编写了《汉满俄词典》（手稿）和《中国各部院衙门尚书评价》，并把俄国著名史学家卡拉姆津的《俄国史》译成了中文。Н. И. 沃兹涅夫斯基编写了《中国经济统计概要（1831）》（手稿）和《1828 年 Н. И. 沃兹涅夫斯基关于中国的笔记》（手稿）。А. И. 索斯尼茨基编写了《中国人口（1828）》（手稿）和《关于中国的各种记录（1826—1830）》（手稿）。

19 世纪 30 年代，俄侨在华的学术活动是由第十一届俄国驻北京传教士团来进行的。神职人员 Д. С. 切斯诺依翻译了《朝鲜历史》与《蒙古史笔记》等手稿。学生 Г. М. 罗佐夫首次翻译了满文和中文原文的《金史》手稿，并着手编纂了《满俄词典》。神职人员 В. 莫拉切维奇撰写了 2 篇文章，即《在中国的欧洲传教士团的笔记》和《祭天》。这两篇文章后来在俄国驻北京传教士团出版的机关刊物《中国福音报》（1911 年第 8 期和 1916 年第 1—2 期）上发表。学生 А. И. 科瓦尼科编写了一本技术词汇词典和翻译了第一部关于农业的书籍《授时通考》，还撰写了一篇文章《京郊地质学概貌》，并在《矿山杂志》（1838 年第 2 卷第 2 期）上发表。

在第十二届至第十五届俄国驻北京传教士团中出现了一批享誉世界的俄国汉学家，他们的许多学术活动都是在北京进行的。这几届俄国驻北京传教士团中从事学术研究的人最多，学术成果也颇多。

第十二届俄国驻北京传教士团教士（后为第十三届和第十五届俄国驻北京传教士团团长）巴拉第（又译卡法罗夫）在 19 世纪 40 年代对佛教进行了潜心研究，在《俄国驻北京传教士团著作集》第 1、2 卷中发表了《佛陀传》和《古代佛教史》两篇文章，留下了《伽毗罗论》和《佛祖》两份文章手稿。此外，在巴拉第的早期学术研究中，他还对中国的商道进行了研究。1850 年，在《俄国皇家地理学会普通地理学论丛》中发表了《中国及其属地的商路》；1857 年，在《俄国驻北京传教士团著作集》第 3 卷中发表了《天津和上海间的海运》。教士 E. 伊万诺夫除在《俄国驻北京传教士团著作集》第 3 卷中发表了《关于纸币的内阁报告》等文外，还留下了两部译文手稿《〈列子〉节译》和《忆南京罹患》。学生 И. И. 扎哈罗夫（中文名杂哈劳）在北京完成了手稿《青海和硕特部及其与中国的关系》。第十二届俄国驻北京传教士团学生（后为第十四届俄国驻北京传教士团团长）Г. 卡尔波夫（中文名固礼）在《俄国驻北京传教士团著作集》第 2 卷中发表了《中国佛教徒的发愿受戒仪式》。1847 年病故于北京的第十二届俄国驻北京传教士团学生 Ф. В. 戈尔斯基是一位研究满族历史的著名学者。他的文章《论当今统治中国的清朝的始祖及满族的起源》和《满族王室的崛起》，都发表在《俄国东正教驻北京使团成员著作集》（第 1 卷）中。第十二届俄国驻北京传教士团学生 А. А. 塔塔里诺夫（中文名明常）是研究中国医学的少见学者。他的《中国医学》一文对中医理论进行了首次探讨，并对中医理论给予了肯定。该文后来发表在《俄国东正教驻北京使团成员著作集》（第 2 卷）中。

第十三届俄国驻北京传教士团学生 Н. И. 涅恰耶夫由于不堪恶劣的气候和生活条件，到达北京后不久便病故，却留下了一篇手稿译文《中国茶法》（译自中国关于茶叶贸易的若干法律）。学生 М. Д. 赫拉波维茨基（中文名晁明）把《彼得一世朝》译成满语，在《俄国东正教驻北京使团成员著作集》（第 3 卷）中发表了《明朝覆灭期间北京大事记》，留下了两份手稿《中国刑法历史资料》《钱币体系史评》和译作《秦史》

《反秦罪》《辽民记》等未刊稿。学生 K. A. 斯卡奇科夫（中文名孔气）
是一位研究中国农业、风俗、天文学等多领域的学者。1854 年 1 月，他
撰写了手稿《中国风俗》；1856 年发表了两篇关于中国农业的文章，即
《中国人放养野蚕的树木》和《中国蚕的不同种类》；关于天文学方面发
表了《中国的天文观测状况》《天文学在中国》等文章和撰写了两卷本手
稿《中国天文学和气象学研究资料》；此外还做了编写《汉俄词典》的工
作，该项工作在其回国后最终完成。医生 C. И. 巴济列夫斯基留下了大量
关于中国医学研究的手稿，如有译自中医经典《本草纲目》中的部分内
容，有《四库全书》中的医学书目，有中国古代名医的生平资料等，总
量近 900 页。1855 年病故于北京的教士 П. 茨韦特科夫曾撰写了《论中
国的基督教》《中国人的家庭礼仪》《一个中国人关于长崎的札记》《中
国制盐业之我见》《十二世纪的景教碑》和《论道教》六篇文章，发表
于《俄国东正教驻北京使团成员著作集》（第 3 卷）中，还翻译了被发配
到新疆的官员祁鹤皋的沿途笔记《从北京到伊犁》（即祁韵士的《万里行
程记》），于 1907 年以单行本的方式在北京出版。1857 年亦病故于北京的
教士 M. 奥沃多夫除在《俄国东正教驻北京使团成员著作集》（第 2 卷）
中发表了《中国与西藏关系史》一文外，还留下了两份手稿：《平定罗刹
方略》俄译本和文章《俄国和中国的交往以及中国军队中的俄罗斯佐
领》。

　　第十四届俄国驻北京传教士团神职人员 A. 库利奇茨基专注中国的婚
姻、宗教仪式和迷信问题的研究。他作于 1862 年的手稿《中国人的婚
姻》在 1907—1909 年的《中国福音报》上发表，同时还出版了单行本。
另外，他还留下了手稿《魔术和赌咒》《中国偶像》《民间宗教仪式和迷
信》等。神职人员 И. 波利金（后又成为第十五届俄国驻北京传教士团神
职人员）编写了俄国第一部《俄汉方言词典（北京话）》，于 1867 年在北
京由恰克图商人出资出版；1868 年，又在天津出版了该词典的两种补编，
1870 年两种补编合二为一在北京印行。神职人员 A. 留采尔诺夫于 1865
年在《俄国昆虫学会著作集》中发表了《中国养蚕业》一文。学生 Д. A.
佩休罗夫（中文名梦第）1860 年在《俄国皇家地理学会通报》上发表了
《中国明代的地震》一文。学生 A. Ф. 波波夫专注中国的政治问题及中国

人的日常生活研究。1860 年，他在《工业通报》上发表了《1859 年中国的盐税和关税》一文；1863—1864 年间在《彼得堡通报》发表文章《中国的新年》《关于〈申报〉》《南京战役 46 天》等文章；1865 年在《俄国皇家地理学会通报》上发表了译文《中国人的避暑山庄》。学生 K. 帕夫利诺夫留下了几份手稿，即《中国职官和人物词典》《新年朝贡和中国宫廷回赠的礼品》《皇帝的戎装》《中国皇帝的服饰》等。医生 П. A. 科尔尼耶夫斯基（1860 年被派到北京公使馆工作）撰写了手稿《北京的医学分布札记》《中国的太医院》等，翻译了《中医谚语》《中国医学史资料》《中国产科全书》《中国产科简明教程》《中国人的推测和通过推测治病》《中国民间医生》《中国人的病理学》《从医学论中国人》等中医文献，其中仅有极个别以文章形式发表。

巴拉第作为第十五届传教士团团长于 1864 年 3 月 25 日第三次前往北京。在这次驻京期间，巴拉第在蒙古史、中文的穆斯林文献、中国的基督教等领域进行了卓有建树的研究。1866 年，巴拉第在《俄国东正教驻北京使团成员著作集》第 4 卷中发表了译文《元朝秘史》即《蒙古关于成吉思汗的古老传说》（译自《永乐大典》）、《长春真人西游记》和《中国的穆斯林》；1867 年，在《俄国皇家地理学会西伯利亚分会论丛》第9—10 卷中发表了《18 世纪上半叶中国人张德辉蒙古行记》译文；1872年，在《东方丛刊》第 1 卷中发表了《从中文史料看基督教在中国的古代遗迹》一文；同年，在《东方丛刊》第 1 卷中也发表了《14 世纪在中国的俄国俘虏》；1877 年，在《东方丛刊》发表了《中国关于成吉思汗的中国古代传说》（译自《皇元圣武亲征记》）；同年，在《俄国皇家考古学会东方部著作集》第 17 卷上发表了译文《伊斯兰教汉文文献》。此外，后人在巴拉第去世后在《俄国皇家地理学会通报》上发表了两篇其后期学术研究的文章：《哥萨克佩特林中国之行札记》（1892）和《评马可·波罗北中国之行》（1902 年以俄文发表）。1878 年中期，因巴拉第患重病，圣主教公会允许他乘船离开中国休假一年，但伟大的汉学家 12 月6 日未到俄国而在马赛与世长辞。需要特别指出的是，在巴拉第后期学术研究活动中，他倾注大量心血一直在潜心编写一部大型汉俄辞书——《汉俄合璧韵编》，遗憾的是辞书没来得及全部完成，但其手稿却留在了北京。这为俄国汉学家继续完成这部辞书的编纂提供了条件。

在俄国驻北京传教士团学术活动中，巴拉第还做了一件对保存学术成果特别有意义的事。他倡议、组织并参与编辑出版了在国际汉学界产生广泛影响的汉学集刊——4卷本《俄国驻北京传教士团成员著作集》（1852—1866，在圣彼得堡印行），刊印了28篇长篇文章。1896年被任命为第18届俄国驻北京传教士团领班的英诺肯提乙（后成为中国教区第一任主教）于1909年在北京编写出版了《华俄词典》。尽管该词典在收词数量上超过了巴拉第和柏百福合编的《汉俄合璧韵编》，但在编写质量上却逊色很多。英诺肯提乙在清朝的最后时期在学术活动上还组织了对多种汉学著作的重印工作，如1909年、1910年在北京再版了4卷本的《俄国驻北京传教士团著作集》等。

19世纪中叶以后，随着俄国在中国设立使领馆，在中国生活工作的俄侨不断增加，在使领馆中工作的一些人员（这些人中有一些曾是俄国驻北京传教士团成员）以及其他人员也进行了一定的学术研究。从第十五届俄国驻北京传教士团起，随团人员中不再有学生、医生、画家等人员。因此，俄国驻北京传教士团的学术活动大大弱化了，但使领馆的一些工作人员及其他人员的学术活动恰好填充了这个空缺。

19世纪50年代担任伊犁领事的杂哈劳在《俄国驻北京传教士团著作集》第1、2卷中发表了《中国人口史评》和《中国土地所有制问题》两篇文章，对中国社会经济史进行了开拓性研究；留下了一部关于中国西北边疆史地研究的重要手稿——《中国西部边陲札记》（据中国资料编纂）。1859—1862年，担任塔城领事的K. A. 斯卡奇科夫（中文名孔气）开始研究中俄贸易问题，出版了《我们在华的商务》和《俄国人在塔城的贸易》等小册子。曾任北京公使馆通译官，后又担任驻福州领事的H. A. 波波夫留有《满族萨满祭祀司仪》和《俄满词典》等手稿。1866—1884年，担任北京公使馆医生的Э. B. 布列特施奈德（中文名贝勒）研究了中国的历史地理、中国与中亚国家交往史等问题。1870年，贝勒用英文在上海出版的《中日问答》杂志上发表了第一篇文章《中亚古代地名考》。1871—1876年以英文出版了《中文文献中关于古代阿拉伯人、阿拉伯人侨民区以及其他国家侨民区的史料》《15世纪中国与中亚及西亚城市和交通》《北京及其周边地区的考古学和历史学研究》等小册子；此外，他还对北京附近山区的植物群进行了深入研究，并以英文于1881 年出版了《中国植物志》一书第 1 卷。1888 年，贝勒将自己对中国历史地理以及中国与中亚国家交往的研究著述汇编增补成集，出版了两卷本的《基于东亚史料的中世纪研究》一书。担任新疆伊犁领事的杂哈劳撰写了两篇手稿文章《由中文文献看中国西部边陲》和《巴尔喀什努尔盆地》。从 1870 年起作为亚洲司工作人员的 П. С. 波波夫（中文名柏百福）被派往北京工作，并于 1886 年担任驻北京总领事，且在这一任职上一直工作到 1902 年。驻京期间，柏百福于 1876 年在《第三届国际东方学家代表大会著作集》上发表了《中国刑法简史》一文；1888 年，经过对巴拉第《汉俄合璧韵编》手稿 6 年的艰辛修订，由其与巴拉第在北京共同署名出版；1895 年翻译出版了《蒙古游牧记》；1901—1902 年在《欧洲通报》杂志上发表了《中国新闻》《围困北京两个月》《变法前夕的中国》等文章。

1861 年后，俄国在外蒙古地区也设立了领事馆。其工作人员及个别在外蒙古经商的人也开展了一定的学术研究活动。但汉译版《俄罗斯汉学史》和阎国栋教授著《俄国汉学史（讫于 1917 年）》两部书中都遗漏了这部分内容。笔者根据《西伯利亚与蒙古》和《俄国驻库伦领事馆与Я. П. 施什马廖夫》两部书中零星记载给予简要介绍。在驻库伦领事馆担任总领事达半个世纪的 Я. П. 施什马廖夫（1911 年卸任）是第一个开展潜心研究的人，在俄国皇家地理学会西伯利亚分会出版物上发表了 12 篇文章。其中，在 19 世纪 60 年代，他就撰写出了《关于 1863 年俄罗斯人在蒙古的贸易》《关于 1864 年我们在蒙古贸易进程的消息》等六篇文章；后来又发表了《1861—1886 年与蒙古的贸易和边境关系及蒙古的当前状况》等文章。领事 В. Ф. 吕巴在 19 世纪末发表了《蒙古参加甲午中日战争》和《蒙古的土地所有制和土地使用》两篇文章。商人 Ф. И. 米宁在1891 年编撰出了手稿《俄蒙口语词典（约 5000 词条）》。从 1904—1912年，在外蒙古生活多年的 А. Д. 科尔那科娃在俄国皇家地理学会恰克图分会会议上宣读了 7 个关于蒙古民族问题的原创性的报告，其中 6 个在其分会著作集上发表。А. Д. 科尔那科娃因此被俄国皇家地理学会民族部授予银质奖章。①

20世纪初，随着中国东北地区大量俄侨的出现，俄侨的学术活动亦随之兴起，并发展迅速。1898年，俄国政府将中东铁路工程建设局办事处设在了哈尔滨，从而开启了中国东北地区俄侨学者（最初为铁路工程技术人员）在中国东北地区开展长达半个世纪之久的学术活动。中国东北地区俄侨学者的学术研究首先是从对中国东北的气候和气象研究开始。1898年，为了配合中东铁路的修筑，中东铁路工程建设局设置了气象科，在哈尔滨设立了气象总台，在中东铁路沿线设立了气象分台。被气象台收集的最初的气象观测资料后来由俄国著名气象学家、圣彼得堡皇家科学院院士 M. A. 雷卡乔夫（1840年12月25日生于亚罗斯拉夫尔省，1919年4月14日卒于圣彼得堡）② 于1909年在圣彼得堡编辑出版，名为《1898—1906年哈尔滨气象站在满洲进行的气象观测》。③ 这是现今保存下来的关于中国东北地区气象的第一部结集出版的俄文资料。由于缺少资料佐证，我们无法查到参与气象观测的具体俄侨学者名字，但由气象台所开始的工作开启了中东铁路各部门所属俄侨学者的学术研究活动。中东铁路商务处、中东铁路医疗卫生处、中东铁路商业学校、中东铁路机关报《远东报》等部门是推动所属俄侨学者从事学术研究的最主要机构。俄侨学者 A. П. 鲍洛班、B. Ф. 拉德金、П. Н. 梅尼希科夫、B. M. 鲍古茨基、A. B. 司弼臣、И. И. 别杰林、Н. К. 诺维科夫等开展了卓有成效的研究。

笔者在本章以下各节中以俄侨学者的生平活动著述和重要成果为中心进行论述。

1903年中东铁路全线通车后，中东铁路管理局随即设置了商务处全

① Даревская Е. М. Сибирь и Монголия : Очерки рус. - монг. связей в конце XIX - нач. XX в. - Иркутск: Изд - во Иркут. ун - та, 1994. с. 207, 383, 238, 229 - 231; Единархова Н. Е. Русское консульство в Урге и Я. П. Шишмарев. - Иркутск: Репроцентр А1, 2008. с. 98.

② 关于 М. А. 雷卡乔夫的详细生平活动及学术活动见 Поташов И. Я. Академик М. А. Рыкачев. - Ярославль Верх. - Волж. кн. изд - во, 1965. 96с.

③ Метеорологические наблюдения в Маньчжурии, произведенные метеорологической станцией в Харбине в 1898 - 1906гг. под редакцией М. А. Рыкачева: Вып. 1/О - во Кит. Вост. ж. д. - Санкт - Петербург: тип. т - ва "Обществ. польза", 1909. 89с.

面经营铁路商业活动。为了配合经营商业，中东铁路商务处网罗了一些从事经济活动的商务委员，对中国东北尤其是北部地区进行以经济调查为主的研究活动。

　　А. П. 鲍洛班，出生年、地点不详，1924 年 10 月逝世于中国。1903 年，А. П. 鲍洛班完成了去日本的考察。1904—1905 年，А. П. 鲍洛班被征调参加日俄战争，获中尉军衔。1908 年，А. П. 鲍洛班毕业于符拉迪沃斯托克东方学院汉满语专业，同年来到中国东北，担任中东铁路商务处驻齐齐哈尔代办处主任。1912—1913 年，А. П. 鲍洛班担任俄国驻外蒙古库伦工商部委员。1913—1916 年，被任命为俄国驻库伦总领事馆领事。А. П. 鲍洛班是满洲俄国东方学家学会创会会员，并编辑出版了其机关刊物《亚细亚时报》杂志 1911 年第 8、9、10 期。① А. П. 鲍洛班在《亚细亚时报》杂志上发表了《齐齐哈尔经济概述》（同年出版了单行本）②、《满洲的未来》③《中国在满洲和蒙古地区的垦殖问题》（同年出版了单行本）④、《东北蒙古及其粮食贸易》（同年出版了单行本）⑤、《1881 年伊犁条约再研究》⑥《关于中国名称普及拼音问题》⑦《东方学院、国民教育部

---

　　① Хисамутдинов А. А. Дальневосточное востоковедение：Исторические очерки∕Отв. ред. М. Л. Титаренко；Ин - тДал. Востока РАН. – М. ：ИДВ РАН. 2013. с. 254 – 255；Состав Общества Русских Ориенталистов∕∕Вестник Азии，1909. №1. с. 278；Тамазанова Р. П. Журнал "Вестник Азии" в системе русскоязычных периодических изданий в Маньчжурии（Харбин，1909 – 1917 гг.）：Дис. . . . канд. филол. наук：. Москва. 2004. с. 90 – 91.

　　② Болобан А. П. Цицикар. Экономический очерк. ∕∕Вестник Азии，№1. 1909. с. 74 – 121. – то же. – Харбин，1909. 47с.

　　③ Болобан А. П. Будущее Маньчжурии. ∕∕Вестник Азии. 1911，№9. с. 80 – 139.

　　④ Болобан А. П. Колонизационные проблемы Китая в Маньчжурии и Монголии. ∕∕ Вестник Азии，№3. 1910. с. 85 – 127. – то же. – Харбин，1910. 42с.

　　⑤ Болобан А. П. Северо - Восточная Монголия и ее хлеба. – Харбин，1910. ∕∕Вестник Азии，№5. 1910. с. 68 – 94. – то же. – Харбин，1909. 27с.

　　⑥ Болобан А. П. К перестотру русско - китайского договора 1881г. ∕∕Вестник Азии. 1909，№2. с. 210 – 212.

　　⑦ Болобан А. П. К вопросу о популярной транскринции китайских имен и названий. ∕∕ Вестник Азии. 1909，№2. с. 212.

和外交部》①《俄国在南满贸易概述》②《绥远城遗迹》③ 等论文，出版了
《北满垦务农业志》④ 等关于中国东北经济的重要著作。А. П. 鲍洛班是
20 世纪初俄国历史上少有的专注中国边疆地区研究的学者。本书在本节
中主要介绍《北满垦务农业志》一书和单行本《齐齐哈尔经济概述》。

　　《北满垦务农业志》一书于 1909 年在哈尔滨出版。1908 年，А. П.
鲍洛班大学毕业后立刻被授命担任中东铁路商务处驻齐齐哈尔代办处主
任一职。就职后，А. П. 鲍洛班就接到了中东铁路管理局局长委托的一项
重要研究任务——对中国东北北部地区的农业开展研究。因为中国东北
北部地区的农业不仅对俄国在中国东北地区的企业——中东铁路公司的
经营至关重要，也关切俄国在中国东北地区的整体利益。在此背景下，
А. П. 鲍洛班撰写了《北满垦务农业志》一书。А. П. 鲍洛班在《北满垦
务农业志》一书前言中也明确表明了该书出版的目的，一是从中东铁路
经营的视角研究中国东北北部地区的农业，因为中东铁路是现在和未来
俄国在中国东北地区的利益基础；二是对俄国商界在中国东北地区开展
工商业活动提供帮助。⑤ А. П. 鲍洛班接到任务后，立即着手对所有关于
中国东北北部地区农业的文献资料（包括俄文、日文和英文）二十余种
进行分析，尽可能地对中国东北北部地区的农业进行全面研究。通过研
究分析，А. П. 鲍洛班认为，之前的一些文献资料或根本没有对其拟要开
展的研究给予关注，或对近几年中国东北北部地区农业的发展情况没有
论及。这样，在综合利用之前二十余种文献资料的基础上，А. П. 鲍洛班
把搜集资料的重点（主要是统计资料）放在了近几年，尤其是 1907 年、
1908 年。他的资料既来自于当地的官员，也有中国的商会，还有其在当

---

　　① Болобан А. П. Восточный институт, Министерство народного просвещения и
Министерство Иностранных Дел. //Вестник Азии. 1911, №7. с. 78 – 86.

　　② Болобан А. П. Очерк русской торговли в Южной Маньчжурии. //Вестник Азии. 1911,
№9. с. 63 – 69.

　　③ Болобан А. П. Следы города Таген – Хото. //Вестник Азии. 1910, №3. с. 202 – 204.

　　④ Болобан А. П. Земледелие и хлебопромышленность Северной Маньчжурии. – Харбин,
1909. 318с.

　　⑤ Болобан А. П. Земледелие и хлебопромышленность Северной Маньчжурии. – Харбин :
Рус. – кит. – монг. тип. газ. "Юань – дун – бао". 1909. 6с.

地出版物中所摘录的。这些资料补充了前人在中国东北北部地区农业研究的不足。《北满垦务农业志》一书共 300 多页，除前言、结论和附表外，分四部分 32 个章节。第一部分为中国东北北部地区的各类测量单位和农业的整体情况，主要介绍了中国东北北部地区的主要测量单位、主要粮食作物、主要经济作物、农业劳动和农具、土地制度、油坊和豆油、烧锅与烧酒、磨坊、面条厂、制绳厂、啤酒厂、酱油厂、豆腐坊。第二部分为吉林省区域农业经济记述，主要介绍了长春府即宽城子、农安县、新城府、榆树县、吉林府、双城厅、五常厅、滨州厅、宁古塔、绥芬厅、珲春、依兰府等区域的农业状况。第三部分为黑龙江省区域农业经济记述，主要介绍了呼兰府、兰西县、巴彦州、木兰县、绥化府、余庆县、通肯府、齐齐哈尔、布特哈、墨尔根和瑷珲等区域农业状况。在第二、第三部分中，书中对当时吉林、黑龙江省所辖行政区域内州、府、县、厅从自然地理、主要作物、人口、工商业等方面进行了比较详细的记述。第四部分为中国东北北部地区的粮食贸易等问题，主要介绍了中国东北北部地区和内蒙古东北地区的垦殖、中国东北北部地区粮食的畜力和水上运输、农产品贸易和商会等情况。《北满垦务农业志》一书为研究清末中国东北北部地区，尤其是黑龙江的农业提供了有价值的资料。从学术史的角度评价这部书的价值，笔者认为，《北满垦务农业志》一书是俄国汉学史上第一部全面研究中国东北北部地区农业，尤其是黑龙江农业的著作。

《齐齐哈尔经济概述》一书也于 1909 年在哈尔滨出版。该书起初是以论文的形式发表在 1909 年由满洲俄国东方学家学会在哈尔滨创办的俄文机关刊物——《亚细亚时报》杂志第 1 期上。同年，该书由满洲俄国东方学家学会在哈尔滨发行单行本。该书的撰写出版与 А. П. 鲍洛班时任中东铁路商务处驻齐齐哈尔代办处主任一职有直接关系。А. П. 鲍洛班利用此身份对齐齐哈尔城进行了深入调查，尤其是调查与自身工作相关的经济问题。这样，А. П. 鲍洛班也就自然而然地出版了《齐齐哈尔经济概述》一书。该书整体上记载了清末黑龙江省的币制、税收和齐齐哈尔城的交通运输、商业贸易以及各大商家的情况。该书分为前后两部分，前半部分记述了黑龙江省的经济概况，其中包括齐齐哈尔城的交通运输、商业贸易等情况；后半部分记述了齐齐哈尔城当时 60 家大商号的具体名称、经营人、经营地点、经销商品种类、年贸易额等情况。《齐齐哈尔经济概述》一书为研究清末黑龙江特别是齐齐哈尔的社会经济，尤其是民族资本的发展提供了有价值的资料。正因该书具有重要的史料价值，我国学者给予了极大重视。20 世纪 80 年代，我国学者首先将《齐齐哈尔经济概述》一书的前半部分译成了中文，发表在《齐齐哈尔社会科学》1986 年第 2 期上。1991 年，我国学者又将《齐齐哈尔经济概述》一书的后半部分译成了中文，发表在由吴文衔主编的《黑龙江考古民族资料译文集》（第一辑）上。《齐齐哈尔经济概述》一书尽管不是俄国学者出版的关于黑龙江城镇的第一部著作①，却是俄国学者出版的关于齐齐哈尔城市研究的第一部著作，在俄国汉学史上不容遗漏。

Π. Н. 梅尼希科夫，1869 年 12 月 16 日出生于维亚特卡州，在 1934 年左右逝世，逝世地点不详。1890 年，Π. Н. 梅尼希科夫毕业于维亚特卡州神学班。1901 年 2 月前，Π. Н. 梅尼希科夫从事多年的初等学校教师工作和铁路部门的文书工作。1901 年 2 月至 1902 年，Π. Н. 梅尼希科夫担任符拉迪沃斯托克俄国东方学院管事。1902 年，Π. Н. 梅尼希科夫成为俄国东方学院的正式大学生。1905 年，Π. Н. 梅尼希科夫毕业于俄国东方学院汉蒙语专业。在大学期间，他就被派到中国东北西南部、外蒙古北部考察，在辽阳和奉天当翻译。1905 年后，Π. Н. 梅尼希科夫成为特罗伊茨克萨夫斯克牲畜采购委员会的职员。1908—1910 年，Π. Н. 梅尼希科夫担任中东铁路驻伯都纳商务委员。1911 年后，Π. Н. 梅尼希科夫担任中东铁路商务处处长，对中国东北进行了多次考察，是满洲俄国东方学家学会创会会员、满洲农业学会会员、东省文物研究会工商部成员。1934 年 9 月 13 日，哈尔滨俄侨学者 В. Н. 热尔那科夫在哈尔滨自

---

① 由俄国学者（后来的哈尔滨俄侨学者）在符拉迪沃斯托克出版于 1903 年的《呼兰城——满洲中部历史与经济生活概述》。（Шкуркин П. В. Город Хулань－чэн. Очерк из исторического и экономического быта Центральной Маньчжурии. Никольск－уссурийский，тип. Миссюра，1903. 94 с.）

然地理学研究会举行了纪念 П. Н. 梅尼希科夫的晚会。① 在清朝末年 П. Н. 梅尼希科夫刚刚开始从事学术研究，只在《亚细亚时报》杂志上发表了《论俄中条约》② 一篇文章和出版了一本小册子《满洲的中国货币：关于俄国卢布汇率在满洲的下跌问题》③。П. Н. 梅尼希科夫的主要研究成果是在民国时期出版的，本书将在下一节中给予重点介绍。

В. М. 鲍古茨基，1876 年出生，出生地不详，1929 年逝世于华沙。1896 年，基辅大学医学系毕业后，В. М. 鲍古茨基先后在萨拉托夫和敖德萨地方自治机关做卫生员。1906 年，В. М. 鲍古茨基被政府派往阿尔汉格尔斯克做了五年卫生局局长。1910 年，В. М. 鲍古茨基从这里被派往哈尔滨从事防治肺鼠疫工作，担任中东铁路防疫局卫生科科长。1911—1914 年，В. М. 鲍古茨基主持萨拉托夫市的医疗卫生机构工作。"一战"期间，В. М. 鲍古茨基又领导了前线卫生机构。二月革命后，В. М. 鲍古茨基担任内务部副部长一职，主管俄国卫生工作。1917 年末1918 年初，В. М. 鲍古茨基担任敖德萨市市长。1920 年，В. М. 鲍古茨基移居波兰，担任华沙市自治局卫生处处长。1927 年，В. М. 鲍古茨基被选为华沙市市长助理。1929 年，В. М. 鲍古茨基因病逝世。④ 1910 年秋至1911 年 5 月，中国东北地区暴发了特大鼠疫，举世空前，受到世界的广

---

① Список членов Сельско - Хозяйственного Общества за 1914 год//Сельское хозяйство в северной Маньчжурии, 1915. №3. с. 20；П. Н. Меньшиков（к 20 - летию его научной работы в Маньчжурии）//Изв. ОИМК. 1926. №6. с. 46 – 48；Забияко А. А., Забияко А. П., Левошко С. С., Хисамутдинов А. А. Русский Харбин: опыт жизнестроительства в условиях дальневосточного фронтира/Под ред. А. П. Забияко. - Благовещенск: Амурский гос. ун - т, 2015. с. 388 – 389.

② Меньшиков П. Н. К русско - китайскому договору.//Вестник Азии, 1911, №8. с. 1 – 44.

③ Меньшиков П. Н. Китайские деньги в маньчжурии. К вопросу о понижении курса русского рубля в маньчжурии. . - Харбин: рус. - кит. тип. газ. Юань - дунь - бао, 1910. 30с.

④ Супотницкий М. В., Супотницкая Н. С. Очерки истории чумы. В 2 кн. Кн. 1: Чума добактериологического периода. - М.: Вузовская книга, 2006.//http: //e - libra. ru/read/351972 - ocherki - istorii - chumi - fragmenti. html；Джесси Рассел. Эпидемия чумы на Дальнем Востоке 1910 - 1911 годов. Издательство: Книга по Требованию, 2012.//http: //www. muldyr. ru/a/a/epidemiya_chumyi_na_dalnem_vostoke_19101911_godov_ - _rossiyskie_ protivoch- umnyie_otryadyi. L.

泛关注。为了遏止这场鼠疫，各方投入了大量力量。В. М. 鲍古茨基医生就是受国家派遣的参与者之一。在中东铁路管理局的邀请下，他直接参与了防治鼠疫的全过程，掌握了大量一手资料。正因如此，В. М. 鲍古茨基才能编撰出关于哈尔滨鼠疫问题的著作《1910—1911 年中东铁路附属地哈尔滨及其郊区的肺鼠疫：关于防疫局活动的医学报告》。[①] 该书部分内容后收入由著名鼠疫专家 Д. К. 扎波洛特内主编的《1910—1911 年满洲的肺鼠疫：俄国科学考察报告》[②] 一书。В. М. 鲍古茨基在书的前言中明确表明了编撰该书的直接目的。由防疫局支持出版的《1910—1911 年中东铁路附属地哈尔滨及其郊区的肺鼠疫：关于防疫局活动的医学报告》一书不仅要记述鼠疫的发展态势和防疫局所采取的防疫举措，更重要的是指出了在防疫过程中出现的不当方式和手段，为未来医学研究和防疫实践提供了经验教训。[③] 该书 1911 年出版于哈尔滨，由主体和附录两部分构成。第一部分由十一章构成，记述了哈尔滨市卫生状况、观察站、隔离区、鼠疫医院、哈尔滨市及其郊区鼠疫的态势、防疫的组织领导、医疗卫生监测及其活动的性质、哈尔滨市人口数量资料、医生会议、卫生监督所、因防疫而死去的医护人员等情况。第二部分由八章构成，记述了中国地方政府与俄国当局及防疫机构在防疫问题上的关系、哈尔滨市学校中的防疫工作、预防接种、通行检查站的活动、消毒队的组建及其活动、卫生流动队的活动、焚尸工作、临时客栈和医疗供给站的建立与活动等情况。

从该书出版的时间看，我们不能说该书是世界上首次对中国东北尤其是哈尔滨鼠疫情况进行记载的文献。仅从俄文史料来看，1910 年 Э. П. 贺马拉－鲍尔谢夫斯基就出版了《中东铁路沿线鼠疫的产生与防止扩大

---

① Богуцкий В. М. Эпидемия чумы в Харбине и его окрестностях в полосе отчуждения Китайской Восточной железной дороги，1910－1911 гг. － Харбин，1911. 388с.

② Богуцкий В. М. Эпидемия чумы в Харбине и его окрестностях. //Легочная чума в Маньчжурии в 1910－1911гг.：Отчет русской научной экспедиции：［В 2－х тт.］/Под редакцией проф. Д. К. Заболотного Пг. Издание Высочайше учрежденной Комиссии о мерах предупреждения и борьбы с чумною заразою. Типо－литография А. Э. Винеке. Том I. 1915. с. 20－96.

③ Богуцкий В. М. Эпидемия чумы в Харбине и его окрестностях в полосе отчуждения Китайской Восточной железной дороги，1910－1911 гг. － Харбин，1911. с. II.

的预先保护举措》①的小册子。1911 年《远东评论》②《亚细亚时报》③
《远东报》等报刊对哈尔滨的鼠疫也进行了报道或记载。其中，在哈尔滨
发行的中东铁路机关报《远东报》（中文）对其进行了跟踪报道，留下了
许多可供研究的资料。尽管如此，我们仍然要说该书具有重要的史料价
值。该书不仅描述了哈尔滨及其郊区鼠疫发生、发展和消退的过程，更
为重要的是，在书中（含附录）附列了大量数字表格和为防疫而召开的
会议纪要等资料。这些在当时绝大多数都是首次公布，为我们今天研究
那段历史提供了丰富的史料。从学术史上看，该书是一本可以载入史册
的鸿篇巨著。尽管 1910 年 Э. П. 贺马拉－鲍尔谢夫斯基就出版了《中东
铁路沿线鼠疫的产生与防止扩大的预先保护举措》这本仅 10 页的小册
子，但这并不影响该书在学术史上的地位。该书不仅是俄国学者出版的
第一部大部头的关于哈尔滨及其郊区鼠疫的论著，更是俄国汉学史上的
经典论著之一。作者 В. М. 鲍古茨基也因此成为俄国汉学研究史中不能不
提及的研究哈尔滨灾荒史的极少数学者之一。

И. И. 别杰林，出生、逝世年、地点不详，毕业于俄国东方学院
汉满语专业。И. И. 别杰林是满洲俄国东方学家学会创会会员、中东
铁路哈尔滨商业学校汉语教师，曾做过汉语、英语翻译。后来，
И. И. 别杰林又担任《祖国之声报》主编和 1921 年 10 月发行的每日
晚报《喉舌》第二主编。④ И. И. 别杰林在学术研究上关注的完全是中
国问题，出版了《哈尔滨商业学校汉语教科书》⑤（1909）和《乌苏里边

---

① Хмара－борщевский Э. П. Возникновение чумы на линии КВЖД и меры предохранения против заражения чумой. － Харбин, тип. Юань－дун－бао, 1910, 10с.

② Чума в Маньжурии: её последствия и возбуждение в населении. //Дальневосточное обозрение, 1911, №6－7. с. 27－42.

③ Чумная эпидемия в Маньжурии. //Вестник Азии, 1911, №7. с. 133－135.

④ Хисамутдинов А. А. Российская эмиграция в Азиатско－Тихоокеанском регионе и Южной Америке: Биобиблиографический словарь. － Владивосток: Изд－во Дальневост. ун－та. 2000. с. 237; Состав Общества Русских Ориенталистов//Вестник Азии, 1909. №1. с. 278, 280.

⑤ Петелин И. И. Учебник китайского языка для Харбинской торговой школы. － Харбин: Изд. О－ва рус. ориенталистов, 1909.

区的中国公议会》(1909)①，在《亚细亚时报》杂志上发表了《南满铁路附属地的乡村自治》②《中国财政》③两篇文章和《犹太人在中国》④一篇译文（同年出版了单行本）。这些文章在当时的俄国都是首次问世，具有非常重要的学术和史料价值。

H. K. 诺维科夫，出生、逝世年、地点不详，毕业于俄国东方学院汉满语专业。H. K. 诺维科夫是满洲俄国东方学家学会创会会员、中东铁路商业学校汉语教师。1910 年起，H. K. 诺维科夫担任《亚细亚时报》杂志第二任主编，编辑出版了 1910—1911 年的第 5、6、7 期。20 世纪 20 年代，H. K. 诺维科夫在哈尔滨东方文言商业高等专科学校任教，教授汉语、远东国家政治体制课程。H. K. 诺维科夫大约在 1939 年移居澳大利亚。⑤ H. K. 诺维科夫的学术取向主要是关注汉语教学和满洲俄国东方学家学会的活动，在《亚细亚杂志》上发表了《中东铁路哈尔滨商业学校汉语教授问题》⑥《关于在哈尔滨开设东方语言班问题》⑦ 和《与远东社会政治状况紧密关联的满洲俄国东方学家学会的任务》⑧ 三篇文章，出版了《汉语口语学习课本》⑨。

---

① Петелин И. И. Китайское общество Гунь – и – хуй в Уссурийском крае. – Владивосток，1909.

② Петелин И. И. Поселковое управление в полосе Южно – Маньчжурской жел. дор. // Вестник Азии，1909，№1. с. 44 – 56.

③ Петелин И. И. Финансы Китая. //Вестник Азии，1909，№2. с. 69 – 95.

④ Петелин И. И. Евреи в Китае/Пер с англ. //Вестник Азии. 1909，№1. с. 213 – 236. – то же. – Харбин，1909.

⑤ Хисамутдинов А. А. Российская эмиграция в Азиатско – Тихоокеанском регионе и Южной Америке: Биобиблиографический словарь. – Владивосток: Изд – во Дальневост. ун – та. 2000. с. 223；Состав Общества Русских Ориенталистов//Вестник Азии，1909. №1. с. 278，280；Тамазанова Р. П. Журнал "Вестник Азии" в системе русскоязычных периодических изданий в Маньчжурии（Харбин，1909 – 1917 гг.）：Дис... канд. филол. наук：Москва. 2004. с. 89 – 90.

⑥ Новиков Н. К. О преподавании китайского языка в Харбинском коммерческом училище. – СПБ，тип，А. В. Беловой，1911. 26с.

⑦ Новиков Н. К. К вопросу об учреждении в Харбине семинарии восточных языков. // Вестник Азии，1909，№3. с. 211 – 217.

⑧ Новиков Н. К. Задача общества русских ориенталистов в связи с общественно – политическим состоянием Дальнего Востока. //Вестник Азии，1909. №1. с. 1 – 19.

⑨ Новиков Н. К. Пособие к изучению китайского разговорного языка. – Харбин，1910.

В. Ф. 拉德金，1860 年出生，出生地不详，1923 年 8 月 21 日逝世于哈尔滨，精通汉语和突厥语。1893—1895 年，В. Ф. 拉德金参加了 В. И. 罗波罗夫斯基西藏考察团；1899—1900 年，参加了 П. К. 科兹洛夫蒙古 – 喀木考察团。从 1902 年起，В. Ф. 拉德金在中东铁路管理局商务处任职，并担任中东铁路驻哈尔滨商务总办，一直工作到 1920 年。[①] В. Ф. 拉德金主要从事中国经济问题的研究，于 1911 年出版了 4 卷本的《中东铁路商务委员 В. Ф. 拉德金关于锦州—瑷珲铁路区域调查研究报告》[②]。该报告是俄国学者出版的第一部专论从锦州到瑷珲区域的著作。但由于年代久远，笔者费尽周折只查阅到该书的第三卷《满洲与蒙古地区的汉族移民》[③]。该卷主体内容是作者在 1903—1905 年根据对与黑龙江省和吉林省关联密切的哈尔滨地区所开展的调查资料撰写，由于当时条件的限制没有出版，但 В. Ф. 拉德金仍对汉族移民问题给予关注，继续收集中文资料，并把研究范围扩展至整个满蒙地区。1909 年，俄国财政部组织的在锦州至瑷珲区域的"北满与东蒙古考察"为 В. Ф. 拉德金的继续研究提供了掌握近年中国政府在满蒙地区的移民活动情况和获得新资料的条件，由此形成了《满洲与蒙古地区的汉族移民》这一报告[④]。该报告记述了汉族人移居满蒙地区的历史过程、中国政府对待汉族移民的政策和举措、汉族移民的类型和目的等内容，是俄国学者出版的关于汉族人移居满蒙地区史的第一部俄文著作。

A. В. 司弼臣，1876 年 11 月 10 日出生于塔波夫省乌瓦罗沃，1941 年 11 月 24 日因重病逝世于哈尔滨。1906 年，А. В. 司弼臣以优异成绩毕业

---

① Некролог//Заря. Харбин. 1923，30 августа，№195；Некролог//Русский голос. Харбин. 1923，30 августа，№909；Чуваков В. Н. Незабытые могилы. Российское зарубежье. Некрологи 1917 – 1999. Том 4. М. : Пашков дом. 2004. с. 26.

② Ладыгин В. Ф. Отчёт коммерческого агента КВжд В. Ф. Ладыгина по экспедиции для обследования района Цзинь – чжоу – Айгуньской железной дороги. Изд. Коммерческой службы КВжд，1911. 4 тома.

③ Ладыгин В. Ф. Колонизация Маньчжурии и Монголии китайцами. Харбин，изд. Квжд. Т. Ⅲ，с. 142 – 305.

④ Ладыгин В. Ф. Колонизация Маньчжурии и Монголии китайцами. Харбин，изд. Квжд. Т. Ⅲ，с. 142 – 143.

于符拉迪沃斯托克东方学院汉满语专业，并受聘为中东铁路公司顾问。同时，A. B. 司弼臣还担任《盛京报》和中东铁路机关报中文报《远东报》编辑，并为《新时代报》撰稿。国内战争时，A. B. 司弼臣参加了中苏关于中东铁路问题的谈判。中苏共管中东铁路时，A. B. 司弼臣担任中东铁路公司顾问。A. B. 司弼臣还是穆棱煤矿和沙松煤矿的创办人之一，在生命的最后时期主要在这两座煤矿工作。① A. B. 司弼臣也是满洲俄国东方学家学会的创会会员兼理事会主席。② A. B. 司弼臣主要就中国政治问题进行了研究，1903 年还在东方学院读大学的他就在《东方学院学报》上发表了《奉天省煤矿上的工人问题》一文（翌年该文在符拉迪沃斯托克出版了单行本）③，是俄国学者发表的对中国煤矿工人问题进行研究的首部论著；来哈尔滨工作后在《亚细亚时报》杂志上发表了《满洲的行政体制》（1909 年，同年该文在哈尔滨出版了单行本）④ 和《当前中国的社会政治流派》（1910 年，同年该文在哈尔滨出版了单行本）⑤ 两篇文章，记述了清末新政以来中国东北行政管理体制上的变化和各级行政机构的设置及职权；记述了 1904—1910 年中国的社会政治状况，列举了大量社会组织，认为社会进步是改革的必然条件。

19 世纪末 20 世纪初俄国在对华侵略过程中军方不仅诉诸武力，也进行了大量的实地调查。而军方对中国东北地区尤其是黑龙江地区进行的大规模实地调查首先来自于俄国边防独立兵团阿穆尔军区司令部。1901 年，俄国边防独立兵团阿穆尔军区司令部向中国东北派出了大批军官。他们利用中文资料并根据实地调查资料编撰了大量具有军事价值的统计著作。它们以"满洲军事统计资料"形式于 1902—1903 年在哈巴罗夫斯

---

① A. B. Спицын:（Некролог）//Хлеб Небесный. 1941. №12. с. 50.

② Состав Общества Русских Ориенталистов//Вестник Азии, 1909. №1. с. 278.

③ Спицын А. В. Рабочий вопрос на каменно‐угольных копях Мукденской провинции. //Известие Восточного Института, 1903, №9. с. 319 – 325; №10. с. 199 – 248. – Владивосток, 1904. 112с.

④ Спицын А. В. Административное устройство Маньчжурии. Харбин, 1909. – 26с. //Вестник Азии, 1909, №2. с. 26 – 54.

⑤ Спицын А. В. Современные общественно‐политические течения в Китае. Харбин, изд. об‐ва русских ориенталистов, 1910. //Вестник Азии, 1910, №4. с. 5 – 32.

克出版，如《阿什河副都统》《三姓副都统》《齐齐哈尔副都统》《宁古塔副都统》《吉林副都统东部》《吉林副都统》《珲春副都统》《呼兰副都统》《布特哈副都统》《长春府与伯都讷副都统》《瑷珲副都统》① 等。1901 年，俄国政府将以保护中东铁路为名于 1897 年在哈尔滨成立的中东铁路护路队改编为俄国边防独立兵团外阿穆尔军区。从第二年起，俄国边防独立兵团外阿穆尔军区司令部取代了俄国边防独立兵团阿穆尔军区司令部对中国东北进行军事调查的功能，并把调查范围扩大到了蒙古地区。至第一次世界大战时，俄国边防独立兵团外阿穆尔军区整编被派往欧洲前线，由此停止了持续不断的军事调查活动。据加拿大学者巴吉奇统计，到 1910 年由俄国边防独立兵团外阿穆尔军区司令部以 "满蒙资料" 形式在哈尔滨出版印刷的图书就达 36 种。② 而参与调查的主要俄侨学者有 A. M. 巴拉诺夫、孔深、M. A. 波路莫尔德维诺夫等。关于孔深，从现在所遗留的史料痕迹看，我们只能获知他曾在俄国边防独立兵团外阿穆尔军区工作过，并出版了《哲里木盟》③（1905）、《杜尔伯特王公》④（1907）等著作。关于 A. M. 巴拉诺夫和 M. A. 波路莫尔德维诺夫，史料有一些零星记载。A. M. 巴拉诺夫，1865 年 8 月 15 日出生，出生地点不详，

---

① Богданов А. Ф. Ажехинское фудутунство. Ч. 1. Хабаровск：Штаб Приамур. Воен. окр. , 1902; Богаевский. Сан – Синское фудутунство. Хабаровск：Штаб Приамур. Воен. окр. , 1903; Дуров. Цицикарское фудутунство. Хабаровск：Штаб Приамур. Воен. окр. , 1903; Зигель. Восточная часть Гиринского фудутунства. Хабаровск：Штаб Приамур. Воен. окр. , 1903; Карликов. Нингутское фудутунство. Хабаровск：Штаб Приамур. Воен. окр. , 1903; Лисовский. Гиринское фудутунство. Хабаровск：Штаб Приамур. Воен. окр. , 1903; Лишин. Хуньчунское фудутунство. Хабаровск：Штаб Приамур. Воен. окр. , 1903; Любов. Хуланьское фудутунство. Хабаровск：Штаб Приамур. Воен. окр. , 1903; Мельгунов. Бутханское фудутунство. Хабаровск：Штаб Приамур. Воен. окр. , 1903; Тихменев. Чан Чунь – фу и фудутунство Бодунэ. Хабаровск：Штаб Приамур. Воен. окр. , 1903; Щедрин. Айгуньское фудутунство. Хабаровск：Штаб Приамур. Воен. окр. ,1903.

② OLGA BAKICH, Haebin Russian imprints：Bibliography as history, 1898 – 1961, New York · Paris：Norman Ross Publishing Inc, pp. 509 – 510.

③ Коншин. Джеримский сейм. Составил Заамурского округа поручик Коншин. Материалы по Маньчжурии и Монголии. Выпуск первый. Монголия. Издание второе.Изд. ЗООКПС. Харбин, 1906. 75 с.

④ Коншин. Княжество Дурбет/Сост. Заамурск. окр. поручик Коншин. – Харбин：Отчет. отд – ние Штаба Заамур. окр. отдел. корпуса погранич. стражи, 1907. 27 с. – （Материалы по Маньчжурии и Монголии；Вып. 14）.

1927 年 1 月 26 日逝世于哈尔滨。从 1898 年起，A. M. 巴拉诺夫就在中国东北生活，最初一些年在中东铁路西线一带活动，在俄国边防独立兵团外阿穆尔军区侦察机构工作。A. M. 巴拉诺夫历任外阿穆尔边境警卫队骑兵大尉（1907）、中校（1911），后又被任命为俄国边防独立兵团外阿穆尔军区司令部司令。A. M. 巴拉诺夫在 20 世纪 20 年代是东省文物研究会的终身会员并担任东省文物研究会民族学部主任一职。① A. M. 巴拉诺夫是哈尔滨俄侨学者中的著名蒙古学家。从 1903 年 12 月 25 日至 1906 年 10 月 1 日，外阿穆尔军区向我国蒙古地区派去了 7 个考察队，其中的 4 个就是由精通蒙语又与蒙古地方政权有着密切接触的 A. M. 巴拉诺夫领导的。② 在这些调查的基础上，1905—1910 年，A. M. 巴拉诺夫出版了《蒙古：呼伦贝尔与喀尔喀》③《呼伦贝尔、喀尔喀与哲里木盟》④《蒙古专有名词词典》⑤

---

①　Хисамутдинов А. А. Российская эмиграция в Азиатско - Тихоокеанском регионе и Южной Америке: Биобиблиографический словарь. - Владивосток: Изд - во Дальневост. ун - та. 2000. с. 46; Бойкова Е. В. Российская военная разведка в Монголии в начале XX в. //MONGOLICA - XⅥ. Сборник научных статей по монголоведению посвящается 180 - летию исследователя Центральной Азии, этнографа, публициста, монголоведа - фольклориста Григория Николаевича Потанина. St. Petersburg, 2016. с. 10. ; Некролог//Рупор. Харбин, 1927. 26 янв.

②　Баранов А. М. Северо - восточные сеймы Монголии. (Материалы по Маньчжурии и Монголии. Вып. 16) - Харбин: изд. штаба Заамурского округа отдельного корпуса пограничной стражи. 1907. с. I.

③　Баранов А. М. Монголия. Барга и Халха. Составил Заамурского округа ротмистр Баранов. Материалы по Маньчжурии и Монголии. Выпуск. 2. Изд. штаба ЗООКПС. Харбин, 1905. - 59с.

④　Баранов А. М. Барга, Халха и чжеримский сейм. - Харбин: изд. штаба Заамурского округа отдельного корпуса пограничной стражи, 1905. с. 13.

⑤　Баранов А. М. Словарь монгольских терминов. А - Н. Составил Заамурского округа ротмистр Баранов. Материалы по Маньчжурии и Монголии. Выпуск. 11. Издание Отчетного отделения Штаба Заамурского округа отдельного корпуса Пограничной стражи. - Харбин: русско - китайская типография "Юань - дун - бао", 1907. вып. 1, 138с; Словарь монгольских терминов. О - Ф. Составил Заамурского округа ротмистр Баранов. Материалы по Маньчжурии и Монголии. Выпуск. 36. Издание Отчетного отделения Штаба Заамурского округа отдельного корпуса Пограничной стражи. - Харбин: русско - китайская типография "Юань - дун - бао", 1910. вып. 2, 139 - 266с.

《蒙古东北盟》①《蒙古：蒙古政治状况简讯》②《扎萨克图王旗的喀喇沁人》③《俄国在蒙古的商业任务》④ 等八部考察报告。这些报告记述了蒙古的历史、行政体制、政治统治、阶层关系、蒙古人的宗教、寺院的分布、俄国在蒙古的商业等情况。其中，《蒙古专有名词词典》篇幅比较长，分上下两部，分别于 1907 年和 1910 年出版，是俄国学者出版的第一部比较全面的关于蒙古词汇的词典。M. A. 波路莫尔德维诺夫，1867年出生，出生地点不详，逝世年、地点不详，俄国边防独立兵团外阿穆尔军区上校军衔，精通蒙古语，满洲俄国东方学家学会会员。1912 年，M. A. 波路莫尔德维诺夫编辑了《亚细亚时报》杂志第 11—12 期；1913—1914 年，又担任了《亚细亚时报》杂志第 19—24 期的编辑职务。⑤ M. A. 波路莫尔德维诺夫对中国的武装力量和边疆垦殖问题进行了研究，出版了《中国军队》⑥ 和《蒙古哲里木盟、黑龙江右岸、瑷珲厅

① БарановА. М. Северо – восточные сеймы Монголии. – Харбин: изд. штаба Заамурского округа отдельного корпуса пограничной стражи, 1907. 138 с. （Материалы по Маньчжурии и Монголии. Вып. 16）

② БарановА. М. Монголия: Крат. сведения о полит. состоянии Монголии. – Харбин, 1906. 13 с.

③ Баранов А. М. Харачины в хошуне чжасакту – ван. – Харбин: изд. разведывательного отделения Заамурского округа отдельного корпуса пограничной стражи, 1907. 32 с. （Материалы по Маньчжурии и Монголии. Вып. 16）

④ БарановА. М. Наши торговые задачи в Монголии. – Харбин, 1907. 23 с.

⑤ Хисамутдинов А. А. Российская эмиграция в Азиатско – Тихоокеанском регионе и Южной Америке: Биобиблиографический словарь. – Владивосток: Изд – во Дальневост. ун – та. 2000. с. 56; Тамазанова Р. П. Журнал " Вестник Азии " в системе русскоязычных периодических изданий в Маньчжурии （Харбин, 1909 – 1917 гг.）: Дис. . . . канд. филол. наук: Москва. 2004. с. 91.

⑥ Полумордвинов М. А. Китайская армия. （организация） . – Харбин: изд. штаба Заамурского округа отдельного корпуса пограничной стражи, 1908, с. 1 – 20. （ММ, вып. 21）; Китайская армия. （военные управления и комплектование） . – Харбин: изд. штаба Заамурского округа отдельного корпуса пограничной стражи, 1908, с. 21 – 40. （ММ, вып. 22）; Китайская армия. （мобилизация. распределение войск по районам и ход организационных работ） . – Харбин, 1908, с. 41 – 66. （ММ, вып. 23）; Китайская армия. （войска категории сюнь – фан – дуй, вооружение армии, снаряжение, обмундирование） . – Харбин: изд. штаба Заамурского округа отдельного корпуса пограничной стражи, 1908, с. 67 – 102. （ММ, вып. 26） .

和兴东道的垦殖》① 等著作。《中国军队》一书由四个分册组成，全面记述了中国军队的管理、组织、分布、武器装备等内容，是俄国学者出版的第一部关于中国武装力量的综合性著作。《蒙古哲里木盟、黑龙江右岸、瑷珲厅和兴东道的垦殖》一书是 M. A. 波路莫尔德维诺夫利用所翻译的中文资料写成，是俄国学者出版的关于中国东北边疆地区垦殖问题，尤其是黑龙江北部地区垦殖问题的重要研究著作，为我们研究清朝末年黑龙江北部地区的开发提供了史料佐证。此外，外阿穆尔军区文职军官 B. B. 戈利岑于 1910 年也执笔编写了一部关于中东铁路护路队的著作——《中东铁路护路队参加一九〇〇满洲事件纪略》。该书是俄国边防独立兵团特别外阿穆尔军区司令部为纪念解哈尔滨义和团之围 10 周年编辑出版的，其目的在于为中东铁路护路队树碑立传，炫耀它"剿平匪乱"的"业绩"。该书分三十六章，一方面竭力为沙皇俄国的侵略政策辩解，吹捧中东铁路总工程师尤戈维奇和护路队司令格尔恩格罗斯等人忍让克制、顾全大局，夸耀护路队官兵英勇善战、奋不顾身；另一方面则较详尽地介绍了中东铁路护路队建立、组织、装备和扩编等情况，不仅从侧面暴露了护路队俄军欺辱、残害中国人民的罪行，同时也反映了中国人民在义和团运动中表现的大无畏的斗争精神，为研究中俄关系史、中国东北地方史和义和团运动史提供很多第一手资料，具有一定的参考价值。正因如此，该书 1984 年被翻译成中文由商务印书馆出版。A. H. 季托夫，1875 年 8 月 14 日出生于华沙省军人之家，逝世年、地点不详。1895 年，A. H. 季托夫毕业于巴甫洛夫斯克军事学校；1909 年以优异成绩毕业于东方学院汉满语专业。1904 年，A. H. 季托夫参加了日俄战争；1905—1911 年外阿穆尔军区边境护路队骑兵大尉。A. H. 季托夫是满洲俄国东方学家

---

① Полумордвинов М. А. Колонизация чжеримского сейма монголии, правого берега амура и округа айгунского и синдун - дао. - Харбин, изд. разведывательного отделения Заамурского округа отдельного корпуса пограничной стражи, 1909, 86c.

学会会员。A. H. 季托夫后在俄国驻上海总领事馆工作。① 其先后在《亚细亚时报》杂志上发表了《上海外国租界工部局》②《满洲的过去》③《中国的瘟疫》④ 三篇文章。

在中国东北地区存在的其他俄侨机构里也有一些俄侨学者从事研究工作，如 И. A. 多布罗洛夫斯基、H. П. 施泰因菲尔德、A. Ю. фон. 兰德岑、M. A. 索科夫宁等。

И. A. 多布罗洛夫斯基，⑤ 1877 年出生于波多利斯克省，父亲是一名神父。И. A. 多布罗洛夫斯基在本地的一所神学校接受了中等教育，毕业后在当地农村做了一段时间的教师工作。为了接受高等教育，他离开了家乡来到遥远的符拉迪沃斯托克，进入东方学院汉满语专业学习汉语、满语。在大学三年级时俄日战争（1904—1905）爆发，还没有毕业的 И. A. 多布罗洛夫斯基作为高年级学生被俄国政府征用，派往当时的黑龙江省齐齐哈尔俄国军事委员管理局工作，担任第 3 军团司令部翻译。这为 И. A. 多布罗洛夫斯基从事中国研究提供了实践机会，奠定了其日后在俄国汉学史上的地位。在齐齐哈尔工作期间，受齐齐哈尔俄国军事委员管理局局长 K. П. 林达的委托和基于自身的学术兴趣，И. A. 多布罗洛夫斯基利用齐齐哈尔俄国军事委员管理局所掌握的资料以及他所实地调查的资料，尤其是在松花江下游地区对赫哲人语言和生活的考察资料，撰

① Состав Общества Русских Ориенталистов в Маньчжурии к 1 – му апрелю 1911 г. // Вестник Азии, 1911. №8. с. 167; Хисамутдинов А. А. Дальневосточное востоковедение: Исторические очерки/Отв. ред. М. Л. Титаренко; . Ин – тДал. Востока РАН. – М. : ИДВ РАН. 2013. с. 335.

② Титов А. Н. Общественное управление иностранного сеттельмента в Шанхае//Вестник Азии. 1910. №3. с. 22 – 43.

③ Титов А. Н. Из маньчжурской старины//Вестник Азии. 1910, №3. с. 205 – 207.

④ Титов А. Н. Чума в Китае//Вестник Азии. 1911, №8. с. 117 – 127.

⑤ Баранов И. Г. Илья Амвлихович Доброловский (Некролог)//Вестник Азии, 1922, №48. с. 3 – 5; Павловна Т. Р. Журнал "Вестник Азии" в системе русскоязычных периодических изданий в Маньчжурии: Дис. . . канд. филол. наук: Москва, 2004. с. 87 – 89; Список членов Сельско – Хозяйственного Общества за 1914 год//Сельское хозяйство в северной Маньчжурии, 1915. №3. с. 19.

写出三部关于黑龙江的著作，即《满洲的黑龙江省》①《黑龙江省概述》②《松花江赫哲族语言资料》③。三部著作先后在哈尔滨出版。《松花江赫哲族语言资料》起初没有公开出版，但因其学术价值巨大，得到了俄国学界的重视。首先其手稿被转送到东方学院，П. П. 施密德教授对其进行了初步研究，后又转送皇家科学院，圣彼得堡大学编外副教授 Л. В. 科特维奇对其进行了深入研究，并在圣彼得堡发表了该手稿的部分内容。

1904—1905 年俄日战争后，他获得了东方学院汉满语专业毕业文凭，恰逢中东铁路公司着手准备在哈尔滨发行中文报纸《远东报》（日报）。于是，1906 年，И. А. 多布罗洛夫斯基受邀来到哈尔滨，与同为东方学院的毕业生 А. В. 司弼臣等创办了中文报纸《远东报》，并从 1906—1916 年一直兼任主编助理一职。这样，И. А. 多布罗洛夫斯基就在哈尔滨长期工作、生活，几乎没有离开过哈尔滨，直至逝世。仅有一次，И. А. 多布罗洛夫斯基回到了圣彼得堡，做了一个有关远东政治、经济状况的报告。从那时起，他更多的是以报人、出版者、教师和社会活动家等多重身份工作。这些工作让本来在学术上可以有更大作为的 И. А. 多布罗洛夫斯基无法全身心投入学术研究。И. А. 多布罗洛夫斯基也积极从事文化教育、慈善和社会救济等活动。在 И. А. 多布罗洛夫斯基居哈的时间里，他一直在中东铁路商业学校等多所学校教授汉语，还被选为哈尔滨市自治公议会的议员。在第一次世界大战期间，И. А. 多布罗洛夫斯基还兼任《哈尔滨日报》《满洲新闻》《铁路员工》等多种报纸的编辑。1909 年，И. А. 多布罗洛夫斯基成为满洲俄国东方学家学会的创始人之一，并担任该学会机关刊物——哈尔滨第一本学术杂志《亚细亚时报》的第一任编辑，1915 年又当选为该学会主席，被誉为该会的"灵魂"。И. А. 多布罗洛夫

---

① Добролjvский И. А. Хэйлунцзянская провинция Маньчжурии. – Харбин：Издание Управления Военного Комиссара Хэйлунцзянской провинции, Типо – Литография Штаба Заамурского Округа Пограничной Стражи. 1906. 207с.

② Добролjвский И. А. Хэй – лун – цзян тун – чжи цзи – ляо или Сокращенное всеобщее описание Хэйлунцзянской провинции. Выпуск. 1. – Харбин：русско – кит. тип. газ. "Юань – дун – бао",1908. 39с.

③ Добролjвский И. А. Материалы к языку сунгарийских гольдов. – Харбин：［б. и.］, 1919. 334с.

斯基亦是满洲农业学会会员。

在繁忙的业务工作外，И. А. 多布罗洛夫斯基仍不忘从事学术研究活动，发表了关于中国的四篇学术论文，多数都发表在《亚细亚时报》上，即《外国人在华治外法权》（同年在哈尔滨出版了单行本）①《中国人的结拜》②《诺克斯的满洲贸易中立化计划与俄国的对策》③《各省谘议局联合会北京第一次会议》（同年在哈尔滨出版了单行本）④。1920 年 3 月 22 日，И. А. 多布罗洛夫斯基以自杀的形式在哈尔滨结束了自己的生命，关于其为何自杀，至今也不得而知，他的去世也使上述一些报纸纷纷停刊。

《满洲的黑龙江省》是 И. А. 多布罗洛夫斯基出版的第一部著作，亦是其代表作之一。全书除序言外，分五个大部分。第一部分为自然地理概述，记述了当时黑龙江省的地理位置、所辖面积、地表形态、气候、水利资源和生物资源。第二部分为交通，重点记述了黑龙江省的驿路交通网，主要记载了以齐齐哈尔、呼兰城和海拉尔为中心通往四周的驿道情况。第三部分为人口，记述了黑龙江省人口的数量、阶层关系、族属关系、民族构成、主要民族、地域分布、掌握语言、宗教信仰、土地开发情况、居住的主要城镇。第四部分为行政设置，首先整体上记述了清统治时期黑龙江省行政设置的历史沿革；其次记述了黑龙江省省级最高军政长官——黑龙江将军的职权、直接隶属机构；最后记述了黑龙江将军所辖地方八旗制和州县制的基本情况，以及驻防军队的建制和分布。第五部分为经济状况，记述了黑龙江省的农业、种植业、畜牧业、采参业、林业、捕鱼业、采煤业、盐业、矿业和税捐等情况。

《满洲的黑龙江省》成书于 1906 年，至今已 100 多年了。站在今天的角度来看，《满洲的黑龙江省》仍具有极高的史料价值和学术价值。

① Доброловский И. А. Внеземельность иностранцев в Китае（к вопросу общественном управлении Харбина）.//Вестник Азии,1909,№1. с. 136 – 188.

② Доброловский И. А. Побратимство у китайцев.//Вестник Азии. 1910,№4. с. 186 – 187.

③ Доброловский И. А. Предложение статс - секретаря Нокса о торговой нейтрализации Маньчжурии и русское контрпредложение. ［Доклад.］ –//Отчёт одеятельности Общества русских ориенталистов в СПБ за 1910г. – СПБ,1910,с. 66 –79.

④ Доброловский И. А. Открытие в Пекине первой сессии Конституционной палаты.（сообщ. в О. Р. О. Отчет）.//Вестник Азии,1910,№6. с. 59 – 67.

《满洲的黑龙江省》史料价值巨大，主要体现在著者 И. А. 多布罗洛夫斯基所运用的史料上。如他在前言中所言，撰写《满洲的黑龙江省》一书时首先利用了齐齐哈尔俄国军事委员管理局档案馆所藏的大量资料（既有印刷出版物，又有手稿文件）；其次又利用了在齐齐哈尔当地收集的实际调查统计资料。① 可以说，И. А. 多布罗洛夫斯基在《满洲的黑龙江省》一书中完全利用了当时的第一手资料。因此，正是由于有大量的一手资料做支撑，И. А. 多布罗洛夫斯基才能撰写出一部全面描述当时黑龙江省情况的著作。也正因如此，《满洲的黑龙江省》一书才具有极高的史料价值。这直接体现在《满洲的黑龙江省》这部书各章节的主要内容上，对我们研究当时黑龙江省的历史具有极大的参考价值。衡量一部学术著作的学术价值，首要的是看这一部著作在学术史上的地位。在俄国汉学史上，И. А. 多布罗洛夫斯基理应得到学界的关注。但从中外学者的研究成果看，② 几乎找不到关于 И. А. 多布罗洛夫斯基学术研究的著述。笔者认为，И. А. 多布罗洛夫斯基是俄国汉学研究不能遗漏的一位重要汉学家。19 世纪末 20 世纪初，由于地缘战略因素，俄国兴起了实践汉学，中国东北边疆史地成为其重要研究对象，出版了 Д. М. 波兹德涅耶夫的《满洲记述》、А. В. 鲁达科夫的《吉林省中国文化史资料（1644—1902）》等大部头著述。И. А. 多布罗洛夫斯基亦是中国东北边疆史地研究的重要成员。其所撰写的《满洲的黑龙江省》虽说不是最早研究中国东北边疆史地的论著，却是俄国第一部全面论述黑龙江省历史的综合性著作，其在俄国汉学史上的地位是不容抹杀的。在黑龙江学术史上，И. А. 多布罗洛夫斯基同样是一位重要学人。众所周知，作为苦寒之地的黑龙江在历史上本土学人极少，黑龙江的学术研究基本上由外国人（俄

---

① Доброловский И. А. Хэйлунцзянская провинция Маньчжурии. - . Харбин：Издание Управления Военного Комиссара Хэйлунцзянской провинции, Типо - Литография Штаба Заамурского Округа Пограничной Стражи. 1906. с. 2.

② Скачков П. Е. Библиография Китая. М. , 1960；Павловская М. А. . Харбинская ветвь российского востоковедения, начало XX в. 1945г. 1999：диссертаци. кандидат исторических наук：Владивосток：1999；Гараева Л. М. Научная и педагогическая деятельность русских в Маньчжурии в конце XIX - первой половине XX века：Дис. . кандидата исторических наук：Владивосток，2009；阎国栋：《俄国汉学史》，人民出版社 2006 年版。

罗斯人、日本人等）来操作。据笔者多方查阅资料确认，И. А. 多布罗洛夫斯基极可能是 20 世纪初在黑龙江最早出版学术著作的学人。从学术史的角度看，И. А. 多布罗洛夫斯基可算作黑龙江学术走向近代的第一人，因为《满洲的黑龙江省》是黑龙江大地上第一部运用西方实证研究方法出版的著作，同样也是黑龙江大地上第一部全面论述黑龙江省历史的综合性著作。因此，И. А. 多布罗洛夫斯基及其《满洲的黑龙江省》在黑龙江学术史上都是可以大书特书的。

Н. П. 施泰因菲尔德，1864 年出生，出生地点不详，父亲为矿山工程师和《叶卡捷琳堡周报》编辑，1925 年 12 月逝世于哈巴罗夫斯克。Н. П. 施泰因菲尔德曾任《哈尔滨日报》编辑、《阿穆尔边区报》记者、哈尔滨贸易公所第一秘书，是满洲俄国东方学家学会会员、俄国皇家东方学学会会员、满洲农业学会会员。1919—1921 年，Н. П. 施泰因菲尔德担任《东亚报》（在满洲里市发行的党外民主日报）编辑。1921 年，Н. П. 施泰因菲尔德从哈尔滨返回符拉迪沃斯托克，并担任《祖国之声报》职员。Н. П. 施泰因菲尔德后移居哈巴罗夫斯克，在《太平洋之星报》工作到生命最后。① Н. П. 施泰因菲尔德主要致力于中俄经济关系研究，在 20 世纪初，在《亚细亚时报》《远东铁路生活》《财政工商通报》等杂志上发表了《当地商界评价俄国在蒙古的贸易》②《当地商界评价俄国在满洲的贸易》③《战后俄国在满洲的工商业》④《俄国在满洲的贸

---

① Хисамутдинов А. А. Дальневосточное востоковедение：Исторические очерки/Отв. ред. М. Л. Титаренко；. Ин－тДал. Востока РАН. － М.：ИДВ РАН. 2013. с. 349；Список членов Сельско－Хозяйственного Общества за 1914 год//Сельское хозяйство в северной Маньчжурии，1915. №3. с. 21.

② Штейнфельд Н. П. Русская торговля в Монголии в характеристике местного купечестваю//Вестник Азии，1909，№2. с. 112－129.

③ Штейнфельд Н. П. Русская торговля в Маньчжурии в характеристике местного купечестваю//Вестник Азии，1909，№3. с. 128－157.

④ Штейнфельд Н. П. Русская торговля и промышленность в Маньчжурии после войны.//Вестник финансов，пром－сти и торговли. 1906，№33. с. 225－232.

易》①《俄国在满洲贸易统计资料汇编》②《关于俄国在满洲贸易的信贷状况问题》③《俄国在满洲和中国内地的事业》④《中国的黑龙江沿岸地区，抑或俄国的满洲》⑤《在铁路统计说明中的北满粮食贸易成绩》⑥ 九篇文章，于 1910 年在哈尔滨出版了代表著作《俄国在满洲的事业——17 世纪至 20 世纪初》⑦。从 17 世纪开始，俄国就在中国东北地区开展了其所谓"开拓事业"，至 Н. П. 施泰因菲尔德撰写《俄国在满洲的事业——17 世纪至 20 世纪初》一书时，已有三个世纪的历史。在此期间，尤其是 19 世纪末 20 世纪初，俄国以修筑和经营中东铁路为基础，在中国东北地区的"事业"获得了长足发展。然而，从学术的角度梳理俄国在中国东北地区的"事业"，在俄国学术界尚无任何出版物问世。正如 Н. П. 施泰因菲尔德书中的结论所言，俄国在中国东北地区的"事业"已经稳固发展 14 个年头了，但迄今为止我们还找不到一本专论全面反映俄国人在中国东北地区政治状况、生活和活动的书籍。《俄国在满洲的事业——17 世纪至 20 世纪初》一书就尽可能地全面展现了当时俄国在中国东北地区"事业"的图景。⑧ 此外，Н. П. 施泰因菲尔德撰写此书还有另一重要目的，就是对俄国在中国东北地区的经济活动进行重点研究。而俄国在中国东北地区的经济繁荣需要俄国政治上的干预。Н. П. 施泰因菲尔德在该书前

---

① Штейнфельд Н. П. Русская торговля в Маньчжурии. //Вестник финансов, пром - сти и торговли. 1909, №52. с. 657 – 660.

② Штейнфельд Н. П. Свод статистических материалов по русской торговле в Маньчжурии. //Изв. Харбинского отд - ния О - ва востоковедения, 1910, Т. 1. с. 122 – 131.

③ Штейнфельд Н. П. О положении кредита для русской торговли в Маньчжурии. //Изв. Харбинского отд - ния О - ва востоковедения, 1910, Т. 1. с. 102 – 115.

④ Штейнфельд Н. П. Русское дело в Китае и Маньчжурии. //Сиб. торгово - промышленный ежегодник, СПБ, отд. 2. 1910, с. 31 – 41.

⑤ Штейнфельд Н. П. Китайское Приамурье или русская Маньчжурия? //Быт и Культура Востока, 1910, №1, с. 5 – 6.

⑥ Штейнфельд Н. П. Успехи хлебной торговли в Северной Маньчжурии в освещении железнодорожной статистики. //железнодорожная жизнь на Дальнем востоке. 1911, №3 - 4. с. 6 – 8.

⑦ Штейнфельд Н. П. Русское дело в Маньчжурии. с 17 в. до наших дней. - Харбин, тип. газ. Юань - дун - бао, 1910. 208с.

⑧ Штейнфельд Н. П. Русское дело в Маньчжурии. с 17 в. до наших дней. - Харбин, тип. газ. Юань - дун - бао, 1910. с. 203.

言中明确表达了这一主张。① 全书共 208 页，除序言和结论外，分 10 个
章节论述，记述了俄国人在中国东北活动的历史、19 世纪末 20 世纪初的
东北亚国际关系、中东铁路的修筑与运营、俄国与中国东北地区的贸易、
哈尔滨的工商业、俄国在中国东北地区的粮食贸易和工业、中国东北地
区的税关与俄国之关系、俄国在中国东北地区的政治活动、俄国与日本
在中国东北地区的关系、俄国在中国东北地区活动的前景等内容。从该
书的主要内容看，书中记载了大量关于中国东北的史料。这些史料对后
世学者研究 20 世纪初之前的中国东北尤其是黑龙江的历史都具有重要价
值。从俄国汉学史梳理该书的价值，《俄国在满洲的事业——17 世纪至
20 世纪初》一书的学术价值不容忽视。该书所探讨的问题从研究指向属
于中俄关系问题。在该书出版之前，俄国学者早已出版过论述中俄关系
的论著，其中也包括俄国与中国东北地区关系问题的论著，如 1908 年 Б.
杰米琴斯基在圣彼得堡出版的《俄国在满洲》② 一书。可以说，该书是俄
国学者出版的专门探讨关于俄国与中国东北地区关系问题的第一部俄文
著作，在学术史上具有重要价值。该书论述的重点在于俄国在中国东北
地区的政治活动，作者明确指出了俄国通过暴力或军事手段破坏了其在
中国东北地区所取得的"事业"。而 Н. П. 施泰因菲尔德的《俄国在满洲
的事业——17 世纪至 20 世纪初》一书尽管不是俄国学者出版的专门探讨
关于俄国与中国东北地区关系问题的第一部俄文著作，但在学术史上仍
应给予其足够的重视。该书是俄国学者出版的专门探讨俄国与中国东北
地区关系问题的第一部综合性论著，同时也是第一部以研究俄国在中国
东北地区经济活动为主要内容的论著。此外，作者所阐述的论点也与 Б.
杰米琴斯基的观点截然相反。作者明确指出，俄国尤其是阿穆尔沿岸地
区的发展完全离不开中国东北地区。俄国在中国东北地区"事业"的发
展与日本、中国在该地区的政策密切相关。在日本的对外扩张强化下和
中国开发东北边疆的形势下，作者认为，如果在政治上俄国反应过慢或

---

① Штейнфельд Н. П. Русское дело в Маньчжурии. С 17 в. до наших дней. - Харбин,
тип. газ. Юань - дун - бао, 1910. с. Ⅲ - Ⅳ.

② Демчинскíй Б. россия в Маньчжурии. (По неопудликованным документам). С. -
Петербург, 1908.

态度不坚决，那么俄国在中国东北地区的"事业"毫无疑问必将迎来失败。①

A. Ю. фон. 兰德岑，1874 年 12 月 25 日出生于喀琅施塔得，1935 年 5 月 11 日逝世于旧金山。A. Ю. фон. 兰德岑毕业于圣彼得堡大学东方系和圣彼得堡考古学院，1903 年俄国驻京公使馆大学生。1907—1911 年、1912—1914 年，A. Ю. фон. 兰德岑分别担任俄国驻吉林、哈尔滨领事馆书记官。1915—1921 年，A. Ю. фон. 兰德岑担任俄国驻日本神户领事馆副领事。1921 年 4 月，A. Ю. фон. 兰德岑来到西雅图，成为编外俄国领事，1924 年移居旧金山在"美洲"银行工作。② 在中国居留期间，A. Ю. фон. 兰德岑还是满洲俄国东方学家学会的首批会员。③ 在外交工作之余，A. Ю. фон. 兰德岑也致力于学术研究，出版了《1908 年的比较日历表——标出三种历法时间：旧历、公历和中国阴阳历（光绪三十三和三十四年）》（1908）④《关于中国的手边必备书籍：1909 年上半年的重要勘误与修正》（1909）⑤ 两本实用小册子；在《亚细亚时报》杂志上发表了《加入中国籍和退出中国籍的新法规》⑥《中国出版印刷规定》⑦《吉林的展览会》⑧《中国皇帝的传国玉玺》⑨《中

---

① Штейнфельд Н. П. Русское дело в Маньчжурии. С 17 в. до наших дней. – Харбин，тип. газ. Юань – дун – бао，1910. с. 100，201.

② Внезапная кончина А. Ю. Ландезен：(Некролог)//Новая заря. 1935. – 11 мая. с. 5.

③ Состав Общества Русских Ориенталистов//Вестник Азии，1909. №1. с. 279.

④ Ландезен А. Ю. фон. Сравнительный календарь на 1908 год. С обозначением времени по трем стилям：старому，новому и китайскому（Гуан – сюй 33 и 34 г.）. Харбин：типолитография штаба Заамурского округа пограничной стражи，1908. 12с.

⑤ Ландезен А. фон и Шкуркин П. В. 1 – му вып. Настольная книга о Китае. Важнейшие опечатки и изменения，последовавшие за первую половину 1909г. – Харбин，русско – кит – монг. тип. газ. Юань – дун – бао，1909，63с.

⑥ Ландезен А. Ю. фон. Новый закон о вступлении в китайское подданство и о выходе из последнего. //Вестник Азии. 1909，№1. с. 36 – 43.

⑦ Ландезен А. Ю. фон. Закон о печати в Китае. //Вестник Азии. 1909，№3. с. 44 – 50.

⑧ Ландезен А. Ю. фон. Гиринская выставка. //Вестник Азии. 1910，№4. с. 108 – 114.

⑨ Ландезен А. Ю. фон. Старинные печати Китайских императоров. //Вестник Азии. 1910，№4. с. 179 – 186.

国驻洋大臣》①《奉天的唐古特铭文》②《满洲和蒙古城市洮南府与宾州厅文化经济最新资料》③《满洲城市榆树县文化经济最新资料》④ 八篇关于中国问题的文章，涉及中国的文化、政策法规、经济等内容，并进行了开拓性研究。

Μ. Α. 索科夫宁，出生年、地点不详，逝世年、地点不详，满洲俄国东方学家学会会员，俄国驻吉林领事。⑤ Μ. Α. 索科夫宁在《亚细亚时报》杂志上发表了《吉林的木材工业》⑥ 一篇文章记述了近年来吉林的木材工业发展状况。

1904 年日俄战争前，由于俄国经营旅大地区，在该地区也出现了极个别俄侨学者进行学术研究活动，如 Π. Α. 罗索夫和 Д. Г. 杨切维茨基。Π. Α. 罗索夫，1874 年 2 月 17 日出生于沃罗涅日省，逝世年、地点不详。Π. Α. 罗索夫 1892 年毕业于圣彼得堡第二士官武备学校；1894 年毕业于巴甫洛夫斯克军事学校。1896 年秋，Π. Α. 罗索夫被派往中国北京学习汉语口语与书面语，后又在天津学习。1899 年 1—6 月，Π. Α. 罗索夫在俄国占领的关东州农户中主持了税收工作。1899 年 7 月—1900 年 6 月，Π. Α. 罗索夫被特派为管理中东铁路附属地大连港和铁路行政事务，作为关东州总督府外交官员与中国官员处理交涉事宜。与此同时，Π. Α. 罗索夫又受俄国关东陆军司令官 Д. И. 苏波提齐的指派为沙皇尼古拉二世撰写关于关东州当地居民日常生活方式的概述报告。在此基础上，Π. Α. 罗索夫又应《新境报》出版者 Π. Α. 阿尔特米耶夫的请求，将概述报告进一步补充。这样，1901 年，Π. Α. 罗索夫的著作《俄国的中国：占领关东

① Ландезен А. Ю. фон. Представители Китая за границей. //Вестник Азии. 1911, №9. с. 23 – 38.

② Ландезен А. Ю. фон. Тангутская надпись в Мукдене. //Вестник Азии, 1909, №1. с. 237 – 242.

③ Ландезен А. Ю. фон. Новейшие данные для культурно - экономического описания городов Маньчжурии и Монголии（1. Тао - нань - фу. П. Бинь - чжоу - тин）. //Вестник Азии, 1909, №2. с. 152 – 164.

④ Ландезен А. Ю. фон. Новейшие данные для культурно - экономического описания городов Маньчжурии（Юй - шу - сянь）. //Вестник Азии, 1909, №3. с. 194 – 201.

⑤ Состав Общества Русских Ориенталистов//Вестник Азии, 1909, №1. с. 280.

⑥ Соковнин М. А. Лесопромышленность Гириня//Вестник Азии. 1909, №2. с. 55 – 68.

州和当地居民的日常生活方式》① 在旅顺被《新境报》出版。1904—1905年，П. А. 罗索夫参加了日俄战争。1907 年，П. А. 罗索夫毕业于总司令部尼古拉耶夫斯克学院；1910 年又在皇家东方学学会培训班结业。1914年，П. А. 罗索夫参加了第一次世界大战。②《俄国的中国：占领关东州和当地居民的日常生活方式》是 П. А. 罗索夫在华出版的第一部著作。该书分两大部分，第一部分包括两章，记述了俄国政权在关东的确立，包括俄国占领旅大地区、设立关东州和行政机构、俄国人对当地居民的漠视等情况；第二部分包括七章，记述了关东州当地居民的日常生活方式，包括民族风俗、宗教信仰、国民教育、社会与家庭生活、道德观、健康与医学、习俗与风俗等。该书是俄国学者出版的关于旅大地区中国人日常生活方式的第一部俄文著作。此外，受军方指派，1907 年前在华工作的 П. А. 罗索夫对朝鲜和中国军队进行了调查研究，于 1906 年在哈尔滨出版了《1905 年末至 1906 年初的朝鲜状况概述》③ 和《1906 年改革时期的中国武装力量》④ 两本著作，重点记述了 20 世纪初朝鲜的反日游击运动和中国的军队变革。这两本书都是当时在华俄侨学者最早研究朝鲜问题和中国军队的著作。

Д. Г. 杨切维茨基，1872 年出生，出生地不详，曾以优异的成绩毕业于俄国列维尔亚历山大中学，后在圣彼得堡大学学习东方哲学。1899 年，来到旅顺担任《新境报》评论员。1900 年，由于精通三种欧洲语言和汉语，作为战地记者被征调参加八国联军镇压义和团运动，成为义和团运动的直接目击者。关于义和团运动的消息，在 1903 年由其出版的《於沉

①　Россов П. А. Русский Китай. Очерки занятия Квантуна и быта туземного населения. С приложением карты "Квантуна". Порт – Артур: издание книжного магазина склада "Новый край", 1901. 164с.

②　Россов П. А. Русский Китай. Очерки занятия Квантуна и быта туземного населения. С приложением карты "Квантуна". Порт – Артур: издание книжного магазина склада "Новый край", 1901. с. Ⅰ – Ⅲ; https://vrnguide. ru/bio – dic/r/rossov – pjotr – alekseevich. html.

③　Россов П. А. Очеркъ состоянія Кореи в конце 1905 г. и в начале 1906 г. – Печатано по распоряжению и. д. Начальника Штаба войск Дальнего Востока. – Харбинъ: Типография Штаба войск на Дальнем Востоке, 1906. 84с.

④　Россов П. А. Вооруженные силы Китая в период преобразований 1906 года. Харбин, 1906. 143с.

睡的中国长城内外：1900 年义和团运动时期"新境报"记者日记》[①] 一书中有所体现。该书出版后立刻就成为畅销书，被翻译成几种欧洲语言。根据法国总统的建议，1904 年他被遴选为法国文学院院士。日俄战争时期，他担任《满洲军队报》第一主编，报道前线的消息。1907 年，这些消息汇集成《来自东方的威胁：俄国的任务与日本在远东的任务》一书在《列维尔新闻》印刷厂印刷。第一次世界大战初，担任圣彼得堡《新时代报》战地记者的他被指控背叛国家而遭到逮捕。1916 年初，他才获得自由。十月革命和国内战争时期，在 A. 高尔察克军队中供职。1927年，由于反苏宣传活动被判 10 年劳动改造，在犯罪学研究室工作，并为《索洛维茨岛》杂志撰稿。1932 年获得了自由，在科斯特洛姆定居，在纺织学院教授外语。1937 年，再次被逮捕，在亚罗斯拉夫 1 号监狱监禁了一年并因心脏病死于那里。[②]《於沉睡的中国长城内外：1900 年义和团运动时期"新境报"记者日记》一书是 Д. Г. 杨切维茨基来华后出版的第一部著作。该书分三大部分，分别介绍了义和团运动在北京、天津和盛京的情况。该书的重点是记述了八国联军镇压义和团运动的情况，对八国联军尤其是俄国的丑恶行径给予了高度盛赞。该书虽不是俄国出版的第一部关于义和团运动的著作[③]，却是俄国学者记述义和团运动在天津、北京及被八国联军联合绞杀的首部俄文著作。

20 世纪初的北京、汉口等地仍有几个重要俄侨学者从事学术研究活动。卜朗特是 20 世纪初北京俄侨从事学术研究的重要学者之一。他 1869年 11 月 9 日出生于俄国萨拉托夫省，1892 年从圣彼得堡大学东方语言系

---

① Янчевецкий Д. Г. У стен недвижного Китая. Дневник корреспондента《Нового края》на театре военных действий Дмитрия Янчевецкого. СПб. – Порт – Артур, 1903.

② http://www. repka. ee/? page = portret&block_id = 14&sect = 62.

③ 第一部关于义和团运动的俄文著作《义和团及其对远东最近事件的作用》(А. В. Рудаков Общество И – хэ – туань и его значение в последних событиях на Дальнем Востоке. По официальным кит. данным составил и. д. профессора кит. словесности при Вост. ин – те А. Рудаков. – Владивосток: Паровая типолитография товарищества Сущинский и К⁰, 1901. – 77с.) 出版于 1901 年，由俄国著名汉学家 А. В. 鲁达科夫在符拉迪沃斯托克出版。该书是 А. В. 鲁达科夫目击中国东北义和团运动的记录，重点揭示了这个具有明显排外色彩的秘密组织的主要特点，分析了其内部组织形式，清政府对待义和团运动的态度与政策。

毕业。1894 年进入皇家宫廷部，后又转入财政部供职。1901 年，他来到北京，担任中东铁路公司北京办事处主任，并开始在位于东总布胡同的中东铁路俄文学堂（后更名为北洋政府外交部俄文专修馆）教授汉语。1919—1926 年，他被聘为北洋政府外交部法律顾问。1926—1933 年，他在英美传教机构创立的华北协和华语学校教授汉语。1946 年 1 月 25 日逝世于北京。① 此外，卜朗特也是满洲俄国东方学家学会首批会员。② 因从事汉语教学工作需要，在 20 世纪初卜朗特首先在汉语口语、书面语语法以及汉语教学法领域进行了研究，在北京 1908 年出版了汉语口语入门教材《华言初阶》③；1910 年出版了《清国公牍类编》④；1911 年出版了《交涉问题》⑤。尽管上述著作都属于教材性质，但其学术性颇高。其次，卜朗特是俄国第一位研究慈禧太后和光绪皇帝的学者。他在《亚细亚时报》杂志第一期上发表了文章《慈禧太后和光绪皇帝》⑥（该文于同年被满洲俄国东方学家学会以单行本形式在哈尔滨出版）。

　　A. B. 图日林也是 20 世纪初北京俄侨中的一位重要学者，七等文官，出生逝世年、地点不详。A. B. 图日林毕业于圣彼得堡大学东方语言系，1907—1909 年俄国驻京公使馆大学生。1911—1913 年，A. B. 图日林担任俄国驻齐齐哈尔领事馆书记官和副通译官。1914—1915 年，担任俄国驻吉林领事馆书记官和副通译官。1916—1917 年，担任俄国驻牛庄领事馆书记官和副通译官。A. B. 图日林曾被授予圣斯坦尼斯拉夫三等勋章。他

　　① Хисамутдинов А. А. Российские толмачи и востоковеды на Дальнем Востоке. Материалы к библиографическому словарю. – Владивосток：Изд – во Дальневост. ун – та. 2007. с. 48；中国社会科学院近代史研究所翻译室：《近代外国来华人名辞典》，中国社会科学出版社 1981 年版，第 53—54 页。

　　② Состав Общества Русских Ориенталистов//Вестник Азии，1909. №1. с. 278.

　　③ Брандт Я. Самоучитель китайского разговорного языка по методе Туссэна и Лангеншейдта. Ч. 1. (Общая). Вып. 1 – 10. – Пекин：Тип. Рус. духовной миссии，1908. 447с.

　　④ Брандт Я. Образцы китайского официального языка с русским переводом и примечаниями. Часть1. Пекин：тип. Успенского монастыря при Русской духовной миссии，1910. 154с.

　　⑤ Брандт Я. Дипломатические беседы：Тексты кит. изд. с рус. переводом，словами и примечание. – Пекин：Тип. Успен. монастыря，1911. 111с.

　　⑥ Брандт Я. Вдовствующая императрица Цы – Си и император Гуань – Сюй. //Вестник Азии，1909，№1. с. 20 – 35. То же. – Харбин，тип. Юань – дунь – бао，1909，16с.

曾在哈尔滨生活过一段时间。也是满洲俄国东方学家学会会员。① 在北京学习期间，A. B. 图日林也进行了研究工作，专注中国社会政治问题的研究，在《亚细亚时报》杂志上发表了《福建谘议局（关于中国自治问题）》② ［1910，同年该文以《中国——当前中国生活概述：福建谘议局（1909 年会议）》为书名在哈尔滨出版］③ 和《中国新国家制度的主要代表人物》④ 两篇文章，论述了清末新政时期福建谘议局的设立和 1909 年会议的议题内容，以及参与新政的主要政治人物，是俄国最早对清末新政进行研究的学者之一；在圣彼得堡出版了著作《当前的中国》(1910)⑤，该书分十章研究了中国的历史、中国人的日常生活方式、中国的语言、文学与科学、中国的财政、中国的农业、中国的儒学、中国的道教、中国的佛教、中国的外来宗教、中国的戏曲、音乐与艺术等内容，堪称关于中国的百科全书。

在俄国驻北京公使馆学习的另外两名大学生——И. C. 布隆涅尔特和 B. B. 加戈里斯特罗穆也开展了学术研究。И. C. 布隆涅尔特 1882 年 1 月 14 日出生于敖德萨，1948 年逝世于北京。1901 年，И. C. 布隆涅尔特从第三哈尔科夫中学毕业后考入圣彼得堡大学东方系汉语—东方语专业。1907—1911 年、1911—1917 年，И. C. 布隆涅尔特是俄国驻北京公使馆大学生、翻译。И. C. 布隆涅尔特后受聘为北京大学教授，在北京的俄语学校担任日语教师。1937 年卢沟桥事变后，И. C. 布隆涅尔特担任俄侨防

---

① Хисамутдинов А. А. Российская эмиграция в Азиатско - Тихоокеанском регионе и Южной Америке: Биобиблиографический словарь. - Владивосток: Изд - во Дальневост. ун - та. 2000. с. 310.

② Тужилин А. В. Фу - Цзяньский совещательный комитет (К попросу о самоуправлении в Китае.). //Вестник Азии, 1910, №4. с. 55 - 107.

③ Тужилин А. В. Китай. Очерк из современной жизни Китая. I. Фу - Цзяньский совещательный комитет (сессии 1909г.). // - Харбин, тип. Юань - дунь - бао, 1910, 53с.

④ Тужилин А. В. Основные элементы нового государственного строя Китая. //Вестник Азии, 1910, №5. с. 4 - 46.

⑤ Тужилин А. В. Современный Китай. Т. 2. - СПБ. тип. Имп. уч - ща глухонемых, 1910. 427с.

共中央委员会北京分会副主席。① В. В. 加戈里斯特罗穆 1883 年出生，出生地不详，逝世年、地点不详。В. В. 加戈里斯特罗穆毕业于圣彼得堡大学东方系。1907—1909 年，В. В. 加戈里斯特罗穆是俄国驻北京公使馆大学生。1910—1911 年、1913—1915 年，担任俄国驻喀什和广州领事馆通译官。В. В. 加戈里斯特罗穆是八等文官，被授予圣安娜三等勋章。1920年后，其担任海拉尔交涉员署俄国事务议员、苏俄驻满洲里副特派员。В. В. 加戈里斯特罗穆也是东省文物研究会会员。② И. С. 布隆涅尔特和В. В. 加戈里斯特罗穆两个人学术研究的成果就是 1910 年合作出版了《当前中国政治体制》③ 一书。从书名来看，该书应是一部理论研究著作，但从内容上看却恰恰相反，是一部关于清末新政以来中国政治专有名词的俄汉译文辞书。该书分四个部分，列举了 984 个上至皇帝和皇宫、京师各部，下至省级政府机构的设置及它们的职能、下属机构的现名称汉字译文，对我们今天从俄文资料研究晚清政治史是不可多得的工具书。

Г. А. 索福克罗夫是汉口俄侨中少有的关注学术问题的学者。Г. А. 索福克罗夫 1881 年 2 月 26 日出生于奔萨州（另一说是 1884 年），1946年后逝世于苏联，具体年代不详。1901 年，Г. А. 索福克罗夫考入俄国东方学院。1907 年，Г. А. 索福克罗夫以优异成绩从东方学院毕业后获得了留校汉语教研室从事科研工作并被派往北京进修。然而，现实需要迫使他接受俄国驻京公使的建议到汉口主持俄中学堂工作。从 1907—1911 年，Г. А. 索福克罗夫一直在这个岗位工作。在汉口工作期间，Г. А. 索福克罗夫创办并担任《扬子江报》主编，同时又成为满洲俄国东方学家学会首批会员和创办并主持满洲俄国东方学家学会汉口分会工作。由于汉口俄中学堂的关闭，1911 年 12 月 Г. А. 索福克罗夫去了法国，1914 年返回了

① Хисамутдинов А. А. Российские толмачи и востоковеды на Дальнем Востоке. Материалы к библиографическому словарю. – Владивосток : Изд – во Дальневост. ун – та. 2007. с. 49.

② Хисамутдинов А. А. Российские толмачи и востоковеды на Дальнем Востоке. Материалы к библиографическому словарю. – Владивосток : Изд – во Дальневост. ун – та. 2007. с. 65.

③ Бруннерт И. С. , Гагельстром В. В. Современная политическая организация Китая. Под редакцией и при участии первого драгомана Российской императорской миссии в Пекина Н. Ф. Колесова. Пекин : типография Успенского монастыря при Русской духовной миссии, 1910. 540с.

彼得格勒，同年又移居哈尔滨，担任中东铁路交涉局西语翻译，并且是铁路联合法院法官（1920 年前），期间的 1919 年还担任《远东报》主编助理。1921 年《远东报》停办后，Г. А. 索福克罗夫去了北京。后又回到了哈尔滨，在哈尔滨法政大学、哈尔滨东方学与商学院教学和在日本关东军宪兵队哈尔滨特务机关担任广播员。在 20 世纪 20 年代，Г. А. 索福克罗夫还是东省文物研究会语言学部主席。1945 年 8 月 26 日，Г. А. 索福克罗夫被逮捕，11 月 14 日被判处 7 年劳动改造。1996 年 5 月 28 日被平反。① Г. А. 索福克罗夫在《亚细亚时报》杂志上发表了《汉口俄中学堂》②（1909）和《南京展览会上的当前中国》③（1910，该文于同年由满洲俄国东方学家学会汉口分会在汉口出版单行本）两篇文章。

А. Т. 别里琴科，笔名阿兹布卡，1875 年 10 月 16 日出生于博布罗夫县，1958 年逝世于美国旧金山。1897 年，А. Т. 别里琴科毕业于圣彼得堡大学东方系汉蒙满语专业；从 1898 年起任俄国驻京公使馆大学生。1900 年，由于击退义和团对北京公使馆大楼的进攻，А. Т. 别里琴科被授予圣弗拉基米尔 4 等勋章。1902—1905 年，А. Т. 别里琴科担任俄国驻汉口领事馆秘书、通译官；1906—1909 年，任俄国驻营口领事；1910—1912 年，俄国驻福州领事；1913—1914 年，任俄国驻广州领事；1914—1920 年 9 月 23 日，任俄国驻汉口总领事。1924—1946 年，А. Т. 别里琴科是汉口俄国侨民会主席和葡萄牙驻汉口领事。1947 年，А. Т. 别里琴科在去欧洲的途中访问了旧金山；从 1948 年起又回到了旧金山并在那里定

① Хисамутдинов А. А. Российская эмиграция в Азиатско – Тихоокеанском регионе и Южной Америке：Биобиблиографический словарь. – Владивосток：Изд – во Дальневост. ун – та. 2000. с. 290；Веревкин И. Краткий очерк возникновения и деятельности Общества Русских Ориенталистов//Вестник Азии，1909. №1. с. 275；Состав Общества Русских Ориенталистов//Вестник Азии，1909. №1. с. 280；Павловская М. А. . Харбинская ветвь российского востоковедения，начало XX в. 1945г. 1999：диссертаци. кандидат исторических наук：Владивосток：1999. с. 74 – 76.

② Софоклов Г. А. Русско – китайская школа коммерческих знаний в Ханькоу. //Вестник Азии，№1，1909，с. 252 – 254.

③ Софоклов Г. А. Современный Китай на Нанкинской выставке. //Вестник Азии. 1910，№6. с. 68 – 84. то же. – Ханькоу：Изд. Ханькоуского отд. общества Русских ориенталистов. 1910. 16с.

居。A. T. 别里琴科是满洲俄国东方学家学会会员。[①] A. T. 别里琴科在《亚细亚时报》杂志上发表了《回忆张之洞》[②] 一篇文章。

在清代时期，俄国驻北京传教士团成员、驻华使领馆人员、中东铁路所属工作人员和在华其他重要机构人员等是在华俄侨从事学术研究的主体。在清朝末年，在华俄侨的学术活动中最值得一提的是，哈尔滨俄侨学者成立了学术团体，即上文提到的满洲俄国东方学家学会[③]和1910年成立的满洲教育学会[④]。（因为两个学术机构的主要活动是在民国时期，所以本课题将在第3章中重点阐述，开展有针对性的研究）。客观地说，民国成立以前，在华俄侨已开展了一个多世纪的学术活动，尽管在某种程度上都有服务政治需要的目的，但成就仍值得肯定。然而，在华俄侨的学术活动并未因清朝的灭亡而停止，相反在民国时期得到了很大发展。

第二节　民国初年的继续发展期（1912—1917）

在上文所述在华俄侨学术活动的基础上，民国初年在华俄侨的学术活动仍然得到一定程度的发展，即继续发展期。

民国初年，中国东北地区原有的一些俄侨学者继续之前的学术研究，虽然一些学者离开了，但一些新的俄侨学者又加入了其中，进一步推动了东北地区俄侨的学术活动，而除原有已存在的满洲俄国东方学家学会、满洲教育学会（在民国初年创办了会刊《亚洲俄国的教育事业》）等学术团体以及中东铁路管理局附属相关部门等机构进一步开展了活动外，1912年成立的新的学术团体——满洲农业学会（1913年与满洲兽医协会

---

① Хисамутдинов А. А. Российские толмачи и востоковеды на Дальнем Востоке. Материалы к библиографическому словарю. – Владивосток：Изд – во Дальневост. ун – та. 2007. с. 38；Состав Общества Русских Ориенталистов//Вестник Азии，1909. №1. с. 278；Состав Общества Русских Ориенталистов в Маньчжурии к 1 – му Апреля 1911 года//Вестник Азии，1911. №8. с. 163.

② Бельченко А. Т. Воспоминания о Чжан – Чжи – Дуне //Вестник Азии. 1910，№3. с. 208 – 210.

③ 该学会于1908年成立，是第一个在华俄侨学术团体；1909年创办专门的会刊《亚细亚时报》。

④ 第二个在华俄侨学术团体，该学会从1913年开始学术方面活动。

创办了会刊《北满农业》）更加推动了东北地区的俄侨学术活动（关于本章中相关俄侨学术机构及会刊的具体活动，本书将在第三、第四章中具体阐述）。这些学术团体及机构是民国初年中国东北地区俄侨开展学术活动的主要推动学术机构。在这一时期，中国东北地区具有代表性的学者有 A. M. 巴拉诺夫、П. Н. 梅尼希科夫、Н. П. 施泰因菲尔德、A. П. 鲍洛班、П. С. 季申科、П. М. 格拉迪、В. В. 索尔达托夫、В. П. 什库尔金、Э. П. 贺马拉 – 鲍尔谢夫斯基、Б. А. 伊瓦什科维奇、Н. П. 马佐金等，出版了《呼伦贝尔》《我们和日本人在满洲》《北满的吉林省》《满洲简史》《中东铁路十年史》《中国艺术》《哈尔滨及其近郊》《远东的鼠疫及其中东铁路管理局的防疫举措》《满洲的行政体制》《外国人在华租借地》《满洲的中国货币》《满洲的森林》等重要著作。以下将对上述学者及主要成果给予具体介绍。

A. M. 巴拉诺夫、Н. П. 施泰因菲尔德、A. П. 鲍洛班、В. Ф. 拉德金、M. A. 波路莫尔德维诺夫、П. Н. 梅尼希科夫、И. И. 别杰林等俄侨学者在民国初年继续之前的学术研究。A. M. 巴拉诺夫在民国初年出版了《呼伦贝尔》①《乌梁海问题》② 两本非常有价值的小册子。《呼伦贝尔》一书于 1912 年出版于哈尔滨，由俄国边防独立兵团哈尔滨特别外阿穆尔军区司令部印刷厂印刷。如上文所述，《呼伦贝尔》一书仍是受俄国边防独立兵团外阿穆尔军区司令部指派调查而成。《呼伦贝尔》一书尽管在篇幅上不长，仅有 59 页，但记述内容却比较详细和具体。全书分为十五个部分，记述了呼伦贝尔在行政上隶属于黑龙江省、名称的由来和所辖地域范围；呼伦贝尔的山川和土壤；呼伦贝尔多条河流的分布；呼伦贝尔的鱼类；野兽以及盐和碱等矿物质；呼伦贝尔的蒙古人、索伦人、鄂伦春人、达斡尔人等多民族构成；各个民族的具体人数和简要历史及近年

---

① Баранов А. М. Барга. Издано с разрешения начальника Заамурского округа отдельного корпуса пограничной стражи при содействии штаба сего округа. – Харбин : типо – литография Заамурского округа отдельного корпуса пограничной стражи, 1912. 59 с.

② Баранов А. М. Урянхайский вопрос. Издано с разрешения Начальника ЗООКПС штабом сего округа. – Харбин : типо – литография Заамурского округа. 1913. 48 с; Халха. Аймак цецен – хана. – Харбин : типо – литография Охранной стражи КВжд. 1919. 52 с.

呼伦贝尔人口的大致数量；从 17 世纪初开始至 18 世纪末呼伦贝尔的简史与中俄两国在这个地区的冲突与交往；呼伦贝尔的巡边制度；呼伦贝尔的驿站、警察局和阶层情况；呼伦贝尔的两大宗教信仰群体——萨满教和佛教以及呼伦贝尔地区所有的寺庙情况；呼伦贝尔的畜牧业、林业、煤炭开采和贸易情况；清政府在呼伦贝尔地区所实施的新政情况，以及由此所导致的呼伦贝尔脱离中国的运动情况等。综观《呼伦贝尔》一书，尽管篇幅很短，但基本上对呼伦贝尔的自然、地理、人口、历史、政治、经济、宗教等情况都给予了介绍。《呼伦贝尔》一书是根据军方命令由 A. M. 巴拉诺夫实际调查所写。因此，从史料价值上看，《呼伦贝尔》一书所载一些内容具有重要价值，是今天学者研究呼伦贝尔历史必须查阅的著作之一。自 20 世纪初，呼伦贝尔在俄国的对华侵略中地位越来越突出。当时隶属于黑龙江省的呼伦贝尔地区亦是俄国边防独立兵团外阿穆尔军区关注的重点区域之一。A. M. 巴拉诺夫本人对包括呼伦贝尔在内的蒙古地区极其感兴趣，从 1905 年起就开始出版关于蒙古地区的图书，其中也包括呼伦贝尔。从相关史料看，A. M. 巴拉诺夫也是最早关注呼伦贝尔的俄国学者。但在《呼伦贝尔》一书出版之前，A. M. 巴拉诺夫所写的关于呼伦贝尔的图书并不是以单行本出版，而是和别的问题放在一起论述。可以说，《呼伦贝尔》一书是 A. M. 巴拉诺夫出版的第一本关于呼伦贝尔的单行本著作，同时也是俄国出版的第一本关于呼伦贝尔的单行本著作。因此，在俄国汉学史上，《呼伦贝尔》一书是一本重要著作，A. M. 巴拉诺夫的名字也因《呼伦贝尔》一书而载入史册。《乌梁海问题》一书 1913 年出版于哈尔滨，也由俄国边防独立兵团哈尔滨特别外阿穆尔军区司令部印刷厂印刷。《乌梁海问题》一书篇幅更短，正文仅 21 页，首先记述了乌梁海边区的地理、山川河流、气候、土壤、自然资源、民族、宗教信仰和生活方式等；其次书中通过曲解中俄两国所签署的与乌梁海边区有关的条约歪曲事实地认为，乌梁海边区在历史上就是俄国领土，乌梁海边区长期在中国统治之下是俄国在对华政策上的让步使然。作者认为，彻底解决乌梁海边区问题的时机已到，利用外蒙古独立事件把俄国需要的富饶的乌梁海边区夺回来。尽管该书在论点上有失公允，但在当时的俄侨中 A. M. 巴拉诺夫还是唯一一个论述乌梁海问题的学者。

А. П. 鲍洛班于 1912 年在哈尔滨出版了《中东铁路商务代表 А. П. 鲍洛班 1911 年关于中东铁路所影响的北满地区垦务的调查报告》一书。该书是《北满垦务农业志》一书的继续研究，仍是受中东铁路管理局局长委托的研究任务。该书在研究内容上与《北满垦务农业志》一书基本相同。所不同的是，在该书第一部分中增加了中国东北北部地区的农产品成本、税收、中国人粮食的年度消耗、役畜粮食的年度消耗等四章内容。在第二、第三部分，作者依据新的中国东北北部地区行政区划来记述中国东北北部地区的垦务农业。其中，第二部分分别有双城府、五常府、宁安府（宁古塔）、穆棱县、新城府（伯都纳）、农安县、长春府、德惠县、东宁厅、密山府、阿城县、滨江县、长寿县、依兰府（三姓）、方正县、桦川县（佳木斯）、富锦县、临江府，第三部分分别有呼兰府、巴彦州、木兰县、大通县、余庆县、海伦府、拜泉县、青冈县、兰西县、安达厅、肇州厅、龙江府、嫩江府、兴东兵备道、瑷珲兵备道、呼伦兵备道。此外，该书没有了《北满垦务农业志》一书中的第四部分，而是将其内容分解到第二、第三两部分。《中东铁路商务代表 А. П. 鲍洛班 1911 年关于中东铁路所影响的北满地区垦务的研究报告》一书完全按照《北满垦务农业志》一书研究体例进行编写。从研究内容上看，该书变化不大，因此其在学术史上的地位完全被《北满垦务农业志》一书所湮没，但该书在史料上仍不失其价值。据作者在该书前言中所说，该书除利用了《北满垦务农业志》一书中所利用的 20 余种文献资料，又补充了 12 种新的资料。同时，作者又通过吉林省、黑龙江省的俄国领事馆和各地方中国官员与商会获得了 1908 年、1909 年的最新统计资料。① 这些资料对研究 1908 年、1909 年中国东北北部地区的农业问题是极具价值的。

В. Ф. 拉德金在民国初年的 1915 年在哈尔滨出版了一部关于朝鲜的重要著作《中东铁路商务委员 В. Ф. 拉德金关于 1912 年 12 月至 1913 年 1

① Болобан А. П. Отчет коммерческого агента Китайской восточной железной дороги. А. П. Болобана по обследованию в 1911 году районов Хэй – лун – цзян – ской, гирин – ской и мунден – ской провинции(северной маньчжурии)，тяготеющих к Китайской Восточной железной дороге，в земледельческом и хлебопромышленном отношениях. – Харбин：Типография Китайской Восточной железной дороги. 1912. с. 3 – 4.

月在朝鲜旅行的报告》①。尽管该报告是 В. Ф. 拉德金在朝鲜短期旅行的研究报告，但其中记述了朝鲜的历史，日本对朝鲜的侵略与吞并，俄国与朝鲜政治、经济关系的历史与现状等内容。由于《中东铁路商务委员 В. Ф. 拉德金关于 1912 年 12 月至 1913 年 1 月在朝鲜旅行的报告》的出版，В. Ф. 拉德金成为民国初年在华俄侨学者中少有的对朝鲜进行研究的学者。

И. И. 别杰林于民国初年在《亚洲俄国的教育事业》杂志上发表了《新型中国教师进修班》②《中国预科学校文件》（译文）③ 两篇文章；在哈尔滨出版了一部专门用于教授学生的《东方学简明教程（四年级课本）》④，对学生开展东方学教育。这是在华俄侨学术活动史上具有开拓性的事件。

М. А. 波路莫尔德维诺夫于民国初年在《亚细亚时报》杂志上发表了《东北蒙古哲里木盟寺院》⑤《历史资料》⑥《皇帝诏书中的中国革命》⑦《远东的 1912 年》⑧《论当前世界事件对远东事务的影响》⑨《中国

---

① Ладыгин В. Ф. Корея. Отчёт коммерческого агента Китайской Восточной железной дороги В. Ф. Ладыгина по поездке в Корею в декабре – январе 1912 – 1913 г. Изд. Коммерческой части КВжд, 1915. 262с.

② Петелин И. И. Новый тип учительских семинарий в китае. //Просветительное дело в азиатской россии, 1913, №2. с. 20 – 22.

③ Петелин И. И. Указ о подготовительных шкодах в Китае. //Просветительное дело в азиатской россии, 1916, №3 – 4. с. 155 – 158.

④ Петелин И. И. Краткий курс по востоковеде – нию: (Учеб. для V кл.) Харбин: Изд. Чурина, 1914. 198с.

⑤ Полумордвинов М. А. Монастыри Чжеримского сейма Северо – Восточной Монголии. (Численность и классификация монастырей. Список монастырей Чжеримского сейма. Экономическое положсние монастырей. Роль ламаизма в политической жизни монголов). //Вестник Азии, 1912, №11 – 12. с. 109 – 179.

⑥ Полумордвинов М. А. Историческая справка. //Вестник Азии, 1912, №11 – 12. с. 1 – 20.

⑦ Полумордвинов М. А. Китайская революция в Императорских указах. //Вестник Азии, 1912, №11 – 12. с. 277 – 364.

⑧ Полумордвинов М. А. 1912 год на Дальнем Востоке. //Вестник Азии, 1913, №14. с. 1 – 22.

⑨ Полумордвинов М. А. О влиянии современных мировых событий на положение дел на Дальнем Востоке. //Вестник Азии, 1914, №31 – 32. с. 7 – 23.

地方行政管理的演进》① 六篇文章，涉及国际关系、中国地方政治及民族宗教文化等问题，其中《东北蒙古哲里木盟寺院》是一篇重要代表文章。该文就东北蒙古哲里木盟寺院数量与类别、寺院的名单、寺院的经济状况、喇嘛教在蒙古人政治生活中的作用等内容进行了记述。该文是俄国学者发表的第一篇专门论述东北蒙古哲里木盟寺院的学术文章，在俄国汉学史上具有重要意义。

Н. П. 施泰因菲尔德于民国初年在《亚细亚时报》《财政、工商通报》等杂志上发表了《当地商界谈关闭 50 俄里免税区的后果》② 《20 年内俄国在满洲事业的结果》③ 《俄国在满洲的蒙古地区贸易的近期任务》④ 《库伦条约中的重要含糊之词》⑤ 四篇文章，1913 年在哈尔滨出版了《我们与日本人在满洲》⑥ 《俄国在华商业利益》⑦ 《在满洲做什么？》⑧ 《关于俄国在华贸易问题》⑨ 等四本小册子。其中，《我们与日本人在满洲》和《俄国在华商业利益》两本小册子是 Н. П. 什泰因菲尔德研究中比较有影响的论著。《我们与日本人在满洲》一书分八个小章节，记述了中国东北对于俄国和日本的重要性、中国东北发展简史（从满族人的崛起写起）、日本在中国东北攫取利益的历史过程、日本在中国东北殖民政策的手段、俄国在中国东北殖民政策的失败、俄日在中国东北殖民政策的比较、关

① Полумордвинов М. А. Эволюция местного административного управления в Китае（по декретам Президента Республики）.//Вестник Азии,1915,№33. с. 3 – 43.

② Штейнфельд Н. П. Местное купечество о последствиях закрытия 50 – тиверстной полосою//Вестник Азии,1913,№13. с. 1 – 20.

③ Штейнфельд Н. П. Итоги русского дела в Маньчжурии за 20 лет. – Дальний Восток. вып. 1. Харбин,1918.

④ Штейнфельд Н. П. Ближайшие задачи русской торговли в Приманьчжурской Монголии. //Вестник финансов,пром – сти и торговли. 1912,№61. с. 246 – 248.

⑤ Штейнфельд Н. П. Важная недомолвка в Ургинском договоре.//Вестник Азии, №15. 1913. с. 23 – 26.

⑥ Штейнфельд Н. П. Мы и японцы в Маньчжурии. – Харбин,тип. Труд,1913. 47с.

⑦ Штейнфельд Н. П. Русские торговые интересы в Китае. – Харбин,Труд,1913. 24с.

⑧ Штейнфельд Н. П. Что делать с Маньчжурией? – Харбин,тип. Труд В. И. Антуфьева, 1913. 15с.

⑨ Штейнфельд Н. П. К вопросу русской торговли в Китае. – Харбин,изд. Штаба Заамур. округа. 11с.

于中国东北的命运等问题。该书指出，中国东北是俄国太平洋领地在远东的唯一粮食基地；解决中国东北问题的唯一途径就是俄国吞并中国东北（所提出的理由在《在满洲做什么？》一书中也阐述过）。该书是俄国学者出版的第一部专门从俄日关系的视角研究中国东北的著作。《俄国在华商业利益》一书分两大部分十个小章节，记述了中国的对外贸易、俄国商品输入中国的通道和主要市场、俄国商品的销售条件、1911 年哈尔滨的贸易额、中国铁路事业的前景、俄国在中国东北的铁路、经符拉迪沃斯托克从中国东北的输出、俄国在中国的银行、俄国商人和俄国贸易在中国的法律状况、中国东北是俄国的侨民区等内容。该书是俄国学者出版的专论 20 世纪初中俄经济关系的综合性著作，记载了非常有价值的资料。

民国初年的 П. Н. 梅尼希科夫开展了活跃的学术研究，主要致力于当时中国东北历史的研究，在《北满农业》《亚细亚时报》《远东铁路生活》杂志上发表了《关于 1913 年黑龙江省和吉林省粮食收成问题》[1]《满洲历史简纲》[2]（1917，同年出版单行本）《从哈尔滨到布拉戈维申斯克途经齐齐哈尔的铁路》[3] 三篇文章；独立出版了《中东铁路商务代表 П. Н. 梅尼希科夫关于黑龙江省和内蒙古哲里木盟的调查报告》《满洲历史简纲》两部书[4]，与 П. Н. 斯莫利尼科夫、А. И. 齐尔科夫共同出版了《北满吉林省：1914 年和 1915 年中东铁路商务处委员 П. Н. 梅尼希科夫、П. Н. 斯莫利尼科夫、А. И. 齐尔科夫的调查报告》和《北满黑龙江省：1914 年和 1915 年中东铁路商务处委员 П. Н. 梅尼希科夫、П. Н. 斯莫利

①　Меньшиков П. Н. Об уражае хлебов в Хэйлунцзянской и Гиринской провинции в 1913 г. //Сельское хозяйство в северной Маньчжурии, №4 – 5. 1913. с. 22 – 40.

②　Меньшиков П. Н. Краткий исторический очерк Маньчжурии. //Вестник Азии, №42. 1917. с. 5 – 48.

③　Меньшиков П. Н. Железная дорога от Харбина до Благовещенска с ветвью на Цицикар. //Железная Жизнь На Дальнем Востоке, 1916, №37. с. 4 – 5.

④　Меньшиков П. Н. Отчёт Коммерческого агента Китайской Восточной ж. д по обследованию Хэйлунцзянской провинции и части Чжеримского сейма Внутренней Монголии. Харбин: Издание Коммерческой части Китайской Восточной ж. д, 1913, 244с; Краткий исторический очерк Маньчжурии. : – Харбин, 1917. 42с.

尼科夫、А. И. 齐尔科夫的调查报告》两部调查研究著作①。本书对
П. Н. 梅尼希科夫的独著《中东铁路商务委员 П. Н. 梅尼希科夫关于黑龙
江省和内蒙古哲里木盟的调查报告》、与人合著的《北满吉林省：1914 年
和 1915 年中东铁路商务处委员 П. Н. 梅尼希科夫、П. Н. 斯莫利尼科夫、
А. И. 齐尔科夫的调查报告》《北满黑龙江省：1914 年和 1915 年中东铁
路商务处委员 П. Н. 梅尼希科夫、П. Н. 斯莫利尼科夫、А. И. 齐尔科夫
的调查报告》进行重点介绍。

　　《中东铁路商务委员 П. Н. 梅尼希科夫关于黑龙江省和内蒙古哲里木
盟的调查报告》一书于 1913 年在哈尔滨出版，是 П. Н. 梅尼希科夫
1911—1912 年对黑龙江省和内蒙古哲里木盟的实地调查而写成，由正文
十五部分和附录五部分构成，重点记述了黑龙江省（包括黑龙江省统辖
的内蒙古哲里木盟部分区域）的行政区划、土地面积、河流分布与水上
交通、土路与畜力运输情况。作者在正文中直接附载了途中调查的多篇
文章，如《1911 年 12 月从齐齐哈尔到洮南府》《1912 年 5 月下旬在满
沟——肇州厅——伯都纳的路上》《1912 年 5 月末从大赉府去伯都纳——
齐齐哈尔大道》《1912 年 7 月初在洮儿河、嫩江和松花江行驶的帆船上》
等；在附录中还附载了 1912 年黑龙江省播种面积表、1911 年 1 月—1912
年 2 月黑龙江省税捐表等内容。《中东铁路商务代表 П. Н. 梅尼希科夫关
于黑龙江省和内蒙古哲里木盟的调查报告》虽说不是研究黑龙江省的第
一部综合性著作，但该书是第一次对黑龙江省的地理状况进行专门研究
的尝试，书中记载了大量关于黑龙江地理的实证调查资料。这也是该书
与之前中东铁路商务委员 А. П. 鲍洛班于 1912 年出版的《中东铁路商务
委员 А. П. 鲍洛班 1911 年关于中东铁路所影响的北满地区垦务的调查报
告》一书的最大差别。正如作者在书中前言所说，该书补充了《中东铁
路商务委员 А. П. 鲍洛班 1911 年关于中东铁路所影响的北满地区垦务的

---

　　① Меньшиков П. Н. , Смольников П. Н., Чирков А. И. Северная Маньчжурия с
приложением карты всей Маньчжурии. Отчет по командировке агентов Коммерческой части
Китайской Восточной жел. дор. П. Н. Меньшикова , П. Н. Смольникова и А. И. Чиркова в 1914 и
1915 гг. Издание Коммерческой части Китайской Восточной ж. д. - Харбин：типография КВжд,
1916. 652 с Т. 1. Гиринская провинция. ; 1918. 655 с. т. 2. Хэйлунцзянская провинция.

调查报告》一书关于黑龙江地理资料的信息。

《北满吉林省：1914 年和 1915 年中东铁路商务处委员 П. Н. 梅尼希科夫、П. Н. 斯莫利尼科夫、А. И. 齐尔科夫的调查报告》一书于 1916 年在哈尔滨出版。《北满黑龙江省：1914 年和 1915 年中东铁路商务处委员 П. Н. 梅尼希科夫、П. Н. 斯莫利尼科夫、А. И. 齐尔科夫的调查报告》一书于 1918 年出版于哈尔滨（该书在十月革命前已完成，不知何原因到 1918 年才出版，为了便于整体论述，在本节中一并介绍）。《北满吉林省：1914 年和 1915 年中东铁路商务处委员 П. Н. 梅尼希科夫、П. Н. 斯莫利尼科夫、А. И. 齐尔科夫的调查报告》与《北满黑龙江省：1914 年和 1915 年中东铁路商务处委员 П. Н. 梅尼希科夫、П. Н. 斯莫利尼科夫、А. И. 齐尔科夫的调查报告》两部书按照两省新的行政区划，除以极短的篇幅总述两省整体状况外，以所属县为单位进行单章记述，大体上从历史、地理、行政管理、交通、人口、土地面积的分类及其经济意义、农业、畜牧业与家禽业、渔猎业、工商业等内容对所调查的县进行研究。《北满吉林省：1914 年和 1915 年中东铁路商务处委员 П. Н. 梅尼希科夫、П. Н. 斯莫利尼科夫、А. И. 齐尔科夫的调查报告》一书记述的吉林省所属调查县包括：扶余县、德惠县、阿城县、五常县、榆树县、穆棱县、东宁县、双城县、宾县、方正县、依兰县、富锦县、虎林县、饶河县、林甸县、绥远县、长春县、吉林县、桦川县、同江县、延吉县、珲春县、滨江县、宁安县、磐石县、农安县、和龙县、长岭县、额穆县、蒙江县、敦化县、汪清县、依通县。《北满黑龙江省：1914 年和 1915 年中东铁路商务处委员 П. Н. 梅尼希科夫、П. Н. 斯莫利尼科夫、А. И. 齐尔科夫的调查报告》记述的黑龙江省所属调查县包括：大赉县、泰来县、肇州县、肇东县、呼兰县、巴彦县、木兰县、通河县、汤原县、安达县、拜泉县、兰西县、绥化县、海伦县、龙镇县、庆城、龙江县、讷河县、嫩江县、西布特哈、漠河县、呼玛县、瑷珲县和萝北县。

从史料价值上看，以上两部书中含有丰富的史料。首先，两部书综合运用了近 30 种文献，如包括著名俄国汉学家宝至德于 1897 年著的

《满洲记述》[①] 和在本章中提到的 П. B. 什库尔金的《呼兰城——满洲中部历史与经济生活概述》、И. A. 多布罗洛夫斯基的《满洲的黑龙江省》、B. B. 索尔达托夫的《哈尔滨及其郊区的 1 日人口普查》、A. П. 鲍洛班的《中东铁路商务代表 A. П. 鲍洛班 1911 年关于中东铁路所影响的北满地区垦务的调查报告》、A. M. 巴拉诺夫的《呼伦贝尔》、П. H. 梅尼希科夫的《中东铁路商务代表 П. H. 梅尼希科夫关于黑龙江省和内蒙古哲里木盟的调查报告》等多部著作，以及三年内俄国驻中国东北各领事的商务报告和中东铁路地亩处等部门的统计报告资料。其次，运用了在黑龙江省、吉林省地方行政部门和商业机构获得的最新调查资料。可以说，两部书是关于当时黑龙江省、吉林省省情的百科全书，为我们研究 20 世纪初黑龙江省、吉林省的历史提供了极其有价值的史料。

　　关于黑龙江省、吉林省的研究，俄国学者（包括俄侨学者）出版了诸如俄国著名汉学家 A. B. 鲁达科夫的《吉林省中国文化史资料（1644—1902）》[②]、И. A. 多布罗洛夫斯基的《满洲的黑龙江省》、A. П. 鲍洛班的《中东铁路商务代表 A. П. 鲍洛班 1911 年关于中东铁路所影响的北满地区垦务的调查报告》和 П. H. 梅尼希科夫的《中东铁路商务代表 П. H. 梅尼希科夫关于黑龙江省和内蒙古哲里木盟的调查报告》等著作。与上述这些著作相比，两部书的学术价值在于以下两个方面：第一，这两部书是继《吉林省中国文化史资料（1644—1902）》和《满洲的黑龙江省》之后出版的关于黑龙江省、吉林省的综合性论著，不仅论及了《吉林省中国文化史资料（1644—1902）》《满洲的黑龙江省》两部书中的一些内容，而且更为重要的是记述的内容是近年黑龙江省、吉林省所发生的事情，这是 A. B. 鲁达科夫的《吉林省中国文化史资料（1644—1902）》、И. A. 多布罗洛夫斯基的《满洲的黑龙江省》两部书中没有的内容。第

---

　　① 是俄罗斯学者出版的第一部全面、综合研究中国东北的著作。（Д. M. Позднеев Описание маньчжурии. ,СПБ. ,1897. 620c. ）

　　② 是俄罗斯学者出版的第一部研究当时中国吉林省的综合性著作。（A. B. Рудаков Материалы по истории китайской культуры в Гиринской провинции （1644 – 1902 гг. ）T. 1/Пер. Цзи－линь－тун－чжи. С дополнениями по новейшим китайским официальным данным. Владивосток,1903. –574c. ）

二，这两部书是继《中东铁路商务代表 A. П. 鲍洛班 1911 年关于中东铁路所影响的北满地区垦务的调查报告》和《中东铁路商务代表 П. Н. 梅尼希科夫关于黑龙江省和内蒙古哲里木盟的调查报告》之后出版的关于黑龙江省、吉林省的大型调查研究报告，除调查资料覆盖的年限不同外，最大的区别是这两部书首先是专门研究黑龙江省、吉林省的调查报告，而《中东铁路商务代表 A. П. 鲍洛班 1911 年关于中东铁路所影响的北满地区垦务的调查报告》和《中东铁路商务代表 П. Н. 梅尼希科夫关于黑龙江省和内蒙古哲里木盟的调查报告》两部书却相反，调查研究范围更广；其次，这两部书记述的内容是综合性的，而《中东铁路商务代表 A. П. 鲍洛班 1911 年关于中东铁路所影响的北满地区垦务的调查报告》和《中东铁路商务代表 П. Н. 梅尼希科夫关于黑龙江省和内蒙古哲里木盟的调查报告》两部书记述的内容是单方面的，或是以农业垦务为主，或是以地理方面为主。

除上述一些原有俄侨学者在民国初年继续从事学术研究外，П. Н. 斯莫利尼科夫、A. И. 齐尔科夫、Э. П. 贺马拉－鲍尔谢夫斯基、B. B. 索尔达托夫、П. M. 格拉迪、Г. Г. 阿维那里乌斯、Б. A. 伊瓦什科维奇、П. C. 季申科、И. Г. 巴拉诺夫、Н. П. 马佐金等俄侨学者在民国初年加入了在华俄侨学术研究的队伍当中来。

П. Н. 斯莫利尼科夫，1888 年出生于布拉戈维申斯克市，1919 年 11 月 15 日逝世于哈尔滨。П. Н. 斯莫利尼科夫毕业于库伦东方语言学校汉蒙语专业。1907—1910 年 2 月 1 日，П. Н. 斯莫利尼科夫担任俄国驻哈尔滨领事馆通译官，后又担任中东铁路管理局商务处商务委员，是满洲俄国东方学家学会会员、满洲农业学会会员、俄国皇家地理学会会员。П. Н. 斯莫利尼科夫死于从博克图至哈尔滨的旅行途中①。П. Н. 斯莫利尼科夫在学术研究上，除与 П. Н. 梅尼希科夫、A. И. 齐尔科夫共同对当

① Хисамутдинов А. А. Российская эмиграция в Азиатско－Тихоокеанском регионе и Южной Америке：Биобиблиографический словарь. － Владивосток：Изд－во Дальневост. ун－та, 2000. с. 286－287；Список членов Сельско－Хозяйственного Общества за 1914 год//Сельское хозяйство в северной Маньчжурии, 1915. №3. с. 20. Смольников П. Н. Монгольская ярмарка в Гуаьчжуре в 1912 году. Харбин：Изд. Коммерч. части упр. КВЖД. 1913. 19с.

时的黑龙江省、吉林省进行调查，并编写《北满吉林省：1914 年和 1915年中东铁路商务处委员 П. Н. 梅尼希科夫、П. Н. 斯莫利尼科夫、А. И.齐尔科夫的调查报告》和《北满黑龙江省：1914 年和 1915 年中东铁路商务处委员 П. Н. 梅尼希科夫、П. Н. 斯莫利尼科夫、А. И. 齐尔科夫的调查报告》两部报告外，也独立出版了一本小薄册子《1912 年甘珠尔的蒙古集市》①。这是目前可查到的 П. Н. 斯莫利尼科夫编写的唯一一部专论甘珠尔的蒙古集市贸易的单行本著作，是我们研究民国初年甘珠尔经济的重要史料。此外，П. Н. 斯莫利尼科夫还在《北满农业》杂志上发表了一篇《关于五常县粮食贸易状况》②的文章。

关于 А. И. 齐尔科夫的生平活动的资料极度缺乏，现在我们只能根据 П. Н. 梅尼希科夫的资料获得其在哈尔滨期间曾担任中东铁路管理局商务处商务委员，并与 П. Н. 梅尼希科夫、П. Н. 斯莫利尼科夫共同对当时的黑龙江省、吉林省进行调查和编写《北满吉林省：1914 年和 1915 年中东铁路商务处委员 П. Н. 梅尼希科夫、П. Н. 斯莫利尼科夫、А. И. 齐尔科夫的调查报告》《北满黑龙江省：1914 年和 1915 年中东铁路商务处委员 П. Н. 梅尼希科夫、П. Н. 斯莫利尼科夫、А. И. 齐尔科夫的调查报告》两部报告的信息。

3. В. 斯拉乌塔，出生年、地点不详，1919 年 9 月 21 日逝世于符拉迪沃斯托克。3. В. 斯拉乌塔曾担任中东铁路商务处副处长，是满洲俄国东方学家学会会员、满洲农业学会会员。从 1918 年 4 月 27 日起，3. В. 斯拉乌塔担任北京参议员。③ 3. В. 斯拉乌塔在《亚细亚时报》杂志上发表了《关于 1913 年 1 月当地吊票升值引起的在北满城市中俄国人与中国

---

① Смольников П. Н. Монгольская ярмарка в Гуаьчжуре в 1912 году. – Харбин：Изд. Коммерч. части упр. КВЖД, 1913. 19 с.

② Смольников П. Н. О положении хлебной торговли в уезде У – чан – сян. //Сельское хозяйство в Северной Маньчжурии, 1915, №2, с. 43 – 45.

③ Список членов Сельско – Хозяйственного Общества за 1914 год //Сельское хозяйство в северной Маньчжурии, 1915. №3. с. 20；Состав Общества Русских Ориенталистов в Маньчжурии к 1 – му апрелю 1911 г. //Вестник Азии, 1911. №8. с. 165；Хисамутдинов А. А. Российская эмиграция в Азиатско – Тихоокеанском регионе и Южной Америке：Биобиблиографический словарь. – Владивосток：Изд – во Дальневост. ун – та. 2000. с. 285.

人之间调整粮食贸易的方式问题》① 一篇文章。

　　П. С. 季申科，1879 年 1 月 21 日出生于波尔塔夫省康斯坦丁格勒县，1946 年逝世，具体逝世年、地点不详。1898 年，П. С. 季申科以最优等成绩毕业于哈尔科夫农业学校。1900 年，П. С. 季申科考入俄国东方学院。1904 年，П. С. 季申科参加了俄日战争，获得了圣斯塔尼斯拉夫三等勋章和圣安娜勋章。1905 年，П. С. 季申科以优异成绩毕业于东方学院汉蒙语专业。П. С. 季申科 1906 年来到哈尔滨，在中东铁路管理局任职员。从 1906 年 7 月 1 日至 1916 年，П. С. 季申科担任《哈尔滨日报》编辑，在 1922 年前也是哈尔滨市总议事会议长，1922—1925 年在哈尔滨自治公议会工作。П. С. 季申科也在哈尔滨东方文言商业专科学校教授日本地理和中国东北、中国（蒙古、西藏、新疆）地理、日本历史、远东国家历史等课程。1940 年，П. С. 季申科正式受聘哈尔滨东方文言商业专科学校教授，并担任系主任一职。П. С. 季申科也参与社会活动，是哈尔滨乌克兰侨民协会的重要成员，参与创办了哈尔滨市和北满老俄侨协会并编辑出版了会刊《哈尔滨一页》。П. С. 季申科是满洲俄国东方学家学会创会人之一，也是满洲农业学会合作会员。П. С. 季申科还担任《霞光报》撰稿者。② П. С. 季申科在来哈尔滨前就已开始了学术研究，主要就中国的经济尤其是中东铁路问题进行研究，在《东方学院学报》《亚细亚时报》等杂志上发表了《夹皮沟游记》③《松花江上的中国海关》④《满洲的货币

　　① Слаута З. В. На тему о способе урегулирования торговли хлебом между русскими и китайцами в городах Северной Маньчжурии, упавшей в январе 1913 г. , вследствие обезцепения туземных кредиток – дяо. //Вестник Азии – 1913 , №15. с. 27 – 56.

　　② Забияко А. А. , Забияко А. П. , Левошко С. С. , Хисамутдинов А. А. Русский Харбин: опыт жизнестроительства в условиях дальневосточного фронтира/Под ред. А. П. Забияко. – Благовещенск: Амурский гос. ун – т, 2015. с. 403 ; Павловская М. А. Харбинская ветвь российского востоковедения, начало XX в. – 1945г. : диссертаци. кандидат исторических наук. Владивосток. 1999. с. 249 – 250 ; Список членов Сельско – Хозяйственного Общества за 1914 год//Сельское хозяйство в северной Маньчжурии, 1915. №3. с. 21.

　　③ Тишенко П. С. Поездка в Цзя – пи – гоу. //Известия Восточного Института, 1903 , No. 4 , с. 1 – 96.

　　④ Тишенко П. С. Китайские таможни на Сунгари. (Доглад на заседании О – ва востоковедения). //Изв. Харбинского отд – ния О – ва востоковедения, 1910, Т. 1. с. 160 – 173.

危机问题》[①] 三篇文章；出版了关于中东铁路史的专著——《中东铁路十年（1903—1913）》[②]。这是目前所能看到的他出版的唯一一部著作。

通观中东铁路发展的历史脉络和《中东铁路十年（1903—1913）》一书出版的年份以及其所记述的中东铁路的发展时段，笔者认为，该书的出版发行是为纪念一个重要历史年份而作。因为 1903 年 7 月 1 日中东铁路正式运营，而 1913 年又恰逢中东铁路正式运营 10 周年。梳理中东铁路 10 年的运营情况也就成为了该书写作的主要内容。至于为什么是俄侨学者 П. С. 季申科来完成此书的编撰工作，由于受资料所限，还不得而知。但有一点可以肯定的是，从 П. С. 季申科的工作经历来看，П. С. 季申科应是受中东铁路管理局相关部门的委托开展撰写工作。该书于 1914 年出版于哈尔滨。该书的编写体例非常特殊，没有章节。编者主要是按照时间先后顺序分若干个问题进行论述，记述了 1902—1903 年中东铁路的商务活动、中东铁路管理局附属机构构成、1903 年中东铁路的具体运营规定、1903 年中东铁路进行的哈尔滨城市管理、日俄战争时期中东铁路的活动、日俄战争结束后 1905 年中东铁路的工作、1906 年中东铁路的商务活动、1906 年中东铁路的其他工作、1907—1910 年中东铁路的工作、1911 年中东铁路的商务活动、1912 年中东铁路的工作、外阿穆尔铁路兵团旅的活动、中东铁路一些重要部门的活动和中东铁路的意义等内容。

1903 年中东铁路正式开始运营后，对中东铁路本身活动的研究不仅得到了铁路部门的关注，也受到了相关学者的重视。因为它不仅涉及铁路自身的发展，也将影响到中东铁路附属地及区域国际关系的发展。截至 1914 年，关于中东铁路本身活动的研究，出版的俄文版著作有《关于中东铁路修筑的总医学报告》《中东铁路护路队参加 1900 年满洲事件纪略》《中东铁路公司成立十五年来中东铁路商务活动概述》《中东铁路历

---

① Тишенко П. С. К вопросу о денежном кризисе в Маньчжурии. //Вестник Азии 1913，№. 16 – 17. с. 29 – 44.

② Тишенко П. С. Китайская восточная железная дорога，1 июля 1903 – 1июля 1913. – Харбин，1914. 243с.

史概述 1896—1905》[①] 等。综观上述研究成果，我们可以看出，上述著作
或就中东铁路某一活动领域进行研究，或就中东铁路发展的某一阶段进
行研究。《中东铁路十年（1903—1913）》一书属于后者。从出版时间看，
此书不是研究中东铁路的第一部著作。从研究时段看，该书又不是研究
中东铁路某一活动阶段的第一部著作。从研究领域看，《中东铁路十年
（1903—1913）》一书也不是对中东铁路某一活动领域进行专门研究的著
作。但可以肯定的是，《中东铁路十年（1903—1913）》一书是第一部对
中东铁路经营十年进行综合研究的著作。因此，《中东铁路十年（1903—
1913）》一书在中东铁路研究史上是一部重要著作。作者 П. С. 季申科也
因《中东铁路十年（1903—1913）》一书在俄国汉学史上留下了自己的名
字。《中东铁路十年（1903—1913）》一书几乎记载了在中东铁路上发生
的所有大事，为我们研究中东铁路早期经营史，尤其是商务活动史提供
了极有价值的资料。然而，该书在史料上还存在明显不足：除铁路商务
活动领域的记述相对详细、厚重一些，其他领域的记述非常简略，类似
于大事记形式。

　　Э. П. 贺马拉－鲍尔谢夫斯基，出生年、地点不详，1921 年 6 月 15
日逝世于哈尔滨。从 1889 年开始，Э. П. 贺马拉－鲍尔谢夫斯基在圣彼
得堡作为自由职业医生从事产科和妇科的专门活动。1894—1898 年，
Э. П. 贺马拉－鲍尔谢夫斯基是圣彼得堡产院编外主治医师和圣彼得堡首
都警察局三处产科医生。1898 年 10 月，Э. П. 贺马拉－鲍尔谢夫斯基被
派往土耳其斯坦总督辖区参加防疫工作。从 1899 年 9 月至 1903 年 6 月 3
日，Э. П. 贺马拉－鲍尔谢夫斯基被解除了公职，从事私人医学实践活
动，并成为妇科医生协会会员。1903 年 6 月，Э. П. 贺马拉－鲍尔谢夫斯
基重新进入国家部门，担任内务部医学司编外最年轻的医疗管理官员，

---

① Полетика М. И. Общий медицинский отчет по постройке Китайской Восточной
железной дороги. - СПб. , 1904. 119 с; Голицын В. В. Очерк участия Охранной стражи КВЖД в
событиях 1900 г. в Маньчжурии. Харбин, 1910. 378 с; Очерк коммерческой деятельности
Китайской Восточной железной дороги за 15 лет существования Общества. С. - Петербургъ,
1912. 75 с; Китайская Восточная железная дорога: исторический очерк/Сост. канцелярией
Правления о - ва КВЖД. - Т. 1. - СПб. ,1914. 303 с.

同时被中东铁路公司选中，被任命为中东铁路医疗卫生处总医生助理一职，直到1921年逝世。在这一职位上，他全程参与了1910—1911年哈尔滨防治鼠疫的工作，1911年被派往在伊尔库茨克举行的防疫大会，参加了在圣彼得堡召开的1913年全俄卫生展览会。1906年，Э. П. 贺马拉－鲍尔谢夫斯基还被军方征用，临时派往"满洲"境外。除了医疗工作外，Э. П. 贺马拉－鲍尔谢夫斯基也从事教育活动，曾做过哈尔滨第二男子中学教师和家长委员会主席、拉丁语教师①。Э. П. 贺马拉－鲍尔谢夫斯基在哈尔滨身处要职，直接领导了哈尔滨的防疫工作。为此，他全面了解鼠疫的产生和防疫过程，并用文字记述了所发生的一切。Э. П. 贺马拉－鲍尔谢夫斯基就鼠疫问题早在1910年就出版了《中东铁路沿线鼠疫的产生与防止扩大的预先保护举措》② 一本十页的小册子；民国初年，又出版了一本小册子《远东的鼠疫产生与防疫举措问题》③ 和一部鸿篇巨著《远东的鼠疫与中东铁路管理局的防疫举措》④。《远东的鼠疫与中东铁路管理局的防疫举措》一书篇幅很长，内容丰富，是 Э. П. 贺马拉－鲍尔谢夫斯基的集大成之作。

如笔者在前文介绍的 В. М. 鲍古茨基编撰的《1910—1911年中东铁路附属地哈尔滨及其郊区的肺鼠疫：关于防疫局活动的医学报告》一书中所述，中东铁路管理局在防治鼠疫过程中扮演了极为重要的角色。中东铁路医疗卫生处及其医生几乎全部参与了防治鼠疫工作。作为中东铁路医疗卫生处总医生助理的 Э. П. 贺马拉－鲍尔谢夫斯基全程参与了防疫的组织工作，直接掌握了全部防疫资料。因此，在中东铁路总医生 Ф. А.

---

① Джесси Рассел. Эпидемия чумы на Дальнем Востоке 1910 – 1911 годов. Издательство: Книга по Требованию, 2012. // http://www. muldyr. ru/a/a/epidemiya_chumyi_na_dalnem_vostoke_ 19101911_godov_ - _rossiyskie_protivochumnyie_otryadyi.

② Хмара－борщевский Э. П. Возникновение чумы на линии КВЖД и меры предохранения против заражения чумой. – Харбин, тип. Юань－дун－бао, 1910, 10с.

③ Хмара－борщевский Э. П. К вопросу о возникновении чумы на Дальнем Востоке и меры борьбы сраспространением чумнойзаразы. – Харбин, тип. газ. Новая жизнь, 1912, 41с.

④ Хмара－борщевский Э. П. Чумы эпидемии на Дальнем Востоке и противочумные мероприятия Управления Китайской Восточной ж. д. Ф. АЯсенского. Сост. помощник главного врача дороги. – Харбин, тип. т－ва《Новая жизнь》, 1912, 592с.

雅森斯基的领导下，Э. П. 贺马拉－鲍尔谢夫斯基负责编辑来自医生、卫生执行委员会的会议记录以及考察队的报告等大量资料，最终出版了《远东的鼠疫与中东铁路管理局的防疫举措》。

《远东的鼠疫与中东铁路管理局的防疫举措》一书 1912 年出版于哈尔滨，共 592 页，全书采用先总论后分论的记述方式。在总论部分，《远东的鼠疫与中东铁路管理局的防疫举措》一书首先记述了 1910 年夏季鼠疫在俄国远东外贝加尔省暴发，秋季随着大量华工返回故土，在中东铁路满洲里车站出现第一个感染鼠疫的中国人，随之鼠疫向中东铁路沿线各站和城镇蔓延，继之又从中国东北向关内城镇传播的过程。其次《远东的鼠疫与中东铁路管理局的防疫举措》一书概述了中东铁路管理局成立防疫领导机构和所采取的防疫措施（在哈尔滨成立卫生执行总委员会，在沿线车站设立卫生执行分委员会，出台铁路临时运送乘客规定，对居民进行卫生监测，把鼠疫病人分类进行隔离和观察，开展消毒工作等）。在这部分中作者也附录了中东铁路管理局为防治鼠疫而投入工作的医疗人员数量表、投入经费表。在分论部分，《远东的鼠疫与中东铁路管理局的防疫举措》一书主要记述了中东铁路沿线鼠疫发展情况和各卫生执行分委员会的具体防疫工作。该部分占了全书的三分之二内容，以中东铁路沿线车站和城镇为中心，分别记述了满洲里站、扎赉诺尔煤矿、海拉尔站、博克图站、扎兰屯站、齐齐哈尔站、安达站、阿什河站、一面坡站、横道河子站、穆棱站、绥芬河站、双城堡站、宽城子站、哈尔滨市等区域的生活条件，鼠疫的开始和蔓延，卫生执行分委员会所采取的防疫措施及为防疫而投入的经费情况。在这部分中，因哈尔滨是鼠疫的重灾区，因此关于哈尔滨鼠疫的情况占据了该部分的大半篇幅。《远东的鼠疫与中东铁路管理局的防疫举措》一书除了记述上述内容外，还附加上两部分内容，作为本书的补充材料，一是记述了 1910—1911 年前俄国外贝加尔省、中国东北和外蒙古区域的鼠疫史资料，与黑龙江有关的有"1905 年中东铁路满洲里站和扎赉诺尔煤矿附近鼠疫""1905 年的医生考察""1905 年阿巴该依图村的鼠疫及其在满洲里站的蔓延""1907 年满洲里站突发鼠疫""1911 年满洲里站铁路医院院长比谢穆斯基医生、博士的两次考察"；二是记述了 1911 年 5 月鼠疫完全抑制后为预防一些重要区域复发延长对满洲里站、海拉尔站和哈尔滨市进行卫生监测的时间至冬季，为此附录了 1911 年 9 月"中东铁路满洲里站和满洲里镇人口和卫生状况信息表""中东铁路海拉尔站和海拉尔镇人口和卫生状况信息表""哈尔滨市卫生检查表""哈尔滨市水井调查表""哈尔滨市水泵调查表""哈尔滨市人口数量表""哈尔滨市中国人月工资表""哈尔滨市中国成年人出生地分布表""哈尔滨市欧洲人口职业分布表""哈尔滨市各年龄段人口分布表""关于临时客栈卫生监测表""关于松花江轮船公司卫生状况表"等。

《远东的鼠疫与中东铁路管理局的防疫举措》一书中的一半内容是关于哈尔滨市鼠疫情况的资料，其中有部分内容在 B. M. 鲍古茨基编撰的《1910—1911 年中东铁路附属地哈尔滨及其郊区的肺鼠疫：关于防疫局活动的医学报告》一书中有所体现。因此，《远东的鼠疫与中东铁路管理局的防疫举措》一书在这部分内容的史料上的新意并不凸显。但在哈尔滨市鼠疫情况这部分中《远东的鼠疫与中东铁路管理局的防疫举措》一书仍补充了《1910—1911 年中东铁路附属地哈尔滨及其郊区的肺鼠疫：关于防疫局活动的医学报告》一书的一些内容，如记载了哈尔滨市在防治鼠疫过程所投入的大量经费。综观《远东的鼠疫与中东铁路管理局的防疫举措》一书的史料价值，主要有以下三点：（1）书中记载了大量除哈尔滨市之外的中东铁路沿线各站和市镇的鼠疫资料，这为我们全面研究 1910—1911 年的黑龙江鼠疫提供了宝贵资料；（2）书中还记载了 1910—1911 年前黑龙江暴发鼠疫的情况资料，这为我们系统梳理黑龙江鼠疫史提供了重要资料；（3）书中在附录中还以大量篇幅附列了 1911 年 5 月鼠疫停止后中东铁路管理局在满洲里站、海拉尔站和哈尔滨市进行持续几个月的跟踪调查研究，其中的大量数字表格史料价值巨大，为我们今天研究当时黑龙江的卫生状况，尤其是研究当时黑龙江的人口史提供了极为重要的史料。从《远东的鼠疫与中东铁路管理局的防疫举措》一书出版的时间看，该书并不是第一部论及鼠疫问题的大部头著作。尽管如此，《远东的鼠疫与中东铁路管理局的防疫举措》一书在学术史上仍是不能不提的一部著作。前文谈及的《1910—1911 年中东铁路附属地哈尔滨及其郊区的肺鼠疫：关于防疫局活动的医学报告》一书，主要记述了中东铁路附属地哈尔滨及郊区的鼠疫情况，但 1910—1911 年的大鼠疫不仅仅波及哈尔滨及其郊区，而是蔓延到整个中国东北甚至关内地区。《远东的鼠疫与中东铁路管理局的防疫举措》一书的学术价值在于它是第一部论及中东铁路沿线（包括哈尔滨）鼠疫的著作，即它是第一部全面论述远东地区鼠疫发生、发展和停止的著作。中东铁路总医生助理 Э. П. 贺马拉－鲍尔谢夫斯基也因其担任《远东的鼠疫与中东铁路管理局的防疫举措》一书的编撰工作而进入俄国汉学家行列之中。

　　М. И. 弗里德，其出生逝世年、地点不详，据零星资料记载，曾任哈尔滨贸易公所主席，是满洲农业学会会员。[①] 关于 М. И. 弗里德的学术研究成果，从目前所掌握的资料看，只发现他于 1913 年在哈尔滨出版了《俄国在满洲工商业状况》[②] 一本小册子。该书记述了近年来俄国在中国东北工商业的基本情况，指出俄国在中国东北的工商业受到了来自日本及西方国家的大力冲击，这与俄国在中国东北的消极政策密切相关，并提出了"振兴"俄国在中国工商业的建议和对策：（1）俄国政府应高度重视中国东北的价值；（2）实施有利于维护中国东北俄国侨民利益的措施；（3）制定专门的对华尤其是中国东北政策；（4）成立专门为俄国在中国东北工商业服务的国家银行；（5）在哈尔滨开办该银行的分行；（6）在哈尔滨开办抵押银行方面给予支持；（7）对哈尔滨信贷银行给予支持；（8）把中东铁路附属地沿线城市型的村镇向哈尔滨扩展。[③]

　　Г. Г. 阿维那里乌斯是民国初年在华俄侨学者中专注中国历史研究的学者。Г. Г. 阿维那里乌斯，1876 年 12 月 11 日出生于圣彼得堡，1948 年春天逝世于大连。他于 1900 年毕业于圣彼得堡大学东方系，1901 年毕业于圣彼得堡大学法律系。1903—1914 年，Г. Г. 阿维那里乌斯担任中东铁

　　① Состав Общества Русских Ориенталистов в Маньчжурии к 1 - му апрелю 1911 г. // Вестник Азии，1911. №8. с. 167；Список членов Сельско - Хозяйственного Общества за 1914 год//Сельское хозяйство в северной Маньчжурии,1915. №3. с. 21.

　　② Фрид М. И. О положении русской торговли и промышленности в Маньчжурии. Записка Харбинского биржевого комитета. - Харбин：Типография Труд В. И. Антуфьева,1913,15c.

　　③ Фрид М. И. О положении русской торговли и промышленности в Маньчжурии. Записка Харбинского биржевого комитета. - Харбин：Типография Труд В. И. Антуфьева,1913. с. 13 - 15.

路公司董事会哈尔滨机要科秘书；1914 年，被派往俄德前线参加第一次世界大战，被授予圣弗拉基米尔四等勋章和圣斯塔尼斯拉夫二等勋章；1917—1924 年担任中东铁路公司董事会哈尔滨通译官；1925—1933 年担任哈尔滨市总董事会通译官。从 20 世纪 20 年代末起，Г. Г. 阿维那里乌斯还在哈尔滨东方文言商业专科学校、哈尔滨法政大学担任教师，教授汉语和中国东北经济课程。1939 年，Г. Г. 阿维那里乌斯去了新京（长春），在伪满洲国大学教授东亚史课程；1940 年，受聘为哈尔滨东方文言商业高等专科学校东方国家理论课程教研室教授；1941 年前后也为伪满洲国各部服务。1945 年中期，Г. Г. 阿维那里乌斯移居大连。Г. Г. 阿维那里乌斯是满洲俄国东方学家学会会员、东省文物研究会会员、哈尔滨东方文言商业专科学校东方学小组名誉主席、哈尔滨布尔热瓦尔斯基研究会名誉会员、基督教青年会哈尔滨自然地理学研究会会员、哈尔滨自然科学与人类学爱好者学会会员。① 民国初年，Г. Г. 阿维那里乌斯在《亚细亚时报》杂志上发表一篇学术文章《中国简史〈孔子谈国家政权的本质〉》（该文于同年以单行本著作出版）②。该文探讨了几千年的历史发展进程中中国人观念中的国家政权问题，将中国的政治史划分为两个大的时期进行论述，即封建诸侯将中国国家政权扩大到黄河和长江流域的古代时期和独尊儒术下的中国独裁专制与大一统时期，记述了中国古代王朝兴替史，认为在儒家学说的影响下统治者依靠人民获得政权和巩固政权、当统治者失去民心时人民有权推翻现政权并接受新的统治者领导，但人民所反对的只是某个人的统治，而不是这个政权的体制。该书是俄

① Личный состав Общества // Известия Общества Изучения Маньчжурского Края, 1926. №6. с. 69；Хисамутдинов А. А. Российская эмиграция в Китае：Опыт энциклопедии. – Владивосток. 2002. с. 128；Памяти Г. Г. Авенариуса：некрог // Политехник. Сидней, 1976. №8. с. 16；Справка о деятельности Национальной Организации Исследователей Пржевальцев // Сборник научных работ Пржевальцев. – Харбин：[б. и.]. 1942. с. 70；Павловская М. А. Харбинская ветвь российского востоковедения, начало XX в. – 1945 г.：Дис... кандидата исторических наук：Владивосток. 1999. с. 247 – 249；Состав Клуба Естествознания и Географии ХСМЛ на 1 Января 1944 г. // Известия Клуба Естествознания и Географии ХСМЛ. 1. Зоология, 1945. №1. с. 108.

② Авенариус Г. Г. Краткий очерк истории Китая в связи с учением Конфуция о существе государственной власти. // Вестник Азии, 1914, №19 – 22. с. 1 – 149. – то же. – Харбин, 1914. 172 с.

国学者发表的第一篇（部）专门探讨中国政治发展史的论著，在俄国汉学史上不容忽视。

Н. П. 马佐金，1886 年 12 月 1 日出生于敖德萨医生之家，1937 年 12月 8 日逝世于莫斯科。1907 年，Н. П. 马佐金毕业于哈尔科夫联合中学、符拉迪沃斯托克中学；1912 年，以优异成绩毕业于东方学院日汉语专业。从 1912 年起，Н. П. 马佐金担任中东铁路管理局日语翻译。1913 年，Н. П. 马佐金在哈尔滨编辑出版了《亚细亚时报》杂志第 13—18 期；1917 年任《远东报》副主编。1920 年 5 月，Н. П. 马佐金受聘远东国立大学东亚民族与地理教研室副教授。1921 年，Н. П. 马佐金移居哈尔滨，1922—1923 年担任"达理特—罗斯特"驻日本分公司副经理。Н. П. 马佐金是阿穆尔边区研究会会员、满洲俄国东方学家学会会员。1924 年至1927 年 10 月，Н. П. 马佐金担任苏联驻哈尔滨总领事馆翻译、通译官；1928—1930 年，任国立远东大学日语教研室编外教授；1930 年来到莫斯科，在莫斯科的大学里教授日语。1931 年，Н. П. 马佐金被逮捕并判处10 年劳动改造；1934 年被提前释放，在莫斯科能源学院做教师；1937 年再次被捕，并被枪毙；1992 年被平反。① Н. П. 马佐金来哈前在大学读书时就已开展学术研究，出版了《在一些乌克兰人的农村中结婚前的两性关系》②《东亚与中亚的母系延续：中国人、朝鲜人与日本人》③《东亚与

———————

① Хисамутдинов А. А. Общество изучения Амурского края. Часть 2. Деятели и краеведы. Владивосток： Издательства ВГУЭС. 2006. с. 153 – 155；Тамазанова Р. П. Журнал "Вестник Азии" в системе русскоязычных периодических изданий в Маньчжурии（Харбин，1909 – 1917 гг.）：Дис. . . . канд. филол. наук：Москва. 2004. с. 91；Дыбовский А. С. О трудах и направлениях научно – исследовательской деятельности николая Петровича мацокина（1886 – 1937гг.）//Пути развития востоковедения на Дальнем Востоке России：сборник статей и библиография. Владивосток：Изд – во Дальневост. ун – та,2014. с. 173 – 175.

② Мацокин Н. П. Отношения полов до брака в некоторых малороссийских деревнях. – Влади – восток：Тип. К. А. Недовольского,1909. 12с.

③ Мацокин Н. П. Материнская филиация в Восточной и Центральной Азии. Вып. 1：Материнская филиация у китайцев, корейцев и японцев. – Владивосток, 1910. – 40с. （Изв. Вост. ин – та т. XXXIII , вып. 1）.

中亚的母系延续：西藏人、蒙古人、苗族人、倮倮人和傣族人》① 三部书；在《亚细亚时报》杂志上发表了《论喇嘛教对外贝加尔布里亚特人文化发展的影响》②《东方学院与阿穆尔沿岸地区的国家科研任务》③《1910—1911 年符拉迪沃斯托克市日本、中国和欧洲手工业作坊里的生产资料评价》④ 三篇文章和一篇译文《中国的女权运动》⑤，主要关注的是社会问题。Н. П. 马佐金来哈后在 1912—1916 年的《亚细亚时报》杂志上发表了《大隈重信伯爵与日本的自负》⑥《兴凯湖地区的农业贫困》⑦《关于 Л. 鲍果斯洛夫斯基的〈符拉迪沃斯托克要塞与中国人〉一文的几点意见》⑧《论社会学与东方学》⑨《明治天皇葬礼时日本人的性格特征是怎样表现出来的》⑩ 五篇文章和从法语、日语翻译过来的《北京的乞丐》⑪《武士

---

① Мацокин Н. П. Материнская филиация в Восточной и Центральной Азии. Вып. 2: Материнская филиация у тибетцев, монголов, мяоцзы, лоло и тай. – Владивосток, 1911. – 147с. – (Изв. Вост. ин – та т. XXXVI, вып. 2).

② Мацокин Н. П. О влиянии ламаизма на культурное развитие бурят Забайкалья//Вестник Азии. 1911, №8. с. 89 – 106.

③ Мацокин Н. П. Научно – государственные задачи в Приамурье и Восточный институт.//Вестник Азии. 1911, №10. с. 137 – 152.

④ Мацокин Н. П. Оценка данных производства в японских, китайских и европейских ремесленно – промышленных заведениях гор. Владивостока за 1910 – 1911г.//Вестник Азии. 1911, №10. с. 1 – 20.

⑤ Мацокин Н. П. Феминизм в Китае (перевод с франц.)// Вестник Азии, 1911, №8. с. 44 – 58.

⑥ Мацокин Н. П. Граф Окума и японское самомнение.//Вестник Азии, №13, 1912, с. 70 – 72.

⑦ Мацокин Н. П. Сельско – хозяйственные нужды Приханкайского района.//Вестник Азии, №15, 1913, с. 1 – 16.

⑧ Мацокин Н. П. Несколько слов у статье Л. Богословского Крепость – Владивосток и китайцы.//Вестник Азии, №15, 1913, с. 17 – 23.

⑨ Мацокин Н. П. О социологии и востоковедении.//Вестник Азии, №30, 1914, с. 36 – 39.

⑩ Мацокин Н. П. Черты японского характера, как они проявились во время похорон Мэйдзи тэнно.//Вестник Азии. 1913. №13. с. 68 – 69.

⑪ Мацокин Н. П. Пекинские нищие(перевод с франц).//Вестник Азии, №28 – 29, 1914, с. 5 – 26.

道的精髓》① 《日本工人的收支计划》② 《关于福摩萨的民族志》③ 《云南的民间迷信》④ 《福摩萨阿美部落的权力象征》⑤ 六篇译文，就中国、日本的社会文化问题给予了关注，以及专门探讨了社会学与东方学的理论问题。1915 年，Н. П. 马佐金在哈尔滨出版了《日本的出版物谈俄国的国内状况》⑥ （1917 年，该书在符拉迪沃斯托克和哈尔滨又先后再版）；1917 年在哈尔滨又出版了《日本的空想及其发端者》⑦ 两本小册子。值得一提的是，Н. П. 马佐金是民国初年在华俄侨学者中极少对日本进行研究的学者。

Б. А. 伊瓦什科维奇，1889 年 6 月 4 日出生于波尔托拉茨克，1935 年 2 月 15 日逝世于沃罗涅日。1909 年，尚在读大学的 Б. А. 伊瓦什科维奇参加了中东铁路公司对大兴安岭地区进行的森林考察。从 1911 年起，Б. А. 伊瓦什科维奇在中东铁路地亩处从事森林管理与经营工作。1913 年，Б. А. 伊瓦什科维奇以优等成绩毕业于圣彼得堡林学院。在华工作期间，Б. А. 伊瓦什科维奇是满洲农业学会会员。1918 年 7—10 月，Б. А. 伊瓦什科维奇担任滨海省森林管理估价员。1918 年 10 月至 1920 年 7 月 1 日，Б. А. 伊瓦什科维奇担任苏城煤矿林业科科长。1920 年 7 月 1 日至 1926 年 2 月 28 日，Б. А. 伊瓦什科维奇担任滨海省森林管理监察员。大约在俄国国内战争时期，Б. А. 伊瓦什科维奇成为阿穆尔边区研究会会员。1921 年，Б. А. 伊瓦什科维奇担任阿穆尔边区研究会组织召开的乌苏

---

① Мацокин Н. П. Сущность бусидо (перевод с японского). //Вестник Азии, №30, 1914, с. 19 – 23.

② Мацокин Н. П. Бюджет японского рабочего (перевод с японского). //Вестник Азии, №31 – 32, 1914, с. 23 – 35.

③ Мацокин Н. П. К этнографии о формозы (перевод с японского). //Вестник Азии, № 31 – 32, 1914, с. 50 – 56.

④ Мацокин Н. П. Народные поверья в Юнь – нани (перевод с франц). //Вестник Азии, №40, 1916, с. 26 – 28.

⑤ Мацокин Н. П. Символы власти у племени Цалисен на о. Формозе. //Вестник Азии, 1916, №38 – 39, с. 77 – 81.

⑥ Мацокин Н. П. Японская печать и внутреннее положение в России. - Харбин: О - во Рус. ориенталистов, 1915. 15с.

⑦ Мацокин Н. П. Японские вымыслы и их виновники. - Харбин: Типо – лит. Заамур. окр. , 1917. 10с.

里边区自然历史研究第一届代表大会副主席。从 1923 年起，Б. А. 伊瓦什科维奇担任国立远东大学林学系林业经济与管理教研室教师，教授森林资源清查与森林管理课程，1926 年被聘为教授，1929 年担任林学系主任。1930 年 10 月 1 日，Б. А. 伊瓦什科维奇担任远东林学院首任院长。远东林学院关闭后，1934 年 6 月 1 日前 Б. А. 伊瓦什科维奇担任远东工学院林学系主任。1934—1935 年，Б. А. 伊瓦什科维奇担任沃罗涅日林学院林业经济与管理教研室主任。① Б. А. 伊瓦什科维奇主要对中国东北的森林进行研究，在《北满农业》《林学院学报》等杂志上发表了《满洲东北部的乔木林》②《满洲乔木材质鉴定比较统计表》③《满洲东部山中的森林概述》④ 三篇文章，1915 年出版了重要著作《满洲的森林：中东铁路公司东线木植公司概述及其规划》⑤。该书分八章，主要记述了中东铁路东线木植公司经营地段形成史及所开展的工作、中国东北林业的经济条件、森林的生长条件、主要的成熟林、种植树木的种类、木植公司的蓄积调查评价、主要树种的成长过程、木植公司的经营规划等内容。书中正文和附录又附列了大量有关中国东北森林及中东铁路木植公司经营的各类数据表格。该书是 Б. А. 伊瓦什科维奇担任中东铁路地亩处营林员期间受当局指派在中东铁路东线进行森林经营的实地工作研究后而出版的唯一一部专论中国东北森林的著作，也是俄国学者出版的第一部专门研究中国东北森林的著作，对我们今天研究民国初年中国东北的森林状况

---

① Хисамутдинов А. А. Общество изучения Амурского края. Часть 2. Деятели и краеведы. - Владивосток：Издательства ВГУЭС. 2006. c. 99 – 100；Ивашкевич Б. А. Маньчжурский лес：сост. на основании лесоустроительныхработ 1911 – 1913 гг. - Харбин：КВЖД, 1915. вып. 1. с. V；Список членов Сельско - Хозяйственного Общества за 1914 год//Сельское хозяйство в северной Маньчжурии,1915. №3. c. 19.

② Ивашкевич Б. А. Древесные породы лесов северо - восточной части Маньчжурии. // Сельское хозяйство в Северной Маньчжурии,1914, №1 – 2, c. 1 – 15；№3 – 4, c. 16 – 20.

③ Ивашкевич Б. А. Сран. вед. , характ. качества Маньчжур. древ. пор. //Сельское хозяйство в Северной Маньчжурии,1914, №3 – 4.

④ Ивашкевич Б. А. Очерк лесов восточной горной Маньчжурии//Изв. Лесн. ин - та. 1916. Т. 30, ч. 2. с. 1 – 79.

⑤ Ивашкевич Б. А. Маньчжурский лес：сост. на основании лесоустроительныхработ 1911 – 1913 гг. - Харбин：КВЖД, 1915. , 502с. вып. 1. Описание восточной лесной концессии Обшества Китайской Восточной железной дороги и план хозяйства на нее.

具有重要史料价值。

　　B. B. 索尔达托夫，1875 年 1 月 14 日出生于下诺夫哥罗德省，1923 年 10 月 29 日逝世于哈尔滨。1901 年，B. B. 索尔达托夫毕业于喀山农业学校，同年又修完莫斯科农业学院结业课程并获得农学学者身份。之后，B. B. 索尔达托夫进入西西伯利亚移民局工作。1903 年，B. B. 索尔达托夫作为移民督导组成员来到赤塔，负责外贝加尔省与阿穆尔省的移民工作。从这时起，B. B. 索尔达托夫的工作都与俄国远东直接相关，其中还重点参与了俄国皇家地理学会组织的阿穆尔考察工作。1910—1911 年，B. B. 索尔达托夫被任命为赤塔移民局统计科科长。在赤塔工作期间，B. B. 索尔达托夫还兼任赤塔传教士学校农业基础课程教师。来哈之前，B. B. 索尔达托夫还是莫斯科农业协会、俄国皇家地理学会和俄国皇家自由经济学会会员，在《欧洲杂志》《外贝加尔主人》《外贝加尔生荒地》等杂志上发表了文章，尤其是出版了在当时很有影响的著作《论土壤施肥》[①]。1912 年，B. B. 索尔达托夫接受了哈尔滨市自治公议会的邀请担任统计局局长一职的建议，并来到了哈尔滨。从 1913 年 9 月 1 日至 1915 年 12 月 1 日，B. B. 索尔达托夫担任中东铁路商业学校和哈尔滨东方学教师班经济地理、统计学和政治经济学教师。在返回符拉迪沃斯托克前，B. B. 索尔达托夫在哈尔滨还兼任《亚细亚时报》《哈尔滨通报》《哈尔滨自治公议会公报》等杂志的编辑记者。1915 年末，B. B. 索尔达托夫回到了符拉迪沃斯托克，担任符拉迪沃斯托克工学院教师和滨海省农业协会秘书；1918 年创办了《祖国之声报》。1918—1919 年，B. B. 索尔达托夫作为边区农学家担任远东最高全权代表办公厅财政经济处处长。远东最高全权代表办公厅撤销后，B. B. 索尔达托夫在极短的时间内担任志愿船队董事会秘书和符拉迪沃斯托克交易委员会主席。1920 年 4 月，B. B. 索尔达托夫进入中东铁路公司任职，担任中东铁路公司董事会办公厅二处处长。1921 年中东铁路附属地民政事务被中国收回后，B. B. 索尔达托夫又去了"波波夫兄弟"贸易公司工作，并作为该公司驻符拉迪沃斯托克

---

① Солдатов В. В. Об удобрении почвы. – С – Петербург: Издание А. Ф. Девриена, 1908. 83 с.

代理人，在这个岗位上一直工作到 1922 年 10 月。1921 年 1—7 月，В. В.
索尔达托夫在符拉迪沃斯托克又编辑发行了 28 期的《经济周刊》杂志。
1922 年 10 月，В. В. 索尔达托夫返回了哈尔滨。1923 年 1 月，В. В. 索尔
达托夫直接参与创办了中东铁路经济调查局发行的公开出版物《满洲经
济通讯》杂志并担任主编，直至死于任上。除了各项社会、政治、文化
活动外，В. В. 索尔达托夫亦是一位专家学者。在哈尔滨生活期间，В. В.
索尔达托夫是满洲农业学会主席与创办人之一，亦是其出版刊物《北满
农业》的主编，还是满洲俄国东方学家学会会员、满洲教育学会会员①。
作为农学学者和经济研究者，В. В. 索尔达托夫在《亚细亚时报》《北满
农业》《亚洲俄国的教育事业》等杂志上发表了《中东铁路附属地农户农
业互助组织》②《中东铁路地带农业互助》③《农户农业互助组织问题》④
《哈尔滨及其郊区的农业》⑤《关于整顿满洲粮食贸易问题》⑥《有益于农
业的北满气候资料》（同年三篇文章合集出版单行本）⑦《满洲农业学会
史》⑧《在中国开设经济地理课程的意义》⑨《关于俄罗斯人在北满定居和

① Забияко А. А., Забияко А. П., Левошко С. С., Хисамутдинов А. А. Русский Харбин: опыт жизнестроительства в условиях дальневосточного фронтира/Под ред. А. П. Забияко. – Благовещенск: Амурский гос. ун – т,2015. с. 400；Автономов Н. П. В. В. Солдатов：（Некролог）// Вестн. Азии. 1923. №51. с. 347 – 350.

② Солдатов В. В. Организация агрономической помощи населению в полосе отчуждения Кит. Вост. ж. д. //Вестник Азии,1913,№16 – 17. с. 21 – 28.

③ Солдатов В. В. агрономическая помощь в полосе К. В. ж. д. //Вестник Азии, 1913, № 16 – 17,с. 110 – 114.

④ Солдатов В. В. К вопросу об организации агрономической помощи населению//Сельское хозяйство в Северной Маньчжурии,1913,№3. с. 4 – 8.

⑤ Солдатов В. В. Сельское хозяйство в г. Харбине и его пригородах. //Сельское хозяйство в Северной Маньчжурии,1915,№2, с. 22 – 30.

⑥ Солдатов В. В. К вопросу об упорядочении хлебной торговли в Маньчжурии. //Сельское хозяйство в Северной Маньчжурии,1913,№3, с. 15 – 16.

⑦ Солдатов В. В. Некоторые данные о климате Северной Маньчжурии,имеющие значение для сельского хозяйства. //Сельское хозяйство в Северной Маньчжурии,1915,№2, с. 3 – 11；№4, с. 1 – 12；№5, с. 1 – 15. - Харбин,1915, 34с.

⑧ Солдатов В. В. К истории Маньчжурского сельскохозяйственного общества. //Сельское хозяйство в Северной Маньчжурии. Харбин,1913. №1. с. 6 – 10.

⑨ Солдатов В. В. Значение преподавания экономической географии в средней школе// Просветительное дело в азиатской россии,1914,№3. с. 226 – 240.

购买土地的权利问题》① 《豆饼》② 《中国的耕作与杂草》③ 《俄国的农业
发展》④ 《关于蚕繁殖的问题》⑤ 《谷类作物黑穗病及其防治措施》⑥ 等十
五篇文章，公开出版了一本小册子《关于哈尔滨市人口普查》⑦ 和一部有
分量的著作《1913 年 2 月 24 日哈尔滨市及其郊区的 1 日人口普查》（1—
2 卷）⑧。B. B. 索尔达托夫是对中国东北农业有深入研究的俄侨学者，但
其在中国研究问题上得到公认的是他出版的《1913 年 2 月 24 日哈尔滨市
及其郊区的 1 日人口普查》（1—2 卷）一书。

　　随着哈尔滨城市人口的不断增长以及俄国开始对中国东北北部地区
进行重点经营，以哈尔滨为首的中东铁路附属地的市镇行政管理权被牢
牢控制在俄国人手里。1908 年初，经过苦心筹划，俄国在哈尔滨市设置
了自治公议会，对哈尔滨市进行全面市政管理。1908 年 2 月 26 日，哈尔
滨市自治公议会举行了其发展历史中的第一次董事会，讨论哈尔滨城市
建设与管理等问题。6 月 27 日，在哈尔滨市自治公议会第四次董事会议
上，特别研究了城市委员会委员 Ф. C. 门姆林于 5 月 13 日提交的"关于
拨款用于哈尔滨市统计研究"的报告。该报告指出，统计资料对制定税
种和解决各类经济问题具有重要意义。报告建议，于人口普查后在哈尔
滨市城市委员会商税处设立特别统计局。董事会一致认为，进行统计研
究是刻不容缓的，并选举产生了特别筹备委员会分析研究工作的技术与

---

①　Солдатов В. В. К вопросу о праве русских селиться и приобретать земли в Северной
Маньчжурии. //Сельское хозяйство в Северной Маньчжурии. Харбин, 1915. №4.

②　Солдатов В. В. Бобов. жмыхи. //Сельское хозяйство в Северной Маньчжурии. Харбин,
1914. №1 – 2.

③　Солдатов В. В. Китайскиое земледелие и сорные травы. //Сельское хозяйство в Северной
Маньчжурии. Харбин, 1914. №10 – 11.

④　Солдатов В. В. Развитие сельского хозяйства в россии. //Сельское хозяйство в Северной
Маньчжурии. Харбин, 1914. №10 – 11.

⑤　Солдатов В. В. К вопросу о разведении шелкопряда. //Сельское хозяйство в Северной
Маньчжурии. Харбин, 1915. №1.

⑥　Солдатов В. В. Головня хлебов и мера борьбы с нею. //Сельское хозяйство в Северной
Маньчжурии. Харбин, 1914. №12.

⑦　Солдатов В. В. К переписи населения г. Харбина. - Харбин, 1912. 21с.

⑧　Солдатов В. В. Город Харбин и его пригороды под однодневной переписи 1913г. Вып.
1 – 2. (Стат. описание). - Харбин: Тво Бергут, Сын и К. , 1914. Вып. 1. 196с. вып. 2. 57с.

经费问题。这次会议标志着哈尔滨市真正开启了人口普查和对哈尔滨市进行统计研究。之后仍有哈尔滨市城市委员会委员提出尽快推进这项工作，但由于一系列原因，该项工作一直被推迟到 1911 年下半年才真正开始启动。1911 年 11 月 1 日，哈尔滨市自治公议会召开本年度第 26 次董事会，专门讨论了 1911 年 10 月 27 日哈尔滨市城市委员会"关于 1912 年 2 月 19 日进行哈尔滨市 1 日人口普查，关于在哈尔滨市自治公议会城市委员会内设立统计局，关于 1912 年开展工作拨款 16000 卢布"的报告。董事会一致同意，在 1912 年必须进行人口普查，并决议在 1912 年在城市委员会设立统计局，拨款 5000 卢布用于组建统计局和聘请统计专家。1912 年 9 月 1 日，根据哈尔滨市自治公议会董事会的决议，统计局正式组建并开始组织人口普查的正式筹备工作。① 正是在上述背景下，В. В.索尔达托夫被邀请至哈尔滨担任哈尔滨市自治公议会统计局局长一职，正是在这个岗位上开始了 В. В. 索尔达托夫领导的 1913 年 2 月 14 日哈尔滨市及其郊区的 1 日人口普查，并根据普查数据编辑出版了《1913 年 2 月 24 日哈尔滨市及其郊区的 1 日人口普查》一书。

《1913 年 2 月 24 日哈尔滨市及其郊区的 1 日人口普查》一书 1914 年出版于哈尔滨，共两卷。第一卷为普查统计结果表。笔者遍查国内外各大图书馆都没有找到《哈尔滨及其郊区的 1 日人口普查》一书的第一卷，因此无法得知其中各个普查结果表的详细具体内容，但根据《哈尔滨及其郊区的 1 日人口普查》一书第二卷前言及对普查结果分析数据看，可知第一卷中所列普查结果表由 29 个表格构成，至少包括普查人口的性别、年龄、家庭、职业、民族等表格。《哈尔滨及其郊区的 1 日人口普查》第二卷为统计分析。该卷共 196 页，正文分七个部分，即人口的性别与年龄结构、居民的家庭状况、人口的民族、国籍和语言构成、居民的宗教信仰、以在哈尔滨生活时间长短为指标的人口数量、不能劳动的居民数量、来哈尔滨居住前原居住地的哈尔滨市居民数量。该卷的附录部分，占据全书 60 页的篇幅：普查登记本、普查监督本和公告、普查制

---

① Солдатов В. В. Город Харбин и его пригороды под однодневной переписи 1913 г. Вып. 1 −2. (Стат. описание). − Харбин: Тво Бергут, Сын и К., 1914. Вып. 1. с. I − II.

度与登记规定、A. A. 卡乌夫曼教授关于普查草本的结论。

从哈尔滨人口普查史来看，1913 年 2 月 14 日的人口普查并非哈尔滨市的第一次人口普查。在这之前的 1903 年由中东铁路商务处组织了哈尔滨历史上第一次比较正规的人口普查。但遗憾的是，这次人口普查的所有资料被 1905 年中东铁路管理局大楼的一场大火全部烧毁。[①] 这样，《哈尔滨及其郊区的 1 日人口普查》（1—2 卷）一书是现今为止遗留下来的唯一一部最早关于哈尔滨市人口普查及人口史的专门著述。所以，从学术史的角度看，《哈尔滨及其郊区的 1 日人口普查》（1—2 卷）一书无论是在俄国汉学史上，还是在黑龙江学术史上，都占有重要地位。B. B. 索尔达托夫也因《哈尔滨及其郊区的 1 日人口普查》（1—2 卷）一书而在学术史上成为一位绕不开的人口史研究专家。可以说，从事人口史研究，人口普查资料是最重要的史料。1913 年 2 月 14 日的哈尔滨市及其郊区的 1 日人口普查是哈尔滨人口史上的一次重大事件，其所遗留下来的普查资料可以帮助我们对该次普查本身进行研究，对研究哈尔滨人口史有所帮助。因此，《哈尔滨及其郊区的 1 日人口普查》（1—2 卷）一书具有极为重要的史料价值。它对后世学者研究 20 世纪初哈尔滨市人口的性别与年龄结构，居民的家庭状况，人口的民族、国籍和语言构成，居民的宗教信仰，在哈尔滨生活年长短为指标的人口数量，不能劳动的居民数量，来哈尔滨居住前原居住地的哈尔滨市居民数量，以及与人口有关的哈尔滨市的社会经济情况，提供了弥足珍贵的史料。

П. M. 格拉迪，1885 年 12 月 24 日出生于乌克兰，1971 年 12 月逝世于莫斯科。П. M. 格拉迪早年毕业于托木斯克大学医学系。1912 年，П. M. 格拉迪又毕业于符拉迪沃斯托克东方学院汉满语专业。1912 年东方学院毕业后，П. M. 格拉迪来到中东铁路海拉尔车站联合法院任法官。П. M. 格拉迪后又来到哈尔滨，从事医生职业。П. M. 格拉迪是英国皇家地理学会会员、满洲俄国东方学家学会会员，1914 年担任满洲俄国东方学家学会出版刊物《亚细亚时报》第 6 任主编，编辑 1914—1915 年的第

---

① Тищенко П. С. Китайская восточная железная дорога, 1 июля 1903 – 1июля 1913. – Харбин: [б. и.], 1914. с. 16.

25—36 期。1921 年，П. М. 格拉迪被遣送回国。在后来的生活中，
П. М. 格拉迪多次被惩罚，又多次被恢复名誉。① П. М. 格拉迪在《亚细
亚时报》杂志上发表了《空城计》（译文）②《乌龙院》（译文）③《中国
戏曲的产生、历史发展与现状》（同年出版单行本）④《中国新型货币制
度》⑤《中国的商务局》⑥《中国艺术（历史概论）》（同年出版单行本）⑦
等六篇文章，出版了《满洲俄国东方学家学会会员 П. М. 格拉迪公开讲
演的"中国戏曲"剧本》⑧（译作）等三本小册子。П. М. 格拉迪主要关
注的是中国文化和经济问题，尤其是中国文化问题。《中国戏曲的产生、
历史发展与现状》研究了从 8 世纪以来至 1914 年中国戏曲的发展史问
题，记述了中国舞台艺术的生成体系，分析了中国音乐的特点。《中国艺
术（历史概论)》研究了中国艺术的独特起源，简要概括了从原始社会起
反映中国艺术与西方和亚洲国家以及不同宗教艺术元素之间相互影响的
中国文化史，并从西方人的视角和中国人的心理特点分析了中国艺术的
独特性。П. М. 格拉迪的研究填补了欧洲文献尚无人问津中国艺术的
空白。

　　Н. А. 巴依科夫，1872 年 11 月 29 日出生于基辅世袭贵族家庭，1889

---

① Хисамутдинов А. А. Дальневосточное востоковедение：Исторические очерки∕Отв. ред.
М. Л. Титаренко；. Ин – т Дал. Востока РАН. – М.：ИДВ РАН. 2013. с. 266；Тамазанова Р. П.
Журнал "Вестник Азии" в системе русскоязычных периодических изданий в Маньчжурии
（Харбин, 1909 – 1917 гг.）：Дис... канд. филол. наук：Москва. 2004. с. 93；Павловская М. А.
Харбинская ветвь российского востоковедения, начало Х Х в. 1945 г.：Дис... кандидата
исторических наук：Владивосток. 1999. с. 86.

② Гладкий П. М. Кун – чен – цзи∕∕Вестник Азии,1914, №25 – 26 – 27. с. 36 – 38.

③ Гладкий П. М. У – лун – юань∕∕Вестник Азии,1914, №25 – 26 – 27. с. 39 – 47.

④ Гладкий　П. М. Китайский　театр,　его　происхождение,　историческое　развитие　и
современное состояние.（Публ. лекция в ОРО）.∕∕Вестник Азии,1914, №25 – 26 – 27. с. 22 – 36. –
Харбин：типография газеты "Юань – дун – бао",1914. 29с.

⑤ Гладкий П. М. Новая монетная система в Китае.∕∕Вестник Азии,1914, №30. с. 40 – 46.

⑥ Гладкий П. М. Торговые палаты в Китае.∕∕Вестник Азии,1915, №33. с. 43 – 50.

⑦ Гладкий П. М. Китайский искусство.（Историческое введение）.∕∕Вестник Азии，1915,
№34. с. 1 – 28. – Харбин：типография Квжд,1915. 27с.

⑧ Гладкий П. М. Либретто на китайские пьесы к публичному сообщению действ. члена
О. Р. О. П. Гладкого："Китайский театр". – Харбин：Типография газеты "Юань – дунь – бао",
1914. 29с.

年毕业于基辅第二古典中学，1896 年毕业于梯弗里斯军事学校，成为一名军官。1901 年冬，H. A. 巴依科夫被派往中国东北，主要目的是保护中东铁路的建设者和对中国东北的自然开展研究。1902 年 2 月，H. A. 巴依科夫被任命为外阿穆尔军区边防警卫队驻横道河子站第 3 营武器官。H. A. 巴依科夫直接参加了镇压义和团运动和俄日战争，获得了圣安娜三等勋章和被授予骑兵大卫军衔。1912—1914 年，H. A. 巴依科夫担任外阿穆尔军区第 5 外阿穆尔团第 6 连连长。H. A. 巴依科夫为皇家科学院动物园采集了大量动植物标本，1904 年成为皇家科学院动物园正式职员，1907 年成为皇家科学院通讯院士。1908 年，因其对皇家科学院的科学贡献，国土资源部奖励 H. A. 巴依科夫一块位于南乌苏里边区的 100 俄亩的土地。一战期间，H. A. 巴依科夫被征调，并因伤被授予圣安娜二等勋章和上校团长军衔。1918—1919 年，H. A. 巴依科夫参加了红军。1920 年因感染伤寒，H. A. 巴依科夫被英国人疏散到埃及，后又去了印度。1922 年又返回了哈尔滨，但很快就去了中东铁路爱河站和亚布力站并在 B. Ф. 科瓦利斯基木植公司担任看守人和工长。1923 年，H. A. 巴依科夫又重新回到了哈尔滨，在中东铁路地亩处担任中东铁路木植公司巡视员，在这一任职上前往通河地区旅行；1930 年，被调入中东铁路学务处任职。在 20 世纪 20 年代，H. A. 巴依科夫积极参加东省文物研究会的工作，被选为终身会员，并被中东铁路管理局局长指派为东省文物研究会博物馆自然历史部研究人员。从 1928 年至 1934 年 9 月 1 日，H. A. 巴依科夫在铁路中学教授生物学。从 1934 年 9 月 1 日至 1945 年，H. A. 巴依科夫辞去了工作专心于文学创作，出版了《在满洲的崇山峻岭中》《大王》《人世间》《满洲猎人笔记》等十余部以描写中国东北生态环境为主题的文学作品；其间 H. A. 巴依科夫还积极参加满洲帝国俄侨事务局青年考古学家、博物学家和民族学家研究会的工作。1942 年 5 月 29 日，在哈尔滨铁路俱乐部举行了隆重庆祝 H. A. 巴依科夫科研与文学创作活动 40 周年纪念活动，同时还举办了描写中国东北自然和动物的 H. A. 巴依科夫水彩和飞禽画展。1942 年秋，H. A. 巴依科夫携家应邀参加在东京举办的东亚作家代表大会。1944 年，H. A. 巴依科夫成为基督教青年会哈尔滨自然地理学研究会会员，并做了一个关于中国东北自然、狩猎和捕兽业问题的报告。

1956 年初，H. A. 巴依科夫举家移居澳大利亚，1958 年 3 月 6 日逝世于布里斯班。H. A. 巴依科夫的许多作品被翻译成日、汉、德、法、英、意和捷克等多种语言。[①] 除从事文学创作以外，H. A. 巴依科夫专注于中国东北地区的自然和动植物研究。在清末民初，H. A. 巴依科夫就在中国东北地区进行了多次考察活动，从 1902 年起就在俄国出版的《自然与狩猎》《自然与人类》《狩猎报》《猎人》等报刊上发表关于中国东北自然与动植物的考察文章。其中的一些文章都收在了 H. A. 巴依科夫于 1914 年在圣彼得堡出版的《在满洲的山林中》（1915 年再版）[②] 一书中，其中包括《猎犬》《动物志》《植物区系与动物区系》《在帽儿山旁》《捕兽业》《采鹿茸》《爬行和两栖动物》《毒蛇及其驯熟》等文章。该书成为民国初年俄侨学者出版的第一部关于中国东北自然与动植物的著作。该书的出版进一步激发俄国国内对神秘的中国东北的兴趣和深入了解的愿望。

B. П. 什库尔金，1868 年 11 月 3 日出生于哈尔科夫省，1943 年 4 月 1 日逝世于美国西雅图。1888 年，B. П. 什库尔金从亚历山大军事学校毕业后被分配到符拉迪沃斯托克的军中任职。对东方的兴趣使他放弃了去美国与法国求学的想法，进入刚刚成立的东方学院，成为该校第一届学生，B. П. 什库尔金在学期间曾来中国实习，对中国东北的呼兰进行了专门考察，并撰写了一篇价值巨大的考察报告《呼兰城——满洲中部历史与经济生活概述》（这是俄国学者对中国东北地区城市研究的第一部著作）[③]。1903 年，B. П. 什库尔金以优异成绩毕业于东方学院汉满语专业。从 1903 年 5 月 20 日起，B. П. 什库尔金担任符拉迪沃斯托克警察局局长助理。1904 年，B. П. 什库尔金参加了日俄战争，多次获得嘉奖。战争结

① Дмитровский – Байков Н. И. Жизнь и творчество Н. А. Байкова. – Брисбен: Наследники Н. А. Байкова, 2000, 25с; Жернаков В. Н. Николай Аполлонович Байков. Мельбурн: Мельбурнский университет, 1968, 19с; Плостина Н. Н. Творчество Н. А. Байкова: проблематика, художественное своеобразие: Автореф... канд. филол. наук. – Владивосток, 2002. с. 20 – 53.

② Байков Н. А. В горах и лесах Маньчжурии. – Петроград: Изд. ред. журн. "наша Охота", тип. Д. П. Вейсбурна, 1915. 464с.

③ Шкуркин П. В. Город Хулань – чэн. // Известия Восточного Института. 1902. т. 3. вып. 4. с. 1 – 94; Город Хулань – чэн. Очерк из исторического и экономического быта Центральной Маньчжурии. Никольск – уссурийский, тип. Миссюра, 1903. 94с.

束后, B. П. 什库尔金于 1907—1909 年在吉林语言学校教授俄语和俄国历史。1909 年, B. П. 什库尔金担任哈巴罗夫斯克阿穆尔军区司令部翻译, 直接参与对华交涉事务。1912 年, B. П. 什库尔金参与制定了皇家东方学学会阿穆尔分会章程并被选为分会理事会理事。1913 年, B. П. 什库尔金退役, 移居哈尔滨, 在中东铁路总会计室工作, 从 1915 年起在哈尔滨商业学校、第一实验学校、汉语培训班和哈尔滨东方文言高等商业专科学校讲授汉语和东方学课程, 积极参加满洲俄国东方学家学会和东省文物研究会的工作, 并从 1916 年起担任《亚细亚时报》第 7 任主编工作。1927 年, B. П. 什库尔金移居美国西雅图, 继续参加各类社会活动, 担任华盛顿大学顾问和俄国历史学会创办会员。①

1909 年, B. П. 什库尔金回到哈巴罗夫斯克后除参与政务外, 继续从事对中国等东亚问题的研究工作, 在《亚细亚时报》《皇家东方学学会阿穆尔分会丛刊》等杂志上发表了《中国的禁教》②《2450 年前的中国画展 (周朝的历史悲剧)》(译文)③《翻译工作者, 抑或东方学家》④《东方研究: 唐津、威海卫、烟台、上海、杭州、苏州、安庆府历史、日常生活方式与贸易概述》⑤《东方研究 (来自 1906 年旅途日记片段)》⑥ 五篇文

---

① Хисамутдинов А. А. Синолог П. В. Шкуркин:《. . . не для широкой публики, а для востоковедов и востоколюбов》//Изв. Вост. ин – та Дальневост. гос. ун – та. 1996. №3. с. 150 – 160; Бакич О. Дальневосточный архив П. В. Шкуркина: Предварит. опись. San Pablo, CA (Калифорния), 1997. 133с; Тамазанова Р. П. Журнал "Вестник Азии" в системе русскоязычных периодических изданий в Маньчжурии (Харбин, 1909 – 1917 гг.); Дис. . . канд. филол. наук: Москва. 2004. с. 96 – 97.

② Шкуркин П. В. Упразднение религии в Китае. //Вестник Азии, 1909, №3. с. 51 – 57.

③ Шкуркин П. В. Художественная выставка в Китае 2450 лет назад (Историческая драма времен династии Чжоу). //Вестник Азии, 1910, №6. с. 94 – 116.

④ Шкуркин П. В. Переводчик или Ориенталист? //Вестник Азии, 1911, №9. с. 1 – 13.

⑤ Шкуркин П. В. По Востоку: Очерки истории, быта и торговли Карацу, Вэй – хай – вэй'я, Чжи – фу, Шанхая, Хан – чжоу, Су – чжоу, Ань – цин – фу. //Вестник Азии, 1911, №9. с. 140 – 185; 1912, №11 – 12. с. 180 – 264.

⑥ Шкуркин П. В. По Востоку: (Отрывки из путевого дневника 1906 г.)//Зап. Приамур. отдела Имп. о – ва востоковедения. – Хабаровск, 1912. – Вып. 1. с. 115 – 166; 1913. – Вып. 2. с. 190 – 241.

章，在哈巴罗夫斯克和哈尔滨出版了《白蛇传》（译著）① 《光绪三十四年吉林省官方报告》（译著）② 《东方研究：唐津、威海卫、烟台、上海、杭州、苏州、安庆府历史、日常生活方式与贸易概述》③ 三部著作。1913年移居哈尔滨后，B. П. 什库尔金在中国等东亚问题研究上取得了更多的成果，民国初年在《亚细亚时报》杂志上发表了《倮倮族——中国西南异族今昔》（两篇译文，分别于1915年和1916年出版单行本）④ 《中国历史一页：明朝的倾覆与清朝的崛起》⑤ 《假钱》（译文）⑥ 《财宝》（译文）⑦ 《梨》（译文）⑧ 《审案》（译文）⑨ 《狐狸》（译文）⑩ 《中国故事与神话》（译文，同年以《中国故事与历史传说》为名出版单行本）⑪ 《外

① Шкуркин П. В. Белая Змея：Кит. легенда. - Хабаровск：Тип. Штаба Приамур. воен. округа,1910. 196с.

② Шкуркин П. В. Официальный отчет по Гириньской провинции за 34 - й год Гуан - сюй（1908）. Составленный применительно（к конституционным требованиям）в 1912 г. Перевод с китайского. Хабаровск. 1913. 190с.

③ Шкуркин П. В. По Востоку. В 2 ч. Ч. 1：Очерки истории, быта и торговли Карацу, Вэй - хай - вэй'я, Чжи - фу, Шан - хая, Хан - чжоу, Су - чжоу, Ань - цин - фу. - Харбин：Тип. 《Юань - дун - бао》,1912. 197с.

④ Шкуркин П. В. Лоло（Старое и новое об инородцах юго - западного Китая）. //Вестник Азии,1913,№16 - 17. с. 59 - 99；1915,№34. с. 72 - 161. - то же. - Вып. 1：Харбин, 1915. 40с；Вып. 2：Харбин,1916. 95с.

⑤ Шкуркин П. В. Страница из истории Китая. Падение Минской династии и воцарение Цинской（По Эвемону）. //Вестник Азии,1913,№18. с. 1 - 31.

⑥ Шкуркин П. В. Фальшивые деньги（китайская сказка）. //Вестник Азии,1914,№30. с. 28 - 31.

⑦ Шкуркин П. В. Клад//Вестник Азии,1914,№25 - 26 - 27. с. 101 - 104.

⑧ Шкуркин П. В. Груша（сказка）. //Вестник Азии,1914,№31 - 32. с. 36 - 42.

⑨ Шкуркин П. В. Правосудие, китайская сказка. пер. с кит. //Вестник Азии, 1916, №38 - 39. с. 135 - 149.

⑩ Шкуркин П. В. Лисицы. Китайская сказка. пер. с кит. //Вестник Азии,1915, №35 - 36. с. 69 - 85.

⑪ Шкуркин П. В. Китайские рассказы и сказки：Портрет. Дочь уездного начальника. Одеяло/пер. с кит. //Вестник Азии,1917,№41. с. 1 - 52. - то же. китайские рассказы и легерды：Пер. с кит. - Харбин,1917. 53с.

科圣手》①《中国的变革》②《双重国籍》③《中日冲突》（同年出版单行本)④《东方研究：在中国的旅行》⑤《东方研究：中国、朝鲜、日本的军队改组》⑥《古钱札记》⑦《近年来的中国》⑧《俄日关于呼伦贝尔的密约》⑨ 十六篇专题文章和关于中国民间故事与神话的译作；在哈尔滨出版了《东方研究：中国、朝鲜、日本的军队改组》（由上述两篇文章合集而成)⑩《彩色中国历史年表》⑪ 等五部著作。В. П. 什库尔金关注东亚，尤其是中国的历史、民族、军队和民间故事，尽管一些论著都是译作，但多数都是首译或给予了进一步深入研究，其专题文章也都是 В. П. 什库尔金实地观察而写成，具有重要史料价值和学术意义。

И. Г. 巴拉诺夫，1886 年 1 月 30 日出生于托博尔斯克省的一个教师家庭，1906 年进入符拉迪沃斯托克东方学院汉满语专业学习，1911 年以优异成绩毕业。同年，И. Г. 巴拉诺夫来到哈尔滨，在中东铁路管理局任汉语翻译，而后进入哈尔滨商业学校教授汉语和东方地理课程。1925 年，И. Г. 巴拉诺夫又重回中东铁路管理局工作，但仍旧在各类学校从事教学工作。1926 年，И. Г. 巴拉诺夫在哈尔滨工学院讲授边疆学，1938—1945 年在北满大学讲授汉语和东北经济地理。1932 年，И. Г. 巴拉诺夫在哈尔滨法政大学做了题为《中国文学当代流派》的学术报告，获得哈尔滨法

---

① Шкуркин П. В. Искусный хирург. Сказка. //Вестник Азии, 1915, №33. с. 69 – 88.

② Шкуркин П. В. Переворот в Китае. //Вестник Азии, 1916, №37. с. 1 – 34.

③ Шкуркин П. В. Двойное подданство. //Вестник Азии, 1916, №38 – 39. с. 1 – 10.

④ Шкуркин П. В. Японо – китайский конфликт(докл. в оро). //Вестник Азии, №34, 1915, с. 170 – 192. то же. - Харбин: Тип. Кит. Вост. жел. дор. , 1915. 25с.

⑤ Шкуркин П. В. По Востоку. Поездка по Китаю. //Вестник Азии, 1916, №37. с. 50 – 107.

⑥ Шкуркин П. В. По Востоку: Реорганизация войск в Центральном Китае. Корея и Япония. //Вестник Азии, 1916, №38 – 39. с. 82 – 135.

⑦ Шкуркин П. В. Нумизматическая заметка. //Вестник Азии, 1916, №40. с. 28 – 33.

⑧ Шкуркин П. В. Из недавнего прошлого Китая. //Вестник Азии, 1915, №35 – 36. с. 39 – 55.

⑨ Шкуркин П. В. Русско – китайское соглашение относительно Барги//Вестник Азии. 1916. №40. с. 45 – 48.

⑩ Шкуркин П. В. По Востоку. Реорганизация войск в Центральном Китае, Корея японии. Ч. 2. - Харбин, тип. Квжд, 1916, 109с.

⑪ Шкуркин П. В. Исторические таблицы Китая в красках. - Харбин, 1917.

政大学汉语教研室编外副教授称号。1939—1945 年，И. Г. 巴拉诺夫担任
哈尔滨铁路学院俄国系主任。从 1946—1955 年，И. Г. 巴拉诺夫担任哈尔
滨工业大学汉语教研室主任。И. Г. 巴拉诺夫是满洲教育学会会员、满洲
俄国东方学家学会副主席、东省文物研究会会员以及基督教青年会自然
地理学研究会会员，曾担任《亚细亚时报》编辑（从 1921 年起编辑第
48—52 期）。1958 年，И. Г. 巴拉诺夫离开中国，定居阿拉木图，一直到
1972 年 2 月 1 日去世。晚年，И. Г. 巴拉诺夫曾为哈萨克苏维埃社会主义
共和国科学院研究生班讲授汉语。① И. Г. 巴拉诺夫从 1911 年起开始进行
学术研究，在《现代世界》《亚细亚时报》《亚洲俄国的教育事业》等杂
志上发表了《今古奇观》②（译文，翻译了《朱买臣》和《金玉奴棒打薄
情郎》两个故事）《三娘教子》③（译文）《中国报刊谈俄蒙协约》④《中
国皇族的生活》⑤《河南卜骨》⑥《跳神》⑦《中国故事》（译自《聊斋志
异》、《夜谭随录》、《子不语》和《中国侦探案》)⑧《产龙》⑨《中国革命
史资料：关于中国革命者的两份文件》⑩《中国内部贸易体制》⑪《中国儿

① Таскина Е. Русский Харбин. – М. : Изд – во Моск. ун – та. 1998. с. 246；Хисамутдинов А. А. Российская эмиграция в Азиатско – Тихоокеанском регионе и Южной Америке：Биобиблиографический словарь. – Владивосток：Изд – во Дальневост. ун – та. 2000. с. 47.

② Баранов И. Г. Старые и новые удивительные рассказы. //Современный мир，№11. 1911.

③ Баранов И. Г. Сан – нян цзяо – цзы（Третья жена воспитывает сына）. Китайская пьеса. //Вестник Азии, №23 – 24. 1914.

④ Баранов И. Г. Китайская печать о русско – монгольском соглашении. //Вестник Азии, №13. 1913. с. 77 – 86.

⑤ Баранов И. Г. Жизнь членов императорской фамилии в Китае. //Вестник Азии, № 25 – 27. 1914. с. 109 – 110.

⑥ Баранов И. Г. Гадальные кости из провинции Хэ – нань. //Вестник Азии, 1914, №25 – 27. с. 104 – 106.

⑦ Баранов И. Г. Еж – оборотень. //Вестник Азии,1914,№25 – 26 – 27. с. 98 – 100.

⑧ Баранов И. Г. Китайская быль. //Вестник Азии,1915,№34. с. 28 – 72.

⑨ Баранов И. Г. Превращение дракона. //Вестник Азии,1914,№25 – 26 – 27. с. 100 – 101.

⑩ Баранов И. Г. Материалы для истории китайской революции: Китайские революционеры. Два документа. //Вестник Азии,1916,№38 – 39. с. 17 – 34.

⑪ Баранов И. Г. Организация внутренней торговли в Китае//Вестник Азии,1917,№44. с. 1 – 40.

童文学——衣领上的红线》①（译自《今古奇观》中的故事《十三郎五岁朝天》）《中国孩子书信中的好风度》②《中国谚语中的父母与孩子》③ 十三篇文章，主要关注中国的民俗研究、中国古典小说的翻译等。值得特别提及的是，尽管 И. Г. 巴拉诺夫不是第一个翻译《聊斋志异》的、但却是翻译《聊斋志异》中故事最多的俄国人。

　　Н. П. 阿福托诺莫夫，1885 年 12 月 25 日出生于顿河省谷梁耶夫卡，1907 年毕业于新切尔卡斯克顿河神学校；1912 年毕业于涅任历史语文学院文学专业，同年应中东铁路商业学校校长鲍尔佐夫邀请移居中国东北。1913 年夏天，Н. П. 阿福托诺莫夫在哈巴罗夫斯克参加了纪念罗曼诺夫王朝 300 周年的展览会。1915 年，Н. П. 阿福托诺莫夫去托木斯克参加了校外教育代表大会。1916 年，Н. П. 阿福托诺莫夫去莫斯科参加第一次全俄语文教师代表大会。1921 年，Н. П. 阿福托诺莫夫在尼科利斯基—乌苏里斯基出席自然历史关系中的乌苏里边区研究第一次代表大会。1925 年 2 月 27 日前，Н. П. 阿福托诺莫夫在中东铁路哈尔滨商业学校担任俄语、斯拉夫语、拉丁语和历史教师。1922—1924 年，Н. П. 阿福托诺莫夫也在哈尔滨俄国文学与法律科学高级汉语班担任俄语和文学教师。1925—1934 年，Н. П. 阿福托诺莫夫担任哈尔滨第一商业学校俄语和文学教师；与此同时也在哈尔滨铁路技校教授俄国文学与历史课程。1936—1937 年，Н. П. 阿福托诺莫夫在哈尔滨的英侨中学教授俄国文学。1939 年移居美国前，Н. П. 阿福托诺莫夫在满洲帝国第一中学授课。在 20 世纪 20 年代中期至 30 年代中后期，Н. П. 阿福托诺莫夫也在哈尔滨法政大学、哈尔滨工学院和师范学院担任教师，教授俄国与欧洲教育史、教育学与学校史、普通教学法和语言学导论等课程。从 1913 年起，

---

　　① Баранов И. Г. Детская литература в Китае (с переводом с китайского рассказа для детей: Красная нитка на воротнике – с 4 – мая рис. в тексте) //Просветительное дело в азиатской россии, 1913, №3. с. 11 – 19.

　　② Баранов И. Г. Хороший тон в письмах китайских детей //Просветительное дело в азиатской россии, 1916, №5. с. 309 – 318.

　　③ Баранов И. Г. Родители и дети в китайских пословицах //Просветительное дело в азиатской россии, 1914, №1. с. 18 – 34.

Н. П. 阿福托诺莫夫是满洲俄国东方学家学会会员，参与编辑该会著作的出版。1913—1923 年，Н. П. 阿福托诺莫夫也是满洲教育学会秘书及其出版刊物《亚洲俄国的教育事业》杂志合作编辑。Н. П. 阿福托诺莫夫还是东省文物研究会会员及其文化遗产研究部秘书。移居美国后，Н. П. 阿福托诺莫夫继续从事教育活动，创办了《中东铁路哈尔滨商业学校》等杂志并担任主编，美国俄国学术团体会员。1976 年 6 月 20 日，Н. П. 阿福托诺莫夫逝世于美国旧金山。① 民国初年 Н. П. 阿福托诺莫夫在《亚洲俄国的教育事业》《亚细亚时报》等杂志上发表了《关于远东教师的评价》②《谢门·瓦尔索诺弗耶维奇·叶弗列莫夫（悼词）》③《在西伯利亚文化教育生活中的 Г. Н. 波塔宁和 П. И. 马库申》④《莫斯科语文教师第一次全俄代表大会（1916 年 12 月 27 日至 1917 年 1 月 4 日）》⑤《乌拉尔的学校事业》⑥（书评）《东西伯利亚和阿穆尔边区的俄国学校》⑦（书评）《在极东地带的第一批学校》⑧ 七篇文章，对俄国远东地区的俄国教育问题进行了探讨。

中东铁路气象科在民国初年留下了比之前更加丰富的可供学术研究的资料。1914—1917 年，中东铁路天文台气象科在哈尔滨出版了《中东

---

① Жернаков В. Н. Николай Павлович Автономов. – Мельбурн: Мельбурнский ун – т. 1974. с. 1 – 17; Хисамутдинов А. А. Дальневосточное востоковедение: Исторические очерки/ Отв. ред. М. Л. Титаренко; Ин – т Дал. Востока РАН. М. : ИДВ РАН. 2013. с. 245.

② Автономов Н. П. К характеристике дальневосточного учителя (Заметка)// Просветительное дело в азиатской россии, 1913, №11 – 12. с. 20 – 23.

③ Автономов Н. П. Семен Варсонофьевич Ефремов(Некролог)//Просветительное дело в азиатской россии, 1916, №5. с. 351 – 354.

④ Автономов Н. П. Г. Н. Потанин и П. И. Макушин в культурно – просветительной жизни Сибири. //Просветительное дело в азиатской россии, 1916, №6 – 7. с. 441 – 452.

⑤ Автономов Н. П. Первый всероссийский съезд словесников в Москве(27 декабря 1916 г. – 4 января 1917 г.)//Просветительное дело в азиатской россии, 1917, №2 – 3. с. 5 – 24.

⑥ Автономов Н. П. Школьное дело за Уралом//Просветительное дело в азиатской россии, 1915, №6. с. 680 – 684.

⑦ Автономов Н. П. Русская школа в Восточной Сибири и Приамурском крае// Просветительное дело в азиатской россии, 1915, №7. с. 817 – 827.

⑧ Автономов Н. П. Первые школы на крайнем востоке. //Вестник Азии. 1916, №40. с. 1 – 4.

铁路与乌苏里铁路各站的气象观测：月和年结论》①。这些气象观测资料
对我们今天研究当时中国东北与俄国远东地区的自然环境是不可或缺的
珍贵史料。而作为中东铁路气象科科长、满洲农业学会会员的 П. А. 巴甫
洛夫，②不仅是这项工作的组织者，也在《北满农业》上发表了《近 5 月
内的气象信息》③《新历 6 月的哈尔滨气象观测》④《新历 1914 年 3、4 月
中东铁路与乌苏里铁路气象站观测资料》⑤《5、6 月的气象资料》⑥《7、
8、9 月的气象观测》⑦《1914 年的气象观测》⑧ 六篇有关中国东北气象的
资料。此外，П. А. 巴甫洛夫 1913 年还在布拉戈维申斯克出版了《气象
因素对 1910—1911 年冬哈尔滨—傅家甸肺鼠疫进程的可能影响》⑨ 一本
小册子。这是俄国学者从气象角度探讨哈尔滨—傅家甸肺鼠疫的第一部
著作。

　　А. П. 斯维奇尼科夫，1875 年出生，出生地点不详，1930 年 10 月逝
世，逝世地点不详，中东铁路兽医长，满洲东方学家学会会员、满洲兽

　　① Метеорологические наблюдения, произведенные на станциях Китайской Восточной и Уссурийской жел. дор. Ежемесячные и годовые выводы［за 1909—1913 год］. Харбин. – Изд. Метеорологический отдел Управления Китайской Восточной ж. д. 1914, 85с;［за 1914 год］, 1915, 27с;［за 1915 год］, 1916, 25с;［за 1916 год］, 1917, 25с.

　　② Протокол общего Маньчжурского Сельско - Хозяйственного Общества 16 июля 1913 г. // Сельское хозяйство в северной Маньчжурии, 1913. №3. с. 1; Гараева, Л. М. Научная и педагогическая деятельность русских в Маньчжурии в конце XIX – первой половине XX века: Дис. . . кандидата исторических наук: Владивосток. 2009. с. 63.

　　③ Павлов П. А. Метоорологические сведения за май. // Сельское хозяйство в Северной Маньчжурии, 1913, №1. с. 33.

　　④ Павлов П. А. Июнь месяц нового стиля по метоорологическим наблюдениями в Харбине. // Сельское хозяйство в Северной Маньчжурии, 1913, №1. с. 30 – 31.

　　⑤ Павлов П. А. Некоторые данные за март и апрель мес. н. с. 1914 г. по набл. метеор. ст. К. в. и Уссур. ж. д. // Сельское хозяйство в Северной Маньчжурии, 1914, №3 – 4.

　　⑥ Павлов П. А. Метоорологические данные за май и июнь. // Сельское хозяйство в Северной Маньчжурии, 1914, №5 – 9. с. 55 – 57.

　　⑦ Павлов П. А. Июль, август и сентябрь по метоорологическим наблюдениями. // Сельское хозяйство в Северной Маньчжурии, 1914, №12.

　　⑧ Павлов П. А. 1914 год по метеорологическим наблюдениями. // Сельское хозяйство в Северной Маньчжурии, 1915, №1.

　　⑨ Павлов П. А. Возможное влияние метеоролонических факторов на ход легочной чумы в Харбине – Фуцзядяне зимой 1910/11г. – Благовещенск, изд. Амурский край, 1913, 79с.

医协会会员、满洲农业学会创办会员。① 在清朝末年和民国初年，A. П. 斯维奇尼科夫在《亚细亚时报》杂志上发表了《俄罗斯人在蒙古》② 和《1905—1907 年俄国在西北蒙古的贸易》③ 两篇文章。这两篇文章是 A. П. 斯维奇尼科夫 1905—1907 年在外蒙古工作期间根据所调查资料所写④。1912 年，A. П. 斯维奇尼科夫在这两篇文章的基础上经过修改补充，在圣彼得堡出版了《俄罗斯人在蒙古（观察与结论）》⑤ 一书。该书是目前所能查到的 A. П. 斯维奇尼科夫出版的唯一一部著作。该书以论文结集形式出版，除收录 A. П. 斯维奇尼科夫的另一篇长篇考察日记外，还收录了 1906—1909 年担任道胜银行蒙古分行行长 C. Ф. 斯捷巴诺夫⑥的《浅谈俄中在蒙古的贸易》和《浅谈蒙中关系与蒙古贫穷的原因》两篇文章。该书是俄侨学者出版的第一部论述俄罗斯人在外蒙古活动的专门著作，记述了俄蒙关系的产生与发展、外蒙古的政治经济状况，分析了俄国在外蒙古贸易上对蒙古人影响弱化的原因，指出应提供给俄国人在外蒙古购买和租赁土地、开办工厂、经营农业、修筑铁路、组织运河、勘探和开采矿物质的权利，以及加强在文化上的影响的建议。

---

① К истории Маньчжурского С. - Х. Общества//Сельское хозяйство в Северной Маньчжурии，1913. №1. с. 6；http://search. rsl. ru/ru/record/01003796599；Состав Общества Русских Ориенталистов в Маньчжурии к 1 - му Апреля 1911 года//Вестник Азии，1911. №8. с. 166.

② Свечников А. П. Русские в Монголии//Вестник Азии. 1910，№3. с. 159 - 173.

③ Свечников А. П. Русская торговля в северо - западной Монголии по личным наблюдениям с 1905 по 1907 г. //Вестник Азии. 1912，№11 - 12. с. 61 - 93.

④ Свечников А. П. Русские в Монголии：(Наблюдения и выводы)：Сб. работ относительно Монголии (Халхи)：С прил. статей С. Ф. Степанова：1)О китайско - монгольских отношениях，2)О русской и китайской торговле в Монголии/А. П. Свечников. - Санкт - Петербург：типо - лит. "Энергия"，1912. с. 13.

⑤ Свечников А. П. Русские в Монголии：(Наблюдения и выводы)：Сб. работ относительно Монголии (Халхи)：С прил. статей С. Ф. Степанова：1)О китайско - монгольских отношениях，2)О русской и китайской торговле в Монголии/А. П. Свечников. - Санкт - Петербург：типо - лит. "Энергия"，1912. 150с.

⑥ Свечников А. П. Русские в Монголии：(Наблюдения и выводы)：Сб. работ относительно Монголии (Халхи)：С прил. статей С. Ф. Степанова：1)О китайско - монгольских отношениях，2)О русской и китайской торговле в Монголии/А. П. Свечников. - Санкт - Петербург：типо - лит. "Энергия"，1912. с. 33.

　　A. C. 梅谢尔斯基，可能出生于 1875 年，出生地不详，1932 年 10 月 26 日逝世于哈尔滨。A. C. 梅谢尔斯基毕业于尤里耶夫斯克兽医学院。1908—1913 年，A. C. 梅谢尔斯基是中东铁路兽医保健科科长。1913—1915 年，A. C. 梅谢尔斯基是赤塔防疫站工作人员。从 1915 年起，A. C. 梅谢尔斯基领导为军队采购肉的蒙古考察团。1922 年，A. C. 梅谢尔斯基移居哈尔滨，担任中东铁路兽医科资深医生，也是哈尔滨辖市镇兽医视察员。A. C. 梅谢尔斯基是满洲农业学会创会会员、东省文物研究会副主席。① A. C. 梅谢尔斯基的学术成果都与自己的工作有关，民国初年出版了《1910—1911 年哈尔滨市及其郊区鼠疫期间中东铁路细菌化验室活动报告》② 和《1911—1912 年中东铁路公司哈尔滨防疫站活动报告》③ 两本小册子，对研究 20 世纪初的哈尔滨医疗卫生事业是有益的史料。

　　И. 科里－爱斯基文德，出生年、地点不详，逝世年、地点不详，中东铁路兽医，④ 在《北满农业》上发表了《满洲里镇的牛奶业及其在中东铁路附属地西线的潜在发展》⑤ 一篇文章。

　　此外，在民国初年的中国东北地区存在的两个学术团体——满洲教育学会和满洲农业学会的一些俄侨学者会员也进行了一定程度的学术研究。由于受资料所限，这些学者中的多数生平（出生年、地点不详，逝世年、地点不详）都没有明确的记载，本书只能就可以明确为俄侨身份的学者和依据其发表的成果内容推定其可能为俄侨身份的学者进行简略的记述。以下我们将首先介绍满洲教育学会的俄侨学者的学术研究

　　① Хисамутдинов А. А. Российская эмиграция в Азиатско－Тихоокеанском регионе и Южной Америке: Биобиблиографический словарь. － Владивосток: Изд－во Дальневост. ун－та. 2000. с. 205.

　　② Мещерский А. С. Отчёт о деятельности бактериологической лаборатории КВЖД за время существования чумной эпидемии в г. Харбине и его окрестностях в 1910－1911гг. － СПБ, тип. мин－ва внутр. дел. 1912, 15с.

　　③ Мещерский А. С. Отчёт о деятельности Харбинской противочумной станции Общества КВЖД за 1911－1912гг. － Благовещенск, 1914, 42с.

　　④ Содержание//Сельское хозяйство в Северной Маньчжурии, 1916. №1－2. с. 2.

　　⑤ Кооль－Эстивенд И. Молочное скотоводство в поселке 《Маньчжурия》 и возможное его развитие в западной части полосы отчуждения Китайской Восточной жел. дороги. //Сельское хозяйство в Северной Маньчжурии, 1916, №1－2, с. 17－28.

活动，这些俄侨学者所撰写的文章几乎都发表在《亚洲俄国的教育事业》这本杂志上，基本上探讨的都是学校教学、管理和教师进修等问题。

H. B. 鲍尔佐夫，1871 年 4 月 26 日出生于维亚特卡省。H. B. 鲍尔佐夫毕业于圣彼得堡大学历史语文学系。1895 年，H. B. 鲍尔佐夫在圣彼得堡参加工作，1897 年在托木斯克教书，1904 年担任托木斯克第一西伯利亚商业学校学监。1905—1925 年，H. B. 鲍尔佐夫是哈尔滨商业学校创办人、第一任校长，兼历史与俄语教学法教师。H. B. 鲍尔佐夫多年一直担任中东铁路学务处处长、乌苏里铁路驻哈尔滨教育机构委员会副主席，还担任哈尔滨市高等学校创办委员会主席。H. B. 鲍尔佐夫是满洲俄国东方学家学会会员、满洲教育学会主席、满洲农业学会会员和东省文物研究会文化发展部主席。1925 年，H. B. 鲍尔佐夫来到美国，担任旧金山俄国中学教师委员会主席、家长委员会主席。1929 年，H. B. 鲍尔佐夫返回哈尔滨，担任第一实科学校校长，并在哈尔滨师范学院和神学班授课。H. B. 鲍尔佐夫后移居美国伯克利，教授俄语与文学。1934—1955 年，H. B. 鲍尔佐夫担任每年出版的杂志《俄国儿童日》编辑。1955 年 11 月 25 日，H. B. 鲍尔佐夫逝世于美国伯克利。[①] H. B. 鲍尔佐夫发表了《关于哈尔滨男子商业学校学生集体参观周年纪念日（1912 年 8 月 1 日）》[②]一篇文章。

---

① Хисамутдинов А. А. Российская эмиграция в Азиатско - Тихоокеанском регионе и Южной Америке: Биобиблиографический словарь. - Владивосток: Изд - во Дальневост. ун - та. 2000. с. 57; Петров Н. И. Маньчжурское педагогическое общество. (История возникновения и очерк деятельности). //Просветительное дело в азиатской россии, 1913, №1. с. 8; Отчёт о деятельности Маньчжурского педагогического общества за 1914 - 1915 уч. год/// Просветительное дело в азиатской россии, 1915. №7. с. 804; Список членов Маньчжурского Сельско - Хозяйственного Общества за 1914 год//Сельское хозяйство в Северной Маньчжурии, 1915. №3. с. 19; Состав Общества Русских Ориенталистов//Вестник Азии, 1909. №1. с. 278; Мелихов Г. В. Российская эмиграция в Китае (1917 - 1924 гг.). - М.: Институт российской истории РАН. 1997. с. 225 - 226.

② Борзов Н. В. К годовщине поездки группы учащих Харбинского мужского Коммерческого училища на Высочайший смотр (1 августа 1912 года) //Просветительное дело в азиатской россии, 1913, №3. с. 49 - 59.

Н. И. 彼得罗夫，生卒年、地点均不详。1910 年，Н. И. 彼得罗夫任哈尔滨商业学校教师；1913 年前是满洲教育学会主席团成员，1913 年因病被迫离开哈尔滨并退出了满洲教育学会主席团，后又回到哈尔滨，担任哈尔滨商业学校法学和政治经济学教师和满洲教育学会副主席；1915 年秋又离开了哈尔滨，在托木斯克中等农业学校教书。[①] Н. И. 彼得罗夫发表了《满洲教育学会产生史和活动概述》[②]《国民教育思想》[③]《俄国中等商业教育》[④] 三篇文章。

М. П. 巴拉诺夫，生卒年、地点均不详。曾任哈尔滨第一松花江铁路学校校长、哈尔滨民众大学满洲社会班俄语与算数教师[⑤]满洲教育学会财务主任[⑥]、发表了《亚洲俄国铁路上的教学工作》[⑦] 一篇文章。

С. С. 奥利霍沃伊，生卒年、地点均不详。曾任满洲教育学会秘书[⑧]，发表了《关于中东铁路与乌苏里铁路学校第七次教师代表大会的活动》[⑨]

---

① Петров Н. И. Маньчжурское педагогическое общество. (История возникновения и очерк деятельности). //Просветительное дело в азиатской россии, 1913, №1. с. 8; Петров Н. И. Идея национального воспитания. //Просветительное дело в азиатской россии, 1915, №6. с. 579 – 580; Отчёт о деятельности Маньчжурского педагогического общества за 1914 – 1915 уч. год// Просветительное дело в азиатской россии, 1915. №7. с. 809; Петров Н. И. О среднем коммерческом образовании в Россиии. //Просветительное дело в азиатской россии, 1916, №3 – 4. с. 107 – 108.

② Петров Н. И. Маньчжурское педагогическое общество. (История возникновения и очерк деятельности). //Просветительное дело в азиатской россии, 1913, №1. с. 6 – 8.

③ Петров Н. И. Идея национального воспитания. //Просветительное дело в азиатской россии, 1915, №6. с. 579 – 598.

④ Петров Н. И. О среднем коммерческом образовании в Россиии. //Просветительное дело в азиатской россии, 1916, №3 – 4. с. 107 – 132.

⑤ Отчёт о деятельности Маньчжурского педагогического общества за 1914 – 1915 уч. год///Просветительное дело в азиатской россии, 1915. №7. с. 803.

⑥ Петров Н. И. Маньчжурское педагогическое общество. (История возникновения и очерк деятельности). //Просветительное дело в азиатской россии, 1913, №1. с. 8.

⑦ Баранов М. П. Учебное дело на железных дорогах в азиатской России. 1. Сибирская ж. д. //Просветительное дело в азиатской россии, 1913, №1. с. 27 – 28.

⑧ Петров Н. И. Маньчжурское педагогическое общество. (История возникновения и очерк деятельности). //Просветительное дело в азиатской россии, 1913, №1. с. 8.

⑨ Ольховой С. С. О деятельности Седьмого Съезда учащих в школах Китайской Восточной и Уссурийской железных дорог. //Просветительное дело в азиатской россии, 1913, №1. с. 29 – 34.

和《1913—1914 年满洲教育学会活动报告》① 两篇文章。

Н. А. 卡兹 - 格雷，生卒年、地点均不详，曾任哈尔滨民众大学满洲社会班教学委员会主席、第二新城学校督学、民用工程师，满洲农业学会会员，② 发表了《和平之路》③ 和《美》④ 两篇文章。

К. Д. 费多罗夫，生卒年、地点均不详，曾任哈尔滨商业学校自然教师，满洲农业学会会员，⑤ 发表了《关于自然科学的教育意义问题》⑥《外贝加尔铁路上的教学工作》⑦ 两篇文章。

Ф. Ф. 布拉别茨，生卒年、地点均不详，曾任哈尔滨商业学校体操教员⑧，发表了《关于在初等学校教授体操的问题》⑨ 一篇文章。

С. А. 叶棱斯基，生卒年、地点均不详，曾任中东铁路满洲里站二级制铁路学校教师、中东铁路绥芬河站铁路学校校长，⑩ 发表了《四年制和

---

① Ольховой С. С. Отчёт о деятельности Маньчжурского Педагогического общества за 1913 – 1914 учебный год. //Просветительное дело в азиатской россии,1914,№3. с. 242 – 248.

② Список членов Общества//Просветительное дело в азиатской россии, 1916. №6 – 7. с. 497; Список членов Маньчжурского Сельско - Хозяйственного Общества за 1914 год// Сельское хозяйство в Северной Маньчжурии,1915. №3. с. 19.

③ Казы - Гирей Н. А. Пути мира. //Просветительное дело в азиатской россии, 1913, №2. с. 1 – 3.

④ Казы - Гирей Н. А. Красота//Просветительное дело в азиатской россии, 1913, №4 – 5. с. 25 – 35.

⑤ Список членов Общества//Просветительное дело в азиатской россии, 1916. №6 – 7. с. 503; Протокол Общего Собрания Маньчжурского Сельско - Хозяйственного Общества 16 июля 1913 г. //Сельское хозяйство в Северной Маньчжурии,1913. №3. с. 1.

⑥ Федоров К. Д. К вопросу о воспитательном значении естествознания. //Просветительное дело в азиатской россии,1913,№2. с. 13 – 15.

⑦ Федоров К. Д. Учебное дело на Забайкальской жел. дор. //Просветительное дело в азиатской россии,1913,№2. с. 16 – 17.

⑧ Брабец Ф. Ф. О преподавании гимнастики в начальных школах. //Просветительное дело в азиатской россии,1913,№2. с. 18.

⑨ Брабец Ф. Ф. О преподавании гимнастики в начальных школах. //Просветительное дело в азиатской россии,1913,№2. с. 18 – 19.

⑩ Еленский С. А. Программа курса 4 – х и 6 – ти годичной начальной школы. // Просветительное дело в азиатской россии,1913,№3. с. 20; Отчёт о деятельности Маньчжурского педагогического общества за 1914 – 1915 уч. год///Просветительное дело в азиатской россии, 1915. №7. с. 805.

六年制初等学校课程设置》①《В. и Э. 瓦赫杰罗夫夫妇的儿童故事中的世界及其优缺点》② 两篇文章。

Г. Д. 亚辛斯基，生卒年、地点均不详，曾任哈尔滨商业学校物理与化学教师、③、满洲教育学会秘书④，满洲教育学会图书馆馆员⑤，发表了《读书》⑥ 和《一项美国的教育理论（学校改革的学术基础）》⑦ 两篇文章。

А. П. 法拉奉托夫，生卒年、地点均不详，来华前是滨海省塔契杨诺夫卡学校教师、中东铁路博克图站铁路学校教师，⑧ 发表了《滨海省的初等学校》⑨《外贝加尔省的初等教育》⑩《当地学校博物馆及其成立的意义》⑪ 三篇文章。

К. П. 巴拉施科夫，生卒年、地点均不详，曾任哈尔滨商业学校和贸易学校地理教师、哈尔滨民众大学满洲社会班地理与自然教师和教学委员会主席⑫、

① Еленский С. А. Программа курса 4 - х и 6 - ти годичной начальной школы. // Просветительное дело в азиатской россии, 1913, №3. с. 20 – 38.

② Еленский С. А. Мир в рассказах для детей В. и Э. Вахтеровых, достоинства и недостатки этого учебника. //Просветительное дело в азиатской россии, 1914, №4. с. 312 – 324.

③ Отчёт о деятельности Маньчжурского педагогического общества за 1914 – 1915 уч. год/// Просветительное дело в азиатской россии, 1915. №7. с. 812.

④ Протоколы заседаний Маньчжурского Педагогического общества и его Президиума/// Просветительное дело в азиатской россии, 1914. №3. с. 399 – 400.

⑤ Новый президиум Маньчжурского педагогического общества//Просветительное дело в азиатской россии, 1914. №3. с. 278.

⑥ Ясинский Г. Д. Чтение книг//Просветительное дело в азиатской россии, 1913, №4 – 5. с. 17 – 24.

⑦ Ясинский Г. Д. Одна американская теория образования (научные основания для реформы школы) //Просветительное дело в азиатской россии, 1914, №5. с. 419 – 438.

⑧ Фарафонтов А. П. Начальные школы в Приморской области. //Просветительное дело в азиатской россии, 1914, №1. с. 9; Отчёт о деятельности Маньчжурского педагогического общества за 1914 – 1915 уч. год//Просветительное дело в азиатской россии, 1915. №7. с. 811.

⑨ Фарафонтов А. П. Начальные школы в Приморской области. //Просветительное дело в азиатской россии, 1914, №1. с. 9 – 17.

⑩ Фарафонтов А. П. Начальное образование в Забайкальской области. //Просветительное дело в азиатской россии, 1914, №2. с. 107 – 116.

⑪ Фарафонтов А. П. Местные школьные музеи, их значение и организация. //Просветительное дело в азиатской россии, 1917, №1. с. 51 – 58.

⑫ Отчёт о деятельности Маньчжурского педагогического общества за 1914 – 1915 уч. год// Просветительное дело в азиатской россии, 1915. №7. с. 803; Барашков К. П. Воспитание нравственного характера в школе. //Просветительное дело в азиатской россии, 1914, №2. с. 85.

满洲教育学会副主席，发表了《学校中的德行教育》① 一篇文章。

　　Н. А. 苏斯列尼科夫，生卒年、地点均不详，曾任中东铁路齐齐哈尔站二级制铁路学校校长，② 发表了《学生酗酒及其克服》③ 一篇文章。

　　В. И. 列别丁斯基，生卒年、地点均不详，曾任哈尔滨第一松花江铁路学校教师、哈尔滨民众大学满洲社会班数学教师、④ 满洲教育学会财务主任⑤，发表了《学校的劳动原则》⑥ 一篇文章。

　　М. К. 科斯汀，生卒年、地点均不详，曾任乌苏里铁路驻哈尔滨教育机构公文处理负责人，满洲教育学会会刊《亚洲俄国的教育事业》主编，哈尔滨民众大学满洲社会班数学、心理学与逻辑学教师和教学委员会秘书，⑦ 发表了《1914 年 8 月哈尔滨市中东铁路与乌苏里铁路学校第八次教师代表大会》⑧《1914 年 8 月哈尔滨市中东铁路与乌苏里铁路学校自然与历史课第一批教师进修班》⑨《爱国主义与民族主义及其对战争与教育的

---

① Барашков К. П. Воспитание нравственного характера в школе. //Просветительное дело в азиатской россии,1914,№2. с. 85 – 100.

② Отчёт о деятельности Маньчжурского педагогического общества за 1914 – 1915 уч. год///Просветительное дело в азиатской россии,1915. №7. с. 810.

③ Сусленников Н. А. Алкоголизм среди детей и борьба с ним. //Просветительное дело в азиатской россии,1914, №3. с. 194 – 204.

④ Отчёт о деятельности Маньчжурского педагогического общества за 1914 – 1915 уч. год// Просветительное дело в азиатской россии,1915. №7. с. 807.

⑤ Новый президиум Маньчжурского педагогического общества//Просветительное дело в азиатской россии,1914. №3. с. 278.

⑥ Лебединский В. И. Трудовой принцип в школе. //Просветительное дело в азиатской россии,1914, №3. с. 206 – 223.

⑦ Отчёт о деятельности Маньчжурского педагогического общества за 1914 – 1915 уч. год// Просветительное дело в азиатской россии,1915. №7. с. 806; Протоколы заседаний Маньчурского Педагогического общества и его Президиума///Просветительное дело в азиатской россии,1914. №3. с. 410 – 402.

⑧ Костин М. К. Восьмой съезд учащих в школах Китайской Восточной и Уссурийской железных дорог в г. Харбине в августе 1914 г. //Просветительное дело в азиатской россии,1914, №4. с. 325 – 344.

⑨ Костин М. К. Первые курсы(по естественно – историческим предметам） Для учащих в школах Китайской Восточной и Уссурийской железных дорог в г. Харбине в августе 1914 г. // Просветительное дело в азиатской россии,1914, №5. с. 509 – 528.

态度》①《1915 年 8 月哈尔滨市中东铁路与乌苏里铁路初等学校第九次教师代表大会》②《1916 年 8 月哈尔滨市中东铁路与乌苏里铁路学校第十次教师代表大会》③《1916 年夏天哈尔滨的教师进修班》④ 等六篇文章。

П. А. 罗希洛夫，生卒年、地点均不详，曾任中东铁路高级保健医师、满洲教育学会副主席⑤，发表了《关于西欧和俄国组织学校卫生检查的问题》⑥《纪念 Ф. Ф. 爱里斯曼教授》⑦《关于 1916 年托木斯克市的教师班》⑧ 三篇文章。

Н. А. 斯特列尔科夫，1879 年出生于奔萨州，逝世年、地点不详。1904—1905 年，Н. А. 斯特列尔科夫在柏林大学进修；1913 年以优异成绩毕业于莫斯科大学历史语文系哲学专业。1912—1913 年，Н. А. 斯特列尔科夫翻译了德文版《中世纪哲学史》《古希腊哲学简史》两部经典著作。从 1913 年起，Н. А. 斯特列尔科夫在哈尔滨商业学校教授俄语、文学与逻辑学；从 1917 年起担任《哈尔滨日报》《满洲消息报》副主编，1920 年为《俄国之声报》副主编。1920—1921 年，Н. А. 斯特列尔科夫

① Костин М. К. Патриотизм и национализм, их отношение к войне и педагогии. // Просветительное дело в азиатской россии, 1915, №6. с. 731 – 744.

② Костин М. К. Девятый съезд учащих в начальных школах Китайской Восточной и Уссурийской железных дорог, в августе 1915 г. в гор. Харбине//Просветительное дело в азиатской россии, 1916, №1 – 2. с. 31 – 58.

③ Костин М. К. Десятый съезд учащих в школах Китайской Восточной и Уссурийской железных дорог г. Харбине в августе 1916 года. //Просветительное дело в азиатской россии, 1917, №1. с. 33 – 50.

④ Костин М. К. Педагогические курсы в Харбине летом 1916 года. //Просветительное дело в азиатской россии, 1917, №2 – 3. с. 153 – 162.

⑤ Отчёт о деятельности Маньчжурского педагогического общества за 1914 – 1915 уч. год///Просветительное дело в азиатской россии, 1915. №7. с. 807; Протокол Маньчжур-ского педагогического общества и его президиума///Просветительное дело в азиатской россии, 1916. №1 – 2. с. 106.

⑥ Лощилов П. А. О постановке школьно – санитарного надзора в западной европе и в россии. //Просветительное дело в азиатской россии, 1915, №6. с. 599 – 624.

⑦ Лощилов П. А. Памяти проф. Ф. Ф. Эрисмана. //Просветительное дело в азиатской россии, 1916, №6 – 7. с. 453 – 462.

⑧ Лощилов П. А. По поводу учительских курсов в г. томске в 1916 году. // Просветительное дело в азиатской россии, 1917, №1. с. 27 – 32.

受聘担任哈尔滨法政大学教师，教授法理实践课；1921—1923 年担任国立远东大学哲学教研室编外副教授；1924—1929 年担任哈尔滨法政大学社会学教师；期间也在哈尔滨师范学院教授教学法、教育心理学、教育学、学前教育与社会学等课程。① H. A. 斯特列尔科夫发表了《莱蒙托夫诗歌中的世俗与崇高》② 一篇文章。

П. P. 别兹维尔希，生卒年、地点均不详，曾任中东铁路学务处副处长，乌苏里铁路驻哈尔滨教育机构监察员，③ 发表了《适应当地条件的教学计划》④ 一篇文章。

Ф. M. 阿拉穆比耶夫，生卒年、地点均不详，曾任中东铁路满洲里车站铁路学校教师，⑤ 发表了《儿童的创造性工作与在教师指导下仿照哈巴罗夫斯克展览会上的展品制作直观教具》⑥ 一篇文章。

满洲农业学会俄侨学者的学术研究成果基本上都发表在了其会刊《北满农业》杂志上，探讨了关于动植物、气象、农业、畜牧业等问题，其中多数是关于中国东北地区的。除上文提到的 B. B. 索尔达托夫、Б. A. 伊瓦什科维奇和巴甫洛夫等满洲农业学会会员在《北满农业》杂志上发表了多篇文章外，以下几位会员学者也发表了少量的文章。

Б. B. 斯克沃尔佐夫，1896 年 1 月 27 日出生于瓦尔沙瓦，1980 年 6 月 25 日逝世于巴西圣保罗。1917 年，Б. B. 斯克沃尔佐夫毕业于圣彼得堡大学物理

---

① Хисамутдинов А. А. Российская эмиграция в Азиатско‐Тихоокеанском регионе и Южной Америке：Биобиблиографический словарь. ‐ Владивосток：Изд‐во Дальневост. ун‐та. 2000. с. 296；Автономов Н. П. Юридический факультет в Харбине за восемнадцать лет существования. //Известия Юридического Факультета, 1938. №12. с. 43.

② Стрелков Н. А. Зёмное и небесное в поэзии лермонтова. //Просветительное дело в азиатской россии, 1916, №1‐2. с. 1‐8.

③ Отчёт о деятельности Маньчжурского педагогического общества за 1914‐1915 уч. год///Просветительное дело в азиатской россии, 1915. №7. с. 803.

④ Безверхий П. Р. Приспособление учебных программ к местным условиям. //Просветительное дело в азиатской россии, 1916, №3‐4. с. 191‐208.

⑤ Отчёт о деятельности Маньчжурского педагогического общества за 1914‐1915 уч. год///Просветительное дело в азиатской россии, 1915. №7. с. 802.

⑥ Алампиев Ф. М. Детская работы творческого характера и изготовленные при помощи учащихся наглядные пособия—по экспонатам Хабаровской выставки. //Просветительное дело в азиатской россии, 1916, №6‐7. с. 429‐440.

数学系自然科学专业。1935 年，Б. В. 斯克沃尔佐夫任哈尔滨第二铁路学校和哈尔滨商业学校自然科学教师，从事药用植物研究。Б. В. 斯克沃尔佐夫是满洲农业学会主席、东省文物研究会学术秘书、《北满农业》杂志编辑，也是伪满大陆科学院哈尔滨分院博物馆研究人员、哈尔滨地方志博物馆研究人员。1946—1955 年，Б. В. 斯克沃尔佐夫是哈尔滨自然科学与人类学爱好者学会活动家。1950—1957 年，Б. В. 斯克沃尔佐夫是哈尔滨中国科学院林业研究所科研人员。1958—1962 年，Б. В. 斯克沃尔佐夫受聘担任哈尔滨林学院教授。从 1962 年起，Б. В. 斯克沃尔佐夫移居巴西，在圣保罗植物学院从事科研工作。[1]民国初年，Б. В. 斯克沃尔佐夫在《北满农业》上发表了《喀尔喀的畜牧业》[2]《满洲豆油的化学成分分析》[3] 两篇文章。

　　В. М. 涅克拉索夫，满洲农业学会理事[4]，发表了《中国的鹅》[5] 和《中国的鸭》[6] 两篇文章。Г. О. 谢尔盖耶夫，满洲农业学会主席[7]，发表了《感染动物结核的结核病人》[8]《奶业检查委员会》[9]《战时制冷工业的意义》[10]

① Баранов А. И. Б. В. Скворцов (1896 - 1980) (некролог)//Политехник (Австралия). 1984. №11. с. 31.

② Скворцов Б. В. Скотоводство в Халхе.//Сельское хозяйство в Северной Маньчжурии, 1913, №2, с. 22 - 23.

③ Скворцов Б. В. О химических анализах маньчжурских масляничных бобов.//Сельское хозяйство в Северной Маньчжурии, 1916, №9 - 10, с. 35 - 36.

④ К истории Маньчжурского С. - Х. Общества//Сельское хозяйство в Северной Маньчжурии, 1913. №1. с. 7.

⑤ Некрасов В. М. Китайский гусь.//Сельское хозяйство в Северной Маньчжурии, 1913, №1, с. 11.

⑥ Некрасов В. М. Китайская утка.//Сельское хозяйство в Северной Маньчжурии, 1913, №2, с. 6 - 8.

⑦ К истории Маньчжурского С. - Х. Общества//Сельское хозяйство в Северной Маньчжурии, 1913. №1. с. 7.

⑧ Сергеев Г. О. Туберкулёз (чахотка) людей в связи с туберкулёзом животных.//Сельское хозяйство в Северной Маньчжурии, 1913, №3; №4 - 5, с. 20 - 21.

⑨ Сергеев Г. О. Контрольные союзы в молочном хозяйстве.//Сельское хозяйство в Северной Маньчжурии, 1913, №3; №4 - 5; 1914, №5 - 9, с. 38 - 43.

⑩ Сергеев Г. О. Значение холодильной промышленности в военное время.//Сельское хозяйство в Северной Маньчжурии, 1914, №5 - 9, с. 29 - 31.

《阿穆尔边区在哈巴罗夫斯克市的纪念展览会》① 等六篇文章。М. П. 诺索夫，满洲农业学会理事②，发表了《铁路附属地动物流行病产生原因之一》③ 一篇文章。

以下几位满洲农业学会会员的生平信息均不详，具体发表成果见下表：

学者	文章名称
А. Ф. 马里耶夫斯基	《哈尔滨的马匹数量》④
	《关于在哈尔滨防治牛瘟病问题》⑤
В. П.	《关于发展一面坡站郊区的养蜂业问题》⑥
В. О.	《中东铁路附属地牛瘟和流行性肺炎》⑦
	《日本的兽医教育》⑧
	《从中东铁路区域和中国港口（主要是青岛）向滨海省输入牲畜和肉》⑨
	《蒙古、满洲和中东铁路附属地牲畜口蹄疫流行病的扩大》⑩

---

① Сергеев Г. О. Юбилейная выставка Приамурского края в гор. Хабаровске. // Сельское хозяйство в Северной Маньчжурии, 1913, №4 – 5.

② Отчёт о деятельности Маньчжурского Сельско – Хозяйственного Общества за 1914 год. // Сельское хозяйство в Северной Маньчжурии, 1915. №3. с. 2.

③ Носов М. П. Одна из причин эпизоотий в полосе отчуждения. // Сельское хозяйство в Северной Маньчжурии, 1914, №5 – 9.

④ Мальевский А. Ф. Количество лощадей в Харбине. // Сельское хозяйство в Северной Маньчжурии, 1915, №1.

⑤ Мальевский А. Ф. К борьбе с эпизоотиями рогатого скота в Харбине. // Сельское хозяйство в Северной Маньчжурии, 1915, №2, с. 12 – 21.

⑥ В. П. О развитии пчеловодства в окрестностях ст. имяньпо. // Сельское хозяйство в Северной Маньчжурии, 1915, №3 – 4. с. 33 – 36.

⑦ В. О. Чума и повальное воспаление легких рогатого скота в полосе отчуждегия КВжд. // Сельское хозяйство в Северной Маньчжурии, 1914, №10 – 11, с. 27 – 28.

⑧ В. О. Ветеринарное образование в Японии. // Сельское хозяйство в Северной Маньчжурии, 1914, №10 – 11.

⑨ В. О. Экспорт скота и мяса в приморскую область из районов КВЖД и из портов Китая [главным образом Циндао] // Сельское хозяйство в Северной Маньчжурии, 1914, №10 – 11, с. 33 – 39.

⑩ В. О. Распространение эпизоотий ящура на скоте в Монголии, Маньчжурии и в полосе отчуждения КВжд. // Сельское хозяйство в Северной Маньчжурии, 1914, №12, с. 24 – 25.

续表

学者	文章名称
А. Ф. 马里耶夫斯基	《宽城子和奉天的牲畜贸易》①
В. С.	《黑龙江省的捕鱼业与畜牧业》②
魏国尔尼茨基	《1914 年蒙古的甘珠尔集市》③

　　民国初年，北京的俄侨学者卜朗特和英诺肯提乙等人也开展了一定的学术研究。卜朗特于1914 年和1915 年在北京出版了文言教材《华文自解》④ 和《译材辑要》⑤。1916 年，为纪念俄国驻北京传教士团来华 200周年，英诺肯提乙在北京组织编写了《俄国驻北京传教士团 200 周年简史》。这是民国初年北京俄侨学术活动中的重大事件。该书按照时间顺序比较详细地记述了历届来华传教士团的主要活动，简要介绍了每个传教士团成员的生平与活动，对其汉学成就给予了特别研究。该书是我们今天研究来华传教士团史最为珍贵和重视的史料。

　　汉口俄侨学者 Г. А. 索福克罗夫于民国初年在《亚细亚时报》杂志上发表了《汉口俄中学堂 1910—1911 年教学报告》⑥ 和译文《中日条约及附属换文》⑦ 两篇文章。А. Т. 别里琴科在《俄国领事代办机构报告》上

---

① В. О. Торговля скотом в Куанченцзы и в Мукдене. //Сельское хозяйство в Северной Маньчжурии,1915,№3. с. 4 – 6.

② В. С. Рыболовство и скотоводство в Хэйлунцзянской провинции. //Сельское хозяйство в Северной Маньчжурии,1914,№5 – 9. с. 35 – 37.

③ Выгорницкий Ганьчжурская ярмарка в Монголии в 1914 г. //Сельское хозяйство в Северной Маньчжурии,1914,№10 – 11, с. 19 – 21.

④ Брандт Я. Самоучитель китайского письменного языка/Сост. Я. Брандт. Пекин: Тип. Рус. духовной миссии,1914. 417с.

⑤ Брандт Я. Сборник трактатов России в Китаем (начиная с Кульджинского трактата 1851 г.): для чтения в Институте Русского Языка при Министерстве Иностранных Дел/ Я. Брандт. . Пекин:Типография Русской Духовной Миссии,1915. 104с.

⑥ Софоклов Г. А. Педагогический отчёт за 1910/1911 Русско – китайской школы коммерческих знаний в Ханкоу. //Вестник Азии, №11 – 12,1912, с. 103 – 108.

⑦ Софоклов Г. А. Китайско – японские дороворы и приложения к ним. Пер. с англ. // Вестник Азии, №34,1915, с. 193 – 208.

发表了《安南—云南铁路概述》① 和《近 10 年来云南省地理与经济概述》② 两篇报告。

民国初年的外蒙古地区也有几个俄侨学者从事学术研究。据《西伯利亚与蒙古》一书记载，从 1895 年起至 1913 年，在外蒙古的俄人商号里一直做雇员的 А. В. 布尔杜科夫于 1914 年终于成立了自己的一家大商号。А. В. 布尔杜科夫不仅善于做生意，而且乐于从事研究，在民国初年撰写出了《俄国在北蒙古贸易状况及其前景》（1912）《西北蒙古对俄国面粉的需求》（1913）《我们与蒙古的贸易状况》（1913）《乌里雅苏台和科布多的市场》（1913）《蒙古是俄国肉类的供应者》（1916）和《俄罗斯人在蒙古》六篇文章。③ 1916 年，库伦东正教堂神职人员 Ф. 巴尔尼亚科夫留下了一份 28 页的手稿《关于蒙古的俄罗斯人》。该手稿是 1916 年夏天 Ф. 巴尔尼亚科夫在外蒙古考察的结果，记述了俄罗斯人在外蒙古的经济和社会活动、俄罗斯人与蒙古人的相互关系及蒙古人的状况。④ 而从齐齐哈尔调任外蒙古库伦工作的 А. П. 鲍洛班于 1914 年在圣彼得堡出版了一部重要著作《当前经贸关系中的蒙古：1912—1913 年蒙古工商部委员 А. П. 鲍洛班的报告》⑤。该书是 А. П. 鲍洛班就任外蒙古"独立"政府工商部委员后受工商部的指派，为了了解俄国在外蒙古的贸易情况以及外蒙古的经济、蒙古人的生活方式和宗教制度，于 1912—1913 年在外蒙古所完成的考察的结果。由于受时间和其他一些条件限制，А. П. 鲍洛班只对一些在经济上有着重要意义的外蒙古部分地区进行了考察。该书除前言和结论外，由十九个部分构成，记述了俄国人、汉族人和其他外国

---

① Бельченко А. Т. Очерк Аннамо – Юньнаньской железной дороги – // Донесения Имп. рос. консул. представительств , №44 , 1914 , с. 1 – 58.

② Бельченко А. Т. Географический и экономический очерк провинции Юньнань за последнее 10 – летие – // Донесения Имп. рос. консул. представительств , №47 , 1915 , с. 1 – 62.

③ Даревская Е. М. Сибирь и Монголия : Очерки рус. – монг. связей в конце XIX – нач. XX в. – Иркутск : Изд – во Иркут. ун – та , 1994. с. 252.

④ Даревская Е. М. Сибирь и Монголия : Очерки рус. – монг. связей в конце XIX – нач. XX в. – Иркутск : Изд – во Иркут. ун – та , 1994. с. 220.

⑤ Болобан А. П. Монголия : В её современном торгово – экономическом отношении. Отчёт агента министерства торговли и промышленности в монголии А. П. Болобана за 1912 – 1913 год. Петроград. гиография В. О. Киршбаума (отделение) , 1914. 207 с.

人在外蒙古的土地使用与农业，外蒙古的行政设置，俄国通往外蒙古的道路和外蒙古的商路，运输工具，外蒙古的货币流通与蒙古人所欠汉族人的债款，畜牧业、畜牧产品、外蒙古的牧场与俄国人从外蒙古输入原料，外蒙古的矿山、森林、田间、渔业资源，外蒙古的重要贸易中心，阿尔泰边区，外蒙古的税收体制，俄国在外蒙古的贸易，蒙古人对各类商品的需求，蒙古人的支付能力，俄国中央地区的大商号对外蒙古的俄国地方商号的态度，俄蒙商品输出输入额。在附录部分列举了俄蒙进出口额（1911、1912 年），库伦、科布多、乌里雅苏台等区域商品进出口额（1911、1912 年）、外蒙古一些重要商品种类和价格、商号数量及商人名录等内容。在结论部分，该书提出了改善外蒙古财政经济状况、垄断外蒙古贸易的 28 条建议。А. П. 鲍洛班的考察是继 1910 年莫斯科蒙古贸易考察和托木斯克大学俄蒙贸易考察①之后的对外蒙古的经济和俄蒙贸易的大型考察，也是在外蒙古进行所谓"独立"后的第一次对外蒙古的经济和俄蒙贸易的大型考察。А. П. 鲍洛班考察的结果报告《当前经贸关系中的蒙古：1912—1913 年蒙古工商部委员 А. П. 鲍洛班的报告》是对 1910 年两次考察报告的直接补充。

综上所述，据笔者不完全统计，民国初年在华俄侨学者共有 58 位，其中取得重要学术成果的 19 位；共发表了 158 篇学术文章；出版了 41 部学术著作，其中重要著作 22 部。

第三节　繁荣发展期（1917—1931）

俄国爆发十月革命和反武装干涉战争以及中苏共管中东铁路，使中国出现了俄侨涌入的第二次浪潮，其中出现了俄侨学者的大量涌现。在上述背景下，在华俄侨的学术活动得以迅速发展，即繁荣发展期。

在这一时期，除满洲俄国东方学家学会、满洲教育学会、满洲农业

---

① 两次考察都出版了考察报告：Московская торговая экспедиция в Монголию.1912. 438с.；Боголепов М. И.，Соболев М. Н. Очерки русско - монгольской торговли：Экспедиция в Монголии 1910 г. - Томск，1911.

学会和中东铁路相关部门的继续存在和从事学术活动外，上海中国第一军事科学学会、东省文物研究会、中东铁路经济调查局、哈尔滨法政大学、哈尔滨中俄工业大学校、哈尔滨东方文言商业专科学校、中东铁路中心图书馆、中东铁路中心医院医生协会等学术机构的成立与活动（这些学术机构发行了《东省文物研究会杂志》《满洲经济通讯》《东省杂志》《法政学刊》《在远东》《医学杂志》等十几种会刊或文集，关于本章中相关俄侨学术机构的具体活动，将在第三、第四章中具体阐述）对推动在华俄侨的学术活动起到了很大作用。除在民国初年的一些俄侨学者继续进行学术研究外，又出现了一批重要学者，如 Г. К. 金斯、Н. В. 乌斯特里亚洛夫、А. И. 波格列别茨基、В. И. 苏林、Л. И. 柳比莫夫、И. Г. 巴拉诺夫、В. А. 科尔玛佐夫、Е. Е. 雅什诺夫、В. В. 恩格里菲里德、Э. Э. 阿涅尔特、Е. Х. 尼鲁斯、Н. Г. 特列特奇科夫、Б. П. 托尔加舍夫、В. Я. 托尔玛乔夫、Н. А. 谢特尼茨基、А. Е. 格拉西莫夫、В. А. 梁扎诺夫斯基、М. С. 邱宁、А. И. 郭尔舍宁、А. Д. 沃叶伊科夫、史禄国（С. И. Широкогоров）、И. И. 谢列布列尼科夫、И. И. 加巴诺维奇、А. П. 希奥宁、С. А. 波列沃依、В. В. 包诺索夫等；大量很有影响的著作都是在这一时期问世的，出版了如《中国传说》《红胡子》《历史故事》《中国古代简史》《中国贸易法概述》《中国货币考与近代金融》《北满经济评论》《北满与哈尔滨的工业》《满洲及其前景》《北满粮食贸易概述》《东省林业》《扎赉诺尔煤矿》《呼伦贝尔经济概述》《北满农业》《中国人口与农业》《中国行政法概述》《北满的矿藏》《中东铁路沿革史（1896—1923）》《北满经济书目》《满洲的古代：白城遗址》《北满的煤炭》《中国行会》《阿城中华庙宇参观记》《中国内部贸易体制》《当前中国民法》《中国劳动：北满企业的劳动条件》《北满的税捐》《15 年来哈尔滨商业学校历史概述》《北满与中东铁路》《东省特区》《东省特区的税捐》《北满与东省铁路指南》《北满经济地图册》《北满的垦殖及其前景》《现代日本经济》《中国经济地理》等重要著作。本书将在本节中对上述学者及其重要成果给予具体介绍，其中在本节中出现的个别俄侨著名学者将在第四章中进行重点研究。

　　А. М. 巴拉诺夫、И. Г. 巴拉诺夫、П. С. 季申科、Г. А. 索福克罗夫、В. В. 索尔达托夫、П. Н. 梅尼希科夫、П. В. 什库尔金、П. Алкс. 巴甫洛夫、Н. П. 阿福托诺莫夫、Н. П. 马佐金、Г. Г. 阿维那里乌斯、Н. А. 巴依科夫等俄侨学者，有的在学术研究上取得了更大成就，有的由于其他事务性工作在学术研究上逐渐弱化。

А. М. 巴拉诺夫继续在蒙古问题上潜心研究，在《东省文物研究会杂志》《东省杂志》等杂志上发表了《民族学部的任务》①《东省文物研究会历史民族学部主席的报告》②《纪念展览会》③《满洲古代遗迹登记》④《呼伦贝尔：历史资料》⑤《萨满教》⑥《蒙古交通状况》⑦《中东铁路影响下的蒙古》⑧《满洲的古代历史》⑨ 等九篇文章，于 1919 年和 1925 年在哈尔滨分别出版了《喀尔喀——车臣汗盟》⑩《呼伦贝尔：历史地理概述》⑪ 两本小册子，主要对呼伦贝尔的历史地理和外蒙古的交通状况等问题进行了研究。

Г. А. 索福克罗夫于 1918 年在《亚细亚时报》上发表了一篇由中国人

---

① Баранов А. М. Задача секции этнографии.//Известия Общества Изучения Маньчжурского Края,1922,№1,с. 12 – 15.

② Баранов А. М. доклад председателя историко – этнографической секции ОИМК.//Известия Общества Изучения Маньчжурского Края,1922,№2,с. 4 – 8.

③ Баранов А. М. Юбилейная выставка –//Известия Общества Изучения Маньчжурского Края,1923,№3,с. 2 – 3.

④ Баранов А. М. Регистрация памятников древнеости в Маньчжурии.//Известия Общества Изучения Маньчжурского Края,1923,№3,с. 37 – 40.

⑤ Баранов А. М. Барга：историческая справка//Вестник Маньчжурии. 1925,№8 – 10. с. 16 – 26.

⑥ Баранов А. М. Шаманская релиния.//Известия Общества Изучения Маньчжурского Края,1924,№4. с. 1 – 19.

⑦ Баранов А. М. Состояние транспорта в Монголии//Вестник Маньчжурии. 1926,№11 – 12. с. 46 – 54.

⑧ Баранов А. М. Монголия в сфере влияния Китайской Восточной железной дороги.//Известия Общества Изучения Маньчжурского Края,1924,№5. с. 27 – 40.

⑨ Баранов А. М. Историческое прошлое Маньчжурии.//Известия Общества Изучения Маньчжурского Края,1928,№7. с. 9 – 19.

⑩ Баранов А. М. Халха. Аймак цецен – хана. – Харбин: типо – литография Охранной стражи КВжд. 1919. 52с.

⑪ Баранов А. М. Барга. （историко – географический очерк）. – Харбин, изд. ОИМК,1925. 11с.

撰写的《外国人在中国的地位》① 的长篇译文，又于 1927 年在哈尔滨出版了《什么是中国象形文字？（部首分析）》② 一本教材性质的小册子，是俄国学者从汉字部首的角度对中国象形文字进行的首次研究。

Π. A. 罗希洛夫于 20 年代上半叶在《东省文物研究会杂志》上发表了《东省文物研究会医学、卫生学与保健部的任务与目的》③ 和《从流行病学角度看旱獭捕猎业》④ 两篇文章。

H. A. 斯特列尔科夫于 20 年代中期在《关于校园生活问题》杂志上发表了《儿童学作为理论科学》⑤《道尔顿制》⑥ 两篇文章。其中，《儿童学作为理论科学》一文在发表当年又出版了单行本小册子。该文是俄侨学者首次对儿童学进行学理阐释。

B. B. 索尔达托夫返回哈尔滨后在其主编的《满洲经济通讯》杂志上发表了《在哈尔滨铺修电车轨道的可能结果》⑦《俄国极东地区水产品工业问题》⑧ 两篇文章，对哈尔滨城市公共交通问题进行了探讨。

Π. H. 梅尼希科夫在《东省文物研究会杂志》上发表了《博物馆——创作的殿堂——科学与艺术的保护者》⑨《中东铁路纪念展览会与博物馆

---

① Софоклов Г. А. Положение иностранцев в Китае. С китайского языка –//Вестник Азии, 1918, №46, 138 с.

② Софоклов Г. А. Что такое китайский иероглиф？（Анализ ключей）. – Харбин, изд. Вост. отд. Юрид. фак – та, 1927, 66 с.

③ Лощилов П. А. Задачи и цели секции „ Медицина, гигиена и санитарная техника " при обществе И. М. Края. //Известия Общества Изучения Маньчжурского Края, 1923, №3, с. 40 – 42.

④ Лощилов П. А. О тарбаганьем промысле с эпидемиологической точки зрения. //Известия Общества Изучения Маньчжурского Края, 1924, №5, с. 13 – 17.

⑤ Стрелков Н. А. Педология, как теоретическая наука. Вопросы школьной жизни, 1926, №4 – 5. с. 1 – 28. то же. – Харбин: Изд. Пед. ин – та, 1926. – 28 с.

⑥ Стрелков Н. А. Дальтонский план. //Вопросы школьной жизни, 1925, №1. с. 15 – 25.

⑦ Солдатов В. В. Возможные результаты проведения трамвая в Харбине. //Экономический Вестник Маньчжурии, 1923, №8, с. 11 – 12.

⑧ Солдатов В. В. Вопросы рыбопромышленности русского крайного востока// Экономический Вестник Маньчжурии, 1923, №11. с. 7 – 9.

⑨ Меньшиков П. Н. Музей – храм муз, – покровительниц наук и искусств. //Известия Общества Изучения Маньчжурского Края, 1922, №1. с. 3 – 7.

（庆祝中东铁路修筑 25 周年）》（与哈尔滨俄侨学者 Л. 拉德琴科合作）① 两篇文章，于 1926 年在哈尔滨独立出版了《哈伦阿尔山蒙古温泉疗养区：根据 1925 年 П. Н. 梅尼希科夫的考察与 1924 年中东铁路经济调查局的调查资料》② 一本小册子。后者是世界上出版的第一部专门介绍哈伦阿尔山蒙古温泉疗养区的著作，在世界汉学史上不可忽视。

П. С. 季申科于 1926—1930 年在《东省杂志》《中东经济月刊》等杂志上发表了《关于外国在中国的自治市政府问题》③《关于扎赉诺尔煤矿的经济意义》④《天津和汉口的外国租界》⑤《哈尔滨城市经济中的财政问题》⑥《1929 年哈尔滨的市政建设》⑦ 五篇文章，主要就近代中国的城市市政问题和矿业问题给予了分析。

作为东省文物研究会会员的 П. Алкс. 巴甫洛夫⑧，20 年代在《北满农业》《东省文物研究会杂志》《关于学校生活问题》《东省杂志》《松花江水产生物调查文集》等杂志或文集上发表了《松花江水产生物调查所》⑨《北满

① Меньшиков П. , Радченко Л. Юбилейная выставка квжд и музей. (В честь 25 - летия квжд). //Известия Общества Изучения Маньчжурского Края ,1923 ,№3. с. 1 - 2.

② Меньшиков П. Н. Монгольский курорт Халхин Халун Аршан : по данным обследования Экспедиции П. Н. Меньшкова 1925 г. и Экономического бюро К. В. ж. д. в 1924 году. - Харбин , 1926. - 29с.

③ Тищенко П. С. К вопросу об иностранных муниципалитетах в Китае. //Вестник Маньчжурии. 1926 , №5. с. 85 - 91.

④ Тищенко П. С. Об экономическом значении Чжалайнорских угольных копей. //Вестник Маньчжурии. 1926 , №7. с. 19 - 24.

⑤ Тищенко П. С. Иностранные концессии Тяньцзиня и Ханькоу. //Вестник Маньчжурии. 1927 , №2. с. 78 - 84.

⑥ Тищенко П. С. Финансовые проблемы Харбинского городского хозяйства. //Экономический. бюллетень - 1927 , №17. с. 6 - 9.

⑦ Тищенко П. С. Муниципальное строительство Харбина в 1929г. // Экономический. бюллетень - 1930 , №6. с. 3 - 4.

⑧ Личный состав Общества //Известия Общества Изучения Маньчжурского Края ,1926 , №6 , с. 72.

⑨ Павлов П. А. Сунгарийская речная биологическая станция. //ОИМК , Тр , Сунгарийской речной биологической станции , Харбин , 1925 , Т. 1. вып. 1 , с. 1 - 14.

气候研究》①《关于北满爬行动物和两栖动物的札记：草蜥》②《关于北满爬行动物和两栖动物的札记：软体鱼》③《关于北满爬行动物和两栖动物的札记：西伯利亚四趾北螈》④《蒙古与北满的神圣蛇》⑤《关于北满爬行动物和两栖动物的札记：蟾蜍》⑥《来自于东省文物研究会标本的满洲动物界》（同年出版单行本）⑦《哈尔滨市松花江开冻与结冰时间（1898—1925）》⑧《新历6月的哈尔滨的气象观测》⑨十篇文章。

A. C. 梅谢尔斯基在20世纪20年代继续在之前的研究领域开展工作，在《满洲经济通讯》《东省文物研究会杂志》《东省杂志》上发表了《中东铁路家禽与动物原料运输的兽医检验》⑩《中东铁路兽医科的任务》⑪《蒙古与满洲的畜牧业研究》⑫《来自于兽医卫生视角的捕杀旱

---

① Павлов П. А. Изучение климата Северной Маньчжурии.//Известия Общества Изучения Маньчжурского Края,1922,№1,с. 25 – 27.

② Павлов П. А. Заметки о пресмыкающихся и земноводных Северной Маньчжурии. Долгохвостка вольтера.//Вопросы школьной жизни,1925,№1. с. 85 – 86.

③ Павлов П. А. Заметки о пресмыкающихся и земноводных Северной Маньчжурии. Мягкотелая черепаха Маака.//Вопросы школьной жизни,1925,№3. с. 112 – 115.

④ Павлов П. А. Заметки о пресмыкающихся и земноводных Северной Маньчжурии.Тритон Сибирский четырёх – палый.//Вопросы школьной жизни,1925,№2. с. 94 – 95.

⑤ Павлов П. А. Священные змеи в Монголии и Северной Маньчжурии.//Вопросы школьной жизни,1925,№2. с. 89 – 92.

⑥ Павлов П. А. Заметки о пресмыкающихся и земноводных Северной Маньчжурии. Жабы.//Вопросы школьной жизни,1926,№4 – 5. с. 119 – 122.

⑦ Павлов П. А. Животный мир Маньчжурии по коллекциям Музея Общества Изучения Маньчжурского Края. – ОИМК,сер. А. вып. 13,Харбин,1926,22с.//Вестник Маньчжурии. 1926,№8. с. 1 – 23.

⑧ Павлов П. А. Время вскрытия и замерзания реки Сунгари у г. Харбина. (1898 – 1925).//ОИМК,Труд. Сунгар. речной биол. станции,1926,Т. 1,вып. 3,с. 3 – 11.

⑨ Павлов П. А. Июнь месяц нового стиля по метеорологическим раблюдениям в Харбине.// Сельское хозяйство в Северной Маньчжурии,1920,№3 – 4,с. 5 – 8;1923,№3 – 4,с. 7 – 10.

⑩ Мещерский А. С. Ветеринарный надзор за перевозками живности и сырьевых животных продуктов по КВжд.//Вестник Маньчжурии. 1928,№10. с. 27 – 32.

⑪ Мещерский А. С. Задачи ветеринарного отдела квжд.//Экономический Вестник Маньчжурии,1923,№4. с. 15 – 21.

⑫ Мещерский А. С. К изучению животноводства Монголии и Маньчжурии.//Известия Общества Изучения Маньчжурского Края,1922,№1. с. 27 – 28.

獭》① 《蒙古的俄国兽医学及其对西伯利亚与中东铁路地域肉畜贩卖业工作的意义》② 五篇文章。

本时期是 H. A. 巴依科夫学术创作的高峰，也是其专职从事学术研究的阶段。H. A. 巴依科夫的主要学术成果多数是在这一时期完成的。H. A. 巴依科夫在《北满农业》《亚细亚时报》《东省杂志》等杂志上发表了《从帽儿山到五常堡》③ 《牡丹江流域的考察》④（与 И. B. 科兹洛夫合作）《原始森林住户的生活概述》⑤ 《寻参》⑥ 《北满的毛皮作坊》⑦ 《北满的狩猎场》⑧ 《猎兽业与毛皮贸易》⑨ 《北满的雪松、紫貂、马鹿与人参》⑩ 《在满洲驯熟猞猁的经验》⑪ 《满洲的森林是如何消失的》⑫ 等十四篇文章，出版了《满洲的老虎》⑬（1925 年第 1—2 期《东省杂志》发表，

① Мещерский А. С. Тарбаганий промысел с ветеринарно – санитарной точки зрения. // Известия Общества Изучения Маньчжурского Края, 1924, №5. с. 17 – 22.

② Мещерский А. С. Русская ветеринария в Монголии и значение ее работы для скотопромышленности Сибири и территории Китайской Восточной железной дороги//Вестник Маньчжурии. 1925, №3 – 4. с. 42 – 48.

③ Байков Н. А. От Маоэршани к Учанпу. //Вестник Маньчжурии. 1926, №9. с. 1 – 6.

④ Н. А. Байков, И. В. Козлов Экскурсия в долину реки Муданьцзян. //Вестник Маньчжурии. 1926, №11 – 12. с. 1 – 16.

⑤ Байков Н. А. Очерки быта обитателей тайги. //Вестник Маньчжурии. 1928, №3. с. 31 – 40.

⑥ Байков Н. А. Поиски жень – шеня. //Вестник Маньчжурии. 1929, №6. с. 143 – 146.

⑦ Байков Н. А. Пушной промысел в Северной Маньчжурии. //Вестник Маньчжурии. 1930, №2. с. 59 – 71.

⑧ Байков Н. А. Промыслово – охотничьи угодья в Северной Маньчжурии. //Вестник Маньчжурии. 1929, №11. с. 79 – 88.

⑨ Байков Н. А. Зверовой промысел и пушная торговля. //Вестник Маньчжурии. 1931, №10. с. 50 – 53.

⑩ Байков Н. А. Кедр, соболь, изюбрь и жэньшень в Северной Маньчжурии. //Вестник Азии, 1923, №51. с. 285 – 287.

⑪ Байков Н. А. Опыт приручения рыси [в Маньчжурии] (Биол. очерк). – ТР. ОИМК, вып. 1, зоология, 1927, с. 1 – 5.

⑫ Байков Н. А. Как гибнут леса в Маньчжурии. //Сельское хозяйство в Северной Маньчжурии. 1923, №7 – 10. с. 2 – 4.

⑬ Байков Н. А. Маньчжурский тигр. //Вестник Маньчжурии. 1925, №1 – 2. с. 1 – 18. – Харбин, изд. ОИМК, Серия А, вып. 1. 1925, 18с.

同年出版单行本)《马鹿与马鹿业》① (1925 年第 8—10 期《东省杂志》
发表, 同年出版单行本)《人参》② (1926 年第 5 期《东省杂志》发表,
同年出版单行本)《远东的熊》③ (1928 年第 8 期《东省杂志》发表, 同
年出版单行本) 四本小册子。Н. А. 巴依科夫在本时期的研究继承了之前
的传统, 其在关注中国东北的动物与自然的同时, 也关注了与动物有关
的狩猎业和贸易问题。这不仅给我们提供了当时中国东北的动物与自然
状况, 也揭示了人与自然、动物的复杂关系问题。

　　在前文提及的俄侨学者中, И. А. 多布罗洛夫斯基是非常特殊的一
位。如前文所述, И. А. 多布罗洛夫斯基于 1920 年在哈尔滨自杀身亡。
为了纪念这位学者在学术、社会活动方面的贡献, 满洲俄国东方学家学
会编辑了他的遗著手稿, 并在 1922 年《亚细亚时报》杂志第 48 期上公
开发表, 即《袁世凯与他的帝王之路 (1915 年 12 月 12 日 И. А. 多布罗
洛夫斯基在哈尔滨俄国东方学家学会会议上的报告)》④《中国土地问题
的历史资料》⑤ (译文)《关于满洲当地地名的俄文译音》⑥《一个中国家
庭的生活》⑦《在理教教宗》⑧ (译文) 五篇文章。

---

① Байков Н. А. Изюбрь и изюбреводство. //Вестник Маньчжурии. 1925, №8 – 10. с. 1 –
14. – Общество изучения Маньчжурского края. Историко – этнографическая секция. Серия А,
вып. Ⅴ, 1925. 14с.

② Байков Н. А. Корень жизни (Жень – шень). – Общество изучения Маньчжурского
края. Историко – этнографическая секция. Серия А, вып. 11. 21с. //Вестник Маньчжурии. 1926,
№5. с. 9 – 29.

③ Байков Н. А. Медведи Дальнего Востока. //Вестник Маньчжурии. 1928, №8. с. 35 – 49. –
Харбин, изд. ОИМК, Серия А, вып. 1. 1928, 25с.

④ Доброловский И. А. Юань Ши – кай и его путь к трону. (Из сообщения
И. А. Доброловского в заседании Об – ва русских ориенталистов в Харбине 12 дек. 1915г.). //
Вестник Азии, 1922, №48. с. 6 – 28.

⑤ Доброловский И. А. Исторические материалы к земельному вопросу в Китае/пер. с
кит. //Вестник Азии, 1922, №48. с. 31 – 41.

⑥ Доброловский И. А. О русской транскрипции местных географических названий в
Маньчжурии. //Вестник Азии, 1922, №48. с. 54 – 57.

⑦ Доброловский И. А. Из жизни одной китайской фамилии. //Вестник Азии, 1922,
№48. с. 42 – 43.

⑧ Доброловский И. А. Воззвание секты 《цзай – ли》. пер. с кит. //Вестник Азии, 1922,
№48. с. 44 – 54.

1917 年十月革命后至 1927 年，П. В. 什库尔金在学术研究上达到了创作的顶峰，取得了丰硕的成果，在世界汉学史上留下了浓墨重彩的一页。П. В. 什库尔金主要在以下几个方面开展了研究：（1）出版了《东亚：小学东方学简缩课本》[①]《中学东方学课本》[②]《汉语口语学习教科书》[③] 三部教材；（2）发表和出版了关于中国历史的著述，如介绍了介子推、秦穆公、伍子胥、张子房和秦始皇等历史人物的《中国古代简史》[④]，收录了《三国演义》故事并介绍诸葛亮、草船借箭、空城计、华佗等内容的《中国传说》[⑤]，记述中国历史梗概的《远东国家历史便览——中国》（1918 年在《亚细亚时报》杂志第 47 期上全文发表，同年出版单行本）[⑥]，以及《中国历史中的传说》（1922 年在《亚细亚时报》杂志第 50 期上全文发表，同年出版单行本）[⑦]《浅谈史前中国》[⑧]《中国古代文献关于俄国的资料》[⑨] 等；（3）翻译了中国古典小说《聊斋志异》中的小说《细柳》（1922 年在《亚细亚时报》杂志第 49 期上全文发表，

---

① Шкуркин П. В. Восточная Азия. Сокращенный учебник востоковедения для школ Ⅱ и Ⅲ ступени. Часть Ⅰ. Издание курсов китайского языка Квжд. Харбин：худ. тип. "Заря", 1926. 181с. Часть Ⅲ. С приложением карты Восточной Азии. Тип. Я. Эленберга, 1926. 100с.

② Шкуркин П. В. Учебник востоковедения для средних учебных заведений（Ⅲ ступени）. Издание 2 - е, переработанное, с 92 рисунками. Издано Обществом изучения Маньчжурского края. Харбин：типография "Заря". 1927. 170 с.

③ Шкуркин П. В. Пособие при изучении китайского разговорного языка. Часть 1 - я. Русский текст, Изд. второе, исправленное и дополненное. Харбин, 1926. На правах рукописи. 104с.

④ Шкуркин П. В. Картины из древней истории Китая. Харбин, 1927. 110с

⑤ Шкуркин П. В. Китайские легенды. Харбин, Тип. ОЗО, 1921. 161с.

⑥ Шкуркин П. В. Справочник по истории стран Дальнего Востока. Ч. Ⅰ. Китай. Полные хронологические таблицы императорской линии собственно Китая, с указанием важнейших моментов китайской и всеобщей истории. Прил. - Хар - бин, 1918. с. 134；（То же）//Вестн. Азии. 1918. №47. с. 1 - 135.

⑦ Шкуркин П. В. Легенды из истории Китая. Харбин, 1922. с. 157；（То же）//Вестн. Азии. 1922. №50. с. 1 - 157.

⑧ Шкуркин П. В. Несколько слов о доисторическом Китае. //Вестник Азии, №52, 1924, с. 345 - 351.

⑨ Шкуркин П. В. Некоторые данные о русской земле по древним китайским источникам. //Вестник Азии. №48. 1922. с. 59 - 62.

同年出版单行本）① 和神话传说《八仙过海：道教神话》② （1926 年在
《东省杂志》第 8、9 期上发表，同年出版单行本）；（4）发表和出版了关
于中国文化的著述，如介绍了道教的基本概念和八仙传说的《道教概说：
道教与八仙》③、专门介绍红胡子的《中国日常生活故事——红胡子》④
《红胡子：民族故事》⑤，以及描写中国赌徒的《赌徒——中国故事》⑥；
（5）出版和发表了关于作者所处时代的中国问题著述，如 1920 年出版的
《蒙古问题》小册子⑦和《中国与远东的前景》⑧《中国的学校教育》⑨
《中国精神（对中国艺术的认识）》⑩《关于安德柳斯的蒙古考察》⑪《中
国人口》⑫ 等文章。

　　В. В. 加戈里斯特罗姆于 1922 年在《东省文物研究会杂志》上发表
了《哈尔滨博物馆的任务之一》⑬ 一篇文章。

　　从 1921—1931 年十年间，Г. Г. 阿维那里乌斯在中国的社会组织、司

① Шкуркин П. В. Тонкая ива：китайская повесть для дам и для идеал. мужчин. − Харбин，
Тип. ОЗО，1922. − 38с. ；(То же)//Вестн. Азии. 1922. №49. с. 197 − 234.

② Шкуркин П. В. Путешествие восьми бессмертных за море. даосское сказание. Харбин：
тип. КВжд，1926. 104с. ；(То же) Очерки даосизма. Путешествие Восьми Бессмертных за море. //
Вестник Маньчжурии. 1926. №8. с. 23 − 35；№9. с. 7 − 18.

③ Шкуркин П. В. Очерк даосизма：Даосизм. Ба сянь//Вестник Азии. 1925. №53. с. 121 −
125.

④ Шкуркин　 П. В. Рассказы　 из　 китайского　 быта. Хунхузы. Этнографические
рассказы. Харбин：типо − литография т − ва “Озо”，1924. 138с.

⑤ Шкуркин П. В. Хунхузы：(Этногр. рассказы)//Изв. ОИМК. 1924. №4. с. 36 − 57.

⑥ Шкуркин　 П. В. Игроки. Китайская　 быль. Харбин：типо − лито − цинкография
Л. М. Абрамовича，1926. 121с.

⑦ Шкуркин П. В. Монгольский вопрос. Харбин，1920.

⑧ Шкуркин П. В. Китай и Дальневосточная перспектива//Русское обозрение. − Пекин，
1921. №1 − 2. с. 34 − 50.

⑨ Шкуркин П. В. Образование школы в Китае. //Вестник Азии，1922，№48. с. 76 − 83.

⑩ Шкуркин П. В. Душа Китая. (К познанию китайского искусства)//Русское обозрение，
1921，№6 − 7. с. 246 − 253.

⑪ Шкуркин П. В. По поводу экспедиции Андрюса в Монголию. //Известия Общества
Изучения Маньчжурского Края，1922，№1，с. 28 − 30；№2，с. 8 − 13.

⑫ Шкуркин П. В. Население Китая. //Экономический Вестник Маньчжурии，1923，№27，
с. 14 − 16.

⑬ Гагельстром В. В. Одна из задач музея в Харбине. //Известия Общества Изучения
Маньчжурского Края，1922，№1. с. 15 − 18.

法机关、经济等问题上开展了深入的研究，在《亚细亚时报》《东省杂志》《中东经济月刊》《在远东》等杂志上发表了《中国的法院与诉讼规范》①《中国的同乡会与行会》②《中国银行的发行与商会的监督》③《关于中国商界的评价》④《中国行会：来自于东省文物研究会的资料》⑤《汉城的全朝展览会》⑥《中国内外债》⑦《靠山屯（北满的古老村落）》⑧《大房盛（Дафаншен）》⑨《齐齐哈尔工商业》⑩《东三省磨坊联合会》⑪《中国商人与日本商人》⑫ 等十三篇文章，出版了《中国行会：历史概述与彩色会标图》⑬ 与《关于中国司法机关中诉讼程序的规定》⑭ 两本著作。其中，《中国行会：历史概述与彩色会标图》是 Г. Г. 阿维那里乌斯在中国问题研究上的代表著作。该书是 Г. Г. 阿维那里乌斯根据发表在 1927 年

①　Авенариус Г. Г. Суды и процессуальные нормы в Китае. //Вестник Азии, 1922, №48. с. 131 – 145.

②　Авенариус Г. Г. Землячества и цеховые объединения в Китае. //Вестник Маньчжурии. 1926, №5. с. 92 – 98.

③　Авенариус Г. Г. Эмиссия китайских банков и контроль коммерческих обществ. //Вестник Маньчжурии. 1926, №11 – 12. с. 80 – 92.

④　Авенариус Г. Г. К характеристике торгового класса Китая. //Вестник Маньчжурии. 1927, №7. с. 43 – 51.

⑤　Авенариус Г. Г. Китайские цехи: из материалов ОИМК. //Вестник Маньчжурии. 1927, №11. с. 49 – 59; №12. с. 49 – 55.

⑥　Авенариус Г. Г. Всекорейская выставка в Сеуле. //Вестник Маньчжурии. 1929, №10. с. 1 – 6.

⑦　Авенариус Г. Г. Внутренние и внешние займы Китая. //Вестник Маньчжурии. 1931, №4. с. 92 – 96.

⑧　Авенариус Г. Г. Каошаньтунь. (Старинное поселение в Северной Маньчжурии). //Экономический. бюллетень – 1926, №50. с. 5 – 6.

⑨　Авенариус Г. Г. Дафаншен. //Экономический. бюллетень – 1927, №3 – 4. с. 22 – 23.

⑩　Авенариус Г. Г. Торговля и промышленность Цицикара. //Экономический. бюллетень – 1931, №4. с. 10 – 11.

⑪　Авенариус Г. Г. Союз мукомольных предприятий трех восточных провинции. //Экономический. бюллетень – 1930, №16. с. 1 – 7.

⑫　Авенариус Г. Г. Купец китайский и купец японский. //На Дальнем Востоке. (Хар бин). 1931. №1. с. 48 – 52.

⑬　Авенариус Г. Г. Китайские цехи. Краткий исторический очерк и льбомы цеховых знаков в красках. Харбин, Изд. ОИМК, 1928. – 78с.

⑭　Авенариус Г. Г. Положение о судопроизводстве в судебных учреждениях Китая. Харбин, 1921.

《东省杂志》第11、12 期的文章整理而成，于1928 年在哈尔滨出版。该书是 Г. Г. 阿维那里乌斯的重要代表作之一，是其在中国社会组织尤其是中国经济组织方面的突出研究成果。该书记述了欧洲与中国行会的产生与发展史、中国行会组织的主要特点、各类行会组织的彩色会标图介绍等内容。

И. Г. 巴拉诺夫与 П. В. 什库尔金一样，在本时期亦是一位高产的俄侨学者，在中国政治、经济、民俗、宗教、文化、教育等多领域全面开花，著述颇丰，在《亚细亚时报》《满洲经济通讯》《东省杂志》《中东经济月刊》《法政学刊》等杂志上发表了《中华民国新宪法》（译文）①《美国作曲家谈东方音乐》②（译文）《中国商会》③《近年来中国地理称谓上的主要变化》④ （与 В. 苏林合作，本节中将对此人进行单独介绍）《中国邮政》⑤ 《中国报纸上的商业广告》⑥ 《中国农民、渔民和猎人的迷信》⑦ 《中国人对鸟的信仰》（译文）⑧《筹备甘珠尔集市》⑨《帽儿山的道观》⑩

---

① И. Г. Баранов Новая конституция Китайской республики. //Вестник Азии. 1923, №51. с. 179 – 200.

② И. Г. Баранов Американский композитор о восточной музыке. //Вестник Азии. 1923, №51. с. 357 – 358.

③ И. Г. Баранов Коммерческие общества в Китае. //Экономический Вестник Маньчжурии – 1924, №27.

④ И. Г. Баранов и Сурин В. Главнейшие изменение в географических названиях Китая за последнее время. (по материалам Экон. бюро квжд). // Экономический. бюллетень, 1929, №21 – 22. с. 3 – 5.

⑤ Баранов И. Г. Китайская почта. //Вестник Маньчжурии. 1927, №6. с. 39 – 48.

⑥ Баранов И. Г. Коммерческая реклама в китайских газетах. //Вестник Маньчжурии. 1930, №1. с. 90 – 103.

⑦ Баранов И. Г. Поверия китайских земледельцев, рыбаков и охотников. //Вестник Маньчжурии. 1930, №10. с. 58 – 61.

⑧ Баранов И. Г. Китайские поверья о птицах/пер. с кит. //Вестник Азии, 1922, №48. с. 146 – 148.

⑨ Баранов И. Г. Подготовка к Ганьчжурской ярмарке. // Экономический. бюллетень, 1930, №15. с. 4.

⑩ Баранов И. Г. Чертог всеобщей гармонии. Даосский храм в Маоэршани. //Вестник Маньчжурии. 1928, №7. с. 91 – 94.

《满洲古代遗迹研究》① 《满洲古代遗迹登记》② 《关于在哈尔滨开办农业学校问题》③ 《中国反对外国学校的运动》④ 《东省特别行政区俄国初等和中等学校的汉语教学》⑤ 《中国的工业进程》⑥ 等二十余篇文章，出版了以下十本小册子：

表1—1

序号	著 作 名 称
1	《中国内部贸易体制》⑦（1917 年在《亚细亚时报》杂志第 44 期发表，1918 年出版单行本，1920 年再版）
2	《中国贸易生活概述》⑧（1924 年在《满洲经济通讯》杂志第 22 期发表，同年出版单行本）
3	《北满的行政设置》⑨（1926 年在《东省杂志》第 11—12 期发表，同年出版单行本）
4	《阿城中华庙宇参观记》⑩（1926 年在《东省杂志》第 1—2 期发表，同年出版单行本）

---

① Баранов И. Г. Изучение памятников древностей в Маньчжурии. //Бюллетень Музея Общества изучения Маньчжурского края и юбилейной выставки. К. В. Ж. Д. №1. 1923. с. 26 – 30.

② Баранов И. Г. Регистрация памятников древностей в Маньчжурии. //Известия Общества Изучения Маньчжурского Края, №3. 1923. с. 37 – 40.

③ Баранов И. Г. К вопросу об открытии сельско – хозяйственной школы в Харбине. //Вестник Маньчжурии. 1928, №8. с. 29 – 34.

④ Баранов И. Г. Движение в Китае против иностранных школ. //Вестник Азии, №52. 1924. с. 362 – 364.

⑤ Баранов И. Г. Преподавание китайского языка в русской начальной и средней школе Особого Района Восточных Провинций. //Вестник Маньчжурии. 1929, №7 – 8. с. 8 – 13.

⑥ Баранов И. Г. Промышленная эволюция Китая//Экономический Вестник Маньчжурии, 1923, №14. с. 15 – 16.

⑦ Баранов И. Г. Организация внутренней торговли в Китае: Очерк. Харбин, Тип. Квжд, 1918. – 39с. То же. 1920. – 53с.

⑧ Баранов И. Г. Очерк торгового быта в Китае. – Изд. "Экономического вестника Маньчжурии. "Харбин: типография КВжд, 1924. 11с. – то же –//Экономический Вестник Маньчжурии, 1924, №22. с. 3 – 11.

⑨ Баранов И. Г. Административное устройство Северной Маньчжурии. Харбин, Изд – воОИМК, 1926. – 22с. – то же//Вестник Маньчжурии. 1926, №11 – 12. с. 5 – 26.

⑩ Баранов И. Г. По китайским храмам Ашихэ. Харбин, Тип. квжд, 1926. – 50с. – то же//Вестник Маньчжурии. 1926, №1 – 2. с. 1 – 51.

续表

序号	著 作 名 称
5	《中国人头脑中的阴曹地府》① (1928 年在《东省杂志》第 1 期发表，同年出版单行本)
6	《中国日常生活特点》② （1928 年在《东省杂志》第 9 期发表，1928 年出版的《中国地理、经济和文化文集：中国学》中收入，同年出版单行本)
7	《中国年节旧俗纪略》③ （1927 年在《东省杂志》第 1 期发表，同年出版单行本)
8	《中华民国行政设置》④ （1922 年在《亚细亚时报》杂志第 49 期发表，同年出版单行本)
9	《中国音乐》⑤ （译文，1923 年在《亚细亚时报》杂志第 51 期发表，1924 年出版单行本)
10	《中国的解梦书》⑥ （1925 年在《法政学刊》杂志第 1 期发表，同年出版单行本)

　　在 И. Г. 巴拉诺夫的众多成果中，民俗、宗教文化是其重要研究方向，本书以《阿城中华庙宇参观记》为例，以窥一斑。1925 年哈尔滨俄侨摄影师 Д. 拉尼宁将其拍摄的关于阿城中华庙宇的 32 幅照片汇编成册

---

① Баранов И. Г. Загробный мир в представлениях китайского народа. Харбин,1928. 19с. - то же//Вестник Маньчжурии. - 1928,№1. с. 53 - 71.

② Баранов И. Г. Черты народного быта в Китае (Народные праздники, обычаи и поверья). Харбин,1928. 17с. - то же//Вестник Маньчжурии. 1928,№9. с. 40 - 53；Китаеведение, сб. статей по географии,экономике и культуре китая,ч. 1,вып. 1,Харбин,1928,с. 40 - 54.

③ Баранов И. Г. Китайский Новый год. Харбин: издательство. Общество изучения Маньчжурского края Историко - этнографическая секция. Т. 16, 1927. 18с. - то же//Вестник Маньчжурии. 1927,№1. с. 1 - 17.

④ Баранов И. Г. политико - административное устройство китайской республики. (краткий очерк). Харбин,1922. 36с. - то же//Вестник Азии,1922,№49. с. 134 - 165.

⑤ Баранов И. Г. Китайская музыка/Да - цзюнь Лю；пер. с кит. Харбин：Т - во " ОЗО ", 1923. 26с. - то же///Вестник Азии,1923,№51. с. 251 - 274.

⑥ Баранов И. Г. Китайские сонники. Харбин, тип. квжд, 1925. - 9с. - то же//Известия юридического факультета,1925,№1,с. 109 - 118.

出版，名曰《阿城中华庙宇——摄影师 Д. 拉尼宁汇编 32 幅照片》①。Д. 拉尼宁的这部极其独特的作品在出版后立即引起了哈尔滨法政大学教授 В. В. 拉曼斯基的注意和兴趣。在 В. В. 拉曼斯基教授的倡议和直接参加下，一批对研究中国东北问题非常感兴趣的哈尔滨俄侨于 1925 年 9 月 27 日安排了一次从哈尔滨到阿城的旅行，其目的是参观那里的中华庙宇和在此拍照。《阿城中华庙宇参观记》一书的作者 И. Г. 巴拉诺夫也参加了这次难得的旅行。旅行仅进行了短短的两天，但 И. Г. 巴拉诺夫却利用这么短的时间做了一些关于所见的笔记。然而，初次印象还不足以让 И. Г. 巴拉诺夫写出阿城中华庙宇的具体情况。因此，继第一次旅行之后 И. Г. 巴拉诺夫独自一人在当年 10 月末又重返阿城，目的是补充和核对第一次旅行时所做的一些笔记。正是在这两次旅行考察的基础上，И. Г. 巴拉诺夫撰写出了《阿城中华庙宇参观记》一书，作为两次旅行考察的最终成果。该成果起初发表在由中东铁路经济调查局主办的《东省杂志》1926 年第 1—2 期上，后于同年在哈尔滨出版单行本。

《阿城中华庙宇参观记》一书由引言和正文九部分构成，共 51 页。引言与前三部分主要记述了《阿城中华庙宇参观记》一书的写作原因及中国人的宗教信仰和他们供奉的神灵、中国诸神的等级和分类、中国庙宇中的神像、神像的制作、与招魂和祭神有关的庙会等情况。后六部分分述了阿城所有庙宇的具体情况。第一个为帝庙——三皇庙，主要记述了该庙的由来，庙内建筑物的名称、用途、命名原因和供奉神像的种类，以及该庙和尚数量和生活状况、建成于清雍正年间、出资捐建者为德姓官员、经费来源于私人捐助和阿城商会拨款。第二个为观音庙，主要记述了该庙始建于清咸丰年间、两个和尚的生活状况、该庙被称为菩萨庙或娘娘庙的原因、该庙的两座院子、该庙墙壁上两幅表现观音所行善事的壁画。第三个为阿城慈善会，主要记述了该庙集募者为慈善会、造价2000 多银元和供祭礼用的简陋用具。第四个为道教喜老爷庙，主要记述了该庙起初于康熙年间由官资所建，建成于 1921 年，现为阿城商会所管，

① Д. Ранинин В китайских кумирнях города Ашихэ. Фотографический альбом с 32 - мя снимками. Фотографа Д. Ранинина. Харбин, 1925 г.

拥有 50 坰捐助耕地和一个道士徐王老头；也介绍了该庙的格局由正堂、财神殿和老君殿构成。第五个为龙王庙，主要记述了该庙修建于清乾隆年间，现由商会管理，有 20 坰耕地，看管寺庙的是两个道士刘家余和姚强农；此外该庙还有两类收入，即埋葬死者坟墓的租金和烧香者所上的供物。该庙由三间神殿组成：一为龙王殿，一为火神殿。最后还记述了该庙中一个独特的供室——专门供奉地藏王菩萨的。第六个为阿城的清真寺，主要记述了清真寺建于清乾隆年间，为穆斯林们捐助而建，现由阿城穆斯林协会领导，拥有 20 坰耕地，由两位教士看管。此外，还介绍了阿城穆斯林协会的主要活动、清真寺与其他庙宇的区别（不供奉任何神像）、有关中国伊斯兰教的一些情况。总之，在介绍各庙宇内具体情况时，作者也记述了人们到不同庙宇拜祭的目的和各路诸神的由来等内容，并附上了摄影师 Д. 拉尼宁所摄的 8 幅照片。

《阿城中华庙宇参观记》一书尽管篇幅不长，但其中也充满了大量史料信息，如当时阿城的庙宇数量，各类庙宇的建成时间、出资者、管理者、看管者、财产、殿堂的布局、供奉诸神的种类等。可以说，这些关于阿城庙宇的信息构成了今天了解和研究阿城寺庙文化和风俗文化的重要史料。尽管如作者所言，该书研究的深度不强、阐述的也不够全面，仅仅是瞬息间的感受的记载和一个对东方感兴趣的旅行者对摄影师 Д. 拉尼宁所摄照片的补充说明，[①] 但从学术史的角度分析《阿城中华庙宇参观记》这部作品，该书不仅是关于阿城城市史研究的第一部俄文著作，也是关于阿城寺庙文化、风俗文化史研究的第一部俄文著作，更是佛教、道教和伊斯兰教在旧中国城市集中反映的经典代表作品。

Б. В. 斯克沃尔佐夫是本时期另一位高产的俄侨学者。Б. В. 斯克沃尔佐夫从 1918 年起真正开始了学术研究，重点关注的是中国东北植物学和农学研究，在《北满农业》《亚细亚时报》《满洲经济通讯》《东省杂志》《东省文物研究会杂志》《松花江水产生物调查所著作集》《关于学校生活问题》上发表了以下近六十篇文章：

---

① Баранов И. Г. По китайским храмам Ашихэ. – Харбин：Тип. квжд. 1926. с. 1.

表1—2

序号	文 章 名 称
1	《1924 年春中东铁路哈尔滨商业学校教师的考察结果》①
2	《观赏植物（达斡尔人的爬墙虎)》②
3	《作为满洲森林中鞣革植物的满洲原木、灌木和草本植物》③
4	《满洲有块菌吗》④
5	《满洲的颜料植物》⑤
6	《北满的药用植物》⑥
7	《关于北满山楂的栽植》⑦
8	《关于满洲与滨海省的葫芦科蔬菜植物》⑧
9	《作为浆果植物的满洲的猕猴桃》⑨
10	《关于远东的野菜》⑩
11	《关于满洲的野杏》⑪

---

① Скворцов Б. В. Харбинская весна 1924 года по наблюдениям учащихся Харбинских коммерческих училиш КВжд. //Вопросы школьной жизни,1925,№1. с. 76 – 78.

② Скворцов Б. В. Декоративные растения. (даурсктй плющ). //Сельское хозяйство в Северной Маньчжурии,1918,№7 – 8,с. 35 – 36.

③ Скворцов Б. В. Деревья, кустарники и травянистые растения Маньчжурии, введенные в Дубильные растения Маньчжурского леса. //Сельское хозяйство в Северной Маньчжурии,1918, №11 – 12, с. 34 – 36.

④ Скворцов Б. В. Нет ли в Маньчжурии трюфелей? – //Сельское хозяйство в Северной Маньчжурии,1918,№5 – 6,с. 20.

⑤ Скворцов Б. В. Красильные растения в Маньчжурии. //Сельское хозяйство в Северной Маньчжурии,1918,№7 – 8,с. 26 – 27.

⑥ Скворцов Б. В. Лекарственные растения. (Северная Маньчжурия). //Сельское хозяйство в Северной Маньчжурии,1918, №7 – 8,с. 28 – 29.

⑦ Скворцов Б. В. О культуре боярышника в Северной Маньчжурии. //Сельское хозяйство в Северной Маньчжурии,1918,№9 – 10,с. 32.

⑧ Скворцов Б. В. Об огородных тыквенных растениях Маньчжурии и Приморской области. //Сельское хозяйство в Северной Маньчжурии,1918,№9 – 10,с. 28 – 32.

⑨ Скворцов Б. В. Маньчжурские актинидни как ягодные растения. //Сельское хозяйство в Северной Маньчжурии,1918,№9 – 10,с. 33 – 34.

⑩ Скворцов Б. В. О диких овощах Дальнего востока. //Сельское хозяйство в Северной Маньчжурии,1918,№9 – 10,с. 25 – 28.

⑪ Скворцов Б. В. О Маньчжурском диком абрикосе. //Сельское хозяйство в Северной Маньчжурии,1918,№9 – 10,с. 34 – 35.

续表

序号	文 章 名 称
12	《关于满洲森林中的蜜源植物》①
13	《关于 1919 年北满的蜜源植物观察》②
14	《关于 1919 年在哈尔滨种植某些中国栽培植物的结果》③
15	《在北满栽植某些日本蔬菜的问题》④
16	《关于在南满栽培的某些植物》⑤
17	《中国葱在北满的栽植》⑥
18	《关于 1919 年哈尔滨的植物复苏》⑦
19	《关于北满刺樱桃的一些品种》⑧
20	《关于满洲高粱与大麦的品种》⑨
21	《关于中国的养蜂业与制蜡业》⑩
22	《关于满洲与阿穆尔沿岸地区有捕捞价值的鱼》⑪

---

① Скворцов Б. В. О медоносных растениях Маньчжурского леса. // Сельское хозяйство в Северной Маньчжурии, 1918, №11 – 12, с. 26 – 27.

② Скворцов Б. В. О наблюдениях, произведенных в 1919г над медоносами Северной Маньчжурии. // Сельское хозяйство в Северной Маньчжурии, 1919, №10 – 12, с. 15 – 16.

③ Скворцов Б. В. О результатах посадки в 1919г. в Харбине некоторых китайских культурных растений. // Сельское хозяйство в Северной Маньчжурии, 1919, №5 – 6, с. 34 – 36.

④ Скворцов Б. В. О культуре в Северной Маньчжурии некоторых японских овощей. // Сельское хозяйство в Северной Маньчжурии, 1922, №1 – 2, с. 99 – 104.

⑤ Скворцов Б. В. О некоторых растениях, разводимых в Южной Маньчжурии. // Сельское хозяйство в Северной Маньчжурии, 1919, №3 – 4, с. 28.

⑥ Скворцов Б. В. Культура китайской лука в Северной Маньчжурии. // Сельское хозяйство в Северной Маньчжурии, 1921, №1 – 2, с. 26 – 39.

⑦ Скворцов Б. В. О пробуждения растительности Харбина в 1919г. // Сельское хозяйство в Северной Маньчжурии, 1920, №1 – 2, с. 42 – 43. (то же в 1920г). 1921, №1 – 2, с. 59 – 62. (то же в 1921г). 1921, №10 – 12, с. 35 – 37.

⑧ Скворцов Б. В. О некоторых формах 《колючей вишни》 в Северной Маньчжурии. // Сельское хозяйство в Северной Маньчжурии, 1919, №10 – 12, с. 28 – 29.

⑨ Скворцов Б. В. О разновидностях гаоляна и ячменя в Маньчжурии. // Сельское хозяйство в Северной Маньчжурии, 1919, №3 – 4, с. 15 – 16.

⑩ Скворцов Б. В. О пчеловодстве и восковой промышленности в китае. // Сельское хозяйство в Северной Маньчжурии, 1919, №3 – 4, с. 29 – 31.

⑪ Скворцов Б. В. О промысловых рыбах Маньчжурии и Приамурья. // Сельское хозяйство в Северной Маньчжурии, 1918, №11 – 12, с. 19 – 23.

续表

序号	文　章　名　称
23	《满洲、华北蔬菜豆类植物的起源》①
24	《再谈满洲葫芦科植物的栽培》②
25	《关于北满的中国蔬菜栽培研究》③
26	《关于在哈尔滨市栽培高加索金银花类饲料作物的经验》④
27	《满洲榛子的改良与应用条件》⑤
28	《北满制糖高粱的栽培》⑥
29	《中国、满洲与蒙古的甘草根及其挖采》⑦
30	《呼伦贝尔的植物》⑧
31	《北满的榆树》⑨
32	《哈尔滨市郊植被的变化》⑩
33	《满洲平原上的植物》⑪

① Скворцов Б. В. Огородные бобовые растения Маньчжурии, Северного Китая и их происхождение. //Сельское хозяйство в Северной Маньчжурии, 1919, №1 – 2, с. 25 – 28; №3 – 4, с. 10 – 13.

② Скворцов Б. В. Ещё о культуре тыквенных растений Маньчжурии. //Сельское хозяйство в Северной Маньчжурии, 1918, №11 – 12, с. 40.

③ Скворцов Б. В. К изучению китайского огородничества в Северной Маньчжурии. // Сельское хозяйство в Северной Маньчжурии, 1920, №3 – 4, с. 4 – 13.

④ Скворцов Б. В. Об опытах культуры в г. Харбине кормового растения кавказской жимолости. – //Сельское хозяйство в Северной Маньчжурии, 1920, №5 – 8, с. 47 – 48.

⑤ Скворцов Б. В. Плоды Маньчжурского ореха, возможность их улучшения и использования. – //Сельское хозяйство в Северной Маньчжурии, 1918, №11 – 12, с. 37 – 38.

⑥ Скворцов Б. В. Культура сахарного сорго Северной Маньчжурии. //Экономический. бюллетень, 1931, №11, с. 5 – 6.

⑦ Скворцов Б. В. Солодковый корень и добыча его в Китае, Маньчжурии и монголии. // Сельское хозяйство в Северной Маньчжурии, 1922, №1 – 2, с. 7 – 18.

⑧ Скворцов Б. В. Растительность Барги. //Вестник Маньчжурии. – 1930, №6. с. 59 – 67.

⑨ Скворцов Б. В. Вяз в Северной Маньчжурии. //Вестник Маньчжурии. 1929, №11. с. 52 – 59.

⑩ Скворцов Б. В. Изменения растительности окрестностей Харбина. //Вестник Маньчжурии. 1930, №4. с. 60 – 68.

⑪ Скворцов Б. В. Растительность маньчжурской равнины. //Вестник Маньчжурии. 1931, №1. с. 79 – 88.

续表

序号	文 章 名 称
34	《阿什河下游的植物》①
35	《北满境内小兴安岭的植物》②
36	《满洲的土壤》③
37	《牡丹江流域的小麦》④
38	《南满铁路上的实验田》⑤
39	《北满山稻的栽培》⑥
40	《1896—1923 年在吉林省与黑龙江省的植物学研究》⑦
41	《关于在中国可供饮食的淡水藻类》⑧
42	《关于满洲中国人所有的某些植物制品》⑨
43	《美国黄豆栽培的发展》⑩（与 А. Ф. 聂德里斯基合作）
44	《大兴安岭东部大雷雨前的植物》⑪

---

① Скворцов Б. В. Растительность низовьев долины реки Ашихэ. //Вестник Маньчжурии. 1931 , №4. c. 77 – 82.

② Скворцов Б. В. Растительность Малого Хингана в пределах Северной Маньчжурии. //Вестник Маньчжурии. 1931 , №7. c. 43 – 47.

③ Скворцов Б. В. Почвы Маньчжурии. //Вестник Маньчжурии. 1931 , №8. c. 53 – 59.

④ Скворцов Б. В. Пшеница долины р. Муданьцзянь. //Вестник Азии , 1923 , №51. c. 300 – 301.

⑤ Скворцов Б. В. Опытные поля на Южно – Маньчжурской железной дороге. //Вестник Азии , 1923 , №51. c. 292 – 295.

⑥ Скворцов Б. В. Культура горного риса в Северной Маньчжурии. //Вестник Азии , 1922 , №48. c. 106 – 119.

⑦ Скворцов Б. В. Ботанические исследования в Гиринской и Хэйлунцзянской провинциях за период 1896 – 1923гг. (краткий очерк). //Известия Общества Изучения Маньчжурского Края , 1928 , №7 , c. 62 – 66.

⑧ Скворцов Б. В. О пресноводных водорослях, служащих пищей в китае. //Сельское хозяйство в Северной Маньчжурии , 1919 , №3 – 4 , c. 14 – 15.

⑨ Скворцов Б. В. О некоторых растениях, служащих у Китайцев в Маньчжурии для различных изделий. //Сельское хозяйство в Северной Маньчжурии , 1919 , №1 – 2 , c. 23 – 25.

⑩ Б. В. Скворцов , А. Ф. Недельский Развитие культуры соевых бобов в Америке//Вестник Маньчжурии. 1930 , №3. c. 1 – 12.

⑪ Скворцов Б. В. Растительность восточных предгорьев Большого Хингана//Вестник Маньчжурии. 1930 , №10. c. 49 – 57.

序号	文 章 名 称
45	《北满的紫苏及其未来》①
46	《关于满洲生长的野金银花》②
47	《满洲小麦是否退化》③
48	《北满与毗邻区域水稻的栽培》④
49	《北满与南满稻米的栽培》⑤
50	《中国的 плягиосперма 是北满花木种植场珍贵的果类草本植物》⑥
51	《满洲与中国的植物油》⑦
52	《松花江冬季浮游植物研究》⑧
53	《贝加尔湖中的一座锥形硅藻》⑨

Б. В. 斯克沃尔佐夫出版了以下十余部单行本小册子：

---

① Скворцов Б. В. Суцза в Северной Маньчжурии и её возможная будущность. // Экономический Вестник Маньчжурии, 1924, №8, с. 9 – 11.

② Скворцов Б. В. О съедобной жимолости, растущей в Маньчжурии. // Сельское хозяйство в Северной Маньчжурии, 1919, №1 – 2, с. 22 – 23.

③ Скворцов Б. В. Вырождается ли Маньчжурская пшеница. // Экономический вестник Маньчжурии, 1924, №4, с. 3 – 5.

④ Скворцов Б. В. Культура водяного риса в Северной Маньчжурии и соседних областях. // Сельское хозяйство в Северной Маньчжурии, 1921, №8 – 9, с. 46 – 81.

⑤ Скворцов Б. В. О культуре риса в Северной Маньчжурии и Южной Маньчжурии – // Сельское хозяйство в Северной Маньчжурии, 1916, №9 – 10, с. 33.

⑥ Скворцов Б. В. Китайская плягиосперма как ценный плодовый кустарник для местного садоводства. // Сельское хозяйство в Северной Маньчжурии, 1918, №5 – 6, с. 9 – 10.

⑦ Скворцов Б. В. Растительные масла в Маньчжурии и Китае // Экономический Вестник Маньчжурии. 1924, №6. с. 9 – 11.

⑧ Скворцов Б. В. К изучению зимнего фитопланктона р. Сунгари. // ОИМК, Тр, Сунгарийской речной биологической станции, Харбин, 1928, Т. 1. вып. 6, с. 17 – 19.

⑨ Скворцов Б. В. A Conenribution to the Diatoms of Baikal lake – // ОИМК, Тр, Сунгарийской речной биологической станции, Харбин, 1928, Т. 1. вып. 5, 55с.

表 1—3

序号	著 名 名 称
1	《北满的中国蔬菜栽培研究》①
2	《松花江湖泊上的巨型睡莲》②（1925 年 3—4 期《东省杂志》发表，同年出版单行本）
3	《关于阿什河的中国果树栽培》③
4	《满洲与俄国远东的饲料植物》④
5	《北满的田间栽培植物》⑤（1926 年第 10 期《东省杂志》发表，同年出版单行本）
6	《北满的葫芦科植物》⑥（1925 年第 5—7 期《东省杂志》发表，同年出版单行本）
7	《北满的李子》⑦
8	《满洲的小麦》⑧（1927 年第 4、5 期《东省杂志》发表，同年出版单行本）
9	《满洲森林中的榛子》⑨（1928 年第 9 期《东省杂志》发表，同年出版单行本）
10	《满洲与俄国远东的动物区系与植物区系》⑩（1922 年第 50 期《亚细亚时报》发表，同年出版单行本）

---

① Скворцов Б. В. К изучению китайского огородничества в Северной Маньчжурии. – Харбин, 1920. 20 с.

② Скворцов Б. В. Гигантская кувшинка Сунгарийских озер. – Харбин, изд. ОИМК, 1925, сер. А, вып. 2, 9 с. // Вестник Маньчжурии, 1925, №3 – 4, с. 37 – 45.

③ Скворцов Б. В. О китайском плодоводстве в г. Ашихэ. Харбин, 1920. 8 с.

④ Скворцов Б. В. Кормовые растения Маньчжурии и русского дальнего востока. Шанхай, Рус. книгоизд - во, 1920. 81 с.

⑤ Скворцов Б. В. Полевые культурные растения Северной Маньчжурии. (Краткий очерк). – Харбин, 1926, 18 с. (ОИМК, Секция естеств. сер. А, вып. 4) // Вестник Маньчжурии. 1926, №10. с. 1 – 17.

⑥ Скворцов Б. В. Тыквенные культуры Северной Маньчжурии. // Вестник Маньчжурии. 1925, № 5 – 7. с. 11 – 27. – Харбин, 1925, 16 с. (ОИМК, Секция естеств. сер. А, вып. 14).

⑦ Скворцов Б. В. Слива в Северной Маньчжурии. // Вестник Маньчжурии. 1925, №8 – 10. с. 45 – 61. – Харбин, 1925, 16 с. (ОИМК, Секция естеств. сер. А, вып. 7).

⑧ Скворцов Б. В. Маньчжурская пшеница. – Харбин: Типография Кит. Вост. жел. дор., 1927. 28 с. // Вестник Маньчжурии. 1927, №4. с. 47 – 57; №5. с. 44 – 55.

⑨ Скворцов Б. В. Маньчжурский лесной орех. – Харбин. Изд. ОИМК, 1928. 12 с. // Вестник Маньчжурии. 1928, №9. с. 54 – 61.

⑩ Скворцов Б. В. Фауна и флора маньчжурии и русского дальнего востока. Очерк. – – Харбин, 1922, 122 с. // Вестник Азии, №50, 1922, с. 163 – 279.

续表

序号	著 名 名 称
11	《东亚的野生大豆和黄豆》①（1927 年第 9、10 期《东省杂志》发表，同年出版单行本）
12	《北满与哈尔滨市郊竹科丝虫活动的观察》②

И. В. 科兹洛夫，1898 年出生于布拉戈维申斯克市。И. В. 科兹洛夫曾长期在哈尔滨生活，是东省文物研究会地质与自然地理部成员、哈尔滨自然地理学研究会创办会员。И. В. 科兹洛夫后从哈尔滨去了天津，在法国天主教传教士团博物馆工作。И. В. 科兹洛夫稍后又移居上海，担任上海自然科学学会主席。И. В. 科兹洛夫最后从上海移居美国，并于 1984 年 7 月 22 日逝世于旧金山。③ 20 年代中期 И. В. 科兹洛夫在《关于学校生活问题》和《东省杂志》上发表了《北满水中植物观察——狸藻》④《北满水中植物观察——浅绿色金鱼藻》⑤《学校木制繁殖场》⑥ 等四篇文章，1926 年出版了一本名为《满洲的筊笋，或者阔叶筊笋》⑦（《东省杂志》1926 年第 6 期上发表）的小薄册子，介绍了中国东北一种特殊的植物——筊笋的生活习性、特点和效用等内容。

H. 齐亚科夫，出生年、地点不详，逝世年、地点不详。H. 齐亚科

①　Скворцов Б. В. Дикая и культурная соя Восточной Азии. Харбин, изд. ОИМК, 1927. 18 с. (Секция естеств. сер. А, вып. 22) // Вестник Маньчжурии. 1927, №9. с. 35 – 43；№10. с. 20 – 26.

②　Скворцов Б. В. Наблюдения над жизнью нитчаток Zygnemaceae вокрестностях Харбина и Северной Маньчжурии – ОИМК, Тр. Сунгарийской речной биологической станции, Харбин, 1927, Т. 1. вып. Ⅳ, 22 с.

③　Хисамутдинов А. А. Дальневосточное востоковедение：Исторические очерки / Отв. ред. М. Л. Титаренко；. Ин – тЛал. Востока РАН. – М. ：ИДВ РАН. 2013. с. 285.

④　Козлов И. В. Заметки о водяных растениях Северной Маньчжурии. Пузырчатка обыкновенная. // Вопросы школьной жизни, 1925, №2. с. 92 – 94.

⑤　Козлов И. В. Заметки о водяных растениях Северной Маньчжурии. Роголистник светлозеленый. // Вопросы школьной жизни, 1926, №3. с. 106 – 108.

⑥　Козлов И. В. Школьный древесный питомник. // Вопросы школьной жизни, 1925, №1. с. 83 – 85.

⑦　Козлов И. В. Маньчжурская тускарора, или цицания широколистная. – Харбин, 1926, 12 с. – ОИМК, сер. А, вып. 12. // Вестник Маньчжурии. 1926, №6. с. 14 – 26.

夫在哈尔滨生活期间是一名神职人员，大司祭。① 目前所能查到的 H. 齐亚科夫的学术成果只有一本名为《满洲的日常生活与风俗》② 的小薄册子，记述了中国东北普通人的社会习俗等内容。

　　Д. А. 齐亚科夫，出生年、地点不详，逝世年、地点不详，中东铁路学务处处长，满洲教育学会秘书，中东铁路教师联合会主席。在美洲与欧洲完成了旅行后返回了苏联，后于苏联逝世。③ Д. А. 齐亚科夫于 1922 年在《满洲教育学会通报》上发表了《中东铁路附属地的国民教育》④ 一篇文章。

　　Н. К. 拉巴兹尼科夫，出生年、地点不详，逝世年、地点不详，中东铁路农业化学实验室实验员。⑤ Н. К. 拉巴兹尼科夫于 1928 年在《中东铁路地亩处农业科特刊》第 6 辑上发表了《哈尔滨市奶质评价》⑥ 一篇文章。

　　В. М. 斯切夫，出生年、地点不详，逝世年、地点不详，中东铁路管理局职员。⑦ В. М. 斯切夫于 1928 年在《中东铁路地亩处农业科特刊》

---

① Хисамутдинов А. А. Российская эмиграция в Азиатско - Тихоокеанском регионе и Южной Америке: Биобиблиографический словарь. – Владивосток: Изд – во Дальневост. ун – та. 2000. с117.

② Дьяков Н. Быт и нравы в Маньчжурии. – Харбин, тип. Л. Л. Бурсук, 1918, 24с.

③ Хисамутдинов А. А. Российская эмиграция в Азиатско - Тихоокеанском регионе и Южной Америке: Биобиблиографический словарь. – Владивосток: Изд – во Дальневост. ун – та. 2000. с. 116; Автономов Н. Из жизни последних лет Маньчжурского Педагогического Общества//Вестник Маньчжурского Педагогического Общества, 1922. №1. с. 13; Итоги деятельности союза учителей К. В. Ж. Д. //Вопросы школьной жизни, 1925. №1. с. 64.

④ Дьяков Д. А. Народное образование в Полосе Отчуждения Кит. Вост. жел. дор. // Вестник Маньчжурского Педагогического Общества – 1922, №1. с. 3 – 7.

⑤ Кузнецов С. И. Работа Агрономической части Зумельного отдела Китайской Восточной железной дороги за 12 лет (1922 – 1933).//Известия Агромической организации. Земельный Отдел. №12. – Харбин, тип. квжд, 1935, с. 554.

⑥ Лабазников Н. К. К характеристике качеств молока города Харбина.//Известия Агромической организации. Земельный Отдел. №6. – Харбин, тип. квжд, 1928, 30с.

⑦ Хисамутдинов А. А. Российская эмиграция в Азиатско - Тихоокеанском регионе и Южной Америке: Биобиблиографический словарь. – Владивосток: Изд – во Дальневост. ун – та. 2000. с. 299.

第 8 辑上发表了《黄豆的不同储存条件对原油压榨的影响》[①] 一篇文章。

　　B. C. 列别德夫，出生年、地点不详，逝世年、地点不详，中东铁路农业化学实验室主任。[②] B. C. 列别德夫于 1928 年在《中东铁路地亩处农业科特刊》第 9 辑上发表了《北满出口豆类与黄豆晾干研究资料》[③] 一篇文章。

　　H. И. 尼基弗洛夫，1886 年 4 月 29 日出生于基辅省，1945 年后逝世，逝世地点不详。1910 年，H. И. 尼基弗洛夫毕业于圣弗拉基米尔大学，并留校准备学术活动。通过硕士考试后，在 1914—1917 年 H. И. 尼基弗洛夫担任圣弗拉基米尔大学编外副教授。1917—1919 年，H. И. 尼基弗洛夫担任鄂木斯克工业大学世界史教研室客座教授，1920—1921 年任国立伊尔库茨克大学教授，1921 年任国立远东大学世界史教研室教授。从 1922 年 1 月 1 日起，H. И. 尼基弗洛夫在哈尔滨法政大学工作，教授俄国法史、世界史、经济生活史、经济学说史、近代世界史、贸易史、经济政策、政治经济学、经济地理等课，以及历史、俄国法史、经济生活史实践课，同时担任《满洲教育学会通报》杂志主编。1928 年，H. И. 尼基弗洛夫在布拉格通过了世界史硕士学位论文答辩。从 1929 年 3 月至 1930 年 2 月，H. И. 尼基弗洛夫担任哈尔滨法政大学系副主任；从 1930 年 2 月 1 日起至 1937 年，担任系主任。1945 年，H. И. 尼基弗洛夫被逮捕，并遣返回苏联。[④] 本时期 H. И. 尼基弗洛夫在《关于学校生活问

---

　　① Сычев В. М. Влияние на сырое прессованное масло соевых бобов различных условий хранения. // Известия Агрономической организации. Земельный Отдел. №8. - Харбин, тип. квжд, 1928, 126 с.

　　② Кузнецов С. И. Работа Агрономической части Зумельного отдела Китайской Восточной железной дороги за 12 лет（1922 - 1933）. // Известия Агромической организации. Земельный Отдел. №12. - Харбин, тип. квжд, 1935, с. XI.

　　③ Лебедев В. С. Материалы по исследованию северо - маньчжурских экспортных бобов и сушки соевых бобов. // Известия Агромической организации. Земельный Отдел. №9. - Харбин, тип. квжд, 1928, 31 с.

　　④ Хисамутдинов А. А. Российская эмиграция в Азиатско - Тихоокеанском регионе и Южной Америке: Биобиблиографический словарь. - Владивосток: Изд - во Дальневост. ун - та. 2000. с. 221 - 222; Автономов Н. П. Юридический факультет в Харбине за восемнадцать лет существования. // Известия Юридического Факультета, 1938. №12. с. 41; Автономов Н. Из жизни последних лет Маньчжурского Педагогического Общества // Вестник Маньчжурского Педагогического Общества, 1922. №1. с. 17.

题》《法政学刊》《中华法学季刊》上发表了《彼得大帝在教育领域的事业》①《18 世纪英国革命简史》②《变迁之中国》③《中国文化之演进》④《一七八九年革命前法之封建制度》⑤《人之经济》⑥《鲁门国及其国民》⑦七篇有关世界历史问题的文章，出版了《中东铁路学务处教学大纲中的高等初校近代史课程概述》⑧《西欧现代史教程》⑨ 两本教材性质的著作。

И. А. 巴宁，出生年、地点不详，逝世年、地点不详，东省文物研究会工商股成员。⑩ 本时期 И. А. 巴宁在《满洲经济通讯》《东省杂志》《中东经济月刊》等杂志上发表了《榆树县》⑪《满洲与俄国远东的贸易规模与条件》⑫《从与北满贸易关系的视角看俄国远东的经济》⑬《向北满

---

① Никифоров Н. И. Дело Петра Великого в области провещения. //Вопросы школьной жизни,1925, №2. с. 62 – 68.

② Никифоров Н. И. Очерк истории английской революции XVIII в. //Вопросы школьной жизни,1925, №3. с. 32 – 61.

③ Никифоров Н. И. Меняющийся Китай. //Вестник. китайского. права. – Харбин,1931. – Сб. 1. с. 317 – 321.

④ Никифоров Н. И. Эмоциональные основы цивилизации//Вестник. китайского. права. – Харбин,1931. – Сб. 2. с. 261 – 268.

⑤ Никифоров Н. И. К вопросу о сеньериальном режиме во Франции перед революцией 1789 г. //Известия Юридического факультета в Харбине. – Харбин. 1927. Вып. IV. с. 115 – 148.

⑥ Никифоров Н. И. Homo Oeconomicus. //Известия Юридического факультета в Харбине. – Харбин. 1931. Вып. IX. с. 177 – 196.

⑦ Никифоров Н. И. Румыния и румыны. //Известия Юридического факультета в Харбине. – Харбин. 1926. Вып. III. с. 231 – 266.

⑧ Никифоров Н. И. Очерк по новой истории для высших начальных училищ по программам учебного отдела КВжд. – Харбин,1922. 122с.

⑨ Никифоров Н. И. Пособие к лекциям по новейшей истории Западной Европы. – Харбин:Тип. Заря,1927. – 261с.

⑩ Личный состав Общества//Известия Общества Изучения Маньчжурского Края, 1926. №6. с. 68.

⑪ Панин И. А. Юй Шу – сянь//Экономический Вестник Маньчжурии. 1924, №37 – 38. с. 21 – 23.

⑫ Панин И. А. Размеры и условия торговли Маньчжури с русским Дальним востоком. (Очерк). //Экономический Вестник Маньчжурии – 1923, №12 – 13. с. 6 – 12.

⑬ Панин И. А. Хозяйство русского Дальнего востока с точки зрения торговых взаимоотношений с Северной Маньчжурией. //Экономический Вестник Маньчжурии – 1923, №4. с. 8 – 13.

的移民运动》①《1925 年春从中国内地向北满迁移劳动力》②《满洲的俄国
纺织品》③《1927 年的移民与中东铁路》④《满洲的中国交通办事处》⑤
《爪哇的制糖业与北满市场》⑥《中国贸易的基础与实践》⑦《松花江在北
满运输中的作用》⑧《远东的购买力》⑨ 等十五篇关于中国经济的文章，
出版了《中国商人》⑩（1926 年第 6、7、8 期《东省杂志》发表，同年出
版合集单行本）一部著作。《中国商人》一书于 1926 年出版于哈尔滨，
是 И. А. 巴宁在华出版的唯一一部著作。该书分八章，记述了作者所在时
代中国的商业法规、商会组织、商业税、商号组织（类型、经营种类、
资本额）、商品交易种类、商品消耗与加价、购买与销售的组织、国外市
场与外国商品的交易等内容。作者通过研究得出了如下结论和提出了中
国商业向好发展的对策建议：中国商业从业人员非常廉价，但商业管理
机构成本却极其昂贵，从而导致了生产效率相当低下；商号交易额过低
证明了中国商号完全处于饱和状态；应在中国商业的现行运行条件（法
规、商人与买主的关系）和提供优质廉价商品上根本改变；不仅要通过

---

①　Панин И. А. Переселенческое движение в Северную Маньчжурию. // Экономический.
бюллетень. 1927 , №36 – 37. с. 9 – 12.

②　Панин И. А. Передвижение рабочих из внутреннего китая в Северную Маньчжурию
весной 1925г. //Экономический. бюллетень. 1925 , №15 – 16. с. 11 – 12.

③　Панин И. А. Русская мануфактура в Маньчжури. //Экономическое. обозрение. 1923 ,
№7. с. 6 – 9.

④　Панин И. А. Переселенцы в 1927г. и квжд. //Экономический. бюллетень. 1927 , №11. с. 5 –
7.

⑤　Панин И. А. Китайские транспортные конторы в Маньчжурии. //Вестник
Маньчжурии. 1930 , №11 – 12. с. 56 – 66.

⑥　Панин И. А. Производство сахара на Яве и рынок Северной Маньчжурии. //Вестник
Маньчжурии. 1930 , №10. с. 6 – 12.

⑦　Панин И. А. Китайская торговля , ее основы и практика. //Вестник Маньчжурии. 1925 ,
№1 – 2. с. 69 – 83.

⑧　Панин И. А. Роль реки Сунгари в транспорте Северной Маньчжурии. //Вестник
Маньчжурии. 1928 , №6. с. 67 – 74 ; №7. с. 51 – 63.

⑨　Панин И. А. Покупательная способность Дальнего востока//Экономический Вестник
Маньчжурии – 1923 , №3. с. 5 – 8.

⑩　Панин И. А. Китайский купец. – Харбин: Тип. квжд, 1926. 107с. //Вестник
Маньчжурии. 1926 , №6. с. 86 – 97 ; №7. с. 109 – 123 ; №8. с. 51 – 60.

颁布相应的法规，而且要改革地方行政当局的惰性与习惯方式，根本改变商业的税收制度和法律地位；应有效监管在商业中使用的重量、长度和容积等度量单位；应把整顿货币流通作为国家的中心工作之一；应在防匪上给予商业保护等。① 该书是俄罗斯学者出版的全面综合论述中国商人阶层的第一部著作。

А. И. 波革列别茨基，1891 年出生，1952 年逝世，出生、逝世地点不详，左派政党成员。十月革命前，А. И. 波革列别茨基曾在伊尔库茨克政治机关担任财政局局长。国内战争时，А. И. 波革列别茨基先在鄂木斯克高尔察克政府滨海省地方自治局工作，担任财政部部长；后成为远东共和国金融委员会和人民会议委员。移居哈尔滨后，А. И. 波革列别茨基担任中东铁路商务处处长，与路标转换派分子联系紧密，后加入了苏联籍。А. И. 波革列别茨基是东省文物研究会工商部成员。1935 年，А. И. 波革列别茨基在天津经营了一家商业银行。② А. И. 波革列别茨基主要致力于中国经济问题的研究，本时期在《东省文物研究会杂志》《东省杂志》《中苏联合展简报》上发表了《1920 年滨海省在中东铁路附属地的货币改革》③《博物馆的实用任务（博物馆与边区经济）》④《中东铁路附属地的变相货币》⑤《中国与北满的货币流通》⑥《中国与北满的货币市

---

① Панин И. А. Китайский купец. – Харбин：Тип. квжд,1926. с. 101.

② Хисамутдинов А. А. Дальневосточное востоковедение：Исторические очерки/Отв. ред. М. Л. Титаренко；. Ин － т Дал. Востока РАН. М. ： ИДВ РАН, 2013. с. 317；Погребецкий А. И. Денежное обращение и денежные знаки Дальнего Востока за период войны и Революции. 1914 – 1924. 1924 г. – Харбин. Издание Общества изучения Маньчжурского края и Дальневосточно － Сибирского общества 《Книжное дело》. Типолитография 《ОЗО》. с. Ⅶ.

③ Погребецкий А. И. Приморская денежная реформа 5 июня 1920г. в полосе отчуждения Квжд. // Известия Общества Изучения Маньчжурского Края,1922,№2. с. 21 － 32.

④ Погребецкий А. И. Утилитарные задачи музея(Музей и экономика края） – //Известия Общества Изучения Маньчжурского Края,1922,№1. с. 8 － 10.

⑤ Погребецкий А. И. Денежные суррогаты в полосе отчуждения КВжд. //Известия Общества Изучения Маньчжурского Края,1922,№2. с. 9 － 14.

⑥ Погребецкий А. И. Денежное обращение Китая и Северной Маньчжурии. // Бюл. объединенной выставки Китая и ссср. 1925,№10. с. 4 － 9.

场》① 《中东铁路上的运价基础》② 《日本的对外贸易与中国市场》③ 《中
东铁路地方运输的改革方向》④ 《苏中共管中东铁路的五年》⑤ 《1930 年与
1931 年初北满的货币市场》⑥ 《联运运价的付款征收方法》⑦ 《走向金本位
之路（中国的当前问题）》⑧ 《列强在华利益》⑨ 《市场萧条与中东铁路在
经济与合理化领域的举措》⑩ 《中东铁路附属地货币代用品》⑪ 十五篇文
章，出版了《1914—1924 年战争与革命时期远东的货币流通与货币》⑫
《中国币制考与近代金融》⑬ 《当代日本经济概述》⑭ 三部著作。

А. И. 波革列别茨基的重点研究领域在金融问题，《1914—1924 年战

---

① Погребецкий А. И. Денежный рынок Китая и Северной Маньчжурии. // Вестник Маньчжурии. 1925，№3 – 4. с. 81 – 92；№5 – 7. с. 99 – 108.

② Погребецкий А. И. Основа тарифов на КВжд. （"Золото" или "серебро"）. // Вестник Маньчжурии. – 1926，№5. с. 3 – 18.

③ Погребецкий А. И. Внешняя торговля Японии и Китай как рынок. // Вестник Маньчжурии. 1927，№ 6. с. 11 – 22.

④ Погребецкий А. И. Курсовая реформа по тарифам местного сообщения КВжд. // Вестник Маньчжурии. 1930，№4. с. 17 – 31.

⑤ Погребецкий А. И. Пять лет совместного управления КВжд представителями правительств СССР и Китая （1925 – 1929 гг.）. // Вестник Маньчжурии. 1930，№10. с. 32 – 38.

⑥ Погребецкий А. И. Валютный рынок Северной Маньчжурии в 1930 и начале 1931 г. // Вестник Маньчжурии. 1931，№3. с. 31 – 37.

⑦ Погребецкий А. И. Метод взимания платежей по тарифам прямого сообщения. // Вестник Маньчжурии. 1930，№6. с. 24 – 30.

⑧ Погребецкий А. И. На пути к золотому стандарту （очередная проблема Китая）. // Вестник Маньчжурии. 1930，№2. с. 1 – 11.

⑨ Погребецкий А. И. Иностранные интересы в Китае. // Вестник Маньчжурии. 1931，№10. с. 1 – 9.

⑩ Погребецкий А. И. Депрессия рынка и мероприятия КВжд в области экономики и рационализации. // Вестник Маньчжурии. 1931，№1. с. 55 – 66.

⑪ Погребецкий А. И. Денежные суррогаты в полосе отчуждения КВЖД. // Известия Общества изучения Манчжурского Края. 1923，№3. с. 9 – 14.

⑫ Погребецкий А. И. Денежное обращение и денежные знаки Дальнего Востока за период войны и Революции. 1914 - 1924. – Харбин. Издание Общества изучения Маньчжурского края и Дальневосточно - Сибирского общества 《Книжное дело》. Типолитография 《ОЗО》. 1924. 420с.

⑬ Погребецкий А. И. Денежное обращение и финансы Китая. – Харбин：Изд. Экон. Бюро Кит. Вост. жел. дор，1929. 436с.

⑭ Погребецкий А. И. Экономические очерки современной японии. – Харбин：Изд. Общества изучения Маньчжурского края и Типография Кит. вост. жел. дор. 1927. 166с.

争与革命时期远东的货币流通与货币》《中国币制考与近代金融》两部著作是其重量级的代表作。《1914—1924 年战争与革命时期远东的货币流通与货币》一书 1924 年出版于哈尔滨,是作者利用在金融等相关部门工作期间所收集资料而写成。该书分十章,首先阐述了远东政治与金融发展的整体条件,后分地域记述了滨海边区、勘察加省、萨哈林省、哈巴罗夫斯克及其附属地区、阿穆尔省、外贝加尔省、远东共和国、北满与中国、远东边区等地区货币流通的政治、经济基本条件以及政府的货币政策、发行货币种类(附带不同货币的插图)、流通货币的此消彼长情况等内容。作者在书中只是叙述了以俄国远东地区为主的货币发行与流通的基本情况,并没有给予明确的评论,正如作者自己所说"本书的目的是为后继研究者保存近十年来我所成功收集的关于货币流通的资料,至于如何评价那些事实和作出何种结论让后继研究者去评说"。[1] 当代俄罗斯新西伯利亚的学者 B. M. 雷恩科夫在《俄国东部地区反布尔什维克政府的金融政策(1918 年下半叶至 1920 年初)》中对该书给予很有见地的评价,笔者赞同其观点。他指出:"A. И. 波革列别茨基的著作是关于货币流通问题的最基础研究。它在革命后第一个十年内所有侨民历史文献中是具有独特价值的。"[2]

《中国币制考与近代金融》一书是 A. И. 波革列别茨基继《1914—1924 年战争与革命时期远东的货币流通与货币》之后出版的另一部关于金融问题的著作,只不过是在研究地域上有所侧重而已,前一部以俄国远东地区为主,后一部集中探讨近代中国金融问题。该书于 1929 年出版于哈尔滨,分三大部分十五章,介绍了所研究问题的俄、英、日、中文参考文献,中国历史资料与古钱学研究,中国货币中铜钱、两、银元的产生与发展,近代中国的货币市场、纸币、代用币与地方货币发行、外国货币,满洲货币市场的整体评价,奉票、东省特别行政区的货币市场

① Погребецкий А. И. Денежное обращение и денежные знаки Дальнего Востока за период войны и Революции. 1914 – 1924. – Харбин. Издание Общества изучения Маньчжурского края и Дальневосточно – Сибирского общества《Книжное дело》. Типолитография《ОЗО》. 1924. с. IX.

② Рынков В. М. Финансовая политика антибольшевистских правительств востока России (вторая половина 1918 – начало 1920 гг.). Новосибирск, 2006. с. 5.

（哈大洋），吉林省与黑龙江省的货币发行，19 世纪末以来的币制改革计划（金本位思想），金融与货币政策等内容。关于该书的历史评价问题，当时的哈尔滨俄侨评论者给予了深刻剖析，笔者也认同他们的观点。C. M. 伊兹马伊洛夫指出，"作者熟谙中国货币市场问题以及被其利用了当下货币市场与中央和地方政府在货币流通领域采取的政策资料，使其著作不仅使理论工作者感兴趣，而且还具有实践意义"①。B. Я. 伊萨科维奇指出，"在掌握最近时代资料方面，A. И. 波革列别茨基的著作无论在俄文文献，还是在其他外国文献中都是唯一和不可替代的完全有价值的文献资料"。②

《当代日本经济概述》一书 1927 年出版于哈尔滨，在研究问题上与前两部书无任何关联。该书出版的目的是简要概述 1927 年的昭和金融恐慌对日本经济的影响，分八章记述了 1927 年 4 月日本的昭和金融恐慌整体情况、日本的银行危机、国家预算、国债的增长、贸易与收支平衡、对外贸易、在华的工商利益、人口过剩与粮食问题、海上贸易与铁路产业、农业与合作社、工业等内容。该书指出，"日本领导层的侵略政策阻碍了日本国民经济的发展"。③ 该书是俄侨学者出版的第一部专论其所处时代日本经济的著作，在侨民文献中具有十分重要的地位。

M. A. 克罗里，1862 年 4 月 12 日出生于日托米尔，1942 年 12 月 31 日逝世于法国尼斯。M. A. 克罗里曾在圣彼得堡大学法律系学习。从 1880 年起，M. A. 克罗里为人民自由党成员。1882—1887 年，M. A. 克罗里在敖德萨从事政治斗争。因参与政治斗争，M. A. 克罗里被逮捕并流放西伯利亚 10 年。M. A. 克罗里后移居哈尔滨，从事律师工作，也积极参加哈尔滨文学活动。1925 年 2 月中旬，M. A. 克罗里经上海移居巴黎，参与创办了俄犹知识分子联合会（从 1933 年起担任主席），1939 年出版

---

①　Погребецкий А. И. Денежное обращение и финансы Китая. – Харбин：Изд. Экон. Бюро Кит. Вост. жел. дор，1929. с. VI.

②　В. Я. Исакович. А. И. Денежное обращение и финансы Китая. Харбин. 1929. //Вестник Маньчжурии. 1929，№7 – 8. с. 112.

③　Погребецкий А. И. Экономические очерки современной японии. – Харбин：Изд. Общества изучения Маньчжурского края и Типография Кит. вост. жел. дор. 1927. с. 163.

了《犹太世界》文集。① M. A. 克罗里于 1922 年在《东省文物研究会杂志》上发表了《民族学与博物馆》② 一篇文章。

H. B. 戈鲁霍夫，1880 年 10 月 18 日出生于圣彼得堡，1957 年逝世于苏联。H. B. 戈鲁霍夫毕业于亚历山大一世加特契纳孤儿学院和圣彼得堡生物实验室高等学校生物分校。从 1909 年 8 月 3 日起，H. B. 戈鲁霍夫在中国东北生活。H. B. 戈鲁霍夫是满洲农业学会哈尔滨实验养蜂场工作人员。1921—1925 年，H. B. 戈鲁霍夫担任中东铁路制图员。1926—1930 年，H. B. 戈鲁霍夫在中东铁路三河站从事农业和养蜂业。H. B. 戈鲁霍夫是满洲俄国东方学家学会会员、东省文物研究会会员、基督教青年会哈尔滨自然地理学研究会会员。H. B. 戈鲁霍夫后被遣返回苏联，在赤塔州做养蜂人。③ H. B. 戈鲁霍夫主要研究植物学，1926 年在《东省杂志》上发表了《育种油豆》④ 一篇文章。

H. A. 索科洛夫，1882 年出生，出生地不详，1934 年 11 月 23 日逝世于法国。H. A. 索科洛夫于哈尔科夫大学毕业后进入奔萨州法院任侦察员。1920 年 2 月 6 日，H. A. 索科洛夫被任命为鄂木斯克州法院重案组侦察员。去欧洲之前，H. A. 索科洛夫一直在哈尔滨生活，去世前又想回到哈尔滨。⑤ 20 年代中后期 H. A. 索科洛夫在《东省杂志》《中东经济月刊》上发表了以下三十二篇文章：

---

① Хисамутдинов А. А. Российская эмиграция в Азиатско – Тихоокеанском регионе и Южной Америке: Биобиблиографический словарь. – Владивосток: Изд – во Дальневост. ун – та. 2000. с. 172.

② Кроль М. А. Наука – Этонграфия и музей. //Известия Общества Изучения Маньчжурского Края, 1922, №1. с. 10 – 12.

③ Хисамутдинов А. А. Российские толмачи и востоковеды на Дальнем Востоке. Материалы к библиографическому словарю. – Владивосток: Изд – во Дальневост. ун – та. 2007. с. 75.

④ Глухов Н. В. Селекционные масличные бобы//Вестник Маньчжурии. 1926, №8. с. 35 – 39.

⑤ Хисамутдинов А. А. Российская эмиграция в Азиатско – Тихоокеанском регионе и Южной Америке: Биобиблиографический словарь. – Владивосток: Изд – во Дальневост. ун – та. 2000. с. 288.

表1—4

序号	文 章 名 称
1	《第聂伯河》①
2	《青岛港》②
3	《北满（中东铁路东线地区）的交通、垦殖与经济问题》③
4	《直通道路开通前的中东铁路西线》④
5	《北满地区的移民点》⑤
6	《1929—1930 年上半年出口生产的预先结果》⑥
7	《葫芦岛港与满洲的铁路》⑦
8	《1930 年北满移民的减少》⑧
9	《满洲 3 个港口的货运量》⑨
10	《1930 年大连的市场价格》⑩
11	《密山地区的发展》⑪
12	《1930 年北满移民的速度》⑫

---

① Соколов Н. А. Днепрострой. //Вестник Маньчжурии. 1929 ,№3. с. 87 – 94.

② Соколов Н. А. Порт Циндао. //Вестник Маньчжурии. 1929 ,№5. с. 60 – 73.

③ Соколов Н. А. Вопросы транспорта, колонизации и экономики Северной Маньчжурии（район Восточной линии КВжд）. //Вестник Маньчжурии. 1929 ,№7 – 8. с. 64 – 71.

④ Соколов Н. А. Западная линия КВжд перед открытием сквозного движения. //Вестник Маньчжурии. 1930 ,№1. с. 48 – 52.

⑤ Соколов Н. А. Расселение переселенцев в районах Северной Маньчжурии. //Вестник Маньчжурии. 1930 ,№2. с. 36 – 47.

⑥ Соколов Н. А. Предварительные итоги экспортой кампании 1929/30 г. （первое полугодие）. //Вестник Маньчжурии. 1930 ,№4. с. 31 – 37.

⑦ Соколов Н. А. Порт Хулудао и железные дороги Маньчжурии. //Вестник Маньчжурии. 1930 ,№10. с. 22 – 29.

⑧ Соколов Н. А. Сокращение переселенческого движения в Северной Маньчжурии в 1930 г. //Вестник Маньчжурии. 1931 ,№1. с. 33 – 39.

⑨ Соколов Н. А. Грузооборот трех маньчжурских портов. //Вестник Маньчжурии. 1931 , №5. с. 41 – 47.

⑩ Соколов Н. А. Рыночные цены Дайрена в 1930 году. //Вестник Маньчжурии. 1931 , №6. с. 23 – 29.

⑪ Соколов Н. А. Развитие Мишаньского района. //Вестник Маньчжурии. 1931 , №7. с. 24 – 28.

⑫ Соколов Н. А. Темп переселения в Северной Маньчжурии в 1930г. //Экономический. бюллетень – 1930 , №5. с. 9.

序号	文 章 名 称
13	《1930 年北满的移民运动》①
14	《1931 年北满的移民运动》②
15	《中东铁路职工合作社》③
16	《合作社代表会议结果（中东铁路职工合作社的工作）》④
17	《1925 年的通航期》⑤
18	《中东铁路南线的工作》⑥
19	《中东铁路东线的工作》⑦
20	《北满与滨海边区的货运量》⑧
21	《鞍山钢铁厂》⑨
22	《傅家甸的玻璃工业》⑩
23	《1926—1927 年中东铁路职工合作社的工作》⑪

① Соколов Н. А. Движение переселенцев в Северной Маньчжурии в текущем году. // Экономический. бюллетень – 1930, №7. с. 7 – 8.

② Соколов Н. А. переселенческое Движение в Северную Маньчжурию в 1931г. // Экономический. бюллетень – 1931, №9 – 10. с. 1 – 2.

③ Соколов Н. А. Кооператив служащих, мастеровых и рабочих КВЖД. // Экономический. бюллетень. 1927, №3 – 4. с. 16 – 18.

④ Соколов Н. А. Итоги кооперативного съезда(кооперативная служба рабочих и мастеров квжд). //Экономический. бюллетень – 1925, №47. с. 12 – 14.

⑤ Соколов Н. А. Навигация 1925г. //Экономический. бюллетень, 1926, №5, с. 12 – 17.

⑥ Соколов Н. А. Работы южной линии квжд. //Экономический. бюллетень – 1927, №46. с. 5 – 7.

⑦ Соколов Н. А. Работы восточной линии квжд. //Экономический. бюллетень – 1927, №47. с. 5 – 6.

⑧ Соколов Н. А. Грузооборот Северной Маньчжурии с Приморьем. // Экономический. бюллетень – 1930, №4. с. 1 – 2.

⑨ Соколов Н. А. Аньшаньский завод. //Экономический. бюллетень – 1929, №1. с. 17 – 18.

⑩ Соколов Н. А. Стекольная промышленность Фуцзядяня. //Экономический. бюллетень – 1929, №7. с. 5.

⑪ Соколов Н. А. Работа кооператива служащих, мастеровых и рабочих КВЖД за 1926/ 27г. //Экономический. бюллетень – 1928, №1. с. 7.

续表

序号	文 章 名 称
24	《傅家甸的肥皂制造业》①
25	《1924—1928 年北满的进口》②
26	《中东铁路南线（南线的视察）》③
27	《中东铁路西线的视察》④
28	《满洲出口上的重创》⑤
29	《中东铁路工务处的季节性工作》⑥
30	《与中东铁路储蓄辅助钱柜规章修订有关的社会保险》⑦
31	《中东铁路上的事件》⑧
32	《中东铁路上的事件及其预防》⑨

　　М. А. 塔雷金，1893 年 9 月 6 日出生于克拉斯诺亚尔斯克，1946 年后逝世，逝世地点不详。М. А. 塔雷金毕业于圣彼得堡艺术科学院，建筑师。他长期在中国生活，对苏联持敌对态度。从 1927 年起，М. А. 塔雷金任《公报》撰稿人。从 1931 年 12 月起，М. А. 塔雷金任《哈尔滨时

---

① Соколов Н. А. Мыловаренное произподство в Фуцзядяне. //Экономический. бюллетень – 1929, №9. с. 9.

② Соколов Н. А. Импорт Северной Маньчжурии (1924 – 1928гг.). // Экономический. бюллетень – 1929, №10. с. 5 – 6.

③ Соколов Н. А. На южной линии квжд. (Инспекторский смотр Южной линии). // Экономический. бюллетень – 1927, №23 – 24. с. 5 – 8; №46. с. 5 – 7.

④ Соколов Н. А. Инспекторсий смотр западной линии. //Экономический. бюллетень – 1927, №25 – 26. с. 7 – 14.

⑤ Соколов Н. А. Удары по Маньчжурскому экспорту. //Экономический. бюллетень – 1925, №50. с. 3 – 4.

⑥ Соколов Н. А. Сезонные работы по службе пути квжд. //Экономический. бюллетень – 1927, №18. с. 5 – 6.

⑦ Соколов Н. А. социальное страхование в связи с пересмотром положения о сберегательно – вспомогательной кассе на квжд. //Экономический. бюллетень – 1925, №43 – 44. с. 16 – 26; №45. с. 5 – 20.

⑧ Соколов Н. А. Происшествия на квжд. //Экономический. бюллетень – 1925, №51 – 52. с. 11 – 14.

⑨ Соколов Н. А. Происшествия на квжд и борьба с ними. //Экономический. бюллетень – 1926, №15. с. 4 – 5.

代报》撰稿人。M. A. 塔雷金在 1945 年被逮捕，并在苏联被镇压。① 本时期只见有 M. A. 塔雷金 1931 年在哈尔滨出版的《喇叭茶：文学艺术集》上发表了《苏联现代艺术中的民族主义》② 一篇学术文章。

　　A. H. 季霍诺夫，出生年、地点不详，逝世年、地点不详。A. H. 季霍诺夫是中东铁路管理局职员，长期生活在哈尔滨，从事兽医职业，东省文物研究会会员。③ 本时期 A. H. 季霍诺夫在《满洲经济通讯》《东省杂志》《中东经济月刊》上发表了《中东铁路废品加工厂》④《奉天兽医代表大会》⑤《中东铁路地区的畜牧业状况及其对策》⑥《养猪业是北满的一个经济领域》⑦《中东铁路影响地区的畜牧业评价及近期的举措》⑧《中东铁路地区骨制工业前景》⑨ 等九篇文章，出版了《关于北满大规模改良绵羊问题》⑩（1927 年第 6 期《东省杂志》发表，同年出版单行本）《中东铁路沿线奶牛群评价》⑪（1927 年第 11 期《东省杂志》发表，同年出

　　① Хисамутдинов А. А. Российские толмачи и востоковеды на Дальнем Востоке. Материалы к библиографическому словарю. – Владивосток : Изд – во Дальневост. ун – та. 2007. с. 229.

　　② Талызин М. А. Национализм в современном искусстве СССР. //Багульник. Литературно – художественный сборник. Харбин , 1931. Кн. 1. с. 166 – 173.

　　③ Хисамутдинов А. А. Российская эмиграция в Азиатско – Тихоокеанском регионе и Южной Америке : Биобиблиографический словарь. – . Владивосток : Изд – во Дальневост. ун – та. 2000. с. 305 ; Личный состав общества//Известия общества Изучения Маньчжурского края , 1926. №6. с. 72.

　　④ Тихонов А. Н. Утилизацидннный завод КВжд – //Экономический Вестник Маньчжурии – 1923 , №4. с. 24 – 27.

　　⑤ Тихонов А. Н. Съезд ветеринарных врачей в Мукдене. //Экономический. бюллетень , 1928 , №9. с. 13.

　　⑥ Тихонов А. Н. Состояние животноводства в районе квжд и меры к его принятию. //Экономический. бюллетень , 1926 , №16. с. 3 – 6.

　　⑦ Тихонов А. Н. Свиноводство , как одна из существенных отраслей хозяйства Северной Маньчжурии. //Вестник Маньчжурии. 1927 , №3. с. 47 – 51.

　　⑧ Тихонов А. Н. Характеристика животноводства в районах , тяготеющих к КВжд и мероприятия последней в этой области. //Вестник Маньчжурии. 1928 , №9. с. 15 – 25.

　　⑨ Тихонов А. Н. Перспективы костяной промышленности в районе квжд. //Экономический.бюллетень , 1926 , №20. с. 3 – 4.

　　⑩ Тихонов А. Н. К вопросу о массовом улучшении овец Северной Маньчжурии. //Вестник Маньчжурии. 1927 , №6. с. 36 – 39. – Харбин , тип. квжд , 1927. 14с.

　　⑪ Тихонов А. Н. Характеристика молочного стада по линии КВжд. //Вестник Маньчжурии. – 1927 , №11. с. 22 – 29. – Харбин , тип. квжд , 1927. 21с.

版单行本）《北满的养马场及其在改良当地养马业问题上的作用》①（1927 年第 4、5 期《东省杂志》发表，同年出版单行本）三本小册子。

Б. П. 托尔加舍夫，出生年、地点不详，逝世年、地点不详，东省文物研究会工商股成员、国立北平大学教师、俄国驻华商务专员。② 20 年代下半期 Б. П. 托尔加舍夫在《远东经济生活》《东省杂志》上发表了《太平洋亚洲沿岸上的铁、煤与石油》③ 《苏打》④ 《中国与苏俄的外国财团》⑤《中国的茶叶生产》⑥《苏联、英国和其他国家从中国进口茶叶的比较》⑦《满洲的黄金》⑧《北满的煤炭资源》⑨ 等十一篇文章，出版了《中国是俄国茶叶的供应商》⑩ （1925 年《东省杂志》第 5—7 期发表）一本小册子和《北满的煤炭资源（经济评价）》⑪《远东的矿产品与矿产资源：中国内地、满洲、俄国远东、日本、朝鲜、福摩萨（台湾）、菲律宾——

① Тихонов А. Н. Коннозаводство Северной Маньчжурии и его роль в вопросе улучшения местного коневодства：окончание. – Харбин, тип. квжд, 1928. 39с. //Вестник Маньчжурии. 1928, №4. с. 31 – 39；№5. с. 56 – 62.

② Личный состав общества//Известия общества Изучения Маньчжурского края, 1926. №6. с. 73；Хисамутдинов А. А. Российские толмачи и востоковеды на Дальнем Востоке.Материалы к библиографическому словарю – Владивосток：Изд - во Дальневост. ун - та. 2007. с. 234.

③ Торгашев Б. П. Железо, уголь и нефть на Азиатском побережье Тихого океана. //Вестник Маньчжурии. 1925, №5 – 7. с. 65 – 74.

④ Торгашев Б. П. Сода. //Вестник Маньчжурии. 1927, №1. с. 65 – 72.

⑤ Торгашев Б. П. Иностранный консорциум в Китае и РСФСР. //Экономическая Жизнь На Дальнем Востоке, 1922, №5 – 7. с. 142 – 159.

⑥ Торгашев Б. П. Производство чая в Китае. //Вестник Маньчжурии. 1926, №9. с. 38 – 50；№10. с. 63 – 85；№11 – 12. с. 67 – 80.

⑦ Торгашев Б. П. Сравнительное участие СССР, Англии и некоторых других стран в экспорте чая из Китая. //Вестник Маньчжурии. 1927, №4. с. 61 – 76.

⑧ Торгашев Б. П. Золото в Маньчжурии. //Вестник Маньчжурии. 1927, №8. с. 47 – 52.

⑨ Торгашев Б. П. Угольные богатства Северной Маньчжурии.//Вестник Маньчжурии. 1927, №11. с. 29 – 38；№12. с. 34 – 49.

⑩ Торгашев Б. П. Китай, как поставщик чая для России. //Вестник Маньчжурии. 1925, № 5 – 7. с. 158 – 170. – Харбин, Изд. Квжд, 1925. 12с.

⑪ Торгашев Б. П. Угольное богатство Северной Маньчжурии(Экономическая оценка). – Харбин, тип. квжд, 1928. 124с.

储量、当前的产量与市场条件》① （以下简称《远东的矿产品与矿产资源》）《中国矿业中的工人劳动》② 三部重要著作。

《远东的矿产品与矿产资源》一书 1927 年出版于哈尔滨，1930 年经作者修订在上海用英文再版，书名为《远东的采掘工业》（*The Mineral Industry of the Far East*）。该书是作者首先在东省文物研究会上所作《太平洋上的铁、煤和石油》报告基础上，又在《东省杂志》和伦敦的《矿业杂志》上发表后不断完善而最终出版。到作者撰写《远东的矿产品与矿产资源》一书时，在关于远东的俄文与外文文献中还没有任何一本专门关注比较统计整个远东矿藏与产品的著作，这无形中成为该书出版的初衷。正如苏联远东地质委员会主席 П. 波列沃衣在《远东的矿产品与矿产资源》一书序言中所指出，"Б. П. 托尔加舍夫的著作《远东的矿产品与矿产资源》是第一次尝试补充远东文献中的现存空白"③。该书分四大部分，整体评价了远东区域各国和地区的矿业，叙述了远东区域各国与地区矿业不同领域的总体状况与前景，重点详细阐述了采金业、石油和燃料问题、有色冶金工业的前景、稀有金属的开采、矿产品的世界市场及其价格波动等一系列内容。关于该书的整体评价问题，笔者认为，苏联远东地质委员会主席 П. 波列沃衣的评价比较客观，"Б. П. 托尔加舍夫的著作是研究相当复杂关系的第一次尝试和阐述我们所必须而又研究不够的知识领域的第一次尝试"。④

《北满的煤炭资源（经济评价）》一书于 1927 年出版于哈尔滨。该书的出版立足于作者对"北满"煤炭资源调查与研究的实际分析基础之上。

---

① Торгашев Б. П. Горная продукция и ресурсы Дальнего Востока. Китай. Маньчжурия. Русский Дальний Восток. Япония. Корея. Формоза Индо – Китай. Филиппины. Запасы, современная продукция и рыночные возможностию – Харбин, Изд. Экон. бюроКвжд, 1927. 444с.

② Торгашев Б. П. Рабочий труд в китайской горной промышленности. – Шанхай, 1930. 165с.

③ Торгашев Б. П. Горная продукция и ресурсы Дальнего Востока. Китай. Маньчжурия. Русский Дальний Восток. Япония. Корея. Формоза Индо – Китай. Филиппины. Запасы, современная продукция и рыночные возможностию – Харбин, Изд. Экон. бюроКвжд, 1927. с. V.

④ Торгашев Б. П. Горная продукция и ресурсы Дальнего Востока. Китай. Маньчжурия. Русский Дальний Восток. Япония. Корея. Формоза Индо – Китай. Филиппины. Запасы, современная продукция и рыночные возможностию – Харбин, Изд. Экон. бюроКвжд, 1927. с. Ⅶ.

作者指出，关于"北满"煤炭问题的研究，学界的关注点主要集中在中东铁路附属区域，缺少对"北满"煤炭的整体性和综合性研究，尤其是从工业价值的视角研究"北满"煤炭对运营的全部铁路和"北满"地区的工业整体发展问题。[①] 该书分十三个部分，主要记述了扎赉诺尔的褐煤、穆棱与密山的含煤区、东宁（三岔沟）的炼焦煤、鹤岗的烟煤、缸窑—乌吉密河的褐煤带、西林子—阿什河的烟煤带、"北满"的其他煤区、"北满"煤炭储量估算、"北满"的煤质、"北满"的煤炭开采量、"北满"的煤炭消耗、中东铁路作为主要消费者、其他铁路的需求、冶金工业发展的潜在条件等内容。作者最后得出结论，尽管"北满"煤炭资源丰富，但"北满"煤炭工业发展很落后，满足不了不断增长的市场需求，不得不每年从外部输入大量煤炭，因此建议向煤炭工业投入大额资本。

《中国矿业中的工人劳动》一书1930年出版于上海，分十八章记述了官方统计数据与现实资料的相悖、中国矿业劳动中劳动力与生产率近似数字的实际计算结果、矿业劳动生产率、合同制度、在煤矿工作的工人数量、在制铁厂和铁矿场工作的工人数量、在金属矿场工作的工人数量、在非金属矿场工作的工人数量、中国矿业从业人员数量问题研究结果、煤矿工人的工资、其他矿业领域工人工资、来自于矿业从业人员工资资料的结论、矿业企业中的假日与休息时间、不幸的事故、医疗救助与救济金、矿业从业人员的生活条件、工会与矿业企业中的罢工等内容。该书以大量具体数字对中国矿业中的工人劳动给予全面探讨，笔者赞同与 Б. П. 托尔加舍夫同时代的 М. Е. 的观点，"被 Б. П. 托尔加舍夫探讨的中国矿业中的工人劳动问题对研究工作来说是一块还没有被开垦的土地"。[②]

С. Н. 乌索夫，1891年9月9日出生于米哈伊洛夫斯克，1966年8月26日逝世于梁赞。С. Н. 乌索夫早年毕业于哈尔滨商业学校，1917年毕业于伊尔库茨克军事学校，1929年自学考生毕业于哈尔滨法政大学东方

---

① Торгашев Б. П. Угольное богатство Северной Маньчжурии（Экономическая оценка）. - Харбин, тип. квжд, 1928. с. 5.

② М. Е. Б. П. Торгашев Рабочий труд в китайской горной промышленности. - Шанхай, 1930. //Вестник Маньчжурии. 1931, №3. с. 120.

经济系。从 1906 年起，С. Н. 乌索夫在中国东北生活。1934 年 12 月 28 日，С. Н. 乌索夫被聘为国立远东大学编外副教授。1922—1937 年，С. Н. 乌索夫从事汉语教学工作。1935 年前，С. Н. 乌索夫主管中东铁路东方语言班。С. Н. 乌索夫曾在哈尔滨中俄工业大学校任教师。1945 年后，С. Н. 乌索夫先在中长铁路管理局翻译部工作，后任北京重工业部翻译。1954 年，С. Н. 乌索夫返回苏联，在梁赞生活。① С. Н. 乌索夫在学术上的关注点在于汉字研究和词典编写上，除出版了《俄汉词典（学生用）》②（与中国人叶宗仁合作）一部词典外，还编写了一本 39 页的《关于象形文字书写学习的问题》③ 手稿。

А. П. 希奥宁，1879 年 3 月 16 日出生于弗拉基米尔，1971 年 1 月 11 日逝世于澳大利亚。1903 年，А. П. 希奥宁以优异成绩毕业于东方学院汉蒙语专业，为该校首届毕业生。由于学习成绩优秀，А. П. 希奥宁被留校蒙古语教研室任助教。日俄战争期间，А. П. 希奥宁被征用。战后，А. П. 希奥宁被派往圣彼得堡从事学术研究工作。从 1909 年起至 1920 年，А. П. 希奥宁在俄国驻喀什葛尔、库伦和科布多等领事馆任翻译官或秘书。1921 年，А. П. 希奥宁从天津来到哈尔滨；1922 年，在俄中日木材工业公司办事处工作。1924 年，А. П. 希奥宁进入中东铁路管理局工作。1925 年，哈尔滨东方学与商业科学院成立，А. П. 希奥宁担任院长并讲授汉语及远东国家经济课程。1928 年前，А. П. 希奥宁还担任《亚细亚时报》杂志的主编，并编辑出版了最后两期。А. П. 希奥宁是满洲俄国东方学家学会会员、东省文物研究会东方学家部主任。1928—1936 年，

---

① Автономов Н. П. Юридический факультет в Харбине за восемнадцать лет существования//Известия Юридического Факультета, 1938. №12. с. 44 – 45, 71 – 72; Хисамутдинов А. А. Российские толмачи и востоковеды на Дальнем Востоке. Материалы к библиографическому словарю. – Владивосток: Изд – во Дальневост. ун – та. 2007. с. 240; Биографический словарь " Российские ученые за рубежом"//http://www. russiangrave. ru/bios-bank? &letter = % D0% A3.

② Усов С. Н. и Е Цзун – жень. Русско – китайский словарь. (Для учащихся). – Харбин, 1929. 351с.

③ Усов С. Н. К вопросу об изучении письма иероглифов. (На правах рукописи). – Харбин, 1927. 39с.

А. П. 希奥宁担任哈尔滨日俄学院蒙古学教授，1934 年该院改组成圣弗拉基米尔学院后，又担任系主任一职。1940 年，А. П. 希奥宁被调往大连，成为南满铁路管理局蒙古经济专家，直到 1945 年 8 月。苏联出兵东北后，А. П. 希奥宁出任大连苏军卫戍司令部翻译和中长铁路中国法律问题顾问。1950—1959 年，А. П. 希奥宁在大连的中国大学教授俄语。1959 年，А. П. 希奥宁举家迁居澳大利亚，并在那里度过余生。[①] А. П. 希奥宁主要致力于中国社会政治、教育、俄汉辞典编写等问题研究，在《满洲经济通讯》《亚细亚时报》上发表了《中国的商业教育（来自于汉文资料)》[②]《国人社会观之改变》[③]（从英文译自我国著名政治学家、清华大学沈乃正的作品）《美国在中国的贸易》[④]（译文）等四篇文章，出版了《俄汉新辞典》[⑤]（1927 年第 54 期《亚细亚时报》发表，同年出版单行本)《最新汉俄词典》[⑥]。《俄汉新辞典》书名的俄文直译为《俄汉法律、国际关系、经济、政治及其他术语辞典》。该辞典的编写目的是，随着社会的变化大量欧洲词汇进入中国，而"柏百福和俄国驻北京传教士团出版的辞典已经过时，完全不能满足时代的要求""在与中国人的书面与实践交流过程中，律师、国际活动家、商人、经济研究者、教师、大学生、

①　Жернаков В. Н. Алексей Павлович Хионин. – Австралия：Издательство Мельбурн. ун - та. 1973. 5с; Хисамутдинов А. А. Алексей Хионин из Общества русских ориенталистов. //Восток, 1997, №4. с. 112 – 117.

②　Хионин А. П. Коммерческое образование в Китае（по китайским источникам). //Вестник Азии, 1923, №51. с. 243 – 247.

③　Хионин А. П. Изменения в социальном мировоззрении китайцев/Най - чжэнь Шэнь; пер. с кит. //Вестник Азии, 1924, №52. с. 245 – 288.

④　Хионин А. П. Американская торговля в Китае/пер. с англ. //Вестник Азии, 1923, №51. с. 275 – 281.

⑤　Хионин А. П. Русско - китайский словарь юридических, международных, экономических, политических и др. терминов. Харбин：тип. "Коммерческая пресса". 1927 г. 400с. //Вестник Азии, 1927, №54. с. 1 – 400.

⑥　Хионин А. П. Новейший китайско - русский словарь（Более 10. 000 отдельных иероглифов и около 60. 000 сочетаний)（по графической системе). Том1. Вестник Азии, №55. Год издания ⅩⅦ. Общество изучения Маньчжурского края. Секция ориенталистов（6. Общество Ориенталистов). Харбин：типография "Коммерческая пресса", 1928. 559с. 1930. Том 2. 600с.

翻译官都迫切需要这样一部参考书"。① 辞典按照俄文字母排列，选词以政治、经济、法律词汇为主。该辞典"填补了俄国汉学界俄汉双语术语词典编写的空白"②。《最新汉俄词典》于 1928 年和 1930 年分别出版了第1 卷和第 2 卷，按照汉字笔画排列，共收入 10000 多个汉字和 6000 余个词组。该词典在当时俄国汉学界亦是少有的高质量的汉俄双语词典。俄侨学者 Г. Г. 阿维那里乌斯指出，《最新汉俄词典》是"一部实用性非常强的著作"③。

　　В. Г. 施什卡诺夫，出生年、地点不详，逝世年、地点不详，东省文物研究会会员。④ 该时期 В. Г. 施什卡诺夫在《东省文物研究会杂志》《东省杂志》《中东经济月刊》上发表了《边疆博物馆》⑤《货币市场》⑥《1929 年中国的对外贸易》⑦《俄国在北满进口上的作用》⑧《中东铁路商务处附属企业》⑨ 《中东铁路的贷款业务》⑩ 《1927 年的北满市场》⑪

---

① Хионин А. П. Русско - китайский словарь юридических, международных, экономических, политических и др. терминов. Харбин : тип. "Коммерческая пресса". 1927. с. I.

② 阎国栋:《俄国汉学史》,人民出版社 2007 年版,第 494 页。

③ Г. Г. Авинариус А. П. Хионин Русско - китайский словарь юридических, международных, экономических, политических и др. терминов. Харбин : тип. "Коммерческая пресса". 1927. //Известия юридического ииститута, 1929. №7. с. 464.

④ Личный состав общества//Известия общества Изучения Маньчжурского края, 1926. №6. с. 72.

⑤ Шишканов В. Г. Краевой музей. //Известия Общества Изучения Маньчжурского Края, 1922, №1, с. 30 – 31.

⑥ Шишканов В. Г. Валютный рынок. //Экономический. бюллетень – 1929, №7. с. 10; №11. с. 20 – 21; №12. с. 17 – 18.

⑦ Шишканов В. Г. Внешняя тонговля Китая за 1929г. //Экономический. бюллетень – 1930, №23 – 24. с. 1 – 2.

⑧ Шишканов В. Г. Импорт Северной Маньчжурии и роль в нем России. //Вестник Маньчжурии. 1925, №5 – 7. с. 152 – 158.

⑨ Шишканов В. Г. Дополнительные Предприятия Коммерческой Части Китайской Восточной железной дороги. //Вестник Маньчжурии. 1927, №7. с. 13 – 18. то же. Дополнительные Предприятия Коммерческой Службы КВжд. //Вестник Маньчжурии. 1930, №3. с. 41 – 44.

⑩ Шишканов В. Г. Ссудные операции Китайской Восточной железной дороги. //Вестник Маньчжурии. 1928, №3. с. 27 – 31.

⑪ Шишканов В. Г. Рынок Северной Маньчжурии в 1927 г. //Вестник Маньчжурии. 1928, №4. с. 24 – 31.

《1928 年的北满市场》①《北满农业发展之路》②《中东铁路的进口货物》③
《1929 年的北满市场》④《1930 年的北满市场》⑤《经济危机困境中的北
满》⑥《满洲的黄豆及其加工产品的出口》⑦《北满的贸易危机》⑧《苏联
对外贸易》⑨《苏联农业》⑩《苏联经济状况》⑪ 十八篇关于中国东北与苏
联经济的文章。

　　在 20 世纪 20 年代初的哈尔滨还成立了一个专事调查研究的学术机
构——中东铁路经济调查局（关于其产生的背景、主要活动等内容，本
书在下一章中重点介绍）。在 20 世纪 20 年代至 30 年代初，它组织局内俄
侨学者集体编写了一些很有价值的著作，如《北满与中东铁路》⑫《北满

①　Шишканов В. Г. Рынок в Северной Маньчжурии в 1928 г. //Вестник Маньчжурии. 1929 , №1. с. 42 – 51.

②　Шишканов В. Г. Пути развития земледелия в Северной Маньчжурии. //Вестник Маньчжурии. 1929 , №3. с. 29 – 37.

③　Шишканов В. Г. Импортные грузы на КВжд. //Вестник Маньчжурии. 1929 , №9. с. 20 – 26.

④　Шишканов В. Г. Рынок Северной Маньчжурии в 1929 г. //Вестник Маньчжурии. 1930 , №1. с. 76 – 84.

⑤　Шишканов В. Г. Рынок Северной Маньчжурии в 1930 г. //Вестник Маньчжурии. 1931 , №1. с. 26 – 33.

⑥　Шишканов В. Г. Северная Маньчжурия в тисках экономического кризиса. //Вестник Маньчжурии. 1931 , №2. с. 1 – 8.

⑦　Шишканов В. Г. Экспорт маньчжурских бобов и продуктов их переработки. //Вестник Маньчжурии. 1931 , №5. с. 15 – 20.

⑧　Шишканов В. Г. Кризис торговли Северной Маньчжурии. //Вестник Маньчжурии. 1931 , №9. с. 1 – 6.

⑨　Шишканов В. Г. Внешняя торговля СССР//Вестник Маньчжурии. 1925 , №8 – 10. с. 138 – 147.

⑩　Шишканов В. Г. Сельское хозяйство СССР//Вестник Маньчжурии. 1926 , №3 – 4. с. 59 – 67.

⑪　Шишканов В. Г. Экономическое положение СССР//Вестник Маньчжурии. 1926 , №6. с. 128 – 138.

⑫　Экономическое бюро КВЖД Северная Маньчжурия и Китайская Восточная железная дорога. Харбин. Типография КВЖД. 1922 г. 692с.

与东省铁路指南》① 《东省特别行政区》② 《东省特别行政区的税捐》③
《中东铁路工作与边区概论》④ 《北满经济地图册》⑤ 《北满粮食贸易概
述》⑥《中国概论》⑦《满洲经济地理概述》⑧ 九部具有极为重要学术价值
和史料价值的著作，都是在某一领域内堪称经典之作。本书只对中东铁
路经济调查局组织俄侨学者集体编写的第一部著作《北满与中东铁路》
进行介绍，以窥一斑。

　　1917 年十月革命不仅推翻了沙皇俄国，也使依靠俄国政府政治、财
力支持的中东铁路公司失去了靠山。一时间中东铁路公司处于独立经营
的状态。但缺少以往俄国政府的财力支持，让中东铁路公司面临极大的
经营困境。而扩大铁路运输收入是其摆脱困境的唯一出路。加快中东铁
路附属地经济发展和吸引货物由铁路运输是扩大铁路收入的重要途径。
为此，需要对中东铁路附属地的经济状况全面了解，而成立专门的调查
研究机构可以解决这个问题。在这样的背景下，中东铁路经济调查局应
运而生了。从 1921 年起，中东铁路经济调查局就开始其成立后的第一次
大规模调查研究工作：首先对哈尔滨市的公共图书馆、铁路档案馆、各
类行政机构和私人拥有的关于"北满"的历史和统计资料进行调查；其
次对中东铁路所影响的地方行政和贸易中心、所有铁路车站、松花江码

---

　　① Экономическое бюро КВЖД. Справочник по Северной Маньчжурии и КВЖД. –
Харбин：Издание Экономического Бюро КВжд，1927. 607 с.

　　② Экономическое бюро КВЖД. Особый Район Восточных Провинций Китайской
Республики. – Харбин，Типография "Т – во Печать". 1927. 325 с.

　　③ Экономическое бюро КВЖД. Налоги，пошлины и местные сборы в особом районе
восточных провинций Китайской Республики. – Харбин：Типография КВЖД. 1927. 166 с.

　　④ Экономическое бюро КВЖД Краткий обзор работы КВЖД и края. – Харбин：
Тип. Кит. Вост. ж. д.，1928 – 1929. 130 с.

　　⑤ Экономическое бюро КВЖД. Экономический атлас Северной Маньчжурии. – Харбин，
1931，46 с.

　　⑥ Экономическое бюро КВЖД. Очерки хлебной торговли северной Маньчжурии. –
Харбин：Типография КВЖД. 1930. 244 с.

　　⑦ Экономическое бюро КВЖД. Краткий обзор Китая. – Харбин：Типография КВЖД. 1927.
51 с.

　　⑧ Экономическое бюро КВЖД. Маньчжурия. Экономико – географическое описание. Ч. 1. –
Харбин，1934. 385 с.

头、木植公司和主要出海港进行统计调查。所有这些调查关注的重点为农业、畜牧业、林业、加工业、贸易、信贷、货币流通以及铁路工作等情况。中东铁路经济调查局的所有职员都参与了这项调查，并得到了所有被调查机构的大力支持。在大量实证调查资料的基础上，中东铁路经济调查局组织 17 位俄侨学者研究并于 1922 年 2 月撰写和出版了《北满与中东铁路》一书。

该书于 1922 年出版于哈尔滨，全书分五编二十二章和附录，共692 页。第一编为北满总述，分三章主要记述了北满的地理、地形地貌、气候、地域范围、移民、人口、中东铁路对北满移民的间接与直接影响、北满的经济部门与经济区划及各经济区的经济特点、北满的行政组织简史、省的划分、省县行政机关、中东铁路附属地行政管理等。第二编为开采工业，分八章主要记述了农业（土地所有制和土地使用制、牲畜、农具、种植地亩之面积、田间耕作、各种粮类之收成、粮食在当地之消纳、耕耘之方法、农业的前景与移民）、粮食贸易（整体特点、贸易简史、贸易区域、粮食价格）、粮食运输（土路、水路和铁路运粮）、畜牧业及其产品（畜牧业发展的整体条件、养羊业、养马业、养猪业、家禽业和渔业）、林业和矿业（森林资源与森林工业的发展条件、中东铁路与森林工业、木材交易、矿产资源分布、煤炭对北满的意义、煤炭的销售和扎赉诺尔煤矿）等内容。第三编为加工业，分四章记述了加工业发展的整体条件和概况、面粉业、制油业、制酒业、制糖业沿革与发展状况。第四编为商务、币制和信贷，分四章记述了北满商务发展之阶段、北满出入口货之总值、北满之对外商务、符拉迪沃斯托克及大连之商务、北满币制之种类和货币流通简史、金融之中心、贷款组织之类别、贷款性质及种类、中东铁路贷款营业、北满银行之概况等内容。第五编为中东铁路，分三章主要记述了中东铁路营业发展之梗概（铁路与北满经济之关系、货载运输、货载之种类、各月之间运输分配、货物之流向、运载乘客和营业之结果）、中东铁路各站工作（西线车站、东线车站、南线车站和哈尔滨枢纽站）、中东铁路运则之变迁。附录部分为中东铁路所影响的黑龙江省和吉林省 46 个县的数字资料表、黑龙江省和吉林省其余各县数字资料表、哈尔滨贸易公所周流通商品月平均牌价表、数字资料来源表、中东铁路地亩处统计 1921 年中东铁路附属地人口表。

《北满与中东铁路》一书首先是一部大型史料集，不仅过去已有关于北满的史料在书中得到使用和进行了比较分析，更为重要的是，中东铁路经济调查局从不同部门收集到的统计资料和实地调查资料完全体现在书中的各篇章中，尤其是书中负载了近 70 个关于北满的数据图表。这些资料不仅记载了当时北满经济中各个部门的发展近况，也描述了北满经济的发展史。因此，与其说《北满与中东铁路》一书是一部关于北满经济的著作，还不如说它是一部关于北满经济的资料书。它为后来学者研究 20 世纪 10 年代后期至 20 年代初期北满经济史提供了大量丰富的可靠的史料。从《北满与中东铁路》一书的研究内容来看，《北满与中东铁路》一书是一部研究北满经济的著作。关于北满经济的研究，在《北满与中东铁路》一书出版前已有一些著作出版，如前文提到的《北满垦务农业志》《齐齐哈尔经济概述》《中东铁路商务代表 А. П. 鲍洛班 1911 年关于中东铁路所影响的北满地区垦务的调查报告》《北满吉林省：1914 年和 1915 年中东铁路商务处代表 П. Н. 梅尼希科夫、П. Н. 斯莫利尼科夫、А. И. 齐尔科夫的调查报告》与《北满黑龙江省：1914 年和 1915 年中东铁路商务处代表 П. Н. 梅尼希科夫、П. Н. 斯莫利尼科夫、А. И. 齐尔科夫的调查报告》等。这些著作或专注北满经济中的某一领域，或以某一城市和县域经济为研究对象。《北满与中东铁路》一书与上述著作有着明显区别，是俄国学者出版的第一部以经济部门为论述体例的关于北满经济的大型综合性论著。

Н. Ф. 奥尔洛夫，1885 年 11 月 3 日出生于特维尔省，逝世年、地点不详，毕业于军事医学科学院。1920—1927 年，Н. Ф. 奥尔洛夫曾担任列宁格勒国立医学知识学院神经疾病教研室助教和临时主任。1922—1923 年，Н. Ф. 奥尔洛夫受聘哈尔科夫大学编外副教授、医学博士，教授法医学。1930—1935 年，Н. Ф. 奥尔洛夫受聘哈尔滨法政大学化学与商品学教研室助教，教授化学、商品学、精神病学、犯罪人类学等课程。Н. Ф. 奥尔洛夫后移居上海。① H. Ф. 奥尔洛夫于 1931 年在《法政学刊》上发表了《神经衰弱与犯罪心理之研究》② 一篇学术文章。

H. E. 艾斯别洛夫，1893 年 11 月 4 日出生于喀山，逝世年、地点不详。1914 年，H. E. 艾斯别洛夫毕业于喀山中学。1914—1917 年，H. E. 艾斯别洛夫在喀山大学学习，因参加第一次世界大战中断学业。1923 年，H. E. 艾斯别洛夫毕业于哈尔滨法政大学，并留校准备学术活动。1926 年，H. E. 艾斯别洛夫被派往欧洲留学。1928 年，H. E. 艾斯别洛夫通过巴黎俄国学术组的硕士考试，受聘哈尔滨法政大学俄国法史教研室编外副教授，教授俄国法史、宗教与国家、俄国史、国家法、汉语等课程，以及俄国法史和俄国史与经济生活史实践课，也在当地的师范学院授课。H. E. 艾斯别洛夫是东省文物研究会历史民族股秘书。从 1934 年 1 月起，H. E. 艾斯别洛夫受聘担任哈尔滨法政大学教授。从 1936 年 11 月 15 日起，H. E. 艾斯别洛夫担任哈尔滨残疾人互助会主席和《残疾人》杂志主编。1944 年，H. E. 艾斯别洛夫成为南满铁路管理局职员。1945 年 9 月 10 日，H. E. 艾斯别洛夫被逮捕。③ 1931 年，H. E. 艾斯别洛夫在《法政学刊》《中华法学季刊》上发表了《中国国民会议选举之制度》④《中华民国训政时期约法概论》⑤《苏兹达里斯吉地方自十二世纪以来迄鞑靼耳

---

①　Хисамутдинов А. А. Российская эмиграция в Азиатско – Тихоокеанском регионе и Южной Америке: Биобиблиографический словарь. – . Владивосток: Изд – во Дальневост. ун – та. 2000. с. 229；Автономов Н. П. Юридический факультет в Харбине за восемнадцать лет существования. //Известия Юридического Факультета, 1938. №12. с. 42.

②　Орлов Н. Ф. Истерический припадок, как реакция утомления на сосредоточенье. //Известия юридического факультета, 1931，Ⅸ，с. 252 – 259. – Харбин, 1931.

③　Забияко А. А.，Забияко А. П.，Левошко С. С.，Хисамутдинов А. А. Русский Харбин: опыт жизнестроительства в условиях дальневосточного фронтира/Под ред. А. П. Забияко. – Благовещенск: Амурский гос. ун – т. 2015. с. 410；Личный состав общества//Известия общества Изучения Маньчжурского края, 1926. №6. с. 73；Автономов Н. П. Юридический факультет в Харбине за восемнадцать лет существования. //Известия Юридического Факультета, 1938. №12. с. 46.

④　Эсперов Н. Е. Система выборов в Народное собрание Китая. //Вестн. китайского. права. – Харбин, 1931. – Сб. 2. с. 57 – 63.

⑤　Эсперов Н. Е. Современная конституция Китая. (Агитационно – воспитательного периода). //Вестн. китайского. права. – Харбин, 1931. – Сб. 2. с. 287 – 295.

人发现后之社会组织》① 《俄国法制史中之封建时代》② 等关于政治法律问题的五篇文章。

Н. Ф. 科列索夫，出生年、地点不详，逝世年、地点不详。1893—1896 年，Н. Ф. 科列索夫是俄国驻京使馆大学生。1897—1902 年，Н. Ф. 科列索夫担任俄国驻京使馆第二通译官。1902—1917 年，Н. Ф. 科列索夫担任俄国驻京使馆总领事第一通译官。Н. Ф. 科列索夫被授予圣斯塔尼斯拉夫一等勋章和圣弗拉基米尔四等勋章。③ 1923 年，Н. Ф. 科列索夫和前文提及的 И. С. 布鲁聂特合作编写了一本 400 多页的《汉俄法律政治词典》④。这是俄侨学者在华出版的第一部汉俄法律政治双语术语词典。

С. А. 波列沃依，1886 年 8 月 21 日出生于乌克兰皮里亚京，1971 年 9 月 16 日逝世于美国。1905 年 2 月，С. А. 波列沃依毕业于莫斯科的中学。1913 年 10 月，С. А. 波列沃依以优异成绩毕业于东方学院汉语专业。1915 年，С. А. 波列沃依通过圣彼得堡大学东方系的硕士论文答辩。1917 年 9 月，С. А. 波列沃依从教育部获得到中国考察的助学金。1917 年 11 月，С. А. 波列沃依来到天津，并受聘担任南开大学教师，教授俄语语言文学、经济和历史课程。在南开大学的工作还没有结束，С. А. 波列沃依就受邀到北京大学工作，积极参与中国的社会政治运动，与中国的政治领袖、文化名流吴佩孚、冯玉祥、孙中山、胡适、陈独秀、李大钊、鲁迅、郭沫若等都有过接触。除教学工作外，С. А. 波列沃依主要从事编撰俄汉辞典与翻译工作。30 年代初，为了生计，С. А. 波列沃依在自己的居所开办了一个俄语班和一个出售苏联图书的书店，并成为苏联国际图书

① Эсперов Н. Е. Социально - политический строй Ростово - Суздальской Земли со второй половины XII в. до нашествия татар. //Известия юридического факультета, 1931, №9. с. 206 – 244. – Харбин, 1931.

② Эсперов Н. Е. Удельно - феодальная эпоха, как особый период в истории русского права. //Известия юридического факультета, 1931, №9. с. 245 – 251. – Харбин, 1931.

③ Хисамутдинов А. А. Российская эмиграция в Азиатско - Тихоокеанском регионе и Южной Америке : Биобиблиографический словарь. – . Владивосток : Изд - во Дальневост. ун - та. 2000. с. 161.

④ Колесов Н. Ф. , Бруннерт И. С. Китайско - русский словарь юридических и политических терминов. Изд. правления О - ва Кит. вост. ж. д. – Пекин : Тип. Рус.духов.миссии, 1923. 462с.

机构的代理。他的书店在日本占领北京后关闭。1937 年 7 月，C. A. 波列沃依编撰了《大俄汉辞典》，但中日战争妨碍了该辞典的出版。1937 年 12 月，C. A. 波列沃依被日本当局逮捕并拘禁 17 个月。1939 年，C. A. 波列沃依受美国夏威夷大学著名俄侨学者 C. Г. 叶里谢夫邀请，带着《大俄汉辞典》的手稿移居美国，在夏威夷大学教书，主持编撰《大英汉辞典》工作。[①] C. A. 波列沃依在北京生活期间，在学术研究上主要关注的是语言学问题，本时期的 1927 年在北京出版了《俄汉法律、外交、政治、哲学和其他学术术语词典》[②] 和《关于法律、外交、政治、哲学和其他学术术语词典的中文目录》[③] 两部词典。该辞典是继上文介绍的希奥宁的《俄汉新辞典》之后出版的同类著作。所不同的是，两部词典在编写地、出版地、选词词汇领域和数量有所差异。

C. M. 什罗格戈洛夫（中文名史禄国），1887 年 6 月 19 日出生于苏兹达尔，1939 年 10 月 19 日逝世于北京。1905 年，史禄国进入巴黎索邦神学院（巴黎大学）语文系学习，也在政治经济学高等学校、人类学学校听课。1910 年返回俄国后，史禄国 1911 年进入圣彼得堡大学物理数学系自然科学专业学习，也在考古学院听课。史禄国没有完成学业，于 1912 年作为超编人员在皇家科学院人类学与民族学博物馆工作。1912—1913 年，史禄国在后贝加尔完成了两次考察，研究通古斯文化与语言。1914 年，史禄国受俄国中亚与东亚研究会派遣作为人类学考察团成员在库班省考察。1915 年 1 月到 1917 年，史禄国作为科学院满洲考察团团长领导了对中国东北边境地区的语言、人类学和考古学调查。由于在远东的成功考察，1917 年史禄国被选为科学院青年人类学家并任命为博物馆人类学部看管人。1917 年 10 月，史禄国受科学院派遣史禄国及其夫人来到中国考察。俄国十月革命和国内战争使史禄国停止了在北京的考察，

---

① Хисамутдинов А. А.《Верный друг китайского народа》: Сергей Полевой//Проблемы Дальне - го Востока. 2006. №1. с. 149 - 158.

② Полевой С. А. Русско - китайский словарь юридических, дипломатических, политических, философских и др. научных терминов. - Пекин, 1927. 626c.

③ Полевой С. А. Китайский указатель к словарю юридических, дипломатических, политических, экономических, философских и других научных терминов. - Пекин, 1927. 242c.

1918 年 5 月末离开了北京，7 月来到了符拉迪沃斯托克。1922 年 9 月前，史禄国积极参与创办了历史语文大学和国立远东大学（1922 年 1—9 月该校东方系远东国家民族与地理教研室编外副教授），并在这些学校教授俄国史、西伯利亚考古学和民族学课程，也编辑出版了学术论丛《符拉迪沃斯托克历史语文大学学术丛刊》。1922 年 9 月，史禄国夫妇前往上海公派出差，联系撰写著作出版事宜，但政权的更替使其无法返回祖国，永远成为了侨民。史禄国先后在上海（1922—1926）、厦门（1926—1928）、广州（1928—1930）工作。1930 年，史禄国来到北京，在清华大学任人类学、社会学教授，并在这里培养了我国著名人类学家、社会学家费孝通先生。史禄国在华 20 余年间，与王云五、傅斯年、林语堂、吴文藻等中国知识界名流有过多重交集。① 史禄国在华期间一直致力于民族学、人类学研究，其大部分著作都用英文发表，一些著作在欧洲国家出版。来华后的 20 年代，史禄国在《皇家亚洲文会北华支会会刊》《中国科学与艺术杂志》《中国的浙江与江苏》《中国医学杂志》《亚细亚时报》《历史语言研究所研究通报》《中国社会政治学评论》等杂志或文集上发表了以下二十六篇文章：

表 1—5

序号	文　章　名　称
1	《通古斯萨满教的一般理论》②
2	《西伯利亚、蒙古和华北地区的民族学调查》③
3	《满族的社会组织——满族氏族组织研究》④

---

① 费孝通：《人不知而不愠——读后忆师》，载［俄］史禄国《满族的社会组织——满族氏族组织研究》，高丙中译，商务印书馆 1997 年版，第 213—229 页；周坤：《史禄国与近代中国学界再考察——以史禄国在华学术交往活动为中心》，《中山大学研究生学刊》（社会科学版）2016 年第 1 期，第 48—58 页；Ревунекова Е. В. . Решетов А. М. Сергей Михайлович Широкогоров// Этнографическое обозрение. 2003. №3. с. 100 – 119.

② Shiro Kogoroff S. M. , "General Theory of Shamanism among the Tungus", *Journal of the North China Branch of the Royal Asiatic Society*, 1923. 54. pp. 246 – 249.

③ Shiro Kogoroff S. M. , "Ethnological Investigations in Siberia, Mongolia and Northern China", *The China Journal of Science and Art*, 1923. 5 – 6. pp. 513 – 522 and 611 – 621.

④ Shiro Kogoroff S. M. , "Social organization of the Manchus: A Study of the Manchu Clanorganiza-tion", *Journal of the North China Branch Of the Royal Asiatic Society*. Extra volume 3. Shanghai, 1924. p. 194.

序号	文 章 名 称
4	《华北人类学》①
5	《什么是萨满教?》②
6	《关于 B. A. 梁扎诺夫斯基蒙古普通法第一部分的评论》③
7	《中国北方人是什么?》④
8	《通古斯语研究的主要参考文献》⑤
9	《沙门—萨满: H. Д. 米罗诺夫的"萨满"词源》⑥
10	《通古斯语研究（关于 П. П. 施密特的涅吉达尔人语言和奥罗奇语言研究的综述文章》⑦
11	《中国人的发育》⑧
12	《中国东部与广东的人类学》⑨
13	《中国人发育之研究——江浙部》⑩

---

① Shiro Kogoroff S. M. , "Anthropology of Northern China" , *Journal of the North China Branch of the Royal Asiatic Society* ,1923. 2. p. 118.

② Shiro Kogoroff S. M. , "What is shamanism?" *The China Journal of Science and Art* , 1924. 2. pp. 275 – 279 and 368 – 371.

③ Shiro Kogoroff S. M. , "Review of the Common law of the Mongols, part 1, by W. A. Rissanovsky" , *The China Journal of Science and Art* ,1924. 2. pp. 383 – 384.

④ Shiro Kogoroff S. M. , "Who are of the Northern Chinese?" *Journal of the North China Branch of the Royal Asiatic Society* ,1923. LV. p. 13.

⑤ Shiro Kogoroff S. M. , "Critical Bibliographical Notes. Study of the Tungus Language" , *Journal of the North China Branch of the Royal Asiatic Society* ,1924. LV. pp. 261 – 269.

⑥ Shiro Kogoroff S. M. , "Sramana – Shaman. Etymology of the Word Shaman with N. D. Mironov" , *Journal of the North China Branch of the Royal Asiatic Society* ,1924. 55. pp. 105 – 130.

⑦ Shiro Kogoroff S. M. , "Study of Tungus languages(a review article on P. P. Schmidt's The Language of the Negidals and the Language of the Olchas" , *Journal of the North China Branch of the Royal Asiatic Society* ,1924. 55. pp. 261 – 269.

⑧ Shiro Kogoroff S. M. , "Growth of Chinese with Dr. V. Appleton" , *The China Medical Journal* , 1924. 38. pp. 400 – 414.

⑨ Shiro Kogoroff S. M. , "Anthropology of Eastern China and Kwangtung province" , *Publications of North China Branch of the Royal Asiatic Society* ,1925. 4. p. 162.

⑩ Shiro Kogoroff S. M. , "Process of physical growth among the Chinese" , *The Chinese of Chekiang and Kiangsu* : *Measured by Dr. V. Appleton. Shanghai* ,1925. 1. p. 137.

续表

序号	文 章 名 称
14	《中国浙江女性和男性发育过程记录》①
15	《关于 B. A. 梁扎诺夫斯基蒙古普通法第二和三部分的评论》②
16	《北方通古斯人在远东的迁徙》③
17	《埃尔斯沃思·亨廷顿的物理环境、自然选择和系统发育对种族特征的影响述评》④
18	《基督教的使命与东方文明》⑤
19	《日本人头部指数及其局部差异的研究进展：松村对日本体质人类学的贡献》⑥
20	《瓦德玛·乔基尔森在阿留申群岛考古调查的评论》⑦
21	《北方通古斯人的取向》⑧
22	《倮倮方言和辅音的语音注记》⑨
23	《关于广东省中国女性的人类学与妇科学》⑩

① Shiro Kogoroff S. M. , "Notes on the Process of Physical Growth among the Chinese Females and Males of Chekiang", *The China Medical Journal*, 1925. 39. p. 12.

② Shiro Kogoroff S. M. , "Review of the common law of the Mongols by W. A. Riasanowsky, parts 2 and 3", *The China Journal of Science and Art*, 1925. 3. pp. 548 – 550.

③ Shiro Kogoroff S. M. , "Northern Tungus migrations in the Far East(Goldi adn their ethnical affinities)", *Journal of the North China Branch of the Royal Asiatic Society*, 1926. 57. pp. 123 – 183.

④ Shiro Kogoroff S. M. , "Review of the character of races as influenced by physical environment, natural selection adn historical development by Ellsworth Huntington", *Journal of the North China Branch of the Royal Asiatic Society*, 1926. 57. pp. 213 – 219.

⑤ Широкогоров С. М. Христианская миссия и восточные цивилизации. //Вестник Азии. 1926. №53. С. 449 – 460.

⑥ Shiro Kogoroff S. M. , "Review of on the cephalic index of the Japanese and their local differences：A contribution to the physical anthropology of Japan by A. Matsumura", *Journal of the North China Branch of the Royal Asiatic Society*, 1926. 57. pp. 219 – 222.

⑦ Shiro Kogoroff S. M. , "Review of Archeological investigations in the Aleutian Islands by Waldemar Jochelson", *Journal of the North China Branch of the Royal Asiatic Society*, 1926. 57. pp. 223 – 224.

⑧ Shiro Kogoroff S. M. , "Northern Tungus terms of orientation", *Rocznik Orjentalistyczny*, 1928. 4. pp. 167 – 187.

⑨ Shiro Kogoroff S. M. , "Phonetic notes on a Lolo dialect and consonant", *Bulletin of the National Research Institute of History and Philology*, 1930. 11. pp. 183 – 225.

⑩ Shiro Kogoroff S. M. , "Anthropologische und gynakologische an Chinesinnen der Provinz Rwantung(with G. Frommolt)", *Zeitschrift fur Geburtshilfe und Gynakologie Band*, 1931. 99. pp. 395 – 442.

续表

序号	文 章 名 称
24	《中国文化起源问题的新贡献》①
25	《科学研究通古斯人的重要性》②
26	《通古斯语中送气与不送气元音注释》③

　　史禄国出版了《北方通古斯的社会组织》④《族体：民族和民族志现象变化的基本原则研究》⑤《民族单位与环境》⑥《关于乌拉尔—阿尔泰的民族学与语言学方面的假说》⑦ 等四部重要著作。

　　《满族的社会组织·满族氏族组织研究》《北方通古斯的社会组织》是本时期史禄国在满—通古斯族研究上的集大成之作。前者于 1924 年出版于上海，1997 年由商务印书馆出版中译本。后者于 1929 年出版于上海，1984 年由内蒙古人民出版社出版中译本。关于它们的具体内容和学术价值，学界已比较熟悉和给予了肯定性评价，本书不再赘述⑧。本课题对本时期史禄国出版的另一部学界关注较少的关于民族理论的著作——《族体：民族和民族志现象变化的基本原则研究》进行具体介绍。该书是

---

①　Shiro Kogoroff S. M. , "New contribution to the problem of the origin of Chinese culture" ,*Anthropos* ,1931. 26. pp. 217 – 222.

②　Shiro Kogoroff S. M. , "The importance of the scientific investigation of the Tungus" ,*Chinese Social and Political Science Review* ,1931. 15/2. pp. 147 – 160.

③　Shiro Kogoroff S. M. , "Notes on the bilibialization and aspiration of the vowels in the Tungus languages" ,*Rocznik Orjentalistyczny* ,1931. 7. pp. 236 – 263.

④　Shiro Kogoroff S. M. ,*Social organization of the Northern Tungus*(with introductory chapters concerning geographical distribution and history of this groups)" , Shanghai：The Commercial Press，1929. 427p.

⑤　Широкогоров С. М. Этнос：Исследование основных принципов изменения этнических иэтнографических явлений. Шанхай ,1923. 134с. (Отдельный оттиск из т. L ХⅦ Изв. Вост. ф – та ГДУ.)

⑥　Shiro Kogoroff S. M. ,Ethnical unit and milieu. Shanghai. 1924. Edward Evans and Sons. 36p.

⑦　Shiro Kogoroff S. M. Ethnological and linguistical aspects of the Uralo – Altaic hypothesis. Peijing：The Commercial Press. 1931. 198p.

⑧　详见罗惠翾《满族研究新领域的开创之作——史禄国〈满族的社会组织〉一书评介》，《西部法学评论》2008 年第 2 期，第 135—136 页；赵复兴：《史禄国和他所著的〈北方通古斯的社会组织〉》，《内蒙古社会科学》1986 年第 2 期，第 81—85 页。

史禄国以"《国立远东大学东方系通报》第 57 期增刊"之名在上海出版
的，是史禄国长期对民族学理论探索与研究的结果。该书由八章构成，
包括引言、结论和正文（2—7 章），记述了民族学的发展史、民族学在科
学中的地位、族体的分类、族体与第一环境（生存条件）、族体与第二环
境（文化）、族体与第三环境（族际关系）等内容。在该书中，史禄国首
次将族体这一概念引入民族学研究领域并进行定义和应用研究。史禄国
将族体定义为："是人们的群体，操同一语言，自认为出于共同起源，具
有完整的一套风俗和生活方式，用来维护和崇敬传统，并用这些来和其
他群体做出区别。"① 史禄国在书中进一步指出，构成族体这个概念的要
素包括自然环境因素、文化环境因素和族体环境因素，族体各个因素之间
是相互联系并组成一种特殊的复合体，族体的各个因素通过其不同部分的
不对称发展来维持其平衡。史禄国认为，族体作为一个有机体，要经历成
长、繁荣和衰退的不同阶段。处于成长阶段的族体表现强大，处于衰退阶
段的族体则表现弱小。族体并非恒定不变的现象，族体是一个流变的过程。
在这一过程中，族体受三种"环境"因素制约，即生存条件（第一环境）、
文化（第二环境）和族际关系（第三环境）。族体内部"团结"和"分裂"
的两种力量在同时发挥作用。族体存在于三个空间度量（环境）中，同时，
族体又是每一个环境的构成要素，也是整个系统不可分割的组成部分。族
体既是一个生物单位，也是社会文化单位。

从这些观点出发，史禄国又进一步提出了一个新术语——"族体平
衡"。他认为，族体之间存在合作、共栖和寄生三种类型。每一种类型的
选择都取决于族体的人数、居住的地域以及对环境适应程度等综合因素。
根据史禄国的理论，战争、冲突和灭绝都是人类历史不可避免的现象。
我们姑且不谈史禄国的最终结论正确与否，但可以肯定地说，史禄国通
过该书在世界上第一次构建了民族学中的"族体"理论，从而使其著作
成为世界上第一部专门研究族体理论的著作，对民族学的发展作出了巨
大贡献。苏联学者 Л. Н. 古米列夫在 20 世纪 80 年代末就对该书给予了积

---

① Широкогоров С. М. Этнос：Исследование основных принципов изменения этнических
иэтнографических явлений. Шанхай，1923. с. 13.

极评价："史禄国的著作在当时就走在了时代的前列，因为开辟了民族学向理论民族学发展的前景。"①

　　М. Д. 格列波夫，出生年、地点不详，逝世年、地点不详。М. Д. 格列波夫曾在哈尔滨生活，是中东铁路管理局地亩处农业科职员、东省文物研究会活动家。М. Д. 格列波夫后从哈尔滨移居上海。② М. Д. 格列波夫在本时期主要从事黄豆作物研究，在《东省杂志》上发表了《俄国黄豆作物资源》③《黄豆》④《豆饼与硫酸铵在日本农业发展上的作用》⑤ 等三篇文章。

　　Т. П. 高尔捷也夫，1875 年 7 月 30 日出生于圣彼得堡，1898 年毕业于新亚历山大农业与园艺学院。1922 年 10 月，Т. П. 高尔捷也夫从符拉迪沃斯托克来到上海，从这里又去了哈尔滨。1923—1925 年，Т. П. 高尔捷也夫任中东铁路教学科科长。Т. П. 高尔捷也夫是满洲农业学会会员、东省文物研究会会员。1945 年之前，Т. П. 高尔捷也夫曾在哈尔滨的各类学校教书。1937—1945 年，Т. П. 高尔捷也夫是伪满大陆科学院哈尔滨分院博物馆研究人员。1945—1967 年，Т. П. 高尔捷也夫在哈尔滨地方志博物馆工作。1967 年，Т. П. 高尔捷也夫移居比利时，同年 4 月 28 日逝世。⑥ Т. П. 高尔捷也夫主要从事中国东北土壤学研究，20 年代中期在《东省文物研究会杂志》《关于学校生活问题》上发表了《带有猛犸牙的

①　Гумилев Л. Н. Этногенез и биосфера Земли. М, 1989. с. 71.

②　Забияко А. А., Забияко А. П., Левошко С. С., Хисамутдинов А. А. Русский Харбин: опыт жизнестроительства в условиях дальневосточного фронтира/Под ред. А. П. Забияко. – Благовещенск: Амурский гос. ун – т. 2015. с. 373.

③　Глебов М. Д. Возможность культуры соевых бобов в России//Вестник Маньчжурии. 1925, №1 – 2. с. 60 – 65.

④　Глебов М. Д. Соевые бобы. //Вестник Маньчжурии. 1926, №7. с. 32 – 48.

⑤　Глебов М. Д. Роль соевых жмыхов и серно – кислого аммония в деле развития сельского хозяйства Японии//Вестник Маньчжурии. 1929, №3. с. 1 – 9.

⑥　Жернаков В. Н. Тарас Петрович Гордеев. Окленд: [Б. и.]. 1974. 46с.

底板和喷出岩描述》① 《哈尔滨铁路学校的校园生活》② 两篇文章，出版了《1926 年中东铁路沿线土壤植物调查的预先简报》③ 一本小册子。

A. Я. 康托洛维奇，1896 年出生于圣彼得堡。A. Я. 康托洛维奇积极参加了十月革命和国内战争。1921 年，A. Я. 康托洛维奇担任共产国际情报部主任。1921 年和 1922 年，A. Я. 康托洛维奇分别毕业于彼得格勒工学院经济系和彼得格勒大学社会科学系。A. Я. 康托洛维奇毕业后在外交人民委员部工作。1924—1928 年，A. Я. 康托洛维奇是中东铁路管理局职员，从事中国经济研究。返回到莫斯科后，继续在外交人民委员部工作到 1932 年。1932 年，A. Я. 康托洛维奇获得了世界经济与政治研究所资深专家称号。与此同时，A. Я. 康托洛维奇也从事记者工作，兼任"消息报"外国部副主任。从 1934 年 8 月，A. Я. 康托洛维奇任太平洋研究所秘书，1935 年获得经济学副博士学位，1936 年获得经济学博士学位（论文题目为美国对华侵略）。1937 年 5 月，A. Я. 康托洛维奇被逮捕，并可能逝世于同年。④ A. Я. 康托洛维奇主要致力于中国经济问题研究，在华期间在《金融、工商通报》《东省杂志》《新东方》等杂志上发表了《日元在满洲》⑤《中国铁路上的外国资本》⑥《中国重工业上的外国资本》⑦

---

① Гордеев Т. П. Описание почвы и горных пород, в которых был найден бивень мамонта. //Известия Общества Изучения Маньчжурского Края, 1926, №6, с. 56 – 58. (Доклад, прочтанный на заседании сукции 29 января 1926г.)

② Гордеев Т. П. Из жизни школьного сада при Ⅰ и Ⅱ новогодних ж. д. школах в Харбине. //Вопросы школьной жизни, 1925, №1. с. 78 – 83.

③ Гордеев Т. П. Предварительный краткий отчёт о почвенно – флористических исследованиях вдоль линии Китайской Восточной железной дороги в 1926г. - Харбин: Изд. . Земел. отд. КВЖД, 1926. 11 с.

④ Никифоров В. Н. Советский ученый – международник Анатолий Яковлевич Канторович [1896 – 1944]//КСИНА. Междунар. отношения, 1963. №56. с. 143 – 158.

⑤ Канторович А. Я. Японская иена в Маньчжурии. //Вестник финансов, пром – сти и торговлии – 1927, №5. с. 213 – 222.

⑥ Канторович А. Я. Иностранный капитал на железных дорогах Китая. //Вестник Маньчжурии. 1925, №8 – 10. с. 59 – 103; 1926, №1 – 2. с. 30 – 71.

⑦ Канторович А. Я. Иностранный капитал на тяжелой индустрии Китая. //Новый Восток, №10 – 11, 1925, с. 46 – 77.

《中国与白银跌价》① 《前资本主义时期中国社会关系体系》② 《满洲的铁
路建设与铁路冲突》③ 等七篇文章，出版了《中国的海关问题》④ （1927
年第 2 期《东省杂志》发表）和《中国铁路上的外国资本》⑤ 两部著作。
《中国铁路上的外国资本》这部书篇幅较长，是 А. Я. 康托洛维奇在华出
版的最主要的著作。该书集中探讨了中国的铁路建设、铁路经济与外国
的关系问题，分两大部分十二章，其中前六章记述了与中国对外政治史
紧密关联的中国铁路建设发展史（将其划分为 5 个时期），后六章记述了
中国的铁路经济、外国在其中的利益分配和控制程度。作者在书中指出，
外国对中国铁路的控制实质上是帝国主义渗透的一种形式，是获得政治
影响和商业利润的重要手段，并提出了外国资本在中国铁路发展上的三
种未来走势（外国资本继续控制中国铁路、日本垄断中国铁路、中国在
铁路发展上完全排除外国资本）。⑥ 该书是俄罗斯学者出版的第一部全面
研究中国铁路的著作。

　　А. Д. 沃叶伊科夫，1879 年 12 月 21 日出生于西姆比尔州塞兹兰县，
1944 年 5 月 28 日逝世于哈尔滨。1899 年 8 月，А. Д. 沃叶伊科夫考入圣
彼得堡大学物理数学系自然科学专业。1906 年，А. Д. 沃叶伊科夫开办了
一所园艺师实践学校；从 1908—1914 年在该校授课。1914 年春，А. Д.
沃叶伊科夫接受农业司的建议受聘为园艺学领域高级专家。同年夏天，
А. Д. 沃叶伊科夫被指派调查官办苗场，不久去了前线，由于受伤停止了
工作。1915 年，А. Д. 沃叶伊科夫在区域植物栽培学委员会实验室从事植

---

①　Канторович А. Я. Китай и обесценение серебра. //Вестник Маньчжурии. 1926, №11 –
12. c. 1 – 4.

②　Канторович А. Я. Система общественных отношений Китая докапиталистической
эпохи. //Новый Восток. 1926, №15. c. 67 – 93.

③　Канторович А. Я. Железнодорожное строительство и Железнодорожный конфликт в
Маньчжурии. //Новый Восток. 1928, №22. c. 1 – 43.

④　Канторович А. Я. Таможенная проблема в Китае. – Харбин, Тип. Квжд, 1927. – 21c. //
Вестник Маньчжурии. 1927, №2. c. 54 – 72.

⑤　Канторович А. Я. Иностранный капитал на железных дорогах Китая. – Харбин,
Тип. Квжд, 1926. – 91c.

⑥　Канторович А. Я. Иностранный капитал на железных дорогах Китая. – Харбин, Тип.
Квжд, 1926. c. 69 – 75.

物冬眠研究。1916 年，А. Д. 沃叶伊科夫被任命为东南区药用植物征收特派员。1917 年，А. Д. 沃叶伊科夫受聘任萨拉托夫农业学院教师、鄂木斯克政府农业部果树栽培学高级专家。1919 年，А. Д. 沃叶伊科夫担任鄂木斯克农业学院教师，并被派往远东，受聘为滨海省地方自治机关园艺学指导员。1920 年，А. Д. 沃叶伊科夫受邀在国立远东师范学院授课；1921 年，作为远东大学数学与自然科学系自然科学专业农学教研室副教授教授植物学、农学、气象学和气候学课程。1922—1929 年，А. Д. 沃叶伊科夫担任爱河站中东铁路试验田负责人。1929 年末至 1930 年，А. Д. 沃叶伊科夫担任《公报》副刊《满洲农业》杂志编辑。1932—1934 年，А. Д. 沃叶伊科夫在一家向热带国家出口谷物的法国公司工作。1935—1936 年，А. Д. 沃叶伊科夫在一家罐头厂工作。1938 年，А. Д. 沃叶伊科夫受聘担任北满学院技术植物学和微观生物学教研室教师。从 1938 年 9 月起，А. Д. 沃叶伊科夫在小林车站居住，并经营了一个实验园和商业苗场。1943—1944 年，А. Д. 沃叶伊科夫在开拓研究所哈尔滨分所工作，并在哈尔滨附近经营了一个果园和收集了许多栩栩如生的植物标本。20 世纪 20 年代，А. Д. 沃叶伊科夫也是东省文物研究会会员。[1] 1924—1931 年，А. Д. 沃叶伊科夫主要就中国东北农业及与之有关的气候问题和中国的节日进行研究，出版了《中秋节》[2]《北满的亚麻作物及其大概的生长区域》[3]（1924 年在《满洲经济通讯》杂志第 8、9 期上发表，同年出版单行本）《满洲园林栽培的气候条件》[4]（1927 年在《东省杂志》第 2、4、5、6、7 期上发表，1928 年出版单行本）三本

① Стариков В. Александр Дмитриевич Воейков//Известия Харбинского краеведческого музея, 1945. №1. с. 5 - 13; Личный состав Общества//Известия Общества Изучения Маньчжурского Края, 1926. №6. с.69.

② Воейков А. Д. Праздник осени. - Харбин,1928,8с.

③ Воейков А. Д. льняные посевы в Северной Маньчжурии и их вероятные районы. - Харбин, тип. квжд. 1924, 15с. //Экономический Вестник Маньчжурии - 1924, №8. с. 60 - 66; №9. с. 29 - 37.

④ Воейков А. Д. Климатические условия садоводства в Маньчжурии. - Харбин, 1928. 55с. //Вестник Маньчжурии. - 1927, №2. с. 1 - 20; №4. с. 57 - 60; №5. с. 55 - 60; №6. с. 32 - 35;№7. с. 21 - 28.

小册子，在《满洲经济通讯》《东省杂志》《中东铁路图书馆书籍绍介》上发表了《吉林省宁古塔县考察日记》①《宁古塔县考察》②《土壤改良对满洲农业的意义》③《满洲的稻米作物》④《满洲的饲料问题》⑤《满洲蓖麻的栽种》⑥《豆之种植及其利用问题》⑦《稻之种植及其利用问题》⑧《北满亚麻作物的大概生长区域》⑨《对北满潜在意义的矿床的最新地球物理研究方法问题》⑩ 等十七篇文章。

В. П. 沃杰尼科夫，1876 年 3 月 3 日出生于叶尼塞州米努辛斯克边区，逝世年、地点不详。1890 年，В. П. 沃杰尼科夫毕业于米努辛斯克市学校，1895 年毕业于阿尔泰矿山工厂学校，1910 年毕业于美国高等矿山学校。1900 年、1904—1905 年、1914—1918 年，В. П. 沃杰尼科夫参加了镇压中国义和团、俄日战争和第一次世界大战。1918—1929 年，В. П. 沃杰尼科夫担任中东铁路扎赉诺尔煤矿矿长，并兼任煤矿防火总工程师。从 1929 年

---

① Воейков А. Д. Дневник поездки по Нингутинскому уезду Гириньской провинции (по полям, базарам и крестьянским хозяйствам). //Вестник Маньчжурии. 1929, №11. с. 89 – 99.

② Воейков А. Д. Из поездки по Нингутинскому уезду. //Вестник Маньчжурии. 1930, №2. с. 47 – 58.

③ Воейков А. Д. Значение известкования почвы для земледелия Маньчжурии. //Вестник Маньчжурии. 1931, №2. с. 76 – 84.

④ Воейков А. Д. Рисовые посевы в Маньчжурии. //Вестник Маньчжурии. 1931, №3. с. 71 – 77.

⑤ Воейков А. Д. Кормовой вопрос в Маньчжурии. //Вестник Маньчжурии. 1931, №5. с. 25 – 31.

⑥ Воейков А. Д. Разведение рицинуса в Маньчжурии. //Вестник Маньчжурии. 1931, №7. с. 21 – 23.

⑦ Воейков А. Д. Библиография по вопросам культуры и использования соевых бобов. //Библиографический бюллетень Центральной библиотеки КВЖД. Харбин, 1927. №5. с. 90 – 94. //Библиографический Бюллетень. под редакцией Н. Н. Трифонова и Е. М. Чепурковского (Харбин), Т. 3. вып. I, 1930, с. 13 – 19.

⑧ Воейков А. Д. Библиография по культуре и использованию риса. (работа подготовлена к совещанию по рисовому делу в г. Хабаровске) . //Под редакцией Н. В. Устрялова и Е. М. Чепурковского. Библиогр. бюллетень. 6 – ки КВЖД, т. II, 1928 – 1929, с. 41 – 77.

⑨ Воейков А. Д. Вероятные районы льняных посовов Северной Маньчжурии. //Экономический Вестник Маньчжурии – 1924, №46. с. 9 – 18.

⑩ Воейков А. Д. Библиография по новейшим геофизическим методам исследования месторождений полезных ископаемых в связи с возможными их значением для Северной Маньчжурии. //Под редакцией Н. В. Устрялова и Е. М. Чепурковского. Библиогр. бюллетень. 6 – ки КВЖД, т. II, 1928 – 1929, с. 14 – 24.

起，В. П. 沃杰尼科夫受私营公司和个人委托，对东三省的矿区开展研究。
В. П. 沃杰尼科夫是东省文物研究会地质与自然地理部成员。В. П. 沃杰尼
科夫最后的工作是在圣弗拉基米尔学院化学矿山班授课。[1] В. П. 沃杰尼科
夫于 1924 年出版了关于中国煤炭工业的一本小册子《北满的煤炭业及其前
景》[2]。该书是俄侨学者出版的第一本关于煤炭工业的著作。

　　А. Я. 阿福多辛科夫，1904 年 11 月 12 日出生于立陶宛雷泽克内，父母
在国内战争中牺牲后，被日本人带到日本东京继续学习，后毕业于哈尔滨
法政大学。А. Я. 阿福多辛科夫任哈尔滨日俄学院、苏联领事馆秘书和翻译
以及哈尔滨东方学与商业科学院教师，教授日语。中东铁路出售后，А. Я.
阿福多辛科夫于 1937 年回到苏联。1938 年，А. Я. 阿福多辛科夫在莫斯科
被枪决。[3] А. Я. 阿福多辛科夫从 1929 年开始有成果发表，本时期在《中
东铁路中央图书馆书籍绍介汇报》《东省杂志》上发表了《最新日文中国
学文献》[4]《日本的移民问题》[5]《日本的资本垄断》[6]《日本的收支平衡
状况（关于取消黄金出口的禁令)》[7]《间岛移民史》[8]《吉林省与黑龙江

　　① Хисамутдинов А. А. Дальневосточное востоковедение: Исторические очерки/Отв.
ред. М. Л. Титаренко; . Ин－т Дал. Востока РАН. М. : ИДВ РАН. 2013. с. 261; Состав общества
Изучения Маньчжурского края//Известия общества Изучения Маньчжурского края, 1928.
№7. с. 121.

　　② Водеников В. П. Углепромышленность Северной Маньчжурии и её перспективы. –
Харбин: Тип. "Слово". 1924. –37с.

　　③ Хисамутдинов А. А. Российская эмиграция в Азиатско－Тихоокеанском регионе и
Южной Америке: Биобиблиографический словарь. －. Владивосток: Изд－во Дальневост. ун－
та. 2000. с. 23.

　　④ Авдощенков А. Я. Новости японской литературы по Китаеведению. //Под редакцией
Н. В. Устрялова и Е. М. Чепурковского. Библиогр. бюллетень. 6－ки КВЖД, т. II, 1928－1929,
с. 39－41.

　　⑤ Авдощенков А. Я. К вопросу о перенаселенности Японии//Вестник Маньчжурии. 1929,
№7－8. с. 1－8.

　　⑥ Авдощенков А. Я. Централизация капитала в Японии//Вестник Маньчжурии. 1929,
№10. с. 78－90.

　　⑦ Авдощенков А. Я. Состояние расчетного баланса Японии (к снятию запрещения на
вывоз золота)//Вестник Маньчжурии. 1930, №2. с. 11－19.

　　⑧ Авдощенков А. Я. История заселения Цзяньдао//Вестник Маньчжурии. 1930, №11－
12. с. 89－97.

省的中国银行》①《1929 年南满的工人纠纷》② 七篇关于日本和中国东北
经济问题的文章。

　　B. K. 库德列瓦托夫，1887 年 1 月 9 日出生于塔姆波夫省，逝世年、地点不
详。B. K. 库德列瓦托夫毕业于莫斯科商业学院，是中东铁路商务委员。③ B. K.
库德列瓦托夫的学术研究成果都与中东铁路有关，本时期在《北满农业》《满洲
经济通讯》《东省杂志》《中东经济月刊》上发表了《运价调整的评定方法》④
《车站工作的效率》⑤《蒸汽机车单里程》⑥《中东铁路货车周转与昼夜里程》⑦
《商品运输的专业化与速度》⑧《1925—1928 年中东铁路工作概述：来自于中东
铁路总务处资料》⑨《中东铁路职工状况》⑩《满洲的粮食出口》⑪《关于哈尔
滨—黑河支线的建设问题》⑫《1927—1928 年中东铁路在车辆上的需求》⑬

①　Авдощенков А. Я. Китайские банки в Гириньской и Хэйлунцзянской провинциях. //
Вестник Маньчжурии. 1930 , №6. с. 36 – 42.

②　Авдощенков А. Я. Рабочие конфликты в Южной Маньчжурии в 1929 г. // Вестник
Маньчжурии. 1930 , №9. с. 31 – 43.

③　Забияко А. А. , Забияко А. П. , Левошко С. С. , Хисамутдинов А. А. Русский Харбин：опыт
жизнестроительства в условиях дальневосточного фронтира/Под ред. А. П. Забияко. – Благовещенск：
Амурский гос. ун – т. 2015. с. 384.

④　Кудреватов В. К. Метод оценки тарифных мероприятий//Экономический Вестник
Маньчжурии. 1924 , №18.

⑤　Кудреватов В. К. Коэфициент успешности работы станций. //Экономический Вестник
Маньчжурии – 1924 , №33.

⑥　Кудреватов В. К. Одиночный пробег паровоза. //Экономический Вестник Маньчжурии – 1924 ,
№41 – 42. с. 19 – 20.

⑦　Кудреватов В. К. Суточный пробег и оборот рабочего вагона на КВжд. //Экономический
Вестник Маньчжурии – 1924 , №47 – 48. с. 14 – 18.

⑧　Кудреватов В. К. Специализация и скорость товарных поездов. //Экономический Вестник
Маньчжурии – 1924 , №14.

⑨　Кудреватов В. К. Обзор работы КВжд за 1925 – 1928 гг. : по данным Службы Эксплоатации
КВжд. //Вестник Маньчжурии. 1929 , №10. с. 16 – 23 ; 1929 , №11. с. 35 – 51.

⑩　Кудреватов В. К. Положение служащих и рабочих на КВЖД. //Экономический Вестник
Маньчжурии , 1923 , №6 – 7. с. 40 – 42.

⑪　Кудреватов В. К. Хлебный экспорт из Маньчжурии. //Сельское хозяйство в Северной
Маньчжурии – 1921 , №10 – 12. с. 45 – 48.

⑫　Кудреватов В. К. К вопросу о постройке линии Харбин – Хэйхе. //Экономический
Вестник Маньчжурии , 1923 , №15. с. 18 – 19.

⑬　Кудреватов В. К. Потребность квжд в вагонном парке на кампанию 1927/28 г. //
Экономический. бюллетень , 1927 , №27. с. 5 – 7.

《关于降低扎赉诺尔煤炭运输上消耗的措施》①《乌苏里铁路》②《阿穆尔铁路》③《欧洲与美洲的铁路运价》④ 等十七篇文章，出版了《中东铁路附属地现行中国税研究资料》⑤《车辆管理与蒸汽机车管理》⑥ 两部著作。《中东铁路附属地现行中国税研究资料》分两大卷，记载了中东铁路附属地内存在的所征收税的税种、法规、比重等内容；《车辆管理与蒸汽机车管理》是一部非常专业的著作，专门探讨了铁路车辆管理与蒸汽机车管理的问题。

　　К. П. 库尔谢里，1895 年出生，出生地不详；1928 年逝世，逝世地不详。К. П. 库尔谢里是《东省杂志》的编辑、东省文物研究会工商部会员。⑦К. П. 库尔谢里主要致力于远东国家经济问题研究，尤为关注金融业，20年代下半叶在《东省杂志》《中东经济月刊》上发表了《1923—1926 年哈尔滨远东银行活动的结果》⑧《1927 年日本对外贸易的结果》⑨《1927年的远东银行》⑩《1926 年哈尔滨远东银行活动的结果》⑪《远东银行五年（1923—1928）》⑫ 五篇文章，出版了《国外远东经济（与哈尔滨远东银

① Кудреватов В. К. О мерах по улучшению расходов по перевозке Чжалайнорского угля. // Экономический Вестник Маньчжурии, 1924, №9. с. 14 – 15.

② Кудреватов В. К. Уссурийская железная дорога. //Экономический Вестник Маньчжурии, 1923, №2. с. 8 – 10.

③ Кудреватов В. К. Амурская железная дорога. //Экономический Вестник Маньчжурии, 1923, №5. с. 15 – 17.

④ Кудреватов В. К. Железнодорожные тарифи в Европе и Амерке//Экономический Вестник Маньчжурии, 1923, №43. с. 14 – 15.

⑤ Кудреватов В. К. Материалы к изучению китайских налогов, действующих в полосе отчуждения квжд. : В 2 т. Т. 1. Харбин, изд. квжд, 1924. 313с. ; Т. 2. Харбин, изд. квжд, 1925. 300с

⑥ Кудреватов В. К. Вагонное и паровозное хозяйство. – Харбин, тип. квжд, 1925. 181с.

⑦ Состав общества Изучения Маньчжурского края//Известия общества Изучения Маньчжурского края, 1928. №7. с. 122.

⑧ Курсель К. П. Итоги деятельности Дальневосточного банка в Харбине за 1923 – 26 гг. // Вестник Маньчжурии. 1927, №5. с. 34 – 43.

⑨ Курсель К. П. Итоги внешней торговли Японии в 1927 г. //Вестник Маньчжурии. 1928, №2. с. 9 – 12.

⑩ Курсель К. П. Дальбанк в 1927 г. //Вестник Маньчжурии. 1928, №4. с. 17 – 22.

⑪ Курсель К. П. Итоги деятельности Дальневосточного банка в Харбине за 1926 г. // Экономический. бюллетень – 1927, №14. с. 34 – 44.

⑫ Курсель К. П. Пятилетие Дальбанка (1923 – 1928г.). // Экономический. бюллетень – 1928, №25. с. 8 – 10.

行任务关联的北满、中国内地、蒙古经济概述）》① 一部著作。《国外远东经济（与哈尔滨远东银行任务关联的北满、中国内地、蒙古经济概述）》一书是 К. П. 库尔谢里研究远东银行的最终结果，探讨了哈尔滨远东银行在苏联与中国经济关系发展中的作用问题。该书由引言与正文四章构成，开篇重点分析了哈尔滨远东银行在苏联远东经济政策中的政治与经济作用，之后分章记述了俄国（苏联）与中国的经济关系（包括中国对外贸易的整体评价、十月革命前的中俄贸易、革命与国内战争时期的中俄贸易）、北满经济（包括北满经济的整体特点、北满的生产力与主要生产领域、北满的交通、北满贸易的整体评价、北满的对外贸易、符拉迪沃斯托克港过境粮食出口和与大连港的竞争）、蒙古的经济与原料出口（包括蒙古经济的整体特点、蒙古的生产力及其主要经济部门、进出口条件与对外贸易、蒙古和俄国的贸易联系与蒙古和苏联贸易联系的建立、蒙古银行及其任务、符拉迪沃斯托克和呼伦贝尔畜牧业原料过境出口及其竞争）、北满的信贷机构与哈尔滨远东银行在当地信贷体系中的作用（包括北满信贷的整体状况、中国银行、外国银行）等内容。该书是俄罗斯学者出版的第一部综合研究满蒙地区（中国东北与蒙古地区）经济的专门著作。

М. Т. 米罗诺夫，出生年、地点不详，逝世年、地点不详，东省文物研究会会员。② М. Т. 米罗诺夫于 1930 年在《东省杂志》上发表了《中东铁路燃料设备的矿化作用》③ 一篇文章。

А. А. 米塔列夫斯基，1879 年 7 月 28 日出生于圣彼得堡，逝世年、地点不详。1903 年，А. А. 米塔列夫斯基毕业于基辅工学院。1903—1908年，А. А. 米塔列夫斯基担任农业司官员。1908—1911 年，А. А. 米塔列

① Курсель К. П. Экономика зарубежного Д. Востока：［(С. Маньчжурия, Китай, Монголия）в связи с задачами Дальбанка в Харбине：Экономический обзор］，Харбин［Б. и.］，1926. 124с.

② Состав общества Изучения Маньчжурского края//Известия общества Изучения Маньчжурского края，1928. №7. с. 124.

③ Миронов М. Т. Минерализация топливного хозяйства КВжд//Вестник Маньчжурии. 1930，№8. с. 44 – 48.

夫斯基是移民组织资深代表。1911—1917 年，А. А. 米塔列夫斯基成为阿克莫拉省农学家和受聘担任尼科利斯基—乌苏里斯基女子中学教师。1917—1922 年，А. А. 米塔列夫斯基在符拉迪沃斯托克生活，主管国立远东大学出版社。从 1924 年起，А. А. 米塔列夫斯基移居哈尔滨。从 1925 年起，А. А. 米塔列夫斯基担任中东铁路商务处职员。1929 年，А. А. 米塔列夫斯基曾返回苏联出差。[①] 本时期 А. А. 米塔列夫斯基在《中东经济月刊》《东省杂志》上发表了《北满畜牧业产品率扩大的条件》[②]《满洲黄豆标准化的基础》[③]《蒙古绵羊改良的条件》[④]《中东铁路黄豆无专人负责经济方式的最初结果》[⑤] 四篇文章。

М. Я. 米哈伊洛夫，出生年、地点不详，逝世年、地点不详，长期在哈尔滨生活。[⑥] М. Я. 米哈伊洛夫于 1930 年在《东省杂志》上发表了《世界经济危机及其在远东和国际市场上的反应》[⑦] 一篇文章，于 1926 年出版了《中东铁路上发生了什么？（关于中东铁路上的最近事件）》[⑧] 一本小册子。

Н. И. 莫洛佐夫，1892 年 2 月出生，出生地不详，1938 年后逝世，逝世地点不详。1917 年，Н. И. 莫洛佐夫毕业于圣彼得堡矿山学院工厂专业，获得工程师称号。1917—1919 年，Н. И. 莫洛佐夫是乌拉尔矿山

① Хисамутдинов А. А. Российская эмиграция в Азиатско－Тихоокеанском регионе и Южной Америке：Биобиблиографический словарь. － . Владивосток：Изд － во Дальневост. ун － та. 2000. с. 207.

② Митаревский А. А. Возможности увеличения продуктивности животноводства в Северной Маньчжурии. //Вестник Маньчжурии. 1931, №5. с. 20 － 25.

③ Митаревский А. А. Основы стандартизации соевых бобов в Маньчжурии. //Вестник Маньчжурии. 1931, №4. с. 54 － 61.

④ Митаревский А. А. О возможностях улучшения монгольской овцы. //Вестник Маньчжурии. 1926, №5. с. 74 － 85.

⑤ Митаревский А. А. Первые результаты хозяйственного способа обезличения бобов (квжд). //Экономический. бюллетень － 1925, №9. с. 5 － 8.

⑥ Хисамутдинов А. А. Российская эмиграция в Азиатско － Тихоокеанском регионе и Южной Америке：Биобиблиографический словарь. － . Владивосток：Изд － во Дальневост. ун － та. 2000. с. 208.

⑦ Михайлов М. Я. Мировой экономический кризис и его отражение на дальневосточном и маньчжурском рынках. //Вестник Маньчжурии. 1930, №11 － 12. с. 1 － 29.

⑧ Михайлов М. Я. Что происходит на Квжд. К последним событиям на Квжд. － М. － Л. , Гиз, 1926, 30с.

学院教师，后受聘乌拉尔矿山学院无机化学教研室客座教授。1919 年，Н. И. 莫洛佐夫从乌拉尔来到了符拉迪沃斯托克，任远东工学院和师范学院无机化学教研室客座教授。从 1921 年起，Н. И. 莫洛佐夫移居哈尔滨。1921—1926 年，Н. И. 莫洛佐夫受聘担任哈尔滨高等医科学校教授。从 1926 年起，受聘担任哈尔滨中俄工业大学校副教授。从 1925 年起，Н. И. 莫洛佐夫在哈尔滨法政大学教授化学与商品学等课程同时还领导中东铁路农业实验室工作。1937 年，Н. И. 莫洛佐夫被遣返回苏联，可能遭到镇压。[①] 本时期 Н. И. 莫洛佐夫在《医学杂志》《哈尔滨高等医科学校》《法政学刊》《东省杂志》《中东经济月刊》《中东铁路中央图书馆书籍绍介汇报》《中东铁路地亩处农业科特刊》《俄中工业大学校著作集》上发表了以下十九篇文章：

表 1—6

序号	文 章 名 称
1	《红色硫化汞碾碎实验》[②]
2	《关于均匀沉淀问题》[③]
3	《均匀沉淀的一些范例》[④]
4	《定义油酸的简化方法》[⑤]

---

① Забияко А. А., Забияко А. П., Левошко С. С., Хисамутдинов А. А. Русский Харбин: опыт жизнестроительства в условиях дальневосточного фронтира/Под ред. А. П. Забияко. – Благовещенск: Амурский гос. ун – т. 2015. с. 391; Автономов Н. П. Юридический факультет в Харбине за восемнадцать лет существования. //Известия Юридического Факультета, 1938. №12. с. 41.

② Морозов Н. И. Опыты с измельчанием красной сернистой ртути. //Медицинский Вестник. 1922, №9. – Харбин.

③ Морозов Н. И. К вопросу о ритмическом осаждении. //Медицинский Вестник. 1923, №11. – Харбин.

④ Морозов Н. И. Некоторые случаи ритмического осаждении. //Медицинский Вестник. 1923, №12. – Харбин.

⑤ Морозов Н. И. Упрощенный способ определения кислоти масел. //Экономический бюллетень. 1926, №48.

序号	文 章 名 称
5	《黄豆的化学成分》①
6	《豆油的化学成分》②
7	《中国食品原质分析》③
8	《论食物之伪造》④
9	《二碳矫基与淳酒之混合液论》⑤
10	《豆油物理化学特性》⑥
11	《豆油》⑦
12	《豆在食物上之要义》⑧
13	《液滴法测定豆油比重》⑨
14	《关于试剂浓度对硫化汞胶体溶液形成的影响》⑩
15	《黄豆及其加工产品研究的简化方法》⑪

① Морозов Н. И. Химия соевых бобов//Вестник Маньчжурии. 1926, №6. с. 66 – 76. // Известия Агромической организации. Земельный Отдел. №2. – Харбин, тип. квжд, 1928, 20с.

② Морозов Н. И. Химия бобового масла//Вестник Маньчжурии. 1926, №7. с. 49 – 73.

③ Морозов Н. И. Данные о химическом составе некоторых китайских пищевых продуктов. //Известия юридического факультета, 1929, №7. с. 303 – 320.

④ Морозов Н. И. Некоторые данные о фальсификации пищевых продуктов. //Известия юридического факультета, 1927, №4. с. 227 – 234. – Харбин, 1927.

⑤ Морозов Н. И. Об эмульсиях этилового эфира (Сообщение 1). //Известия юридического факультета, 1928, №5. с. 329 – 334. – Харбин, 1928.

⑥ Морозов Н. И. Физико – химические свойства бобового масла. //Известия Агромической организации. Земельный Отдел. №3. – Харбин, тип. квжд, 1928, 65с.

⑦ Морозов Н. И. Масло соевых бобов. //Библиографический Бюллетень. под редакцией Н. Н. Трифонова и Е. М. Чепурковского (Харбин), Т. 3. вып. Ⅲ, 1930, с. 8 – 11.

⑧ Морозов Н. И. Важнейшая литература по пищевому значению соевых бобов. // Библиографический бюллетень Центральной библиотеки КВЖД. Харбин, 1927. №5. С. 87 – 90. // Вестник Маньчжурии. 1927, №9.

⑨ Морозов Н. И. , Сычев В. М. Определение удельного веса бобового масла методом капли//Вестник Маньчжурии. 1927, №12. с. 12 – 14.

⑩ Морозов Н. И. О влиянии концентрации реагирующих вещтв на образование коллоидных растворов сернистой ртути. //Высшая школа в Харбине. Медицинская школа. №1. 1922.

⑪ Морозов Н. И. , Абрамов Б. Н. , Сычев В. М. , Калягин П. А. Упрощенные методы исследования бобов и некоторых продуктов их переработки. //Известия Агромической организации. Земельный Отдел. №7. – Харбин, тип. квжд, 1928, 51с.

序号	文 章 名 称
16	《物理化学方法应用于满洲豆油研究的经验》①
17	《确定谷物及其加工产品湿度的方法》②
18	《豆汁（文献资料概述）》③
19	《悬浮红色硫化汞沉淀时的节律性现象——汞与硫或碘发生化学反应的授课经验》④

　　Н. И. 莫洛佐夫出版了《哈尔滨市场乳油研究资料》⑤《关于确定满洲出口豆油标准问题的资料》⑥《豆、豆产品及其谷物的化学成分》⑦《黄豆的工业意义》⑧《黄豆作为食物》⑨《中东铁路地亩处农业化学实验室活

---

①　Морозов Н. И. Опыт применения физико – химического метода к исследованию Маньчжурского бобового масла. //Высшая школа в Харбине. №4. 1925. Известия и труды Русско – Китайского политехнического института. Харбин, 1924 – 1925 гг, вып. 2. с. 121 – 134.

②　Морозов Н. И. Методы определения влажности зерновых хлебов и продуктов их переработки//Вестник Маньчжурии. 1930, №11 – 12. с. 39 – 43.

③　Морозов Н. И. Соевая мука（обзор литературных данных）//Библиографический Бюллетень. под редакцией Н. Н. Трифонова и Е. М. Чепурковского（Харбин）, Т. 3. вып. III, 1930, с. 5 – 8.

④　Морозов Н. И. Ритмические явления при осаждении суспензий красной сернистой ртути. Лекционный опыт для демонстрации химического взаимодействия ртути с серою или иодом （педагогическая заметка）. //Высшая школа в Харбине. №4. 1925. Известия и труды Русско – Китайского политехнического института. Харбин, 1924 – 1925 гг, вып. 2. с. 135 – 142.

⑤　Морозов Н. И. Материалы по исследованию коровьего масла рынка г. Харбина. // Известия Агрономической организации. Земельный Отдел№5. – Харбин, тип. квжд, 1928, 24с.

⑥　Морозов Н. И. материалы по вопросу об установлении стандарта маньчжурского экспортного бобового масла. //Известия Агрономической организации. Земельный Отдел. №4. – Харбин, тип. квжд, 1928, 30с.

⑦　Морозов Н. И. Химия бобов, бобовых продуктов и других зерновых хлебов. – Харбин, Изд. КВжд, 1926. 54с.

⑧　Морозов Н. И. Промышленное значение соевых бобов. – Харбин, Изд. КВжд, 1927.

⑨　Морозов Н. И. Соевые бобы, как пищевое средство. – Харбин, Изд. КВжд, 1927.

动概述（1923—1929）》①《关于黄豆的化学技术文献概述》②《欧洲黄豆利用方式》③ 八本小册子。

Я. Д. 菲里则尔，出生于巴尔古津，出生年不详，逝世年、地点不详，哈尔滨的企业主。④ Я. Д. 菲里则尔于 1922 年在《东省文物研究会杂志》上发表了《涅尔琴斯克与哈尔滨（1919—1922 年的私人回忆）》⑤ 一篇文章。

В. Н. 魏塞洛夫佐罗夫，1868 年出生于第比利斯，逝世于大连，逝世年不详。В. Н. 魏塞洛夫佐罗夫曾毕业于莫斯科大学，从 1897 年 4 月起担任中东铁路建筑师。В. Н. 魏塞洛夫佐罗夫后担任中东铁路华俄秘书处主任。⑥ В. Н. 魏塞洛夫佐罗夫于 1922 年在《东省文物研究会杂志》上发表了《哈尔滨是怎么奠基的（来自私人回忆）》⑦ 一篇文章。

А. А. 鲍罗托夫，1867 年 1 月 28 日出生，出生地不详。А. А. 鲍罗托夫是松花江水产生物调查所观测员、东省文物研究会干事会干事、黑龙江水上交通第三辖段长。А. А. 鲍罗托夫大约在 1934 年逝世于哈尔滨。⑧

---

① Морозов Н. И. Обзор деятельности сельско - хозяйственной химической лаборатории зем. отд. КВжд за 1923 - 29 г. г. (на китайск. яз.). - Харбин, Изд. КВжд,1930.

② Морозов Н. И. Библиографический обзор химико - технической литературы о соевых бобах. - Харбин, Изд. КВжд,1929. 22с.

③ Морозов Н. И. Способы утилизации соевых бобов в Европе (на китайск. яз.). - Харбин, Изд. КВжд,1930.

④ Хисамутдинов А. А. Российская эмиграция в Азиатско - Тихоокеанском регионе и Южной Америке: Биобиблиографический словарь. - . Владивосток: Изд - во Дальневост. ун - та. 2000. с. 322.

⑤ Фризер Я. Д. Нерчинск и Харбин(личные воспоминания 1919 - 1922 г. г.) - //Известия Общества Изучения Маньчжурского Края,1922, №1, с. 20 - 21.

⑥ Хисамутдинов А. А. Российская эмиграция в Азиатско - Тихоокеанском регионе и Южной Америке: Биобиблиографический словарь. - Владивосток: Изд - во Дальневост. ун - та. 2000. с. 72;东省铁路经济调查局编:《东省铁路统计年刊》,哈尔滨中国印刷局 1927 年版,第 14 页。

⑦ Веселовзоров В. Н. Как был заложен Харбин. (по личным воспоминаниям) - //Известия Общества Изучения Маньчжурского Края,1922, №1, с. 22 - 25.

⑧ Хисамутдинов А. А. Российская эмиграция в Азиатско - Тихоокеанском регионе и Южной Америке: Биобиблиографический словарь - Владивосток: Изд - во Дальневост. ун - та. 2000. с. 57.

А. А. 鲍罗托夫主要就中国东北的河流以及河运问题开展研究，20 年代下半叶在《东省杂志》《松花江水产生物调查所著作集》上发表了《松花江河床上的水利工程工作：来自于中东铁路工务处第 8 段资料》[①]《1926 年哈尔滨市松花江上的淤积物观测结果》[②]《中东铁路工务处第 8 段松花江水深测量分队在松花江上的水文测绘观测工作概述（1922—1929）》[③]《哈尔滨市松花江上的冰层》[④]《因汇集的急流河水引起的底泥冲刷所产生的松花江河床上的变化》[⑤] 五篇文章，出版了《阿穆尔河及其流域》[⑥] 的一本小册子。

И. П. 别洛乌索夫，出生年、地点不详，逝世年、地点不详，其他信息也不详。И. П. 别洛乌索夫于 1918 年在《北满农业》杂志上发表了《关于满洲养蜂业的统计资料》[⑦] 一篇文章。

М. И. 鲍涅尔，出生年、地点不详，逝世年、地点不详，东省文物研究会会员。[⑧] М. И. 鲍涅尔在 20 年代末在《东省杂志》上发表了《乌苏里—中东铁路和中东—南满铁路联运中的出口货物运动》[⑨]《1927—1928

① Болотов А. А. Гидротехнические работы в русле реки Сунгари: по материалам 8 – го участка Служебного Пути КВжд. //Вестник Маньчжурии. 1930, №2. с. 19 – 27.

② Болотов А. А. Результаты наблюдений над наносами реки Сунгари у г. Харбина в 1926 году. //ОИМК, Тр, Сунгарийской речной биологической станции, Харбин, 1928, Т. 1. вып. 6, с. 1 – 13.

③ Болотов А. А. Обзор работ Сунгарийской промерной партии 8 – го участка Службы Пути КВжд в области гидрологических наблюдений на реке Сунгари (1922 - 1929 гг.). //Вестник Маньчжурии. 1930, №1. с. 20 – 38.

④ Болотов А. А. Ледяной покров на р. Сунгани у г. Харбина. – ОИМК, Труды. Сунгарийской речной биол. станции, 1926, Т. 1, вып. 3, с. 12 – 19.

⑤ Болотов А. А. Изменение в русле р. Сунгари, происшедшие от вымывания грунта дна сходящимися струями речного потока. – ОИМК, Труды. Сунгарийской речной биол. станции, 1926, Т. 1, вып. 3, с. 22 – 30.

⑥ Болотов А. А. Амур и его бассейн. – Харбин: Изд - во ОИМК. 1925. – 36с.

⑦ Белоусов И. П. Статистические данные о пчеловодстве в Маньчжурии. //Сельское хозяйство в Северной Маньчжурии, 1918, №1 - 2. с. 10 – 11.

⑧ Состав общества Изучения Маньчжурского края//Известия общества Изучения Маньчжурского края, 1928. №7. с. 121.

⑨ Боннер М. И. Движение экспортных грузов в УССКИТ и КВЮМ сообщениях//Вестник Маньчжурии. 1930, №4. с. 37 – 42.

年中东铁路上的出口运动》① 等三篇文章。

Б. М. 唯里米罗维奇，出生年、地点不详，逝世年、地点不详，中东铁路管理局职员，兽医。② 20 年代上半期 Б. М. 唯里米罗维奇在《满洲经济通讯》上发表了《中东铁路兽医科防疫站》③ 等两篇文章，出版了《关于中国的奶业状况》④（1924 年第 5 期《东省文物研究会杂志》发表，同年出版单行本）一本超薄小册子。

Н. В. 沃典斯基，出生年、地点不详，1924 年 7 月 2 日逝世于哈尔滨。Н. В. 沃典斯基曾为哈尔滨贸易公所主席和制革厂老板，是东省文物研究会会员。⑤ 20 年代初 Н. В. 沃典斯基在《东省文物研究会杂志》《满洲经济通讯》上发表了《哈尔滨博物馆的一项任务》⑥《理所当然的事》⑦两篇文章。

Н. И. 阿布罗西莫夫，出生年、地点不详，1936 年逝世于美国旧金山。Н. И. 阿布罗西莫夫曾长期在哈尔滨生活，从事过会计工作，后移居美国。⑧ 目前可见的 Н. И. 阿布罗西莫夫的学术成果只有 1925 年发表于

---

① Боннер М. И. Экспортная кампания 1927/28 года на Китайской Восточной железной дороге//Вестник Маньчжурии. 1928，№10. с. 23 – 26；№11 – 12. с. 26 – 30.

② Хисамутдинов А. А. Российская эмиграция в Азиатско – Тихоокеанском регионе и Южной Америке：Биобиблиографический словарь. – . Владивосток：Изд – во Дальневост. ун – та. 2000. с. 70；Состав общества Изучения Маньчжурского края//Известия общества Изучения Маньчжурского края，1928. №7. с. 121.

③ Велимирович Б. М. Противочумная станция Ветеринарного Отдела КВжд// Экономический Вестник Маньчжурии，1923，№21 – 22. с. 65 – 68.

④ Велимирович Б. М. К состоянию молочного хозяйства в Китае. – Харбин：Изд. ОИМК. 1924. 6с. //Известия Общества Изучения Маньчжурского Края，1924，№5. с. 59 – 64.

⑤ Хисамутдинов А. А. Российская эмиграция в Азиатско – Тихоокеанском регионе и Южной Америке：Биобиблиографический словарь. – . Владивосток：Изд – во Дальневост. ун – та. 2000. с. 76；Личный состав общества//Известия общества Изучения Маньчжурского края，1926. №6. с. 69.

⑥ Водянский Н. В. Одна из задач музея в Харбине. //Известия Общества Изучения Маньчжурского Края. 1922. №1. с. 15 – 16.

⑦ Водянский Н. В. Должное//Экономический Вестник Маньчжурии，1923，№6 – 7. с. 4 – 5.

⑧ Хисамутдинов А. А. Российская эмиграция в Азиатско – Тихоокеанском регионе и Южной Америке：Биобиблиографический словарь. – . Владивосток：Изд – во Дальневост. ун – та. 2000. с. 22.

《中东经济月刊》上的《中东铁路上的汉语学习》① 一篇文章。

Ф. И. 安托诺夫－涅申，出生年、地点不详，逝世年、地点不详，其他信息也不详。Ф. И. 安托诺夫－涅申于 1928 年出版了一本 14 页的《北满的养蜂业》②（1928 年《东省杂志》第 3 期上发表）小薄册子。

П. К. 别达列夫，出生年、地点不详，逝世年、地点不详，中东铁路管理局职员。③ П. К. 别达列夫在 20 年代末在《中东铁路图书馆图书汇览》上发表了一篇关于中国东北粮食收成的文献综述性文章——《简论日本学者关于满洲收成预测的著述》④。

М. Э. 吉利切尔，出生年、地点不详，逝世年、地点不详。М. Э. 吉利切尔毕业于新罗西斯克大学，曾在海德堡大学（德国）、马尔堡大学（德国）和巴黎大学（法国）听过课。从 1920—1930 年，М. Э. 吉利切尔担任哈尔滨法政大学教师，教授中国民法、中国民事诉讼法学、中国与苏联民事诉讼法学等课程和罗马法实践课，也是教授纪律评议员。⑤ М. Э. 吉利切尔的研究领域为中国股份法，在《法政学刊》《俄国评论》上发表了《中国股份法之申论》⑥《有限公司之国籍》⑦《中国之有限公司条例》⑧

---

① Абросимов Н. И. Изучение китайского языка на КВЖД//Экономический. бюллетень. 1925, No35. c. 6 – 8.

② Антонов – Нешин Ф. И. Пчеловодство в Северной Маньчжурии. – Харбин, изд. ОИМК, 1928. 14с. //Вестник Маньчжурии. 1928 , No3. c. 45 – 54.

③ Хисамутдинов А. А. Российская эмиграция в Азиатско – Тихоокеанском регионе и Южной Америке : Биобиблиографический словарь. – . Владивосток : Изд – во Дальневост. ун – та. 2000. c. 49.

④ Бедарев П. К. Заметка о работах японских учёных по предсказанию урожаев в Маньчжурии. //Под редакцией Н. В. Устрялова и Е. М. Чепурковского. Библиогр. бюллетень. б – ки КВЖД , т. II , 1928 – 1929 , с. 78 – 79.

⑤ Автономов Н. П. Юридический факультет в Харбине за восемнадцать лет существования. //Известия Юридического Факультета , 1938. No12. c. 37.

⑥ Гильчер М. Э. Очерк китайского акционерного права. //Известия юридического факультета , 1925 , No1 , c. 11 – 22 : 1928 , No6 , c. 355 – 360.

⑦ Гильчер М. Э. Национальность акционерных обществ. //Известия Юридического факультета в Харбине. – Харбин. 1926. Вып. III. c. 27 – 34.

⑧ Гильчер М. Э. Очерк китайского акционерного права (правление). //Известия юридического факультета , 1927 , No4 , c. 285 – 296.

《非常亏本的协定与协议公平》① 四篇文章。

Л. А. 赞德尔，1893 年 2 月 19 日出生于圣彼得堡，1964 年 12 月 17 日逝世于巴黎。毕业于亚历山大法政学校和圣彼得堡大学法律专业，海德堡大学博士。1920—1921 年，国立远东大学哲学教研室副教授，教授法哲学与伦理学导论课。哈尔滨法政大学法哲学史教研室教师。1923 年移居捷克斯洛伐克，后在法国生活。与哲学家 С. 布尔嘉科夫是好朋友。② 20 年代上半期 Л. А. 赞德尔在《俄国评论》《满洲经济通讯》上发表了《俄国的民族问题》③《文化之路》④ 五篇文章，出版了《К. 列昂季耶夫谈进步》⑤（1921 年第 5、6—7 期《俄国评论》发表，同年出版单行本）一部小册子。

Г. А. 博格达诺夫，出生年、地点不详，逝世年、地点不详，毕业于圣彼得堡大学法律系。从 1928 年起，Г. А. 博格达诺夫在哈尔滨法政大学工作，教授商业计算、铁路商业经营、俄国商业银行、满洲国经济与运输业务课程。⑥ Г. А. 博格达诺夫于 20 年代在《满洲经济通讯》《东省杂志》上发表了《中东铁路东线的葡萄酿酒业》⑦《中东铁路东线的养蜂业》⑧《故障运输》⑨ 三篇文章。

---

① Гильчер М. Э. Чрезвычайно убыточные соглашения и договорная справедливость. // Русское обозрение, 1921, №3 - 4. с. 93 - 97.

② Хисамутдинов А. А. Российская эмиграция в Азиатско - Тихоокеанском регионе и Южной Америке: Биобиблиографический словарь. - . Владивосток: Изд - во Дальневост. ун - та. 2000. с. 128 - 129.

③ З. Г. Ашкинази Национальный вопрос в россии. // Русское обозрение, 1921, №6 - 7. с. 169 - 186.

④ Зандер Л. А. Пути культуры // Экономический Вестник Маньчжурии, 1923, №9. с. 4 - 8; №11. с. 12 - 16.

⑤ Зандер Л. А. К. Леонтьев о прогрессе. - Пекин: Вост. просвещение, 1921. - 50с. // Русское обозрение, 1921, №5; №6 - 7. с. 187 - 215.

⑥ Автономов Н. П. Юридический факультет в Харбине за восемнадцать лет существования. // Известия Юридического Факультета, 1938. №12. с. 36.

⑦ Богданов Г. А. Виноделие на восточной линии КВжд // Экономический Вестник Маньчжурии, 1923, №50. с. 14 - 15.

⑧ Богданов Г. А. Пчеловодство на восточной линии КВжд // Экономический Вестник Маньчжурии, 1924, №5. с. 13 - 16.

⑨ Богданов Г. А. Дефектные перевозки // Вестник Маньчжурии. 1926, №7. с. 28 - 32.

　　М. Л. 沙皮罗，1900 年出生于伊尔库茨克，1971 年 10 月 9 日逝世，逝世地点不详。1919 年，М. Л. 沙皮罗作为自学考生毕业于格聂列佐娃中学。1924 年，М. Л. 沙皮罗毕业于哈尔滨法政大学法律专业，并留校民法教研室准备学术职称。从 1928—1936 年，М. Л. 沙皮罗在哈尔滨法政大学工作，教授罗马法实践课。从 1925 年起，М. Л. 沙皮罗为《俄国言论报》《亚洲之光》《霞光报》《公报》撰稿。1945 年 11 月 29 日，М. Л. 沙皮罗在《哈尔滨时代报》编辑部被逮捕。① М. Л. 沙皮罗于 1931 年在《法政学刊》上发表了《家族财产之独立》②《新尼法兰之股份法》③ 两篇学术性文章，于 1925 年出版了《日本家族制度：比较法概述》④ 一本小册子，从比较法的角度介绍了日本家族制度的历史变迁。

　　И. С. 扎鲁德内，1875 年出生，出生地不详，1933 年逝世于哈尔滨。И. С. 扎鲁德内最初从事水手职业，1893 年海军中等军事学校毕业后获得海军士官军阶，多次积极参加远洋航行。1899 年，И. С. 扎鲁德内因病辞去了工作。1901 年，И. С. 扎鲁德内在乌拉尔获得了学位。之后多年 И. С. 扎鲁德内担任乌拉尔工厂工程师。在革命时期，И. С. 扎鲁德内举家迁往西伯利亚，是高尔察克临时政府成员。从 1920 年起，И. С. 扎鲁德内移居日本。后来，И. С. 扎鲁德内来到哈尔滨，在中东铁路管理局工作。⑤ 1925—1927 年，И. С. 扎鲁德内在《东省杂志》上发表了《关于中东铁路的电力设备》⑥《关于中东铁路上的电力设备》⑦《关于在中东铁路

　　① Хисамутдинов А. А. Российская эмиграция в Азиатско - Тихоокеанском регионе и Южной Америке：Биобиблиографический словарь. －. Владивосток：Изд－во Дальневост. ун－та. 2000. с. 337.

　　② Шапиро М. Л. Неприкосновенное семейное имущество//Известия юридического факультета，1931，№9，с. 268－273.

　　③ Шапиро М. Л. Новое индерландское акционерное право//Известия юридического факультета，1931，№9，с. 274－276.

　　④ Шапиро М. Л. Семейный строй в Японии：Сравн. правовой очерк. － Харбин，1925. －66с.

　　⑤ Зарудный Иван Сергеевич 1875－1933//http：/baza. vgdru. com/1/42855/.

　　⑥ Зарудный И. С. Об электрических сооружениях Китайской Восточной железной дороги. //Вестник Маньчжурии. 1925，№5－7. с. 137－145.

　　⑦ Зарудный И. С. Об электрических сооружениях на КВжд. //Вестник Маньчжурии. 1927，№3. с. 23－27；№ 4. с. 22－26.

上使用公制十进制度量衡》①《通讯领域的改进》② 等五篇文章。

М. К. 高尔捷也夫，出生年、地点不详，逝世年、地点不详。М. К. 高尔捷也夫是中东铁路管理局职员、东省文物研究会会员。③ М. К. 高尔捷也夫主要从事中国东北林业问题的研究，1923 年在《满洲经济通讯》上发表了《用斧头不能取得森林工业的成功》一篇文章④，出版了《满洲的森林》⑤《中东铁路木植公司概述（1898—1923）》⑥《北满的森林与木材加工业》⑦《中东铁路林业》⑧《大兴安岭的森林》⑨ 五本小册子。М. К. 高尔捷也夫是继 Б. А. 伊瓦什科维奇之后为数不多的重点研究中国东北林业的俄侨学者。他的研究是对 Б. А. 伊瓦什科维奇的接续和补充，具有同样的学术与史料价值。

П. Ф. 康斯坦季诺夫，1890 年 8 月 9 日出生于喀山省；1910 年以优异成绩毕业于喀山实验学校；1916 年莫斯科农业学院农学系毕业后留校农学教研室工作。1917 年，П. Ф. 康斯坦季诺夫任莫斯科炮兵营后备军士官生。П. Ф. 康斯坦季诺夫是国内战争参加者，第二喀山连志愿兵。1920 年，П. Ф. 康斯坦季诺夫来到了哈尔滨。1921—1924 年，П. Ф. 康斯坦季诺夫是艾河车站中东铁路实验田负责人助手，从事黄豆研究。1924—1929 年，П. Ф. 康斯坦季诺夫领导哈尔滨中东铁路农业化学实验

①　Зарудный И. С. К введению метрической десятичной системы мер и весов на КВжд.// Вестник Маньчжурии. 1926, №6. c. 45 – 50.

②　Зарудный И. С. Улучшение в области связи.//Вестник Маньчжурии. 1927, №9. c. 10 – 15.

③　Хисамутдинов А. А. Российская эмиграция в Азиатско - Тихоокеанском регионе и Южной Америке: Биобиблиографический словарь. – . Владивосток: Изд – во Дальневост. ун – та. 2000. c. 94.

④　Гордеев М. К. Не в топоре успех лесопромышленности//Экономический Вестник Маньчжурии, 1923, №2. c. 12 – 15.

⑤　Гордеев М. К. Маньчжурский лес. Вып. 2. Описание лесной концессии Чол квжд. Харбин, 1920.

⑥　Гордеев М. К. Обзор лесных концессий квжд. 1898 – 1923. Харбин, изд. квжд, 1923, 14c.

⑦　Гордеев М. К. Леса и лесная промышленность Северной Маньчжурии. Харбин, 1923, 56c. (ОИМК, торг – пром. секция, сер. Д, №1.)

⑧　Гордеев М. К. Лесное хозяйство квжд. Харбин, изд. квжд, 1925, 16c.

⑨　Гордеев М. К. Леса большого Хингана. Харбин, 1920.

室，是满洲农业学会会员。1929 年 4 月 29 日，П. Ф. 康斯坦季诺夫移居美国旧金山，在加利福尼亚大学教授奶业课程。1937—1940 年，П. Ф. 康斯坦季诺夫是北美俄国农业协会以及俄国文化博物馆创办人之一。1942—1954 年，П. Ф. 康斯坦季诺夫在旧金山市自治局工作。1948 年，П. Ф. 康斯坦季诺夫当选为旧金山俄国中心俄国文化档案博物馆第一馆长。1954 年 1 月 24 日，П. Ф. 康斯坦季诺夫逝世于旧金山。① П. Ф. 康斯坦季诺夫主要从事中国东北农业问题研究，在《东省杂志》《中东经济月刊》上发表了《北满的农业》②《中东铁路地亩处农业实验室在黄豆研究方面的工作》③《北满市场上样豆的颗粒成分》④《安达与满沟地区的黄豆》⑤《关于出口黄豆的清除杂质问题》⑥《中东铁路地亩处农业实验室在黄豆及其产品研究方面的活动计划》⑦ 六篇文章，出版了《北满主要谷物的商品优势》⑧《1923—1927 年农业化学实验室活动概述》⑨ 两部著作。其中，《1923—1927 年农业化学实验室活动概述》一书是中东铁路地亩处农业科发行特刊第 1 号的出版物，具有重要史料价值，对我们研究 20 世

---

① Хисамутдинов А. А. Российская эмиграция в Азиатско - Тихоокеанском регионе и Южной Америке: Биобиблиографический словарь. - . Владивосток: Изд - во Дальневост. ун - та. 2000. с. 164.

② Константинов П. Ф. Земледелие в Северной Маньчжурии. //Вестник Маньчжурии. 1925, №8 - 10. с. 27 - 46.

③ Константинов П. Ф. Работы сельско - хозяйственной лаборатории Земельного Отдела КВжд в области исследования соевых бобов. //Вестник Маньчжурии. 1926, №5. с. 40 - 54.

④ Константинов П. Ф. Механический состав рыночных образцов бобов Северной Маньчжурии. //Вестник Маньчжурии. 1926, №6. с. 76 - 82.

⑤ Константинов П. Ф. Бобы из района Аньда и Маньгоу//Экономический. бюллетень, 1925, №14.

⑥ Константинов П. Ф. К вопросу об очистке экспортных бобов. //Экономический. бюллетень, 1926, №10.

⑦ Константинов П. Ф. Программа деятельности сельско - хозяйственной лаборатории Земельного Отдела КВжд в области исследования бобов и некоторых продуктов, получаюшихся из них. //Экономический. бюллетень, 1926, №19.

⑧ Константинов П. Ф. Товарное достоинство главных зерновых хлебов Северной Маньчжурии. - Харбин, тип. квжд, 1926. 57с.

⑨ Константинов П. Ф. Очерк деятельности сельскохо - зяйственной химической лаборатории за 1923 - 1927. //Известия Агромической организации. Земельный Отдел. №1. - Харбин, тип. квжд, 1928. 182с.

纪20年代中东铁路在中国东北地区的农业活动和在农业领域的研究提供了史料支撑。

　　B. A. 科尔玛佐夫，1886年7月4日出生于圣彼得堡，1960年逝世于美国西雅图。1908—1914年，B. A. 科尔玛佐夫在圣彼得堡移民总局工作。1917年，B. A. 科尔玛佐夫毕业于圣彼得堡大学经济专业和工程兵准尉学校。B. A. 科尔玛佐夫参加了第一次世界大战和国内战争。1920年，B. A. 科尔玛佐夫随德尼金军队溃逃到南斯拉夫。1921—1922年，B. A. 科尔玛佐夫在贝尔格莱德粮食统计部门工作。从1922年11月起，B. A. 科尔玛佐夫在哈尔滨生活。1924—1935年，B. A. 科尔玛佐夫是中东铁路经济调查局职员。B. A. 科尔玛佐夫是东省文物研究会地质与自然地理学股成员。B. A. 科尔玛佐夫从哈尔滨移居到天津生活了一段时间，后来从这里移居美国，但曾在澳大利亚居住很长时间。① 他主要致力于中国东北经济和考古发掘研究，该时期在《满洲经济通讯》《东省杂志》《中东经济月刊》等杂志上发表了以下二十三篇文章：

表1—6

序号	文　章　名　称
1	《呼伦贝尔的民间疗养地》②
2	《呼伦贝尔的东南部及其住户》③
3	《甘珠尔与蒙古集市》④
4	《黑龙江省的黄金工业》⑤
5	《游牧的呼伦贝尔》⑥

---

①　Жернаков В. Н. Памяти Владимира Алексеевича Кормазова：Некролог//Рус. жизнь，1975. 12 июня.

②　Кормазов В. А. Народные курорты Барги//Экономический. бюллетень. 1925，№48. с. 6 – 8.

③　Кормазов В. А. Юго – Восточная Барга и ее обитатели：из путевых заметок. //Вестник Маньчжурии. 1925，№5 – 7. с. 1 – 10.

④　Кормазов В. А. Ганьчжур и монгольская ярмарка. //Вестник Маньчжурии. 1926，№8. с. 46 – 50.

⑤　Кормазов В. А. Золотопромышленность Хэйлунцзянской провинции. //Вестник Маньчжурии. 1927，№3. с. 41 – 46.

⑥　Кормазов В. А. Кочевая Барга. //Вестник Маньчжурии. 1928，№8. с. 50 – 58；№9. с. 35 – 41.

续表

序号	文　章　名　称
6	《三河》①
7	《黑龙江省的北部边陲（黑龙江沿岸地区）》②
8	《阿穆尔河——中东铁路（交通）》③
9	《中国黑龙江沿岸地区的农业与工商生活：来自于中东铁路经济调查局的资料》④
10	《中国黑龙江沿岸地区经济概述——木材加工业、辅助临时工作、工商业：来自于中东铁路经济调查局的资料》⑤
11	《中东铁路西线区域的人口流动（满洲里站地段——圈河）》⑥
12	《中东铁路西线区域的人口流动（博克图站地段——对青山站）》⑦
13	《呼伦贝尔哈伦·阿尔山蒙古疗养地》⑧
14	《满洲里市》⑨
15	《北满的烟草业》⑩

①　Кормазов В. А. Трехречье. //Вестник Маньчжурии. 1929, №5. с. 38 – 47.

②　Кормазов В. А. Северная окраина Хэйлунцзянской провинции（Китайское Приамурье）. //Вестник Маньчжурии. 1929, №6. с. 69 – 79.

③　Кормазов В. А. Река Амур – КВжд（пути сообщения）. //Вестник Маньчжурии. 1929, №7 – 8. с. 37 – 51.

④　Кормазов В. А. Сельско – хозяйственная и торгово – промышленная жизнь Китайского Приамурья: по материалам Экономического Бюро КВжд. //Вестник Маньчжурии. 1929, №9. с. 39 – 52.

⑤　Кормазов В. А. Очерки по экономике Китайского Приамурья. Лесопромышленность, подсобные заработки населения, торговля, промышленность: по материалам Экономического Бюро КВжд. //Вестник Маньчжурии. 1929, №11. с. 59 – 70.

⑥　Кормазов В. А. Движение населения в районе Западной линии КВжд（участок станция Маньчжурия – р. Петля）. //Вестник Маньчжурии. 1930, №4. с. 51 – 59.

⑦　Кормазов В. А. Движение населения в районе Западной линии КВжд（участок станция Бухэду – станция Дуйциньшань）. //Вестник Маньчжурии. 1930, №5. с. 29 – 36.

⑧　Кормазов В. А. Монгольский курорт Халхин – Халун – Арашан. [В Барге]. //Экономический Вестник Маньчжурии – 1924, №37 – 38. с. 11 – 21.

⑨　Кормазов В. А. Город Маньчжурия. //Экономический. бюллетень, 1926, №21. с. 6 – 10; №23. с. 4 – 8.

⑩　Кормазов В. А. Табачная промышленность в Северной Маньчжурии. //Экономический Вестник Маньчжурии, 1924, №19. с. 6 – 8.

续表

序号	文 章 名 称
16	《海拉尔地区蒙古原料的加工》①
17	《呼伦贝尔西北部的黄金工业》②
18	《呼伦贝尔的蒙古合作社》③
19	《兴安岭原始森林中的毛皮作坊》④
20	《呼伦贝尔水域上的捕鱼场》⑤
21	《俄国人与原始森林中的满洲少数民族的经济关系》⑥
22	《北满的亚麻》⑦
23	《蒙古人的象棋》⑧

　　В. А. 科尔玛佐夫出版了《1923—1926 年呼伦贝尔的渔场》⑨（1926年第 7 期《东省杂志》发表，同年出版单行本）、《呼伦贝尔经济概述》⑩和《远东国家概述》⑪ 三部著作。

---

　　① Кормазов В. А. Обработка монгольского сырья в Хайларском районе. // Экономический. бюллетень, 1926, №13. с. 10 – 12; №16. с. 9 – 11.

　　② Кормазов В. А. Золотопромышленность северо – запыдной части Барги. // Экономический. бюллетень, 1925, №41. с. 5 – 6.

　　③ Кормазов В. А. Хулунбунрское монгольское кооперативное товарищество Монгол – Найрам. // Экономический. бюллетень, 1926, №27 – 28. с. 8 – 10.

　　④ Кормазов В. А. Пушной промысел в Хинганской тайге. // Экономический. бюллетень, 1926, №12. с. 5 – 7.

　　⑤ Кормазов В. А. Промысловые рыбалки в водах Хулунбуирского округа. // Экономический Вестник Маньчжурии, 1924, №39. с. 10 – 18.

　　⑥ Кормазов В. А. Чжуэрганьский таульужор. [Экон. отношения русских и коренного Маньчжурского населения тайги]. // Экономический. бюллетень, 1929, №15 – 16. с. 8.

　　⑦ Кормазов В. А. Лён в Северной Маньчжурии. // Вестник Маньчжурии. 1927, №4. с. 42 – 46.

　　⑧ Кормазов В. А. Шахматы у монголов. // Вестник Маньчжурии. 1926, №5. с. 41 – 42.

　　⑨ Кормазов В. А. Рыбные промыслы в Барге за 1923 – 1926 год. // Вестник Маньчжурии. 1926, №7. с. 11 – 23. То же. – Харбин, 1926, 10с. (ОИМК, торг – пром. секция, сер. Д, №7.)

　　⑩ Кормазов В. А. Барга. Экономический очерк. – Харбин, Тип. Китайской Восточной железной дороги, 1928, 281с.

　　⑪ Очерки стран Дальнего Востока. Вып. 1: Собственный Китай. – Харбин, 1931 (ред.). 196с; Вып. 2: Внешний Китай. 207с.

《远东国家概述》一书分两卷，出版于 1931 年。В. А. 科尔玛佐夫与著名汉学家日本学家 Д. М. 波兹涅耶夫[①]（中文名宝至德）和俄侨学者谢特尼茨基、特列特尼科夫共同担任主编出版了《远东国家概述》一书。该书出版的目的是普及远东国家知识，使居住在远东国家的俄国人了解这些国家的主要特点、政治经济状况、与外部世界的经济政治关系等[②]。在两卷本的《远东国家概述》中，В. А. 科尔玛佐夫只参与了第二卷的编写，编写了除第一章外的所有内容，撰写了满洲地理概述，满洲的历史，满洲的人口，满洲行政设置，满洲的重要城镇，满洲的交通与通信，满洲的区域经济，满洲的工商业，满洲的农业，满洲的货币流通与金融，新疆，蒙古和西藏的历史与现状等内容。

《呼伦贝尔经济概述》一书是 В. А. 科尔玛佐夫最重要的著作。如前文所述，中东铁路经济调查局的成立开启了中国东北区域经济研究的新时代。为了获取统计资料和进行统计研究，中东铁路经济调查局于 20 世纪 20 年代在中国东北开展了几次大规模的实证调查。在这期间，中东铁路经济调查局职员 В. А. 科尔玛佐夫直接参与了调查。他最感兴趣的地区是黑龙江省管辖的呼伦贝尔地区，学者们对这个人口稀少但自然资源非常丰富的地区给予的关注度不够多，尤其是关于呼伦贝尔经济的研究。在此背景下，В. А. 科尔玛佐夫收集了大量关于呼伦贝尔的调查资料，并将其加工整理撰写出了《呼伦贝尔经济概述》一书，于 1928 年在哈尔滨出版。

《呼伦贝尔经济概述》一书由上、下两编构成，共 281 页。

上编为呼伦贝尔总述，分八个部分。第一部分为自然地理，主要记述了呼伦贝尔的地理位置、地域范围、地形地貌、河流和动植物。第二部分为呼伦贝尔历史资料概要，主要记述了秦代以来呼伦贝尔地区所发

---

① 关于 Д. М. 波兹涅耶夫的生平及活动见 Российские востоковеды: Д. М. Позднеев, Н. И. Конрад, Н. А. Невский, В. Д. Плотникова, А. Л. Гальперин, Г. И. Подпалова, А. Е. Глускина, В. Н. Маркова. Страницы памяти. Издательство: Муравей, 1998; Они были первыми: профессор Дмитрий Матвеевич Позднеев//Россия и Азиатско - Тихоокеанский регион. 1999. №2. с. 45 – 49.

② Очерки стран Дальнего Востока. Вып. 1: Собственный Китай. – Харбин, 1931 (ред.). с. I.

生过的重要事件。第三部分为呼伦贝尔的古代遗迹，主要记述了在呼伦贝尔土地上被人们发掘的古代遗迹情况。第四部分为呼伦贝尔的气候，主要记述了呼伦贝尔近年的气压、风向、气温的变化情况。第五部分为呼伦贝尔的人口，主要记述了呼伦贝尔人口的民族构成、数量、风俗习惯、宗教信仰、语言、居住条件、交通工具、生活方式等情况，其中重点记载了关于呼伦贝尔俄国侨民的人口状况。第六部分为呼伦贝尔的行政设置，主要记述了呼伦贝尔县治、盟旗制和俄国的管理体制并存的行政管理，并介绍这些管理体制的设置与运行。第七部分为呼伦贝尔的交通，主要记述了穿越呼伦贝尔的中东铁路各车站、以额尔古纳河为干流的水上交通以及以海拉尔为中心通往各处的陆路交通情况。第八部分为呼伦贝尔的主要居民点，主要记述了海拉尔市、满洲里市、甘珠尔寺院和集市以及阿尔山圣泉疗养区等呼伦贝尔的主要居民点的历史渊源、地理位置、人口、交通、工商业、文化教育等情况。

下编为呼伦贝尔经济，分九个部分。第一部分为畜牧业，主要记述了呼伦贝尔是北满地区最适宜发展畜牧业的地方，也是世界上发展畜牧业经济最发达的地方；按照畜牧业生产方式，呼伦贝尔被划分为两大区：纯放牧畜牧业区（蒙古游牧人和外贝加尔的布里亚特人牧场）和单栏圈养畜牧区（俄国侨民聚居区），记载了近年两大畜牧业区牲畜种类与数量、畜牧业产品种类和数量，以及牲畜与畜牧业产品贸易情况。第二部分为森林工业，主要记述了呼伦贝尔的森林资源，记载了呼伦贝尔森林覆盖面积为 3 万平方公里，而适宜采伐的森林面积为 7500 平方公里；本部分还重点记述了四个木植公司在呼伦贝尔的开办与经营情况。第三部分为狩猎业，主要记述了近年在呼伦贝尔市场上销售的动物种类和价格走势、在市场上销售的年毛坯数量、从境内各铁路车站运出的年毛皮制品数量等情况。第四部分为捕鱼业，主要记述了呼伦贝尔捕鱼业产生的历史、由滥捕到合法捕鱼的过程（向政府申请大渔网证和捕鱼证）、基本鱼类品种、夏季和冬季捕鱼获取大渔网证的费用、近 5 年内（1924—1928）政府共发放大渔网证年度数量、夏季和秋季捕鱼时一个渔场平均用工数量和月工资额、一张大渔网的价格和整个渔场其他捕鱼用具的价格、近几年夏冬时节捕鱼量、投放市场量和不同鱼类的市场价格情况。

第五部分为农业，主要记述了呼伦贝尔农业开发的源头和俄国人在呼伦贝尔农业开发的历史过程，记载了1926年呼伦贝尔的播种面积不超过6600公顷、不同地区的播种面积、不同作物的播种面积、粮食收成总量等。本部分还记述了蔬菜栽培、瓜类栽培、土地租赁、粮食和饲料的供给等情况。第六部分为矿产资源开发，主要记述了呼伦贝尔矿产资源的种类与分布，重点介绍了呼伦贝尔采金业、制盐业、制碱业和采煤业等主要领域发展情况。第七部分为加工业，主要介绍了呼伦贝尔加工企业的类别和数量，尤其是加工企业中的屠宰场、肠厂、洗毛厂、奶油制造厂、皮革厂、磨坊和酒厂等重点加工企业的建设情况和生产能力。第八部分为贸易，主要记述了呼伦贝尔贸易的产生与发展进程、俄国人与呼伦贝尔贸易的历史演进、呼伦贝尔的主要商业中心、商品交易方式、当前贸易企业数量和年贸易额、外资和本国企业经营商品种类和比重、商业货物的输出与输入情况。本部分还以中东铁路职工消费合作社和呼伦贝尔蒙古合作社股份公司为例，重点介绍了这两家大型贸易企业的成立与经营情况。第九部分为货币流通与信贷，主要记述了呼伦贝尔货币的产生与流通的历史、主要流通的货币种类，以及各类信贷机构银行的设立和业务情况。

《呼伦贝尔经济概述》是一部极具史料价值的著作。这首先体现在其利用已有研究成果上。《呼伦贝尔经济概述》一书利用了45种已有与呼伦贝尔相关的研究成果。它不仅为我们提供了关于呼伦贝尔的过去史料信息，也体现出《呼伦贝尔经济概述》一书的编写是建立在丰富史料基础之上的。其次，《呼伦贝尔经济概述》一书的史料价值也体现在其所利用的调查统计资料上。《呼伦贝尔经济概述》一书中大量的统计资料或是作者近年的实地调查数据，或是相关人员提供给作者的一些资料。这些关于呼伦贝尔的详实调查资料是我们今天了解和研究近代呼伦贝尔经济社会发展最真实和宝贵的材料。

关于呼伦贝尔的研究，在《呼伦贝尔经济概述》一书出版前早已出版了几部著作，如前文已介绍的 A. M. 巴拉诺夫的《呼伦贝尔》、已提到的 П. Н. 斯莫利尼科夫的《1912年甘珠尔集市》以及很少被学者提及的

А. С. 梅谢尔斯基的《自治呼伦贝尔》[①] 和 Е. Н. 施罗科国罗娃的《西北满洲》[②] 等，记载了关于呼伦贝尔的许多重要资料，是我们今天研究呼伦贝尔的历史必须查阅的重要图书。这些著作都具有非常重要的学术价值，如 А. М. 巴拉诺夫的《呼伦贝尔》是俄国学者出版的第一部关于呼伦贝尔的专门著作和综合性著作，П. Н. 斯莫利尼科夫的《1912 年甘珠尔集市》是俄国学者出版的第一部关于呼伦贝尔经济的专门著作，Е. Н. 施罗科国罗娃的《西北满洲》是俄国学者出版的第一部关于呼伦贝尔历史地理的专门著作，А. С. 梅谢尔斯基的《自治呼伦贝尔》是俄国学者出版的第一部关于呼伦贝尔某一发展阶段的综合性著作。与上述这些著作相比，《呼伦贝尔经济概述》一书有着自己的更为独特的学术价值。首先，它是第一部关于呼伦贝尔经济的综合性论著，这有别于《1912 年甘珠尔集市》一书侧重于贸易研究；其次，与其说《呼伦贝尔经济概述》一书是一部关于经济的综合性论著，还不如说它是关于呼伦贝尔的全面研究的综合性论著，综合了前人几乎所有关于呼伦贝尔的研究著述，可以说是一部关于呼伦贝尔的百科全书式论著，是一部纵论古今和薄古厚今的著作。

А. В. 马拉库耶夫，1891 年 7 月 17 日出生于雅罗斯拉夫尔省，1955 年 8 月 19 日逝世于阿拉木图。1913—1914 年，А. В. 马拉库耶夫在敖德萨商业航海学校航海员专业学习。从 1914 年 8 月，А. В. 马拉库耶夫参加第一次世界大战，获准尉军衔。1914—1918 年，А. В. 马拉库耶夫被奥匈帝国俘虏。1919—1920 年，А. В. 马拉库耶夫在外国商船做船员。1920—1921 年，А. В. 马拉库耶夫担任符拉迪沃斯托克奶油制造劳动组合协会英语翻译。1923—1924 年、1927 年，А. В. 马拉库耶夫在哈尔滨生活。1924—1926 年，А. В. 马拉库耶夫是苏联驻华商务处工作人员。А. В. 马

---

① Мещерский А. С. Автономная Барга：Монгольская экспедиция по заготовке мяса для действующих армий. Владивостокско‐Маньчжурский район：Материалы к отчёту о деятельности с 1915 по 1918 г. г. вып. Ⅻ. ‐Шанхай：Типография Русского Книгоиздательства，1920. ‐40с.

② Широкогорова Е. Н. Северо‐Западная Манджурия（Географический очерк по данным маршрутных наблюдений）. ‐Владивосток：Типография Областной Земской Управы，1919. ‐47с.（Отдельный оттиск из Ученых Записок Историко‐Филологического Факультета во Владивостоке. 1. отд.）

拉库耶夫是东省文物研究会名誉会员。1928 年 8 月 22 日，А. В. 马拉库耶夫返回苏联后被逮捕，并于 1929 年 3 月 17 日被判流放 3 年。1930 年流放提前结束，А. В. 马拉库耶夫回到苏联符拉迪沃斯托克生活，在国立远东大学教书。从 1932 年起，А. В. 马拉库耶夫成为苏联科学院远东分院科研人员和图书馆第一任馆长。1935 年 12 月 20 日，А. В. 马拉库耶夫晋升为副教授。А. В. 马拉库耶夫是苏联地理学会滨海分会副主席。1937 年 11 月 16 日，А. В. 马拉库耶夫再次被逮捕，并于 1940 年 2 月 9 日被判流放 5 年，其间在托木斯克工业学院工作。1942—1950 年，А. В. 马拉库耶夫在托木斯克大学地理与历史语文系教授外国经济地理与中国地理课程。去世前几年，在哈萨克斯坦大学任教。① А. В. 马拉库耶夫主要对中国度量衡和经济问题进行了研究，在《东省文物研究会杂志》《东省杂志》《中东经济月刊》上发表了《中国度量衡学概述》②《中国的对外贸易及其在世界流通中的地位》③ 《上海——中国的商都》④ 《中国的棉纱工业》⑤《1925 年中国对外贸易的结果》⑥ 《满洲的日本资本家》⑦ 《内蒙古》⑧《中国的度量衡学》⑨ 等九篇文章，出版了《中国的对外贸易及其

---

① Хисамутдинов А. А. Дальневосточное востоковедение：Исторические очерки/Отв. ред. М. Л. Титаренко；. Ин – т Дал. Востока РАН. – М.：ИДВ РАН. 2013. с. 298.

② Маракуев А. В. Очерк метрологии Китая. //Вестник Маньчжурии. 1927, №1. с. 72 – 85.

③ Маракуев А. В. Внешняя торговля Китая и ее место в мировом товарообороте. //Вестник Маньчжурии. 1927, №5. с. 1 – 9；№6. с. 1 – 10.

④ Маракуев А. В. Шанхай – торговая столица Китая. //Вестник Маньчжурии. 1927, №3. с. 51 – 58.

⑤ Маракуев А. В. Хлопчато – бумажная промышленность Китая. //Вестник Маньчжурии. 1927, №4. с. 76 – 81.

⑥ Маракуев А. В. Итоги Внешней торговли Китая за 1925г. //Экономический. бюллетень, 1927, № 3 – 4. с. 11 – 16.

⑦ Маракуев А. В. Японские капиталисты в Маньчжурии. //Вестник Маньчжурии. 1927, №12. с. 25 – 27.

⑧ Маракуев А. В. Внутренняя Монголия. //Вестник Маньчжурии. 1927, №9. с. 46 – 55.

⑨ Маракуев А. В. Метрология китая. //Известия Общества Изучения Маньчжурского Края, 1924, № 5. с. 1 – 3.

在世界流通中的地位》① 和《满洲黄豆的出口及其财政收益》② 两部著作。本书对《中国的对外贸易及其在世界流通中的地位》一书予以重点介绍。该书是作者 1927 年 4 月 15 日在东省文物研究会所宣读的报告，其中部分内容在《东省杂志》1927 年第 5、6 期发表，后经修改和补充而成。③ 该书由八章构成，主要介绍了对外贸易统计资料的可比性与确定国际贸易规模的难度、第一次世界大战后国际贸易规模的变化、中国在国际贸易中的比重及在近 50 年内的变化、中国的借贷平衡、近 50 年内中国进口额的变化、近 50 年内中国出口的变化、中国贸易主要对象国、贸易统计国际商品名称表（185 种）等内容。该书是作者在华多年工作观察研究的结果，运用统计学的方法记述了近 50 年内中国的对外贸易发展史及中国在国际商品流通中的地位变迁，并预测未来中国在国际贸易中影响将更大。该书是俄国学者出版的第一部综合论述中国对外贸易的著作。

B. B. 拉曼斯基，1879 年 7 月 14 日出生于圣彼得堡，1943 年后逝世，逝世地不详。1896 年，B. B. 拉曼斯基毕业于圣彼得堡大学物理数学系。1906 年，B. B. 拉曼斯基通过了矿学与地质学硕士论文答辩。1902—1912 年，B. B. 拉曼斯基受聘为圣彼得堡工业学校经济专业编外副教授，教授经济地理和自然地理。从 1913 年起，B. B. 拉曼斯基受聘为圣彼得堡大学编外副教授。1918 年，B. B. 拉曼斯基主持彼尔姆大学地理学教研室客座教授事务。从 1919 年，B. B. 拉曼斯基移居哈尔滨生活；1924—1930 年为哈尔滨法政大学教授，教授经济地理学。B. B. 拉曼斯基是东省文物研究会会员。B. B. 拉曼斯基后任上海法国市政学校俄语教授。④ 1925 年，

---

① Маракуев А. В. Внешняя торговля Китая и ее место в мировом товарообороте : окончание. – Харбин , Изд. ОИМК , тип. квжд , 1927. 88с. (ОИМК. Торгово – пром. секция. Сер. Д ; Вып. 9.).

② Маракуев А. В. Экспорт маньчжурских бобов и его финансирование. – Харбин , Изд. ОИМК тип. квжд , 1928. 75с. (ОИМК. Торгово – пром. секция. Сер. Д ; Вып. 12.) // Вестник Маньчжурии. 1928 , №2. с. 1 – 9.

③ Маракуев А. В. Внешняя торговля Китая и ее место в мировом товарообороте : окончание. – Харбин , Изд. ОИМК , тип. квжд , 1927. с. 3.

④ Хисамутдинов А. А. Российская эмиграция в Азиатско – Тихоокеанском регионе и Южной Америке : Биобиблиографический словарь. – . Владивосток : Изд – во Дальневост. ун – та. 2000. с. 179 ; Личный состав общества // Известия общества Изучения Маньчжурского края , 1926. №6. с. 71 ; Автономов Н. П. Юридический факультет в Харбине за восемнадцать лет существования. // Известия Юридического Факультета , 1938. №12. с. 40.

В. В. 拉曼斯基在《东省杂志》上发表了《美国在蒙古的调查》① 《阿穆尔：序论》②《东省研究栏：代前言》③ 三篇文章。

А. Г. 列别杰耶夫，出生年、地点不详，逝世年、地点不详。А. Г. 列别杰耶夫是东省文物研究会会员。④ А. Г. 列别杰耶夫于 1928 年在《东省杂志》上发表了《哈尔滨自动电话站》⑤ 一篇文章，介绍了哈尔滨自动电话站的产生与发展的基本情况。

И. А. 洛巴金，1881 年 1 月 2 日出生，出生地不详，逝世年、地点不详。1912 年，喀山大学毕业后 И. А. 洛巴金在滨海省从事研究工作。И. А. 洛巴金曾任哈巴罗夫斯克格罗捷耶夫博物馆馆长，在中学、国立远东大学、哈尔滨师范学院（1925—1926）做教师。1929 年，И. А. 洛巴金在加拿大不列颠哥伦比亚大学通过硕士论文答辩。同年，И. А. 洛巴金在道格拉斯海峡参加了加拿大国家博物馆研究基帝罗特印第安人的考察。1930—1931 年，И. А. 洛巴金担任西雅图华盛顿大学人类学教师，教授东北亚民族、中亚民族课程。1935 年，И. А. 洛巴金在洛杉矶南加利福尼亚大学通过了博士论文答辩，留该校教授俄语、俄国文明史和人类学课程，从事比较语言学研究。⑥ И. А. 洛巴金曾对中国东北的鄂伦春人进行了研究，出版了《鄂罗奇人——满族的一个群体》⑦（《东省杂志》1925 年第 8—10 期发表，同年出版单行本）一本小册子。该书是作者 1924 年春天在鄂罗奇人居住地的一次旅行的结果。书中记述了以往对鄂罗奇人的调

---

①　Ламанский В. В. Американские исследования в Монголии. //Вестник Маньчжурии. 1925,No1 – 2. с. 65 – 69.

②　Ламанский В. В. Амур：Вводный очерк//Вестник Маньчжурии. 1925 ,No3 – 4. с. 1 – 11.

③　Ламанский В. В. Отдел изучения края. Вместо введения. //Вестник Маньчжурии. 1925, No1 – 2. с. 99.

④　Состав общества Изучения Маньчжурского края//Известия общества Изучения Маньчжурского края,1928. No7. с. 123.

⑤　Лебедев А. Г. Харбинская автоматическая телефонная станция. //Вестник Маньчжурии. 1928,No7. с. 29 –43.

⑥　Хисамутдинов А. А. Российская эмиграция в Азиатско – Тихоокеанском регионе и Южной Америке：Биобиблиографический словарь. – . Владивосток：Изд – во Дальневост. ун – та. 2000. с. 188.

⑦　Лопатин И. А. Орочи – сородичи Маньчжур. – Харбин, ОИМК, ист. – этногр. секция, 1925 ,30с. //Вестник Маньчжурии. 1925 ,No8 – 10. с. 15 – 45.

查和鄂罗奇人的地理分布，有关鄂罗奇人的统计资料及其衰亡，鄂罗奇人的经济状况，鄂罗奇人的家庭和社会组织、家族血仇，鄂罗奇人的宗教信仰和熊节等内容。该书是俄罗斯学者出版的第一部专论鄂罗奇人生活及习俗的著述。

В. С. 马利茨基，出生年、地点不详，逝世年、地点不详。В. С. 马利茨基是东省文物研究会会员。[1] 20 年代下半期，В. С. 马利茨基在《东省杂志》《中东经济月刊》上发表了《1926 年中东铁路上的事件》[2]《哈尔滨的手工业》[3]《北满的脂油产出平衡》[4]《哈尔滨的最低生活费用》[5]《北满的蜡烛市场》[6]《满洲出口消费市场：中国中部与南部的粮食市场》[7] 六篇文章。

И. А. 德久里，1876 年 10 月 14 日出生于沃伦省。И. А. 德久里曾任科尔夫斯克铁路车站站长；1908—1909 年成为著名地理学家 В. К. 阿尔谢尼耶夫考察队成员。从 1922 年起，И. А. 德久里在哈尔滨生活，在中东铁路管路局工作，是东省文物研究会会员。1930 年，И. А. 德久里失业，专门从事狩猎活动。满洲俄侨事务局成立后，И. А. 德久里是满洲俄侨事务局考古学、博物学和人种学研究青年会活动家。1936 年 12 月 15 日，И. А. 德久里因狩猎死于萨尔图车站。[8] И. А. 德久里于 20 年代在《东省

[1] Состав общества Изучения Маньчжурского края//Известия общества Изучения Маньчжурского края,1928. №7. с. 124.

[2] Малицкий В. С. Происшествия на КВжд в 1926 г. //Вестник Маньчжурии. 1927, №11. с. 11 – 18.

[3] Малицкий В. С. Кустарная промышленность Харбина//Вестник Маньчжурии. 1929, №2. с. 11 – 17.

[4] Малицкий В. С. Масло – жировой баланс Северной Маньчжурии//Вестник Маньчжурии. 1929, №7 – 8. с. 52 – 64.

[5] Малицкий В. С. Прожиточный минимум для Харбина. // Экономический. бюллетень. 1930, №3. с. 14 – 16.

[6] Малицкий В. С. Рынок свечей Северной Маньчжурии в 1927г. //Экономический. бюллетень. 1928, №9. с. 8.

[7] Малицкий В. С. Рынки сбыта Маньчжурского экспорта. Хлебный рынок Центрального и Южного Китая. //Экономический. бюллетень. 1930, №6. с. 4 – 6.

[8] Памяти старшего друга И. А. Дзюль//Натуралист Маньчжурии, 1937. №2. с. 49.

杂志》上发表了《关于东北虎的一些看法笔记》①《再谈东北虎：狩猎者的补充》② 两篇关于东北虎的文章。

Н. М. 多布罗霍托夫，出生年、地点不详，1946 年 11 月 16 日逝世于哈尔滨。Н. М. 多布罗霍托夫是西伯利亚国内战争的参加者。在哈尔滨期间，Н. М. 多布罗霍托夫担任哈尔滨贸易公所秘书、东省文物研究会会员。③ Н. М. 多布罗霍托夫于 1923 年和 1930 年在《满洲经济通讯》《东省杂志》上发表了《工商机构谈中东铁路管理局局长、工程师 Б. В. 沃斯特罗乌莫夫》④《满洲市场上的萧条》⑤《哈尔滨的经济困境》⑥《北满市场上的萧条》⑦ 四篇反映世界经济危机对中国东北经济影响的文章。

И. И. 多姆布洛夫斯基，出生年、地点不详，逝世年、地点不详。曾为东省文物研究会会员。⑧ И. И. 多姆布洛夫斯基于 1931 年在《东省杂志》上发表了《1920—1930 年哈尔滨市场价格》⑨ 等两篇文章，记载哈尔滨市场各类商品价格走势及影响因素。

Н. П. 阿夫托诺莫夫本时期在中国东北的俄侨教育史和俄罗斯远东教

① Дзюль И. А. Несколько слов о маньчжурском тигре. //Вестник Маньчжурии. 1928, No11 – 12. с. 52 – 55.

② Дзюль И. А. Еще раз о Маньчжурском тигре：дополнительные заметки охотника. //Вестник Маньчжурии. 1925. с. 27 – 30.

③ Хисамутдинов А. А. Дальневосточное востоковедение：Исторические очерки/ Отв. ред. М. Л. Титаренко；. Ин – т Дал. Востока РАН. – М. : ИДВ РАН. 2013. с. 274 – 275；Состав общества Изучения Маньчжурского края//Известия общества Изучения Маньчжурского края, 1928. No7. с. 122.

④ Доброхотов Н. М. Торгово – промышленная организация об управляющем КВжд инженер Б. В. Остроумов. //Экономический Вестник Маньчжурии,1923, No6 – 7 – 48, с. 5 – 7.

⑤ Доброхотов Н. М. Депрессия на маньчжурском рынке. //Вестник Маньчжурии. 1930, No3. с. 12 – 15.

⑥ Доброхотов Н. М. Экономические затруднения в Харбине. //Вестник Маньчжурии. 1930,No6. с. 12 – 14.

⑦ Доброхотов Н. М. Депрессия на рынках Северной Маньчжурии. //Вестник Маньчжурии. 1930,No8. с. 10 – 13.

⑧ Забияко А. А. , Забияко А. П. , Левошко С. С. , Хисамутдинов А. А. Русский Харбин：опыт жизнестроительства в условиях дальневосточного фронтира/Под ред. А. П. Забияко. – Благовещенск：Амурский гос. ун – т. 2015. с. 379.

⑨ Домбровский И. И. Цены харбинского рынка 1920 – 1930 гг. //Вестник Маньчжурии. 1931,No2. с. 8 – 17；No3. с. 37 – 52.

育史研究上硕果累累，留下了大量的珍贵文献资料，对我们今天研究中国东北的俄侨教育史和俄罗斯远东教育史具有重要参考价值。Н. П. 阿夫托诺莫夫在《亚细亚时报》和《满洲教育学会通报》等杂志上发表了《В. В. 索尔达托夫（悼词）》①《萨哈林的学校》②《勘察加的学校》③《阿穆尔边区的外国人俄国学校》④《自然历史关系中的乌苏里边区研究第一次代表大会》⑤《俄国东方学家学会历史概述》⑥《在传说的世界里（1919年中东铁路爱河会让站的红胡子）》⑦《满洲教育学会活动史》⑧《阿穆尔边区学校史文献初编》⑨《纪念 А. И. 里尼科夫》⑩《在文化教育关系中的中东铁路附属地研究课题》⑪ 十一篇文章，出版了《哈尔滨第一公共商业学校的第一个十年（1921—1931）》⑫《15 年内中东铁路哈尔滨商业学校历史概述（1906—1921）》⑬《中东铁路学务处活动概述》⑭ 三部著作。

① Автономов Н. П. В. В. Солдатов:(Некролог)//[J]. Вестник Азии,1923,№51. с. 347 – 350.

② Автономов Н. П. Сахалинская школа//Вестник Азии. 1922, №48. с. 84 – 92.

③ Автономов Н. П. Камчатская школа//Вестник Азии. 1922, №48. с. 93 – 105.

④ Автономов Н. П. Русская школа для инородцеа в Приамурском крае//Вестник Азии. 1922, №49. с. 235 – 253.

⑤ Автономов Н. П. Первый съезд по изучению Уссурийского края в естественно – историческом отношении// Вестник Азии. 1922, №50. с. 280 – 297.

⑥ Автономов Н. П. Общество русских ориенталистов(Ист. очерк). //Вестник Азии. 1926, №53, с. 413 – 448.

⑦ Автономов Н. П. В мире слухов (хунхузы на разъезде Эхо Кит. Вост. жел. дор. в 1919 г.). //Вестник Азии,1923, №51. с. 305 – 324.

⑧ Автономов Н. П. Из жизни последних лет Маньчжурского Педагогического Общества///Вестник Маньчжурского Педагогического Общества,1922, №1. с. 12 – 17.

⑨ Автономов Н. П. Опыт библиографии по истории школы в Приамурском крае. // Вестник Азии. 1922, №48, с. 149 – 166.

⑩ Автономов Н. П. Памяти А. И. Линькова//Просветительное дело в азиатской россии, 1922, №2. с. 24 – 27.

⑪ Автономов Н. П. Проект изучения полосы отчуждения Китайско – восточной железной дороги в культурно – просветительном отношении. //Вестник Маньчжурского Педагогического Общества,1922, №5. с. 11 – 14;№6. с. 14 – 18.

⑫ Автономов Н. П. Первое десятилетие 1 – го Харбинского общественного коммерческого училищы(1921 – 1931). – Харбин: изд 1 – го ХОКУ,1931. 81с.

⑬ Автономов Н. П. Исторический обзор Харбинских коммерческих училищ Кит. Вост. жел. дор. За 15 лет(1906 – 1921). – Харбин:Изд. Коммерческих училищ,1921. 213с.

⑭ Автономов Н. П. Обзор деятельности Учебного отдела дороги. – Харбин,1923.

А. И. 安多戈斯基, 1863 年 3 月 8 日出生于诺夫哥罗德省贵族家庭, 1931 年 2 月 25 日逝世于哈尔滨。早年, А. И. 安多戈斯基毕业于圣彼得堡军事中学和第二康斯坦丁诺夫斯克军事学校。1898 年, А. И. 安多戈斯基毕业于圣彼得堡大学法律系, 1905 年毕业于军事法律学院, 后在军法局工作。1905 年, А. И. 安多戈斯基被派遣到国外进行军事科学考察。1911—1914 年, А. И. 安多戈斯基在总司令部尼古拉耶夫斯克学院工作, 教授军事学, 晋升为上校军衔。1917 年 9 月, 受聘为总司令部尼古拉耶夫斯克学院客座教授; 1918 年 10 月任编内教授, 总司令部尼古拉耶夫斯克学院最后一任院长。А. И. 安多戈斯基后与学院一起先后搬迁至叶卡捷琳堡和喀山。国内战争期间, А. И. 安多戈斯基曾担任高尔察克军队司令部军需官, 兼任符拉迪沃斯托克市市长, 又在国立远东大学教授俄国历史 (1921—1922)。国内战争后, А. И. 安多戈斯基先来到上海, 后移居哈尔滨, 曾担任哈尔滨第一实科学校校长。20 世纪 20 年代下半叶, А. И. 安多戈斯基在哈尔滨东方文言与商业专科学校工作, 担任铁路法和金融法教研室主任, 曾倡议组织对抗苏联的爱国主义队伍。① А. И. 安多戈斯基在 1924 年第 11 期《满洲经济通讯》上发表了《美国争夺太平洋上的经济霸权》② 和在 1925 年第 5—7 期《东省杂志》上发表了《太平洋问题解决之路》两篇文章。后文于同年出版了同名的单行本著作③。该著是 А. И. 安多戈斯基 1925 年 5 月 22、29 日和 6 月 5 日在东省文物研究会所宣读的报告基础上形成, 指出了世界历史的中心已从大西洋沿岸转向太平洋沿岸, 分八个部分记述了 1904—1905 年日俄战争与 1914—1918 年第一次世界大战后太平洋上各国的相互关系、各国在太平洋上的经济状况、日本的军事政治准备、美日在太平洋上的海军、美日通过争夺海洋解决太平洋问题的大致情况、美日陆军、美国陆军调往亚洲大陆的可能

---

① Жизнь Института ориентальных и коммерческих наук//На Дальнем Востоке. 1931, №1, с. 86; Смерть ген. А. И. Андогского в Харбине//Новая заря. 1931. 20 марта. с. 3.

② Андогский А. И. Барьба Америки за экономическую гегемонию на Тихом океане.//Экономическийвестник Маньчжурии. 1924, №11. с. 7 – 9.

③ Андогский А. И. Пути к разрешению тихоокеанской проблемы//Вестник Маньчжурии. 1925, № 5 – 7. с. 1 – 65. – Харбин: Тип. КВЖД, 1926. –52с.

计划、俄国在解决太平洋问题上的作用与意义等内容。

　　B. H. 伊万诺夫，1888 年 11 月 19 日出生于格罗德诺州莫斯科人的家庭里，1971 年逝世于哈巴罗夫斯克。1897—1906 年，B. H. 伊万诺夫在科斯特罗马接受了初等和中等教育，1906—1911 年在圣彼得堡大学历史语文系学习。1911—1913 年，B. H. 伊万诺夫在军队中服役。1913 年秋，B. H. 伊万诺夫在圣彼得堡"活动家"出版社工作。1914 年，B. H. 伊万诺夫被军队征召参加第一次世界大战。1918 年 2 月，B. H. 伊万诺夫在圣彼得堡大学彼尔姆分校教书；1918 年末在高尔察克军队占领下的彼尔姆《西伯利亚指针报》担任编辑。1919 年 5 月，B. H. 伊万诺夫来到鄂木斯克高尔察克政府宣传机关——俄国印刷局工作；8 月负责编辑《我们的报》。1920 年 4 月，B. H. 伊万诺夫来到符拉迪沃斯托克继续从事编辑报纸工作，1921 年被任命为阿穆尔边区政府出版特派员并担任《晚报》主编，1922 年 10 月前一直在符拉迪沃斯托克和哈尔滨两地穿梭工作，期间还创办了远东信息电讯社。1922 年 10 月，B. H. 伊万诺夫成为侨民，先后在朝鲜、日本等国生活。1923 年，B. H. 伊万诺夫来到了上海。从 1924 年起，B. H. 伊万诺夫长期定居于哈尔滨。20 年代中期，B. H. 伊万诺夫与塔斯社合作。1927—1932 年，B. H. 伊万诺夫在《公报》工作。1931 年，B. H. 伊万诺夫加入苏联籍，并开始为苏联领事机构服务。从 1933 年起，其曾几次在天津旅行了一段时间。1936 年，B. H. 伊万诺夫移居上海。1941 年 8 月到 1945 年 2 月，B. H. 伊万诺夫在上海祖国之声电台工作，成为支持苏联对德战争的爱国主义运动的积极支持者。1945 年 2 月，B. H. 伊万诺夫回到祖国，定居哈巴罗夫斯克，继续从事之前的文学创作，1957 年加入苏联作家协会。作为俄国诸多事件的亲历者和报人，B. H. 伊万诺夫以出版者的身份在俄国和中国的许多报纸上发表了关于俄国命运的文章，既有对俄国历史事件的思考，也有对历史人物的评论，还有对俄国白色运动失败原因的思索，这些文章后来都收在了他在哈尔滨出版的《在国内战争：来自鄂木斯克记者的札记》①《雾中灯火：

---

①　Иванов В. СН. В гражданской войне. Из записок омского журналиста. – Харбин, 1921. 137 с.

关于俄国经历的思索》①《白滨海边区的崩溃：来自记者的札记》② 三部
回忆性著作中。作为作家的 B. H. 伊万诺夫在侨居中国期间一直从事文学
创作，在《边界》《门》《公报》《上海霞光报》《星期一》等报刊和诗
集上发表了大量文学作品，也出版了几部诗集和小说。③

　　除以上两种身份外，B. H. 伊万诺夫还有第三种身份——学者。B. H. 伊
万诺夫在哈尔滨、天津、上海撰写了《我们：俄罗斯国家的历史文化基础》④
《弗拉基米尔·索洛维也夫的哲学》（1931 年《俄国言论报》5 月 6—9 日连载
发表，同年出版单行本)⑤《人的事业：文化哲学初编》⑥《列里赫——艺
术家——思想家》⑦《亚历山大·布洛克》⑧《俄国生命力的加强》⑨《中
国新年》⑩《欧亚主义问题》⑪《什么是欧亚主义》⑫《论新文化》⑬《论俄
国精神》⑭《论中国诗歌》⑮《中国的吊环》⑯《论侨民文学》⑰《年轻中国

① Иванов В. СН. Крах белого Приморья. Из записок журналиста. – Тяньцзин,1927. – 30с.

② Иванов В. СН. Огни в тумане:Думы о русском опыте. – Харбин,1932. – 368с.

③ Якимова С. И. Жизнь и творчество ВС. Н. Иванова в Историко – литературном
контексте ХХ века:Диссертации. . Доктора филологических наук:Хабаровск,2002. с. 26 – 466.

④ Иванов В. СН. Мы: Культурно – исторические основы русской государственности. –
Харбин:Изд – во Бамбуковая роща,1926. – 372с.

⑤ Иванов В. СН. Философия Владимира Соловьева: Статья. – Харбин, 1931. 18с. //
газ. Русское слово,6 – 9. Мая. 1931г.

⑥ Иванов В. СН. Дело человека:Опыт философии культуры. – Харбин,1933. – 216с.

⑦ Иванов В. СН. Рерих – художник – мыслитель. – Рига,1937. с. 101.

⑧ Иванов В. СН. Александр Блок:Статья/ /Рубеж. 1931. №35. с. 9 – 10.

⑨ Иванов В. СН. Усиление русской жизни: Статья//День русской культуры:Сборник. –
Харбин,1930. с. 14.

⑩ Иванов В. СН. Китайский Новый год:Статья. газ. Гун – Бао,22. 1. 1928г.

⑪ Иванов В. СН. Проблемы евразийства: Статья. газ. Гун – Бао, 28.7, 2.8, 17.8,
14. 9. 1927г.

⑫ Иванов В. СН. Что такое Евразийство. Статья. газ. Рупор,11. 12. 1927г.

⑬ Иванов В. СН. О новой культуре:Статья. газ. Гун – Бао,2. 3. 1928г.

⑭ Иванов В. СН. О русской душе. :Статья. газ. Гун – Бао,24. 4. 1928г.

⑮ Иванов В. СН. О китайской поэзии(Из доклада в ОИМК,28. 3. 28) :Статья. газ. Гун –
Бао,2. 6. 1928г.

⑯ Иванов В. СН. Рим в Китае. :Статья. газ. Гун – Бао,2. 8. 1928г.

⑰ Иванов В. СН. Об эмигрантской литературе:Статья. газ. Гун – Бао,20. 9. 1928г.

的活动家）①《孔子及其学说》②《西方，抑或东方》③《宰相王安石》④
《俄国戏剧史》⑤《诗人预示（纪念布洛克逝世 10 周年）》⑥《喜欢陆地旅
行（古米廖夫的生活）》⑦《关于俄国文化的本质》⑧ 等著述，主要探讨了
俄国文化间的联系问题和俄国与亚洲（东西方关系）的文化联系问题。
B. H. 伊万诺夫通过上述著述，极力主张欧亚主义思想，提出了历史文化
预定了人类文明的历史发展进程。

　　《我们：俄罗斯国家的历史文化基础》（1926）一书是 B. H. 伊万诺
夫在本时期出版的一部重量级的学术著作。该书分为十四章，主题思想
为俄国的国家体制和大国主义起源于蒙古人的国家体制和大国主义，记
述了在 13 世纪所有的俄国土地都作为历史上唯一一个席卷欧亚大陆的成
吉思汗帝国的组成部分，蒙古帝国瓦解后莫斯科公国是蒙古帝国的唯一
继承者，俄国的扩张是以蒙古人的方式向相反方向的回应。B. H. 伊万诺
夫综合考量 20 世纪前 30 年国际政治的局势与变化，认为建立大"亚洲"
或"欧亚"帝国是俄国历史的主要方向。B. H. 伊万诺夫指出，俄国与英
国在东方的扩张、美国在西方的扩张、日本在东南亚的扩张和中国觉醒
形成了国际政治的新中心——太平洋。可以说，B. H. 伊万诺夫是 20 世
纪 20 年代极少专注研究俄国历史发展中亚洲因素的学者，因为俄国既属
于欧洲，也属于亚洲。当代俄罗斯学者对 B. H. 伊万诺夫的研究给予了积
极的评价："总之，著作《我们：俄罗斯国家的历史文化基础》是 B. H.
伊万诺夫在俄国国家体制问题上进行文化—历史研究的卓越贡献，是后

---

①　Иванов В. СН. Деятели молодого Китая：Статья. газ. Гун－Бао，30. 9. 1928г.

②　Иванов В. СН. Кун－Фу－цзы и его учение：Статья. газ. Гун－Бао，10. 10. 1928г.

③　Иванов В. СН. Запад или Восток？Статья. газ. Гун－Бао，14. 11. 1928г.

④　Иванов В. СН. Министр－коммунист Ван Ань－ши：Статья. газ. Гун－Бао，2. 12. 1928г.

⑤　Иванов В. СН. Из истории русского театра：Статья. газ. Шанхайская Заря，8. 3. 1931г.

⑥　Иванов В. СН. Поэт вещен（К десятилетию со дня смерти Блока）：Статья. Статья. газ.
Русское слово，8. 8. 1931г.

⑦　Иванов В. СН. По середине странствия земного（Жизнь Гумилева）：Статья. Статья. газ.
Русское слово，13. 9. 1931г.

⑧　Иванов В. СН. О сущности русской культуры：Статья//День русской культуры：
Сборник. － Харбин，1931.

继作家—历史学家创作的坚实的理论源泉。"[1]

A. И. 加里奇，出生年、地点不详，逝世年、地点不详。A. И. 加里奇毕业于符拉迪沃斯托克东方学院汉日语专业，长期在哈尔滨和天津生活。A. И. 加里奇曾任哈尔滨东方文言商业高等专科学校日语教师，并倡议成立东方学学会。[2] A. И. 加里奇主要就中国的工人问题、东北经济问题进行了研究，20 年代末在《东省杂志》《中东经济月刊》《在远东》等杂志上发表了《近月来中国的工人纠纷》[3]《关东州经济调查课第五次活动家代表大会》[4]《中国的工人运动》[5]《中东铁路地带朝鲜农业村镇》[6]《满洲的畜牧业产品出口》[7] 《满洲的制盐业》[8] 《日本与满洲的煤矿问题》[9]《南满铁路株式会社董事会新组织结构》[10] 《人的发祥地在哪里》[11]九篇文章。

A. A. 雅克申，出生年、地点不详，逝世年、地点不详。根据 1923

① Якимова С. И. Жизнь и творчество ВС. Н. Иванова в Историко － литературном контексте XX века：Диссертации. . Доктора филологических наук：Хабаровск，2002. с. 145.

② Хисамутдинов А. А. Российская эмиграция в Азиатско － Тихоокеанском регионе и Южной Америке：Биобиблиографический словарь. － . Владивосток：Изд － во Дальневост. ун － та. 2000. с. 83；Сергеев А. Отчёт о деятельности Кружка Востоковедения//На Дальнем востоке，1931. №1. с. 5.

③ Галич А. И. Рабочие конфликты в Китае за последние месяцы.//Вестник Маньчжурии. 1930，№9. с. 78 － 80.

④ Галич А. И. Пятый съезд деятелей Квантунского Общества Экономических Исследований.// Вестник Маньчжурии. 1930，№11 － 12. с. 66 － 71.

⑤ Галич А. И. Рабочее движение в Китае.//Вестник Маньчжурии. 1931，№1. с. 88 － 91.

⑥ Галич А. И. Корейские земледельческие поселки в районе КВЖД//Вестник Маньчжурии. 1931，№2. с. 30 － 35.

⑦ Галич А. И. Экспорт продуктов животноводства из Маньчжурии.//Вестник Маньчжурии. 1931，№3. с. 53 － 58.

⑧ Галич А. И. Соляная промышленность в Маньчжурии.//Экономический. бюллетень. 1930. №19. с. 11 － 13.

⑨ Галич А. И. Каменноугольная проблема Японии и Маньчжурии.//Экономический. бюллетень. 1930. №17 － 18. с. 3 － 5.

⑩ Галич А. И. Новая конструкция правления юмжд.//Экономический. бюллетень. 1930. №22. с. 19 － 20.

⑪ Галич А. И. Где прародина человека?//На Дальнем Востоке.（Хар － бин）. 1931. №1. с. 22 － 34.

年与人合著《北满与中东铁路经济年鉴》一书确认，А. А. 雅克申是中东铁路经济调查局职员。А. А. 雅克申于 1923 年在《满洲经济通讯》上发表了《日本的经济状况》[1] 一篇文章。

　　С. Я. 阿雷莫夫，1892 年 3 月 24 日出生于哈尔科夫州斯拉夫哥罗德，1948 年 4 月 29 日逝世于莫斯科。1911 年，С. Я. 阿雷莫夫因参加革命运动被流放到西伯利亚，后流亡国外。1917—1926 年，С. Я. 阿雷莫夫在上海和哈尔滨生活，在哈尔滨居住了 7 年。1919 年，С. Я. 阿雷莫夫加入了符拉迪沃斯托克"创作"协会。1920 年，С. Я. 阿雷莫夫与 Н. 乌斯特里亚洛夫共同编辑出版了文学艺术月刊《窗》。С. Я. 阿雷莫夫曾任 1921 年 10 月发行的每日《喉舌晚报》第一编辑。1926 年，С. Я. 阿雷莫夫返回了苏联。[2] С. Я. 阿雷莫夫在中国侨居期间主要从事的是文学创作，在学术研究上目前只查找到 1926 年其在《东省杂志》上发表过《中国戏园》[3] 一篇文章。

　　Я. И. 阿拉钦，1878 年 3 月 22 日出生于沃洛格达，1949 年逝世于哈尔滨。1901 年，Я. И. 阿拉钦曾在喀山大学医学系学习，1907 年毕业于喀山兽医学院和圣彼得堡考古学院。1918—1919 年，Я. И. 阿拉钦担任高尔察克政府内务部出版与演出处处长，后又担任西伯利亚哥萨克军情报处处长。1919 年，Я. И. 阿拉钦担任谢苗诺夫匪帮委任馆员。1920 年，Я. И. 阿拉钦担任国立远东大学图书馆馆员。1921 年，Я. И. 阿拉钦担任梅尔库洛夫斯基政府部长委员会办公室主任。1922 年，Я. И. 阿拉钦移居哈尔滨。1924 年，Я. И. 阿拉钦担任哈尔滨警察总局公民证登记科办公室主任，后又任新闻检查员，直到 1933 年。1934 年以后，Я. И. 阿拉钦处

　　[1]　Якшин А. А. Экономическое положение Японии//Экономический Вестник Маньчжурии. 1923, №11. с. 10 – 12.

　　[2]　Хисамутдинов А. А. Российская эмиграция в Азиатско – Тихоокеанском регионе и Южной Америке: Биобиблиографический словарь. – . Владивосток: Изд – во Дальневост. ун – та. 2000. с. 28.

　　[3]　Алымов С. Я. Китайский театр. //Вестник Маньчжурии. 1926, №7. с. 123 – 134.

于失业状态。① Я. И. 阿拉钦与 С. Я. 阿雷莫夫一样，首先是作家身份，从事学术研究只是副业。Я. И. 阿拉钦在学术研究上的成果主要是翻译了中国的诗歌，出版了根据中国家喻户晓的孙悟空故事翻译改编成的俄文长诗——《大闹天宫：来自中国的神话》②、在哈尔滨市自治公议会资助下翻译出版了中国诗歌选集《华俄诗选》。③

《华俄诗选》是 Я. И. 阿拉钦在中国研究上的代表作。诗集中包括自东晋王徽之以来至现代共 36 位（包括佚名）诗人的作品，另附有译者本人的一首被译成中文的诗，共 47 首（有一首现代佚名诗人的新诗"司春神到了"，目录中漏载）。古典诗歌除王徽之 1 首外，主要是唐诗，共 16 首。另有一首宋代浣纱女所作《潭畔芙蓉》，阿拉钦题名《为何》，注为"无名氏作"。唐诗中误把张继的《枫桥夜泊》题为白居易作、把"一蓑一笠一渔舟"诗题为李白作。还有一首署名"成声"的诗《游北园》："一路菜花风，家家流水通。莺声浓荫里，蝶影煖烟中。莎嫩侵衣绿，桃开映面红。书声谁氏屋？溪上问渔翁。"现已无从考证，不知是译者对"岑参"一名的误译（二名俄文均为"Чэн Шен"），还是另有所本。这些都是译者在 20 世纪初直接从中文书籍，或是根据中国人口头传诵的未经核实的文本，了解和翻译中国诗歌尚不成熟而出现的瑕疵。

Я. И. 阿拉钦所译的诗歌中，描写田园风光、表达名士情怀的诗 23 首，占全集的 49%；思乡怀旧、抒发羁旅孤愁的诗 11 首，占 23%；表现文人士大夫冶游欢宴、感伤情调的诗 8 首，占 17%；表现世情民俗的诗 4 首，占 8%。阿拉钦重在编选和翻译田园隐逸、怀乡思旧诗，借以表达他当时流落异邦的真实内心情感。

Я. И. 阿拉钦在《华俄诗选》中也鲜明地表达了他对中国诗歌的看法。阿拉钦在序言中指出："中国诗歌主要是感伤诗。""与大部分表现作

① Хисамутдинов А. А. Российская эмиграция в Азиатско - Тихоокеанском регионе и Южной Америке：Биобиблиографический словарь. - . Владивосток：Изд - во Дальневост. ун - та. 2000. с. 34.

② Аракин Я. И. Неприятность в небесах：Из кит. мифологии：Стихи：Пер. с кит. - Харбин, Художеств. тип. Г. Сорокина и Ко, 1926. - 27с.

③ Аракин Я. И. Китайская поэзия. - Харбин, Пламя, 1926. 105с.

者个人感受结果的欧洲诗歌不同，中国诗歌主要是典型性的反映，而不表现个性——比如，反映老年、青春、快乐、忧伤、激情、勤勉等。中国古典诗人在自然现象的形象中描写精神感受，如天、水、月、银河等。所有这些形象都应该看作是内心情绪的象征：金色描写的是心理的温暖，银色则是心理寒冷，等等。""中国诗歌以其极为鲜明的原创形象非常引人入胜"。"最初中国诗歌实际上具有描写叙述的性质……后来佛教给予它的发展以巨大影响：魏晋时代从印度传来的佛教思想在相应的佛家形象中给予中国人对人间苦难、悲伤与不幸的反映。"Я. И. 阿拉钦对中国诗歌特点的精辟概括和对中国诗歌的赞美性的评价，表现了译者对中华文化的理解与热爱。但或许是受西方宗教文化的影响和所接触材料的局限，阿拉钦把中国诗歌的繁荣错误地归结为佛教的传入。"如同没有基督教就没有伟大的白种诗人一样，没有佛教在中国出现就没有其作品为千千万万全体中国人民所熟知的诗人。"① 这显然是对中国文学史、中国诗歌起源的误解。

Я. И. 阿拉钦直接从中文翻译的中国诗歌，是俄罗斯汉学的宝贵财富。他翻译的 20 世纪初期一批现已无从考证的中国诗人的现代题材古体诗歌和白话新诗，对于 20 世纪初期中国文学史研究具有极为宝贵的史料意义。Я. И. 阿拉钦为 20 世纪初期俄罗斯汉学的发展作出了应给予肯定的贡献。

Б. П. 雅科夫列夫，1881 年出生于塔波夫市，1900 年中学毕业后进入莫斯科大学自然科学部物理数学系学习，修完了全部课程，但由于对获得毕业文凭不感兴趣，所以没有参加毕业考试。出于对法律的兴趣，转入莫斯科大学法律系学习，但因莫斯科大学学生卷入国家政治事件，Б. П. 雅科夫列夫难以平静地学习，又转入了德米多夫法政学校，1907 年修完了法律科学的全部课程，来到俄国南部塔甘罗格州法院供职。不久，Б. П. 雅科夫列夫调入高加索地区的梯弗里斯司法局任秘书，度过了 5 年时光。从 1915 年起，俄国国内的局势迫使 Б. П. 雅科夫列夫不断辗转迁徙，从高加索来到乌拉尔、赤塔等地生活，并于 1920 年末来到了哈尔滨，

---

① Аракин Я. И. Китайская поэзия. – Харбин, Пламя, 1926. с. 5 – 7.

过着侨民流亡生活。在哈尔滨的最初两年里，Б. П. 雅科夫列夫主要从事
动物标本的制作和销售工作，并积极参与哈尔滨市第一个博物馆的组建，
1923 年受东省文物研究会委员会邀请担任博物馆馆长，在这一岗位上共
工作了 8 年，1928 年被选为东省文物研究会动物与植物学部主席，为哈
尔滨市博物馆事业的发展作出了巨大贡献。1929 年 4 月，东省文物研究
会被改组后，Б. П. 雅科夫列夫成为哈尔滨基督教青年会自然地理学研究
会创办会员。1931 年 6 月，受天津的一家法国博物馆邀请，Б. П. 雅科夫
列夫从哈尔滨来到天津工作，继续从事在哈尔滨的研究工作，长达 9 年
之久。在天津工作期间，Б. П. 雅科夫列夫除参与天津俄侨学者 И. И. 谢
列布列尼科夫倡议成立的仅存两个月的学术小组活动外，与哈尔滨的俄
侨学者同事一直保持着学术联系。1947 年 4 月，Б. П. 雅科夫列夫因病逝
世于天津。[①] Б. П. 雅科夫列夫主要致力于中国东北动物的研究，在《关
于学校生活问题》《东省杂志》《东省文物研究会杂志》《松花江水产生
物调查所著作集》等杂志或文集上发表了《关于北满鱼类的笔记：黑龙
江鳑鲏》[②]《1927 年 6 月与 7 月松花江水产生物调查所工作报告》[③]《北满
的某些鸟类学观察》[④]《阿穆尔河畔野鸡羽毛颜色的非正常现象》[⑤]《松花
江流域 Percottus glehni Dybouzki 的生物学研究》[⑥]　《黄啄鸭巢、蛋和幼

---

① Франкьен И. , Шергалин Е. Э. Орнитолог Борис Павлович Яковлев（1881 – 1947）–
первый директор Музея Общества изучения Маньчжурского края（ОИМК）//Рус. орнитол.
журн. 2010. №19. с. 1727 – 1745.

② Яковлев Б. П. Заметки о рыбах северной маньчжурии. Горчак. //Вопросы школьной
жизни, 1926, №3. с. 108 – 112.

③ Яковлев Б. П. Отчет о работах на Сунгарийской речной биологической станции,
проведенных в июне и июле 1927 года//Тр. Сунгарийской речн. биол. станции. 1928. – Т. 1. –
Вып. 6. с. 26 – 34.

④ Яковлев Б. П. Некоторые орнитологические наблюдения в Северной Маньчжурии.//
Вестник Маньчжурии. 1930, №2. с. 28 – 31.

⑤ Яковлев Б. П. Случай ненормальной окраски оперения у Амурского фазана. – Тр.
ОИМК, Харбин, 1927, вып. 1. зоология, с. 32 – 33.

⑥ Яковлев Б. П. К биологии Percottus glehni Dybouzki бассейна р. Сунгари. – ОИМК, Тр.
Сунгарийской речной биологической станции, Харбин, 1925, Т. 1. вып. 1, с. 30 – 37.

雏》① 等十一篇文章，出版了《来自于东省文物研究会博物馆标本的满洲动物界》②（《东省杂志》1926 年第 3—4 期发表，同年出版单行本）《满洲的动物界：东省文物研究会博物馆鸟类标本》③（《东省杂志》1928 年第 5、6、10、11—12 期发表，1929 年出版单行本）两本小册子。

B. B. 恩格里菲里德，1891 年 6 月 11 日出生于托木斯克省。1917 年，圣彼得堡大学法律系毕业后 B. B. 恩格里菲里德继续在该系深造准备教授职称，并很快通过了俄国法史硕士论文答辩。1921—1923 年，B. B. 恩格里菲里德被聘为北京俄语与法律科学学院教授，同时担任北京司法部顾问。从 1923 年起，B. B. 恩格里菲里德移居哈尔滨，担任法政大学行政法教研室主任、教授。1925 年，B. B. 恩格里菲里德在巴黎俄国学术组以"中国国家权力概述"的论文通过了硕士论文答辩。从 1926 年 3 月 4 日起，B. B. 恩格里菲里德主持国际法教研室客座教授工作。1937 年 10 月 16 日，B. B. 恩格里菲里德逝世于哈尔滨。④ B. B. 恩格里菲里德主要致力于中国政治和法律问题的研究，在《俄国评论》《关于学校生活问题》《法政学刊》《东省杂志》《中华法学季刊》等杂志上发表了以下十八篇文章：

表 1—7

序号	文 章 名 称
1	《法国国民教育管理机关》⑤
2	《德国新宪法》⑥

① Яковлев Б. П. Гнёзда, яйца и пуховые птенцы жёлтоклювой утки Polionetta zonorhyncha (Sw.)//Tp. О - ва изучения Маньчжур. края. 1927. – Вып. 1. с. 25 – 29.

② Яковлев Б. П. Животный мир Маньчжурии по коллекциям музея ОИМК.//Вестник Маньчжурии. 1926, №3 - 4. с. 1 – 22.//ОИМК, сер. А. Харбин, 1926, вып. 10, 23с.

③ Яковлев Б. П. Животный мир Маньчжурии: по коллекциям Музея О - ва изучения Маньчжур. края. (Птицы). - Харбин, 1929. – 51с.//1928, №5. с. 67 – 75; №6. с. 74 – 82; 1928, №10. с. 34 – 42; 1928, №11 - 12. с. 56 – 75.

④ Никифоров Н. И. Профессор В. В. Энгельфельд//Известия Юридического факультета в Харбине. – Харбин. 1938. Вып. XII. с. 85 – 86.

⑤ Энгельфельд В. В. Администрация народного образования в Франции.//Вопросы школьной жизни, 1925, №2. с. 69 – 74.

⑥ Энгельфельд В. В. Новая германская конституция.//Русское обозрение, 1921, №5; №6 - 7. с. 216 – 228.

续表

序号	文 章 名 称
3	《蒙古近代政治之组织》①
4	《中国的国内战争及其结果》②
5	《孙逸仙博士：生平概述》③
6	《中国海关自治问题》④
7	《上海联合法院的移交》⑤
8	《国民党的立宪运动》⑥
9	《17—18 世纪的俄中关系问题》⑦
10	《中国国际关系问题文献图书概论》⑧
11	《中国国会与国会制》⑨
12	《中国之新出版法》⑩
13	《中国国家管理体系中的地方分权思想》⑪

---

① Энгельфельд В. В. Политическая организация современной Монголии. //Известия Юридического факультета в Харбине. – Харбин. 1926. Вып. Ⅲ. с. 169 – 190.

② Энгельфельд В. В. Последняя гражданская война в Китае и ее итоги. //Вестник Маньчжурии. 1925 ,№1 – 2. с. 25 – 32.

③ Энгельфельд В. В. Доктор Сун Ят – Сен：биографический очерк. //Вестник Маньчжурии. 1925 ,№1 – 2. 90 – 92.

④ Энгельфельд В. В. Проблема таможенной автономии в Китае. //Вестник Маньчжурии. 1926 ,№3 – 4. с. 11 – 22.

⑤ Энгельфельд В. В. Передача смешанного суда в Шанхае. //Вестник Маньчжурии. 1927 , №2. с. 73 – 77.

⑥ Энгельфельд В. В. Конституционные акты Гоминдана. //Вестник Маньчжурии. 1928 , №11 – 12. с. 87 – 94.

⑦ Энгельфельд В. В. К вопросу о сношениях России с Китаем в ⅩⅦ – ⅩⅧ в. //Вестник Маньчжурии. 1929 ,№3. с. 20 – 24.

⑧ Энгельфельд В. В. Библиографический обзор литературы по международным отношениям Китая. // //Под редакцией Н. В. Устрялова и Е. М. Чепурковского. Библиогр. бюллетень. 6 – ки КВЖД, т. Ⅱ,1928/1929 ,с. 136 – 142. То же. – Вестник Маньчжурии. 1928 ,№11 – 12. с. 4 – 18.

⑨ Энгельфельд В. В. Китайский парламент и парламентаризм. //Известия юридического факультета ,1925 ,№1. с. 89 – 107.

⑩ Энгельфельд В. В. Китайское законодательство о печати. //вестник. китайского. права , сб. 1. 1931 ,с. 153 – 159.

⑪ Энгельфельд В. В. Идея децентрализации в системе китайского государственного управления. //Известия юридического факультета ,1926 ,№3. с. 325 – 331.

续表

序号	文 章 名 称
14	《中国森林法与满洲林业之关系》①
15	《中国之警察——中国行政法研究初探》②
16	《凡尔赛和约之影响》③
17	《中国新工厂法》④
18	《行政法新潮流》⑤

　　B. B. 恩格里菲里德出版了《孙逸仙的政治学说》⑥《中国注册新法规》⑦《中国国家权力概述》⑧（1925 年《法政学刊》第 2 卷刊发）《中国行政法概述》⑨《中国之外国租界地法律状况》⑩（1927 年《法政学刊》第 4 卷刊发，同年出版单行本）《中国政党》⑪（1925 年《东省杂志》第 3—4 期刊发，同年出版单行本）《中国现代法律问题》⑫（1930 年《法政学刊》第 9 卷刊发，同年出版单行本）七部著作。其中，《中国国家权力

---

① Энгельфельд В. В. Китайское лесное прово в связн с лесным хозяйством в северной маньчжурии. //Известия юридического факультета, 1928, №6. с. 229 – 299.

② Энгельфельд В. В. Полиция в Китае//Известия Юридического факультета в Харбине. – Харбин. 1928. Вып. Ⅵ. с. 137 – 228.

③ Энгельфельд В. В. Наследие Версаля. //вестник. китайского. права, сб. 2. 1931, с. 11 – 27.

④ Энгельфельд В. В. Новый Фабричный Закон Китая. //вестник. китайского. права, сб. 3. 1931, с. 35 – 42.

⑤ Энгельфельд В. В. Новые течения в науке административного права. //Известия Юридического факультета в Харбине. – Харбин. 1929. Вып. №7. с. 257 – 286.

⑥ Энгельфельд В. В. Политическая доктрина Сун Ят – сена. Харбин, отд. тип. КВЖД, 1929. 37с. (Известия юридического факультета. 1928. №6).

⑦ Энгельфельд В. В. Новые законы и правила регистрации в Китае. – Харбин, 1930. 79с.

⑧ Энгельфельд В. В. Очерки государственного права Китая. – Парий, 1925, 254с. (Известия юридического факультета. 1925. №2).

⑨ Энгельфельд В. В. Очерки китайского административного права. – Харбин, Отдние тип. квжд. вып. 1. 1928, 166с; вып. 2. 1929, №153с.

⑩ Энгельфельд В. В. Юридическое положение иностранных концессий в Китае. – Харбин, тип. Заря, 1927, 33с. //Известия юридического факультета, 1927, №4. с. 81 – 114.

⑪ Энгельфельд В. В. Китайские политические партии. – Харбин, 1925. 10с. //Вестник Маньчжурии. 1925, №3 – 4. с. 26 – 35.

⑫ Энгельфельд В. В. Очередные проблемы современного Китая. – Харбин, 1931. 31с. //Известия юридического факультета, 1931, №9. с. 102 – 132.

概述》《中国行政法概述》两部著作最具代表性。

《中国国家权力概述》一书分两大部分。第一部分为中国近代政治史，由引言和八章构成，主要记述了儒学与中国人民世界观的基础、天朝帝国的国家制度、中国与西方的关系及旧制度的瓦解、1911—1912年的辛亥革命及其进程、中国的共和政体、袁世凯治下的中国、最近中国的政治生活、中国的政党等内容。第二部分为中华民国的国家制度，包括十一章，主要记述了关于中国国家制度的文献史料、中华民国的领土、中国的人口、中国的国家政权机关、中国的国会、中国各部及其他中央机构、中国的地方自治机构、中国的国家机构名称、蒙古与西藏的行政体制等内容。时人对该书给予了客观评价：В.В.恩格里菲里德教授的著作填补了中国国家权力问题系统研究上的空白，但也存在明显的不足，由于整体上篇幅不够（第一部分116页、第二部分136页）导致研究内容不完整，在第一部分中叙述过于简略，在第二部分中理论分析又严重欠缺。[①]

《中国行政法概述》一书1928年和1929年出版于哈尔滨。该书由两部分构成，两部分内容都在1928年《法政学刊》第6期上公开发表。因此，该书并不是一部完整论述中国行政法的著作，只是就其中两个问题进行重点研究。在第一部分——"中国之警察——中国行政法研究初探"中，作者探讨了警察的定义及其种类、中国警察的历史、关于中国警察法的文献史料、中国中央与地方的警察机构（北京与东省特别行政区的警察机构）、中国警察的补充（警务人员的培训、警察学校、中国警官的法律地位）、中国警察机构的职权、警察活动的方式、中国法律中的警察约束等内容。在第二部分——"中国森林法与满洲林业之关系"中，作者记述了中国尤其是中国东北的森林资源及其经营、中国的林业管理机构、中国森林法文献资料、森林的归属类型、森林保护、森林砍伐条例、官林的经营、获得森林经营权人的权利与义务、森林犯法行为与过错、国有荒地的承垦问题等内容。尽管该书不是对行政法问题的全面研究，

---

① В. Рязановский В. В. Энгельфельд. Очерки государственного права Китая. – Парий, 1925. //Вестник Маньчжурии. 1926，№1 – 2. с. 98.

但其毕竟是在该领域的尝试性研究，对上述两个领域也是初次系统研究。这在在华俄侨学术出版著作中亦是开创之作。

М. С. 邱宁，1865 年 7 月 9 日出生于维亚特卡省，1946 年后逝世，卒地不详。1882 年，М. С. 邱宁毕业于萨拉布尔实验学校，1888 年毕业于莫斯科彼特罗夫土地规划与林业科学院。从 1912 年起，М. С. 邱宁担任萨拉布尔地方自治局官员和公证人。从 1917 年起，М. С. 邱宁任叶尼塞斯克博物馆馆长，后任叶尼塞斯克边区博物馆秘书。从 1923 年 4 月 15 日起，М. С. 邱宁在哈尔滨生活。1923—1928 年，М. С. 邱宁担任东省文物研究会地方出版部主任。1925—1930 年，М. С. 邱宁受聘为中东铁路中央图书馆助理馆员；1931—1934 年为馆员。1945 年后，М. С. 邱宁被逮捕并遣返回苏联，受到政治迫害。[①] 由于 М. С. 邱宁所从事工作的性质，М. С. 邱宁在哈尔滨工作生活期间主要从事的是图书资料和文献汇编工作，因此在学术研究上主要关注的是报刊文献问题，1928 年在《东省文物研究会杂志》上发表了《地方出版部（活动概述）》[②] 一篇文章，出版了《东省出版物源流考——1927 年正月以前哈埠洋文出版物》[③] 一本小册子。

关于《东省出版物源流考——1927 年正月以前哈埠洋文出版物》一书的编写、出版发行问题，与其组织者——东省文物研究会收集地方出版物和编撰关于地方出版物的资料书籍工作密切相关。东省文物研究会成立前，在中国东北的许多俄国部门和私人都收藏地方出版物，但没有专门的关于地方出版物的收藏和研究机构，从而使编撰关于地方出版物资料书籍的工作一直处于搁置状态。1922 年东省文物研究会成立后这种状态完全改变。东省文物研究会专门成立了图书馆和博物馆（1923），并

---

① Хисамутдинов А. А. Российская эмиграция в Азиатско – Тихоокеанском регионе и Южной Америке: Биобиблиографический словарь. – . Владивосток: Изд – во Дальневост. ун – та. 2000. с. 311.

② Тюнин М. С. Отдел местной печати: (Обзор деятельности)//Известия Общества Изучения Маньчжурского Края. 1928, №7. с. 71 – 74.

③ Тюнин М. С. Указатель периодических и повременных изданий, выходивших в Харбине на русском и других европейских языках по 1 января 1927. – Изд. ОИМК, Харбин, 1927, 42 с. (Труды О – ва изучения Маньчжурского края. Библиография Маньчжурии. Вып. 1).

在博物馆内又特别设置了地方出版物部（1924）。至《东省出版物源流考——1927年正月以前哈埠洋文出版物》一书出版之际，东省文物研究会图书馆收藏了7000本图书，地方出版物部收藏了12000种地方发行的图书、杂志、报纸和小册子等。尽管文献收藏还不够全面，东省文物研究会还是决定着手地方出版物的汇编工作，为那些致力于满洲研究的人提供文献线索帮助。为此，东省文物研究会提出了三个方面的编撰计划：（1）编撰地方出版物的书刊索引；（2）编撰关于满洲的地方志书刊索引；（3）编撰关于个别问题的专门书刊索引。① 在上述背景下，作为东省文物研究会博物馆地方出版物部主任的 M. C. 邱宁不仅负责文献的收集工作，还负责关于地方出版物的书刊索引编撰工作。鉴于大量出版物都是在哈尔滨出版发行和便于收集，M. C. 邱宁编写了由东省文物研究会第一次出版发行的关于哈尔滨市的地方出版物索引的图书——《东省出版物源流考——1927年正月以前哈埠洋文出版物》。该书于1927年在哈尔滨出版，全书共41页，在编写体例上是先报纸后杂志，在报纸和杂志两部分中又先俄文后其他外文。

在两部分中，报纸和杂志的名称排列顺序以西文字母的先后顺序列举。在具体行文中，作者 M. C. 邱宁尽可能写明每份报纸和每个杂志的性质、出版发行单位与时间、主编名字、停发时间、发行卷（期）次、发行周期（日、周、月）等内容。在报纸部分中，记载了1927年正月以前哈埠发行的每日或每周俄文报纸102种、英文报纸5种、波兰文报纸4种；仅发行一日俄文报纸40种、波兰文报纸2种。在杂志部分中，记载了1927年正月以前哈埠发行的俄文杂志141种、波兰文杂志16种、乌克兰文杂志1种、格鲁吉亚文杂志1种、瑞典文杂志1种、世界语杂志1种。该书具有十分重要的文献学价值，为了从整体上对 M. C. 邱宁的研究进行评价，本书将在第四节中给予综合分析。

H. Г. 特列特奇科夫，出生年、地点不详，逝世年、地点不详。从目前所能看到的资料看，关于 H. Г. 特列特奇科夫的资料非常少，只有一些

---

① Тюнин М. С. Указатель периодических и повременных изданий, выходивших в Харбине на русском и других европейских языках по 1 января 1927. – Изд. ОИМК, Харбин, 1927. с. 3 – 4.

零星的信息。H. Г. 特列特奇科夫何时在哈尔滨生活、何时离开哈尔滨也不详。从其在华出版的著作的最后时间看，到 20 世纪 30 年代中期 H. Г. 特列特奇科夫应该还在哈尔滨生活、工作。资料记载，H. Г. 特列特奇科夫在哈尔滨生活、工作期间曾担任中东铁路经济调查局职员，是哈尔滨学术团体——满洲俄国东方学家学会和东省文物研究会会员，并在哈尔滨法政大学和哈尔滨师范学院担任教师。[①] H. Г. 特列特奇科夫也是一位在学术上颇有建树的学者，主要致力于中国经济问题和关于中国图书资料与文献方面的研究，20 年代后期在《东省杂志》《中东经济月刊》《中东铁路中央图书馆书籍绍介汇报》等杂志发表了《中国工人问题文献存目》[②]《中国工厂法规》[③]《中国劳动》[④] 三篇文章，出版了《北满经济文献存目——1929 年前俄文图书与杂志文章)》[⑤] 《中国金融文献存目(1930 年前俄文、英文图书与杂志文章》[⑥]《中国劳动体制与工厂法规》[⑦] 三本小册子。上述三本小册子尽管篇幅不长，但在俄国汉学史上都占有一席之地。本书仅就 H. Г. 特列特奇科夫最有影响的《北满经济文献存目——1929 年前俄文图书与杂志文章》一书进行重点介绍。

中东铁路的修筑与运营促使中国东北经济在客观上飞速发展。中国东北也因而卷入了世界资本主义经济体系。因此，中国东北经济不仅得

---

① Забияко А. А. , Забияко А. П. , Левошко С. С. , Хисамутдинов А. А. Русский Харбин: опыт жизнестроительства в условиях дальневосточного фронтира/Под ред. А. П. Забияко. - Благовещенск: Амурский гос. ун – т, 2015. с. 404.

② Третчиков Н. Г. Библиография по рабочему вопросу в китае. //Вестник Маньчжурии. 1928, №3. с. 101 – 106. То же. //Под редакцией Н. В. Устрялова и Е. М. Чепурковского. Библиогр. бюлл. Центр. 6 – ки КВЖД. 1928 – 1929, Ⅱ , с. 24 – 34.

③ Третчиков Н. Г. Фабричное законодательство в Китае. //Вестник Маньчжурии. 1928, №5. с. 85 – 88.

④ Третчиков Н. Г. Труд в Китае. //Экономический. бюллетень – 1927, №9. с. 5 – 8.

⑤ Третчиков Н. Г. Библиография по экономике Северной Маньчжурии. Книги и журнальные статьи на русском языке по 1928г. включительно. Под Н. А. Сетницкого. Юридический факультет в Харбине. - Харбин, изд Юридический факультет в Харбине, 1929. 90с.

⑥ Третчиков Н. Г. Библиография финансов китая. (книги и журнальные статьи на русском и английском языках по 1929г. включительно). Под ред. и с предисл. Н. А. Сетницкого. Изд. Юридический факультет в Харбине. - Харбин, 1930. 70с.

⑦ Третчиков Н. Г. Организация труда и фабричное законодательство в Китае. (Дипломная работа). - Харбин, 1927. 60с.

到了世界各国的广泛关注，也引起了学术界的极大兴趣。因为中国东北从一个人口稀少的落后地区变成了人口稠密的经济发达地区，在世界经济史上中国东北的经济增长创造了奇迹，它可以与美国西部经济的发展相比拟。中国东北经济的不断发展为研究者提供了丰富的研究素材。其中，俄国学者最为关注的是与俄国经济关系极为密切的中国东北北部地区。因为中国东北北部地区经济的繁荣与否关系着俄国远东的发展。经过 30 年的研究实践，俄国学者发表了大量关于中国东北北部地区经济的论著。然而，关于中国东北北部地区经济研究的大量论著并无学者对其进行系统整理，因而导致了研究者在研究某一经济领域问题时要花费大量时间去查阅其所需要的信息和资料。从这个目的出发，Н. Г. 特列特奇科夫在东省文物研究会的倡议和经费支持下，查阅大量俄文文献并编撰了《北满经济文献存目——1929 年前俄文图书与杂志文章》一书，此书于 1929 年在哈尔滨出版。

《北满经济文献存目——1929 年前俄文图书与杂志文章》一书共 90 页，正文由 25 部分构成。全书按照中国东北经济中的不同领域分类对研究的文献进行编撰，包括北满经济综合性文献，人口统计文献，移民文献，工人问题和合作社文献，货币、银行、财政、海关和税收文献，经济地理文献，地理与游记文献，工业文献，地质与矿物文献，法律文献，内部贸易文献，对外贸易文献，通讯文献，铁路文献，中东铁路文献，水上运输文献，公路运输文献，气象学文献，度量衡学文献，农业文献，林业文献，畜牧业文献，蔬菜栽培文献，养蜂业文献，渔业和狩猎业文献。《北满经济文献存目——1929 年前俄文图书与杂志文章》一书共收录了俄文文献 2192 篇（部），其中北满经济综合性文献 135 篇（部），人口统计文献 24 篇（部），移民文献 27 篇（部），工人问题和合作社文献 37 篇（部），货币、银行、财政、海关和税收文献 196 篇（部），经济地理文献 218 篇（部），地理与游记文献 14 篇（部），工业文献 118 篇（部），地质与矿物文献 29 篇（部），法律文献 50 篇（部），内部贸易文献 37 篇（部），对外贸易文献 221 篇（部），通讯文献 23 篇（部），铁路文献 73 篇（部），中东铁路文献 317 篇（部），水上运输文献 120 篇（部），公路运输文献 23 篇（部），气象学文献 7 篇（部），度量衡学文献 9 篇（部），农业文献 205 篇（部），林业文献 35 篇（部），畜牧业文献 122 篇（部），蔬菜栽培文献 46 篇（部），养蜂业文献 44 篇（部），渔业和狩猎业文献 37 篇（部）。

在一本不足百页的著作里能够容纳如此庞大的信息量，足见作者 Н. Г. 特列特奇科夫为此花费了大量精力。《北满经济文献存目——1929 年前俄文图书与杂志文章》一书的史料价值也正在于此，它帮助从事中国东北经济史研究的后继研究者能够便捷地查阅到信息。尽管如此，《北满经济文献存目——1929 年前俄文图书与杂志文章》一书在史料上也存在一定的不足。正如担任《北满经济文献存目——1929 年前俄文图书与杂志文章》一书编辑工作的哈尔滨法政大学经济科教师和中东铁路经济调查局高级职员的 Н. А. 谢特尼茨基在书的引言中所说，《北满经济文献存目——1929 年前俄文图书与杂志文章》一书有两点缺憾：一是《北满经济文献存目——1929 年前俄文图书与杂志文章》一书所用资料都是在哈尔滨各图书馆收藏，并且能够查阅到的，而在哈尔滨各图书馆没有收藏的俄国国内出版的一些出版物中也有关于中国东北北部地区经济的研究文献，《北满经济文献存目——1929 年前俄文图书与杂志文章》一书遗漏了这部分文献；二是该书所收录的文章完全是在杂志上发表的，而没有收录报纸上刊登的大量文章。

从学科角度看，《北满经济文献存目——1929 年前俄文图书与杂志文章》一书属于图书资料与文献研究范畴。在这里，笔者不论及俄国图书资料与文献领域的研究史，因为它是一个非常复杂的学术问题，但因《北满经济文献存目——1929 年前俄文图书与杂志文章》一书在哈尔滨出版，所以有必要简要介绍一下哈尔滨的图书资料与文献领域的研究。哈尔滨的图书资料与文献领域的研究始于 20 世纪初。从 1909 年满洲俄国东方学家学会（哈尔滨）创办《亚细亚时报》俄文学术期刊起，《亚细亚时报》上就不定期开设图书资料与文献介绍栏目，刊发有关图书资料与文献方面的研究文章。哈尔滨的图书资料与文献研究在 20 世纪 20 年代得到了迅速发展，这与哈尔滨法政大学、中东铁路经济调查局、东省文物研究会和中东铁路中心图书馆等机构的推动密不可分。在这一背景下，Н. Г. 特列特奇科夫不仅参与其中，而且还编撰出了《北满经济文献存目——1929 年前俄文图书与杂志文章》一书。如前文所述,《北满经济文献存目——1929 年前俄文图书与杂志文章》一书并非在哈尔滨出版的关于图书资料与文献研究的第一部单行本著作,但这并不能抹杀它的学术价值。《北满经济文献存目——1929 年前俄文图书与杂志文章》一书不仅是在哈尔滨出版的第一部关于中国东北经济研究的俄文文献著作,亦是俄国出版的第一部关于中国东北经济研究的俄文文献著作。正因如此,Н. Г. 特列特奇科夫成为俄国汉学史上少有的文献学家。

M. B. 阿布罗西莫夫,1891 年 8 月 24 日出生于顿河省,1915 年从莫斯科商业学院毕业后留在该校准备教授职称。1915—1917 年,M. B. 阿布罗西莫夫在莫斯科一所大学任教。1917—1919 年,M. B. 阿布罗西莫夫任托木斯克工学院副教授。国内战争期间,M. B. 阿布罗西莫夫在《俄国之声报》《俄国评论》等报纸上发表了关于社会政治性的文章。1920 年 2 月,M. B. 阿布罗西莫夫移居哈尔滨。M. B. 阿布罗西莫夫是哈尔滨高等经济班及继任者哈尔滨法政大学的创办者之一,并一直工作到学校关闭,教授政治经济学课程。1922 年,M. B. 阿布罗西莫夫又兼任符拉迪沃斯托克国立远东大学政治经济学教研室副教授。1929 年,M. B. 阿布罗西莫夫在巴黎俄侨学术组通过政治经济学硕士论文答辩。1940 年 3 月 4 日,M. B. 阿布罗西莫夫因恶性肿瘤逝世于哈尔滨。[1] M. B. 阿布罗西莫夫的学术研究主要集中在经济学与社会学领域,本时期在《东省杂志》《法政学刊》《俄国评论》上发表了《关于期票行市理论:捍卫商品平价理论》[2]《货币单位稳定:欧文·费雪提出的金本位制改革方案》[3]《货币的

① Забияко А. А., Забияко А. П., Левошко С. С., Хисамутдинов А. А. Русский Харбин: опыт жизнестроительства в условиях дальневосточного фронтира/Под ред. А. П. Забияко. – Благовещенск:Амурский гос. ун – т. 2015. с. 363.

② Абросимов М. В. К теории вексельного курса. В защиту теории товарного паритета. // Вестник Маньчжурии. 1925, №3 – 4. с. 54 – 67.

③ Абросимов М. В. Стабилизация денежной единицы. Проект реформы золотого монометаллизма, предложенный Ирвингом Фишером. //Вестник Маньчжурии. 1925, №5 – 7. с. 170 – 177.

流通速度及其价格》①《货币价值》②《纸币》③《论数学乘法（乘数实数地位互易对于得数并无出入）之定理一种影响》④ 六篇文章，主要探讨了与货币有关的理论问题；出版了《社会收入分配的不公平：事实与观察》⑤（教科书，1924）《政治经济学》⑥（教科书，1925）《货币价值：货币价值理论导论》⑦ 三部著作。以上三部著作是 M. B. 阿布罗西莫夫的精品之作。《社会收入分配的不公平：事实与观察》一书是作者来华前就已编写出来了，后由于政治事件推迟了出版。来华后，M. B. 阿布罗西莫夫本来已打算放弃该书的出版，但在当时的教学过程中缺少关于社会收入与财富分配这方面的政治经济学教材促使其在哈尔滨出版了该书。该书尽管只有 35 页，却提出并尝试解决了经济中的一个最尖锐问题——社会收入分配的不公平问题。作者在书中阐述了社会财富与收入分配不公平问题应引起广泛关注、社会收入分配不公平存在的主要原因是非劳动收入的存在、工人的状况稳固好转、社会部分阶层状况变化的测定问题、社会主义制度下劳动者是否能够获得充足的劳动产品问题、社会财富与收入分配不公平体现在每一发展阶段、按劳分配或按需分配是解决当下不公平分配社会收入的根本办法等内容。该书的明显不足是，所引用的资料都来源于欧洲国家，并且都集中在 19 世纪末 20 世纪初这一时间段，不仅没有使用东方国家的文献资料，而且也没有利用作者所处当下的新近资料。

---

① Абросимов М. В. Скорость обращения денег и их ценность. //Вестник Маньчжурии. 1926, №10. с. 8 – 19.

② Абросимов М. В. Ценность денег. //Известия юридического факультета, 1925, №1, с. 119 – 192.

③ Абросимов М. В. Бумажные деньги. //Русское обозрение, 1921, №6 – 7. с. 254 – 279.

④ Абросимов М. В. Об одном следствии теоремы – произведение не зависит от относительного положения его множителей. //Известия юридического факультета, 1926, №3, с. 293 – 300.

⑤ Абросимов М. В. Неравномерность распределения общественного дохода (факты и тенденции). – Харбин, 1924. 35 с.

⑥ Абросимов М. В. Политическая экономия. – Харбин, 1925. 199 с.

⑦ Абросимов М. В. Ценность денег. Введение в теорию ценности денег. – Харбин, Типография Заря, 1928. 284 с.

《政治经济学》是 M. B. 阿布罗西莫夫在哈尔滨出版的第二本教材。该教材分五部分二十二个章节，探讨了政治经济学的对象与性质（经济的本质与政治经济学的对象、政治经济学作为理论科学、经济科学的体系）、政治经济学的基本概念（经济利益、财产、国有财富、资本和收入）、消费与主观价值、价格—价值（交换的概念与条件、客观交换价值与价格概念、价格形成、供求规律、生产费用规律、固定费用、上涨费用、下降费用、共同费用、垄断价格）、贸易（贸易的概念与形式及现代趋势、交易所、国际劳动分工与国际交换、国际交换自由限制、贸易协定）等内容。该书是民国时期出版的该领域的极为罕见的俄文著作。

《货币价值：货币价值理论导论》于 1928 年出版于哈尔滨。该书分引言和正文两大部分十一章，在引言中从理论上探讨了货币逻辑与货币现象，在正文中介绍了货币价值概念、货币价值基本理论、货币主观价值变动、货币客观价值变动、货币客观价值问题与理论、心理学理论阐释下的货币客观价值、货币需求、货币供应概念与均衡、金币供应、纸币与国债券供应、无形货币供应、货币供求均衡、与类似的均衡理论比较等内容。该书全面研究了货币价值理论与政策，尤其是运用供求规律讨论该问题。正如序言中指出，"该著是运用供求规律研究货币价值的一次尝试"。[1] 笔者认为，该书的价值不仅于此，还在于它是民国时期在华出版的专门论述货币价值的唯一一部俄文著作。

A. A. 雅科夫列夫，出生年、地点不详，逝世年、地点不详，东省文物研究会会员。[2] 20 年代下半期 A. A. 雅科夫列夫在《松花江河运生态站著作集》《东省文物研究会杂志》上发表了《关于阿穆尔河流域的封冻与解冻》[3]《北满的物候学观察：1923—1926 年东省文物研究会关于春天

---

① Абросимов М. В. Ценность денег. Введение в теорию ценности денег. – Харбин, Типография Заря, 1928. с. I.

② Состав общества Изучения Маньчжурского края//Известия общества Изучения Маньчжурского края, 1928. №7. с. 127.

③ Яковлев А. А. О вскрытии и замерзании рек Амурского бассейна. //ОИМК, ТР. Сунгар. речной биол. станции, 1925, Т. 1, вып. I, с. 15 – 19.

大自然苏醒的调查资料的初步分析》① 两篇关于自然变化的文章。

B. H. 热尔纳科夫，1909 年 8 月 8 日出生于鄂木斯克，1919 年举家迁到了符拉迪沃斯托克，1921 年又移居到哈尔滨。1926 年，B. H. 热尔纳科夫在哈尔滨的中学毕业后进入哈尔滨法政大学经济专业学习。20 年代下半叶，B. H. 热尔纳科夫积极参加在中国东北各地的考察。1932 年，B. H. 热尔纳科夫成为滨江省立文物研究会哈尔滨博物馆的正式职员，并担任经济部主任。B. H. 热尔纳科夫是基督教青年会哈尔滨自然地理学研究会成员，并担任 17 年的秘书，负责研究会会刊的出版发行工作。1937 年，B. H. 热尔纳科夫获得学位，在伪满大陆科学院哈尔滨分院博物馆工作。1946—1952 年，B. H. 热尔纳科夫担任哈尔滨工业大学运输经济系副主任，教授中国经济地理。1929—1960 年，B. H. 热尔纳科夫在中国东北各地组织了大约上百次的考察与展览。在他的提议下，基督教青年会哈尔滨自然地理学研究会举办了各种晚会，如 1937 年的纪念普希金逝世 100 周年晚会。1962 年 9 月，B. H. 热尔纳科夫离开了中国，1972 年前在澳大利亚生活，主要进行植物学研究工作。1977 年 2 月 15 日，B. H. 热尔纳科夫逝世于美国奥克兰。②

B. H. 热尔纳科夫主要致力于中国东北经济地理研究，本时期末在《中东经济月刊》上发表了《1929 年汛期时的松花江河运船队》③《奉天的工业》④《哈尔滨的毛皮市场》⑤《通河县的农业与贸易》⑥《在呼

① Яковлев А. А. Фенологические наблюдения в Северной Маньчжурии. (Опыт обработки данных анкеты ОИМК о весеннем пробуждении природы в 1923 – 1926гг.）–//Известия Общества Изучения Маньчжурского Края,1928,№7,с. 45 – 61.

② Колесникова С. В. Исследователь Маньчжурии В. Н. Жернаков//100 – летие города Харбина и КВЖД. Материалы конференции. – Новосибирск:[б. и.].1998. с. 12 ~ 14;Хисамутдинов А. А. Дальневосточное востоковедение:Исторические очерки/Отв. ред. М. Л. Титаренко;. Ин – т Дал. Востока РАН. М.:ИДВ РАН. 2013. с. 277 – 278.

③ Жернаков В. Н. Сунгарийский торговый флот в текущцю навигацию. [1929г.]./／Экономический. бюллетень,1930,№10,с. 5 – 7.

④ Жернаков В. Н. Промышленность Мукдена. //Экономический. бюллетень. 1931, №8. с. 10 – 12.

⑤ Жернаков В. Н. Пушной рынок Харбина. /Экономический. бюллетень. 1931, №11. с. 2 – 4.

⑥ Жернаков В. Н. Сельское хозяйство и торговля уезда Тунхэ. //Экономический. бюллетень. 1931,№20. с. 8 – 9.

海铁路上》① 五篇文章。

В. Я. 托尔马乔夫，1876 年 11 月 21 日出生于彼尔姆省沙德林斯克县。1902 年，В. Я. 托尔马乔夫毕业于圣彼得堡大学物理数学系生物学、人类学、地理学专业和圣彼得堡考古学院。在大学期间，В. Я. 托尔马乔夫表现出了对考古学的浓厚兴趣。В. Я. 托尔马乔夫后又于圣彼得堡艺术学校学习并毕业。В. Я. 托尔马乔夫参加了俄日战争，由此开始了对中国东北的了解。他对乌拉尔古代进行了多年的研究。从 1907 年起，В. Я. 托尔马乔夫成为乌拉尔自然科学爱好者协会会员，1908 年成为奥伦堡科学档案委员会委员。1918—1919 年，В. Я. 托尔马乔夫当选为乌拉尔自然科学爱好者协会学术秘书。国内战争期间，В. Я. 托尔马乔夫生活在赤塔。从 1921 年 9 月起，В. Я. 托尔马乔夫在国立民族教育学院教授原始文化史。В. Я. 托尔马乔夫与外贝加尔省方志博物馆和俄国皇家地理学会外贝加尔分会保持合作关系。1922 年冬末，В. Я. 托尔马乔夫移居中国，在哈尔滨生活了 13 年。В. Я. 托尔马乔夫是满洲俄国东方学家学会会员、东省文物研究会会员、中东铁路价目展览馆馆长。20 世纪 30 年代中叶，В. Я. 托尔马乔夫移居上海，从事教师工作。1942 年，В. Я. 托尔马乔夫加入了苏联籍，5 月 8 日逝世于回国的途中。② В. Я. 托尔马乔夫在学术上致力于中国东北考古问题和经济问题的研究，本时期在《东省杂志》《东省文物研究会杂志》《戏剧与艺术》上发表了《北满的养蚕业问题：来自东省文物研究会的资料》③《满洲出口豆类的商品名称》④《北满的原始碾米厂》⑤《中国最主

---

①　Жернаков В. Н. На Хухайской железной дороге. //Экономический. бюллетень. 1930，№8. с. 9.

②　Алкин С. В. Археолог Владимир Яковлевич Толмачев//На пользу и развитие русской науки. - Чита:. Изд - во Забайкальского государственного педагогического университета. 1999. с. 67 - 80.

③　Толмачев В. Я. К вопросу о шелководстве в Северной Маньчжурии：из материалов О. И. М. К. // Вестник Маньчжурии. 1928，№5. с. 61 - 67.

④　Толмачев В. Я. Торговое название маньчжурских экспортных бобов//Вестник Маньчжурии. 1928，№8. с. 59 - 60.

⑤　Толмачев В. Я. Первобытные крупорушки в Северной Маньчжурии//Вестник Маньчжурии. 1929，№10. с. 24 - 28.

要的木本脂肪物质：来自于中东铁路价目展览馆的资料》①《中东铁路价目展览馆》②《中国布匹及其制作材料》③《中国的纺织工业》④《满洲市场上的野菜》⑤《中国人的音乐与乐器》⑥《中国的皮影戏》⑦等十八篇文章，出版了《满洲历史遗迹——白城：来自1923—1924年考古发掘资料》⑧（1925年《东省杂志》第1—2期发表，同年出版单行本）《白城出土的建筑材料、建筑物装饰及其他文物：来自1925—1926年考古发掘资料》⑨（1927年《东省杂志》第3期发表，同年出版单行本）《满洲的猛犸遗迹》⑩（1926年《东省文物研究会杂志》第6期发表，同年出版单行本）《北满淀粉鱼筋的制作：来自东省文物研究会的资料》⑪（1927年《东省杂志》第10期发表，同年出版单行本）《北满田间栽培植物的谷物

①　Толмачев В. Я. Главнейшие древесные жировые вещества Китая：по материалам Тарифно – показательного Музея КВжд//Вестник Маньчжурии. 1930, №1. с. 84 – 90.

②　Толмачев В. Я. Тарифно – показательный музей КВжд//Вестник Маньчжурии. 1930, №3. с. 44 – 48.

③　Толмачев В. Я. Китайские ткани и сырье для выработки их. //Вестник Маньчжурии. 1931, №3. с. 86 – 102.

④　Толмачев В. Я. Китайская текстильная промышленность. //Вестник Маньчжурии. 1931, №5. с. 69 – 82.

⑤　Толмачев В. Я. Китайские дикорастущие овощи на рынке Северной Маньчжурии. //Вестник Маньчжурии. 1931, №11 – 12. с. 34 – 41.

⑥　Толмачев В. Я. Музыка и музыкальные инструменты у китайцев//Театр и Искусство, – 1927, №6.

⑦　Толмачев В. Я. Китайский театр цветных теней//Театр и Искусство, – 1928, №2.

⑧　Толмачев В. Я. Древности Маньчжурии и Развалины Бэй – чэна：По данным археол. разведок, 1923 – 1924гг. – Общество изучения Маньчжурского края. Историко – этнографическая секция. Серия А, вып. 9. Харбин, 1925, 30с. //Вестник Маньчжурии. 1925, №1 – 2. с. 19 – 28.

⑨　Толмачев В. Я. Бай – чэн：Строит. материалы, архитектур. украшения и др. предметы с развалин Бай – Чэна по данным археол. разведок 1925 – 1926гг. – Общество изучения Маньчжурского края. Историко – этнографическая секция. Серия А, вып. 17. Харбин, 1927, 8с. //Вестник Маньчжурии. 1927, №3. с. 1 – 9.

⑩　Толмачев В. Я. Остатки мамонтов в Маньчжурии. //Известия Общества Изучения Маньчжурского Края, 1926, №6, с. 51 – 55. – Харбин, Изд. ОИМК, 1926, 8с.

⑪　Толмачев В. Я. Приготовление крахмальной визиги в Северной Маньчжурии：из материалов ОИМК. //Вестник Маньчжурии. 1927, №10. с. 36 – 48. – Харбин, Изд. ОИМК, 1927. с. 16.

产品》①《西伯利亚高寒农作物在满洲的遗迹》②（1929 年《东省杂志》
第 6 期发表，同年出版单行本）《中国的草席在北满的推销和经济用途》③
（1930 年《东省杂志》第 6 期发表，同年出版单行本）《中国的磅秤在北
满的使用：来自于中东铁路价目展览馆的资料》④（1930 年《东省杂志》
第 8 期发表，同年出版单行本）《中国油炸食品》⑤（1931 年《东省杂志》
第 7 期发表，同年出版单行本）《北满的纤维植物与中国布匹》⑥《北满
市场上的日本食品》⑦（1931 年《东省杂志》第 6 期发表，同年出版单行
本）等十二本小册子。上述成果对中国东北古代的历史及近代中国东北
经济等问题给予了研究，留下了宝贵的一手资料。

　　Е. И. 季托夫（又译祁托福），1896 年出生于外贝加尔省，1938 年 1
月 21 日逝世于哈巴罗夫斯克。1923 年，Е. И. 季托夫毕业于伊尔库茨克
大学。1923—1925 年，Е. И. 季托夫完成了在俄国远东地区的民族考察。
1926 年末，Е. И. 季托夫移居哈尔滨，在中东铁路中央图书馆工作，与东
省文物研究会保持合作关系。1928 年春，Е. И. 季托夫在海拉尔附近进行
实地考察。1932 年 2 月，Е. И. 季托夫回到哈巴罗夫斯克，恢复了与太平
洋之星报社的合作关系，主管报纸的文学与国际栏目。1933 年 11 月，
Е. И. 季托夫担任《远东》杂志第一责任编辑。1935 年，Е. И. 季托夫加

---

①　Толмачев В. Я. Зерновые продукты культурных полевых растений Северной Маньчжурии: Конспект лекций. - Харбин, Изд. Квжд, 1928. 47с.

②　Толмачев В. Я. Следы скифо - сибирской культуры в Маньчжурии//Вестник Маньчжурии. 1929, №6. с. 43 - 49. - Харбин, 1929. 11с.

③　Толмачев В. Я. Китайские цыновки, их распространение и хозяйственное употребление в Северной Маньчжурии//Вестник Маньчжурии. 1930, №6. с. 43 - 54. - Харбин, 1930. 11с.

④　Толмачев В. Я. Китайские весы и их применение в Северной Маньчжурии. по материалам Тарифно - показательного Музея КВжд. - Харбин, Типолитография Кит. Вост. Жел. дор. , 1930. 8с. //Вестник Маньчжурии. 1930, №8. с. 27 - 33.

⑤　Толмачев В. Я. Китайские пищевые продукты из масличных бобов//Вестник Маньчжурии. 1931, №7. с. 28 - 34. - Харбин, 1931. 12с.

⑥　Толмачев В. Я. Прядильные растения и Китайские ткани Северной Маньчжурии. - Харбин, Типолитография Кит. Вост. Жел. дор. , 1931. 30с.

⑦　Толмачев В. Я. Японские пищевые продукты на рынке Северной Маньчжурии. // Вестник Маньчжурии. 1931, №6. с. 37 - 50. - Харбин, Типолитография Кит. Вост. Жел. дор. , 1931. 18с.

入苏联作家协会。1936 年 3 月 11 日，E. И. 季托夫因与"异己分子"保持联系被清除出党。1937 年 8 月 5 日，E. И. 季托夫被逮捕，12 月 28 日被判处死刑。1938 年 1 月 21 日，E. И. 季托夫被执行枪决。1957 年 9 月 25 日被平反。① E. И. 季托夫有两篇学术文章问世，20 年代后半期在《东省杂志》和《中东铁路中央图书馆书籍绍介汇报》上发表了《海拉尔附近新石器文化遗物》②（该文与俄侨学者 B. Я. 托尔马乔夫合作发表，于同年出版了单行本小册子）和《满洲无文字之语言之研究（纪念 M. A. 卡斯特列恩逝世 75 周年）》③。

B. И. 苏林，1875 年 4 月 11 日出生于别萨拉比亚，1967 年 2 月 18 日逝世于美国旧金山。B. И. 苏林毕业于总司令部米哈伊洛夫斯克炮兵学院和尼古拉耶夫斯克科学院。毕业后 B. И. 苏林多年在军队服役，参加过一战，曾任内阁陆军大臣助理，鄂木斯克 A. B. 高尔察克政府军事活动家。B. И. 苏林与白军残余一起来到哈尔滨后停止了军事活动。他在哈尔滨生活了 20 余年，曾担任中东铁路经济调查局资深代办，负责编撰中东铁路统计年刊工作。1931 年 12 月 29 日，B. И. 苏林在讲授"中国内地和满洲的铁路建设"课程后被法政大学聘为经济地理教研室编外副教授。1935 年中东铁路被苏联出售给日本扶植的伪满洲国后，B. И. 苏林成为苏联的军事情报人员。B. И. 苏林与中国东北的一些日本人保持着特殊的联系，从中获得有价值的情报，其中包括日本在中国东北的驻军情况、军事基地、日本对外蒙古的侵略计划和日本的铁路计划等。据记载，B. И. 苏林曾在上海生活过一段时间，生命的最后年代是在美国旧金山度过的。④

―――――――――――

① Алкин С. В. Забайкальский этнограф и археолог Елпидифор Иннокентьевич Титов// Традиционная культура Востока Азии. ‒ Благовещенск：Изд ‒ во АмГУ，Вып. 3. 2001. с. 258 ‒ 269.

② Титов Е. И.，Толмачев В. Я. Остатки неолитической культуры близ Хайлара：из материалов ОИМК//Вестник Маньчжурии. 1928，№7. с. 63 ‒ 68. То же. ‒ Отд. отт. Харбин，1928，10с.

③ Титов Е. И. К изучению бесписьменных языков Маньчжурии（по поводу 75 ‒ летия со дня смерти М. А. Кастрена）.//Вестник Маньчжурии. 1927，№7. с. 57 ‒ 58. //Библиографический бюллетень Центральной библиотеки КВЖД. Харбин，1927. №5. с. 84 ‒ 85.

④ В. И. Сурин：(Некролог)//Новое рус. слово. 1967. 7 апр. с. 2；Забияко А. А.，Забияко А.П.，Левошко С. С.，Хисамутдинов А. А. Русский Харбин：опыт жизнестроительства в условиях дальневосточного фронтира/Под ред. А. П. Забияко. ‒ Благовещенск：Амурский гос. ун ‒ т，2015. с. 402；Печерица В. Ф. Духовная культура русской эмиграции в Китае. Владивосток，1998. с. 152.

在学术研究上，В. И. 苏林专门致力于中国经济问题的研究，本时期在《满洲经济通讯》《东省杂志》等杂志上发表了《中国的森林及其经济意义》①《中国的木材及其产品贸易》②《鸭绿江的林区及其经济意义：来自于中东铁路经济调查局的资料》③《与铺设吉林—朝鲜干线关联的北满森林的经济意义：来自于中东铁路经济调查局的资料》④《满洲木材加工与深加工业：来自于中东铁路经济调查局的资料》⑤《满洲的木材市场》⑥《中国的铁路》⑦《中国的铁路建设规划》⑧《北满的工业与对外贸易》⑨《北满木材的运输》⑩《满洲林业税收体制》⑪《日本的林业》⑫ 等十二篇文章，出版了《北满经济评论》⑬《北满与哈尔滨的工业》⑭《太平洋

① Сурин В. И. Леса Китая и их экономическое значение. //Вестник Маньчжурии. 1929, No6. c. 80 – 91.

② Сурин В. И. Торговля лесом и его продуктами в Китае. //Вестник Маньчжурии. 1929, No7 – 8. c. 80 – 89.

③ Сурин В. И. Ялуцзянский лесной район и его экономическое значение: по материалам Экономического Бюро КВжд//Вестник Маньчжурии. 1929, No10. c. 40 – 46.

④ Сурин В. И. Экономическое значение лесов Средней Маньчжурии в связи с проведением Гиринь – Корейской магистрали: по материалам Экономического Бюро КВжд. //Вестник Маньчжурии. 1929, No9. c. 26 – 39.

⑤ Сурин В. И. Промышленность по обработке и переработке леса в Маньчжурии: по материалам Экономического Бюро КВжд//Вестник Маньчжурии. 1930, No1. c. 56 – 63.

⑥ Сурин В. И. Лесные рынки Маньчжурии//Вестник Маньчжурии. 1930, No11 – 12. c. 80 – 89.

⑦ Сурин В. И. Железные дороги Китая//Вестник Маньчжурии. 1931, No4. c. 82 – 92.

⑧ Сурин В. И. Планы железнодорожного строительства в Китае//Вестник Маньчжурии. 1931, No5. c. 58 – 69.

⑨ Сурин В. И. Промышленность и внешняя торговля Северной Маньчжурии. //Экономический Вестник Маньчжурии. 1923, No4. c. 1 – 6.

⑩ Сурин В. И. Перевозка лесных материалов в Маньчжурии//Вестник Маньчжурии. 1930, No10. c. 12 – 22.

⑪ Сурин В. И. Система налогов на лес в Маньчжурии//Вестник Маньчжурии. 1930, No6. c. 54 – 59.

⑫ Сурин В. И. Лесное дело в Японии. //Экономический Вестник Маньчжурии. 1923, No40. c. 6 – 10.

⑬ Сурин В. И. Северная Маньчжурия. Экономический обзор. Вып. 1. Харбин: Тип. Китайской Восточной железной дороги, 1925. 154c.

⑭ Сурин В. И. Промышленность Северной Маньчжурии и Харбина. Под ред. В. И. Сурина. Харбин: Экономическое бюро. КВЖД, 1928. 243c.

问题与北满》①（1926 年 1—2 期《东省杂志》发表，1928 年出版单行本）《东省林业》②《满洲及其前景》③ 五部著作。

《太平洋问题与北满》是一本小薄册子，与上文已介绍的安多尔斯基的《太平洋问题解决之路》属于同类研究问题。所不同的是，В. И. 苏林是专门探讨中国东北与太平洋的关系、中国东北在太平洋问题中的地位等内容。

《北满经济评论》《北满与哈尔滨的工业》《满洲及其前景》《东省林业》是本时期 В. И. 苏林出版的非常重要的著作。

1925 年，中东铁路运营处为俄中铁路员工开办了一个铁路员工培训班。为了让学员更好地了解中国东北北部区域的整体经济状况，中东铁路运营处组织领导编写了有关图书。由此，В. И. 苏林受邀承担了编写《北满经济评论》一书的工作。

1903 年中东铁路进入正式运营状态。至 1928 年，中东铁路正式运营 25 周年。为了隆重纪念中东铁路正式运营 25 周年，中东铁路经济调查局组织了相关专家编写与中东铁路有关的图书。他们认为，中国东北农业与工业的发展都源于中东铁路。中国东北北部地区尤其是哈尔滨—傅家甸（中国东北北部地区的工商业中心）所取得的工业成就亦是中东铁路的成就。因此，《北满与哈尔滨的工业》一书也就应运而生了。而中东铁路经济调查局资深代表 В. И. 苏林担任了《北满与哈尔滨的工业》一书的编撰者。

《北满经济评论》一书于 1925 年出版于哈尔滨。该书由十二部分和附录构成，前五部分是重点内容，作者给予了比较详细的记述。第一部分为北满总述，主要介绍了北满的地理、气候、面积、人口和垦殖等。第二部分为经济结构，主要介绍了北满的主要经济领域（农业、畜牧业、

① Сурин В. И. Тихоокеанская проблема и Северная Маньчжурия.//Вестник Маньчжурии. 1926, №1 - 2. с. 12 - 24. - Харбин, 1928.

② Сурин В. И. Лесное хозяйство в Северной Маньчжурии. Харбин：изд. Эконом. бюро. КВжд, 1930. с. 297 + 104.

③ Сурин В. И. Маньчжурия и его перспективы. Харбин：Экономическое бюро. КВЖД, 1930. с. 207.

工业）、北满的经济区划和不同区域的经济特点。第三部分为农业，主要介绍了北满的土地所有制和土地使用制、农业技术、农作物、农业收成、粮食的消费、余粮和农业垦殖的前景。第四部分为畜牧业，主要介绍了北满的畜牧业生产和家畜的分配、养马业、养牛业、牲畜集市与贸易、养羊业及其产品。第五部分为森林与森林工业，主要介绍了北满的森林分布区和覆盖率、森林工业发展的条件、中东铁路东线林区、兴安岭林区、松花江下游林区、松花江上游林区、北满木植公司加工木材的条件、阻碍森林工业发展的因素。第六部分为北满的矿产，主要介绍了煤炭对北满的意义、北满市场上销售的煤炭种类、扎赉诺尔矿区、北满的其他矿产资源。第七部分为加工业，主要介绍了北满的重要工业中心、北满的主要工厂（面粉厂、油厂）。第八部分为北满的贸易，主要介绍了北满的贸易史、北满对外贸易的现状和北满的内部贸易。第九部分为北满的货币流通与信贷，主要介绍了北满市场上流通的中外货币种类和中外银行及其信贷业务情况。第十部分为北满的交通，主要介绍了北满的道路——土路、水路和铁路等交通形式及其畜力运输、水运和铁路的运输。第十一部分为中东铁路及其运营，主要介绍了中东铁路的发展史、中东铁路货物运输、中东铁路各线主要货物运输种类和中东铁路货物的流向。第十二部分为北满的铁路网和拟新建铁路，主要介绍了北满已有铁路网、日本在北满的铁路建设设想以及附属于中东铁路的其他道路问题。

　　附录部分由三篇文章构成：第一篇文章为《中东铁路林业》，主要介绍了北满的森林储蓄量和森林所有制的整体条件、中东铁路木植公司简史、中东铁路所属三个大型木植公司、中东铁路木植公司的生产和中东铁路林业附属企业。第二篇文章为《北满的 В. Ф. 科瓦利斯基木植公司》，主要介绍了 В. Ф. 科瓦利斯基木植公司的情况、公司的经济意义、公司的历史发展阶段、备案森林工业的发展前景、公司的近况和主要任务、В. Ф. 科瓦利斯基木植公司胶合板厂。第三篇文章为《北满面粉与松花江磨坊股份公司》，主要介绍了北满面粉工业发展史、北满面粉业现状、面粉的种类、面粉的销售、面粉税和松花江磨坊股份公司的面粉生产与销售状况。

　　《北满与哈尔滨的工业》一书于 1928 年出版于哈尔滨。该书由上、下两编和附录构成，共243页。上编为工业领域概述，由七章构成。第一章为哈尔滨及其重要性，主要介绍了哈尔滨因中东铁路而兴起的简史，指出哈尔滨因有利的地理位置而成为中国东北北部地区的工商业中心，书中还特别强调1898年5月28日为哈尔滨城市诞生日。第二章为北满与哈尔滨工业简史，分三部分主要介绍了当地加工业的产生和俄罗斯人到来后资本主义类型工业的产生、俄日战争时期刺激下工业的飞速发展和俄日战争后工业的曲折发展。第三章为北满与哈尔滨工业的整体情况，主要介绍了北满与哈尔滨工业企业的布局、工业企业燃料的供给、工业企业中的工人、工业企业的运行环境和哈尔滨市工业企业的分布。第四章为北满与哈尔滨的榨油工业，主要介绍了榨油工业发展简史、生产条件、榨油产品及其出口和油厂的情况。第五章为北满与哈尔滨的面粉工业，主要介绍了面粉工业的发展简史、北满面粉业现状、磨坊的生产条件、面粉的种类、面粉的出口及其运费。第六章为酿酒工业，主要介绍了酿酒的类型、北满与哈尔滨酿酒工业的发展简史、酒精工业现状、酒精产品的销售和伏特加酒工业。第七章为其他工业领域，主要介绍了北满与哈尔滨的制糖业、烟草业、畜牧业产品加工业、玻璃工厂、金属加工厂、砖厂、化学厂、木材加工厂等。下编为重要工业企业概述，主要由五章构成。第一章为哈尔滨市大型榨油工厂概述，主要介绍了28家大型榨油厂开办的时间和地点、生产能力、年内生产时间、固定资本和工人数量等。第二章为哈尔滨市大型磨坊概述，主要介绍了15家大型磨坊开办的时间和地点、生产能力、年内生产时间、固定资本和工人数量等。第三章为哈尔滨市大型酒厂概述，主要介绍了5家大型榨油厂开办的时间和地点、生产能力、年内生产时间、周转资金和工人数量等。第四章为哈尔滨市其他工业企业概述，主要介绍了双合盛皮革厂、В. Ф. 科瓦利斯基胶合板厂、老巴夺烟厂、远东银行等20家其他类型工业企业开办的时间和地点、基本业务、年内生产时间、固定资本和工人数量等。第五章为北满其他大型企业概述，主要介绍了穆棱煤矿、秋林公司、乌苏里铁路哈尔滨商务代办处和斯柯达哈尔滨分厂等8家大型企业产生的历史和所参与的工业生产活动。附录部分为哈尔滨市重要工业企业名录，其中记载了各类参与工业活动的企业186家。

从史料价值上看，《北满经济评论》一书的价值不大。正如该书前言中所言，《北满经济评论》一书是 1924 年由中东铁路经济调查局出版的《北满与中东铁路》（英文版）的简缩本。正因如此，《北满经济评论》一书主体内容所用资料完全都是旧的。但我们又不能完全说《北满经济评论》一书是一本没有任何价值的书。书中附录部分的三篇文章无论是研究内容，还是所引资料，对我们研究中国东北北部地区的林业和面粉业都很有价值。《北满经济评论》一书的史料价值亦在于此。从学术价值上看，《北满经济评论》一书的学术史地位要高于其史料价值。前文已述，《北满与中东铁路》一书是俄国学者出版的第一部以经济部门为记述体例的关于中国东北北部地区经济的大型综合性论著。然而，该著篇幅太长，不利于读者接受和阅读。而关于中国东北北部地区经济的综合性简本却未见一部出版。这样，一部简缩本的《北满与中东铁路》——《北满经济评论》一书就诞生了。从这个角度讲，《北满经济评论》一书的学术价值不亚于《北满与中东铁路》一书。它是俄国学者出版的第一部以北满经济为题名的关于北满经济的综合性概述性论著。

从《北满与哈尔滨的工业》一书所使用的资料来看，《北满与哈尔滨的工业》一书与《北满经济评论》一书类似，主要运用的是已公开出版的资料，如《北满与哈尔滨的工业》一书前言所说，作者在编撰《北满与哈尔滨的工业》一书时大量利用了 1922 年和 1924 年出版的《北满与中东铁路》（俄、英文版）、1927 年出版的《北满与东省铁路指南》（俄文版），以及在《东省杂志》和《经济半月刊》上发表的相关论文中的资料。因此，我们说《北满与哈尔滨的工业》一书中的史料并不新颖。但可以肯定的是，В. И. 苏林利用了已公开出版的资料对关于北满与哈尔滨工业的资料进行了汇总、整合，让我们能更直接地找到关于北满与哈尔滨工业的史料。尽管《北满与哈尔滨的工业》一书中的史料多数都是已公开出版的，但这并不能抹杀《北满与哈尔滨的工业》一书在学术史上的地位。正如该书前言所言，以哈尔滨为中心的北满工业问题研究在《北满与哈尔滨的工业》一书出版前还很薄弱。虽然在之前学者们也出版了关于北满工业的小册子，如《北满的森林与森林工业》①《北满工业》（1908 年从日文翻译为俄文在哈尔滨出版）②。《北满与哈尔滨的工业》一书虽不属首部对以哈尔滨为中心的北满的工业进行全面综合研究的著作，但它却是世界上第一部以俄文出版的综合性论著。所以，《北满与哈尔滨的工业》一书在学术史上占有重要位置，是学者们研究北满工业史必须要研读的著作。

　　В. И. 苏林在本时期出版的第四部重要著作是《东省林业》。该书出版于 1930 年，由满洲的森林与森林法规、林区与经营、木材的运输与市场三部分组成，分十九个小节，记述了世界森林的储备与太平洋沿岸的森林、中国森林、满洲的森林、满洲树木的种类、中国的森林法、林业税、北满的东部林区、北满的西部林区、北满的其他林区、中东铁路木植公司、中东铁路地区森林的经营、满洲中部的林区、鸭绿江林区、满洲木材的加工、满洲木材的运输、北满的木材市场、满洲中部与南部的木材市场、满洲木材的出口等内容，并附录了三十二个补充正文的资料。由于该书缺少前言或引言，我们无从得知作者为何撰写这样一部著作。但从其所发表的文章来看，中国东北林业经济问题一直是其研究的对象。可以说，该书是俄罗斯学者出版的第一部全面研究中国东北林业经济的综合性著作。俄侨学者 М. Н. 叶尔绍夫评价其是“一部研究满洲经济的有价值和有用的著作”。③

　　《满洲及其前景》是 В. И. 苏林在 1930 年出版的另一部重要著作。据俄侨学者 В. В. 拉曼斯基在《法政学刊》上介绍该书时指出了 В. И. 苏林出版《满洲及其前景》一书的目的——作为为大学生授课的满洲经济教程和为大学生学习用的考试教材。④ 该书由十八章构成，前三章整体上介

---

①　Гордеев М. К. Леса и лесная промышленность Северной Маньчжурии. Харбин. 1923，136с.

②　Каваками Тосихико 1909. Промышленность Северной Маньчжурии. – Харбин：Типо – литография Штаба Заамурскогоокруга пограничной стражи. с. 278.

③　М. Н. Ершов В. И. Сурин. Лесное хозяйство в Северной Маньчжурии. Харбин, 1930. // Вестник Маньчжурии. 1931，№1. с. 115.

④　В. В. Ламанский В. И. Сурин. Маньчжурия и его перспективы. Харбин, 1930. // Известия юридического факультета, 1931. №10. с. 291.

绍了中国东北的地理、行政设置和经济结构，4—13 章介绍了中国东北的农业、林业、畜牧业、捕鱼业、狩猎业、中国东北南部地区的矿藏、中国东北北部地区的矿藏、中国东北南部地区的加工业、中国东北北部地区的加工业、中国东北北部地区的贸易、中国东北的货币流通与信贷，后五章介绍了中国东北的交通与通讯（以中东铁路、南满铁路和中国东北的铁路建设为重点）。在各章中，作者以大量可靠和详实的统计资料对所记述内容进行了分析。从整体上看，该书尽管具有教材性质，但仍是当时俄罗斯学者出版的一部关于中国东北经济的重要综合性著作。该书在研究方法上突破了以往的研究，笔者同意俄侨学者 B. B. 拉曼斯基的观点，作者从地缘政治的视角出发研究了中国东北地区各派势力在经济领域在过去与现在的争斗。①

钢和泰（俄文名 Сталь－Гольстейн А. Ф）是一位专攻语言学、佛学的著名在华俄侨学者。关于他的研究，俄罗斯学者很长时期内都没有给予关注，只是近年来才予以足够重视。我国学者从 20 世纪 90 年代后期就开始并深入研究钢和泰，还就钢和泰是否被选为中央研究院院士产生了争议。关于钢和泰的生平与学术活动以及在华期间与中国学术界的交往和学术贡献，学界已有明晰的轮廓和肯定性评价，本书不再赘述②。本书在本章仅把钢和泰的重要论著圈点出来，以彰显其重要性。1923 年，钢和泰在《国学季刊》上发表了由胡适汉译的对中国语言学产生深远影响的学术论文《音译梵书与中国古音》③。1926 年，钢和泰在商务印书馆出版了来华后的第一部高水平的对梵汉藏佛教文献进行勘校的研究著作——《大宝积经迦叶品梵藏汉六种合刊》④。

A. 诺维茨基，1883 年出生于雷宾斯克，1929 年逝世于哈尔滨。A.

---

① В. В. Ламанский В. И. Сурин. Маньчжурия и его перспективы. Харбин, 1930. // Известия юридического факультета, 1931. №10. с. 293.

② 详见钱文忠《男爵和他的幻想：纪念钢和泰》，《读书》1997 年第 1 期，第 49—55 页；桑兵：《国学与汉学：近代中外学界交往录》，浙江人民出版社 1999 年版，第 69—70 页；谢泳：《钢和泰不是院士》，《读书》1997 年第 4 期，第 96 页；王启龙等：《钢和泰学术评传》，北京大学出版社 2009 年版。

③ 钢和泰：《音译梵书与中国古音》，《国学季刊》1923 年第 1 卷第 1 期，第 47—56 页。

④ 钢和泰：《大宝积经迦叶品梵藏汉六种合刊》，商务印书馆 1926 年版。

诺维茨基毕业于圣彼得堡大学法律系，曾在鄂木斯克与伊尔库茨克法院任职。1920 年，A. 诺维茨基移居哈尔滨。1921—1925 年，A. 诺维茨基编辑出版了《生活信息报》。1922 年担任《东省文物研究会杂志》主编。从 1925 年起担任中东铁路管理局医疗保教科监察员。A. 诺维茨基是东省文物研究会创办会员，编辑出版部主席。[①] A. 诺维茨基主要从事的是编辑出版工作，在学术研究上成果不多，仅见在《东省文物研究会杂志》和《东省杂志》上发表了《东省文物研究会》[②]《中东铁路作为文化传播者》[③] 两篇文章，记述了东省文物研究会的产生与发展史，以及中东铁路在中国东北传播俄国文化的作用。

E. X. 尼鲁斯，1880 年 3 月 7 日出生于特维尔，1945 年后逝世，具体年代不详，逝世地点不详。1898 年，E. X. 尼鲁斯毕业于第二莫斯科中等军事学校，1901 年毕业于米哈伊洛夫斯克炮兵学校，1910 年毕业于亚历山大军事法律科学院。1910—1914 年，E. X. 尼鲁斯成为圣彼得堡军事司法局职员。从 1914 年 12 月起至 1918 年，E. X. 尼鲁斯担任哈尔滨的外阿穆尔军区边境护路队军事法官；1918—1921 年，担任 Д. Л. 霍尔瓦特远东最高全权代表处校官和部际房屋管理协调委员会主席；1921 年晋升为上校军衔。1921—1930 年，E. X. 尼鲁斯是中东铁路公司董事会代办和资深秘书。1924 年，E. X. 尼鲁斯担任中东铁路汉语班教师。1927—1928 年受聘为哈尔滨法政大学教师，教授司法诉讼课程，是哈尔滨法政大学理事会和教务会议成员。在 20 世纪 20 年代，E. X. 尼鲁斯同时也是哈尔滨俄侨学术团体——东省文物研究会会员。1930 年初，E. X. 尼鲁斯辞去了一切职务，并从 1930 年 2 月起从事私人业务活动。1936 年，E. X. 尼鲁斯移居天津，与过去的中东铁路职员开办了一家私人银行，后去了上海。

① Хисамутдинов А. А. Российская эмиграция в Азиатско – Тихоокеанском регионе и Южной Америке：Биобиблиографический словарь. – . Владивосток：Изд – во Дальневост. ун – та. 2000. с. 223.

② Новицкий А. ОИМК. //Вестник Маньчжурии. 1926 , №3 – 4. с. 46 – 52.

③ Новицкий А. Квжд как проводник культуры. //Известия Общества Изучения Маньчжурского Края – 1923 , №3. с. 42 – 44.

第二次世界大战后，E. X. 尼鲁斯移居巴西，之后又辗转欧洲，直到
逝世。①

从目前所能查阅到的资料看，E. X. 尼鲁斯在哈尔滨编写了关于中东
铁路史的专门著作——《中东铁路沿革史（1896—1923）》（第一、二
卷）。该书的编写直接源于1923年在哈尔滨举行的一次重大纪念活动。
1923年，中外各界人士在哈尔滨隆重集会，参加中东铁路公司举办的纪
念中东铁路修筑25周年的庆祝活动。为了庆祝这一重要事件，中东铁路
公司做了大量准备以向庆祝活动献礼。其中，编撰《中东铁路沿革史》
被中东铁路公司正式提上议事日程。1921年10月22日，中东铁路公司
董事会正式批准该项编撰工作，并成立了编撰与出版特别委员会，其成
员为中东铁路公司董事会董事 П. И. 库兹尼错夫、何守仁博士、В. H. 维
谢洛夫佐罗夫，中东铁路公司董事会代办 E. X. 尼鲁斯等人。而《中东铁
路沿革史》的具体编撰工作交由早已着手收集历史资料的中东铁路公司
董事会代办 E. X. 尼鲁斯来组织领导。与此同时，编撰与出版特别委员会
为此还拨付了编撰经费。为了把《中东铁路沿革史》做成精品工程，编
撰与出版特别委员会还提出了九点编撰原则：（1）编撰一部能够引起世
界各国广泛关注的关于世界最大的运输企业的《中东铁路沿革史
（1896—1923）》；（2）为铁路运输经营提供历史经验；（3）在内容上全
面反映铁路工作和运营的各个领域；（4）把《中东铁路沿革史》翻译成
多种外文，并在样式上做得美观；（5）客观地描述铁路产生以来涉及的
重大事件；（6）把《中东铁路沿革史》放在世界大环境中去撰写；（7）
要阐述中东铁路对中国东北边疆地区经济与文化的影响；（8）要阐述中
东铁路附属地上发生的政治和社会事件对中东铁路活动的影响；（9）尽
可能多利用一些可靠的档案文件和文献资料。②

---

① Забияко А. А.，Забияко А. П.，Левошко С. С.，Хисамутдинов А. А. Русский Харбин：
опыт жизнестроительства в условиях дальневосточного фронтира/Под ред. А. П. Забияко. –
Благовещенск：Амурский гос. ун – т，2015. с. 392；Автономов Н. П. Юридический факультет в
Харбине：Исторический очерк. 1920 – 1937. Харбин，1938. с. 41.

② Нилус Е. Х. Исторический обзор Китайской Восточной железной дороги 1896 – 1923 гг.
– Харбин：типографии КВжд и т – ва О – ва，1923. с. Х – XIII.

在上述情况下，以中东铁路公司董事会代办 E. X. 尼鲁斯为代表的编撰者开始了紧张而又忙碌的编撰工作。根据原定计划，《中东铁路沿革史（1896—1923）》拟定只编写一卷本 300 印刷页，但在编撰过程中，仅仅300 印刷页难以完整反映中东铁路全部活动的复杂历史。因此，编撰与出版特别委员会认为，《中东铁路沿革史》应扩编为两卷。但是，由于一系列原因（现在还无从得知具体原因），到举行庆祝活动时，《中东铁路沿革史》只出版了第一卷①。而《中东铁路沿革史》第二卷处于手稿状态（现保存在美国斯坦福大学胡佛战争与和平研究所）。

《中东铁路沿革史（1896—1923）》第一卷共 21 章，692 页。第一章编者首先谈及了与中东铁路有直接关系的俄国西伯利亚大铁路（俄国东部地区第一条铁路，1891 年修建）的一些基本情况，并提及一个无论是对西伯利亚大铁路还是对中东铁路都具有重要影响的人物——俄国财政、交通大臣 C. Ю. 维特。编者以简要篇幅介绍了 C. Ю. 维特的生平与活动史，并对 C. Ю. 维特给予了积极的评价。同时，作者也论及了 C. Ю. 维特积极支持西伯利亚大铁路穿越整个中国东北（即中国方案），并指出该方案比阿穆尔方案在铁路铺设地的自然条件、铁路长度方面优越，可节省大量财政支出。但中国方案需要中国政府同意方可实施。为此，编者特意提及晚清政治人物李鸿章，并记载了李鸿章参与谈判和最终与俄国签订《中俄密约》的过程。根据《中俄密约》，俄国取得了在中国东北修筑中东铁路的权力，并明确规定修筑铁路事宜交由华俄道胜银行承办经理，具体修筑铁路合同由中国政府与华俄道胜银行商订。由此，编者在本章中介绍了华俄道胜银行产生的简短历史及中国政府与华俄道胜银行签订《合办东省铁路公司合同》的过程和具体内容，而且还介绍了俄国私自核定公布《合办东省铁路公司章程》的内容，并记载了召开的第一届中东铁路公司董事会会议内容和中东铁路公司董事会组织机构的人选等。在本章最后部分，编者重点介绍了中东铁路总监工 A. И. 茹格维志和副监工 C. B. 依格纳齐乌斯的个人履历情况。

---

① Нилус Е. Х. Исторический обзор Китайской Восточной железной дороги 1896 – 1923 гг. – Харбин：типографии КВжд и т - ва О - ва，1923. 690с.

　　第二章编者记述了 1897 年初中东铁路公司在符拉迪沃斯托克成立中东铁路工程建设局后，在中东铁路工程建设局的领导下，将中东铁路干线拟将穿行的地方划分为六个大的区域，并派遣不同的勘察队对这些区域进行专门的勘察工作。勘察工作从 1897 年 6 月开始，至 1898 年 1 月结束。在本章编者不仅记述了勘察工作的艰苦条件和勘察队员的忘我精神，还特别记载了中东铁路总监工 A. И. 茹格维志和副监工 C. B. 依格纳齐乌斯从 1897 年 8 月至 1898 年 1 月亲自参加勘察工作过程。到 1898 年 2—3 月，所有勘察资料都被整理和分析完毕，至 4 月最终决定中东铁路开工修建，并确定哈尔滨为中东铁路枢纽站和沿线穿越的主要城镇、地段。

　　第三章编者主要记述了中东铁路的修筑过程。1898 年 4 月，中东铁路总监工 A. И. 茹格维志下达命令：将中东铁路干线划分为 13 个地段；7 月又将中东铁路支线划分为 8 个地段，以哈尔滨为中心向东、西、南三个方向同时修筑。与此同时，中东铁路总监工 A. И. 茹格维志还布置了具体工作计划和需要完成的 13 点技术任务。为了修筑中东铁路，中东铁路总监工 A. И. 茹格维志从俄国邀请了大量工程技术人员，组建了中东铁路河运船队，从比利时和英国购置了大量技术设备等预备工作。编者以不同地段修筑的俄国工程师的回忆录形式详记了中东铁路的修筑过程，记载了修筑中东铁路的艰苦条件。在本章编者还以一定篇幅记载了兴安岭隧道和穿越松花江、嫩江等大河流的 6 座主要桥梁的修筑过程。编者在本章最后部分记述了义和团运动前后中东铁路的修筑情况。1903 年 7 月 1 日中东铁路正式运营，标志着中东铁路主体修筑工程完工，工程总造价 57569255 卢布。

　　第四章记述了哈尔滨城市的建设与发展进程。编者记载了 1898 年 4 月初 A. И. 什德罗夫考察队来到哈尔滨安排中东铁路工程建设局总办事处住所，并在香坊买下了田家烧锅酒厂作为其办公住所。编者还特别指出，1898 年 5 月 28 日是哈尔滨历史上一个重要日期，因为这一天中东铁路副监工 C. B. 依格纳齐乌斯抵达了哈尔滨。编者认为，1898 年 5 月 28 日为中东铁路开工之日，亦是哈尔滨城市诞生之日。随着中东铁路工程建设局在哈尔滨活动，哈尔滨的城市建设亦开始进入快车道。编者重点记述了在哈尔滨香坊、南岗和道里出现的各类俄式建筑物、不同机构，以及重要街道的奠基和名称的由来，并认为由于俄国人的建设奠定了日后哈尔滨城市的区域格局，带来了哈尔滨城市经济、文化的快速发展。编者最后记载了 1902 年俄国财政大臣 C. Ю. 维特访问哈尔滨时的回忆报告内容。

第五章记述了俄国利用德国占领胶州湾之机出兵占领了旅大地区，并通过与中国签订《旅大租地条约》，不仅取得了独占旅顺军港、租借旅顺和大连的权力，也取得了修筑中东铁路南满支线的权力。依此条约，俄国开始了旅顺军港和大连的城市建设工作。工程师 B. B. 萨哈罗夫是旅顺军港和大连城市规划建设工作的策划者。编者对这位工程师的生平、工作给予了介绍和评价。关于旅顺军港和大连城市建设的工作情况，编者以 1902 年俄国财政大臣 C. Ю. 维特出访中国东北回国后的回忆报告形式在本章中给予了记载。编者在本章的最后还谈及了对旅顺军港和大连城市建设作出重要贡献的中东铁路太平洋船队的一些情况，指出在 1903 年中东铁路太平洋船队就已拥有 20 艘大型轮船，总价值达 1150 万卢布。

第六章记述了在中东铁路修筑过程中发生的两件重大事件——1899 年下半年中国东北南部暴发了肺鼠疫和 1900 年的义和团运动对中东铁路的修筑造成极大的影响。编者详记了中东铁路公司所进行的防疫举措、过程和 1900 年义和团运动在中国东北的蔓延，尤其指出中国（包括地方）政府对待义和团运动的态度。

第七章至第八章记述了义和团运动在中东铁路沿线的发展情况及所带来的严重后果。编者记述了义和团运动阻碍了中东铁路的修筑进程，随着义和团运动的发展，许多铁路建设者相继离开了建设工地。编者特别记载，义和团运动也席卷了哈尔滨，以致 1900 年 6 月 28 日中东铁路总监工 A. И. 茹格维志发布了关于铁路员工从哈尔滨撤走的命令指令。7 月 22 日，萨哈罗夫将军的部队来到哈尔滨，才解了哈尔滨之急。到 9 月末，义和团运动在中国东北停止，铁路又重新回到俄国人手中。编者指出，义和团运动带来了极其严重的后果，即给中东铁路造成了 7000 万卢布的损失（后由中国政府赔偿）；西方国家（包括俄国）与中国的外交交涉，迫使中国签订了《辛丑条约》。通过此约，俄国不仅得到了巨额赔偿（包括给中东铁路造成的 7000 万卢布损失），而且还制定了《俄国政府监理满洲之原则》，并要挟清政府订立了关于中国东北问题的《交收东三省条约》，全面攫取在中国东北的政治权益。此外，在本章中编者还记述了义和团运动对当地人生活的影响情况，以及义和团运动后中东铁路的修筑工作迅速得到恢复，至 1901 年路基铺设工作全部结束，而在这其中中国工人付出了艰辛劳动。

第九章编者首先记述了 1902 年 5 月发生于营口港的肺鼠疫蔓延至中东铁路沿线，持续近半年。为此，中东铁路公司投入大量精力进行防治工作。其次，编者记述了 1902 年秋俄国财政大臣 С. Ю. 维特、1903 年库罗巴特金将军、1902 年末至 1903 年 3 月御前大臣别佐布拉佐夫的远东考察。С. Ю. 维特考察后，建议俄国应在中国东北采取更加强硬的政策。这个建议得到了库罗巴特金将军和御前大臣别佐布拉佐夫的大力支持。为了进一步讨论俄国在中国东北的政策取向，1903 年 6 月，库罗巴特金将军和御前大臣别佐布拉佐夫第二次来到中国东北，并于 6 月 18 日至 28 日在旅顺召开了由俄国驻中国东北各机构代表参加的关于中东铁路经济问题的会议，主要讨论了应在中国东北采取什么样的经济政策以扩大铁路收入和降低中东铁路的财政赤字。

第十章记述了 1903 年 7 月 1 日中东铁路公司发布了第一号指令，宣布从 1903 年 7 月 1 日中东铁路正式开始运营，中东铁路工程建设局也更名为中东铁路管理局；同日，中东铁路公司又发布了第二号《关于中东铁路管理机构》、第三号《关于铁路沿线行政划分》和第四号《铁路部门领导人员》的指令，记载了中东铁路管理局的机构构成、所属部门机构领导人员构成等。编者在本章中还特别记载了中东铁路管理局首任局长 Д. Л. 霍尔瓦特的生平事迹及工程师 А. А. 古巴诺夫回忆关于中东铁路南线和大连港正式开始经营的情况资料。

第十一章至第十三章记述了 1904—1905 年俄日战争时期中东铁路的活动及日俄战争所带来的直接结果和俄国的战后处理等问题。编者记载，在俄日战争时期，刚刚经营不久的中东铁路被俄国政府纳入了军事管理，承担军人和军事物资的运输工作，中东铁路管理局也全程参与了战争并全力为战争服务。俄日战争的最直接后果——俄国与日本签订了《朴茨茅斯和约》，日本通过该约攫取了中东铁路南满支线控制权并将中国东北南部划为自己的势力范围。俄日战争的失败，导致了俄国国内政治动荡，即 1905—1906 年的革命运动。该运动也波及了哈尔滨，并在哈尔滨发生了罢工事件和中东铁路管理局办公大楼着火事件。1905—1906 年波及哈尔滨的革命运动对哈尔滨的社会生活产生了重要影响。哈尔滨首次出现了社会革命党组织及其军事组织，从而使哈尔滨出现了对立的政治派别。这加快了中东铁路管理局制定附属地司法、警察管理体制和哈尔滨城市自治的步伐。俄日战争后俄国军队从中国东北撤退以及 1905—1906 年革命震荡后，中东铁路管理局全面开展了消除上述事件给铁路带来的消极影响和进行战后处理的工作：一是 1905 年中东铁路管理局大楼着火带来的损失与恢复工作；二是中东铁路管理局执行《朴茨茅斯和约》规定，把中东铁路南满支线移交给日本；三是由于失去了大连港的控制权，俄国加紧了符拉迪沃斯托克港的建设和中东铁路与乌苏里铁路合并接受中东铁路公司领导，并在符拉迪沃斯托克设立中东铁路特别商务办事处。对于后者，编者特别记载了符拉迪沃斯托克港建设后来自中东铁路的货运周转以及中东铁路符拉迪沃斯托克特别商务办事处的工作情况。此外，编者也记述了战后哈尔滨的商业萧条等情况。

第十四章记述了中东铁路修筑前后中国东北北部地区的交通状况、土匪及其对当地生活的影响，以及随着关内移民的不断增加中国政府在东北北部地区的行政管理方面所进行的重大改革等情况。

第十五章至第二十一章记述了中东铁路的经营问题。第十五章至第十七章记载，中东铁路全线开工和运营后，形成了中东铁路附属地，为了进一步扩大附属地地界和全面经营附属地，中东铁路公司不断扩展沿线土地、私开煤矿和乱采木材等。为使这些行为合法化，中东铁路公司迫使中国地方政府于 1907 年、1908 年订立了吉黑铁路公司购地合同、吉林木植合同、黑龙江铁路公司伐木合同、吉黑铁路煤矿合同。此外，在这三章编者还记述了中东铁路公司在中国东北开展电报业务、组建邮政机构的发展历史、中国东北北部地区海关的设置和关税的由来，以及处理与中国关于中东铁路事务的铁路交涉总局的资料。第十八章至第二十一章记述了中东铁路护路队组建和发展的历史、中东铁路附属地司法机构的设置和发展史（警察、法院）、中东铁路附属地民政事务管理，以及中东铁路附属地城镇管理机构——自治公议会的设置与发展，其中论及中国地方政府对俄国设置地方自治公议会的态度并重点记载了哈尔滨自治公议会的发展情况资料。

《中东铁路沿革史（1896—1923）》第二卷处于手稿状态，目前保存在美国，我们很难看到该卷的具体内容，但《中东铁路沿革史（1896—1923）》第一卷前言中记载了第二卷拟要撰写的内容。《中东铁路沿革史（1896—1923）》第二卷主体部分由 17 章构成，包括日本、南满铁路与中东铁路，蒙古与中东铁路，中东铁路附属地内的领事机构，中东铁路管理局作为领导机构的活动，中东铁路董事会和监察委员会的活动，其余章节为中东铁路管理局所属部门活动史。在附录部分还附录了中东铁路附属地货币、中东铁路附属地社会生活和出版物、革命时期影响中东铁路的重大事件概述和中东铁路修筑 25 周年纪念庆祝活动概述等四篇文章，以及重要铁路员工活动资料和参考文献等。

关于《中东铁路沿革史（1896—1923）》的学术价值问题，笔者查阅了许多中外文献，但都没有找到关于其的学术评价文章，这与《中东铁路沿革史（1896—1923）》一书的学术地位不符。因此，本书试就该问题分析《中东铁路沿革史（1896—1923）》一书的学术价值和史料价值。

中东铁路的修筑与运营是世界铁路史上的重大事件，无论是对其所纵贯区域还是对国际关系都产生了深远影响。因此，中东铁路问题自然就纳入了研究视野。到 1923 年《中东铁路沿革史（1896—1923）》第一、二卷编写完和第一卷出版时，关于中东铁路问题的研究，已出版了如下俄文版著作（前文已述）：《关于中东铁路修筑的总医学报告》《中东铁路护路队参加 1900 年满洲事件》《中东铁路公司成立十五年来中东铁路商务活动概述》《中东铁路十年（1903—1913）》《中东铁路历史概述（1896—1905）》《北满与中东铁路》等。从这个角度看，《中东铁路沿革史（1896—1923）》并非研究中东铁路史的首部俄文版著作，而是上述研究的继续。但与上述著作相比，《中东铁路沿革史（1896—1923）》有着独特的学术价值。《中东铁路沿革史（1896—1923）》既非研究中东铁路某一领域的专门著作，也非研究中东铁路某一发展阶段的断代史著作，而是俄国学者出版的第一部大篇幅全面综合、系统研究中东铁路的通史性著作。正是因为这样一部鸿篇巨著的编写和出版，编撰者 E. X. 尼鲁斯的名字才为中东铁路史研究学者所熟知，E. X. 尼鲁斯也因此进入俄国汉学家行列之中。

《中东铁路沿革史（1896—1923）》第一、二卷合计页数达 1000 多页，全面论述了中东铁路修筑的起因和过程、中东铁路经营的发展历史、中东铁路对中国东北区域的影响、中国东北区域国际关系的变化对中东铁路的影响和中东铁路附属机构的设置与活动等。为了支撑这些复杂问题的编写，编撰与出版特别委员会收集了大量材料，如当事人的回忆录、可查到的关于中东铁路的出版物和可看到的关于中东铁路的档案文件等，它们都被编撰者编写在了《中东铁路沿革史（1896—1923）》第一、二卷中。可以说，《中东铁路沿革史（1896—1923）》第一、二卷中含有大量关于中东铁路的信息资料，犹如一部中东铁路百科全书，为后继研究者提供了弥足珍贵的史料。然而，《中东铁路沿革史（1896—1923）》第一、二卷中并非包揽了关于中东铁路的全部档案与文献资料。正如《中东铁路沿革史（1896—1923）》第一卷前言中所说，在编撰《中东铁路沿革史（1896—1923）》一书时很多参与中东铁路修筑和经营的当事人或离开了哈尔滨，或离开了人世，使一些资料难以获得，同时由于俄国革命等政治事件保存在圣彼得堡的档案不能被利用，俄国革命时期中东铁路附属地的俄国机构被撤销时大量的档案和文件也随之销毁，原保存在哈尔滨中东铁路管理局大楼的档案和文献因大火被焚毁。这些因素为《中东铁路沿革史（1896—1923）》在史料运用上留下了很多遗憾。

B. H. 卡萨特金，1885 年出生于卡缅涅茨—波多利斯基，先后毕业于圣彼得堡第一中等军事学校、尼古拉耶夫斯克工程学校和总司令部科学院。B. H. 卡萨特金参加了第一次世界大战，1916 年被授予上校军衔。1917—1918 年，B. H. 卡萨特金在军事科学院教书。1918—1920 年，B. H. 卡萨特金在 A. B. 高尔察克白俄政府军中任职。1920 年，B. H. 卡萨特金移居哈尔滨。1920—1930 年，B. H. 卡萨特金是中东铁路管理局经济调查局职员。1921—1924 年，B. H. 卡萨特金在中东铁路经济调查局工作。1930—1945 年，B. H. 卡萨特金主管日本运输公司驻北满办事处工作，其间还担任满洲俄侨事务局法律部主任。1945—1952 年，B. H. 卡萨特金在哈尔滨的学校担任俄语教师。1959 年，В. Н. 卡萨特金从中国移居法国。[①] В. Н. 卡萨特金的研究成果都与其工作的部门有关，在《东省杂志》和《满洲经济通讯》上发表了《关于中东铁路运价的修订》[②]《1920—1923 年中东铁路的商务活动》[③]《1921—1922 年中东铁路与南满铁路的经营》[④] 《中东铁路地方交通的新运价》[⑤] 等五篇文章，出版了《北满与中东铁路经济年鉴》[⑥]（与俄侨学者 А. А. 雅克申合作，本书将对其给予具体介绍）一部著作。《北满与中东铁路经济年鉴》一书出版于1923 年。该书编写的目的是分类收集关于中东铁路工作与中国东北北部地区经济生活的资料，尤其是补充前文所述中东铁路经济调查局编写的《北满与中东铁路》一书的统计资料。《北满与中东铁路经济年鉴》一书是俄国学者编撰的第一本关于中国东北的统计年鉴。该书分七个部分，对 1922 年北满的总体经济形势、行政设置、农业、畜牧业、林业、矿业、加工业、贸易、货币流通、中东铁路的工作等内容进行了数字统计分析。

A. C. 卢卡什金，1902 年 4 月 20 日出生于辽宁辽阳，1988 年 10 月 6 日逝世于美国旧金山。A. C. 卢卡什金毕业于哈尔滨东方学与商业科学院。1924—1940 年，A. C. 卢卡什金积极参与哈尔滨俄侨难民委员会的工作。A. C. 卢卡什金曾任东省文物研究会自然科学部秘书、满洲俄侨事务局博物学者、考古学与人种学研究青年会和布尔热瓦尔斯基研究会顾问。1930—1941 年，A. C. 卢卡什金是哈尔滨博物馆监督助理、监督。从1941 年起，A. C. 卢卡什金移居旧金山，成为加利福尼亚科学院海洋生物

① Кротова М. В. Генерал В. Н. Касаткин: неизвестные страницы жизни в Харбине. // Новый исторический вестник, 2012. №3. с. 110 – 118.

② Касаткин В. Н. К пересмотру тарифов квжд. // Экономический Вестник Маньчжурии, №1, 1923, с. 9 – 11.

③ Касаткин В. Н. Коммерческая деятельность квжд в 1920 – 1923гг. // Экономический Вестник Маньчжурии, №6 – 7, 1923, с. 35 – 39.

④ Касаткин В. Н. Эксплутация квжд и юмжд (за 1921 – 1922гг.). // Экономический Вестник Маньчжурии, №41, 1923, с. 5 – 9; №42, 1923, с. 10 – 14.

⑤ Касаткин В. Н. Новый тариф местного сообщения Китайской Восточной железной дороги. // Вестник Маньчжурии. 1926, №10. с. 20 – 25.

⑥ Касаткин В. Н., Якшин А. А. Экономический ежегодник Северной Маньчжурии и квжд. – Харбин: КВЖД, 1923. 103с.

学家。1949—1952 年，А. С. 卢卡什金担任加利福尼亚俄国中心理事会理事。1952—1955 年担任《俄国生活报》公司董事会主席。1954—1965 年，А. С. 卢卡什金被聘为旧金山文化博物馆馆长。① А. С. 卢卡什金从 20 年代下半年开始从事学术研究，主要研究中国东北的动物和考古学，本时期在《关于学校生活问题》《东省杂志》《中国杂志》等杂志上发表了《北满鸟类札记：毛腿沙鸡或 туртшка》②《北满的毛腿沙鸡》③《在生物学特性和捕猎经济意义中的呼伦贝尔草原野兽》④《哈尔滨市松花江上的捕鱼场》⑤《北满的环状野鸭》⑥《北满新石器时代文化的新资料》⑦ 六篇文章，出版了《蒙古草原的黄羚羊》⑧ 一本小册子。

Л. И. 柳比莫夫，1883 年 11 月 28 日出生于奥伦堡省上乌拉尔县，逝世年、地点不详。Л. И. 柳比莫夫 1910 年毕业于喀山大学法律系。从 1919 年起，Л. И. 柳比莫夫在满洲里生活，1922—1923 年担任满洲里车站俄国民族协会主席。从 1924 年起，Л. И. 柳比莫夫在哈尔滨生活。1929 年前，Л. И. 柳比莫夫任中东铁路经济调查局职员。1934 年前，Л. И. 柳比莫夫还担任中东铁路俄语班教师，也参加了为中国人编撰俄语教科书的工作。1934 年，Л. И. 柳比莫夫参与编辑当年在哈尔滨出版的《哈尔滨贸易公所纪念文集》。在哈尔滨生活期间，Л. И. 柳比莫夫还是学

① Шергалин Е. Э. Анатолий Стефанович Лукашкин（1901 - 1988）- русский орнитолог, зоолог и видный общественный деятель Русского Зарубежья//Русский орнитологический журнал. Экспресс - выпуск,2015. №24(1200). с. 3639 - 3662.

② Лукашкин А. С. Заметки о птицах северной маньчжурии. 1. Саджа или туртшка. //Вопросы школьной жизни,1926,№3. с. 104 - 106.

③ Лукашкин А. С. Саджа в Северной Маньчжурии. //Вестник Маньчжурии. 1927,№3. с. 9 - 12.

④ Лукашкин А. С. Звери степной Барги в биологических особенностях и промыслово - экономическом значении. //Вестник Маньчжурии. 1929,№7 - 8. с. 71 - 80.

⑤ Лукашкин А. С. Рыбный промысел по реке Сунгари под городом Харбином. //Вестник Маньчжурии. 1929,№4. с. 43 - 50.

⑥ Лукашкин А. С. A ringed mallard in North Manchuria {first record of catching a Japan banded bird)//The China Journal, ⅩⅤ（6）:307,1931.

⑦ Лукашкин А. С. New data on Neolithic culture in northern Manchuria. //The China Journal, ⅩⅤ: 4: 198 - 199, 1931. - то же. Новые данные о неолитической культуре в Северной Маньчжурии. //Вестник Маньчжурии. 1931,№2. с. 85 - 91.

⑧ Лукашкин А. С. Монгольская степная антилопа дзерен. - Тр. ОИМК,1927,вып. 1.

术团体——东省文物研究会的会员。① 关于 1934 年以后 Л. И. 柳比莫夫的生平活动，现在还查阅不到任何信息。作为中东铁路经济调查局职员的 Л. И. 柳比莫夫致力于俄国远东和中国经济问题尤其是中国东北经济问题的研究，本时期在《东省杂志》《中东经济月刊》《中东铁路中央图书馆书籍绍介汇报》等杂志上发表了以下四十篇文章：

表 1—8

序号	文章名称
1	《中东铁路博克图站的工业企业》②
2	《1929 年伦敦市场上的满洲黄豆》③
3	《满洲出口 20 年》④
4	《满洲的煤炭资源》⑤
5	《依兰县的垦务》⑥
6	《张县》⑦
7	《大兴安岭东坡上的木材加工厂》⑧
8	《大兴安岭东坡上的木植公司与木材加工厂》⑨
9	《北满的森林与木材加工厂——依兰县的租让企业》⑩

---

① Забияко А. А., Забияко А. П., Левошко С. С., Хисамутдинов А. А. Русский Харбин: опыт жизнестроительства в условиях дальневосточного фронтира/Под ред. А. П. Забияко. – Благовещенск: Амурский гос. ун-т, 2015. с. 387.

② Любимов Л. И. Промышленные предприятия при станции Бухэду квжд.//Экономический. бюллетень – 1926, №17. с. 8 – 9.

③ Любимов Л. И. Маньчжурские бобы на лондонском рынке в 1929 г.//Вестник Маньчжурии. 1930, №4. с. 1 – 8.

④ Любимов Л. И. Двадцатилетие маньчжурского экспорта.//Вестник Маньчжурии. 1928, №2. с. 14 – 17.

⑤ Любимов Л. И. Угольные богатства Маньчжурии, Хэчанские копи.//Экономический. бюллетень – 1929, №6. с. 7 – 8.

⑥ Любимов Л. И. Колонизация уезда Илань.//Экономический. бюллетень – 1929, №18. с. 8 – 10.

⑦ Любимов Л. И. Уезд Чань.//Экономический. бюллетень – 1929, №20. с. 8 – 10.

⑧ Любимов Л. И. Лесные промыслы на восточном склоне Большого Хингана.//Вестник Маньчжурии. 1926, №7. с. 80 – 89.

⑨ Любимов Л. И. Лесные концесии и промыслы на восточном склоне Большого Хингана.//Экономический. бюллетень – 1927, №38. с. 5 – 7.

⑩ Любимов Л. И. Леса и лесные промыслы в Северной Маньчжурии. Концесии в уезде Илань.//Экономический. бюллетень – 1929, №11. с. 13 – 14.

序号	文 章 名 称
10	《松花江》①（与俄侨学者 T. Ф. 郭尔拉诺夫合作）
11	《中东铁路扎赉诺尔煤矿经营 25 周年》②
12	《长春的木材市场》③
13	《中东铁路西线区域粮食贸易概述》④
14	《中东铁路西线区域的移民潮与开垦面积》⑤
15	《北满的土地资源与粮食产出平衡》⑥
16	《满洲的贸易发展与现状概述》⑦
17	《俄国远东的经济前景》⑧
18	《远东边区的林业》⑨
19	《松花江河运船队》⑩
20	《吉林—长春与吉林—东华铁路在满洲经济上的意义：来自于中东铁路经济调查局的资料》⑪

---

① Любимов Л. И. , Т. Ф. Горланов Сунгари. //Вестник Маньчжурии. 1927 , №2. с. 33 – 44.

② Любимов Л. И. Чжалайнорские копи КВжд：к 25 – летнему юбилею с начала эксплуатации. //Вестник Маньчжурии. 1927 , №8. с. 9 – 13.

③ Любимов Л. И. Лесной рынок Чанчуня. //Вестник Маньчжурии. 1928 , №7. с. 68 – 76.

④ Любимов Л. И. Очерки хлебной торговли в районе Западной линии КВжд. //Вестник Маньчжурии. 1929 , №1. с. 16 – 28 ; №2. с. 17 – 26.

⑤ Любимов Л. И. Переселенческая волна и колонизационный фонд в районе Западной линии КВжд. //Вестник Маньчжурии. 1929 , №3. с. 37 – 45.

⑥ Любимов Л. И. Земледельческие ресурсы и хлебный баланс Северной Маньчжурии. //Вестник Маньчжурии. 1929 , №4. с. 21 – 31.

⑦ Любимов Л. И. Очерк развития и современного состояния торговли в Маньчжурии. //Вестник Маньчжурии. 1929 , №7 – 8. с. 25 – 37.

⑧ Любимов Л. И. Русский Дальний Восток и его хозяйственные перспективы//Вестник Маньчжурии. 1926 , №1 – 2. с. 72 – 74.

⑨ Любимов Л. И. Лесное хозяйство Дальневосточного края//Вестник Маньчжурии. 1926 , №1 – 2. с. 74 – 77.

⑩ Любимов Л. И. Сунгарийская речная флотилия//Вестник Маньчжурии. 1929 , №6. с. 49 – 59.

⑪ Любимов Л. И. Железные дороги Гиринь – Чанчунь и Гиринь – Дуньхуа и их значение в экономике Маньчжурии：по материалам Экономического Бюро КВжд. //Вестник Маньчжурии. 1929 , №10. с. 28 – 40.

序号	文 章 名 称
21	《关于中东铁路松花江航运问题》①
22	《黄豆销售危机与满洲农民的损失》②
23	《满洲的日本银行》③
24	《满洲垦务的出路》④
25	《满洲工业的发展与现状概述：来自于中东铁路经济调查局的资料》⑤
26	《1930 年第三季度的伦敦油料市场》⑥
27	《安达站的木材市场》⑦
28	《齐齐哈尔的木材市场》⑧
29	《博克图站区域的农业》⑨
30	《拜泉的面粉业》⑩
31	《鹤岗煤矿》⑪

---

① Любимов Л. И. К вопросу о сунгарийском судоходстве КВжд.//Вестник Маньчжурии. 1930, №3. с. 53 – 59.

② Любимов Л. И. Кризис сбыта бобов и потери маньчжурского крестьянина.//Вестник Маньчжурии. 1930, №6. с. 1 – 12.

③ Любимов Л. И. Японские банки в Маньчжурии.//Вестник Маньчжурии. 1931, №1. с. 39 – 49.

④ Любимов Л. И. Пути колонизации Маньчжурии.//Вестник Маньчжурии. 1930, №9. с. 1 – 11.

⑤ Любимов Л. И. Очерк развития и современного состояния промышленности в Маньчжурии: по материалам Экономического Бюро КВжд.//Вестник Маньчжурии. 1929, №11. с. 71 – 79.

⑥ Любимов Л. И. Лондонский масличный рынок за третий квартал 1930 г.//Вестник Маньчжурии. 1930, №11 – 12. с. 29 – 39.

⑦ Любимов Л. И. Лесной рынок при ст. Аньда.//Экономический. бюллетень – 1927, №28. с. 8 – 11; №29 – 30. с. 9 – 11; №31 – 32. с. 5 – 8.

⑧ Любимов Л. И. Цицикарский лесной рынок.//Экономический. бюллетень – 1929, №7. с. 12 – 13.

⑨ Любимов Л. И. Земледельческое хозяйство в районе станции Бухэду. // Экономический. бюллетень – 1927, №34. с. 5 – 6.

⑩ Любимов Л. И. Мукомольная промышленность Байцюане. // Экономический. бюллетень – 1929, №21 – 22. с. 20 – 21.

⑪ Любимов Л. И. Хэганские копи.//Экономический. бюллетень – 1929, №6. с. 7 – 8.

序号	文 章 名 称
32	《满洲的经济危机与大国的利益》①
33	《临江县的垦务与土地总面积》②
34	《哈尔滨市场上大洋的汇率与商品价格》③
35	《南满的制碱厂》④
36	《1930 年伦敦油料市场及其可能的前景》⑤
37	《世界黄油市场》⑥
38	《满洲的朝鲜人》⑦
39	《满洲的货币流通与银行》⑧
40	《中国的劳动统计》⑨

---

① Любимов Л. И. Экономический кризис и интересы держав в Маньчжурии. //Вестник Маньчжурии. 1931, №9. с. 63 – 64.

② Любимов Л. И. Колонизация и земельный фонд уезда Линьзян. // Экономический. бюллетень – 1929, №17. с. 10 – 11.

③ Любимов Л. И. Курс даяна и товарные цены Харбинского рынка. //Экономический. бюллетень – 1930, №13. с. 1 – 5.

④ Любимов Л. И. Содовый завод в Южной Маньчжурии. //Экономический. бюллетень – 1929, №17. с. 6.

⑤ Любимов Л. И. Лондонский рынок масличных в 1930 г и его возможные перспективы// Вестник Маньчжурии. 1931, №2. с. 61 – 71.

⑥ Любимов Л. И. Мировой рынок масло – жиров//Вестник Маньчжурии. 1931, №4. с. 23 – 40.

⑦ Любимов Л. И. Корейцы в Маньчжурии//Вестник Маньчжурии. 1930, №11 – 12. с. 72 – 80.

⑧ Любимов Л. И. Денежное обращение и банки Маньчжурии//Вестник Маньчжурии. 1930, №8. с. 14 – 27.

⑨ Любимов Л. И. Статистика труда в Китае. //Библиографический Бюллетень. под редакцией Н. Н. Трифонова и Е. М. Чепурковского (Харбин), Т. 3. вып. II, 1930, с. 35 – 38.

Л. И. 柳比莫夫还出版了《扎赉诺尔煤矿》① 和《满洲的土地资源与粮食产出平衡》② （该书是在 1929 年第 4 期《东省杂志》署名文章《北满的土地资源与粮食产出平衡》的基础上扩充而成）两本小册子。Л. И. 柳比莫夫的成果众多，涉及中国东北经济的多个领域，对后继学者研究近代中国东北经济史提供了大量史料。本书仅以 Л. И. 柳比莫夫出版的《扎赉诺尔煤矿》一书为例，以窥一斑。

随着中东铁路的修筑与运营，中国东北地区的经济发生了深刻变化。大量资金注入中国东北，中国东北由此迅速卷入资本主义市场。这与中国东北地区各类工业的产生与发展密不可分，其中煤炭工业是最重要的工业领域之一。而对矿物燃料的最大需求者就是中东铁路本身。这样，还在铁路建设时期，中东铁路工程建设局就派遣地质专家对中国东北地区的矿产资源进行调查研究。经勘察，专家最终确定扎赉诺尔为最适合的开采地点。由此，1902 年 9 月 1 日，扎赉诺尔煤矿正式经营。在之后发展中，对中东铁路来说，扎赉诺尔煤矿发挥了极其重要的作用。至 1927 年，扎赉诺尔煤矿经营 25 周年。为了纪念这一历史时刻，中东铁路经济调查局职员 Л. И. 柳比莫夫编撰了《扎赉诺尔煤矿》一书，作为对扎赉诺尔煤矿过去 25 周年经营工作的总结和当前情况的评价。

《扎赉诺尔煤矿》一书 1927 年出版于哈尔滨，由六部分构成，共 52 页。第一部分为矿区的特点与煤炭质量分析，主要介绍了扎赉诺尔煤矿的地理位置、关于扎赉诺尔矿区的发现和最初的调查、扎赉诺尔矿区的矿层和煤炭储藏量，通过比较分析了扎赉诺尔煤矿的煤炭质量。第二部分为扎赉诺尔煤矿产生与经营史上的重要时段（1925 年之前），主要介绍了扎赉诺尔煤矿开办的法律依据、扎赉诺尔矿区的占地面积、1902 年 9 月 1 日 1 号矿井奠基、扎赉诺尔煤矿的领导机构变迁、扎赉诺尔煤矿矿井的挖掘过程、扎赉诺尔煤矿的火灾事件、扎赉诺尔煤矿经营模式的发展变迁、扎赉诺尔矿区煤炭储藏量的勘测等。第三部分为 1925—1927 年的

---

① Любимов Л. И. Чжалайнорские копи. - Харбин：Тип. квжд, 1927. 52с.

② Любимов Л. И. Земледельческие ресурсы и хлебный баланс Маньчжурии. - Харбин, 1929. 21с.

扎赉诺尔煤矿状况，主要记述了 1925—1926 年在扎赉诺尔煤矿工作的矿工人数，1925—1926 年在扎赉诺尔煤矿处于正常工作的矿井数量，1925—1926 年在扎赉诺尔煤矿进行修复被破坏的矿井工作和新的挖掘工作，1925—1926 年在扎赉诺尔煤矿的设备改造等。第四部分为扎赉诺尔煤矿的生产能力与煤炭产品的流向，主要记载了至 1927 年 1 月 1 日扎赉诺尔煤矿共开采煤炭 294934286 普特，即 4831171 吨；同时记载扎赉诺尔煤矿分年度煤炭开采量（1903—1926）和平均年开采量（1000 万普特，即 163800 吨）；记载了 1913 年前中东铁路是扎赉诺尔煤矿开采煤炭的唯一消费者，从 1913 年起扎赉诺尔煤矿开采的煤炭还要满足煤矿的需要和进入私人市场，书中附列了大量表格说明上述三类消费主体 1913—1926 年间所消费扎赉诺尔煤矿开采煤炭的数量及所占比重，但中东铁路仍是最大的消费主体；此外，本部分还通过 1913 年和 1922—1926 年扎赉诺尔煤矿和其他煤矿满足中东铁路需求的煤炭数字比较，证明扎赉诺尔煤矿对中东铁路的重要性；比较上述年份扎赉诺尔煤矿和其他煤矿进入北满市场的煤炭数量和比重，以及比较上述年份扎赉诺尔煤矿开采的煤炭进入北满的满洲里、海拉尔、富拉尔基、齐齐哈尔、安达和哈尔滨市场的数量与比重；本部分最后通过表格详列了 1915—1926 年扎赉诺尔煤矿各矿井的生产能力。第五部分为扎赉诺尔煤矿的投资额与煤炭的价格，主要记载了从 1904 年至 1927 年用于购买扎赉诺尔煤矿设备和经营时的各项消耗，投入扎赉诺尔煤矿的资金总额超过 1400 万卢布；还记载了 1911—1926 年扎赉诺尔煤矿煤炭的交货价格，及对 1926 年与其他煤矿开采的煤炭在满洲里、海拉尔、齐齐哈尔和哈尔滨市场上的交货价格数字进行比较。第六部分为扎赉诺尔煤矿中的工人问题，主要记述了不同年代扎赉诺尔煤矿矿工人数的多少取决于煤炭的开采量，俄日战争时在扎赉诺尔煤矿工作的矿工超过了 10000 人，1919—1921 年在扎赉诺尔煤矿工作的矿工在 5000—8000 人之间，在之后的几年间矿工人数骤减，下降至 1000 人左右；本部分中列举了到 1925 年 1 月 1 日、1926 年 1 月 1 日、1927 年 1 月 1 日在扎赉诺尔煤矿工作的矿工具体部门和人数；此外还记载了 1925—1926 年扎赉诺尔煤矿中每个矿井工人的年平均生产能力和工人的年平均工资，以及 1926 年 1 名工人的年生产能力；最后部分记述了扎赉诺尔煤矿矿工的工作组织形式以及改善矿工的福利待遇等问题。

从行业发展角度分析，扎赉诺尔煤矿属于煤炭工业领域。关于黑龙江煤炭工业的研究在 Л. И. 柳比莫夫出版《扎赉诺尔煤矿》一书之前，俄侨学者 В. П. 沃杰尼科夫于 1924 年就出版了《北满的煤炭工业及其前景》① 一书。这是俄国学者出版的第一部关于黑龙江煤炭工业的著作。但这并不影响《扎赉诺尔煤矿》一书在学术史上的地位，反而更加突出该书的学术价值。《扎赉诺尔煤矿》一书不仅是俄国学者出版的第一部论及黑龙江煤矿的专门论著，更是第一部系统全面研究扎赉诺尔煤矿的专门著作。作者 Л. И. 柳比莫夫亦因《扎赉诺尔煤矿》一书在俄国汉学史上留下了名号。从《扎赉诺尔煤矿》一书所使用史料上看，史料价值同样重要。它不仅比较系统地梳理了扎赉诺尔煤矿的发展史，而且在其中还附列了大量数字表格来说明扎赉诺尔煤矿的生产和经营情况。因此，《扎赉诺尔煤矿》一书为后继学者研究黑龙江煤炭工业史提供了大量一手原始资料。

Л. М. 郭里菲尔，出生年、地点不详，逝世年、地点不详，其他信息也不详。Л. М. 郭里菲尔主要致力于中国东北经济的研究，1928—1931年在《东省杂志》和《中东经济月刊》上发表了《在黄豆出口欧洲情况下使用鼓风机》②《出口与黄豆企业黄豆、豆饼和豆油成本核算》③《北满

①　В. П. 沃杰尼科夫 1876 年 3 月 3 日出生于叶尼塞州米努辛斯克边区，逝世年、逝世地点不详。В. П. 沃杰尼科夫 1890 年毕业于米努辛斯克市学校，1895 年毕业于阿尔泰矿山工厂学校，1910 年毕业于美国高等矿山学校。В. П. 沃杰尼科夫参加了 1900 年镇压义和团运动、日俄战争和第一次世界大战。1918—1929 年，В. П. 沃杰尼科夫任中东铁路扎赉诺尔煤矿矿长，并担任煤矿防火总工程师。从 1929 年起，В. П. 沃杰尼科夫受私营公司和个人委托，对东三省的矿区开展研究。В. П. 沃杰尼科夫还是哈尔滨学术团体——东省文物研究会地质与自然地理学股成员，出版关于中国煤炭工业的小册子（Водеников В. П. Углепромышленность Северной Маньчжурии и её перспективы. - Харбин: Тип. "Слово". 1924. - 37с. ）。

②　Гольфер Л. М. Употребление вентиляторов при экспорте бобов в Европу. // Вестник Маньчжурии. 1928, №5. с. 11 - 12.

③　Гольфер Л. М. Калькуляция на бобы, жмыхи и бобовое масло в экспортных и бобовых предприятиях. // Вестник Маньчжурии. 1928, №7. с. 7 - 12.

的苏打输入与加工》①《花生仁的世界产量与贸易》②《中东铁路二等出口
粮食的运输》③《满洲黄麻布的进口》④《北满高粱的出口》⑤《黄豆销售
困难的某些地方原因》⑥《北满的黄豆、豆饼和豆油出口机构》⑦《北满黍
米的出口》⑧《由美国歉收而带来的满洲出口前景》⑨《哈尔滨市场交易
会》⑩《中东铁路的经济危机与运价》⑪《苏联铁路新运价》⑫《危机条件
下的世界铁路运输》⑬ 十五篇文章。

　　М. Н. 国尔维茨，出生年、地点不详，逝世年、地点不详。М. Н. 国
尔维茨是东省文物研究会会员。⑭ М. Н. 国尔维茨 20 年代下半叶在《东

① Гольфер Л. М. Ввоз и производство соды в Северной Маньчжурии. // Экономический.
бюллетень. 1929, №5. с. 4 – 5.

② Гольфер Л. М. Мировая продукция и торговля земляными орехами. //Вестник
Маньчжурии. 1929, №5. с. 48 – 53.

③ Гольфер Л. М. Перевозки второстепенных экспортных хлебных грузов по К. В. ж. д. //
Вестник Маньчжурии. 1930, №5. с. 22 – 28.

④ Гольфер Л. М. Импорт джутовых мешков Маньчжури. //Экономический. бюллетень.
1929, №6. с. 10 – 11.

⑤ Гольфер Л. М. Экспорт гаоляна из Северной Маньчжурии. //Экономический.
бюллетень. 1929, №11. с. 9 – 10.

⑥ Гольфер Л. М. О некоторых местных причинах затруднений сбыта бобов. //Вестник
Маньчжурии. 1930, №4. с. 8 – 10.

⑦ Гольфер Л. М. Организация экспорта бобов, жмыхов и бобового масла в Северной
Маньчжурии. //Вестник Маньчжурии. 1930, №2. с. 72 – 89.

⑧ Гольфер Л. М. Экспорт просяных хлебов из Северной Маньчжурии. // Экономический.
бюллетень. 1930, №22. с. 11 – 12.

⑨ Гольфер Л. М. Перспективы маньчжурского экспорта в связи с неурожаем в САСШ. //
Экономический. бюллетень. 1930, №18. с. 6 – 8.

⑩ Гольфер Л. М. Контракты хлебного рынка. //Вестник Маньчжурии. 1931, №6. с. 17 – 22.

⑪ Гольфер Л. М. Экономический кризис и тарифы КВжд. //Вестник Маньчжурии. 1931,
№3. с. 20 – 25.

⑫ Гольфер Л. М. Новые тарифы на дорогах СССР//Вестник Маньчжурии. 1931, №4. с. 110 –
114.

⑬ Гольфер Л. М. Мировой железнодорожный транспорт в условиях кризиса. //Вестник
Маньчжурии. 1931, №11 – 12.

⑭ Состав общества Изучения Маньчжурского края//Известия общества Изучения
Маньчжурского края, 1928. №7. с. 122.

省杂志》《中东经济月刊》上发表了《关于中东铁路的测量改革》①《哈尔滨市电租让企业》②《中东铁路区域荒地的拖拉机开垦》③《中东铁路东线木植公司经营地段履带拖拉机运输部分木材的经验》④《中东铁路东线木植公司经营地段拖拉机冰上运输木柴的经验》⑤《日本北部雪路和冰雪路上的拖拉机运输木材》⑥ 《中东铁路东线木植公司运输木材的"Катерпиллар 60"拖拉机》⑦ 七篇文章。

А. И. 郭尔舍宁，出生年、地点不详，逝世年、地点不详。А. И. 郭尔舍宁长期在哈尔滨生活，是中东铁路经济调查局职员，曾负责《东省杂志》的编辑工作。⑧ А. И. 郭尔舍宁主要致力于中国东北经济问题的研究，成果众多，本时期在《中东经济月刊》《东省杂志》上发表了《1925年中东铁路的运输》⑨《近年来满洲的货物量与新铁路建设的原则》⑩《1926—1927年和1927—1928年上半年中东铁路的运输》⑪《1928

---

① Горвиц М. Н. К измерительной реформе на КВжд//Вестник Маньчжурии. 1926, №10. с. 26 – 35.

② Горвиц М. Н. Харбинская Городская электрическая концессия//Вестник Маньчжурии. 1926, №3 – 4. с. 34 – 38.

③ Горвиц М. Н. Тракторные распашки целинных земель в районе квжд.//Экономический. бюллетень – 1929, №6. с. 5 – 6.

④ Горвиц М. Н. Опыт частичной транспортировки лесоматериалов гусеничным трактором в районе Восточной лесной концессии КВжд//Вестник Маньчжурии. 1928, №11 – 12. с. 31 – 40.

⑤ Горвиц М. Н. Опыт тракторной вывозки дров по ледяной дороге на восточной лесной концессии КВжд//Вестник Маньчжурии. 1930, №9. с. 44 – 56.

⑥ Горвиц М. Н. Тракторный транспорт лесоматериалов по снежным и снежно – ледяным дорогам в Северной Японии//Вестник Маньчжурии. 1930, №5. с. 37 – 50.

⑦ Горвиц М. Н. Трактор "Катерпиллар 60" на лесотранспорте Восточной лесной концессии КВжд//Вестник Маньчжурии. 1930, №1. с. 39 – 47.

⑧ Киселева Г. Б. Русская библиотечная и библиографическая деятельность в Харбине, 1897 – 1935 гг: Диссертация... кандитат педагогических наук: Санкт – Петербург. 1999. с. 100.

⑨ Горшенин А. И. Перевозки КВжд за 1925 г.//Вестник Маньчжурии. 1926, №5. с. 55 – 61.

⑩ Горшенин А. И. Грузооборот Маньчжурии за последние годы и принципы нового железнодорожного строительства.//Вестник Маньчжурии. 1926, №6. с. 35 – 37.

⑪ Горшенин А. И. Перевозки КВжд за 1 – е полугодие 1926/27 и 1927/28 сельско – хозяйственного года.//Вестник Маньчжурии. 1928, №7. с. 24 – 28.

年中东铁路的商务工作》① 《数字上的大连》② 《南满铁路经营的财政结果》③ 《近 5 年来大连港的货运工作的结果》④ 《中东铁路南线》⑤ 《1930年中东铁路的货运工作》⑥ 《1930 年中东铁路的粮食运输》⑦ 《1930 年中东铁路的旅客运输》⑧ 《1930 年中东铁路的进口运输》⑨ 《1930 年 10 月至1931 年 6 月中东铁路的货运工作》⑩ 《1930—1931 年出口生产的 6 个月》⑪《1930 年满洲的榨油业》⑫ 《未来的危险（哈尔滨的榨油业）》⑬ 《日本在满洲的土地租赁》⑭ 《南满铁路的商业货物运输（根据南满铁路的简要报告）》⑮ 十八篇文章。

---

① Горшенин А. И. Коммерческая работа Китайской Восточной железной дороги за 1928 год. // Вестник Маньчжурии. 1929, №7 - 8. с. 14 - 24.

② Горшенин А. И. Дайрен в цифрах//Вестник Маньчжурии. 1926, №10. с. 36 - 41.

③ Горшенин А. И. Финансовые результаты эксплоатации Южно - Маньчжурской железной дороги. //Вестник Маньчжурии. 1930, №9. с. 11 - 19.

④ Горшенин А. И. Итоги грузовой работы порта Дайрен за последнее пятилетие. //Вестник Маньчжурии. 1930, №3. с. 25 - 35.

⑤ Горшенин А. И. Южная линия КВжд. //Вестник Маньчжурии. 1930, №11 - 12. с. 43 - 55.

⑥ Горшенин А. И. Грузовая работа КВжд в 1930 г. //Вестник Маньчжурии. 1931, №1. с. 66 - 71.

⑦ Горшенин А. И. Хлебные перевозки КВжд за 1930 год. //Вестник Маньчжурии. 1931, №3. с. 26 - 30.

⑧ Горшенин А. И. Перевозки пассажиров на КВжд за 1930 г. //Вестник Маньчжурии. 1931, №5. с. 47 - 51.

⑨ Горшенин А. И. Импортные перевозки КВжд в 1930 г. //Вестник Маньчжурии. 1931, №6. с. 6 - 13.

⑩ Горшенин А. И. Грузовая работа КВжд с октября 1930 г. по июнь 1931 г. //Вестник Маньчжурии. 1931, №7. с. 1 - 8.

⑪ Горшенин А. И. Шесть месяцев экспортной кампании 1930/31 г. //Вестник Маньчжурии. 1931, №4. с. 40 - 48.

⑫ Горшенин А. И. Маслобойная промышленность Маньчжурии в 1930 году. // Экономический. бюллетень. 1931, №5. с. 10 - 12.

⑬ Горшенин А. И. Грядушая опасность. (Маслобойная промышленность в Харбине). // Экономический Вестник Маньчжурии. 1924, №3. с. 24 - 25.

⑭ Горшенин А. И. Земельная аренда японцев в Маньчжурии. //Вестник Маньчжурии. 1928, №7. с. 1 - 7.

⑮ Горшенин А. И. Перевозки коммерческих грузов на юмжд. (По краткому отчету юмжд). //Экономический. бюллетень. 1926, №49. с. 10 - 12.

　　Т. Ф. 郭尔拉诺夫，出生年、地点不详，逝世年、地点不详。Т. Ф. 郭尔拉诺夫是东省文物研究会会员。[①] 本时期 Т. Ф. 郭尔拉诺夫在《东省杂志》《中东经济月刊》上发表了《松花江》[②]（与 Л. И. 柳比莫夫合作）《沿阿穆尔河》[③]《通河县》[④]《宁古塔城》[⑤]《巴彦城》[⑥]《三姓县》[⑦]《吉林省扶余县》[⑧]《牡丹江站》[⑨]《小绥芬河站与八道河子站地区》[⑩]《榆树县》[⑪]《桦川县》[⑫]《松花江站至博克图站段松花江》[⑬] 十二篇文章，重点研究了中国东北的县域经济。

　　М. В. 扎伊采夫，出生年、地点不详，逝世年、地点不详，长期在哈尔滨生活，主要从事出版活动。[⑭] 就目前资料看，М. В. 扎伊采夫在学术研究上仅于 1925 年出版了《蒙古简史》[⑮] 这本 30 页的小册子。该书从 12 世纪的蒙古内部纷争写起，记述了蒙古帝国与蒙元王朝的建立与瓦解，蒙古人的分裂与接受满清王朝的统治；1911 年外蒙古的独立与自治；

---

　　① Состав общества Изучения Маньчжурского края//Известия общества Изучения Маньчжурского края, 1928. №7. c. 122.

　　② Горланов Т. Ф. , Любимов Л. И. Сунгари: окончание//Вестник Маньчжурии. 1927, №3. c. 28 – 40.

　　③ Горланов Т. Ф. По реке Амуру//Вестник Маньчжурии. 1928, №11 – 12. c. 82 – 86.

　　④ Горланов Т. Ф. Тунхэсянский уезд.//Экономический. бюллетень. 1927, №46. c. 10 – 12.

　　⑤ Горланов Т. Ф. Город Нингута.//Экономический. бюллетень. 1927, №28. c. 5 – 8.

　　⑥ Горланов Т. Ф. Город Баянсу.//Экономический. бюллетень. 1928, №3 – 4. c. 7.

　　⑦ Горланов Т. Ф. Саньсинский уезд.//Экономический. бюллетень. 1928, №7. c. 7 – 10.

　　⑧ Горланов Т. Ф. Фуюйский уезд Гиринской провинции.//Экономический. бюллетень. 1928, №35. c. 5 – 6.

　　⑨ Горланов Т. Ф. Станция Муданьцзян.//Экономический. бюллетень. 1928, №38. c. 7 – 8.

　　⑩ Горланов Т. Ф. Районы станций Сяосуйфынь и Бадахэцзы.//Экономический. бюллетень. 1931, №5. c. 12 – 13.

　　⑪ Горланов Т. Ф. Город Юйшусянь//Экономический. бюллетень. 1927, №21 – 22.

　　⑫ Горланов Т. Ф. Хуа – чуань – сяньский уезд.//Экономический. бюллетень. 1928, №11. c. 6 – 7.

　　⑬ Горланов Т. Ф. река Сунгари от станции Сунгари до г. бодунэ.// Экономический. бюллетень. 1928, №32. c. 8 – 9.

　　⑭ Хисамутдинов А. А. Российская эмиграция в Азиатско – Тихоокеанском регионе и Южной Америке: Биобиблиографический словарь. – . Владивосток: Изд – во Дальневост. ун – та. 2000. c. 128.

　　⑮ Зайцев М. В. Краткий очерк Монголии. Харбин: Тип. Л. Абрамовича, 1925. c. 30.

1919 年的撤销自治；1921 年的"革命"，蒙古的管理体制，行政设置，民族，人口，地理，畜牧业，贸易，交通与运输等内容。该书尽管内容非常简略，但在当时是俄侨学者出版的为数不多的关于蒙古研究的著作。

　　А. А. 喀莫国夫（又译喀莫夫、康木阔夫），1868 年出生，出生地不详，逝世年、地点不详。1889 年，А. А. 喀莫国夫毕业于喀山大学法律系。1896 年，А. А. 喀莫国夫毕业于亚历山大军事法律科学院。А. А. 喀莫国夫通过了喀山大学硕士考试。1920 年，А. А. 喀莫国夫任符拉迪沃斯托克法院刑法厅厅长。1921—1923 年，А. А. 喀莫国夫受聘为国立远东大学法律系刑法与诉讼程序教研室副教授。1926 年、1929 年、1930 年，А. А. 喀莫国夫分别担任哈尔滨法政大学教师、系秘书和系副主任，教授刑法、刑法诉讼程序、中国刑法、刑法政策和刑法实践课。1937 年，А. А. 喀莫国夫被遣返回苏联，可能遭到镇压。① А. А. 喀莫国夫主要致力于中国刑法的研究，本时期在《法政学刊》《中华法学季刊》发表了《Н. И. 米罗留波夫》②《中国刑法上所谓（共同）之意义》③《中国刑法概论》④《中国诉讼法之口述原则》⑤ 四篇文章，出版了《中国刑律中之侵占财产罪》⑥（1927 年第 4 期《法政学刊》上发表）一本小册子。

　　Б. Н. 卡尔波夫，出生年、地点不详，逝世年、地点不详，东省文物

---

　　① Хисамутдинов А. А. Российская эмиграция в Азиатско - Тихоокеанском регионе и Южной Америке : Биобиблиографический словарь. - . Владивосток : Изд - во Дальневост. ун - та. 2000. с. 146；Автономов Н. П. Юридический факультет в Харбине за восемнадцать лет существования. // Известия Юридического Факультета, 1938. №12. с. 39.

　　② Камков А. А. Никандр Иванович Миролюбов // Известия юридического факультета, 1927, Ⅳ, с. 329 – 330.

　　③ Камков А. А. Институт соучастия в китайском праве. // Известия юридического факультета, 1928, Ⅴ, с. 259 – 290.

　　④ Камков А. А. очерк современного уголовного права китайской республики. // Вестник. китайского. права, сб. 2, 1931, с. 167 – 178；сб. 3, 1931, с. 87 – 98.

　　⑤ Камков А. А. Принцип устности в китайском уголовном процессе. // Вестник. китайского. права, сб. 1, 1931, с. 139 – 142.

　　⑥ Камков А. А. Преступление против имущества в китайском праве. Поджог, наводнение и порча водных системы : (Из лекций по уголов. праву Китая). - Харбин, 1927. 20с. // Известия юридического факультета, 1927, Ⅳ, с. 149 – 168.

研究会会员。① Б. Н. 卡尔波夫于 1926 年在《东省杂志》上发表了《沿着大兴安岭的支脉》② 一篇文章。

П. Е. 科唯尔科夫，出生年、地点不详，逝世年、地点不详。П. Е. 科唯尔科夫毕业于莫斯科商业学院，曾为中东铁路管理局职员。1927—1930 年，П. Е. 科唯尔科夫在哈尔滨法政大学工作，教授铁路运价课程。③ П. Е. 科唯尔科夫本时期在《东省杂志》《北满的粮食贸易与榨油业》《中东经济月刊》等杂志或文集上发表了《北满的榨油业》④《1929 年北满移民进展前景》⑤《中东铁路地方交通运输的新方针》⑥ 等三篇文章。

В. Н. 克雷洛夫，出生年、地点不详，1933 年后逝世，具体逝世年不详，逝世地点不详。В. Н. 克雷洛夫曾担任外阿穆尔军区骑兵上尉，毕业于符拉迪沃斯托克东方学院军官班。国内战争时，В. Н. 克雷洛夫在符拉迪沃斯托克从事杂志发行工作，编辑出版了《军队与人民》和《宝贝》等杂志。В. Н. 克雷洛夫可能在 1923 年后来到了哈尔滨，从事记者工作。В. Н. 克雷洛夫是东省文物研究会会员。⑦ 20 年代末 В. Н. 克雷洛夫在《东省杂志》《中东经济月刊》《中东铁路中央图书馆图书绍介汇报》上

---

① Состав общества Изучения Маньчжурского края//Известия общества Изучения Маньчжурского края,1928. №7. c. 123.

② Карпов Б. Н. По отрогам Большого Хингана//Вестник Маньчжурии. 1926, №1 – 2. c. 57 – 65.

③ Хисамутдинов А. А. Российская эмиграция в Азиатско – Тихоокеанском регионе и Южной Америке:Биобиблиографический словарь. – . Владивосток:Изд – во Дальневост. ун – та. 2000. c. 159；Автономов Н. П. Юридический факультет в Харбине за восемнадцать лет существования.//Известия Юридического Факультета,1938. №12. c. 39.

④ Ковырков П. Е. Маслобойная промышленность в Северной Маньчжурии.//Вестник Маньчжурии. 1926, №5. c. 66 – 68./Хлебная торговляи и Маслобойная промышленность в Северной Маньчжурии. вып. 2. Харбин,1923, с. 25 – 38.

⑤ Ковырков П. Е. Перспективы переселенческого движения в Северную Маньчжурию в 1929г.//Экономический. бюллетень. 1929,№4. c. 1 – 2.

⑥ Ковырков П. Е. Новый курсовой расчет по перевозкам местного сообщения квжд.//Экономический. бюллетень. 1930,№7. c. 4 – 7.

⑦ Хисамутдинов А. А. Российская эмиграция в Азиатско – Тихоокеанском регионе и Южной Америке:Биобиблиографический словарь. – . Владивосток:Изд – во Дальневост. ун – та. 2000. c. 173.

发表了《中国的行政区划》①《哈尔滨日本商品陈列馆的出版活动》②《兴安—索伦垦殖区》③《关于满洲与毗邻国家的日文文献》④ 等五篇关于中国问题的文章。

Н. И. 普里谢朋科，出生于布拉戈维申斯克，出生年不详，1964 年11 月逝世，逝世地点不详。1925 年，Н. И. 普里谢朋科毕业于哈尔滨法政大学，并留校民法与诉讼程序教研室预备教授职称。从 1929 年起，Н. И. 普里谢朋科正式在哈尔滨法政大学工作，教授民法与诉讼程序课与民法、罗马法、贸易法、中国民法等实践课。曾担任秋林公司法律顾问。Н. И. 普里谢朋科后获得哲学博士学位。他一直工作到法政大学关闭。⑤ Н. И. 普里谢朋科的研究重点在中国民法领域，在《中华法学季刊》《法政学刊》《经济半月刊》上发表了《中国票据法之要义》⑥《侵权行为》⑦《中国民法上之商业债券》⑧《关于中国法律中的担保》⑨《中国新法律之

---

① Крылов В. Н. Административное деление Китая. //Вестник Маньчжурии. 1930, №11 – 12. с. 97 – 100.

② Крылов В. Н. Издательская деятельность Японского Харбинского торгового музея. //Вестник Маньчжурии. 1928, №10. с. 5 – 7. //Под редакцией Н. В. Устрялова и Е. М. Чепурковского. Библиогр. бюллетень. б – ки КВЖД, т. II, 1928 – 1929, с. 112 – 1115.

③ Крылов В. Н. Хингано – Солуньский колонизационный район. // Экономический. бюллетень. 1929, №20. с. 10 – 11.

④ Крылов В. Н. Литература на японском языке о маньчжурии и сопредельных странах. //Под редакцией Н. В. Устрялова и Е. М. Чепурковского. Библиогр. бюллетень. б – ки КВЖД, т. II, 1928 – 1929, с. 85 – 100, 115 – 117.

⑤ Хисамутдинов А. А. Российская эмиграция в Азиатско – Тихоокеанском регионе и Южной Америке：Биобиблиографический словарь. – . Владивосток：Изд – во Дальневост. ун – та. 2000. с. 249; Автономов Н. П. Юридический факультет в Харбине за восемнадцать лет существования. //Известия Юридического Факультета, 1938. №12. с. 42.

⑥ Прищепенко Н. И. Очерк некоторых положении китайского закрна 30 октября 1929 года о денежных торговых обязательствах. //Вестник. китайского. права, сб. 1, 1931, с. 239 – 259.

⑦ Прищепенко Н. И. Злоупотребление правами. К вопросу о применении нового китайского гражданского кодекса. //Вестник. китайского. права, сб. 2, 1931, с. 199 – 209.

⑧ Прищепенко Н. И. торговые обязательства новогогражданского кодекса китая (сравнительный очерк). //Вестник. китайского. права, сб. 2, 1931, с. 223 – 230; сб. 3, 1931, с. 109 – 114.

⑨ Прищепенко Н. И. О поручительстве по китайскому праву. //Экономический. бюллетень, 1931, №3, с. 11 – 13.

溯源》① 等六篇文章。

　　B. 萨别尔金，1890 年出生于下诺哥罗德州，1957 年逝世于巴西圣保罗，死于车祸。从 1905 年起，B. 萨别尔金在中国东北生活。1935 年之前，B. 萨别尔金在哈尔滨从事社会和商业活动，在自己经营的印刷所印刷《东方新闻报》和出版《财政、贸易和工业》杂志（1932—1935 年 6 月）。从 1935 年 7 月起，B. 萨别尔金发行《亚洲之光》杂志。1935 年 11 月 3 日，B. 萨别尔金被哈尔滨日本当局逮捕，并于年末被驱逐出哈尔滨。由此，他移居天津，继续从事社会和出版活动。1953 年，B. 萨别尔金从天津移居巴西。B. 萨别尔金曾为满洲里市市长和中东铁路管理局资深代表。② B. 萨别尔金在 20 年代下半叶在《东省杂志》上发表了《达赉诺尔湖水域的水产品工业》③《中东铁路哈尔滨商务代办处》④ 两篇文章。

　　И. C. 斯库尔拉托夫，1874 年 5 月 30 日出生于外贝加尔省，逝世年、地点不详。1899 年，И. C. 斯库尔拉托夫毕业于圣彼得堡大学东方语言系汉满蒙语专业，同时也旁听了该校法律系的课程。И. C. 斯库尔拉托夫精通汉语，也掌握了满语、法语、德语、希腊语和拉丁语。在大学期间的 1897 年，И. C. 斯库尔拉托夫被皇家地理学会派往中国东北进行民族学考察和收集通古斯方言词典和鄂伦春族与赫哲族词典资料。从 1899 年 11 月起，И. C. 斯库尔拉托夫任关东州财政厅委员局秘书，后来参加了镇压义和团运动和俄日战争。И. C. 斯库尔拉托夫先后被授予圣斯塔尼斯拉夫三等、二等勋章和圣安娜三等勋章。1906—1918 年，И. C. 斯库尔拉托夫担任托木斯克国税局局长和税务督察官。1918 年，И. C. 斯库尔拉托夫是高尔察克政府远东财政部特命全权代表。1922 年，И. C. 斯库尔拉托夫从符

　　① Прищепенко Н. И. Новый гражданский кодекс Китая, как источник права. // Известия юридического факультета, 1931, №9. с. 260 – 267. – Харбин, 1931.

　　② Хисамутдинов А. А. Российская эмиграция в Азиатско – Тихоокеанском регионе и Южной Америке: Биобиблиографический словарь. – . Владивосток: Изд – во Дальневост. ун – та. 2000. с. 266 – 267.

　　③ Сапелкин В. Рыбопромышленность в водной системе озера Далай – Нор. // Вестник Маньчжурии. 1929, №2. с. 32 – 36.

　　④ Сапелкин В. Харбинское Коммерческое Агенство КВжд. // Вестник Маньчжурии. 1928, №9. с. 6 – 15.

拉迪沃斯托克来到哈尔滨。1924 年 4 月 1 日—1930 年 5 月，И. С. 斯库尔拉托夫担任中东铁路汉语学校校长。从 1935 年起，И. С. 斯库尔拉托夫任哈尔滨光华实验学校教师。从 1936 起，И. С. 斯库尔拉托夫在哈尔滨马家沟阿列克谢耶夫实验学校教授东方学，并在那里组建了东方学学会。1931—1938 年，И. С. 斯库尔拉托夫还在哈尔滨开办了一所私立汉语学校。1939 年，И. С. 斯库尔拉托夫移居上海，并在那里创办了上海俄国东方学家学会。① 目前可见的 И. С. 斯库尔拉托夫的学术成果，是其于 1929 年在哈尔滨出版的《汉语口语理论笔记》② 一本教材性质的著作，以及在 1922 年《亚细亚时报》第 48 期上发表了《中国土地问题的历史资料》③ 一文。

E. A. 费多罗夫，1873 年 10 月 21 日出生于圣彼得堡，逝世年、地点不详。1909 年，E. A. 费多罗夫毕业于东方学院汉满语专业。从 1917 年起，E. A. 费多罗夫在上海生活。1920 年，E. A. 费多罗夫进入了 M. A. 斯莫棱斯基剧团工作。E. A. 费多罗夫是一位布景画家，④ 主要从事中国艺术研究，20 年代初在《远东：文学艺术集》《黄面孔：文学艺术集》《中国：文学艺术集》上发表了《中国戏剧史》⑤ 《三国志演义》⑥ （译文）《中国绘画》⑦ 三篇文章。

---

① Павловская М. А. Харбинская ветвь российского востоковедения, начало XX в. 1945 г. : Дис. . . . кандидата исторических наук : Владивосток. 1999. c. 233 – 234；Забияко А. А. , Забияко А. П. , Левошко С. С. , Хисамутдинов А. А. Русский Харбин : опыт жизнестроительства в условиях дальневосточного фронтира / Под ред. А. П. Забияко. – Благовещенск : Амурский гос. ун – т. 2015. c. 399.

② Скурлатов И. С. Записки по теории китайского разговорного языка. – Харбин : Типолитогр. П. С. Сафаряанца, бывш. 《ОЗО》, 1929. 174c.

③ Скурлатов И. С. Исторические материалы к земельном вопросу в Китае. // Вестник Азии. 1922, №48. c. 31 – 41.

④ Хисамутдинов А. А. Российская эмиграция в Азиатско – Тихоокеанском регионе и Южной Америке : Биобиблиографический словарь. – . Владивосток : Изд – во Дальневост. ун – та. 2000. c. 318.

⑤ Федоров Е. А. История китайского театра // Дальний Восток. – Шанхай, 1920. c. 77 – 80.

⑥ Федоров Е. А. Сань – го – яжи янь и (Троецарствие) // Жёлтый лик. – Шанхай, 1921. c. 47 – 61.

⑦ Федоров Е. А. Китайская живопись // Китай. – Шанхай, 1923. c. 65 – 92.

E. M. 车布尔科夫斯基，1871 年 2 月 2 日出生，出生地不详，1950 年 9 月 10 日逝世于美国洛杉矶。E. M. 车布尔科夫斯基毕业于哈尔科夫大学物理数学系自然科学专业。1912 年，E. M. 车布尔科夫斯基获得莫斯科大学科学硕士学位，1918 年又获得该校地理学与民族学博士学位。1912—1918 年，E. M. 车布尔科夫斯基受聘莫斯科大学编外副教授，也在其他大学授课。担任圣彼得堡大学俄国人类学学会和莫斯科大学自然科学学会秘书。1924—1926 年，E. M. 车布尔科夫斯基担任符拉迪沃斯托克国立滨海省博物馆馆长。从 1923—1926 年，E. M. 车布尔科夫斯基受聘国立远东大学教授，是德国人类学、民族学和原始生活史学会通讯会员、莫斯科大学自然科学爱好者、人类学和民族学学会会员，莫斯科考古学研究所兼职科研人员。1925 年，E. M. 车布尔科夫斯基又成为北京自然科学爱好者协会、国立地理学会符拉迪沃斯托克分会创办会员；苏联科学院太平洋委员会民族学部、国际与华沙人类学研究所成员。从 1926 年起，E. M. 车布尔科夫斯基在哈尔滨生活，在中东铁路中心图书馆和法政大学工作过，曾教授东亚地理、民族和中国文化史、数学统计等课程，以及数学统计实践课。1929 年，E. M. 车布尔科夫斯基被派往西欧进行学术考察。1934 年 7 月，E. M. 车布尔科夫斯基停止了在哈尔滨法政大学的工作。E. M. 车布尔科夫斯基生命的最后 11 年在美国洛杉矶度过。[①] E. M. 车布尔科夫斯基在《中东铁路中央图书馆书籍绍介汇报》《东省杂志》《法政学刊》上发表了《中东铁路图书馆新书介绍》[②]《中国及其邦国之

---

① Забияко А. А. , Забияко А. П. , Левошко С. С. , Хисамутдинов А. А. Русский Харбин：опыт жизнестроительства в условиях дальневосточного фронтира／Под ред. А. П. Забияко. – Благовещенск：Амурский гос. ун - т. 2015. с. 408；Автономов Н. П. Юридический факультет в Харбине за восемнадцать лет существования. //Известия Юридического Факультета, 1938. №12. с. 45.

② Чепурковский Е. М. Библиографические обзоры новых книг Центральной библиотеки. //Под редакцией Н. В. Устрялова и Е. М. Чепурковского. Библиогр. бюллетень. 6 - ки КВЖД, т. II , 1928 - 1929, с. 1 - 4.

民族与其古代文化》① 《统计新法》② 《滨海省生产考》③ 《以中国文字编
造世界语及其研究法》④ 《生物学上豆之分类》⑤ 《东京的第三次全太平洋
学术会议及其对北满的意义》⑥ 《东亚民族与地理概述》⑦ 《中国自然经济
的地理条件是其历史基础》⑧ 《关于中国与毗邻国家古代文化与人口的著
述》⑨ 《中东铁路中央图书馆藏中国人民精神文化与心理的图书概述》⑩
《现代地理科学之目的》⑪ 《中国古代文化所受地理上之影响》⑫ 《世界万

---

① Чепурковский Е. М. Работы по древнейшей культуре и населению Китая и сопредельных стран. //Библиографический Бюллетень. под редакцией Н. Н. Трифонова и Е. М. Чепурковского (Харбин), I, 1927, с. 18 – 32.

② Чепурковский Е. М. Главные руководства по новым (биометричесим) методам статистики. //Библиографический Бюллетень. под редакцией Н. Н. Трифонова и Е. М. Чепурковского (Харбин), II, 1927, с. 33 – 37.

③ Чепурковский Е. М. Новые работы по исследованию производительных сил Приморья. //Библиографический Бюллетень. под редакцией Н. Н. Трифонова и Е. М. Чепурковского (Харбин), III, 1927, с. 46 – 59.

④ Чепурковский Е. М. Новые работы по созданию международного языка при помощи китайских иероглифов и по языку го – юй. //Библиографический Бюллетень. под редакцией Н. Н. Трифонова и Е. М. Чепурковского (Харбин), V, 1927, с. 83 – 84.

⑤ Чепурковский Е. М. Заметка о биологическом способе различения пород соевых бобов. //Библиографический Бюллетень. под редакцией Н. Н. Трифонова и Е. М. Чепурковского (Харбин), V, 1927, с. 94.

⑥ Чепурковский Е. М. Третий Всетихоокеанский научный конгресс в Токио и его значение для Северной Маньчжурии//Вестник Маньчжурии. 1927, №2. с. 8 – 16.

⑦ Чепурковский Е. М. Общий очерк географии и этнографии Восточной Азии//Вестник Маньчжурии. 1928, №9. с. 25 – 39.

⑧ Чепурковский Е. М. Географические условия натурального хозяйства Китая, как факторы его истории. //Вестник Маньчжурии. 1931, №6. с. 55 – 65.

⑨ Чепурковский Е. М. Работы по древнейшей культуре и населению Китая и сопредельных стран. //Вестник Маньчжурии. 1927, №3. с. 92 – 106. То же. //Библиогр. бюлл. Центр. 6 – ки Кажд. 1927, №1 – 6. с. 18 – 32.

⑩ Чепурковский Е. М. Обзор книги Центральной библиотеки КВЖД по духовной культуре и психологии китайского народа. //Вестник Маньчжурии. 1931, №3. с. 95 – 96.

⑪ Чепурковский Е. М. Задачи современной географии. //Известия юридического факультета, 1927, №4. с. 179 – 202. – Харбин, 1927.

⑫ Чепурковский Е. М. Географическое влияние на древнюю культуру Китая. (Актовая речь). //Известия юридического факультета, 1928, №6. с. 301 – 318. – Харбин, 1928.

物之物种变化》①《绝对世界个人不死之现代自然科学观》②《亚历山大·亚历山大罗维奇·楚布洛夫（悼词）》③ 十六篇关于中国经济地理与文化的文章，出版了《孔子的对手》④（1928 年第 5 期《法政学刊》发表，同年出版单行本）一本小册子。

　　Г. Г. 特利别尔格，1881 年出生，出生地点不详，1954 年 2 月 24 日逝世于纽约。Г. Г. 特利别尔格毕业于喀山大学法律系。1912 年在莫斯科大学获得俄国法史硕士学位。1912—1913 年，Г. Г. 特利别尔格在莫斯科考古学院和莫斯科大学教授俄国史与古迹法课程。1913—1917 年，Г. Г. 特利别尔格受聘为托木斯克大学俄国法史教研室教授，后被聘为萨拉托夫大学法律系主任。国内战争时期，Г. Г. 特利别尔格担任托木斯克政府总务处长。20 世纪二三十年代，Г. Г. 特利别尔格在哈尔滨法政大学教授俄国史、俄国法史、国家法和国际法实践课等课程。1937 年，Г. Г. 特利别尔格迁居青岛，从事侨民文献贸易，成为哈尔滨、天津、上海等地多家书店的店主，曾在青岛文学戏剧协会和"俄国雄鹰"体操协会做过关于俄国史的报告。Г. Г. 特利别尔格后移居美国，并开办一家书店。⑤ 目前可见其学术成果极少，除编写几本简略讲义外，仅有一篇学术文章——《近代国际法之战争义意》⑥ 在 1927 年的

---

① Чепурковский Е. М. Мир, как вероятность. //Известия юридического факультета, 1929, №7. с. 321 – 396. – Харбин, 1929.

② Чепурковский Е. М. Абсолютный мир и индивидуальное бессмертие с точки зрения современного естествознания. //Известия юридического факультета, 1931, №9. с. 71 – 101. – Харбин, 1931.

③ Чепурковский Е. М. Александр Александрович Чупров (Некролог). //Известия юридического факультета, 1927, №4. с. 331. – Харбин, 1927.

④ Чепурковский Е. М. Соперник Конфуция. Библиографическая заметка о философе Мо-цзы и об объективном изучении народных воззрений Китая. – Харбин, Тип. Абрамовича, 1928. 13с. //Известия юридического факультета, 1928, №5. с. 201 – 214. – Харбин, 1928.

⑤ Автономов Н. П. Юридический факультет в Харбине за восемнадцать лет существования. //Известия Юридического Факультета, 1938. №12. с. 44; Хисамутдинов А. А. Российская эмиграция в Азиатско – Тихоокеанском регионе и Южной Америке: Биобиблиографический словарь. – . Владивосток: Изд – во Дальневост. ун – та. 2000. с. 301 – 302.

⑥ Тельберг Г. Г. Идея войны в новом международном праве. (Актовая речь)//Известия юридического факультета, 1927, №4. с. 169 – 178. – Харбин, 1927.

《法政学刊》上发表。

A. A. 聂沃皮汉诺夫，出生年、地点不详，逝世年、地点不详，毕业于圣彼得堡工学院。1922—1927 年，A. A. 聂沃皮汉诺夫任列宁格勒工学院教师；1924 年任莫斯科高等技术学校教师。1927—1929 年，A. A. 聂沃皮汉诺夫在哈尔滨法政大学教授交通经济与运输经济课程。[①] A. A. 聂沃皮汉诺夫在哈尔滨法政大学工作期间在《法政学刊》上发表了《英吉利陆路运输进化论》[②]《铁路运输之经济略史》[③] 两篇文章。

B. A. 沃夫其尼科夫，出生年、地点不详，逝世年、地点不详，毕业于喀山大学法律系。从 1910 年起，B. A. 沃夫其尼科夫受聘为华沙大学国际法教研室副教授，1916 年通过了华沙大学国际法硕士论文答辩，后被聘为华沙大学教授。1924 年，B. A. 沃夫其尼科夫受聘为国立远东大学教授。1926 年，B. A. 沃夫其尼科夫在哈尔滨法政大学教授国家法和凡尔赛会议后国际关系课程。[④] 20 年代下半期 B. A. 沃夫其尼科夫在《法政学刊》上发表了《发挥古郭格洛其所著〈战争及承平时之律法〉一书之三百年纪念之感想》[⑤] 《就法律书籍论蒙古国际形势》[⑥] 《苏联之领事法规》[⑦] 三篇文章。

A. Ф. 雅国尔科夫斯基，出生年、地点不详，逝世年、地点不详，中

---

① Автономов Н. П. Юридический факультет в Харбине за восемнадцать лет существования. // Известия Юридического Факультета, 1938. №12. с. 41.

② Невопиханов А. А. Эволюция грунтового транспорта Англии. // Известия юридического факультета, 1929, №7. с. 397 – 414. – Харбин, 1929.

③ Невопиханов А. А. Исторический очерк экономики железнодорожного транспорта. // Известия юридического факультета, 1928, №5. с. 291 – 328. – Харбин, 1928.

④ Автономов Н. П. Юридический факультет в Харбине за восемнадцать лет существования. // Известия Юридического Факультета, 1938. №12. с. 4 – 42.

⑤ Овчинников В. А. К трехсотлетию трактата Гуго Гроция. // Известия юридического факультета, 1926, №3. с. 3 – 8. – Харбин, 1926.

⑥ Овчинников В. А. Из юридической литературы о международном положении Монголии. // Известия юридического факультета, 1926, №3. с. 35 – 44. – Харбин, 1926.

⑦ Овчинников В. А. О Консульском уставе СССР. // Известия юридического факультета, 1928, №5. с. 335 – 346. – Харбин, 1928.

东铁路经济调查局职员、东省文物研究会会员。① 20 年代上半期 А. Ф. 雅国尔科夫斯基在《满洲经济通讯》《东省杂志》《中东经济月刊》上发表了《中东铁路》②《1923 年的低速运输私人货物》③《中东铁路的粮食运输》④《第 7 次长春会议决议年度工作结果》⑤《过去与当前的粮食运输（1922—1923 年中东铁路的粮食运输与 1924 年的前景）》⑥《傅家甸火车站》⑦《1924 年下半年中东铁路的粮食运输》⑧《进口对铁路的意义》⑨《中东铁路商务代办处的运输业务》⑩《1924 年中东铁路的运输》⑪《过去的粮食运输及其前景》⑫《关于运输末期粮食装载的建议》⑬《中东铁路上

①　Состав общества Изучения Маньчжурского края//Известия общества Изучения Маньчжурского края,1928.№7. с. 127.

②　Яголковский А. Ф. Китайская Восточная железная дорога//Вестник Маньчжурии. 1925, №5 – 7. с. 115 – 126.

③　Яголковский А. Ф. Перевозки частных грузов малой скорости в 1923г. //Экономический Вестник Маньчжурии – 1924, №1. с. 9 – 13.

④　Яголковский А. Ф. Хлебные перевозки квжд. //Экономический Вестник Маньчжурии – 1923,№12 – 13. с. 23 – 25;№14. с. 21 – 24;№16. с. 12 – 15.

⑤　Яголковский А. Ф. Результаты годового действия постановления 7 – й Чанчунской конференции. //Экономический Вестник Маньчжурии – 1923, №30. с. 3 – 5.

⑥　Яголковский А. Ф. Истекшая и предстоящая хлебная кампания. (Итоги перевозок квжд за хлебную кампанию 1922/23г. Перспективы на 1924г.). //Экономический Вестник Маньчжурии – 1923, №37. с. 1 – 2.

⑦　Яголковский А. Ф. Фуцзядянский вокзал. //Экономический Вестник Маньчжурии – 1924, №6. с. 7 – 9.

⑧　Яголковский А. Ф. Хлебные перевозки во второй половине кампании (квжд). //Экономический Вестник Маньчжурии – 1924, №14. с. 9 – 10.

⑨　Яголковский А. Ф. Импорт и его значение для дороги. // Экономический. бюллетень – 1925, №51 – 52. с. 3 – 5.

⑩　Яголковский А. Ф. Транспортные операции коммерческих агенств (квжд). //Экономический. бюллетень – 1926, №8. с. 6 – 9.

⑪　Яголковский А. Ф. Перевозки квжд в 1924 году. //Экономический. бюллетень – 1925, №1. с. 8 – 13.

⑫　Яголковский А. Ф. Истекшая кампания и перспективы хлебных перевозок. //Экономический Вестник Маньчжурии – 1924, №40. с. 17 – 19.

⑬　Яголковский А. Ф. Предположение о хлебной погрузке до конца кампании. //Экономический. бюллетень – 1925, №7. с. 5 – 6.

货物的无专人负责》① 《粮食运输的开始》② 《南线的商业旅行》③ 《新旅客表》④ 《豆油的提纯》⑤ 《保护哈尔滨与铁路的利益》⑥ 等十八篇文章，探讨的都是与中东铁路运输有关的问题。

B. M. 楚尼欣，出生年、地点不详，1939 年 1 月 1 日逝世于哈尔滨。B. M. 楚尼欣从事医生职业。⑦ 他的学术成果目前可见的是在《满洲经济通讯》上发表的《中东铁路附属地"自然疗法"的某些资料》⑧《在过去疗养工作上的失误》⑨《外贝加尔是世界疗养地》⑩《符拉迪沃斯托克市区是天然疗养地》⑪《符拉迪沃斯托克地区是海水浴和泥浴疗养地》⑫《加拿大是宜居地》⑬ 六篇关于旅游疗养问题的文章。

---

① Яголковский А. Ф. Обезличение грузов на квжд. //Экономический Вестник Маньчжурии – 1924 , №34. с. 3 – 6.

② Яголковский А. Ф. Начало хлебной кампания. //Экономический Вестник Маньчжурии – 1923 , №48. с. 3 – 8.

③ Яголковский А. Ф. Коммерческие разъезды южной линии. //Экономический Вестник Маньчжурии – 1923 , №45. с. 12 – 13.

④ Яголковский А. Ф. Новое пассажирское расписание –//Экономический Вестник Маньчжурии – 1923 , №46. с. 5 – 6.

⑤ Яголковский А. Ф. Обезличение бобового масла//Экономический Вестник Маньчжурии. 1924 , №13. с. 17 – 19.

⑥ Яголковский А. Ф. Покровительство Харбину и интересы дороги//Экономический Вестник Маньчжурии. 1924 , №2 – 3. с. 9 – 11.

⑦ Хисамутдинов А. А. Российская эмиграция в Азиатско – Тихоокеанском регионе и Южной Америке：Биобиблиографический словарь. – . Владивосток：Изд – во Дальневост. ун – та. 2000. с. 336.

⑧ Чунихин В. Некоторые данные о факторах《естественного лечения》в полосе отчуждения КВЖД. //Экономический Вестник Маньчжурии. 1923 , №10. с. 10 – 15.

⑨ Чунихин В. Ошибки в прошлом курортного дела. //Экономический Вестник Маньчжурии. 1923 , №27. с. 11 – 14.

⑩ Чунихин В. Забайкалье, как мировой курорт//Экономический Вестник Маньчжурии. 1923 , №2. с. 17 – 20 ; №5. с. 12 – 14.

⑪ Чунихин В. Район г. Владивостока, как климатическая лечебная местность// Экономический Вестник Маньчжурии. 1923 , №14. с. 18 – 21.

⑫ Чунихин В. Район Владивостока, как местность для лечения морским купаньями и грязью//Экономический Вестник Маньчжурии. 1923 , №20. с. 19 – 21.

⑬ Чунихин В. Канада, как место для колонизации//Экономический Вестник Маньчжурии. 1924 , №12.

　　К. А. 菲里波维奇, 出生年、地点不详, 逝世年、地点不详, 东省文物研究会主席团成员。[①] 20 年代下半期, К. А. 菲里波维奇在《东省杂志》上发表了《中东铁路上的苏联与中国学校》[②]《中东铁路上的新骨干人员的培养问题》[③]《中国的国民教育体制》[④]《中东铁路代办外语班的组织》[⑤] 四篇文章。

　　К. В. 乌斯鹏斯基, 1881 年出生, 出生地不详。К. В. 乌斯鹏斯基毕业于圣彼得堡大学东方语言系。1904—1910 年, К. В. 乌斯鹏斯基在北京留学。1911 年在伊宁做翻译官。1913—1916 年, К. В. 乌斯鹏斯基担任俄国驻天津总领事馆秘书。从 1928 年起, К. В. 乌斯鹏斯基在哈尔滨法政大学及其他学校做教师, 讲授汉语和中国历史。1940 年 2 月 2 日, К. В. 乌斯鹏斯基逝世于哈尔滨。[⑥] К. В. 乌斯鹏斯基于 1921 年从汉语翻译出版了《中国新刑律》[⑦] 一本法令汇编。

　　П. Г. 托尔什米亚科夫, 出生年、地点不详, 逝世年、地点不详。П. Г. 托尔什米亚科夫毕业于彼得格勒工业大学。1927—1938 年, П. Г. 托尔什米亚科夫是哈尔滨法政大学教师, 教授保险学。[⑧] П. Г. 托尔什米亚科夫 20 年代在《满洲经济通讯》《东省杂志》上发表了《中东铁路上

---

①　Состав общества Изучения Маньчжурского края//Известия общества Изучения Маньчжурского края, 1928. №7. с. 119.

②　Филиппович К. А. Советские и китайские школы на КВжд//Вестник Маньчжурии. 1926, №5. с. 27 – 40.

③　Филиппович К. А. Проблема создания новых кадров работников на Китайской Восточной железной дороге. //Вестник Маньчжурии. 1927, №1. с. 32 – 37.

④　Филиппович К. А. Система народного образования в Китае. //Вестник Маньчжурии. 1927, №5. с. 61 – 71.

⑤　Филиппович К. А. Организация курсов иностранных языков для агентов КВжд. //Вестник Маньчжурии. 1927, №7. с. 18 – 21.

⑥　Некролог//Хлеб Небесный, 1940. №3. с. 62 – 63.

⑦　Успенский К. В. Новое уголовное уложение Китайской республики: Пер. скит. – Харбин: Тип. КВжд, 1921. с. 256.

⑧　Автономов Н. П. Юридический факультет в Харбине за восемнадцать лет существования. //Известия Юридического Факультета, 1938. №12. с. 44.

的保险业务》①　《中东铁路上的货物保存业务》②　《铁路与保险公司》③
《南满铁路上的保险公司》④《保险公司与铁路》⑤《中东铁路上的仓储业
务》⑥《南满铁路上的保险》⑦　七篇文章。

　　И. В. 托克马科夫，出生年、地点不详，逝世年、地点不详，东省文
物研究会会员。⑧ И. В. 托克马科夫在 20 年代对蒙古地区进行了研究，在
《满洲经济通讯》《东省杂志》上发表了《去甘珠尔集市的出差》⑨《甘珠
尔集市》⑩ 等四篇文章，出版了《当前蒙古概述（来自蒙古人民共和国
首都的旅行日记）》⑪（1926 年 5、6 期《东省杂志》发表，1927 年出版
单行本）一本小册子。

　　Б. Ф. 斯科维尔斯基，出生年、地点不详，逝世年、地点不详，中东
铁路中央图书馆职员、图书馆馆员，东省文物研究会会员。⑫ 20 年代下半

　　①　Толшмяков П. Г. Страховые операции на КВжд. //Вестник Маньчжурии. 1926, №6. с.
51 – 55.

　　②　Толшмяков П. Г. Операции по хранению грузов на КВжд. //Вестник Маньчжурии.
1927, №5. с. 29 – 34.

　　③　Толшмяков П. Г. Железные дороги и страховые общества. //Вестник Маньчжурии.
1929, №9. с. 11 – 16.

　　④　Толшмяков П. Г. Страховые общества на ЮМЖД. //Экономический Вестник
Маньчжурии – 1924, №20. с. 7 – 8.

　　⑤　Толшмяков П. Г. Страховые общества и железные дороги. //Экономический
ВестникМаньчжурии – 1924, №26. с. 5 – 7.

　　⑥　Толшмяков П. Г. Складочные операции на квжд. //Экономический. бюллетень – 1925,
№3 – 4. с. 14 – 16.

　　⑦　Толшмяков П. Г. Страхование на Южно – Маньчжурской железной дороги//
Экономический Вестник Маньчжурии. 1924, №20. с. 7 – 9.

　　⑧　Личный состав общества//Известия общества Изучения Маньчжурского края, 1926.
№6. с. 73.

　　⑨　Токмаков И. В. Командировка на Ганьчжурского ярмарку. //Экономический Вестник
Маньчжурии – 1923, №42. с. 14 – 18.

　　⑩　Токмаков И. В. Ярмарка в Ганьчжуре. //Экономический Вестник Маньчжурии – 1924,
№40. с. 8 – 10.

　　⑪　Токмаков И. В. Очерки современной Монголии：(Из дневника по поездке в столицу
Монг. нар. респ.). – Харбин: Изд – во ОИМК, 1927. 20с. //Вестник Маньчжурии. 1926, №5. с.
30 – 41；№6. с. 7 – 14.

　　⑫　Хисамутдинов А. А. Российская эмиграция в Азиатско – Тихоокеанском регионе и Южной
Америке：Биобиблиографический словарь. – Владивосток：Изд – во Дальневост. ун – та. 2000. с. 282.

期 Б. Ф. 斯科维尔斯基在《东省杂志》《中东铁路中央图书馆书籍绍介汇报》上发表了《中东铁路中心图书馆》①《大兴安岭东部山前地带的植物》②《沙俄残余在中东铁路上争夺》③《沙皇在远东的冒险行为》④《"黄俄罗斯的士兵区"——沙皇的满洲军事殖民计划》⑤ 五篇文章。

　　И. В. 斯威特，1897 年 6 月 27 日出生于哈尔科夫州，1989 年 3 月 8 日逝世于美国西雅图。И. В. 斯威特毕业于哈尔科夫大学数学系。1918—1922 年，И. В. 斯威特从事记者、编辑工作。1922 年，И. В. 斯威特移居哈尔滨，曾为报纸撰过稿、卖过邮票、当过编辑，也曾为满铁职员。1941 年 6 月 22 日，И. В. 斯威特移居上海，开了一家经营邮票的商店，还担任《乌克兰之声报》（乌克兰语）编辑、东亚乌克兰民族委员会主席。1949 年，И. В. 斯威特移居中国台湾，后来又辗转来到纽约和西雅图。⑥ И. В. 斯威特对中国东北经济进行了研究，在《满洲经济通讯》上发表了《南满铁路上无专人负责黄豆的运输》⑦《哈尔滨的抵押贷款》⑧《银行在满洲出口上的作用》⑨《1922—1923 年南满铁路工

---

①　Сквирский Б. Ф. Центральная Библиотека КВжд. //Вестник Маньчжурии. 1930，№3. с. 36 – 41；/Библиографический Бюллетень. под редакцией Н. В. Устрялова и Е. М. Чепурковского（Харбин），Т. 3. вып. I，1930，с. 5 – 12.

②　Сквирский Б. Ф. Растительность восточных предгорьев Большого Хингана. //Вестник Маньчжурии. 1930，№10. с. 49 – 58.

③　Сквирский Б. Ф. Борьба царских клик на КВжд. //Вестник Маньчжурии. 1930，№9. с. 62 – 67.

④　Сквирский Б. Ф. Царская авантюра на Дальнем Востоке. //Вестник Маньчжурии. 1931，№1. с. 92 – 98.

⑤　Сквирский Б. Ф. "Солдатские слободки в Желтороссии" - царский план военной колонизации Маньчжурии. //Вестник Маньчжурии. 1930，№4. с. 14 – 17.

⑥　Хисамутдинов А. А. Российская эмиграция в Азиатско - Тихоокеанском регионе и Южной Америке：Биобиблиографический словарь. – . Владивосток：Изд - во Дальневост. ун - та. 2000. с. 271.

⑦　Свит И. В. Перевозка обезличенных бобов на Южно - Маньчж. ж. д –//Экономический Вестник Маньчжурии – 1923，№48. с. 8 – 10.

⑧　Свит И. В. Ипотечный кредит в Харбине. //Экономический Вестник Маньчжурии – 1924，№7. с. 11 – 13.

⑨　Свит И. В. Экспорт из Маньчжурии и роль в нем банков. //Экономический Вестник Маньчжурии – 1923，№38 – 39. с. 5 – 8.

作的结果》①《1922—1923 年南满铁路的货物运输》②《南满铁路上的煤、铁和天然气》③《南满铁路的附属企业》④ 《银荒》⑤ 八篇文章，出版了《南满铁路》⑥《满洲的港口及其对外贸易》⑦ 两本小册子。

Л. Ф. 拉德琴科，出生年、地点不详，逝世年、地点不详，中东铁路管理局职员。⑧ 20 年代 Л. Ф. 拉德琴科在《北满农业》《满洲经济通讯》《东省杂志》《中东经济月刊》上发表了《贷款业务在粮食货物上的意义》⑨《世界危机与北满的农业》⑩《北满黄豆出口外部市场的前景》⑪《关于散装黄豆经符拉迪沃斯托克港运往欧洲的问题》⑫《在无专人负责的状态下中东铁路粮食货物的保存》⑬《中东铁路黄豆无专人负责规章》⑭

① Свит И. В. Итоги работы юмжд за 1922/23г. //Экономический Вестник Маньчжурии – 1924, №6. с. 13 – 16.

② Свит И. В. Грузовое движение юмжд в 1922 – 1923г. //Экономический Вестник Маньчжурии – 1924, №13. с. 11.

③ Свит И. В. Уголь, железо и газ на юмжд. //Экономический Вестник Маньчжурии – 1924, №30. с. 11 – 18.

④ Свит И. В. Дополнительные предприятия юмжд. //Экономический Вестник Маньчжурии – 1924, №36. с. 9 – 16.

⑤ Свит И. В. Кризис ена//Экономический Вестник Маньчжурии. 1924, №14.

⑥ Свит И. В. Южно – Маньчжурская железная дорога. – Харбин. Изд. авт. 1924. 28с.

⑦ Свит И. В. Порты Маньчжурии и её внешняя торговля. – Харбин. 1926. 44с.

⑧ Хисамутдинов А. А. Российская эмиграция в Азиатско – Тихоокеанском регионе и Южной Америке: Биобиблиографический словарь. – . Владивосток: Изд – во Дальневост. ун – та. 2000. с. 252.

⑨ Радченко Л. Ф. Значение ссудных операции в хлебных грузах. //Экономический Вестник Маньчжурии – 1923, №25. с. 14 – 15.

⑩ Радченко Л. Ф. Мировой кризис и сельское хозяйство Северной Маньчжурии. //Экономический. бюллетень, 1931, №4 с. 12 – 13.

⑪ Радченко Л. Ф. Перспективы экспорта бобов из Северной Маньчжурии на иностранные рынки. //Вестник Маньчжурии. 1929. №3. с. 25 – 29.

⑫ Радченко Л. Ф. К вопросу о перевозке насыпью бобов в Европу через Владивостокский порт. //Вестник Маньчжурии. 1926, №6. с. 83 – 86.

⑬ Радченко Л. Ф. Хранение хлебных грузов в обезличенном виде. (квжд). //Экономический Вестник Маньчжурии, 1924. № ,27, с. 13 – 16.

⑭ Радченко Л. Ф. Порядок обезличения бобов на квжд. //Сельское хозяйство в Северной Маньчжурии, 1922, №10, с. 24 – 25.

六篇文章，出版了《与粮食贸易有关的无专人负责粮食货物》① 一本小
册子。

А. А. 拉齐科夫斯基（又译拉赤阔夫斯基），出生年、地点不详，
逝世年、地点不详。А. А. 拉齐科夫斯基是东省文物研究会秘书、考察
部负责人和出版社社长。② 20 年代上半期 А. А. 拉齐科夫斯基在《满洲经
济通讯》《东省文物研究会杂志》上发表了《东省文物研究会的任务、组
织结构与活动》③ 《东省文物研究会六年》④ 《东省文物研究会活动报
告》⑤《中苏双向出口联合展览》⑥ 四篇文章。

А. М. 普里萨德斯基，出生年、地点不详，逝世年、地点不详，满洲
农业学会会员，在哈尔滨从事兽医职业。⑦ А. М. 普里萨德斯基在 20 年代
上半期在《满洲经济通讯》《北满农业》《东省文物研究会杂志》上发表
了《中东铁路地亩处在发展畜牧业领域上的任务》⑧ 《中东铁路附属地牛
的保险》⑨《中东铁路沿线奶牛畜牧业发展问题》⑩《中东铁路与北满工业

---

① Радченко Л. Ф. Обезличение хлебных грузов в связи с хлебной торговлей. – Харбин：
Тип. КВжд, 1926. 29 с.

② Хисамутдинов А. А. Российская эмиграция в Азиатско – Тихоокеанском регионе и
Южной Америке：Биобиблиографический словарь. – . Владивосток：Изд – во Дальневост. ун – та.
2000. с. 254.

③ Общество изучения Маньчжурского Края, его задачи, структура и деятельность. //
Известия Общества Изучения Маньчжурского Края, 1926, №6. с. 5 – 46.

④ Рачковский А. А. Шесть лет // Изв. О – ва изучения Маньчжур. края. 1928. №7. с. 3 – 7.

⑤ Рачковский А. А. Отчет о деятельности О – ва изучения Маньчжур. края // Изв. О – ва
изучения Маньчжур. края. 1928. №7. с. 75 – 108.

⑥ Рачковский А. А. Обединенная выставка взаимного экспорта Китая и СССР. //
Экономический Вестник Маньчжурии. 1924, №49 – 50. с. 3 – 5.

⑦ Хисамутдинов А. Л. Российская эмиграция в Азиатско – Тихоокеанском регионе и
Южной Америке：Биобиблиографический словарь. – . Владивосток：Изд – во Дальневост. ун – та.
2000. с. 249.

⑧ Присадский А. М. О задачах земельного отдела квжд в сфере развития
животноводства. // Сельское хозяйство в Северной Маньчжурии, 1923, №1 – 2, с. 1 – 6.

⑨ Присадский А. М. Страхование крупного рогатого скота в полосе отчуждения квжд. //
Сельское хозяйство в Северной Маньчжурии, 1922, №9 – 10, с. 1 – 24.

⑩ Присадский А. М. К вопросу о развитии молочного скотоводства на линии квжд. //
Экономический Вестник Маньчжурии, 1923, №36, с. 5 – 8.

畜牧业前景》① 等七篇文章，出版了《北满的奶业》② （1924 年第 15、
16—17 期《满洲经济通讯》发表，1924 年第 5 期《东省文物研究会杂
志》发表，同年出版单行本）一本小册子。

　　Н. И. 米洛留勃夫，1870 年 10 月 17 日出生于喀山州。1895 年，
Н. И. 米洛留勃夫毕业于喀山神学院。1899 年，Н. И. 米洛留勃夫以优
异成绩从喀山大学毕业后留校刑法教研室准备教授职称。1903 年，
Н. И. 米洛留勃夫通过硕士论文答辩。1904—1917 年，Н. И. 米洛留勃
夫受聘被为喀山大学刑法与诉讼程序教研室编外副教授。1917 年初，
Н. И. 米洛留勃夫被聘为喀山大学刑法与诉讼程序教研室正式副教授，
同时还兼任喀山法院检察长。1918 年，Н. И. 米洛留勃夫受邀聘为伊尔
库茨克大学客座教授。红军占领鄂木斯克后，Н. И. 米洛留勃夫被疏散
到哈尔滨。他是哈尔滨法政大学的创办人之一，1920 年被聘为副教授。
1921 年，Н. И. 米洛留勃夫当选为俄国复兴协会哈尔滨分会委员会和董
事会主席。1922 年，Н. И. 米洛留勃夫当选为符拉迪沃斯托克阿穆尔边
区缙绅会议主席。1927 年 2 月 25 日，Н. И. 米洛留勃夫逝世于哈尔
滨。③ Н. И. 米洛留勃夫主要研究中国刑法和警察问题，在《法政学刊》
上发表了《中国新刑法规则（整体评价）》④《中国违警例（整体评
价）》⑤ 两篇文章。

　　В. Д. 马拉库林，1881 年 12 月 23 日出生于托木斯克省，1944 年 8 月

---

① Присадский А. М. Перспективы промышленного животноводства в крае и квжд. //
Экономический Вестник Маньчжурии, 1923, №33, с. 7 – 12.

② Присадский А. М. Молочное дело в Северной Маньчжурии. – Харбин: Изд. журн. Экон.
вестн. Маньчжурии, 1924. – 8 с. //Экономический Вестник Маньчжурии, 1924, №15, с. 11 – 14;
№16 – 17, с. 13 – 17. //Известия Общества Изучения Маньчжурского Края, 1924, №5. с. 64 – 73.

③ Забияко А. А., Забияко А. П., Левошко С. С., Хисамутдинов А. А. Русский Харбин:
опыт жизнестроительства в условиях дальневосточного фронтира/Под ред. А. П. Забияко. –
Благовещенск: Амурский гос. ун – т. 2015. с. 389; Автономов Н. П. Юридический факультет в
Харбине за восемнадцать лет существования. //Известия Юридического Факультета, 1938. №12.
с. 40.

④ Миролюбов Н. И. Новое уголовное уложение китайской республики. Общая
характеристика. //Известия юридического факультета, 1925, №1. с. 75 – 87.

⑤ Миролюбов Н. И. Китайский кодекс полицейских прабонарушений. （Общая
характеристика）. //Известия юридического факультета, 1926, №3. с. 161 – 168.

21 日逝世于哈尔滨。1910 年，В. Д. 马拉库林毕业于托木斯克大学。
1914—1917 年，В. Д. 马拉库林担任克拉斯诺亚尔斯克国家银行律师、监
察员。他是哈尔滨东方文言商业专科学校创办人与第一任校长，副教
授。① В. Д. 马拉库林在《亚细亚时报》《满洲经济通讯》《东省杂志》
《中东经济月刊》上发表了《大连港与符拉迪沃斯托克港：远东商港工作
的比较评价》②《哈尔滨城市收入征收制度》③《1925 年绥芬河海关代办处
的工作与过境运输的前景》④《1922 年哈尔滨市的财政》⑤《乌苏里铁路与
南满铁路的协定及其前景》⑥《松花江地区的粮食贸易》⑦《中东铁路上出
口货物的贷款》⑧《中东铁路上的贷款业务》⑨《北满新铁路的建设与地方
经济》⑩《中东铁路商务委员的工作》⑪《中东铁路东部地区设立黄豆运输

---

① Забияко А. А. , Забияко А. П. , Левошко С. С. , Хисамутдинов А. А. Русский Харбин：
опыт жизнестроительства в условиях дальневосточного фронтира/Под ред. А. П. Забияко. –
Благовещенск：Амурский гос. ун – т. 2015. с. 388.

② Маракулин В. Д. Дайрен и Владивосток. Сравнительная характеристика работы торговых
портов Дальнего Востока. //Вестник Маньчжурии. 1925, №5 – 7. с. 92 – 99.

③ Маракулин В. Д. Порядок взыскания городских доходов в Харбине. (По поводу доклада
С. Н. Крестовского 《 Финансовая система Харбинского общественного управления 》). //
Экономический Вестник Маньчжурии, 1924, №18. с. 6 – 9.

④ Маракулин В. Д. Работа Пограничного таможеного агентства в 1925г. и перспективы
транзита. //Экономический. бюллетень, 1925, №41. с. 8 – 9.

⑤ Маракулин В. Д. Финансы г. Харбина в 1922 году. //Экономический Вестник
Маньчжурии, 1924, №21. с. 17 – 18.

⑥ Маракулин В. Д. Соглашение Уссурийской и Южно – Маньчжурской железной дороги и
его перспективы. //Экономический Вестник Маньчжурии, 1923, №37. с. 5 – 7.

⑦ Маракулин В. Д. Хлебная торговля в Сунгарийском районе. //Экономический Вестник
Маньчжурии, 1924, №35. с. 8 – 10.

⑧ Маракулин В. Д. Кредит под экспортные грузы на квжд. // Экономический. бюллетень,
1925, №2. с. 5 – 8.

⑨ Маракулин В. Д. Ссудные операции на квжд. //Экономический. бюллетень, 1925, №8. с.
7 – 10；1926, №51. с. 8 – 10.

⑩ Маракулин В. Д. Постройки новых железных дорог в Северной Маньчжурии и местное
хозяйство. //Вестник Азии, 1925, №53. с. 375 – 384.

⑪ Маракулин В. Д. Работа коммерческих агентов квжд. // Экономический. бюллетень,
1925, №17 – 18. с. 13 – 16.

的无专人负责》①《中东铁路商务代办处主任会议》②《中东铁路附属企业科的运输业务》③《蒙古与中东铁路》④《关于在哈尔滨铺设自来水供水设施》⑤ 十五篇关于中国东北经济领域的文章，出版了一部关于政治经济学的讲义《解决社会问题的新途径》⑥。

《解决社会问题的新途径》是 В. Д. 马拉库林 1925—1926 年在哈尔滨东方文言商业高等专科学校为大学生上课的讲义。该讲义是他积极参与理论工作者和政治活动家对解决社会问题的一些思考而写成。该讲义由六部分组成，包括经济活动的基础（第一次世界大战后经济的衰落、个体经济的经营问题）、第一次世界大战前世界经济状况、第一次世界大战期间的欧洲、П. 马斯洛夫的非生产消费理论、非生产消费的形式、社会问题的解决途径等内容。该讲义主要探讨了如何分配满足人们生活的必需品、谁控制了土地与生产工具、分配什么、为分配而生产什么样的产品、当下社会生产力是否能生产出满足各阶层需求的足够数量产品等问题。作者在书中提出了解决社会问题的看法，不要否认各类非生产消费和不要把精力投入社会资本积累上，是解决社会问题的唯一途径。⑦

Г. Я. 马里亚列夫斯基，1866 年出生于托博尔斯克，1932 年 4 月 9 日逝世于哈尔滨。1891 年，Г. Я. 马里亚列夫斯基毕业于喀山神学院，获神学副博士学位。1907—1917 年，Г. Я. 马里亚列夫斯基担任国民教育部人民学校校长。1917 年退休后，Г. Я. 马里亚列夫斯基成为西伯利亚奶油制

---

① Маракулин В. Д. Открытие обезличенных перевозов бобов на востоке (квжд). // Экономический. бюллетень, 1925, №32. с. 5 – 6.

② Маракулин В. Д. Совещание заведующих коммерческими агенствами квжд. // Экономический. бюллетень, 1926, №6. с. 3 – 5.

③ Маракулин В. Д. Транспортные операции отдела дополнительных предприятий квжд. // Экономический. бюллетень, 1926, №50. с. 3 – 4.

④ Маракулин В. Д. Монголия и китайская восточная железная дорога//Экономический Вестник Маньчжурии. 1924, №15. с. 9 – 11.

⑤ Маракулин В. Д. К вопросу постройке водопровода в Харбине. //Экономический Вестник Маньчжурии. 1924, №35. с. 10 – 11.

⑥ Маракулин В. Д. Новые пути к разрешению социальной проблемы. – Харбин, 1926. 49с.

⑦ Маракулин В. Д. Новые пути к разрешению социальной проблемы. – Харбин, 1926. с. 49.

造劳动组合协会理事会成员。国内战争迫使他来到符拉迪沃斯托克，并于 1920 年移居哈尔滨。从 1924 年起，Г. Я. 马里亚列夫斯基担任哈尔滨东方学与商业科学院教师，教授西伯利亚学、统计学、中国东北贸易与经济史。从 1926 年至逝世，Г. Я. 马里亚列夫斯基一直担任东省文物研究会博物馆（后为哈尔滨博物馆）工商部负责人。[①] Г. Я. 马里亚列夫斯基主要从事中国东北加工业研究，20 年代下半期在《东省杂志》上发表了《由黄豆制成的豆奶和奶酪：来自东省文物研究会的资料》[②]《北满伏特加酒、啤酒和醋酿造》[③] 等三篇文章，于 1928 年出版了《北满中国酱油的生产》[④]（1927 年第 12 期《东省杂志》发表）一本小册子。

Г. А. 满德雷卡，可能出生于 1867 年，出生地点不详，1937 年 5 月 6 日逝世于哈尔滨。Г. А. 满德雷卡以优异的成绩毕业于总司令部尼古拉耶夫斯克学院。Г. А. 满德雷卡参加过俄日战争、第一次世界大战和国内战争，中将军衔。长期在哈尔滨生活。[⑤] 目前可见的学术成果仅有一篇于 1925 年发表在《东省杂志》上的《中东铁路上的煤炭运价及其对当地煤炭业的意义》[⑥] 一篇文章。

А. Е. 格拉西莫夫，出生年、地点不详，1933 年逝世于哈尔滨。

①　Хисамутдинов А. А. Российская эмиграция в Азиатско - Тихоокеанском регионе и Южной Америке：Биобиблиографический словарь. - . Владивосток：Изд - во Дальневост. ун - та. 2000. с. 195.

②　Маляревский Г. Я. Молоко и сыр из соевых бобов：из материалов О. И. М. К. //Вестник Маньчжурии. 1928，№6. с. 83 - 91.

③　Маляревский Г. Я. Китайское производство водки, пива и уксуса в Северной Маньчжурии.//Вестник Маньчжурии. 1929，№1. с. 28 - 42.

④　Маляревский Г. Я. Приготовление китайской сои в Северной Маньчжурии.//Вестник Маньчжурии. 1927，№12. с. 56 - 62. - Харбин，Изд. ОИМК，1928. 10с.

⑤　Хисамутдинов А. А. Российская эмиграция в Азиатско - Тихоокеанском регионе и Южной Америке：Биобиблиографический словарь. - . Владивосток：Изд - во Дальневост. ун - та. 2000. с. 196.

⑥　Мандрыка Г. А. Угольные тарифы на Китайской Восточной железной дороге и их значение для местной угольной промышленности//Вестник Маньчжурии. 1925，№5 - 7. с. 127 - 137.

А. Е. 格拉西莫夫是中东铁路经济调查局职员。[①] 他主要致力于中国经济问题的研究，在《东省杂志》《中东经济月刊》等杂志上发表了《北满企业中的劳动条件》[②] 《陶器是中东铁路的运输对象》[③] 《北满的手工业》[④]《北满火柴市场的竞争》[⑤]《1926 年松花江站中东铁路商务代办处与运输办事处航运工作报告》[⑥]《松花江上的帆船合作社》[⑦]《北满的装载合作社》[⑧]《中国手工业生产的图书文献》[⑨]《中国植毡的生产》[⑩]《中国植毡的装饰图案》[⑪]《达家沟的集市》[⑫] 等十八篇文章，出版了《北满的陶器》[⑬]（1928 年第 11 期《东省杂志》发表，同年出版单行本）《吉林省的

---

① Забияко А. А., Забияко А. П., Левошко С. С., Хисамутдинов А. А. Русский Харбин: опыт жизнестроительства в условиях дальневосточного фронтира/Под ред. А. П. Забияко. – Благовещенск: Амурский гос. ун – т. 2015. с. 372.

② Герасимов А. Е. Условия труда в предприятиях Северной Маньчжурии. //Вестник Маньчжурии. 1931, №2. с. 18 – 29; №3. с. 59 – 70; №4. с. 70 – 76.

③ Герасимов А. Е. Гончарные изделия как предмет перевозки по квжд. // Экономический. бюллетень – 1927, №15. с. 7 – 9.

④ Герасимов А. Е. Кустарная промышленность в Северной Маньчжурии. // Экономический. бюллетень – 1930, №16. с. 7 – 8.

⑤ Герасимов А. Е. Барьба за спичечный рынок Северной Маньчжурии. //Экономический. бюллетень – 1930, №8. с. 6 – 7.

⑥ Герасимов А. Е. Отчет о навигационной работе коммерческого агенства и трансортной конторы квжд на ст. Сунгари в 1926г. //Экономический. бюллетень – 1926, №49. с. 7 – 10.

⑦ Герасимов А. Е. Джоночные артели на Сунгари//Вестник Маньчжурии. 1931, №7. с. 16 – 20.

⑧ Герасимов А. Е. Погрузочные артели в Северной Маньчжурии. //Вестник Маньчжурии. 1931, №6. с. 29 – 36.

⑨ Герасимов А. Е. Библиография по китайскому кустарному производству. //Библиогр. сб. 6 – ки КВЖД, Ⅱ (Ⅴ)1932, с. 132 – 141.

⑩ Герасимов А. Е. Производство китайских ковров. //Вестник Маньчжурии. 1930, №9. с. 67 – 77.

⑪ Герасимов А. Е. Орнаменты китайских ковров. //Вестник Маньчжурии. 1930, №11 – 12. с. 101 – 109.

⑫ Герасимов А. Е. Ярмарка в Тадягоу. //Экономический. бюллетень – 1929, №11. с. 11 – 12.

⑬ Герасимов А. Е. Гончарные изделия в Северной Маньчжурии. – Харбин: Изд – во ОИМК, 1928. – 18с. //Вестник Маньчжурии. 1928, №1. с. 32 – 40.

木制品与木雕商品》①（1928 年第 2 期《东省杂志》发表，同年出版单行本）《第二松花江地区的工业》②（1928 年第 4 期《东省杂志》发表）《松花江上游地区经济状况概述》③（1929 年第 10 期《东省杂志》发表，同年出版单行本）《松花江上游的工商业中心》④（1931 年第 1 期《东省杂志》发表，同年出版单行本）《北满的烟草种植与卷烟工业》⑤（1929 年第 5 期《东省杂志》发表，同年出版单行本）《中国的植毡：中国植毡的生产与装饰图案符号分析》⑥《北满的中国税》⑦《燕窝在中国经济和百姓日常生活中的意义》⑧《中国劳动（北满企业的劳动条件）》⑨ 十部著作。A. E. 格拉西莫夫的中国经济研究涉猎领域众多，出版的多种单行本，都给予某一领域具体的研究。本书仅就其他俄侨学者很少研究的关于中国劳动问题给予具体介绍，以见 A. E. 格拉西莫夫研究的独特视野。《中国劳动（北满企业的劳动条件）》是 A. E. 格拉西莫夫在这方面研究的代表著作。《中国劳动（北满企业的劳动条件）》出版于 1931 年，个别章节内容在同年的《东省杂志》第 2、3、4、6、7 期发表。该书分三部分，即北满企业中的劳动条件、工人合作社、帆船合作社，记述了中东铁路的修筑与劳动力的需求、北满的劳动规章、北满的劳动条件、制陶

---

① Герасимов А. Е. Деревянные изделия и щепной товар Гириньской провинции. - Харбин : Изд - во ОИМК, 1928. - 9 с. // Вестник Маньчжурии. 1928, №2. с. 34 - 38.

② Герасимов А. Е. Промышленность районов Сунгари 2 - ая. - Харбин : Изд - во ОИМК, 1928. - 11 с. // Вестник Маньчжурии. 1928, №4. с. 45 - 52.

③ Герасимов А. Е. Очерки экономического состояния верховьев реки Сунгари. - Харбин : Тип. КВЖД, 1929. 11 с. // Вестник Маньчжурии. 1929, №10. с. 46 - 56.

④ Герасимов А. Е. Верхне - сунгарийские торгово - промышленные центры. - Харбин : Тип. КВЖД, 1931. 7 с. // Вестник Маньчжурии. 1931, №1. с. 49 - 54.

⑤ Герасимов А. Е. Табакосеяние и табачная промышленность в Северной Маньчжурии. - Харбин : Изд - во ОИМК, 1929. - 12 с. // Вестник Маньчжурии. 1929, №5. с. 26 - 37.

⑥ Герасимов А. Е. китайские ковры : Производство и анализ символики орнаментов китайских ковров. - Харбин : Тип. КВЖД, 1931. 104 с.

⑦ Герасимов А. Е. Китайские налоги в Северной Маньчжурии. - Харбин : Типография Дома Трудящихся, 1923. 131 с.

⑧ Герасимов А. Е. Ласточкины гнезда, их значение в народном обиходе и экономике Китая. - Харбин : , 1930.

⑨ Герасимов А. Е. Китайский труд : (Условия труда в предприятиях Северной Маньчжурии). - Харбин : Тип. КВЖД, 1931. 165 с.

厂、玻璃厂、铸造厂与锻造马车作坊、火柴厂、酿酒厂、酱油与鱼筋厂、制型纸厂、木工车作坊、蜡烛厂、窗户纸厂、织布厂、草帽厂、榨油厂、面粉厂、磨坊与碾房、工作日与劳动报酬、工资、学徒与工人的年龄、就业条件、中东铁路合作社工作的特点、合作社的承包机构与劳动报酬、合作社的工作、合作社工人的最低生活费用、松花江及其支流、帆船合作社机构、帆船合作社的劳动条件与劳动报酬、河运货物与商品的分类等内容。A. E. 格拉西莫夫在该书的前言中指出，关于北满企业中中国的劳动条件问题是作者依据在当时的吉林省和黑龙江省的中国工厂进行的年度直接调查资料写成；出版该书的唯一目的就是将当地研究者还没有关注的北满企业中中国的劳动条件问题纳入研究范围，并使这些资料对未来进行的中国工人问题的学术研究给予一定的帮助。作者也指出了该书的缺憾，囿于客观条件限制，该书只是研究了该领域的部分内容。[①]

M. H. 叶尔硕夫，1886 年 8 月 1 日出生，出生地不详，1938 年后逝世，逝世地不详。M. H. 叶尔硕夫从喀山神学院本科毕业后留校继续深造。1911 年，M. H. 叶尔硕夫通过硕士论文答辩后，受聘为喀山神学院哲学史教研室编外副教授；从 1916 年起，受聘为客座教授。从 1916 年末起，M. H. 叶尔硕夫受聘为喀山大学历史语文学系哲学史教研室编外副教授。1918 年，M. H. 叶尔硕夫受聘为国立远东大学历史语文学系主任、哲学教研室教授。从 1919 年起，M. H. 叶尔硕夫任国立远东大学副校长。1922—1923 年，M. H. 叶尔硕夫在北京大学和北京女子师范学院任教，分别教授 18—19 世纪俄国文化与哲学、西欧与俄国教育学和学校工作课程。1926—1934 年，M. H. 叶尔硕夫在哈尔滨法政大学、师范学院任教，教授法哲学史、哲学导论、哲学史、教育学史、逻辑学与科学方法学、

---

① Герасимов А. Е. Китайский труд :（Условия труда в предприятиях Северной Маньчжурии）. – Харбин：Тип. КВЖД，1931. c. 5.

宗教法、宗教与国家、当前中国经济课程以及哲学史与法哲学史实践课。① M. H. 叶尔硕夫的学术兴趣比较广泛，以中国问题为中心研究文化、经济、教育、妇女、法律等多个问题，其成果绝大多数都在本时期后半期问世，在《关于学校生活问题》《东省杂志》《中华法学季刊》《中东铁路中央图书馆书籍绍介汇报》《法政学刊》等杂志上发表了《论现代文化危机》②《关于当前中国妇女问题的评价》③《当前中国的妇女与劳动》④《中国的工业化与技术教育的需求》⑤《中国的民族主义运动：文献概述》⑥《中国对外史文件（文献资料概述）》⑦《关于中国女子教育问题之新著作及杂志》⑧《远东的报刊评满洲的事件（中文、日本和英文定期出版物概述）》⑨《日本向满洲的经济渗入》⑩《满洲与日本的铁路建

① Хисамутдинов А. А. Российская эмиграция в Азиатско - Тихоокеанском регионе и Южной Америке：Биобиблиографический словарь. - . Владивосток：Изд - во Дальневост. ун - та. 2000. с. 119；Автономов Н. П. Юридический факультет в Харбине за восемнадцать лет существования. //Известия Юридического Факультета, 1938. №12. с. 38.

② Ершов М. Н. О современном культурном кризиса. //Вопросы школьной жизни, 1925, №2. с. 49 - 61.

③ Ершов М. Н. К характеристике женского вопроса в современном Китае. //Вестник Маньчжурии. 1927, №11. с. 60 - 70.

④ Ершов М. Н. Женщина и труд в современном Китае. //Вестник Маньчжурии. 1928, №2. с. 62 - 72.

⑤ Ершов М. Н. Индустриализация Китая и запросы технического образования. //Вестник Маньчжурии. 1928, №7. с. 76 - 86.

⑥ Ершов М. Н. Националистическое движение в Китае：обзор литературы. //Вестник Маньчжурии. 1929, №6. с. 91 - 98.

⑦ Ершов М. Н. Документы по истории внушних сношений Китая. (Обзор литературных данных). //Вестник Маньчжурии. 1930, №8. с. 92 - 93. То же. //Библиогр. бюлл, 1930, Т. Ⅲ, вып. 3, с. 19 - 21.

⑧ Ершов М. Н. Библиографический очерк трудов и журнальных статей по вопросам женского образования в современном Китае. //Вестник Маньчжурии. 1927, №6. с. 76 - 77；№7. с. 58 - 60. То же. //Библиогр. бюлл. Центр. б - ки КВЖД. 1927, №4, с. 79 - 82；№5, с. 85 - 87.

⑨ Ершов М. Н. Дальневосточная пресса о событиях в Маньчжурии. (Обзор текущей периодики на китайском, японском и английском языках.)//Вестник Маньчжурии. 1931, №10. с. 67 - 70.

⑩ Ершов М. Н. Экономическое проникновение Японии в Маньчжурию. //Вестник Маньчжурии. 1931, №11 - 12. с. 78 - 80.

设》①《近代法律知识之价值》②《思想界竞争》③《从神话到哲学》④ 等十四篇文章，出版了《现在中国与欧西文化》⑤ （1931 年第 9 期《法政学刊》发表）、《远东之新局势》⑥ 两本小册子。

《现在中国与欧西文化》这本小册子是一部研究中西文化交流的重要著作，是本时期 M. H. 叶尔硕夫的代表著述。M. H. 叶尔硕夫的著作包括进入机器时代的沉睡中国、学校与现代中国、了解欧西文化之路上的中国、中国欧化与太平洋问题四章，记述了现代中国的诞生、现在中国知识分子追求的"工程技术"观念、现在中国"智力蜕化"的特征、现代中国与文明的统一、现在学校——欧洲文化在中国的传播者、现在中国生活中的新旧教育、现代中国学校与生活密切联系的趋势、现代中国中学的职业偏重、现代中国学校中的民族主义思想教育、民族主义作为现代中国生活中的新现象、个人主义在现代中国生活中的反映、工业化的中国、现在中国的妇女运动、现在中国生活中的东西方、中国上层知识分子对欧洲文明的积极与消极认识、在了解欧西文化之路上中国所面临的困难、中国及其与欧洲民族相互关系的新途径问题、各民族在太平洋上经济与文化联系的途径、美国精神与中国、中国与美国资本、美国精神与中国欧化和太平洋问题等内容。该书指出了现代中国的发展即是中国欧化的进程，分析了中国欧化对中国自身发展的影响和对中国与西方文化交流的影响。

---

① Ершов М. Н. Маньчжурия и японское железнодорожное строительство.//Вестник Маньчжурии. 1931, №1. с. 105 – 108.

② Ершов М. Н. Ценность юридического образования в наше время.//Известия юридического факультета в Харбине. 1927. №4. с. 203 – 226.

③ Ершов М. Н. Борьба в мире идей//Известия юридического факультета в Харбине. 1929. №7. с. 113 – 144.

④ Ершов М. Н. От мифа к философии.//Вопросы школьной жизни, 1926, №4 – 5. с. 49 – 68.

⑤ Ершов М. Н. Современный Китай и европейская культура. – Харбин, Изд. Юрид. фак, 1931. 34 с.//Известия юридического факультета в Харбине. 1931. №9 с. 133 – 176.

⑥ Ершов М. Н. Новый Дальний Восток. Современные хозяйственные, культурные и международные отношения на Тихом океане.//Вестник. китайского. права. – Харбин, 1931. – Сб. 2. с. 269 – 284. – Харбин, 1931. 16 с.

Ф. Ф. 达尼棱科，1875 年 8 月 7 日出生于普里卢基，1946 年后逝世，逝世地不详。1911 年，Ф. Ф. 达尼棱科以优异成绩毕业于东方学院汉满语专业。毕业后 Ф. Ф. 达尼棱科在阿穆尔省从事农业管理工作。从 1918 年起，Ф. Ф. 达尼棱科在哈尔滨生活。1919—1928 年任中东铁路商业学校英语教师。1925—1940 年，Ф. Ф. 达尼棱科是哈尔滨东方文言商业高等专科学校的创办人之一与教师。1940 年，Ф. Ф. 达尼棱科通过了"中国文化起源"的论文答辩，被聘为副教授。从 1920 年起，Ф. Ф. 达尼棱科积极参加乌克兰侨民组织，领导文化教育部门的工作。曾因在日本关东军哈尔滨特务机关工作过，1945 年 10 月 3 日 Ф. Ф. 达尼棱科被苏军逮捕。1946 年 12 月 4 日，Ф. Ф. 达尼棱科被判处 10 年劳动改造。据有关资料，Ф. Ф. 达尼棱科可能死于劳改营里。1993 年 9 月 20 日，Ф. Ф. 达尼棱科被平反。[①] 20 世纪 20 年代上半期 Ф. Ф. 达尼棱科在《亚细亚时报》上发表了《张生》（译自《聊斋志异》）[②] 《赵城虎》[③] （译自《聊斋志异》）《中国生产力发展问题》[④]《现在中国的智力发展》[⑤] （译文）等四篇有关中国问题的文章。

С. В. 库兹涅佐夫，出生年、地点不详，逝世年、地点不详。来华前，С. В. 库兹涅佐夫曾担任高尔察克政府民国教育厅厅长。移居哈尔滨后，С. В. 库兹涅佐夫是哈尔滨师范学院创办者与校长。[⑥] С. В. 库兹涅佐夫于 1925 年在《关于学校生活问题》上发表了《教学中的给予》[⑦] 一篇文章。

① Забияко А. А. , Забияко А. П. , Левошко С. С. , Хисамутдинов А. А. Русский Харбин: опыт жизнестроительства в условиях дальневосточного фронтира/Под ред. А. П. Забияко. - Благовещенск: Амурский гос. ун - т. 2015. с. 377.

② Даниленко Ф. Ф. Чжан Чэн/пер. с кит. //Вестник Азии, 1922, №48. с. 63 - 68.

③ Даниленко Ф. Ф. Тигр в городе Чжао - чен/пер. с кит. //Вестник Азии, 1922, №48. с. 68 - 69.

④ Даниленко Ф. Ф. К вопросу о развитии производительных сил Китая. //Вестник Азии1923, №51. с. 351 - 354.

⑤ Даниленко Ф. Ф. Умственное движение в современном Китае. /пер. с англ. //Вестник Азии, 1925, №53.

⑥ Хисамутдинов А. А. Российская эмиграция в Азиатско - Тихоокеанском регионе и Южной Америке: Биобиблиографический словарь. - . Владивосток: Изд - во Дальневост. ун - та. 2000. с. 175.

⑦ Кузнецов С. В. Аккордность в преподавании. //Вопросы школьной жизни, 1925, №2. с. 1 - 22.

В. В. 别列米洛夫斯基, 1880 年出生, 出生地不详, 逝世年、地点不详。曾在哈尔滨生活, 俄语教师, 后移居布拉格。[①] В. В. 别列米洛夫斯基在《关于学校生活问题》上发表了《奥涅金》[②]《在海岸上（文学作品中的小人物概述）》[③] 等三篇文章。

С. Г. 斯吉塔列茨, 1869 年 10 月 28 日出生于萨马拉州, 1941 年 6 月 25 日逝世于莫斯科。从 1921 年起, С. Г. 斯吉塔列茨在哈尔滨生活。С. Г. 斯吉塔列茨是 1923 年出版的 "松花江夜晚" 选集编辑委员会成员、哈尔滨商务俱乐部文学艺术小组编辑委员会成员。1934 年, С. Г. 斯吉塔列茨回到苏联。[④] С. Г. 斯吉塔列茨在《关于学校生活问题》上发表了《普希金的同时代人》[⑤]《转折点（俄国典型人物心理)》[⑥] 两篇文章。

Г. И. 谢尔巴科夫, 出生年、地点不详。逝世年、地点不详。Г. И. 谢尔巴科夫是第一哈尔滨高级初等学校教师, 中东铁路教师联合会秘书、会长、监察委员会委员。[⑦] Г. И. 谢尔巴科夫在《关于学校生活问题》上发表了《中东铁路教师联合会活动结果》[⑧]《十字路口上的学校》[⑨] 等四篇文章。

И. Ю. 列维廷, 出生年、地点不详, 逝世年、地点不详。哈尔滨的

---

① Хисамутдинов А. А. Российская эмиграция в Азиатско – Тихоокеанском регионе и Южной Америке：Биобиблиографический словарь. – . Владивосток：Изд – во Дальневост. ун – та. 2000. с. 237.

② Перемиловский В. В. Онегин. //Вопросы школьной жизни, 1926, №4 – 5. с. 79 – 86.

③ Перемиловский В. В. На берегу моря. (Очерки бесконечно – малых в литературе)// Вопросы школьной жизни, 1925, №1. с. 26 – 33; №2. с. 29 – 48; №3. с. 62 – 78.

④ Хисамутдинов А. А. Российская эмиграция в Азиатско – Тихоокеанском регионе и Южной Америке：Биобиблиографический словарь. – . Владивосток：Изд – во Дальневост. ун – та. 2000. с. 283.

⑤ Скиталец С. Г. Современик Пушкина. //Вопросы школьной жизни, 1925, №2. с. 75 – 79.

⑥ Скиталец С. Г. Перевал(Психология русских характеров). //Вопросы школьной жизни, 1926, №4 – 5. с. 69 – 78.

⑦ Щербаков. Г. Итоги деятельности союза учителей К. В. Ж. Д. //Вопросы школьной жизни, 1925. №1. с. 64; Щербаков. Г. Список уволенных учителей по приказу Управляющего К. В. ж. д. // //Вопросы школьной жизни, 1926. №4 – 5. с. 113 – 114, 127.

⑧ Щербаков Г. И. Итоги деятельности Союза учителей КВжд. //Вопросы школьной жизни, 1925, №1. с. 63 – 74; 1925, №2. с. 80 – 88; 1926, №4 – 5. с. 99 – 115.

⑨ Щербаков Г. И. Школа на распутьи. //Вопросы школьной жизни, 1925, №1. с. 23 – 25.

建筑师①。И. Ю. 列维廷的学术成果均与建筑艺术有关，1921 年在《建筑艺术与生活》杂志上发表了《哈尔滨的建设》②《建筑艺术的社会意义》③《符拉迪沃斯托克的建设》④ 等六篇文章。

　　Н. В. 尼基弗罗夫，出生年、地点不详，逝世年、地点不详。曾为哈尔滨房产主公会发行的《建筑艺术与生活》杂志主编⑤。Н. В. 尼基弗罗夫与 И. Ю. 列维廷一样，研究建筑艺术问题，在其主编的杂志上发表了《俄国风格》⑥《文艺复兴式的建筑》⑦ 两篇文章。

　　在 20 年代的哈尔滨也集中着一些从事工学、力学等研究的俄侨学者，他们主要集中在哈尔滨中俄工业大学校，其成果均发表在《中俄工业大学校通报与著作集》上。

　　С. А. 萨文，1876 年 5 月 27 日出生于阿尔汉格尔斯克州克列季，1954 年 5 月 7 日因恶性肿瘤逝世于哈尔滨。1899 年，С. А. 萨文毕业于圣彼得堡交通学院。1904—1920 年，С. А. 萨文在俄国铁路东部工程段建筑工地担任段长或工长一职。1920 年，С. А. 萨文携家移居哈尔滨。1920—1938 年担任哈尔滨中俄工业学校、哈尔滨中俄工业大学校教师。1939—1944 年担任哈尔滨俄国技术学校数学教师。1944—1945 年担任哈尔滨北满学院教授。从 1945 年起担任哈尔滨工学院教授。⑧ С. А. 萨文发表了《内外压力下圆筒

　　① Левошко С. С. Журнал《Архитектура и жизнь》в архитектурной историографии русского Харбина//История и культура Востока Азии：Материалы международной научной конференции. Новосибирск，9 – 11 декабря2002. Новосибирск：СО РАН，2002. Том. 1. с. 131.

　　② Левитин И. Ю. Харбинское строительство//Архитектура и жизнь. 1921. №1. с. 3 – 9; №2. с. 51 – 57；№3 – 4. с. 103 – 107；№5. с. 155 – 157.

　　③ Левитин И. Ю. Социальное значение архитектуры. //Архитектура и жизнь. 1921. №5. с. 10 – 13.

　　④ Левитин И. Ю. Владивостокское строительство//Архитектура ижизнь. 1921. №6 – 7. с. 203 – 205.

　　⑤ Левошко С. С. Журнал《Архитектура и жизнь》в архитектурной историографии русского Харбина//История и культура Востока Азии：Материалы международной научной конференции. Новосибирск，9 – 11 декабря2002. Новосибирск：СО РАН，2002. Том. 1. с. 129.

　　⑥ Никифоров Н. В. Русский стиль//Архитектура и жизнь. 1921. №6 – 7. с. 205 –207.

　　⑦ Никифоров Н. В. Архитектурный ренессанс. //Архитектура и жизнь. 1921. №2. с. 57 – 60.

　　⑧ Хисамутдинов А. А. Российская эмиграция в Азиатско – Тихоокеанском регионе и Южной Америке：Биобиблиографический словарь. – . Владивосток：Изд – во Дальневост. ун – та. 2000. с. 264.

平缓计算》①《在三种弹性理论微积分平衡方程组中的动力学成分》②《赫兹与布西内克作用总结》③《同类各向同性体内平衡方程组解》④《拉普拉斯微积分方程及其微分方程一般积分的应用》⑤《三种弹性数学理论微积分平衡方程组的两种特解》⑥《由三个变量分别导出的拉普拉斯微积分方程一般积分》⑦《三种各向同性弹性体微积分平衡方程组订正三个方程组中每一个附带一个未知函数的方程组》⑧ 八篇文章。

　　Н. М. 奥布霍夫，出生年、地点不详，1955 年逝世于美国。Н. М. 奥布霍夫曾为哈尔滨中俄工业大学校电子机械系主任、教授，哈尔滨高等医科学校物理教师。⑨ Н. М. 奥布霍夫发表了《关于溢流堰

---

①　Савин С. А. Расчёт полого цилиндра под внутренним и внешним давлением. //Высшая школа в Харбине. №1. 1929. Известия и труды Русско – Китайского политехнического института. Харбин,1929 г,вып. 4. с. 30.

②　Савин С. А. Динамический член в системе трёх дифференциальных уравнений равновесия теории упругости. //Высшая школа в Харбине. №2. 1923. Известия и труды Русско – Китайского политехническогоинститута. Харбин,1922 – 1923 гг,вып. 1. с. 41 – 47.

③　Савин С. А. Обобщение функций герца и буссинэ. //Высшая школа в Харбине. №6. 1930. Известия и труды Русско – Китайского политехнического института. Харбин,1930 г,вып. 4. 24с.

④　Савин С. А. Решение системы уравнений внутреннего равновесия однородного изотропного тела. //Высшая школа в Харбине. №3. 1927. Известия и труды Русско – Китайского политехнического института. Харбин,1926 – 1928 гг, вып. 3. с. 46.

⑤　Савин С. А. Некоторые применения дифференциального уравнения Лапласа и его общего интеграла. //Высшая школа в Харбине. №2. 1927. Известия и труды Русско – Китайского политехнического института. Харбин,1926 – 1928 гг, вып. 3. с. 13.

⑥　Савин С. А. Два вида частных интегралов системы трёх дифференциальных уравнений равновесия математической теории упругости. //Высшая школа в Харбине. №2. 1923. Известия и труды Русско – Китайского политехнического института. Харбин,1922 – 1923 гг, вып. 1. с. 1 – 40.

⑦　Савин С. А. Общий интеграл дифференциального уравнения Лапласа в частных производных с тремя переменными. //Высшая школа в Харбине. №4. 1925. Известия и труды Русско – Китайского политехнического института. Харбин,1924 – 1925 гг, вып. 2. с. 65 – 78.

⑧　Савин С. А. Приведение системы трёх дифференциальных уравнений равновесия изотропного упругаго тела к трём уравнениям с одной только неизвестной функцией в каждом// Высшая школа в Харбине. №2. 1923. Известия и труды Русско – Китайского политехнического института. Харбин,1922 – 1923 гг, вып. 1. с. 211 – 224.

⑨　Хисамутдинов А. А. Российская эмиграция в Азиатско – Тихоокеанском регионе и Южной Америке:Биобиблиографический словарь. – . Владивосток:Изд – во Дальневост. ун – та. 2000. с. 225;Щелков А. А. Русско – Китайский Политехнический Институт в гор. Харбине. Его прошлое и настоящее к концу 1923 года. //Известия и труды русско – китайского политехнического института. 1922 – 1923 гг. Вып. 1. 1923. с. XII – XIII;Ратманов П. Э. История врачебно – санитарной службы Китайской Восточной железной дороги（1897 – 1935 гг.）. – Хабаровск:ДВГМУ. 2009. с. 101.

的理论》①《论高频率变压器发电机》②《运用最适宜波确定电磁波分散传播系数——个别情况下最佳天线高度》③《圆筒形物体与棱柱形物体加热——这些物体内温度分布和完全加热时间》④《适用于带有阻尼震荡激发固定放电器和拍发音频信号的无线电报发送机的中频交流发电机以及适用于无阻尼振荡发送机的高频交流发电机》⑤ 等五篇文章。

В. О. 弗雷别尔格，出生年、地点不详，逝世年、地点不详。哈尔滨中俄工业大学校教授。⑥ 发表了《由于容量的改变引起钢筋混凝土结构的应力与变形》⑦ 一篇文章。

С. Н. 彼得罗夫，1872 年 2 月 2 日出生于圣彼得堡，逝世年、地点不详。1898 年，С. Н. 彼得罗夫毕业于圣彼得堡矿山学院。1899—1905 年，С. Н. 彼得罗夫在彼尔姆矿山学校担任数学与技术课程教师。1905—1917 年在圣彼得堡做教师。1917 年，С. Н. 彼得罗夫在圣彼得堡矿山学院通过

---

①　Обухов Н. М. К теории водосливов. //Высшая школа в Харбине. №2. 1923. Известия и труды Русско - Китайского политехнического института. Харбин, 1922 - 1923 гг, вып. 1. с. 135 - 144.

②　Обухов Н. М. О генераторе трансформаторе токов высокой частоты. //Высшая школа в Харбине. №2. 1923. Известия и труды Русско - Китайского политехнического института. Харбин, 1922 - 1923 гг, вып. 1. с. 225 - 238.

③　Обухов Н. М. Наивыгоднейшая волна; применение её к определению коэффициента разсеяния электро - магнитных волн; наивыгоднейшая высота антенны в некоторых частных случаях. //Высшая школа в Харбине. №2. 1923. Известия и труды Русско - Китайского политехнического института. Харбин, 1922 - 1923 гг, вып. 1. с. 49 - 80.

④　Обухов Н. М. Нагревание цилиндрических и некоторых призматических тел. распределение температуры внутри этих тел и время полного их рагрева. //Высшая школа в Харбине. №2. 1923. Известия и труды Русско - Китайского политехнического института. Харбин, 1922 - 1923 гг, вып. 1. с. 81 - 134.

⑤　Обухов Н. М. Генератор - альтернатор средней частоты для радио - телеграфного передатчика с неподвижным разрядником для ударного возбуждения затухающих колебаний и для передачи музыкальных сигналов и генератор - альтернатор высокой частоты для передатчика незатухающих колебаний. //Высшая школа в Харбине. №4. 1925. Известия и труды Русско - Китайского политехнического института. Харбин, 1924 - 1925 гг, вып. 2. с. 1 - 64.

⑥　Щелков А. А. Русско - Китайский Политехнический Институт в гор. Харбине. Его прошлое и настоящее к концу 1923 года. //Известия и труды русско - китайского политехнического института. 1922 - 1923 гг. Вып. 1. 1923. с. XVI.

⑦　Фрейберг В. О. Напряжения и деформации в чугунно - железобетонных конструкциях от изменения обьёма. //Высшая школа в Харбине. №2. 1923. Известия и труды Русско - Китайского политехнического института. Харбин, 1922 - 1923 гг, вып. 1. с. 145 - 198.

了题为"轧钢机的工作与压力"的论文答辩。1917—1919 年受聘担任乌拉尔矿山学院教授。从 1919 年起，С. Н. 彼得罗夫担任符拉迪沃斯托克工学院教师与校长。从 1923 年 6 月 11 日起，С. Н. 彼得罗夫担任国立远东大学工业系主任。1924—1935 年担任哈尔滨中俄工业大学校电子机械系主任。[①] 20 年代上半叶，С. Н. 彼得罗夫发表了《多变曲线结构：卡斯提利亚诺定理的新证明、转动惯性图解法、平面应力图解法》[②] 和《广义力与广义坐标概念扩展的尝试及其用于分析在导体电流传播时的现象》[③] 两篇文章。

Д. А. 鲍雷科，出生年、地点不详，逝世年、地点不详。曾任加特契纳航空学校校长、哈尔滨中俄工业大学校教师。1945 年，Д. А. 鲍雷科被逮捕和遣送回苏联。[④] Д. А. 鲍雷科发表了《内燃机的有效功率及其判定的实际方法》[⑤]《来自 Г. 艾贾尔工程师实验的建筑物风压》[⑥] 两篇文章。

Н. С. 吉斯里岑，1864 年出生，出生地不详，1943 年 4 月 19 日逝世

---

① Хисамутдинов А. А. Российская эмиграция в Азиатско－Тихоокеанском регионе и Южной Америке：Биобиблиографический словарь. －. Владивосток：Изд－во Дальневост. ун－та. 2000. с.239.

② Петров С. Н. Построение политропы. Новое доказательство теоремы Кастильяно. Графическое представление моментов инерции. Графическое представление плоских напряжений. //Высшая школа в Харбине. №2. 1923. Известия и труды Русско－Китайского политехнического института. Харбин，1922－1923 гг，вып. 1. с. 200－210.

③ Петров С. Н. Попытка расширения понятий об обобщенных силах и обобщенных координатах и применение этих понятий к анализу явлений при прохождении электрического тока по проводнику. //Высшая школа в Харбине. №4. 1925. Известия и труды Русско－Китайского политехнического института. Харбин，1924－1925 гг，вып. 2. с. 103－120.

④ Хисамутдинов А. А. Российская эмиграция в Азиатско－Тихоокеанском регионе и Южной Америке：Биобиблиографический словарь. －. Владивосток：Изд－во Дальневост. ун－та. 2000. с.57.

⑤ Борейко Д. А. Полезная мощность двигателей внутреннего горения и практические способы её определения. //Высшая школа в Харбине. №4. 1925. Известия и труды Русско－Китайского политехнического института. Харбин，1924－1925 гг，вып. 2. с. 191－210.

⑥ Борейко Д. А. Давление ветра на сооружения по опытам инженера Г. Эйфеля. //Высшая школа в Харбине. №2. 1923. Известия и труды Русско－Китайского политехнического института. Харбин，1922－1923 гг，вып. 1. с. 239－272. 6.

于哈尔滨。曾为哈尔滨中俄工业大学校教授。[①] H. C. 吉斯里岑发表了《确定地基、石砌闸墙和干货船坞坚固程度的一般看法》[②]《哈尔科夫客运站水塔建设工作概述》[③]《环形电力网电源计算新方法》[④] 三篇文章。

Ф. Ф. 伊里因，1881 年 2 月 21 日出生于彼尔姆，1934 年 11 月 5 日因心肌炎逝世于哈尔滨。1904 年，Ф. Ф. 伊里因毕业于基辅工学院工程专业。1905—1912 年担任中东铁路副段长；1912—1913 年任中东铁路工务处第八段段长。1914—1918 年，Ф. Ф. 伊里因参加了第一次世界大战。1919 年 11 月 1 日，Ф. Ф. 伊里因从鄂木斯克被疏散到哈尔滨。Ф. Ф. 伊里因受聘为哈尔滨中俄工业大学校建筑艺术、采暖系统和通风系统教研室教师。是哈尔滨工程师协会的积极活动家。[⑤] Ф. Ф. 伊里因发表了《铁路给水树枝式管网和环形水管网使用的比较经验》[⑥] 一篇文章。

B. A. 别洛布罗德斯基，可能于 1887 年出生，出生地不详，可能于 1942 年逝世于哈尔滨。B. A. 别洛布罗德斯基曾为哈尔滨中俄工业大学校和圣弗拉基米尔学院工业系教授。[⑦] 20 年代下半叶，B. A. 别洛布罗德斯

① Хисамутдинов А. А. Российская эмиграция в Азиатско – Тихоокеанском регионе и Южной Америке：Биобиблиографический словарь. – . Владивосток：Изд – во Дальневост. ун – та. 2000. с. 154.

② Кислицын Н. С. Общие соображения об определении прочных размеров фундамента и стен каменного шлюза и сухого дока.//Высшая школа в Харбине. №4. 1925. Известия и труды Русско – Китайского политехнического института. Харбин, 1924 – 1925 гг, вып. 2. с. 175 – 182.

③ Кислицын Н. С. Описание работ по постройке водоемного здания на станции Харьков – пассажирский.//Высшая школа в Харбине. №4. 1925. Известия и труды Русско – Китайского политехнического института. Харбин, 1924 – 1925 гг, вып. 2. с. 183 – 190.

④ Кислицын Н. С. Новый метод расчёта кольцевой сети с питанием из нескольких пунктов.//Высшая школа в Харбине. №5. 1930. Известия и труды Русско – Китайского политехнического института. Харбин, 1930 г, вып. 4. с. 20.

⑤ Хисамутдинов А. А. Российская эмиграция в Азиатско – Тихоокеанском регионе и Южной Америке：Биобиблиографический словарь. – . Владивосток：Изд – во Дальневост. ун – та. 2000. с. 138.

⑥ Ильин Ф. Ф. Опыт сравнительного применения тупиковой и кольцевой сети железнодорожного водоснабжения.//Высшая школа в Харбине. №4. 1925. Известия и труды Русско – Китайского политехнического института. Харбин, 1924 – 1925 гг, вып. 2. с. 143 – 158.

⑦ Хисамутдинов А. А. Российская эмиграция в Азиатско – Тихоокеанском регионе и Южной Америке：Биобиблиографический словарь. – . Владивосток：Изд – во Дальневост. ун – та. 2000. с. 50.

基发表了《蒸汽涡轮机上踏板数量的测定》① 《蒸汽机汽缸中热交换的消耗量》② 《空气加热器与蓄热式水预热器》③ 《中间排气汽车》④ 四篇文章。

А. И. 德罗仁，出生年、地点不详，逝世年、地点不详。哈尔滨中俄工业大学校无线电技术副教授。⑤ 1925 年，А. И. 德罗仁发表了《用于高电压和高频率的管式绝缘体》⑥ 一篇文章。

В. А. 巴里，出生年、地点不详，逝世年、地点不详，哈尔滨中俄工业大学校教授，哈尔滨高架桥的建造者。⑦ В. А. 巴里在《满洲经济通讯》《中俄工业大学校通报与著作集》上发表了《关于北满的固体矿物燃料》⑧《钢筋混凝土钢构跨线桥设计方案》⑨ 两篇文章。

М. И. 尤霍茨基，出生年、地点不详，逝世年、地点不详。哈尔滨中

---

① Белобродский В. А. Определение числа ступеней в паровых турбинах. //Высшая школа в Харбине. №4. 1925. Известия и труды Русско – Китайского политехнического института. Харбин, 1924 – 1925 гг, вып. 2. с. 159 – 174.

② Белобродский В. А. Потери теплообмена в цилиндрах паровых машин. //Высшая школа в Харбине. №1. 1926. Известия и труды Русско – Китайского политехнического института. Харбин, 1926 – 1928 гг, вып. 3. с. 51.

③ Белобродский В. А. Воздушные подогреватели и регенеративный водоподогреватель. //Высшая школа в Харбине. №5. 1928. Известия и труды Русско – Китайского политехнического института. Харбин, 1926 – 1928 гг, вып. 3. с. 28.

④ Белобродский В. А. Машина промежуточного отбора пара (Её рабочий проуесс, исследование и характеристика). //Высшая школа в Харбине. №3. 1930. Известия и труды Русско – Китайского политехнического института. Харбин, 1930 г, вып. 4. с. 64.

⑤ Калугин Н. П. Политехнический институт в Харбине (исторический обзор)// Политехник. 1979. №10. с. 7.

⑥ Дрожжин А. И. Трубчатые изоляторы для высокого напряжения и высокой частоты. //Высшая школа в Харбине. №4. 1925. Известия и труды Русско – Китайского политехнического института. Харбин, 1924 – 1925 гг, вып. 2. с. 79 – 102.

⑦ Хисамутдинов А. А. Российская эмиграция в Азиатско – Тихоокеанском регионе и Южной Америке: Биобиблиографический словарь. – . Владивосток: Изд – во Дальневост. ун – та. 2000. с. 48.

⑧ Барри В. А. К вопросу о твердом минеральном топливе для Северной Маньчжурии. //Экономический Вестник Маньчжурии – 1923, №3. с. 7 – 12.

⑨ Барри В. А. Проект железобетонного рамного путеперовода. //Высшая школа в Харбине. №6. 1927. Известия и труды Русско – Китайского политехнического института. Харбин, 1926 – 1928 гг, вып. 3. с. 29.

俄工业大学校实验员。① М. И. 尤霍茨基在《中俄工业大学校通报与著作集》上发表了《弹性支架上的连续式四跨线桥》② 一篇文章。

Г. М. 扎林斯基，出生年、地点不详，逝世年、地点不详。哈尔滨中俄工业大学校教师。③ Г. М. 扎林斯基发表了《关于木梁与铁梁顶楼盖的图表计算方法》④ 一篇文章。

А. И. 切尔尼亚斯基，1901 年出生，出生地不详，大约在 1970 年逝世于美国旧金山。1926 年，А. И. 切尔尼亚斯基毕业为哈尔滨工业大学校。А. И. 切尔尼亚斯基曾受聘为哈尔滨中俄工业大学校和加利福尼亚大学教师，后在旧金山哈尔滨工业大学校工程师联合会任名誉主席。⑤ А. И. 切尔尼亚斯基发表了《用于计算废气的热容量曲线》⑥ 一篇文章。

Г. Б. 吉别理，出生年、地点不详，逝世年、地点不详，中东铁路管理局职员、工程师，兼哈尔滨中俄工业大学校学术委员。⑦ Г. Б. 吉别理发表了《用于牵引计算的尺子》⑧ 一篇文章。

Ю. О. 戈里郭罗维奇，出生年、地点不详，逝世年、地点不详。

① Калугин Н. П. Политехнический институт в Харбине (исторический обзор)// Политехник. 1979. №10. с. 9.

② Юхоцкий М. И. Неразрезной четырёхпролетный путепровод на упругих опорах. // Высшая школа в Харбине. №7. 1927. Известия и труды Русско – Китайского политехнического института. Харбин, 1926 – 1928 гг, вып. 3.

③ Калугин Н. П. Сведения о научно – исследовательской работе ХПИ//Политехник. 1979. №10. с. 19.

④ Заринский Г. М. О графических способах расчёта потолочных перекрытий по деревянным и железным балкам. //Высшая школа в Харбине. №2. 1930. Известия и труды Русско – Китайского политехнического института. Харбин, 1930 г, вып. 4. с. 16.

⑤ Хисамутдинов А. А. Российская эмиграция в Азиатско – Тихоокеанском регионе и Южной Америке: Биобиблиографический словарь. – . Владивосток: Изд – во Дальневост. ун – та. 2000. с. 333.

⑥ Чернявский А. И. Кривые теплоемкостей для расчётов с дымовыми газами. //Высшая школа в Харбине. №4. 1930. Известия и труды Русско – Китайского политехнического института. Харбин, 1930 г, вып. 4. с. 8.

⑦ Калугин Н. П. Политехнический институт в Харбине (исторический обзор)// Политехник. 1979. №10. с. 7.

⑧ Кибель Г. Б. Линейка для тяговых расчётов. //Высшая школа в Харбине. №1. 1933. Известия и труды Русско – Китайского политехнического института. Харбин, 1933 г, вып. 6. с. 12.

1925—1938 年，Ю. О. 戈里郭罗维奇受聘于哈尔滨中俄工业大学校道路工程系教师、教授、主任。1946—1953 年，Ю. О. 戈里郭罗维奇担任哈尔滨中俄工业大学校科研与教学副校长。[1] Ю. О. 戈里郭罗维奇发表了《两个固定压缩构件及其栅栅的计算》[2] 一篇文章。

А. И. 科罗波夫，出生年、地点不详，逝世年、地点不详，哈尔滨中俄工业大学校教师。[3] А. И. 科罗波夫主要研究苏俄早期经济问题，在《满洲经济通讯》上发表了《苏俄的经济危机》[4]《苏俄的税收政策与实践问题》[5]《苏俄的货币流通》[6]《苏俄的国家预算》[7]《危机的年份》[8]《苏俄的币制改革》[9]《银行的使命》[10] 等九篇文章。

А. Х. 喀里那，出生年、地点不详，逝世年、地点不详。中东铁路机务处处长。[11] А. Х. 喀里那于 1923 年在《满洲经济通讯》上发表了《近两年

[1] Хисамутдинов А. А. Российская эмиграция в Азиатско - Тихоокеанском регионе и Южной Америке：Биобиблиографический словарь. - . Владивосток：Изд - во Дальневост. ун - та. 2000. с. 97.

[2] Григорович Ю. О. Расчёт сжатых двустенчатых элементов и их решетки. //Высшая школа в Харбине. №4. 1927. Известия и труды Русско - Китайского политехнического института. Харбин，1926 - 1928 гг，вып. 3. с. 59.

[3] Щелков А. А. Русско - Китайский Политехнический Институт в гор. Харбине. Его прошлое и настоящее к концу 1923 года.//Известия и труды русско - китайского политехнического института. 1922 - 1923 гг. Вып. 1. 1923. с. XV.

[4] Коробов А. И. Экономический кризис в Советской России. //Экономический Вестник Маньчжурии - 1923，№46. с. 6 - 9.

[5] Коробов А. И. Вопросы налоговой политики и практики в Советской России. // Экономический Вестник Маньчжурии - 1923，№12 - 13. с. 25 - 30.

[6] Коробов А. И. Денежное обращение в Советской России. //Экономический Вестник Маньчжурии - 1923，№29. с. 7 - 12.

[7] Коробов А. И. Государственный бюджет в Советской России. //Экономический Вестник Маньчжурии - 1923，№32. с. 12 - 15；№33. с. 12 - 14；№34. с. 7 - 9.

[8] Коробов А. И. Год кризиса. //Экономический Вестник Маньчжурии - 1924，№1.

[9] Коробов А. И. Денежная реформа в Советской России. //Экономический Вестник Маньчжурии - 1924，№9.

[10] Коробов А. И. Банковская миссия. //Экономический Вестник Маньчжурии - 1923，№31. с. 12 - 13.

[11] Экономическое бюро К. В. Ж. Д. Статистический ежегодник 1924. - Харбин：Тип. К. В. Ж. Д. 1924. с. 5；东省铁路经济调查局编：《东省铁路统计年刊》，哈尔滨中国印刷局 1927 年版，第 14 页。

来的中东铁路机务处》①《关于中东铁路总工厂裁员问题》② 两篇文章。

Г. Н. 吉气，1888 年出生，出生地不详，1961 年逝世，逝世地点不详。Г. Н. 吉气接受了中等教育。Г. Н. 吉气是国内战争的参加者、路标转换派分子。Г. Н. 吉气曾担任乌苏里铁路驻哈尔滨商务代办处和中东铁路经济调查局主任。是东省文物研究会会员。Г. Н. 吉气在完成去欧洲的学术派遣返回时滞留在莫斯科。Г. Н. 吉气在布拉格维申斯克获得了工作，并从那里又来到了哈尔滨。1930 年移居法国。③ Г. Н. 吉气在《东省杂志》上发表了《东亚的不祥启明星》④《金卢布对银汇率恢复正常》⑤ 两篇文章。

И. Н. 维列夫金，1880 年 9 月 19 日出生于库尔斯克州雷利斯克县，逝世年、地点不详。И. Н. 维列夫金参加了日俄战争。1906 年 3 月 29 日—8 月 1 日，И. Н. 维列夫金在满洲里收集情报。1908 年，И. Н. 维列夫金毕业于东方学院后，成为满洲里海关工作人员，后担任《哈尔滨日报》主编秘书。И. Н. 维列夫金是满洲俄国东方学家学会会员，受聘为中东铁路北京俄中学堂教师，后受聘为北京大学教授。⑥ И. Н. 维列夫金于 1929 年在《东省杂志》上发表了《中国的植毡生产》⑦《北京的景泰兰生产》⑧ 两篇

---

①　Калина А. Х. Службв Тяги за последние два года. //Экономический Вестник Маньчжурии – 1923 , №6 – 7. с. 17 – 24.

②　Калина А. Х. К вопросу о сокращений штатов в Главных мастерских. //Экономический Вестник Маньчжурии – 1923 , №33. с. 15 – 17.

③　Хисамутдинов А. А. Российская эмиграция в Азиатско – Тихоокеанском регионе и Южной Америке : Биобиблиографический словарь. – . Владивосток : Изд – во Дальневост. ун – та. 2000. с. 109.

④　Дикий Г. Н. Зловещие зарницы в Восточной Азии//Вестник Маньчжурии. 1925 , №1 – 2. с. 3 – 12.

⑤　Дикий Г. Н. Возобновление переменного курса золотого рубля на ен//Вестник Маньчжурии. 1928 , №8. с. 13 – 17.

⑥　Хисамутдинов А. А. Российская эмиграция в Азиатско – Тихоокеанском регионе и Южной Америке : Биобиблиографический словарь. – . Владивосток : Изд – во Дальневост. ун – та. 2000. с. 71.

⑦　Веревкин И. Н. Производство ковров в Китае//Вестник Маньчжурии. 1929 , №4. с. 66 – 70.

⑧　Веревкин И. Н. Производство клуазонэ в Бэйпине（Пекине）//Вестник Маньчжурии. 1929 , №11. с. 113 – 119.

文章。

H. C. 杰菲罗夫，出生年、地点不详，逝世年、地点不详。上海苏联侨民会主席（1937 年成立）。① H. C. 杰菲罗夫于 1923 年在《满洲经济通讯》上发表了《不可避免的演化》②《中东铁路航运》③《有计划利用中东铁路上的运输工具》④ 三篇文章。

M. И. 斯杰布宁，出生年、地点不详，逝世年、地点不详。中东铁路会计处处长。1924 年因沃斯特罗乌莫夫事件被逮捕。⑤ M. И. 斯杰布宁于 1923 年在《满洲经济通讯》上发表了《当前中东铁路的财政状况与未来前景》⑥ 一篇文章。

M. Л. 弗门科，出生年、地点不详，逝世年、地点不详。中东铁路管理局职员。⑦ M. Л. 弗门科于 1923 年在《满洲经济通讯》上发表了《哈尔滨铁路俱乐部图书馆》⑧ 《近两年来中东铁路工务处的工作》⑨ 两篇文章。

①　Хисамутдинов А. А. Российская эмиграция в Азиатско – Тихоокеанском регионе и Южной Америке：Биобиблиографический словарь. – . Владивосток：Изд – во Дальневост. ун – та. 2000. с. 130.

②　Зефиров Н. С. Неизбежная эволюция. //Экономический Вестник Маньчжурии – 1923，№11. с. 1 – 7.

③　Зефиров Н. С. Судоходство КВжд. //Экономический Вестник Маньчжурии – 1923，№12 – 13. с. 13 – 17.

④　Зефиров Н. С. Планомерное использование перевозочных средств на КВжд. //Экономический Вестник Маньчжурии – 1923，№44. с. 3 – 8；№45. с. 3 – 10.

⑤　Хисамутдинов А. А. Российская эмиграция в Азиатско – Тихоокеанском регионе и Южной Америке：Биобиблиографический словарь. – . Владивосток：Изд – во Дальневост. ун – та. 2000. с. 295；Экономическое бюро К. В. Ж. Д. Статистический ежегодник 1924. – Харбин：Тип. К. В. Ж. Д. 1924. с. 5

⑥　Степунин М. И. Финансовое положение КВжд в настоящем и перспективы будущаго. //Экономический Вестник Маньчжурии – 1923，№6 – 7. с. 7 – 9.

⑦　Хисамутдинов А. А. Российская эмиграция в Азиатско – Тихоокеанском регионе и Южной Америке：Биобиблиографический словарь. – . Владивосток：Изд – во Дальневост. ун – та. 2000. с. 295.

⑧　Фоменко М. Л. Библиотека Харбинского Железнодорожного Собрания. //Экономический Вестник Маньчжурии – 1923，№6 – 7. с. 39 – 40.

⑨　Фоменко М. Л. Работы Службы Пути КВжд за последние два года. //Экономический Вестник Маньчжурии – 1923，№6 – 7. с. 14 – 16.

Н. Н. 布尔杨斯基，1886 年 4 月 22 日出生于圣彼得堡，1976 年 11 月 20 日逝世于澳大利亚。1910 年毕业于圣彼得堡交通学院，1916—1919 年在符拉迪沃斯托克受聘担任工程师一职。1919—1931 年任中东铁路技术处处长。1945 年后受聘担任哈尔滨工学院教师。1956 年移居澳大利亚。① Н. Н. 布尔杨斯基于 1923 年在《满洲经济通讯》上发表了《近两年来中东铁路总务处简讯》② 一篇文章。

И. В. 克柳科夫，出生年、地点不详，逝世年、地点不详。中东铁路管理局职员、东省文物研究会会员。③ И. В. 克柳科夫于 1923 年在《满洲经济通讯》上发表了《中东铁路的农业举措》④ 一篇文章。

А. В. 鲁德尼茨基，出生年、地点不详，逝世年、地点不详。哈尔滨工学院教师，1955 年返回符拉迪沃斯托克，在养老院里生活。⑤ А. В. 鲁德尼茨基于 1923 年在《满洲经济通讯》上发表了《中东铁路运营 25 年来工务处活动概述》⑥ 一篇文章。

Д. И. 杰尔诺夫，出生年、地点不详，逝世年、地点不详。中东铁路印刷所所长。⑦ Д. И. 杰尔诺夫于 1923 年在《满洲经济通讯》上发表了

---

① Хисамутдинов А. А. Российская эмиграция в Азиатско – Тихоокеанском регионе и Южной Америке: Биобиблиографический словарь. – . Владивосток: Изд – во Дальневост. ун – та. 2000. с. 62.

② Брянский Н. Н. Заметки по Службе Эксплоатации за последнее два года. // Экономический Вестник Маньчжурии – 1923, №6 – 7. с. 24 – 27.

③ Хисамутдинов А. А. Российская эмиграция в Азиатско – Тихоокеанском регионе и Южной Америке: Биобиблиографический словарь. – . Владивосток: Изд – во Дальневост. ун – та. 2000. с. 174.

④ Крюков И. В. Агрономическая мероприятия КВжд. // Экономический Вестник Маньчжурии – 1923, №17. с. 16 – 19.

⑤ Хисамутдинов А. А. Российская эмиграция в Азиатско – Тихоокеанском регионе и Южной Америке: Биобиблиографический словарь. – . Владивосток: Изд – во Дальневост. ун – та. 2000. с. 260.

⑥ Рудницкий А. В. Краткий обзор деятельности Службы Пути за 25 лет эксплоатации КВжд. // Экономический Вестник Маньчжурии – 1923, №21 – 22. с. 51 – 58.

⑦ Экономическое бюро К. В. Ж. Д. Статистический ежегодник 1924. – Харбин: Тип. К. В. Ж. Д. 1924. с. 5.

《中东铁路印刷所 25 年》① 一篇文章。

А. Н. 戈里郭利耶夫，出生年、地点不详，逝世年、地点不详。中东铁路医务处处长。② А. Н. 戈里郭利耶夫于 1923 年在《满洲经济通讯》上发表了《1921—1923 年的中东铁路医疗卫生处》③ 一篇文章。

А. А. 杂切鲁林司基，出生年、地点不详，逝世年、地点不详。中东铁路电务处处长。④ А. А. 杂切鲁林司基于 1923 年在《满洲经济通讯》上发表了《1921 和 1922 年中东铁路的电话与电报业务》⑤ 一篇文章。

Н. И. 施帕科夫斯基，出生年、地点不详，逝世年、地点不详。中东铁路电务处处长。⑥ Н. И. 施帕科夫斯基于 1923 年在《满洲经济通讯》上发表了《1903 年 5 月至 1923 年 6 月 1 日中东铁路材料处简讯》⑦ 一篇文章。

А. Р. 波诺马列夫，1881 年 4 月 15 日出生于彼尔姆州上图里耶县，1967 年 7 月 27 日逝世于巴黎。1915—1922 年，А. Р. 波诺马列夫担任符拉迪沃斯托克要塞驻军神甫；1917—1918 年为全俄地方高级僧侣会议成员。1923 年，А. Р. 波诺马列夫移居哈尔滨，在尼古拉耶夫斯克大教堂工作。1927 年毕业于哈尔滨法政大学，后又毕业于圣弗拉基米尔学院神学系。1936—1943 年，А. Р. 波诺马列夫担任马家沟教堂大司祭。1937 年成

---

① Тернов Д. И. 25 лет Типограйии КВжд.//Экономический Вестник Маньчжурии – 1923 , №21 – 22. с. 59 – 61.

② Экономическое бюро К. В. Ж. Д. Статистический ежегодник 1924. – Харбин: Тип. К. В. Ж. Д. 1924. с. 5.

③ Григорьев А. Н. Врачебно – санитарная часть КВжд за двухлетие 1921 – 1923 гг.// Экономический Вестник Маньчжурии – 1923 , №9. с. 9 – 10.

④ Экономическое бюро К. В. Ж. Д. Статистический ежегодник 1924. – Харбин: Тип. К. В. Ж. Д. 1924. с. 5; 东省铁路经济调查局编:《东省铁路统计年刊》, 哈尔滨中国印刷局 1927 年版, 第 14 页。

⑤ Затеплинский А. А. Телеграфное и телефонное дело на КВжд в 1921 и 1922 гг.// Экономический Вестник Маньчжурии – 1923 , №6 – 7. с. 27 – 29.

⑥ Экономическое бюро К. В. Ж. Д. Статистический ежегодник 1924. – Харбин: Тип. К. В. Ж. Д. 1924. с. 5.

⑦ Шпаковский Н. И. Краткие сведения о Материальной Службе за период времени с мая месяца 1903 г. По 1 июня 1923 г.//Экономический Вестник Маньчжурии – 1923 , №21 – 22. с. 51 – 58.

为塞尔维亚境外高级僧侣会议成员。1939 年获得神学副博士学位。此间，A. P. 波诺马列夫也受聘为哈尔滨圣弗拉基米尔学院神学系副教授。1943 年以后移居法国。① A. P. 波诺马列夫的学术成果均与宗教有关，在 1929 年出版了《循道宗》②和《旧礼仪派：关于旧礼仪派的忘恩负义问题》③两本关于宗教的小册子。

1925 年在哈尔滨成立的哈尔滨东方文言商业专科学校聚集了少量热爱学术研究的青年学人。他们于 1928 年组建了东方学学会，并于 1931 年发行《在远东》文集。东方学学会一些会员在《在远东》文集上发表了他们的学术研究成果。

В. Г. 巴甫洛夫斯基，1880 年 9 月 22 日出生于喀山，逝世年、地点不详。1904 年，В. Г. 巴甫洛夫斯基毕业于喀山神学院，获神学副博士学位。从 1921 年起，В. Г. 巴甫洛夫斯基受聘国立远东师范学院俄语教研室副教授，后为国立远东大学副教授。移居哈尔滨后，В. Г. 巴甫洛夫斯基先后受聘哈尔滨东方文言商业专科学校副教授、教授，教授语言学与逻辑学。④ В. Г. 巴甫洛夫斯基发表了《汉语与印欧语的史前同源与亚欧泛源语问题》⑤一篇文章。

Б. 兹恩德尔，出生年、地点不详，逝世年、地点不详。哈尔滨东方文言商业专科学校三年级大学生。⑥发表了《日本的秘密》⑦一篇文章。

---

① Хисамутдинов А. А. Российская эмиграция в Азиатско‐Тихоокеанском регионе и Южной Америке：Биобиблиографический словарь. ‐. Владивосток：Изд‐во Дальневост. ун‐та. 2000. с. 244；Пономарев А. Р. О теософии：Крит. очерк. ‐ Харбин：Изд. В. А. Морозова, 1936. обложка.

② Пономарев А. Р. Методизм. ‐Харбин：Изд. Харбин. епарх. совета, 1929. 16с.

③ Пономарев А. Р. Старообрядчество：（О неблагодарности старообрядчества）. ‐ Харбин：Изд. Харбин. епарх. совета, 1929. 15с.

④ Хисамутдинов А. А. Российская эмиграция в Азиатско‐Тихоокеанском регионе и Южной Америке：Биобиблиографический словарь. ‐. Владивосток：Изд‐во Дальневост. ун‐та. 2000. с. 232.

⑤ Павловский В. Г. Доисторическое родство китайского языка с индоевропейским языками и проблема азиатско‐европейского панпраязыка. //На Дальнем Востоке.（Харбин）. 1931. №1. с. 8 – 13.

⑥ Зендер Б. Тайна Японца. //На Дальнем Востоке.（Харбин）. 1931. №1. с. 14.

⑦ Зендер Б. Тайна Японии. //На Дальнем Востоке.（Харбин）. 1931. №1. с. 14 – 20.

3. B. 阿斯塔费耶娃，出生年、地点不详，逝世年、地点不详。哈尔滨东方文言商业专科学校四年级大学生，哈尔滨东方文言商业专科学校东方学学会秘书。① 发表了《中国的农村生活》② 一篇文章。

A. 卡西亚纽克，出生年、地点不详，逝世年、地点不详。哈尔滨东方文言商业专科学校四年级大学生，哈尔滨东方文言商业专科学校东方学学会副主席。③ 发表了《亚洲的心脏（论 H. 列里赫的书）》④ 一篇文章。

A. 谢尔盖耶夫，出生年、地点不详，逝世年、地点不详。哈尔滨东方文言商业专科学校四年级大学生，哈尔滨东方文言商业专科学校东方学学会主席。⑤ 发表了《关于东方学学会活动的报告》⑥ 一篇文章。

在 20 世纪 20 年代的哈尔滨也有一些从事医学工作的俄侨学者进行着医学研究，他们的研究成果主要发表在中东铁路医生协会发行的《医学通报》（1921—1924 年第 1—13 期）和《哈尔滨高等医科学校》（1922 年第 1 期）上。受客观条件所限，笔者在俄罗斯没有查阅到这两本杂志。根据相关资料，笔者查找到几位俄侨医学研究者的情况资料。

M. Э. 吉茨聂尔，出生年、地点不详，逝世年、地点不详。哈尔滨新生儿学医学专家。⑦ M. Э. 吉茨聂尔于 1927 年在哈尔滨出版了关于育儿的

---

① Астафьева З. В. Деревенская жизнь в китае.//На Дальнем Востоке.（Харбин）. 1931. №1. с. 35；Сергеев А. Отчет о деятельности Кружка востоковедения//На Дальнем Востоке.（Харбин）. 1931. №1. с. 5.

② Астафьева З. В. Деревенская жизнь в китае.//На Дальнем Востоке.（Харбин）. 1931. №1. с. 35 – 43.

③ Касьянюк А. Сердце Азии（О книге Н. Рериха）.//На Дальнем Востоке.（Харбин）. 1931. №1. с. 53；Сергеев А. Отчет о деятельности Кружка востоковедения//На Дальнем Востоке.（Харбин）. 1931. №1. с. 5.

④ Касьянюк А. Сердце Азии（О книге Н. Рериха）.//На Дальнем Востоке.（Харбин）. 1931. №1. с. 53 – 60.

⑤ Сергеев А. Отчет о деятельности Кружка востоковедения//На Дальнем Востоке.（Харбин）. 1931. №1. с. 5.

⑥ Сергеев А. Отчет о деятельности Кружка востоковедения//На Дальнем Востоке.（Харбин）. 1931. №1. с. 5 – 7.

⑦ Ратманов П. Э. Вклад Российских врачей в медицину Катая（20 век）：диссертации... доктора медицинских наук. – Москва. 2010. с. 166.

医学著作——《母亲必读：孕期、婴儿、儿童、少年》①。

　　П. Н. 叶梅里亚诺夫，出生年、地点不详，逝世年、地点不详。哈尔滨的私人医生。② П. Н. 叶梅里亚诺夫于 1923 年在哈尔滨出版了一本关于梅毒的小册子——《梅毒对人的健康与生命及人类绝种的影响》③。

　　Р. А. 布德别尔格，出生年、地点不详，1926 年逝世于哈尔滨。在哈尔滨市自治公议会从事医生工作，专为警察服务。20 年代初开办了一家私人医院（1926 年因本人去世关闭）。④ Р. А. 布德别尔格于 1926 年在哈尔滨出版了一本关于生命的小册子——《产科医生谈生命》⑤。以上几位俄侨学者出版的著作由于出版年代久远，又不为学者所关注，所以一直没有被发掘，成为难以查找到的医学研究著作。

　　Г. Г. 休涅尔别尔格，1880 年出生，出生地点不详，1957 年 3 月 29 日逝世于美国伯克利。1902 年，Г. Г. 休涅尔别尔格于贵胄军官学校毕业后在谢苗诺夫军团供职。1910 年毕业于总司令部尼古拉耶夫斯克学院。从 1912 年起，Г. Г. 休涅尔别尔格担任俄国驻上海总领事馆工商代表。1922—1925 年担任驻芬兰领事，后来成为一家大型瑞典公司的代表。1947 年移居美国伯克利。⑥ Г. Г. 休涅尔别尔格于 1919 年在上海出版了《上海指南》⑦ 一书。据笔者考证，该书是上海俄侨学者出版的第一部学术性著作。该书是 Г. Г. 休涅尔别尔格在俄亚银行上海分行副行长 С. Г.

①　Тицнер М. Э. Книга матери. Материнство, младенчество, детство, отрочество. – Харбин, 1927. 343 с.

②　Ратманов П. Э. Вклад Российских врачей в медицину Китая（20 век）: диссертации... доктора медицинских наук. – Москва. 2010. с. 141.

③　Емельянов П. Н. Сифилис. Влияние его на жизнь человека и здоровье человека и на вымирание человечества. – Харбин, 1923. 44 с.

④　Ратманов П. Э. История врачебно – санитарной службы Китайской Восточной железной дороги（1897 – 1935 гг.）. – Хабаровск: ДВГМУ. 2009. с. 84; Ратманов П. Э. Вклад Российских врачей в медицину Китая（20 век）: диссертации... доктора медицинских наук. – Москва. 2010. с. 109.

⑤　Будберг Р. А. О жизни. Беседы акушера. – Харбин, 1926. 49 с.

⑥　Хисамутдинов А. А. Российская эмиграция в Азиатско – Тихоокеанском регионе и Южной Америке: Биобиблиографический словарь. – . Владивосток: Изд – во Дальневост. ун – та. 2000. с. 299.

⑦　Сюннерберг Г. Г. Путеводитель по Шанхаю. – Шанхай: Русского Книгоиздательства и Типографии Комитета Общественной Помощи в Шанхае. 1919. 215 с.

亚斯特热木布斯基的倡议下而出版的，目的是为上海俄侨在上海开办企业和就业服务。[①]《上海指南》一书分十一个部分，记述了历史上的上海（上海的地理、气候与卫生条件、历史、未来的世界意义、外国人在上海的出现及与中国人的关系、外国租界的形成）、现在的上海（城市自治、司法机构、人口、自治机构与公用事业、外国租界）、上海的三大区（中心区、北区、西区）、法租界、中国城、郊外、社会生活、工商业、中国的贸易方式、上海的俄侨机构（俄国公共俱乐部、俄国文学演员协会、俄国商务局、俄国教育协会与学校、东正教堂、中东铁路上海码头等）、俄国驻华各类机构地址及所在主要城市简介等内容，并且还附带了反映上海社会的 75 幅照片。因为该书带有指南性质，所以在内容上记述非常简略。尽管如此，《上海指南》一书仍在俄国汉学史上具有极为重要的地位，是俄罗斯学者出版的第一部关于上海的俄文著作，对我们了解当时的上海社会仍有一定的参考价值。

在 20 世纪 20 年代的外蒙古地区侨居着一位很有影响的俄侨学者——А. Д. 西穆科夫。他是现代蒙古学的奠基人之一和外蒙古现代科学（尤其是地理学与民族学）的奠基人。目前，俄罗斯、日本、蒙古国学者对其关注度很高，我国学者尚未有研究成果问世。А. Д. 西穆科夫，1902 年 4 月 29 日出生于圣彼得堡，可能于 1942 年 4 月 15 日因心脏病逝世于伯朝拉。1920 年秋，А. Д. 西穆科夫在莫斯科高等军事装甲汽车学校机械自动班学习。1921 年秋进入莫斯科电子机械学院学习。1923 年 9 月—1926 年秋，作为 П. К. 科兹洛夫领导的俄国地理学会蒙藏考察团成员，А. Д. 西穆科夫在外蒙古西南肯特山脉和戈壁地区进行了考古发掘、地理与动物区系研究。从 1927 年 1 月 1 日起，А. Д. 西穆科夫受邀在"蒙古科学委员会"工作，担任博物馆与制图室主任。从 1927 年至 1939 年，А. Д. 西穆科夫在外蒙古领导和参与了 15 次大规模考察以及数次旅行和参观。其间，А. Д. 西穆科夫还担任"蒙古科学委员会"气象局局长、影像库主任、地理部主任等多个部门的领导职务，参与外蒙古地区的管理。1935

---

① Сюннерберг Г. Г. Путеводитель по Шанхаю. – Шанхай: Русского Книгоиздательства и Типографии Комитета Общественной Помощи в Шанхае. 1919. с. Ⅰ.

年，А. Д. 西穆科夫在"蒙古科学委员会"开办了专家培训班，讲授"12—14 世纪蒙古帝国的形成、繁荣与衰落"等课程。

1939 年 9 月 19 日，А. Д. 西穆科夫在乌兰巴托被苏联内务人民委员部逮捕。1941 年 1 月 4 日，А. Д. 西穆科夫在未经审判的情况下被苏联内务人民委员部特别会议判刑 8 年集中营。1941 年 2 月初被押送至科米苏维埃社会主义自治共和国伯朝拉集中营。1956 年 12 月，А. Д. 西穆科夫被平反。①

А. Д. 西穆科夫的学术成果都与其在外蒙古境内的考察有关，涉及自然地理、经济地理、考古、民族等问题，同时还兼有关于"蒙古科学委员会"的活动报告（多数未发表）。从其所发表的成果来看，本时期 А. Д. 西穆科夫的学术成果均发表在乌兰巴托所发行的俄文杂志《蒙古经济》（外蒙古地方当局主办、苏联给予支持）上。从 1928 年至 1931 年，А. Д. 西穆科夫共发表了《蒙古人民共和国科学委员会戈壁队工作概述》②《肯特的自然与生活概述》③《戈壁阿尔泰与中部戈壁的自然与生活概述》④《1928 年蒙古人民共和国科学委员会杭爱山考察》⑤《蒙古的游牧人与牧场》⑥《乌兰巴托—乌德—Байшинту—乌兰巴托路线》⑦《苏联在蒙古研究领域中的作用》⑧《蒙古人民共和国的畜牧业》⑨《蒙古人民共和

---

①　Симуков А. Д. Труды о Монголии и для Монголии. Т. 1. Осака: Государственный музей этнологии, 2007. с. 15 – 22.

②　Симуков А. Д. Очерк работ Гобийской партии Учёного комитете МНР. // Хозяйство Монголии, 1928. №1. с. 86 – 99.

③　Симуков А. Д. Очерки природы и быта Кентэя. // Хозяйство Монголии, 1928. №2. с. 93 – 103.

④　Симуков А. Д. Очерки природы и быта. Ⅱ. Гобийский Алтай и Центральная Гоби. // Хозяйство Монголии. 1928. №3. с. 79 – 92.

⑤　Симуков А. Д. Хангайская Экспедиция Ученого Комитета М. Н. Р. в 1928 г. (Путевые впечатления). // Хозяйство Монголии. 1929. №1. с. 78 – 96.

⑥　Симуков А. Д. О кочевках и пастбищах Монголии. // Хозяйство Монголии, 1929. №2. с. 5 – 24.

⑦　Симуков А. Д. Маршрут Улан - Батор—Удэ—Байшинту (Гурбан - Сайхан)—Улан - Батор. // Хозяйство Монголи, 1929. №4. с. 72 – 83.

⑧　Симуков А. Д. Роль СССР в деле исследования Монголии. // Хозяйство Монголии, 1929. №5. с. 43 – 52.

⑨　Симуков А. Д. Скотоводство Монгольской Народной Республики в связи с географическими ландшафтами страны. // Хозяйство Монголии. 1931. №1. с. 57 – 75.

国分区问题》①（与 E. A. 斯图洛夫合作）《农村地区牧民社会群体数量对比关系与牧民的类型构成》② 十篇文章。

综合以上学者及成果，同时附带本书第四章中拟研究的涉及本时期的学者及成果，据笔者不完全统计，本时期在华俄侨学者约 186 位，其中取得重要学术成果的约 100 位；发表了约 1160 篇学术文章；出版了约 220 部学术著作，其中重要著作约 140 部。

第四节　衰落期（1932—1949）

"九·一八事变"后，日本占领中国东北、苏联把中东铁路出售给日本扶植的伪满洲国、苏联出兵东北以及中东铁路再次中苏共管等政治事件的影响，迫使俄侨不断从中国迁出，其中包括俄侨学者。因此，尽管在华俄侨的学术活动有的时候在一定程度上有所发展，但整体上在华俄侨的学术活动还是走向衰落，即衰落期。

在这近 20 年间，除中东铁路经济调查局、哈尔滨法政大学、哈尔滨中俄工业大学校、上海中国第一军事科学学会、天津中国研究会等学术机构的短时间活动外，日本庇护下的满洲俄侨事务局博物学、考古学与人种学研究青年会、基督教青年会哈尔滨自然地理学研究会、布尔热瓦尔斯基研究会、哈尔滨自然科学与人类学爱好者学会等学术机构在一定程度上维持了在华俄侨的学术活动。由于上述许多学术机构纷纷解体，在华俄侨的学术活动渐渐弱化。很多学者或停止了学术活动，或离开了中国，有影响的学者明显减少，如 Н. В. 乌斯特里亚洛夫、М. К. 卡玛洛娃、В. И. 苏林、Е. Е. 雅什诺夫、Н. А. 谢特尼赤吉、Л. И. 柳比莫夫、В. В. 包诺索夫、А. С. 卢卡什金、И. И. 加巴诺维奇、И. И. 谢列布列尼科夫、И. Б. 科扎克、В. Д. 日加诺夫、С. А. 波列沃依、К. И. 扎依采夫等，出版的代表性著作数量骤减，有《哈尔滨报喜鸟教堂史》《满洲与中

① Стулов Е. А. и СимуковА. Д. К вопросу о районировании Монгольской Народной Республики.//Хозяйство Монголии, 1930. №2. с. 51 – 75.

② Симуков А. Д. Количественное соотношение социальных групп худонского аратства и видовой состав аратского стада.//Хозяйство Монголии. 1931. №2. с. 18 – 26.

国内地的铁路》《中国农业概述》《中国历史与经济的特殊性》《数字上的中国农业》《伪满洲国十周年纪念文集》《哈尔滨贸易公所纪念文集》《满洲财政概述》《满洲经济概述》《中国家庭手工业》《满洲经济地理概述》《满洲帝国的俄国艺术》《哈尔滨教区二十年》《亚洲史》《东北亚》《满洲的气候》《人的事业：文化哲学初编》《列里赫——艺术家——思想家》《俄罗斯人在上海》等。

20 世纪 20 年代活动的一些学者在 20 世纪 30 年代仍继续着之前的学术研究，但其学术成果整体上已明显减少。M. C. 邱宁继续进行着 20 年代的工作，只是其编撰环境和条件发生了深刻变化，因为东省文物研究会于 1929 年正式解体，给 M. C. 邱宁的工作带来了巨大困难。M. C. 邱宁在《东省杂志》《圣赐食粮》等杂志上发表了《海拉尔附近的古代城堡遗址》①《哈尔滨市精神道德出版物：简要概述》②《哈尔滨的第一本杂志》③ 三篇文章，出版了《1927 年 1 月 1 日至 1935 年 12 月 31 日哈埠洋文出版物》④ 一书。

《1927 年 1 月 1 日至 1935 年 12 月 31 日哈埠洋文出版物》一书 1936 年出版于哈尔滨。该书的篇幅比《东省出版物源流考——1927 年正月以前哈埠洋文出版物》一书多出一倍，其在编写体例上还是遵循旧例，但在编写内容上增加了新的部分，如报纸号外、指南、日历、目录表和报告等，又补充了 1927 年以前在《东省出版物源流考——1927 年正月以前哈埠洋文出版物》一书中被遗漏的部分内容。

在 1927 年 1 月 1 日至 1935 年 12 月 31 日部分中，记载了该段时间内哈埠发行的每日或每周俄文报纸 51 种、波兰文报纸 6 种、英文报纸 3 种、德文报纸 2 种；一日俄文报纸 134 种；号外俄文报纸 1927 年 4 种、1928 年 2

---

① Тюнин М. С. Городище близ Хайлара. //Вестник Маньчжурии. 1933, №8 – 9. с. 85 – 89.

② Тюнин М. С. Духовно – нравственные издания г. Харбина: Библиогр. очерк//Хлеб Небесный. 1940. №10. с. 42 – 48; №11. с. 35 – 40.

③ Тюнин М. С. Первый журнал в Харбине//Харбинская старина: Сб. Харбин: Изд. О – ва старожилов г. Харбина и Сев. Маньчжурии, 1936. с. 43.

④ Тюнин М. С. Указатель периодической печати г. Харбина, выходившейна русском и других европейских языках: Изд. вышедшие с 1 января 1927г. по 31 дек. 1935г. . – Изд. Экон. бюро Харбин. упр. гос. ж. д, Харбин, 1936. 83с.

种、1929 年 3 种、1930 年 2 种、1931 年 8 种、1932 年 6 种、1933 年 8 种、1934 年 7 种、1935 年 4 种；俄文定期刊行杂志 105 种、英文杂志 5 种、波兰文杂志 4 种、乌克兰文杂志 2 种、德文杂志 1 种；俄文一日杂志 95 种、英文杂志 1 种；俄文指南 19 种、俄文日历 14 种、波兰文日历 4 种、俄文目录表 26 种、俄文报告 190 种。在 1927 年正月以前部分中，记载了被遗漏的每日或每周俄文报纸 6 种，一日俄文报纸 3 种，俄文报纸号外 1917 年 1 种、1918 年 1 种、1921 年 1 种、1922 年 1 种、1924 年 2 种、1925 年 7 种、1926年 4 种，俄文定期刊行杂志 7 种，一日俄文杂志 10 种，俄文指南 23 种，俄文日历 5 种，俄文目录表 13 种，俄文报告 122 种。

《东省出版物源流考——1927 年正月以前哈埠洋文出版物》和《1927 年 1 月 1 日至 1935 年 12 月 31 日哈埠洋文出版物》两部书可以合二为一评价，因为两部书合起来可为一部书，即《1936 年正月以前哈埠洋文出版物》。从整体上评价这部书，首先是它的资料性非常强。从书中我们可以得到很多信息，如不同年份发行报纸和杂志数量及走势、同一年份发行报纸和杂志数量、第一份报纸和第一本杂志发行的年份和名称、发行时间最长的报纸和杂志名称、各类报纸和杂志的性质与数量、各类报纸与杂志发行时间的长度、发行报纸与杂志的机构类别与数量等。这些信息综合起来使这部书完全成为了一部完整的哈尔滨杂志与报纸发行简史，是我们研究哈尔滨报刊发行史绕不开的重要史料。

《东省出版物源流考——1927 年正月以前哈埠洋文出版物》一书属于图书资料与文献研究范畴，笔者将在下文阐述一些关于哈尔滨的图书资料与文献学术研究的内容，在这里不重复赘述。有必要指出的是，由 M. C. 邱宁编写和东省文物研究会第一次出版发行的《东省出版物源流考——1927 年正月以前哈埠洋文出版物》一书是哈尔滨图书资料与文献研究领域的开山之作，是世界上第一部关于哈尔滨报刊发行研究的著作。综合两部姊妹篇汇成一部的《1936 年正月以前哈埠洋文出版物》亦是世界上第一部记述哈尔滨报刊发行史的著作。M. C. 邱宁也因此在俄国汉学界赢得了认同。

А. Д. 沃叶伊科夫在 30 年代上半叶仍主要关注的是当时中国东北的气候问题，在《中东铁路中央图书馆书籍绍介汇报（中国学文献概述）》

（第5集）《东省杂志》上发表了《满洲及其周边国家气象学与气候学文献》①《满洲的气候》②《满洲作物栽培中的二等豆类作物》③ 等八篇文章，出版了《满洲的气候：从农业、工业生产和人的健康视角》④ 一书。该书是 A. Д. 沃叶伊科夫多年从事中国东北气候研究的最终成果。该书从农业、工业生产与人的健康视角研究中国东北的气候，具有极强的实用性，视角独特，对我们今天研究当时的气候对工农业生产与人的健康的影响问题具有重要参考价值，是十分重要的气候史料。

钢和泰在 30 年代上半叶留下了两篇更加深奥的学术论文。1932 年，钢和泰在《中央研究院历史语言研究所集刊》乙种之一的《蔡元培纪念文集》中发表了英文论文《论北京、圣彼得堡、京都对北宋时期汉字音写梵文经咒片段的构拟》；1935 年，在《燕京学报》上发表了另一篇其晚年最具价值的英文论文《佛说圣观自在菩萨梵赞》。钢和泰对中国佛学及汉语音韵学领域的研究使其在中国学术史上留下了深深的印记。

H. П. 阿福托诺莫夫于 30 年代末在《哈尔滨师范学院文集》和《法政学刊》上发表了《哈尔滨师范学院（1925—1937）》⑤《十八年中的哈尔滨法政大学》⑥《来自于边区学校资料的俄国教育史重要问题》⑦ 三篇关于哈尔滨俄侨教育史的文章，于 1932 年出版了《哈尔滨工学院预科

---

① Воейков А. Д. Библиография метеорологии и климатолонии Маньчжурии и окружающих стран. //Библиографический сборник（Обзор литературы по китаеведению）под редакцией Н. В. Устрялова（Харбин, II（V），1932, с. 25 – 44.

② Воейков А. Д. Климат Маньчжурии. //Вестник Маньчжурии. 1932, №1. с. 45 – 58; №2. с. 49 – 64; №3. с. 61 – 69; №4. с. 69 – 79; №5. с. 33 – 50; №6 – 7. с. 63 – 78.

③ Воейков А. Д. Второстепенные бобовые растения маньчжурского полеводства. //Вестник Маньчжурии. 1933, №22. с. 11 – 26.

④ Воейков А. Д. Климат Маньчжурии с точек зрения сельского хозяйства, промышленной жизни и здоровья человека. Харбин, 1933. Ч. 1. с. 118.

⑤ Автономов Н. П. Харбинский педагогический институт（1925 – 1937）//Сборник Государственного педагогического института（1925 – 1937）. – Харбин, 1937. с. 1 – 16.

⑥ Автономов Н. П. Юридический факультет в Харбине за восемнадцать лет существования. //Известия Юридического Факультета в г. Харбине. 1938. №12. с. 1 – 84.

⑦ Автономов Н. П. Важнейшие вопросы истории русского просвещения по данным краевой школы. //Сборник Государственного педагогического института（1925 – 1937）. Харбин, 1937. с. 163 – 180.

班历史概述与现状》①。H. П. 阿福托诺莫夫的研究成果史料价值极大，是研究这三所学校历史的最原始资料。

进入 30 年代后，B. H. 热尔纳科夫在学术研究上进入黄金期，在《东省杂志》《经济半月刊》《基督教青年会哈尔滨自然地理学研究会年鉴》《基督教青年会哈尔滨自然地理学研究会通报》《大陆科学院通报》《大陆科学院研究报告》等杂志上发表了《阿城县》②《克山县》③《松花江站地区》④《Э. Э. 阿聂尔特半个世纪的科学实践》⑤《二克山火山考察》⑥《俄侨对满洲国的文化贡献》⑦《哈尔滨的淡水鱼类市场》⑧《满洲野鸡的出口》⑨《帽儿山站地区的经济地理概观》⑩《满洲的地毯业》⑪《松花江航运的起源与发展》⑫《北满烟品店》⑬ 等十三篇文

① Автономов Н. П. Исторический обзор и современное положение подготовительных курсов Харбинского политехнического института. - Харбин,1932. c. 110.

② Жернаков В. Н. Уезд Ачэн. //Вестник Маньчжурии. 1934, №5. c. 39 - 57.

③ Кэшаньский уезд. //Вестник Маньчжурии. 1934, №8. c. 79 - 96.

④ Жернаков В. Н. Район станции Сунгари. //Экономический. бюллетень. 1934, №11 - 12. c. 20 - 27.

⑤ Жернаков В. Н. Эдуард Эдуардович Анерт. К пятидесятилетию его научной и практической деятельности(1899 - 1939) - //Изв. Клуба естествознания и географии,1941, c. 1 - 8；Edward Ahnert, A Half - Century of Scientific and Practical Activities //Bulletin of the Institute Scientific Research, Manchoukuo；Hsinking,1940. Vol. 4, N1. pp. 1 - 15.

⑥ Жернаков В. Н. Экскурсия на вулканы Эркэшань. //Изв. Клуба естествознания и географии,1941, c. 91 - 100.

⑦ Жернаков В. Н. Русский вклад в культуру страны//Великая Маньчжурская империя: к десятилетнему юбилею. Харбин,1942. c. 331 - 341.

⑧ Ternakov V. N. The Market of Fresh Water Fishes in Harbin//Bulletin of the Institute Scientific Research, Manchoukuo；Hsinking,1939. Vol. 3, N3. pp. 284 - 296.

⑨ Ternakov V. N. Export of Pheasants from Manchuria//Bulletin of the Institute Scientific Research, Manchoukuo；Hsinking,1939. Vol. 3, N5. pp. 481 - 487.

⑩ Ternakov V. N. Economico - Geographical Outlin of Maoerhsahan Station Region//Bulletin of the Institute Scientific Research, Manchoukuo；Hsinking,1941. Vol. 5, N6.

⑪ Ternakov V. N. Carpet Industry in Manchuria//Bulletin of the Institute Scientific Research, Manchoukuo；Hsinking,1942. Vol. 6, N1.

⑫ Ternakov V. N. Ursprung und Entwichklung der Schiffahrt auf dem sungari//Bulletin of the Institute Scientific Research, Manchoukuo；Hsinking,1942. Vol. 6, N3.

⑬ Ternakov V. N. Das Rauchwarengeschacft in der Nord - Mandschurei//Report of Institute of Scientific Research, Manchoukuo,1939. Vol. 3, N5.

章，出版了《海伦县的经济状况》①（1933 年第 10—11 期《东省杂志》发表，同年出版单行本）《大陆科学院哈尔滨博物馆》② 两本小薄册子，研究了中国东北地区的县域经济、科研机构与俄侨学人等内容。

Б. П. 雅科夫列夫移居天津后在天津黄河白河博物馆仍从事动物学研究，其著作多数都与天津黄河白河博物馆有关，30 年代在天津出版了《天津黄河白河博物馆收藏的哺乳动物标本：猫科》③《天津黄河白河博物馆收藏的哺乳动物标本：马科》④《天津黄河白河博物馆收藏的鱼类毒药：临时报告目录》⑤《天津黄河白河博物馆收藏的哺乳动物标本：犬科动物——灵猫科》⑥《天津黄河白河博物馆收藏的哺乳动物标本：食肉动物——熊科、鼬科》⑦《1933 年天津黄河白河博物馆收藏的毒药附加列表》⑧《天津黄河白河博物馆收藏的哺乳动物标本——蹄类：偶蹄目，包括牛科、鹿科、猪科》⑨《天津黄河白河博物馆收藏的哺乳动物标本：啮齿目》⑩ 八本小

---

①　Жернаков В. Н. Экономическое состояние Хайлуньского уезда. //Вестник Маньчжурии. 1933, № 10 – 11. с. 63 – 70. – Харбин, 1933. с. 8.

②　Жернаков В. Н. Музей исследовательского института Да – лу в Харбине. – Харбин, 1941. с. 5.

③　Jakovleff B. P. Collection des mammifères du Musée Hoangho Paiho à Tien Tsin: fam. Felidae. Traduit du manuscrit russe par E. de Laberbis. – Tien Tsin: Mission de Sien Hsien, 1932. p. 19.

④　Jakovleff B. P. Collection des mammifères du Musée Hoangho Paiho à Tien Tsin: fam. Equidae. Traduit du manuscrit russe par E. de Laberbis. – Tien Tsin: Mission de Sien Hsien, 1932. – 10p.

⑤　Jakovleff B. P. Les poisons des collections ichthyologiques du Musée Hoangho Paiho à Tien Tsin: catalogue systématique provisoire. Tien Tsin: Mission de Sien Hsien, 1933. – 38p.

⑥　Jakovleff B. P. Collection des mammifères du Musée Hoangho Paiho à Tien Tsin: II. Famille canidae et viverridae. Traduit du manuscrit russe par E. de Laberbis. Tien Tsin: Mission de Sien Hsien, 1933. – 24 [6]p.

⑦　Jakovleff B. P. Collection des mammifères du Musée Hoangho Paiho à Tien Tsin: Carnivore III. Fam. ursidae et mustelidae. Traduit du manuscrit russe par E. de Laberbis. Tien Tsin: Mission de Sien Hsien, 1934. – 30p.

⑧　Jakovleff B. P. Liste additionnelle des poisons des collections du Musée Hoangho Paiho pour l'annee 1933. Tien Tsin: Mission de Sien Hsien, 1934. – 13p.

⑨　Jakovleff B. P. Collection des mammifères du Musée Hoangho Paiho à Tien Tsin: Ungulata: Ordre Artiodactyla, fam. Bovidae, Cervidae et Suidae. Traduit du manuscrit russe par E. de Laberbis. Tien Tsin: Mission de Sien Hsien, 1935. – 31 [5]p.

⑩　Jakovleff B. P. Collection des mammifères du Musée Hoangho Paiho à Tien Tsin: Rodentia (Glires). Traduit du manuscrit russe par E. de Laberbis. Tien Tsin: Mission de Sien Hsien, 1938. – 72p.

册子，介绍了天津黄河白河博物馆收藏的动物标本情况。1945 年在《基督教青年会哈尔滨自然地理学研究会通报》上发表了《北满的塘鳢属蹼趾壁虎》① 一篇文章。

　　А. С. 卢卡什金在三四十年代在学术研究上仍然很活跃，产出了不少成果，在《东省杂志》《中东经济月刊》《中国杂志》《大陆科学院通报》《大陆科学院汇报》等杂志上发表了《镜泊湖及其流域》②《穆棱河与牡丹江流域的考察》③《穆棱河与小绥芬河分水岭地带的植被概述》④《哈尔滨的北满博物馆》⑤《齐齐哈尔站附近新石器时代研究》⑥《大兴安岭上的毛皮与野兽作坊》⑦《乌尔基奇汗租让企业》⑧《新鸟类学遗迹与北满的鸟类的某些观察》⑨《哈尔滨宁古塔县的渔场》⑩《宁古塔的毛皮市场》⑪《1937 年夏季科学院五大连池地区探险队副队长的简报和日记》⑫《关于北满某些鸟

---

① Jakovleff B. P. Eleotris swinhonis Gunther в Северной Маньчжурии//Изв. Клуба естествознания и географии,1945,с. 19.

② Лукашкин А. С. Озеро Дзиньбоху и его бассейн.//Вестник Маньчжурии. 1933,№7. с. 42 – 55.

③ Лукашкин А. С. Экспедиция в бассейны рек Мулиньхэ и Муданьцзян.//Вестник Маньчжурии. 1933,№10 – 11. с. 90 – 98.

④ Лукашкин А. С. Очерк растительности водораздела рек Мурени（Мулиньхэ）и Сяосуйфуна.//Вестник Маньчжурии. 1933,№21. с. 50 – 60.

⑤ Лукашкин А. С. Музей Северной Маньчжурии в Харбине.//Вестник Маньчжурии. 1934,№1. с. 183 – 188.

⑥ Лукашкин А. С. Исследования неолитических стоянок близ станции Цицикар.//Вестник Маньчжурии. 1934,№3. с. 135 – 165.

⑦ Лукашкин А. С. Пушной и зверевой промысел на Большом Хангане.//Вестник Маньчжурии. 1934,№5. с. 136 – 143.

⑧ Лукашкин А. С. Уркичиханская концессия.//Вестник Маньчжурии. 1934,№7. с. 66 – 81.

⑨ Лукашкин А. С. Новые орнитологические находки и некоторые наблюдения над птицами Северной Маньчжурии.//Вестник Маньчжурии. 1934,№9. с. 93 – 114.

⑩ Лукашкин А. С. Рыбный промысел в Нингутинском уезде под Харбином.//Экономический. бюллетень,1932,№6. с. 4 – 7.

⑪ Лукашкин А. С. Пушной рынок Нингуты.//Экономический. бюллетень,1932,№4 – 5. с. 7 – 9.

⑫ Loukashkin A. S. The general report and diary of the assistant to the Chief of the Expedition of the Scientific Research Institute in the Region of Wutalienchieh in summer of 1937.//Bull. of Institute of Scientific Research,Manchoukuo,4（3）:474 – 492. Hsinking,Manchuria. 1940.

类的天然食物问题》①《北满的鸟类［在海拉尔（额尔古纳河）河谷大兴
安岭中部西坡观察的鸟类初步名单]》②《在大哈尔滨境内发现的哺乳动
物》③《关于满洲国的野生动物保护》④《1935 年大陆科学院哈尔滨分院在
大兴安岭探险中采集的哺乳动物标本（初步报告)》⑤ 《北满的小榆树
叶》⑥《乌苏里黑公鸡在北满的不寻常迁移》⑦《东亚的某些珍稀植物》⑧
《关于北满阿穆尔环颈雉天然食物的一点看法》⑨《东北虎》⑩《北满的鸟
类》⑪《满洲的狩猎季节》⑫《北满的毛皮贸易（与 V. N. 热尔纳科夫合
作)》⑬《北满新石器时代哺乳动物遗迹的最新发现》⑭《满洲鸟类区系研

① Loukashkin A. S. Fragments on the question of natural food of some North Manchurian birds. // Report of Institute for Horse Diseases, No, 1 : 171 – 180. Hsinking, Manchuria. 1940.

② Loukashkin A. S. On the avifauna of North Manchuria (a preliminary list of the birds observed in the valley of Hailar (Argun) River on the western slopes of central part of Great Khingan Mountains)// Report of Institute of Scientific Research, Manchoukuo, Ⅲ(1) 1 – 38, 1939.

③ Loukashkin A. S. Mammals found in the territory of the Greater Harbin//Report of Institute of Scientific Research, Manchoukuo, Ⅱ(2) : 111 – 122, 1938.

④ Loukashkin A. S. On the protection of wild life of Manchoukuo//Bull. Institute of Scientific Research, Manchoukuo, 1(2) : 89 – 95, Hsinking, Manchuria. 1937.

⑤ Loukashkin A. S. Mammals collected by the Dalai – Khingan Zoological Expedition of the Manchuria Research Institute at Harbin in 1935 (Preliminary report)//Bull. of Institute of Scientific Research, Manchoukuo, 1(2) : 59 – 67, Hsinking, Manchuria. 1937.

⑥ Loukashkin A. S. The small – leafed elm of North Manchuria. //The China Journal, XXⅢ (4) : 153 – 157, 1940.

⑦ Loukashkin A. S. Unusual migration of the Ussurian black cock in northern Manchuria. //The China Journal, XXⅢ(5) : 204 – 205, 1940.

⑧ Loukashkin A. S. Some rare plants from eastern Asia. //The China Journal, XXⅢ(6) : 266 – 267, 1940.

⑨ Loukashkin A. S. Some observations upon the natural food of the Amur ring necked pheasant in northern Manchuria. //The China Journal, XXXI(6) : 292 – 294, 1939.

⑩ Loukashkin A. S. The Manchurian Tiger. //The China Journal, XXⅧ (3) : 127 – 133, 1938.

⑪ Loukashkin A. S. On the avifauna of North Manchuria. //The China Journal, XIX (6) : 326 – 329, 1933.

⑫ Loukashkin A. S. Hunting season in Manchuria. //The China Journal, XX(5) : 295, 1934.

⑬ Loukashkin A. S. The fur trade of North Manchuria. (With V. N. Jernakov). //The China Journal, XXI(5) : 227 – 244, XXI(6) : 293 – 303, 1934.

⑭ Loukashkin A. S. Recent discoveries of remains of Pleistocene mammals in northern Manchuria. //The China Journal, XVI(6) : 345 – 354, 1932.

究资料：关于中东铁路碾子山站地区雅鲁河与吉新河流域越冬鸟类的札记》①《黑龙江省李三店附近雅鲁河与吉新河流域的狩猎场与猎物》②《北满第三纪后哺乳动物遗迹的新发现》③《北满的一个新品种水貂》④ 等二十九篇文章，关注的重点仍集中在动植物和考古等问题上。

A. P. 波诺马列夫于 1936 年在哈尔滨出版了其最重要的著作——《论神智学：批判概述》⑤。该书出版的目的是批判神智学是一门伪科学，让俄国侨民能够正确和真正理解东正教信仰的意义。该书分三十四章，记述了神智学的基本概念与指向，批判分析了神智学与自然科学、基督教、实证主义、神秘主义、二元论等之间的联系与本质区别。作者指出，神智学作为社会现象是对人类的最大迷惑，作为学说是对古代宗教、邪说和错误认识的反映，告诫侨民唯有东正教信仰才是唯一正确之路。

A. A. 雅克申于 1933 年在《东省杂志》上发表了《中国海关与伪满洲国的海关》⑥ 一篇文章。

П. C. 季申科在 1938 年的《边界》杂志上发表了《哈尔滨的最初年代》⑦ 一篇文章，记载了哈尔滨这座城市的早期发展史。

B. A. 科尔玛佐夫在 30 年代中叶离哈前，对伪满洲国初期的区域政治、经济进行了研究，在《东省杂志》《中东经济月刊》上发表了

① Лукашкин А. С. К материалам по изучению авифауны в Маньчжурии. Заметка о зимующих птицах в долинах рек Дессинхэ и Ялухэ в регионе станции Няньцзышань КВжд.//Ежегодник клуба естествознания и географии ХСМЛ,1934,с. 133 – 137.

② Лукашкин А. С. охотничий промысел и его объекты в долинах рек Дессинхэ и Ялухэ, близ Лисаньдянь Хэйлунцзянской провинции.//Ежегодник клуба естествознания и географии ХСМЛ,1934,с. 138 – 149.

③ Лукашкин А. С. Новые находки остатков послетретичных млекопитающих в Северной Маньчжурии.//Ежегодник клуба естествознания и географии ХСМЛ,1934,с. 123 – 130.

④ Loukashkin A. S. A new form of Kolonok or mink from North Manchuria (Mustelakolonocus sibericus charbinensis subsp. nov.).//The China Journal,XX(1):47 – 52,1934.

⑤ Пономарев А. P. О теософии:Крит. очерк. – Харбин:Изд. В. А. Морозова,1936. 128с.

⑥ Якшин А. А. Китайские морские таможни и таможни Маньчжу – Го//Вестник Маньчжурии. 1933,№2 – 3. с. 1 – 26.

⑦ Тишенко П. С. Первые годы Харбина//рубеж. 1938,№24. с. 1 – 6.

《1934 年呼伦贝尔哈伦·阿尔山温泉疗养地》① 《热河省》② 《北满的乌苏里江沿岸地区》③ 《中东铁路西线地区的工商业》④ 《兴安省》⑤ 《三河》⑥ 《察哈尔》⑦ 等七篇文章。

В. И. 苏林在哈尔滨从事情报工作前仍进行了一些学术研究, 在《东省杂志》《经济半月刊》上发表了《满洲的铁路与出海口》⑧ 《满洲的铁路》⑨ 《满洲的加工业及其进一步发展》⑩ 《满洲铁路的更名》⑪ 《延吉岛区域》⑫ 《清津港、罗津港和雄基港》⑬ 六篇文章, 出版了最后一部著作《满洲与中国内地的铁路: 关于满洲与中国内地运输问题的资料》⑭。本书就《满洲与中国内地的铁路: 关于满洲与中国内地运输问题的资料》一书进行简单介绍。该书前言中指出, "满洲的运输问题及与此关联的中国铁路建设问题在远东国家关系研究领域是基本的、主要问题", 因此 "《满洲与中国内地的铁路: 关于满洲与中国内地运输问

---

① Кормазов В. А. Сезон 1934 года на Халхин – Халун – Аршане. [Курорт в Барге]. // Экономический. бюллетень. 1934, №10. с. 17 – 22.

② Кормазов В. А. Провинция Жэхэ. // Вестник Маньчжурии. 1932, №8. с. 29 – 42; 1934, №4. с. 70 – 96, №6. с. 84 – 94.

③ Кормазов В. А. Приуссурийский район Северной Маньчжурии. // Вестник Маньчжурии. 1932, № 11 – 12. с. 11 – 24.

④ Кормазов В. А. Торговля и промышленность района Западной линии КВжд. // Вестник Маньчжурии. 1933, №17. с. 56 – 67.

⑤ Кормазов В. А. Хинганская провинция. // Вестник Маньчжурии. 1934, №1. с. 31 – 73.

⑥ Кормазов В. А. Трехречье. // Вестник Маньчжурии. 1934, №5. с. 58 – 77; №6. с. 84 – 93.

⑦ Кормазов В. А. Чэнэхэн. // Вестник Маньчжурии. 1933, №13. с. 53 – 61.

⑧ Сурин В. И. Железные дороги и выходные порты Маньчжурии // Вестник Маньчжурии. 1932, №5. с. 23 – 24.

⑨ Сурин В. И. Железные дороги Маньчжурии // Вестник Маньчжурии. 1933, №23 – 24. с. 1 – 22.

⑩ Сурин В. И. Обрабатывающая промышленность Маньчжурии и тенденции ее дальнейшего развития // Вестник Маньчжурии. 1934, №4. с. 14 – 28.

⑪ Сурин В. И. Переименование Железных дорог Маньчжурии. // Экономический. бюллетень. 1934, №5. с. 36 – 41.

⑫ Сурин В. И. Районы области Яньцзидао // Вестник Маньчжурии. 1934, №6. с. 46 – 84; №7. с. 44 – 66; №8. с. 48 – 79

⑬ Сурин В. И. Сейсин, Рашин и Унгый // Вестник Маньчжурии. 1932, №4. с. 80 – 88.

⑭ Сурин В. И. Железные дороги в Маньчжурии и китае. Материалы к транспортной проблече в китае и Маньчжурии. – Харбин: изд. Эконом. бюро. КВжд, 1932. 382с.

题的资料》一书被我们视作了解满洲与中国内地运输问题的基础实际
材料的参考书"。① 该书 1932 年出版于哈尔滨，分三大部分二十个小
节，记述了铁路建设问题（中国铁路总述、中国的铁路建设规划和铁
路网的改造、中国东北早期的铁路建设、日本在中国东北的铁路建设、
中国政府在满蒙地区的铁路建设、中东铁路、南满铁路与新线路）、满
蒙地区的铁路现状（中东铁路、南满铁路、长春—朝鲜铁路、葫芦岛
干线西线铁路、葫芦岛干线东线铁路、呼海铁路、穆棱铁路等）、满蒙
地区的输出港（大连港、符拉迪沃斯托克港、营口港、安东港、葫芦
岛港、清津港、满蒙地区的铁路与输出港）等内容。该书综合前人研
究成果，利用中、俄、日文等多种文献和调查资料、报告，重点对满蒙
地区的铁路及其与之密切关联的输出港进行了全面研究。正如作者所
言，"该书是简要系统述评满蒙地区铁路网发展、现状和工作的第一次
尝试"。②

　　A. A. 雅科夫列夫于 1934 年出版了其关于中国东北北部地区气候问
题的总结性著作——《北满气候概述（来自于中东铁路气象站的资
料）》③。该书含有大量的中东铁路气象站的实际观测资料，对 30 余年来
中国东北北部地区气候的年度变化情况进行数字分析，并阐明了不同年
度中国东北北部地区气候变化的影响因素等内容。该书是研究中国东北
北部地区自然环境变化的重要著作之一，对我们今天研究当时中国东北
北部地区自然环境史而言是极为宝贵的史料。

　　H. A. 巴依科夫在 30 年代除专职从事文学创作外仍在学术研究上有
成果问世，继续 20 年代的研究方向，其成果在《满洲博物学者》《东省

　　① Сурин В. И. Железные дороги в Маньчжурии и китае. Материалы к транспортной
проблече в китае и Маньчжурии. – Харбин：изд. Эконом. бюро. КВжд，1932. c. Ⅶ.

　　② Сурин В. И. Железные дороги в Маньчжурии и китае. Материалы к транспортной
проблече в китае и Маньчжурии. – Харбин：изд. Эконом. бюро. КВжд，1932. c. LⅦ.

　　③ Яковлев А. А. Климатический очерк Северной Маньчжурии.（По данным метеоролок.
станции Квжд.）//Известия Агромической организации. Земельный Отдел. №11. – Харбин：
Типография КВЖД，1934. c. 184.

杂志》上发表，有《满洲的森林面积》① 《北满的狩猎场》② 《北满的紫貂》③ 《满洲的黄金开采》④ 《北满的狩猎部落》⑤ 《麝及其工业意义》⑥ 《满洲东部的森林地带》⑦ 《作为毛皮工业对象的狼与狗》⑧ 《满洲可猎取的野兽与捕兽业问题》⑨ 九篇文章。

　　М. Т. 米罗诺夫于 1933 年在《东省杂志》上发表了《抚顺煤矿》⑩ 一篇文章。

　　А. А. 米塔列夫斯基于 1933 年在《东省杂志》上发表了《1932 年秋收时北满的黄豆质量与 1933 年的新标准》⑪ 一篇文章。

　　М. Я. 米哈伊洛夫于 1932 年在《东省杂志》上发表了《关于中国的运输问题》⑫ 一篇文章。

　　Н. И. 莫洛佐夫于 1933 年在《东省杂志》上发表了《关于黄豆的最

　　① Байков Н. А. О лесных площадях Маньчжурии. //Натуралист Маньчжурии. №2. Харбин, 1937. с. 30 - 32.

　　② Байков Н. А. Промыслово - охотничьи угодья в Северной Маньчжурии. //Вестник Маньчжурии. 1934, №6. с. 94 - 99.

　　③ Байков Н. А. Соболь в Северной Маньчжурии. //Вестник Маньчжурии. 1933, №4. с. 56 - 65.

　　④ Байков Н. А. Добывание золота в Маньчжурии. //Вестник Маньчжурии. 1933, №14 - 15. с. 147 - 153.

　　⑤ Байков Н. А. Охотничьи племена Северной Маньчжурии. //Вестник Маньчжурии. 1934, №7. с. 119 - 128.

　　⑥ Байков Н. А. Кабарга и ее промышленное значение. //Вестник Маньчжурии. 1933, №2 - 3. с. 63 - 69.

　　⑦ Байков Н. А. Лесной массив восточной Маньчжурии. //Вестник Маньчжурии. 1933, №16. с. 52 - 56.

　　⑧ Байков Н. А. Волк и собака, как объекты пушного промысла. //Вестник Маньчжурии. 1934, №9. с. 51 - 57.

　　⑨ Байков Н. А. Промысловые звери и проблема звероводства в Маньчжурии. //Вестник Маньчжурии. 1934, №5. с. 94 - 100.

　　⑩ Миронов М. Т. Фушуньские угольные копи//Вестник Маньчжурии. 1933, №4. с. 18 - 24.

　　⑪ Митаревский А. А. Качество соевых бобов Северной Маньчжурии урожая 1932 г. и новый стандарт на 1933 год. //Вестник Маньчжурии. 1933, №2 - 3. с. 26 - 34.

　　⑫ Михайлов М. Я. К вопросу о транспортной проблеме в Китае. //Вестник Маньчжурии. 1932, №6 - 7. с. 1 - 26. - то же. //Сурин В. И. Железные дороги в Маньчжурии и китае. Материалы к транспортной проблеме в китае и Маньчжурии. - Харбин: изд. Эконом. бюро. КВжд, 1932. с. IX - LV.

新文献》① 和《大豆蛋白》② 两篇文章。

　　30 年代下半叶至 40 年代初，Н. И. 尼基弗洛夫在《法政学刊》上又发表了《经济坚硬的构造》③《一九三七年十月十六日故亡之夫·夫·安盖利菲利德博士（哀启文）》④ 两篇文章，撰写出了《苏联经济地理教程》⑤《苏联社会制度与共产主义思想》⑥《苏联政治与经济制度》⑦《社会危险：文章与译文集》⑧《经济与社会学说史概述（从柏拉图到希特勒）》⑨ 五部著作。其中，《经济与社会学说史概述（从柏拉图到希特勒）》写于 1935 年，未公开出版，处于手稿状态。《苏联社会制度与共产主义思想》《苏联政治与经济制度》两部著作的学术性不强，带有介绍和政论性质。《苏联政治与经济制度》一书指出，苏维埃制度是通过恐怖手段建立起来的，其政治制度是以斯大林独裁为支撑，苏联基本建设投资的持续增长与集体化农业中的全民劳动消耗没有带来相应产品总额的提高。《苏联社会制度与共产主义思想》一书指出，社会主义不能改变人的自然条件；俄国的新制度不仅没有消灭不平等，而且还形成了新的上层阶层；他们的财富是通过绝对的暴政获得的。《社会危险：文章与译文集》一书主要探讨了遗传素质对人类和整个民族健康的影响问题。作者指出，"遗传素质能够支配世界：有用的人天天在行动，但无用的人却只

---

①　Морозов Н. И. Новая литература по соевым бобам//Вестник Маньчжурии. 1933, №12. с. 83 – 86.

②　Морозов Н. И. Соевый белок//Вестник Маньчжурии. 1933, №17. с. 102 – 112.

③　Никифоров Н. И. Жесткая экономическая структура.//Известия юридического факультета, 1936, №11, с. 345 – 354.

④　Никифоров Н. И. Профессор В. В. Энгельфельд//Известия Юридического факультета в Харбине. – Харбин. 1938. Вып. XII. с. 85 – 86.

⑤　Никифоров Н. И. Экономическая география СССР: Пособие для стутентов. – Харбин: Изд. Гос. ин – та Гакуин, 1942. 245с.

⑥　Никифоров Н. И. Социальный строй СССР и коммунистическая идеология. – Харбин, 1941. 183с.

⑦　Никифоров Н. И. Политический и хозяйственный строй СССР. – Харбин, 1941. 141с.

⑧　Никифоров Н. И. Социальная опасность: Сб. ст. и переводов. – Харбин: Изд. Гл. Бюро по делам рос. эмигрантов в Маньчжур. империи, 1942. 126с.

⑨　Никифоров Н. И. Очерк истории экономических и социальных учений(от Платона до Гитлера). – Харбин, 1935. 171с.

会说并幻想变成想象中的人"。① 《经济与社会学说史概述（从柏拉图到
希特勒)》一书分五章，在理论分析经济世界观与时代整体世界观之间的
关系后，按照经济与社会学说的缘起、发展演变逻辑分述了古希腊、罗马
世纪的经济观点，中世纪的经济观点，近代人文主义思潮时代的重商主义、
反重商主义、重农学派、现代古典学派、自由贸易主义、社会主义、现实
主义学派，并介绍了不同时期各学说产生的时代环境、各国的代表学者和
重要著作、不同学说的主要观点等内容。可以说，该书是作者对经济与社
会学说发展史的总结之作。该书不仅是俄国学者撰写的第一部关于经济与
社会学说史的著作，亦是西方学者撰写的第一部该类著作。

А. И. 波革列别茨基于 30 年代上半叶在《东省杂志》《中东经济月
刊》上继续发表了《1933 年远东的货币市场》② 《戈比汇率的波动》③
《1931 年哈尔滨的货币市场》④《1931 年吉林与齐齐哈尔的吊》⑤《满洲的
金融举措》⑥《1932 年满洲的货币市场》⑦《1933 年的银市》⑧《受当前中
国事件的影响中国各集团的金融资源与举措》⑨ 八篇文章。

Ф. Ф. 达尼棱科于 1935 年出版了《阿穆尔边区概述》一书。该书是
本时期 Ф. Ф. 达尼棱科发表的唯一著述，也是其出版的唯一一部学术著
作。该书是 Ф. Ф. 达尼棱科利用在俄国阿穆尔省工作期间所掌握的实际

---

① Государственный архив Хабаровского края. Печатные издания Харбинской россики: Аннотированный библиографический указатель печатных изданий, вывезенных хабаровским архинистами из Харбина в 1945 году[С]Хабаровск:Часная коллекция,2003. с. 55.

② Погребецкий А. И. Валютный рынок Дальнего Востока в 1933г. // Экономический. бюллетень – 1934,№1. с. 20 – 32.

③ Погребецкий А.И. Колебание курса гоби.//Экономический. бюллетень – 1934,№5. с. 1 – 14.

④ Погребецкий А. И. Валютный рынок Харбина в 1931 г. (харбинский даян).//Вестник Маньчжурии. 1932,№1. с. 33 – 41.

⑤ Погребецкий А. И. Гиринские и цицикарские дяо в 1931 г.//Вестник Маньчжурии. 1932,№2. с. 33 – 37.

⑥ Погребецкий А. И. Финансовые мероприятия Маньчжурии.//Вестник Маньчжурии. 1932,№4. с. 33 – 44.

⑦ Погребецкий А. И. Валютный рынок Маньчжурии в 1932 г.//Вестник Маньчжурии. 1933,№8 – 9. с. 1 – 12.

⑧ Погребецкий А. И. Рынок серебра в 1933 году.//Вестник Маньчжурии. 1934,№1. с. 1 – 9.

⑨ Погребецкий А. И. Финансовые ресурсы и мероприятия китайских группировок в связи с текущими событиями в Китае. //Вестник Маньчжурии. 1930,№5. с. 6 – 18.

资料写成，概要记述了俄日战争前、俄日战争后至 1917 年、革命时期的阿穆尔边区的简史，其中包括行政设置、移民、人口与民族、经济（农业、畜牧业、工商业、金融业等）、交通、医疗卫生、教育、政权更替等内容。该书尽管篇幅短小，不像类似的大部头著作具体、全面、详细，但其中有的内容具有一定的参考价值。

A. Я. 阿福多辛科夫 30 年代上半叶在学术上重点关注的是朝鲜的港口、日本与满洲国的经济关系等问题，在《东省杂志》上发表了《清津港》①《罗津港》②《雄基港》③《北满—朝鲜铁路是与大陆交通连接的新路程》④《北满—朝鲜铁路作为日本与大陆交通连接的新路程》⑤《罗津港的建设》⑥《满洲的土地租赁》⑦《日满经济关系的主要问题》⑧《关于日满经济联盟问题》⑨ 九篇文章。

Я. Д. 菲里则尔于 1932 年在哈尔滨出版了一本《在哪里和怎样寻找与开采黄金：满洲采金业的前景》⑩ 的小册子。

30 年代上半叶，M. H. 叶尔硕夫在文章发表方面仅见《东省杂志》《中东铁路图书馆书籍绍介汇报（中国学文献概述）》（第 4 集）上的

---

① Авдощенков А. Я. Порт Сейсин//Вестник Маньчжурии. 1933 ,№4. c. 36 – 56.

② Авдощенков А. Я. Порт Расин//Вестник Маньчжурии. 1933 ,№5. c. 20 – 35.

③ Авдощенков А. Я. Порт Юки//Вестник Маньчжурии. 1933 ,№6. c. 47 – 59.

④ Авдощенков А. Я. Северо – корейские железные дороги как новый этап транспортной связи с материком//Вестник Маньчжурии. 1934 ,№3. c. 102 – 112.

⑤ Авдощенков А. Я. Северо – корейские железные дороги как новый этап транспортной связи Японии с материком//Вестник Маньчжурии. 1934 ,№4. c. 141 – 150.

⑥ Авдощенков А. Я. Строительство порта Расин//Вестник Маньчжурии. 1934 ,№6. c. 1 – 18.

⑦ Авдощенков А. Я. Земельная аренда в Маньчжурии.//Вестник Маньчжурии. 1933 ,№13. c. 13 – 35.

⑧ Авдощенков А. Я. Основные проблемы японо – маньчжурских экономических отношений.//Вестник Маньчжурии. 1933 ,№14 – 15. c. 1 – 26.

⑨ Авдощенков А. Я. К вопросу о японо – маньчжурском экономическом блоке.//Вестник Маньчжурии. 1934 ,№11 – 12. c. 33 – 39.

⑩ Фризер Я. Д. Где и как искать и добывать золото: Золотопромышл. перспективы в Маньчжурии. – Харбин:Тип. Д. О. Лимберна ,1932. c. 88.

《上海的日本工商企业》① 等两篇文章，却出版了《现在中国学校与智力发展（图书文献概述）》② ［1932 年出版的《中东铁路图书馆书籍绍介汇报（中国学文献概述）》（第 4 集）上发表，同年出版单行本］《东西两洋/今昔》③ 两部具有很高学术价值的著作。《现在中国学校与智力发展（图书文献概述）》是一本文献综述性的著作。作者 M. H. 叶尔硕夫分五个专题，对 1911 年辛亥革命以来出现的关于现在中国学校与智力发展的多种文字文献进行了梳理，探讨了学校与中华民国的关系、中国教育事业的整体问题、学校类型、教学计划与教学大纲、学校的统计资料、学校与学术、学校与社会环境、学校与智力、社会发展等多个内容。该书对研究民国时期的教育史提供了详实的史料线索。《东西两洋/今昔》一书出版于 1935 年，是继《现在中国与欧西文化》一书之后对东西方关系问题进行全面探讨的著作。该书分为五章，分别为当今时代的主要特点与重新评价传统的地理和文化历史观、古代世界的东西方关系问题、中世纪的东西方关系问题、近代的东西方关系问题、东方与西方关系是当今时代的问题，记述了技术成就成为各民族密切联系的因素，传统世界历史观的破灭（东西方对立），太平洋是亚洲、欧洲和美洲各民族经济利益的交织中心，各民族在太平洋上经济与文化联系的途径（主要指甲午中日战争、日俄战争、第一次世界大战），太平洋与种族的相遇，太平洋与历史科学的最新趋势（与太平洋有交集的各国的历史以及东西方关系的历史），古希腊语东方国家、古希腊精神文化产生与发展的条件，古代东方民族科学知识与哲学理论的自然元素，古希腊与古代东方民族合理认识和哲学思想的发展特点，儒学与古代中国文化的典型特点，古代世界东西方之间"桥梁"的缺乏，中世纪与古希腊、罗马文化，西罗马帝

---

① Ершов М. Н. Японские промышленные и коммерческие предприятия в Шанхае. // Вестник Маньчжурии. 1932, No1. с. 73 – 76.

② Ершов М. Н. Школа и умственные движении в современном Китае. （Библиографический очерк）. – Харбин, 1932. 43с. //Библиографический сборник（Обзор литературы по китаеведению）под редакцией Н. В. Устрялова Харбин, Ⅱ（Ⅴ）, 1932, с. 191 – 233.

③ Ершов М. Н. Восток и Запад – прежде и теперь. Основные предпосылки проблемы Восток и Запад в историческом освещении. – Харбин, Наука, 1935. 124с.

国的发展道路，东罗马帝国的发展道路，欧洲中世纪时期的东亚国家与民族，比较评价西欧的经院哲学与中国的新儒学，中世纪的欧洲与欧洲中世纪时期中国思想发展道路的分歧，新时代旗帜下的东西方国家，文艺复兴与宗教改革运动在西欧民族经济和文化生活中的意义，西欧民族的新科学与新世界观，欧洲商业资本的发展道路与殖民问题，欧洲民族殖民发展背景下的东西方相互关系问题，近代东西方国家相互关系典型特点视角下的"中国开放"，19 世纪东亚国家与欧洲国家和民族传统隔绝的消失，技术与工业时代古老东亚文化的命运，现代中国东西方文化斗争的加剧，技术和工业化与东亚民族，太平洋问题与东西方相互关系问题等内容。作者从历史的维度探讨了东西方关系的理论与发展史问题，指出了东亚国家与民族的欧化进程同时也是东西方国家与民族经济文化密切联系的复杂过程，并对消除欧洲与亚洲民族的传统东方与西方对立意识起到了决定性影响。[1]

Н. М. 多布罗霍托夫于 30 年代中期在《法政学刊》上发表了《尼古拉·德米亚诺维奇·布雅诺夫斯基卒于一九三五年十月十五日先生传》[2] 一篇纪念文章。

А. Е. 格拉西莫夫除 1932 年在《中东铁路中央图书馆书籍绍介汇报（中国文献概述）》（第 5 集）、《东省杂志》上发表了《中国手工业生产文献》[3] 等两篇文章外，还出版了最后一部 50 多页的著作——《满洲的货币兑换事务所》[4]（1932 年第 2 期《东省杂志》发表），介绍了中国东北的主要货币兑换机构的分布、营业范围等。

Л. И. 柳比莫夫在 30 年代中叶前继续在中国经济问题上潜心研究，

---

① Ершов М. Н. Восток и Запад – прежде и теперь. Основные предпосылки проблемы Восток и Запад в историческом освещении. – Харбин, Наука, 1935. с. 94.

② Доброхотов Н. М. Николай Демьянович Буяновский（15 окт. 1935 г）//Известия юридического факультета, 1936, №11. с. Ⅰ – Ⅵ. – Харбин, 1936.

③ Герасимов А. Е. Библиография Китайского кустарного производства.// Библиографический сборник（Обзор литературы по китаеведению）под редакцией Н. В. Устрялова（Харбин, Ⅱ（Ⅴ）, 1932, с. 133 – 141.

④ Герасимов А. Е. Меняльные лавки и конторы в Маньчжурии. – Харбин: Тип. КВЖД, 1932. – 56с.//Вестник Маньчжурии. 1932, №2. с. 37 – 43.

在《东省杂志》和《中东铁路中央图书馆书籍绍介汇报（中国学文献概述）》（第 4 集）等杂志或文集上发表了《25 年来满洲的出口》[①]《1932 年上半年的黄油市场》[②]《北满的河运》[③]《1932 年北满的市场》[④]《当地市场行情》[⑤]《1933 年 1 月当地市场行情》[⑥]《北满的面粉业》[⑦]《满洲的制革原料与皮革》[⑧]《满洲的农村是进口商品的消费者》[⑨]《满洲的棉纺织工业与棉花栽培的前景》[⑩]《黄豆及其加工产品的欧洲与当地价格》[⑪]《远东纺织品市场的竞争》[⑫]《1931 年和 1932 年前三月的世界黄油市场》[⑬] 等十六篇文章，出版了《华侨（总论与文献）》[⑭]《满洲

[①] Любимов Л. И. Экспорт Маньчжурии за 25 лет. //Вестник Маньчжурии. 1932, №6 – 7. с. 36 – 50.

[②] Любимов Л. И. Масло – жировой рынок в первой половине 1932 г. //Вестник Маньчжурии. 1932, №8. с. 47 – 58.

[③] Любимов Л. И. Речной транспорт Северной Маньчжурии. //Вестник Маньчжурии. 1932, №9 – 10. с. 11 – 26.

[④] Любимов Л. И. Рынок Северной Маньчжурии в 1932 г. //Вестник Маньчжурии. 1933, №1 с. 3 – 19.

[⑤] Любимов Л. И. Конъюнктура местного рынка. //Вестник Маньчжурии. 1933, №5 с. 11 – 17.

[⑥] Любимов Л. И. Конъюнктура местного рынка в январе 1933 г. //Вестник Маньчжурии. 1933, №2 – 3. с. 70 – 77.

[⑦] Любимов Л. И. Мукомольная промышленность Северной Маньчжурии. //Вестник Маньчжурии. 1933, №10 – 11. с. 30 – 48.

[⑧] Любимов Л. И. Кожевенное сырье и кожа в Маньчжурии. //Вестник Маньчжурии. 1933, №6. с. 27 – 35.

[⑨] Любимов Л. И. Маньчжурская деревня, как потребитель импортных товаров. // Вестник Маньчжурии. 1933, №12. с. 27 – 40.

[⑩] Любимов Л. И. Промышленность хлопчатобумажных изделий и перспективы хлопководства в Маньчжурии. //Вестник Маньчжурии. 1933, №14 – 15. с. 59 – 72.

[⑪] Любимов Л. И. Европейские и местные цены на бобы и продукты их переработки. // Вестник Маньчжурии. 1934, №2. с. 47 – 58.

[⑫] Любимов Л. И. Борьба за текстильные рынки Дальнего Востока. //Вестник Маньчжурии. 1934, №3. с. 50 – 63.

[⑬] Любимов Л. И. Мировой рынок масложиров в 1931 г. и первые месяцы 1932 г. // Вестник Маньчжурии. 1932, №4. с. 14 – 28.

[⑭] Любимов Л. И. Китайская эмиграция. – Харбин, 1932. 47 с. //Библиографический сборник (Обзор литературы по китаеведению) под редакцией Н. В. Устрялова (Харбин, I (Ⅳ), 1932. с. 235 – 279.

的铁路与铁路建设》①《中国的家庭手工业：文献概述》②《满洲经济概述》③ 四部著作。上述著作中的《华侨（总论与文献）》《满洲的铁路与铁路建设》《中国的家庭手工业：文献概述》属于文献整理性质的著述。这是 Л. И. 柳比莫夫在具体研究中除直接探讨中国东北经济中的相关问题外，还深入研究了中国经济中某一领域的学术研究情况，梳理概括了某一问题的文献记载和研究情况。这在俄侨学者的研究中是不多见的。《满洲经济概述》一书是本时期 Л. И. 柳比莫夫出版的一本篇幅较长的专题研究著作。该书出版于 1934 年，分十一章记述了中国东北的土地面积与农业、畜牧业资源与制革原料、毛皮市场、工业企业、榨油业、面粉业、贸易、进出口、公路、水路与水上运输、铁路与铁路建设、航空等内容。书中内容都是 Л. И. 柳比莫夫近年来所发表文章的学术总结。对其本身来说，《满洲经济概述》一书是 Л. И. 柳比莫夫对近代中国东北经济研究的第一部综合性论著。因为《满洲经济概述》一书的主体内容均来自于同年出版的《哈尔滨贸易公所纪念文集（1907—1932）》一书，因此关于《满洲经济概述》一书的详细内容，本书将在下文的《哈尔滨贸易公所纪念文集（1907—1932）》一书中给予重点介绍。

　　Г. Г. 阿维那里乌斯在 30 年代就中国经济（包括中国东北）的相关问题继续开展研究，在《东省杂志》《中东铁路中央图书馆书籍绍介汇报（中国学文献概述)》等杂志和文集上发表了《中国的国内贸易》④ 《哈尔滨 35 年》⑤

　　① Любимов Л. И. Железные дороги и железнодорожное строительство в Маньчжурии. - Харбин, 1932. 52с. //Библиографический сборник (Обзор литературы по китаеведению) под редакцией Н. В. Устрялова (Харбин, I(Ⅳ) , 1932. с. 135 – 184.

　　② Любимов Л. И. Домашняя кустарная промышленность в Китае: Библиографический сборник. - Харбин: Тип. квжд, 1932. – 43с. //Библиографический сборник(Обзор литературы по китаеведению) под редакцией Н. В. Устрялова Харбин, Ⅱ (Ⅴ) ,1932, с. 90 – 131.

　　③ Любимов Л. И. Очерк по экономике Маньчжурии. – Харбин, 1934. 208с.

　　④ Авенариус Г. Г. Внутренняя торговля Китая. //Вестник Маньчжурии. 1933 , №8 – 9. с. 57 – 71.

　　⑤ Авенариус Г. Г. К тридцатипятилетию Харбина. //Вестник Маньчжурии. 1933 , №13. с. 62 – 70.

《哈尔滨的工业企业》① 《货币兑换处及其在中国当前货币流通中的作用》② 《满洲的内部贸易》③ 《满洲城市中的同乡会》④ 《双城堡和双城县》⑤ 《中国的水上运输：文献概述》⑥ 《中国商业阶层》⑦ 《满洲的煤炭业》⑧ 《满洲煤炭的销售条件》⑨ 十一篇文章，在 1938 年出版了著作《日本帝国与民族经济生活》。该书是作为哈尔滨圣弗拉基米尔学院东方经济系东方经济班教材而出版，篇幅不长，仅 75 页，但全面介绍了当时日本（含占领地朝鲜、南萨哈林、南洋等）的领土、人口、食物、交通与交通工具、农业、畜牧业、森林与林业、矿业与重工业、加工业、货币流通与金融业、贸易等内容。尽管该书具有教材性质，但仍是当时俄国学者出版的不多见的关于日本经济的重要论著。

　　И. С. 扎鲁德内在学术研究上一改之前的侧重技术问题的研究，在 1932 年出版的《中东铁路中央图书馆书籍绍介汇报（中国学文献概述）》中发表了《现在中国的交通问题》⑩ 《中国与外国》⑪ 两篇文章，从文献

---

① Авенариус Г. Г. Промышленные предприятия Харбина.//Вестник Маньчжурии. 1933, №14 – 15. с. 157 – 163.

② Авенариус Г. Г. Меняльные конторы и их роль в современном денежном обращении Китая.//Вестник Маньчжурии. 1933, №18 – 19. с. 101 – 110.

③ Авенариус Г. Г. Внутренняя торговля Маньчжурии.//Вестник Маньчжурии. 1933, №21. с. 13 – 31.

④ Авенариус Г. Г. Землячества в городах Маньчжурии.//Вестник Маньчжурии. 1934, №4. с. 162 – 167.

⑤ Авенариус Г. Г. Шуанчэнпу и Шуанчэнсянь.//Вестник Маньчжурии. 1934, №8. с. 114 – 119.

⑥ Авенариус Г. Г. Водный транспорт в Китае. Библиографический очерк.// Библиографический сборник (Обзор литературы по китаеведению) под редакцией Н. В. Устрялова Харбин, II (V), 1932, с. 155 – 179.

⑦ Авенариус Г. Г. Торговый класс Китая.//Библиографический сборник (Обзор литературы по китаеведению) под редакцией Н. В. Устрялова Харбин, I (IV), 1932, с. 117 – 134.

⑧ Авенариус Г. Г. Каменноугольная промышленность Маньчжурии.//Вестник Маньчжурии. 1933, №14 – 15. с. 41 – 59.

⑨ Авенариус Г. Г. Условия сбыта маньчжурских каменных углей.//Вестник Маньчжурии. 1934, №2. с. 68 – 79.

⑩ Зарудный И. С. Транспортная проблема в Современном Китае.//Библиографический сборник (Обзор литературы по китаеведению) под редакцией Н. В. Устрялова Харбин, I (IV), 1932, с. 185 – 190.

⑪ Зарудный И. С. Китай и иностранные державы.//Библиографический сборник (Обзор литературы по китаеведению) под редакцией Н. В. Устрялова Харбин, II (V), 1932, с. 180 – 198.

学角度研究了上述两个问题的研究情况。

А. И. 加里奇于 30 年代初在《东省杂志》上发表了《日本在满洲的投资》① 和《西北满洲铁路的经济状况》② 两篇文章。

И. Г. 巴拉诺夫在本时期仍笔耕不辍，一直耕耘到第二次世界大战结束，主要在《中东铁路中央图书馆书籍绍介汇报（中国学文献概述）》（第 5 集）《东省杂志》《法政学刊》《基督教青年会哈尔滨自然地理研究会通报》《哈尔滨地方志博物馆通报》《哈尔滨自然科学与人类学学会丛刊》等杂志或文集上发表了《图书简讯》③《旅顺的博物馆》④《大连工商展览会》⑤《蒙古王朝的肖像画廊》（译文）⑥《北满各类酸模简介》⑦（与俄侨学者 Б. В. 斯克沃尔佐夫合作）《艺术家宋古罗夫画中的乡土研究》⑧《纪念学生》⑨《关于林语堂教授著作〈吾国与吾民〉的图书简讯》（译文）⑩《一九三五年甘珠临时市场之情形》⑪（与陈光齐合作）等十一篇文

---

① Галич А. И. Японские инвестиции в Маньчжурии. Вестник Маньчжурии. 1932, №11 – 12. с. 55 – 65.

② Галич А. И. Экономиеское положение северо – западных маньчжурских железных дорог. //Вестник Маньчжурии. 1933, №21. с. 40 – 45.

③ Баранов И. Г. Библиографическая заметка. //Библиографический сборник（Обзор литературы по китаеведению）под редакцией Н. В. Устрялова Харбин, II（V）, 1932, с. 366 – 374.

④ Баранов И. Г. Музей в Порт – Артуре. //Вестник Маньчжурии. 1933, №6. с. 70 – 73.

⑤ Баранов И. Г. Торгово – промышленная выставка в Дайрене. //Вестник Маньчжурии. 1933, №17. с. 44 – 55.

⑥ Баранов И. Г. Портретная галерея монгольской династии. //Изв. клуба естествознания и географии ХСМЛ. Харбин, 1941, с. 101 – 106.

⑦ Баранов И. Г. , Скворцов Б. В. Обзор видов рода щавель в Северной Маньчжурии. // Изв. Харбинск. краев. музея, №1, 1945, с. 50 – 52.

⑧ Баранов И. Г. Краеведение в картинах художника Сунгурова. //Вестник Маньчжурии. 1934, №3. с. 172 – 175.

⑨ Баранов И. Г. Памяти ученика//Записки Харбинского общества естествоиспытателей и этнографов. 1946, №1. с. 5.

⑩ Баранов И. Г. Библиографическая заметка о книге профессора Лин Юй – тан " мая страна и мой народ"//Записки Харбинского общества естествоиспытателей и этнографов. 1946, №1. с. 53 – 58.

⑪ Баранов И. Г. Ганьчжурская ярмарка 1935 г. //Известия юридического факультета, 1936, №11. с. 295 – 310. – Харбин, 1936.

章，出版了《辽东南部的民间信仰》① （1934 年第 6 期《东省杂志》发表，同年出版单行本）《中国现代艺术文学》② 《国立北平公共图书馆》③ （1931 年出版，1932 年《中东铁路中央图书馆书籍介绍汇报（中国学文献概述）》第 5 集中再次发表）《哈尔滨极乐寺及孔庙》④ （1938 年第 12 期《法政学刊》发表，同年出版单行本）四本小册子。本时期 И. Г. 巴拉诺夫的著述中值得一提的是其于 1934 年出版的《中国现代艺术文学》这本小册子。《中国现代艺术文学》是 И. Г. 巴拉诺夫出版的专论中国文学尤其是中国现代文学的唯一著述也是俄侨学者中少有的关注中国现代文学的学者。《中国现代艺术文学》尽管只有短短的十七页篇幅，但却从八个方面记述了中国的物质和精神文化的表现形式，尤其指出除哲学外中国文学是中国文化的主要表现形式之一，介绍了中国文学的源头及其精神财富，中国古代文学的发展简史，中国古代文学的繁荣发展与衰落，20 世纪初中国新文学的复兴，新文化运动背景下中国现代文学的兴起，作为中国现代文学杰出代表的胡适、徐志摩、鲁迅等作家等内容。И. Г. 巴拉诺夫指出，尽管新文化运动在中国现代文学中取得了重要成就，但中国现代文学仍没有诞生一部能与欧洲文艺复兴时代相比拟的作品。⑤ 笔者认为，И. Г. 巴拉诺夫把中国新文化运动与欧洲文艺复兴相媲美，把中国现代文学置于世界文学发展的高度上进行研究，这是对中国现代文学发展成就的高度肯定，然而 И. Г. 巴拉诺夫忽略了两种不同历史环境的差异所导致的文学创作的不同价值取向，但值得肯定的是，И. Г. 巴拉诺夫

---

① Баранов И. Г. О народных верованиях Южного Ляодуна. – Харбин, тип. квжд, 1934. – 11с. //Вестник Маньчжурии. 1934 , №6. с. 144 – 152.

② Баранов И. Г. Современная китайская художественная литература: Справка. – Харбин, Тип. Заря, 1934. 17с.

③ Баранов И. Г. Государственная публичная библиотека в Бэйпине (Пекине). – Харбин, тип. квжд, 1931. 23с. //Библиографический сборник (Обзор литературы по китаеведению) под редакцией Н. В. Устрялова Харбин, II （V）, 1932 , с. 353 – 365.

④ Баранов И. Г. Храм Цзи – лэ – сы и Конфуция в Харбине: История постройки и краткое описание (с рисунками). Харбин: 1938. 16с. – то же//Известия юридического факультета, 1938 , №12, с. 151 – 164.

⑤ Баранов И. Г. Современная китайская художественная литература: Справка. – Харбин, Тип. Заря, 1934. с. 17.

还是对中国文学能够向世界发出自己的声音充满了期待。鉴于 И. Г. 巴拉诺夫在中国研究上的贡献，1999 年俄罗斯学者将 И. Г. 巴拉诺夫发表过的有关中国文化、风俗习惯和宗教信仰的著述结集出版，名为《中国人的信仰与风俗》，让学者们能够更加深入地对 И. Г. 巴拉诺夫进行研究。

Б. В. 斯克沃尔佐夫在三四十年代在学术研究上仍很活跃，不断有文章发表，在《东省杂志》《中东铁路中央图书馆书籍绍介汇报（中国学文献概述）》（第 5 集）《哈尔滨地方志博物馆》《哈尔滨自然科学与人类学爱好者学会丛刊》上发表了《满洲的植物群带及其地理景观》①《吉林省大青山岭森林的消失》②《人参的商业意义》③《蘑菇的商业意义》④《中国番薯、芋头和山药的栽培》⑤《中国的民间医学与药铺》⑥《满洲农村的农业技术》⑦《А. Д. 沃耶伊科夫在园林栽培和风土驯化领域的工作》⑧《东省文物研究会及其博物馆史》⑨《哈尔滨的砖厂》⑩《满洲荞麦与荞麦

---

① Скворцов Б. В. Маньчжурская флористическая область и её географические ландшафты.//Библиографическей сборник（Обзор литературы по китаеведению）под редакцией Н. В. Устрялова Харбин, II（V）,1932,с.1 – 24.

② Скворцов Б. В. Скворцов Б. В. Исчезающие леса хребта Тачиншань Гиринской провинции.//Вестник Маньчжурии. 1932,№2. с.65 – 70.

③ Скворцов Б. В. Жень – шень и его торговое значение.//Вестник Маньчжурии. 1933,№3. с.80 – 89.

④ Скворцов Б. В. Грибы и их торговое значение.//Вестник Маньчжурии. 1932,№6 – 7. с. 115 – 124.

⑤ Скворцов Б. В. Батат, таро, ямс и их культура в Китае.//Вестник Маньчжурии. 1933, №1. с.49 – 61.

⑥ Скворцов Б. В. Народная медицина и лекарственный промысел в Китае.//Вестник Маньчжурии. 1933,№4. с.72 – 86;№5. с.35 – 43;№6. с.59 – 70;№7. с.55 – 67;№8 – 9. с.72 – 79.

⑦ Скворцов Б. В. Агротехника в маньчжурской деревне.//Вестник Маньчжурии. 1933, №12. с.40 – 52.

⑧ Скворцов Б. В. Работа А. Д. Воейкова в области садоводства и акклиматизации.//Известия Харбинского краеведческого музея. 1945. №1. с.14 – 18.

⑨ Скворцов Б. В. К истории Общества изучения Маньчжурского края и созданного им музея.（1922 – 1945）.//Изв. Харбинск. краев. музея,1945,№1,с.53 – 56.

⑩ Жернаков В. Н. Кирпичное производство Харбина.//Ежегодник клуба естествознания и географии ХСМЛ. – Харбин. 1934. – Т. 1. с.225 – 232.

米的出口》①《1933—1940 年基督教青年会哈尔滨自然地理学研究会活动报告》②《纪念米哈伊尔·阿尔卡齐耶维奇·菲尔索夫》③《1931—1945 年亚洲、美洲、非洲以及日本和锡兰半岛的不为人知的新藻类》④《В. Л. 科马洛夫》⑤《哈尔滨市美国麝香葡萄的栽培》⑥《关于 1944—1945 年寒冬对哈尔滨市及市郊果树、浆果植物和其他植物耐寒性的影响研究》⑦《关于在满洲栽培茄子的品种鉴定》⑧ 十八篇文章。

史禄国在三四十年代在民族学、人类学、语言学研究上继续前行,取得了更大的成就,用多种语言在《新人种志》《美国人类学档案》《华裔学志》《民俗研究》等杂志上发表了《满文的阅读与音译》⑨《民族理论在系统科学人类学中的地位》⑩《费孝通评中国农民生活》⑪《中国的民

---

① Жернаков В. Н. Экспорт гречихи и гречиевой крупы из Маньчжурии. //Ежегодник клуба естествознания и географии ХСМЛ. – Харбин. 1934. – Т. 1. с. 233 – 236.

② Жернаков В. Н. Отчет о деятельности Клуба естествознания и географии ХСМЛ за период с 1933 по 1940 гг. //Известия Клуба естествознания и географии ХСМЛ. Харбин, 1941. с. 107 – 112.

③ Жернаков В. Н. Памяти Михаила Аркадьевича Фирсова//Известия Клуба естествознания и географии ХСМЛ. Зоология. Вып. 1. Харбин, 1945. с. 7 – 9.

④ Скворцов Б. В. Новые и мало известные виды Algae, Flagellatae, Phycomicetae из Азии, Америки, Африки, а также с островов Японии и Цейлона, описанные в 1931 – 45 г. г., с 18 таблицами рисунков. //Записки Харбинского общества естествоиспытателей и этнографов. Харбин, 1946, №2. с. 1 – 34.

⑤ Скворцов Б. В. В. Л. Комаров//Записки Харбинского общества естествоиспытателей и этнографов. Харбин, 1946, №5. с. 5 – 8.

⑥ Скворцов Б. В. Культура американского мускатного винограда в городе Харбине. //Записки Харбинского общества естествоиспытателей и этнографов. Харбин, 1946, №6. с. 7 – 12.

⑦ Скворцов Б. В. К изучению влияния холодной зимы 1944 – 45 г. г. на морозостойкость плодовых, ягодных и других растений г. Харбина и его окрестностей. //Записки Харбинского общества естествоиспытателей и этнографов. Харбин, 1946, №6. с. 13 – 16.

⑧ Скворцов Б. В. К апробации баклажан, разводимых в Маньчжурии. //Записки Харбинского общества естествоиспытателей и этнографов. Харбин, 1946, №6. с. 21 – 26.

⑨ Shiro Kogoroff S. M. Reading and transliteration of Manchu Lit. ///Rocznik Orjentalistyczny. 1934. 10. pp. 122 – 130.

⑩ Shiro Kogoroff S. M. la theorie de l'Ethnos et sa place dans le systeme des sciences anthropologiques//L'Ethnographie nouvelle serie. 1936. 32. pp. 85 – 115.

⑪ Shiro Kogoroff S. M. Review of Peasant life in China by Fei Hsiao – tung//Deutsche Literaturzeitung. 1939. 4. pp. 377 – 378.

族志调查》① 《人种学与民族学》② 等近十篇文章③，用英文出版了《民族：理论概述》④《通古斯人的心理特质综合体》⑤《通古斯—俄与俄—通古斯双解字典：来自凹版印刷手稿》⑥ 三部经典著作。其中，《通古斯人的心理特质综合体》不仅是史禄国在满—通古斯人研究上的又一经典之作，更是其在民族理论研究上的全面总结和产生深远影响之作。该书包括引言、正文和结论四部分三十四章，记述了通古斯人不同族体的环境、生产、社会组织、语言、艺术、宗教信仰、祭祀和萨满教等内容。经过20 年代的实际研究与探索，史禄国通过该书在民族理论研究上明确了民族学的研究指向，确立了理论民族学的科学地位。史禄国认为，民族学的任务是研究族体的文化适应，民族学家应该揭示某些文化综合体活动的内在机制和了解这些机制在人性、地理环境、历史发展中起作用的原因；理论民族学的任务是在族际环境中确立人生存的自然条件与文化适应之间的联系。因此，理论民族学是一门研究族体整体变化过程的科学。这样，史禄国在20 年代提出族体理论的基础上构建了理论民族学，并且在《通古斯人的心理特质综合体》这部著作中得到了全面实践。

在这部著作中，史禄国又提出一个新概念——心理特质综合体："指一些文化要素，包括在对待特定环境适应过程中在心理和精神层面的反

---

① Shiro Kogoroff S. M. Ethnographic investigation of China//Folklore Studies. 1942. 1. pp. 1 – 8.

② Shiro Kogoroff S. M. Ethnographie und Ethnologie. Zur Lage der modernen Volkerkunde(aus dem Englischen ubersetzt von W. Muhlmann)//Archiv fur Anthropologie n. s. 1937. 24. pp. 1 – 7.

③ 其中一些文章所用语言很难翻译，本课题仅列举出来，供研究者参考，如 Shiro Kogoroff S. M. Versuch einer Erforschung der Grundalen des Schamanentus bei den Tungusen, autorisierte Ubersetzung von W. A. Unkrig aus dem Russischen. Baessler – Archiv. 18/2. 1935. pp. 41 – 96；Review of Lehrbuch der Volkerkunde by Konrad Preuss//Archiv fur Anthropologie n. s. 1938. 24/2. pp. 158 – 161；Review of Textes oraux ordos by Antoine Mostaert//Monumenta Serica. 1938. 3. pp. 298 – 300；Review of Die sudslavische Grossfamilie in ihrer Bezeihung zum asiatischen Grossraum by Vinski Zdenko//Monumenta Serica/1939. 4. pp. 376 – 377；Review of Nethod der Volkerkunde by W. Muhlmann//Deutsche Literaturzeitung. 1939. 19. pp. 678 – 682；Ethnography and missionaries woed//Collectanea Commissionis Synodalis. 1939. 12. pp. 715 – 727.

④ Shiro Kogoroff S. M. Ethnos：An outline of theory. Peiping：Cathlic University Press. 1934. 73p.

⑤ Shiro Kogoroff S. M. Psychomental complex of the Tungus. London：Kegan Paul, Trench, Trubner & Co. 1935. 469p.

⑥ Shiro Kogoroff S. M. A Tunus dictionary. Tungus – Russian and Russina – Tungus, photogravured from manuscript. Tokyo：The Minzokygaku Kyokai. 1944. 258p.

映，其中特定的环境作为一个整体可以是静态的，也可以是动态的。"
"这些文化要素分为两组，即是（1）一组反映态度，这些态度是持久的、
明确的，虽然在特定的范围内会发生一些变动；（2）一组观念，这组观
念表明了特定的精神态度，同时它们也是特定族群单位或个人的理论体
系。"① 在史禄国看来，心理特质综合体与族体内部存在的各种关系、族
体存在的自然条件和毗邻族体间产生的多领域交往密切相连，所以族体
的文化创造和延续主要体现在心理特质综合体活动上，表现为具体的态
度和观念，每一个族体都有独特的心理特质综合体。按照族体理论的基
本框架，史禄国选取了通古斯人的心理特质综合体进行考察。而代表通
古斯人文化心理的萨满教成为史禄国重点论述的内容。史禄国指出，萨
满教是通古斯人心理的各种生物作用的表现、自我保护的工具、安全阀
或自我协调机制，是通古斯人整个心理特质综合体的核心组成部分。这
样一部集理论与实践研究的深奥著作得到了同时代的德国学者米尔曼的
赞誉，"史禄国用这部著作打破了民族学的条条框框（这个术语的过去意
义），使自己跻身于第一流民族学理论家之列"。"这部著作与其他许多著
作不同。那些著作被人读后放回原处，予以评价，然后就抛在一边，不
再过问。与此相反，这部著作会在很大程度上促进理论民族学地位的强
化，而其结果将长期引起争论"。② 当代俄罗斯学者 E. B. 列弗涅尼科娃和
A. M. 列舍托夫对这部著作同样给予了高度评价："史禄国的著作《通古
斯人的心理特质综合体》促进了整个萨满综合体研究新创造性方法的产
生"，"史禄国的著作——按照理论民族学科学概念进行理论民族学研究
的范本"。③

　　C. A. 波列沃依在 30 年代在学术研究上仍以编写词典为主，出版了《俄
汉法律、外交、经济、哲学和其他学术术语词典：续编——最新社会政治、

　　① Shiro Kogoroff S. M. Psychomental complex of the Tungus. London：Kegan Paul，Trench，Trubner
& Co. 1935. p. 1.

　　② Мюльман В. С. М. Широкогоров. Некролог（с приложением писем，фотографии и
библиографии）/Пер. и примеч. Д. А. Функа//Этнографическое обозрение. 2002. No1. c. 146.

　　③ Ревунекова Е. В. Решетов А. М. Сергей Михайлович Широкогоров//Этнографическое
обозрение. 2003. No3. c. 118.

科学技术术语与缩略语》①《新方法：适用于中国人的俄语口语课本——注解词典》② 和从英文翻译成中文的《蒙古神话》③ 译著。《俄汉法律、外交、经济、哲学和其他学术术语词典：续编——最新社会政治、科学技术术语与缩略语》是 1927 年出版的《俄汉法律、外交、政治、哲学和其他学术术语词典》的补编，使其"俄汉词典"得到了完整体现。而 C. A. 波列沃依在 1937 年编写完的手稿"大俄汉词典"中又进一步补充了新资料。

M. B. 阿布罗西莫夫在 30 年代初继续在经济问题上开展研究，在《东省杂志》上发表了《豆饼与豆油价格比》④《满洲榨油工业生产的季节波动》⑤ 等四篇文章，出版了《白银作为世界货币问题》⑥（1932 年第9—10、第 11—12 期《东省杂志》发表，1933 年出版同名单行本）一本小册子。M. B. 阿布罗西莫夫的《白银作为世界货币问题》一书专门探讨了白银作为世界货币的历史演进、白银是一种不稳定的货币、复本位制在国际范围内是否还有恢复的可能、恢复复本位制对中国将产生何种影响以及中国实行金本位制等问题。

M. Д. 格列波夫在 30 年代上半叶主要就中国东北的土壤学进行研究，在《满洲经济地理概述》和《东省杂志》上发表了《满洲的土壤》⑦《北满的土壤》⑧《松花江的土壤改良意义与额尔古纳河上游和松花江流域的

────────────

①　Полевой С. А. Русско - китайский словарь юридических, дипломатических, экономических, философских и др. научных терминов. Доп. Новейшая общественно - политическая, научно - техническая терминология и сокращения. - Пекин, 1934. 193с.

②　Полевой С. А. Новый Путь. Учебник русского разговорного языка для китайцев. Ч. 1 - 2. - Пекин, 1932. - 102с. Подстрочный словарь. - 138, с.

③　Полевой С. А. Монгольские сказки. - Шанхай, 1933.

④　Абросимов М. В. Соотношение ценности бобовых жмыхов и бобового масла. // Вестник Маньчжурии. 1932, №8. с. 15 - 22.

⑤　Абросимов М. В. Сезонные колебания производства в маслобойной промышленности Маньчжурии. // Вестник Маньчжурии. 1933, №13. с. 43 - 52.

⑥　Абросимов М. В. Мировая денежная проблема серебра. Харбин: тип. КВжд, 1933. - 78с. // 1932, №9 - 10. с. 38 - 52; 1932, №11 - 12. с. 37 - 50.

⑦　Глебов М. Д. Почвы Маньчжури // Маньчжурия: Экон. - геогр. описание. - Харбин, 1934. - Ч. 1. с. 49 - 56.

⑧　Глебов М. Д. Почвы Северной Маньчжурии // Вестник Маньчжурии. 1933, №7. с. 31 - 42; №8 - 9. с. 41 - 50; №10 - 11. с. 79 - 90; №12. с. 68 - 78; №13. с. 78 - 86; №16. с. 40 - 52.

水系动态》① 等十一篇文章，并于 1933 年和 1934 年分别出版了上述文章合集的同名小册子两部，即《北满的土壤》② 和《松花江的土壤改良意义与额尔古纳河上游和松花江流域的水系动态》③，对当时中国东北的土壤状况给予了详细记载。

И. И. 多姆布洛夫斯基在 30 年代上半叶对中国东北的经济做了进一步的深入研究，并达到了创作的高峰，在《东省杂志》《中东经济月刊》发表了《1931 年哈尔滨市场价格》④《1932 年上半年哈尔滨市场价格》⑤《日本肥料市场上的满洲豆饼》⑥《1932 年上半年满洲的商品交易额》⑦《日满经济关系》⑧《1932 年哈尔滨市场价格》⑨《伪满洲的新工业建设》⑩《满洲市场局势》⑪《满洲国的关税》⑫《1933 年哈尔滨市场价格》⑬《1933

---

① Глебов М. Д. Мелиоративное значение реки Сунгари и водный режим бассейнов рек Сунгари и Верхней Аргуни//Вестник Маньчжурии. 1934,№3. с. 119 – 135;№4. с. 150 – 162;№6. с. 127 – 144;№10. с. 130 – 138.

② Глебов М. Д. Почвы Северной Маньчжури. - Харбин,Тип. квжд,1933. 62с.

③ Глебов М. Д. Мелиоративное значение реки Сунгари и водный режим бассейнов рек Сунгари и Верхней Аргуни - Харбин:Ттп. КВЖД,1934. 54с.

④ Домбровский И. И. Цены харбинского рынка за 1931 г.//Вестник Маньчжурии. 1932, №2. с. 18 – 32.

⑤ Домбровский И. И. Цены харбинского рынка в первом полугодии 1932 г.//Вестник Маньчжурии. 1932,№6 – 7. с. 50 – 63.

⑥ Домбровский И. И. Маньчжурские жмыхи на японском удобрительном рынке.//Вестник Маньчжурии. 1932,№8. с. 7 – 14.

⑦ Домбровский И. И. Торговые обороты Маньчжурии в первом полугодии 1932 г.//Вестник Маньчжурии. 1932,№9 – 10. с. 1 – 10.

⑧ Домбровский И. И. Японо - маньчжурские экономические отношения.//Вестник Маньчжурии. 1933,№1. с. 19 – 34.

⑨ Домбровский И. И. Цены харбинского рынка 1932 г.//Вестник Маньчжурии. 1933,№6. с. 1 – 20.

⑩ Домбровский И. И. Новое промышленное строительство в Маньчжурии.//Вестник Маньчжурии. 1933,№17. с. 18 – 43.

⑪ Домбровский И. И. Конъюнктура маньчжурского рынка.//Вестник Маньчжурии. 1933, №20. с. 23 – 29.

⑫ Домбровский И. И. Таможенный тариф Маньчжу - Го.//Вестник Маньчжурии. 1933, №22. с. 27 – 36.

⑬ Домбровский И. И. Цены харбинского рынка в 1933 г.//Вестник Маньчжурии. 1934, №1. с. 74 – 94.

年满洲的对外贸易与近 5 年来满洲贸易中的变化》① 《1933 年中国的对外
贸易》② 《满洲铁路的出口工作》③ 《1934 年上半年满洲的对外贸易》④
《1924—1934 年满洲从美国的进口》⑤ 《日本在满洲贸易的新形式》⑥ 《满
洲海关的收入》⑦ 等十七篇文章。

　　Т. П. 高尔捷也夫于三四十年代初在《布尔热瓦尔斯基研究会文
集》《大陆科学院通报》《基督教青年会哈尔滨自然地理学研究会年鉴》
《基督教青年会哈尔滨自然地理学研究会通报》上发表了《哈尔滨地区榆
树的研究及其相关文献综述》⑧ 《满洲土壤与植物群落研究资料：第 1 和
第 2 部分》⑨ 《满洲土壤与植物群落研究资料：第 3 部分》⑩ 《满洲土壤与
植物群落研究资料：第 4 部分》⑪ 四篇文章。

---

①　Домбровский И. И. Внешняя торговля Маньчжурии в 1933 году и изменения в
маньчжурской торговле за последнее пятилетие. //Вестник Маньчжурии. 1934, №3. с. 23 – 49.

②　Домбровский И. И. Внешняя торговля Китая в 1933 г. //Вестник Маньчжурии. 1934,
№7. с. 86 – 108.

③　Домбровский И. И. Экспортная работа маньчжурских железных дорог. //Вестник
Маньчжурии. 1934, №8. с. 97 – 108.

④　Домбровский И. И. Внешняя торговля Маньчжурии в 1 полугодии 1934 года. //Вестник
Маньчжурии. 1934, №9. с. 10 – 21.

⑤　Домбровский И. И. Импорт в Маньчжурию из Северо – Американских Соединенных
Штатов за десятилетие 1924 – 1934 гг. //Вестник Маньчжурии. 1934, №10. с. 31 – 49.

⑥　Домбровский И. И. Новые формы японской торговли в Маньчжурии. //Вестник
Маньчжурии. 1934, №11 – 12. с. 40 – 55.

⑦　Домбровский И. И. Доходы Маньчжурских таможен. //Экономический. бюллетень –
1932, №13. с. 1 – 2.

⑧　Гордеев Т. П. To the Study of the Elm Semisteppe of the Harbin Region and Brief Review of the
Lierature relating thereto//Bulletin of the Institute Scientific Research, Manchoukuo; Hsinking, 1943. Vol.
7, N2.

⑨　Гордеев Т. П. Материалы по изучениию почв и растительных сообществ Маньчжурии. 1.
Введение. 2. Опыт составления гипотетической карты Северной Маньчжурии//Ежегодник клуба
естествознания и географии ХСЛМ. Харбин, 1934, ч. 1, с. 106 – 122.

⑩　Гордеев Т. П. Материалы по изучениию почв и растительных сообществ Маньчжурии. 3.
К характеристике карбонатных солонцеватых сероземов Содистой в Северной Маньчжурии//
Известия Клуба Естествознания и Географии ХСМЛ. . Харбин. 1941. с. 47—78.

⑪　Гордеев Т. П. Материалы по изучениию почв и растительных сообществ Маньчжурии. 4.
К экологической географии Северо – Маньчжурских растений. //сб. научных работ пржевальцев,
1942, Харбин, с. 33 – 40.

И. В. 科兹洛夫于 1934 年在《基督教青年会哈尔滨自然地理学研究会年鉴》上发表了《В. Ф. 布罗杰鲁斯教授确定的北满第一批苔藓标本目录》① 一篇文章。

Н. А. 索科洛夫于 30 年代上半叶在《东省杂志》上发表了《1931 年大连的市场价格》②《北满的移民运动》③《满洲的地方风俗与土地使用形式》④ 三篇文章。

М. А. 塔雷金在 40 年代初留下了一部可贵的著作——《伪满洲国十年——伪满洲国的俄国艺术》⑤。该书出版于 1942 年，是为纪念伪满洲国成立 10 周年而编写，书中内容包括俄国在满洲的话剧、哈尔滨俄国侨民的音乐生活（哈尔滨音乐班、教堂唱诗班、音乐艺术学校、哥萨克合唱班、哈尔滨交响协会、1941 年和 1942 年的声乐比赛）等文章，大致记载了俄侨艺术家在中国东北的艺术生活简况，对研究俄侨艺术史具有重要史料价值。

А. Н. 季霍诺夫于 1932 年在《东省杂志》《经济半月刊》上陆续发表了《哈尔滨的银行与私人贷款》⑥《傅家甸呢绒毯子的生产》⑦《中东铁路沿线上洪灾与强降雨所导致的破坏》⑧ 三篇文章。

В. Г. 施什卡诺夫于 1932 年在《东省杂志》上发表了《中国进口的

---

①　Козлов И. В. Список первой коллекции мхов из Северной Маньчжурии, определенных профессором В. Ф. Бротерусом.//Ежегодник клуба естествознания и географии ХСМЛ. - Харбин. 1934. - Т. 1. с. 191 – 196.

②　Соколов Н. А. Рыночные цены Дайрена за 1931 г.//Вестник Маньчжурии. 1932, №4. с. 44 – 50.

③　Соколов Н. А. переселенческое Движение в Северной Маньчжурии.//Вестник Маньчжурии. 1933, №3. с. 56 – 60.

④　Соколов Н. А. Местные обычаи и формы землепользования в Маньчжурии.//Вестник Маньчжурии. 1933, №12. с. 52 – 60.

⑤　Талызин М. А. Десять лет Маньчжу – ди – го. Рус. искусство в Маньчжурской империи. - Харбин: Изд. Харбинского симфонического общества, 1942. 54 с.

⑥　Тихонов А. Н. Банковский и частный кредит в Харбине.// Экономический. бюллетень, 1932, №8. с. 9 – 11.

⑦　Тихонов А. Н. Суконно – одеяльное производство в Фуцзядяне.// Экономический. бюллетень, 1932, №9 – 10. с. 6.

⑧　Тихонов А. Н. Разрушения от ливней и наводнения на линии квжд.// Экономический. бюллетень, 1932, №16. с. 1 – 3.

主要商品》① 一篇文章。

Н. Ф. 欧尔洛夫于 1933 年在《法政学刊》上发表了《遗传性及其意义》② 的最后一篇学术文章。该文于同年在哈尔滨出版了单行本。

Н. Е. 哀司别洛夫于 1936 年在《法政学刊》上发表了《蒙古及俄国（所称塔塔林束缚法律上性质）》③ 的最后一篇学术文章。

И. С. 布鲁聂特于 1943 年在《圣赐食粮》杂志上发表了《沙皇亚历山大二世》④ 等两篇文章。

卜朗特在三四十年代在学术研究上除继续出版教材（1940 年在北京由北京法文图书馆刊印的英文版教材《华言拾级》）外，还有其他成果问世，如 1937 年在天津出版的为伟大革命先行者孙中山先生立传的著作《孙中山：国民党》⑤ 一本不足百页的小册子。该书后由赵季和翻译为汉语，书名为《孙逸仙及国民党之来历》，由上海的新中国社于 1938 年出版。与此同时，卜朗特在《华俄月报》上发表了三篇译自《东周列国志》的译文《中国古代的没落——褒姒美人史》⑥。

П. А. 巴甫洛夫于 1936 年在《华俄月报》上发表了《在热河省边界金矿区的旅行印象》⑦ 一篇文章。

Г. А. 博格达诺夫于 1936 年在《法政学刊》上发表了《满洲帝国税

---

① Шишканов В. Г. Главнейшие товары китайского импорта. //Вестник Маньчжурии. 1932, No5. с. 71 – 78.

② Орлов Н. Ф. Наследственность и её значение. //Известия юридического факультета, 1933, Х, с. 249 – 272. – Харбин, 1933. 23 с.

③ Эсперов Н. Е. Монголия и Россия (об юридической природе т. н. татарского ига). //Известия юридического факультета, 1936, No11. с. 311 – 318. – Харбин, 1936.

④ Бруннерт И. С. Император Всероссийский Александр Ⅱ Николаевич (1818 – 1881): Докл., прочит. в Пекине на Антикоммунист. соборе 11 марта 1943 г. //Хлеб Небесный. – Харбин, 1943. No11. с. 9 – 19; No12. с. 22 – 30.

⑤ Брандт Я. Я. Сун – ят – Сен. Гомидановская партия. Тяньцзинь: Изд. журн. Возрождение Азии. 1937. 84 с.

⑥ Брандт Я. Я. В сумерках китайского прошлого. История Красавицы Бао – Сы. (перевод с китайского)//Вестн. Китая (Тяньцзин). 1936. No2. с. 1 – 7; No3. с. 1 – 10; No4. с. 1 – 10.

⑦ Павлов П. А. Впечатления от поездки в золотоносный район у границы провинции Жэ – Хэ. //Вестн. Китая (Тяньцзин). 1936. No3. с. 13 – 18; No5. с. 27 – 30.

则改革》① 一篇文章。

П. К. 别达列夫在 30 年代上半叶主要从事中国东北气象研究，在《东省杂志》上发表了《北满的水灾》②《1932 年北满的天气》③《1933 年 1 月北满天气概述》④《1933 年 2、3 月北满天气概述》⑤《1933 年 4—6 月北满天气概述》⑥《1933 年 7—9 月北满天气概述》⑦《1933 年 10—12 月北满天气概述》⑧《1934 年 1—3 月北满天气概述》⑨《1933 年 4—6 月北满天气概述》⑩《满洲的积雪》⑪ 十篇文章，出版了《北满的降雨强度》⑫（1932 年第 4 期《东省杂志》发表，同年出版单行本）一本小册子。

А. И. 郭尔舍宁在 30 年代上半叶继续之前开展的研究活动，在中东铁路的客货运输和东北区域经济问题上展开深入研究，在《东省杂志》

① Богданов Г. А. Налоговая реформа Маньчжу – Ди – Го.//Известия юридического факультета,1936,№11,с. 329 – 344.

② Бедарев П. К. Наводнения в Северной Маньчжурии//Вестник Маньчжурии. 1932,№8. с. 1 – 6;1934,№9. с. 73 – 92.

③ Бедарев П. К. Погода Северной Маньчжурии в 1932 г.//Вестник Маньчжурии. 1933,№ 2 – 3. с. 57 – 62.

④ Бедарев П. К. Обзор погоды Северной Маньчжурии за январь 1933 года//Вестник Маньчжурии. 1933,№4. с. 66 – 71.

⑤ Бедарев П. К. Обзор погоды Северной Маньчжурии за февраль и март 1933 г.//Вестник Маньчжурии. 1933,№8 – 9. с. 50 – 56.

⑥ Бедарев П. К. Обзор погоды Северной Маньчжурии за апрель – июнь 1933 года//Вестник Маньчжурии. 1933,№13. с. 86 – 94.

⑦ Бедарев П. К. Обзор погоды Северной Маньчжурии за июль – сентябрь 1933 г.//Вестник Маньчжурии. 1933,№20. с. 54 – 62.

⑧ Бедарев П. К. Обзор погоды Северной Маньчжурии за октябрь – декабрь 1933 года//Вестник Маньчжурии. 1934,№1. с. 169 – 178.

⑨ Бедарев П. К. Обзор погоды за январь – март 1934 года//Вестник Маньчжурии. 1934,№3. с. 112 – 118.

⑩ Бедарев П. К. Обзор погоды за апрель – июнь 1934 года//Вестник Маньчжурии. 1934,№7. с. 109 – 118.

⑪ Бедарев П. К. Снежный покров Маньчжурии//Вестник Маньчжурии. 1933,№17. с. 75 – 101.

⑫ Бедарев П. К. Ливни Северной Маньчжурии//Вестник Маньчжурии. 1932,№4. с. 50 – 68. То же. Харбин,1932. 22с.

《中东经济月刊》上发表了《1931 年中东铁路的货运工作》[①]《1931—1932 年出口生产的 6 个月》[②]《1931 年中东铁路的粮食运输》[③]《中东铁路个别地段商业货物的发运》[④]《中东铁路的粮食运输》[⑤]《哈尔滨枢纽站的货运量》[⑥]《1932 年上半年中东铁路从南满向北满的输入》[⑦]《1931—1932 年中东铁路运输的出口货物》[⑧]《1932 年中东铁路的运输》[⑨]《1933 年 1 月中东铁路的运输》[⑩]《1933 年 2 月中东铁路的运输》[⑪]《1932 年中东铁路的旅客运输》[⑫]《1932—1933 年上半年中东铁路的出口货运工作》[⑬]《1933 年前 4 个月中东铁路的货运工作》[⑭]《1932—1933 年上半年中东铁

[①] Горшенин А. И. Грузовая работа КВжд в 1931 г. //Вестник Маньчжурии. 1932, №1. с. 59 – 66.

[②] Горшенин А. И. Шесть месяцев экспортной кампании 1931/32 г. //Вестник Маньчжурии. 1932, №4. с. 28 – 32.

[③] Горшенин А. И. Хлебные перевозки КВжд за 1931 год. //Вестник Маньчжурии. 1932, №2. с. 44 – 48.

[④] Горшенин А. И. Отправление коммерческих грузов отдельными участками КВжд. //Вестник Маньчжурии. 1932, №5. с. 24 – 32.

[⑤] Горшенин А. И. Хлебные перевозки КВжд. //Вестник Маньчжурии. 1932, №6 – 7. с. 64 – 67.

[⑥] Горшенин А. И. Грузооборот Харбинского узла. //Вестник Маньчжурии. 1932, №8. с.23 – 28.

[⑦] Горшенин А. И. Ввоз в Северную Маньчжурию по КВжд с юга за первое полугодие 1932 г. //Вестник Маньчжурии. 1932, №9 – 10. с.34 – 37.

[⑧] Горшенин А. И. Перевозки КВжд в экспортную кампанию 1931/32 г. //Вестник Маньчжурии. 1932, №11 – 12. с. 25 – 30.

[⑨] Горшенин А. И. Перевозки КВжд за 1932 г. //Вестник Маньчжурии. 1933, №2 – 3. с. 38 – 43.

[⑩] Горшенин А. И. Перевозки КВжд за январь 1933 г. //Вестник Маньчжурии. 1933, №4. с. 24 – 25.

[⑪] Горшенин А. И. Перевозки КВжд за февраль 1933 г. //Вестник Маньчжурии. 1933, №5. с. 17 – 19.

[⑫] Горшенин А. И. Пассажирские перевозки КВжд в 1932 г. //Вестник Маньчжурии. 1933, №6. с. 42 – 46.

[⑬] Горшенин А. И. Грузовая работа КВжд за первую половину экспортной кампании 1932/33 г. //Вестник Маньчжурии. 1933, №7. с. 26 – 30.

[⑭] Горшенин А. И. Грузовая работа КВжд за первые 4 месяца 1933 г. //Вестник Маньчжурии. 1933, №8 – 9. с. 38 – 40.

路的出口粮食运输》① 《1933 年前 5 个月中东铁路的货运工作》② 《1933
年上半年中东铁路的货运工作》③ 《1933 年前 7 个月内中东铁路的运输》④
《1933 年前 8 个月内中东铁路的运输》⑤ 《1932—1933 年中东铁路的出口
运输》⑥ 《中东铁路的木材运输》⑦ 《1933 年前 10 个月内中东铁路的货运
工作》⑧ 《1932—1933 年中东铁路的粮食运输》⑨ 《1933 年前 11 个月内中
东铁路的运输》⑩ 《1933 年中东铁路的运输》⑪ 《1934 年 1—2 月中东铁路
的运输》⑫ 《德国是黄豆的消费者》⑬ 《哈尔滨枢纽站的货运量》⑭ 《1934

---

① Горшенин А. И. Хлебные перевозки КВжд за первую половину экспортной кампания 1932/1933 года. //Вестник Маньчжурии. 1933, №10 – 11. с. 74 – 78.

② Горшенин А. И. Грузовая работа КВжд за 5 месяцев 1933 г. //Вестник Маньчжурии. 1933, №12. с. 64 – 67.

③ Горшенин А. И. Грузовая работа КВжд за первую половину 1933 г. //Вестник Маньчжурии. 1933, №13. с. 73 – 77.

④ Горшенин А. И. Перевозки КВжд за июль 1933 г. //Вестник Маньчжурии. 1933, №16. с. 36 – 39.

⑤ Горшенин А. И. Перевозки КВжд за август 1933 г. //Вестник Маньчжурии. 1933, №17. с. 71 – 74.

⑥ Горшенин А. И. Перевозки КВжд за экспортную кампанию 1932/33 года. //Вестник Маньчжурии. 1933, №18 – 19. с. 134 – 138.

⑦ Горшенин А. И. Лесные перевозки КВжд. //Вестник Маньчжурии. 1933, №20. с. 63 – 66.

⑧ Горшенин А. И. Грузовая работа КВжд за 10 месяцев 1933 г. //Вестник Маньчжурии. 1933, №21. с. 46 – 49.

⑨ Горшенин А. И. Хлебные перевозки КВжд за 1932/33 сельско - хозяйственный год. //Вестник Маньчжурии. 1933, №22. с. 49 – 58.

⑩ Горшенин А. И. Перевозки КВжд за 11 месяцев 1933 г. //Вестник Маньчжурии. 1933, №23 – 24. с. 93 – 96.

⑪ Горшенин А. И. Перевозки КВжд за 1933 г. //Вестник Маньчжурии. 1934, №1. с. 101 – 111.

⑫ Горшенин А. И. Перевозки КВжд за январь - февраль 1934 г. //Вестник Маньчжурии. 1934, №2. с. 80 – 83.

⑬ Горшенин А. И. Германия как потребитель соевых бобов. //Вестник Маньчжурии. 1934, №4. с. 1 – 13.

⑭ Горшенин А. И. Грузооборот харбинского узла. //Вестник Маньчжурии. 1934, №5. с. 78 – 88.

年前 5 个月内中东铁路的运输》① 《1934 年上半年中东铁路的运输》②
《1933 年的大连港》③ 《1934 年中东铁路的货运工作》④ 《东宁县的工商
业》⑤ 《1930—1931 年的抚顺煤矿》⑥ 《1933 年中东铁路的粮食运输》⑦
《1933—1934 年上半年中东铁路的出口运输》⑧ 《1934 年前 4 个月内中东
铁路的运输》⑨ 《1934 年上半年中东铁路的粮食运输》⑩ 《中东铁路的地方
运输》⑪ 《1934 年前 10 个月内中东铁路的运输》⑫ 《南满铁路抚顺煤矿由
沥青页岩提炼的石油产品》⑬ 等四十四篇文章，出版了《满洲和日本的稻
米加工》⑭ （1934 年第 8 期《东省杂志》发表，同年出版单行本）《满洲

① Горшенин А. И. Перевозки КВжд за май 1934 г. //Вестник Маньчжурии. 1934, №6. с.
101 – 105.

② Горшенин А. И. Перевозки КВжд за 1 – ю половину 1934 года. //Вестник Маньчжурии.
1934, №7. с. 81 – 85.

③ Горшенин А. И. Порт Дайрен за 1933 год. //Вестник Маньчжурии. 1934, №9. с. 22 – 50.

④ Горшенин А. И. Грузовая работа КВжд за 1934 г. //Вестник Маньчжурии. 1934, №11 –
12. с. 72 – 81.

⑤ Горшенин А. И. Торговля и промышленность уезда Дуннин. // Экономический.
бюллетень. 1932, №6. с. 13 – 14.

⑥ Горшенин А. И. Фушуньские каменноугольные копи ［ 1930 – 1931гг. ］. //
Экономический. бюллетень. 1932, №8. с. 7 – 9.

⑦ Горшенин А. И. Хлебные перевозки квжд за 1933г. // Экономический. бюллетень. 1934,
№2 – 3. с. 16 – 26.

⑧ Горшенин А. И. Перевозки квжд за первую половину экспортной кампании 1933/34г. //
Экономический. бюллетень. 1934, №4. с. 1 – 4.

⑨ Горшенин А. И. Перевозки квжд за апрель 1934г. //Экономический. бюллетень. 1934,
№5. с. 42 – 45.

⑩ Горшенин А. И. Хлебные перевозки квжд за первую половину 1934г. //
Экономический. бюллетень. 1934, №8. с. 18 – 23.

⑪ Горшенин А. И. Местные перевозки квжд. //Экономический. бюллетень. 1934, №7.
с. 21 – 27.

⑫ Горшенин А. И. Перевозки квжд за 10 месяцев 1934г. // Экономический. бюллетень.
1934, №11 – 12. с. 35 – 39.

⑬ Горшенин А. И. Выработка нефти из битуминозных сланцев на фушуньских копях
ЮМЖД. //Экономический. бюллетень. 1932, №9 – 10. с. 15.

⑭ Горшенин А. И. Производство риса в Маньчжурии и Японии. – Харбин: Тип. КВжд,
1934. с. 28. //Вестник Маньчжурии. 1934, №8. с. 1 – 27.

的日本银行》① （1934 年第 10 期《东省杂志》发表，同年出版单行本）
两本小册子。

B. H. 克雷洛夫于 1933 年在《东省杂志》上发表了《北满县域经济
概述》② 一篇文章。

B. A. 别洛布罗德斯基与俄侨学者 A. K. 波波夫（Попов А. К.）③
合作于 1932 年在《中俄工业大学校通报与著作集》上发表了《现在美国
的电站》④ 一篇长达 160 页的文章。

A. И. 德罗仁于 1934 年在《中俄工业大学校通报与著作集》上发表
了《共轭因变现象与保形变换方法》⑤ 一篇文章。

И. H. 维列夫金于 1932 年在《中东铁路中央图书馆书籍绍介汇报
（中国学文献概述）》上发表了《中国内地、满洲的养蚕业与丝绸工业》⑥
一篇文章。

离开哈尔滨前，B. Я. 托尔马乔夫在《东省杂志》《中东经济月刊》
《中国科学与艺术杂志》上发表了《北满的一些奇特蝴蝶》⑦ （与俄侨学

---

① Горшенин А. И. Японские банки в Маньчжурии. – Харбин：Тип. КВжд, 1934. – 30с//
Вестник Маньчжурии. 1934, №10. с. 1 – 30.

② Крылов В. Н. Экономические очерки уездов Северной Маньчжурии. //Вестник
Маньчжурии. 1933, №22. с. 43 – 48.

③ А. К. 波波夫可能于 1886 年出生，出生地不详，1959 年 6 月 25 日逝世于澳大利亚。1910
年毕业于托木斯克理工学院。1923—1928 年、1935—1938 年、1946—1952 年，任哈尔滨工业大学校
教师、电子机械系主任。1941—1946 年任穆棱煤矿矿长。1954 年移居澳大利亚。（Хисамутдинов
А. А. Российская эмиграция в Азиатско – Тихоокеанском регионе и Южной Америке：
Биобиблиографический словарь. – . Владивосток：Изд – во Дальневост. ун – та. 2000. с. 247.）.

④ Белобродский В. А. , Попов А. К. Современные американские электрические станции//
Высшая школа в Харбине. 1932. Известия и труды Русско – Китайского политехнического
института. Харбин, 1931 – 1932 г, вып. 5. с. 160.

⑤ Дрожжин А. И. Сопряженные функции и метод конформных преобразований. //
Высшая школа в Харбине. №2. 1934. Известия и труды Русско – Китайского политехнического
института. Харбин, 1934 г, вып. 4. с. 48.

⑥ Веревкин И. Н. Библиография шелководства и шелковой промышленности в Китае и
Маньчжурии. //Библиографический сборник （Обзор литературы по китаеведению） под
редакцией Н. В. Устрялова （Харбин, Ⅱ （Ⅴ）, 1932, с. 142 – 154.

⑦ Tolmatcheff V. Y. , Alin V. N. Some strange butterflies of North Manchuria//The China Journal of
Science and Arts. 1934. Vol. 21, N6. pp. 312 – 314.

者 B. И. 阿林合作）《满洲的食品工业》① （与俄侨学者 B. Я. 希特尼茨基合作）《在金蛙镇发现的古石碑》② 等九篇文章，出版了《北满市场上的野菜》③ （1931 年第 11—12 期《东省杂志》发表，1932 年出版）《北满市场上的种植蔬菜》④ （1932 年第 3 期《东省杂志》发表，同年出版单行本）《北满市场上的野果与水果》⑤ （1932 年第 9—10 期《东省杂志》发表，同年出版单行本）《关于北满的旧石器时代问题》⑥ （1932 年第 11—12 期《东省杂志》发表，1933 年出版单行本）《满洲农民的农具》⑦ （1934 年第 4 期《东省杂志》发表，同年出版单行本）《北满市场的调味香料与佐料》⑧ （1932 年第 6 期《中东经济月刊》发表，同年出版单行本）《1924—1934 年中东铁路价目展览馆的活动》⑨ （1934 年第 11—12 期《东省杂志》发表，同年出版单行本）七本小薄册子，记载了当时中国东北的动植物、考古等消息。

A. Д. 西穆科夫 30 年代在学术研究上更是硕果累累，在乌兰巴托发行的俄文杂志《当代蒙古》（外蒙古地方当局主办、苏联给予支持）上发

① B. Я. Толмачев, B. Я. Ситницкий Маньчжурская пищевая промышленность//Вестник Маньчжурии. 1933 , №14 – 15. с. 133 – 147.

② Толмачев В. Я. Памятник из "города Золотой Лягушки"//Вестник Маньчжурии. 1933 , №5. с. 49 – 52.

③ Толмачев В. Я. Китайские дикорастущие овощи на рынке Северной Маньчжурии. – Харбин, Типолитография Кит. Вост. Жел. дор. ,1932. 11с.

④ Толмачев В. Я. Огородные овощи на рынке Северной Маньчжурии.//Вестник Маньчжурии. 1932 , №3. с. 39 – 45. – Харбин, Типолитография Кит. Вост. Жел. дор. ,1932. 11с.

⑤ Толмачев В. Я. Ягоды и фрукты на рынке Северной Маньчжурии//Вестник Маньчжурии. 1932 , №9 – 10. с. 83 – 91. – Харбин, 1932. 11с.

⑥ Толмачев В. Я. К вопросу о палеолите в Северной Маньчжурии//Вестник Маньчжурии. 1932 , №11 – 12. с. 31 – 37. – Харбин, 1933 ,8с.

⑦ Толмачев В. Я. Земледельческие орудия маньчжурского крестьянина//Вестник Маньчжурии. 1934 , №4. с. 47 – 70. Харбин, 1934 ,15с.

⑧ Толмачев В. Я. Специи и пряности на рынке Северной Маньчжурии. Харбин, 1934 , 12с.//Экономический. бюллетень. 1934 , №6. с. 22 – 30.

⑨ Толмачев В. Я. Деятельность тарифно – показательного музея Китайской Восточной жел дор. в Харбине за десятилетие 1924 – 1934 гг. – Харбин, Типолитография Кит. Вост. Жел. дор. , 1935. 7с.//Вестник Маньчжурии. 1934 , №11 – 12. с. 137 – 146.

表了《蒙古人民共和国地理位置》①　《蒙古人的饮食与住房》②　《和屯人》③《后杭爱省》④《蒙古游牧民》⑤《蒙古人民共和国牧场》⑥《南戈壁省》⑦《15 年来蒙古人民共和国科学委员会地理部工作结果》⑧《沿着西沙漠戈壁》⑨　《1937 年冬沿着杭爱山和戈壁的途中笔记》⑩　《沙漠戈壁（地理概述）》⑪《查干博格多》⑫（与 П. И. 沃罗比耶夫合作）《蒙古人民共和国居民游牧生活资料：蒙古人民共和国南戈壁省的游牧民与和屯人》⑬《蒙古人民共和国居民游牧生活资料：蒙古人民共和国南杭爱省的游牧民》⑭ 十四篇文章，在乌兰巴托公开出版了《蒙古人民共和国地理地图册》⑮ 一部著作。出版于 1934 年的《蒙古人民共和国地理地图册》一

① Симуков А. Д. Географическое положение МНР. //Современная Монголия. 1933. №1. с. 32 – 36.

② Симуков А. Д. Пища и жилище монголов. //Современная Монголия. 1933. №2. с. 42 – 49.

③ Симуков А. Д. Хотоны. //Современная Монголия. 1933. №3. с. 19 – 32.

④ Симуков А. Д. Арахангайский аймак. //Современная Монголия. 1934. №2. с. 87 – 96.

⑤ Симуков А. Д. Монгольские кочевки. //Современная Монголия. 1934. №4. с. 40 – 47.

⑥ Симуков А. Д. Пастбища Монгольской Народной Республики. //Современная Монголия. 1935. №2. с. 76 – 89.

⑦ Симуков А. Д. Южно – Гобийский аймак. //Современная Монголия. 1935. №1. с. 114 – 123.

⑧ Симуков А. Д. Итоги работы Географического отделения Научно – исследовательского Комитета МНР за 15 лет. //Современная Монголия. 1936. №4. №5. с. 67 – 86.

⑨ Симуков А. Д. По пустыням Западной Гоби. (Записки исследователя). //Современная Монголия. 1937. №6. с. 44 – 57;1938. №1. с. 31 – 43.

⑩ Симуков А. Д. Путевые заметки по Хангаю и Гоби зимой 1937 года. //Современная Монголия. 1938. №2. с. 69 – 75.

⑪ Симуков А. Д. Пустыня Гоби (географический очерк). //Современная Монголия. 1938. №3. с. 91 – 106.

⑫ П. И. Воробьев, А. Д. Симуков. Экспедиция в Цаган – Богдо. //Современная Монголия. 1937. №4. с. 85 – 92; №5. с. 85 – 94.

⑬ Симуков А. Д. Материалы по кочевому быту населения МНР. I. Кочевки и хотоны Гурбан – Сайханского района Южно – Гобийского аймака МНР. //Современная Монголия. 1935. №6. с. 89 – 104.

⑭ Симуков А. Д. Материалы по кочевому быту населения МНР. Кочевки Убур – Хангайского аймака МНР. //Современная Монголия. 1936. №2. с. 49 – 56.

⑮ Симуков А. Д. Географический атлас Монгольской Народной Республики. Издание Клуба им. Ленина, Улан – Батор, 1934. 27с.

书是外蒙古历史上出版的第一部全覆盖外蒙古地域的地图集，是外蒙古地理研究史上最为重要的文献之一。此外，据笔者根据 2007 年出版的《关于蒙古与蒙古研究的著作集》一书的记载，本时期 А. Д. 西穆科夫还存留了笔记、日记、报告、地图以及研究著述（手稿）60 余篇（部）①，如 1935 年 12 月—1936 年 1 月撰写的书稿《蒙古人民共和国戈壁牧场》（后在《关于蒙古与蒙古研究的著作集》第二卷中发表）②、1935 年 11—12 月撰写的书稿《中部与东部杭爱山脉的牧场》（后在《关于蒙古与蒙古研究的著作集》第二卷中发表）③、1933—1934 年撰写的书稿《蒙古人民共和国地理概述》（后在《关于蒙古与蒙古研究的著作集》第一卷中发表）④ 等。手稿《蒙古人民共和国地理概述》篇幅达 600 多页，分三部分对外蒙古的自然地理、经济地理与区域地理进行了全面研究，可称为外蒙古地理研究史上的扛鼎之作。

В. Н. 伊万诺夫 30 年代在学术研究上比上一个时期更加深入，除在《中华法学季刊》《喇叭茶：文学艺术集》《亚洲》《华俄月刊》等杂志上发表了《康德与孔子：文化哲学评论》⑤《北京：故宫博物院和北京的大街》⑥《满洲的俄国侨民》⑦《新文化门槛上的欧洲、亚洲与欧亚大陆》⑧

---

① Симуков А. Д. Труды о Монголии и для Монголии. Том 3（часть 2）. – Осака：Государственный музей этнологии,2008. с. 227 – 234.

② Симуков А. Д. Гобийские пастбища Монгольской Народной Республики.//Симуков А. Д. Труды о Монголии и для Монголии. Том 2. – Осака：Государственный музей этнологии,2008. с. 5 – 202.

③ Симуков А. Д. Пастбища Центрального и Восточного Хангая.//Симуков А. Д. Труды о Монголии и для Монголии. Том 2. – Осака：Государственный музей этнологии,2008. с. 203 – 282.

④ Симуков А. Д. Географический очерк Монгольской Народной Республики. Улан – Батор. ЧастьI. Физическая география. 1933. 111с. Часть II. Население, его хозяйство и государственное устройство страны. 1934. 296с. Часть III. Комплексные описания аймагов МНР. 1934. 243с.//Симуков А. Д. Труды о Монголии и для Монголии. Том 1. – Осака：Государственный музей этнологии,2008. с. 137 – 641.

⑤ Иванов ВС. Н. Кант и Кун Фу – цзы. Этюд по философии культуры//Вестник китайского права（Харбин）. 1931. Сб. 1. с. 323 – 330.

⑥ Иванов ВС. Н. Пекин. В богдыханском дворце. В музее Пекина. По пекинским улицам//Багульник. Литературно – художественный сборник. Харбин,1931. Кн. 1. с. 152 – 165.

⑦ Иванов ВС. Н. Иванов Русская колония в Маньчжурии. //. Азия,№1 и №2,1932 г.

⑧ Иванов ВС. Н. Европа, Азия, Евразия на пороге новых культур. //. Азия,№3,1932 г.

《中国的诗歌与汉字》①《欧洲与中国的逻辑》② 几篇文章外，还出版了两部大部头的著作：《人的事业：文化哲学初编》③ 《列里赫——艺术家——思想家》④。B. H. 伊万诺夫一直在努力地思索俄国道路、重大事件在俄国历史上的意义、重大历史事件的主要推动者、人在其中的地位与作用等问题。《人的事业：文化哲学初编》（1933）《列里赫——艺术家——思想家》两部著作就是在这个方向上的研究成果。《人的事业：文化哲学初编》一书于1933年在哈尔滨出版，探讨了人类认识世界和自我的途径与方法、人类本身活动的目的，通过艺术、宗教、历史和科学等方式分析了人类是如何认识世界和自我的，指出这些方式中的每一种都可以打开人与世界的界限。《人的事业：文化哲学初编》是 B. H. 伊万诺夫在文化哲学或文化学研究上的重要探索，具有独特的研究视角。《列里赫⑤——艺术家——思想家》一书是 B. H. 伊万诺夫于1935年2月与3月在哈尔滨时就已撰写完，后在上海进行完善，并于1937年在里加出版。该书的撰写源于作者与1934—1935年列里赫在中国东北考察时的会面、接触与熟悉后的对俄国深入思索的结果。在撰写过程中，B. H. 伊万诺夫不仅获得了列里赫提供的详实资料，而且还请列里赫对撰写完的每一部分进行修改，从而保证能够准确把握列里赫的思想。该书分十个部分，包括俄国与列里赫、俄国与艺术、最初的情景、通往艺术之门、新时代前夕、在国外、亚洲的呼声、世界的旗帜等章节，记述了列里赫1935年前的整个创造道路，分析了列里赫通过艺术形式认识俄国的历程，并指

---

①　Иванов ВС. Н. Поэзия и иероглиф Китая.//. Вестник Китая, №1,1936 г. с. 9 – 11.

②　Иванов ВС. Н. Логика Европы и Китая（культурно – философский этбд）.//. Вестник Китая, №2,1936 г. с. 14 – 19.

③　Иванов ВС. Н. Дело человека：Опыт философии культуры. – Харбин,1933. 216с.

④　Иванов ВС. Н. Рерих – художник – мыслитель. – Рига,1937. 101с.

⑤　Рерих Н. К. 1874 年 9 月 27 日出生于圣彼得堡，1947 年 12 月 13 日逝世于印度。在其一生的活动中，列里赫除在俄国活动外，多年侨居印度、美国和中国等国，从事过舞美、考古、哲学、绘画等多项研究、创作和社会文化活动，是公认的艺术家和思想家。列里赫共创作了 7000 幅绘画作品、大约 30 部文学作品（其中包括 2 部诗集），担任三十几个国际文化团体的会员或名誉会员，组织了 1925—1928 年的中亚考察和 1934—1935 年的"满洲"考察。详见 Князева В. П. Николай Константинович Рерих. 1874 – 1947. – Л.：М.：Искусство, 1963. 112с.

出了列里赫的伟大功绩在于以艺术形式使俄国文化得到了空前的传播。
В. Н. 伊万诺夫这部关于列里赫的作品也因此获得了特殊的符号意义，成
为世界文化遗产的一部分。

从目前所掌握的资料来看，Н. Г. 特列特奇科夫在 30 年代唯一的学
术成果就是其 1936 年在上海出版的《事实与数字上的当代满洲：经济概
述》① 这一著作。作者撰写该书的任务有二：一是在与毗邻国家和地区比
较中确定中国东北的经济作用；二是证实俄国在中国东北影响的意义。②
该书分八章，记述了中国边疆地区的整体情况及与中国中央政府的关系
尤其是中国东北地区与俄国、日本等国的关系，重点介绍了满洲的地理、
动植物区系、人口、劳动、农业、副业和煤炭、铁与石油资源等内容。
作者在书中指出，中国东北控制了"通往北部中国更是整个中国的大
门"；"在满洲相当稳固地交织着世界上大国的利益，其中俄国（苏联）
在北部地区和日本在南部地区占据主要地位"③。该书是作者在利用前人
资料并结合自己所收集到的最晚的 1935 年统计数据的基础上撰写而成，
既是对前人研究的总结，也是对当下中国东北最新的经济情况的分析研
究。可以说，该书是俄侨学者出版的最后一部专论中国东北经济的著作。

А. А. 鲍罗托夫于 1934 年在《基督教青年会自然地理学研究会年鉴》
上发表了《1926—1929 年哈尔滨市松花江水上悬浮的矿物颗粒观测的某
些结论》④ 一篇文章。

本时期也有一些新生代或从国外移居中国的新俄侨学者进行了学术
研究，某种程度上填补了由离华俄侨学者或在华俄侨学者所停止的学术
活动的一些真空。

---

① Третчиков Н. Г. Современная Маньчжурия в фактах и цифрах. Экономические очерки
（часть 1）. – Shanghai：Издание "The China Economic Press"，1936. 174c.

② Третчиков Н. Г. Современная Маньчжурия в фактах и цифрах. Экономические очерки
（часть 1）. – Shanghai：Издание "The China Economic Press"，1936. с. Ⅶ.

③ Третчиков Н. Г. Современная Маньчжурия в фактах и цифрах. Экономические очерки
（часть 1）. – Shanghai：Издание "The China Economic Press"，1936. с. 23.

④ Болотов А. А. Некоторые выводы из наблюдений 1926 – 1929 гг. над минеральными
частицами，взвешенными в воде реки Сунгари у г. Харбина.//Ежегодник клуба естествознания и
географии ХСМЛ. – Харбин. 1934. – Т. 1. с. 41 – 50.

　　В. Г. 杰伊别尔里赫，1906 年出生，出生地不详，1985 年逝世，逝世地不详。1925 年，В. Г. 杰伊别尔里赫毕业于中东铁路哈尔滨实验学校。1930 年，哈尔滨法政大学东方经济班毕业后留在汉语教研室工作，直到 1936 年。1934—1935 年，В. Г. 杰伊别尔里赫在哈尔滨法政大学教授汉语。1937 年，В. Г. 杰伊别尔里赫任德国驻奉天领事馆工作人员，后来移居德国。[①] 与其工作有关，В. Г. 杰伊别尔里赫在学术上于 1932 年出版了一本关于中国汉字的小册子《中国象形文字》[②]［在 1932 年出版的《中东铁路中央图书馆书籍绍介汇报（中国学文献概述）》（第 5 集）上发表，同年出版单行本］。

　　А. И. 戈拉日丹采夫，出生年、地点不详，逝世年、地点不详。1927 年，А. И. 戈拉日丹采夫毕业于哈尔滨法政大学经济系，并在该校准备科研活动。1929—1934 年，А. И. 戈拉日丹采夫在法政大学工作，教授政治经济学导论、政治经济学、金融学、贸易与合作社课程和政治经济学实践课。1933 年，А. И. 戈拉日丹采夫通过硕士考试，并成为法政大学政治经济学教研室编外副教授。[③] А. И. 戈拉日丹采夫主要从事中国金融问题研究，30 年代上半期在《中东铁路中央图书馆书籍绍介汇报（中国学文献概述）》（第 4 集）《东省杂志》上发表了《中国金融》[④]《远东国家的棉纺织工业》[⑤]《本地银行》[⑥]《银价波动在中国经济危机中

①　Забияко А. А. , Забияко А. П. , Левошко С. С. , Хисамутдинов А. А. Русский Харбин：опыт жизнестроительства в условиях дальневосточного фронтира/Под ред. А. П. Забияко. － Благовещенск：Амурский гос. ун － т. 2015. с. 381；Автономов Н. П. Юридический факультет в Харбине за восемнадцать лет существования. //Известия Юридического Факультета, 1938. №12. с. 39.

②　Зейберлих В. Г. Китайский иероглиф. － Харбин：Тип. КВжд, 1932. 39с. //Библиографический сборник（Обзор литературы по китаеведению）под редакцией Н. В. Устрялова（Харбин, Ⅱ（Ⅴ）, 1932, с. 315 － 352.

③　Автономов Н. П. Юридический факультет в Харбине за восемнадцать лет существования. //Известия Юридического Факультета, 1938. №12. с. 37 － 38.

④　Гражданцев А. И. Финансы Китая. //Библиографический сборник（Обзор литературы по китаеведению）под редакцией Н. В. Устрялова（Харбин, Ⅱ（Ⅴ）, 1932, с. 69 － 94.

⑤　Гражданцев А. И. Хлопчатобумажная промышленность дальневосточных стран. //Библиографический сборник（Обзор литературы по китаеведению）под редакцией Н. В. Устрялова（Харбин, Ⅱ（Ⅴ）, 1932, с. 275 － 314.

⑥　Гражданцев А. И. Туземные банки//Вестник Маньчжурии. 1934, №8. с. 27 － 48.

的作用》① 等四篇文章。

A. И. 巴拉诺夫，1917 年 10 月 17 日出生于哈尔滨，1987 年 2 月 26
日逝世于美国波士顿。是 И. Г. 巴拉诺夫之子。A. И. 巴拉诺夫毕业于哈
尔滨法政大学。受 Т. П. 高尔捷也夫和 Б. В. 斯科沃尔佐夫的影响，A. И.
巴拉诺夫开始研究自然科学，并曾在北京大学植物学系学习。1950 年前，
A. И. 巴拉诺夫是哈尔滨地方志博物馆科研人员，后在哈尔滨中国科学院
林业经济与土壤学研究所工作。A. И. 巴拉诺夫从哈尔滨移居美国波士
顿，在哈佛大学及其他学术机构工作。② A. И. 巴拉诺夫在《布尔热瓦尔
斯基研究会著作集》《哈尔滨地方志博物馆通报》《哈尔滨自然科学与人
类学爱好者学会丛刊》上发表了《哈尔滨黄山植物研究》③《A. Д. 沃耶
伊科夫在满洲的植物学研究》④《生态委员会的产生与工作的历史资料》⑤
《小兴安岭汤旺河流域植物学考察报告》⑥《В. Л. 科马洛夫是满洲植物区
系的研究者》⑦《北满的软枣猕猴桃属植物及其发现的实例》⑧《北满酸模
物种概述》⑨（与 Б. В. 斯克沃尔佐夫合作）等中国东北植物研究的七篇

① Гражданцев А. И. Роль изменения ценности серебра в экономическом кризисе Китая. //
Вестник Маньчжурии. 1934，№9. с. 63 – 73.

② Хисамутдинов А. А. Дальневосточное востоковедение：Исторические очерки/Отв. ред.
М. Л. Титаренко；. Ин – т Дал. Востока РАН. – М. ：ИДВ РАН. 2013. с. 252.

③ Баранов А. И. К изучению к растительности Хуан – шаня под Харбином. //Сб. научных
работ пржевальцев. Харбин，1942. с. 25 – 32.

④ Баранов А. И. Ботанические исследования А. Д. Воейкова в Маньчжурии. //Известия
Харбинского краеведческого музея. Харбин，1945. №1. с. 19 – 29.

⑤ Баранов А. И. Историческая справка о возникновении и работе Биологической
Комиссии. //Известия Харбинского краеведческого музея. Харбин，1945. №1. с. 57 – 60.

⑥ Баранов А. И. Отчёт о ботанической экскурсии в бассейн р. Танванхэ, Малый Хинган,
Северная Маньчжурия. //Записки Харбинского общества естествоиспытателей и этнографов.
1949. №9. с. 19 – 34.

⑦ Баранов А. И. В. Л. Комаров как исследователь флоры Маньчжурии//Записки
Харбинского общества естествоиспытателей и этнографов. Харбин，1946，№5. с. 9 – 48.

⑧ Баранов А. И. Actinidia polygama Miq. и случаи её обнаружения в Северной
Маньчжурии. //Записки Харбинского общества естествоиспытателей и этнографов. 1949. №9.
с. 11 – 14.

⑨ Баранов А. И. ，Скворцов Б. В. Revisio Specierum generis Rumex L. ex Manshuria Boreali//
Известия Харбинского краеведческого музея. Харбин，1945. №1. с. 43 – 52.

文章。

B. H. 阿林，1905 年 2 月 15 日出生于彼尔姆省切尔登的一个大户商人家庭，1966 年后逝世于圣保罗，具体逝世年不详。1920 年，B. H. 阿林与母亲移居哈尔滨。1923 年，B. H. 阿林作为自学考生毕业于哈尔滨实科学校，1925 年曾在哈尔滨的"布拉格"汽车学校学习。1926—1927年，B. H. 阿林是哈尔滨贸易公所小汽车司机。1928—1944 年，B. H. 阿林曾做过布景画美术家、东亚汽车公司出租车司机和秘书。B. H. 阿林是东省文物研究会和哈尔滨自然科学与人类学爱好者协会活动家，曾参与普尔热瓦尔斯基研究会组织的考察活动。1957 年，B. H. 阿林离开哈尔滨，移居巴西。[①] B. H. 阿林酷爱研究昆虫学，在《哈尔滨地方志博物馆通报》《布尔热瓦尔斯基研究会文集》《哈尔滨自然科学与人类学爱好者协会丛刊》等杂志和文集上发表了《隆重纪念 Л. M. 雅科夫列夫（悼词）》[②]《满洲养蚕业史》[③]《满洲蝴蝶的生物学研究》[④]《与农业害虫联系密切的中国人的宗教信仰与迷信的习俗》[⑤]《满洲蝴蝶的生活》[⑥]《满洲花园、田野和菜园中有翅亚纲的害虫及其防治方法》[⑦]　《Epicopeia mencia

① Забияко А. А. , Забияко А. П. , Левошко С. С. , Хисамутдинов А. А. Русский Харбин：опыт жизнестроительства в условиях дальневосточного фронтира – Благовещенск：Амурский гос. ун – т. 2015. с. 364；Новомодный Е. В. Деятельность и судьбы энтомологов российской эмиграции в Маньчжурии（1920 – 1950 гг. ）. – Чтения памяти Алексея Ивановича Куренцова. Вып. XX. – Владивосток：Дальнаука. 2009. с. 29 – 43.

② Алин В. Н. Светлой памяти Льва Михайловича Яковлева（некролог）//Записки Харбинского общества естествоиспытателей и этнографов. 1946. №1. с. 1 – 2.

③ Алин В. Н. К истории шелководства в Маньчжурии//Записки Харбинского общества естествоиспытателей и этнографов. №7. Зоология. Харбин，1947б. с. 17 – 32.

④ Алин В. Н. К биологии бабочек Маньчжурии. Papilio xuthus L. （Lepidoptera, Papilionidae）//Записки Харбинского общества естествоиспытателей и этнографов. №7. Зоология. Харбин，1947а. с. 5 – 7.

⑤ Алин В. Н. Верования и суеверные обычаи китайцев，связанные с вредителями сельского хозяйства//Записки Харбинского общества естествоиспытателей и этнографов. №1. Харбин，1946. с. 37 – 39.

⑥ Alin V. N. Aus dem Leben mandschurischer Schmetterlinge//Arbeiten ueber morphologische und taxonomische Entomologie aus Berlin – Dahlem. Berlin – Dahlem，1936. Bd 3，N2. S. 89 – 94.

⑦ Alin V. N. Несекомые вредители садов，полей и огородов в Маньчжурии и методы борьбы с нимм//Записки Харбинского общества естествоиспытателей и этнографов. 1946. №6. с. 27 – 30.

Moore 的生物学与新形式》① 《满洲哺乳动物区系中的甲虫》② 等八篇文章。

B. H. 罗果夫，1906 年出生于阿斯特拉罕州，1988 年逝世于莫斯科。1923—1926 年，B. H. 罗果夫在莫斯科工农速成中学学习；1926—1930 年，在莫斯科东方学研究所学习。1930 年 8 月至 1934 年，B. H. 罗果夫被派往哈尔滨中东铁路部门工作。1934—1936 年，在苏联科学院世界经济与政治研究所工作。1937—1940 年，任塔斯社驻华记者。1940—1941 年 2 月，B. H. 罗果夫在苏联科学院世界经济与政治研究所工作。1941 年 2 月至 1943 年 4 月，B. H. 罗果夫任塔斯社驻上海记者。1943 年 4 月至 1946 年 9 月，任塔斯社驻伦敦记者。1946 年 9 月至 1951 年 6 月，B. H. 罗果夫任塔斯社驻上海分社社长。1951 年 7 月，返回莫斯科继续在塔斯社工作，担任外国通讯部责任编辑。1953 年后，在《消息报》工作。在华工作期间，B. H. 罗果夫主要把俄国经典文艺作品从俄文翻译成中文，与中国文化界名人老舍、茅盾、郭沫若、张天翼、艾青、冯雪峰、夏衍、田汉、赵树理等频繁接触，并对鲁迅等著名作家给予介绍；积极参与创办上海时代出版社、《时代杂志》《苏联文艺》的工作，1942—1946 年在《时代杂志》上开辟了"关于高尔基研究"的专栏，推广普及高尔基的作品；在上海开办了中俄文"祖国之声"无线电台；举办演奏俄国和苏联著名作曲家作品的交响音乐会等。③

来华前，B. H. 罗果夫于 1929 年就曾在哈尔滨发行的《中东经济月刊》上发表了《营口——过境移民点》④《中东铁路运输规章》⑤《纪

① Alin V. N. Epicopeia mencia Moore, ее биология и новые формы. (Lepidoptera, Epicopei-dae)//《Сб. научных работ пржевальцев》. Харбин,1942. с. 1 - 4.

② Alin V. N. Rosalia coelestis Sem В фауне жуков Маньчжурии.//Известия Харбинского краеведческого музея. Харбин,1945. №1. с. 30 - 31.

③ Хохлов А. Н. Журналист - китаист В. Н. Рогов в китае в период антипонской войны 1937 - 1945 гг. (К истории культурных связей России с Китаем в 30 - 40 гг. XX в.)//Восточный архив. 2007,№16. с. 56 - 65.

④ Рогов В. Н. Инкоу - транзитный переселенческий пункт.//Экономический. бюллетень,1929,№12,с. 5.

⑤ Рогов В. Н. Правила перевозки КВжд.//Экономический Вестник Маньчжурии - 1923, №42. с. 5 - 6.

念 Ф. К. 科斯特罗明在铁路工作 35 周年》① 三篇文章。来华后，В. Н. 罗
果夫利用在中东铁路和塔斯社驻华分社工作的便利条件，在三四十年代
发表了不少学术成果，在《东省杂志》《时代杂志》《红旗报》《太平洋
之星报》上发表了《中国水上交通》②《伪满洲国的铁路与南满铁路》③
《伪满洲国文化与学术机构的工作》④《中国铁路现状》⑤《近年来满洲的
学术考察》⑥《1931 年的中国对外贸易》⑦《中国市场上的英国与日本纺织
品》⑧《南满铁路上各项改革》⑨《英文著作谈中国与满洲的事件》⑩《中
国人民在满洲的斗争》⑪《中国人民的义勇军队（八路军）》⑫《日本入侵
中国南方》⑬《为中国的自由和独立》⑭ 等十七篇文章，出版了《中国水

---

① Рогов В. Н. Ф. К. Костромин (к его 35 - летию службы на железн. дорогах.) - // Экономический Вестник Маньчжурии - 1923, №9. с. 14 - 16.

② Рогов В. Н. Водные пути сообщения Китая. // Вестник Маньчжурии. 1932, №5. с. 51 - 71.

③ Рогов В. Н. Железные дороги Маньчжу - Го и ЮМжд. // Вестник Маньчжурии. 1933, № 8 - 9. с. 22 - 38.

④ Рогов В. Н. Работа культурных и научных учреждений Маньчжу - Го. // Вестник Маньчжурии. 1934, №1. с. 179 - 183.

⑤ Рогов В. Н. Современное положение железных дорог Китая. // Вестник Маньчжурии. 1933, №23 - 24. с. 97 - 144.

⑥ Рогов В. Н. Научные экспедиции в Маньчжурии за последнее время. // Вестник Маньчжурии. 1933, №22. с. 111 - 120.

⑦ Рогов В. Н. Внешняя торговля Китая в 1931 г. // Вестник Маньчжурии. 1932, №4. с. 88 - 97.

⑧ Рогов В. Н. Английский и японский текстиль на китайском рынке. // Вестник Маньчжурии. 1932, №2. с. 70 - 86.

⑨ Рогов В. Н. Вокруг реформ на ЮМжд. // Вестник Маньчжурии. 1934, №6. с. 18 - 37; №7. с. 1 - 38.

⑩ Рогов В. Н. Книги о событиях в Китае и маньчжурии на английском языке. // Вестник Маньчжурии. 1932, №9 - 10. с. 98 - 104. №11 - 12. с. 69 - 71; 1933, №2 - 3. с. 125 - 130. №8 - 9. с. 124 - 128. №12. с. 118 - 121.

⑪ Рогов В. Н. Борьба китайского народа в Маньчжурии. // газета. Красное знамя, 28 ноября 1937 г.

⑫ Рогов В. Н. Доблестная [8 - я] армия китайского народа. // газета. Красное знамя, 10 сентября 1938 г.

⑬ Рогов В. Н. Японское вторжение в Южный Китай. // газета. Красное знамя, 21 ноября 1938 г.

⑭ Рогов В. Н. За свободу и независимость Китая. // газета. Тихоокеанская звёзда, 11 января 1939 г.

上交通》① 《中国铁路现状》② 《满洲游击队的英勇斗争》③ 三本小册子。
《中国水上交通》一书是俄罗斯学者出版的第一部全面研究中国河运的著作，
主要记述了中国内地的通航河流（扬子江流域、黄河流域、西江流域、白河
流域、运河、淮水）、中国沿海地带的其他河流、中国主要河流通航距离、中
国帆船、中国轮船、外国轮船在中国等内容。《满洲游击队的英勇斗争》是俄
罗斯学者出版的关于东北人民抗日研究的第一部俄文著作。

　　В. Д. 日加诺夫，1896 年 11 月 1 日出生于哈巴罗夫斯克，1978 年 10
月 16 日逝世于澳大利亚。1899—1904 年，В. Д. 日加诺夫与父母在旅顺
生活。从 1904 年至 1907 年，В. Д. 日加诺夫与母亲经烟台辗转至符拉迪
沃斯托克定居。1907—1914 年，В. Д. 日加诺夫在符拉迪沃斯托克男子古
典中学班学习。1910—1914 年，В. Д. 日加诺夫在西伯利亚十二步兵团中
学生步兵连服役。1914 年，В. Д. 日加诺夫是第一次世界大战志愿兵，担
任 "敢死营" 连长，获上尉军衔。1915 年毕业于伊尔库茨克军校。1917
年，В. Д. 日加诺夫返回符拉迪沃斯托克后参加了国内战争。1922 年 5
月，В. Д. 日加诺夫来到了勘察加一个捕鱼场临时工作。1922 年冬至 1923
年兼任下勘察加学校校长。1923 年，В. Д. 日加诺夫组织成立了勘察加河
谷地渔民协会，并组织了远东地区的第一次罢工。1924 年组织成立了宗
教协会。1925 年，В. Д. 日加诺夫被拘留过。释放后移居上海生活。1928
年，В. Д. 日加诺夫在上海组织成立了医学互助协会，同时也成为上海侨
民总会委员会成员。1931—1936 年，В. Д. 日加诺夫专门从事资料收集和
编撰《俄罗斯人在上海图片册》工作。从 1936 年下半年起，В. Д. 日加
诺夫移居捷克斯洛伐克，担任俄国国外历史档案馆管理员。后又移居澳
大利亚，出版杂志《过去的情景》。④ В. Д. 日加诺夫在华工作期间，在学

---

　　① Рогов В. Н. Водные пути сообщения Китая. – Харбин：Тип. КВжд，1932. 85с.

　　② Рогов В. Н. Современное положение железных дорог Китая. – Харбин：Тип. КВжд，1934.
69с.

　　③ Рогов В. Н. Героическая борьба маньчжурских партизан. – Москва：Соцэкгиз，1937. 60с.

　　④ Жиганов В. Д. Русские в Шанхае：Альбом. – Шанхай：Изд. В. Д. Жиганова, тип. изд.
слово，1936. с. 5；Хисамутдинов А. А. Российская эмиграция в Азиатско – Тихоокеанском регионе
и Южной Америке：Биобиблиографический словарь. – . Владивосток：Изд – во Дальневост. ун –
та. 2000. с. 123.

术上取得巨大成就，目前所看到的成果是其于 1936 年出版的大型纪念册
《俄罗斯人在上海：纪念册》① 和 1940 年出版的《侵华战争暴发两年后的
日本》② 一本小册子。给 В. Д. 日加诺夫带来最大学术声誉的是《俄罗斯
人在上海：纪念册》这部图书。作者历时 5 年时间收集资料最终出版了
该书。该书介绍了上海历史概述（外国人在中国的出现及其与中国人的
关系、国际租界的形成）、上海外景、俄罗斯人在上海的历史概述、俄国
东正教堂在上海概述、俄人社会活动家肖像、俄国社会组织概述、上海
东正教区管理概述、俄国学校与外国学校中的俄国学生、俄人记者与文
人肖像、上海俄文报刊与俄侨文学联合会、上海俄国童子军、上海俄国
医生协会概述、上海工商业、上海音乐生活中的俄罗斯人、俄国造型艺
术工作者、上海的俄国演员与剧院、外国机构中的俄国员工、上海俄国
团、上海体育生活中的俄罗斯人、上海俄罗斯人生活中的某些事件、日
中冲突等内容，并附载了近千幅当事人照片。可以说，《俄罗斯人在上
海：纪念册》一书是一部百科全书式的上海俄侨史。正如作者在前言中
所指出，编写该书的唯一目的是"对上海俄罗斯人的生活与活动的各个
领域给予最精确和公正的描述与描绘"。③

　　А. Г. 伊万诺夫，出生年、地点不详，逝世年、地点不详，其他
信息也不详。从成果来推断，А. Г. 伊万诺夫应在中东铁路部门工
作。他的学术成果都是在 30 年代初问世的，在《东省杂志》《中东
经济月刊》上发表了《1932 年大连港的货运量》④《南满铁路煤矿
的煤炭开采》⑤《1933—1934 年上半年南满铁路的货运工作》⑥《南

　　① Жиганов В. Д. Русские в Шанхае: Альбом. – Шанхай: Изд. В. Д. Жиганова, тип. изд. слово, 1936. 330с.

　　② Жиганов В. Д. Япония после двух лет войны с Китаем. Шанхай: Русь, 1940. 32с.

　　③ Жиганов В. Д. Русские в Шанхае: Альбом. – Шанхай: Изд. В. Д. Жиганова, тип. изд. слово, 1936. с.4.

　　④ Иванов А. Г. Грузооборот порта Дайрен за 1932 год. //Вестник Маньчжурии. 1933, №7. с. 11 – 17.

　　⑤ Иванов А. Г. Добыча каменного угля на копях Южд. //Вестник Маньчжурии. 1933, №10 – 11. с. 57 – 62.

　　⑥ Иванов А. Г. Грузовая работа ЮМжд за 1 – е полугодие 1933/34 г. //Вестник Маньчжурии. 1933, №20. с. 49 – 53.

满铁路》①《日本与满洲的航空通信》②《南满铁路的技术状态与技术
员》③《1933—1934 年 10 个月内中东铁路的出口运输》④《1934 年 8
个月内中东铁路的运输》⑤《1933—1934 年中东铁路的出口运输》⑥《抚
顺煤矿的煤炭开采》⑦《中东铁路的糖运输》⑧《中东铁路的动物与畜牧产
品运输》⑨《南满铁路的仓库作业》⑩ 十三篇文章,重点对中东铁路与南
满铁路的运营情况进行了研究。

    M. A. 菲尔索夫,1879 年 5 月 9 日出生于莫斯科州,1941 年 2 月 18
日逝世于哈尔滨。1900 年,M. A. 菲尔索夫考入莫斯科大学物理数学系
自然历史专业,但两年后就转入军校学习。1904 年,M. A. 菲尔索夫参
加了俄日战争。战争结束后,M. A. 菲尔索夫在符拉迪沃斯托克生活,从
1906 年起成为俄国皇家地理协会符拉迪沃斯托克分会、阿穆尔边区研究
会会员,曾多次在俄国远东地区进行科学考察。从 1914 年起,M. A. 菲
尔索夫参加了第一次世界大战。第一次世界大战后,M. A. 菲尔索夫回到
符拉迪沃斯托克,开始专门从事动物区系研究。1924—1931 年受聘为国

---

① Иванов А. Г. Южно - Маньчжурская железная дорога. //Вестник Маньчжурии.
1933, №23 - 24. с. 22 - 43.

② Иванов А. Г. Авиасвязь Японии с Маньчжурией. //Вестник Маньчжурии. 1934,
№2. с. 58 - 60.

③ Иванов А. Г. Техническое состояние и личный состав ЮМжд. //Вестник
Маньчжурии. 1934, №3. с. 76 - 91.

④ Иванов А. Г. Перевозки КВжд за 10 месяцев экспортной кампании 1933/34 г. //
Вестник Маньчжурии. 1934, №8. с. 109 - 113.

⑤ Иванов А. Г. Перевозки КВжд за 8 месяцев 1934 г. //Вестник Маньчжурии. 1934, №9. с.
58 - 62.

⑥ Иванов А. Г. Перевозки КВжд за экспортную кампанию 1933/34 г. //Вестник
Маньчжурии. 1934, №10. с. 72 - 76.

⑦ Иванов А. Г. Добыча угля на Фушуньских копях. //Экономический. бюллетень. 1934, №
2 - 3. с. 8 - 14.

⑧ Иванов А. Г. Перевозка сахара по КВжд. //Экономический. бюллетень. 1934, №9. с. 11 -
12.

⑨ Иванов А. Г. Перевозки животных и продуктов животноводства по КВжд. //
Экономический. бюллетень. 1934, №10. с. 6 - 10.

⑩ Иванов А. Г. Складочные операции юмжд. //Экономический. бюллетень. 1934, №4.
с. 11 - 14.

立远东大学教授。1931 年移居哈尔滨，先后在东省特区文物研究所、北满特区文物研究所、滨江省立文物研究所、大陆科学院哈尔滨分院工作。1931 年，M. A. 菲尔索夫成为基督教青年会哈尔滨自然地理学研究会员。1937 年成为国际生物学会会员。[①] M. A. 菲尔索夫的研究重点集中在中国东北的动物上，在 20 世纪 30 年代用俄文和日文在《基督教青年会哈尔滨自然地理学研究会年鉴》《大陆科学院研究报告》《大陆科学院汇报》《基督教青年会哈尔滨自然地理学研究会通报》等刊物或文集上发表了《在哈尔滨开办动物园》[②]《北满野生动物的繁殖》[③]《鹿茸在工业和中国医学上的意义》[④]《鹿茸对人的机体及其回春的影响》[⑤]《满洲梅花鹿的工业繁殖》[⑥]《黄鼠狼的工业繁殖》[⑦] 等五篇文章。

M. H. 高尔捷也夫，1895 年出生，出生地点不详，逝世年、地点不详。曾任伊尔库茨克哥萨克军司务长。M. H. 高尔捷也夫何时来哈尔滨生活不详。在哈尔滨生活期间，M. H. 高尔捷也夫曾任满洲俄侨事务总局副局长和移民委员会主任。1945 年苏联军队出兵中国东北后，M. H. 高尔捷也夫被逮捕并遣返回苏联，后被判 7 年劳动改造。[⑧] M. H. 高尔捷也夫

① Франкьен Ив；Шергалин Е. Э.；Новомодный Е. В. Михаил Аркадьевич Фирсов（1879 – 1941） - орнитолог, краевед и натуралист//Русский орнитологический журнал 2010, Том19, Экспресс - выпуск 612. с. 2051 - 2061；В. Н. Жернаков Памяти Михаила Аркадьевича Фирсова // Известия Клуба Естествознания и Географии ХСМЛ. Харбин. 1945. №1. с. 7 - 9.

② Фирсов М. А. Устройство зоологического парка в Харбине.//Ежегодник Клуба Естествознания и Географии ХСМЛ. Том I—1933. Харбин. 1934. с. 183—185.

③ Фирсов М. А. 北満州での野生動物の繁殖.//Report of the Manchuria Research Institute, No. 1. с. 1—4. Hsinking. 1936.

④ Фирсов М. А. 業界ではと中国医学の枝角の意味.//Report of the Manchuria Research Institute, No. 1. с. 5—18. Hsinking. 1936.

⑤ Фирсов М. А. 人間の体とその若返りに枝角の影響.//Bulletin of the Institute of Scientific Research. Manchoukuo. Vol. 1, No. 2, Hsinking. 1937. с. 107—109.

⑥ Фирсов М. А. Промышленное разведение пятнистых оленей в Маньчжурии//Известия Клуба Естествознания и Географии ХСМЛ. Харбин. 1945. №1. с. 10 - 18.

⑦ Фирсов М. А. Промышленноеразведение колонков. Газета. Гун - Бао, Харбин. 6. 12. 1936.

⑧ Хисамутдинов А. А. Российская эмиграция в Азиатско - Тихоокеанском регионе и Южной Америке：Биобиблиографический словарь. - Владивосток：Изд - во Дальневост. ун - та, 2000. с. 94.

在满洲俄侨事务总局内所做的各项活动中，能够在学术上留下其名字的就是在 1942 年庆祝伪满洲国"建国"十周年之际以满洲俄侨事务局出版者的身份出版了《伪满洲国十周年纪念文集》① 一书。1932 年 3 月 2 日，日本占领中国东北后炮制了伪满洲国。到 1942 年 3 月 1 日，伪满洲国在日本的扶植下走过了所谓十年的"建国"历程。为了庆祝这一"隆重的事件"，伪满洲国政府在 1941 年 8 月就成立了庆祝典礼中央委员会。在庆祝伪满洲国成立十周年的准备过程中，伪满协和会② 与满洲俄侨事务总局也参与其中，其重要表现形式就是共同编写一本纪念伪满洲国的文集。这样，《伪满洲国十周年纪念文集》一书就问世了。

《伪满洲国十周年纪念文集》全书共 416 页，分"圣谕"、伪满洲国国歌、伪满洲国建国宣言、伪满洲国的国家与文化发展之路、伪满洲国的产生与国家体制、伪满洲国的建国精神、伪满洲国皇帝、伪满洲国的十年成就、伪满洲国十年大事年表、伪满协和会、俄罗斯人在满洲的出现和发展史、中东铁路、战争与俄罗斯帝国的崩溃、伪满洲国建设中的俄侨、反共产国际英雄纪念碑、伪满洲国俄侨东正教教堂、俄侨对伪满洲国文化的贡献、俄侨艺术活动家、伪满洲国的俄侨体育、伪满洲国的俄侨工商业、伪满洲国的俄侨农业、俄侨狩猎人、伪满洲国城市中的俄侨 23 个部分。

《伪满洲国十周年纪念文集》一书最重要的内容是分不同领域记述了俄侨在满洲的历史与现状。该书首先简要记述了 1896 年前俄罗斯人在满洲出现和发展的历史以及俄罗斯人在满洲活动的原因。在中东铁路部分记述了俄国在满洲修筑中东铁路的原因、中东铁路的修筑过程、中东铁

---

① Гордеев М. Н. Великая Маньчжурская Империя：К десятилетнему юбилею，1932 – 1942./Кио – Ва – Кай；Гл. Бюро по делам рос. эмигрантов в Маньчжур. Империи. 1942.418с.

② 伪满协和会 1932 年 5 月成立，由关东军一手策划建立，所有行动都受控于日本关东军。关东军司令官担任伪满协和会的名誉顾问。关东军对协和会举办的各种重要活动都要进行干涉和控制。协和会并非政府之从属机关，实为政府精神之母体，政府及由"建国"精神即协和会精神基础之上组成之机关，协和会员均应在政治上、思想上、经济上以"建国"精神为指导，致力于全体国民之动员，以期王道政治的实现。为维持日本帝国主义对中国东北进行殖民统治，伪满协和会直接参与到伪满洲国的政治、经济、军事、文化教育等各个领域，成为日本侵略者的忠顺帮凶。

路的经营及对包括黑龙江省在内的满洲工商各业的影响，其中重点记述了北满的俄国航运业、中东铁路护路队、东正教堂、教育、铁路附属地的行政设置、俄侨房产主、哈尔滨自治公议会、哈尔滨贸易公所、鼠疫与防疫工作等具体情况。在战争与俄罗斯帝国的崩溃部分记述了第一次世界大战对哈尔滨及在黑龙江俄侨的影响、1917—1924 年中东铁路的管理、1924—1931 年苏联在中东铁路上的管理、"九·一八"事变对黑龙江俄侨的影响等。在伪满洲国建设中的俄侨部分记述了满洲俄侨事务局的成立、组织结构、领导构成、学校、企业、出版活动，伪满洲国俄侨联合会、满洲俄侨事务局与伪满洲国协和会的关系、满洲俄侨事务局局长 B. A. 基斯里钦、俄侨经济组织、慈善机构、难民委员会和其他社会组织以及俄籍其他民族协会等内容。在反共产国际英雄纪念碑部分记述了为生活在满洲而又坚决反对苏联和共产国际而死去的俄侨竖立的纪念碑情况。在伪满洲国俄侨东正教教堂部分记述了伪满洲国时期俄侨东正教堂存在的基本情况以及满洲及哈尔滨的墓地情况。在俄侨对伪满洲国文化的贡献部分记述了俄侨学者的学术研究、中东铁路在科学研究上的作用、满洲俄国东方学家学会简史、东省文物研究会简史、哈尔滨东方学与商业科学院东方学小组简史、基督教青年会自然科学与地理学俱乐部简史、布尔热瓦尔斯基研究会简史、伪满洲国的俄侨学校、伪满洲国的俄侨出版物和图书馆等情况。在俄侨艺术活动家部分记述了哈尔滨交响乐团、歌剧、芭蕾舞、话剧、声乐教育、剧院和绘画等情况。在伪满洲国的俄侨体育部分中记述了俄侨田径、自行车、网球、篮球、足球、乒乓球、帆船、拳击、滑冰、铅球、冰球、赛马等多项体育项目情况。在伪满洲国的俄侨工商业部分记述了俄侨在伪满洲的投资、实力雄厚的企业如穆棱矿业公司和秋林公司等、俄侨房产主公会等简要情况。在伪满洲国的俄侨农业部分记述了满洲俄侨农业简史、满洲俄侨农业区分布、畜牧业和奶业、养马场与养马业、养羊业、养猪业、家兔养殖业、家禽业、养蜂业、养蚕业、作物栽培、耕田、蔬菜栽培、园林栽培、啤酒花种植业、药用植物，等等。在俄侨狩猎人部分对呼伦贝尔、大小兴安岭和黑龙江省东部地区四个狩猎区进行了概述，对俄侨捕兽人数量、俄侨狩猎队、鄂伦春狩猎人、索伦狩猎人、戈尔德狩猎人、被俄侨狩猎人猎捕的老虎和伪满洲国的养兽业问题进行了记述。在伪满洲国城市中的俄侨部分记述了新京、吉林、奉天、大连、满洲里、海拉尔、博都纳、齐齐哈尔、安达、绥芬河、穆棱、牡丹江、一面坡、亚布力、横道河子、阿什河和佳木斯等城市中的俄侨情况，以及伪满洲国哥萨克人史。

《伪满洲国十周年纪念文集》一书于1942年在哈尔滨正式出版发行。尽管该书是为庆祝伪满洲国成立十周年而出版，带有歌功颂德性质，但该书仍不失其史料价值和学术价值。从史料价值上看，《伪满洲国十周年纪念文集》一书用了大量篇幅记载了俄侨在中国东北活动的方方面面的内容。毫不夸张地说，《伪满洲国十周年纪念文集》一书就是一部关于中国东北俄侨的百科全书。它为今天的学者研究中国东北俄侨史，尤其是伪满洲国时期中国东北俄侨史留下了极其宝贵的历史资料。从学术价值上看，《伪满洲国十周年纪念文集》一书在学术史上仍值得一提。第一，它是以俄文出版的关于伪满洲国十年发展史的第一部著作。第二，它是第一部全面研究伪满洲国时期及其之前中国东北俄侨史的著作。在此时期，俄罗斯学者也出版了关于中国东北俄侨史的著作，如1942年出版的《伪满洲国的俄侨艺术》[①] 和《哈尔滨的报喜鸟教堂史》[②]，但与《伪满洲国十周年纪念文集》一书相比，这些著作只研究了中国东北俄侨史中的某个领域，只不过是在这些领域的研究上比之《伪满洲国十周年纪念文集》一书研究得更系统、深入而已。因此，М. Н. 高尔捷也夫因其是《伪满洲国十周年纪念文集》一书的出版者而在俄罗斯的中国东北研究上留下了抹不去的痕迹。

Н. Д. 布杨诺夫斯基，1880年12月5日出生于波多利斯克省，1902年毕业于师范学校。1909年前，Н. Д. 布杨诺夫斯基在俄国南部从事教师工作。从1909年5月1日起，Н. Д. 布杨诺夫斯基任阿尔马维尔俄国对外贸易银行职员。从1909年8月8日至1919年，Н. Д. 布杨诺夫斯基任华俄道胜银行托木斯克分行行长。从1920年起，Н. Д. 布杨诺夫斯基在

---

① Русское искусство в Маньчжурской империи. – Харбин：Изд. Харбинского симфонического общества，1942. 54 с.

② Комарова М. К. История Благовещенской церкви в Харбине. – Харбин，1941. 199 с.

哈尔滨生活，先后任道胜银行哈尔滨分行职员、行长。1927—1930 年，Н. Д. 布杨诺夫斯基担任中国银行顾问。从 1929 年起，Н. Д. 布杨诺夫斯基在哈尔滨贸易公所任职，后又担任哈尔滨贸易公所主席一职。1935 年10 月 15 日，Н. Д. 布杨诺夫斯基以自杀形式结束了自己的生命。① Н. Д. 布杨诺夫斯基在哈尔滨工作期间，除了直接参与哈尔滨的工商活动外，在学术上也留下了重要成果，即其组织编写并主编出版了具有重要学术价值的《哈尔滨贸易公所纪念文集（1907—1932）》②。尽管 Н. Д. 布杨诺夫斯基本人在该书中没有撰写任何具体章节，但其本人对《哈尔滨贸易公所纪念文集（1907—1932）》一书的问世起到了非常重要的作用。从目前的史料来看，《哈尔滨贸易公所纪念文集（1907—1932）》一书也许是Н. Д. 布杨诺夫斯基主编的唯一一部著作。

1904—1905 年俄日战争期间，中国东北出现了众多俄资商业企业，战后俄资商业企业陷入发展困境，同时又面临哈尔滨被辟为国际性商埠后各国商业势力的竞争局面。为了摆脱困境，在俄国政府的支持下，哈尔滨俄侨商人于 1907 年 4 月 8 日正式成立了商会组织——哈尔滨俄国商会，统一协调商业活动。为了与外界沟通经济联系，由俄侨商人倡议，经中东铁路管理局局长和华俄道胜银行哈尔滨分行行长的筹划以及俄国财政大臣的批准，于 1907 年 5 月正式成立哈尔滨贸易公所，由中东铁路管理局直接管理。在之后的发展过程中，哈尔滨贸易公所"在保护俄罗斯人利益方面起到了巨大作用"。③ 到 1932 年，哈尔滨贸易公所走过了 25 年的历程。为了纪念哈尔滨贸易公所 25 年来所取得的成绩，哈尔滨贸易公所组织哈尔滨的相关专家编写《哈尔滨贸易公所纪念文集》。这样，《哈尔滨贸易公所纪念文集（1907—1932）》一书于 1934 年在哈尔滨正式出版。

---

① Доброхотов Н. М. Буяновский Н. Д.（Некролог）//СБ. памяти Николая Демьяновича Буяновского. – Харбин：Тип. Заря，1936. с. Ⅰ–Ⅵ.

② Буяновский Н. Д. Юбилейный сборник Харбинского Биржевого комитета. 1907 – 1932. – Харбин：Изд. Харбинского Биржевого комитета. 1934. 405с.

③ Буяновский Н. Д. Юбилейный сборник Харбинского Биржевого комитета. 1907 – 1932. – Харбин：Изд. Харбинского Биржевого комитета. 1934. с. 5.

《哈尔滨贸易公所纪念文集（1907—1932）》一书篇幅很长，达 405页，分六个章节论述，并附工商指南、汇率和商品价格等内容。

第一章为哈尔滨贸易公所，简要介绍了哈尔滨贸易公所的产生以及25 年来哈尔滨贸易公所的活动等历史概述，包括哈尔滨贸易公所的组织结构、成员、成立的目的和性质。第二章为满洲的经济资源，分为四个专题，分别为满洲的土地面积与农业、满洲的矿业、满洲的林业和满洲的畜牧业资源。在满洲的土地面积与农业专题中，整体记述了近年满洲的土地面积与农业情况，也记载了当时的土地面积与气候条件、主要粮食作物的种类、播种面积和年平均产量、农业劳动力等情况。在满洲的矿业专题中，整体记述了满洲矿业发展的历史与现状，也记载了当时的黄金、煤炭及其他有色金属开采的历史沿革等情况。在满洲的林业专题中，整体记述了满洲的森林覆盖率、森林的经营等情况，也记载了当时的森林覆盖率、主要林区、经营主体、木材加工和销售等情况。在满洲的畜牧业资源专题中，在整体记述满洲畜牧业的重要性、牲畜的种类和数量、满洲的狩猎产品和毛皮市场等内容中，重点对畜牧业情况进行了记载。第三章为满洲的加工业，分为四个专题，分别为满洲的工业企业、满洲的制油业、满洲的面粉业和北满的制糖业。在上述四个专题中，除了从整体上记述满洲加工业情况，也记载了主要工业中心和重要加工业领域的制油业、面粉业情况，尤其重点记述了制糖业。第四章为满洲的贸易，分三个专题，分别为总述、满洲的出口和满洲的进口。第五章为满洲的交通，分五个专题，分别为总述、满洲的水路与水上运输、满洲的铁路与铁路建设、乌苏里铁路哈尔滨商务代办所和满洲的航空。在总述部分，记载了中国东北最古老的道路——土路的分布和总长度。在满洲的水路与水上运输专题中，记述了松花江及其支流嫩江、牡丹江、呼兰河和边境地区的黑龙江、额尔古纳河、乌苏里江的自然情况以及在各江河上的航运情况，尤其是中东铁路松花江河运船队的情况。在满洲的铁路与铁路建设专题中，除记述铁路在满洲经济和政治上的作用、满洲铁路建设的历史发展阶段和满洲的铁路网外，对中俄政府合资的中东铁路，中俄私人合资的穆棱铁路，中国政府投资修筑的吉林—海伦铁路、齐齐哈尔—克山铁路、呼兰—海伦铁路，中国私人投资修筑的鹤岗铁路、齐齐哈尔—安达铁路，伪满洲国投资修筑的海伦—克山铁路、讷河铁路等的修筑情况、投资额、经营情况也进行了概述性的记载。在乌苏里铁路哈尔滨商务代办所专题中，记述了乌苏里铁路哈尔滨商务代办所的开办时间、业务范围、1924—1932 年的主要活动。在满洲的航空专题中，记述了满洲航空产生的年份，也记载了 1934 年初齐齐哈尔—黑河的航空线公里数以及齐齐哈尔—海拉尔、海拉尔—满洲里运送旅客的机票价格。第六章为满洲的货币与银行，分两个专题，分别为北满的货币、哈尔滨的银行。在北满的货币专题中，记述了俄国卢布在中国东北产生、发展的历史及影响，以及从 1916 年起俄国卢布在中国东北开始失去昔日的地位、中东铁路当局和哈尔滨贸易公所为解除卢布危机所采取的举措，同时也记载了在中国东北市场上流通的中外其他货币情况。在哈尔滨的银行专题中，记述了属于国内的交通银行，东三省官银号、地方银号和伪满洲国中央银行，属于日资的驻哈银行，属于俄资的远东银行、房产主公会银行和犹太国民银行及其他外资银行等业务情况。

　　附录为两部分，即满洲的工商指南、满洲的汇率和商品价格。在工商指南中，列举了 30 家在哈尔滨活动的为编撰《哈尔滨贸易公所纪念文集（1907—1932）》一书提供信息的中外大型工商企业的基本情况；在汇率和商品价格中，记载了 1913—1933 年哈尔滨市场上流通的各种货币不同时期的汇率、1922—1933 年哈尔滨市场上各类商品的年平均批发价格。

　　如上所述，为纪念哈尔滨贸易公所成立 25 周年，哈尔滨贸易公所出版了《哈尔滨贸易公所纪念文集（1907—1932）》一书。在书中，哈尔滨贸易公所本应对其本身的活动进行重点阐述，但却仅有几页篇幅，这实与该纪念文集的名称不相符。尽管如此，《哈尔滨贸易公所纪念文集（1907—1932）》一书仍具有十分重要的史料价值和学术价值。它是一部关于近代中国东北经济各领域的论著。从史料价值上看，《哈尔滨贸易公所纪念文集（1907—1932）》一书不仅对中国东北经济领域各个方面的历史进行了梳理，也对《哈尔滨贸易公所纪念文集（1907—1932）》一书出版前几年中国东北经济的现状进行了记述，其中详列了大量数据，是我们今天研究近代中国东北经济史十分重要的史料。从学术价值来看，《哈尔滨贸易公所纪念文集（1907—1932）》一书在学术史上亦占有重要地位。之前笔者在研究 20 世纪 20 年代俄罗斯学者关于中国东北研究的史料中也列举了一些重要学者及论著，其中关于中国东北经济的论著如《北满（经济评论）》《北满与哈尔滨的工业》《北满粮食贸易概述》等，对当时及之前中国东北的经济进行了论述。而《哈尔滨贸易公所纪念文集（1907—1932）》一书也属于这类著作。它是上述著作的拓展研究，其学术价值显而易见。此外，与同时期俄罗斯出版的关于中国东北经济的著作相比，《哈尔滨贸易公所纪念文集（1907—1932）》一书亦地位凸显。《哈尔滨贸易公所纪念文集（1907—1932）》一书出版的同年，俄侨学者 Л. И. 柳比莫夫在哈尔滨也出版了类似的著作《满洲经济概述》①。但该书几乎是《哈尔滨贸易公所纪念文集（1907—1932）》一书的翻版，书中内容正如作者在前言中所言，因为该书作者直接参加了《哈尔滨贸易公所纪念文集（1907—1932）》一书的编写，因此从《哈尔滨贸易公所纪念文集（1907—1932）》一书中抽出了自己撰写的几个专题和其他领域构成了《满洲经济概述》一书，所不同的是在《满洲经济概述》中没有把林业、矿业和金融业纳入其内②。

　　Н. В. 戈鲁霍夫于三四十年代在《基督教青年会哈尔滨自然地理研究会年鉴》《基督教青年会哈尔滨自然地理研究会通报》上发表了《哈尔滨地区的野苹果》③《关于蜜蜂家庭酿蜜的生物学研究》④ 两篇文章，出版了《哈尔滨市的大果苹果》⑤ 一本超薄小册子。

　　А. А. 克斯汀，1913 年 1 月 4 日出生于鄂木斯克，1984 年 12 月 29 日逝世于哈卡斯自治州阿巴扎。А. А. 克斯汀曾在哈尔滨东方学与商业科学院东方系学习，并为该院东方学小组教师和研究人员。А. А. 克斯汀是东省文物研究会会员，布尔热瓦尔斯基研究会会员，满洲俄侨事务局考古

　　① Л. И. Любимов Очерки по экономике Маньчжурии. - Харбин,1934. с. 208.

　　② Л. И. Любимов Очерки по экономике Маньчжурии. - Харбин,1934. с. Ⅱ.

　　③ Глухов Н. В. Дикие яблони района Харбина.//Ежегодник клуба естествознания и географии ХСМЛ. - Харбин. 1934. - Т. 1. с. 189 - 190.

　　④ Глухов Н. В. К биологии домашней медоносной пчелы.//Известия Клуба Естествознания и Географии ХСМЛ. . Харбин. 1945. с. 85 - 90.

　　⑤ Глухов Н. В. Крупноплодные яблони г. Харбина. - Харбин：Изд. журн. Рус. пед. мысль, 1933. 6с.

学、博物学与人种学研究青年会会员，大陆科学院哈尔滨分院研究人员。
1934 年，A. A. 克斯汀与著名学者 H. K. 列里赫在东北进行考察。[①] A. A.
克斯汀的学术成果都是在三四十年代完成的，在《在远东》《基督教青年
会哈尔滨自然地理学研究会年鉴》《布尔热瓦尔斯基研究会文集》《大陆
科学院通报》《基督教青年会哈尔滨自然地理学研究会通报》《哈尔滨地
方志博物馆通报》等杂志或文集上发表了《满洲与俄国远东两栖动物名
录与简表》[②]《北满与毗邻国家两栖动物区系：第 1 部分》[③]《北满与毗邻
国家两栖动物区系：第 2 部分》[④]《虎游蛇生物学研究》[⑤]《满洲蛇亚目名
录》[⑥]《关于满洲皱皮蛙的几点评价》[⑦]《满洲游蛇的分类学与地理扩散研
究》[⑧] 七篇文章。

　　Л. B. 阿尔诺里多夫，1894 年 6 月 23 日出生于沃洛格达，1946 年后
逝世，具体逝世年不详，逝世地点不详。Л. B. 阿尔诺里多夫在伊尔库茨
克读完中学，1912—1913 年生活在柏林、巴黎和图卢兹，在那里的大学

① Хисамутдинов А. А. Дальневосточное востоковедение: Исторические очерки/Отв. ред. М. Л. Титаренко;. Ин - т Дал. Востока РАН. - М. : ИДВ РАН. 2013. с. 288; Состав Секции А. Н. Э. к 26 июля 1937 г. //Натуралист Маньчжурии, 1937. №2. с. 65.

② Костин А. А. Список и краткий определитель земноводных (Amphibia) Маньчжурии и Русского Дальнего Востока. —В кн.: На Дальнем Востоке, Харбин: 1935, с. 41 – 57.

③ Костин А. А. Фауна земноводных Северной Маньчжурии и сопредельных стран. Salamandrella keyserlingii Dybowski. —Сибирский четырёхпалый тритон. Систематико – биологический очерк. часть I. //Ежегодник клуба естествознания и географии ХСЛМ. Харбин, 1934, ч. 1, с. 160 – 182.

④ Костин А. А. Фауна земноводных (Amphibia) Северной Маньчжурии и сопредельных стран. Salamandrella keyserlingii Dybowski. —Сибирский четырёхпалый тритон. Систематико – биологический очерк. Вторая часть//Сборник научных работ пржевальцев, 1942, с. 5 – 24.

⑤ Костин А. А. К изучению биологии тигрового ужа—Natrix tigrina lateralis (Berthold, 1859) в Маньчжурии. //Известия Клуба Естествознания и Географии ХСМЛ. . Харбин. 1945. с. 25 – 29.

⑥ Костин А. А. Список змей Маньчжурии. //Известия Клуба Естествознания и Географии ХСМЛ. . Харбин. 1945. с. 20 – 24.

⑦ Kostin A. A. Some Notes on the Wrinkled Frogs Rana rugosa Schlegel and Rana emeljanovi Nikolsky in Manchuria//Bulletin of the Institute Scientific Research, Manchoukuo; Hsinking, 1943. Vol. 7, N2.

⑧ Костин А. А. К изучению систематики и географического распространения рода уж—Natrix Laurenti, 1768, в Маньчжурии. //Известия Харбинского краеведческого музея. Харбин, 1946. №1. с. 32 – 40.

听课，后又来到托木斯克大学医学与法律系继续学习。从 1918 年 10 月起，Л. В. 阿尔诺里多夫被任命为高尔察克政府出版事务司司长，后又担任外交部情报处处长，同时在鄂木斯克农学院授课。1919 年 7 月末，Л. В. 阿尔诺里多夫从鄂木斯克移居符拉迪沃斯托克，在《阿穆尔边区报》和《阿穆尔边区生活报》工作，同时还在哈巴罗夫斯克武备士官学校授课。1920 年 8 月，Л. В. 阿尔诺里多夫移居哈尔滨，在《俄国之声报》《喉舌报》《霞光报》等报纸上发表文章。1925 年，Л. В. 阿尔诺里多夫迁居上海，担任《上海霞光报》编辑，也在上海高等经济法律班教授中国学课程。《上海霞光报》停办后，Л. В. 阿尔诺里多夫在一个中国人开的律师事务所工作。关于 Л. В. 阿尔诺里多夫的最后信息没有确切记载，一说是移居巴西，一说是在上海逝世。① Л. В. 阿尔诺里多夫的主要学术成果基本上都是在 20 世纪 30 年代初和 40 年代初完成，在《上海霞光报》发表了《论俄国文化》②《俄罗斯人在上海》③《А. 别雷初论》④《Ив. 布宁》⑤《论中国人与中国》⑥《艺术家的道路（论上海艺术家）И. А. 格拉西莫夫》⑦《А. П. 契诃夫》⑧ 七篇文章，出版了《中国之现状：日常生活与政治——观察、事实与结论》⑨ 和《白太阳国家：中国评论》⑩ 两部关于中国问题的学术著作。Л. В. 阿尔诺里多夫是本时期上海

---

① Хисамутдинов А. А. Российские толмачи и востоковеды на Дальнем Востоке. Материалы к библиографическому словарю. – Владивосток：Изд – во Дальневост. ун – та. 2007. с. 29；Арнольдов Л. В. Из страны Белого солнца. Этюды о Китае. Книгоиздательство А. П. Малык и В. П. Камкина，Шанхай，1934. с. 1.

② Арнольдов Л. В. О русской культуре. газ. Шанхайская Заря，26. 6. 1932 г.

③ Арнольдов Л. В. Русские в Шанхае. газ. Шанхайская Заря，10. 7. 1932 г.

④ Арнольдов Л. В. Андрей Белый. Опыт характеристики. газ. Шанхайская Заря，14. 1. 1934 г.

⑤ Арнольдов Л. В. Ив. Бунин. газ. Шанхайская Заря，26. 1. 1934 г.

⑥ Арнольдов Л. В. О китайцах и Китае. газ. Шанхайская Заря，14. 9. 1941 г.

⑦ Арнольдов Л. В. Путь художника（О шанхайском художнике И. А. Грасимове）. газ. Шанхайская Заря，30. 11. 1941 г.

⑧ Арнольдов Л. В. Антон П. чехов. газ. Шанхайская Заря，7. 12. 1941 г.

⑨ Арнольдов Л. В. Китай, как он есть. Быт и политика. Наблюдения，факты，выводы. Книгоиздательство А. П. Малык и В. П. Камкина，Шанхай，1933. 371 с.

⑩ Арнольдов Л. В. Из страны Белого солнца. Этюды о Китае. Книгоиздательство А. П. Малык и В. П. Камкина，Шанхай，1934. 438 с.

俄侨中为数不多的从事学术研究的学者，除撰写了关于俄国文学与文化的评论文章外，中国问题是其研究的重点。《中国之现状：日常生活与政治——观察、事实与结论》和《白太阳国家：中国评论》是 Л. В. 阿尔诺里多夫的两部代表作，分别于 1933 年和 1934 年在上海出版。两本书可算作是 Л. В. 阿尔诺里多夫认识中国的姊妹篇，是其在中国生活十几年对中国社会、政治、文化等现实状况观察之后的所思、所想。在前一本书中，作者记述了中国的历史与现状、中国的种族、中国的风俗习惯、中国妇女、城市居民的日常生活方式、中国的乡村、中国的出版、中国革命之父、1927 年的中国、中国的不平等条约、中国的执政党、中央政权的结构、共产主义在中国、伪满洲国、中日战争等内容。作者在该书中得出结论，"具有非同寻常的生命力、忍耐力、坚毅精神、身体抵抗能力、适应任何情况的能力的中国人民能够战胜一切"，"我们不知道中国的未来如何，但我们坚信一点，中国的未来掌握在中国人民自己手里"[①]。在后一本书中，作者记述了对中国的最初印象、外国人眼中的中国人、中国神话的起源、中国的哲人、中国的宗教信仰与社会现实、中国的音乐、中国的戏曲、对中国的认识过程、1927 年张作霖的领地、1929 年的南京、1932 年的上海事件、青岛、上海大都市、末代皇帝溥仪、蒋介石、少帅张学良、外交官陈友仁等内容。通过所观、所感、所思，Л. В. 阿尔诺里多夫指出，"无论是我们，还是我们的孩子，还没有看到中国完全恢复古代的辉煌与光荣的过去"。但"常年生活在中国的我们尚未发现中国有任何衰落的征兆，相反，这个多民族国家必将走向巩固国家基础之路"。"伟大的民族复兴进程尽管拖延了百年时间，但人类社会还是应该对中国的未来充满信心"[②]。

О. 拉波波尔特，出生年、地点不详，逝世年、地点不详。1910 年，О. 拉波波尔特在比亚斯托克开始文学创作活动。第一次世界大战前几年内，О. 拉波波尔特用俄语发表诗歌。在德军占领时，О. 拉波波尔特用

---

① Арнольдов Л. В. Китай, как он есть. Быт и политика. Наблюдения, факты, выводы. Книгоиздательство А. П. Малык и В. П. Камкина, Шанхай, 1933. с. 370.

② Арнольдов Л. В. Из страны Белого солнца. Этюды о Китае. Книгоиздательство А. П. Малык и В. П. Камкина, Шанхай, 1934. с. 7.

犹太语写作，并发表犹太诗歌。1921年，O. 拉波波尔特在比亚斯托克和
华沙的报纸开始从事职业的评论活动。1922年，O. 拉波波尔特移居柏
林，为多家报刊撰写通讯稿。1925年返回波兰，从事编辑工作。1939年
前，O. 拉波波尔特一直在华沙居住，14年中共出版了40种译著。此外，
还出版了关于犹太作家的三卷本文集《在当代犹太文学道路上》和一卷
本文集《是与非之间》。1939年以后，O. 拉波波尔特辗转到上海，在上
海唯一的周刊犹太杂志《我们的生活》工作。[①] 从目前所能查阅到的资料
来看，O. 拉波波尔特在华期间出版了两部著作。一部是其在逃亡途中就
编撰完的很薄的手稿《诗歌艺术的本质及其社会功能》。该手稿后在上海
用犹太语出版了。另一部是关于犹太作家的文学评论的学术著作——
《犹太作家：概述与文章》[②]。该书1942年出版于上海，选取了肖洛姆·
阿莱汉姆、佩列茨、比亚利克、阿什、萨乌尔·切尔尼霍夫斯基、约瑟
夫·海伊姆·布伦纳、拉赫尔、扎博京斯基、海涅、瓦塞尔曼、茨威格
（斯特凡）、茨威格（阿诺尔德）等十几位著名犹太作家，阐述了他们的
创作道路、文学风格、美学意蕴，介绍了他们的代表作品及其典型人物
形象等内容。客观地说，该书是俄侨学者在华出版的唯一一部专论犹太
文学的著作。不足的是，该书不是一部犹太文学史著作，非常不系统化，
我们从中既看不到完整论述任何确定时期、时代的犹太文学，也没有哪
个作家可以堪称犹太文学泰斗和巨匠。

　　Л. M. 雅科夫列夫，1916年出生于斯塔夫罗波里，1945年逝世于
哈尔滨。1937年，Л. M. 雅科夫列夫毕业于哈尔滨法政大学。Л. M. 雅
科夫列夫是布尔热瓦尔斯基研究会会员、生物委员会成员、基督教青年
会哈尔滨自然地理学研究会会员，也是大陆科学院哈尔滨分院科研人
员。[③] Л. M. 雅科夫列夫主要致力于中国人类学研究，在《大陆科学院通

① Рапопорт O. Еврейские писатели. Очерки и статьи. – Шанхай：Издательство《Еврейская книга》,1942. c. Ⅶ – Ⅷ.

② Рапопорт O. Еврейские писатели. Очерки и статьи. – Шанхай：Издательство《Еврейская книга》,1942. 261 c.

③ Алин B. H. Светлой памяти льва михайловича Яковлева：（Некролог）.//Зап. Харбинск. об – ва естествоз. и этногр,№1. 1946. c. 1 – 4.

报》《布尔热瓦尔斯基研究会著作集》《哈尔滨自然科学与人类学爱好者学会丛刊》等杂志或文集中发表了《龙（民族学概述)》①《满洲居民现代生活中的古老风俗》②《与历史民族学研究相关的满洲人类学的任务与问题》③《1943 年的中国龙历》④《中国人的纸牌赌博》⑤《布特哈索伦的社会生活与一般权利》⑥《阿什河流域金帝国时期的历史遗迹》⑦《阿什河上游金帝国时期的墓葬》⑧《米哈伊尔·阿卡季维奇·菲尔索夫》⑨《中国老百姓俄语学习笔记》⑩《关于 Callipogon（Eoxenus）relictus Semenov 的生物学资料（鞘翅目，天牛科)》⑪《关于游蛇——黑眉锦蛇的发育研究》⑫十二篇文章。

　　K. A. 热烈兹尼亚科夫，出生年、地点不详，逝世年、地点不详。K. A. 热烈兹尼亚科夫是满洲俄侨事务局考古学、博物学与人种学研究

---

①　Яковлев Л. М. Дракон. (Этнографический очерк). //Зап. Харбинск. об – ва естествоз. и этногр, №1 ,1946 , с. 17 – 24.

②　Яковлев Л. М. Древний китайский обычай в современном быту Маньчжурского простолюдина. //сб. научных работ пржевальцев , 1942 , Харбин , с. 67 – 68.

③　Яковлев Л. М. Задачи и проблемы Маньчжурской антропологии в связи с историко – этнологическим изучением страны. //Зап. Харбинск. об – ва естествоз. и этногр , №1 , 1946 , с. 28 – 31.

④　Яковлев Л. М. Китайский лунный календарь на 1943 год. // – Зап. Харбинск. об – ва естествоз. и этногр , №1 , 1946 , с. 6 – 17.

⑤　Яковлев Л. М. Игра в карты у китайцев. // – Зап. Харбинск. об – ва естествоз. и этногр , №1 ,1946 , с. 24 – 26.

⑥　Яковлев Л. М. Общественный быт и обычное право бутхасских солон. // – Зап. Харбинск. об – ва естествоз. и этногр , №1 , 1946 , с. 26 – 27.

⑦　Яковлев Л. М. Исторические памятники времени империи Цзинь по долине реки Ашихэ. // – Зап. Харбинск. об – ва естествоз. и этногр , №3 , 1946 , с. 15 – 24.

⑧　Yakovlev L. M. Burials of Kin Empire Times at the Upper Ashiho River//Bulletin of the Institute Scien tific Research , Manchoukuo ; Hsinking , 1940. Vol. 4 , N3. pp. 419 – 428.

⑨　Yakovlev L. M. Mibail Arkadievtich Firsov//Bulletin of the Institute Scientific Research , Manchoukuo ; Hsinking , 1942. Vol. 6 , N4.

⑩　Яковлев Л. М. Заметки об изучении русского языка китайским простонародьем. // – Зап. Харбинск. об – ва естествоз. и этногр , №1 , 1946 , с. 32 – 36.

⑪　Яковлев Л. М. Материалы по биологии (Coleoptera, Cerambycidae)//Известия Клуба Естествознания и Географии ХСМЛ. . Харбин. 1945. с. 35 – 41.

⑫　Яковлев Л. М. К изучению развития полоза узорчатого—Elaphe dione Pallas. //Известия Клуба Естествознания и Географии ХСМЛ. . Харбин. 1945. с. 30 – 34.

青年会副主席，也是哈尔滨自然科学与人类学爱好者学会历史民族部秘书。[①] К. А. 热烈兹尼亚科夫主要从事东北考古学研究，30 年代下半期至 40 年代在《满洲博物学者》《哈尔滨自然科学与人类学爱好者学会丛刊》上发表了《兴安省考古资料》[②]《阿什河下游河湾处一些考古发掘的结果》[③]《大金开国皇帝努尔哈赤及其第一个首都赫图阿拉》[④] 三篇文章。

В. С. 马卡罗夫，出生年、地点不详，逝世年、地点不详。В. С. 马卡罗夫是哈尔滨自然科学与人类学爱好者学会会员[⑤]，于 1946 年在《哈尔滨自然科学与人类学爱好者学会丛刊》上发表了《北满古城废墟中的金属货币》[⑥]《呼伦贝尔的考古资料》[⑦] 两篇文章。

М. К. 科玛洛娃，生卒年限、地点不详，长期在哈尔滨生活，毕业于圣弗拉基米尔学院神学系。[⑧] 目前可见的 М. К. 科玛洛娃的学术成果只有其于 1942 年出版的《哈尔滨报喜鸟教堂史》[⑨] 一本著作。该书分三部分记述了哈尔滨报喜鸟教堂从 1902 年奠基到 1942 年 40 年的发展变迁史，其中包括三次大的建设期、报喜鸟教堂的管理者、神职人员、与北京传

---

① Состав Секции А. Н. Э. к 26 июля 1937 г. //Натуралист Маньчжурии, 1937. №2. с. 65；Список членов общества (Действительные и сотрудник)//Записки Харбинского общества естествоиспытателей и этнографов, 1947. №7. с. 36.

② Железняков К. А. Материалы по археологии Синьанской провинции. //Натуралист Маньчжурии. – Харбин, 1936. Январь. с. 8 – 14.

③ Железняков К. А. Результаты Некоторых археологических разведок в пойме нижнего течения р. Ашихэ//Зап. Харбинского общ – ва естествоиспытателей и этнографов. Харбин. 1946, №3. с. 47 – 59.

④ Железняков К. А. Первый император маньчжурской династии Да – Цин Нурхаци и его первая столица Хэтуала//Натуралист Маньчжурии. – Харбин, 1937. Ноябрь. с. 1 – 12.

⑤ Список членов общества (Действительные и сотрудник)//Записки Харбинского общества естествоиспытателей и этнографов, 1947. №7. с. 36.

⑥ Макаров В. С. Монеты с развалин древних городов в Северной Маньчжурии//Записки Харбинского Общества естествоиспытателей и этнографов. 1946, №3, с. 7 – 14.

⑦ Макаров В. С. К материалам по археологии Барги. //Записки Харбинского Общества естествоиспытателей и этнографов. 1946, №3, с. 29 – 46.

⑧ Хисамутдинов А. А. Российская эмиграция в Азиатско – Тихоокеанском регионе и Южной Америке: Биобиблиографический словарь. – . Владивосток: Изд – во Дальневост. ун – та. 2000. с. 163；Комарова М. К. История Благовещенской церкви в Харбине. – Харбин, 1942. с. 2.

⑨ Комарова М. К. История Благовещенской церкви в Харбине. – Харбин, 1942. 199с.

教士团的关系、与外教的宗教交往、附属产业、慈善事业、内外部装饰、重大纪念活动等内容。可以说，该书在某种程度上反映了哈尔滨俄国宗教活动史和俄国驻北京传教士团哈尔滨会馆的历史，是一部研究在华俄侨宗教活动史的重要史料。

А. М. 斯米尔诺夫，出生年、地点不详，逝世年、地点不详。А. М. 斯米尔诺夫是基督教青年会哈尔滨自然地理学研究会和哈尔滨自然科学与人类学爱好者学会会员。[①] 在《满洲博物学者》《大陆科学院通报》《哈尔滨自然科学与人类学爱好者学会丛刊》等杂志上发表了《第二松花江站地区古生物遗迹》[②]《满洲的地质地貌》[③]《新京—哈尔滨的松花江沿岸附近地质 Itwestigalions》[④]《北满的白垩纪湖盆地》[⑤]《讷河敖包山垃岗的地质》[⑥]《在东亚安加拉沉积层地层学中的中生代喷出淤成物》[⑦] 六篇文章。

В. С. 斯塔李科夫，1919 年 8 月 19 日出生于鄂木斯克，1987 年 7 月 30 日逝世于列宁格勒。1920 年，В. С. 斯塔李科夫与父母移居哈尔滨。1940 年，В. С. 斯塔李科夫以优异成绩毕业于圣弗拉基米尔学院东方系。1940—1945 年，В. С. 斯塔李科夫是伪满大陆科学院哈尔滨分院博物馆科研人员。В. С. 斯塔李科夫是布尔热瓦尔斯基研究会会员。1946—1955

① Состав Клуба Естествознания и Географии ХСМЛ на 1 января 1940 г. //Известия Клуба Естествознания и Географии ХСМЛ, 1941. №1. с. 131; Список членов Харбинского общества естествоиспытателей и этнографов на 1 – е июля 1949 г //Записки Харбинского общества естествоиспытателей и этнографов, 1950. №8. с. 76.

② Смирнов А. М. Палеонтологические находки в районе ст. Сунгари 2 – ой. //Натуралист Маньчжурии. №2. Харбин, 1937. с. 6 – 7.

③ Smirnov A. M. Geomorphological Regions of Manchuria//Bulletin of the Institute Scientific Research, Manchoukuo; Hsinking, 1941. Vol. 5, N4.

④ Smirnov A. M. Geological Itwestigalions in the Vicinity of Sung – Hua – Chiang Station, Hsinking – Harbin Rly//Bulletin of the Institute Scientific Research, Manchoukuo; Hsinking, 1937. Vol. 2, N2.

⑤ Smirnov A. M. On the Cretaceous Lacustrine Depcsits of North Manchuria//Bulletin of the Institute Scientific Research, Manchoukuo; Hsinking, 1942. Vol. 6, N6.

⑥ Смирнов А. М. Геология увала Нобошань Нэхэ//Изв. Клуба естествознания и географии, 1941, с. 79 – 90.

⑦ Смирнов А. М. Мезозойские эффузивно – туфогенные комплексы в стратиграфии ангарских отложений Восточной Азии. //Записки Харбинского общества естествоиспытателей и этнографов, №4, Харбин, 1946. с. 16.

年，В. С. 斯塔李科夫是苏联驻华商务代办处工作人员。1951—1955 年受聘担任北京大学俄语系教师。1955 年返回苏联，继续从事研究工作。1967 年 3 月 15 日，В. С. 斯塔李科夫获得历史学副博士学位；1976 年 2 月 27 日，获得历史学博士学位。① В. С. 斯塔李科夫的主要成果基本上都在 20 世纪 40 年代发表，研究的关注重点在中国黑龙江流域的考古问题，在《布尔热瓦尔斯基研究会著作集》《哈尔滨地方志博物馆通报》《哈尔滨自然科学与人类学爱好者学会丛刊》《大陆科学院通报》等杂志或文集上发表了《亚历山大·德米特里耶维奇·沃耶伊科夫》②《小兴安岭中部的石器时代遗存》③《哈尔滨附近皇室墓葬的初次发现》④《沿着冲河的考古调查结果（松江省苇河县与五常县）》⑤《中长铁路东线亚布洛尼站史前文化遗迹》⑥ 等八篇文章，出版了《北满东部地区采参业研究资料（松江省苇河县）》⑦ （1946 年《哈尔滨自然科学与人类学爱好者学会丛刊》第 1 期发表，同年出版单行本）《拉林河中游沿岸的古城废墟》（1942 年《布尔热瓦尔斯基研究会著作集》上发表，同年出版单行本）⑧

① Хисамутдинов А. А. Российская эмиграция в Азиатско - Тихоокеанском регионе и Южной Америке: Биобиблиографический словарь. - . Владивосток: Изд - во Дальневост. ун - та. 2000. с. 292 - 293; Справка о деятельности членов Национальной Организации Исследователей Пржевальцев//сб. научных работ пржевальцев. - Харбин: [б. и.]. 1942. с. 70.

② Стариков В. Александр Дмитриевич Воейков//Известия Харбинского краеведческого музея. 1945. №1. с. 5 - 13.

③ Smalikov V. S. Stone Culture Traces in the Middle Part of Lesser Khingan//Bulletin of the Institute Scientific Research, Manchoukuo; Hsinking, 1941. Vol. 5, N2.

④ Smalikov V. S. The First Discovery of the Kin Empire Graves near Harbin//Bulletin of the Institute Scientific Research, Manchoukuo; Hsinking, 1940. Vol. 4, N3.

⑤ Стариков В. С. Результаты археологической экскурсии по долине раки Цунхэ (уезды Вэйхэ и Учан, провинции Сун - цзян) - //Зап. Харбинск. об - ва естествоз. и этногр, №3, 1946, с. 25 - 27. (археология)

⑥ Стариков В. С. Следы доисторической культуры у ст. Яблоня восточной линии. - Харбин, - //Зап. Харбинск. об - ва естествоз. и этногр, №3, 1946, с. 28. (археология)

⑦ Стариков В. С. Материалы по изучению жэньшэневого промысла в восточном районе Северной Маньчжурии(уезд вэйхэ провинции сунцзян). - Харбин, 1946, 10с.//Зап. Харбинск. об - ва естествоз. и этногр, №1, 1946, с. 40 - 48. (этнография)

⑧ Стариков В. С. Развалины вдоль среднего течения р. Лалинь. - Харбин, 1942, 4с.//сб. научных работ пржевальцев, 1942, Харбин, с. 63 - 66.

《沿着冲河的考古调查结果：中长铁路东线亚布洛尼站史前文化遗迹》
（《哈尔滨自然科学与人类学爱好者学会丛刊》第 3 期发表，同年出版单
行本）① 三本超薄的小册子。这些考古资料对我们今天研究黑龙江流域的
古代历史具有重要的文献价值。

A. Г. 马里亚夫金，1917 年出生于哈尔滨，1994 年逝世于新西伯利
亚。1937 年，A. Г. 马里亚夫金毕业于哈尔滨法政大学东方经济专业。他
是哈尔滨地方志博物馆职员、布尔热瓦尔斯基研究会会员。从 1945 年起，
A. Г. 马里亚夫金担任苏联驻华商务代办处翻译。1954 年，A. Г. 马里亚
夫金移居阿拉木图，1963 年又移居新西伯利亚。从 1969 年起，A. Г. 马
里亚夫金为苏联科学院西伯利亚分院历史、语言与哲学研究所东方国家
历史与考古部研究员。1971 年，A. Г. 马里亚夫金获历史学副博士学位，
1983 年获历史学博士学位。② A. Г. 马里亚夫金的学术研究与考古密切相
关，在《布尔热瓦尔斯基研究会著作集》《哈尔滨自然科学与人类学爱好
者学会丛刊》上发表了《金史》③ （译文）《哈尔滨黄山沟壑中的旧石器
时代遗迹》④《北满旧石器时代的新资料》⑤ 三篇文章。

A. И. 亚历山大洛夫，出生年、地点不详，逝世年、地点不详。
A. И. 亚历山大洛夫是基督教青年会哈尔滨自然地理学研究会会员，爬虫

---

①　Стариков В. С. Результаты археологической экскурсии по долине раки Цунхэ. Следы
доисторической культуры у ст. Яблоня восточной линии. – Харбин,1946,4с.//Зап. Харбинск. об –
ва естествоз. и этногр,№3,1946,с. 25 – 27. (археология)

②　Хисамутдинов А. А. Российская эмиграция в Азиатско – Тихоокеанском регионе и
Южной Америке：Биобиблиографический словарь. – . Владивосток：Изд – во Дальневост. ун – та.
2000. с. 195；Таскина Е. Синологи и краеведы Харбина//Проблемы Дальнего Востока,1997. №2.
с. 126 – 128.

③　Малявкин А. Г. цзинь – ши. Гл. 1. Пер. с кит.//Сб. научных работ пржевальцев
(Харбин). 1942. с. 41 – 58.

④　Малявкин А. Г. Следы палеолита в оврагах Хуншаня под Харбином.//Записки
Харбинского общества естествоиспытателей и этнографов. Харбин,1946,№3. с. 1 – 5.

⑤　Малявкин А. Г. Новые данные по палеолиту Северной Маньчжурии.//Записки
Харбинского общества естествоиспытателей и этнографов. 1948,№8,Харбин. с. 50 – 58.

学家。① A. И. 亚历山大洛夫的学术成果都是在本时期发表的，在《基督教青年会哈尔滨自然地理学研究会年鉴》《基督教青年会哈尔滨自然地理学研究会通报》《大陆科学院通报》上发表了《吉林省鞘翅目族甲虫新说明列表》②《榆科金花虫生物学研究（鞘翅目）》③《关于北满天牛科甲虫的生物学笔记》④《关于 Callipogon relictus Sem 幼虫的笔记》⑤ 四篇文章。

　　В. В. 包诺索夫，1899 年 4 月 25 日出生于乌法，1975 年 1 月 23 日逝世于澳大利亚布里斯班。1915 年，В. В. 包诺索夫毕业于乌法实验学校。1916—1917 年，В. В. 包诺索夫在基辅商业学院经济系学习。从 1922 年起，В. В. 包诺索夫移居哈尔滨。В. В. 包诺索夫是哈尔滨考古民族学派的奠基人。从 1923 年起是东省文物研究会会员、艺术部秘书。В. В. 包诺索夫是 1929 年成立的布尔热瓦尔斯基研究会主要负责人。从 1929 年 4 月 11 日至 1945 年，В. В. 包诺索夫是基督教青年会哈尔滨自然地理学研究会创办者与主席团成员。从 1932 年起，В. В. 包诺索夫是东省特区文物研究所博物馆编内人员，任理论民族学部主任。1939—1945 年任伪满大陆科学院博物馆联合馆长。在博物馆工作期间，В. В. 包诺索夫编撰了北满考古学遗址目录，补充了博物馆收藏品。作为民族学家，В. В. 包诺索夫在 1941—1945 年研究了通古斯语族达斡尔人和索伦人，进行了六次考察，主要从事萨满教、佛教、喇嘛教和道教研究。在三四十年代，В. В. 包诺索夫领导和开展了积极的考古研究工作，研究了东京城的城址、顾乡屯所在地，考察了松花江

---

　　① Хисамутдинов А. А. Российская эмиграция в Азиатско – Тихоокеанском регионе и Южной Америке：Биобиблиографический словарь. – . Владивосток：Изд – во Дальневост. ун – та. 2000. с. 27.

　　② Александров А. И. К списку жуков семейства Staphylinidae（Coleoptera）из Гиринской провинции с описанием новых форм//Ежегодник клуба естествознания и географии ХСМЛ. Харбин，1934. с. 150 – 155.

　　③ К биологии вязового листоеда Ambrostma quadriimpressa Motsch（Coleoptera，Chrysorrelidae）. //Изв. Клуба естествознания и географии，1945，с. 42 – 51.

　　④ Александров А. И. Notes on the Biology of Pogonochaerus dimidiatus Bless, a Cerambycid – beetle of North Manchuria//Bulletin of the Institute Scientific Research, Manchoukuo; Hsinking, 1938. Vol. 1, N3.

　　⑤ Александров А. И. Заметка о личинке Callipogon relictus Sem. //Ежегодник клуба естествознания и географии ХСМЛ. Харбин，1934. с. 156 – 159.

站、呼伦贝尔地区和镜泊湖等地。1949 年中华人民共和国成立后，B. B. 包诺索夫继续留在哈尔滨。1957 年受邀参加重新恢复黑龙江省博物馆的工作。离哈前，B. B. 包诺索夫在黑龙江省又进行了几次考察。1961 年末，B. B. 包诺索夫移居澳大利亚，定居在布里斯班。1963 年，B. B. 包诺索夫参加了昆士兰大学田野考古研究。1966—1970 年 1 月 1 日，B. B. 包诺索夫是昆士兰大学人类学部学监。① 在 20 世纪 20 年代，B. B. 包诺索夫就有零星成果问世，如 1925 年出版的最早介绍哈尔滨极乐寺的小册子《哈尔滨的极乐寺与佛堂》②。但鉴于 B. B. 包诺索夫的成果绝大多数都是在 20 世纪三四十年代发表的，所以本课题把其放在本时期进行简要介绍。B. B. 包诺索夫一生用英、俄、波兰文等文字著述 30 多篇（部），但目前可见资料记载只有在《远东》《大陆科学院通报》《基督教青年会哈尔滨自然地理研究会年鉴》《布尔热瓦尔斯基研究会著作集》等杂志或文集上发表的《喇嘛教雕像资料》③《顾乡屯动物遗骸上的史前人类遗迹》④《对在北满发现的一件史前遗物的新观点》⑤《在洮南附近古城发现的青铜器》⑥《发现于顾乡屯的石器》⑦《北满石器时代的农业和畜牧业》⑧《满洲东部的史前文化》⑨

① Жернаков В. Н. Владимир Васильевич Поносов/вступ. слово от авт. , ред. серии N. Christesen. – Мельбурн : Мельбурнский ун – т, 1972. с. 4 – 14.

② Поносов В. В. Цзи – ло – сы, буддийский храм в Харбине. – Харбин, 1925.

③ Поносов В. В. Материалы по иконографии ламаизма. //Ежегодник Клуба естествознания и географии ХСМЛ, Вып. I, Харбин, 1934. с. 199 – 212.

④ Поносов В. В. Следы доисторического человека на костях животных из Кусянтуня. // Ежегодник Клуба естествознания и географии ХСМЛ, Вып. I, Харбин, 1934. с. 215 – 218.

⑤ Поносов В. В. Новый взгляд на одну доисторических находок Северной Маньчжурии. // Ежегодник Клуба естествознания и географии ХСМЛ, Вып. I, Харбин, 1934. с. 219 – 220.

⑥ Поносов В. В. Бронзовая таблетка из Гучэна близ Таонаня. //Ежегодник Клуба естествознания и географии ХСМЛ, Вып. I, Харбин, 1934. с. 221 – 222.

⑦ Ponosov V. V. Stone Implements From Kuhsiangton//Bulletin of the Institute Scientific Research, Manchoukuo; Hsinking, 1937. Vol. 1, N4.

⑧ Ponosov V. V. Agriculture and Cattle Breeding in North Manchuria, the Stone Age//Bulletin of the Institute Scientific Research, Manchoukuo; Hsinking, 1937. Vol. 1, N3. pp. 168 – 171.

⑨ Ponosov V. V. Prehistorical Culture of the Eastern Manchuria//Bulletin of the Institute Scientific Research, Manchoukuo; Hsinking, 1938. Vol. 2, N3. pp. 337 – 346.

《北部乌尔科古代边墙》① 《使鹿通古斯的萨满教仪式》② 《成吉思汗边墙初步调查》③ 《哈尔滨市郊出土的史前雕像》④ 《松花江中游的史前文化》⑤ 《兴安省的索伦》⑥ 《满洲石器时代的农业与畜牧业》⑦ 《满洲的石器时代》⑧ 《喇嘛教雕像》⑨ 《满洲旧石器文化的初次发现》⑩ 《满洲的萨满教仪式》⑪ 《史前文化时期》⑫ 《满洲旧石器文化的初次发现》⑬ 《满洲最让人感兴趣的地区》⑭ 等二十二篇文章，出版了《北满的历史遗迹类

① Ponosov V. V. Northern part of the "Urko" an Ancient Border Rampart//Bulletin of the Institute Scientific Research, Manchoukuo; Hsinking, 1943. Vol. 7, N2. pp. 195 – 202.

② Ponosov V. V. The Shaman Prayer Assemblance of Horse – Tungus//Bulletin of the Institute Scientific Research, Manchoukuo; Hsinking, 1939. Vol. 3, N4. pp. 341 – 348.

③ Ponosov V. V. The Results of Preliminary Investigation of so – called "Chingiskhan Rampart" //Bulletin of the Institute Scientific Research, Manchoukuo; Hsinking, 1941. Vol. 5, N2. pp. 171 – 180.

④ Поносов В. В. Доисторическая скульптура из окрестностей г. Харбина.//Сб. научных работ пржевальцев. Харбин, 1942. с. 59 – 62.

⑤ Поносов В. В. Ponosov V. V. Doistorchoskaia kul'tura srednego techeniia reki Sungari. [Prehisoric culture of the middle stream of the Sungari river]//Bulletin of the Institute Scientific Research, Manchoukuo; Hsinking, 1943. Vol. 7, N4. pp. 87 – 88.

⑥ Ponosov V. V. Koanrei no solon zoku. [Khingan Solons]//Bulletin of the Institute Scientific Research, Manchoukuo; Hsinking, 1942. Vol. 6, N3. pp. 109 – 110.

⑦ Ponosov V. V. Hodowia bydla i uprava roli w wieku kamiennym w Mandzurji. [Cattle breeding and agriculture during the Stone Age in Manchuria]//Daleki Wschod, Harbin, 1933, No. 5. pp. 7 – 10.

⑧ Ponosov V. V. Wiek kamienny w Mandzurji. [Stone Age in Manchuria]//Daleki Wschod, Harbin, 1933, No. 7 – 8. pp. 10 – 12.

⑨ Ponosov V. V. Ikonografja lamaicka. [Iconography of Lamaism]//Daleki Wschod, Harbin, 1933, No. 15 – 16. pp. 10 – 13; No. 17 – 18. pp. 11 – 12.

⑩ Ponosov V. V. Manshu ni okeru kiu seki ki jidai bunka no saisho no hakken. [First discovery relevant to the Stone Age culture in Manchuria]//Dolmen, Tokyo, 1935, vol/4, No. 2, pp. 45 – 48.

⑪ Ponosov V. V. K voprosu o shamanisme v Man'chzhurii. [About Shamanism in Manchuria]//Voprosy Shkol'noi Zhizni. Izdanie Russkogo Uchitel'skogo Obshchestva, Harbin, 1935, pp. 38 – 41.

⑫ Ponosov V. V. Etapy doistoricheskoi kul'tury. [Stages of prehistoric culture]. Vystavka predmetov khudozhesvennoi stariny i redkostei 22 – 29 Noiabria 1936 g.//Katalog. Izdanie organizatsionnogo komiteta, Harbin, 1936, pp. XV – XVII.

⑬ Ponosov V. V. First discovery of palaeolithic culture in Manchuria. International geological Congress. Report of the XVI session, U. S. A. 1933, vol. 2. Washington, 1936, pp. 807 – 810.

⑭ Поносов В. В. Интереснейший район Маньчжурии. Газета《Гун – Бао》, Харбин, 6. 12. 1936 г.

型》①（1935 年在圣弗拉基米尔学院神学系发行的《在远东》上发表）等
两本小薄册子。В. В. 包诺索夫的学术成果主要集中在对中国东北的考
古学、民族宗教问题研究，其文献价值巨大，在俄国汉学史上留下了深
深的足印。

　　М. И. 尼基汀，1911 年 3 月 19 日出生于伊尔库茨克一个军人家庭，
1986 年 1 月 8 日逝世于悉尼。1918 年 5 月 25 日，М. И. 尼基汀与父母
来到中国东北，最初在横道河子车站居住。1923 年，М. И. 尼基汀移居
哈尔滨，1929 年毕业于中东铁路哈尔滨商业学校。М. И. 尼基汀精通英
语、日语和德语。1931 年，М. И. 尼基汀在东省特区文物研究所博物馆
实习，之后在大陆科学院哈尔滨分院博物馆从事研究工作。1936 年，М.
И. 尼基汀加入基督教青年会哈尔滨自然地理学研究会。М. И. 尼基汀
也是满洲俄侨事务局考古学、博物学与人种学研究青年会会员。1943 年 3
月 15 日，М. И. 尼基汀代表大陆科学院哈尔滨分院参加了在新京举行
的第七届满洲生物学大会，并做了关于《满洲蝴蝶的新发现》的报告。
1957 年，М. И. 尼基汀移居澳大利亚，任国家农业部门昆虫学家。②
М. И. 尼基汀是一个地道的昆虫学家，20 世纪 30 年代下半叶至 40 年代
初在《满洲博物学者》《基督教青年会哈尔滨自然地理学研究会通报》
《大陆科学院通报》《大陆科学院汇报》等杂志上发表了《满洲鳞翅目的
地理扩散》③《关于满洲鳞翅目—锤角亚目的知识》④《满洲鳞翅目的地理

　　① Поносов В. В. Типы исторических памятников Северной Маньчжурии. ‐ Харбин, Тип.
Гермес, 1935. 5 с. //Tihy istoricheskikh pamiatnikov v Sev. Man' chzhurii. [Types of historical monuments
in North Manchuria]//Sbornik Na Dal' nem Vostoke, izdanie Vostochnogo fakul' teta Instituta Sv. Vladimi-
ra, Harbin, 1935, pp. 24 ‐ 28.

　　② Некролог //Политехник, 1989. №12. с. 202; Состав Клуба Естествознания и Географии
ХСМЛ на 1 января 1940 г. //Известия Клуба Естествознания и Географии ХСМЛ, 1941. №1. с.
131; История возникновения Секции А. Н Э//Натуралист Маньчжурии, 1937. №2. с. 61; В. Ж. 7 ‐
ой биологический съезд в синьцзине//Изв. Клуба естествознания и географии, 1945. №1. с. 96.

　　③ Никитин М. И. Географическое распространение чешуекрылых в Маньчжурии//
Натуралист Маньчжурии. №1. Харбин, 1936. с. 2 ‐ 4.

　　④ Никитин М. И. К познанию Lepidoptera ‐ Rhopalocera Маньчжурии//Известия Клуба
естествознания и географии ХСМЛ, Вып. I, Зоология. Харбин, 1945. с. 52 ‐ 84.

分布》①《满洲国鳞翅目的生物学观察》②《大兴安岭东部斜坡上日间活动的鳞翅目》③《满洲国鳞翅目害虫研究》④《滨江省 Yablonya 的蝴蝶习性与季节分布》⑤《小兴安岭 Cheng – chin 的蝴蝶的种类》⑥《吉林省 Laochaokuo 日间活动的鳞翅目》⑦ 九篇文章，研究了中国东北鳞翅目昆虫的种类、习性、地理和季节分布等内容。

　　H. K. 费多谢耶夫，出生年、地点不详，逝世年、地点不详。东省文物研究会会员、中东铁路管理局职员。⑧ H. K. 费多谢耶夫于 1932 年在《中东铁路中央图书馆书籍绍介汇报（中国学文献概述）》上发表了《中国农业上的资本与劳动》⑨《中国工业化》⑩《中国的饥荒与百姓的饭食》⑪《中国农村中的

①　Nikimin M. I. The geographical distribution of Lepidoptera in Manchuria//Extrait des comptes Rendus du XII – e Congres International de Zoologie. Lisbonne,1935. pp. 1109 – 1126.

②　Nikimin M. I. Biological notes on Lepidoptera from Manchoukuo//Bulletin of the Institute Scientific Research, Manchoukuo;Hsinking,1939. Vol. 3. pp. 240 – 264.

③　Nikimin M. I. Diurnal Lepidoptera of the Eastern Slopes of Greater Khingan//Bulletin of the Institute Scientific Research,Manchoukuo;Hsinking,1941b. Vol. 5,N6. pp. 578 – 602.

④　Nikimin M. I. To the study of Lepidopterotls Injurious insects of Manchoukuo. 1. Some most important injurious moths in Manchoukuo//Report of Institute of Scientific Research,Manchoukuo,1941. Vol. 5,N11.

⑤　Nikimin M. I. Butterflies from Yablonya, Pin – chiang Province, with comments concerning their habits and seasonal distribution//Bulletin of the Institute Scientific Research, Manchoukuo; Hsinking, 1941a. Vol. 5,N6. pp. 181 – 222.

⑥　Nikimin M. I. List of butterflies from Cheng – chin, Lesser Khingan//Bulletin of the Institute Scientific Research,Manchoukuo;Hsinking,1942a. Vol. 6,N4. pp. 469 – 477.

⑦　Nikimin M. I. Diurnal Lepidoptera of Laochaokuo. Kirin Province//Bulletin of the Institute Scientific Research,Manchoukuo;Hsinking,1942b. Vol. 6,N4. pp. 478 – 486.

⑧　Отчёт о деятельности Общества Изучения Маньчжурского Края за 1926 год（4 – й год существования）. – Харбин:тип. полиграф. К. В. Ж. Д. 1927. с. 2;Личный состав общества//Известия общества Изучения Маньчжурского края,1926. №6. с. 73.

⑨　Федосеев Н. К. Капитал и труд в крестьянском хозяйстве Китая. //Библиографический сборник（Обзор литературы по китаеведению）под редакцией Н. В. Устрялова（Харбин,II（V）,1932, с. 45 – 60.

⑩　Федосеев Н. К. Индустриализация Китая. //Библиографический сборник（Обзор литературы по китаеведению）под редакцией Н. В. Устрялова Харбин,I（IV）,1932,с. 69 – 94.

⑪　Федосеев Н. К. Голод в Китае и питание населения. //Библиографический сборник（Обзор литературы по китаеведению）под редакцией Н. В. Устрялова Харбин, I（IV）, 1932, с. 95 – 116.

合作社》① 四篇文章。

E. E. 斯帕利文，1872 年 10 月 11 日出生于里加附近的一个小镇。E. E. 斯帕利文从里加市中学毕业后进入圣彼得堡大学法律系学习 3 年，后转入东方系。1898 年，E. E. 斯帕利文毕业于圣彼得堡大学汉蒙满语专业。根据圣彼得堡学区督学的建议，从 1898 年 7 月至 1900 年 7 月，E. E. 斯帕利文留圣彼得堡大学日语教研室准备教授职称。从 1899 年 1 月 1 日至 1901 年 1 月 1 日，E. E. 斯帕利文被国民教育部公派日本留学。1900 年 9 月 2 日，对 E. E. 斯帕利文来说，是一个值得纪念的日子。在这天，E. E. 斯帕利文站在了东方学院的讲台上，成为一名日语专业教师。E. E. 斯帕利文一直在东方学院工作。十月革命后，他积极参与创办远东国立大学（1920 年成立，东方学院成为其东方系）。1921 年 5 月 30 日至 1923 年 3 月 21 日，E. E. 斯帕利文担任远东国立大学东方系主任。与此同时，E. E. 斯帕利文还兼任图书馆委员会委员、《东方系通讯》主编、出版委员会主席。1923 年春，E. E. 斯帕利文当选为苏联东方学学会远东分会主席。1924 年，远东国立大学成立了远东地方志科学研究所，开展诸如安排研究者进行学术报告和交流观点等学术活动。E. E. 斯帕利文成为该研究所语言学部正式会员。1925 年，E. E. 斯帕利文离开符拉迪沃斯托克来到了日本并在那里生活了 6 年，担任苏联驻东京领事馆文化秘书、对外文化交流协会主席一职。1931 年前，E. E. 斯帕利文又被派往哈尔滨，担任中东铁路公司顾问。1933 年 11 月 10 日，E. E. 斯帕利文逝世于哈尔滨铁路中心医院。② E. E. 斯帕利文是俄国公认的日本学家，但其绝大多数成果都是在俄国和日本问世。就目前所掌握的资料看，在华期间 E. E. 斯帕利文仅在哈尔滨发行的《中东铁路中央图书馆书籍绍介汇报（中国学文献概述）》上发表了一篇《关于满洲冲突及其政治、经济基础、形势与

---

① Федосеев Н. К. Кооперация в китайской деревне. //Библиографический сборник (Обзор литературы по китаеведению) под редакцией Н. В. Устрялова (Харбин, II (V), 1932, с. 75 - 89.

② Хисамутдинов А. А. О чем рассказали китайские львы. К истории Восточного института. - Владивосток: изд - во ДВГТУ, 2010. с. 12 - 22; Хисамутдинов А. А. Первый профессиональный японовец России. Опыт латвийско - российско - японского жизни и деятельности Е. Г. Спальвина. - Владивосток: изд - во Дальневосточного университета, 2007. с. 7 - 35.

前景的日文文献》① 的长篇文章。

К. И. 扎依采夫，1887 年 3 月 28 日出生于圣彼得堡，1975 年 11 月 26 日逝世于美国杰克逊维尔。1910 年，К. И. 扎依采夫毕业于圣彼得堡工学院经济专业，获经济学副博士学位，并留校国家法教研室从事学术研究，后在海德堡大学进修。1912 年，К. И. 扎依采夫以自考生身份通过圣彼得堡大学的国家考试并留国家法教研室工作。一战期间，К. И. 扎依采夫担任粮食事务特别会议总务处副处长。二月革命后，К. И. 扎依采夫担任临时政府地方经济事务总局城市分局局长。国内战争时，К. И. 扎依采夫担任南方军队粮食处处长，也从事报业工作。К. И. 扎依采夫随弗兰格尔军队被疏散到君士坦丁堡，后去了索菲亚，在那里编辑《俄国思想报》。1922 年，К. И. 扎依采夫来到了布拉格，在当地的俄国法政大学和合作社学院教授行政法课程。К. И. 扎依采夫在俄国高等学校研究小组通过了政治经济学教研室的考试，受聘编外副教授。受 П. Б. 斯特鲁维的邀请，К. И. 扎依采夫去了巴黎，并编辑《复兴报》和担任《俄国与斯拉夫人报》编辑。1935 年，К. И. 扎依采夫受邀移居哈尔滨，担任哈尔滨师范学院校长，并在哈尔滨法政大学讲授经济与法基本原理、伦理学基础课程。К. И. 扎依采夫后受聘哈尔滨圣弗拉基米尔神学院教授。从 1936 年起，К. И. 扎依采夫在伪满洲国外交部和《公报》工作。К. И. 扎依采夫后移居上海，1945 年成为一名神甫。1949 年，К. И. 扎依采夫在妻子去世后在杰克逊维尔落发为修士。1954 年，К. И. 扎依采夫成为修士大司祭。К. И. 扎依采夫最后受聘为美国圣三一中等宗教学校，从事神学与俄国文学教授工作。② 从 20 世纪 30 年代下半叶至民国末年，К. И. 扎依采夫在《法政学刊》《哈尔滨时代报》《俄国与普希金：文集（1837—

① Спальвин Е. Е. Японская библиография маньчжурского конфликта, его политических и экономических основ, обстановки и перспектив его. // Библиографический сборник (Обзор литературы по китаеведению). под редакцией Н. В. Устрялов. аХарбин, Ⅱ (Ⅴ), 1932, с. 199 - 274.

② Хисамутдинов А. А. Российская эмиграция в Азиатско - Тихоокеанском регионе и Южной Америке: Биобиблиографический словарь. - . Владивосток: Изд - во Дальневост. ун - та. 2000. с. 127.

1937）》上发表了《关于贵族权利消解之勒令于历史上之地位（一七六二年二月十八日颁布之一百七十五周年纪念）》①《为普希金而斗争》②《普希金的宗教信仰问题》③《普希金与音乐》④ 等五篇文章，出版了《伦理学基础教程》⑤ 两卷本的教材一部，关于俄国文学的著作《托尔斯泰作为宗教人》⑥《М. И. 莱蒙托夫——我们时代的英雄》⑦《俄国文艺评论杰作集》⑧ 三部，关于俄国历史的著作《一八六一年社会对于俄国农民自由宣告之谕令之心理》⑨（1936 年《法政学刊》第 11 期发表，同年出版单行本）《基辅罗斯：历史概述与补充阅读材料》⑩《纪念末代沙皇——俄国与沙皇——沙皇的私人秘密——意外的惨祸》⑪ 三部，关于东正教的著作《东正教会在苏俄：吉洪时代无神国家的独立教会》⑫ 和《认识东正教》⑬ 两部。

　　К. И. 扎依采夫在学术研究上关注领域庞杂，涉及文学、历史、宗教等问题，且都有重要成果问世。本书在每一领域选其一进行重点介绍。

①　Зайцев К. И. Историческое место указа о вольности дворянства（к стосемидесятипятилетию указа 18 февраля 1762 г.）//Известия юридического факультета，1938，XII，с. 151 – 164. – Харбин.

②　Зайцев К. И. Борьба за Пушкина//Харбинское время. Харбин，1937. №38. 11 февраля.

③　Зайцев К. И. Религиозная проблема Пушкина//Россия и Пушкин. Харбин：Изд. Русской Академической группы1937. с. 42 – 57.

④　Зайцев К. И. Пушкин и музыка//Россия и Пушкин. Харбин：Изд. Русской Академической группы1937. с. 88 – 99.

⑤　Зайцев К. И. Основы этики：Пособие к лекциям. Т. I. Харбин，1937. с. 90；Т. II Харбин，1938. с. 110.

⑥　Зайцев К. И. Толстой，как явление религиозное. – Харбин，1937. 20с.

⑦　Зайцев К. И. Лермонтов М. И. герой нашего время. – Харбин，1941. 179с.

⑧　Зайцев К. И. Шедевры русской литературной критики. – Харбин，1941. 474с.

⑨　Зайцев К. И. Как была принята крестьянская воля в 1861 г. – Харбин：Тип. Заря，1936. 29с.//Известия юридического факультета，1936，№11. с. 295 – 310. – Харбин，1936. с. 265 – 294.

⑩　Зайцев К. И. Киевская Русь：Исторический обзор и книга для чтения. – Харбин：Изд. Пушк. ком. при Гл. БРЭМе，1942. 446с. – тоже. Переизд. в сокр. варианте. Шанхай，1949. 220с.

⑪　Зайцев К. И. Памяти последнего Царя. Россия и Царь. Тайна личности Царя. Катастрофа. Шанхай，1948. 86с.

⑫　Зайцев К. И. Православная Церковь в советской России. Ч. 1. Время Патриарха Тихона. Независимая церковь в безбожном государстве. – Шанхай，1947. 206с.

⑬　Зайцев К. И. К познанию Православия. Шанхай：Тип. Заря，1948. 217с.

《俄国文艺评论杰作集》一书 1941 年出版于哈尔滨。该书是 К. И. 杂伊才夫主编的关于俄国文艺评论的著作，所收录的文艺评论作品并非职业评论家的作品，而是作家所撰写的对文学的深刻认识的评论文章。该书收录了普希金的《巴拉丁斯基》、别林斯基的《М. И. 莱蒙托夫的诗歌》、果戈理的《俄国诗歌艺术的本质及其特点》、茹科夫斯基的《作家及其当代意义》、屠格涅夫的《略谈丘特切夫的诗》、格里戈里耶夫的《普希金逝世以来的俄国文学一瞥》、霍米亚科夫的《谢尔盖·季莫费耶维奇·阿克萨科夫》、冈察洛夫的《万般痛苦》、陀思妥耶夫斯基的《普希金》、列昂奇耶夫的《分析、风格与潮流》、克柳切夫斯基的《忧郁》、罗扎诺夫的《果戈理与陀思妥耶夫斯基》、索洛维约夫的《普希金诗作中诗歌艺术的意义》十三篇文章，旨在从俄国文学作品中观照和深入认识作家本人，并通过作家的内心折射出人类精神的许多问题。为了便于读者阅读和理解，作者 К. И. 杂伊才夫在每一收录作品前对该作品给予概述性评论，并在书后附录了每一个作家的生平简介以及作品中出现的人物的简要说明。可以说，该书是在华俄侨学者编写的关于俄国文学批评的唯一一部著作，К. И. 杂伊才夫因此也成为第一个把俄国经典文艺评论作品全面介绍到中国的学者。

《基辅罗斯：历史概述与补充阅读材料》一书于 1942 年出版于哈尔滨，1949 年于上海出版简本。作者出版该书的目的是，希望不同国度的各类人群能够了解俄国历史上的重大事件。[①] 该书分历史概述与补充阅读材料两个大部分。在历史概述部分又包括两大章二十七小节，主要概述了基辅罗斯的早期形成史、从圣弗拉基米尔大公到姆斯季斯拉夫大公时期 150 年基辅罗斯的繁荣发展；在补充阅读材料部分分别附录了 22 位俄国学者研究基辅罗斯的学术文章。该书是俄侨学者出版的关于俄国古代历史研究的重要著作之一。

《东正教会在苏俄：吉洪时代无神国家的独立教会》一书 1947 年出版于上海。该书分二十八章，主要记述了十月革命后进入吉洪时代的俄

---

① Зайцев К. И. Киевская Русь: Исторический обзор и книга для чтения. – Харбин: Изд. Пушк. ком. при Гл. БРЭМе, 1942. с. VI.

国东正教会面临从未有过的政治形势，俄国东正教会与国家的关系达到
了空前的紧张状态；一面是对东正教会的打压与限制政策，一面是对新
生苏维埃政权的抗拒和排斥态度。该书记载了从 1917—1927 年的俄国东
正教会与国家之间对抗的过程，包括莫斯科地区会议与牧首制的重新恢
复、基辅弗拉基米尔都主教被杀害、苏维埃政权打击下的教会改造、使
吉洪牧首最终屈服与俄国东正教会的分裂等内容。该书是俄罗斯学者出
版的关于俄国东正教会与苏维埃国家政权关系的最重要著作之一，是一
份极为可贵的文献史料。

　　И. Б. 科扎克，1897 年 9 月 19 日出生于塞瓦斯托波尔，1967 年 6 月
7 日逝世于悉尼。1916 年，И. Б. 科扎克毕业于莫斯科拉扎列夫斯基东方
语言学院。1916—1921 年在哈尔滨的护路军中服兵役和在赤塔第一航空
大队做摩托工。1922—1929 年，И. Б. 科扎克在巴黎生活，1925 年毕业
于巴黎高等商业学校。30 年代初，И. Б. 科扎克移居哈尔滨，主要从事文
学创作活动。И. Б. 科扎克后又移居澳大利亚。[1] И. Б. 科扎克在文学创作
之余也从事学术研究，1937 年出版了一部非常有影响的社会科学著
作——《社会诡辩学：关于国家作为社会整体和进步精神的新科学》[2]，
1943 年出版了一本关于柴可夫斯基的研究的小册子——《悲怆交响
曲——纪念 П. И. 柴可夫斯基第六交响曲创作 50 周年》[3]。И. Б. 科扎
克在第一本著作中提出了一个新的学术概念——社会诡辩学。他认为，
社会诡辩学是通过最高社会整体（国家）目标的构建来认识和认清人的
存在和自然环境的本质的一门科学，其研究对象是关于社会整体（国家）
内部（有机）和外部（功能）的活动。[4] 该书分为两卷，第一卷为社会

　　① Хисамутдинов А. А. Российская эмиграция в Азиатско‐Тихоокеанском регионе и
Южной Америке：Биобиблиографический словарь. ‐. Владивосток：Изд‐во Дальневост. ун‐та.
2000. с. 159.

　　② Коджак И. Б. Социософия. Новая наука о государстве, как социальном организме и его
душе‐прогрессе. ч. 1. ‐ Харбин：Изд. авт, 1937. 406с.

　　③ Коджак И. Б. Патетическая симфония. К 50‐летию Шестой симфонии П. И.
Чайковского. ‐ Харбин：Изд. М. В. Зайцева, 1943. с. 46.

　　④ Коджак И. Б. Социософия. Новая наука о государстве, как социальном организме и его
душе‐прогрессе. ч. 1. ‐ Харбин：Изд. авт, 1937. с. 7.

诡辩学作为新科学的基本理论，主要探讨了一贯性的先验性与目标的经验性（连续与转换先验性法则、理智是存在的专门工具）、作为社会整体的国家（人的精神系统、社会整体）、为社会整体成员的存在而斗争三个重要问题。作者在第一卷中所要解决的任务是，探寻人的精神属性必然性的形成过程、揭露道德要求的性质、解释其含义和意义、指出通过全力动员社会成员之力量来实现人的最大幸福的正确社会道路；并指出该卷的直接目的不是创造任何存在的新形式，而是处于最佳的存在状态（一贯性的从属法则与先验性的力所不及的人介入）。第二卷为当代伦理问题的社会诡辩学分析，主要研究了定性法制状态下（社会整体的内部活动）男性威力存在形式的国家文化发展、男性威力存在形式的国家文化制度、男性威力存在形式的国家文化净化、女性威力存在形式的国家文化发展与制度，以及定量法制状态下（社会整体的外部活动）在人的存在形式上的物质斗争或社会整体——国家的斗争等内容。综合 И. Б. 科扎克的两卷本的《社会诡辩学：关于国家作为社会整体和进步精神的新科学》的研究内容，可以说该书是一本比较晦涩难懂的著作，也是俄侨出版学术出版物中是难得一见的学术著作。由于笔者阅历有限，只能介绍一些书中的浅表内容，至于书中所体现的更多精髓和深奥的道理，还请学界同仁来共同深入分析。

И. Б. 科扎克在第二本著作中把 П. И. 柴可夫斯基《第六（悲怆）交响曲》与贝多芬《第九交响曲》进行了比较研究，通过这两部世界音乐文化杰作的比较分析，对他们在音乐世界的天才创造和杰出贡献给予了高度评价。该著作尽管篇幅短小，但在在华俄侨学术史上占有重要地位，是俄侨学者出版的不多见的关于音乐文化研究的作品。

В. Ф. 伊万诺夫，1885 年 3 月 4 日出生于卡卢加州，1944 年 7 月 31 日逝世于哈尔滨。В. Ф. 伊万诺夫毕业于萨拉托夫男子中学，1912 年毕业于喀山大学法律系。十月革命前，В. Ф. 伊万诺夫担任喀山审判院隶属区代理人。国内战争时期，В. Ф. 伊万诺夫被疏散到鄂木斯克。1920 年，В. Ф. 伊万诺夫在哈尔滨生活几个月后回到了符拉迪沃斯托克，担任阿穆尔边区临时政府总理。1920 年 10 月，В. Ф. 伊万诺夫移居哈尔滨，从事私人实践活动。在其生活的后期阶级，В. Ф. 伊万诺夫担任满洲俄侨事务局顾问。① В. Ф. 伊万诺夫在学术研究上主要关注政治社会问题，从1932 年至 1940 年共撰写出了《寻找国家理想》②《彼得大帝以来的俄国知识分子与共济会》③《东正教世界与共济会》④《秘密外交：俄国对外政策与国际共济会》⑤《普希金与共济会》⑥ 五部著作。

《寻找国家理想》一书是 В. Ф. 伊万诺夫 1932 年 4 月 23 日在哈尔滨商人委员会上发表的公开报告。该报告未公开出版，处于手稿状态。作者在书中坚决强调了民主制破坏了国家体制这一主题思想。В. Ф. 伊万诺夫出版的另外四部著作都与同一个社会组织——共济会有关。确切地说，В. Ф. 伊万诺夫是在华俄侨学者中唯一一位以共济会为重点研究对象的学者。В. Ф. 伊万诺夫探讨了俄国知识分子、俄国对外政策、东正教世界与共济会的关系问题，从文化、外交和宗教的视角给予了全方位研究。每一部著作都堪称是经典之作。本书仅以学界较少关注的俄国对外政策与共济会关系问题的著作——《秘密外交：俄国对外政策与国际共济会》为例重点介绍。该书 1937 年出版于哈尔滨，是 В. Ф. 伊万诺夫 1936 年 10 月 11 日、18 日、25 日和 11 月 1 日、8 日、22 日、29 日在哈尔滨圣弗拉基米尔学院大楼宣读报告的基础上修改与补充而成。因为该报告在社会上获得了巨大反响且又是学界尚未研究的新问题，所以该书得以在出版商那里顺利出版。该书分七个部分，记述了俄国对外政策与国际共济会关系的理论与实践变迁，国际共济会在英俄关系、法俄关系、美俄关系、日俄关系演变中所扮演的角色与作用，国际共济会对帝俄、苏联、侨民

---

① Хисамутдинов А. А. Российская эмиграция в Азиатско‑Тихоокеанском регионе и Южной Америке：Биобиблиографический словарь. ‑. Владивосток：Изд‑во Дальневост. ун‑та. 2000. с. 133.

② Иванов В. Ф. В поисках государственного идеала：Докл. на публич. заседании делового ком. В Харбине 23 апр. 1932 г. ‑ Харбин，1932. 47с.

③ Иванов В. Ф. От Петра первого до наших дней：Русская интеллигенция и масонство. ‑ Харбин：Тип. "Хуа‑Фын"，1934. 613с.

④ Иванов В. Ф. Православный мир и масонство. ‑ Харбин：Изд. В. А. Морозова，1935. 132с.

⑤ Иванов В. Ф. Тайная дипломатия：(Внешняя политика России и международное масонство). ‑ Харбин：Изд. В. А. Морозова，1937. 344с.

⑥ Иванов В. Ф. А. С. Пушкин и масонство. ‑ Харбин：Тип. "Хуа‑Фын"，1940. 125с.

和未来俄国命运的影响等问题。该书明确指出，在国际共济会的参与和
推动下俄国爆发了革命、建立了苏联和向外输出革命，进而导致了无神
论国家与基督教世界的对抗，因此未来的俄国只有恢复包括侨民在内的
基督教的俄国才能解决这一问题。

　　20 世纪 30 年代在天津也有 10 余位俄侨学者，如 И. И. 谢列布列尼
科夫（本书在第四章中重点研究）、П. А. 巴甫洛夫、В. Н. 伊万诺夫、
Е. А. 热木楚日娜娅等从事学术研究。上述俄侨学者中仅有少数生平活动
信息有明确记载，仅有的一点信息就是他们都是当地俄侨学术团体——
天津中国研究会的会员。从该会发行的机关刊物——《华俄月刊》上，
我们获悉了这些俄侨所发表的全部关于中国的学术成果。С. К. 发表了
《中国的犹太人》① 一篇文章，В. В. 谢平发表了《中国政府的财政改
革》②《1935 年的中国对外贸易》③《1935 年的中国北方》④《关于中国经
济研究问题》⑤《中国海关的关税政策》⑥ 五篇文章，И. 舍列斯田发表了
《南京（旅途印象）》⑦《"白黑"摄影协会举办不久的摄影展》⑧《中国的
纸钱》⑨《广东》⑩《大同云冈石佛》⑪ 五篇文章，В. В. 谢维洛夫发表了

　　① С. К. Китайские евреи. //Вестн. Китая（Тяньцзин）. 1936. №1. с. 12 – 14.

　　② В. В. Щепин Финансовая реформа китайского правительства. //Вестн. Китая
（Тяньцзин）. 1936. №1. с. 15.

　　③ В. В. Щепин Внешняя торговля китая за 1935 год. //Вестн. Китая（Тяньцзин）. 1936.
№1. с. 16 – 21.

　　④ В. В. Щепин 1935 – й год в северном Китае. //Вестн. Китая（Тяньцзин）. 1936. №2.
с. 26 – 29.

　　⑤ В. В. Щепин К вопросу изучения экономики Китая. //Вестн. Китая（Тяньцзин）. 1936.
№3. с. 19 – 22.

　　⑥ В. В. Щепин Тарифная политика таможен китая. //Вестн. Китая（Тяньцзин）. 1936. №5.
с. 31 – 40.

　　⑦ И. Шелестян Нанкин（путевые впечатления）. //Вестн. Китая（Тяньцзин）. 1936. №1.
с. 22 – 23.

　　⑧ И. Шелестян На недавней выставке фотографического общества "свето – тень" //Вестн.
Китая（Тяньцзин）. 1936. №1. с. 24 – 25.

　　⑨ И. Шелестян Загробные деньги в китае. //Вестн. Китая（Тяньцзин）. 1936. №2. с. 8 – 13.

　　⑩ И. Шелестян Кантон. //Вестн. Китая（Тяньцзин）. 1936. №2. с. 30 – 32.

　　⑪ И. Шелестян Забытые боги заоблачных высот в да – еун – фу, провинции шаньси. //
Вестн. Китая（Тяньцзин）. 1936. №5. с. 12 – 16.

《伦敦的中国艺术展》①《中国艺术——伦敦中国艺术国际展（1935 年 11
月 28 日—1936 年 3 月 7 日）》② 两篇文章，3．В．发表了《中国动物区
系概述》③《中国艺术中的动物》④ 两篇文章，А．Е．鲍日科发表了《中
国人的算命》⑤《完璧归赵》⑥（译文）两篇文章，В．О．发表了《中国
国家不同称谓的起源》⑦ 一篇文章，А．艾波夫发表了《现在中国之定期
出版物》⑧（译自中文）一篇文章。

  Е．А．热木楚日娜娅，1887 年 10 月 23 日出生于乌拉尔阿拉帕耶夫斯
克的一个工厂医生家里，1961 年 5 月 8 日逝世于澳大利亚。1905 年，
Е．А．热木楚日娜娅从尼古拉一世莫斯科孤儿院毕业后从事教师职业。国
内战争时期，Е．А．热木楚日娜娅嫁给了 А．А．热木楚日斯基医生。20 世
纪 30 年代中叶，Е．А．热木楚日娜娅成为天津中国研究会及其机关刊物
《华俄月报》创会人与创办人之一。1939 年，Е．А．热木楚日娜娅全家移
居澳大利亚。⑨ Е．А．热木楚日娜娅的学术文章均刊登在《华俄月报》
上，发表了《吾国与吾民》⑩（书评）《流亡——美国母亲画像》⑪（书

---

①　В. В. Северов Выставка китайского искусства в дондоне. //Вестн. Китая（Тяньцзин）.
1936. №4. с. 25.

②　В. В. Северов Китайское искусство. "Международная выставка китайского искусства" в
Лондоне.（28 - го ноября 1935 г - 7 - ое марта 1936 г. //Вестн. Китая（Тяньцзин）. 1936. №2. с.
20 - 24.

③　З. В. Очерк по фауне Китая. //Вестн. Китая（Тяньцзин）. 1936. №3. с. 23 - 29；№4. с. 27 - 33.

④　З. В. Животные в китайском искусстве. //Вестн. Китая（Тяньцзин）. 1936. №5. с. 22 - 26.

⑤　А. Е. Божко Гадание у китайцев. //Вестн. Китая（Тяньцзин）. 1936. №4. с. 14 - 16.

⑥　А. Е. Божко Драгоценная яшма в сохранности возвращается чжао（Ван би гуй Чжао）. //
Вестн. Китая（Тяньцзин）. 1936. №4. с. 24 - 26.

⑦　В. О. Происхождение разных названий страны Китая. //Вестн. Китая（Тяньцзин）. 1936.
№4. с. 18 - 21.

⑧　А. Эпов Современная китайская периодическая печать. //Вестн. Китая（Тяньцзин）.
1936. №5. с. 41 - 42.

⑨　Хисамутдинов А. А. Российская эмиграция в Азиатско - Тихоокеанском регионе и
Южной Америке：Биобиблиографический словарь. - . Владивосток：Изд - во Дальневост. ун - та.
2000. 122с.

⑩　Жемчужная Е. А. Библиография " Моя страна и мой народ ". //Вестн. Китая
（Тяньцзин）. 1936. №3. с. 36 - 41.

⑪　Жемчужная Е. А. Библиография "Изгнание" - портрёт Американской матери. //Вестн.
Китая（Тяньцзин）. 1936. №4. с. 42 - 43.

评)《末代皇帝》①（书评)《古代中国诗歌》②（译文)《自然与气候对中国文化的影响》③《天子》④（书评)《广东医院百年》⑤（书评)《天津黄河白河博物馆》⑥《中国新年》⑦《山地湖》⑧（译文)《山间小屋》⑨（译文）十一篇文章，出版了《我们与子女：关于生命的生物理解》⑩一部探讨生命的著作。

聚集在满洲俄侨事务局考古学、博物学与人种学研究青年会的俄侨青年学者在 30 年代中后期也进行了一定程度的学术研究。这些青年学者的生平信息基本不详。他们的成果均发表在该会 1937 年发行的《满洲的博物学者》杂志上。И. К. 科瓦里楚克－科瓦里，满洲俄侨事务局考古学、博物学与人种学研究青年会主席，⑪发表了《满洲的博物学者》⑫《俄国在北满与毗邻省州的动物学研究》⑬两篇文章。Н. Н. 巴依科娃，

① Жемчужная Е. А. Библиография " Последняя императрица ". // Вестн. Китая (Тяньцзин). 1936. №4. с. 38 – 41.

② Жемчужная Е. А. Старинные китайские песни (перевод с английского). // Вестн. Китая (Тяньцзин). 1936. №3. с. 30.

③ Жемчужная Е. А. Влияние природы и климата на культуру Китая. // Вестн. Китая (Тяньцзин). 1936. №3. с. 31 – 35.

④ Жемчужная Е. А. Библиография " Сын неба " // Вестн. Китая (Тяньцзин). 1936. №5. с. 44.

⑤ Жемчужная Е. А. Библиография " Столетие кантоского госпиталя " // Вестн. Китая (Тяньцзин). 1936. №5. с. 43.

⑥ Жемчужная Е. А. Музей "Хуан – хе Бай – хе" в Тяньцзине. // Вестн. Китая (Тяньцзин). 1936. №4. с. 34 – 37.

⑦ Жемчужная Е. А. Китайский Новый Год. // Вестн. Китая (Тяньцзин). 1936. №1. с. 2 – 4.

⑧ Жемчужная Е. А. Горное озеро (перевод с китайского). // Вестн. Китая (Тяньцзин). 1936. №4. с. 12.

⑨ Жемчужная Е. А. Из домика на горе (перевод с китайского). // Вестн. Китая (Тяньцзин). 1936. №4. с. 23.

⑩ Жемчужная Е. А. Мы и наш дети: К вопр. о биол. понимании жизни. – Харбин, 1934. с. 122.

⑪ Состав Секции А. Н. Э. к 26 июля 1937 г. // Натуралист Маньчжурии, 1937. №2. с. 65.

⑫ Ковальчук – Коваль И. К. Натуралист в Маньчжурии. // Натуралист Маньчжурии. №1. Харбин, 1936. с. 1 – 2.

⑬ Ковальчук – Коваль И. К. Русские зоологические исследования в Северной Маньчжурии и в соседних областях. // Натуралист Маньчжурии. №2. Харбин, 1937. с. 15 – 18.

满洲俄侨事务局考古学、博物学、人种学研究青年会第二秘书，① 发表了
《阿穆尔河游蛇的生物学研究》② 一篇文章。Л. А. 热烈兹尼亚科娃，满
洲俄侨事务局考古学、博物学、人种学研究青年会第一秘书，③ 发表了
《哈尔滨市郊的龟》④ 一篇文章。И. С. 马尔楚科娃，满洲俄侨事务局考
古学、博物学、人种学研究青年会办公室主任，⑤ 发表了《松花江谷地桑
叶的六次变种》⑥ 一篇文章。Е. Ф. 科杰尔金娜，满洲俄侨事务局考古学、
博物学、人种学研究青年会会员，⑦ 发表了《哈尔滨市郊和旧河床生长的
Эуриале》⑧《关于哈尔滨市郊松花江谷地河流阶地植被研究》⑨ 两篇文
章。З. В. 楚卡耶娃，满洲俄侨事务局考古学、博物学、人种学研究青年
会财务主任，⑩ 发表了《哈尔滨市郊的结核体》⑪ 一篇文章。В. П. 阿布
拉姆斯基，满洲俄侨事务局考古学、博物学、人种学研究青年会会员，⑫
发表了《论对射线的敏感性》⑬ 一篇文章。Ю. С. 斯因，积极参加满洲俄
侨事务局考古学、博物学、人种学研究青年会的活动，⑭ 发表了《哈尔滨

---

① Состав Секции А. Н. Э. к 26 июля 1937 г. //Натуралист Маньчжурии, 1937. №2. с. 65.

② Байкова Н. Н. К биологии Амурского полоза. //Натуралист Маньчжурии. №2. Харбин, 1937. с. 13 – 15.

③ Состав Секции А. Н. Э. к 26 июля 1937 г. //Натуралист Маньчжурии, 1937. №2. с. 65.

④ Железнякова Л. А. Черепаха из окрестностей г. Харбина. //Натуралист Маньчжурии. №2. Харбин, 1937. с. 19 – 20.

⑤ Состав Секции А. Н. Э. к 26 июля 1937 г. //Натуралист Маньчжурии, 1937. №2. с. 65.

⑥ Марчукова И. С. Шесть вариаций листьев шелковицы из долины р. Сунгари. //Натуралист Маньчжурии. №2. Харбин, 1937. с. 24 – 25.

⑦ Состав Секции А. Н. Э. к 26 июля 1937 г. //Натуралист Маньчжурии, 1937. №2. с. 65.

⑧ Котелкина Е. Ф. Эуриале(Euriale ferox Salisbury) , растущая в старицах и окрестностях г. Харбина. //Натуралист Маньчжурии. №2. Харбин, 1937. с. 23 – 24.

⑨ Котелкина Е. Ф. К изучению растительности речной террасы по долине р. Сунгари в окрестностях г. Харбина. //Натуралист Маньчжурии. №2. Харбин, 1937. с. 26 – 28.

⑩ Состав Секции А. Н. Э. к 26 июля 1937 г. //Натуралист Маньчжурии, 1937. №2. с. 65.

⑪ Чукаева З. В. Конкреции в окрестностях г. Харбина. //Натуралист Маньчжурии. №2. Харбин, 1937. с. 33 – 34.

⑫ Состав Секции А. Н. Э. к 26 июля 1937 г. //Натуралист Маньчжурии, 1937. №2. с. 65.

⑬ Абламский В. П. О радиестезии. //Натуралист Маньчжурии. №2. Харбин, 1937. с. 35 – 37.

⑭ Состав Секции А. Н. Э. к 26 июля 1937 г. //Натуралист Маньчжурии, 1937. №2. с. 63.

市郊植被研究》① 一篇文章。К. И. 纳扎楞科，满洲俄侨事务局考古学、博物学、人种学研究青年会驻抬马沟通讯员，② 发表了《我们是怎样杀死母虎与公虎的》③ 一篇文章。

　　30 年代末 40 年代初的大连有几位俄侨学者（关于他们的生平活动信息，资料没有确切记载）也进行了一定程度的学术研究，其成果发表在1939 年由日本人在大连早已开办的"东方评论出版社"发行的同名杂志（以宣传日本思想与政治为目的）上。俄侨学者 А. 李深发表了《为在华新秩序而战》（1939 年第 1 期）《满洲的国家与文化发展之路》（1939 年第 2 期），Е. 阿加波夫发表了《日本向满洲的移民》（1939 年第 2 期），В. 布坡诺娃发表了《过去与现在的日本绘画》，В. 伊瓦士科维奇发表了《日本古典文学史》（1944 年第 20 期）等少量文章。④ 在大连生活的俄侨学者 М. П. 戈里郭利耶夫尤其值得一提。他 1899 年 11 月 7 日出生于马雷省梅尔夫，1943 年 7 月 16 日逝世于大连。М. П. 戈里郭利耶夫先后毕业于赤塔男子中学、军校炮兵专业和日语翻译军官班。从 1920 年起在东京生活，在日本特务机关担任翻译和上尉。1921—1938 年，М. П. 戈里郭利耶夫也兼任日本总司令部军校俄语教师，其间负责编辑出版日本俄国侨民会发行的文集《在东方》。1939 年，М. П. 戈里郭利耶夫移居哈尔滨，担任在南满铁路株式会社总裁室弘报课驻哈尔滨代办，积极参与创办《东方评论》杂志。1940 年移居大连，除在当地学校教授日语与日本学外，主要从事日本文学翻译工作。⑤ М. П. 戈里郭利耶夫于 1941 年和1943 年翻译了《超越复仇：故事与戏剧》（菊池宽著）和《小少爷》（夏

---

　　① Син Ю. С. К изучению растительности окрестностей г. Харбина. //Натуралист Маньчжурии. №2. Харбин, 1937. с. 28 – 29.

　　② Состав Секции А. Н. Э. к 26 июля 1937 г. //Натуралист Маньчжурии, 1937. №2. с. 65.

　　③ Назаренко К. И. Как мы убили тигрицу с тигрятами. //Натуралист Маньчжурии. №2. Харбин, 1937. с. 21 – 23.

　　④ Хисамутдинов А. А. Дальневосточное востоковедение: Исторические очерки/Отв. ред. М. Л. Титаренко; . Ин – т Дал. Востока РАН. – М.: ИДВ РАН. 2013. с. 193, 195.

　　⑤ Вановский А. М. П. Григорьев: (Некролог) //Вост. обозрение. 1943. №6. с. 185 – 194.

目漱石著）等日本经典文学作品，并在大连出版。[1]

20世纪30年代中叶前后，在医学研究上在哈尔滨仍工作着两位俄侨医生。Н. Т. 德日什卡里阿尼，出生年、地点不详，逝世年、地点不详，1913—1922年中东铁路窑门站医生，也从事企业活动，经营了宽城子站的一家烟厂和在窑门站开办了一家用于工业生产的马林果园等，1923年在哈尔滨开办格鲁吉亚专科诊所并担任主治医生。[2] Н. Т. 德日什卡里阿尼于1933年在哈尔滨出版了关于延缓衰老的著作——《人年轻化的理论与实践》[3]。Г. Г. 戈里郭利耶夫，出生年、地点不详，逝世年、地点不详。哈尔滨的营养医师。[4] Г. Г. 戈里郭利耶夫于1936年在哈尔滨出版了关于营养学的著作——《正常饮食：健康人与病人饮食百科全书》[5]。

民国末年，在哈尔滨还工作着几位俄侨学者从事学术研究，如 Н. Н. 普里卡希科夫、П. И. 科维特科、В. М. 维塔里索夫、А. Л. 卡南杨茨、А. Т. 古谢夫、В. И. 库兹明、А. Ю. 巴聂维茨、Г. И. 拉兹日加耶夫等。他们都是哈尔滨自然科学与人类学爱好者学会会员。[6] 但囿于资料所限，关于他们的具体生平活动无从得知。他们的成果都发表在了《哈尔滨自然科学与人类学爱好者学会丛刊》上。上述几位学者发表了《满洲的俄

---

① Хисамутдинов А. А. Дальневосточное востоковедение：Исторические очерки/Отв. ред. М. Л. Титаренко；. Ин - т Дал. Востока РАН. – М.：ИДВ РАН. 2013. с. 194 – 195.

② Ратманов П. Э. История врачебно - санитарной службы Китайской Восточной железной дороги（1897 - 1935 гг.）. - Хабаровск：ДВГМУ. 2009. с. 66 - 67；Ратманов П. Э. Вклад российских врачей в медицину китая（XX век）.：Диссертация... доктора медицинских наук：Москва. 2010. с. 111.

③ Джишкариани Н. Т. Теория и практика омоложения человека по методу доктора Джишкариани. - Харбин, 1933.

④ Хисамутдинов А. А. Российская эмиграция в Азиатско - Тихоокеанском регионе и Южной Америке：Биобиблиографический словарь. –. Владивосток：Изд - во Дальневост. ун - та. 2000. с. 98.

⑤ Григорьев Г. Г. Правильное питание：Энциклопедия питания здорового и больного человека. - Харбин, Гигина и здоровье, 1936. 422с.

⑥ Список членов общества（Действительные и сотрудник）//Записки Харбинского общества естествоиспытателей и этнографов, 1947. №7. с. 36 - 37；Список членов Харбинского общества естествоиспытателей и этнографов на 1 - е июля 1949 г//Записки Харбинского общества естествоиспытателей и этнографов, 1950. №8. с. 75 - 76.

国园林栽培史》①《关于哈尔滨市的结大果实的苹果树》②《俄罗斯人在发展满洲的果木种植业和蔬菜种植业上的作用》③《适宜哈尔滨的新梨树》④《哈尔滨的药材市场与药用植物的栽培和采集的条件》⑤ 发表了《满洲的官方医学、民间医学与学术医学及其应用》⑥（与 Б. В. 斯克沃尔佐夫合作）《满洲的某类黏菌描述》⑦《北满松江省的黄鼠狼研究资料》⑧《关于庙的两则传说》⑨《龙抬头》⑩《科马洛夫的物种观》⑪《在北满采摘的沼泽地里生长的物种概述》⑫（Б. В. 与斯克沃尔佐夫合作）十二篇文章。

综合以上学者及成果，同时附带本书第四章中拟研究的涉及本时期

①　Прикащиков Н. Н. К истории русского садоводства в Маньчжурии.//Записки Харбинского общества естествоиспытателей и этнографов. №6. Зоология. Харбин,1946. с. 1 – 4.

②　Квитко П. И. О крупноплодных яблониях в городе Харбине.//Записки Харбинского общества естествоиспытателей и этнографов. №6. Зоология. Харбин,1946. с. 5 – 6.

③　Виталисов В. М. Роль русских в развитии садоводства и овощеводства в Маньчжурии// Записки Харбинского общества естествоиспытателей и этнографов. №6. Зоология. Харбин,1946. с. 17 – 18.

④　Кананянц А. Л. Новая груша для Харбина//Записки Харбинского общества естествоиспытателей и этнографов. №6. Харбин,1946. с. 19 – 20.

⑤　Гусев А. Т. Рынок лекарственных продуктов в городе Харбина и возможность культуры и сбора лекарственных растений//Записки Харбинского общества естествоиспытателей и этнографов. №6. Харбин,1946. с. 35 – 36.

⑥　Кузьмин В. И. Лекарственные растения отечественной,народной и научной медицины в Маньчжурии и их применение//Записки Харбинского общества естествоиспытателей и этнографов. №6. Харбин,1946. с. 37 – 54.

⑦　Кузьмин В. И. Описание некоторых маньчжурских Mycetozoa.//Записки Харбинского общества естествоиспытателей и этнографов. №2. Харбин,1946. с. 35 – 40.

⑧　Панневиц А. Ю. Материалы к изучению колонка в Сунцзянской провинции Северной Маньяжурии//Записки Харбинского общества естествоиспытателей и этнографов. №7. Харбин, 1947. с. 8 – 16.

⑨　Разжигаев Г. И. Две легенды о кумирне//Записки Харбинского общества естествоиспытателей и этнографов. №1. Харбин,1946. с. 49 – 51.

⑩　Разжигаев Г. И. Лун – тай – тоу//Записки Харбинского общества естествоиспытателей и этнографов. №1. Харбин,1946. с. 51 – 52.

⑪　Кузьмин В. И. Комаровская концепция вида.//Записки Харбинского общества естествоиспытателей и этнографов. №5. Харбин,1946. с. 49 – 53.

⑫　Кузьмин В. И. Обзор видов рода Болотниц Heleocharis R. Br. (Cyhtraceae） собранных в Сев. Маньчжурии, Китай.//Записки Харбинского общества естествоиспытателей и этнографов. №9. Харбин,1949. с. 15 – 18.

的学者及成果，据笔者不完全统计，本时期在华俄侨学者共有约 129 位，其中取得重要学术成果的约 78 位；共发表了约 590 篇学术文章；出版了约 132 部学术著作，其中重要著作约 70 部。

在这里需要特别说明的是，在 20 年代的哈尔滨和在 20 年代下半期至 30 年代中期的上海发行的《医学杂志》《远东医学通报》和《陆海军》三本学术杂志上发表了一定数量的学术文章，但囿于条件所限，这三本杂志很难查到。因此，本书在概述民国时期在华俄侨学术活动史时，民国时期在华俄侨学者研究医学与军学的文章无法在其中具体体现。与此同时，民国时期俄侨学者还在报纸、非学术杂志上也发表了一定数量的文章，我们只查找到了部分篇目，只能期待史料的发现以弥补这一缺憾。因此，本书所做的统计数字仍然只是一个接近真实的估计数字，而实际数字要多于本书所统计的数字。

第 二 章

民国时期在华俄侨学术机构

　　从事学术活动，成立专门的学术机构是非常有必要的。基于此，民国时期，在华俄侨学者也成立了各类专门学术机构，对推动俄侨学术研究起到了巨大作用。本书主要就在华俄侨学术机构的发展历程、组织结构、主要活动、性质与作用等内容进行研究。由于受资料限制，本书拟对一些资料丰富的在华俄侨学术机构详写，反之略写。

第一节　主要俄侨学术机构及分布

　　民国时期，俄侨学者在华共成立了十几个学术机构，既包括专门的学术团体（学会），也包括高等学校，还包括图书馆和专门的科研机构。本书将按照历史发展的先后顺序对俄侨学术机构的兴衰给予概述性介绍。在在华俄侨学术活动史上，还存在一些其他如1935年在上海成立的上海俄国东方学家学会等学术团体或学术机构。因为它们所从事的活动影响甚微、所遗留史料匮乏，所以本书仅就一些在华俄侨学术活动史上产生过重要影响的学术机构给予重点介绍。

满洲俄国东方学家学会

　　1908年6月12日，毕业于圣彼得堡大学东方系和符拉迪沃斯托克东方学院的北京与天津的俄侨东方研究者倡议在北京举行一次动员大会。大约80名俄侨东方研究者出席了会议。该次会议是在华俄侨联合俄国东方学家并拟创建俄国东方学家学会的第一次尝试。圣彼得堡工商大臣

А. Н. 彼得罗夫在会议上做了报告。该报告提出了成立"远东东方学家学会"的建议。出席会议的多数人赞成此建议，并选举产生了起草学会章程草案的 5 人委员会。但由于倡议者之间的分歧和彼此缺少信任，成立"远东东方学家学会"一事在北京没有得到实现。而在 1906 年就有此想法的哈尔滨的俄侨东方研究者实现了北京会议的目标。1908 年 6 月 21日，在没有任何北京委员会工作的消息后，А. П. 鲍洛班、А. В. 司弼臣、А. Н. 彼得罗夫、И. А. 多布罗洛夫斯基和 П. С. 季申科 5 人在哈尔滨召开了第一次会议，决定暂时独立工作。会议对下列问题交换了意见：希望入会的会员是否必须受过高等东方学教育、希望学会建立在何种土壤和追求何种目的、希望学会以何种组织形式存在。会议决议，学会会员应为毕业于圣彼得堡大学东方系和符拉迪沃斯托克东方学院的受过高等东方学教育的人员，学会应建立在会员经常性交流、互助和支持的土壤上以满足他们的学术兴趣、精神与物质需求，学会的主要任务是为俄国在亚洲东部的国家利益服务，学会的名称定为"东方学家学会"，成立由И. А. 多布罗洛夫斯基、А. В. 司弼臣和 П. С. 季申科 3 人组成的学会章程起草委员会。1908 年 10 月 12 日，哈尔滨的俄侨东方研究者召开了第二次会议，通过了由 И. А. 多布罗洛夫斯基制定的学会章程草案，并将学会名称更名为"俄国东方学家学会"。①

关于学会名称更名问题，И. 维列夫金在《俄国东方学家学会产生与活动概述》一文中给予了解释。他指出，学会更名的原因在于当时在哈尔滨还存在另一个学会——皇家东方学学会哈尔滨分会②，（更名是）为了避免两个学会在活动上的混淆和引起不必要的误解。③ 在这里需要特别

---

①　Веревкин И. Краткий очерк возникновения и деятельности Общества Русских Ориенталистов//Вестник Азии. 1909 , №1. с. 272 – 274.

②　据《俄国东方学的哈尔滨分支》一文指出，该学会成立于 1903 年 8 月 24 日，与总会一样由于经费的限制在东方研究上没有取得很好的效果，其主要任务放在了东方学教育问题上；而更为重要的原因是，哈尔滨分会的会员大多不是东方学家，而是以军方和行政人员为主。（Павловская М. А. Харбинская ветвь российского востоковедения, начало ХХ в. 1945 г. : Дис.... кандидата исторических наук: Владивосток , 1999. с. 66. ）

③　Веревкин И. Краткий очерк возникновения и деятельности Общества Русских Ориенталистов//Вестник Азии. 1909 , №1. с. 274.

说明的是，皇家东方学学会哈尔滨分会是否是在华俄侨成立的第一个学术团体，笔者持否定意见，尽管皇家东方学学会哈尔滨分会先于俄国东方学家学会成立，但它们的创办主体有着明显区别。皇家东方学学会哈尔滨分会是皇家东方学学会设在哈尔滨的分支机构，而俄国东方学家学会是由本地俄侨东方研究者倡议并成立。因此，俄国东方学家学会①才是第一个真正的在华俄侨学术团体。

1909 年 1 月 24 日，满洲俄国东方学家学会章程草案被哈尔滨的俄国行政当局批准，标志着满洲俄国东方学家学会正式成立。它不仅是在华俄侨学者成立的第一个学术团体，更是俄国成立的第一个东方学家学术组织。满洲俄国东方学家学会的成立立即在侨民社会和俄国国内引起反响。1909 年 3 月 19 日，在满洲俄国东方学家学会第二次全体会员大会上宣读了汉口俄中商务学堂教师 Г. А. 索福克罗夫致学会董事会的信，请求学会在汉口设立分会。Г. А. 索福克罗夫的请求得到了学会的批准。② 这样，汉口分会成为满洲俄国东方学家学会成立后设立的第一个分会。与此同时，设立分会也被符拉迪沃斯托克和圣彼得堡的满洲俄国东方学家学会会员提出。但不知何原因，符拉迪沃斯托克分会一直没有设立。1909 年 11 月 14 日，圣彼得堡俄国东方学家学会正式成立，下设近东、中东、远东 3 个分部。③ 在这里特别强调的是，新成立的圣彼得堡俄国东方学家学会并非是满洲俄国东方学家学会的分会。这就面临一个非常棘手的问题，同时存在的两个学会将要通过合并来解决谁是领导者的问题。其实早在 1909 年圣彼得堡俄国东方学家学会筹备成立之时就建议满洲俄国东方学家学会，把远东的学会中央机关迁至符拉迪沃斯托克，在圣彼

---

① 即满洲俄国东方学家学会，之前学者在研究在华俄侨史的成果中，提到该学会时或将之翻译哈尔滨俄国东方学家学会，或称之为帝俄东方学家学会哈尔滨分会，笔者认为这些翻译都不确切，根据该会出版的机关刊物——《亚细亚时报》杂志所标志的名称，翻译为满洲俄国东方学家学会这一名称比较确切。笔者在下文中将使用这一术语名称。

② Веревкин И. Краткий очерк возникновения и деятельности Общества Русских Ориенталистов∥Вестник Азии. 1909, №1. с. 275.

③ Титов А. В Обществе Русских Ориенталистов∥Вестник Азии. 1910, №3. с. 280 - 281.

得堡设立中央委员会作为学会在首都的代表机构。① 我们分析，圣彼得堡俄国东方学家学会的建议引起了满洲俄国东方学家学会的不满，如果接受了圣彼得堡俄国东方学家学会的建议，就意味着满洲俄国东方学家学会将变为一个纯地方性的学会。因此，尽管两个学会后来多次协调合并事宜（到 1916 年末还在商讨），但终因都不愿丧失独立地位、领导权和受 1917 年俄国革命的影响，合并之事不了了之。所以，在满洲俄国东方学家学会独立存在的时间里，事实上其只设立了一个分会——汉口分会。在满洲俄国东方学家学会的历史上，也曾有过与皇家东方学学会哈尔滨分会合并的举动。该想法由圣彼得堡皇家东方学学会总会提议，但没有实现。在 1910 年 7 月 28 日满洲俄国东方学家主席团会议上，理事会成员 A. П. 鲍洛班报告了真正原因：皇家东方学学会哈尔滨分会希望获得新学会的领导权。②

在满洲俄国东方学家学会活动的最初几年里，满洲俄国东方学家并未拥有自己独立的办会场所，只有借用其他机构的办公场所开展活动。因此，满洲俄国东方学家学会积极争取建造一栋属于自己的办会场所。1910 年 4 月下旬，在满洲俄国东方学家学会的请求下，经俄国财政大臣批准，中东铁路公司责成中东铁路管理局地亩处在埠头区地段街与工厂街拐角处为其免费提供 300 平方沙绳的地块，并拨款 6000 卢布，用于建造学会办公大楼。③ 尽管满洲教育学会为此也组建了建设委员会，但由于满洲俄国东方学家学会会员多数都在新市街（今南岗区）工作，加之建设成本过高，所以满洲俄国东方学家学会办公大楼迟迟没有建造。1912 年，满洲俄国东方学家学会办公场所得到了彻底解决。满洲俄国东方学家学会请求中东铁路公司把免费地块移至新市街，并建议中东铁路管理局由铁路俱乐部承建并在铁路俱乐部内建造一块特别处所。为此，满洲俄国东方学家学会主席团与铁路俱乐部理事会签署了协议。协议主要内容包括满洲俄国东方学家学会提供给铁路俱乐部建设资金 6000 卢布；铁

---

① Веревкин И. Краткий очерк возникновения и деятельности Общества Русских Ориенталистов//Вестник Азии. 1909 , №1. с. 276.

② В Обществе Русских Ориенталистов//Вестник Азии. 1910 , №6. с. 145 – 146.

③ В Обществе Русских Ориенталистов//Вестник Азии. 1910 , №4. с. 221.

路俱乐部建造不低于 35 平方沙绳的一间会议室和两个独立办公室；会议室由满洲俄国东方学家学会与铁路俱乐部共同利用，满洲俄国东方学家学会有权每周自由利用三天；协议由中东铁路管理局局长批准生效。① 自此，满洲俄国东方学家学会拥有了独立的办公场所，既直接促进了本会各项活动的有序进展，也方便了其他学术团体和社会机构开展业务活动。

据满洲俄国东方学家学会年度财务收支报告记载，满洲俄国东方学家学会的活动主要依靠会员的会费和发行会刊的收入（订购、零售和广告），此外也有从财政部和中东铁路管理局等部门争取的拨款，如用于建造办公场所和印刷会刊等。在满洲俄国东方学家学会办会的历程中，很多年份都是赤字经营，如 1913 年赤字 111 卢布②、1914 年赤字 105 卢布③、1915 年赤字 282 卢布④、1916 年赤字 621 卢布⑤、1922 年赤字 712 金卢布⑥、1923 年赤字 279 金卢布⑦。

满洲俄国东方学家学会在 20 世纪 20 年代前通过每周一召开的董事会与理事会联席会议讨论具体活动事宜，并最终通过召开的会员全体会议决议，同时在会员全体会议上听取学会年度活动报告和年度财务报告。在 20 世纪 20 年代，满洲俄国东方学家学会董事会与理事会联席会议改为每周六召开。在满洲俄国东方学家学会办会历程中，主要围绕发行会刊、举办讲座和报告、兴办图书馆、创建分会、开办高等学校与培训班及出版专题著作等方面开展活动。

---

① Общий отчёт о деятельности Общества Русских Ориенталистов за 1912 год//Вестник Азии. 1913, №15. с. 79 – 82.

② Отчёт о доходах и расходах Общества Русских Ориенталистов в Харбине на 1 – е января 1914 года. //Вестник Азии. 1914, №28 – 29. с. 135.

③ Отчёт о доходах и расходах Общества Русских Ориенталистов в Харбине на 1 – е января 1915 год//Вестник Азии. 1915, №33. с. 161.

④ Отчёт о доходах и расходах Общества Русских Ориенталистов в Харбине на 1 – е января 1916 года//Вестник Азии. 1916, №37. с. 201.

⑤ Отчёт о доходах и расходах Общества Русских Ориенталистов в Харбине на 1 – е января 1917 года//Вестник Азии. 1916, №40. с. 70.

⑥ Отчёт о доходах и расходах Общества Русских Ориенталистов в Харбине на 1 – е января 1923 года//Вестник Азии. 1923, №51. с. 386.

⑦ Отчёт о доходах и расходах Общества Русских Ориенталистов в Харбине на 1 – е января 1924 года//Вестник Азии. 1924, №52. с. 388.

满洲俄国东方学家学会主要经历了 1909—1911 年的初创和快速发展、1912—1921 年的艰难岁月、1922—1927 年的短暂复兴和最终撤销三个时期①。十月革命前，尽管存在圣彼得堡俄国东方学家学会，但满洲俄国东方学家学会实际上一直保持着全俄东方学家学会组织的地位，不仅体现在会员的数量上，而且也表现在会员的分布上，更体现在学术研究上（圣彼得堡俄国东方学家学会完全没有进行学术研究）。第一次世界大战后，满洲俄国东方学家学会失去了全俄东方学家组织的地位，因为不仅其会员人数的近 80% 都生活在哈尔滨，而且数量也骤减，到学会存在末期只有二三十余人。1927 年，满洲俄国东方学家学会被东省文物研究会兼并，停止了独立存在。

满洲教育学会

1910—1911 年教学年初，哈尔滨的一些学校的教师产生了组建一个把教师联合起来的组织的想法，并相互交换了意见。1910 年 8 月 28 日，在中东铁路与乌苏里铁路学校教师代表大会上中东铁路学务处处长 H. B. 鲍尔佐夫提出了创建教育学会的建议。10 月 22 日，在哈尔滨举行了由 H. B. 鲍尔佐夫召集的 49 人参加的新学会创会者第一次会议。会上，H. B. 鲍尔佐夫谈了教育学会的意义，与会者共同讨论了学会章程草案，并将讨论意见交由 H. B. 鲍尔佐夫、Π. A. 罗扎诺夫、M. Π. 巴拉诺夫三

① 关于"满洲"俄国东方学家学会的历史分期问题，1926 年"满洲"俄国东方学家学会会员、俄侨学者 H. Π. 阿福托诺莫夫将其划分为四个时期：1909—1912 年、1913—1916 年、1917—1919 年、1920—1926 年。H. Π. 阿福托诺莫夫划分的依据是根据"满洲"俄全国东方学家学会自身活动的强弱与受外界影响的程度综合分析而来。（Автомонов Н. Общество Русских Ориенталистов（исторический очерк）//Вестник Азии. 1926，№53. c. 415.）当代俄罗斯学者巴甫洛夫斯卡娅认为 H. Π. 阿福托诺莫夫的分期有欠缺，应分为两个时期：1909—1920 年、1920—1927 年。巴甫洛夫斯卡娅的划分依据是根据内外影响因素程度，认为第一个时期是内部因素起决定性作用；第二个时期是外部因素起决定性作用。（Павловская М. А. Харбинская ветвь российского востоковедения，начало XX в. 1945 г.：Дис.... кандидата исторических наук：Владивосток，1999. c. 68.）笔者更倾向于 H. Π. 阿福托诺莫夫的分期，但认为划分为三个时期更为科学，从 1912 年起"满洲"俄国东方学家学会就已出现了问题（如会刊停刊、会员大幅减少、出现经费赤字等），从 1914 年开始学会更是进入不利的境地（"一战"、俄国革命影响），一直持续到 1921 年，1922 年学会会刊重新复刊为学会带来了短暂的复兴，但也是步履维艰，直至被东省文物研究会兼并。

人组成的特别委员会最终修订。10 月 31 日，学会章程最终文本由学会会议通过。12 月 2 日，学会章程被中东铁路管理局局长正式批准。① 这标志着在华俄侨学者成立的第二个学术团体正式诞生了。从其发行的会刊《亚洲俄国的教育事业》上可知，该学会的正式名称为满洲教育学会。学会以会员年度会议形式开展活动，最初几年学会每年 1 月初召开 1 次年度会员会议，从 1914 年起改为每年的 8 月召开。会员年度会议听取学会秘书关于学会的年度活动报告、学会司库关于学会的年度财务报告、学会会刊主编关于会刊的年度报告、讨论学会的下一步活动问题和选举新一届主席团成员。满洲教育学会每年不定期召开主席团全体成员会议，处理日常事务。1913 年，满洲教育学会召开了 3 次主席团全体成员会议；1914—1915 教学年召开了 8 次；1915—1916 教学年召开了 16 次。②

满洲教育学会自成立之日起在组织会员举行学术报告或公开讲座、兴办图书馆、发行会刊、举办大众朗读会和通俗讲座、兴建夏季儿童游乐场等方面积极开展活动。根据满洲教育学会活动的强度，满洲教育学会经历了 1910—1912 年的初创阶段、1913—1918 年的快速发展和急剧衰落阶段、1919—1921 年的停办阶段、1922—1923 年的复办和终止阶段。满洲教育学会的兴衰和各项活动的开展与其所处的政治环境、入会会员数量、办会经费多寡等因素直接相关。在 1917 年俄国革命爆发前，满洲教育学会在政治上能够得到俄国及哈尔滨俄国地方一些部门的支持，所以可以获得稳步发展。满洲教育学会初创阶段的办会经费基本上以会员缴纳的会费为唯一途径，其活动主要体现在举行学术报告或公开讲座、兴办图书馆方面。从 1913—1914 年教学年起，满洲教育学会依靠收取一定活动费、订阅和零售会刊、增加会员数量和争取相关部门支持等途径

---

① Петров Н. П. Маньчжурское Педагогическое Общество (история возникновения и очерк деятельности) // Просветительное дело в Азиатской россии. 1913. №1. с. 6.

② Ольховой С. С. Отчёт о деятельности Маньчжурского Педагогического Общества за 1913 - 1914 уч. Год. // Просветительное дело в Азиатской россии. 1914. №3. с. 242; Отчёт о деятельности Маньчжурского Педагогического Общества за 1914 - 1915 уч. Год. // Просветительное дело в Азиатской россии. 1915. №7. с. 760; Отчёт о деятельности Маньчжурского Педагогического Общества за 1915 - 1916 уч. Год. // Просветительное дело в Азиатской россии. 1916. №6 - 7. с. 466.

获取办会经费，维持学会的存在。据资料记载，到 1914 年 8 月，满洲教育学会在办会经费上还有结余 87 卢布 9 戈比；到 1915 年 8 月，赤字 42 卢布；1915—1916 教学年，通过多方渠道筹措办会经费 5885 卢布 62 戈比（比上一教学年增长了 10 倍多），到 1916 年 8 月，结余 167 卢布，同时还为 1916—1917 教学年提前争取了 1297 卢布的办会经费（其中 497 卢布由俄国国民教育部拨给用于大众朗读会，300 卢布和 500 卢布分别由哈尔滨市自治公议会和中东铁路地亩处拨给用于儿童游乐场）。[①]

由于受俄国革命的影响，满洲教育学会的会员也卷入了政治斗争。1917 年 3 月 11 日，在召开了 1916—1917 教学年最后一次全体会员代表大会后，除继续发行会刊外，满洲教育学会的其他活动已处于濒临停止状态。直到 1917 年 12 月 6 日，满洲教育学会才重新召开被中断的会员代表大会，学术报告也随即恢复举办。但不利的政治环境不允许满洲教育学会继续活跃地开展活动，在 1919 年上半年满洲教育学会停止了一切活动。在政治局势稳定后，1922 年满洲教育学会又重新复办，但不到 1 年就停办了。笔者多方查阅资料，但均未找到满洲教育学会于 1923 年完全停办的原因。

满洲农业学会

据原居哈尔滨俄侨（后成为俄罗斯著名在华俄侨史专家）Г. В. 麦利霍夫回忆，1908 年 5 月，由兽医 А. П. 斯维奇尼科夫和 А. С. 梅谢尔斯基在哈尔滨共同成立了满洲兽医协会，参加者多为在中东铁路相关部门工作的兽医。[②] 满洲兽医协会并非一个专业的学术团体，尽管在最初几年也做了一些与学术有关的工作。但满洲兽医协会希望它的这方面工作能够在广大牲畜业从业者那里得到实际应用。因此，А. П. 斯维奇尼科夫产生

①　Отчёт о деятельности Маньчжурского Педагогического Общества за 1914 – 1915 уч. Год. // Просветительное дело в Азиатской россии. 1915. №7. с. 801 – 802；Отчёт о деятельности Маньчжурского Педагогического Общества за 1915 – 1916 уч. Год. // Просветительное дело в Азиатской россии. 1916. №6 – 7. с. 466 – 472.

②　Мелихов Г. В. Российская эмиграция в Китае（1917 – 1924 гг.）. – М.：Институт российской истории РАН, 1997. с. 232.

了把致力于这项事业的人员联合起来的想法。1911 年 8 月 30 日，在满洲兽医协会例行会议上 A. П. 斯维奇尼科夫做了一场阐述上述想法的报告，并建议成立一个关于农业学会的学术团体。该建议得到了满洲兽医协会的支持。为了详尽推进 A. П. 斯维奇尼科夫所提出的问题，选举产生了由 A. П. 斯维奇尼科夫和 A. C. 梅谢尔斯基、H. П. 沃因斯特温斯基、T. Л. 切尔尼亚腾斯基、И. Ф. 符谢沃罗多夫 5 人组成的委员会。到 1911 年 11 月 21 日，委员会的各项准备工作就绪。当日，在 H. П. 沃因斯特温斯基办事处召开了由 26 人参加的成立新学会的筹备会议，听取和审议了新学会章程草案，并决议将新学会命名为"满洲农业学会"和将学会章程移送哈尔滨俄国地方当局审批。与此同时，会议还选举产生了由 A. П. 斯维奇尼科夫、И. П. 奥兰德尔、M. C. 巴尔斯基 3 人组成的学会成立委员会。1911 年 11 月 24 日，在满洲兽医协会会议上，A. П. 斯维奇尼科夫报告了新学会的筹备情况。会议决议，请求 A. П. 斯维奇尼科夫在满洲农业学会召开的第一次会议上声明，允许兽医以个人名义独立加入满洲农业学会，吸纳满洲兽医协会的代表进入满洲农业学会理事会，允许满洲兽医协会会员独立地加入满洲农业学会。经过对新学会章程的修订和补充，1912 年 3 月 20 日，中东铁路管理局特别董事会批准了满洲农业学会章程。1912 年 4 月 5 日，满洲农业学会举行了成立大会。会议听取了关于学会章程批复的报告，决议 23 名创会者为学会首批会员，并选举产生了暂时由 И. П. 奥兰德尔、M. C. 巴尔斯基、Г. O. 谢尔盖耶夫 3 人组成的临时理事会。[①] 这标志着满洲农业学会正式成立。满洲农业学会是在华俄侨学者成立的第三个学术团体，也是唯一一个专事农业研究的学术团体。在 1912 年 6 月 3 日满洲农业学会成立正式理事会后第 6 天，满洲农业学会召开了第一次理事会全体成员会议，决议以后每周在哈尔滨议事会会议室召开一次理事会会议。1913 年 3 月 8 日，经哈尔滨议事会主席批准，理事会会议每周在哈尔滨议事会统计局会议室召开，办公室和图书馆也

① К истории Маньчжурского Сельско - Хозяйственного Общества//Сельское хозяйство в Северной Маньчжурии. 1913, №1. с. 6 - 7.

搬迁至此。① 从 1915 年 6 月 1 日起，满洲农业学会办公室和图书馆又搬至由学会理事会成员科尔布特免费提供的办公场所。本年度，经中东铁路公司批准，满洲农业学会在埠头区新市街免费获得了 400 平方沙绳的地块，用于建造自己独立的办公场所。② 为此，满洲农业学会还贷款了 7000卢布。③

据满洲农业学会与满洲兽医协会联合发行的会刊——《北满农业》上刊登的部分学会活动报告和当代俄罗斯学者的零星研究成果记载，从 1912 年满洲农业学会成立起，满洲农业学会在中东铁路管理局和哈尔滨市议事会等部门的支持下，在哈尔滨和中东铁路沿线设立了试验田、育种监测站、示范试验养蜂场、果圃，在哈尔滨成立了农业化学实验室、信息处和农业博物馆，经营了香坊城市公园，开办了植物园和农业与合作社图书馆，发行了会刊——《北满农业》，等等。通过上述机构，满洲农业学会进行了广泛的研究与实践工作，在中国东北地区的中俄籍居民中广泛宣传农业知识并给予这些居民以农业帮助，研究了中国东北地区的农作物及其育种、中欧土地耕作和播种方式，引进了俄国及西欧国家的农作物，培育了黄豆、小麦、棉花、糖用甜菜、园栽植物、菜园作物等新品种，进行了新型农机设备试验，发展了养蚕业、养蜂业、葡萄酒酿造业和浆果栽培，开办了养蜂学班、果树栽培班、蔬菜栽培班，举办了花卉展和农业展览。④ 由于缺少详实的史料记载，关于满洲农业学会许多活动的具体内容，在本书中我们不能给予清晰的记述，留待史料的进一步发掘而进行补充，呈现一个完整的满洲农业学会史。

---

① К истории Маньчжурского Сельско‐Хозяйственного Общества//Сельское хозяйство в Северной Маньчжурии. 1913, №1. с. 7, 9.

② Отчёт о деятельности Маньчжурского Сельско‐Хозяйственного Общества за 1914 год//Сельское хозяйство в Северной Маньчжурии. 1915, №3. с. 2, 16.

③ Приходо‐расходная смета Маньчжурского Сельско‐Хозяйственного Общества на 1915 год//Сельское хозяйство в Северной Маньчжурии. 1915, №3. с. 23 – 24.

④ Отчёт о деятельности Маньчжурского Сельско‐Хозяйственного Общества за 1914 год//Сельское хозяйство в Северной Маньчжурии. 1915, №3. с. 3 – 13; Мелихов Г. В. Российская эмиграция в Китае (1917 – 1924 гг.). – М. : Институт российской истории РАН, 1997. с. 147 – 149; Гордеев Е. Г. , Бороддын И. П. Отчёт Маньчжурского Сельско‐Хозяйственного Общества по Харбинскому опытному полю за 1915 год. – Харбин, 1916. с. 1 – 54.

关于满洲农业学会的历史分期问题，笔者认为，满洲农业学会主要经历了三个发展阶段：（1）1912—1917 年的第一阶段，即满洲农业学会正式成立及各项活动有序开展并迅速发展阶段，1917 年满洲农业学会会刊《北满农业》的停刊标志着学会活动的第一个阶段结束。（2）1918—1923 年的第二阶段，即会刊《北满农业》的复刊使学会进入其发展的第二个阶段，1923 年学会会刊的停刊标志着学会活动的第二个阶段结束。（3）1923—1927 年的第三阶段，即学会的活动完全集中在实践领域，1927 年学会并入满洲俄国东方学家学会，结束了自己独立存在的历史。我们根据 1915 年满洲农业学会办会经费资料来看，满洲农业学会在办会过程中主要依靠会员会费、哈尔滨试验田的收入、中东铁路管理局的拨款、会刊的收入、举办的花卉展和农业展的收入和经营公园的收入，其中中东铁路管理局的拨款几乎占了 1/3。[①]

中东铁路经济调查局

如前文所述，十月革命前，在中国东北地方政府几乎不关注本地的调查与研究工作的背景下，为了更有效地经营铁路和了解中国东北的各方面情况，中东铁路管理局所属气象科、商务处、医务处等部门在一定程度上做了一些调查与工作，也取得了重要成绩。可以说，中东铁路管理局还没有专门的学术研究机构专事调查与研究工作。1917 年 8 月初，为克服俄国革命带给中东铁路附属地的危机，满洲俄国东方学家学会曾提出了组建专门研究中国东北地区的中东铁路经济科，但财政困难不允许中东铁路立刻实现这个想法。[②] 20 世纪 20 年代初，这一情况发生了根本改观。据在华俄侨学者 И. И. 谢列布列尼科夫在其回忆录《我的回忆录：侨居（1920—1924）》中记载，1920 年秋，在哈尔滨俄侨社会活动家 И. А. 米哈伊洛夫的倡议下成立了经济小组，目的是通过讨论和相互交流方式研究远东国家经济问题。该小组由 И. А. 米哈伊洛夫、П. Н. 梅尼希

① Приходо‐расходная смета Маньчжурского Сельско‐Хозяйственного Общества на 1915 год∥Сельское хозяйство в Северной Маньчжурии. 1915，№3. с. 22‐23.

② Павловская М. А. Харбинская ветвь российского востоковедения，начало XX в. 1945 г.：Дис.... кандидата исторических наук：Владивосток，1999. с. 83.

科夫、Н. Н. 卡尔马金斯基、Т. В. 布托夫、И. И. 谢列布列尼科夫以及其他与 И. А. 米哈伊洛夫关系密切的人组成。但该小组存在仅半年左右时间，就演变为中东铁路管理局的官方部门——中东铁路经济调查局。[①] 另据中东铁路经济调查局于 1922 年出版的《北满与中东铁路》一书记载，建立在经济小组基础上的中东铁路经济调查局正式设立于 1921 年 5 月。[②] 这是俄侨在华成立的第一个专门的学术研究机构，与我们今天的智库极为相似。

按照管理方式，中东铁路经济调查局经历了两个发展阶段，即 1921—1924 年俄方单独管理、1924—1935 年中苏共同管理。按照活动程度，中东铁路经济调查局经历了三个发展阶段，即 1921—1924 年的成立与初步发展、1925—1931 年的繁荣发展、1932—1935 年的衰落。在中苏共同管理中东铁路时期，中东铁路经济调查局在中苏两国行政当局和学者的共同管理与经营下走过了辉煌的十年快速发展期。在其存在的 15 年时间里，中东铁路经济调查局主要开展了（1）收集统计资料，出版统计年刊，即《东省铁路统计年刊》（1923—1935，中俄文版）；（2）发行学术期刊；（3）从事专题学术研究等彼此密切相关的卓有成效的三项重要活动。现在我们还没有找到确切的数字史料证明，在经费上中东铁路管理局是如何支持中东铁路经济调查局开展活动的，但可以肯定的是，中东铁路管理局在支持中东铁路经济调查局全面开展工作上是不遗余力的。1935 年 4 月，随着中东铁路被苏联出售给日本扶植的伪满洲国，中东铁路经济调查局结束了自己辉煌的时期，后来成为日本控制的满铁的一部分。中东铁路经济调查局及所属研究人员所作出的成绩，受到日本培植的满铁的极大关注。在中东铁路经济调查局被满铁接手后，满铁并没有撤销它，还对中东铁路经济调查局所属所有研究人员递送了请帖，邀请他们继续工作，但均遭到了拒绝。这样，中东铁路经济调查局也就完全失去了俄侨学术研究机构的性质。

---

① Серебренников И. И. Мои воспоминания：[в2 т.]. Т. 2；В эмиграции，(1920 – 1924). – Тяньцзин：[Наши знания]，1940. с. 56.

② Экономическое бюро КВЖД. Северная Маньчжурия и Китайская Восточная железная дорога. Харбин：КВЖД，1922. с. Ⅳ.

东省文物研究会

1922 年 9 月 22 日，在中俄各界代表的直接参与与支持下，在俄侨学者 Э. Э. 阿涅尔特、A. M. 巴拉诺夫、Я. P. 卡巴尔金、A. C. 梅谢尔斯基、П. A кс. 巴甫洛夫、A. И. 波戈列别茨基、A. A. 拉齐科夫斯基和 Б. B. 斯克沃尔佐夫等人的倡议下，在中东铁路管理局局长 Б. B. 奥斯特罗乌莫夫的支持下，一个具有地方志性质的学术团体——东省文物研究会在由东省铁路公司免费提供的莫斯科商场原址正式成立。该会章程也得到了东省特别行政区的批准。[①] 这是在华俄侨学者成立的第一个完全具有地方志性质的综合性学术团体。该会的产生源于 1922 年初本地知识界谢开、H. H. 柯兹明、Г. A. 贝霍夫斯基、M. A. 科罗里、B. B. 马尔郭伊特、A. И. 诺维茨基、A. Г. 列别杰夫等人提出的关于在哈尔滨开办带有学术图书馆的博物馆的倡议。但在讨论过程中，倡议开办博物馆的最初想法暂时流产了，又产生了成立一个专门研究本地区的学术团体（东省文物研究会——笔者注）的想法，因为只有在学术研究的基础上才能开办一座真正的博物馆。这样，在 1922 年 2 月，倡议者就起草完成了东省文物研究会章程草案并提交东省特别行政区批准。[②] 在章程草案上签名的有下列人等：前任东省特别行政区高等审判庭庭长、时任中国驻苏俄全权代表李家鳌，东省铁路管理局副局长余垿，蒙古消费公社社长祁坚耶什其德坡夫，俄国地理学会会员廓吉敏，赤塔商务处副处长马雷贺，代理东省铁路商务处长 П. H. 梅尼希科夫，俄国国民银行哈尔滨分行行长马尔郭伊特；俄侨学者 Э. Э. 阿涅尔特、A. M. 巴拉诺夫、П. A кс. 巴甫洛夫、A. B. 司弼臣、Б. B. 斯克沃尔佐夫、П. B. 什库尔金；本地名流谢开；法律家 A. И. 诺维茨基、黄福林；技师 K. B. 格洛活夫斯基等。[③] 这

---

① Скворцов Б. В. К истории Общества Изучения Маньчжурского Края и Созданного им музея. (1922 – 1945)//Известия Харбинского краеведческого музея. 1946, №1. с. 53.

② Краткий обзор о деятельности Общества Изучения Маньчжурского Края.//Известия Общества Изучения Маньчжурского Края. 1923, №3. с. 44.

③ 东省文物研究会编：《东省文物研究会报告书》，第二号，哈尔滨中国印刷局 1926 年版，第 2 页。

些人都成为了东省文物研究会的创会会员。但出人意料的是，学会章程草案没有得到东省特别行政区的批准。1945 年出版的《哈尔滨地方志博物馆通报》指出了个中原因：该会的主席和部分领导成员非中国籍。[①] 因此，东省文物研究会暂时处于地下非法状态，尽管如此，倡议者仍努力使其尽早合法化。一是，争取了中东铁路管理局局长 Б. В. 奥斯特罗乌莫夫，远东共和国特命全权代表 B. B. 加戈里斯特尔，前莫斯科国民银行董事 A. И. 波戈列别茨基，中东铁路经济调查局代表 И. A. 米哈伊洛夫、T. B. 布托夫、A. C. 梅谢尔斯基，满洲农业学会，哈尔滨贸易公所，哈尔滨市自治公议会市议事会代表的支持[②]；二是满足了东省特别行政区关于学会领导层安排的要求。最终，经过 7 个月的再筹划，东省文物研究会以合法身份正式开展活动。这标志着东省文物研究会走过自己发展史上的第一个阶段，即筹备期，开始进入公开活动期。从这里我们可以看出，东省文物研究会虽然是俄侨学者主导倡议成立，但领导权归于中国。这是在华俄侨学者成立的学术机构中的唯一一个特例。它一方面有利于东省文物研究会开展强有力的活动；一方面也使其容易卷入政治漩涡。

关于东省文物研究会活动的主要规划，在学会处于地下状态时就已明确指出：（1）建设博物馆（陈列馆）与图书馆；（2）搜集当地学术上与社会中之史料，以作详确研究之标准；（3）设立农事工商美术及其他展览会，为一般关心此等事业之观察，以资改良也。[③] 这是学会筹备时期和活动初期的规划，随着学会业务活动的开展，学会也不断设计新的规划。从 1922 年末至 1926 年，东省文物研究会在博物馆、图书馆、各学股的设立，举办展览会，开展对外交流，安排考察参观，举行学术报告，进行专题学术研究和发行出版物等方面积极活动。可以说，

---

① Скворцов Б. В. К истории Общества Изучения Маньчжурского Края и Созданного им музея.（1922 – 1945）//Известия Харбинского краеведческого музея. 1946, №1. с. 55.

② А. Р. Общество Изучения Маньчжурского Края, его задачи, структура и деятельность//Известия Общества Изучения Маньчжурского Края. 1926, №6. с. 6.

③ 东省文物研究会编：《东省文物研究会报告书》，第二号，哈尔滨中国印刷局 1926 年版，第 2 页。

东省文物研究会的活动完全呈上升发展的趋势，即稳步发展期。它为东省文物研究会走向辉煌发展奠定了坚实的基础。

从 1927 年开始，东省文物研究会进入其发展史上的巅峰期，但也旋即走向了迅速终结期。1927 年，东省文物研究会又兼并了哈尔滨的两个很有影响力的学术团体——满洲俄国东方学家学会和满洲农业学会。关于满洲农业学会并入东省文物研究会事宜，由满洲农业学会于1926 年向东省文物研究会干事会提出请求，东省文物研究会干事会接受了满洲农业学会的建议，并于 1926 年与满洲农业学会签订了临时协议。根据协议，满洲农业学会会员加入东省文物研究会，并设立新的学股——农产学股，满洲农业学会章程和活动规划作为新学股的工作基础，满洲农业学会的财产全部移交给东省文物研究会，由农产学股管理。①1927 年，东省文物研究会与满洲农业学会签订了合并的初步协议。至此，满洲农业学会正式并入东省文物研究会。同年，哈尔滨的第一个俄侨学术团体——满洲俄国东方学家学会也与东省文物研究会签订了合并协议。协议具体内容为：（1）并入的满洲俄国东方学家学会成为东省文物研究会的新学股——东方学家股，满洲俄国东方学家学会的会员成为东省文物研究会的会员；（2）东方学家股有权保管原满洲俄国东方学家学会的资产和获得的拨款，也有权独立支配上述资产与拨款；（3）对原满洲俄国东方学家学会的财产进行特别什物登记；（4）东方学家股出版的著作应在卷头页上标注"东方学家股"字样；（5）原满洲俄国东方学家学会图书馆移交给东省文物研究会图书馆，其图书编入东省文物研究会图书馆总图书目录，并在卡片上用特别颜色标记；（6）在预先半年通知的情况下，原满洲俄国东方学家学会随时有权携带财产退出东省文物研究会。②

关于满洲俄国东方学家学会和满洲农业学会为何并入东省文物研究会，无论是在满洲俄国东方学家学会和满洲农业学会的活动报告上，还

① Отчёт о деятельности Общества Изучения Маньчжурского Края за 1926 год（4 - й год существования）. - Харбин,1927. с. 5 - 6.

② Рачковский А. А. Отчёт о деятельности Общества Изучения Маньчжурского Края за 1927 год//Известия Общества Изучения Маньчжурского Края. 1928 ,№7. с. 80.

是在东省文物研究会的活动报告上，均未报告任何原因。根据当时的社会环境分析，笔者认为，可能出于以下原因：（1）十月革命前，中东铁路附属地处于俄国势力范围之内，满洲俄国东方学家学会和满洲农业学会在俄国政府及俄国在哈尔滨的地方当局的有力支持下能够得到长足发展；十月革命后，中国政府逐渐收回中东铁路附属地的行政权、司法权和军警权，满洲俄国东方学家学会和满洲农业学会也逐渐失去了政治支持，从而从其发展的鼎盛期迅速滑入急剧衰落状态。（2）而新成立的东省文物研究会顺应中国形势变化，形成了中国地方当局主导俄侨各界全力参与的发展态势，从而使苟延残喘的满洲俄国东方学家学会和满洲农业学会找到了形式上继续存在的靠山。

正是由于满洲俄国东方学家学会和满洲农业学会的并入，使东省文物研究会成为了20世纪20年代哈尔滨和中国规模最大与实力最强的俄侨学术团体。然而，在东省文物研究会正处于发展的鼎盛时期，1928年5月25日，在管理体制上东省文物研究会发生了根本转变，东省文物研究会接受东省特别区教育管理局管理，停止了独立存在，并正式更名为东省特区文物研究会，变成了纯中国学术机构。

在东省文物研究会办会过程中，东省文物研究会之所以能够取得辉煌的成就，与其多方筹措而来的充足办会经费有着密切关系。我们从东省文物研究会财务收支报告中可以明确其具体办会经费情况。

东省文物研究会经费主要源于会员会费；中东铁路管理局补助经费；来自哈尔滨特别市市政局、远东银行之董事会、远东贷款银行、东路职工消费组合会以及各团体及私人的捐款；陈列所（博物馆）入门证出售收入；出版物售款；纪念晚会和文艺表演等收入；存款利息；来自各方面收支之欠款；出售本会之标本书籍及其他收入等。而该会经费的使用主要集中在：日常办公经费；博物馆及各部的运行经费；图书馆及出版物用款；当地出版物收藏科经费以及关于调查及组织传习所与博物馆之特别支出等。自1922年东省文物研究会成立至1927年，该会经费的收支情况具体见表2—1：

表 2—1　　　　　　1922—1927 年东省文物研究会经费收支情况

（单位：银元，1927 年为墨西哥银元）

年份	1922	1923	1924	1925	1926	1927
收入	1172.88	25518.24	25234.12	39354.88	43087.09	74161.05
支出	887.03	26175.10	21917.53	35100.97	26957.23	37227.73
结余	285.85	2343.10	3316.59	4253.91	16129.86	36933.32

资料来源：Отчёт о деятельности Общества Изучения Маньчжурского Края за 1926 год（4 - й год существования）. - Харбин, 1927. с. 15 - 21；Рачковский А. А. Отчёт о деятельности Общества Изучения Маньчжурского Края за 1927 год//Известия Общества Изучения Маньчжурского Края. 1928, №7. с. 108 - 117.

从表 2—1 的数据可见，东省文物研究会的经费收入呈逐年递增状态，而且递增幅度较大，相比于 1922 年初创期的拮据，时隔 5 年后的 1927 年竟然达到了 7 万多银元，相当于 1922 年的 70 倍。

表 2—2　　　　　　1922—1927 年东省文物研究会经费收入收则

（单位：银元，1927 年为墨西哥银元）

年　份						入款类别
1922	1923	1924	1925	1926	1927	1. 普通入款
578.37	1287.62	791.18	1075.44	1395.82	2194.15	会员会费
—	5114.40	6635.10	12207.75	10690.32	29000.00	补助经费
304.70	4069.08	3861.00	1677.24	715.60	15589.67	捐　款
—	57.90	25.60	52.61	132.07	329.70	陈列所入门证出售收入
291.34	3387.90	2854.74	98.50	3622.86	793.49	出版物售款
—	—	2713.10	3132.28	4527.22	250.75	纪念晚会和文艺表演等的收入
—	60.47	96.45	163.95	153.37	528.67	存款利息
—	—	867.96	95.99			自各方面收支之欠款
—	—	—	471.14	501.51	671.38	出售本会之标本书籍等
2.47	78.09	522.95	404.92	313.22	994.64	其他收入

续表

年　份						入款类别
1922	1923	1924	1925	1926	1927	2. 特别收入
—	14176.93	3967.47	15113.12	—	—	展览会收入
—	—	555.50	989.30	380.00	—	地理、土壤学考察研究
—	—	—	—	15911.50	—	北满植物园设施
—	—	—	—	212.80	—	摄影学班（传习所）
—	—	—	—	—	3344.85	满洲农业学会
—	—	—	—	—	301.43	满洲俄国东方学家学会
1172.88	25518.24	25234.12	39354.88	43087.09	74161.05	总　计

资料来源：Отчёт о деятельности Общества Изучения Маньчжурского Края за 1926 год（4 - й год существования）. - Харбин，1927. c. 15 - 21；Рачковский А. А. Отчёт о деятельности Общества Изучения Маньчжурского Края за 1927 год//Известия Общества Изучения Маньчжурского Края. 1928，№7. c. 108 - 117.

从表2—2可见，促使该会收入经费逐年变化的原因为：

（1）收入来源种类逐年增多。

1922年该会的经费收入种类仅为三项：会员会费、捐款和出版物售款。其中会员会费为578.37银元，占总收入的49.31%；获得捐款304.70银元，占总收入的25.98%；出版物售款为291.34银元，占总收入的24.84%，从中可见1922年的经费来源主要靠会员会费，来源较单一，这种状况自1923年发生了变化。1923年收入经费来源增加了中东铁路管理局的补助经费、陈列所（博物馆）入门证出售收入、存款利息和展览会特别收入，此外，出版物售款和捐款增幅明显。这些变化使东省文物研究会的收入明显高于1922年，通过这种增加也可以看出在经过一年的初创艰难后，东省文物研究会逐渐得到了官方和社会的认同和支持。这种收入来源的多样化自1923年逐年增加：1924年在原有基础上增加了纪念晚会和文艺表演等的收入，地理、土壤学考察研究特别收入；1925年增加了出售本会之标本书籍和北满植物园设施收入；1926年又增加了摄影学班（传习所）收入，1927年东省文物研究会兼并了满洲农业学会和满洲俄国东方学家学会，获得了一定的收入。

（2）官方支持和社会认同感逐年上升。

从表2—2收入明细来看，虽然收入来源逐年丰富，但个别年份在丰富的同时也在某项来源方面出现断档的现象，比如：展览会收入曾经是1923年、1924年的收入重点，自1925年起，这项收入就消失了，北满植物园收入为1926年的经费收入提供了很大的支持，但在1927年却消失了。然而，这种收入来源的断档现象并没有影响各年研究会经费收入的递增现象，其主要原因在于"东省各大机关维持之功"。这里的"各大机关"主要指中东铁路管理局、哈尔滨市董事会、贸易公所及本埠华俄商会银行等。中东铁路管理局在东省文物研究会看来是其发展的"强有力之机关"，因为该机关也是当时"提倡发达满洲经济文化之惟一者也"。①从现实的经济补助来看，中东铁路管理局对东省文物研究会的经济补助数额确实很大，从表2—2的记载来看：1923年拨款5114.4银元；1924年拨款6635.10银元；1925年拨款12207.75银元；1926年拨款10690.32银元；1927年拨款29000.00墨西哥银元，拨款数额基本上逐年增加，增加幅度是较大的。尤其是1927年，根据东省文物研究会年度发展报告记述，为支持该会的各项事业，中东铁路管理局拟在1927年拨款45000.00墨西哥银元，但因为种种原因，最后拨了29000.00墨西哥银元，虽然少了15000.00墨西哥银元，但从已支持的数额来看，其力度是很大的。而捐款一项也是呈逐年递增状态，1922年仅为304.70银元，1923年、1924年、1927年分别为4069.08银元、3861.00银元、15589.67银元。从捐款数额的增加来看，东省文物研究会的社会影响力和认同感是呈扩大趋势的，这与研究会各项事业开展的定位有一定关系："然本会之干事会，力图发展重大实用作业。可望于社会与工商界有所感触，使本会关系不致退化及经济来源得以稳固也。"②从事业的发展来看，东省文物研究会以自己的"实用作业"确实赢得了"社会认同"，从而也稳固了自己的经济来源。

---

① 东省文物研究会编：《东省文物研究会报告书》，第二号，哈尔滨中国印刷局1926年版，第28—29页。

② 东省文物研究会编：《东省文物研究会报告书》，第二号，哈尔滨中国印刷局1926年版，第29页。

（3）东省文物研究会创收项目的实施。

东省文物研究会建立之初便将创设"东省全部陈列馆"作为工作重点，该馆创设的目的有二："一、振兴工商业；二、助长两国合办事业之东省铁路。故希望创办大规模之展览会，以资观摩，夫然后考究学术得有进益也。再陈列馆之设，始而搜集多数各类之陈列品，而为振起满洲普通生活之呆板状态，继而将送到陈列物品拣选剔除。并补充之，盖陈列馆一经建设，则人民生计前途，由是可资活动也。终而举凡东省历史动植物内之可开发者，俾便从事研究。"[1] 但陈列馆的建设是需要大笔经费的，为此研究会多方筹措资金，除了收取会员会费、向中东铁路管理局申请补助金、呼吁募捐外，还通过办展览会、出售出版物、举办纪念晚会和文艺表演、出售本会之标本书籍、地理土壤学考察研究、北满植物园的参观及相关物产的出售及开办摄影学班等方式增加资金收入。从表2—2的相关数据来看，东省文物研究会的这种"创收"在资金筹措方面是有一定成效的：1923年、1924年、1926年出版物出售的收入分别占同年经费收入的13.28%、11.31%、8.4%；1924年、1925年、1926年纪念晚会和文艺表演等的收入分别占同年经费收入的10.75%、8%、10.5%；1923年、1924年的展览会收入分别占同年经费收入的55.56%和15.72%；1925年地理、土壤学考察研究创收15113.12银元，占同年收入的38.40%；1926年北满植物园设施创收15911.50银元，占同年收入的36.93%。

随着研究会资金收入的增加，其经费支出也随着事业的逐渐兴起而不断增加，而且增加幅度是比较大的，这从表2—1的"支出"数据可以看出：1922年总支出是887.03银元；1923年速增为26175.10银元；1924年为21362.03银元；1925年为35100.97银元；1926年为26957.23银元；1927年为37227.73墨西哥银元。逐年大幅度增长的经费支出主要用于日常办公开支、陈列所经费开支、图书馆及出版物用款、当地出版物收藏科经费、植物园建设经费、生物调查所经费、补加陈列所（博物馆）陈列品及器皿费、游行观察团及游行观察之经费、传习所建设经费

---

[1]　东省文物研究会编：《东省文物研究会报告书》，第二号，哈尔滨中国印刷局1926年版，第1页。

等，具体支出见表2—3：

表2—3　　　　　　1922—1927年东省文物研究会支出细则

（单位：银元，1927年为墨西哥银元）

	年份	1922	1923	1924	1925	1926	1927
日常支出	本会办公经费	622.21	1471.30	3067.64	4626.61	4702.56	9375.53
	陈列所经费		11344.98	11282.03	12226.40	9445.21	13726.04
	图书馆及出版物用款	264.82	3265.09	2676.62	1900.06	8100.24	2722.24
	当地出版物收藏科经费					229.85	390.50
	植物园建设经费			221.66	428.29	180.00	
	生物调查所经费			84.19	93.50	28.03	538.41
	出版社用费						4850.48
	总计	887.03	16081.37	17332.14	19274.8	22685.89	31603.2
特别开支	展览馆建设经费		10093.73	3474.39	15142.57	60.00	
	地理、土壤学等小组专业考察、调查经费			555.50	683.54	247.00	6050.07
	北满植物园的建设经费					1064.82	573.66
	传习所建设经费					173.57	
	总计	0	10093.73	4029.89	15826.11	1545.39	6623.73
合　计		887.03	26175.10	21917.53	35100.97	26957.23	37227.73

资料来源：Отчёт о деятельности Общества Изучения Маньчжурского Края за 1926 год（4 – й год существования）. – Харбин，1927. с. 15 – 21；Рачковский А. А. Отчёт о деятельности Общества Изучения Маньчжурского Края за 1927 год//Известия Общества Изучения Маньчжурского Края. 1928，№7. с. 108 – 117.

　　从表2—3的年度支出数据可以看出，除了基本的日常办公经费支出逐年增加外，在各年度经费支出中占比例较大的是展览馆建设、北满植物园的建设、各种考察和调查研究以及陈列所（博物馆）、出版社、图书馆等部门的运行等。1923年陈列所（博物馆）运行经费占总支出的43.34%；展览馆建设经费占总支出的38.56%；1924年陈列所（博物馆）运行经费占总支出的51.47%，展览馆建设经费占总支出的15.85%，图书馆及出版物用款占12.21%；1925年陈列所（博物馆）运行经费占总支出的 34.83%，展览馆建设经费占总支出的 43.14%；1926 年陈列所（博物馆）运行经费占总支出的 35.04%，图书馆及出版物用款占总支出的 30.05%，植物园建设经费从该年度开始投入，占总支出的 4%；1927 年陈列所（博物馆）运行经费占总支出的 36.87%，图书馆及出版物用款占总支出的 7.3%，出版社用费占总支出的 13.03%，地理、土壤学等小组专业考察、调查经费占总支出的 16.25%。

虽然，东省文物研究会的经费支出逐年增加，但这并没有使该会的经费问题陷入困境，相比于其他学术团体来说，该会的经费是比较充足的，这从表 2—1 中的"经费结余"数据可以看出，东省文物研究会自办会之初便有经费结余，而且经费结余逐年增加：1922 年结余 285.85 元；1923 年经费结余 2343.10 银元；1924 年经费结余 3316.59 银元；1925 年经费结余 4253.91 银元；1926 年经费结余 16129.86 银元；1927 年经费结余 36933.32 墨西哥银元。从经费的结余情况来看，该会的工作运行处于良好状态。之所以出现这种"宽裕"状况，这与中东铁路管理局以及市政各单位的支持是有一定关系的，尤其是中东铁路管理局的大力补助。当然，从该会兴办事业的角度来看，也是有一定成效的。对于该会来说，办各种展览、举办各种纪念晚会和文艺表演、建设北满植物园、办传习所等是其获得社会认同和创收的有效途径，这些事业投入少、收益多，可见该会兴办事业之成功，如北满植物园的建设资金投入自 1924 年到 1927 年，共 2468.31 银元，而其创收则达到 15911.50 银元（1926 年）。

"陆海军"俄国军事科学学会

早在 1920 年，总参谋部上校 Н. В. 高列斯利高夫就在滨海边区组织成立了一个军官与青年军事自修学会，并宣读了许多报告。移居上海后，Н. В. 高列斯利高夫在上海发行了《罗西俄文沪报》（1924 年）。在滨海边区成立的军官与青年军事自修学会和在上海发行的《罗西俄文沪报》奠定了在上海成立新的军事科学学会的基础。1924 年 11 月 15 日，Н. В. 高列斯利高夫在《罗西俄文沪报》报社组织召开了"陆海军"俄国军事科学学会成立大会。总参谋部少校 К. И. 谢尔比诺维奇、Д. А. 列别捷耶夫，海军中校 К. И. 鲍勃罗夫、大尉 С. С. 萨尔基斯别科夫、大尉 А. 鲍罗夫斯基、上校 К. И. 阿尔奇巴舍夫、上校 Н. Н. 莫依谢耶夫、中尉哈里托诺夫、上校 Г. Е. 拉吉奥诺夫，海军中校 М. М. 阿法纳西耶夫、中尉施秋尔梅尔、中尉 И. М. 斯莫林、上校 В. А. 谢多夫、准尉 В. А. 别洛夫、上校 Н. П. 索科列夫、少校 П. П. 奥格洛布林、准尉 И. И. 依奥诺夫、百人长 Г. Ф. 瓦尔拉科夫等人积极参加了学会的组建，并成为学会的创会会员。①"陆海军"俄国军事科学学会是在华俄侨学者成立的第一个军学学会，亦是唯一一个军学学会。学会的发展经历了一波三折的过程。1924—1927 年，"陆海军"俄国军事科学学会没有自己独立的办公地点，完全依靠罗西俄文沪报报社的物质支持和俄国残疾军人俱乐部、俄国商人俱乐部免费提供场地开展活动。在这个阶段，1926 年前学会具有封闭性，会员数量很少，举行学术报告次数不多，依附于《罗西俄文沪报》发行会刊。1926 年后学会的活动开始活跃，会刊开始独立发行，会员数量得到极大补充，举行学术报告次数明显增加，正式发布了学会章程。1928 年是学会活动最艰难的一年。由于窘迫的物质状况，《罗西俄文沪报》报社无法像以前那样对学会给予支持，加之一些会员纷纷离世，会员数量骤减，学会活动极为弱化。1929 年是学会走向好转的一年。该年，经地方当局同意学会开办了一个俱乐部，从而使其拥有了稳定的活动经费和固定的场所，除学术活动外还兴建了小教堂、修建了哥萨克宿舍和进行一定的慈善活动。但这些状况并没有给学会带来辉煌的发展，因为在学会内部出现了分裂：一些对在学会中没有获得相应职务和职位的有不满情绪的会员拒绝参加学会举行的讲座和学术报告。在这种情况下，在 1930 年 4 月 30 日举行的学会全体会员大会和学会俱乐部委员会第 35 次例行会议上做出决议，学会更名为中国第一俄国军事科学学会。与此同时，学会也公布了新章程。而学会俱乐部的负责人又独断专行，不执行俱乐部委员会的要求（内部管理、在学会监督下发展会员等），最终导致学会俱乐部委员会被迫关停了俱乐部。由此，失去大量经费来源的学会大大减少了活动，又转变为有严格纪律的封闭性学术组织，只能用会员私人推荐办法发展会员。1934 年，学会本应举行成立十周年纪念活动，

---

① Жиганов В. Д. Русские в Шанхае. – Шанхай, 1936. с. 69.

但却被推迟到有利时机举行。① 然而，这个时机一直没有等到，1937年随着学会主席 Н. В. 高列斯利高夫在上海逝世，学会自然也就被关闭了。

中东铁路中心医院医生协会

为了解决铁路筑路人员的就医问题，1898年5月28日，俄国医生在哈尔滨（今香坊区）兴建了一个临时医院。它后来不断扩大规模，演变为中东铁路中心医院。到1903年7月，中东铁路中心医院拥有四个科室和144张病床；到1903年末，拥有8个科室和216张病床。② 很长时间内，"中东铁路中心医院是哈尔滨市唯一一个大型民用医疗机构"。③ 1921年5月前，Т. И. 诺夫孔斯基一直担任中东铁路中心医院高级医生，负责管理医院；1921年5月后，由 Н. М. 伊瓦辛科接任被免职的 Т. И. 诺夫孔斯基；1925年2月，Е. А. 别特尼科夫接任被免职的 Н. М. 伊瓦辛科。不久，高级医生一职就被苏联医生 А. А. 热木楚日内依接任。中东铁路中心医院与其主管部门中东铁路医务处一样都经历了由俄国独控到中苏共管的过程。

十月革命后，中东铁路中心医院除医治病人外，开始在学术、教育等领域开展活动。1920年2月，中东铁路中心医院联合院内所有医生成立了中东铁路中心医院医生协会。这是俄侨在华成立的第一个医学学术团体，亦是哈尔滨的唯一一个真正具有学术性的俄侨医学学术团体。中东铁路中心医院医生协会每周都召开一次会员代表会议，1922年3月举行了召开会议100次的纪念活动。在会议上，中东铁路中心医院医生协会主要讨论了有关外贝加尔的疟疾、梅毒的病因学和流行病学、苏维埃俄国的卫生状况、发行医学杂志、设置高等医科学校等学术和教育问题。④

---

① Жиганов В. Д. Русские в Шанхае. – Шанхай, 1936. с. 69.

② Китайская Восточная железная дорога: Исторический очерк. – Т. 1. – СПб., 1914. с. 212–213.

③ Ратманов П. Э. Вклад российских врачей в медицину китая（XX век）.: Диссертация... доктора медицинских наук: Москва, 2010. с. 53.

④ Ратманов П. Э. История врачебно-санитарной службы Китайской Восточной железной дороги（1897–1935 гг.）. – Хабаровск: ДВГМУ, 2009. с. 95–96.

在中东铁路中心医院医生协会早期活动阶段，由于协会的相对封闭性和中东铁路的物质支持，学会的活动保持着相对稳定性和活跃性。随着中东铁路中心医院医生协会会刊的停刊和所设学校的停办，以及中东铁路中心医院的苏维埃化，中东铁路中心医院医生协会的活动从 20 世纪 20 年代下半叶开始明显弱化，尤其是 1935 年中东铁路被出售给日本扶植的伪满洲国，中东铁路中心医院医生协会与中东铁路中心医院一道解体。

上海俄国医学会

据《俄罗斯人在上海》一书记载，1917 年俄国革命后，与俄国难民一起涌入上海的还有一群俄国医生。上海的第一个俄国医生是 1918 年来到上海的 А. Б. 奥克斯。1920 年 6 月，根据从伊尔库茨克来到上海的医生 Г. А. 别尔格曼倡议，召开了上海俄国医生代表会议。出席会议的医生有阿布金娜 - 麦耶尔、别尔拉茨卡娅、瓦西里耶夫、伊梅尔曼、卡扎科夫、卡岑艾棱 - 鲍根、里别罗夫斯基、奥克斯、波德巴赫、罗森别尔戈、菲尤尔斯滕别尔格、申德里科夫 12 人。会上，医生们起草了拟成立医学会章程草案。1922 年初，在里别罗夫斯基医生的努力下完成了拟成立医学会的组织工作。1922 年 6 月 10 日，在过去的上海俄国总领事馆大楼内举行了上海俄国医生创办人会议，宣布正式成立上海俄国医学会，并经主席团核准发布了学会章程。[①] 这是俄侨在上海成立的第一个学术团体，亦是上海唯一一个俄侨医学学术团体。据俄文文献记载，上海俄国医学会大约在 1947 年停止了存在。[②] 在长达 25 年的时间里，上海俄国医学会会员们从最初的忙于生计逐渐转向关注学术、社会活动。

创办高等学校需要学术力量以及辅助机构（图书馆、实验室、教科书、办学场所）、经费保障和充足的生源。俄国十月革命与国内战争促使大量俄侨（包括高级知识分子）涌入哈尔滨，不仅产生了大量生源，而且也补充了师资队伍，为哈尔滨俄侨高等教育的产生与发展提供了人力

---

① Жиганов В. Д. Русские в Шанхае. – Шанхай, 1936. с. 115.

② Ратманов П. Э. Вклад российских врачей в медицину китая (XX век). : Диссертация... доктора медицинских наук : Москва, 2010. с. 216.

资源条件；哈尔滨地方高等教育的滞后发展满足不了俄侨对高等教育的需求，是哈尔滨俄侨高等教育产生的客观条件；中东铁路管理局等机构在办学经费、办公场所等方面的大力支持，为哈尔滨俄侨高等教育的产生与发展提供了保障。而十月革命后，哈尔滨的俄侨与俄国长时间处于隔离状态，本地俄侨青年无法像从前一样去苏俄接受高等教育。而此时期受到战火影响的苏俄高等教育也处于艰难困境，极其不利于吸引境外学生深造。这些条件都促使哈尔滨俄侨积极创办高等学校。众所周知，在 20 世纪上半叶，俄侨在哈尔滨共创办了哈尔滨法政大学、哈尔滨中俄工业大学校、哈尔滨高等医科学校、哈尔滨东方文言商业专科学校、哈尔滨师范学院、圣弗拉基米尔学院六所高等学校。但在学术上具有较大影响的只有前四所，因此本书仅就这四所高等学府进行重点介绍。限于哈尔滨高等医科学校、哈尔滨东方文言商业专科学校两所高等学校的创办与哈尔滨俄侨学术团体有着直接密切的关系，本课题将在本章其他小节中给予具体介绍。

高等经济法律学校／哈尔滨法政大学

　　创办高等学校的想法早在十月革命前夕就在哈尔滨的俄国社会各界人士中达成了共识，并于 1918 年 6 月 27 日成立了一个由哈尔滨商业学校校长 H. B. 鲍尔佐夫领导的"哈尔滨市高等学校创办委员会"。"哈尔滨市高等学校创办委员会"还做出了决议，创办设有法律系、技术系和医学系的大学。同时，"哈尔滨市高等学校创办委员会"还筹措了大量资金、吸引了可观数量的师资和向托木斯克派去了代表寻求当地大学教师的支持。但是，1918 年末和 1919 年中东铁路附属地紧张的政治局势迫使"哈尔滨市高等学校创办委员会"推迟了创办高等学校的时间。① 尽管 1920 年的情况仍不容乐观，但在该年"哈尔滨市高等学校创

---

① Автономов Н. П. Юридический Факультет в Харбине (исторический очерк). 1920 – 1937. //Известия юридического факультета. 1938 ,№12. с. 6 – 9 ; Миролюбов Н. И. Юридический Факультет в гор. Харбине. //Известия и Труды русско – китайчского политехнического института. Вып. 1. 1922 – 1923 гг. с. XXXVII – XXXVIII ; Мелихов Г. В. Российская эмиграция в Китае （1917 – 1924 гг. ）. – М. : Институт российской истории РАН ,1997. с. 120.

办委员会"迎合当地专家首先创办一所未来能够发展为法律大学或商学院的专门学校。这样的一所学校被取名为高等经济法律学校。经"哈尔滨市高等学校创办委员会"积极筹备，成立了高等经济法律学校理事会（H. B. 鲍尔佐夫担任主席），选举 H. B. 乌斯特里亚洛夫为第一任校长，经中东铁路管理局局长批准由哈尔滨商业学校免费提供教学楼。由此，1920 年 2 月 28 日，召开了隆重的高等经济法律学校成立大会。① 1920 年 3 月 1 日，高等经济法律学校开始正式授课。这是哈尔滨俄侨在华创办的第一所大学。首批一年级学生 98 名（包括 75 名大学生和 23 名自由听众）。②

按照管理体制和发展规模，学校经历了四个历史时期③，即 1920 年 2 月至 1924 年秋组建和初步发展时期、1924 年秋至 1929 年 3 月的快速发展时期、1929 年 3 月初至 1934 年秋的萎缩期、1934 年秋至 1937 年 7 月的终结期。在第一个时期，不断补充新的师资（1920 年为 6 名，1921 年为 9 名）、完善教学计划（法律科教学计划基本完成）、增加大学生数量（到 1922 年 1 月为 179 名，1924 年 1 月为 155 名）、年级逐年增加（到 1923 年已有四个年级），成立了毕业考试委员会，首届 6 名法律专业学生毕业。尤其需要提及的是，1922 年 7 月 8 日，高等经济法律学校正式升格为哈尔滨法政大学，并得到了苏联国立远东大学的承认。在第二个时期，新开办了经济科（下设商务系、铁路系和东方经济系）、专为招收中国学生设立了国语传习班，师资力量扩充到 54 人（不包括国语传习班教师，增加了中国师资力量）、招收学生数量达 1000 人（包括预科班学生）、完善教学计划全部结束（包括经济科），

① Мелихов Г. В. Российская эмиграция в Китае（1917 - 1924 гг.）. - М. : Институт российской истории РАН, 1997. c. 121.

② Мелихов Г. В. Российская эмиграция в Китае（1917 - 1924 гг.）. - М: Институт российской истории РАН, 1997. c. 124.

③ 俄罗斯学者 M. A. 巴甫洛夫斯卡娅指出，哈尔滨法政大学经历了两个发展阶段，即 1920—1929 年的上升阶段、1929—1937 年的下滑阶段。（Павловская М. А. Харбинская ветвь российского востоковедения, начало XX в. 1945 г. : Дис... кандидата исторических наук: Владивосток. 1999. c. 203 - 205.）笔者认为，从整体趋势来看，M. A. 巴甫洛夫斯卡娅的看法是正确的，但不够科学。笔者赞同俄侨学者 H. П. 阿夫托诺莫夫的分期。

图书馆建设步伐加快，学术活动非常活跃，管理机构进一步完善［除"哈尔滨市高等学校创办委员会"、法政大学教授委员会外，新设立了法政大学理事会、系委员会、学生会（由班长委员会和贫困大学生救助委员会组成）、教授纪律委员会］，苏联国立伊尔库茨克大学、托木斯克大学和莫斯科大学也相继承认了法政大学。在第三个时期，1929年3月2日，法政大学被东省特别行政区接收，东省特别行政区教育局局长张国忱被任命为临时校长（后很快由东省特别行政区长官张景惠兼任），由此原为俄国人开办的私立法政大学变为中国国立法政大学，按照中国大学的管理模式进行办学，原科、系改称为法政大学俄文部，原"哈尔滨市高等学校创办委员会"、法政大学理事会、教授纪律委员会和图书馆委员会全部被撤销。此后俄文部中东铁路管理局的拨款锐减（所拨款项仅够行政和办公开支）、停止免费使用商业学校教学楼，主要依靠学费维持办学，学生数量几乎减少了2/3，师资力量骤减（主要是日本占领下苏联侨民教师纷纷离开学校），国语传习班升格为法政大学中文部。在第四个时期，由于日本占领和苏联出售中东铁路，法政大学变成了纯白俄侨民与中国人共同工作的大学。在某些时间，哈尔滨法政大学得到了北满特别区长官公署的一定支持（免费提供教学用楼、拨给部分教学经费）。尽管如此，不利的政治环境还是使哈尔滨法政大学难以维持下去（师资力量不够、生源不足等）。为了维系哈尔滨法政大学的存在，1936年3月1日，哈尔滨法政大学甚至与当时的另外一所俄侨高等学校——哈尔滨师范学院[①]合署办学，行政、教学、财务等共用。但在日本当局极力撤销所有俄侨高等学校的政策下，1937年1月1日哈尔滨师范学院先行停办了，半年后的7月1日哈尔滨法政大学也关门了。两所学校的财产、部分师资和行政人员被日本当局拟于1938年开办的高等商学院所接收。[②]

---

① 该校创办于1925年，是以培养中小学师资为主的高等俄侨学校。

② Автономов Н. П. Юридический Факультет в Харбине（исторический очерк）. 1920 - 1937.//Известия юридического факультета. 1938，№12. с. 21 - 36；Павловская М. А. Харбинская ветвь российского востоковедения，начало XX в. 1945 г.：Дис.... кандидата исторических наук：Владивосток，1999. с. 210.

在 18 年办学期间，哈尔滨法政大学设有 12 个教研室，共有近 100 名教师在哈尔滨法政大学工作过，其中包括 16 名教授、2 名副教授和 5 名编外副教授；就读大学生数量最高年份达到近 1000 名，举行了 117 次毕业考试，共有 297 名大学生获得学位，其中 169 名毕业于法律专业，128名毕业于经济专业，包括 206 名男学生和 91 名女学生。① 先后有 4 位俄侨学者担任哈尔滨法政大学校长或俄文部领导（1921 年秋至 1924 年秋，H. И. 米罗留勃夫；1924 年秋至 1929 年 3 月，B. A. 梁扎诺夫斯基；1929年 3 月至 1930 年 2 月，B. B. 恩格里菲里德；1930 年 2 月至 1937 年 7 月，H. И. 尼基弗洛夫）。对哈尔滨法政大学在教学与学术研究上所达到的水平，美国历史学家 M. 拉耶夫给予了中肯评价："法政大学教学与研究水平极高，它对科学的贡献直到今天都具有现实意义。"②

哈尔滨中俄工业学校／哈尔滨中俄工业大学校／哈尔滨工业大学校

在筹建哈尔滨高等经济法律学校的同时，中东铁路管理局机务处工程师也提出了在哈尔滨创办一所技术学校的想法，并得到了哈尔滨社会各界的支持。1920 年 8 月 5 日，哈尔滨中俄工业学校创办委员会第一次委员代表会议在哈尔滨召开，中东铁路公司督办宋小廉为代表会议名誉主席、中东铁路公司坐办（中东铁路管理局原局长）Д. Л. 霍尔瓦特将军为主席、中东铁路公司会办 B. Д. 拉琴诺夫工程师为副主席。在会上，选举产生了哈尔滨中俄工业学校创办委员会理事会：主席——H. Л. 关达基，秘书——交通工程师 П. Ф. 科兹洛夫斯基，司库——工程师 B. K. 卡拉巴诺夫斯基，董事包括 H. B. 鲍尔佐夫（哈尔滨市议事会代表）、B. Ф. 科瓦利斯基（哈尔滨贸易公所代表）、C. И. 达尼列夫斯基（中东铁路公司董事）、Д. П. 卡扎科维奇（中东铁路管理局副局长）、A. A. 谢尔科夫（交通工程师）、陈翰（中东铁路公司监察局局

---

① Юридический Факультет в г. Харбине(историческая справка). //Известия юридического факультета. 1925 ,№1. c. 203 ;Автономов Н. П. Юридический Факультет в Харбине(исторический очерк). 1920 – 1937. //Известия юридического факультета. 1938 ,№12. c. 61 – 65.

② Раев М. Россия за рубежом：История культуры русской эмиграции：1919 – 1939. Пер. с англ. – М. :Прогресс – академия ,1994. c. 89.

长）、С. Ц. 沃芬别尔格（中东铁路管理局特别委任工程师）、董士恩
（滨江道尹）、E. X. 尼鲁斯（中东铁路公司秘书处职员）、B. A. 金才
（中东铁路管理局总务处与材料处处长）、郭福绵（中东铁路公司督办
秘书）等。理事会负责制定筹建哈尔滨中俄工业学校的方案和起草学
校的章程。经过筹划，1920 年 9 月 7 日，哈尔滨俄中工业学校章程在
哈尔滨市边境地方法院登记注册。这天被定为哈尔滨中俄工业学校成立
日。交通工程师 A. A. 谢尔科夫被推选为学校首任校长，秘书为工程师
П. A. 伊万诺夫。此外，为了加快学校的开办，中东铁路管理局在南岗
中心地段无偿向学校提供了 20520 平方米的教学用地和 4645 平方米的
三栋教学楼，并在第一年又拨给了 50000 金卢布（在之后又增加到
75000 金卢布/每年）用于学校建设。同时，哈尔滨的中俄商号、贸易
公所、社会组织等机构也都提供了建设资金。这样，一所真正的技术学
校在 1920 年 10 月 18 日正式开始授课。①

在管理上，由哈尔滨中俄工业学校创办委员会理事会负责筹措资
金、聘请教师、保障后勤和设置行政管理机构等事宜。哈尔滨中俄工业
学校创办委员会理事会每年从哈尔滨中俄工业学校创办委员会成员中选
举产生，成员由中东铁路公司和中东铁路管理局的代表、哈尔滨市议事
会主席、哈尔滨贸易公所代表、哈尔滨中俄工业学校校长和部分教师以
及社会名流中的中俄代表组成。为了监督理事会的工作，理事会又专门
选举产生了监察委员会。在学校的内部管理上，哈尔滨中俄工业学校创
办委员会理事会委任校长管理，校长又在学校设立学术或教学委员会、
财务委员会具体管理学校的教学、科研和财务工作。②

在 1920—1921 教学年，哈尔滨中俄工业学校教师比较少，包括校
长 A. A. 谢尔科夫、秘书 П. A. 伊万诺夫、B. A. 别洛布罗德斯基、
Д. A. 鲍雷科、С. H. 德鲁日宁、Г. A. 日托夫、Я. A. 兹德布、Ф. Ф.

---

① Мелихов Г. В. Российская эмиграция в Китае（1917 – 1924 гг.）. – М. : Институт российской истории РАН, 1997. с. 121 – 123.

② Щелков А. А. Русско - Китайский Политехнический институт в гор. Харбине. Его прошлое и настоящее к концу 1923 года. //Известия и Труды русско - китайкого политехнического института. Вып. 1. 1922 – 1923 гг. с. X – XⅡ.

伊里因、П. Ф. 科兹洛夫斯基、Г. А. 巴杜瓦尼和 П. Н. 拉迪谢夫等 11
人。1921 年，哈尔滨中俄工业学校又补充了 Н. А. 盖金戈、Ю. О. 戈
里郭洛维奇、С. З. 戈鲁津斯基、Н. М. 奥布霍夫、Н. К. 巴弗努奇耶
夫、С. А. 萨文、Л. А. 乌斯特鲁果夫和 А. А. 雅库波夫 8 名教师。1922
年初，受俄国国内战争影响，В. А. 巴里、М. Д. 格列波夫、М. П. 伊
滋维科夫、Ф. Н. 因德里克松、Н. С. 基斯里岑和 С. Н. 彼得罗夫等著
名专家和其他大量专业技术人员加盟了哈尔滨中俄工业学校。此外，哈
尔滨中俄工业学校的校园基础设施和实验室建设都得到了大大的改善。
这些条件促使哈尔滨中俄工业学校创办委员会理事会把哈尔滨中俄工业
学校改造为高等工业大学校。1922 年 4 月 2 日，哈尔滨中俄工业学校
被升格改造为哈尔滨中俄工业大学校。[①] 它标志着中俄工业学校正式成
为一所工业大学。

在招收大学生上，哈尔滨中俄工业大学校最初设置了五年制的土木
建筑科、四年制的电汽机械科两个科和一个预科班（招收中国学生）。
在办学过程中，哈尔滨中俄工业大学校的招生数量逐年增长（在中东
铁路中苏共管时期更加明显），到 1920 年 11 月 1 日为 110 名；到 1921
年 11 月 1 日为 181 名；到 1922 年 11 月 1 日为 276 名；到 1923 年 11 月
1 日为 309 名；到 1924 年 11 月 1 日为 445 名。1923 年，哈尔滨中俄工
业大学校土木建筑科有 153 名大学生；电汽机械科有 125 名大学生，预
科班有 31 名大学生，其中毕业于中东铁路附属地中学的大学生 170 人、
毕业于中东铁路附属地以外中学的大学生 72 人、中国籍大学生 67 人、
中东铁路职员子女和中国政府奖学金生 194 人。1924 年，哈尔滨中俄
工业大学校土木建筑科有 200 名大学生，电汽机械科有 148 名大学生，
预科班有 71 名大学生，其中毕业于中东铁路附属地中学的大学生 242
人、毕业于中东铁路附属地以外中学的大学生 83 人、中国籍大学生

---

① Мелихов Г. В. Российская эмиграция в Китае（1917 – 1924 гг.）. М.：Институт
российской истории РАН, 1997. с. 131.

120 人、中东铁路职员子女和中国政府奖学金生 269 人。[①] 到 1923 年 11 月 1 日，哈尔滨中俄工业大学校的师资力量也进一步得到充实，达到了 39 人，其中包括 5 名教授。[②]

到 1926—1927 年教学年初，在校大学生的数量达到 695 名，土木建筑科有俄国大学生 230 人、中国大学生 39 人、女学生 29 人，电汽机械科有俄国大学生 255 人、中国大学生 72 人，预科班有大学生 99 人；教师数量增为 46 人（其中教授 16 人）。到 1930 年初，在校大学生数量更增至 902 名（其中土木建筑科有大学生 394 人，电汽机械科有大学生 508 人），预科班有大学生 123 人。获得交通工程师或电汽工程师学位的毕业生数量为 193 人，其中土木建筑科 101 人、电汽机械科 92 人；教师中拥有 18 名教授和 3 名副教授。[③]

中苏共管中东铁路后，哈尔滨中俄工业大学校改为"中苏合办"。1928 年 2 月 4 日，校名改为东省特区工业大学校；1928 年 11 月 1 日，学校又更名为哈尔滨工业大学校，获得了最终的名称，由张学良东三省保安总司令兼任学校理事会理事长。圣彼得堡交通工程师学院毕业的 Л. А. 乌斯特鲁郭夫接替 А. А. 谢尔科夫担任校长。1932 年日本扶植成立伪满洲国后，在极为不利的办学环境下，哈尔滨工业大学校走过了最辉煌的时期，最终于 1935 年在苏联中东铁路出售给日本扶持的伪满洲国后被日本接管，停止了中俄共同举办哈尔滨工业大学校的早期历史，并于 1937 年停止招收俄国学生。此时，哈尔滨工业大学校完全按照日本教学体制办学。直到日本战败投降后的 1945 年 11 月，哈尔滨工业大学校才又重新复办。中俄两国联合办

---

① Щелков А. А. Русско – Китайский Политехнический институт в гор. Харбине. Его прошлое и настоящее к концу 1923 года. //Известия и Труды русско – китайского политехнического института. Вып. 1. 1922 – 1923 гг. с. XXXIII—XXXIV；Щелков А. А. Русско – Китайский Политехнический институт в гор. Харбине на 1 – ое мая 1925 года и его первые выпуски инженеров. //Известия и Труды русско – китайского политехнического института. Вып. 2. 1924 – 1925 гг. с. V – VI.

② Щелков А. А. Русско – Китайский Политехнический институт в гор. Харбине. Его прошлое и настоящее к концу 1923 года. //Известия и Труды русско – китайского политехнического института. Вып. 1. 1922 – 1923 гг. с. XIII – XVI.

③ Калугин Н. П. Политехнический институт в Харбине（Исторический обзор）// Политехник. 1979. №10. с. 7, 8.

学的教学体制得以恢复，一直持续到中华人民共和国成立之初。在日本完全接管哈尔滨工业大学校前，哈尔滨工业大学校毕业了千余名大学生（尽管多数人没有获得学位），在中东铁路附属地的重要部门和欧美及其他国家工作，为当地经济社会和科学教育事业的发展作出了重要贡献。

中东铁路中央图书馆

1925 年初，中东铁路管理局局长 A. H. 伊万诺夫提议由铁路出资在哈尔滨兴办一所特别的图书馆。它"能够联合铁路部门的图书馆、当地学术团体的图书馆和研究机构的图书馆，让读者更有效地利用现有图书和持续有计划的补充新书"。[①] 1925 年 10 月 3 日，一所取名为中东铁路中央图书馆的极为特别的图书馆正式开馆。在筹办中东铁路中央图书馆之时，东省文物研究会图书馆和中东铁路俱乐部图书馆起到了奠基作用。在东省文物研究会会员可优先借阅图书的情况下，东省文物研究会把其学术图书馆临时交由拟筹办的中东铁路中央图书馆管理。拥有 25168 册俄文图书的中东铁路俱乐部图书馆完全移交给拟筹办的中东铁路中央图书馆。[②] 中东铁路中央图书馆的发展经历了两个阶段：1925—1930 年的创办与快速发展和 1931—1935 年的衰落。H. H. 特里弗诺夫、H. B. 乌斯特里亚洛夫先后担任该馆馆长。图书馆有自己独立的办公大楼，下设 4 个部门：书库、编制目录处、总务处和书刊简介处。

中东铁路中央图书馆的经营完全依靠中东铁路的拨款。1925 年拨款额为 50000 金卢布；1926 年为 132706 金卢布；1927 年为 126185 金卢布；1928 年为 128439 金卢布；1929 年为 115927 金卢布；1930 年为 98989.4 金卢布。[③] 在大额资金的支持下，中东铁路中央图书馆在 1931 年前获得

---

① Центральная библиотека КВЖД//Экон. бюл. 1928. №26. с. 5.

② Киселева Г. Б. Русская библиотечная и библиографическая деятельность в Харбине, 1897 – 1935 гг.：Диссертация... кандидата педагогических наук：Санкт – Петербург, 1999. с. 58 – 59.

③ Сквирский Ф. Б. Центральная Библиотека КВЖД//Библиографический бюллетень Центральной библиотеки КВЖД. – T. Ⅲ, 1930, Вып. 1. с. 9；Киселева Г. Б. Русская библиотечная и библиографическая деятельность в Харбине, 1897 – 1935 гг.：Диссертация... кандидата педагогических наук：Санкт – Петербург, 1999. с. 149.

了快速发展。

据俄罗斯学者根据中东铁路经济调查局出版的《东省铁路统计年刊》
（1926—1935）所记载的部分数字统计，1930 年前中东铁路中央图书馆工
作人员的数量比较多，1926 年为 40 人；1927 年为 48 人；1928 年为 64
人；1929 年为 60 人。[1]

来图书馆阅览和借阅图书的读者有两大人群：（1）铁路员工；（2）
当地高等学校教师、学术团体会员。图书馆拥有固定读者（办理借阅证）
的数量逐年增加，到 1926 年 1 月 1 日，已有 1572 人办理借阅证；1927 年
1 月 1 日为 3050 人；1928 年 1 月 1 日为 5931 人；1929 年 1 月 1 日为 8012
人。到图书馆阅览室阅览的读者数量也逐年增加，1925 年为 61381 人次；
1926 年为 81296 人次；1927 年为 131394 人次；1928 年为 180171 人次。
图书的年流通量也逐年增加，1925 年为 259995 册；1926 年为 352585 册；
1927 年为 518099 册；1928 年为 632923 册。[2]

图书馆通过三种途径获得图书和出版物：（1）从境外订购；（2）在
境内书店购买；（3）交换出版物。购买图书和出版物是图书馆增加馆藏
量的主要途径。数字显示了 1925—1929 年中东铁路中央图书馆从铁路拨
款中每年花费在购买图书和出版物上的数额：1925 年为 30000 金卢布；
1926 年为 50000 金卢布；1927 年为 35000 金卢布；1928 年为 30000 金卢
布；1929 年为 12000 金卢布；1930 年为 8000 金卢布。[3] 此外，1926 年
初，中东铁路中央图书馆接收了中东铁路学务处、中东铁路管理局总会
计室的图书 4000 册；1927 年 11 月，又接收了中东铁路车上图书馆的图

---

① Киселева Г. Б. Русская библиотечная и библиографическая деятельность в Харбине, 1897 – 1935 гг. : Диссертация. . . кандидата педагогических наук : Санкт – Петербург, 1999. с. 160.

② Сквирский Ф. Б. Центральная Библиотека КВЖД // Библиографический бюллетень Центральной библиотеки КВЖД. – Т. Ⅲ, 1930, Вып. 1. с. 6.

③ Сквирский Ф. Б. Центральная Библиотека КВЖД // Библиографический бюллетень Центральной библиотеки КВЖД. – Т. Ⅲ, 1930, Вып. 1. с. 9 ; Киселева Г. Б. Русская библиотечная и библиографическая деятельность в Харбине, 1897 – 1935 гг. : Диссертация. . . кандидата педагогических наук : Санкт – Петербург, 1999. с. 149.

书 8753 册。① 由此，图书馆的藏书量不断增加，到 1926 年 1 月 1 日，已拥有 25168 册；到 1927 年 1 月 1 日为 59552 册；到 1928 年 1 月 1 日约为 80000 册；到 1929 年 1 月 1 日为 100000 余册；1930 年达到了 150000 册。② 至此，中东铁路中央图书馆成为中国乃至亚洲及欧洲最大的图书收藏地之一。

　　1929 年 7 月的中东路事件给中东铁路中央图书馆带来重创。尽管事件后图书馆的工作恢复了常态，但随着日本的占领、伪满洲国的成立和苏联出售中东铁路等一系列事件的发生，中东铁路的经营遇到了前所未有的困境，中东铁路中央图书馆由此失去了往日的辉煌，并于 1935 年最终停止了由俄国人经营的历史。这在中东铁路的拨款、工作人员数量上表现得最明显。与 1930 年相比，1931 年中东铁路的拨款额减少了一半多，为 43000 金卢布；1932 年拨款额继续减少，为 38818 金卢布。30 年代以后图书馆工作人员的数量也大幅减少，1932 年为 23 人；1934 年为 22 人；1935 年初为 21 人。③

布尔热瓦尔斯基研究会

　　东省文物研究会被撤销一年后的 1929 年 4 月 27 日，В. В. 包诺索夫与在被东省特别区教育管理局接手成立的东省特区文物研究会博物馆中工作的俄侨学者 И. В. 科兹洛夫、П. А лкс. 巴甫洛夫 3 人创办了一个新的学会——布尔热瓦尔斯基研究会。④ 布尔热瓦尔斯基研究会在活动初期只给自己提出了一个非常有限的任务——使青年参与地方志工作。因

---

① Киселева Г. Б. Русская библиотечная и библиографическая деятельность в Харбине, 1897 – 1935 гг. : Диссертация... кандидата педагогических наук: Санкт – Петербург, 1999. с. 60.

② Сквирский Ф. Б. Центральная Библиотека КВЖД//Библиографический бюллетень Центральной библиотеки КВЖД. – Т. Ⅲ, 1930, Вып. 1. с. 6; Киселева Г. Б. Русская библиотечная и библиографическая деятельность в Харбине, 1897 – 1935 гг. : Диссертация... кандидата педагогических наук: Санкт – Петербург, 1999. с. 155.

③ Киселева Г. Б. Русская библиотечная и библиографическая деятельность в Харбине, 1897 – 1935 гг. : Диссертация... кандидата педагогических наук: Санкт – Петербург, 1999. с. 149, 145, 160.

④ Павловская М. А. Харбинская ветвь российского востоковедения, начало ⅩⅩ в. 1945 г. : Дис.... кандидата исторических наук: Владивосток, 1999. с. 159.

此，在当时布尔热瓦尔斯基研究会还有另外一个名称——青年小组，与俄国童子军联合会有合作协议，共同工作了最初的五年。随着工作的复杂化和新力量的加入，迫使布尔热瓦尔斯基研究会在 1934 年把自己的工作推向新的完全独立的方向。所以，从 1934 年起，布尔热瓦尔斯基研究会放弃了专门的青年工作，设立"布尔热瓦尔斯基——童子军"特别队作为"预备层次"的活动。[①] 从布尔热瓦尔斯基研究会活动的历史来看，1934 年秋是其发展历史上的分水岭。该年，布尔热瓦尔斯基研究会设立了旗下的另一个分支机构，即满洲分会，专门致力于学术活动。从此，布尔热瓦尔斯基研究会也就正式成为一个真正的俄侨学术团体。布尔热瓦尔斯基研究会一直存在到 1945 年。在长达十余年的活动中，布尔热瓦尔斯基研究会重点在安排野外田野考察、举行学术报告性质的"茶话会"和举办地方志班等方面开展活动。布尔热瓦尔斯基研究会在其存在的 16 年时间里，完全依靠会员缴纳的会费和会员出版的少量著作上刊登广告所获得的微薄收入来维系研究会的活动。[②]

基督教青年会哈尔滨自然地理学研究会

1929 年 4 月 11 日，由原东省文物研究会的部分会员倡议，在哈尔滨基督教青年会的支持下，这部分俄侨学者在哈尔滨创办了基督教青年会哈尔滨自然地理学爱好者学会。该会章程很快就得到了哈尔滨基督教青年会的批准。1932 年，基督教青年会哈尔滨自然地理学爱好者学会更名为基督教青年会哈尔滨自然地理学研究会。[③] 这样，基督教青年会哈尔滨自然地理学研究会走过了它发展的第一个阶段，即初创期。在这四年时间里，基督教青年会哈尔滨自然地理学研究会共召开了 117 次例行会议（1929 年 22 次；1930 年 27 次；1931 年 32 次；1932 年 36 次）和 3 次临

① Справка о деятельности Национальной Организации Исследователей Пржевальцев// Сборник научных работ Пржевальцев. 1942 , Харбин. с. 69.

② Заря. 1942. – 26 апреля. с. 10.

③ История возникновения клуба//Ежегодник клуба естествознания и географии ХСМЛ. 1934 ,№о1. с. 2.

时会议（1929 年 1 次；1931 年 2 次）。① 从 1933 年至 1939 年，基督教青年会哈尔滨自然地理学研究会进入了其发展的第二个阶段，即快速发展期。首先基督教青年会哈尔滨自然地理学研究会于 1933 年开始着手出版会刊（1934 年出版了第 1 卷，本书将在第三章中给予相应介绍）；其次该时期基督教青年会哈尔滨自然地理学研究会迎来了其发展的 5 周年和 10 周年；最后基督教青年会哈尔滨自然地理学研究会在召开例行与临时会议数次、会员数量、举行学术报告或讲座的数次、安排科学考察或参观次数等主要活动上都相当活跃。以召开例行与临时会议为例，该时期基督教青年会哈尔滨自然地理学研究会共召开了 231 次例行会议（1933 年 33 次；1934 年 32 次；1935 年 32 次；1936 年 33 次；1937 年 32 次；1938 年 35 次；1939 年 34 次）和 6 次临时会议（1934 年 1 次；1935 年 1 次；1936 年 1 次；1937 年 1 次；1939 年 2 次）。② 从 1940 年至 1946 年初，基督教青年会哈尔滨自然地理学研究会进入了衰落与终结期。据 1945 年出版的《基督教青年会哈尔滨自然地理学研究会通报》记载，基督教青年会哈尔滨自然地理学研究会仅在 1940—1943 年间有活动记录。这说明该研究会在其存在的最后几年几乎停止了活动。基督教青年会哈尔滨自然地理学研究会仅在举办展览上表现活跃。该时期，基督教青年会哈尔滨自然地理学研究会共召开了 125 次例行会议（1940 年 30 次；1941 年 31 次；1942 年 33 次；1943 年 31 次）和 6 次临时会议（1940 年 1 次；1941 年 5 次）。③ 在其存在的时间里，尽管会员数量不多，但基督教青年会哈尔滨自然地理学研究会却聚集了包括 Э. Э. 阿涅尔特、T. П. 高尔捷也夫、Г. Г. 阿维那里乌斯、B. B. 包诺索夫、A. Г. 巴拉诺夫、A. C. 卢卡什金等在内的著名俄侨学者，使其活动仍很活跃并能够维持下去。当然，在当时尤其是日本占领的社会政治环境下，这与哈尔滨基督教青年会的支持

---

① История возникновения клуба//Ежегодник клуба естествознания и географии ХСМЛ. 1934, No1. c. 3.

② Отчёт о деятельностиклуба естествознания и географии ХСМЛ за период с 1933 по 1940 гг.//Известия клуба естествознания и географии ХСМЛ. 1941, No1. c. 112.

③ Отчёт о деятельности клуба естествознания и географии ХСМЛ за период с 1940 по 1943 гг.//Известия клуба естествознания и географии ХСМЛ. 1945, No1. c. 101.

与庇护是分不开的。1946 年初，基督教青年会哈尔滨自然地理学研究会完全停止了存在。

满洲俄侨事务局考古学、博物学与人种学研究青年会

1935 年初，原东省文物研究会博物馆（当时的北满特区文物研究所）的部分俄侨青年学者提出了成立一个"地方志学家青年会"的想法。1935 年 7 月 1 日，И. К. 科瓦里楚克；科瓦里、К. А. 热烈兹尼亚科夫、А. А. 克斯汀和 М. И. 尼基汀等人在满洲俄侨事务局俄国青年联合会第一马家沟分会全会上阐述了上述想法，并建议在分会内设立"地方志学家青年会"。该建议得到了分会的支持。1935 年 7 月 26 日，"地方志学家青年会"成立大会在 Н. К. 科瓦里楚克—科瓦里办事处举行。1935 年 11 月 11 日，由于其工作的特殊性，"地方志学家青年会"获得满洲俄侨事务局批准，独立开展工作。此后，根据董事会决议，"地方志学家青年会"更名为满洲俄侨事务局考古学、博物学与人种学研究青年会。[①] 这是伪满洲国成立后俄侨学者在哈尔滨成立的第一个学术团体。该学会存在时间很短，仅两年半时间。现在还没有资料证实满洲俄侨事务局考古学、博物学与人种学研究青年会停办的原因。但据笔者分析，满洲俄侨事务局考古学、博物学与人种学研究青年会极有可能是被伪满大陆科学研究院哈尔滨分院所兼并。尽管满洲俄侨事务局考古学、博物学与人种学研究青年会的活动经费非常拮据，到 1937 年 1 月 1 日仅有 200 元零 76 分的收入（来自会员会费、个人和社会组织的捐款、满洲俄侨事务局的拨款和出售会刊所得等），但在短短的两年多时间里，满洲俄侨事务局考古学、博物学与人种学研究青年会在理事会的领导下，依靠其图书馆、博物馆及其他专门分支机构积极组织会员考察、举办学术报告等重要活动，召开了 37 次理事会会议、51 次会员全体会议。[②]

---

① История возникновения Секции А. Н. Э//Натуралист Маньчжурии. 1937, №2. с. 61.

② Два года работы Секции А. Н. Э//Натуралист Маньчжурии. 1937, №2. с. 62; Состав Секции А. Н. Э. к 26 июня 1937 г.//Натуралист Маньчжурии. 1937, №2. с. 65; Денежный отчёт Секции А. Н. Э. с момента возникновения по 1 – ое января 1937 года.//Натуралист Маньчжурии. 1937, №2. с. 66.

中国研究会

据俄文文献记载，1935 年秋由俄侨青年在天津成立了一个学术团体——中国研究会。[①] 这是在华俄侨在天津成立的唯一一个存续时间较长的学术团体。但关于这个学术团体的组织结构、人员构成、整体活动、停办具体原因等内容，几乎无资料记载。笔者依据中国研究会所发行会刊的终刊时间保守估计，中国研究会大约在 1936 年 8 月停止了活动。

生物委员会/苏联侨民会哈尔滨自然科学与人类学爱好者学会

1929 年初，东省文物研究会被撤销后，俄侨学者失去了博物馆、图书馆和自己的收藏品。如上文所述，1929 年，俄侨学者又成立了两个新的学术团体——基督教青年会哈尔滨自然地理学研究会和布尔热瓦尔斯基研究会，但两个学会不能完全满足俄侨学者研究的需求，尤其是它们完全不直接从事生物界的研究。为此，在 Б. В. 斯克沃尔佐夫的倡议下，生活在哈尔滨的 Т. П. 高尔捷也夫、А. А. 克斯汀和 А. И. 巴拉诺夫等对研究植物非常感兴趣的 3 位俄侨学者积极响应，于 1937 年 12 月 19 日成立了生物委员会。[②] 需要特别提及的是，在生物委员会早期活动阶段，学会名称——"生物委员会"事实上不存在，因为在当时学会根本就没有得到日本殖民统治的伪满洲国的官方承认。因此，生物委员会只能算作一个地下的活动小组。但生物委员会一直在寻求本学会的合法化地位。在未获得官方承认前夕，生物委员会的会员首先为学会起好了官方名称——"生物委员会"，并起草了代替学会章程的"生物委员会工作细则"；其次，1940 年秋，在伪满洲国禁止成立新的学术团体的背景下，生物委员会开始尝试作为现存某个学术团体的分部开展公开活动，但在与基督教青年会哈尔滨自然地理学研究会的谈判中没有取得成功。1943 年初，生物委员会又做了第二次合法化的尝试。经与布尔热瓦尔斯基研究

[①]　От редакции//Вестник китая. 1936, №1. с. 1.

[②]　Баранов А. И. Историческая справка о возникновении и работе Биологической Комиссии//Известия Харбинского краеведческого музея. 1945, №1. с. 57.

会多次谈判，生物委员会正式成为布尔热瓦尔斯基研究会的分部。① 从事实上看，生物委员会从 1943 年起已不是一个独立存在的学术团体。尽管如此，生物委员会仍保持着自己的独立性和独立的组织结构，所以本课题仍将其单独研究。合法化后的生物委员会使其有条件在公开召开会议、出版会员著作、吸纳新会员和拓展生物学新研究领域等方面深入开展活动。生物委员会在一年内的活动分为两个时期：夏季的田野考察和冬季的资料整理与研究。1945 年 8 月日本投降后，伪满大陆科学研究院哈尔滨分院②被重新改组为俄侨研究机构，并被更名为哈尔滨地方志博物馆。9 月 3 日，经苏联红军政治部批准，生物委员会候补委员 B. И. 库兹明被任命为博物馆馆长。与此同时，根据馆长提议，А. Г. 马里亚夫金、B. C. 马卡罗夫和 Б. B. 斯克沃尔佐夫成为博物馆编内职员。③ 这样，哈尔滨地方志博物馆事实上成为生物委员会的分支机构。1946 年 3 月 16 日，生物委员会被改造为苏联侨民会哈尔滨自然科学与人类学爱好者学会，从而结束了生物委员会 8 年的活动历史。生物委员会秘书 А. И. 巴拉诺夫对生物委员会 8 年的活动历史做出了一个客观地评价："尽管生物委员会的工作是在极为窘迫的物质条件下进行的，但由于其会员的忘我牺牲精神和不懈坚持，生物委员会能够在 8 年内开展和进行足够有效的工作，甚至为开展工作创造了非常可观的经济条件。"④ 一个月后，哈尔滨地方志博物馆被中长铁路管理局接管，移交给哈尔滨工业学院组建常设运输经济陈列馆，成为哈尔滨工学院下属的一个教学机构。

　　1946 年 3 月 16 日，生物委员会召开了临时全体会员大会，决议把生物委员会改造为真正的学会，并正式更名为苏联侨民会⑤哈尔滨自然科学

① Баранов А. И. Историческая справка о возникновении и работе Биологической Комиссии//Известия Харбинского краеведческого музея. 1945, №1. с. 58.
② 1937 年成立，由原东省文物研究会博物馆改组设立（当时的滨江省立文物研究所）。
③ Баранов А. И. Историческая справка о возникновении и работе Биологической Комиссии//Известия Харбинского краеведческого музея. 1945, №1. с. 60.
④ Баранов А. И. Историческая справка о возникновении и работе Биологической Комиссии//Известия Харбинского краеведческого музея. 1945, №1. с. 60.
⑤ 1935 年 7 月 1 日成立于哈尔滨，初名为苏联留居民会，1945 年 8 月改组为苏联侨民会。

与人类学爱好者学会，同时通过了学会章程草案。① 可以说，苏联侨民会哈尔滨自然科学与人类学爱好者学会是生物委员会的延续。所不同的是，两者所处的历史环境不同。有利的政治环境极大扩大了哈尔滨自然科学与人类学爱好者学会活动领域的规模。据俄文文献记载，苏联侨民会哈尔滨自然科学与人类学爱好者学会绝不是战后哈尔滨的唯一一个俄侨学术团体。同年，俄侨学者 И. Г. 巴拉诺夫进行了复办东方学家学会的尝试。在复办会议上，И. Г. 巴拉诺夫做了一个关于东方学家学会历史的报告，高度评价了东方学家学会会员学术与实践活动的成果，号召青年一代东方学家继续东方学家学会的历史。根据会议参加者的意见，И. Г. 巴拉诺夫的报告特别强调了复办的东方学家学会在东方研究、苏联与东亚相互了解与接近上与过去应有连续性。新的东方学家学会召开了几次会员代表会议，举办了关于东方学问题的学术报告。在当时的哈尔滨俄侨学术界曾倡议东方学家学会与苏联侨民会哈尔滨自然科学与人类学爱好者学会应联合成一个学会，因为不仅哈尔滨的许多俄侨学者同时是这两个学会的会员，而且还有利于联合哈尔滨的著名俄侨学人开展更有成效的工作。② 从苏联侨民会哈尔滨自然科学与人类学爱好者学会活动的报告中，我们没有看到东方学家学会与苏联侨民会哈尔滨自然科学与人类学爱好者学会合并的任何信息。因此，我们断定，两个学会应该是没有合并为一个学会。至于东方学家学会的其他活动信息，由于缺少资料佐证，我们尚难知道这个学会的最终命运。

　　根据当时的政治环境，笔者认为，苏联侨民会哈尔滨自然科学与人类学爱好者学会主要经历了两个发展阶段，即民国末期（1946—1949）和新中国成立初期（1949—1955）。1955 年 9 月 27 日，随着大批俄国侨民迁出中国东北，苏联侨民会哈尔滨自然科学与人类学爱好者学会最终解散。在学会存在的 10 年时间里，苏联侨民会哈尔滨自然科学与人类学

---

① Баранов А. И. Отчёт о работе Харбинского общества естествоиспытателей и этнографов за период времени с 16 марта 1946 г. По 10 мая 1947 г.//Записки Харбинского общества естествоиспытателей и этнографов. 1947, №7. c. 33.

② Павловская М. А. Харбинская ветвь российского востоковедения, начало XX в. – 1945 г.: Дис.... кандидата исторических наук: Владивосток, 1999. c. 172.

爱好者学会积极组织各类展览、举行学术报告、安排考察、举办培训班和发行会刊等活动。按照研究阶段，本书只就民国末期苏联侨民会哈尔滨自然科学与人类学爱好者学会的活动进行重点研究。在举办展览、培训班、学术报告时，苏联侨民俱乐部理事会、铁路文化宫、中长铁路苗圃、第三完全中学、中长铁路公会、香坊胶合板厂等部门无条件地给予了场地支持，哈尔滨侨民会理事会专门拨给小额资金用于举办培训班。[1]

从苏联侨民会哈尔滨自然科学与人类学爱好者学会活动经费的进账明细中可看出，苏联侨民会哈尔滨自然科学与人类学爱好者学会主要依靠会员缴纳会费、出售会刊和哈尔滨苏联侨民会的拨款以及其他形式的捐款来维持学会的存在。[2]

第二节 俄侨学术机构的组织结构与人员构成

探讨俄侨学术机构的组织结构，要将学术机构分开进行研究，因为它们代表着不同类别的学术机构，具有明显的差异化组织结构。上文已述，本课题所研究的俄侨学术机构大致包括学会类、高等学校类、图书馆类、科研机构类。本书在本节中对同类的俄侨学术机构分别进行整体的研究。

学术团体（学会）是在华俄侨学者成立的最重要的学术机构，其组织结构大致相似，所不同的是其内设部门因所从事的学术活动范围不同而有所差异。

通常情况下，每一个学术团体（学会）都会制定出本学会活动的章程。该章程规定了学会成立的目的、成为会员的条件、组织结构、活动经费、活动范围等。学会章程成为每一个学会活动的指南。在日常活动

---

① Отчёт о работе Харбинского общества естествоиспытателей и этнографов с 10/V – 1947 по 1/Ⅵ – 1949//Записки Харбинского общества естествоиспытателей и этнографов. 1950, №8. c. 59.

② Отчёт о доходах и расходах Харбинского общества естествоиспытателей и этнографов за период времени с 1/1 –46 по 10/V –47 г.//Записки Харбинского общества естествоиспытателей и этнографов. 1947, №7. c. 37.

中，每一个学会都要举行年度会员全体会议，通报学会的年度活动情况
以及制定第二年的活动计划等。而在具体的活动中，每一个学会都设立
最高执行机构——学会主席团，讨论学会的重要事宜。因此，一般情况
下，每一个学会都由会员和由会员选举产生的主席团构成。

满洲俄国东方学家学会

据满洲俄国东方学家学会发行的会刊《亚细亚时报》记载，1908 年
成立的满洲俄国东方学家学会主席团由董事会和理事会组成，其中董事
会主席——A. B. 司弼臣、副主席——Л. К. 科尔、司库——A. H. 季托
夫、秘书——И. H. 维列夫金；理事会成员包括 A. П. 鲍洛班、И. A. 多
布罗洛夫斯基、Л. К. 科尔、H. К. 诺维科夫、И. И. 别杰林 5 人。到
1909 年初，满洲俄国东方学家学会拥有会员 66 名，既有学者，亦有政府
官员，还有商人和军人，遍布哈尔滨、齐齐哈尔、奉天、营口、东京、
上海、库伦、天津、吉林、宽城子、烟台、大连、布拉戈维申斯克、北
京、符拉迪沃斯托克、圣彼得堡、汉口等地。① 1909 年 6 月 26 日，应学
会会员和其他有意参与学会活动的社会各界人士的请求，在满洲俄国东
方学家学会会员全体会议上，学会对章程中关于成为会员的条款进行了
修改，对没有获得高等东方学教育但又希望加入学会的人士做出了具体
说明：对研究东方表现出浓厚兴趣又以实践活动给予学会实质性帮助的
人、发表过与学会任务切合的有关东方的论著的人都可以成为学会会
员。② 这样，到 1910 年 1 月 1 日，满洲俄国东方学家学会会员数量有了
大幅提升，达到了 102 人，增选了董事会名誉主席一职——И. Я. 廓索
维慈（俄国驻北京公使）和名誉会员 4 人（莫斯科 1 人、圣彼得堡 2 人、
哈尔滨 1 人）。③ 到 1910 年 5 月 30 日，满洲俄国东方学家学会的人员构
成发生了明显变化，主席团中的董事会和理事会成员进行了重新选举，

---

① Состав Общества Русских Ориенталистов//Вестник Азии. 1909, №1. c. 278 - 280.

② Веревкин И. Краткий очерк возникновения и деятельности Общества Русских
Ориенталистов//Вестник Азии. 1909, №1. c. 276.

③ Состав Общества Русских Ориенталистов к 1 - му января 1910 года//Вестник Азии.
1910, №3. c. 281 - 286.

产生了新一届董事会主席——A. B. 司弼臣、副主席——H. K. 诺维科夫、秘书——И. A. 多布罗洛夫斯基、司库——A. H. 季托夫、候补秘书——B. B. 诺尔曼；理事会成员包括 H. П. 施泰因菲尔德、A. П. 鲍洛班、A. И. 斯维奇尼科夫、И. И. 别杰林、那达罗夫等，候补成员为 M. H. 库兹明斯基、A. B. 图日林；会员数量达到 120 人。① 到 1910 年 10 月中旬，满洲俄国东方学家学会会员数量又增加到 131 人。② 到 1911 年 4 月 1 日，主席团中的董事会和理事会成员进行了重新选举，产生了新一届董事会主席——A. B. 司弼臣、副主席——H. K. 诺维科夫、秘书——A. П. 鲍洛班、司库——B. B. 诺尔曼；理事会成员减少到 4 人，包括 H. П. 施泰因菲尔德、A. И. 斯维奇尼科夫、M. H. 库兹明斯基、И. И. 别杰林等，会员增至 142 人。③ 与 1909 年相比，满洲东方学家学会会员数量增长了 2 倍多，会员基本上以中东铁路职员、军人、企业主和外交官为主。到 1914 年 12 月 20 日，满洲俄国东方学家学会会员数量急剧下降，与 1911 年相比减少了 100 人（52 名会员，包括名誉会员 3 人、终身会员 1 人、正式会员 48 人）。据笔者分析，会员数量的减少与战争动员有关，因为军人（减少了 70% 多）和外交官（减少了 56%）的数量大大减少。④ 在此后的满洲俄国东方学家学会发展的演进过程中，其会员数量从未超过百人：1915 年学会有 48 名会员⑤；到 1916 年 6 月 13 日，学会有 65 名会员（名誉会员 5 人、终身会员 1 人、正式会员 59 人）⑥；1921 年有会员

---

① В Обществе Русских Ориенталистов//Вестник Азии. 1910, №5. с. 154 – 155；В Обществе Русских Ориенталистов//Вестник Азии. 1910, №6. с. 144.

② В Обществе Русских Ориенталистов//Вестник Азии. 1910, №4. с. 146.

③ Состав Общества Русских Ориенталистов в Маньчжурии к 1 – му Апреля 1911 года//Вестник Азии. 1911, №8. с. 162 – 168.

④ Список членов Общества Русских Ориенталистов в Харбине（на 20 декабря 1914 г.）//Вестник Азии. 1914, №31 – 32. с. 89 – 90.

⑤ Отчёт Секретаря Общества Русских Ориенталистов за 1915 год//Вестник Азии. 1916, №37. с. 196.

⑥ М. Г. Отчёт о деятельности Общества Русских Ориенталистов за 1916 год//Вестник Азии. 1916, №40. с. 64.

35 名（名誉主席 1 人、名誉会员 3 人、终身会员 11 人、正式会员 20 人）[1]；1922 年有 33 名会员（名誉主席 1 人、名誉会员 3 人、终身会员 11 人、正式会员 20 人）[2]；到学会活动末期，会员只有 20 余人。

满洲俄国东方学家学会会员分为终身会员、名誉会员、正式会员和合作会员四类。П. К. 科兹洛夫、В. В. 拉德洛夫、Е. В. 达尼耶里、В. К. 阿尔谢尼耶夫、Н. В. 屈纳、Н. Л. 关达基先后被学会选举为名誉会员。继 И. Я. 廓索维慈之后，Д. Л. 霍尔瓦特是学会的唯一名誉主席。1911 年 А. В. 司弼臣（1917 年、1918 年再次当选学会董事会主席）卸任学会董事会主席后，相继有 Е. В. 达尼耶里（第二任，1915 年卸任）、И. А. 多布罗洛夫斯基（第三任，1915 年末卸任）、А. К. 金才（第四任，1915 年末至 1917 年初）、Н. Л. 关达基（第六任，1919 年初至 1924 年 10 月）。之后到满洲俄国东方学家学会被东省文物研究会被兼并止，学会董事会主席一职一直空缺。Л. К. 科尔（1909—1910 年 5 月）、Н. К. 诺维科夫（1910 年 5 月至 1911 年末）、И. А. 多布罗洛夫斯基（1911 年末至 1914 年初）、Г. А. 索福克罗夫（1915 年初至 1920 年初）、И. Г. 巴拉诺夫（1920 年初至 1925 年初）、А. П. 希奥宁（1925 年初至 1927 年）先后被选为学会董事会副主席。А. П. 鲍洛班、И. А. 多布罗洛夫斯基、Л. К. 科尔、Н. К. 诺维科夫、П. И. 别杰林、Н. И. 施泰因菲尔德、В. И. 那达罗夫、А. П. 斯维奇尼科夫、М. Н. 库兹明斯基、А. Н. 季托夫、М. А. 波路莫尔德维诺夫、В. В. 布雷、И. Г. 巴拉诺夫、Н. И. 马佐金、П. С. 季申科、А. Ю. 兰德岑、Б. В. 弗洛泽、П. В. 什库尔金、В. В. 索尔达托夫、А. С. 切梅里查、Ф. И. 涅恰耶夫、П. М. 格拉迪、М. К. 科斯汀、Н. П. 阿福托诺莫夫、Н. В. 鲍尔佐夫、В. А. 舒里才、И. Н. 那佐罗夫、Ф. Ф. 达尼棱科、М. А. 科祖波夫斯基、Б. В. 斯克沃尔佐夫、Г. В. 波德斯塔文、А. П. 希奥宁、И. С. 斯库尔拉托夫等人先后被选为理事会成员。

据满洲教育学会发行的会刊《亚洲俄国的教育事业》记载，在满洲

---

① Отчёт о деятельности Общества Русских Ориенталистов в Харбине за 1921 год//Вестник Азии. 1922, №50. с. 331.

② Отчёт о деятельности Общества Русских Ориенталистов в Харбине за 1922 год//Вестник Азии. 1923, №51. с. 375.

教育学会活动初期，满洲教育学会的组织结构还不完善，只成立了学会主席团，其成员没有相应的职务和工作职责。1910 年，满洲教育学会成立之初在会员全体会议上选举了主席团，成员包括 Н. В. 鲍尔佐夫、П. А. 罗扎诺夫、И. И. 赫米洛夫、М. П. 巴拉诺夫、Ш. 沃洛德克维奇、Г. И. 彼得罗夫斯基和 М. В. 扎米亚京。此刻，满洲教育学会拥有会员数量为 80 人。① 在 1913 年 1 月初召开的学会年度大会上，满洲教育学会选举产生了新一届主席团，其内部组织结构已相对完善。主席团成员包括主席——Н. В. 鲍尔佐夫、副主席——К. П. 巴拉什科夫、会刊主编——М. В. 扎米亚京、图书馆馆员——М. К. 科斯汀、秘书——С. С. 奥利霍沃依和 К. С. 菲阿尔科夫斯基、司库——М. П. 巴拉诺夫。除选举主席团正式成员外，满洲教育学会还设立了候补委员与监察委员会，保障其可持续与健康发展。候补委员为 В. И. 列别丁斯基、Г. И. 彼得罗夫斯基、Г. Д. 亚辛斯基。监察委员会成员为 Н. Ф. 沃龙才维奇、А. А. 扎列茨基、М. Н. 鲁滨。主席团的主要任务为：（1）举办学术报告；（2）发行学术期刊；（3）组织公开讲座。② 到 1913 年 1 月 1 日，满洲教育学会拥有会员数量为 48 人，其中 5 人在中东铁路沿线工作。③ 在之后的发展演进过程中，满洲教育学会的组织结构基本维持 1913 年的状态，所不同的是体现在人员构成上。到 1914 年 8 月 15 日，满洲教育学会的会员数量出现了明显减少，为 43 人，比 1910 年减少了近 40 人。④ 到 1915 年 8 月 16 日，满洲教育学会会员数量出现了骤增，达到了 89 人。⑤ 到 1916 年 7 月 31 日，满洲教育学会会员数量继续增长，增至 118 人，其中包括 55 名中等

① Петров Н. П. Маньчжурское Педагогическое Общество(история возникновения и очерк деятельности)//Просветительное дело в Азиатстকой россии. 1913. No1. c. 6.

② Ольховой С. С. Отчёт о деятельности Маньчжурского Педагогического Общества за 1913 – 1914 уч. Год. //Просветительное дело в Азиатсткой россии. 1914. №3. c. 241 – 242.

③ Ольховой С. С. Отчёт о деятельности Маньчжурского Педагогического Общества за 1913 – 1914 уч. Год. //Просветительное дело в Азиатсткой россии. 1914. №3. c. 248.

④ Годичное общее собрание 15 – го августа 1914 года. Просветительное дело в Азиатсткой россии. 1914. №4. c. 400.

⑤ Отчёт о деятельности Маньчжурского Педагогического Общества за 1914 – 1915 уч. Год. //Просветительное дело в Азиатсткой россии. 1915. №7. c. 759.

学校教师、30 名初等学校教师、6 名教学管理者。① 到 1916—1917 年教
学年初，满洲教育学会产生了新一届主席团：主席——Н. В. 鲍尔佐夫、
副主席——П. А. 罗希洛夫、会刊主编——М. К. 科斯汀，成员——
М. П. 巴拉诺夫、К. И. 伊沃诺夫（兼任秘书）、Д. А. 齐亚科夫（兼任秘
书）、В. И. 列别丁斯基（兼任司库）。本教学年，满洲教育学会候补委员
为 Н. П. 阿福托诺莫夫（兼任秘书）、Г. Д. 亚辛斯基、И. А. 巴甫洛夫斯
基；监察委员会成员包括 П. А. 巴甫洛夫、В. Е. 彼得罗夫、А. А. 扎列茨
基。②

　　受俄国二月革命影响，到 1917 年 3 月 11 日，满洲教育学会主席团已
出现解体的迹象，Д. А. 齐亚科夫退出了主席团，Н. В. 鲍尔佐夫辞去了
主席职务，К. И. 伊沃诺夫去了前线，只增补了 Г. Д. 亚辛斯基 1 人进入
主席团。1917 年 12 月 6 日，满洲教育学会选举产生了新一届主席团：主
席——П. А. 罗希洛夫、副主席——Д. А. 齐亚科夫、会刊主编——М. К.
科斯汀、Н. П. 阿福托诺莫夫，主席团成员包括 Г. Д. 亚辛斯基、В. И.
列别丁斯基和 Е. Г. 高尔捷也夫，监察委员会成员包括 П. А. 巴甫洛夫、
В. Е. 彼得罗夫、А. А. 扎列茨基。③ 该届主席团一直活动到 1919 年初，
是 1922 年满洲教育学学会复办前的最后一届主席团。关于此时期满洲教
育学会会员数量，由于缺少数字统计资料，无从得知具体人数，但值得
肯定的是，会员数量应有大幅减少。1922 年 3 月 30 日，经预先筹备，在
会员全体代表大会上选举产生了满洲教育学会最后一届主席团：主
席——Н. Л. 关述基、副主席——Д. А. 齐亚科夫、会刊主编——Н. И.
尼基弗洛夫，主席团成员包括 Г. Д. 亚辛斯基（兼任图书馆馆员）、Л. А.
乌斯特鲁果夫（兼任司库）、К. М. 亚历山大洛夫和 Н. П. 阿福托诺莫夫

---

①　Отчёт о деятельности Маньчжурского Педагогического Общества за 1915 – 1916 уч.
Год. //Просветительное дело в Азиатской россии. 1916. №6 – 7. с. 463 – 464.

②　Протоколы Маньчжурского Педагогического Общества и его президиума. //
Просветительное дело в Азиатской россии. 1917. №1. с. 91; Автономов Н. П. Из жизни
последних лет Маньчжурского Педагогического Общества. //Вестник Маньчжурского
Педагогического Общества. 1922. №1. с. 13.

③　Автономов Н. П. Из жизни последних лет Маньчжурского Педагогического
Общества. //Вестник Маньчжурского Педагогического Общества. 1922. №1. с. 14 – 15.

（兼任秘书），候补委员为 П. М. 拉迪舍谢夫、В. Н. 鲍罗杜林、В. В. 付里阿乌夫，监察委员会成员为 А. А. 扎列茨基和 А. А. 伊万诺夫。满洲教育学会会员数量有近 150 人。[①]

满洲农业学会

如上文所述，满洲农业学会在成立之时，由于会员数量太少，只成立了临时理事会。两个月后，满洲农业学会会员数量达到了近 60 人，具备了学会章程中所规定的成立正式理事会的条件。1912 年 6 月 3 日，满洲农业学会召开了首次全体会员会议，选举产生了第一届正式理事会：主席——Г. А. 谢尔盖耶夫、副主席——А. К. 克拉比文茨基、司库——П. С. 多布罗沃里斯基、秘书——И. П. 奥兰德尔，理事会成员为 В. М. 涅克拉索夫、А. П. 斯维奇尼科夫、В. К. 宫戈、М. С. 巴尔斯基，候补委员为 И. Ф. 阿克尔曼、С. 斯科布林、М. 萨穆索诺维奇、И. И. 弗里德。[②] 1913 年 3 月 8 日，由于理事会候补委员的全部离开，满洲农业学会新增选了 В. В. 索尔达托夫、А. И. 莫斯托沃依、А. 科布什科、И. 巴甫洛夫斯基、С. 什维丁为理事会候补委员。[③] 1913 年 7 月 16 日，在满洲农业学会全体会员会议上，选举产生了新一届理事会：主席——Г. А. 谢尔盖耶夫、副主席——В. В. 索尔达托夫，理事会成员 П. С. 多布罗沃里斯基、В. К. 宫戈、И. П. 奥兰德尔、А. К. 克拉比文茨基、В. М. 涅克拉索夫、А. Г. 狄赫佳尔，候补委员为 И. И. 弗里德、Р. С. 安图舍维奇、А. А. 瓦尔巴霍夫斯基、Ф. М. 戈林琴科、А. И. 莫斯托沃依。[④] 到 1914 年 1 月 1 日，满洲农业学会理事会人员构成又发生变化：新增选了 Д. Л. 霍尔瓦特为名誉主席，В. В. 索尔达托夫为理事会主席，В. К. 宫戈为理事

① Автономов Н. П. Из жизни последних лет Маньчжурского Педагогического Общества. //Вестник Маньчжурского Педагогического Общества. 1922. №1. с. 16 – 17.

② К истории Маньчжурского Сельско – Хозяйственного Общества//Сельское хозяйство в Северной Маньчжурии. 1913, №1. с. 7.

③ К истории Маньчжурского Сельско – Хозяйственного Общества//Сельское хозяйство в Северной Маньчжурии. 1913, №1. с. 9.

④ Протокол Общего Собрания Маньчжурского Сельско – Хозяйственного Общества 16 июля 1913 г. //Сельское хозяйство в Северной Маньчжурии. 1913, №3. с. 2.

会副主席，秘书为 Р. С. 安图舍维奇，司库为 П. С. 多布罗沃里斯基，理事会成员为 В. М. 涅克拉索夫、И. П. 奥兰德尔、А. К. 克拉比文茨基、А. Г. 狄赫佳尔。从会员数量上看，满洲农业学会拥有会员 181 名，其中名誉会员 1 名、正式会员 169 名、合作会员 11 名。到 1915 年 1 月 1 日，会员数量达到了 290 名，其中名誉会员 8 名、正式会员 273 名、合作会员 9 名。① 到 1916 年 10 月，满洲农业学会理事会主席分别由 В. В. 索尔达托夫、М. К. 科克沙罗夫先后担任，副主席先后为 В. К. 宫戈、Б. А. 伊瓦什科维奇、М. И. 别里才尔、В. А. 狄斯杰尔洛，秘书为 Р. С. 安图舍维奇，副秘书为 Е. Г. 奥坡列乌辛娜，司库为 П. С. 多布罗沃里斯基、И. В. 齐德兹克，理事会成员为 В. М. 涅克拉索夫、Ф. А. 科尔布特、И. А. 巴甫洛夫斯基、А. Г. 狄赫佳尔、М. П. 诺索夫、М. И. 别里才尔、П. С. 多布罗沃里斯基、И. С. 巴德尔、И. А. 阿列克谢耶夫、Д. В. 乌斯科夫、И. П. 加瓦依斯基、Д. М. 雅斯特列波夫，候补委员为 А. Ф. 马列耶夫斯基、Н. К. 科特科维茨、К. П. 巴拉什科夫、Ю. П. 那齐耶夫斯基、И. С. 巴德尔、А. А. 瓦尔那霍夫斯基、В. И. 齐诺夫、Б. А. 伊瓦什科维奇、И. А. 阿列克谢耶夫、М. В. 彬格尔、А. К. 克拉比文茨基、Ю. П. 那齐耶夫斯基，监察委员会成员为 И. П. 奥兰德尔、С. Н. 布罗多维奇、Б. К. 马萨科夫斯基、П. Н. 斯莫里尼科夫。②

据俄侨学者麦利霍夫根据在哈尔滨出版的指南性资料《1925 年全哈尔滨》一书记载，笔者了解到，到 1924 年末，满洲农业学会理事会的构成情况为：主席为 Н. Л. 关达基，副主席为 Н. В. 戈鲁霍夫，司库为 М. Т. 别特鲁宁，秘书为 Д. А. 彼得罗夫，理事会成员为 Н. Я. 古腾科、И. Ф. 克柳科夫、А. М. 普里萨德茨基、А. А. 罗果夫、Г. М. 斯卡奇科夫、Б. В. 斯克沃尔佐夫、И. С. 沙赫来、И. С. 亚什申，监察委员会成员

---

① Отчёт о деятельности Маньчжурского Сельско - Хозяйственного Общества за 1914 год// Сельское хозяйство в Северной Маньчжурии. 1915, №3. с. 1, 2.

② Отчёт о деятельности Маньчжурского Сельско - Хозяйственного Общества за 1914 год// Сельское хозяйство в Северной Маньчжурии. 1915, №3. с. 2; Гордеев Е. Г., Бороддын И. П. ОтчётиМаньчжурского Сельско - Хозяйственного Общества по Харбинскому опытному полю за 1915 год. – Харбин, 1916. с. 55.

为 А. А. 布斯金、М. К. 高尔捷也夫、Н. Л. 索科洛夫。① 关于 1918 年后满洲农业学会会员数量的变化情况，由于资料限制，我们在本书中无法做出具体统计。

在满洲农业学会发展演进过程中，在其组织结构上设立了一个特别的机构。1915 年 1 月 15 日，俄国皇家农业养禽业学会满洲分会创办人会议在哈尔滨召开。会议选举产生了分会理事会：主席 В. В. 索尔达托夫，副主席兼司库 И. В. 齐志克，秘书 Р. Л. 安图舍维奇，理事会成员为 Ф. А. 科尔布特、В. А. 毕柳申科，候补委员为 И. П. 加瓦伊斯基、И. С. 亚克金、В. А. 什瓦尔茨。该分会设在满洲农业学会内。② 这是满洲农业学会在俄国业界产生非凡影响的重要标志。

东省文物研究会

按照学会章程规定，东省文物研究会会员全体代表大会是学会的最高领导机构，而由会员全体大会选举产生的干事会及其执行机构——干事部直接领导学会的一切工作。干事会由全体会员选举的正式干事与候补干事组成。干事会选出会长、副会长、书记员和会计员，直接处理学会的日常工作。在干事会领导下，可设立与学术有关的特别辅助性机构。为了监督学会干事会及学会所属的所有机构的现金和业务，会员全体代表大会从会员中选举由正式委员和候补委员组成的监察委员会。

1922 年 10 月 29 日，东省文物研究会召开了其章程被批准后的第一次会员全体代表大会。出席大会的会员有 105 名，是为学会首批正式会员。大会选举产生了东省文物研究会第一届干事会及监察委员会。李家鳌、А. И. 波革列别茨基、П. В. 什库尔金、П. Н. 梅尼希科夫、王景春、Э. Э. 阿涅尔特、Б. В. 斯克沃尔佐夫、А. С. 梅谢尔斯基、李绍庚、谢开、В. В. 加戈里斯特罗穆、Я. Р. 喀巴勒根、А. М. 扎里亚多夫、Т. В. 卜托夫、Я. Д. 福力接尔、М. Н. 拉夫罗夫为干事会干事，候补干事为

---

①　Весь Харбин на 1925 год. Адресная и справочная книга. – Харбин, 1925. с. 149.

②　Протокол учредительного Собрания Маньчжурского Отдела Императорского Российского Общества Сельско – Хозяйственного Птицеводства. 15 января 1915 года. // Сельское хозяйство в Северной Маньчжурии. 1915, №3. с. 25 – 26.

К. В. 格罗活夫斯基、В. В. 马尔郭依特、Н. В. 沃典斯基、王鸿杰。监察委员会委员由 Б. А. 舒力差、余埒、М. А. 克洛立、王鸿杰、Б. П. 雅科夫列夫组成，候补委员为 И. Е. 特列奇亚科夫、М. Н. 郭尔维赤和 Е. Е. 雅什诺夫。1922 年 11 月 1 日，东省文物研究会干事会举行了第一次会议，选举产生了干事部，成员为会长王景春、副会长 А. С. 梅谢尔斯基、李绍庚、会计员 А. И. 波革列别茨基、秘书谢开。① 与此同时，干事会也进一步确认了在东省文物研究会筹备期为开展学术研究而设立的各学股（实业、历史人种、地质及自然地理、自然、艺术、图书馆、编辑出版物）的重要意义，所以决议增补各学股股长为干事。

1924 年 2 月 15 日，东省文物研究会召开了第二次会员全体代表大会，选举产生了第二届干事会，改选 П. П. 克雷宁、张凤亭、Б. А. 坡贺瓦林司基、Н. В. 戈鲁霍夫、А. И. 罗郭日尼科夫为干事，取代退会的干事李家鳌、Э. Э. 阿聂尔特、谢开、В. В. 加戈里斯特罗穆、Я. Д. 福力接尔，候补干事为 В. В. 拉曼斯基、А. Г. 列别杰夫、А. И. 萨尔马诺夫、И. А. 巴宁、梅尔瓦尔特。干事部基本保持第一届组织构成，有所变化的是，秘书由 А. А. 拉齐科夫斯基担任，增加了 И. А. 米哈依洛夫、П. А. 巴甫洛夫、А. М. 巴拉诺夫为干事员。监察委员会委员为 В. З. 聂穆奇诺夫、М. Н. 郭尔维赤、М. А. 克洛立、М. Д. 格列波夫和 Е. Е. 雅什诺夫。后又补选新组建的各学股股长（发展当地文化股 Н. В. 鲍尔佐夫、饲养马及牧马场术股 Н. Л. 关达基、医学卫生学及兽医学股 П. А. 罗希洛夫、游行观察股 А. А. 拉齐科夫斯基、社会学股谢开）为干事，又因艺术学股、地质学股股长退会，补选新股长 Н. А. 喀西亚诺夫和 Э. Э. 阿涅尔特为干事。②

1925 年 1 月 25 日，东省文物研究会召开了第三次会员全体代表大会，选举产生了第三届干事会，Т. В. 卜托夫、А. М. 巴拉诺夫、Г. Н. 吉

---

① Краткий обзор о деятельности Общества Изучения Маньчжурского Края. //Известия Общества Изучения Маньчжурского Края. 1926, №3. с. 45–46.

② Комитет Общества//Известия Общества Изучения Маньчжурского Края. 1924, №5. с. 74；Общество Изучения Маньчжурского Края, его задачи, структура и деятельностью//Известия Общества Изучения Маньчжурского Края. 1926, №6. с. 8.

气、何守仁、А. С. 梅谢尔斯基、А. И. 诺维茨基、李绍庚、А. И. 波革列别茨基、刘泽荣、傅義年、А. М. 扎里亚多夫、Н. В. 戈鲁霍夫、П. Н. 梅尼希科夫、А. А. 拉齐科夫斯基、Я. Р. 喀巴勒根、П. А. 罗什洛夫、魏立功、邹尚友、А. Г. 列别杰夫、Б. И. 廓咨罗夫斯基、К. А. 菲里波维奇、М. Г. 格尔什阔夫、В. В. 拉曼斯基、Е. В. 达尼耶里、М. С. 邱宁、П. Алкс. 巴甫洛夫、Э. Э. 阿涅尔特、Т. П. 高尔捷也夫、П. В. 什库尔金、А. А. 鲍罗托夫、Б. В. 斯克沃尔佐夫、Н. А. 喀西亚诺夫、谢开 33 人当选干事，候补干事为 М. К. 高尔捷也夫、关洪毅、С. А. 叶里谢耶夫、П. А. 巴宁、杨世宸。监察委员会成员为 М. Д. 格列波夫、伊里春、В. З. 聂穆奇诺夫、А. М. 祁热夫斯基和 Е. Е. 雅什诺夫，候补委员为 Н. М. 格列伊诺夫和 А. С. 卢特试吞。干事部成员为会长何守仁，副会长、秘书和会计员人选未变，刘泽荣、傅義年、А. М. 扎里亚多夫、Н. В. 戈鲁霍夫为干事员。①

　　1926 年 4 月 11 日，东省文物研究会召开了第四次会员全体代表大会，选举产生了第四届干事会，А. С. 梅谢尔斯基、李绍庚、何守仁、夏仲毅、黄鸿墀、А. И. 波革列别茨基、傅義年、Т. В. 卜托夫、А. М. 杂俩多夫、Б. В. 费尔晴格尔特、Б. И. 廓咨罗夫斯基、К. А. 菲里波维奇、Е. Г. 利满诺夫、自然学股股长 П. Алкс. 巴甫洛夫、地质学及自然地理学股股长 Э. Э. 阿涅尔特、医学卫生学及兽医学股股长魏立功、游行观察股股长 А. А. 拉齐科夫斯基、历史人种学股股长 А. М. 巴拉诺夫、发展当地文化股股长 Е. В. 达尼耶里、实业股股长 Г. Н. 吉气、摄影学股股长 Ф. М. 罗作夫、博物馆（陈列馆）博物科主任 Т. П. 高尔捷也夫、人种学科主任 П. В. 什库尔金、印刷与档案科主任 М. С. 邱宁、北满植物园视察员 Б. В. 斯克沃尔佐夫、松花江水产生物学调查所视察员 А. А. 鲍罗托夫、编辑委员会主任 А. И. 诺维茨基、中东铁路管理局代表 П. Н. 梅尼希科夫与 Н. К. 费多谢耶夫、哈尔滨贸易公会主席 Я. Р. 喀巴勒根、中国商会会长张廷国、中东铁路运费标本陈列所主任 П. Е. 喀惟尔科夫等 36 人

---

① Личный состав Общества//Известия Общества Изучения Маньчжурского Края. 1926, №6. с. 68.

当选干事会干事，候补干事为 А. Г. 列别杰夫、吕泰、崔崇煦、崔书延、
Н. Е. 西里科维赤；监察委员会也进行了重新选举，伊里春（主席）、
Е. Е. 雅什诺夫（副主席）、М. Д. 格列波夫（秘书）、А. М. 祁热夫斯基
和杨世宸（委员）当选为委员，候补委员为 Н. М. 格列伊诺夫和 Д. С.
卢特试吞。5 月 19 日，新一届干事会召开会议，选举产生了新一届干事
部，分别是：会长何守仁，副会长李绍庚和 А. С. 梅谢尔斯基，秘书
А. А. 拉齐科夫斯基，会计员 А. И. 波革列别茨基，干事员傅羲年、Б. В.
斯克沃尔佐夫、刘泽荣和 А. М. 扎里亚多夫。①

　　1927 年 5—6 月份，东省文物研究会召开了其发展史上的最后一次会
员全体代表大会，选举产生最后一届干事会与监察委员会。张召堂、
А. С. 梅谢尔斯基、吕渭东、А. И. 波革列别茨基、李绍庚、А. А. 拉齐科
夫斯基、傅羲年、В. Я. 阿勃尔金、刘泽荣、Б. В. 费尔晴格尔特、张廷
国、吕荣寰、И. С. 郭尔申宁、黄鸿墀、К. А. 菲里波维奇、布利凯维赤、
考古学股股长 В. Я. 托尔马乔夫、博物馆（陈列所）自然科主任 М. К. 高
尔捷也夫、人种科主任 П. В. 什库尔金、当地出版物收藏科主任 М. С. 邱
宁、植物园主任 Б. В. 斯克沃尔佐夫、松花江水产生物调查所主任 А. А.
鲍罗托夫、编辑出版物委员会委员 А. И. 诺维茨基、中东铁路管理局代表
П. Н. 梅尼希科夫与 Н. К. 费多谢耶夫、哈尔滨贸易公会主席 Я. Р. 喀巴
勒根、中国商会会长穆慰堂、中东铁路运费标本陈列所主任 П. Е. 喀惟尔
科夫等 34 人当选为干事会干事，候补干事为叶博文、任玉山、吕泰、
А. В. 马拉库耶夫；监察委员会委员为伊里春（会长）、Е. Е. 雅什诺夫
（副主席）、М. Д. 格列波夫（秘书）、А. Г. 维试聂科夫斯基和王守先，
候补委员为 А. Г. 列别杰夫、Н. М. 格列伊诺夫和 Д. С. 卢特试吞。最后
一届干事部会长张召堂，副会长李绍庚和 А. С. 梅谢尔斯基，会计员
А. И. 坡格列别茨基，秘书 Б. В. 斯克沃尔佐夫、叶博文和 И. С. 郭尔申
宁，驻会干事员 А. А. 拉齐科夫斯基，干事员傅羲年、М. К. 高尔捷也

---

　　①　Отчёт о деятельности Общества Изучения Маньчжурского Края за 1926 год（4 – й год
существования）. – Харбин,1927. с. 1 – 2.

夫、张廷国、Б. В. 费尔晴格尔特、黄鸿犀与 К. А. 菲里波维奇。[①] 1927
年下半年，东省文物研究会干事会又补选新组建的东方学家股长 А. П.
希奥宁、农产学股股长 А. А. 米塔列夫斯基、当地法律研究股股长 Н. В.
乌斯特里亚洛夫为干事。

除上述学会的领导机构与人员构成外，东省文物研究会还设立了开
展学术研究与普及文化教育的辅助性机构，并指派专人负责各辅助性机
构的业务活动。从学会发展历程来看，东省文物研究会在 1922 年设立了
自然学股（1924 年下设松花江水产生物调查所、植物学试验场各一处，
1926 年分出动物学与植物学股）、地质学股（1926 年改组为地质学及自
然地理学股）、历史人种学股、实业股、艺术股（1926 年撤销）、编辑出
版物股（1925 年改造为编辑出版物委员会），在 1923 年设立了博物馆、
图书馆、发展当地文化股、医学卫生学及兽医学股、饲养马及牧马场股
（1926 年撤销）、旅行观察股，在 1924 年设立了社会学股、摄影学股、图
币调查会，在 1926 年设立了考古学股（从历史人种学股分离出来）、方
言研究股、当地法律研究股，在 1927 年设立了农产学股（分管原满洲农
业学会试验田）、养马学研究股、东方学家股。可以说，在在华俄侨学术
机构中，拥有十几个辅助性部门的学术机构，东省文物研究会是唯一
一个。

从学会会员数量与结构来看，东省文物研究会的会员数量整体上是
呈不断增长的趋势。会员分为正式会员、名誉会员、终身会员与合作会
员四种。1923 年为 330 名，1924 年为 333 名，1925 年为 460 名（其中名
誉会员 8 名，终身会员 20 名，含 11 名个人和 9 名团体会员，合作会员 52
名；按学科分布，正式会员中属于自然科学学科 79 名，历史人种学科 45
名，经济学科 177 名，艺术学科 33 名，其他学科 46 名），1926 年为 400
名（其中名誉会员 9 名，终身会员 21 名，含 9 名个人和 12 名团体会员；
按学科分布，正式会员中属于自然科学学科 98 名，历史人种学科 52 名，
经济学科 159 名，其他学科 61 名），1927 年为 432 名（其中名誉会员 9

---

① Состав Общества Изучения Маньчжурского Края//Известия Общества Изучения
Маньчжурского Края. 1928, №7. с. 119 – 120.

名，终身会员 24 名，含 15 名个人和 9 名团体会员），到 1928 年 5 月 28 日为 805 名。①

中东铁路中心医院医生协会

中东铁路中心医院医生协会在成立之时就成立了理事会作为协会的领导机构。据资料记载，中东铁路中心医院的高级医生 Т. И. 诺夫孔斯基、Н. М. 伊瓦辛科、Е. А. 别特尼科夫和中东铁路高级保健医生 П. А. 罗希洛夫先后担任中东铁路中心医院医生协会理事会主席。中东铁路中心医院的所有医生都是协会会员，此外，经理事会秘密投票也产生了一些非铁路医生会员。② 关于中东铁路中心医院医生协会会员的具体数量，由于缺少充分史料佐证无法知晓确切数字，但根据中东铁路中心医院医生数量，我们至少可以确定一个最低数字。两则史料分别记载了 1923 年中东铁路中心医院医生的数量，即 1923 年有 10 名医生③，1924 年初又补充了 4 名医生。④ 据此，我们可大致确定中东铁路中心医院医生协会在 1923 年拥有会员数量为 10 人以上、在 1924 年为 14 人以上。

上海俄国医学会

在 1922 年 6 月 10 日上海俄国医学会成立之日，选举产生了学会主席团，成员包括主席 А. В. 奥克斯、秘书里波罗夫斯基和司库罗森别尔格等 3 人。Г. А. 别尔曼医生被选举为学会第一个名誉会员。⑤ 从现有掌握的资

① А. Р. Общество Изучения Маньчжурского Края, его задачи, структура и деятельность// Известия Общества Изучения Маньчжурского Края. 1926, №6. с. 10；Личный состав Общества// Известия Общества Изучения Маньчжурского Края. 1926, №6. с. 68 – 74；Отчёт о деятельности Общества Изучения Маньчжурского Края за 1926 год（4 – й год существования）. - Харбин, 1927. с. 1；Акт ревизионной комиссии общества Изучения Маньчжурского Края//Известия Общества Изучения Маньчжурского Края. 1928, №7. с. 118；Состав Общества Изучения Маньчжурского Края//Известия Общества Изучения Маньчжурского Края. 1928, №7. с. 119 – 127.

② Ратманов П. Э. История врачебно – санитарной службы Китайской Восточной железной дороги（1897 – 1935 гг.）. - Хабаровск: ДВГМУ, 2009. с. 95 – 96.

③ Весь Харбин на 1923 год. Адресная и справочная книга. – Харбин, 1923. с. 110 – 111.

④ Весь Харбин на 1925 год. Адресная и справочная книга. – Харбин, 1925. с. 120.

⑤ Жиганов В. Д. Русские в Шанхае. – Шанхай, 1936. с. 115.

料看，上海俄国医学会应该产生过五届主席团，除 A. B. 奥克斯（1922—1926）外，A. Э. 巴里（1926—1928）、A. A. 希什洛（1928—1931）、泰尔列（1931—1941）和 H. Д. 莫尔恰诺夫（1942 年）先后担任学会主席团主席。[①] 至于上海俄国医学会会员的数量，根据 1936 年出版的《俄罗斯人在上海》一书记载，当时在上海从业的俄国医生不超过 50 人。[②] 当代俄罗斯文献记载，在 20 世纪 20 年代中叶上海有从业俄国医生 30 人。[③]据此，1925 年左右，上海俄国医学会的会员数量应该在 30 人左右；1936年的数量应该不高于 50 人这个数字。

"陆海军"俄国军事科学学会

在"陆海军"俄国军事科学学会成立大会上，成立学会的倡议者总参谋部上校 H. B. 高列斯利高夫被一致推举为学会主席。此刻，学会会员也就只有出席学会成立大会的 20 名创会者。随着学会的不断发展，1926年学会拥有数量极为可观的会员，达到 300 人。学会的名誉会员除俄国的军事学教授、陆军军官、学者外，还补充了大量其他国家军队中的军人。之后，由于学会的不稳定发展，学会会员数量时而有所增加，时而又大幅减少，总之从未恢复到 1926 年的水平。在学会活动后期，学会会员数量基本维持在几十人范围内，多数为会刊《陆海军》编辑部的撰稿者。这些会员中有一些知名人士、权威和学者，除俄国人外，还有英国、德国、意大利、日本、法国、中国和美国等国家人士。1930 年 5 月 5 日和 5月 13 日的学会全体会员大会上，依据学会章程，H. B. 高列斯利高夫被推举为学会终身主席。[④]

基督教青年会哈尔滨自然地理学研究会

基督教青年会哈尔滨自然地理学研究会的主席团与其他学术团体存

---

①　汪之成：《上海俄侨史》，上海三联书店 1993 年版，第 677 页。

②　Жиганов В. Д. Русские в Шанхае. – Шанхай, 1936. c. 115.

③　Ратманов П. Э. Вклад российских врачей в медицину китая（XX век）. : Диссертация...доктора медицинских наук: Москва, 2010. c. 216.

④　Жиганов В. Д. Русские в Шанхае. – Шанхай, 1936. c. 69.

在明显差异，其下不设董事会或理事会。据 1934 年出版的《基督教青年会哈尔滨自然地理学研究会年鉴》记载，基督教青年会哈尔滨自然地理学研究会首届主席团由主席——矿业工程师、地质学家 Э. Э. 阿涅尔特，副主席——Т. П. 高尔捷也夫，秘书——И. В. 科兹洛夫和 С. М. 别列日诺夫，司库——В. В. 包诺索夫，以及成员 И. А. 孔斯特组成。到 1933 年，基督教青年会哈尔滨自然地理学研究会主席团成员发生了一些微弱的变化，秘书由 В. П. 热尔纳科夫担任（从 1929 年 11 月 24 日起，由于秘书 С. М. 别列日诺夫的离开，В. П. 热尔纳科夫担任临时秘书；从 1930 年 2 月 25 日起，由于秘书 И. В. 科兹洛夫移居天津，选举 В. П. 热尔纳科夫担任专职秘书、А. А. 克斯汀为副秘书），司库由 А. А. 克斯汀担任（从 1929 年 11 月 7 日，В. П. 热尔纳科夫担任司库；从 1932 年 1 月 1 日起由 А. А. 克斯汀担任）。而其会员数量，1929 年为 31 名，其中正式会员 30 名、通讯会员 1 名；1930 年为 39 名，其中正式会员 38 名、通讯会员 1 名；1931 年为 46 名，其中正式会员 43 名、通讯会员 3 名；1932 年为 51 名，其中正式会员 46 名、通讯会员 5 名；1933 年共有 53 名，其中正式会员 48 名（包括 1931 年和 1932 年逝世的 3 名会员）、通讯会员 5 名（德国 2 人、法国 1 人、朝鲜 1 人、北京 1 人）。[1] 到 1940 年 1 月 1 日，基督教青年会哈尔滨自然地理学研究会主席团成员只发生了细微变化，И. Г. 巴拉诺夫代替了 И. А. 孔斯特成为主席团成员；尽管原有的一些会员离开，但由于新会员的入会，与 1933 年相比，正式会员数量没有发生变化（包括逝世的 2 名会员），但通讯会员在原有 5 人的基础上又增选了 5 人（美国 1 人、印度 1 人、德国 2 人、北京 1 人），新增选主席团主席 Э. Э. 阿涅尔特为研究会名誉会员。[2] 到 1944 年 1 月 1 日，基督教青年会哈尔滨自然地理学研究会主席团成员、名誉会员仍保持 1940 年的原样，正式会员数量也无变化，有所变化的是正式会员中的俄侨学者发生了一

---

[1] История возникновения клуба//Ежегодник клуба естествознания и географии ХСМЛ. 1934，№1. с. 3，4，27.

[2] Состав клуба естествознания и географии ХСМЛ на 1 января 1940 г.//Известия клуба естествознания и географии ХСМЛ. 1941，№1. с. 131.

些更替，已不再拥有一名通讯会员。^① 从所掌握的资料看，基督教青年会哈尔滨自然地理学研究会的附属内设机构只有一个，即图书馆。基督教青年会哈尔滨自然地理学研究会的活动形式是召开会员会议，包括例行会议和临时会议两种，讨论和安排研究会的各项活动。

布尔热瓦尔斯基研究会

关于布尔热瓦尔斯基研究会的组织结构和人员构成，目前尚无资料证实其早期情况。现在只有 1942 年的资料记载了 20 世纪 40 年代初布尔热瓦尔斯基研究会的组织结构和人员构成情况。到 1942 年 1 月 1 日，布尔热瓦尔斯基研究会领导机构组成如下：主席——考古学者 В. В. 包诺索夫，满洲分会主席——汉学家 Б. С. 斯莫拉，司库——В. С. 塔斯金，哈尔滨基地司库——Ю. Н. 格列波娃，满洲分会秘书——Л. М. 雅科夫列夫指导员，哈尔滨基地秘书——Л. И. 伊万诺娃，高级指导员——А. А. 克斯汀，指导员——С. Н. 杰普洛乌霍夫，副指导员——汉学家 В. С. 斯塔里科夫、О. А. 杰普洛乌霍娃、В. Ю. 纳茨耶夫斯基，童子军特别队副队长——В. В. 波波夫、秘书——А. 基森；满洲分会拥有会员 79 人（1941 年 1 月 1 日为 61 人），童子军特别队拥有队员 12 人（1941 年 1 月 1 日为 14 人），Э. Э. 阿涅尔特教授、Г. Г. 阿维纳里乌斯教授和动物学家 А. С. 卢卡什金 3 人被选为布尔热瓦尔斯基研究会名誉会员。^② 据哈巴罗夫斯克边疆区档案馆藏档案记载，Т. П. 高尔捷也夫和 И. Г. 巴拉诺夫两人也曾被选为布尔热瓦尔斯基研究会的名誉会员。^③

生物委员会

从前文记述中可看出，生物委员会在早期活动阶段组织机构极不完善。成立之年，会员只有 4 人，并且全部为创会会员。据记载，在未得

---

① Состав клуба естествознания и географии ХСМЛ на 1 января 1944 г.//Известия клуба естествознания и географии ХСМЛ. 1945, №1. с. 109.

② Справка о деятельности Национальной Организации Исследователей Пржевальцев// Сборник научных работ Пржевальцев. 1942, Харбин. с. 70, 72.

③ ГАХК. – Ф. Р. – 830. – Оп. 1. – Д. 114. – Л. 5.

到官方认可之前，生物委员会一直拥有极少的会员。1939 年，生物委员会新吸纳了 В. И. 库兹明和 Л. М. 雅科夫列夫两名会员。与此同时，生物委员会也积极完善自己的组织结构，出现了以主席 Б. В. 斯克沃尔佐夫和秘书 А. И. 巴拉诺夫两人为成员的第一届主席团。1940—1941 年冬，生物委员会又新吸纳了 В. С. 斯塔里科夫和 А. Г. 马里亚夫金两人为会员。①合法化后的生物委员会在组织机构建设上进一步完善，形成了正式主席团领导成员：主席——Б. В. 斯克沃尔佐夫、秘书——А. И. 巴拉诺夫、司库——А. Г. 马里亚夫金；主席团成员包括：В. И. 库兹明、Л. М. 雅科夫列夫、В. Н. 阿林、Т. П. 高尔捷也夫、А. А. 克斯汀、И. А. 穆辛、В. С. 斯塔里科夫。②

满洲俄侨事务局考古学、博物学与人科学研究青年会

在"地方志学家青年会"成立之时，也拥有了自己的第一批会员。据资料记载，И. К. 科瓦里楚克 - 科瓦里、К. А. 热烈兹尼亚科夫、А. А. 克斯汀和 М. И. 尼基汀、З. В. 楚卡耶娃、Е. А. 尤林、Н. В. 阿斯塔菲耶夫、К. С. 迪卡列娃、И. П. 萨瓦齐耶夫、Н. Н. 伊利因、Б. В. 王国栋和前辈 Т. П. 高尔捷也夫 12 人成为"地方志学家青年会"的首批会员。③他们奠定了满洲俄侨事务局考古学、博物学与人种学研究青年会的基础。满洲俄侨事务局考古学、博物学与人种学研究青年会正式成立后，也设立了完善的组织机构。与其他学会一样，满洲俄侨事务局考古学、博物学与人种学研究青年会也成立了理事会和监察委员会。据 1937 年 7 月 26 日的资料，满洲俄侨事务局考古学、博物学与人种学研究青年会理事会由主席——И. К. 科瓦里楚克 - 科瓦里、副主席——К. А. 热烈兹尼亚科夫、第一秘书——Л. А. 热烈兹尼亚科夫、第二秘书——Н. Н. 巴依科娃组成、司库——З. В. 楚卡耶娃、办公室主任——И. С. 马尔楚科娃组成。

---

① Баранов А. И. Историческая справка о возникновении и работе Биологической Комиссии//Известия Харбинского краеведческого музея. 1945, №1. с. 58.

② Баранов А. И. Историческая справка о возникновении и работе Биологической Комиссии//Известия Харбинского краеведческого музея. 1945, №1. с. 59.

③ История возникновения Секции А. Н. Э//Натуралист Маньчжурии. 1937, №2. с. 61.

监察委员会由主席——E. A. 尤林、秘书——Л. A. 热烈兹尼亚科娃、成员 И. C. 马尔楚科娃 3 人组成。此外，满洲俄侨事务局考古学、博物学与人种学研究青年会在内部设立了图书馆、博物馆、俄国研究部、地质学部、考古学部、动物学部、植物学部、民族学部等 9 个分支机构。到 1937 年 7 月 26 日，满洲俄侨事务局考古学、博物学与人种学研究青年会拥有会员 45 人，其中包括理事会成员 6 人、正式会员 13 人、候补会员 3 人、前辈 11 人、通讯会员 13 人。①

苏联侨民会哈尔滨自然科学与人类学爱好者学会

苏联侨民会哈尔滨自然科学与人类学爱好者学会的最高领导机构为理事会。1947 年 5 月 10 日之前，苏联侨民会哈尔滨自然科学与人类学爱好者学会选举产生了第一届理事会：主席——Б. В. 斯科沃尔佐夫、行政与经济秘书——В. И. 库兹明、学术秘书——A. И. 巴拉诺夫、司库与出版社社长——A. Г. 马里亚夫金、理事会成员——В. Н. 阿林。到 1947 年 5 月 10 日，苏联侨民会哈尔滨自然科学与人类学爱好者学会拥有会员数量 67 人。② 1947 年 5 月 10 日，苏联侨民会哈尔滨自然科学与人类学爱好者学会召开了会员全体代表会议，选举产生了新一届理事会：主席——Б. В. 斯克沃尔佐夫，副主席——A. Г. 马里亚夫金，司库——В. Н. 阿林，第一秘书——В. С. 斯塔里科夫，第二秘书——A. Ю. 邦涅维茨，理事会成员——И. Г. 巴拉诺夫、A. M. 斯米尔诺夫。后来，苏联侨民会哈尔滨自然科学与人类学爱好者学会又有略微调整，到 1949 年 6 月 1 日，A. И. 巴拉诺夫担任理事会第一秘书，В. С. 斯塔里科夫成为理事会成员，

---

① Два года работы Секции А. Н. Э//Натуралист Маньчжурии. 1937, №2. с. 62; Состав Секции А. Н. Э. к 26 июня 1937 г.//Натуралист Маньчжурии. 1937, №2. с. 65; Денежный отчёт Секции А. Н. Э. с момента возникновения по 1 – ое января 1937 года//Натуралист Маньчжурии. 1937, №2. с. 66.

② Баранов А. И. Отчёт о работе Харбинского общества естествоиспытателей и этнографов за период времени с 16 марта 1946 г. По 10 мая 1947 г.//Записки Харбинского общества естествоиспытателей и этнографов. 1947, №7. с. 33; Список членов Общества（Действительные и сотрудник）//Записки Харбинского общества естествоиспытателей и этнографов. 1947, №7. с. 36 – 37.

其余未有变化。苏联侨民会哈尔滨自然科学与人类学爱好者学会会员数量成倍增长，达到了 148 人，其中正式会员 129 人、合作会员 19 人。① 为了便于开展学术研究工作，苏联侨民会哈尔滨自然科学与人类学爱好者学会在不同年份又先后设置了植物学部（主席 Б. В. 斯克沃尔佐夫）、动物学部（主席 В. Н. 阿林）、历史民族学部（主席 И. Г. 巴拉诺夫）、农学部（主席 К. И. 杜日伊）、地质与自然地理学部（主席 А. М. 斯米尔诺夫）、养蜂学部（主席 Ф. А. 杨切诺克）、花卉栽培家部（主席 В. М. 齐科拉乌罗夫）。

在华俄侨高等学校是以培养人才为主的教育机构，不是纯学术机构，但其本身的科学研究功能使其又承载了学术机构的使命。因此，在华俄侨高等学校是一种特殊的学术机构。因在华俄侨高等学校有着其教育领域一套独特的组织结构，其本身与学术活动无关，在此不做具体介绍。本书仅就在华俄侨高等学校中与学术活动有关的内设部门或学术团体进行介绍。

除教学活动外，从事学术研究是哈尔滨法政大学的最主要活动。而教授委员会是哈尔滨法政大学进行学术活动的领导机构，具体负责哈尔滨法政大学的对外学术交流、发行学报、出版学术著作和举办学术报告等事宜。在哈尔滨法政大学办学的不同时期，由于教师构成不同哈尔滨法政大学教授委员会的组成人员也不同，但基本上由教授、副教授、编外副教授、讲师、助教和留校准备教授职务的教师等不同职称教师构成，主任由校长兼任。历史资料没有详细记载哈尔滨法政大学在不同时期的教授委员会成员构成。我们依据两则信息以窥一斑。据哈尔滨法政大学学报《法政学刊》第 3 期介绍，到 1925 年 3 月 1 日，哈尔滨法政大学教授委员会组成人员如下：主任为校长 В. А. 梁扎诺夫斯基；委员包括教授 Н. И. 米罗留勃夫、Н. В. 乌斯特里亚洛夫、Г. К. 金斯、Н. И. 尼基弗洛夫、В. В. 恩格里菲里德、В. В. 拉曼斯基，副教授 М. В. 阿布罗西莫夫，

---

① Перевыбор правления Харбинского общества естествоиспытателей и этнографов. // Записки Харбинского общества естествоиспытателей и этнографов. 1947, №7. с. 38；Отчёт о работе Харбинского общества естествоиспытателей и этнографов с 10/V – 1947 по 1/VI – 1949// Записки Харбинского общества естествоиспытателей и этнографов. 1950, №8. с. 59.

编外副教授 М. Э. 吉利切尔、В. И. 苏林、Н. А. 斯特列尔科夫、А. А. 雅古波夫、Ф. 魏迪柯、Н. В. 沃兹涅森斯基，讲师 И. Г. 巴拉诺夫、叶宗刚。[1] 据《哈尔滨法政大学学报（法政学刊）》第 11 期记载，到 1936 年 3 月 1 日，哈尔滨法政大学教授委员会组成人员如下：主任为校长 Н. И. 尼基弗洛夫；委员包括教授 Г. К. 金斯、В. В. 恩格里菲里德、К. И. 扎依采夫、Н. Е. 艾斯别洛夫，副教授 Г. А. 博格达诺夫、К. Г. 兹维列夫、С. Ф. 基秦、В. Я. 伊萨科维奇、К. В. 乌斯朋斯基、Л. Г. 乌里杨尼茨基，讲师张子碧、白雨泽，留校教师 Н. И. 普里谢朋科、М. Л. 沙皮罗、С. П. 多布罗沃里斯基、В. Г. 则依别尔李赫。[2] 此外，为了指导大学生的课外学术活动，哈尔滨法政大学教授委员会还专门成立了不同学科的大学生学术小组和学习班：从 1922 年开始设立，至 1927 年 9 月 1 日共成立了 5 个学术小组（Н. В. 乌斯特里亚洛夫主持的哲学小组、Н. И. 尼基弗洛夫主持的历史小组、Е. М. 车布尔科夫斯基主持的东方学小组、А. А. 雅古波夫主持的会计小组、Н. А. 谢特尼茨基主持的经济小组）和 6 个学习班（В. А. 梁扎诺夫斯基主持的民法学习班、А. А. 康木科夫主持的刑法学习班、М. В. 阿布罗西莫夫主持的金融法学习班、М. В. 阿布罗西莫夫主持的政治经济学学习班、Г. К. 金斯主持的罗马法学习班、Н. А. 谢特尼茨基主持的政治经济学联合学习班）。[3]

哈尔滨中俄工业大学校的另一个重要任务是"让它的科研人员在制定新的生产标准、确定详细的工艺流程和开展复杂的化学生产等方面给予工业帮助"。[4] 为此，哈尔滨中俄工业大学校非常重视科研工作。从俄

---

① Публичное заседание Совета профессоров юридического факультета и комитета по учреждению высшего учебного заседания в г. Харбине 1 марта 1925 г. // Известия юридического факультета. 1926, №3. с. 301.

② К XVI - летию юридического факультета // Известия юридического факультета. 1936, №11. с. 372.

③ Юридический факультет в г. Харбине (историческая справка) // Известия юридического факультета. 1925, №1. с. 211 – 212; Внелекционная работа юридического факультета // Известия юридического факультета. 1928, №5. с. 369 – 370.

④ Григорович Ю. О. Научно - исследовательская и методическая работа в ХПИ // Политехник. 1979, №10. с. 20.

罗斯学者的记载中我们得知，哈尔滨中俄工业大学校教授委员会是专门负责学校科研工作的机构。该机构成员由教研室主任、学术研究室主任和实验室主任组成。由此，我们确认，哈尔滨中俄工业大学校的科研工作是在教授委员会的领导下由设立的教研室、学术研究室和实验室三个学术单位来具体实施。由于缺少足够史料佐证，我们不能详细列举哈尔滨中俄工业大学校教授委员会及下设机构的人员构成。根据现有资料笔者获悉，从 1926 年起 Л. А. 乌斯特鲁果夫担任哈尔滨中俄工业学校教授委员会主任。在 1930 年初，哈尔滨中俄工业大学校共设有 21 个教研室：水力学教研室——主任 М. М. 沃尔科夫教授、Н. М. 奥布霍夫教授，建筑艺术教研室——主任 Ф. Ф. 伊里因教授，理论数学教研室——主任 С. Н. 彼得罗夫教授，材料力学教研室——主任 П. Н. 拉迪谢夫，结构静力学教研室——主任 С. А. 萨文，应用电工学教研室——主任 А. К. 波波夫教授，普通电工学教研室——主任 А. И. 德洛仁教授、Н. М. 奥布霍夫教授，应用工程学教研室——主任 Н. К. 巴弗努奇耶夫教授，蒸汽工程学教研室——主任 В. А. 别洛布罗德斯基教授，通信电工学教研室——主任 В. А. 库里亚布科 - 科列茨基教授，蒸汽锅炉教研室——主任 В. А. 别洛布罗德斯基教授，钢筋混凝土教研室——主任 В. А. 巴里教授，大地测量学教研室——主任 А. А. 谢尔科夫教授，热物理学教研室——主任 В. В. 鲍尔加尔斯基副教授、Н. И. 莫洛佐夫副教授，建筑学教研室——П. Ф. 费多罗夫斯基教授，无线电工学教研室——主任 А. И. 德洛仁教授，供水与排水系统教研室——主任 Ф. Ф. 伊里因教授、Н. С. 基斯里岑教授，桥梁教研室——主任 Ю. О. 戈里郭洛维奇教授，铁路设备、保养与经营教研室——主任 Л. А. 乌斯特鲁果夫教授，铁路勘探、设计与建造教研室——主任 П. Ф. 科兹洛夫斯基教授、С. В. 维尔霍夫斯基教授，化学教研室——主任 Г. А. 日托夫副教授；8 个实验室：混凝土与钢筋混凝土梁柱实验室——主任 П. Н. 拉迪谢夫，热能实验室——主任 В. А. 别洛布罗德斯基教授，电工学实验室——主任 А. К. 波波夫，水力学与发动机实验室——主任 М. М. 沃尔科夫教授，电信实验室——主任 В. А. 库里亚布科 - 科列茨基教授，金属工艺学实验室——主任基别里工程师，化学实验室（没有记载主任为何人）；3 个学术研究室：大地测量学学术研究室——主任 A. A. 谢尔科夫教授，热物理学学术研究室和电物理学学术研究室（没有记载主任为何人）。[1]

东方文言商业专科学校东方学学会

1928 年 10 月 28 日，在教师 A. И. 加里奇的倡议下，在校长 A. П. 希奥宁的支持下，联合了东方文言商业专科学校的一些教师、在读大学生和毕业生，成立了东方文言商业专科学校东方学学会。A. И. 加里奇是这个学会的负责人。[2] 这是在华俄侨学者成立第一个高等学校学会，也是唯一一个高等学校学会，亦是以面向大学生的唯一一个学术团体。学会成立的目的是让俄国青年东方学家研究关于东方的学术问题，培养自己适应未来的学术活动。[3]

为了科学组织学会的活动，学会选举产生了主席团。1931 年的学会主席团为：名誉主席——A. И. 加里奇、主席——A. 谢尔盖耶夫、副主席——A. 卡西亚纽克、秘书——3. 阿斯塔菲耶娃、司库——A. 马采顿斯基、图书馆馆长与博物馆馆长——B. A. 奥迪涅茨。到 1931 年，学会选举 A. Г. 杜杜卡洛夫、Г. И. 马克西莫夫、Г. И. 沃罗宁、П. И. 波郭热夫等人为名誉会员。[4] 到 1933 年 1 月，学会组织结构又发生了一些变化，设立了监察委员会。学会的负责人由 A. П. 甘基穆洛夫 - 库兹涅佐夫接任。学会主席团为：主席——B. A. 奥迪涅茨、副主席——A. A. 克斯汀、司库——B. И. 科拉斯诺鲁茨基、秘书——Ф. A. 科罗布科娃、博物馆馆长——P. И. 梅尼科夫、图书馆馆长——Г. И. 拉兹日涅夫。学会监察委

---

① Мелихов Г. В. Российская эмиграция в международных отношениях на Дальнем Востоке,1925 - 1932. - Москва:Викмо - М:Русский путь, 2007. с. 132,142 - 145;Калугни Н. П. Политехнический институт в Харбине(исторический обзор)//Политехник. 1979 ,№10. с. 8 - 10.

② Сергеев А. Отчёт о деятельности Кружка Востоковедения//На дальнем востоке. 1931 , №1 ,с. 5.

③ Павловская М. А. Харбинская ветвь российского востоковедения,начало XX в. 1945 г. : Дис. . . . кандидата исторических наук:Владивосток,1999. с. 253.

④ Сергеев А. Отчёт о деятельности Кружка Востоковедения//На дальнем востоке. 1931 , №1 ,с. 5.

员会主席——П. М. 戈罗莫夫。①据资料记载，到学会活动末期，Г. Г. 阿维纳里乌斯被选为学会名誉主席，А. А. 克斯汀为学会主席。②

为有计划地开展工作，学会又设立了东方部、经济部、地方志部和摄影部。前两个部主要从事远东国家历史、地理、民族和经济问题的研究，地方志部主要从事中国东北尤其是哈尔滨市日常生活的研究，摄影部主要从事收集东方学照片并编辑"东方学相册"。③ 学会大约活动到1940年。在其存在的十余年时间内，学会主要在举办学术报告、安排参观考察、创办图书馆与博物馆等方面开展活动。

中东铁路中央图书馆

在华俄侨图书馆自兴办以来主要承担着收藏图书、报刊和提供阅览的职能，较少关注学术研究。自中东铁路中央图书馆兴办后，在华俄侨图书馆也成为一支重要的学术力量。与在华俄侨高等学校一样，在华俄侨图书馆也是一种特殊的学术机构。本书就中东铁路中央图书馆与学术研究有关的部门进行重点介绍。

上文已述，中东铁路中央图书馆下设四个部门，其中包括书刊简介处。这是中东铁路中央图书馆专门设立的一个附有学术研究功能的附属机构。在中东铁路中央图书馆成立的目的与任务中，除文化功能外，中东铁路中央图书馆还兼具学术功能，不仅要满足当地学术力量对纸质学术文献的需求，还要积极参与文献的研究工作，服务于学术力量的该项需求。为此，中东铁路中央图书馆于1927年专门设置了书刊绍介处。书刊绍介处设主任和秘书职务。主任由哈尔滨法政大学东亚民族学与地理学教研室教授 Е. М. 车布尔科夫斯基兼任，秘书为 Л. П. 鲁什科夫斯卡娅。书刊绍介处的主要职责在如下四个方面：（1）根据图书出版目录和

---

① Кружок востоковедения при Институте Ориентальных и Коммерческих Наук// Ежегодник клуба естествознания и географии ХСМЛ. 1934 , №1. с. 245.

② Хисамутдинов А. А. Следующая остановка – Китай: Из истории русской эмиграции. – Владивосток, 2003. с. 103.

③ Сергеев А. Отчёт о деятельности Кружка Востоковедения//На дальнем востоке. 1931, №1, с. 5.

图书目录索引充实馆藏；（2）通过编撰出版物目录了解馆藏量；（3）满足铁路员工和私人的个人和集体需求；（4）编撰当地学者感兴趣的图书文献目录索引。[①]

中东铁路经济调查局

科研机构是除学术团体（学会）之外唯一而又真正的学术机构。本课题重点介绍在华俄侨成立的唯一一个科研机构——中东铁路经济调查局。据中东铁路经济调查局出版的《东省铁路统计年刊》记载，在中东铁路经济调查局存在的时间里，中东铁路经济调查局设主任一职，俄侨学者 И. А. 米哈伊洛夫、Г. Н. 吉气、М. Я. 米哈伊洛夫、Н. А. 谢特尼茨基先后担任俄方主任一职，中苏共管中东铁路后中国人伊里春、孙孝思先后担任中方主任一职。在中东铁路经济调查局里工作过为数不少的中俄籍职员，现在可查到的确切数字是 1926 年。该年中东铁路经济调查局有职员 59 人，其中正式 42 人、临时 13 人、日工 4 人。[②] 中东铁路经济调查局下设办公室、财产科、翻译科、出版科、期刊部和编辑部 6 个部门。[③] 现在尚无史料证明谁是上述各部门的负责人。在中东铁路经济调查局的职员中除了从事数据调查收集、资料翻译和图书、文章编辑等具体事务人员外（如 И. И. 巴甫洛夫、В. А. 科尔马佐夫、И. П. 沃依诺夫、В. Т. 拉斯金、А. В. 奥尔洛夫、И. А. 欧托德兰、Н. И. 柳比莫夫、М. Н. 叶尔硕夫，翻译 И. Ф. 拉索辛、Г. П. 雷克林），也工作着一些从事学术研究的著名俄侨学者，如经济问题专家 А. Я. 阿福多辛科夫、Н. А. 谢特尼茨基、В. И. 苏林、Н. И. 柳比莫夫、В. А. 科尔马佐夫、Е. Е. 雅什诺夫，政治和法律问题专家 В. В. 恩格里菲里德，历史和经济

① Киселева Г. Б. Русская библиотечная и библиографическая деятельность в Харбине,1897 – 1935 гг. :Дисердация. . . кандидата педагогических наук:Санкт – Петербург,1999. с. 79 – 80.

② Экономическое бюро КВЖД. Статистический ежегодник – . Харбин: КВЖД, 1924. с. 5; 1932. с. 8;1935. с. 6;东省铁路经济调查局编：《东省铁路统计年刊》,哈尔滨中国印刷局 1927 年版,第 14,35 页。

③ Экономическое бюро КВЖД. Справочник по Северной Маньчжурии и КВЖД. – Харбин:Издание Экономического Бюро КВжд,1927. с. 290.

问题专家 Г. Г. 阿维那里乌斯和文化问题专家 И. Г. 巴拉诺夫，等等。此外，还有一些哈尔滨俄侨学者与中东铁路经济调查局保持着合作关系，如金融问题专家 А. И. 波革列别茨基、农业问题专家和植物学家 Б. В. 斯克沃尔佐夫和法律问题专家 В. А. 梁扎诺夫斯基，等等。在中东铁路经济调查局的职员中，有高级职员与低级职员之分。高级职员主要从事全面性问题的研究，如农户、农业预算等；低级职员主要进行描述性的工作，如一个区域的经济地理概述等，但有时也做一些分析与预测工作。

第三节　俄侨学术机构的主要活动

在华俄侨学术机构从成立之日起，就积极开展与学术研究有关的各项活动，如举行学术报告或讲座、兴办图书馆和博物馆、发行学术期刊、出版统计年鉴、开展对外交流和从事专题学术研究，等等。发行学术期刊是在华俄侨学术机构最主要的活动之一。本书将在第三章中给予专题论述。本节中，我们依据大量原始资料和相关研究成果，将重点介绍俄侨学术机构的以下活动：

一　举行学术报告或讲座

举办学术报告或讲座是多数在华俄侨学术机构（主要以学术团体为主）的最经常的活动形式。它是在华俄侨学术机构成员之间交流、在华俄侨学术机构进行科普宣传最有效的方式。

在华俄侨学术机构举行学术报告或讲座[1]始于满洲俄国东方学家学会。据当代俄罗斯学者的统计结果，以及笔者根据满洲俄国东方学家学会 54 期会刊上所刊登的关于满洲俄国东方学家学会活动报告中记载内容的不完全统计，满洲俄国东方学家学会会员 Н. К. 诺维科夫于 1909 年 3 月 22 日在中东铁路哈尔滨商业学校做了一场关于"与远东社会政治状况相关的满洲俄国东方学家学会的任务"的公开讲座，不仅开启了满洲俄

---

[1]　在华俄侨学术机构举行了几千次学术报告或讲座，关于部分在华俄侨学术机构举行报告或讲座的具体日期、报告或讲座人与报告或讲座题目等详见附录。

国东方学家学会举办学术报告和科普讲座的历史，也掀开了在华俄侨学术机构以学术报告和讲座形式进行学术交流和科普宣传的历史。此后，在满洲俄国东方学家学会会员公开或闭门会议上和其他公共场所，Н. К. 诺维科夫、И. А. 多布罗洛夫斯基、А. П. 鲍洛班、И. И. 别杰林、В. А. 瓦西里耶夫、А. В. 司弼臣、А. В. 格列本希科夫、В. В. 诺尔曼、Н. П. 马佐金、Б. В. 弗洛泽、П. Н. 斯莫利尼科夫、Н. П. 施泰因菲尔德、М. А. 波路莫尔德维诺夫、И. К. 阿法那西耶夫、Г. А. 索福克罗夫、П. В. 什库尔金、П. Р. 别兹维尔希、Н. Н. 加拉因、Н. С. 谢尼科－布拉内、П. М. 格拉迪、П. Н. 梅尼希科夫、В. В. 索尔达托夫、П. К. 科兹洛夫、В. К. 阿尔谢尼耶夫、Б. В. 斯克沃尔佐夫、Ф. Ф. 达尼棱科、И. Н. 谢雷舍夫、И. Г. 巴拉诺夫、Н. Д. 米罗诺夫、Я. А. 杨科列维奇、Э. Э. 阿涅尔特、Г. Г. 阿维那里乌斯、И. И. 波波夫、В. В. 秋特柳莫夫、Н. Н. 科兹明、И. К. 费多罗夫、И. А. 波才鲁耶夫、别佐布拉佐夫、А. Л. 涅梅罗夫、Ф. И. 涅恰耶夫、С. Н. 乌索夫、А. 格拉西莫夫、В. И. 苏林、Н. Э. 斯朋格列尔、Е. 季托夫、Н. П. 阿福托诺莫夫46 名"满洲"俄国东方学家学会会员共举行了 88 场学术报告和 26 场专题讲座①。其中，1909—1912 年举办了 12 场学术报告；1913—1916 年 43 场（19 场学术报告、24 场专题讲座）；1917—1919 年 10 场（8 场学术报告、2 场专题讲座）；1920—1926 年 49 场学术报告。从报告或讲座主题看，关于远东国际关系问题的有 15 场，关于中国与俄国远东垦殖问题的有 8 场，关于中俄贸易问题的有 5 场，关于中国经济、历史、文化问题的有 31 场，关于日本经济、历史、文化问题的有 7 场，关于中国东北边疆问题的有 15 场，关于理论东方学问题的有 12 场，关于实践东方学问题的有 10 场，

---

① 需要特别指出的是，"满洲"俄国东方学家学会举办的学术报告或讲座的实际数量要超过114场，因为根据"满洲"俄国东方学家学会会刊（1909 年第 1 期）记载，1909 年"满洲"俄国东方学家学会会员 И. И. 别杰林在中东铁路职工图书馆阅览室举行了系列普及性讲座。（Веревкин И. Краткий очерк возникновения и деятельности Общества Русских Ориенталистов// Вестник Азии. 1909，№1. с. 277.）由于该期会刊没有明确记载这些普及性讲座的具体题目，所以笔者不能提供确切的讲座场次。

关于俄国远东问题的有 11 场。[①]

上述很多报告或讲座都在《亚细亚时报》上公开发表，部分又以单行本形式在哈尔滨公开出版。

从目前所见史料来看，无从得知满洲教育学会所举办的第一场学术报告的具体年月和日期。据满洲教育学会会刊《亚洲俄国的教育事业》1913 年第 1 期记载，1910—1912 年，满洲教育学会在其会员代表大会上共举办了 11 场学术报告，主题涉及教育理论、教法、学前教育、教育学著作评介等领域，共有 8 名学者做了主旨报告。[②] 1913 年 2、3、9 月，Н. В. 鲍尔佐夫、К. Д. 费多罗夫、С. И. 科扎克维奇、К. С. 菲阿尔科夫斯基、М. К. 科斯汀 5 位学者在满洲教育学会主席团成员全体会议上做了 5 场学术报告，涉及俄国学校发展史、自然科学的教育意义、学校中学生劳动的培养、学生的酗酒以及群众的教育无知等问题。[③] 同年，满洲教育学会还安排了 12 场科普讲座，其中 4 场属于应邀讲座、8 场属于公开讲座。1913 年春天，哈尔滨的图书馆与图书销售从业人员请求满洲教育学会主席 Н. В. 鲍尔佐夫为他们举办关于图书馆学与图书目录学领域的专场讲座，以了解这方面的专门知识和更好地开展工作。满洲教育学会主席团决议，1913 年夏天的每周日在中东铁路商业学校地理厅安排学者讲座，讲座人为满洲教育学会图书管理员 М. К. 科斯汀，每场讲座时间为 2 个小时。中东铁路管理局、И. Т. 谢罗科夫书店、铁路俱乐部图书馆、中东铁路学务处、中东铁路商业学校等部门 12—15 名工作人员聆听了讲座。1913 年 9 月 15 日，满洲教育学会主席团成员全体会议决议，举办关于孩子教育问题的公开讲座。为此，专门成立了由 М. К. 科斯汀、И. А. 库拉托夫、В. Л. 波郭丁 3 人组成的工作委员会。委员会成功举办

---

① Павловская М. А. Харбинская ветвь российского востоковедения, начало ХХ в. 1945 г. : Дис. . . . кандидата исторических наук : Владивосток. 1999. с. 276 – 277；Автономов Н. П. Общество русских ориенталистов(Ист. очерк) . //Вестник Азии, 1926. №53. с. 413 – 448.

② Петров Н. П. Маньчжурское Педагогическое Общество(история возникновения и очерк деятельности) //Просветительное дело в Азиатсткой россии. 1913. №1. с. 7 – 8.

③ Ольховой С. С. Отчёт о деятельности Маньчжурского Педагогического Общества за 1913 – 1914 уч. Год. //Просветительное дело в Азиатсткой россии. 1914. №3. с. 243 – 244.

了 4 个题目的 8 场讲座。4 个题目的每一场讲座首先在铁路俱乐部进行，次日在商务俱乐部重复进行。① 1914 年 8 月 15 日，满洲教育学会召开了新一届主席团成员会议，为了支援战争和使大众了解因战争引起的事件，决议安排有偿定期的关于战时俄国历史及与战争相关问题的讲座。9 月 11 日、18 日，М. К. 杜纳耶夫斯基、И. И. 科斯秋奇克两人分别作了与普鲁士霸权发展史相关的现代国际关系、绝妙的讽刺的讲座。② 在 1914—1915 年学年内召开的 8 次满洲教育学会主席团成员全体会议上，满洲教育学会安排会员 В. В. 索尔达托夫、Н. И. 彼得罗夫、С. И. 科扎克维奇、Н. П. 阿夫托诺莫夫、П. А. 罗希洛夫、И. А. 巴甫洛夫斯基、М. К. 科斯汀、Г. Д. 亚辛斯基、Н. В. 鲍尔佐夫、А. Н. 波鲁莫尔德维诺夫 10 人做了 11 场学术报告，内容涉及在中学教授经济地理的意义、戏剧与电影是审美教育的工具、当前世界战争对远东国家政治的影响、荷兰的国民教育、西欧与俄国学校卫生监督机构的设立、爱国主义与民族主义是当前战争的起因和学校教育的重点等多个题目。平均有 30 人聆听了每场报告。③ 在 1915—1916 年教学年内召开的 12 次满洲教育学会会员代表会议上，满洲教育学会安排会员 Н. П. 阿夫托诺莫夫、И. А. 巴甫洛夫斯基、М. К. 科斯汀、И. И. 科斯秋奇克、П. А. 罗希洛夫、Н. А. 斯特列尔科夫、С. А. 叶棱斯基、Н. В. 拉波金、В. М. 索罗莫诺夫、А. П. 法拉逢托夫、Т. П. 高尔捷也夫等人做了 19 场学术报告，其中 10 场是为纪念 Г. Н. 波塔宁、Л. Н. 托尔斯泰、В. 舍克斯比尔、К. Д. 乌申斯基、Д. И. 季霍米洛夫、Ф. Ф. 艾利斯曼、М. М. 科瓦廖夫斯基等人的诞辰或逝世而举办，其余的报告内容主要论及的是俄国西伯利亚与远东、哈尔滨和日本的教育问题。此外，1915 年 10 月 11 日和 11 月 8 日，满洲教育学会还在铁路俱乐部安排了 2 场免费科普讲座：Г. Е. 阿法纳西耶夫为中等学校

---

① Ольховой С. С. Отчёт о деятельности Маньчжурского Педагогического Общества за 1913 – 1914 уч. Год. //Просветительное дело в Азиатской россии. 1914. No3. с. 245 – 248.

② Отчёт о деятельности Маньчжурского Педагогического Общества за 1914 – 1915 уч. Год. //Просветительное дело в Азиатской россии. 1915. No7. с. 779 – 780.

③ Отчёт о деятельности Маньчжурского Педагогического Общества за 1914 – 1915 уч. Год. //Просветительное дело в Азиатской россии. 1915. No7. с. 760 – 763.

高年级学生做了《当前战争的原因》的报告，И. А. 巴甫洛夫斯基做了《Л. Н. 托尔斯泰作为作家》的纪念 Л. Н. 托尔斯泰逝世 5 周年的报告。[1] 在 1916—1917 年教学年，在满洲教育学会会员代表大会上，Д. А. 齐亚科夫、М. К. 科斯汀、Н. В. 鲍尔佐夫、Н. П. 阿夫托诺莫夫 4 人做了 4 场学术报告，内容涉及个人与专门教育、儿童游戏与娱乐、中学俄语教育和莫斯科中学语文教师全俄代表大会等领域。此外，本教学年满洲教育学会还在中东铁路总工厂图书馆阅览厅和其他地点安排了关于语文与文学、中国东北历史、合作社和卫生学等问题的专题讲座。[2] 在 1917—1918 年第一教学年（1918 年 2 月 10 日），Д. А. 齐亚科夫、М. К. 科斯汀、Н. А. 齐亚科夫在满洲教育学会会员代表大会上做了 3 场关于宗教教育的学术报告。在 1918—1919 年第一教学年（1919 年 1 月 11 日），И. А. 巴甫洛夫斯基在满洲教育学会会员代表大会上做了关于自己从事文化教育工作 30 年的专场学术报告。[3]

哈尔滨法政大学教授委员会成立的学术小组和学习班的主要活动就是安排教授和学生做学术报告，以学生的报告为主，教授给予指导。据哈尔滨法政大学学报《法政学刊》部分期次记载，Н. В. 乌斯特里亚洛夫主持的哲学小组在 1923 年举办了 9 场学术报告；1924 年春天 2 场；1925—1926 年教学年 4 场；1926—1927 年教学年 8 场；报告主题以近代俄国思想问题为主。到 1925 年，Н. И. 尼基弗洛夫主持的历史小组已有固定会员 30 人；到 1926 年达到了 60 人。历史小组的成员及被邀请的教授和大学生在 1924 年举办了 20 场学术报告，在 1925—1926 年教学年为 35 场，报告的主题基本上围绕俄国历史和俄国法律史及历史方法问题开展。В. А. 梁扎诺夫斯基主持的民法学习班在 1924—1925 教学年第一学期举办了 8 场学术报告，其中 4 场报告得到了集中讨论；1925—1926 年教

[1] Отчёт о деятельности Маньчжурского Педагогического Общества за 1915 – 1916 уч. Год.//Просветительное дело в Азиатсткой россии. 1916. №6 – 7. с. 464 – 466,489 – 490.

[2] Автономов Н. П. Из жизни последних лет Маньчжурского Педагогического Общества.//Вестник Маньчжурского Педагогического Общества. 1922. №1. с. 13.

[3] Автономов Н. П. Из жизни последних лет Маньчжурского Педагогического Общества.//Вестник Маньчжурского Педагогического Общества. 1922. №1. с. 15 – 16.

学年举行了 9 场以上的报告；1926—1927 年教学年为 6 场。在 1926—
1927 年教学年，H. A. 谢特尼茨基主持的经济小组举办了 5 场学术报告，
A. A. 康木科夫主持的刑法学习班举办了 3 场，M. B. 阿布罗西莫夫主持
的金融法学习班举办了 2 场、M. B. 阿布罗西莫夫主持的政治经济学学习
班举办了 15 场、Г. K. 金斯主持的罗马法学习班举办了 4 场、H. A. 谢特
尼茨基主持的政治经济学联合学习班举办了 2 场。在各学术小组和学习
班举办的学术报告会上，共有 80 余名师生做了主旨报告。①

　　据《俄罗斯人在上海》一书记载，自上海俄国医学会成立至 1936
年，上海俄国医学会组织医生在其会员大会上共宣读过关于医学领域的
130 场学术报告。② 限于资料问题，我们现在还没有找到这些报告的具体
报告人、报告题目和报告时间。

　　举办专题学术报告是东省文物研究会最主要的活动之一。东省文物研
究会各学股是通过召开各学股公开会议和联席会议形式举办学术报告的。
从 1923 年至 1928 年初，东省文物研究会各学股共召开各学股或联席公开会
议 385 次（可知各学股具体会议数为：1927 年考古学股 35 次、发展地方文
化股 12 次、实业股 16 次、地质学与自然地理学股 37 次）③，并在会上举办
学术报告 508 场，主讲报告人数达 150 人之多，报告学者绝大多数为俄侨学
者，极少数为受邀外国学者（含苏联学者），报告主题基本上都围绕各学股
在中国东北地区的考察与研究进行。其中，1922 年 2 场，历史人类学股 1
场、实业股 1 场；1923 年 31 场，自然学股 12 场、地质学与自然地理学股 2
场、实业股 11 场、历史人种学股 4 场、艺术学股 2 场；1924 年 75 场，自
然学股 47 场、地质学与自然地理学股 10 场、实业股 10 场、历史人种学股
8 场；1925 年 81 场，自然学股 48 场、地质学与自然地理学股 7 场、实业股

　　① Юридический факультет в г. Харбине(историческая справка)//Известия юридического
факультета. 1925，№1. с. 211 – 212；Публичное заседание Совета профессоров юридического
факультета и комитета по учреждению высшего учебного заседания в г. Харбине 1 марта 1925
г.//Известия юридического факультета. 1926，№3. с. 334 – 335；Внелекционная работа
юридического факультета//Известия юридического факультета. 1928，№5. с. 369 – 370.

　　② Жиганов В. Д. Русские в Шанхае. – Шанхай，1936. с. 115.

　　③ Рачковский А. А. Шесть лет//Известия Общества Изучения Маньчжурского Края，1928.
№7. с. 6.

24 场、历史人种学股 2 场；1926 年 99 场，听报告者超过了 2700 人，自然学股、地质学与自然地理学股 61 场，医学、兽医学及卫生学股 10 场，历史人种学股 10 场，实业股 18 场；1927 年至 1928 年初 220 场，听报告者超过了 6000 人，医学兽医及卫生学股 8 场、实业股 22 场、发展当地文化股 8 场、当地法律研究股 5 场、方言研究股 5 场、考古学股 79 场、历史人种学股 17 场、地质学与自然地理学股 22 场、动植物学股 54 场。①

　　1937 年前，布尔热瓦尔斯基研究会满洲分会也组织了少量学术报告。从 1937 年秋开始，布尔热瓦尔斯基研究会满洲分会每月（夏季除外）都安排一次专为举办学术报告的"茶话会"。"茶话会"的内容多以夏季考察时布尔热瓦尔斯基研究会满洲分会会员所做的观察与收集的信息的结果。到 1942 年 1 月 1 日，"茶话会"共安排了 25 次，宣读报告 47 场。其中，关于考古学与民族学的报告 22 场、关于自然科学的报告 9 场、关于综合性的报告 16 场。В. В. 包诺索夫、А. Г. 马里亚夫金、Б. С. 斯莫拉、В. С. 斯塔里科夫、К. А. 热烈兹尼亚科夫、Л. М. 雅科夫列夫、А. И. 巴拉诺夫、Т. П. 高尔捷也夫、Н. В. 戈鲁霍夫、В. Ф. 刘德、Б. В. 斯克沃尔佐夫、Н. А. 巴依科夫、А. А. 克斯汀、С. В. 格拉西莫夫 14 位俄侨学者是这些报告的报告人。②

　　到 1943 年，基督教青年会哈尔滨自然地理学研究会共举行了 794 场学术报告，主题涉及地质学、古生物学、土壤学、地理学、植物学、动物学、考古学、民族学等多个学科领域，共有 84 名学者做了主旨报告。旁听学术报告的人达 10319 名。多数学术报告都附带有各种图表、地理图、地质图、土壤图、植物标本、地质标本、考古标本、鸟类标本、照片、图片、幻灯片和电影胶片等。

---

　　① Список докладов，прочтанных в открытых заседаниях секций Общества Изучения Маньчжурского Края в 1923，1924 и 1925 годах//Известия Общества Изучения Маньчжурского Края，1926. No6. с. 74 - 79；Отчет о деятельности Общества Изучения Маньчжурского Края за 1926 год（4 - й год существования）. - Харбин，1927. с. 22 - 24；Рачковский А. А. Отчёт о деятельности Общества Изучения Маньчжурского Края за 1927 год//Известия Общества Изучения Маньчжурского Края，1928. No7. с. 89 - 93，102.

　　② Справка о деятельности Национальной Организации Исследователей Пржевальцев//Сборник научных работ Пржевальцев. 1942，Харбин. с. 69 - 72.

1929—1932 年期间，基督教青年会哈尔滨自然地理学研究会举行了
203 场学术报告，共有 40 名学者做了主旨报告，具体各年报告场次、旁
听人数和报告领域见表 2—4、表 2—5[1]：

表 2—4　　　　1929—1932 年基督教青年会哈尔滨自然地理学
研究会报告场次与旁听人数

报告（年）	场次（场）	旁听人数（人）
1929	35	389
1930	40	343
1931	60	781
1932	68	598
合计	203	2111

表 2—5　　　　1929—1932 年基督教青年会哈尔滨自然
地理学研究会报告领域与场次

报告领域	报告（年）	场次（场）
地质学、古生物学和土壤学	1929	4
	1930	5
	1931	12
	1932	4
	合计	25
地理学（通论和自然地理）	1929	5
	1930	5
	1931	6
	1932	8
	合计	24

---

① Отчёт за 4 года//Ежегодник клуба естествознания и географии ХСМЛ, 1934. №1. с. 3；
Список докладов, заслушанных на заседаниях клуба//Ежегодник клуба естествознания и
географии ХСМЛ, 1934. №1. с. 6 – 26.

报告领域	报告（年）	场次（场）
经济地理	1929	3
	1930	4
	1931	10
	1932	8
	合计	25
植物学（通论和实用植物）	1929	3
	1930	6
	1931	10
	1932	12
	合计	31
动物学	1929	3
	1930	6
	1931	11
	1932	15
	合计	35
考古学	1929	4
	1930	7
	1931	7
	1932	9
	合计	27
民族学	1929	5
	1930	1
	1931	2
	1932	3
	合计	11
综合性	1929	8
	1930	6
	1931	2
	1932	9
	合计	25

1933—1939 年期间，基督教青年会哈尔滨自然地理学研究会举行了 412 场学术报告，共有 52 名学者做了主旨报告，具体各年报告场次、旁听人数和报告领域见表 2—6、表 2—7①：

表 2—6　　　　　1933—1939 年基督教青年会哈尔滨自然地理学研究会报告场次与旁听人数

报告（年）	场次（场）	旁听人数（人）
1933	75	543
1934	75	834
1935	59	504
1936	64	690
1937	46	927
1938	45	795
1939	49	1057
合计	412	5351

表 2—7　　　　　1933—1939 年基督教青年会哈尔滨自然地理学研究会报告领域与场次

报告领域	报告（年）	场次（场）
地质学、古生物学和土壤学	1933	16
	1934	10
	1935	10
	1936	8
	1937	7
	1938	5
	1939	3
	合计	59

---

① Жернаков В. Н. Отчёт о деятельностиклуба естествознания и географии ХСМЛ за период с 1933 по 1940 гг. //Известия клуба естествознания и географии ХСМЛ. 1941 , №1. c. 112 ; Список докладов , заслушанных на заседаниях клуба//Известия клуба естествознания и географии ХСМЛ. 1941 , №1. c. 113 – 130.

报告领域	报告（年）	场次（场）
地理学（通论和自然地理）	1933	6
	1934	10
	1935	5
	1936	8
	1937	5
	1938	2
	1939	3
	合计	41
经济地理	1933	6
	1934	8
	1935	3
	1936	4
	1937	3
	1938	10
	1939	4
	合计	38
植物学（通论和实用植物）	1933	9
	1934	6
	1935	10
	1936	9
	1937	6
	1938	8
	1939	5
	合计	53
动物学	1933	16
	1934	19
	1935	13
	1936	16
	1937	10
	1938	4
	1939	13
	合计	91

续表

报告领域	报告（年）	场次（场）
考古学	1933	7
	1934	4
	1935	8
	1936	7
	1937	8
	1938	5
	1939	7
	合计	46
民族学	1933	4
	1934	7
	1935	5
	1936	1
	1937	1
	1938	2
	1939	4
	合计	24
综合性	1933	11
	1934	10
	1935	4
	1936	11
	1937	6
	1938	9
	1939	9
	合计	60

　　1940—1943 年期间，基督教青年会哈尔滨自然地理学研究会举行了 179 场学术报告，共有 30 名学者做了主旨报告，具体各年报告场次、旁听人数和报告领域见表 2—8、表 2—9①：

---

① Жернаков В. Н. Отчёт о деятельностиклуба естествознания и географии ХСМЛ за период с 1940 по 1943 гг.//Известия клуба естествознания и географии ХСМЛ. 1945,№1. с. 101；Доклады, заслушанные в Клубе Естествознания и Географии ХСМЛ//Известия клуба естествознания и географии ХСМЛ. 1945,№1. с. 102 – 108.

表2—8　　　　　　1940—1943年基督教青年会哈尔滨自然地理学
研究会报告场次与旁听人数

报告（年）	场次（场）	旁听人数（人）
1940	38	730
1941	48	902
1943	47	670
1943	46	555
合计	179	2857

表2—9　1940—1943年基督教青年会哈尔滨自然地理学研究会报告领域与场次

报告领域	报告（年）	场次（场）
地质学、古生物学和土壤学	1940	4
	1941	7
	1942	1
	1943	3
	合计	15
地理学（通论和自然地理）	1940	4
	1941	4
	1942	3
	1943	3
	合计	14
经济地理	1940	9
	1941	2
	1942	4
	1943	7
	合计	22
植物学（通论和实用植物）	1940	5
	1941	11
	1942	7
	1943	12
	合计	35

报告领域	报告（年）	场次（场）
动物学	1940	6
	1941	11
	1942	10
	1943	6
	合计	33
考古学	1940	1
	1941	1
	1942	3
	1943	2
	合计	7
民族学	1940	1
	1941	7
	1942	14
	1943	6
	合计	28
综合性	1940	8
	1941	5
	1942	5
	1943	7
	合计	25

在这近 800 场学术报告中，绝大多数的报告人都是俄侨学者，仅有极少数是受邀或自愿来华交流、考察的西方学者或在其他国家侨居的俄侨学者。

从学会产生起至 1937 年 11 月，满洲俄侨事务局考古学、博物学、人种学研究青年会组织 И. К. 科瓦里楚克 – 科瓦里、К. А. 热烈兹尼亚科夫、З. В. 楚卡耶娃、К. С. 迪卡列娃、И. П. 萨瓦齐耶夫、Т. П. 高尔捷也夫、Н. А. 巴依科夫、Н. П. 郭尔洛夫、С. М. 谢苗诺夫、В. И. 德久里、В. Я. 托尔马乔夫、М. Я. 沃尔科夫、И. С. 马尔楚科娃、Ю. С. 辛、Е. Ф. 科杰尔金娜、Р. К. 科瓦里楚克、Н. Н. 巴依科娃、В. А. 波别列日

尼克、O. K. 亚历山大洛娃、B. П. 阿布拉姆斯基、Б. В. 斯克沃尔佐夫、
B. M. 齐科拉乌罗夫等23名会员学者共举办了85场学术报告，其中1935
年14场、1936年55场、1937年16场。报告内容涉及地质学、考古学、
动物学和民族学等多个领域。①

　　哈尔滨东方文言商业专科学校东方学学会的主要工作在于召开定期
会议宣读东方学问题的报告。据资料记载，到1935年12月，学会组织会
员共宣读了90场关于远东的学术报告，参加学术报告的人数达2600多
人。② 我们根据1928—1931年学会会员所做的学术报告统计，在这四年
间学会会员共做了43场学术报告，与后四年间所作学术报告数几乎相
当。这说明学会的学术活动一直很活跃。在关于43场学术报告的资料中
可知，共有 A. П. 希奥宁、A. A. 克斯汀、Г. Г. 阿维那里乌斯、M. 卡尔
波娃、П. M. 戈罗莫夫、H. 特列特奇科夫、A. И. 加里奇、B. A. 奥迪涅
茨、B. B. 诺萨奇－诺斯科夫、A. 托尔斯杰涅夫、A. 别特赫尔、И. 谢加
尔、E. 卡拉什尼科夫、M. П. 郭洛瓦切夫、A. 瓦西列夫斯基、A. 卡西
亚钮克、A. 戈涅德恩科、H. 斯维尼因、E. X. 尼鲁斯、3. 阿斯塔菲耶
娃、Ф. 基列夫、B. T. 施申、A. 马采顿斯基、A. Г. 杜杜卡洛夫、Г. И.
马克西莫夫、Г. И. 沃罗宁、Г. 斯拉科夫斯基、Ф. Э. 布杰恩科、Л. 斯塔
罗科特里茨卡娅、A. И. 戈拉日丹采夫30位学者参与其中。报告题目涉
及远东国家或地区经济、政治、民族、宗教、历史、哲学等多个领域，
其中经济领域12个、政治领域7个、民族领域11个、宗教领域7个、历
史方面2个、哲学方面4个。③

　　生物委员会在冬季每月都召开两次会议。在会上，生物委员会都安
排会员做专题小报告，并展示各类学术资料和文献。从有限的资料可知，
在生物委员会存在的最后一年半时间内，生物委员会共安排了195场专题

　　① Список отчётов и докладов, прочтанных в Секции А. Н. Э. с момента возникновения 1 -
ое янв. 1937 г.//Натуралист Маньчжурии, 1937. №2. с. 62 – 64.

　　② Акантопанакс Молодые русские ориенталисты: Семь лет работы Кружка востоковедения
при восточном факультете Института св. Владимира в Харбине//Рубеж. 1935. №49. с. 15 – 16.

　　③ Сергеев А. Отчет о деятельности Кружка востоковедения//На Дальнем Востоке.
(Харбин). 1931. №1. с. 6 – 7.

报告（笔者——现在还查不到这些报告的具体题目、报告人、报告时间等）。每一场报告会，会员们或对所作出的结论进行讨论，或制订进一步研究所讨论问题的计划，或讨论与所讨论问题相关的其他问题。会员所作报告的题目极为广泛，涉及不仅是中国东北地区和毗邻国家的生物学，而且还有地质学、地理学、考古学、气象学、民族学和古生物学。由此，一个专事生物学领域活动的生物委员会事实上变成了具有综合地方志性质的学术团体。[①]

为了普及方志学问题和吸引对这项工作感兴趣的人，苏联侨民会哈尔滨自然科学与人类学爱好者学会召开公开会议，并举办了带有地方志题目的多场学术报告。在 1947 年 12 月 19 日至 1948 年 5 月 28 日、1948 年 11 月 12 日至 1949 年 6 月 1 日，苏联侨民会哈尔滨自然科学与人类学爱好者学会共召开了 96 次会议，举办了 254 场学术报告，其中植物学 61 场、动物学 16 场、地质与自然地理学 40 场、历史与民族学 15 场、养蜂学 30 场、农学 63 场、其他领域 29 场。所有学术报告都附有地图、图表、照片、标本、学术文献等内容。报告人有 Б. В. 斯克沃尔佐夫、А. И. 巴拉诺夫、Т. П. 高尔捷也夫、А. Г. 马里亚夫金、В. Н. 阿林、К. А. 热烈兹尼亚科夫、Б. П. 莫莫特、А. 热尔托诺果夫、Н. В. 季谢尔曼、П. А. 巴甫洛夫、В. В. 楚布里亚耶夫、В. С. 斯塔里科夫、А. Ю. 邦涅维茨、А. М. 斯米尔诺夫、А. Ф. 德鲁仁、Т. П. 马卡棱科、В. В. 秋戈柳莫夫、А. А. 科洛多诺夫、Г. А. 基里科夫、Е. А. 基里科娃、Н. В. 戈鲁霍夫、Ф. А. 菲列诺克、Л. П. 费多罗夫、Ф. А. 杨切诺克、И. П. 巴拉古罗夫、Н. М. 普里亚斯金、А. Д. 扎多丽娜、Ф. М. 安托诺夫－涅申、И. Е. 别科尔、М. М. 希加诺娃、А. Л. 卡南尼杨茨、П. И. 科维特科、Р. Э. 马祖尔、П. И. 巴拉诺夫斯基、С. Г. 拉塔、Л. Р. 齐德吉克、Г. Д. 别兹鲁奇科、А. М. 米罗尼奇、В. И. 伊万诺夫、Ф. М. 杜波维茨、А. М. 巴古丁、И. С. 巴甫里琴科、В. П. 巴别内舍夫、Н. Н. 普多兹金等 44 名俄侨学者。在召开的 96 次会议中，苏联侨民会哈尔滨自然科学与人类学爱好者

① Баранов А. И. Историческая справка о возникновении и работе Биологической Комиссии//Известия Харбинского краеведческого музея. 1945, №1. с. 59.

学会专门召开了 3 次特别会议，并举办了专场学术报告：（1）1948 年 3 月 31 日召开了关于中长铁路蜜蜂小站郊区新人工湖研究的专门会议；（2）1948 年 4 月 2 日召开了纪念乌苏里边区研究者 B. K. 阿尔谢尼耶夫的专门会议；（3）1948 年 12 月 23 日召开了关于虎火山的专门会议。①

二 举办展览

举办各类展览是一些在华俄侨学术机构的重要活动内容。它不仅可以充分展示在华俄侨学术机构的活动成果，而且也是其积极融入、服务社会的重要表现。这重点体现在东省文物研究会、基督教青年会哈尔滨自然地理学研究会、布尔热瓦尔斯基研究会和苏联侨民会哈尔滨自然科学与人类学爱好者学会的活动上。

在华俄侨学术史上，东省文物研究会是第一个举办展览的俄侨学术组织。如下文所述，为博物馆（陈列所）收集陈列品、吸收会员和普及知识，东省文物研究会举办了几次美术展和摄影展。

1924 年 3 月 7 日，东省文物研究会艺术学股为博物馆（陈列所）收集绘画、雕刻模型及手工实用艺术品，联合当地艺术家举办了第一次美术展览会。参加展览会的美术家达 25 人，著名者为老收藏家 H. A. 喀西亚诺夫、H. X. 索司金和 И. X. 索司金。展览会于 4 月 6 日闭幕，除免费参观者外，购买门票参观者超过千人。闭幕后，多数美术家声明，将其作品暂借于东省文物研究会。1924 年 11 月 15 日，东省文物研究会举办了第二次美术展览会，持续一个月。展览会上，新增了 22 位美术家的作品 120 件。会后，这些作品多数由美术家赠予东省文物研究会。

1925 年 11 月 7 日至 12 月 8 日，东省文物研究会又举办了第三次美术展览会，共有 160 件作品参展。前来参观之人数和售出之作品都较前两

① Отчёт о работе Харбинского общества естествоиспытателей и этнографов с 10/V – 1947 по 1/VI – 1949//Записки Харбинского общества естествоиспытателей и этнографов. 1950, №8. с. 60 – 61；Список докладов и собщений прочитанных за 1947 – 1949 г. на публичных заседаниях Х. О. Е. Э.//Записки Харбинского общества естествоиспытателей и этнографов. 1950, №8. с. 64 – 74.

次展览会格外增加。①

　　为确切了解当地摄影师之情况，以使其加入东省文物研究会，1924
年 4 月 29 日，东省文物研究会举办了摄影学展览会。参加展览会的摄影
师为 42 人，提供展览作品约 2000 件，其中属于美术部分的有 411 件、技
术部分有 327 件、学术部分有 1162 件。考其内容，展览作品并非仅展现
中国东北，并有中国蒙古、中国内地及俄国远东地区。参加展览会的摄
影师的 80% 居于哈尔滨。展览会组织者 П. Е. 阿发那谢夫还提议以
"1924 年前 85 年即有摄影艺术"为题组织优秀作品评奖，并评出最优者
4 名、优者 2 名、次优者 4 名。②

　　除了由自己在本会单独举办展览外，东省文物研究会还把展厅借给
他者举办展览。1927 年 4 月，在博物馆（陈列所）大厅举办了北京画家
杨立福的个人画展，1200 多人参观了画展，其中以中国人居多。1928 年
2 月，应中东铁路地亩处邀请，苏联农学家 И. И. 波尔菲洛夫举办了抗大
田作物与蔬菜瓜果类作物病虫害方法陈列品展览，大约 2000 人参观了展
览。展览期间，И. И. 波尔菲洛夫还举行了几场科普讲座。1928 年 4 月举
办了鲍列茨卡娅个人实用工艺画展，大约 1800 人参观了画展。③

　　1932 年 6 月 19—21 日，基督教青年会哈尔滨自然地理学研究会参加
了哈尔滨基督教青年会举办的展览，展出了地图、照片、植物标本、图
书和用于学术报告的插图等。④ 这是基督教青年会哈尔滨自然地理学研究
会举办的首场展览。

　　1934 年 4 月 12—14 日，基督教青年会哈尔滨自然地理学研究会举办
了第二场展览。在 3 天内，共有 333 人参观了展览，展出了 600 多种涵盖
地质学、古生物学、土壤学、植物学、动物学、昆虫学、考古学、民族

---

　　① А. Р. Общество Изучения Маньчжурского Края, его задачи, структура и деятельность//
Известия Общества Изучения Маньчжурского Края, 1926. №6. с. 14, 16.

　　② А. Р. Общество Изучения Маньчжурского Края, его задачи, структура и деятельность//
Известия Общества Изучения Маньчжурского Края, 1926. №6. с. 14 – 15.

　　③ Рачковский А. А. Отчёт о деятельности Общества Изучения Маньчжурского Края за
1927 год//Известия Общества Изучения Маньчжурского Края, 1928. №7. с. 103.

　　④ Отчёт за 4 года//Ежегодник клуба естествознания и географии ХСМЛ, 1934. №1.
с. 3 – 4.

学、遗传学、果树、养蜂业和经济地理等多领域的展品和100种基督教青年会哈尔滨自然地理学研究会会员的著述。[①] 1940年2月8—11日，基督教青年会哈尔滨自然地理学研究会举办了一场特殊的展览——圣彼得堡展，展出了圣彼得堡的图片、图纸、照片、明信片、规划、画册、图书、杂志、勋章等，共有378人参观了该次展览。1940年9月7—8日，基督教青年会哈尔滨自然地理学研究会举办了第一届秋季业余花卉展。16家参展商参展了570种花卉，760人参观了花卉展。[②] 1941年6月21—22日，该研究会举办了第二届秋季业余花卉展，展出了100多种花卉，其中以牡丹及其他种植与野生春季开花植物为主，共有366人参观展览。1941年9月6—7日，该研究会举办了第三届秋季业余花卉展，展出了大约400种展品，包括大丽花、唐菖蒲及其他种植与野生花卉。此外，当地的水果与蔬菜也在花卉展上一并亮相。两日内，共有878人参观了本届花卉展。1941年12月5—7日，基督教青年会哈尔滨自然地理学研究会举办了一场更为特殊的展览——以"俄国画家作品中的满洲自然"为主题的画展，展出了8位画家的47幅油画和水彩画，反映了黑龙江省横道河子、帽儿山、二道河子、玉泉、舍利屯、哈尔滨、松花江、扎兰屯、博克图等地的风土人情、自然风光。共有553人参观了画展。[③] 1942年9月5—6日，该研究会举办了第四届花卉、水果与蔬菜展。19家参展商参加了展览，展出了800多种展品，除大丽花、唐菖蒲及其他种植与野生花卉、当地水果与蔬菜外，也参展了药用植物。这次展览是基督教青年会哈尔滨自然地理学研究会举办展览以来规模最大的一次，仅参观人员就达到了1450人，创历史之最。1942年12月4—6日，该研究会举办了第二届画展，主题为"俄国画家作品中的满洲自然与日常生活"。这次展览共展出了8位画家的48幅油画、水彩画和红粉笔画，反映了黑龙江省横道河子、

① Жернаков В. Н. Отчёт о деятельностиклуба естествознания и географии ХСМЛ за период с 1933 по 1940 гг.//Известия клуба естествознания и географии ХСМЛ. 1941, №1. с. 111.

② Жернаков В. Н. Отчёт о деятельностиклуба естествознания и географии ХСМЛ за период с 1940 по 1943 гг.//Известия клуба естествознания и географии ХСМЛ. 1945, №1. с. 98.

③ Жернаков В. Н. Отчёт о деятельностиклуба естествознания и географии ХСМЛ за период с 1940 по 1943 гг.//Известия клуба естествознания и географии ХСМЛ. 1945, №1. с. 99.

帽儿山、二道河子、玉泉、哈尔滨、松花江、博克图等地的风土人情、自然风光。共有 795 人参观了画展。1943 年，基督教青年会哈尔滨自然地理学研究会除参加"哈尔滨盛大展览"（8 月 1 日—9 月 20 日）展出其全部出版物外，还独自举办了 2 场展览。9 月 6 日，基督教青年会哈尔滨自然地理学研究会举办了第五届秋季花卉、水果与蔬菜展。13 家参展商展出了大约 500 种展品，除大丽花、唐菖蒲及其他种植与野生花卉、当地水果与蔬菜、药用植物外，也参展了巨型睡莲。这次展览是继上届展览之后在参观人数上最多的一次，达 1457 人。12 月 3—5 日，基督教青年会哈尔滨自然地理学研究会举办了主题为"俄国画家作品中的满洲自然与民族"的第三届画展。该次展览展出了 8 位画家的 45 幅油画、水彩画、红粉笔画和色粉（笔）画，反映了黑龙江省横道河子、帽儿山、苇沙河、玉泉、舍利屯、哈尔滨、松花江、博克图等地的风土人情、自然风光。共有 615 人参观了画展。[①]

据资料记载，1944 年 4 月 30 日，布尔热瓦尔斯基研究会举行了庆祝创会 15 周年活动。在庆祝大会上，布尔热瓦尔斯基研究会特意举办了一场考古学与自然科学陈列品大型展览会，展出了 15 年内会员所收集的展品。[②]

为了在中国东北地区普及和提高我国农产品品种知识和水平，以及普及其他文化知识，苏联侨民会哈尔滨自然科学与人类学爱好者学会在哈尔滨举办了多次展览。据《哈尔滨自然科学与人类学爱好者学会丛刊》记载，1947 年 4 月 6—8 日，苏联侨民会哈尔滨自然科学与人类学爱好者学会农学部在中长铁路苗圃举办了第一届春季花卉展，展出了几千种不同种类的鲜花。这是苏联侨民会哈尔滨自然科学与人类学爱好者学会举办的第一次展览。5 月 29 日，苏联侨民会哈尔滨自然科学与人类学爱好者学会农学部举办了一次内部丁香花展。В. И. 谢达奇在自己的花园展出了他近几年收集的大量丁香花标本。6 月 12 日，苏联侨民

---

①　Жернаков В. Н. Отчёт о деятельностиклуба естествознания и географии ХСМЛ за период с 1940 по 1943 гг. // Известия клуба естествознания и географии ХСМЛ. 1945 , №1. с. 100 – 101.

②　Павловская М. А. Харбинская ветвь российского востоковедения , начало XX в. 1945 г. : Дис. . . . кандидата исторических наук : Владивосток. 1999. с. 162.

会哈尔滨自然科学与人类学爱好者学会农业部在 Д. M. 沃龙佐夫花园举
办了一次内部芍药花标本展，农业部的近 20 名会员参观了展览。6 月
15 日，苏联侨民会哈尔滨自然科学与人类学爱好者学会农学部还举办
了一次一日公开的芍药花展，展出了在哈尔滨种植的所有种类的芍药
花。有 600 多人参观了花展。另外，1947 年 5 月 9 日，在青年俱乐部
苏联侨民会哈尔滨自然科学与人类学爱好者学会举办了一次一日方志学
展览，展出了包括由 Б. M. 莫莫特收藏的中国硬币、青年动物学家
A. Б. 斯科沃尔佐夫加工过的本地鸟标本和春季开花植物标本等反映地
方特色的展品。①

　　1947 年 12 月末至 1948 年 6 月，苏联侨民会哈尔滨自然科学与人类
学爱好者学会农学部举办了 3 次花卉展：1947 年 12 月 28 日、1948 年 4
月 25 日，在中长铁路苗圃举办了两场多品种花卉展，分别有 50 人和 300
人前来参观；1948 年 6 月 13 日，在南岗苏联俱乐部举办了芍药花展，
250 人参观了花卉展。1948 年 4 月 25 日这天，农学部在中长铁路苗圃举
办了山羊幼崽展。1949 年 3 月 27 日，农学部在中长铁路苗圃办事处举办
了关于农业的苏联新书展。1949 年 5—6 月，苏联侨民会哈尔滨自然科学
与人类学爱好者学会花卉栽培家部举办了 4 次花卉展：5 月 22 日，在南
岗苏联俱乐部举办了公开的丁香花展，近百人参观了花展；6 月 19 日，
在南岗苏联俱乐部举办了公开的芍药花展，近 120 人参观了花展；6 月 3
日，在 Ф. M. 杜波维茨花园举办了一次内部芍药花展；6 月 5 日，在
E. П. 沃龙佐娃花园举办了第二次内部芍药花展。1949 年 1 月 13 日，苏
联侨民会哈尔滨自然科学与人类学爱好者学会养蜂学部在南岗苏联俱乐
部举办了养蜂学文献展览。1948 年，苏联侨民会哈尔滨自然科学与人类
学爱好者学会还举办了一次特别展览（以中国东北为题材）——当地艺
术家画展，展出了 И. M. 沃洛布林斯卡娅、В. И. 卡兹诺夫、3. C. 孔、
П. Л. 科谢夫斯基、M. M. 罗巴诺夫、M. K. 拉乌特曼、C. A. 斯杰巴诺

　　① Хроника//Записки Харбинского общества естествоиспытателей и этнографов. 1947, №7.
с. 37 – 39.

夫、Н. П. 托克马科夫等艺术家的画作，945 人参观了画展。[①]

三　安排考察、参观

安排在华俄侨学术机构会员或成员对所活动或所研究区域进行科学考察，或对中国的历史文化景观、文物古迹、重要机构等进行参观，是在华俄侨学术机构进行专题学术研究和深入了解、认识中国的历史文化、自然与风土人情和普及科学文化知识的最直接的方式。在华俄侨的多个学术机构都积极组织这一活动。

满洲教育学会在夏季时节经常组织学生参观、考察活动。该活动由其儿童游乐场来组织。据资料记载，1915 年夏天，满洲教育学会安排学生参观了满洲农业学会试验田、哈尔滨的手工艺品展览和玻璃厂，考察了中东铁路二层甸子站（今玉泉站）。[②] 从 1916 年 6 月 12 日起，满洲教育学会儿童游乐场组织了本年度的参观和考察活动。至 1916 年 7 月末，满洲教育学会儿童游乐场组织了 1654 名孩子分 7 次考察了中东铁路二层甸子站、两次 140 人参加的成高子遗址考察和一次 60 名大孩子参加的一面坡车站考察。除了这些远距离的参观、考察外，满洲教育学会儿童游乐场还在哈尔滨市就近组织了 40 次参观、考察，包括埠头区的玻璃厂、郊区的砖厂、墓地等。[③]

安排考察与参观是东省文物研究会为博物馆（陈列所）采集标本、进行对外交流、开展学术研究、普及知识和补充办会经费的重要工作。据资料统计，在学会存在期间，东省文物研究会各学股在中东铁路沿线地区共安排了 190 次考察、参观。[④] 根据确切资料记载，1926 年，动物学

---

①　Отчёт о работе Харбинского общества естествоиспытателей и этнографов с 10/V – 1947 по 1/VI – 1949//Записки Харбинского общества естествоиспытателей и этнографов. 1950, №8. с. 61 – 63.

②　Отчёт о деятельности Маньчжурского Педагогического Общества за 1914 – 1915 уч. Год.//Просветительное дело в Азиатской россии. 1915. №7. с. 796 – 798.

③　Отчёт о деятельности Маньчжурского Педагогического Общества за 1915 – 1916 уч. Год.//Просветительное дело в Азиатской россии. 1916. №6 – 7. с. 481 – 483.

④　Рачковский А. А. Шесть лет//Известия Общества Изучения Маньчжурского Края, 1928. №7. с. 6.

股组织了 13 次考察、植物学股 19 次、地质学与自然地理学股 7 次、历史
人种学股 3 次；1927 年至 1928 年初，地质学与自然地理学股 6 次、植物
学股 7 次、动物学股 5 次、历史人种学股 2 次、考古学股 20 次。[①] 1926
年，东省文物研究会还组织了三次大众参观性质的考察：（1）在 Б. В. 司
克沃尔磋夫带领下去庙台子站参观湖上生长的巨大睡莲；（2）在 П. В.
什库尔根带领下参观新寺庙；（3）在 А. П. 德米特里耶夫带领下参观了
满洲第一亚麻装饰厂。[②]

东省文物研究会博物馆、植物学试验场和试验田等部门也接待了各
机构职员、工人、学生及私人前来参观。1924—1925 年，来东省文物研
究会博物馆参观者有 10545 人，其中学生 7883 人。[③] 1926 年，来东省文
物研究会博物馆参观者超过了 7000 人，其中本地学生 4247 人、各类机构
的成人和职员 1918 人；本地购票参观者 324 人。外埠购票参观者 540 人。
参观东省文物研究会植物学试验场者约 2000 人。[④] 1927 年至 1928 年初，
来东省文物研究会博物馆参观者达 12250 人，其中成人 6300 人、学生
5950 人，2930 人来自中东铁路沿线，2120 人来自于奉天、天津、北京、
大连、汉城、符拉迪沃斯托克、东京等城市。参观东省文物研究会植物
学试验场与试验田者超过 3000 人。在参观东省文物研究会博物馆、植物
学试验场和试验田的 15000 名参观者中，9580 名参观者是免费参观的。[⑤]
在参观东省文物研究会博物馆时，各类机构的职员、学生、工人都是有
组织地参观的，免除门票费。

---

① Отчет о деятельности Общества Изучения Маньчжурского Края за 1926 год (4 – й год существования). – Харбин, 1927. с. 6 – 8; Рачковский А. А. Отчёт о деятельности Общества Изучения Маньчжурского Края за 1927 год//Известия Общества Изучения Маньчжурского Края, 1928. №7. с. 81 – 87.

② Отчет о деятельности Общества Изучения Маньчжурского Края за 1926 год (4 – й год существования). – Харбин, 1927. с. 12.

③ А. Р. Общество Изучения Маньчжурского Края, его задачи, структура и деятельность// Известия Общества Изучения Маньчжурского Края, 1926. №6. с. 39.

④ Отчет о деятельности Общества Изучения Маньчжурского Края за 1926 год (4 – й год существования). – Харбин, 1927. с. 12.

⑤ Рачковский А. А. Отчёт о деятельности Общества Изучения Маньчжурского Края за 1927 год//Известия Общества Изучения Маньчжурского Края, 1928. №7. с. 102 – 103.

从 1929 年至 1943 年，基督教青年会哈尔滨自然地理学研究会共进行了 23 次科学考察或参观。在其活动的第一个阶段，基督教青年会哈尔滨自然地理学研究会只安排了两次会员集体参观。其中，1929 年 7 月 14 日到哈尔滨的极乐寺和孔庙参观，1931 年 7 月 18 日到东省特区文物研究所植物园参观。[①] 在其活动的第二个阶段，基督教青年会哈尔滨自然地理学研究会组织了 14 次科学考察或参观。其中，1936 年组织了 7 次在哈尔滨近郊的科普考察，具体包括：5 月 24 日由 И. Г. 巴拉诺夫和 Т. П. 高尔捷也夫带队的 18 人考察团在阿城车站进行了植物民族考察，5 月 31 日和 6 月 1 日由 Т. П. 高尔捷也夫与 А. М. 斯米尔诺夫带队的 6 人考察团在松花江站和陶赖昭站进行了植物地理考察，6 月 28 日由 Г. Г. 阿维那里乌斯带队的 12 人考察团在双城堡进行了民族民俗考察，7 月 5 日由 Т. П. 高尔捷也夫带队的 14 人考察团在佐托夫河支流地区进行了植物考察，9 月 13 日由 И. Г. 巴拉诺夫和 В. Н. 热尔纳科夫带队的 18 人考察团在呼兰城进行了民族民俗考察，10 月 4 日由 Т. П. 高尔捷也夫与 А. М. 斯米尔诺夫带队的 9 人考察团在玉泉站进行植物地理考察，10 月 25 日由 И. Г. 巴拉诺夫带队的 20 人考察团在傅家甸进行了民族民俗考察。[②] 1937 年，基督教青年会哈尔滨自然地理学研究会组织安排了两次"大哈尔滨"系列参观：5 月 30 日由 И. Г. 巴拉诺夫带队的 29 人参观团对哈尔滨极乐寺和孔庙进行了参观，10 月 17 日由 В. В. 包诺索夫带队的 11 人参观团在顾乡屯参观了大陆科学院哈尔滨分院所进行的古生物考古发掘工作。[③] 1938 年，基督教青年会哈尔滨自然地理学研究会安排了 4 次考察和参观：2 月 27 日由 И. Г. 巴拉诺夫和 В. Н. 热尔纳科夫带队的 52 人参观团参观了傅家甸"新舞台"戏院，5 月 29 日由 В. В. 包诺索夫带队的 19 人考察团在黄山进行了考古考察，7 月 24 日由 Т. П. 高尔捷也夫带队的 12 人考察团在舍利屯站进行了土壤植物考察，9 月 18 日组织 5 人参观了驻军区城市植

---

① Отчёт за 4 года//Ежегодник клуба естествознания и географии ХСМЛ,1934. №1. с. 3.

② Жернаков В. Н. Отчёт о деятельностиклуба естествознания и географии ХСМЛ за период с 1933 по 1940 гг.//Известия клуба естествознания и географии ХСМЛ. 1941,№1. с. 109.

③ Жернаков В. Н. Отчёт о деятельностиклуба естествознания и географии ХСМЛ за период с 1933 по 1940 гг.//Известия клуба естествознания и географии ХСМЛ. 1941,№1. с. 110.

物园。① 1939 年 4 月 11 日，基督教青年会哈尔滨自然地理学研究会组织安排了由 B. H. 热尔纳科夫带队的 4 人考察团在天理村对日本侨民生活进行了考察。② 在其活动的第三阶段，基督教青年会哈尔滨自然地理学研究会组织安排了 7 次考察和参观。其中，1940 年、1941 年、1943 年各一次：1940 年 6 月 23 日基督教青年会哈尔滨自然地理学研究会组织 11 人参观了滨州铁路姜家站俄国铁路员工农业合作社，1941 年 3 月 16 日由 B. H. 热尔那科夫和 B. B. 包诺索夫带队的 31 人参观团参观了大陆科学院哈尔滨分院博物馆，1943 年 9 月 5 日由 T. П. 高尔捷也夫带队的 17 人考察团在庙台子站进行了植物考察；1942 年 4 次：5 月 10 日由 И. Г. 巴拉诺夫带队的 13 人参观团在中国墓地参观了佛塔，7 月 28 日安排 9 人参观了松花江另一侧沃龙措夫小村庄，8 月 9 日由 T. П. 高尔捷也夫带队的 16 人考察团在成高子站进行了土壤植物考察，11 月 1 日由 B. B. 包诺索夫带队的 12 人参观团在傅家甸参观了傅家甸道观。③

安排会员考察是布尔热瓦尔斯基研究会满洲分会的重要活动之一。据资料记载，从 1929 年至 1941 年 1 月 1 日，布尔热瓦尔斯基研究会满洲分会主要在黑龙江省、吉林省和内蒙古的中东铁路沿线地区共完成了大约 300 次关于民族学、考古学和自然科学的考察。所有这些考察的结果在 9 次总结年度展览会和 1 次纪念布尔热瓦尔斯基研究会成立 10 周年大会上展示，其中一些在布尔热瓦尔斯基研究会 "茶话会" 上以学术报告的形式宣读。在 1941 年内，布尔热瓦尔斯基研究会在中东铁路舍利屯站、苇沙河站、郭尔罗斯旗、兴安索伦等地进行了 13 次民族学与考古学等领域的考察。④

1929 年 7 月 11 日，哈尔滨东方文言商业专科学校东方学学会安排会

① Жернаков В. Н. Отчёт о деятельностиклуба естествознания и географии ХСМЛ за период с 1933 по 1940 гг.//Известия клуба естествознания и географии ХСМЛ. 1941, №1. с. 110 – 111.

② Жернаков В. Н. Отчёт о деятельностиклуба естествознания и географии ХСМЛ за период с 1933 по 1940 гг.//Известия клуба естествознания и географии ХСМЛ. 1941, №1. с. 112.

③ Жернаков В. Н. Отчёт о деятельностиклуба естествознания и географии ХСМЛ за период с 1940 по 1943 гг.//Известия клуба естествознания и географии ХСМЛ. 1945, №1. с. 98 – 110.

④ Справка о деятельности Национальной Организации Исследователей Пржевальцев// Сборник научных работ Пржевальцев. 1942, Харбин. с. 69, 72.

员以及学校的一些大学生到中东铁路阿什河站参观考察。这是学会安排的首次参观考察活动。该次参观考察由考古学者 B. Я. 托尔马乔夫带队，考察参观了古代白城遗址和古老的中国庙宇。1930 年 5 月，为了深入了解市民的日常生活和城市的工商业，由 Г. Г. 阿维纳里乌斯带队参观考察了傅家甸。类似的参观考察活动还很多，如东省特区文物研究会博物馆、日本贸易陈列馆和中东铁路价目展览馆等。① 由于缺少资料佐证，我们暂时还无法了解到学会在后期所组织的大量参观考察活动。

满洲俄侨事务局考古学、博物学与人种学研究青年会在两年时间内主要在哈尔滨市（有时在距离哈尔滨市半径 20—30 公里内）进行了 41 次考察。唯一例外的一次是，派遣会员在热河省、奉天、安东省、吉林、新京、宾县和牡丹江等地进行考察。② 这些考察的结果在满洲俄侨事务局考古学、博物学、人种学研究青年会被会员以报告的形式介绍。

安排会员考察是生物委员会夏季工作的最主要活动。考察的题目总是与会员拟要开展的冬季研究密切相关。正如生物委员会秘书 A. И. 巴拉诺夫所言，"考察的目的是直接研究自然界的有效途径和为实验室研究收集材料"。③ 从目前所有关于生物委员会活动史的资料看，尚无记载其安排会员考察的地点、次数、具体人员等内容，但从上文所介绍的在生物委员会存在最后一年半内由会员所做的 195 场专题小报告可知，生物委员会安排会员考察的次数应该是可观的。

为了收集实际材料和标本，苏联侨民会哈尔滨自然科学与人类学爱好者学会不仅在哈尔滨市郊，而且还在整个中国东北地区组织了多次考察。从现有所掌握资料看，无资料记载苏联侨民会哈尔滨自然科学与人类学爱好者学会确切的具体考察次数。但《哈尔滨自然科学与人类学爱好者学会丛刊》提供了一些具体数据。从 1947 年 12 月末至 1949 年 6 月，苏联侨民会哈尔滨自然科学与人类学爱好者学会地质与自然地理学部组

---

① Сергеев А. Отчет о деятельности Кружка востоковедения//На Дальнем Востоке. (Харбин). 1931. №1. с.7.

② Два года работы Секции А. Н. Э//Натуралист Маньчжурии. 1937, №2. с.62.

③ Баранов А. И. Историческая справка о возникновении и работе Биологической Комиссии//Известия Харбинского краеведческого музея. 1945, №1. с.59.

织了1次集体考察、历史民族学部组织了9次集体考察、养蜂学部组织了
4次考察（1949年3月1日哈尔滨博物馆、1949年6月12日中长铁路合
作社养蜂场和 И. Т. 科尔米里箐养蜂场、1949年6月26日程小站罗兹诺
西科夫养蜂场、1949年7月10日卡南杨茨养蜂场）、农学部组织了3次
考察（哈尔滨中长铁路苗圃内的暖窖和温室）。其中，苏联侨民会哈尔滨
自然科学与人类学爱好者学会组织了两次特别的考察。1948年6月29日
至7月6日，苏联侨民会哈尔滨自然科学与人类学爱好者学会在中长铁路
东线牙布洛尼站郊区组织了虎火山研究考察。这是苏联侨民会哈尔滨自
然科学与人类学爱好者学会组织的对中国东北秃峰进行研究的第一次考
察。考察队由 А. И. 巴拉诺夫、А. Г. 马里亚夫金、Г. С. 森杜里斯基、
Б. В. 斯克沃尔佐夫、В. В. 楚布里亚耶夫5人组成。考察队进行了自然地
理、植物和昆虫等领域的调查。1948年9月，苏联侨民会哈尔滨自然科
学与人类学爱好者学会对松江省帽儿山县新人工湖进行了考察研究。该
人工湖因1942年修筑堤坝而形成，长约6公里，宽约2公里。А. Г. 马里
亚夫金、А. Ю. 帮涅维茨、Б. В. 斯克沃尔佐夫3人参加了考察。①

四　从事专题学术研究

　　从事专题学术研究是每一个在华俄侨学术机构都集中专注的工作。
它们的研究成果大半都发表在其创办的学术期刊上。本书将在第一、三
章中重点介绍学术期刊及其刊发的学术成果，在本章中以数字统计方式
分析俄侨学术机构所出版的专题学术著作情况。因为在第一章中许多重
要论著都已介绍过，所以在本章中不做展开论述。在这项工作中，满洲
俄国东方学家学会、东省文物研究会、中东铁路经济调查局、哈尔滨法
政大学、哈尔滨东方文言商业专科学校、中东铁路中央图书馆、生物委
员会等多个学术机构都参与其中。

　　满洲俄国东方学家学会对远东国家进行专门研究，其会员的成果主

---

　　①　Отчёт о работе Харбинского общества естествоиспытателей и этнографов с 10/V – 1947
по 1/Ⅵ – 1949//Записки Харбинского общества естествоиспытателей и этнографов. 1950, №8.
с. 60 – 63.

要发表在其创办的机关刊物《亚细亚时报》上，也出版一些单行本的著作。1909 年 9 月 24 日，根据学会会员及其他人士关于以个别出版物形式出版他们的著作请求，在满洲俄国东方学家学会董事会与理事会联席会议上决议，由于缺少足够的经费，学会只能在下列条件下出版他们的著作：作者支付著作出版的所有费用，并把出版著作售价的 25% 交由学会使用。① 在这种情况下，满洲俄国东方学家学会出版了其会员的著作（其中包括在会刊《亚细亚时报》上发表的学术文章）。

由于满洲俄国东方学家学会出版的单行本著作多数都由在华俄侨学者（会员）所撰写，因此笔者在本节中在页下注中不再重复注释俄文名称。据笔者根据满洲俄国东方学家学会会刊上的记载，满洲俄国东方学家学会共出版单行本著作大约 39 部，见表 2—10。

表 2—10　　　　　　满洲俄国东方学家学会出版著作目录

作　者	书　名	出版地	出版年
А. П. 鲍洛班	《北满垦务志》	哈尔滨	1909
А. П. 鲍洛班	《齐齐哈尔经济概述》	哈尔滨	1909
А. П. 鲍洛班	《中国在满蒙地区的垦殖问题》	哈尔滨	1910
А. П. 鲍洛班	《东北蒙古及其谷类作物》	哈尔滨	1910
Н. К. 诺维科夫	《汉语口语学习参考书》	哈尔滨	1910
Я. Я. 卜朗特	《慈禧太后与光绪皇帝》	哈尔滨	1909
И. И. 别杰林	《犹太人在中国》	哈尔滨	1909
И. И. 别杰林	《哈尔滨商业学校汉语读本》	哈尔滨	1909
И. И. 别杰林	《东方学简明教程》	哈尔滨	1914
П. Н. 梅尼希科夫	《俄国在蒙古的贸易》	哈尔滨	1910
П. Н. 梅尼希科夫	《满洲简史》	哈尔滨	1917
А. В. 格列本希科夫	《沿嫩江考察布特哈与墨尔根》②	哈尔滨	1910
А. В. 格列本希科夫	《黑龙江与松花江游记》③	哈尔滨	1909

---

① В обществе Русских Ориенталистов//Вестник Азии,1909. №2. с. 184.

② Гребенщиков А. В. В Бутху и Мэргень по р. Нонни. - Харбин: Русско - китайско - монгольская тип. газ. "Юань - дун - бао",1910. с. 80.

③ Гребенщиков А. В. По Амуру и Сунгари（Путевые заметки）. - Харбин: Русско - китайско - монгольская тип. газ. "Юань - дун - бао",1909. с. 24.

续表

作者	书 名	出版地	出版年
Г. А. 索福克罗夫	《南京展览会上现代中国》	汉口	1910
Г. А. 索福克罗夫	《扬子江——1909、1910、1911 年中国报刊评论》	汉口	1912
Г. А. 索福克罗夫	《上海联合法院诉讼程序条例》	哈尔滨	1916
В. А. 司弼臣	《现代中国社会政治运动》	哈尔滨	1910
А. Фон—兰德岑 П. В. 什库尔金	《关于中国的手头必备书籍》	哈尔滨	1909
П. В. 什库尔金	《倮倮族——中国西南的异族人》	哈尔滨	1915
П. В. 什库尔金	《中国传奇故事》	哈尔滨	1921
П. В. 什库尔金	《中国彩色历史年表》	哈尔滨	1916
П. В. 什库尔金	《关于东方（第一卷）：唐津、威海卫、烟台、上海历史、日常生活与贸易概论》	哈尔滨	1912
П. В. 什库尔金	《关于东方（第二卷）：中部中国——杭州、苏州、安庆府的军队改革》	哈尔滨	1912
П. В. 什库尔金	《中日冲突》	哈尔滨	1915
П. В. 什库尔金	《中国故事》	哈尔滨	1916
П. В. 什库尔金	《中国神话故事》	哈尔滨	1917
П. В. 什库尔金	《远东国家历史概览》	哈尔滨	1918
Н. П. 施泰因菲尔德	《俄国在满洲的事业》	哈尔滨	1910
И. Г. 巴拉诺夫	《中国新旧奇闻异事》	哈尔滨	1911
И. Г. 巴拉诺夫	《中国往事》	哈尔滨	1915
И. Г. 巴拉诺夫	《囚徒》	哈尔滨	1920
И. Г. 巴拉诺夫	《中国国内贸易组织》	哈尔滨	1920
П. М. 格拉迪	《中国艺术（历史导论）》	哈尔滨	1915
И. А. 多布罗洛夫斯基	《外国人在华治外法权（关于哈尔滨自治公议会问题)》	哈尔滨	1909
Г. Г. 阿维那里乌斯	《中国司法机构诉讼程序条例》	哈尔滨	1921
Н. П. 阿福托诺莫夫	《莫斯科第一届全俄中学语文教师代表大会》	哈尔滨	1917
Н. П. 阿福托诺莫夫	《哈尔滨商业学校 15 年简史》	哈尔滨	1921
Н. П. 马佐金	《日本的空想及其发端者》	哈尔滨	1917

在上述学者中，需要特别一提的是 А. В. 格列本希科夫。他是众多学者中唯一一个不具有俄侨学者身份的学者。А. В. 格列本希科夫，1880 年 6 月 17 日出生于喀山，喀山实验中学毕业后进入符拉迪沃斯托克东方学院学习。1907 年，А. В. 格列本希科夫以优异成绩毕业，同时留校满语教研室准备教授职称。同年，А. В. 格列本希科夫被派往中国学习。但是，东方学院没有获得学位授予权，1910 年 А. В. 格列本希科夫被派往喀山大学历史语文系听课，后又到圣彼得堡大学继续学习语音学方法。1911 年，А. В. 格列本希科夫以《语言学概论》获得了圣彼得堡大学东方系一等文凭。从 1912 年起，А. В. 格列本希科夫正式在东方学院满语教研室工作；1917 年，执行校长职务。1920 年 8 月 24 日，在东方学院改造为国立远东大学后，А. В. 格列本希科夫被推选为客座教授。不久，А. В. 格列本希科夫又担任国立远东大学教授、东方系主任。1930 年，随着国立远东大学的关闭，А. В. 格列本希科夫来到了列宁格勒。1935—1941 年，А. В. 格列本希科夫担任苏联科学院东方学研究所科研人员。1939 年 2 月 5 日，在没有答辩的情况下，А. В. 格列本希科夫获得了语文学博士学位。1941 年 10 月 1 日，А. В. 格列本希科夫逝世于被围困的列宁格勒。А. В. 格列本希科夫也是满洲俄国东方学家学会、阿穆尔边区研究会（符拉迪沃斯托克）会员。① 从学术成果来看，А. В. 格列本希科夫是一位以中国研究见长的俄国学者，仅据笔者所查阅到的重要论著有《黑龙江与松花江游记》②（出版了单行本）《沿嫩江考察布特哈与墨尔根》③（出版了单行本）《中国货币史（南乌苏里古钱币)》④《满族及其语言与文

---

① Состав Общества Русских Ориенталистов//Вестник Азии, 1909. №1. с. 279；Хисамутдинов А. А. Общество изучения Амурского края. Ч. 2：Деятели и краеведы. – Владивосток：Изд – во ВГУЭС. 2006. с. 74；Отчет о состоянии и деятельности Восточного института за 1908 г. – Владивосток：Тип. – лит. Вост. ин – та. 1909. с. 9.

② Гребенщиков А. В. По Амуру и Сунгари. Путевые заметки.//Вестник Азии. 1909, №1. с. 189 – 212.

③ Гребенщиков А. В. В Бутху и Мэргень по р. Нонни.//Вестник Азии. 1909, №2. с. 130 – 151；1910, №3. с. 174 – 193；1910, №4. с. 146 – 162；1910, №5. с. 107 – 130.

④ Гребенщиков А. В. К истории китайской валюты（Нумизматические памятники Южно – Уссурийского Края）.//Вестник Азии. 1922, №50. с. 301 – 324.

字》①等。

上文已述，在东省文物研究会的组织机构中专门设立了编辑出版物股（后改造为编辑出版物委员会②），专门负责发行本会的出版物，以配合学会会员从事专题学术研究。东省文物研究会编辑出版物委员会除发行专门的会刊或著作集发表本会会员的文章外，也以单行本形式编辑出版其会员的专题研究成果。据笔者统计，该类成果大约50部。

表2—11　　　　　　　　　　东省文物研究会出版著作目录

作者	书名	出版地	出版年
Н. А. 巴依科夫	《北满的老虎》	哈尔滨	1925
Б. В. 斯克沃尔佐夫	《松花湖内大睡莲》	哈尔滨	1925
А. А. 鲍罗托夫	《阿穆尔河及其流域》	哈尔滨	1925
Б. В. 斯克沃尔佐夫	《北满南瓜》	哈尔滨	1925
Н. А. 巴依科夫	《葡萄及其种植方法》	哈尔滨	1925
И. А. 洛巴金	《后贝加尔湖左近民族沃罗齐乃满人的一种》	哈尔滨	1925
Б. В. 斯克沃尔佐夫	《北满之李树》	哈尔滨	1925
А. А. 普林	《电气气象学的任务与问题》	哈尔滨	1925
В. Я. 托尔马乔夫	《北满古迹中的白城遗迹》	哈尔滨	1925
Б. П. 雅科夫列夫	《东省文物研究会陈列所内北满哺乳类动物》	哈尔滨	1926
Н. А. 巴依科夫	《人参》	哈尔滨	1926
И. В. 喀兹洛夫	《满洲茭笋》	哈尔滨	1926
П. А. 巴甫洛夫	《东省文物研究会陈列所北满穴居类及爬虫类动物》	哈尔滨	1926
Б. В. 斯克沃尔佐夫	《北满的田野植物》	哈尔滨	1926
И. Г. 巴拉诺夫	《北满行政设置》	哈尔滨	1926
И. Г. 巴拉诺夫	《中国新年》	哈尔滨	1927
В. Я. 托尔马乔夫	《白城》	哈尔滨	1927

---

①　Гребенщиков А. В. Маньчжуры, их язык и письменность. – Владивосток, 1912. 71 с.

②　具体工作为（1）发行东省文物研究会学术考究作业之结果；（2）刊印研究北满分科普通学术完满之报告；（3）刊印东省文物研究会工作及其设置并各科股之报告；（4）刊印关于东省知识上之书籍与小册；（5）刊印建设展览会之各种情形。（东省文物研究会编：《1926年东省文物研究会报告书》，1927年哈尔滨出版，第十页。）

续表

作　者	书　名	出版地	出版年
Б. В. 斯克沃尔佐夫	《北满小麦》	哈尔滨	1927
В. П. 科尔马佐夫	《一九二三年至一九二六年间呼伦贝尔渔业》	哈尔滨	1927
И. В. 托克马乔夫	《当代蒙古概述》	哈尔滨	1927
И. И. 加巴诺维奇	《阿姆贡通古斯与涅吉达尔人及其未来》	哈尔滨	1927
В. Я. 托尔马乔夫	《北满的面鱼筋食品》	哈尔滨	1927
Б. В. 斯克沃尔佐夫	《东亚的野生黄豆》	哈尔滨	1927
Г. Я. 马里亚列夫斯基	《满洲的中国豆制品》	哈尔滨	1928
А. Е. 格拉西莫夫	《北满陶制品》	哈尔滨	1928
А. Е. 格拉西莫夫	《吉林省的木制品与木制小商品》	哈尔滨	1928
Ф. И. 安托诺夫－涅申	《北满之养蜂业》	哈尔滨	1928
А. Е. 格拉西莫夫	《第二松花江地区工业》	哈尔滨	1928
В. Я. 托尔马乔夫	《北满养蚕业问题》	哈尔滨	1928
Г. Я. 马里亚列夫斯基	《黄豆奶酪》	哈尔滨	1928
Е. И. 季托夫　В. Я. 托尔马乔夫	《海拉尔附近新石器时代文化遗迹》	哈尔滨	1928
Н. А. 巴依科夫	《远东熊》	哈尔滨	1928
Б. В. 斯克沃尔佐夫	《满洲的灌木林》	哈尔滨	1928
Б. П. 雅科夫列夫	《东省文物研究会陈列所内北满鸟类动物》	哈尔滨	1928
М. К. 高尔捷也夫	《北满森林与林业》	哈尔滨	1923
Е. Е. 雅什诺夫	《北满粮食贸易及磨面业》	哈尔滨	1923
Э. Э. 阿涅尔特	《北满市场中的石煤》	哈尔滨	1924
集体编写	《东蒙古及蒙古原料》	哈尔滨	1924
集体编写	《中国内地及北满牛乳业》	哈尔滨	1924
集体编写	《中国贸易上的货物品种》	哈尔滨	1924
霍尔瓦特	《油豆作为饲料与饮食作物》	哈尔滨	1924
集体编写	《北满获奖的工商业》	哈尔滨	1924
А. И. 波革列别茨基	《现代日本经济状况》	哈尔滨	1927
А. В. 马拉库耶夫	《中国对外贸易及其国际商场上的地位》	哈尔滨	1927
А. В. 马拉库耶夫	《满洲黄豆的出口及其财政收益》	哈尔滨	1928
А. И. 波革列别茨基	《一九一四年至一九二四年革命战争时代远东之圆法与币制》	哈尔滨	1927

续表

作者	书　名	出版地	出版年
Е. Е. 雅什诺夫	《中国的人口与农业》	哈尔滨	1927
Г. Г. 阿维那里乌斯	《中国行会》	哈尔滨	1928
Э. Э. 阿涅尔特	《北满矿产志》	哈尔滨	1928
М. С. 邱宁	《1927 年正月以前所有哈埠洋文出版物》	哈尔滨	1927

上述 50 部著作绝大多数由东省文物研究会历史人种学股、自然学股、动物学股、植物学股、实业股、考古学股、地质学及自然地理学股等学股和博物馆（陈列所）地方出版物与档案科、图书馆的会员撰写，其中相当数量的著作在出版前均在《东省杂志》上以论文形式全文发表。这些成果也明显反映了东省文物研究会所属各机构所从事学术研究的主要方向。

除在《满洲经济通讯》《东省杂志》上发表学术文章外，中东铁路经济调查局还组织学者开展专题学术调查研究。从 1922 年至 1934 年，中东铁路经济调查局组织所属俄侨学者用中、俄、英文独立撰写或集体编写了 25 种著作，详见表 2—12。

表 2—12　　　　　　　　　中东铁路经济调查局出版著作目录

作者	书　名	出版年	出版地
集体编写	《北满与中东铁路（俄文版、英文版、中文版）》	1922，1924，1927	哈尔滨
集体编写	《蒙古地图》	1925	哈尔滨
集体编写	《满洲地图》	1925	哈尔滨
Е. Е. 雅什诺夫	《北满农业（俄文版、中文版）》	1926，1928	哈尔滨
Б. П. 托尔加舍夫	《远东的矿产品与资源（俄文版、中文版）》	1927，1928	哈尔滨
集体编写	《东省特别行政区》	1927	哈尔滨
集体编写	《北满与东省铁路指南》	1927	哈尔滨
集体编写	《中国概述》	1927	哈尔滨
集体编写	《东省特别行政区的税捐与地方税收》	1927	哈尔滨
集体编写	《北满地图（中文版）》	1927	哈尔滨

续表

作　者	书　名	出版年	出版地
集体编写	《中国内地地图（俄文版、中文版）》	1927，1928	哈尔滨
集体编写	《东蒙古地图（中文版）》	1928	哈尔滨
Б. П. 托尔加舍夫	《北满的矿藏》	1928	哈尔滨
Е. Е. 雅什诺夫	《北满的垦殖及其前景》	1928	哈尔滨
В. А. 科尔马佐夫	《呼伦贝尔经济概述》	1928	哈尔滨
В. И. 苏林	《北满与哈尔滨的工业》	1928	哈尔滨
集体编写	《中东铁路与东省特区概述（俄文版、中文版）》	1928—1929	哈尔滨
А. И. 波革列别茨基	《中国币制考与近代金融》	1929	哈尔滨
В. И. 苏林	《东省林业（俄文版、中文版）》	1930，1931	哈尔滨
В. И. 苏林	《满洲及其前景》	1930	哈尔滨
Н. А. 谢特尼茨基	《世界市场上的黄豆》	1930	哈尔滨
集体编写	《北满粮食贸易概述》	1930	哈尔滨
集体编写	《北满经济地图册（俄文版、中文版）》	1931	哈尔滨
В. И. 苏林	《满洲与中国的铁路》	1932	哈尔滨
集体编写	《满洲经济地理概述》	1934	哈尔滨

上述著作研究了中国尤其是中国东北地区的农业、工业、林业、矿业、交通、贸易、金融、行政、税务等多个领域。这些著作中的部分章节都以单篇论文形式在《东省杂志》上先行发表过。特别值得一提的是，中东铁路经济调查局利用调查资料绘制和出版了中国内地、中国东北地区和蒙古地区的地图。这些地图同时还附有中国内地、中国东北地区和蒙古地区现状的简要概述。俄侨学者 И. Г. 巴拉诺夫是这项工作的固定参加者。中东铁路经济调查局开展此项工作的动因在于，当时在市场上销售的中国地图与地图册不准确且极为简略。在中东铁路经济调查局绘制的地图上标有数十个地理名称，包括省、州、县和城镇的新名称，还标出了商路与铁路。在地图领域，中东铁路经济调查局作出的最大贡献就是绘制并出版了《满洲经济地图册》。这是在中国东北地图史上史无前例的创举，对我们今天研究当时的中国东北经济地理有着极为重要的学术

价值。

　　除从事教学外，哈尔滨法政大学教师也进行专题学术研究工作，主要研究包括中国在内的法律问题，研究成果除主要发表在其创办的学报《法政学刊》、中东铁路经济调查局发行的《东省杂志》上以及在1931年发行了3期的另一本杂志《中国法律学刊》上，还出版单行本著作。据笔者不完全统计，哈尔滨法政大学的专职教师出版单行本著作57部，详见表2—7。在下述绝大多数著作中，笔者或在本书第一章中已介绍过，或在第四章中给予专题研究。

表2—7　　　　　　　　　哈尔滨法政大学出版著作目录

作者	书名	出版地	出版年
М. В. 阿布罗西莫夫	《社会收入分配的不公平：事实与观察》	哈尔滨	1924
М. В. 阿布罗西莫夫	《货币价值：货币价值理论导论》	哈尔滨	1928
М. В. 阿布罗西莫夫	《政治经济学》	哈尔滨	1925
Л. А. 赞德尔	《К. 列昂季耶夫谈进步》	北京	1921
Н. И. 尼基弗洛夫	《中东铁路学务处教学大纲中的高等初校近代史课程概述》	哈尔滨	1922
Н. И. 尼基弗洛夫	《西欧现代史教程》	哈尔滨	1927
Н. И. 尼基弗洛夫	《苏联社会制度与共产主义思想》	哈尔滨	1941
Н. И. 尼基弗洛夫	《苏联政治与经济制度》	哈尔滨	1941
Н. И. 尼基弗洛夫	《苏联经济地理教程》	哈尔滨	1942
Н. И. 尼基弗洛夫	《社会危险：文章与译文集》	哈尔滨	1942
В. В. 恩格里菲里德	《中国行政法概述》	哈尔滨	1928，1929
В. В. 恩格里菲里德	《中国国家权力概述》	巴黎	1925
В. В. 恩格里菲里德	《孙逸仙的政治学说》	哈尔滨	1929
В. В. 恩格里菲里德	《中国注册新法规》	哈尔滨	1930
В. В. 恩格里菲里德	《中国现代法律问题》	汉口	1931
В. В. 恩格里菲里德	《中国之外国租界地法律状况》	汉口	1927
В. В. 恩格里菲里德	《中国政党》	哈尔滨	1925
А. А. 喀莫国夫	《中国刑律中之侵占财产罪》	哈尔滨	1927
Е. М. 车布尔科夫斯基	《孔子的对手》	哈尔滨	1928
М. Н. 叶尔硕夫	《现在中国与欧西文化》	哈尔滨	1931

作者	书　名	出版地	出版年
М. Н. 叶尔硕夫	《远东之新局势》	哈尔滨	1931
М. Н. 叶尔硕夫	《现在中国学校与智力发展（图书文献概述）》	哈尔滨	1932
М. Н. 叶尔硕夫	《东西两洋/今昔》	哈尔滨	1935
Г. К. 金斯	《工业化日本》	哈尔滨	1925
Г. К. 金斯	《公共物品之公用法》	哈尔滨	1926，1928
Г. К. 金斯	《中国现代道德问题》	哈尔滨	1927
Г. К. 金斯	《别特惹斯吉博士政治学要义》	哈尔滨	1928
Г. К. 金斯	《水法与公共物品之公用》	哈尔滨	1928
Г. К. 金斯	《权利与强权》	哈尔滨	1929
Г. К. 金斯	《走向未来国家之路》	哈尔滨	1930
Г. К. 金斯	《中国注册新法规》	哈尔滨	1930
Г. К. 金斯	《中国商法概述》	哈尔滨	1930
Г. К. 金斯	《法律中新思想与现代基本问题》	哈尔滨	1931
Г. К. 金斯	《蒙古历史发展中的国体与法》	哈尔滨	1931
Г. К. 金斯	《法学说与政治经济学》	哈尔滨	1933
Г. К. 金斯	《社会心理学大纲》	哈尔滨	1936
Г. К. 金斯	《社会心理学与比较法学基础之法理论总论》	哈尔滨	1937
Г. К. 金斯	《普希金与俄国民族自觉》	哈尔滨	1937
Г. К. 金斯	《企业家》	哈尔滨	1940
Г. К. 金斯	《新法与企业家的活动》	哈尔滨	1940
Г. К. 金斯	《新经济与新法》	哈尔滨	1940
Г. К. 金斯	《欧洲灾难》	哈尔滨	1941
В. А. 梁扎诺夫斯基	《关于中国不动产的法律关系》	哈尔滨	1925
В. А. 梁扎诺夫斯基	《中国民法的基本法规》	哈尔滨	1926
В. А. 梁扎诺夫斯基	《当前中国民法》	哈尔滨	1926，1927
В. А. 梁扎诺夫斯基	《蒙古法律及文化对于俄国法律文化之影响》	哈尔滨	1931
В. А. 梁扎诺夫斯基	《蒙古法》	哈尔滨	1931
В. А. 梁扎诺夫斯基	《中国土地和山林法要义》	哈尔滨	1928
В. А. 梁扎诺夫斯基	《成吉思汗法别》	哈尔滨	1933
Н. В. 乌斯特里亚洛夫	《为俄国而斗争》	哈尔滨	1920
Н. В. 乌斯特里亚洛夫	《在革命的旗帜下》	哈尔滨	1925，1927

续表

作者	书　名	出版地	出版年
Н. В. 乌斯特里亚洛夫	《意大利之法西斯主义》	哈尔滨	1928
Н. В. 乌斯特里亚洛夫	《泛欧问题》	哈尔滨	1929
Н. В. 乌斯特里亚洛夫	《哲学家布拉通政治意见说》	哈尔滨	1929
Н. В. 乌斯特里亚洛夫	《在新阶段》	上海	1930
Н. В. 乌斯特里亚洛夫	《德意志国粹社会主义》	哈尔滨	1933
Н. В. 乌斯特里亚洛夫	《新时代》	上海	1934

哈尔滨东方文言商业专科学校的俄侨学者也从事少量的专题学术研究。从出版大部头著作方面来看,我们在第二章介绍俄侨学者的学术活动时特别介绍了在哈尔滨东方文言商业专科学校工作的两位俄侨学者 А. П. 希奥宁与 Г. Г. 阿维那里乌斯,他们分别在 1930 年和 1938 年出版了《最新汉俄词典》与《日本帝国与民族经济生活》两部重要著作。笔者认为,在从事专题学术研究领域,上述两部著作代表了哈尔滨东方文言商业专科学校的最高学术成就。因在第二章已对两部著作给予了介绍,笔者在本节中不再赘述。在哈尔滨东方文言商业专科学校的俄侨学者从事专题学术研究中还有一个特殊现象,前文已述,哈尔滨东方文言商业专科学校东方学学会设立了 4 个部,其中包括摄影部。它收集了许多有趣的生活、历史、考古及其他领域的照片、图画和明信片等,并编辑了 2 本《东方学纪念画册》①,这些都是非常重要的"研究远东历史、地理和民族的参考材料"。②

在从事专题学术研究方面,中东铁路中央图书馆是非常重要的俄侨学术机构之一。中东铁路中央图书馆专职馆员 Н. Г. 特列特奇科夫和 И. В. 马赫林在这方面做了卓有成效的工作。我们在前文中对 Н. Г. 特列特奇科夫已给予了介绍,在本节中对 И. В. 马赫林的研究情况进行重点介绍。从现有文献资料来看,关于 И. В. 马赫林的生平和活动的资料极为缺

---

① 现在尚无史料证实该纪念画册是否公开出版。

② Жизнь Института Ориентальных и Коммерческих нау. // На Дальнем Востоке. (Харбин). 1931. №1. с. 86.

乏，目前可知的只有其 20 世纪 20 年代末至 1935 年在中东铁路中央图书馆书刊绍介处工作并担任馆员的信息。① И. В. 马赫林所进行的专题研究比较特殊，专门就中东铁路经济调查局发行的学术刊物上登载的文章进行系统整理、分类编目，并出版了《1923—1930 年〈满洲经济通讯〉〈东省杂志〉〈中东经济月刊〉杂志上文章目录索引》② 《1931、1932 年〈东省杂志〉〈中东半月刊〉杂志上文章目录索引》③ 《1933 年〈东省杂志〉上文章目录索引》④ 和《1934 年〈东省杂志〉〈中东半月刊〉杂志上文章目录索引》⑤ 等四本文献目录索引。И. В. 马赫林按照国际图书的十进分类法对 1923—1934 年《满洲经济通讯》《东省杂志》《中东经济月刊》上的 5688 篇文章进行了编目，对我们从直观角度审视中东铁路经济调查局所发行的学术杂志及杂志所刊发文章的领域与大致内容有着极为重要的史料价值。遗憾的是，由于 1934 年《东省杂志》的停刊与中东铁路中央图书馆活动的停止，И. В. 马赫林的这项工作也就随即终止了。

在生物委员会处于地下活动状态时，生物委员会就已在理论植物学和应用植物学领域开展研究工作。该项工作的直接结果就是 1943 年在哈尔滨出版的由 Б. В. 斯克沃尔佐夫编撰的《哈尔滨植物区系植物目录》⑥ 和由 А. И. 巴拉诺夫与 Б. В. 斯克沃尔佐夫共同编撰的《满洲植物的最新

---

① Киселева Г. Б. Русская библиотечная и библиографическая деятельность в Харбине,1897 – 1935 гг. :Диссертация. . . кандидата педагогических наук:Санкт – Петербург. 1999. с. 161.

② И. В. Махлин Указатель статей из журналов 《Экономический вестник Маньчжурии》, 《вестник Маньчжурии》, 《Экономический бюллетень》 за 1923 – 1930 годы. – Харбин. Типография Китайской Восточной железной дороги,1930. 71 с.

③ И. В. Махлин Указатель статей из журналов 《вестник Маньчжурии》,《Экономический бюллетень》 за 1931 и 1932 годы. – Харбин. Типография Китайской Восточной железной дороги, 1933. 24 с.

④ И. В. Махлин Указатель статей из журналов 《вестник Маньчжурии》,《Экономический бюллетень》 за 1933 годы. – Харбин. Типография Китайской Восточной железной дороги,1934. 16 с.

⑤ И. В. Махлин Указатель статей из журналов 《вестник Маньчжурии》,《Экономический бюллетень》 за 1934 годы. – Харбин. Типография Китайской Восточной железной дороги,1935. 16 с.

⑥ Skvortzov B. V. Index Florae Harbinensis sive enumeratio plantarum circa Harbin sponte nascentium hucusque cognitarum. Fasc. I. Elaboravit Collegium Botanicorum redactore. Harbin,1943. 34 p.

与鲜为人知的品种》① 两本小薄册子。这是生物委员会出版的唯一两个单行本研究性著作。

五 出版统计年鉴

出版统计年鉴是在华俄侨学术机构中唯一一个科研机构——中东铁路经济调查局的重要活动之一，也是其他在华俄侨学术机构从未涉猎的领域。

1921 年，中东铁路经济调查局与中国工商部、中东铁路沿线吉黑两省中国地方政府 46 个县长、商会和 200 多家私人商号合作，以及为提供中国东北经济信息的地方代理人设立了"畜力关卡"，在中国东北地区构建了信息网，获得关于农业、贸易、度量衡、货币单位、汇率、进出口业务等方面的信息。② 该项工作的最直接结果就是出版了前文提到的由中东铁路经济调查局于 1922 年出版的大型统计分析著作——《北满与中东铁路》，以及后来中东铁路经济调查局组织学者出版和发表的其他相关论著。

中东铁路经济调查局所构建的收集经济信息的网络也直接促成了其另一项工作的开始。从 1923 年至 1935 年，中东铁路经济调查局利用其所收集到的信息每年发行一本统计年刊，即《东省铁路统计年刊》。

1923 年和 1924 年，《东省铁路统计年刊》以俄文本印刷；从 1925 年至 1935 年，《东省铁路统计年刊》基本上同时印刷俄文与中文两个版本；1929 年和 1932 年比较独特，《东省铁路统计年刊》又印刷了英文版本。

我们通过俄文版和中文版部分年份《东省铁路统计年刊》进行比照，每年发行的《东省铁路统计年刊》基本上包括如下具体内容。

---

① Baranov, A. I. , Skvortzov, B. V. Diagnoses plantarum novarum et minus cognitarum Mandshuriae Cum tab. I. Harbin, 1943. 8p.

② Павловская М. А. Харбинская ветвь российского востоковедения, начало XX в. 1945 г. : Дис. . . . кандидата исторических наук: Владивосток. 1999. с. 123.

表 2—13　　　　　　　　　　《东省铁路统计年刊》章节目录表

章	节
东省铁路基本统计	高级职员之组织、铁路之价值、铁路技术纪实、铁路各站、铁路电报及电话、铁路员工之分配、铁路员工每月平均数、铁路各种事变事项、铁路车辆现有数目、铁路机车之工作及现状、铁路客车之工作及状况、铁路货车之工作及状况、铁路货车之服务情形、货运列车之载重量、铁路总工厂之工作状况、铁路发电厂工作之情形、铁路水路工作之情形、铁路自用燃料品之收入数、铁路所用材料总收支数、铁路材料收支概况、铁路卫生处之概况、铁路各医院治疗病人之数目、铁路商务事务所之工作情形、辅助营业之保险事业、铁路接受混合保管大豆之数目、铁路接受混合保管大豆之等级、铁路接受混合保管大豆之成色、铁路大豆运输中之混合保管大豆、铁路混合保管大豆别出之原由
东省铁路之营业	铁路总收支、铁路营业收入与支出、铁路营业之收入、铁路辅助营业及各机关之收入与支出、铁路客运运输、铁路旅客运输、铁路旅客之行程、铁路旅客平均开行里数、铁路每月旅客往来、铁路本线运输之旅客、铁路通过本路之旅客、铁路运赴后贝加尔铁路之旅客、铁路运赴乌苏里之旅客、铁路运赴南满铁路之旅客、由其他铁路运进本路之旅客、由后贝加尔铁路运入本路之旅客、由乌苏里路运入本路之旅客、由南满铁路运入本路之旅客、由铁路各站起运之旅客、由西线各站起运之旅客、由哈尔滨各站起运之旅客、由东线各站起运之旅客、由南线各站起运之旅客、运抵铁路各站之旅客、运抵西线各站之旅客、运抵哈尔滨区各站之旅客、运抵东线各站之旅客、铁路各大站往来之旅客、铁路行李运输、铁路商货之运输、铁路运输牲畜状况、铁路本线及联运之商货运输、运往邻路之慢运货物、运抵边界站之慢运商货、由各边界站起运之商业货物、铁路按月收运之商货、铁路各种慢运商货之运输、铁路本线运输之慢运商货、铁路运出绥芬河之慢运商业货物、铁路运出宽城子之慢运商货、铁路运往与东省铁路有业务往来铁路之慢运商货、经过绥芬河站运进之慢运商货、经过宽城子站运进之慢运商货、由各与东省铁路有业务往来铁路运进之慢运商货、各大站商货运输之情况及运输之种类、铁路运输之趋势、

续表

章	节
东省铁路之营业	铁路西线各站发运之商货、哈尔滨区各站发运之商货、东线各站发运之商货、南线各站发运之商货、铁路全线各站联运之商货、运抵西线各站之商货、运抵哈尔滨区各站之商货、运抵东线各站之商货、运抵南线各站之商货、运抵铁路全线各站之商货、慢运粮食之类别、最近五年之粮食运输、本线粮食运输、运往邻路之粮食、由邻路运进之粮食、各线起运之粮食、运往南满铁路各站及各港之粮食、各大站起运之粮食、运抵本路各站之粮食、运抵本路各大站之粮食、铁路各出口时期之商货运输、铁路之公务运输、各主要站公用品运输概况、铁路各大站运输商货概况、材料收支总额、铁路自用之煤数、平均储备燃料之价格、工务处所属各工厂、水机业务、电灯厂、汽车停车场、哈尔滨电话、出租地基、林场木材、扎赉诺尔煤矿、商务海关事务所货物运输之比较、商务处辅助营业货物保险之出入款项、铁路船只之总数、轮船货物运输、兽医业务、医务处及病院、校医管理员、学务处管辖各学校、哈尔滨商业学校、铁路各项收入及支出总数、营业之收入及支出、辅助营业及各机关各项菜款之收入与支出
北满主要经济状况	北满各省区面积及人口、北满之重要出产、各项农作物之播种面积、各项重要粮食种植量、粮食平均收获量、粮食之总收货额、剩余之粮食、各区家畜之分配情形、哈尔滨及铁路沿线之实业主要状况、北满与东三省商业之比较、北满之货物运输、海关银两之价格、外国货币、伦敦银价、北满市面通行币值市价之比较、售主在哈尔滨出售粮食之价值、铁路各主要站黄豆之平均价值、黄豆在哈尔滨大连伦敦所值之价格、由大连符拉迪沃斯托克运抵日本口岸之豆饼运费、由大连符拉迪沃斯托克运抵伦敦之黄豆运费

六 开展对外交流

在华俄侨学术机构成立后，就积极开展对外交流，其方式包括出版物交流、参加世界出版物大会、邀请外来学者讲学、派遣学者赴境外进行学术交流、派遣学者赴境外研修、与在华其他俄侨学术机构举办联席会议等。

满洲俄国东方学家学会是第一个这样的学术机构。到 1910 年 1 月，满洲俄国东方学家学会与 26 个俄国和其他国家的学术团体、研究机构开展出版物交流。① 到 1910 年 5 月，这样的交流对象已达 115 个，其中大约 90% 都属于俄国。② 此后，至 1918 年，满洲俄国东方学家学会通过会刊与境外学术团体、研究机构保持紧密的联系，也通过加入学会会员方式与境外著名学者建立密切联系。1919—1921 年间，由于学会会刊停刊和学会活动弱化，学会的对外交流几乎中断。1922 年，满洲俄国东方学家学会把自己的全套会刊转交给了下列机构：托木斯克西伯利亚研究会，中东铁路总工厂图书馆，赤塔师范学院，伊尔库茨克大学，自然历史关系中的乌苏里边区研究第一次代表大会，香坊的其他东方学学会，北京的俄国大学生，1922 年发行的最后一期送给了吉林、长春、釜山、元山的俄国难民。同年，满洲俄国东方学家学会与阿穆尔边区研究会、俄国地理学会谢米巴拉金斯克分会、赤塔国民教育学院恢复联系和交换出版物，也与一些著名教授（东方学）如 П. П. 施密特、Н. В. 屈纳和 А. В. 格列本希科夫等重新取得了联系，又与全俄东方学学会赤塔分会建立了业务联系。1923 年，满洲俄国东方学家学会把自己的全套会刊又转交给了下列机构：东省文物研究会、中东铁路地亩处农业科图书馆、国立远东大学、基督教青年会哈尔滨历史民族研究会、全俄农业与手工业组织展览促进局。③

1910 年 4 月，在哈尔滨生活的日本侨民的倡议下也成立了一个东方学家学会——俄日学会。该学会是在日本最高军官与外交官领导的东京俄日学会的支持下成立的。该学会成立的目的是——开办培训班、安排关于日本学和经济问题的公开讲座、出版旅行指南和翻译图书等。官方

---

①　В Обществе Русских Ориенталистов//Вестник Азии,1910. №3. с. 274.

②　В Обществе Русских Ориенталистов//Вестник Азии,1910. №5. с. 154.

③　Отчёт о деятельности Общества Русских Ориенталистов в Харбине за 1922 год//Вестник Азии,1923. №51. с. 382；Извлечение из отчёта секретаря о деятельности Общества Русских Ориенталистов в Маньчжурии за 1923 год//Вестник Азии,1924. №52. с. 383 – 384.

上，满洲俄国东方学家学会对俄日学会保持中立状态，但事实上还是支持和参与了俄日学会的创建与发展。满洲俄国东方学家学会会员 А. П. 鲍洛班、И. А. 多布罗洛夫斯基、П. С. 季申科、Н. П. 施泰因菲尔德等以个人名义参加了俄日学会的成立大会。而俄日学会理事会领导层中的 14 名成员中的 7 名代表，又均来自满洲俄国东方学家学会会员。俄日学会在哈尔滨一直存在到 1920 年代。①

1916 年 5 月 24 日，满洲俄国东方学家学会名誉会员、著名旅行家 П. К. 科兹洛夫应邀访问满洲俄国东方学家学会，并在其会员全体大会上分享了 1907 年自己参加蒙古—四川考察的情形，同时对自己伟大的先驱者与导师 Н. М. 布尔热瓦尔斯基考察的意义给予了应有的评价。同年 6 月，哈巴罗夫斯克格罗杰科夫博物馆馆长、满洲俄国东方学家学会名誉会员 В. К. 阿尔谢尼耶夫应邀于 6 月 6 日、6 月 8 日、6 月 10 日、6 月 13 日和 6 月 15 日在哈尔滨商业学校地理厅举行了《阿穆尔河流域自然地理概述》《我们的美洲同胞》《西伯利亚异族人的萨满教及他们对自然的万物有灵观》《西伯利亚东部的理论民族学问题》《地理考古学：乌苏里边区与满洲的历史遗迹》五场公开讲座。②

1922 年 4 月 18—22 日，Б. В. 斯克沃尔佐夫、Н. П. 阿福托诺莫夫受满洲俄国东方学家学会派遣参加了在尼利斯基—乌苏里斯基市举行的自然历史关系中的乌苏里边区研究第一次代表大会。两位俄侨学者在大会上分别做了《满洲、阿穆尔沿岸地区及毗邻地区淡水植物区系研究》《南满与北满的试验田》《关于阿穆尔边区学校历史的文献初编》的三个学术报告。③

1924 年 4 月 20 日，中东铁路商业学校满洲俄国东方学家学会与哈尔

---

① Павловская М. А. Харбинская ветвь российского востоковедения, начало XX в. 1945 г.：Дис. . . . кандидата исторических наук：Владивосток，1999. с. 70 – 71.

② М. Г. Отчёт о деятельности Общества Русских Ориенталистов в Харбине за 1916 – й год//Вестник Азии. 1916，№40. с. 65；Протоколы заседания Президиума О. Р. О. //Вестник Азии. 1916，№38 – 39. с. 319 – 345.

③ Автономов Н. П. Первый съезд по изучению Уссурийского края в естественно – историческом отношении// Вестник Азии. 1922，№50. с. 281，290 – 291.

滨法政大学隆重召开了纪念俄国朝鲜学奠基人、满洲俄国东方学家学会会员、国立远东大学原校长 Г. B. 波德斯塔文教授逝世的联席会议。[①]

　　据满洲教育学会会刊《亚洲俄国的教育事业》记载，1915 年 2 月，按照满洲俄国东方学家学会的提议，满洲教育学会与满洲俄国东方学家学会达成协议，允许各自会员出席双方学会召开的公开会议。[②] 1915 年 10 月初，满洲教育学会在铁路俱乐部与满洲俄国东方学家学会、满洲农业学会等学术团体联合举办了庆祝俄国旅行家 Г. H. 波塔宁诞辰 80 周年的纪念大会。[③] 满洲教育学会还通过其会刊《亚洲俄国的教育事业》对外交换报刊，并在交换期刊上相互刊登本刊的广告。至 1915 年 8 月，满洲教育学会与托木斯克、鄂木斯克、哈巴罗夫斯克、布拉戈维申斯克、哈尔滨、莫斯科、彼得格勒、喀山、基辅等地的 11 家报纸和 50 家杂志有过交流。[④] 1915 年 9 月 26 日，满洲教育学会邀请了其会员——日本高等师范学校地理教研室教授中根和日本铁路协会理事、工程师高桥分别作了《日本的国民教育》和《日本的铁路教育》两场学术报告。[⑤] 这是满洲教育学会活动史上第一次也是唯一一次邀请外国学者到会进行学术报告。1916 年 1 月 2—5 日，满洲教育学会主席 H. B. 鲍尔佐夫受邀参加了在彼得格勒举行的第三届全俄实验教育学代表大会。在 1916 年 3 月 12 日召开的满洲教育学会会员代表会议上，H. B. 鲍尔佐夫介绍了此次会议的召开情况。[⑥]

　　哈尔滨法政大学积极与欧洲的俄侨机构进行交流与合作。派遣教师到

---

① Соединенное заседание Общества Русских Ориенталистов и Юридического факультета// Вестник Азии, 1924. №52. с. 8 – 10.

② Отчёт о деятельности Маньчжурского Педагогического Общества за 1914 – 1915 уч. Год. //Просветительное дело в Азиатской россии. 1915. №7. с. 763.

③ Отчёт о деятельности Маньчжурского Педагогического Общества за 1915 – 1916 уч. Год. //Просветительное дело в Азиатской россии. 1916. №6 – 7. с. 464.

④ Отчёт о деятельности Маньчжурского Педагогического Общества за 1914 – 1915 уч. Год. //Просветительное дело в Азиатской россии. 1915. №7. с. 772 – 773.

⑤ Отчёт о деятельности Маньчжурского Педагогического Общества за 1915 – 1916 уч. Год. //Просветительное дело в Азиатской россии. 1916. №6 – 7. с. 466.

⑥ Протоколы Маньчжурского Педагогического Общества и его Президиума.// Просветительное дело в Азиатской россии. 1916. №6 – 7. с. 561.

其他国家交流和研修是哈尔滨法政大学对外交流与合作的最重要形式。
1923 年，哈尔滨法政大学第一次向其他国家派遣教师进行交流。为了给自
己的货币理论学术著作收集资料，M. B. 阿布罗西莫夫副教授访问了欧洲；
B. B. 恩格里菲里德教授访问了欧洲，与欧洲的俄侨学术组织建立了联系。
1925 年，B. B. 恩格里菲里德教授再次到访欧洲，使与欧洲的俄侨学术组织
的联系成为常态化；又在美洲访问了加利福尼亚大学、华盛顿大学、纽约
大学、哥伦比亚大学和芝加哥大学 5 所大学，与这些大学建立学术联系，
并带回了关于这些大学的资料；此间 B. B. 恩格里菲里德教授还在巴黎俄国
高等学校考试委员会通过了《中国国家法概述》硕士论文答辩，获得国家
法硕士学位。1925 年，哈尔滨法政大学考试委员会章程被布拉格"国外俄
国高等学校"理事会承认。1927 年，H. И. 尼基弗洛夫教授被哈尔滨法政
大学派往巴黎进修一年；1928 年，其在布拉格俄国高等学校考试委员会通
过了《大革命前夕法国的领主制》硕士论文答辩，获得了世界史硕士学位。
1929 年，Г. A. 金斯在巴黎俄国高等学校法律考试委员会通过了《水权与公
共物品利用》硕士论文答辩，获得民法硕士学位。1926 年，留校教师 H. B.
艾斯别洛夫被派往巴黎进修；1928 年通过了巴黎俄国高等学校法律考试委
员会俄国法律史硕士考试，由于顺利完成两门课的授课任务 5 月 29 日获得
了俄国法律史教研室编外副教授职称，当年秋天受聘为哈尔滨法政大学俄
国法律史教育室编外副教授。①

　　此外，在对外交流方面，哈尔滨法政大学在 1926 年举行了苏联科学
院代表团欢迎会。1926 年 10 月 26 日，在哈尔滨法政大学教授委员会会
议上校长 B. A. 梁扎诺夫斯基通报，参加东京太平洋会议的苏联科学院代
表团将途经哈尔滨。教授委员会委托哈尔滨法政大学行政部门在苏联科

---

① Публичное заседание комитета по учреждению высшего учебного заведения и совета
профессоров юридического факультета в г. Харбине 25 января 1924 г//Известия юридического
факультета в Харбине. 1925, №1. с. 216; Доклад Юридическому Факультету декана проф. В. А.
Рязановского о положении Факультета за 1924 – 1925 уч. год//Известия юридического факультета
в Харбине. 1926, №3. с. 314; Доклад декана Юридического Факультета в гор. Харбине о
положении Факультета за 1926 – 1927 уч. год//Известия юридического факультета в Харбине.
1928, №5. с. 353; Автономов Н. П. Юридический факультет в Харбине за восемнадцать лет
существования.//Известия Юридического Факультета, 1938. №12. с. 43.

学院代表团抵达哈尔滨时举行欢迎会。在苏联代表团抵达哈尔滨当天晚上，哈尔滨法政大学举行了茶话晚会，部分教师与代表团成员科玛罗夫院士、别尔格和尼基弗罗夫教授进行了座谈，交流了近年来苏联与东方国家的学术成就。[①]

东省文物研究会通过邀请专家到会交流，派遣会员参加学术会议，交换出版物，交换收集之标本作学术上之论断，学术上方法之指导，其他学术机构之代表来会参观等方式开展对外交流。

到 1925 年，东省文物研究会已与苏联的 58 家科研机构、高等学校、学术团体和地方志组织交换出版物。这些机构遍布莫斯科、列宁格勒、布拉戈维申斯克、符拉迪沃斯托克、明斯克、秋明、克拉斯诺亚尔斯克、赤塔、伊尔库茨克、托博尔斯克、彼尔姆、梁赞、哈巴罗夫斯克等多个城市。[②] 1926 年，东省文物研究会与 136 家苏联的文化教育、学术机构及哈尔滨的外侨机构和 62 家中国、美国、日本、法国、德国、英国、波兰和捷克斯洛伐克等国的机构交换出版物。同年，东省文物研究会向这些机构寄出了 28 种出版物（2485 册）用于交换，获得了 700 种出版物（1850 册）。[③] 1927 年至 1928 年初，东省文物研究会向 143 家苏联的文化教育、学术机构及哈尔滨的外侨机构和 75 家中国、美国、日本、法国、德国、英国、波兰和捷克斯洛伐克等国的机构寄去了 68 种出版物（4085册）用于交换，获得了 1211 种出版物（3150 册）。[④]

1926 年，东省文物研究会干事会干事 Э. Э. 阿涅尔特被派往东京参加第三届全太平洋学术会议，并提交了《俄国远东与北满之地质、形态、地皮之成分及其地质之历史》的报告；干事会干事 П. А. 巴甫洛夫参加了在哈巴罗夫斯克举行的远东自然界生产力研究大会，并作了《东路气

① Внелекционная работа юридического факультета//Известия юридического факультета. 1928,№5. c. 370.

② Список Обществ и учреждений, с коими ОИМК состоит в обмене изданиями//Известия Общества Изучения Маньчжурского Края,1926. №6. c. 79 – 80.

③ Отчет о деятельности Общества Изучения Маньчжурского Края за 1926 год(4 – й год существования). – Харбин,1927. c. 11,25 – 27.

④ Рачковский А. А. Отчёт о деятельности Общества Изучения Маньчжурского Края за 1927 год//Известия Общества Изучения Маньчжурского Края,1928. №7. c. 103 – 107.

象台之略史》《利用气象上之现象以为生产力技术方面之助力》《1920 年及 1921 年之鼠疫与气象学之关系》《关于服务于远东国际关系的辅助语言》4 个报告；干事会干事 M. K. 高尔捷也夫在列宁格勒参加了全苏土壤学家大会，并作了《东省文物研究会在东路沿线考察地质之成绩》《北满之植物学区域》《中东铁路沿线之数种土质特性》3 个报告。本年，苏联国立远东大学 B. M. 萨夫赤教授受东省文物研究会之邀，与本会自然学股会员讨论创办植物园之计划；汉城大学莫利教授来本会审核鱼类之标本；美国农业厅调查员 G. H. 独塞脱与本会会员旅行调查，并在本会报告其在华调查之结果；日本地质学家腾熊教授与村上博士、苏联科学院院士 B. Л. 喀玛洛夫与 Л. C. 别尔格、П. Ю. 施米脱及 H. П. 尼基弗洛夫教授等经过哈尔滨前往参加泛太平洋学术会议时来本会参观，会议结束返国途径哈埠，又重来本会；B. Л. 喀玛洛夫曾在本会报告其调查北满之结果，并参加本会植物学之会议，帮助本会会员制定在北满工作之计划，同时在博物馆（陈列所）内审定植物标本 300 余种；П. Ю. 施米脱教授在本会报告其调查琉球岛之结果，并参加本会研究动物学各会员会议，帮助制定在北满一带研究动物学之计划。①

东省文物研究会成立后，本地俄侨专家的研究，尤其是在植物学研究领域，仍存在很大欠缺，因此，需要借助境外知名专家给予断定。1926 年之前，东省文物研究会自然学股请列宁格勒亚切夫斯基植物病理学实验室和日本植物学家米乌拉断定化石植物，请芬兰赫尔辛福斯布罗杰卢斯教授断定苔草植物，请 M. T. 沃罗涅日农学院托敏教授断定苔藓植物。② 1926 年，东省文物研究会将本会会员本年考察所得各种标本，均送往苏联列宁格勒第一植物园、法国巴黎科学院、瑞典斯德哥尔摩科学院、符拉迪沃斯托克远东地质学会、北京地质学会等处，请其加以断定后，再行送还本会。③

---

① Отчет о деятельности Общества Изучения Маньчжурского Края за 1926 год（4 - й год существования）. - Харбин, 1927. c. 11 - 12.

② A. P. Общество Изучения Маньчжурского Края, его задачи, структура и деятельность// Известия Общества Изучения Маньчжурского Края, 1926. №6. c. 22.

③ Отчет о деятельности Общества Изучения Маньчжурского Края за 1926 год（4 - й год существования）. - Харбин, 1927. c. 11.

东省文物研究会历史人种学股与苏联科学院也开展了交流。1923 年，东省文物研究会将历史人种学股股长 А. М. 巴拉诺夫和副股长 П. В. 什库尔金所绘著之 14 幅满洲历史地图（时间区间为公元前 2000 年至公元 1896 年）副本寄于苏联科学院，请为研究。苏联科学院函复，转交调查种族委员会审查。1924 年，东省文物研究会将历史人种学股 А. М. 巴拉诺夫关于呼伦贝尔土墙调查状况之报告寄送于苏联科学院。А. М. 巴拉诺夫的报告认为，呼伦贝尔土墙之年代并非成吉思汗统治时期建筑，而在更早年代（公元前 2 世纪和 3 世纪时期）。1925 年，苏联科学院知照东省文物研究会，请 А. М. 巴拉诺夫继续收集此类之古迹建筑，并将后续报告寄来，以资考究。[①]

为了补充馆藏出版物，在十年中，中东铁路中央图书馆与 66 个苏联学术机构和 41 个其他国家的学术机构建立了联系。中东铁路中央图书馆利用自己的出版物与苏联、中国、日本和其他国家的学术机构广泛交换出版物。其中，苏联的重要学术机构有符拉迪沃斯托克地方志学会图书馆、符拉迪沃斯托克期刊处、沃罗涅日国立大学、全苏农业图书馆、远东国立大学、哈巴罗夫斯克远东边区学术图书馆、苏联科学院远东分院、远东工业大学、《东方霞光》报编辑部（梯弗里斯）、《红旗》报编辑部（符拉迪沃斯托克）、《远东经济生活》杂志编辑部（哈巴罗夫斯克）、伏龙芝军事科学院基础图书馆 12 家。中东铁路中央图书馆还通过"图书事业"书店订购了《交通通报》《金融通报》《铁路事业》《苏联法律》《经济生活》《真理报》等苏联报纸和杂志。这样，中东铁路中央图书馆通过交换和订购方式获得了大约 400 种定期出版物（7 种欧洲和亚洲文字），仅通过自己的出版物就交换了大约 500 种学术著作。[②]

1928 年 5 月 12 日至 10 月 12 日，在德国科隆举行了第一届国际出版

① А. Р. Общество Изучения Маньчжурского Края, его задачи, структура и деятельность // Известия Общества Изучения Маньчжурского Края, 1926. №6. с. 26 – 28.

② Сквирский Ф. Б. Центральная Библиотека КВЖД // Библиографический бюллетень Центральной библиотеки КВЖД. – Т. Ⅲ, 1930, Вып. 1. с. 5; Киселева Г. Б. Русская библиотечная и библиографическая деятельность в Харбине, 1897 – 1935 гг. : Диссертация... кандидата педагогических наук : Санкт – Петербург. 1999. с. 62 – 63.

物展览会。410 个学术与出版机构和 200 个商业公司向展览会寄来了定期出版物的样刊，400 万人参观了展览。中东铁路经济调查局携带自己的出版物参加了这次展览会。中东铁路经济调查局的出版物（笔者——《东省杂志》和其他书籍）得到了西方政要和文化名人的高度赞誉。如捷克斯洛伐克外交部长 Э. 别涅什把《东省杂志》称为"极好反映北满经济生活的镜子"。苏联大文豪高尔基说："我从来没有想到，在满洲竟然发行了这么好的杂志。"①

1935 年 5 月初，享有世界声望的法国考古学家亚布·亨利·布勒伊院士和古生物学家 P. T. de. 夏尔丹教授（中文名，德日进）在基督教青年会哈尔滨自然地理学研究会做了两场报告。②

为了宣传农业知识，苏联侨民会哈尔滨自然科学与人类学爱好者学会农学部与《俄国言论》报达成协议，在该报上刊登关于农业的简讯。1949 年，《俄国言论》报刊登了近 20 篇关于园艺学与蔬菜栽培学领域的简讯，也刊登一些关于农业的苏联新书评论。③

七 兴办图书馆、博物馆（陈列所）

兴办图书馆、博物馆（陈列所）是一些在华俄侨学术机构从事学术研究、展示研究成果、满足教学需要、普及文化知识的重要目的。

1909 年 1 月，在学会成立之时，满洲俄国东方学家学会也兴办了一所图书馆。这既是在华俄侨学术团体兴办的第一个图书馆，也是第一个在华俄侨学术图书馆。满洲俄国东方学家学会通过会员和其他学术机构、团体的捐赠很快就为图书馆补充了一定数量的关于远东的俄文、法文、英文、日文、中文、满文、蒙文等出版物（其中包括稀见出版物）。到

① Кунин И. Издания КВЖД на международной выставке печати в Кельне//Вестник Маньчжурии,1929. №6. с. 39 – 42.

② Приезды учёных в Харбин//Натуралист Маньчжурии,1936. №1. с. 20.

③ Отчёт о работе Харбинского общества естествоиспытателей и этнографов с 10/V – 1947 по 1/Ⅵ – 1949//Записки Харбинского общества естествоиспытателей и этнографов. 1950, №8. 63с.

1909 年 7 月，满洲俄国东方学家学会图书馆就收集到出版物 146 册；① 在发行会刊后，满洲俄国东方学家学会又通过会刊与其他学术团体、机构和个人交换出版物，同时也通过购买或订购和个人捐赠方式获得出版物。到 1910 年 1 月，满洲俄国东方学家学会图书馆拥有出版物达到 381 册，其中包括 20 多种俄文和英文定期出版物、146 种图书。②

满洲俄国东方学家学会图书馆从最初开办之时很长一段时间内没有自己的办公地点，起初在远东报报社内。1910 年 11 月 2 日，由于空间不足，根据满洲俄国东方学家学会理事会会议决定，图书馆移到中东铁路哈尔滨商业学校教学楼内。1911 年 3 月 12 日，由于同样的原因，图书馆又移到图书馆馆员 A. H. 托夫家的住宅楼内。图书馆向满洲俄国东方学家学会所有会员免费开放，对其他读者有偿开放，每周开放一次，每次两个小时（1 次 10 戈比，1 个月 30 戈比）。满洲俄国东方学家学会会员可以把图书借阅回家，期限不超过两周。③ 在满洲俄国东方学家学会拥有自己的办公场所后，满洲俄国东方学家学会图书馆才有了固定的办公场所。在不同时期，A. H. 季托夫、И. Г. 巴拉诺夫、A. C. 切梅里查、B. A. 舒里才、Ф. Ф. 达尼棱科等先后担任图书馆馆员。20 世纪 20 年代，满洲俄国东方学家学会图书馆每周开馆两天，向社会开放。

由于满洲俄国东方学家学会图书馆办会经费有限，所得到的经费寥寥无几，如 1913 年为 120 卢布④、1915 年 66 卢布⑤、1916 年 30 卢布⑥、1920 年

---

① Каталог библиотеки общества русских ориенталистов（В порядке поступления изданий）//Вестник Азии, 1909. No2. Приложение. с. 1 – 12.

② В обществе Русских Ориенталистов//Вестник Азии, 1909. No3. с. 273; Приложение. Каталог библиотеки//Вестник Азии, 1909. No3с. 1 – 10.

③ В обществе Русских Ориенталистов//Вестник Азии, 1909. No2. с. 185.

④ Отчёт о доходах и расходах Общества Русских Ориенталистов в Харбине на 1 – е января 1914 года.//Вестник Азии, 1914. No28 – 29. с. 137.

⑤ Отчёт о дохдах и расходах О. Р. О. на 1 – ое января 1916 года//Вестник Азии, 1916. No37. с. 202.

⑥ Отчёт о доходах и расходах Общества Русских Ориенталистов в Харбине на 1 – е января 1917 года//Вестник Азии, 1916. No40. с. 71.

139 金卢布①、1922 年 223 金卢布②、1923 年 184 金卢布③、1924 年 30 金卢布④，经费不足严重影响了图书馆的藏书量。据 1921 年的数字来看，满洲俄国东方学家学会图书馆当年通过购买和捐赠等方式只收集到 68 册图书和 6 种定期出版物。⑤ 到 1926 年，满洲俄国东方学家学会图书馆也只拥有 1200 多册东方学文献。⑥ 关于满洲俄国东方学家学会图书馆的出版物馆藏情况，20 世纪 20 年代初曾在哈尔滨逗留的在华俄侨学者 И. И. 谢列布列尼科夫写道，"当我抵达哈尔滨后立即就加入了满洲俄国东方学家学会……我希望在该学会找到为我拟要研究关于满洲、中国、远东国家的著作的文献支撑。非常遗憾，我的希望落空了。满洲俄国东方学家学会在哈尔滨兴办了一个令人很失望的图书馆。在学会的小书库里找不到几年前刚刚出版的关于满洲的广为人知的图书……我百思不得其解，为什么这个学会在自己存在的 11 年里没能够兴办一所学术图书馆？这是开展任何学术活动所必备的条件"。⑦

在满洲教育学会 1910 年成立的第一年，其图书馆也随即设置。在最初几年，由于当地中东铁路商业学校图书馆、中东铁路学务处图书馆等一些图书馆的存在，加之它们的俄文资料收藏丰富，满洲教育学会图书馆利用学会会费只收集了英文、法文和德文的教育期刊。从现在所掌握的资料我们了解到，在满洲教育学会成立初期，满洲教育学会投入其图书馆的经费极少，可能因其经费非常紧张，1913 年所拨经费仅 121 卢布

---

① Отчёт о доходах и расходах О. Р. О. на 1 – ое января 1921 года//Вестник Азии,1922. №48. с. 187.

② Отчёт о доходах и расходах О. Р. О. на 1 – ое января 1923 года//Вестник Азии,1923. №51. с. 387.

③ Отчёт о доходах и расходах О. Р. О. на 1 – ое января 1924 года//Вестник Азии,1924. №52. с. 389.

④ Отчёт о доходах и расходах О. Р. О. на 1 – ое января 1925 года//Вестник Азии,1925. №53. с. 467.

⑤ Отчёт о деятельности Общества Русских Ориенталистов в Харбине за 1922 год//Вестник Азии,1923. №51. с. 381.

⑥ Институт ориентальных и коммерческихв Харбине (Состоит под покровительством Общества Ориенталистов)//Вестник Азии,1926. №53. с. 409.

⑦ Серебренников И. И. Мои воспоминания:[в2 т.]. Т. 2:В эмиграции,(1920 – 1924). – Тяньцзин:[Наши знания],1940. с. 54.

80 戈比。从 1913 年满洲教育学会发行会刊《亚洲俄国的教育事业》起，其图书馆通过学会会刊编辑部与外部交换期刊形式开始补充俄文定期教育类期刊。与此同时，满洲教育学会图书馆也通过会刊编辑部获得了许多以教育为主的非定期出版物。这样，满洲教育学会通过购买和交换两种途径补充了其图书馆的出版物，满洲教育学会图书馆因此发展迅速，到 1915 年 8 月，已经完全作为学会的一个独立机构开展活动了。此刻，满洲教育学会图书馆已拥有除俄文外的外文期刊 21 种，其中年度全套 4 种、稀有 7 种；俄文教育期刊 64 种，其中年度全套 8 种、稀有 7 种；非定期出版物 180 种；各类机构报告 27 种；指南类出版物 18 种。[1] 笔者根据会刊《亚洲俄国的教育事业》上所刊登的通过交换方式进入满洲教育学会图书馆的书单目录统计，1913 年拥有出版物 104 册；1914 年为 118 册；1915 年为 68 册；1916 年为 71 册；1917 年为 33 册。[2] 1918—1921 年期间，受俄国革命影响，满洲教育学会图书馆基本上处于瘫痪状态。直到 1922 年，满洲教育学会图书馆才逐渐恢复了正常状态，尽管如此，其已面临尴尬境地。据其会刊《满洲教育学会通报》记载，满洲教育学会通过交换会刊方式只获得了出版物 11 册。[3] 1923 年，随着满洲教育学会的停办，其图书馆自然也就闭馆了。但由于资料所限，我们尚未查阅到满洲教育学会图书馆所收藏的出版物流向的任何信息。满洲教育学会图书馆拥有独立的图书馆馆员，通常情况下都是满洲教育学会主席团成员，其收藏的图书和杂志，满洲教育学会会员可以免费利用。

　　1920 年，在哈尔滨中俄工业学校创办之际，也开办了一所基础图书馆。在学校创办之时，图书馆的图书（含教材）数量很少，在 200—300

---

　　[1]　Отчёт о деятельности Маньчжурского Педагогического Общества за 1914 – 1915 уч. Год. //Просветительное дело в Азиатсткой россии. 1915. №7. с. 801,778.

　　[2]　Список книг, поступивших в редакцию//Просветительное дело в Азиатсткой россии. 1913. №2. с. 35 – 36, №4 – 5. с. 57 – 58, №6 – 10. с. 50 – 52;1914. №1. с. 75 – 76, №2. с. 141 – 144, №3. с. 279 – 280, №4. с. 371 – 374;1915. №6. с. 685 – 688, №7. с. 837 – 842;1916. №1 – 2. с. 68 – 70, №3 – 4. с. 217 – 218, №5. с. 391 – 392, №6 – 7. с. 524;1917. №1. с. 64, №2 – 3. с. 187 – 190.

　　[3]　Автономов Н. П. Из жизни последних лет Маньчжурского Педагогического Общества. //Вестник Маньчжурского Педагогического Общества. 1922. №1. с. 21;В редакцию поступили. //Вестник Маньчжурского Педагогического Общества. 1922. №4. с. 24.

册之间。图书馆没有设专门的馆员，学校委托学校年级长委员会负责图
书馆的建设。为了不断补充最新英文、德文和法文技术出版物，学校年
级长委员会成立了专门的图书馆委员会。1923 年 10 月，为给五年级大学
生完成毕业设计提供方便，又专门从学校基础图书馆剥离出一个参考图
书馆。[①] 1922 年，哈尔滨中俄工业学校升格为哈尔滨中俄工业大学校后初
期，由于经费和办公条件等因素的限制，图书馆的境况改观不大。从
1926 年起，图书馆的各项条件都得到了改善，藏书量也有所增加，还为
图书馆指派了第一个正式员工——B. H. 奥尔洛夫。从 1927 年中叶开始，
来自苏联的大量俄文和来自欧美国家的大量外文最新学术著作定期出版
物补充到学校图书馆。这样，由于工作量的日益增加，哈尔滨中俄工业
大学校特别邀请了有着丰富经验和图书常识的中东铁路中央图书馆馆员
П. А. 卡扎科夫担任馆长，并选派 B. H. 奥尔洛夫、Б. Б. 罗甘、Г. И. 马
克西莫夫为副馆长。П. А. 卡扎科夫上任后立即加快图书馆的建设：在他
的领导下按照图书目录学编制了图书和杂志目录卡片以及快速查阅图书
的目录索引。到 1935 年，哈尔滨中俄工业大学校图书馆藏书数量已达到
10000 册，每年还订购了大约 100 多种技术杂志。哈尔滨工业大学校图书
馆还广泛利用馆际的图书交换渠道，与不同国家的 200 多所高等学校开展
交流。因此，哈尔滨中俄工业大学校的大学生们有条件获得各类感兴趣
的参考图书。[②] 哈尔滨中俄工业大学校图书馆随着学校 1935 年被日本人
接管也就结束了其独立办馆的历史，直到 1945 年才又复办。

从哈尔滨法政大学成立之日起，兴办一所用于教学与学术研究的图
书馆就被哈尔滨法政大学提上日程，但由于没有任何建设资金，在最初
的年代哈尔滨法政大学图书馆建设成效甚微，没有专职的图书馆馆员，
由哈尔滨法政大学教师 H. И. 彼得罗夫、B. B. 恩格里菲里德和 B. И. 苏

---

① Киселева Г. Б. Русская библиотечная и библиографическая деятельность в Харбине, 1897 –
1935 гг. : Диссертация... кандидата педагогических наук : Санкт – Петербург. 1999. с. 56；Мелихов
Г. В. Российская эмиграция в международных отношениях на дальнем востоке 1925 – 1932. –
Москва : Издательство《Русский путь》. 2007. с. 134.

② Мелихов Г. В. Российская эмиграция в международных отношениях на дальнем востоке
1925 – 1932. – Москва : Издательство《Русский путь》. 2007. с. 135 – 136.

林先后兼任。^① 当地的社会活动家、律师 B. И. 亚历山大罗夫向哈尔滨法
政大学捐赠的 400 册图书（216 种），大大增加了哈尔滨法政大学图书馆
的藏书量。^② 到 1924 年秋，哈尔滨法政大学图书馆已拥有藏书 900 册；
到 1925 年 9 月 1 日，增长到 1500 册。^③ 1925 年末，中东铁路中央图书馆
在哈尔滨开办，其馆长由哈尔滨法政大学教师特里弗诺夫和乌斯特里亚
洛夫先后兼任。由此，哈尔滨法政大学图书馆的状况也得到了根本改观，
因为中东铁路中央图书馆帮助其从俄国与欧洲订购所需图书和在当地购
买图书，某种程度上不仅保证了哈尔滨法政大学教师必需的指南性出版
物，而且也提供了大量的专门性研究著作。同时，中东铁路管理局又给
予了哈尔滨法政大学充足的办学经费。这都为哈尔滨法政大学图书馆的
发展提供了有利条件。到 1926 年 9 月 1 日，哈尔滨法政大学图书馆藏书
量增长到 2000 册，其中包括 379 册外文图书（以法文、德文和英文为
主）；到 1927 年 5 月 1 日，藏书量达到 2473 册，外文图书 500 册；到当
年 9 月 1 日，藏书量为 2634 册，外文图书 560 册。^④ 到 1928 年 9 月 1 日，
哈尔滨法政大学图书馆藏书量增长到 3312 册，外文图书 812 册。^⑤ 到
1930 年，哈尔滨法政大学图书馆藏书量达到了约 4000 册。^⑥

　　在藏书量不断增长的同时，为了管理图书馆，哈尔滨法政大学图书

---

① Автономов Н. П. Юридический факультет в Харбине за восемнадцать лет существования. //Известия Юридического Факультета,1938. №12. с. 80.

② Автономов Н. П. Юридический факультет в Харбине за восемнадцать лет существования. //Известия Юридического Факультета,1938. №12. с. 79.

③ Доклад декана Юридического Факультета декана в гор. Харбине о положении Факультета за 1926 – 1927 уч. год//Известия юридического факультета в Харбине. 1928, №5. с. 358; Доклад Юридическому Факультету декана проф. В. А. Рязановского о положении Факультета за 1924 – 1925 уч. год//Известия юридического факультета в Харбине. 1926, №3. с. 314.

④ Доклад декана проф. В. А. Рязановского о положении Факультета за 1925 – 1926 уч. год//Известия юридического факультета в Харбине. 1926, №3. с. 345; Доклад декана Юридического Факультета в гор. Харбине о положении Факультета за 1926 – 1927 уч. год//Известия юридического факультета в Харбине. 1928, №5. с. 353.

⑤ Доклад декана Юридического Факультета в гор. Харбине о положении Факультета за 1927 – 1928 уч. год//Известия юридического факультета в Харбине. 1929, №7. с. 469.

⑥ Никифоров Н. И. Краткий отчёт о состоянии Юридического Факультета ОРВП по Русскому его Отделению с 1 – го марта 1930 г. по 1 июля 1931 г//Известия юридического факультета в Харбине. 1931, №9. с. 331.

馆专门设立了由 Н. И. 尼基弗洛夫领导的图书馆委员会，并安排了专职
的图书馆馆员（先后有 Н. Е. 艾斯别洛夫、С. Ф. 基琴、Б. И. 维诺戈拉
多夫、Л. Г. 乌里杨茨基受聘）。① 从 1929 年 3 月起，哈尔滨法政大学被
改组后，由于缺少经费，哈尔滨法政大学图书馆就再也没有获得过新书
和定期出版物，补充学术出版物的唯一途径就是通过免费形式用哈尔滨
法政大学自己的出版物进行交换。与此同时，哈尔滨法政大学图书馆委
员会也宣布撤销。哈尔滨法政大学图书馆从此进入了停滞发展阶段。在
哈尔滨法政大学图书馆的发展历史中，始终没有一个属于自己的图书馆
楼，起初借用中东铁路商业学校办公楼，后来又搬至哈尔滨法政大学国
语传习所和中文部办公楼，继而又迁至道里商务俱乐部等地。②

为了解决学术型课程无教学参考书可利用的问题，哈尔滨东方文言
商业专科学校东方学学会还兴办了一所大学生图书馆。同时，考虑到会
员及学校大学生实践研究当地贸易产品的需求，哈尔滨东方文言商业专
科学校东方学学会也筹建了一所货样博物馆。这是学会服务于学校教学
实践而设立的两个小型辅助机构。该项活动得到了哈尔滨东方文言商业
专科学校理事会的大力支持，使得学会有一定资金去购买图书和从当地
工商企业获得商品展览品。③ 由于资料有限，我们还尚未看到东方学学会
图书馆和货样博物馆的具体建设情况。

举办展览会是东省文物研究会筹办博物馆（陈列所）和募集办会经
费的重要举措。前文已述，在东省文物研究会正式创会之前，哈尔滨俄
侨社会各界就已拟筹划兴办反映本地各业情况的博物馆（陈列所），但由
于缺少经费和学术支撑等因素而暂缓建设。东省文物研究会正式被批准
合法化后，仍无力立刻建设博物馆（陈列所）。直到 1923 年 4 月，恰逢

---

① Доклад декана проф. В. А. Рязановского о положении Факультета за 1925 – 1926 уч.
год//Известия юридического факультета в Харбине. 1926, №3. с. 345；Автономов Н. П.
Юридический факультет в Харбине за восемнадцать лет существования.//Известия
Юридического Факультета, 1938. №12. с. 80.

② Автономов Н. П. Юридический факультет в Харбине за восемнадцать лет
существования.//Известия Юридического Факультета, 1938. №12. с. 80.

③ Жизнь Института Ориентальных и Коммерческих нау.//На Дальнем Востоке.
(Харбин). 1931. №1. с. 86.

中东铁路修筑建设 25 周年举行纪念会，中东铁路公司也有举办展览会①
之意，遂交由东省文物研究会筹办，并支持其建设博物馆（陈列所）。经
周密筹备，1923 年 6 月 11 日，展览会正式开幕。参展者有公私机关、商
行、工厂、团体等 200 余家，展览物品约 10000 件，大部分系工商物品，
达 5165 种。由东省文物研究会举办的纪念中东铁路修筑 25 周年展览会之
展览物品成为东省文物研究会兴办博物馆（陈列所）的基础。1923 年 11
月 11 日，在展览会闭幕和对展览物品之种类性质鉴别完毕并剔除无关物
品后，东省文物研究会博物馆（陈列所）正式开馆。② 这是在华俄侨学者
所兴办的一所规模最大的博物馆（陈列所）。

　　东省文物研究会博物馆（陈列所）陈列品的补充主要通过派遣各学股会
员在东北不同地区进行田野调查、购买、私人募捐和临时借用等途径获得。
东省文物研究会博物馆（陈列所）的陈列品逐年增加，详见表 2—13：③

表 2—13　　1923—1928 年东省文物研究会博物馆（陈列所）陈列品数量表

年份	陈列品数量
1923	11089 件（自有者 5412 件，借用者 5677 件）
1924	24452 件（自有者 11470 件，借用者 12982 件）
1925	35974 件（自有者 26432 件，借用者 9542 件）
1926	40973 件（自有者 29289 件，借用者 10634 件）
1927	60871 件（自有者 50921 件，借用者 9950 件）
1928（至 5 月 1 日）	63313 件

---

　　①　目的：（1）表彰东省铁路启发东省交通之魄力，并可将凤所称洪荒之地，一振而为巨
大种植要区之指导；（2）审查东省铁路历来之构造；（3）考察与发展东省工商农业之来源；
（4）供献北满自然之物产（植物动物地下掘出物）；（5）汇集东省人民生活上之情况与祭祀上
之陈列品；（6）调查东省社会作为之组织；（7）搜集东省之文化物品。（东省文物研究会编：
《1926 年东省文物研究会报告书》，1927 年哈尔滨出版，第四页。）

　　②　А. Р. Общество Изучения Маньчжурского Края, его задачи, структура и деятельность//
Известия Общества Изучения Маньчжурского Края, 1926. №6. с. 10, 12.

　　③　А. Р. Общество Изучения Маньчжурского Края, его задачи, структура и деятельность//
Известия Общества Изучения Маньчжурского Края, 1926. №6. с. 31; Отчет о деятельности
Общества Изучения Маньчжурского Края за 1926 год (4 - й год существования). - Харбин, 1927.
с. 4; Рачковский А. А. Отчёт о деятельности Общества Изучения Маньчжурского Края за 1927
год//Известия Общества Изучения Маньчжурского Края, 1928. №7. с. 93.

东省文物研究会博物馆（陈列所）陈列品主要分为自然科学、人种学、工商、美术等部分。1923 年，工商类陈列品 3580 件（自有者 2310件，借用者 1270 件），人种学类陈列品 3836 件（自有者 391 件，借用者3445 件），自然科学类陈列品 3042 件（自有者 2275 件，借用者 767 件），其他类陈列品 631 件（自有者 436 件，借用者 195 件）；1924 年，工商类陈列品 4276 件（自有者 1099 件，借用者 3177 件），人种学类陈列品7644 件（自有者 4079 件，借用者 3585 件），自然科学类陈列品 10611 件（自有者 5459 件，借用者 5152 件），美术类陈列品 36 件（全为借用），其他类陈列品 1865 件（自有者 833 件，借用者 1032 件）；1925 年，工商类陈列品 10644 件（自有者 6245 件，借用者 4399 件），人种学类陈列品7514 件（自有者 4516 件，借用者 2998 件），自然科学类陈列品 8400 件（自有者 7022 件，借用者 1378 件），美术类陈列品 55 件（全为借用），其他类陈列品 9361 件（自有者 8649 件，借用者 712 件）；1926 年，新增陈列品 3946 件（自有者 2857 件，借用者 1089 件）；1927 年，新增陈列品 7667 件，其中工商与农业类陈列品 1472 件、历史人种学类陈列品2077 件、自然历史类陈列品 4111 件、其他陈列品 7 件；从 1928 年 1 月 1日至 5 月 1 日，新增陈列品 2442 件，其中 1931 件属于人种学类陈列品。[①]

东省文物研究会博物馆（陈列所）下设自然科学科（下设动物学、植物学、地质学附科）、历史人种学科、工商业科（下设农业、工业、商业、出口进口货物、制酱黄豆附科）、美术物品室、医学兽医学及卫生学科、图解科、当地出版物收藏科等部门，配有专人负责陈列品收藏、保护、管理、展览与学术研究等工作，各相应学股股长担任所对应科监察员。东省文物研究会博物馆（陈列所）保管员一直由 Б. П. 雅科夫列夫担任。

---

① A. P. Общество Изучения Маньчжурского Края, его задачи, структура и деятельность//
Известия Общества Изучения Маньчжурского Края, 1926. №6. с. 32; Отчет о деятельности
Общества Изучения Маньчжурского Края за 1926 год (4 – й год существования). - Харбин, 1927.
с. 4; Рачковский А. А. Отчёт о деятельности Общества Изучения Маньчжурского Края за 1927
год//Известия Общества Изучения Маньчжурского Края, 1928. №7. с. 93.

在东省文物研究会博物馆（陈列所）里，除上述各科陈列品外，还收藏了地方出版物，关于满洲的照片、插图、速写画以及各类关停的机构档案等。该项工作主要由地方出版物收藏科与图解科来完成。两科一直由 M. C. 邱宁和 Ф. M. 罗佐夫分别担任主任。根据资料统计，两科所收藏陈列品也非常丰富。地方出版物收藏科收藏图书、报纸、杂志、画册、地图册和地理地图等各类出版物数量如下：1924 年为 3276 册；1925 年新增 5856 册；1926 年新增 2203 册；1927 年新增 2901 册，合计 14136 册。图解科成立于 1925 年末，到 1926 年末，就收集了关于满洲的照片、插图、速写画等陈列品超过了 2000 件。①

东省文物研究会图书馆的设立也起源于纪念中东铁路修筑 25 周年展览会。在展览会上，参展书籍达上千种，其中有若干书籍由书主转让给了东省文物研究会，遂有东省文物研究会图书馆的诞生。东省文物研究会兴办图书馆之目的为：（1）将关于北满之书籍均应列成一表籍便稽考，其非本会所有者，应注明该书现在何处，或属于何人作一种有系统之登记；（2）选各种学术中切于实用之书籍，收集馆内，以供本会会员作学术之研求；（3）收集当地出版之各种书籍、杂志、图书、地图、报纸等项，创设一种当地出版物收藏科，现经特区当局熟忱维助，尤为通令各印刷所、所有北满印刷出版物品，均检送本会两份，以便收藏；（4）创设一种图表科；（5）收集各种关于北满风俗人情之相片图片等项，以便创设一种图解科，供人研究。②

干事会干事 B. B. 拉曼斯基和 B. Я. 托尔马乔夫先后担任东省文物研究会图书馆馆长。为了获得出版物，东省文物研究会图书馆积极与俄国及其他国家学术团体和学术杂志交换出版物，同时也通过购买和捐赠方式获得出版物。1924 年，东省文物研究会图书馆收藏有 612 种 906 册出

---

① A. P. Общество Изучения Маньчжурского Края, его задачи, структура и деятельность // Известия Общества Изучения Маньчжурского Края, 1926. №6. с. 38; Отчет о деятельности Общества Изучения Маньчжурского Края за 1926 год (4 - й год существования). - Харбин, 1927. с. 5; Рачковский А. А. Отчёт о деятельности Общества Изучения Маньчжурского Края за 1927 год // Известия Общества Изучения Маньчжурского Края, 1928. №7. с. 98.

② 东省文物研究会编：《东省文物研究会报告书》，1928 年哈尔滨出版，第 8 页。

版物；到 1925 年末，达到了 4168 册出版物；1926 年，新增 1850 册；1927 年至 1928 年初，新增交换出版物 800 册（其中大约 400 册为定期出版物）和购买出版物 100 多册，同时 1927 年由于满洲农业学会图书馆与满洲俄国东方学家学会图书馆的并入，也使东省文物研究会图书馆的藏书量大大增加；到 1928 年东省文物研究会撤销时，东省文物研究会图书馆已收藏出版物 9000 多册。[①]

在东省文物研究会图书馆所收藏的出版物中，交换获得的出版物占据绝对数量，共为 7150 册。可见，东省文物研究会图书馆通过购买方式获得的出版物数量非常之少。这主要因为东省文物研究会用于购买出版物的经费极少，总共为大洋 1570 元（1922 年 12.5 元、1923 年 25 元、1924 年 112.77 元、1925 年 702.5 元、1926 年 0 元、1927 年 717.86 元）。[②]

随着东省文物研究会被东省特别行政区国民教育局接管，东省文物研究会博物馆（陈列所）与图书馆也就走向了另外一条道路。

基督教青年会哈尔滨自然地理学研究会在 1929 年创会之初就专门组建了图书馆。由于缺少资料佐证，我们无从得知基督教青年会哈尔滨自然地理学研究会图书馆的组织架构和人员构成。目前可知的是，基督教青年会哈尔滨自然地理学研究会图书馆共收藏了 500 多种出版物，其中 1933 年 173 种、1934 年 220 种、1935 年 274 种、1936 年 326 种、1937 年 370 种、1938 年 388 种、1939 年 407 种、1940 年 425 种、1941 年 510 种、

---

① А. Р. Общество Изучения Маньчжурского Края, его задачи, структура и деятельность//Известия Общества Изучения Маньчжурского Края, 1926. №6. с. 40；Отчет о деятельности Общества Изучения Маньчжурского Края за 1926 год（4 - й год существования）. - Харбин, 1927. с. 5；Рачковский А. А. Отчёт о деятельности Общества Изучения Маньчжурского Края за 1927 год//Известия Общества Изучения Маньчжурского Края, 1928. №7. с. 97；Рачковский А. А. Шесть лет//Известия Общества Изучения Маньчжурского Края, 1928. №7. с. 5.

② Отчёт Общества Изучения Маньчжурского Края за 1922, 1923, 1924 и 1925 гг//Известия Общества Изучения Маньчжурского Края, 1926. №6. с. 63；Отчет о деятельности Общества Изучения Маньчжурского Края за 1926 год（4 - й год существования）. - Харбин, 1927. с. 17；Финансовый отчёт Общества Изучения Маньчжурского Края за 1927 год//Известия Общества Изучения Маньчжурского Края, 1928. №7. с. 111.

1942 年 527 种、1943 年 555 种。[①]

尽管满洲俄侨事务局考古学、博物学与人种学研究青年会仅存在两年多时间，但其也兴办了一所小型图书馆和一所博物馆。截至 1937 年 11 月，满洲俄侨事务局考古学、博物学与人种学研究青年会图书馆拥有各类出版物近 300 种，其中大部分是学会的老朋友 В. Я. 托尔马乔夫到上海募捐而来；在满洲俄侨事务局考古学、博物学与人种学研究青年会通讯会员的大力支持下，满洲俄侨事务局考古学、博物学、人种学研究青年会博物馆收藏有近千件展品。[②]

另据 1936 年在上海出版的俄文图书《俄罗斯人在上海》一书记载，上海俄国医学会也兴办了一所医学图书馆和病理解剖陈列馆。[③] 关于其具体情况，尚无史料佐证。

八　创办高等学校和组织各类培训班

创办高等学校和组织各类培训班是在华俄侨学术机构为社会培养、培训各类实用人才的重要活动。它不仅促进了本地教育的发展，而且也满足了社会对实用性人才的需求。中东铁路中心医院医生协会、满洲俄国东方学家学会等学术机构均参与其中。

1918 年夏，中东铁路中心医院成立了哈尔滨市产科学校筹备委员会。中东铁路中心医院高级医生 Т. И. 诺夫孔斯基担任筹备委员会主席。很快，经过筹备，1918 年 11 月 6 日，中东铁路中心医院正式开办了哈尔滨产科学校。[④] 该校在 1920 年 2 月后在管理上隶属于中东铁路中心医院医生协会。学校首任校长为 Т. И. 诺夫孔斯基。1921 年，中东铁路中心医院医生 Н. М. 伊瓦辛科和 В. В. 彼得罗夫分别担任校长和副校长。哈尔滨

---

① Жернаков В. Н. Отчёт о деятельностиклуба естествознания и географии ХСМЛ за период с 1933 по 1940 гг.//Известия клуба естествознания и географии ХСМЛ. 1941, №1. с. 112; Жернаков В. Н. Отчёт о деятельностиклуба естествознания и географии ХСМЛ за период с 1940 по 1943 гг.//Известия клуба естествознания и географии ХСМЛ. 1945, №1. с. 101.

② История возникновения Секции А. Н Э//Натуралист Маньчжурии, 1937. №2. с. 62.

③ Жиганов В. Д. Русские в Шанхае. – Шанхай, 1936. с. 115.

④ Ратманов П. Э. Вклад российских врачей в медицину китая（ХХ век）.: Диссертация... доктора медицинских наук: Москва. 2010. с. 94.

产科学校学制 3 年，学费每年 200 卢布。1921 年之前，哈尔滨产科学校每年都招收新生。1922 年 4 月，哈尔滨产科学校才毕业了首届 30 名学生。但学校只解决了哈尔滨青年对该类中等职业教育的需求，却难以满足希望接受高等医学教育的哈尔滨青年的需求。由此，1921 年在哈尔滨出现了两伙倡议创办高等医科学校的人。一伙以过去的俄国边防独立兵团外阿穆尔军区医生 B. П. 德多夫和偶然来到哈尔滨的华沙大学编外副教授鲍古斯拉夫斯基医生为首，请求张作霖拨款在哈尔滨创办高等医科学校，但没有得到批准。①

另一伙就是中东铁路中心医院医生协会的俄侨医生，并最终获得了成功。1921 年 10 月 30 日，在中东铁路管理局、中东铁路俱乐部和哈尔滨市董事会的资金资助下，由中东铁路中心医院医生协会开办的哈尔滨高等医科学校举行了隆重的开学仪式，标志着哈尔滨的第一所医科大学诞生。这是哈尔滨俄侨创办的唯一一所高等医科大学。学校的教师均来自中东铁路中心医院医生协会的会员。学校按照托木斯克大学的教学大纲进行授课。学校没有自己固定的办学场所，完全利用中东铁路商业学校实验室、中东铁路与哈尔滨市医疗机构的实验室来进行教学活动。哈尔滨高等医科学校首批新生招收了 120 人（35 名男生、85 名女生），次年又招收了 83 名新生。为了与教师沟通和解决学生的困难，哈尔滨高等医科学校成立了班长会。然而，由于受中东铁路管理局、中东铁路俱乐部和哈尔滨市董事会对哈尔滨高等医科学校的资金支持不断减少（受当时哈尔滨恶劣的经济状况影响），学生的学费缴纳经常不及时和不愿缴纳学费（家庭条件和学校没有得到苏俄承认），学校的领导持反布尔什维克立场、在与苏俄的大学合作上非常消极等多重因素的影响，严重制约了哈尔滨高等医科学校的发展。哈尔滨高等医科学校的老生纷纷退学，到 1922 年 7 月只有 67 名学生参加考试；到 1923 年秋，仅有 35 名高年级学生继续学习，而招收的新生也只有 20 人，仅有的一位教授 Н. И. 莫洛佐

---

① Ратманов П. Э. История врачебно – санитарной службы Китайской Восточной железной дороги（1897 – 1935 гг.）. – Хабаровск:ДВГМУ. 2009. с. 98.

夫也打算从哈尔滨返回苏联工作。[①]

1924 年 10 月，中东铁路开始了中苏真正共管。由此，1924 年末至 1925 年初，中东铁路医疗卫生处的总医生被替换。为了应对这种情况，中东铁路中心医院医生协会于 1925 年 8 月末召开会议，选举产生了哈尔滨高等医科学校新一届理事会，学校校长、中东铁路中心医院高级医生 E. A. 别特尼科夫为理事会主席，秘书为 П. K. 法依茨基医生，司库为 A. B. 林德尔医生。但新的理事会没能阻止学校的停办。中苏共管的中东铁路管理局停止了给哈尔滨高等医科学校的资助，并禁止它的学生在中东铁路中心医院实习。在此背景下，1925 年 9 月 3 日，中东铁路中心医院医生协会理事会召开了会议，接受了新任中东铁路总医生 Г. Д. 鲍奇科夫关于关闭哈尔滨高等医科学校的通告，宣布作为中东铁路所属的机构——哈尔滨高等医科学校于 1926 年初停办。尽管在后续的几个月时间里，中东铁路中心医院医生协会又做了一些挽救学校被撤销的尝试，但还是于事无补，在 1926 年 3 月 27 日的中东铁路中心医院医生协会会议上明确了 1926 年 1 月 1 日哈尔滨高等医科学校已被正式关闭。[②] 总之，"哈尔滨高等医科学校的领导不想也没能适应 1920 年代初中东铁路附属地中国化的条件，没能另行确定教授中国大学生的方针和低估了哈尔滨俄国难民与祖国关系的重要性。学校领导者保守立场的结果就是造成了哈尔滨高等医科学校被关闭和 100 多名医学大学生被欺骗"。[③]

1924 年中苏共管中东铁路后，在对东方语言和国情人才需求急剧增长的背景下，由汉学家 A. П. 希奥宁、П. B. 什库尔金、B. Д. 马拉库林、Ф. Ф. 达尼棱科、H. K. 诺维科夫、K. П. 米哈依洛夫和 M. П. 郭洛瓦切夫等 7 人倡议，并得到中国地方当局允许，于 1924 年在哈尔滨开办了带有大学教学计划的东方文言商业学校。1925 年夏，为了培养高层次东方

---

① Ратманов П. Э. Вклад российских врачей в медицину китая(XX век). : Диссертация... доктора медицинских наук : Москва. 2010. с. 144 – 147.

② Ратманов П. Э. История врачебно – санитарной службы Китайской Восточной железной дороги (1897 – 1935 гг.). – Хабаровск : ДВГМУ. 2009. с. 105 – 107.

③ Ратманов П. Э. Высшая русская медицинская школа в харбине (1921 – 1925 гг.)// Дальневосточный медицинский журнал. 2008. №2. с. 127.

语言和国情人才，在满洲俄国东方学家学会的支持下，在东方文言商业学校的基础上创办了哈尔滨东方文言商业专科学校。① 这是哈尔滨俄侨创办的唯一一所外语加专业的高等学校。

哈尔滨东方文言商业专科学校初期设有两个系：东方经济系和商务系，1931 年被改造后只开设东方经济系。历任校长为 В. Д. 马拉库林和 А. П. 希奥宁。学校在管理上设有三个机构：理事会、校委会和教学委员会。学校办学完全依靠学生缴纳学费，在办学初期每学年为 100 元（当地中国货币）学费。学校为了生存，不断调整适应当地社会需求的教学计划。

哈尔滨东方文言商业专科学校主要经历了三个发展阶段：（1）1925—1931 年的初创和快速发展。（2）1931—1937 年的被改组和兼并。1931 年，学校在行政上接受中国地方政府领导。伪满洲国成立后，1934 年 9 月 14 日，学校被圣弗拉基米尔学院②兼并。1935 年 8 月 25 日，学校正式更名为圣弗拉基米尔学院东方经济系。（3）1938—1941 年的再次独立建校与撤销。1938 年 1 月，圣弗拉基米尔学院被关闭，哈尔滨东方文言商业专科学校再次独立建校；1941 年由于经费问题被迫关闭。

学校在办学期间生源一直很好，1925 年学生数量为 11 人，1926 年增长为 70 名，到 1930 年达到 200 名，共招收 750 名学生。学校举行了 16 届毕业考试，其中只有 104 名获得了毕业文凭（东方经济系 76 人、商务系 28 人），而且大多数是在 1938 年前获得的。③ 毕业生多数从事实践性非常强的工作，只有少数从事教学和学术活动，如培养了像 Б. С. 斯莫拉和 В. С. 斯塔里科夫等致力于学术研究的青年学者。

从 1924 年至 1941 年，共有 30 多名教师在哈尔滨东方文言商业专科

① Павловская М. А. Харбинская ветвь российского востоковедения, начало XX в. 1945 г. : Дис. . . кандидата исторических наук: Владивосток. 1999. с. 235.

② 1934 年秋创办，由大主教梅列迪（后升为都主教）担任校长，初创时只设神学系，是一所俄侨神学院；后又设东方系和工业系，成为一所综合性俄侨高等学校。

③ Жизнь Института Ориентальных и Коммерческих нау. // На Дальнем Востоке. （Харбин）. 1931. №1. с. 83 – 84；Павловская М. А. Харбинская ветвь российского востоковедения, начало XX в. 1945 г. : Дис. . . кандидата исторических наук: Владивосток. 1999. с. 252 – 253.

学校任教，其中包括俄国人 А. Я. 阿福多辛科夫（日语），А. И. 安多戈斯基（铁路法、金融学），Н. Д. 沃龙采维奇（商品学），А. И. 加里奇（东方地理、日语），И. И. 郭戈瓦德（商业计算），В. 郭里钦（国家法），М. П. 郭洛瓦切夫（法通论、国际法、太平洋问题），Н. Д. 格列波夫（中国与满洲历史、汉语），古里耶夫（汉语），А. Г. 杜杜卡洛夫（汉语），Е. Д. 伊利依娜、Е. Н. 基特露斯卡娅（英语、文学、新闻学），Г. А. 科兹洛夫斯基（英语），С. В. 库兹涅佐夫、Г. Я. 马利亚列夫斯基（西伯利亚学、贸易史、统计学），В. Д. 马拉库林（政治经济学、经济学说体系、运输与工业经济、民法），К. П. 米哈依洛夫（基础会计学、英国会计学），И. В. 穆西依—穆西恩科（刑事诉讼基本原则），И. К. 诺唯科夫（汉语、远东国家政治制度），诺萨奇－诺斯科夫（政治经济学、政治学说史、法总论、金融学），В. 奥迪涅茨（象形文字解析），В. Г. 巴甫洛夫斯基（语言学与逻辑学总论），И. А. 普茨亚托（世界文化史），О. О. 斯莫尔切夫斯基（商品学），П. С. 季申科（日本与满洲地理、中国、蒙古、西藏和新疆地理、日本史、远东国家史），Е. И. 楚拉科夫斯卡娅（英语），В. Г. 施申（欧洲文化史、民法），П. В. 什库尔金（远东国家地理与历史），С. В. 希罗夫斯基（汉语），О. Л. 维克多罗夫（神学），中国人舒恩泰、舒恩杰、高翔慎（汉语），日本人奈良、уцзияма（日语）。[1]

　　满洲俄国东方学家学会自创立起，就极力实现其具体任务，其中包括协调俄国人与本地人之间的关系、拉近与本地民族的距离、加强俄国在远东的影响，但推进这项工作的最大障碍是，俄国人不掌握起码的东方知识和语言，而首要任务就是要学习它们的语言，为此，满洲俄国东方学家学会决定在哈尔滨开办一个东方语言班，对陆军部派往远东国家的军官、中东铁路边境护路队军官、邮电部门官员、中东铁路职员、工商企业职员和一些个人进行培训。[2] 1915 年 8 月 10—24 日，满洲俄国东

---

① Павловская М. А. Харбинская ветвь российского востоковедения, начало XX в. – 1945 г. : Дис. . . кандидата исторических наук : Владивосток, 1999. с. 241 – 242.

② Новиков Н. К. К вопросу об учреждении в Харбине семинарии восточных языков. // Вестник Азии, 1909. №3. с. 211 – 212.

方学学会在哈尔滨为中东铁路学校、市镇学校教师举办了东方学班。满
洲俄国东方学家学会会员 П. В. 什库尔金、Н. В. 屈纳、В. В. 索尔达托
夫、П. М. 格拉迪、Г. А. 索福克罗夫、К. О. 诺瓦科夫斯基、П. С. 季申
科 7 人分别就中国、中国东北和阿穆尔沿岸地区地理，民族，历史与俄
中关系，与远东毗邻国家相关的中国东北与阿穆尔沿岸地区的经济地理，
东方精神文化，中国，中国东北与蒙古的现代社会与政治制度，行政设
置，区域自治与国民教育，外国人的司法制度与法规，中国的欧化，国
家治理与宪法，中国改革的经济与政治原因等内容进行了两周的有偿培
训，总学时为 46 学时。①

据 1926 年第 53 期《亚细亚时报》记载，1918 年 2—5 月，为了普及
外语知识，满洲俄国东方学家学会在中东铁路哈尔滨商业学校开办了英
语与国际语培训班，共有 112 人参加了培训。1919 年，应哈尔滨捷克斯
洛伐克卫成部队教育协会的请求，满洲俄国东方学家学会在捷克人和斯
洛伐克人中普及了关于远东的知识，由 П. В. 什库尔金、Ф. Ф. 达尼棱
科、Б. В. 斯克沃尔佐夫等俄侨学者举办了关于东方学、中国诗歌、对中
国有经济意义的植物与植物产品、满洲的动物区系与植物区系的知识
讲座。②

据哈尔滨法政大学发行的学报——《法政学刊》记载，哈尔滨工业
大学校在早期办学过程中也举办了培训班或技校，如为考入哈尔滨工业
大学校的哈尔滨商业学校的学生和中东铁路职工的子女开办了夜校；开
办了为铁路培养中等职业技术人才的铁路技校；开办了运输技术职业资
格考试培训班。③ 关于这些培训班或技校活动的详细内容，目前没有查阅
到相关史料记载。

据俄罗斯学者出版的《满洲的俄国农业作物（17 世纪中叶至 1930 年

① Отчёт Секретаря Общества Русских Ориенталистов за 1915 год//Вестник Азии, 1916. No37. с. 195 – 196.

② Автомонов Н. Общество Русских Ориенталистов (исторический очерк)//Вестник Азии. 1926, No53. с. 435.

③ Щелков А. А. Русско – Китайский Политехнический Институт к началу 1925 года. Гор. Харбин.//Известия юридического факультета в Харбине. 1925, No1. с. 243.

代中期)》一书记载，为了培养农业领域的专门实践人才，1922 年秋，满洲农业学会在哈尔滨开办了农学、园艺学、果树栽培学、养蜂学和蔬菜栽培培训班。培训方式为让学员在冬季学习理论知识，翌年春天在实践中结束学习。[①]

为传播摄影艺术和向会员传授摄影实践知识，1925 年末，东省文物研究会摄影学股为东省文物研究会会员开办了摄影学班。1926 年和 1927 年，该班持续开办。该班理论课由摄影学股会员 Л. Ф. 龙德斯特列穆教授，实践课由摄影学股会员 П. Г. 巴拉莫诺夫指导。为了使摄影学班取得更好的学习效果，摄影学股还举办了照片比赛。[②]

布尔热瓦尔斯基研究会满洲分会每逢冬季时都在会内组织开办地方志班，讲授考古学、植物学、地质学、动物学、原始文化史、考古发掘技术和民族学等课程。[③] 据《哈尔滨地方志博物馆通报》记载，在 1940—1941 年冬天，生物委员会为其会员和他们的朋友开办了一个养蜂学班。[④]

1948 年 12 月 31 日—1949 年 3 月 20 日，苏联侨民会哈尔滨自然科学与人类学爱好者学会养蜂学部开办了一个养蜂学班，共有 35 名养蜂人在该班毕业。1949 年春，苏联侨民会哈尔滨自然科学与人类学爱好者学会养蜂学部在哈尔滨市的不同养蜂场为毕业生安排了专门的实习作业。[⑤]

---

① Белоглазов Г. П. Русская земледельческая культура в Маньчжурии (серед. ⅩⅦ – перв. треть ⅩⅩ в.). – Владивосток : Дальнаука. 2007. с. 95.

② А. Р. Общество Изучения Маньчжурского Края, его задачи, структура и деятельность // Известия Общества Изучения Маньчжурского Края, 1926. №6. с. 29 ; Отчет о деятельности Общества Изучения Маньчжурского Края за 1926 год (4 – й год существования). – Харбин, 1927. с. 9 – 10 ; Рачковский А. А. Отчёт о деятельности Общества Изучения Маньчжурского Края за 1927 год // Известия Общества Изучения Маньчжурского Края, 1928. №7. с. 93.

③ Справка о деятельности Национальной Организации Исследователей Пржевальцев // Сборник научных работ Пржевальцев. 1942, Харбин. с. 69 ; Гордеев М. Н. Великая Маньчжурская Империя : К десятилетнему юбилею, 1932 – 1942. / Кио – Ва – Кай ; Гл. Бюро по делам рос. эмигрантов в Маньчжур. Империи. – Харбин, 1942. с. 341.

④ Баранов А. И. Историческая справка о возникновении и работе Биологической Комиссии // Известия Харбинского краеведческого музея. 1945, №1. с. 58.

⑤ Отчёт о работе Харбинского общества естествоиспытателей и этнографов с 10/Ⅴ – 1947 по 1/Ⅵ – 1949 // Записки Харбинского общества естествоиспытателей и этнографов. 1950, №8. с. 61.

九 其他活动

为了加强在教育与教学方面的实践活动，丰富学校外的教育生活，满洲教育学会还举办了大众朗读会和通俗讲座及提供了夏季儿童游乐场、支援战争等活动。据资料记载，从 1914 年 11 月开始至 1915 年 3 月，满洲教育学会在中东铁路总工厂职工俱乐部理事会和中东铁路学务处的大力支持下，每周日晚在中东铁路总工厂职工俱乐部大厅和第二新城铁路学校举行大众朗读会和通俗讲座。因满洲教育学会无力承担此项活动的全部费用，所以通常还向参加者收缴一定的费用：成人 10 戈比，儿童和士兵 5 戈比。其间，满洲教育学会在中东铁路总工厂职工俱乐部大厅共举行了 6 场大众朗读会和 7 场通俗讲座，在第二新城铁路学校举行了 4 场大众朗读会。其中，文学方面 5 场、地理方面 1 场、历史方面 2 场、航空方面 4 场、卫生方面 3 场、时政方面 2 场。参与活动的总人数合计 4748 人，包括 2124 名儿童和 2624 名成人（1736 名儿童和 2610 名成人在中东铁路总工厂职工俱乐部大厅参与活动，388 名儿童和 14 名成人在第二新城铁路学校参与活动）。[①] 从 1915 年 11 月至 1916 年 4 月，满洲教育学会在上述两个地点继续安排大众朗读会和通俗讲座。为了吸引更多人参与此项活动，满洲教育学会对参与本年度大众朗读会和通俗讲座的所有人不收取任何费用。这极大促进了本项活动的开展。满洲教育学会在中东铁路总工厂职工俱乐部大厅共举行了 31 场大众朗读会和通俗讲座，几乎完全以通俗讲座为主，其中地理方面 10 场、艺术方面 6 场、战争方面 2 场、生理与卫生方面 10 场、其余方面 3 场；在第二新城铁路学校举行了 12 场大众朗读会，全是关于文学方面的。其间，共有 7447 人在中东铁路总工厂职工俱乐部大厅参与活动，其中 2551 名儿童和 4896 名成人，平均每场 158 名成人和 82 名儿童；1255 人在第二新城铁路学校参与活动，其中 1167 名儿童和 88 名成人，平均每场 7 名成人和 97 名儿童。[②]

---

① Отчёт о деятельности Маньчжурского Педагогического Общества за 1914 – 1915 уч. Год.//Просветительное дело в Азиатской россии. 1915. №7. с. 781 – 788.

② Отчёт о деятельности Маньчжурского Педагогического Общества за 1915 – 1916 уч. Год.//Просветительное дело в Азиатской россии. 1916. №6 – 7. с. 488 – 494.

1915 年夏初，在哈尔滨市自治公议会的支持下，满洲教育学会在哈尔滨的南岗兴建了专供儿童课外游乐的"老铁路俱乐部""花园""林荫" 3 个游乐场。3 个游乐场均划分为大孩区和小孩区，开放时间为每晚 5—7 点。平均每天有 80 名儿童在这 3 个游乐场活动。到 7 月末，满洲教育学会又在香坊兴建了第 4 个游乐场。[①] 1916 年夏，满洲教育学会在儿童游乐场方面的活动非常活跃，在俄国国民教育部、中东铁路地亩处、中东铁路印刷所等部门资金的支持下，在原有 4 个游乐场的基础上，又新辟建了 4 个游乐场（含 2 个并入的铁路俱乐部游乐场和总工厂职工俱乐部游乐场）。原有的香坊游乐场和老铁路俱乐部游乐场搬到了更适宜活动的地点，香坊游乐场仍保留原名，老铁路俱乐部游乐场更名为管理局游乐场，其余的游乐场名称分别为马家沟游乐场、军官游乐场。因所处地理位置和条件不同，8 个游乐场在开放时间上一改去年的每晚五点至七点开放，铁路俱乐部游乐场一天开放一次，从早上九点半至下午两点半；其余游乐场基本上一天开放两次，上午从早九点至中午十二点半，晚上从五点至七点。但后来马家沟游乐场和军官游乐场也改为一天开放一次，从下午三点至晚上八点。每一个游乐场仍分大孩区（年龄在 9—12 岁之间）和小孩区（年龄在 5—8 岁之间）。在游乐场开放期间，孩子们主要在此进行雕塑、绘画、歌唱、体育、朗读、谈话、手工劳动等游戏活动。此外，从游乐场投入使用时也组织孩子们观看儿童戏剧。仅在 1916 年夏天就组织了 13 场，其中在哈尔滨 12 场、一面坡站 1 场。在 8 个游乐场游戏的孩子总人数共 2300 人，男孩和女孩人数几乎均等，每一个年龄段的孩子平均有 300 人，每天平均有 900 名孩子参与游戏，每一个游乐场平均 41 人。[②]

如上文所述，满洲教育学会在 1914 年安排了 2 场有偿公开讲座，其目的是为了支援前线战争。讲座的结果是将收入的 75%（16 卢布 87 戈

①　Отчёт о деятельности Маньчжурского Педагогического Общества за 1914 – 1915 уч. Год. //Просветительное дело в Азиатсткой россии. 1915. №7. с. 790 – 799.

②　Отчёт о деятельности Маньчжурского Педагогического Общества за 1915 – 1916 уч. Год. //Просветительное дело в Азиатсткой россии. 1916. №6 – 7. с. 472 – 480.

比）捐给了前线。① 此外，为了帮助应征参战的教师及家庭，满洲教育学会在全俄教育学会和哈巴罗夫斯克教师协会的倡议下组织了募捐，筹集到 491 卢布 62 戈比的善款，其中 250 卢布转给了全俄教育学会，其余钱款留做地方基金。至 1916 年 7 月末，从地方基金中又拨出 100 卢布用于补助 2 个教师的家庭。②

上海俄国医学会除从事学术活动外还关注社会活动，如对会员的证件进行自愿验证，以确保他们得到医师职称的权利；成立专门委员会，定期为俄国残疾军人联合会会员检查身体和治病，同时还提供物质帮助；受法租界公董局公共卫生救济处和公共租界工部局卫生处委托对新医师进行注册登记等。③

中东铁路中心医院医生协会比照西欧的俄国医生协会也关注慈善活动，设立了专门的慈善基金。慈善基金是通过每年举办的夜间舞会募集的，主要用于帮助处于困难境况的医生、医生的遗孀和孤儿。④

第四节　俄侨学术机构的性质与作用评价

一　在华俄侨学术机构的性质

在华俄侨学术机构的性质不能同一而论，要区别对待，但综合起来应取决于俄侨学术机构成立的目的或任务。这是判断在华俄侨学术机构性质的基本依据。我们认为，根据在华俄侨学术机构成立的目的和任务判断，可以划分出如下几类不同性质的在华俄侨学术机构。

1. 完全致力于科学研究的俄侨学术机构。这主要体现在"陆海军"俄国军事科学学会、中东铁路中心医院医生协会、上海俄国医学会、基

① Отчёт о деятельности Маньчжурского Педагогического Общества за 1914 – 1915 уч. Год. //Просветительное дело в Азиатской россии. 1915. №7. с. 780.

② Отчёт о деятельности Маньчжурского Педагогического Общества за 1915 – 1916 уч. Год. //Просветительное дело в Азиатской россии. 1916. №6 – 7. с. 471.

③ Жиганов В. Д. Русские в Шанхае. – Шанхай, 1936. с. 115.

④ Ратманов П. Э. История врачебно – санитарной службы Китайской Восточной железной дороги （1897 – 1935 гг.）. – Хабаровск: ДВГМУ. 2009. с. 96.

督教青年会哈尔滨自然地理学研究会、天津中国研究会、生物委员会和苏联侨民会哈尔滨自然科学与人类学爱好者学会等 7 个学术机构上。

"陆海军"俄国军事科学学会追求的有限目标为"自修、发展和促进军事科学"。① 基督教青年会哈尔滨自然地理学研究会成立的主要目的是"联合科研工作者和吸收新科研工作者参加研究工作，并尽可能地使广大居民了解北满的自然与生活"②。天津中国研究会成立的目的是对中国开展全面研究。③ 生物委员会工作的目的和任务是"对满洲的动物区系和植物区系开展全面研究，尤其是动植物的生物学和生态学领域；为了弄清满洲生物群落的特征，按照动植物栖息地和动植物清单进行分类，编撰满洲动物区系与植物区系整体系统目录"④。苏联侨民会哈尔滨自然科学与人类学爱好者学会成立的目的是"联合所有从事地方志学问题的苏联侨民，并在互助的基础上对他们的工作给予促进"⑤。

关于中东铁路中心医院医生协会和上海俄国医学会成立的目的，目前尚无史料给予明确记载。但根据两个医学学会的活动信息，笔者认为，两个医学学会基本上以从事医学研究为主要目的，从性质上看，应属于致力于科学研究的俄侨学术机构。

2. 致力于服务培养人才的俄侨学术机构。这主要体现在哈尔滨法政大学、哈尔滨工业大学校、哈尔滨高等医科学校、哈尔滨东方文言商业专科学校 4 所高等学校上。

哈尔滨高等医科学校的任务是"给予毕业于中学的俄中籍毕业生提供获得完全按照俄国大学医学系教学计划的完整的医学教育的机会"。⑥

---

① Жиганов В. Д. Русские в Шанхае. – Шанхай, 1936. c. 69.

② История возникновения клуба//Ежегодник клуба естествознания и географии ХСМЛ. 1934, №1. c. 2.

③ От редакции//Вестник китая. 1936, №1. c. 1.

④ Баранов А. И. Историческая справка о возникновении и работе Биологической Комиссии//Известия Харбинского краеведческого музея. 1945, №1. c. 59.

⑤ Отчёт о работе Харбинского общества естествоиспытателей и этнографов с 10/V – 1947 по 1/VI – 1949//Записки Харбинского общества естествоиспытателей и этнографов. 1950, №8. c. 59.

⑥ Иващенко Н. М. Харбинская Высшая Медицинская Школа//Известия и Труды русско-китайского политехнического института. Выи. 1. 1922—1923 гг. c. XLI.

哈尔滨法政大学的整体任务是"借用知识、教育的力量在东方保持俄国文化",① 具体任务是"给予毕业于中学的青年提供欧洲大学模式的高等法律和经济教育,并辅以远东经济与法律和东方语言的学习"。② 哈尔滨工业大学校的目的是"培养掌握科技最新成果和在实习、毕业设计、实验工作中经过严格检验并通过生产实践巩固的理论知识的工程师,从而使进入工作岗位的哈尔滨工业大学校的毕业青年能够在工业、建筑和交通等领域成为有用之人"。③ 哈尔滨东方文言商业专科学校创办的主要目的在于"满足国家机关和欧洲商业公司对理论和实践兼备的东方经济人才的大量需求",④ 基本任务是"给予就读于学校的青年学子尽可能提供更全面的本地语言知识,同时把青年学子放在用于开展国际交流基地的商业活动中进行训练"。⑤

3. 致力于服务政治、经济、文化目的的俄侨学术机构。这主要体现在满洲俄国东方学家学会,满洲农业学会,满洲教育学会,中东铁路经济调查局,东省文物研究会,中东铁路中央图书馆,布尔热瓦尔斯基研究会满洲分会,上海俄国东方学家学会,满洲俄侨事务局考古学、博物学与人种学研究青年会9个学术机构上。

满洲俄国东方学家学会成立的目的非常明确和直接:为俄国在亚洲东方的国家利益服务。为了实现这个目的,满洲俄国东方学家学会提出了具体的任务,并奠定了其活动方向的基础:研究东亚与中亚的政治、经济、历史、地理、语言及其他领域;在互利的土壤上促进东亚与中亚

---

① Доклад Декана проф. В. А. Рязановского о положении Факультета за 1925 – 1925 уч. год. (1 сентября 1925 г. – 1 сент. 1926 г.)//Известия юридического факультета в Харбине. 1927 , №4. с. 341.

② В. Г. С. Юридический факультет в Харбине//Политехник. 1969 – 1979. №10. с. А – 2; К XVI – летию юридического факультета//Известия юридического факультета в Харбине. 1936, №11. с. 367.

③ Григорович Ю. О. Научно - исследовательская и методическая работа в ХПИ// Политехник. 1969 – 1979. №10. с. 20.

④ Ииститут Ориентальных и Коммерческих наук в Харбине//Вестник Азии. 1926. №53. с. 407.

⑤ Авинариус Г. Г. Задачи и академическая работа Института Ориентальных и Коммерческих наук в Харбине//Луч Азии. 1945. №12. с. 24.

各民族与俄国的接近；关注出版物和社会涉及与学会学术与实践活动密切相关的问题；给予学会会员精神和物质上的帮助与支持。①

满洲农业学会成立的目的是"希望为推进北满农业的研究事业尽自己的力所能及之力"，②"普及农业知识和改良当地农作物工作"。③

满洲教育学会成立的目的是：（1）关注当前俄国与外国的教育文献；（2）关注学术与艺术文献中讨论的教育问题；（3）使教育教学实践中提出的问题变得更清楚；（4）通过互助形式使教育学工作更加轻松；（5）安排讲座、会议、展览和学术考察；（6）发行会刊；（7）兴办图书馆。④

十月革命前中东铁路一直是在俄国财政部的财政拨款支持下运营的。1917 年俄国十月革命后，中东铁路的经营彻底失去沙俄政府的财政支持，由沙俄政府财政支持的"国家"企业变成了纯商业企业。因此，中东铁路需要摆脱因十月革命丧失沙俄政府支持而面临的独自经营问题，这就需要中东铁路公司在铁路参与下积极发展铁路沿线的工业，从而保证铁路拥有充足的货物运输，以实现稳定利润。"而只有通过对中东铁路所影响的当时世界上学界较少关注的中国东北北部地区的潜力进行科学的经济调查研究，才能达到上述目的。"⑤ 为此，成立专门的中东铁路辅助部门进行科学研究和分析预测工作，是十分有必要的。这样，一个新的隶属于中东铁路管理局的独立官方部门——中东铁路经济调查局应运而生。

在 1922 年 9 月由东省特别行政区批准的东省文物研究会章程中指出，东省文物研究会成立的宗旨是"为了满足当地居民的文化需要"，"其任务是全面研究满洲和与其相邻地区的自然与生活"。⑥

---

① Веревкин И. Краткий очерк возникновения и деятельности Общества Русских Ориенталистов//Вестник Азии. 1909, №1. с. 274.

② От редакции//Сельское хозяйство в Северной Маньчжурии. 1913, №1. с. 4.

③ Мелихов Г. В. Маньчжурия далёкая и близкая. – М., 1991. с. 274.

④ Петров Н. П. Маньчжурское педагогическое общество (История возникновения и очерк деятельности) //Просветительное дело в Азиатской россии. 1913, №1. с. 6.

⑤ Павловская М. А. Исследование Маньчжурии и стран Восточной Азии Экономическим бюро КВЖД (1921 – 1934) //. Россия и восток: взгляд из сибири. Материалы и тезисы докладов к XI международной раучно – практической конференции. Т. 2. Иркутск, 13 – 16 мая 1998г. – Издательство иркутского университета. 1998. с. 267.

⑥ 吴文衔主编：《黑龙江考古民族资料译文集》，北方文物杂志社 1991 年版，第 173 页。

"满足大量铁路员工对各类图书的文化需求，特别是满足在铁路经济和技术领域从事调查研究工作的大量研究者的学术需求，是图书馆的目的与任务。它应尽可能地向铁路部门研究者充分提供新书、科技新著，同时满足大量铁路员工对普通文献的需求。图书馆的学术目的还在于鲜明地服务于中东铁路拨款支持的哈尔滨两所高等学校（笔者——哈尔滨法政大学和中俄工业大学校）教师和学生对学术文献的大量需求。"① 中东铁路中央图书馆的这两个独立的任务赋予了其兼具文化目的的公共图书馆和学术目的的专业图书馆的双重属性。

在布尔热瓦尔斯基研究会满洲分会内部规章（类似于其他学会的章程）中明确指出了其成立的目的，"旨在通过研究和认识自然与人类文化增强自己的文化习惯性反应，服务于科学事业，并在道德方面自我完善。由此，布尔热瓦尔斯基人把集聚的力量和知识贡献给祖国"。②

上海俄国东方学家学会成立的目的是：研究东方学，并与俄国和其他外国东方学研究机构与教学机构建立联系；开展会员间学术交流活动；在远东俄侨中促进东方学知识的传播。③

在1936年发行的满洲俄侨事务局考古学、博物学、人种学研究青年会会刊《满洲博物学家》第1期最后一页上，印着满洲俄侨事务局考古学、博物学、人种学研究青年会的章程，明确指明了学会成立的目的是"把对研究满洲及其居民问题感兴趣的青年人联合起来"。④

二 在华俄侨学术机构的作用

不同性质的在华俄侨学术机构，因其目的或任务和活动内容不同，所发挥的作用也会有所差异。我们认为，应从服务学术与服务社会两个

① Сквирский Ф. Б. Центральная Библиотека КВЖД//Библиографический бюллетень Центральной библиотеки КВЖД. - Т. Ⅲ,1930,Вып. 1. с. 5.

② Справка о деятельности Национальной Организации Исследователей Пржевальцев//Сборник научных работ Пржевальцев. 1942,Харбин. с. 69.

③ Шанхайская Заря,07.12.1935,с.5. 转引自汪之成《上海俄侨史》,上海三联书店1993年版,第528页。

④ Устав Секции Молодых Натуралистов, Археологов и Этнографов при бюро Российских Эмигрантов в Маньчжурии//Натуралист Маньчжурии. 1936,№1. с. 26.

层面去评价在华俄侨学术机构的作用。

在服务学术层面，主要体现在使俄侨学术研究有组织可持续进行、提供了学术交流的平台两个方面上。

1. 使俄侨学术研究有组织、可持续进行

从 1909 年俄侨在华创办的第一个学术机构——满洲俄国东方学家学会起，至民国末年成立的苏联侨民会哈尔滨自然科学与人类学爱好者学会止，尽管一些俄侨学术机构受历史环境等因素的影响而不复存在，但俄侨学术机构的存在从未间断过，即使在最不利的环境下。

虽然有一些俄侨学者本身不在任何俄侨学术机构工作或是其会员，只是出于自身对学术的兴趣与热爱，独立地从事学术研究，但绝大多数俄侨学者或在高等学校、图书馆、中东铁路管理局所属的研究机构等部门工作，或是专门的学术团体的会员，从而使俄侨学者的学术研究在俄侨学术机构的协调和规划下有组织、可持续的进行。

1942 年在哈尔滨出版的《伪满洲国十周年纪念文集》一书对布尔热瓦尔斯基研究会的该项作用给予了正面评价："布尔热瓦尔斯基研究会的主要功绩在于，它首先使俄国青年对调查研究工作产生了兴趣，从而远离有害的娱乐和无聊的消遣；其次组织会员对哈尔滨地区进行了系统的调查研究，并发现了古代文化遗迹，还有石雕、墓葬、古代城堡遗址。"①

2. 为俄侨学者提供了学术交流的平台

如前文所述，为了使在华俄侨学术研究有组织可持续进行，在华俄侨学者首先成立了各类不同的俄侨学术机构并纷纷加入其中，使这些学术机构不仅成为俄侨学术活动的组织者，也成为俄侨学者间进行学术交流的平台。

为搭建好这个平台，使之能够真正为俄侨学术研究服务，在华俄侨学术机构进行了多种实践：（1）各在华俄侨学术团体的会员在会员大会

---

① Гордеев М. Н. Великая Маньчжурская Империя：К десятилетнему юбилею,1932 – 1942.／Кио – Ва – Кай；Гл. Бюро по делам рос. эмигрантов в Маньчжур. Империи. – Харбин, 1942. с. 341.

上举办学术报告或讲座，或邀请外埠学者（包括俄国学者在内的西方学者）到会作报告，或派遣会员到外埠参加学术研讨会；各在华俄侨高等学校通过教授委员会领导下的教研室、实验室、学术研究室、研究小组、大学生学习小组、大学生学术团体等，或举办学术报告，或共同进行实验研究。当代俄罗斯学者巴甫洛夫斯卡娅以基督教青年会哈尔滨自然地理学研究会为例，表达了在华俄侨学术机构在该类活动上的共性，"在基督教青年会哈尔滨自然地理学研究会会员会议上，俄侨学者交流了自己的研究成果和学术信息"。① （2）各在华俄侨学术机构几乎都发行了刊载俄侨学者学术成果的会刊或文集，使俄侨学者的学术成果能够得以发表，不仅在俄侨学者圈内得以交流，而且也因此与外埠学者实现了互动学术交流。我们以满洲俄国东方学家学会发行的《亚细亚时报》为例，以窥一斑。"满洲俄国东方学家学会的最大贡献表现在发行刊登大量有价值的关于中国、中国东北地区、日本、中国蒙古地区和俄国远东文章的《亚细亚时报》的出版活动上。很长时期内，在东亚缺少专刊东方学问题的定期出版物和整体上专门研究东亚生活的专家不多的情况下，《亚细亚时报》是一本非常有价值的出版物。"② "满洲俄国东方学家学会的出版活动（会刊《亚细亚时报》——笔者注）促进了沙皇俄国国内东方学的发展，也使俄国社会了解了中亚和东亚的经济、文化、历史与政治。此外，在《亚细亚时报》上发表的文章向国外的东方学家同事报道了促进俄罗斯帝国立场稳固的俄国远东的状况"。③ （3）除发行会刊或文集刊登俄侨学者的学术成果外，为了更便于了解俄侨学者的整体学术思想和更加深入的交流，一些实力雄厚、影响较大的在华俄侨学术机构也积极努力出版了俄侨学者所撰写的学术著作。

---

① Павловская М. А. Харбинская ветвь российского востоковедения, начало XX в. – 1945 г. : Дис. . . . кандидата исторических наук : Владивосток, 1999. с. 157.

② Гордеев М. Н. Великая Маньчжурская Империя : К десятилетнему юбилею, 1932 – 1942. / Кио – Ва – Кай ; Гл. Бюро по делам рос. эмигрантов в Маньчжур. Империи. – Харбин, 1942. с. 337.

③ Тамазанова Р. П. Журнал "Вестник Азии" в системе русскоязычных периодических изданий в Маньчжурии（Харбин, 1909 – 1917 гг.) : Дис. . . . канд. филол. наук : Москва, 2004. с. 86.

在服务社会层面，主要体现在推动经济发展、促进各类人才培养与教育事业发展、推动文化事业发展及普及科学文化知识等方面上。

3. 客观上推动了相关区域的经济发展

受当时东北亚地区国际环境及中俄关系的影响，部分在华俄侨学术机构的成立本身就是为俄国在华的利益尤其是经济利益服务，为此，组织会员进行了大量调查，并撰写了许多有针对性的与经济有关的调查研究报告或文章。同时，在华俄侨学术机构还在所活动区域设立试验田、育种监测站、示范试验养蜂场、果圃、农业化学实验室等与经济有关的多个部门。

满洲俄国东方学家学会、满洲农业学会、中东铁路经济调查局、东省文物研究会等四个在华俄侨学术机构主要参与其中，对中国东北区域经济的发展客观上起到了一定的推动作用。正如俄侨学者 Г. В. 麦利霍夫评价满洲农业学会时所言，"在国民经济的这个主要领域（农业——笔者注），俄国侨民对满洲经济发展的贡献应给予最大的肯定"。[1] "满洲农业学会在满洲养蜂业的发展上起了主导作用。"[2]

4. 促进了各类人才培养与教育事业发展

为了满足当地社会对各类实用人才的需求，在华俄侨学术机构不仅创办了高等学校（哈尔滨高等医科学校、哈尔滨东方文言专科学校），而且还举办了东方学班、地方志班、摄影学班、农学、园艺学、果树栽培学、养蜂学和蔬菜栽培等各类培训班。

本身就作为俄侨学术机构的高等学校，如哈尔滨工业大学校、哈尔滨法政大学等，不仅自身就以培养实用人才为办学宗旨，而且也举办了夜校、技校、预科班等其他形式的教育。

总之，在华俄侨学术机构把学术研究成果应用于教学与实践，培养和培训了大批的实用性人才，不仅促进了本地教育事业的发展，也满足了社会的需求。

---

① Мелихов Г. В. Российская эмиграция в Китае（1917 – 1924 гг.）. – М.：Институт российской истории РАН, 1997. c. 149.

② Мелихов Г. В. Маньчжурия далёкая и близкая. – М., 1991. c. 274.

5. 推动了文化事业发展及普及了科学文化知识

学术文化是文化事业发展的重要组成部分。学术文化的繁荣发展在某种程度上也是一个城市或地区或国家文化繁荣的重要表现。俄侨学术机构在华的成立、发展、繁荣，其本身就是俄侨文化繁荣的表现，不仅繁荣了俄侨学术文化，而且也成为俄侨所活动区域、尤其是中国东北的哈尔滨城市文化发展中一道亮丽的风景线。

此外，在华俄侨学术机构还通过其他形式的活动，如兴办了图书馆与博物馆、组织会员或普通居民参观与考察、举办各类展览等，不仅推动了图书馆的发展、博物馆与展览会等文化事业的兴起，而且在当地还普及了反映本地或外埠的风土人情、自然、宗教、艺术、历史、农业与工商业成就、考古、民族等多个领域的科学文化知识。

第三章

民国时期在华俄侨学术期刊

从事学术研究，载体是重要的传播媒介和交流平台。民国时期在华俄侨学者同样认识到载体的重要性，其所成立的各类学术机构纷纷发行学术期刊，刊载俄侨学者的论文及调查、研究报告。本书拟对在华俄侨主要学术期刊的创办情况、创刊宗旨、经营境况、刊发文章与数量、作用等内容给予系统梳理。同样，本书对一些现今保存较好又相对容易查阅到的俄侨学术期刊给予详论，而对有的查阅极为困难的俄侨学术期刊仅根据一些现有研究成果进行略写。

第一节　主要俄侨学术期刊创办情况

民国时期，俄侨学者在华共发行 20 余种主要学术期刊。这些期刊均由在华俄侨学者成立的学术机构创办。本书拟按照在华俄侨学术期刊发行早晚的先后顺序对其发展历程进行历史的阐述。

1909 年，由满洲俄国东方学家学会创会人 А. П. 鲍洛班、И. А. 多布罗洛夫斯基、А. В. 司弼臣、П. С. 季申科等在哈尔滨发起并创办了满洲俄国东方学家学会的机关刊物——《亚细亚时报》。《亚细亚时报》是在华俄侨学者创办的第一本俄文学术期刊，也是刊行时间最长的俄文学术期刊，亦是一本综合性的东方学学术期刊。1927 年，随着满洲俄国东方学家学会并入东省文物研究会，《亚细亚时报》随即终刊，共出刊 54 期。

1909 年 7 月，《亚细亚时报》出刊第 1 期，10 月出第 2 期，每期在220—296 页之间；1910 年 1 月出刊第 3 期，5 月第 4 期，6 月第 5 期，10

月第 6 期，每期在 170—318 页之间；1911 年 1 月出刊第 7 期，2 月第 8 期，5 月第 9 期，10 月第 10 期，每期在 153—241 页之间；1912 年只出刊 2 期，第 11—12 期合期出刊，刊行 374 个版面；1913 年 1 月出刊第 13 期，2 月第 14 期，3 月第 15 期，5 月第 16—17 期合期出刊，8 月第 18 期，12 月第 19—22 期合期出刊，每期在 58—374 页之间；1914 年 2 月第 23—24 期合期出刊，5 月第 25—27 期合期出刊，9 月第 28—29 期合期出刊，10 月第 30 期，12 月第 31—32 期合期出刊，每期在 62—134 页之间；1915 年出刊第 33、34、35—36（合期出刊）期，每期在 149—269 页之间；1916 年出刊第 37、38—39（合期出刊）、40 期，每期在 79—209 页之间；1917 年出刊第 41、42、43、44 期，每期在 23—59 页之间；1918 年出刊第 45、46、47 期，每期在 100—138 页之间；1919—1921 年期间，《亚细亚时报》停刊；1922 年出刊第 48、49、50 期，每期在 192—346 页之间；1923 年出刊第 51 期，刊行 392 个版面；1924 年出刊第 52 期，刊行 396 个版面；1925 年停刊；1926 年出刊第 53 期，刊行 474 个版面；1927 年出刊第 54 期，刊行 400 个版面。在发行第 1 期至 54 期的《亚细亚时报》上所占版面达 8061 页。

И. А. 多布罗洛夫斯基、Н. К. 诺维科夫、Б. П. 鲍洛班、М. А. 波路莫尔德维诺夫、Н. П. 马佐金、П. 格拉迪、П. В. 什库尔金、Н. П. 阿夫托诺莫夫、И. Г. 巴拉诺夫、Н. Л. 关达基、А. П. 希奥宁等人先后担任《亚细亚时报》编辑，除 М. А. 波路莫尔德维诺夫外，其余人都毕业于符拉迪沃斯托克东方学院。作为俄国第一个专门发表研究远东国家文章的学术刊物，《亚细亚时报》具有极大的影响力，在上海、布拉戈维申斯克、伊尔库茨克、符拉迪沃斯托克、哈巴罗夫斯克、圣彼得堡、莫斯科、伦敦等地行销。《亚细亚时报》既非月刊，也非半月刊，更不是季刊，在一定年份还出现过停刊现象。

按照原定计划，满洲教育学会在 1911 年拟创刊发行其会刊，但由于主编 П. А. 罗扎诺夫 1911 年夏天离开了哈尔滨和办刊经费不足等因素影响，此事被耽搁。1912 年，满洲教育学会为发行会刊又做了一些准备工作。满洲教育学会与《哈尔滨日报》编辑部达成了协议：（1）满洲教育学会把自己的文献资料无偿提供给《哈尔滨日报》编辑部在其报纸上重新刊印；（2）《哈尔滨日报》编辑部帮助满洲教育学会免费印刷会刊。①
这样，满洲教育学会会刊——《亚洲俄国的教育事业》（月刊）在 1913
年 1 月正式创刊。这是在华俄侨学者创办的第二本俄文学术期刊，亦是
一本真正的教育学学术杂志。《亚洲俄国的教育事业》从 1913 年创刊起，
至 1918 年终刊。《亚洲俄国的教育事业》共发行四卷，1913 年为第一卷，
共出刊 12 期，其中第 1、2、3 期单独出刊，第 4—5、第 6—10、第 11—
12 期合期出刊，每期在 50—80 页之间不等。第 1—3 期由 M. B. 扎米亚
金担任编辑，第 4—12 期由 M. K. 科斯汀担任编辑。从 1914 年起，《亚洲
俄国的教育事业》在版面上进行了扩充，成为一本大型学术期刊。
1914—1915 年教学年为第二卷，《亚洲俄国的教育事业》共出刊 7 期，每
期在 80—160 页之间不等。7 期的编辑工作由 M. K. 科斯汀独自承担。
1915—1916 年教学年为第三卷，《亚洲俄国的教育事业》共出刊 7 期，其
中第 1—2 期、第 3—4 期、第 6—7 期合期出刊，每期在 110—160 页之间
不等，仍由 M. K. 科斯汀独自编辑。第四卷在 1916—1917 年、1917—
1918 年、1918—1919 年三个教学年发行，《亚洲俄国的教育事业》共出
刊 5 期，其中 1916—1917 年出刊 3 期，第 2—3 期合期出刊，每期在 94—
120 页之间不等；另两个教学年各出刊 1 期，每期在 50—80 页之间不等。
该三个教学年 5 期的编辑工作由 M. K. 科斯汀和 H. П. 阿夫托诺莫夫共同
承担。

　　由于政治因素，《亚洲俄国的教育事业》在 1918 年出刊第 2 期后结
束了发行。1922 年，随着满洲教育学会的复办，重新发行会刊也随即启
动。当年，满洲教育学会会刊复刊，但刊名未保留原名，取名为《满洲
教育学会通报》（月刊）。这与俄国在中国东北的失势不无关系。《满洲教
育学会通报》于 1922 年 7 月出刊第 1 期，本年共出刊 6 期，每期 30—40
页之间，前 3 期由 H. И. 尼基弗洛夫教授和 Д. A. 齐亚科夫共同编辑，后
3 期由 H. И. 尼基弗洛夫教授独立编辑。1923 年，《满洲教育学会通报》

---

① И. П. Маньчжурское Педагогическое Общество（История возникновения и очерк
деятельности）.//Просветительное Дело в Азиатской России. 1913，№1．с. 7.

只出刊了 3 期，每期在 32—45 页，全部由 Н. И. 尼基弗洛夫教授编辑。①
从目前所发掘的资料看，1923 年 3 月，《满洲教育学会通报》在出刊第 9
期后停止了发行。满洲教育学会的解体是《满洲教育学会通报》停刊的
最直接原因。

　　1913 年 3 月 23 日，В. В. 索尔达托夫向满洲农业学会理事会提交了
学会发行会刊的讨论方案，理事会一致决议学会应发行自己的机关刊物，
并提议与满洲兽医学会共同发行会刊。1913 年 5 月 13 日，在满洲农业学
会和满洲兽医学会代表联席会议上达成一致结果，由两会共同发行一本
机关刊物。② 该刊物取名为《北满农业》（月刊）。1913 年 7 月，《北满农
业》正式出刊第 1 期，当年出刊 7 期，其中 4—5 期、6—7 期合期出刊，
每期在 29—35 页之间。这是在华俄侨学者创办的第三本俄文学术期刊，
亦是唯一一本农学学术杂志。从 1914 年起，除个别年份外，《北满农业》
每年均按月出刊 12 期。1914 年，出刊 12 期，其中第 1—2 期、第 3—4
期、第 5—9 期、第 10—12 期合期出刊，每期在 35—85 页之间。1915
年，出刊 5 期，每期在 26—45 页之间。1916 年，出刊 12 期，其中第 1—
2 期、第 3—4 期合期出刊，每期在 48—60 页之间。《北满农业》在 1917
年没有出刊。1918 年，《北满农业》复刊，当年出刊 12 期，其中第 1—2
期、第 3—4 期、第 5—6 期、第 7—8 期、第 9—10 期、第 11—12 期合期
出刊，每期在 16—46 页之间。1919 年，出刊 12 期，其中第 1—2 期、第
3—4 期、第 5—9 期、第 10—12 期合期出刊，每期在 34—53 页之间。
1920 年，出刊 12 期，其中第 1—4 期、第 5—9 期、第 10—12 期合期出
刊，每期在 44—87 页之间。1921 年，出刊 12 期，其中第 1—2 期、第
6—7 期、第 8—9 期、第 10—12 期合期出刊，每期在 42—110 页之间。
1922 年，出刊 12 期，其中第 1—2 期、第 3—4 期、第 5—6 期、第 7—8
期、第 9—12 期合期出刊，每期在 73—121 页。1923 年，出刊 10 期，其

---

　　① 　Тюнин М. С. Указатель периодических и повременных изданий, выходивших в Харбине
на русском и других европейских языках по 1 января 1927. – Изд. ОИМК, Харбин, 1927, с. 25 –
26. (Труды О – ва изучения Маньчжурского края. Библиография Маньчжурии. Вып. 1).

　　② 　К истории Маньчжурского Сельско – Хозяйственного Общества//Сельское хозяйство в
Северной Маньчжурии. 1913, №1. с. 10.

中第 1—2 期、第 3—6 期、第 7—10 期合期出刊，每期在 86—129 页之间。

　　尽管《北满农业》以月刊形式出刊，但由于很多年份的期次都是几期合期出刊，所以按照合期后的累计计算，《北满农业》实际上真正出刊为 52 期。在 1923 年出刊第 10 期后，《北满农业》最终停刊。至于会刊《北满农业》为什么在满洲农业学会还继续活动的情况下而突然停刊，由于缺少史料佐证，我们未能知晓其中的根本原因。但我们认为，除满洲农业学会自身经营的问题外，还与中东铁路经济调查局及东省文物研究会等研究机构和学术团体的成立与活动有着直接关系。Г. О. 谢尔盖耶夫、Ф. А. 科尔布特、А. Ф. 马列耶夫斯基、Д. В. 乌斯科夫、И. П. 别洛乌索夫、В. Н. 奥尼希门科、Н. В. 鲍依科、Б. В. 斯克沃尔佐夫等先后担任该会刊的编辑工作。

　　据相关资料记载，在 1921 年中东铁路中心医院医生协会着手创办高等医科学校的同时，中东铁路中心医院医生协会也发行了自己的会刊——《医学杂志》。这是俄侨学者在华发行的第一本俄文医学学术期刊。该刊从 1921 年出刊，当年出刊 8 期，第 1—2 期、第 3—4 期、第 5—6 期、第 7—8 期合期出版；1922 年出刊 2 期（第 9、10 期）；1923 年出刊 2 期（第 11、12 期）；1924 年出刊 1 期（第 13 期）。所有期次都由 В. В. 彼得罗夫医生编辑。各期页数不等，在 60—320 页之间。[①] 该刊共出刊 13 期，发行至 1924 年终刊。《医学杂志》的停刊主要与中东铁路中心医院医生协会整体改制有着密切关系。至于《医学杂志》上所刊发文章内容、数量和参与学者等，由于我们尚未找到该刊的原始文件，所以在下文中不做专门论述。此外，为了弥补哈尔滨高等医科学校学生在利用教材上的不足，中东铁路中心医院医生协会在 1922 年发行了一期定期出版物——《哈尔滨的高等学校——医校》。这是中东铁路中心医院医生协会发行的第一期也是唯一一期与教材有关的出版物。该期出版物由

---

　　① Тюнин М. С. Указатель периодических и повременных изданий, выходивших в Харбине на русском и других европейских языках по 1 января 1927. – Изд. ОИМК, Харбин, 1927, с. 30 – 31. (Труды О – ва изучения Маньчжурского края. Библиография Маньчжурии. Вып. 1).

B. B. 彼得罗夫编辑出版。在这期出版物上，中东铁路中心医院医生协会主要刊登了哈尔滨医科高等学校教师 A. B. 郭里岑和 A. A. 科涅夫共同编写的标准解剖学纲要及其他部分教师的少量文章。

1922 年 11 月，经东省文物研究会编辑出版物股股长 A. 诺维茨基的编辑，东省文物研究会正式发行了会刊——《东省文物研究会杂志》，并出刊本年度的第 1 期，刊行 32 个版面；同年 12 月，出刊第 2 期，刊行 52 个版面。1923 年 6 月，《东省文物研究会杂志》出刊第 3 期，刊行 52 个版面；1924 年 2 月和 5 月，出刊第 4、5 期，分别刊行 64、77 个版面；1926 年 3 月，出刊第 6 期，刊行 80 个版面；1928 年 12 月，出刊第 7 期（最后一期），刊行 134 个版面。《东省文物研究会杂志》平均每年出刊 1 期，前 5 期均由 A. 诺维茨基一人编辑发行，第 6 期由东省文物研究会编辑出版物委员会成员刘泽荣、A. 诺维茨基、A. A. 拉齐科夫斯基、Б. B. 斯克沃尔佐夫共同编辑发行，第 7 期由东省文物研究会干事会干事兼出版社社长 A. A. 拉齐科夫斯基独自编辑发行。《东省文物研究会杂志》第 1、2、4、5、7 期发行俄文版，第 3 期同时发行俄文和中文版，第 6 期同时发行俄文、英文和中文版。可以说，《东省文物研究会杂志》是东省文物研究会以学会名义发行的会刊。

但从东省文物研究会所发行的出版物来看，东省文物研究会所属机构也发行了部门刊物——《东省文物研究会松花江水产生物调查所著作集》。笔者认为，尽管它是以著作集形式发行的，却是逐年按期发行的，因此也应该被视为东省文物研究会所发行的会刊之列。该著作集于 1925 年正式发行，属于东省文物研究会松花江水产生物调查所①发行的专门定期出版物，共发行 6 期。1925 年，《东省文物研究会松花江水产生物调查所著作集》发行第 1、2 期，刊行 31、101 个版面；1926 年发行第 3 期，刊行 28 个版面；1927 年发行第 4 期，刊行 24 个版面；1928 年发行第 5、6 期，刊行 55、34 个版面。前 2 期由刘泽荣、A. 诺维茨基、Б. B. 斯克沃尔佐夫共同编辑发行，第 3 期由伊里春、A. 诺维茨基、A. A. 拉齐科

---

① 1924 年 1 月设立，归自然科学股管理。设立目的为详细研究松花江浮水中及生长中之小动植物。

夫斯基、Б. В. 斯克沃尔佐夫共同编辑发行，第 4、5、6 期由伊里春、黄鸿墀、А. 诺维茨基、А. А. 拉齐科夫斯基、Б. В. 斯克沃尔佐夫共同编辑发行。在《东省文物研究会松花江水产生物调查所著作集》有的期次上刊行的部分重要文章，或在俄文本后附上英文摘要，或完全以英文和德文刊印。

在"陆海军"俄国军事科学学会成立之日，"陆海军"俄国军事科学学会也发行了会刊《陆海军》。这是在华俄侨发行的第一本也是唯一一本军学学术期刊。由于办刊经费问题，会刊《陆海军》在最初两年是作为《罗西俄文沪报》副刊以报纸形式发行。1926 年 10 月，会刊《陆海军》正式独立办刊。一些著名的军事思想家成为会刊的撰稿者。但会刊在1932 年前还不算一本真正的学术期刊，因为它仍一直以报纸的形式出刊，每周发行一次。但根据其发行的总期数计算，会刊《陆海军》并非每周都出刊一次。该刊应该是经常出现每周刊行几次的现象，也有可能在学会经费处于紧张的年份，出现过一周就刊行一次的情况。由于我们没有查到 1932 年前的《陆海军》原始文件，现在还无法确定究竟在哪一年哪一周出现了这种现象。据俄文文献记载，从 1924 年至 1931 年，会刊《陆海军》共发行 1161 次，其中 1924—1929 年 1025 次、1930—1931 年 136次。[①] 从 1932 年起，会刊正式以学术期刊形式出刊，基本上按月出刊，当年出刊 11 期；1933 年 11 期；1934 年 9 期；1935 年 6 期；1936 年 2 月出刊本年度唯一一期。会刊基本每期都保持在大约 100 个版面。至此，会刊《陆海军》结束了办刊的历史。从会刊创刊至终刊，学会主席 Н. В. 高列斯利高夫始终为会刊主编。

发行学术期刊是中东铁路经济调查局的三大主要活动之一。我们在前文中介绍了中东铁路经济调查局在专题学术研究与出版统计年鉴两方面的活动。这两项活动为中东铁路经济调查局创办学术期刊提供了基础条件。而此前近 20 年中，中东铁路管理局在发行定期出版物方面已积累

① Кудрявцев В. Б. Периодические и непериодические коллективные издания русского зарубежья（1918 - 1941）：Журналистика. Литература. Искусство. Гуманитарные науки. Педагогика. Религия. Военная и казачья печать：Опыт расширенного справочника：в 2 ч. / Ч. 1. – Москва：Русский путь. 2011. с. 51.

了绝对的经验，先后发行了《哈尔滨日报》（1903—1920，1917 年更名为《铁路员工报》，1918 年又更名为《满洲报》）《远东报》（中文报，1906—1921）《中东铁路通报》（周刊，1920—1922）。尽管这些报刊都不具有纯学术性，但对某一问题的关注为中东铁路经济调查局发行综合性的纯学术期刊奠定了基础。

1923 年 1 月 28 日，中东铁路经济调查局创办了其机关刊物——《满洲经济通讯》（周刊）。该刊关注贸易、工业、交通与金融问题，是在华俄侨学者发行的唯一一个综合类经济学学术期刊。《满洲经济通讯》是在 И. A. 米哈伊洛夫、Н. М. 多布罗霍托夫、B. B. 索尔达托夫等三人直接参与下发行的。1923 年末，由于 B. B. 索尔达托夫在哈尔滨不幸逝世，所以《满洲经济通讯》失去了一位非常优秀的出版者。1924 年，《满洲经济通讯》是在中东铁路商务处、中东铁路机务处、中东铁路经济调查局等三个机构联合编辑下发行的。《满洲经济通讯》在独立存在的 2 年时间里共发行 104 期、单行本 89 册，其中 1923 年第 6—7 期、第 12—13 期、第 18—19 期、第 21—22 期、第 23—24 期、第 38—39 期、第 51—52 期合期发行，1924 年第 2—3 期、第 16—17 期、第 23—24 期、第 37—38 期、第 41—42 期、第 47—48 期、第 49—50 期、第 51—52 期合期发行。《满洲经济通讯》各期版面不一，但整体上版面偏少，一般在 25—60 页之间不等，平均约 30 多个版面。

考虑到《满洲经济通讯》不仅对中东铁路本身，而且对整个中国东北的意义，1924 年末中东铁路行政当局决定扩充《满洲经济通讯》的办刊规模并改组它。1925 年 1 月 1 日，《满洲经济通讯》被改组。中东铁路经济调查局从 1925 年起开始发行大型插图学术期刊——《东省杂志》（月刊），同时保留《满洲经济通讯》的出刊形式（规模、外表、内容），将其作为《东省杂志》的副刊，并更名为《中东经济月刊》（以俄文和中文同时发行。虽然刊名为月刊，但在出刊时每周刊行一次，所以实为周刊。从 1929 年至 1932 年刊名又更为《中东半月刊》，每月刊行两次。1933 年，《中东半月刊》没有出刊，原因在于《东省杂志》在该年改为半月刊刊行。1934 年，《中东半月刊》又改为每月刊行一次）。作为副刊的《中东经济月刊》（中东半月刊）随着《东省杂志》的停刊而停刊，共发行 316 期、单行本 215 册。其中，1925 年第 3—4 期、11—12 期、15—16 期、17—18 期、22—23 期、38—39 期、43—44 期、51—52 期合期发行，各期版面在 23—42 页之间；1926 年第 1—2 期、3—4 期、25—26 期、27—28 期合期发行，各期版面在 20—40 页之间；1927 年第 1—2 期、3—4 期、21—22 期、23—24 期、25—26 期、29—30 期、31—32 期、36—37 期、39—40 期、42—43 期、44—45 期、51—52 期合期发行，各期版面在 26—43 页之间；1928 年第 3—4 期、13—14 期、22—23 期、30—31 期、40—41 期、43—44 期、45—46 期、47—48 期、49—50 期、51—52 期合期发行，各期版面在 29—51 页之间；1929 年第 13—14 期、15—16 期、21—22 期、23—24 期合期发行，各期版面在 18—38 页之间；1930 年第 23—24 期合期发行，各期版面在 25—36 页之间；1931 年第 9—10 期、17—18 期、22—23 期合期发行，各期版面在 24—39 页之间；1932 年第 4—5 期、9—10 期、11—12 期、14—15 期、18—19 期、20—21 期、23—24 期合期发行，各期版面在 20—30 页之间；1934 年第 2—3 期、11—12 期合期发行，各期版面在 47—84 页之间。

《东省杂志》是在华出版的规模最大的俄文学术期刊，1925 年发行俄文版，1926 年发行俄文版和中文版；1927 年以后发行俄文版和英文版。《东省杂志》于 1934 年终刊。1933 年曾出半月刊，共发行 130 期、单行本 106 册。在 10 年中，《东省杂志》除 1925 年、1929 年和 1933 年没有按月发行 12 期外，其余年份均发行 12 期；从 1927 年起在俄文版上一些重要文章在刊物上附录了英文摘要。其中，1925 年发行 8 期，第 1—2 期、3—4 期、5—7 期、8—10 合期发行，版面在 159—324 页之间；1926 年第 1—2 期、3—4 期、11—12 期合期发行，版面在 115—253 页之间；1927 年各期俄文版面在 69—112 页之间，英文版面在 10—32 页之间；1928 年第 11—12 期合期发行，俄文版面在 68—132 页之间，英文版面在 10—28 页之间；1929 年发行 11 期，第 7—8 期合期发行，俄文版面在 72—135 页之间，英文版面在 4—21 页之间；1930 年第 11—12 期合期发行，俄文版面在 83—132 页之间，英文版面在 5—16 页之间；1931 年第 11—12 期合期发行，俄文版面在 75—138 页之间，英文版面在 4—14 页之间；1932 年第 6—7 期、9—10 期、11—12 期合期发行，俄文版面在

85—144 页之间，英文版面在 3—8 页之间；1933 年发行 24 期，第 2—3 期、8—9 期、10—11 期、14—15 期、18—19 期、23—24 期合期发行，俄文版面在 101—205 页之间，英文版面在 5—46 页之间；1934 年第 11—12 期合期发行，俄文版面在 129—203 页之间，英文版面在 8—31 页之间。俄侨学者 B. B. 拉曼斯基、И. С. 郭尔舍宁、Е. Г. 李曼诺夫、М. 列夫科夫斯基、B. H. 罗果夫、Б. Л. 宗、А. П. 米哈伊洛夫、А. М. 加里茨基和中国人伊里春等负责《东省杂志》及副刊的责任编辑工作。

1923 年，略晚于哈尔滨法政大学开办的哈尔滨工业大学校先行发行了自己的学报——《中俄工业大学校通报与著作集》。这是俄侨学者在中国发行的第一本理学和工学学术期刊，也是唯一一本该类性质的学术期刊。哈尔滨工业大学校学报——《中俄工业大学校通报与著作集》于 1928 年更名为《哈尔滨工业大学校通报与著作集》。该刊于 1934 年终刊，共出刊 6 卷 18 期，其中 1923 年发行 1 期为第 1 卷（1922、1923 年两年的合刊，篇幅达 320 多个版面）、1925 年发行 1 期为第 2 卷（1924、1925 年两年的合刊，篇幅在 260 个版面），前两卷由 H. M. 奥布霍夫教授编辑发行。从 1926 年起，《哈尔滨工业大学校通报与著作集》发行第 3 卷，该卷的发行一改前两卷合集出版的旧例，每一篇文章以单行本形式刊行，没有固定编辑，至 1928 年第 3 卷完成刊行，刊发了 7 篇文章（1927 年 6 篇、1928 年 1 篇），各篇文章在 13—60 个版面之间。从 1929 年起，《哈尔滨工业大学校通报与著作集》发行第 4 卷，至 1931 年第 4 卷完成刊行，刊发了 6 篇文章（1927 年 1 篇、1930 年 5 篇），各篇文章在 8—64 个版面之间。1932 年，《哈尔滨工业大学校通报与著作集》发行了第 5 卷，该卷是 1931 年、1932 年两年的合刊，只刊登了 1 篇文章，但文章篇幅很长，占据 160 个版面。从 1933 年起，《哈尔滨工业大学校通报与著作集》发行最后一卷（第 6 卷），至 1934 年完成刊行，刊发了 2 篇文章（1933 年 1 篇、1934 年 1 篇），文章篇幅分别为 12 个和 48 个版面。在 6 卷 18 期的学报上，总版面超过了 920 页，平均到每期上 60 页左右，其中学术研究的篇幅在 850 页左右。

1925 年，哈尔滨法政大学发行了自己的学报——《法政学刊》。这是俄侨学者在中国发行的唯一一个具有重要影响的高等学校文科学报。《法政学刊》于 1938 年终刊，共出刊 12 期。第 12 期是在哈尔滨法政大学停办之后出刊的，主要是为纪念哈尔滨法政大学办学 18 年而出刊。《法政学刊》各期没有固定的主编，哈尔滨法政大学俄侨学者 Г. К. 金斯（第 1、3、4、9、11、12 期）、Н. В. 乌斯特里亚洛夫（第 7 期）、В. В. 恩格里菲里德（第 2、10 期）、В. А. 梁扎诺夫斯基（第 8 期）等在不同时期担任主编。他们由哈尔滨法政大学教授委员会推选产生。《法政学刊》既不是月刊，也不是双月刊，还不是季刊，没有固定刊期，没有固定栏目。1930 年前，《法政学刊》每年出版 1—2 期（1925 年第 1、2 期，1926 年第 3 期，1927 年第 4 期，1928 年第 5、6 期，1929 年第 7 期、1930 年第 8 期），其中版面从 248 页扩版到 414 页；从 1931—1938 年，共出版 4 期（1931 年第 9 期、1933 年第 10 期、1936 年第 11 期、1938 年第 12 期），其中版面保持在 280—360 页。在 12 期的学报上，总版面超过了 3800 页，平均到每期上约 300 页，其中学术研究的篇幅在 3500 页左右。在刊行的 12 期学报中，第 2、8 期极为特别，第 2 期在巴黎刊印，第 8 期同时以俄文和英文两种语言印刷，其余期次均以俄文印刷。

从 1929 年基督教青年会哈尔滨自然地理学研究会成立之日起，基督教青年会哈尔滨自然地理学研究会的创办者就产生了发行会刊的想法。但由于多种因素的限制，直到 1932 年 10 月，基督教青年会哈尔滨自然地理学研究会才成立了编辑委员会，并从 1933 年 5 月起着手打印被编辑好的研究会会员的文章。1934 年 2 月 12 日，基督教青年会哈尔滨自然地理学研究会以《基督教青年会哈尔滨自然地理学研究会年鉴》形式发行了第 1 期，作为基督教青年会哈尔滨自然地理学研究会的会刊。[①] 该期内容丰富，占据了 268 个版面。按照预定计划，基督教青年会哈尔滨自然地理学研究会应从 1934 年起每年出刊 1 期，由于经费所限，到 1941 年才出刊第 2 期。该期改变了原先的刊名，定名为《基督教青年会哈尔滨自然地理学研究会通报》。该期是为纪念基督教青年会哈尔滨自然地理学研究会主席 Э. Э. 阿涅尔特博士从事科学与实践活动五十周年而出版的专刊。在

---

① Жернаков В. Н. Отчёт о деятельностиклуба естествознания и географии ХСМЛ за период с 1933 по 1940 гг. //Известия клуба естествознания и географии ХСМЛ. 1941 , №1. с. 107.

版面上，第 2 期明显减少，仅 146 个版面。1945 年 7 月 18 日，《基督教青年会哈尔滨自然地理学研究会通报》第 3 期（最后 1 期）出刊。该期的出刊主要是为了纪念基督教青年会哈尔滨自然地理学研究会创会十五周年，由 Т. П. 高尔捷也夫主编。该期在版面上比第 2 期还少，仅 120 个版面。

从相关资料零星记载，我们得知哈尔滨东方文言商业专科学校也发行了学报，名为《东方学家》。但遗憾的是，可能是由于资料的限制，学界没有关于这个学报的任何详细研究。笔者也没有找到这个学报的原始资料，因此无法知晓这个学报具体办刊情况、刊发文章数量与内容等信息。但关于哈尔滨东方文言商业专科学校东方学学会发行会刊的情况有一些记载。学界普遍认为，哈尔滨东方文言商业专科学校东方学学会于 1931 年和 1933 年共发行了 2 期会刊，以文集形式出刊，取名为《在远东》。哈尔滨东方文言商业专科学校校长 А. П. 希奥宁担任会刊主编。第 1 期会刊《在远东》于 1931 年 12 月发行。该期篇幅仅占 86 个版面。至于 1933 年发行的第 2 期会刊在何月份出刊、占据多少个版面、刊发文章数量、作者名字和文章名称等具体内容，由于该期遗失和不被学界所发现，至今都是一个谜。

从 1926 年第 5 期，《东省杂志》在办刊上开始设置了独立的栏目，其中包括一个特别的栏目——"书刊简介"。这为中东铁路中央图书馆发行自己的学术期刊提供了便利条件。在建馆前两年，中东铁路中央图书馆没有发行自己独立的学术期刊，有关书刊评介的资料完全在《东省杂志》"书刊简介"栏内刊登，1927 年第 5 期上出现了中东铁路中央图书馆提供的书刊评介文章。在 1927—1928 年两年内，在 14 期的《东省杂志》上均有中东铁路中央图书馆提供的书刊评介文章，大约一个半月刊登 1 次。起初，这些文章由中东铁路中央图书馆馆长 Н. Н. 特里弗诺夫和副馆长 Е. М. 车布尔科夫斯基共同编辑发行，后由继任馆长 Н. В. 乌斯特里亚洛夫和副馆长 Е. М. 车布尔科夫斯基共同编辑发行。尽管这些文章在《东省杂志》上刊登，但这些文章有着独立的编页码、单独的体例、固定的评介者等。因此，中东铁路中央图书馆实质上是在间接独立办刊，只不过是在文章内容上与《东省杂志》紧密切合。既然如此，但为什么在

1927 年中东铁路中央图书馆又发行了独立的学术期刊——《中东铁路中央图书馆书籍绍介汇报》呢？1926 年 11 月，在东京举行的第三届全太平洋大会上，E. M. 车布尔科夫斯基建议以中东铁路中央图书馆为样板在太平洋国家也设置书刊简介处。为了向学术机构提供有关中东铁路中央图书馆书刊评介活动的信息，中东铁路中央图书馆书刊简介处决定以个别出版物形式发行学术期刊——《中东铁路中央图书馆书籍绍介汇报》。①

　　1927 年，中东铁路中央图书馆书刊简介处发行了《中东铁路中央图书馆书籍绍介汇报》第一卷（6 期），由中东铁路中央图书馆馆长 H. H. 特里弗诺夫和副馆长 E. M. 车布尔科夫斯基共同编辑，占据 112 个版面；1928 年发行了第二卷（1 期），占据 142 个版面，由中东铁路中央图书馆馆长 H. B. 乌斯特里亚洛夫和副馆长 E. M. 车布尔科夫斯基共同编辑；1929 年停刊 1 年；1930 年复刊，发行了第三卷（3 期），分别占据 40、40、64 个版面，由中东铁路中央图书馆馆长 H. B. 乌斯特里亚洛夫和副馆长 E. M. 车布尔科夫斯基共同编辑；1931 年停刊 1 年；1932 年重新复刊，发行了第四卷（1 期）、第五卷（1 期），分别占据 311、374 个版面，由中东铁路中央图书馆馆长 H. B. 乌斯特里亚洛夫独自编辑。《中东铁路中央图书馆书籍绍介汇报》在发行第五卷后终刊，共刊行 12 期。

　　1936 年 1 月，满洲俄侨事务局考古学、博物学与人种学研究青年会在哈尔滨发行会刊——《满洲博物学家》。这是满洲俄侨事务局考古学、博物学与人种学研究青年会发行会刊的第 1 期，也是 1936 年发行的唯一一期。该期版面非常少，仅有 26 个版面。1937 年 11 月，满洲俄侨事务局考古学、博物学与人种学研究青年会发行了第 2 期会刊，也是其发行的最后一期会刊。该期比第 1 期在版面上增加 1 倍多，占 66 个版面。我们从这两期会刊中未找到任何有关负责编辑出版者的信息。《满洲博物学家》没有固定栏目，基本上包括卷首语、专题文章、学术大事记、图书目录（索引）、部分文章的英文摘要、学会活动报告等专题。

　　目前通过资料可明确知晓的是，中国研究会在 1936 年 3 月发行了会

---

① Киселева Г. Б. Русская библиотечная и библиографическая деятельность в Харбине, 1897 – 1935 гг.：Диссертация. . . кандидата педагогических наук：Санкт – Петербург, 1999. с. 85.

刊——《华俄月刊》（月刊）。这是在华俄侨学者在天津发行的唯一一本学术期刊。《华俄月刊》从 1936 年 3 月创刊，至 1936 年 8 月终刊，按月出刊，共出刊 5 期，其中第 5 期为 7—8 月合刊，每期版面在 25—45 页不等。《华俄月刊》由俄侨学者 B. H. 伊万诺夫担任主编。

从在华俄侨学术机构的发展史来看，按照常例每一个俄侨学术机构在成立后都要创办会刊。但极为特殊的是，布尔热瓦尔斯基研究会在其存在的第 13 年（1942）才出版了一本研究会文集——《布尔热瓦尔斯基研究会科学著作集》。这是布尔热瓦尔斯基研究会出版的唯一一本科学著作集。严格来说，这本科学著作集并非真正意义上的学术期刊。但是，在当时政治、经济处于非常紧张的环境下，俄侨学术机构能够出版发表会员成果的非连续性科学著作集实属不易。并且，俄侨学术机构在编辑出版科学著作集时基本上都是按照学术期刊的发行模式进行的。因此，我们在本课题中也把俄侨学术机构出版的科学著作集按学术期刊对待。1942 年出版的《布尔热瓦尔斯基研究会科学著作集》由学会主席 B. B. 波诺索夫担任主编。《布尔热瓦尔斯基研究会科学著作集》占据 72 个版面，除正常的专题文章外，还附有一篇学会活动简况。

与布尔热瓦尔斯基研究会一样，直到学会存在末期，在接管哈尔滨地方志博物馆后，生物委员会才以哈尔滨地方志博物馆的名义发行了一本文集，取名为《哈尔滨地方志博物馆通报》。该刊于 1945 年末正式发行。这是生物委员会发行的第一期会刊，也是唯一一期会刊。该刊主要是为纪念刚刚离世不久的致力于中国东北园艺学研究的哈尔滨俄侨学者 A. Д. 沃耶依科夫而发行。与《布尔热瓦尔斯基研究会科学著作集》相比，《哈尔滨地方志博物馆通报》的版面略少，仅占据 60 个版面。1 期会刊《哈尔滨地方志博物馆通报》完全由博物馆的工作人员负责编辑出版。

发行会刊是苏联侨民会哈尔滨自然科学与人类学爱好者学会的最主要活动之一。苏联侨民会哈尔滨自然科学与人类学爱好者学会刚刚成立后就立刻着手发行会刊，并定名为《哈尔滨自然科学与人类学爱好者学会丛刊》。该刊从 1946 年创刊至 1955 年终刊，共出刊 14 期，其中从 1946 至 1949 年出刊 8 期、从 1950 至 1955 年出刊 6 期，平均每年出刊近 1.5 期。本书仅就 1946—1949 年所研究时间段给予介绍。在这一时间段，苏联侨民会哈尔滨自然科学与人类学爱好者学会于 1946 年发行会刊 5 期（第 1、2、3、4、5 期）、1947 年 2 期（第 6、7 期）、1949 年 1 期（第 9 期）。在这里需要特别说明的是，《哈尔滨自然科学与人类学爱好者学会丛刊》第 8 期于 1950 年发行。这是一个非常罕见的现象。根据该期扉页所记载内容判定，该期是 1948 年 12 月 20 日经苏联侨民会哈尔滨自然科学与人类学爱好者学会理事会决议通过刊行的。因此，该期至少应在 1949 年发行。至于缘何推迟发行并仍以第 8 期发行，我们尚未查阅到相关佐证材料。为了保证《哈尔滨自然科学与人类学爱好者学会丛刊》的编辑质量，苏联侨民会哈尔滨自然科学与人类学爱好者学会成立了会刊编辑委员会，成员包括 B. H. 阿林、И. Г. 巴拉诺夫、B. И. 库兹明、A. Г. 马里亚夫金、Г. И. 拉日加耶夫、A. И. 巴拉诺夫、B. И. 库兹明、B. C. 斯塔里科夫、B. H. 阿林分别担任《哈尔滨自然科学与人类学爱好者学会丛刊》不同期次的责任编辑。《哈尔滨自然科学与人类学爱好者学会丛刊》各期版面不等，整体上版面偏少，最少的只有 15 页，最多的也才 76 页。1955 年 9 月，随着苏联侨民会哈尔滨自然科学与人类学爱好者学会的解散，《哈尔滨自然科学与人类学爱好者学会丛刊》也最终停刊，从而结束了俄侨在华创办学术期刊的历史。

此外，上海俄国医学会从 1933 年起也发行了会刊——《远东医学通报》（双月刊）。该刊发行时间不长，到 1935 年终刊。前文已述，与前文提过的中东铁路中心医院医生协会所发行的《医学杂志》一样，由于查不到该杂志的原始材料，所以，关于这个医学杂志，我们也无从知晓其详细相关信息。

从以上叙述可知，在华俄侨学者创办的学术期刊三分之二以上都是在哈尔滨发行的，上海和天津也参与其中，但也只是凤毛麟角。哈尔滨之所以能成为在华俄侨学术期刊集中创办地，除哈尔滨是在华俄侨人数（其中包括俄侨学者数量）最多的城市外，如上文所述，哈尔滨亦是拥有在华俄侨学术机构最多的城市。

第二节　俄侨学术期刊创刊宗旨与经营

如前文所述，先后有 20 余种俄侨学术期刊在华发行。由于其发行机构与所历经的时代环境不同，在华俄侨学术期刊呈现出了差异化的创刊宗旨与不同的经营境况。因此，一本俄侨学术期刊坚持什么样的办刊方向，能否打造成名刊，能否可持续办刊，既取决于其发行机构的整体实力（政治地位、经费保障、优秀的编辑队伍等），也取决于其是否处于有利发行的政治环境。

在满洲俄国东方学家学会会刊《亚细亚时报》第 1 期卷首语中，满洲俄国东方学家学会编辑部给予会刊明确的定位，其创刊宗旨是希望"《亚细亚时报》能够作为汇聚对东方生活的某些观察及由此产生的思想活动的机关刊物，能够作为工作在东方的有着敏锐头脑与活跃思想的每一位活动家必要的交流的机关刊物"。[1] 据我们对《亚细亚时报》所有期次的栏目设置分析，《亚细亚时报》完全是依照其创刊宗旨而办刊，时刻关注社会政治问题、历史热点问题、俄国在远东的利益问题等，而这些问题又都是建立在研究者对所研究问题的认真观察和深入思考基础上的，从而引起在东方工作的更多社会活动家思索与交流。从 1909—1912 年，《亚细亚时报》设置了固定栏目：社会政治栏，经济栏，俄国在远东栏，民族学、历史、语言学和游记栏，东方大事记，科学与生活，书刊评介栏 7 个栏目。从 1913 年起，由于杂志版面的缩减，《亚细亚时报》的前四个栏目不复存在。尽管如此，社会政治、经济、俄国在远东、民族学、历史等问题依然是《亚细亚时报》关注的热点问题，只不过是变成了不定期刊发而已。到发行后期，尽管有的年份会刊发行版面比较多，但在发行早期的固定栏目一直也没有得到恢复。

《亚细亚时报》在经营上有一个特殊现象，就是各期在学术文章的选题上都与其编辑有着不可分割的关系（因为编辑本身就是研究者），并且在其编辑期次上都要刊登自己撰写的学术文章。例如，担任第 1—4 期

---

[1]　От редакции//Вестник Азии. 1909, №1. – с. I.

《亚细亚时报》编辑工作的首任编辑 И. А. 多布罗洛夫斯基，主要从事中国社会政治与经济发展问题研究，因此在这几期中社会政治与经济类学术文章刊登的比较多，并且也刊登了 И. А. 多布罗洛夫斯基本人关于《外国人在华治外法权》的重要学术文章。又比如，担任第 25—36 期编辑的 П. М. 格拉迪主要从事中国文化问题研究，在其编辑的期次上出现了许多文化问题的学术文章，也登载了他的《中国艺术》《中国戏剧》等重要学术文章。所以，《亚细亚时报》上所刊登的学术文章也充分反映了《亚细亚时报》编辑们各自的学术兴趣。

《亚细亚时报》在发行上也经历了坎坷的经营历程，影响其办刊效果的首要原因就是经费不足问题。以下是满洲俄国东方学家学会多数年份在办刊经费上的收支情况：1909 年会刊收入 603 卢布，支出 1518 卢布；1910 年会刊收入 668 卢布，支出 2146 卢布；1911 年会刊收入 827 卢布，支出 2043 卢布[1]；1913 年会刊收入 1417 卢布，支出 2223 卢布[2]；1914 年会刊收入 546 卢布，支出 1287 卢布[3]；1915 年会刊收入 387 卢布，支出 1717 卢布[4]；1916 年会刊收入 303 卢布，支出 1437 卢布[5]；1920 年会刊收入 398 金卢布[6]；1921 年会刊收入 146 金卢布[7]；1922 年会刊收入 49 金卢布，支出 2680 金卢布[8]；1923 年会刊收入 16 金卢布，支出 1112 金

---

[1] Автомонов Н. Общество Русских Ориенталистов（исторический очерк）//Вестник Азии. 1926, №53. с. 418.

[2] Отчёт о доходах и расходах Общества Русских Ориенталистов в Харбине на 1 - е января 1914 года.//Вестник Азии. 1914, №28 - 29. с. 136 - 137.

[3] Отчёт о доходах и расходах Общества Русских Ориенталистов в Харбине на 1 - е января 1915 год//Вестник Азии. 1915, №33. с. 161 - 162.

[4] Отчёт о доходах и расходах Общества Русских Ориенталистов в Харбине на 1 - е января 1916 года//Вестник Азии. 1916, №37. с. 201 - 202.

[5] Отчёт о доходах и расходах Общества Русских Ориенталистов в Харбине на 1 - е января 1917 года//Вестник Азии. 1916, №40. с. 70 - 71.

[6] Отчёт о доходах и расходах Общества Русских Ориенталистов в Харбине на 1 - е января 1921 года//Вестник Азии. 1922, №48. с. 187.

[7] Отчёт о доходах и расходах Общества Русских Ориенталистов в Харбине на 1 - е января 1922 года//Вестник Азии. 1922, №50. с. 340.

[8] Отчёт о доходах и расходах Общества Русских Ориенталистов в Харбине на 1 - е января 1923 года//Вестник Азии. 1923, №51. с. 386 - 387.

卢布①；1924 年会刊收入 164 金卢布，支出 1666 金卢布②。

我们从满洲俄国东方学家学会发行会刊的一些年份收支数字可明显看出，满洲俄国东方学家学会从着手发行会刊时就没有稳固的经费基础，在后续的许多年里都是处于严重的办刊经费赤字状态。这就难以保证会刊在发行上的连续性，不能按计划出刊，有时一年只出刊一期或几期，甚至有的年份没有出刊。如由于缺少经费，满洲俄国东方学家学会没有条件持续发行会刊，原定在 1911 年发行的第 11、12 期会刊推迟了 7 个月，才在 1912 年 5 月出刊。而且，1912 年满洲俄国东方学家学会又只发行了这 2 期会刊，还是合期出刊的。在这两期会刊发行后，满洲俄国东方学家学会欠《远东报》俄中蒙印刷所的印刷费已涨至 2000 卢布。由此，学会不得不临时停止会刊发行。但是，编辑部还暂存着大量稿件和新补充来的稿件（充分证明社会各界对学会会刊仍然表现出浓厚的兴趣），迫使学会寻求新的途径继续发行会刊。带着这个目的，学会与《哈尔滨日报》编辑部进行了关于在该报上刊登学会文献资料和以小册子形式刊印个别出版物，并免费寄给学会会员。尽管通过这种方式比独立发行会刊保证了低成本消耗，然而却极大损害了自身利益，因为学会失去了稿件的独家版权了。因此，学会主席团决定，在 1913 年恢复独立发行会刊，并更加关注远东的现实问题。③ 1919 年、1920 年、1921 年、1925年这四年没有出刊，1922 年、1923 年、1924 年、1926 年、1927 年这五年每年只出刊了一期。

为了能够让会刊不间断发行，除了利用一些微弱的会员会费外，学会也积极寻求其他途径解决办刊经费问题。从我们查阅的资料显示，学会首先通过几次更换印刷所来节省一部分印刷费，如 1913 年学会不得不更换了印刷昂贵的《远东报》俄中蒙印刷所，选择相对便宜的私人印刷

① Отчёт о доходах и расходах Общества Русских Ориенталистов в Харбине на 1 - е января 1924 года//Вестник Азии. 1924, №52. с. 388 - 389.

② Отчёт о доходах и расходах Общества Русских Ориенталистов в Харбине на 1 - е января 1925 года//Вестник Азии. 1926, №53. с. 466 - 467.

③ Общий отчёт о деятельности Общества Русских Ориенталистов за 1912 год//Вестник Азии. 1913, №15. с. 82.

所来印刷会刊；1914 年又返回到中东铁路印刷所刊印；1915 年第 35—36 期又在私人印刷所印刷；1916—1918 年又返回到中东铁路印刷所刊印。其次从 1914 年起也更加关注在会刊上刊登广告增加收入。最后也是最主要的解决方式，争取中东铁路公司的经费支持（通过免除债务和直接拨款）。为了改善物质状况，1912 年学会通过名誉会员 Д. Л. 霍尔瓦特请求中东铁路公司免除所欠《远东报》俄中蒙印刷所的印刷费，但没有得到批准。在多次请求下，直到 1916 年 10 月 10 日，中东铁路公司最终决定免除满洲俄国东方学家学会所欠《远东报》俄中蒙印刷所 3253 卢布的印刷费，以支持满洲俄国东方学家学会发行会刊。[①] 1916 年 12 月 3 日，中东铁路管理局局长霍尔瓦特满足了满洲俄国东方学家学会主席团请求从铁路年度拨款 1500 卢布用于支持学会发行会刊。[②] 这为 1917 年、1918 年两年内会刊能够发行提供了一定的经费保障。

1920 年 3 月 27 日，满洲俄国东方学家学会主席团会议决议，以发行会刊专刊形式纪念学会前主席 И. А. 多布罗洛夫斯基，借此恢复会刊发行。为此，学会在会员及其他人士中安排了特别的订购筹措印刷经费，同时拟印刷的会刊所出售的收入全部捐献给 И. А. 多布罗洛夫斯基的子女。[③] 到 1921 年 1 月 1 日，为出版会刊募捐所得为 1564 金卢布。[④] 尽管如此，所募捐经费还是不足以承担印刷费用，所以本应在 1920 年复刊的《亚细亚时报》没有得到实现。直到 1922 年，停刊 3 年的《亚细亚时报》才得以复刊，即第 48 期。而《亚细亚时报》的复刊在很大程度上又来自于中东铁路公司的经费拨款支持。从我们所掌握的数字资料看，1921、1922 年每年中东铁路公司都拨给学会 1000 金卢布的办刊经费。[⑤] 此后，

---

①　Заседание Президиума 12 ноября 1916 года.//Вестник Азии. 1916, №40. с. 56.

②　М. Г. Отчёт о деятельности Общества Русских Ориенталистов в Харбине за 1916 – й год//Вестник Азии. 1916, №40. с. 65.

③　Отчёт о деятельности Общества Русских Ориенталистов в Харбине за 1920 год//Вестник Азии. 1922, №48. с. 184.

④　Баланс Общества Русских Ориенталистов в Харбине на 1 – е января 1921 года//Вестник Азии. 1922, №48. с. 186.

⑤　Отчёт о доходах и расходах Общества Русских Ориенталистов в Харбине на 1 – е января 1923 года//Вестник Азии. 1923, №51. с. 386.

每年中东铁路都拨付给学会 1000 金卢布的固定办刊经费，史料明确记载了 1923、1924 年两年的拨款情况。①

影响学会持续办刊的另一个重要原因就是政治因素。第一次世界大战破坏了学会会刊的发行计划。如一些东方学家参战，一些又临时停止了学术活动，预定于 1915 年发行的《亚细亚时报》第 37 期推迟到 1916 年初才得以刊印。俄国革命对会刊发行影响更大。1917、1918 年，尽管会刊每年还能勉强发行几期，但会刊的版面严重缩版。1919—1921 年三年内，会刊完全处于停刊状态。1922 年后，尽管会刊保持发行状态，但也没能保证每年发行 1 期。

在 1913 年满洲农业学会与满洲兽医学会共同发行的会刊——《北满农业》第 1 期编辑寄语中，明确指出了会刊《北满农业》发行的宗旨为"交流从事农业的经验、引起对农业工作的关注、探寻农业经营的新方式和获取权威人士对农业经营的意见"和"试图为满洲农业的研究与发展事业奠定基石"。② 正是按照这一创刊宗旨，1913 年 7 月满洲农业学会与满洲兽医学会共同发行了会刊——《北满农业》。笔者从不同年份发行的《北满农业》的部分期次（由于诸多因素，该刊目前在世界上没有完整的全套期次）目录看出，尽管该刊没有设置固定的栏目，但所刊发文章和简讯完全是围绕创刊宗旨进行组稿的，既有探讨农业经营的经验和介绍新方式，也有关于农业经营的理论见解，更有关于农业领域的不同信息等。

关于会刊《北满农业》各年的经营情况，如上文所述，因查阅不到完整的会刊期次，也就无法获悉满洲农业学会各年活动的完整情况和会刊的具体经营情况。因此，笔者只能根据满洲农业学会个别年份活动的报告来探讨会刊《北满农业》的具体办刊情况。以 1914 年会刊经营情况为例，本年度在会刊发行经费上，由于满洲兽医协会没有提供任何办刊经费，办刊经费主要来源于中东铁路公司的 500 卢布固定拨款、出售会刊

---

① Отчёт о доходах и расходах Общества Русских Ориенталистов в Харбине на 1-е января 1924 года//Вестник Азии. 1924, №52. с. 388; Отчёт о доходах и расходах Общества Русских Ориенталистов в Харбине на 1-е января 1925 года//Вестник Азии. 1926, №53. с. 466.

② От редакции//Сельское хозяйство в Северной Маньчжурии. 1913, №1. с. 4, 5.

收入、有偿刊登广告收入和少量会员会费，但基本上以中东铁路公司的拨款为主。本年度，满洲农业学会在发行会刊所用经费为 1225 卢布。但值得关注的是，会刊本以月刊形式发行，可在 1913 年前三期发行后，就出现了两个月合期出刊的现象。现在我们无法解释在 1913 年会刊刚刚发行几个月就出现此现象的原因。从 1914 年起，这种现象更加明显。在 1914 年发行的会刊中，只有第 12 期是按时并单期发行。第一期本应在 1 月如期发行，但最后发行的是第 1、2 两个月的合期。而 3、4 两月合期发行的会刊直到 8 月末才刊印。1914 年上半年会刊的未按时出刊的原因在于，满洲农业学会理事会认为，既然中东铁路公司在办刊上给予经费支持，那么在刊印会刊时应以中东铁路印刷所为首选，并与中东铁路印刷所达成了刊印协议。但中东铁路印刷所是以官方工作为首要任务，没能满足满洲农业学会按时出刊的计划。因此，为了保证会刊的及时出刊，满洲农业学会不得不做出改换印刷所的决定，从第 5 期起由私人印刷所刊印会刊。然而，这也暂时改变不了会刊推迟发行的状况，从而出现了第 5—9 月 5 个月合为 1 期出刊的特别现象，以及第 10、11 两个月还必须合期出刊的情况。①

从 1915 年起，除极个别年份的某些月份会刊《北满农业》按月出刊外，几乎都是两个月或多个月合月出刊，甚至还出现有的年份停刊现象。我们认为，这无外乎或受到办刊经费的限制，或受到政治因素的影响，或受到印刷条件的掣肘。

满洲教育学会会刊——《亚洲俄国的教育事业》创刊宗旨为：（1）刊载俄文与其他外文教育杂志上的重要文章（全文）、文摘、图书评论；（2）为本地教育群体中的所有会员提供交流的平台；（3）反映教师在校园内外的生活、校园生活中的大事小情；（4）关注俄国西伯利亚与远东、俄国中亚地区和中国东北地区、俄国和其他国家各级学校的各类教育；（5）使读者了解中国人、日本人、朝鲜人和波斯人教育事业的发展史和

---

① Отчёт о деятельности Маньчжурского Сельско - Хозяйственного Общества за 1914 год // Сельское хозяйство в Северной Маньчжурии. 1915, №3. с. 9 - 10.

现状；（6）旁及与教育有关的科学、政治和社会生活问题。①《亚洲俄国的教育事业》没有设置固定的栏目，但大体上包括总论与地方教育问题（含翻译）、图书评论（含文摘）、教育学会（机构）与教师代表大会活动报告、亚洲俄国教育事业大事记、满洲教育学会及主席团活动记录和广告等内容。1922 年复刊的满洲教育学会会刊——《满洲教育学会通报》依然固守过去的办刊宗旨，但也有一些新的变化：（1）保持健康的国立学校传统，尽可能地全面观照各级各类教育，以及探讨人民群众道德水平提高问题；（2）在中东铁路附属地教育活动家之间建立活跃的联系，不仅提供关于中东铁路附属地，而且也专注俄国、西伯利亚、滨海边区和外国的全部国民教育状况。②

　　我们通览满洲教育学会会刊的文章选稿和内容，满洲教育学会完全是按照创刊宗旨办刊的。但在办刊过程中，满洲教育学会受到了诸多因素的影响，影响了其办刊效果。可以说，满洲教育学会是在艰难的处境当中发行会刊的。除了少量的会费外，满洲教育学会没有任何其他资源，如前文已述，受到经费的限制，满洲教育学会为了其会刊能够正常发行，积极与《哈尔滨日报》编辑部合作。此外，为了保证作者的高额稿费，满洲教育学会会刊编辑部决定，在会刊发行印数不多的情况下编辑的劳动是义务的。③ 但就是在一切工作都准备就绪的情况下，满洲教育学会也没有按照预定计划在 1913 年 1 月发行会刊，而是推迟到 1913 年 4 月才正式出刊第 1 期。关于会刊推迟发行的原因，满洲教育学会编辑部在 1913 年《亚洲俄国的教育事业》第 6—10 期的编辑寄语中给予了明确解释：（1）编辑的不稳定，第一任编辑 Н. И. 彼得罗夫在发行会刊第 1 期前（1912 年 12 月）身患重病并到国外治疗。1913 年 1 月，继任编辑 М. В. 扎米亚金承担了前 3 期的全部编辑工作。（2）过量的印刷工作使会刊的

---

　　① И. П. Маньчжурское Педагогическое Общество（История возникновения и очерк деятельности）.//Просветительное Дело в Азиатской России. 1913, №1. с. 6 – 7; Отчёт о деятельности Маньчжурского Педагогического Общества за 1914 – 15 уч. год.//Просветительное Дело в Азиатской России. 1915, №7. с. 765.

　　② От редакции.//Вестник Маньчжурского Педагогического Общества. 1922, №1. с. 2.

　　③ От редакции.//Просветительное Дело в Азиатской России. 1913, №1. с. 5.

印刷机构——《远东报》俄中蒙印刷所难以承受，无法保证会刊按时印刷。

而第二任编辑 M. B. 扎米亚金又受聘为谢尔普霍夫商业学校校长职务，在编辑完第 3 期后（1913 年 8 月）回到俄国任职。这样，满洲教育学会不得不改变原来的计划：（1）选任新的编辑，并使其固定化（付给报酬）；（2）会刊由按月发行变为不定期发行。1913 年 9 月 15 日，在满洲教育学会主席团会议上 M. K. 克斯汀被一致推选为新一任会刊编辑。在他的努力下，本年度会刊的后 3 期（第 4—5 期、6—10 期、11—12 期）以合刊形式在 1913 年 9—12 月份如期出刊。

在满洲教育学会办刊过程中，会刊经常不及时出刊还有一个重要原因是，印刷会刊的印刷所不断更换。起初，会刊在隶属于《哈尔滨日报》的《远东报》俄中蒙印刷所刊印，但在印刷完 1914 年第 1 期后该印刷所俄国部就撤销了。从 1914 年第 2 期起，会刊不得不交给中东铁路印刷所印刷，因为中东铁路管理局局长给予每年 600 卢布的优惠印刷价。但在刊印完第 6 期（1915 年）后，中东铁路印刷所因自己的工作任务过重拒绝继续刊印满洲教育学会会刊。从 1915 年第 7 期起，会刊又再一次更换印刷所，选择了一家私人印刷所。从 1916 年第 6—7 期起，会刊又重新由中东铁路印刷所印刷。

而办刊经费不足一直是困扰满洲教育学会办刊效果的最大问题。资料记载，在 1914—1915 教学年，满洲教育学会的办刊经费为 429 卢布（用于印刷会刊、免费邮寄、免费赠送会员、免费赠送一些图书馆和教育机构、与其他定期出版物交换等），占据了办会经费的 90% 以上，但还赊欠中东铁路印刷所 222 卢布的印刷费。[①] 这还是在满洲教育学会继续执行与《哈尔滨日报》编辑部所签订的协议情况下进行办刊的。（哈尔滨日报社承担购买纸张、会刊装订和封面制作方面的费用）[②] 可以说，满洲教育学会从 1914 年起已处于赤字办刊状态。因战争导致的纸张与印刷价格

①　Отчёт о деятельности Маньчжурского Педагогического Общества за 1914 – 1915 уч. год.//Просветительное Дело в Азиатской России. 1915 , №7. с. 800 – 802.

②　Заседание Президиума Общества 29 августа 1914 года.//Просветительное Дело в Азиатской России. 1914 , №3. с. 408.

昂贵，使满洲教育学会发行杂志陷入了更为艰难的状况。由此，满洲教育学会的办刊经费在 1915—1916 年学年比之上一教学年增加了近 1 倍（831 卢布），但这些经费仅能勉强支付印刷费，还缺少 300 多卢布的其他费用。满洲教育学会不得不挪用从俄国国民教育部拨来用于学会开展课外教育活动的经费，以弥补这 300 多卢布的空缺。但仍需要指出的是，满洲教育学会赊欠中东铁路印刷所的印刷费不仅没有缴还，又追加了 108 卢布的印刷费，达到了 330 卢布。① 关于所欠中东铁路印刷所印刷费问题，满洲教育学会多次请求中东铁路管理局免除欠款，但都被拒绝了。1916 年 9 月 22 日，满洲教育学会从俄国国民教育部争取到了 1000 卢布用于会刊发行的经费。② 这些经费加上会费、会刊订阅费使 1916—1917 年学年的会刊发行至少能保持在上一教学年的水平，但政治上的影响使这些卢布已显得杯水车薪，致使会刊仅发行了两期。在之后的会刊发行中，因得不到相关部门的拨款支持，仅靠少量的会费和订阅费使得会刊发行步履维艰，1917—1918 年、1918—1919 年两个学年各仅发行一期。

我们通过会刊上所刊登文章的作者来源地分析，会刊得到学界的公认，俄国首都、俄国亚洲地区、中国、日本等各地的教育界学者（绝大多数为俄国人）积极与会刊合作，使得会刊的稿源多样化、充沛和有质量。

在 1922 年发行的东省文物研究会会刊——《东省文物研究会杂志》第 1 期第 1 页的编辑部寄语上指出，《东省文物研究会杂志》的主要任务在于，关注东省文物研究会自身以及从事东省特区研究的某些学者的工作，以引起东省特区活动家对某些问题的重视；反映汉、俄、满 3 种文化，帮助东省特区所有的文化界找到共同语言，并通过齐心协力达到唯一的目的——全面研究北满。③ 换言之，《东省文物研究会杂志》主要是以刊登本会活动及会员的研究成果为己任，以达到服务于社会和促进全

---

① Отчёт о деятельности Маньчжурского Педагогического Общества в 1915/1916 уч. году.//Просветительное Дело в Азиатской России. 1916, No6 – 7. с. 470 – 471.

② Протоколы Маньчжурского Педагогического Общества и его президиума.//Просветительное Дело в Азиатской России. 1917, No2 – 3. с. 232.

③ От редакции//Известия Общества Изучения Маньчжурского Края. 1922, No1. с. 1.

面研究北满工作。1925年发行的《东省文物研究会松花江水产生物调查所著作集》也是遵循这一出刊宗旨。

从东省文物研究会发行的会刊及著作集的各期目录上看，无论是《东省文物研究会杂志》，还是《东省文物研究会松花江水产生物调查所著作集》，尽管各期均未设置固定专题栏目，但基本上是以围绕办刊宗旨发行，学会活动报告、部门活动情况及会员的研究成果是各期刊登的主体内容，只有个别期次设置了学术大事记、书刊评介等罕见栏目，并占据极少版面。

为了发挥各学股的作用，《东省文物研究会杂志》在经营上出现了一个创新的尝试：1924年的第4、5期采取特刊形式出刊，分别为历史人种学股特刊和工商学股特刊，集中展示了两学股的活动情况及研究成果。

通过东省文物研究会的具体办刊情况来看，《东省文物研究会杂志》与《东省文物研究会松花江水产生物调查所著作集》并非像之前其他重要学术团体所办学术期刊一样，以月刊或季刊或不定期形式保证每年出刊几期，而是平均出刊1期或1.5期，而且在版面上又非常拮据。这与东省文物研究在当时的影响力极不相称。据我们分析，之所以出现此类现象，主要有以下影响因素：如下文所述，在东省文物研究会所发表的200余篇论文[1]中，由于与中东铁路经济调查局《东省杂志》编辑部签订了协议，近120篇均发表在了《东省杂志》上，因此东省文物研究会在发行会刊或著作集上也就没有必要过多投入了，而把用于印刷出版物的经费更多的投到了诸如单行本著作等其他出版物上了。与其他学术团体相比，发行会刊只是东省文物研究会的次要工作，博物馆（陈列所）建设是东省文物研究会的头等重要工作。这在博物馆（陈列所）经费投入上表现得极为明显。

尽管会刊或著作集都是在发行机构成立后很快就刊印了，并且几乎有着稳定的编辑队伍，但均都发行时间极短。受外部政治因素影响，由于东省文物研究会被彻底改造，《东省文物研究会杂志》与《东省文物研

① Рачковский А. А. Шесть лет//Известия Общества Изучения Маньчжурского Края. 1928, No7. с. 5.

究会松花江水产生物调查所著作集》也先后停止发行。

综合以上诸因素，我们认为，与其他已发行的学术期刊相比，东省文物研究会发行的会刊或著作集与所预期的办刊效果应该是有所偏差。

我们查遍关于哈尔滨法政大学的历史资料，都未找到哈尔滨法政大学学报——《法政学刊》创刊的宗旨。按照俄国高等学校的传统，从事科学研究是每一所高等学校的神圣使命，也是服务于培养具有学术底蕴的高级人才的需要。为了刊载学校教师的研究成果，每一所高等学校都会发行自己的学报。哈尔滨法政大学作为俄侨学者在哈尔滨市成立的第一所高等学校，自然承载着研究法律、历史、经济、哲学等领域的任务。这些领域的研究成果也需要一个刊载的平台。我们分析，哈尔滨法政大学学报——《法政学刊》出刊的最终目的也是为教师提供一个发表成果和交流的平台。因为在当时的哈尔滨已没有一本有影响的人文社科领域的俄文学术期刊了，即使满洲俄国东方学家学会还在出版会刊——《亚细亚时报》，但其已处于濒临停刊的境地了。前文已述，在18年的办学历程中哈尔滨法政大学只发行了12期学报——《法政学刊》，平均每年发行不到0.7期。这是一个罕见的历史现象，因为它与哈尔滨法政大学众多的学者队伍与学术声望极不对称。所以，稿源不足绝不是《法政学刊》出刊率低的原因。唯一可以解释的是，哈尔滨法政大学在办学过程中一直缺少充足的办刊经费。这既体现在哈尔滨法政大学在开办第五年后才出刊第1期，又体现在1925—1929年期间哈尔滨法政大学办学经费相对充足时也没保证按月出刊或按季出刊，还体现在教师的大量文章都刊发在中东铁路经济调查局发行的《东省杂志》和由哈尔滨法政大学中国毕业生发行的《中华法学季刊》上，更体现在1929年后哈尔滨法政大学都难以保证按年出刊1期。

从《法政学刊》第9期开始，史料明确记载了其艰难的办刊情况。《法政学刊》第9期完全是依靠募捐来的基金发行的。起初的500元（本地货币）是来自于哈尔滨法政大学毕业考试委员会委员和主考人的捐款；其次是首次在《法政学刊》上刊登商业广告又募集了600元；最后在铁路俱乐部安排了《当代欧洲》的公开辩论筹措了专用于出版的额外资金。此外，由于经费不足，哈尔滨法政大学从这期起还不再向国外邮寄和停止免费向教师赠送学报。《法政学刊》第 10 期的发行更显艰难，哈尔滨法政大学已无任何经费了，不得不向作者收取版面费来出刊了。《法政学刊》第 11 期是以纪念文集的形式出刊的，以此纪念哈尔滨贸易公所主席 Н. Д. 布雅诺夫斯基逝世，因此首先得到了哈尔滨贸易公所和一些私人的物质支持，其次以刊登商业广告形式得到了一些公司的捐款，共有 113 家公司和个人捐款 795 元（伪满洲国国币）。《法政学刊》第 12 期也是以纪念文集的形式出刊的，以此纪念哈尔滨法政大学 18 年的办学历程，为此得到了教师和社会各界的支持，其中包括哈尔滨法政大学毕业考试委员会教授的募集资金、举办《法律工作者舞会》的结余资金、刊登商业广告的捐款和其他私人的募捐等。①

与哈尔滨法政大学发行学报——《法政学刊》一样，哈尔滨中俄工业大学校也发行了自己的学报——《哈尔滨中俄工业大学校通报与著作集》。对哈尔滨工业大学校来说，更糟糕、更迫切的是，在当时的哈尔滨没有发行任何一本理学或工学的学术杂志。这样，哈尔滨中俄工业大学校的教师所研究的学术成果根本无刊载的媒介。所以，我们推断，为学校教师提供刊载成果的平台是哈尔滨中俄工业大学校必须解决的重要问题。在当时的历史条件下，发行一本属于自己的学报是哈尔滨中俄工业大学校的唯一解决途径。相对于哈尔滨法政大学而言，在 14 年的办学进程中，哈尔滨中俄工业大学校保证了平均每年发行 1 期学报，并且比较稳定的发行。这与哈尔滨中俄工业大学校连续得到中东铁路公司的大额拨款有着直接关系，能够保证学报发行的经费。但与之相悖的是，《哈尔滨中俄工业大学校通报与著作集》无论是在版面上，还是在文章数量上（下一节中具体介绍），都无法与《法政学刊》相比拟。这其中的原因是什么？我们认为，《哈尔滨中俄工业大学校通报与著作集》的发行者并非是不懂得如何去经营学报，而稿源不足应是最主要的原因。哈尔滨中俄工业大学校教师科研成果数量的多寡应受到学校实验室、学术研究室建

① Список фирм и отдельных лиц, пожертвовавших и подписавших на настоящий сборник//Известия юридического факультета. 1936, №11. с. 379 – 380; Предисловие//Известия юридического факультета. 1938, №12. с. Ⅶ; Автономов Н. П. Юридический Факультет в Харбине (исторический очерк). 1920 – 1937.//Известия юридического факультета. 1938, №12. с. 66 – 67.

设等客观条件的限制。此外，哈尔滨中俄工业大学校教师在实验室、学术研究室里还要耗费一定的实验时间。这些都影响了哈尔滨中俄工业大学校教师科研的进度，以及《哈尔滨中俄工业大学校通报与著作集》的出刊率。

在 1923 年 1 月由中东铁路经济调查局发行的《满洲经济通讯》（周刊）创刊号上，《满洲经济通讯》编辑部专门阐述了中东铁路经济调查局创办学术期刊的目的。编辑部指出，中东铁路经济调查局着手发行机关刊物之时，正是东省特别行政区面临严重的财政与工商业危机之际，工商业处于萧条状态。从当时的政治、经济发展环境方面看，时局不利于中东铁路经济调查局发行机关刊物。但从为改善东省特别行政区经济发展和支持工商业的实践服务出发，中东铁路经济调查局认为发行机关刊物又是适宜的。因此，"弄清楚东省特别行政区工商业振兴的条件、通过最好的途径帮助工商业走上正常发展的畅通之路和找到摆脱困境的办法"成为中东铁路经济调查局创办机关刊物——《满洲经济通讯》的直接目的。[①] 此外，《满洲经济通讯》编辑部还就具体的办刊原则进行了阐述：作为中东铁路所属部门的机关刊物，《满洲经济通讯》把交通问题，尤其是以中国与俄国为首的远东国家的交通问题摆在工作的首要位置，全面关注中东铁路的活动及作用，并研究与中东铁路有关的一切问题；因为中东铁路的活动又与中东铁路附属地的所有工商业发展紧密相连，因此中东铁路的经济效益完全取决于中东铁路附属地工商业发展的程度，这样，《满洲经济通讯》自然就对东省特别行政区的经济（以工商业、农业为主）问题给予重点关注；与此同时，对中国东北具有重要经济影响的远东国家经济也旁及研究；最后，在刊物上以经济与商业动态、专门的大事记、商品与货币简报、市场行情形式给予工商业主在日常实践工作中以帮助。[②]

在办刊过程中，《满洲经济通讯》严格按照上述创刊宗旨办刊。改版后作为《东省杂志》副刊的《中东经济月刊》遵循《满洲经济通讯》创

---

① Наши задачи.//Экономический Вестник Маньчжурии,1923,№1,c.1－2.

② Наши задачи.//Экономический Вестник Маньчжурии,1923,№1,c.2－3.

刊时的宗旨，紧紧围绕《满洲经济通讯》的具体办刊原则发行期刊。《满洲经济通讯》与《中东经济月刊》均没有设置固定栏目，但大体上可以分为中东铁路研究、中国东北研究、中华民国研究、苏联研究、日本与南满铁路研究、其他国家研究等方面。《东省杂志》是在世界经济与中苏关系深刻变革的背景下改扩版的，"完全卷入世界经济体系的远东——改组后的期刊编辑部声明，有必要关注远东各类不同经济与文化生活问题。强有力地促进解决这个任务是《东省杂志》改扩版的目的"。① 与此同时，中东铁路由中苏两国实现共管，《东省杂志》也就变成了中苏合办的学术期刊，这为《东省杂志》及副刊《中东经济月刊》的持续稳定发行创造了有利的政治、经济环境。我们从各年《东省杂志》发行的期次来看，除1925年和1929年的刊期存在一定问题，如1925年只出刊了10期且全部为合期出刊以及1929年少出了1期，其余年份期刊发行都比较正常（在日本占领中国东北后初期也正常出刊）。分析1925年和1929年出现问题的原因，笔者认为，中苏合办中东铁路以及《东省杂志》后面临着繁重的工作任务和可能在办刊经费上的不足等问题影响了1925年《东省杂志》的发行效果，而中东路事件是影响《东省杂志》少发行1期的直接原因。从现有文献资料来看，我们尚未找到有关中东铁路管理局拨给中东铁路经济调查局用于发行期刊的经费数额，但从《东省杂志》不间断地发行来看，办刊经费应是充足的。《东省杂志》尽管在刊发文章领域扩大到了所有问题，但中东铁路经济与技术成就、中国东北区域、苏联远东以及与中国东北关联密切的国家的经济发展等问题仍是其关注的重中之重。

在栏目设置上，《东省杂志》在改扩版初期没有设置明显的栏目，只有书刊评介和中国东北自然研究两个固定栏目，从1926年第3—4期起设立了专门的苏联研究栏目，从1926年第5期起正式设立比较固定的专题栏目（综合研究、中东铁路研究、经济与技术、中华民国研究、苏联研究、书刊评介和中国东北自然研究），从1927年第2期起又增设了东省经济研究，从1927年第4期起中国东北自然研究与东省经济研究两个栏

① Пять лет Вестника Маньчжурии//Вестник Маньчжурии，1928，№1，с. 2.

目合并设立东省综合研究，从 1929 年第 1 期起增设了中国文化与日常生活研究（有时中华民国研究栏目没有设立，有时又改为中国经济与国民经济，有时又设立中国民族，有时改为中国贸易），从 1929 年第 4 期起不定期增设蒙古研究栏目，从 1929 年第 5 期起不定期增设日本研究栏目（有时栏目名称为日本经济与国民经济、日本殖民统治），在 1929 年第 6 期上把东省综合研究拆分为东省文化与东省经济两个栏目（有时只设立一个栏目，有时又加入东省历史栏目，有时又改为东省自然栏目，有时又设立东省铁路栏目，有时又改为东省农业栏目，有时又设立东省贸易栏目，有时又增设东省工业栏目，在发行后期在不同的年份期次上又曾设立过独立的"东省出口""东省港口""东省金融""东省交通""东省考古""东省市场""东省气候"等专栏），从 1930 年第 4 期新设"世界市场动态与中国东北黄豆销售危机"栏目和杂志评论栏目（从 1933 年第 1 期起改为远东报刊评论，原书刊评介栏目只保留图书评论内容，从 1934 年第 5 期该栏目取消，从 1934 年第 7 期又重新出现），从 1930 年第 6 期新设北满经济危机研究栏目，从 1931 年第 11—12 期起新设了"世界经济危机研究"栏目，从 1932 年第 4 期新设北朝鲜港口研究栏目（1934 年第 3 期改为朝鲜研究栏目），从 1932 年第 8 期设立了"内蒙古研究"栏目，从 1933 年第 1 期起增设"远东国家学术大事记"栏目。无论《东省杂志》各期栏目如何变化，中国东北研究和中东铁路研究这两个栏目是杂志的主打栏目。

　　前文已述，由于《东省杂志》在办刊上的不懈努力，使其成为当时中国少有的在世界上具有影响力的出版物。它不仅在哈尔滨和中东铁路沿线，而且在苏联远东、莫斯科和列宁格勒等地传播。以《东省杂志》为核心的中东铁路经济调查局机关刊物能够取得办刊上的成功，除中东铁路经济调查局自身的努力外，还与当时在哈尔滨活动的哈尔滨中俄工业大学校、东省文物研究会、哈尔滨法政大学和中东铁路中央图书馆等多个俄侨学术机构的大力支持密不可分。这些机构中的俄侨学者纷纷在《东省杂志》上刊发文章，为《东省杂志》提供了充足的稿源。以中东铁路中央图书馆和东省文物研究会为例，我们在第二章和本章中已对中东铁路中央图书馆与中东铁路经济调查局合办《东省杂志》书刊评介栏目的内容给予了介绍，在此不再赘述。1925 年夏季，东省文物研究会与中东铁路经济调查局《东省杂志》编辑部签订了关于东省文物研究会会员可在《东省杂志》上刊发文章的协议，其中规定所刊发文章由东省文物研究会编辑委员会成员来编辑。[①] 根据这个协议，研究中国东北地区自然地理的东省文物研究会的会员学者，几乎撰写了《东省杂志》上刊发有关中国东北边疆自然问题的全部文章。

《东省杂志》及其副刊《中东经济月刊》停刊的根本原因，是受到政治因素的影响。在日本咄咄逼人的进攻态势下，苏联已着手放弃经营中东铁路。这样，在 1935 年苏联也就停止了包括发行《东省杂志》在内的一切活动了。

"陆海军"俄国军事科学学会发行会刊《陆海军》是旨在"使暂时放弃军事活动的侨民军官了解最新军事思想动态"。[②] 按照这一办刊主旨，会刊在刊登文章上有以下基本定位：（1）翻译英国、法国、德国、意大利、波兰、南斯拉夫、捷克斯洛伐克、保加利亚、瑞士和美国等国最新发行的军事期刊上刊登的文章；（2）报导中国、日本、土耳其等远东与近东国家最新政治军事消息；（3）通过谍报机构和调查等手段为会刊获取发布苏联红军的直接信息。这一办刊思路可能恰恰迎合了大量俄国哥萨克侨民的需求，从而使会刊《陆海军》能够面世并保持发行。上文已述，由于会刊在最初创刊之时就完全依附于《罗西俄文沪报》办刊，所以长时间内会刊都以报纸形式出刊。尽管这种形式限制了会刊的学术性发展方向，但至少保证了会刊的连续发行。通过我们对会刊《陆海军》按月发行计算，1924—1929 年平均月发行 16.7 次，每次以刊登两篇文章为计，大约每月平均刊登 33.4 篇文章；1930—1931 年平均月发行 5.7 次，大约每月平均刊登 11.4 篇文章。根据 1932 年以后会刊发行情况，以

---

① Отчет о деятельности Общества Изучения Маньчжурского Края за 1926 год（4 - й год существования）. - Харбин, 1927. с. 10.

② Кудрявцев В. Б. Периодические и непериодические коллективные издания русского зарубежья（1918 - 1941）: Журналистика. Литература. Искусство. Гуманитарные науки. Педагогика. Религия. Военная и казачья печать: Опыт расширенного справочника: в 2 ч. / Ч. 1. - Москва: Русский путь. 2011. с. 51.

每月刊登文章数量进行比较，把 1932 年前会刊《陆海军》每月刊登文章汇集的话，相当于每月刊行 1 期会刊，合计 62 期，也即 1924 年 2 期、1925 年 12 期、1926 年 12 期、1927 年 12 期、1928 年 12 期、1929 年 12 期、1930 年 12 期、1931 年 12 期。从数字中我们明显可以看出，1932 年前会刊基本上能保持稳定发行，但也凸显出一个重要问题：1930 年之后会刊在刊登文章数量上减少了三分之二，1932 年后情况更为明显，不仅改变了发行方式（由报纸形式转变为杂志形式），不能保证每月都发行，发行期次呈现逐年减少趋势，而且有的期次只有 4—5 篇文章。这些情况的发生与"陆海军"俄国军事科学学会自身的处境、会员的多寡及外界的支持有着直接关系。从学会的发展历程来看，会刊《陆海军》的发行一直处于相对有利的政治环境、有着固定的编辑、稳定的稿源和明确的办刊思路，然而在办刊经费上完全依赖外界的支持严重影响了刊物的可持续发展，以至于学会还没有停办，会刊却提早停刊了。

中东铁路中央图书馆发行学术期刊——《中东铁路中央图书馆书籍绍介汇报》的宗旨是"为本地调查与学术研究机构提供学者关于中国和远东的新著述信息，为铁路各部门提供所需和具有实践意义之文献信息"。[①] 正是遵循这一宗旨，中东铁路中央图书馆书刊简介处为其发行的《中东铁路中央图书馆书籍绍介汇报》选取相关的稿件。在其栏目设置上，《中东铁路中央图书馆书籍绍介汇报》没有固定的栏目，除了文献综述资料外，还刊发报刊评论的文章，也刊发书评（尤其是地方志问题的书评）。在稿源上，中东铁路中央图书馆书刊简介处组织的稿件既有来自铁路部门的专家，又有当地的学术力量（高等学校、学术团体）。但是，我们通过比照《东省杂志》与《中东铁路中央图书馆书籍绍介汇报》上所刊发文章，发现一个非常值得关注的问题：1927—1930 年间，《中东铁路中央图书馆书籍绍介汇报》上所刊发文章均来自中东铁路中央图书馆书刊简介处给《东省杂志》"书刊简介"栏目所提供的文章。以此来看，《中东铁路中央图书馆书籍绍介汇报》算不上一本真正的学术期刊，应该称

① Киселева Г. Б. Русская библиотечная и библиографическая деятельность в Харбине, 1897 – 1935 гг. : Диссертация... кандидата педагогических наук : Санкт – Петербург, 1999. с. 87.

之为"文集"。这就涉及到另外一个问题，为什么中东铁路中央图书馆书刊简介处没有发行一本真正的学术期刊？唯一可以解释清楚的原因是，《东省杂志》给中东铁路中央图书馆书刊简介处提供了办刊的平台，中东铁路中央图书馆书刊简介处已没有必要独立办刊。可以说，中东铁路中央图书馆书刊简介处通过简单汇总《东省杂志》上的书刊简介文章和发行《中东铁路中央图书馆书籍绍介汇报》，直接目的就是让学术机构了解其活动。所以，中东铁路中央图书馆书刊简介处只做好《东省杂志》"书刊简介"栏目就可以了。然而，中东铁路中央图书馆书刊简介处给《东省杂志》"书刊简介"栏目提供的文章并没有按年刊发，1929 年、1931 年两年完全没有提供，从而导致《中东铁路中央图书馆书籍绍介汇报》在这两年没有发行。因此，在这两年学术机构也就不会和不能了解到中东铁路中央图书馆书刊简介处的活动情况。根据当时的历史环境来分析，中东铁路中央图书馆书刊简介处这两年的活动应该是受到 1929 年中东路事件和 1931 年"九·一八事变"的影响而停止了活动。尽管 1932 年中东铁路中央图书馆书刊简介处又恢复了活动，但更加不利的政治环境使其在 1932 年 7 月出刊最后一卷《中东铁路中央图书馆书籍绍介汇报》后最终彻底停止了活动。在这里需要特别指出的是，从 1931 年起中东铁路中央图书馆书刊简介处已不向《东省杂志》"书刊简介"栏目提供任何书刊评介的文章了，因为在 1932 年发行的《中东铁路中央图书馆书籍绍介汇报》上刊发的所有文章几乎没有在《东省杂志》"书刊简介"栏目刊登过。

哈尔滨东方文言商业高等专科学校东方学家学会在第 1 期会刊《在远东》上指出了其发行会刊的目的是"尝试把不同的学术资料系统化"。[①] 言外之意，哈尔滨东方文言商业高等专科学校东方学家学会就是以发行会刊形式把所收集到的学术资料学术化。但遗憾的是，哈尔滨东方文言商业高等专科学校东方学家学会在发行会刊之际，正值时局朝着完全不利的政治环境转变，在这个背景下，即使主观上想努力把会刊办下去并办好，结果只能是在会刊在发行 2 期后就终刊了。

---

① Сергеев А. Отчёт о деятельности Кружка Востоковедения//На дальнем востоке. 1931, №1 ,с. 7.

　　基督教青年会哈尔滨自然地理学研究会发行会刊是希望"该出版物帮助研究会与世界学术和文化界交流，并能够引起他们对北满自然与生活的强烈兴趣"。[①] 然而，基督教青年会哈尔滨自然地理学研究会在存在的十几年时间里，却仅出刊了 3 期会刊。这种情况根本难以实现基督教青年会哈尔滨自然地理学研究会创办会刊时所提出的宗旨。从该研究会的活动来看，其会员应留有大量学术成果。但这些成果绝大多数都没有在基督教青年会哈尔滨自然地理学研究会会刊上刊登。主要原因在于，该研究会会刊没有得到连续出刊，从而使他们的学术成果未得到世界学术与文化界更多的认识和了解。笔者认为，基督教青年会哈尔滨自然地理学研究会并非其没有优秀的编辑队伍、并非其不懂如何办刊，主要在于其处于不利的政治环境和没有充足的经费保障使然。在日本殖民统治伪满洲国时期，政治、经济上的恶劣环境必然要影响基督教青年会哈尔滨自然地理学研究会的会刊发行。据资料记载，基督教青年会哈尔滨自然地理学研究会会刊的发行完全依赖于一些私人和机构的资助。由于哈尔滨基督教青年会资深秘书 X. Л. 黑戈、南满洲铁道株式会社哈尔滨事务所、大连满洲教育协会等个人和机构给予该学会会刊以实质性的物质支持，以及一些银行、商号的负责人主动在会刊上刊登广告变相给予资金支持，1934 年的第 1 期会刊得以发行。[②] 在秋林公司资金和物质支持下，在一些公司、个人预先订购会刊和在会刊上刊登广告获得出版资金的情况下，1941 年会刊才能继续出刊。[③] 根据现有资料，我们无从得知基督教青年会哈尔滨自然地理学研究会的最后 1 期会刊是由何人和何机构资助、支持发行的，但从前两期会刊的发行情况来看，可以肯定的是，受私人、机构支持和资助是必然的。尽管如此，基督教青年会哈尔滨自然地理学研究会会刊仅在第 1 期上分设了不同的栏目，包括学会活动报告、地理学、动物学、植物学、民族学、考古学、经济学与地质学、古

① Жернаков В. Н. Отчёт о деятельностиклуба естествознания и географии ХСМЛ за период с 1933 по 1940 гг.//Известия клуба естествознания и географии ХСМЛ. 1941, №1. с. 107.

② От редакции//Ежегодник клуба естествознания и географии ХСМЛ. 1934, №1. с. Ⅲ.

③ Жернаков В. Н. Отчёт о деятельностиклуба естествознания и географии ХСМЛ за период с 1940 по 1943 гг.//Известия клуба естествознания и географии ХСМЛ. 1945, №1. с. 98.

生物学、土壤学等 12 个专栏。

在中国研究会发行的会刊——《华俄月刊》创刊号上指出,《华俄月刊》发行的目的在于刊载既包括中国历史的文章,也包括中国现状的文章,在远东俄国人中普及中国知识。[①] 根据这个目的,《华俄月刊》确实刊发了一定数量的学术文章,涉及了中国历史、文化、经济、政治等不同领域,应该说达到了普及相应中国知识的一定目的。但《华俄月刊》是不可能完全实现其创刊宗旨的,因为它不仅发行了短短的几个月,而且各期版面很少。中国不仅是一个历史文化悠久的国度,更有着当时复杂的现实国情。寥寥几期杂志怎么可能实现其庞大的设想。我们不禁要问,为何《华俄月刊》发行时间极短,每期刊发文章数量又极少? 笔者认为,《华俄月刊》的发行者——中国研究会成立和开展活动之时正是华北地区处于社会大动荡的风雨飘摇的前夜,恶劣的社会政治环境不利于一个外侨学术团体的正常活动;华北地区俄侨数量本身就不多,而俄侨学者数量又更少,况且又以青年学者居多,学术环境氛围又不够浓烈;此外,又仅仅依靠少量会员会费维持学会的存在。在这样一个环境下,中国研究会在天津无论多么精心经营其会刊——《华俄月刊》,结局只有一个——短命收场,因为学会都难以存续,更何况会刊了。

在满洲俄侨事务局考古学、博物学与人种学研究青年会发行会刊的《满洲博物学家》(1936 年第 1 期) 卷首语中指出,发行会刊《满洲博物学家》是旨在 "最大程度上促进青年学者的联合和发扬他们的首创精神" "通过会刊普及自然历史知识和使读者了解最新的科学发现"。在当时的政治环境下,满洲俄侨事务局考古学、博物学与人种学研究青年会比其他学术团体有着有利的政治地位。但与基督教青年会哈尔滨自然地理学研究会相比,满洲俄侨事务局考古学、博物学与人种学研究青年会发行会刊期数比之还少,只出刊了 2 期。这首先与满洲俄侨事务局考古学、博物学与人种学研究青年会存在时间极短有直接关系,但更为重要的是,满洲俄侨事务局考古学、博物学与人种学研究青年会也是缺少发行会刊的经费。我们从《满洲博物学家》第 1 期发行收支经费来看,资料记载,

---

① 　От редакции // Вестник Китая. 1936, No1. с. 1 – 2.

该期发行共支出出版经费 63 元 54 分，预售会刊所得收入 44 元 45 分。也就是说，满洲俄侨事务局考古学、博物学与人种学研究青年会每发行一期会刊还需筹措 19 元 9 分的出版经费。从该会的财务报告（1935 年 7 月 26 日至 1937 年 1 月 1 日）可知，《满洲博物学家》第 1 期得以发行，得到了 39 元 49 分的捐助出版基金（包括个人自愿捐助 6 元 49 分、学会老朋友 B. Я. 托尔马乔夫募捐的 25 元）。从这些数字可看出，《满洲博物学家》第 1 期在出刊后还结余出版经费 20 元 40 分。这完全允许满洲俄侨事务局考古学、博物学与人种学研究青年会在本年度出刊第 2 期。但从其财务报告中可以明显体现出，这结余的 20 元 40 分被挪用租赁办公用房和其他业务活动上了。[①] 因为会员缴纳的会费、满洲俄侨事务局的拨款以及私人和机构的捐款不足以维持学会的运转。所以，在缺少出版捐助资金的情况下，满洲俄侨事务局考古学、博物学与人种学研究青年会只能搁置会刊发行。据《满洲博物学家》第 2 期卷首语指出，该期是在伪满大陆科学研究院哈尔滨分院和学会老朋友的物质支持下发行的。

在《布尔热瓦尔斯基研究会科学著作集》首页上有这样一段话："尽管布尔热瓦尔斯基研究会的个别会员已经在不同刊物上发表了自己的研究成果，但布尔热瓦尔斯基研究会仍有一定量学术成果需要发表。"我们认为，这段话明确地指出了布尔热瓦尔斯基研究会出版《布尔热瓦尔斯基研究会科学著作集》的最终目的。在发行会刊方面，布尔热瓦尔斯基研究会不像其他学术团体那样有着鲜明的目的，并在学会成立不久就会发行会刊。它的目的很简单，帮助会员把一些没有条件而又需要公开的成果发表出来。因此，在学会活动经费有限和会员发表学术成果还有着落的情况下，《布尔热瓦尔斯基研究会科学著作集》才会姗姗而来。与上述两个学会一样，出版经费是制约布尔热瓦尔斯基研究会继续出版科学著作集的瓶颈问题。由此，该研究会在 1942 年后再没有出版过一本科学著作集。但布尔热瓦尔斯基研究会曾经尝试过出版第二本科学著作集。1944 年，在庆祝布尔热瓦尔斯基研究会成立 15 周年之际，布尔热瓦尔斯

① Чукаева З. В. Денежный отчёт Секции А. Н. Э. с момента возникновения по 1 – ое января 1937 года//Натуралист Маньчжурии，1937. №2. с. 66.

基研究会本打算出版第二本科学著作集。为此，该研究会还请求满洲俄侨事务局拨款 700—800 卢布，但可能是未得到批准，因为缺少出版资金，所以第二本文集没有问世。[①]

在生物委员会发行的唯一一期《哈尔滨地方志博物馆通报》上，发行者并未明确指明会刊创刊的宗旨。笔者根据生物委员会的主要活动分析，《哈尔滨地方志博物馆通报》的发行主要是为会员刊发所收集的资料和研究成果提供载体。从当时的历史环境来看，战后的政治环境有利于生物委员会继续把会刊发行下去。但生物委员会的被改组和哈尔滨地方志博物馆的被移交，使《哈尔滨地方志博物馆通报》自然就停止了发行，取而代之的是苏联侨民会哈尔滨自然科学与人类学爱好者学会所发行的《哈尔滨自然科学与人类学爱好者学会丛刊》。

我们在苏联侨民会哈尔滨自然科学与人类学爱好者学会创办的《哈尔滨自然科学与人类学爱好者协会会刊》任何一期上也未查到该刊的创刊宗旨。我们分析，苏联侨民会哈尔滨自然科学与人类学爱好者学会继承了生物委员会在创刊上的主旨，为会员刊发所收集的资料和研究成果提供载体。从《苏联侨民会哈尔滨自然科学与人类学爱好者学会会刊》每年出刊期次看，该会刊既非半月刊，也非月刊，是不定期发行期刊，呈现出前多后少的下降趋势。那么，对苏联侨民会哈尔滨自然科学与人类学爱好者学会来说，这与战后有利的政治环境又不相符。况且，我们从苏联侨民会哈尔滨自然科学与人类学爱好者学会活动经费支出明细中看，支出经费的 2/3 都用于《苏联侨民会哈尔滨自然科学与人类学爱好者学会会刊》的发行。[②] 而且，该会刊又有着一支专家型的编辑队伍。笔者认为，这极有可能与会刊的稿源不足有着直接的关系，而这又与战后大批著名俄侨学者迁出哈尔滨不无关系。因此，《苏联侨民会哈尔滨自然科学与人类学爱好者学会会刊》能否出刊是视资料的积累程度而定。为

------

① Павловская М. А. Харбинская ветвь российского востоковедения, начало XX в. 1945 г.: Дис.... кандидата исторических наук: Владивосток, 1999. с. 162.

② Отчёт о доходах и расходах Харбинского общества естествоиспытателей и этнографов за период времени с 1/1 – 46 по 10/V – 47 г. // Записки Харбинского общества естествоиспытателей и этнографов. 1947, №7. с. 37.

了保证会刊能够不定期出刊，苏联侨民会哈尔滨自然科学与人类学爱好者学会基本上都是以特刊形式出刊，由旗下各部组织稿源，按照民族、植物、考古、地质、农业等主题发行。第 1 期为民族学特刊；第 2、9 期为植物学特刊；第 3、8 期为考古学卷；第 4 期为地质学特刊；第 5 期为纪念特刊；第 6 期为农业特刊；第 7 期为动物学特刊。

第三节 刊发文章数量与内容

本书在第一章中对在华俄侨学者的学术成果给予了重点介绍，其中也包含了在华俄侨学者在俄侨学术期刊上发表的大量学术文章，但只是分散介绍。在本节中，本书拟对在华俄侨学术期刊所刊发文章数量与主题内容进行专门统计分析。

据笔者根据满洲俄国东方学家学会发行的会刊——《亚细亚时报》54 期上所发表文章作者进行大致统计，共有 Б. 古里耶夫、А. 斯维奇尼科夫、Я. Я. 卜朗特、А. Фон－兰德岑、А. В. 图日林、В. 门德林、А. В. 格列本希科夫、А. 茹拉夫斯基、М. 沃洛索维奇、Л. 伊万诺夫、Л. 列舍特尼科夫、В. А. 穆拉维耶夫、Л. 鲍国斯洛夫斯基、А. 波波夫、М. М. 扎国尔斯基、В. А. 梁扎诺夫斯基、Н. А. 巴依科夫、Л. И. 拉夫罗夫、Е. А. 胡德科夫斯卡娅、С. 鲍里沙科夫、С. Ф. 乌里丽赫、Е. Г. 斯帕里文、П. 瓦斯科维奇、И. 科里－艾斯基文德、А. 萨穆鲍尔热茨基、П. 鲁深、С. 伊万诺娃、К. 傅列里赫、П. Г. 马佐金、Н. К. 诺维科夫、И. А. 多布罗洛夫斯基、А. П. 鲍洛班、И. И. 别杰林、А. В. 司弼臣、А. В. 格列本希科夫、В. В. 诺尔曼、Н. П. 马佐金、Б. В. 弗洛泽、Н. П. 施泰因菲尔德、М. А. 波路莫尔德维诺夫、И. К. 阿法那西耶夫、Г. А. 索福克罗夫、П. В. 什库尔金、Н. С. 谢尼科－布拉内、П. М. 格拉迪、П. Н. 梅尼希科夫、В. В. 索尔达托夫、В. К. 阿尔谢尼耶夫、Б. В. 斯克沃尔佐夫、Ф. Ф. 达尼棱科、И. Н. 谢雷舍夫、И. Г. 巴拉诺夫、Я. А. 杨科列维奇、Г. Г. 阿维那里乌斯、В. 斯特罗米洛夫、А. 别里琴科、А. 伊尔克列耶夫斯基、С. 加金、Г. 切列巴辛、А. П. 伊瓦诺夫斯基、З. 斯拉乌塔、В. 别索茨基、В. Фон－沙棱别尔格－硕尔洛梅尔、И. 翁索维奇、

Л. 梅扎克、А. 聂尼斯别尔格、В. 切什辛、Н. 沙斯汀、К. 雷奇科夫、Н. 屈纳、А. П. 法拉丰托夫、А. А. 布林、Е. 季托夫、Н. П. 阿福托诺莫夫、А. П. 希奥宁、М. 索科夫宁等近 80 名学者在《亚细亚时报》上发表了文章。上述学者并非都是在华俄侨学者，在华俄侨学者只占到一半，在华俄侨学者中绝大多数属于哈尔滨俄侨学者，非在华俄侨学者全部为俄国学者，又以俄国远东地区学者为绝对优势。

又根据会刊上所刊载文章进行大致统计，除会刊学术与生活、东方大事记等不是专门探讨问题的专栏外（也发表大约十几篇资料性的文章），会刊刊发文章大约在 260 余篇。在这 260 余篇文章中，约有 45 篇文章属于译文，占据全部文章的 17%，其中学术性译文约为 25 篇，占全部译文的 55.5%。这些译文从英文、法文、日文和中文等外文翻译成俄文，其中学术性文章原作者绝大多数为西方学者，但文章内容多半都是关于中国问题的。

从所发表文章多寡来看，П. В. 什库尔金（30 篇，其中 8 篇译文）、И. Г. 巴拉诺夫（16 篇，其中 11 篇译文）、Н. П. 马佐金（8 篇，其中 6 篇译文）、А. Фон－兰德岑（8 篇）、И. А. 多布罗洛夫斯基（7 篇，其中 2 篇译文）、А. П. 鲍洛班（7 篇）、Н. П. 阿福托诺莫夫（7 篇）、М. А. 波路莫尔德维诺夫（7 篇）、Н. П. 施泰因菲尔德（6 篇）、А. В. 格列本希科夫（5 篇）、Б. 古里耶夫（5 篇）11 位学者发表文章数量较多，占据全部文章的 37% 之多，近 90% 的文章由俄侨学者发表。

从文章所研究国别与区域来看，关于中国的文章为 164 篇，约占全部文章的 62.4%（其中关于中国东北和蒙古边疆地区的文章分别为 25 篇和 22 篇，约占全部文章的 9.5% 和 8.4%）；关于日本的文章为 30 篇，约占全部文章的 11.4%；关于俄国远东的文章为 65 篇，约占全部文章的 24.7%；关于其他国家的文章为 4 篇，约占全部文章的 1.5%。从上述数据看，中国是《亚细亚时报》关注度最高的国家，俄国远东地区次之，日本更次之。这完全反映了满洲俄国东方学家学会的创会目的和会刊的创刊宗旨。而在刊发中国问题文章上表现得更加明显，突出原因在于：一是由于《亚细亚时报》的多数编辑都有过中国学教育的经历；二是也反映了中国问题在俄国对华政策中的绝对重要性。

从文章所研究领域来看，关于远东国家与地区政治、经济问题的文章占全部文章的近 40%，各占一半；关于历史问题的文章占全部文章的 14% 之多；关于民族问题的文章占全部文章的 11% 之多；关于民俗与文学问题的文章占全部文章的 10% 之多；关于教育问题的文章占全部文章的 8%；关于社会问题的文章占全部文章的 7% 之多；关于艺术、语言等其他问题的文章占全部文章的 9% 之多。在关于中国问题的文章中，政治、经济、历史和民俗与文学等问题是重点关注对象。关于中国政治问题的文章 29 篇，占中国问题文章的 17% 之多，其中关于中国边疆地区政治问题的文章 8 篇，占中国政治问题文章的 27% 之多；关于中国经济问题的文章 36 篇，占中国问题文章的 21% 之多，其中关于中国边疆地区经济问题的文章 21 篇，占中国经济问题文章的 58% 之多；关于中国历史问题的文章 33 篇，占中国问题文章的 20% 之多，其中关于中国边疆地区历史问题的文章 5 篇，占中国历史问题文章的 15% 之多；关于中国民俗与文学问题的文章 23 篇（关于中国边疆地区的该类文章为 0 篇），占中国问题文章的 14% 之多。在关于日本问题的文章中，关于民族问题的文章 8 篇，占日本问题文章的 26%；关于经济问题的文章 5 篇，占日本问题文章的 16% 之多；关于历史与政治问题的文章各 4 篇，分占日本问题文章的 13% 之多；其他问题各 3 篇，分占日本问题文章的 10%。在关于俄国远东地区问题的文章中，政治、教育、民族与经济等问题是重点关注对象。关于政治问题的文章 17 篇，占俄国远东地区问题文章的 26% 之多；关于教育问题的文章 14 篇，占俄国远东地区问题文章的 21% 之多；关于民族与经济问题的文章各 11 篇，分占俄国远东地区问题文章的 16% 之多。

在不同时段，《亚细亚时报》所关注的问题也有所不同。以中国问题与日本问题为例，20 世纪最初 20 年内，由于俄国在远东地区长时间内处于强势状态，并与日本形成竞争与对抗格局，加之中国又处于政治动荡的历史复杂期，所以，中国政治、经济问题所占比重突出。1920 年前，关于中国政治与经济问题文章的比重占一半以上；1920 年后该类问题的比重下降了近三分之二，中国历史、民族与文学问题的比重上升到一半以上。而关于日本问题的文章，80% 集中在 1909—1918 年时段发表，并且关于政治、经济问题的文章全部在此时段发表。

从文章的体裁来看，关于中国边疆地区和俄国远东地区的文章绝大多数都可以确定为学术性文章，少量为政论性文章，但关于中国整体问题与日本问题的文章在体裁上有着明显的差异。在中国整体问题上，大约60%的文章可以确定为学术性文章；9%的文章为政论性文章；5.1%的文章为科普文章；其余为民俗与史料译文。在日本问题上，60%的文章为学术性文章；30%的文章为科普文章；6.7%的文章为政论性文章，3.3%的文章为民俗译文。

笔者根据满洲教育学会会刊《亚洲俄国的教育事业》和《满洲教育学会通报》上所刊发文章不完全统计①，在这两个刊物发行期间，哈尔滨、圣彼得堡（彼得格勒）、托木斯克、鄂木斯克、伊尔库茨克、哈巴罗夫斯克、东京、广岛、布拉戈维申斯克、巴尔瑙尔、上海、北京、符拉迪沃斯托克、米努辛斯克、博克图、齐齐哈尔、满洲里、绥芬河等多地的学者都在其上刊登了教育学的文章（既有学术性，也有书刊评价，还有教育大事记，又有教育类学术团体、教育机构和教师大会。笔者仅就具有学术性的文章进行数字统计介绍，至少有 Ф. C. 马塔佛诺娃、C. K. 热里霍夫斯科依、И. Г. 巴拉诺夫（哈尔滨）、C. C. 沃里霍渥依（哈尔滨）、Н. А. 卡兹－基磊（哈尔滨）、А. М. 布舒耶夫（哈尔滨）、К. Д. 费多罗夫（哈尔滨）、Ф. Ф. 布拉别茨（哈尔滨）、И. И. 别杰林（哈尔滨）、3. K. 斯托里茨、C. А. 叶棱斯基（满洲里、绥芬河）、Д. Н. 托多罗维奇（东京）、Г. Д. 亚辛斯基（哈尔滨）、А. Н. 别乐尔、В. А. 沃尔科维奇、А. П. 法拉丰托夫（博克图）、Н. А. 托米林、Д. А. 齐亚科夫（哈尔滨）、Н. П. 阿福托诺莫夫（哈尔滨）、С. И. 科扎克维奇（哈尔滨）、К. П. 巴拉什科夫（哈尔滨）、Н. И. 德列克托尔斯基、Н. А. 苏斯棱尼科夫（齐齐哈尔）、В. И. 列别丁斯基（哈尔滨）、В. В. 索尔达托夫（哈尔滨）、M. K. 科斯汀（哈尔滨）、П. И. 科瓦列夫斯基、Н. И. 彼得

---

① 笔者没有找到满洲教育学会所发行的这两个刊物的全部卷次，在做统计时缺少1918年《亚洲俄国的教育事业》第1期和1923年《满洲教育学会通报》第3期，但据已收集到的这两个刊物其他卷次和相关资料印证，可以大致推断出其所刊发文章数量。

罗夫（哈尔滨）、П. А. 罗希洛夫（哈尔滨）、В. В. 科列林、А. Н. 赖斯基、М. А. 斯洛波多斯基、Б. П. 维尼别尔格、М. Е. 维尼别尔格、Е. Н. 基斯特鲁斯卡娅、А. 鲍国柳布斯基（哈尔滨）、А. Г. 萨科洛夫、А. 索莫夫（哈尔滨）、什克拉布、И. 谢雷舍夫、Л. 斯米尔诺夫、Н. Е. 鲁米杨采夫、А. 格奥尔基耶夫斯基、Н. А. 斯特列尔科夫（哈尔滨）、中根（广岛）、П. И. 别列金、П. Р. 别兹唯希（哈尔滨）、С. И. 彼得罗夫、А. П. 什克利亚耶娃、О. М. 阿拉穆比耶夫（满洲里）、М. П. 罗什诺夫斯基、И. М. 斯杰潘诺夫、И. Е. 马里科夫斯基、В. Н. 马尼科夫等 60 余位学者共刊发了大约 100 篇学术文章（笔者根据该会刊各期次刊发文章基本数量和未查阅到几期会刊的具体页数而推算）。笔者依据现已查阅到的会刊的绝大多数期次所刊发文章数量完全统计，共有 56 位学者刊发了 88 篇文章（含译文 4 篇），其中一半以上的学者属于非在华俄侨学者，除 1 人是日本俄侨学者和 1 人属于日本学者外，其余都为俄国学者；而在华俄侨学者遍布中东铁路附属地各俄侨学校中，又以哈尔滨为最多。从所刊发文章内容进行统计，上述学者探讨了教育理论问题（32 篇）、教育史（27 篇）、教学方法（15 篇）、教育管理（9 篇）、教育家评介（5 篇）等领域。在这些文章中，共有 49 篇学术文章是由中东铁路附属地的俄侨学者撰写，在文章内容上涉及教育理论问题（15 篇）、教育史（15 篇）、教学方法（7 篇）、教育管理（8 篇）、教育家评介（4 篇）等领域。

由于难以查阅到全套满洲农业学会与满洲兽医协会共同发行的会刊《北满农业》，因此笔者未能统计出在《北满农业》上刊发文章的一个非常确切的数字。但据俄侨学者记载，在会刊存在的 11 年里，在 52 期的会刊上共刊发了大约 280 篇关于农业、自然历史、经济、文化等问题的文章。[①] 笔者根据已掌握的《北满农业》部分期次所刊发文章数量粗略估算，280 篇的数字值得可信。由于资料缺失，笔者不能提供具体的作者名单和所有文章分属不同领域的统计数字。但另一本详实的资料——《17—20 世纪中国东北史：文献目录索引》（1981 年版，符拉迪沃斯托

---

① Мелихов Г. В. Российская эмиграция в Китае（1917 – 1924 гг.）. – М.：Институт российской истории РАН, 1997. с. 148.

克）对在《北满农业》上刊发的所有关于中国东北研究领域分门别类地
进行了目录索引。笔者通过该书统计，共有 H. 沃尔科夫、C. 波克洛夫
斯基、H. 普里卡希科夫、Б. В. 斯克沃尔佐夫、В. В. 索尔达托夫、В. А.
什巴科夫斯基、И. П. 别罗乌索夫、И. Б. 鲍罗德尼亚、Г. O. 谢尔盖耶
夫、Ф. А. 科尔布特、Д. 科里 – 艾斯基文德、H. K. 拉巴兹尼科夫、В.
涅克拉索夫、В. 涅斯杰棱科、В. H. 奥尼希门科、M. 巴尔唐斯基、M.
别特鲁宁、A. 普里萨德斯基、В. M. 季莫申科、H. A. 鲍依科、H. 戈鲁
霍夫、В. 克尔热明斯基、H. 库罗什、M. 梅尔库洛夫、C. 奥拉诺夫斯
基、C. 谢尔格恩科、H. И. 巴夫里、Б. 别利亚耶夫、Б. А. 伊瓦什科维
奇、魏国尔尼茨基、Л. Ф. 拉德琴科、П. H. 斯莫里尼科夫、A. Ф. 什雷
别尔、П. 巴甫洛夫、H. 施泰因菲尔德、布林、斯托罗尼、A. Ф. 鲍里莫
夫、A. H. 巴科宁、H. 马尔梅舍夫、A. 马里耶夫斯基、П. H. 梅尼希科
夫等 40 余名俄侨学者发表了约 150 篇关于中国东北农业、畜牧业、贸易
等领域的学术文章，占据全部文章的 1/2 以上。其中，Б. В. 斯克沃尔佐
夫、В. В. 索尔达托夫、П. 巴甫洛夫三位俄侨学者刊发文章数量比较多，
分别为 45 篇、11 篇、6 篇，占据了 1/3 之多，尤其是 Б. В. 斯科沃尔佐
夫一位学者所刊发文章数量占据几近 1/3。在约 150 篇学术文章中，关于
中国东北农业领域（含畜牧业、养蚕业、养蜂业、捕鱼业、狩猎业、林
业、果木栽培和蔬菜栽培）的文章有 110 篇，关于中国东北牲畜与粮食
贸易领域的文章 9 篇，关于中国东北气象领域的文章 9 篇，关于中国东北
植物领域的文章 16 篇，其他领域的文章 16 篇。①

笔者根据东省文物研究会发行的会刊和著作集——《东省文物研究
会杂志》与《东省文物研究会松花江水产生物调查所著作集》上刊发文
章数量完全统计，在《东省文物研究会杂志》上，A. M. 巴拉诺夫、谢
开、П. В. 什库尔金、A. 阿拉钦、C. A. 叶里谢耶夫、A. В. 马拉库耶夫、
Э. Э. 阿涅尔特、П. A. 罗希洛夫、Я. Ф. 特卡琴科、В. Я. 托尔马乔夫、

---

① История Маньчжурии ⅩⅦ – ⅩⅩ вв.：библиографический указатель. Кн. 1，Труды по
истории Маньчжурии на русском языке（1781 – 1975 гг.）.：Владивосток，1981. с. 96 – 140，198 –
224，264 – 268.

Т. П. 高尔捷也夫、Е. Е. 雅什诺夫、А. 波革列别茨基、М. Н. 梅尼希科夫、Л. 拉德琴科、А. 奥科罗科夫、А. И. 诺维次基、А. А. 拉齐科夫斯基、А. А. 雅科夫列夫、Б. В. 斯克沃尔佐夫、М. С. 邱宁、В. 克鲁舒力、А. 普里萨德斯基、Б. М. 维里米罗维奇、М. Н. 恩格里曼、И. А. 米哈依洛夫、М. 克洛立、И. 加戈里斯特罗穆、Я. 维谢洛夫佐罗夫、П. Алкс. 巴甫洛夫、В. 施什卡诺夫、И. 郭尔加科夫、С. 沃洛郭德斯基、А. С. 梅谢尔斯基、В. 施杰才尔、Я. Д. 福力接尔 36 位学者共发表了近 60 篇文章，除谢开一人为中国人，其余均为俄侨学者。在上述文章中，关于东省文物研究会及部门活动报告的文章 23 篇，关于中国文化问题的文章 8 篇（其中译文 1 篇、关于中国东北地区文化问题的文章 6 篇），关于日本经济问题的文章 1 篇，关于俄国经济问题的文章 2 篇，关于中国经济问题的文章 15 篇（其中关于中国东北地区经济问题的文章 13 篇），关于中国法律问题的文章 1 篇，关于哈尔滨的回忆性文章 2 篇，关于满蒙地区游记的文章 2 篇，关于中国东北地区考古问题的文章 3 篇，关于中国东北地区气候问题的文章 1 篇。

在《东省文物研究会松花江水产生物调查所著作集》上，Б. В. 斯克沃尔佐夫（5 篇）、А. А. 鲍罗托夫（3 篇）、Е. А. 哈尔洛娃（3 篇）、П. Алкс. 巴甫洛夫（2 篇）、Б. П. 雅科夫洛夫（3 篇）5 位俄侨学者共发表了 16 篇文章，其中 2 篇为东省文物研究会松花江水产生物调查所活动报告，其余均为学术性文章。在 14 篇学术性文章中，1 篇是关于黑龙江开冻与封冻问题；1 篇是关于哈拉根哈伦阿尔善疗养区泉水水质问题；1 篇是关于贝加尔湖硅藻问题；其余 11 篇均是关于松花江研究（包括浮游生物、冲积土、丝状藻、水层、河身、鱼类、水质、鞭毛虫、封冻与开冻等问题）。这些问题在在华俄侨学者所创办的其他学术期刊中很少刊印。尽管上述文章只是俄侨学者在华发表文章中的冰山一角，但也反映了在华俄侨学者所研究问题的一个侧面，充分凸显了《东省文物研究会松花江水产生物调查所著作集》在在华俄侨学术史上的重要地位。

笔者根据哈尔滨法政大学发行的学报——《法政学刊》上刊发文章数量完全统计，在《法政学刊》上，И. Г. 巴拉诺夫、Н. И. 米洛留勃夫、А. А. 康木科夫、Е. М. 车布尔科夫斯基、Н. Е. 艾斯别洛夫、Г. А.

博格达诺夫、Г. Г. 特利别尔格、Н. Ф. 奥尔洛夫、Н. И. 尼基弗洛夫、
К. И. 扎依采夫、В. А. 沃夫其尼科夫、М. Н. 叶尔硕夫、Н. П. 阿夫托诺
莫夫、М. В. 阿布洛西莫夫、М. Э. 吉利切尔、小串任、Н. И. 莫洛佐夫、
А. А. 涅渥皮汉诺夫、Е. Е. 雅什诺夫、Н. К. 费多洗也夫、М. Л. 沙皮
罗、Н. О. 普里谢朋科、Г. К. 金斯、Н. В. 乌斯特里亚洛夫、В. В. 恩格
里菲里德、В. А. 梁扎诺夫斯基和Н. А. 谢特尼茨基27 位俄侨学者共发表
了学术文章88 篇（实为85 篇，其中一篇文章连载3 次，一篇文章连载2
次），发表文章数量比较多的俄侨学者为Г. К. 金斯（11 篇）、В. А. 梁扎
诺夫斯基（9 篇）、Н. В. 乌斯特里亚洛夫（7 篇）、В. В. 恩格里菲里德
（7 篇）、Е. М. 车布尔科夫斯基（6 篇）、Н. А. 谢特尼茨基（5 篇）、
Н. И. 尼基弗洛夫（5 篇）。这些文章涉及政治学、法学、历史学、心理
学、伦理学、哲学、经济学、地理学、化学、数学等多个领域，其中法
学、政治学、经济学、历史学和哲学领域的文章较多，分别为32 篇、19
篇、8 篇、7 篇、5 篇。在《法政学刊》上刊发的85 篇学术文章中，除了
外国政治、世界经济、世界历史、国际法问题等文章外，关于中国问题
的文章占据相当数量，有36 篇，占全部刊发学术文章的40% 之多，其中
关于中国法律的文章20 篇（以中国经济法、民法、刑法为主）、中国政
治的文章5 篇、中国文化的文章4 篇、中国经济的文章3 篇、中国哲学的
文章3 篇、中国历史的文章1 篇。这充分说明了哈尔滨法政大学俄侨学者
主要关注的研究领域，也明显地表现出其在中国问题研究上的取向。

　　笔者根据哈尔滨中俄工业大学校发行的学报——《哈尔滨中俄工业
大学校通报与著作集》和《哈尔滨工业大学校通报与著作集》上刊发的
文章数量完全统计，在《哈尔滨中俄工业大学校通报与著作集》和《哈
尔滨工业大学校通报与著作集》上，Н. М. 奥布霍夫、С. Н. 彼得罗夫、
С. А. 萨文、В. А. 别洛布罗德斯基教授、В. А. 巴里、А. И. 德洛仁、
Ф. Ф. 伊里因、Н. С. 基斯里岑、Ю. О. 戈里郭洛维奇、А. К. 波波夫、
Г. Б. 基别里、Д. 鲍雷科、В. О. 弗雷别尔格、М. И. 尤霍茨基、Г. М. 扎
林斯基、А. И. 切尔尼亚夫斯基、Н. И. 莫洛佐夫17 位俄侨学者发表了
34 篇学术文章，其中发表文章数量较多的俄侨学者为С. А. 萨文（8
篇）、В. А. 别洛布罗德斯基（5 篇）、Н. М. 奥布霍夫（4 篇）、Н. С. 基

斯里岑（3 篇）。在 34 篇学术文章中，关于结构静力学领域的文章 9 篇；关于建筑学领域的文章 5 篇；关于热物理学领域的文章 4 篇；关于蒸汽工程学领域的文章 3 篇；关于水力学领域的文章 3 篇；关于理论物理学的文章 3 篇；关于应用电工学的文章 3 篇；关于普通电工学领域的文章 2 篇；关于物理化学领域的文章 2 篇。

笔者根据《满洲经济通讯》《东省杂志》《中东经济月刊》（中东半月刊）所刊发文章和 И. В. 马赫林所编撰的《1923—1930 年〈满洲经济通讯〉〈东省杂志〉〈中东经济月刊〉杂志上文章目录索引》《1931、1932 年〈东省杂志〉〈中东半月刊〉杂志上文章目录索引》《1933 年〈东省杂志〉上文章目录索引》《1934 年〈东省杂志〉〈中东半月刊〉杂志上文章目录索引》进行综合统计，包括《满洲经济通讯》《中东经济月刊》在内的《东省杂志》在其发行的 12 年里，共刊发文章 5600 多篇（包括简讯）。其中，《满洲经济通讯》上刊发了大约 1000 余篇文章（包括简讯），《东省杂志》上刊发了大约 1900 余篇文章（包括简讯），《中东经济月刊》刊发了大约 2700 余篇文章（包括简讯）。在这些文章（包括简讯）中，有 2300 余篇文章属于学术研究性的，而在《满洲经济通讯》《东省杂志》《中东经济月刊》上分别刊发了大约 270 篇、1100 篇和1000 余篇学术性文章。

从《满洲经济通讯》《东省杂志》《中东经济月刊》所刊发学术文章涉及的领域进行统计，三个刊物基本都刊发了政治法律问题、教育、医学、贸易、宏观经济、交通、农业、工业等领域的文章。其中，在《满洲经济通讯》上，关于政治法律问题（国际政治、法律、行政管理）的文章 8 篇，关于医学领域的文章 11 篇，关于贸易问题（国内贸易、对外贸易）的文章 37 篇，关于宏观经济问题（投资、金融、人口、移民、财政、税收、保险等）的文章 55 篇，关于交通问题的文章 103 篇，关于农业问题的文章 43 篇，关于工业问题的文章 13 篇，关于其他问题的文章 7 篇；在《东省杂志》上，关于政治法律问题（国际政治、法律、行政管理）的文章 46 篇，关于贸易问题的文章 155 篇，关于宏观经济问题的文章 226 篇，关于交通问题的文章 223 篇，关于农业问题的文章 158 篇，关于工业问题的文章 133 篇，关于教育问题的文章 52 篇，关于植物学领域的文章 18 篇，关于气象学领域的文章 15 篇，关于动物学领域的文章 10 篇，关于民族学人类学领域的文章 22 篇，关于地理学领域的文章 43 篇，关于文化问题的文章 14 篇，关于考古学领域的文章 9 篇，关于宗教问题的文章 7 篇，关于其他问题的文章 40 篇；在《中东经济月刊》上，关于政治法律问题（国际政治、法律、行政管理）的文章 6 篇，关于贸易问题的文章为 208 篇，关于宏观经济问题的文章 200 篇，关于交通问题的文章 303 篇，关于农业问题的文章 125 篇，关于工业问题的文章为 149 篇，关于气象学领域的文章 28 篇，关于其他问题的文章 38 篇。综合三个刊物刊发学术文章所涉猎领域统计和分析，贸易（400 篇）、宏观经济（481 篇）、交通（629 篇）、农业（326 篇）、工业（295 篇）五大领域的文章数量占绝对优势，占据全部学术性文章的 90% 以上。这充分证明了三个学术刊物的办刊主旨。

《满洲经济通讯》在发行两年中，共有 121 位学者在其上发表了 392 篇文章。关于中国问题的文章 263 篇，其中关于中国东北经济问题的文章 228 篇（关于中东铁路的文章 119 篇，关于南满铁路的文章 11 篇）；关于苏联的文章 58 篇，其中关于苏联远东的文章 25 篇，关于全俄的文章 33 篇；关于其他国家的文章 32 篇，其中关于日本的文章 15 篇；其他方面的文章 39 篇。

从 1925 年算起至 1934 年，《东省杂志》（不包括副刊）在其存在的 10 年中大约共刊发学术性文章近 1200 篇，其中关于中国东北边疆问题的文章约 695 篇，占全部学术性文章的 58%，超过了一半以上。从《东省杂志》刊发中国东北边疆问题文章的内容统计，关于中国东北边疆经济问题的文章 529 篇，约占 76.1%；关于中国东北边疆自然问题的文章 93 篇，约占 13.4%；关于中国东北边疆文化问题的文章 23 篇，约占 3.3%；关于中国东北边疆政治问题的文章 16 篇，约占 2.3%；关于中国东北边疆民族问题的文章 14 篇，约占 2%；关于中国东北边疆考古问题的文章 7 篇，约占 1%；关于中国东北边疆地理问题的文章 7 篇，约占 1%；关于中国东北边疆社会问题的文章 6 篇，约占 0.9%。

从《满洲经济通讯》《东省杂志》《中东经济月刊》所刊发学术文章涉及的国别进行统计，中国、俄国（苏联）、日本是三个刊物关注的重点对象国。在《满洲经济通讯》上,关于中国问题的文章 263 篇,关于俄国(苏联)问题的文章 37 篇,关于日本问题的文章 4 篇,关于加拿大问题的文章为 1 篇;在《东省杂志》上,关于中国问题的文章 924 篇,关于俄国(苏联)问题的文章 106 篇,关于日本问题的文章 34 篇,关于美国问题的文章 6 篇,关于朝鲜问题的文章 7 篇,关于菲律宾问题的文章 2 篇,关于德国与英国问题的文章各 1 篇;在《中东经济月刊》上,关于中国问题的文章 991 篇,关于俄国(苏联)问题的文章 45 篇,关于日本问题的文章 15 篇,关于美国问题的文章 5 篇,关于朝鲜与英国问题的文章各 1 篇。综合三个刊物刊发学术文章所涉及国别统计和分析,中国问题(2244 篇)的文章数量占绝对优势,占据全部学术性文章的 80% 之多。而从中国问题文章所关注的地域来看,中国东北边疆地区又处于关注的绝对重点。在《满洲经济通讯》《东省杂志》《中东经济月刊》上,关于中国东北边疆问题的文章分别为 228 篇、695 篇和 713 篇,占据全部学术性文章的 70% 之多。这首先与《东省杂志》的创办机构中东铁路经济调查局成立的目的直接相关。中东铁路经济调查局是为完成对中东铁路所影响的中国东北北部地区进行科学研究的使命而立。正因如此,由中东铁路经济调查局创办的《东省杂志》自然要把栏目的设置和刊文的重点放在中国东北边疆问题研究上。其次,在 20 世纪 20 年代至 30 年代初,中国东北地区尤其是哈尔滨汇集了一大批俄侨学者。这些学者把学术研究的重点对象放在了中国东北地区上。这不仅是因为他们本身所处的自然地理条件使然,也是因为中国东北地区在 20 世纪 20 年代之前一直是世界学界研究的薄弱区。由于这些俄侨学者的推动与参与,为《东省杂志》提供了大量具有学术价值的稿源。

从《满洲经济通讯》《东省杂志》《中东经济月刊》所刊发文章作者(包括非学术性文章)数量进行统计,共有 740 余名学者在三个刊物上发表文章。其中,И. Г. 巴拉诺夫(70 篇)、А. Я. 阿福多辛科夫(30 篇)、Г. 阿维那里乌斯(26 篇)、Н. А. 巴依科夫(20 篇)、А. И. 郭尔舍宁(75 篇)、М. Н. 叶尔硕夫(105 篇)、Н. 多布罗霍托夫(32 篇)、В. Н. 克雷洛夫(33 篇)、В. А. 科尔马佐夫(42 篇)、Л. И. 柳比莫夫(63 篇)、В. 库达列瓦托夫(28 篇)、Н. И. 莫洛佐夫(21 篇)、Н. 罗果夫

（21 篇）、A. И. 波革列别茨基（25 篇）、H. A. 谢特尼茨基（25 篇）、И. И. 多姆布罗夫斯基（18 篇）、Б. В. 斯克沃尔佐夫（29 篇）、E. M. 车布尔科夫斯基（16 篇）、E. E. 雅什诺夫（68 篇）、П. K. 别达列耶夫（22 篇）、Э. Э. 阿涅尔特（11 篇）、A. Д. 沃叶伊科夫（19 篇）、A. И. 加里奇（18 篇）、A. E. 格拉西莫夫（18 篇）、Л. 国里菲尔（18 篇）、H. 古德科夫（26 篇）、B. 热尔纳科夫（17 篇）、И. C. 扎鲁德内（15 篇）、H. 达拉耶夫（16 篇）、T. 郭尔拉诺夫（12 篇）、A. П. 科布扎列夫（11 篇）、A. C. 卢卡什金（13 篇）、B. Д. 马拉库林（14 篇）、A. 米塔列夫斯基（11 篇）、П. Алкс. 巴甫洛夫（10 篇）、И. A. 巴宁（10 篇）、B. B. 恩格里菲里德（10 篇）、B. Ф. 谢斌（12 篇）、A. 雅国尔科夫斯基（18 篇）、B. Г. 施什卡诺夫（25 篇）、П. A. 沙布林斯基（21 篇）、H. K. 马佐金（12 篇）、E. И. 季托夫（13 篇）、A. H. 季霍诺夫（13 篇）、B. Я. 托尔马乔夫（18 篇）、П. 托尔什米亚科夫（16 篇）、B. И. 苏林（17 篇）、H. A. 索科洛夫（31 篇）、H. 索夫（30 篇）69 位俄侨学者发表文章数量超过了 10 篇。

　　关于"陆海军"俄国军事科学学会所发行会刊《陆海军》上刊发文章数量和内容，由于缺少足够的原始文件佐证，我们无法统计出确切的数字，只能根据具体情况做出一个估算。按照当时报纸发行至少两个版面和以一个版面至少发表一篇文章计算，笔者认为，1932 年之前在会刊《陆海军》上至少刊登了 2322 篇文章。因为 1932 年之前的会刊《陆海军》是以报纸形式出刊，根据当时报纸的特点，2322 篇文章的报道和消息成分应该更多一些，所以笔者在本书中不把这些文章计入学术文章之内。而 1932 年之后出刊的《陆海军》则恰恰相反。笔者根据俄罗斯国家图书馆国外阅览部所收藏 1932—1936 年发行的不完整的会刊《陆海军》进行大致统计，按平均每期刊登 7 篇文章计算，在该阶段发行的 38 期会刊中刊登了大约 266 篇文章。至于这些文章的内容、涉猎具体问题以及所占比例，由于缺少完整、全套的会刊基础材料，无法祥知。笔者根据学会发行会刊的基本定位和在俄罗斯国家图书馆国外阅览部收藏的 1932—1936 年发行的部分《陆海军》期次判定，会刊《陆海军》所刊发文章大部分均来自西方国家最新发行的军事学学术杂志上的译文文章；与战争有关的中国政治事件是会刊关注的重要领域，在这些年份几乎每期都刊发有一篇这样的文章，而这些文章又都几乎出自于前文所提到的长期居留中国的俄侨外交官兼学者 A. T. 别里琴科（笔名阿兹布卡）一人之手。

　　天津、北京等地的俄侨学者 E. A. 热木楚日纳娅、И. И. 谢列布列尼科夫、B. H. 伊万诺夫、B. B. 谢彬、Я. Я. 卜朗特、I. 舍列斯特杨、B. B. 谢维罗夫、П. A. 巴甫洛夫、A. E. 鲍日科、H. 奥里戈尔、B. 兹洛卡佐夫等十几人在《华俄月刊》上刊登了 47 篇学术文章，内容涉及中国的历史、民俗文化、语言文学、艺术、哲学、金融、贸易、关税、宗教、动物等多个领域，既有专题性的学术文章，也有来自中国史籍的译文。应该说，从文章数量上看，《华俄月刊》并非是一个有绝对影响的俄侨学术期刊。尽管如此，中国研究会及其会刊——《华俄月刊》不应该在俄国汉学史上成为"缺失"的一角。在这点上，中国学者鲜有提及中国研究会及其会刊——《华俄月刊》，俄罗斯学者也是仅个别学者谈及。①И. И. 谢列布列尼科夫、B. H. 伊万诺夫、П. Алкс. 巴甫洛夫、Я. Я. 卜朗特等在俄国汉学史上留有重要足迹的汉学家，在《华俄月刊》上都刊登了重要文章。因此，学界至少应了解在天津曾经还存在一个俄侨学术团体——中国研究会及其会刊——《华俄月刊》的略史。

　　从中东铁路中央图书馆书刊简介处发行的学术期刊——《中东铁路中央图书馆书籍绍介汇报》（5 卷 12 期）刊发文章完全统计，Э. Э. 阿涅尔特（阿内尔特）、E. M. 车布尔科夫斯基、Д. П. 潘切列耶夫、E. И. 季托夫、H. M. 叶尔硕夫、H. И. 莫洛佐夫、A. Д. 沃叶伊科夫、H. A. 谢特尼茨基、A. Я. 阿福多辛科夫、H. Г. 特列特奇科夫、И. Г. 巴拉诺夫、B. 维赫里斯托夫、Б. 阿布拉莫夫、Л. И. 柳比莫夫、E. E. 雅什诺夫、И. 列渥尼多夫、И. 马赫林、M. A. 图曼诺娃、B. H. 克雷洛夫、Г. 阿维那里乌斯、B. A. 梁扎诺夫斯基、Г. E. 林德别尔格、З. 马特维耶夫、B. B. 恩格里菲里德、Г. A. 金斯、П. 罗文斯基、Б. B. 斯克沃尔佐夫、H. К. 费多谢耶夫、A. E. 格拉西莫夫、И. 维列夫金、И. C. 扎鲁德内、

　　① Хисамутдинов А. А. Русские волны на пасифике: Из россии через китай, корею и японию в новый свет. – Пекин – Владивосток: Издательство《Рубеж》,2013. c. 307.

E. E. 斯帕利文、A. 戈拉日丹采夫、B. 泽伊别尔里赫、3. H. 马特维耶夫、B. A. 科尔马佐夫、П. K. 别达列耶夫等 37 位俄侨学者刊登了关于文献综述、书评、杂志文章评论、杂志文章目录索引和图书目录索引等领域的文章 145 篇，其中文献综述类、书评类和杂志文章评论类的文章居多，分别为 58 篇、60 篇和 20 篇。在 37 位俄侨学者中，И. Г. 巴拉诺夫（22 篇，其中 11 篇书评、10 篇杂志文章评论、1 篇文献综述）、E. И. 祁托甫（15 篇，其中 13 篇书评、1 篇杂志文章评论、1 篇文献综述）、H. M. 叶尔硕夫（12 篇，其中 9 篇书评、3 篇文献综述）、E. M. 车布尔科夫斯基（9 篇，其中 1 篇书评、8 篇文献综述）等 4 位学者发表文章相对较多。在文献综述与书评两类总计 117 篇文章中，涉及中国问题的文章占有相当数量，《中东铁路中央图书馆书籍绍介汇报》第 4、5 两卷为中国学文献综述专刊，其中文献综述类 42 篇、书评类 33 篇。这些文章涉及中国法律、国际关系、金融、地理、地质、植物、交通、语言、文化、历史、贸易、政治、农业、工业、社会、妇女、教育等多个领域，文献来源既有中文文献，也有西文文献。此外，在杂志文章评论类中，俄侨学者所评论的杂志文章或者是来自于在中国尤其是在中国东北地区发行的杂志，或者是来自于在西方发行的与中国有关的西文杂志。

从哈尔滨东方文言商业高等专科学校东方学家学会发行的会刊——1931 年第 1 期《在远东》上刊发的学术文章数量统计，在 86 页的会刊上刊发了 5 篇学术文章（含 1 篇译文）、1 篇书评、3 首诗歌（含 1 篇译文）、1 篇故事、2 篇关于哈尔滨东方文言商业专科学校及其东方学家学会活动的报告文章。其中，B. Г. 巴甫洛夫斯基、Б. 津德尔、A. И. 加里奇、3. B. 阿斯塔菲耶娃、Г. Г. 阿维那里乌斯 5 位俄侨学者发表了关于汉语与印欧语的史前同源、日本人的秘密、人类的起源、中国的农村生活、中国商人与日本商人等问题的学术文章。以这期会刊所刊发学术文章的数量为参照系，笔者估算，在哈尔滨东方文言商业高等专科学校东方学家学会发行的 2 期会刊上大约刊发了 10 篇学术文章。

根据满洲俄侨事务局考古学、博物学、人种学研究青年会所发行的《满洲博物学家》2 期会刊统计，共有 И. K. 科瓦里楚克 - 科瓦里、M. И. 尼基汀、A. M. 斯米尔诺夫、K. A. 热烈兹尼亚科夫、M. B. 列夫列夫、Л. А. 热烈兹尼亚科娃、Н. Н. 巴依科娃、З. В. 楚卡耶娃、И. С. 马尔楚科娃、К. И. 纳扎朋科、Е. Ф. 科杰尔金娜、Ю. С. 辛、В. П. 阿布拉姆斯基、Н. А. 巴依科夫14位学者（其中10位为本会会员）发表了17篇学术文章。其中，学者们重点研究了植物学、动物学和考古学等3个领域，发表了14篇文章，各为6篇、5篇和3篇，分别约占全部刊发文章的35%、29%、18%；其他领域为3篇。《满洲博物学家》第2期会刊中刊登的学术文章多数是以哈尔滨地区为研究对象。这与满洲俄侨事务局考古学、博物学、人种学研究青年会安排野外考察时所活动的地域直接相关。

在布尔热瓦尔斯基研究会仅出版1期的《布尔热瓦尔斯基研究会科学著作集》上，收集了 В. Н. 阿林、А. А. 克斯汀、А. И. 巴拉诺夫、Т. П. 高尔捷也夫、А. Г. 马里亚夫金、В. В. 包诺索夫、В. С. 斯塔里科夫和 Л. М. 雅科夫列夫8位会员学者的8篇学术文章。其中，论及动物学的2篇、植物学的2篇、考古学的2篇、民族学的1篇、历史学（译文）的1篇。这些学术文章或研究了中国东北北部地区的两栖动物、蝴蝶、植物、植被和普通民众生活中的古代风俗，或研究了哈尔滨郊区的史前雕像、拉林河中游的遗址，或节译了《金史》第1部分。

据基督教青年会哈尔滨自然地理学研究会所出刊的3期会刊统计，共有 Х. Л. 黑戈、А. А. 鲍罗托夫、Э. Э. 阿涅尔特、Т. П. 高尔捷也夫、А. С. 卢卡什金、М. А. 菲尔索夫、И. В. 科兹洛夫、В. В. 包诺索夫、А. М. 斯米尔诺夫、И. Г. 巴拉诺夫、В. Н. 热尔纳科夫、Б. П. 雅科夫列夫、А. А. 克斯汀、М. И. 尼基汀、Н. В. 戈鲁霍夫、А. И. 亚历山大洛夫16位会员学者发表了42篇学术文章。其中，学者们关注最多的领域为动物学，发表了17篇学术文章，约占全部刊发文章的40%；其次为地质学、古生物学、土壤学，发表了9篇文章，占全部刊发文章的21.4%。其他领域依次为考古学4篇、地理学4篇、学会报告3篇、植物学2篇、经济学2篇、民族学1篇。这些文章绝大多数又都直接论及中国东北地区，尤其是中国东北北部地区。

在生物委员会发行的1期会刊《哈尔滨地方志博物馆通报》上，Б. В. 斯科沃尔佐夫、А. И. 巴拉诺夫、В. С. 斯塔里科夫、В. Н. 阿林、

А. А. 克斯汀、И. А. 穆辛 6 名俄侨学者发表了 9 篇学术文章。其中，3
篇是关于中国东北动物学领域的，1 篇是关于中国东北植物学领域的，3
篇是关于 А. Д. 沃叶依科夫的纪念文章，1 篇是关于东省文物研究会及其
博物馆史的，1 篇是关于生物委员会活动史的总结性文章。

　　根据 1946—1949 年苏联侨民会哈尔滨自然科学与人类学爱好者学会
所发行的 9 期《哈尔滨自然科学与人类学爱好者学会丛刊》统计，在会
刊上刊登了包括 В. Н. 阿林、И. Г. 巴拉诺夫、А. Г. 马里亚夫金、В. С.
斯塔里科夫、Л. М. 雅科夫列夫、Г. И. 拉兹日加耶夫、Б. В. 斯克沃尔佐
夫、В. И. 库兹明、В. С. 马卡罗夫、К. А. 热烈兹尼亚科夫、А. М. 斯米
尔诺夫、А. И. 巴拉诺夫、А. Ю. 帮涅维茨、Н. Н. 普里卡希科夫、
П. И. 科维特科、А. Л. 卡南杨茨、В. М. 维塔里索夫、А. Т. 古谢夫、
Б. П. 莫莫特、А. Л. 基里普洛夫 20 位俄侨学者的 52 篇学术文章，其中
民族学领域 9 篇（第 1 期）、植物学领域 6 篇（第 2、9 期）、考古学领域
16 篇（第 3、8 期）、地质学领域 1 篇（第 4 期）、动物学领域 3 篇（第 7
期）、农业领域 11 篇（第 6 期），其中还包括已故俄侨学者 Л. М. 雅科夫
列夫的 7 篇文章（第 1、3 期）。此外，《哈尔滨自然科学与人类学爱好者
学会丛刊》还刊登了纪念已故俄侨学者 Л. М. 雅科夫列夫的 2 篇文章
（第 1 期）、苏联科学院院长 В. Л. 科玛洛夫的 3 篇文章（第 5 期）以及 1
篇书评文章（第 1 期）。上述学术文章绝大多数都是以中国东北为研究对
象的。

第四节　俄侨学术期刊的作用评价

一　刊发大量学术文章的载体，留存了丰富的学术遗产

　　从上文所述可知，在华俄侨学术机构发行了二十几种俄侨学术期刊，
刊登了大量不同问题的学术文章。笔者根据在华俄侨学术期刊（由于缺
少中东铁路中心医院医生协会创办的《医学杂志》、上海俄国医学会创办
的《远东医学通报》等两本学术期刊的材料，因而这两本不在统计之列）
进行不完全的粗略整体统计，在华俄侨学术期刊共刊登了近 4000 篇（这
些文章并非均为在华俄侨学者所发表，我们在第一章中所列举的在华俄

侨学者所发表的文章，是确切知道这些学者确属俄侨学者身份）具有学术性的文章。

从我们在前文概述俄侨学者的学术成果看，在华俄侨学者的一些学术研究文章也刊发在了诸如《边界》《俄国评论》《霞光报》《中国福音报》等其他非俄侨学术期刊和报纸上，并有少量文章也发表在了非俄侨学者所创办的《大陆科学院汇报》《中华法学季刊》等杂志上，但在数量上仅百余篇。与在华俄侨学术期刊所刊发文章数量相比，它们完全被淹没在汪洋大海之中。

正是由于在华俄侨学术机构克服了诸多困难和不利条件，当然也利用了所处时代的有利条件，积极努力创办自己的会刊或文集，并保证定期或不定期发行，才有数千篇学术文章得以发表，成为传播在华俄侨学者学术研究成果的最重要的载体。同样，也正是由于这数千篇文章的发表，使在华俄侨学术机构所创办的会刊或文集具有了生命力和价值。以至于，无论是在当时，还是在当下，各大图书馆、学术机构都在极力收藏这些在华俄侨学术期刊。

截至今天，在华俄侨学术机构所创办的学术期刊最早的已有百余年的历史，最晚的也超过了70年，其本身都已成为物质文化遗产，被完好地保存下来。由此，在华俄侨学术期刊为后世留存了关于东方学、教育学、军事学、考古学、民族学、人类学、医学、地理学、动植物学、法学、经济学、历史学、地质学、语言学、政治学、图书馆学、物理学、化学、建筑学、民俗学、文学等多个学科领域的丰富的学术遗产。

二 记载了其创办机构活动史

研究在华俄侨学术机构的历史，由其创办的俄侨学术期刊是最重要的史料，因为绝大多数在华俄侨学术期刊都在本刊内刊登了其创办机构和其他俄侨学术机构活动的资料。这些资料通常以创办机构的活动报告形式体现。这些活动报告基本上都包括本年度俄侨学术机构的活动内容、成员构成和财务收支情况等内容。在本书中，笔者根据已获得的资料，就上述俄侨学术期刊中刊登的活动报告进行列举，以供研究者深入了解。

《亚细亚时报》第 1 期刊登了《满洲俄国东方学家学会产生与活动简史》；第 15 期刊登了《1912 年满洲俄国东方学家学会活动报告》；第 28—29 期刊登了《1913 年满洲俄国东方学家学会活动报告》；第 34 期刊登了《1914 年满洲俄国东方学家学会活动报告》；第 37 期刊登了《1915 年满洲俄国东方学家学会秘书报告》；第 40 期刊登了《1916 年满洲俄国东方学家学会活动报告》；第 48 期刊登了《1920 年满洲俄国东方学家学会活动报告》；第 50 期刊登了《1921 年满洲俄国东方学家学会活动报告》；第 51 期刊登了《1922 年满洲俄国东方学家学会活动报告》；第 52 期刊登了《1923 年满洲俄国东方学家学会活动报告》；第 53 期刊登了《满洲俄国东方学家学会历史概述》。

1913 年第 1 期《亚洲的俄国教育事业》刊登了《满洲教育学会（产生史与活动概述）》；1914 年第 3 期刊登了《1913—1914 年教学年满洲教育学会活动报告》；1915 年第 7 期刊登了《1914—1915 年教学年满洲教育学会活动报告》；1916 年第 6—7 期刊登了《1915—1916 年教学年满洲教育学会活动报告》。《满洲教育学会通报》第 1 期刊登了《满洲教育学会近年活动》；第 4 期刊登了《满洲教育学会的活动》。

1913 年第 1 期《北满农业》刊登了《满洲农业学会史》；1914 年第 3—4 期刊登了《1913 年满洲农业学会活动报告》；1915 年第 3 期刊登了《1914 年满洲农业学会活动报告》；1915 年第 12 期刊登了《1915 年满洲农业学会哈尔滨试验田活动报告》。

《哈尔滨中俄工业大学校通报与著作集》第 1 卷刊登了《至 1923 年末的哈尔滨中俄工业大学校》《哈尔滨法政大学》《哈尔滨高等医科学校》，第 2 卷刊登了《哈尔滨中俄工业大学校》《哈尔滨法政大学》。

《法政学刊》第 1 期刊登了《哈尔滨法政大学（历史资料）》《至 1925 年初的中俄工业大学校》，第 3 期刊登了《梁扎诺夫斯吉校长报告学校经过（1924—1925 年教学年）》；第 4 期刊登了《梁扎诺夫斯吉校长报告学校经过（1925—1926 年教学年）》；第 7 期刊登了《梁扎诺夫斯吉校长报告学校经过（1927—1928 年教学年）》《梁扎诺夫斯吉校长报告学校经过（1928—1929 年教学年）》；第 9 期刊登了《1920—1930 年的哈尔滨法政大学十年概述》《1920—1930 年的哈尔滨法政大学十年活动报告》

《Н. И. 尼基弗洛夫校长报告学校经过（1930—1931 年教学年)》；第 10
期刊登了《1931 年 3 月 1 日至 1933 年 3 月 1 日法政大学俄国部状况简
报》；第 11 期刊登了《法政大学十六年》；第 12 期刊登了《哈尔滨法政
大学十八年中之沿革》。

《东省文物研究会杂志》第 3 期刊登了《东省文物研究会活动简况》；
第 6 期刊登了《东省文物研究会的任务、组织结构与活动》；第 7 期刊登
了《东省文物研究会六年》《1927 年东省文物研究会的活动》。

1930 年第 1 卷《中东铁路中央图书馆书籍绍介汇报》刊登了《中东
铁路中央图书馆》。

《在远东》第 1 期刊登了《哈尔滨东方文言商业专科学校东方学学会
活动报告》《哈尔滨东方文言商业高等专科学校活动》。

《满洲博物学家》第 2 期刊登了《满洲俄侨事务局考古学、博物学与
人种学研究青年会产生史与两年的工作》。

《布尔热瓦尔斯基研究会文集》刊登了《布尔热瓦尔斯基研究会活动
历史资料》。

《基督教青年会哈尔滨自然地理学研究会年鉴》和《基督教青年会哈
尔滨自然地理学研究会通报》刊登了《1929—1932 年基督教青年会哈尔
滨自然地理学研究会活动报告》《1933—1940 年基督教青年会哈尔滨自然
地理学研究会活动报告》《1941—1943 年基督教青年会哈尔滨自然地理学
研究会活动报告》。

《哈尔滨地方志博物馆通报》刊登了《东省文物研究会及其博物馆
史》《生物委员会产生与工作历史资料》。

《哈尔滨自然科学与人类学爱好者学会丛刊》第 7 期刊登了《1946
年 3 月 16 日至 1947 年 5 月 10 日苏联侨民会哈尔滨自然科学与人类学爱
好者学会工作报告》、第 8 期刊登了《1947 年 5 月 10 日至 1949 年 6 月 1
日苏联侨民会哈尔滨自然科学与人类学爱好者学会工作报告》。

三 记载了大量当时出版发行的重要图书与定期出版物信息

除刊发学术文章和创办机构活动报告的文章外，在华俄侨学术期刊
还以书评和报刊评论形式，记载了在当时世界上出版发行的多语种图书

和定期出版物，不仅提供了大量图书及定期出版物的信息，而且也使读者基本了解了每本重要图书的基本内容、学术价值和定期出版物的办刊方向与部分内容。本节以大事记形式对部分有此内容的不同俄侨学术期刊中关于图书与定期出版物的评论文章进行列举，以供研究。在华俄侨学术期刊中的《亚细亚时报》《亚洲俄国的教育事业》《满洲教育学会通报》《东省杂志》《中东铁路中央图书馆书籍绍介汇报》《法政学刊》等在该方面表现得最为突出。由于在这几个学术期刊上刊登的该类信息非常庞大，本书仅以《东省杂志》和《法政学刊》为例，以供参考。

这两个学术期刊从第 1 期起就有图书评论与定期出版物介绍信息刊登。《东省杂志》中的图书评论与定期出版物介绍兼而有之，而《法政学刊》几乎以图书评论为主。因《东省杂志》中的图书评论与定期出版物介绍的信息也十分丰富，笔者不逐年一一列举，仅列举该刊 1925—1929 年的该类信息。

《东省杂志》1925 年第 1—2 期介绍了《亚细亚时报》第 52 期的内容、在符拉迪沃斯托克发行的杂志《东方工作室》（1924 年第一辑 1—6 期）的创刊与具体内容，刊登了 1924 年在哈尔滨出版的《社会收入分配的不均衡（事实与趋势）》的书评、1924 年在东京出版的《饥饿的农民》的书评；第 3—4 期介绍了 1925 年在上海发行的《中国科学学报》（第 3 卷第 3 期）、《中国周报》（第 22 卷第 3 期）及在哈尔滨发行的《法政学刊》第 1 期的内容，刊登了 1925 年在哈巴罗夫斯克出版的《远东的特许权》的书评；第 5—7 期介绍了苏联对外贸易人民委员部发行的月刊《对外贸易》、苏联中央农业银行发行的月刊《农业贷款》、莫斯科农业学会发行的月刊《农业杂志》的基本情况；第 8—10 期介绍了在诺尼科拉耶夫斯克发行的《西伯利亚生活》（政治、经济与地方志月刊）《西伯利亚》（文学艺术与科普插图月刊）《西伯利亚的猎人与野兽》（插图与科普艺术月刊）和在哈巴罗夫斯克发行的《远东经济生活》（月刊）的基本情况，刊登了 1925 年在哈尔滨出版的《在革命的旗帜下》的书评。

1926 年第 1—2 期介绍了《法政学刊》第 2 期的内容，刊登了 1925 年在巴黎出版的《中国国家法概述》的书评；第 10 期介绍了 1925 年《中东铁路统计年刊》的内容；第 11—12 期刊登了 1926 年在哈尔滨出版的《北满农业》的书评。

1927 年第 4 期刊登了 1927 年在哈尔滨出版的《北满与东省铁路指南》的书评，介绍了在莫斯科发行的社会学术杂志《北亚》（1927 年第 2 期）的内容；第 6 期刊登了 1927 年在哈尔滨出版的《东省特别行政区》的书评；第 8 期介绍了《远东经济生活》（1927 年第 6—7 期）的内容；第 10 期刊登了 1927 年在哈尔滨出版的《远东矿产品与资源》的书评；第 11 期刊登了 1927 年在哈尔滨出版的《现代日本经济概述》的书评。

1928 年第 4 期刊登了 1926 年和 1927 年在哈尔滨出版的《现代中国民法》的书评；第 6 期刊登了 1928 年在哈尔滨出版的《北满的垦殖及其前景》的书评；第 7 期刊登了 1928 年在哈巴罗夫斯克出版的《在乌苏里边区的莽林中》的书评；第 8 期刊登了 1928 年在哈尔滨出版的《呼伦贝尔经济概述》的书评。

1929 年第 4 期刊登了 1928 年在列宁格勒出版的《俄国在满洲（1892—1906 年帝国主义时代专制对外政策史概述)》、在纽约出版的《中国：一个在发展中的国家》、在巴黎出版的《中东铁路问题》的书评，1929 年在哈尔滨出版的《北满经济书目》的书评；第 6 期刊登了 1929 年在哈尔科夫出版的《16、17、18 世纪的俄中关系》、在哈尔滨出版的《孙中山的政治学说》，介绍了中文《中国新年鉴》和《工商与劳动杂志》的基本情况；第 7—8 期刊登了 1928 年在伦敦出版的《中国的人性与劳动》《中国的农场与工厂》的书评，刊登了 1929 年在哈尔滨出版的《近代中国币制考》的书评，介绍了中文《工商与劳动部杂志》的基本情况；第 9 期介绍了中文《东三省官银号经济月报》（1929 年第 1、2 期）、在上海发行的《中国杂志》（1929 年第 1—6 期）、在莫斯科发行的《乌拉尔、西伯利亚与远东研究会著作集》（1929 年第一辑）、在檀香山发行的《太平洋关系研究所太平洋评论》（1929 年第 1—6 期）的内容，刊登了 1928 年在莫斯科出版的《东方书目：历史》、1929 年在东京出版的《日本人口问题》的书评。

《法政学刊》第 1 期刊发了 M. Я. 别尔加门特教授关于 1922—1924 年在哈尔滨出版的《民法教程》、H. И. 尼基弗洛夫教授关于 1924 年在布拉格出版的《18—19 世纪俄国国家法制史概论（帝国时期)》的书评；

第 3 期刊发了 В. В. 恩格里菲里德教授关于 1926 年在布拉格出版的《国际法中的干涉与承认》的书评；第 6 期刊发了 В. А. 梁扎诺夫斯基教授关于 1928 年在哈尔滨出版的《水法与公共物品之公用》的书评；第 7 期刊发了 Н. В. 乌斯特里亚洛夫关于 1925 年和 1926 年在维也纳出版的《泛欧洲》、1924 年在巴黎出版的《信仰危机》、1927 年在莱比锡出版的《英雄或圣人》的书评，叶尔硕夫关于 1922—1924 年在纽约出版的《古代与中世纪的政治学说》《从卢瑟到孟德斯鸠》《从卢梭到斯宾塞》的书评，Н. И. 尼基弗洛夫关于 1928 年在巴黎出版的《旧秩序将要崩溃时法国的参议院制度（以普瓦图为例）》的书评，В. А. 梁扎诺夫斯基关于 1928 年在考纳斯出版的《基本原则中私法（民法教程）》的书评，В. В. 恩格里菲里德关于 1927 年在莫斯科出版的《苏维埃制度下的语言平等》的书评，Г. 阿维那里乌斯关于 1927 年和 1929 年在哈尔滨出版的《俄汉法律、国际关系、经济、政治与其他术语辞典》与《俄汉辞典（学生用）》的书评；第 9 期刊发了 Н. И. 尼基弗洛夫关于 1930 年和 1931 年在哈尔滨出版的《走向未来国家之路（从自由主义到利益一致论）》和《法中新思想与现代基本问题》第一卷、1931 年在里加出版的《年代学理论》的书评，Г. Г. 杰里别尔格关于 1930 年在哈尔滨出版的《蒙古法（以习惯法为主）》的书评，Г. К. 金斯对哈尔滨法政大学毕业生发行的《中华法学季刊》第一卷进行的评论，Н. В. 乌斯特里亚洛夫关于 1931 年在巴黎出版的《国家理论》的书评，В. В. 拉曼斯基关于 1928 年、1930 年和 1931 年在哈尔滨出版的《北满与哈尔滨的工业》《满洲及其前景》《东省林业》的书评，В. В. 恩格里菲里德关于 1929 年在哈尔科夫出版的《苏联行政法》的书评；第 11 期刊发了 Г. К. 金斯关于 1936 年在伦敦出版的《日本外交政策的基础》的书评。

第 四 章

民国时期在华俄侨著名学者个案研究

  民国时期，在华俄侨学术活动从未间断过，并在相当长一段时间内得到了繁荣发展，成为民国学术的重要组成部分，推动了民国学术的发展。这与一大批活跃在民国学术舞台上的俄侨学者的研究活动是分不开的，其中一些在学术上作出显著成就的俄侨学者的作用更加凸显。在本章中，本书拟就在不同研究领域造诣颇深的 8 位代表性俄侨学者进行典型个案研究，以突出他们卓越的学术贡献。据笔者在第一章中的不完全统计，民国时期至少有 200 位俄侨学者在华从事过学术研究活动，其中比较著名的就有二三十位，他们活跃在北京、天津、哈尔滨等地，哈尔滨最多。他们或参加各种学术团体的活动，或在高等学校从事教育工作，或在驻华的重要政治机构从事政治外交工作，在不同的学术研究领域成果颇丰，作出了重要学术贡献。由于受资料所限，本书不能对所有二三十位著名俄侨学者进行全面研究。就目前来看，本书所选择的 8 位著名学者的档案文献资料和著述保存得比较好，相对容易查阅到，但其又都是目前我国学界还尚未给予深入研究的。

第一节 Г. К. 金斯

一 生平简介与学术成就

  作为俄国法心理学流派代表人之一和俄国利益一致论的奠基人，无论在当时，还是后世，Г. К. 金斯教授都为学界所关注。关于 Г. К. 金斯生平活动的资料，已有多种成果问世，笔者仅列举一些重要材料，如

《我从事报刊活动的 35 年》① 《Г. К. 金斯教授移居美国——在火车站的温情告别》② 《隆重纪念 Г. К. 金斯教授》③ 《悼词：纪念 Г. К. 金斯教授》④ 《远东大学教授 Г. К. 金斯的生平与活动（1887—1971）》⑤ 《Г. К. 金斯：生平》⑥ 《俄国利益一致论者 Г. К. 金斯》⑦ 《Г. К. 金斯教授——学者、政治家、公法法学家》⑧ 《Г. К. 金斯》⑨ 《Г. К. 金斯——俄国利益一致论的奠基人》⑩ 《Г. К. 金斯认识的法文化世界》⑪ 等文章。综合这些资料的信息，笔者可以向学界介绍一个清晰的 Г. К. 金斯活动轨迹。

Г. К. 金斯，1887 年 4 月 15 日出生于波兰诺沃格奥尔季耶夫斯克要塞一个军官家庭。1904 年，Г. К. 金斯以金质奖章毕业于基什尼奥夫第二中学后进入圣彼得堡大学法律系学习。大学期间，Г. К. 金斯接受了自己的老师——俄国法心理学理论奠基人之一的 Л. И. 别特勒日次吉的思想。1909 年，Г. К. 金斯大学毕业后被移民局派往突厥斯坦和谢米列奇耶调查

① Гинс Г. К. 35 лет моей работы в газетах и журналах//Заря. 1940. 6 окт.

② Проф. Г. К. Гинс уехал в америку. Тёплые проводы на вокзале//Заря. 1941. 1 июля.

③ Светлой памяти профессора Г. К. Гинса//Русская жизнь. 1971. 13 окт.

④ Автономов Н. П. Некролог: памяти профессора Г. К. Гинса//Русский язык. 1971. №92. с. 40 – 43.

⑤ Сонин В. В. Жизнь и деятельность профессора Дальневосточного университета Г. К. Гинса, 1887—1971.//Актуальные проблемы государства и права на рубеже веков. Часть 1. – Владивосток: Изд - во Дальневосточного ун - та, 1998. с. 47 – 50.

⑥ Хисамутдинов А. А. Г. К. Гинс: Биография//Зап. Рус. акад. группы в США. - Нью - Йорк, 1999 – 2000. №30. с. 437 – 452.

⑦ Пряжников К. С. Русский солидарист Георгий Гинс//Россия и современный мир. 2010. №1. с. 224 – 233.

⑧ Хисамутдинов А. А. Профессор Г. К. Гинс - учёный, полотик, публицист.//Проблемы Дальнего Востока. 2001. №5. с. 138 – 145. Пряжников К. С. Русский солидарист Георгий Гинс//Россия и современный мир. 2010. №1. с. 224 – 233.

⑨ Пономарева В. П. Георгий Константинович Гинс//Русские юристы первой половины X X века (А. Л. Блок, Е. Н. Трубецкой, Г. К. Гинс): государственно - правовые взгляды: историко - правовые очерки/Отв. ред.: Михальченко С. М. - Брянск: РИО Брянского гос. ун - та, 2011. с. 119 – 163.

⑩ Алексеев Д. Ю. Г. К. Гинс - Основоположник Российского солидаризма//Вестник Тихоокеанского государственного экономического университета. 2009. №2. с. 91 – 98.

⑪ Баранов В. М. Правокультурное восприятие мира Г. К. Гинсом//Гинс Г. К. Право и культура/науч. ред. В. М. Баранов. - М.: Юрлитинформ, 2012. с. 3 – 24.

水利用方式。该次考察的最重要结果为，1910 年由 Г. К. 金斯在圣彼得堡出版了《突厥斯坦现行水法与未来的水法》一书。1910 年秋，Г. К. 金斯获得了在圣彼得堡大学民法教研室准备教授职称的助学金，同时也在土地规划与农业总局任职。1911—1912 年夏季，Г. К. 金斯在柏林、海德堡和巴黎等地听课。1916 年春，Г. К. 金斯通过硕士考试，成为圣彼得堡大学编外副教授，并在精神神经病学院担任罗马法律体系主讲教师，在 1917 年出版了《担保方式》和《旧俄民法学家》两部教材。与此同时，Г. К. 金斯还在农业部兼职，制定对突厥斯坦的移民政策和研究外国垦殖法规。1917 年 4 月，Г. К. 金斯被任命为粮食部资深法律顾问。

1918 年 1 月，Г. К. 金斯主持鄂木斯克工学院民法教研室客座教授工作。在鄂木斯克，Г. К. 金斯在《法律》《司法部杂志》上发表了大量文章，出版了《粮食法令（战时国民经济组织）》一书。很快，Г. К. 金斯成为临时西伯利亚政府西西伯利亚委员会事务长，不久又担任临时西伯利亚政府事务长。1918 年 11 月，Г. К. 金斯被任命为执政内阁国民教育部副部长。从 1919 年 8 月 15 日起，Г. К. 金斯又重新被任命为临时西伯利亚政府和最高执政者事务长。从 1919 年 11 月至 1920 年 2 月，Г. К. 金斯在伊尔库茨克办公。作为俄国动荡政治事件的见证者和直接参与者，Г. К. 金斯于 1921 年在北京出版了回忆录性质的两卷本著作《西伯利亚、同盟者与高尔察克：1918—1920 年俄国历史的转折时刻》。

1920 年 2 月，Г. К. 金斯移居哈尔滨，从 3 月 1 日起在哈尔滨法政大学授课，教授罗马法史与基本原理、商法、铁路法、社会学、法通论、法与国家研究概论、民法等课程，并主持罗马法教研室客座教授工作。Г. К. 金斯与 В. М. 波索欣在哈尔滨共同开办了一个"俄满图书贸易"商店，出售教科书、学术著作和侨民文献。从 1920 年 12 月至 1921 年 10 月，Г. К. 金斯担任《俄国评论》杂志主编。从 1921 年 1 月至 1926 年 5 月，Г. К. 金斯担任中东铁路公司董事会办公室主任、总监察员、教育委员会主席。从 1923 年至 1926 年哈尔滨市自治公议会被撤销前，Г. К. 金斯担任哈尔滨市自治公议会主席、制订规章与指示委员会主席和代表会议主席。1929 年 4 月 29 日，Г. К. 金斯在法国巴黎俄侨学术组通过了《水法与公共物品之公用》的硕士论文答辩，获得了法学硕士学位。在法政大学工作期间，Г. К. 金斯还担任了《法政学刊》第 1、3、4、5、6、9、11、12 期的主编。1937 年哈尔滨法政大学关闭后，Г. К. 金斯在哈尔滨商学院等多所学校任教，继续与当地报纸合作。

1941 年 6 月 30 日，Г. К. 金斯离开了哈尔滨，投奔定居在旧金山的儿子。Г. К. 金斯在旧金山仍积极从事各种社会活动，从 1942—1944 年担任《俄国生活报》主编，在纽约发行的报纸《新俄国之声》上刊登了许多文章；从 1945 年 11 月至 1954 年在伯克利加利福尼亚大学、佛蒙特州立大学、蒙特雷外语学院等大学任教，教授俄国思想史课程。在美国大学工作期间，Г. К. 金斯继续从事学术研究工作，在《新杂志》《俄国评论》《西南社会科学季刊》《美国经济学与社会学杂志》等学术期刊上发表俄国史与东方学问题的文章，包括中国商法、现代中国道德、日本工业、中东铁路活动等问题。1954 年，Г. К. 金斯用英文在海牙出版了《苏联法律与苏联社会》重要著作；1956 年在纽约又出版了另一部重要著作《共产主义衰落》。从 1955 年起，Г. К. 金斯在美国通讯社工作，至 1964 年因病退休。Г. К. 金斯同时也在美国之声广播电台担任编辑，积极参加社会活动，是 И. 库拉耶夫教育基金、圣弗拉基米尔博物馆理事会成员和秘书。在生命最后 5—6 年内，Г. К. 金斯一直在撰写另一部大部头著作《作为多民族帝国的俄国》，但遗憾的是，可能是由于 Г. К. 金斯的逝世导致该书最终没有完成。1971 年 9 月 24 日，Г. К. 金斯逝世于美国加里弗吉尼亚。

在学术研究上，Г. К. 金斯涉猎领域比较庞杂，涉及法律、政治学、哲学、经济学、文化等多个问题。本课题仅就 Г. К. 金斯在华期间所发表的成果进行介绍。在华近 20 年间，Г. К. 金斯在《俄国评论》《法政学刊》《东省杂志》《中华法学季刊》《中东经济月刊》《校园生活问题》《俄国言论报》《霞光报》《俄国与普希金：文集》等报刊和文集上发表了《公共物品之公用法》①《中国现代道德问题》（1927 年在哈尔滨出版单行本）②《别特惹斯

---

① Гинс Г. К. Право на предметы общего пользования. //Известия юридического факультета, 1925, №1, с. 23 – 46; 1926, №3, с. 45 – 160.

② Гинс Г. К. Этические проблемы современного Китая. //Известия юридического факультета, 1927, №4, с. 1 – 80. - то же. - Харбин: Изд - во " Русско - маньчжурская книготорговля", 1927. 80 с.

吉博士政治学要义》①《权利与强权：法与政治理论概览》（1929 年在哈尔滨出版单行本）②《别特勒日次吉学术之特点》③《社会心理学大纲：法与道德研究概论》（1936 年在哈尔滨出版单行本）④《阿·斯·普什金氏系俄罗斯国民之骄子（演说辞）》⑤《法制及文化（法制构成及发展等额进行）》（1938 年在哈尔滨出版单行本）⑥《对夫·夫·安盖利菲利德氏之追念》⑦《西弗之意义》⑧《民法中的理想人与现实人》⑨《苏维埃俄国的家庭与婚姻》⑩《俄国革命在世界历史中的地位》⑪《国际政治扫描》⑫《托尔斯泰世界观的显著特征》⑬《救世良方》⑭《中东铁路经济的基本特

① Гинс Г. К. Обоснование политики права в трудах профессора Л. И. Петражицкого（1892 – 1927）. // Известия юридического факультета, 1928, №5, с. 3 – 28.

② Гинс Г. К. Право и сила. Очерки по теории права и политики. // Известия юридического факультета, 1929, №7, с. 1 – 112. – то же. – Харбин: Польза, 1929. 112с.

③ Гинс Г. К. Характеристика научного творчества Л. И. Петражицкого（ум. 15 мая 1931 г.）. // Известия юридического факультета, 1931, №9, с. 5 – 33.

④ Гинс Г. К. Очерки социальной психологии. Введение в изучение права и нравственности. // Известия юридического факультета, 1936, №11, с. 3 – 262. – то же. – Харбин: Склад изд. Русско – маньчжурская книготорговля, 1936. 263с.

⑤ Гинс Г. К. А. С. Пушкин—русская национальная гордость. Речь, произнесенная на акте Юридического факультета 1 марта 1937 г. в Харбине. // Известия юридического факультета, 1938, №12, с. 91 – 114.

⑥ Гинс Г. К. Право и культура. Процессы формирования и развития права. // Известия юридического факультета, 1938, №12, с. 165 – 369. – то же. – Харбин, 1937. с. 206.

⑦ Гинс Г. К. Памяти В. В. Энгельфельда. // Известия юридического факультета, 1938, №12. с. 87 – 90.

⑧ Гинс Г. К. Сделка cif. // Известия юридического факультета, 1931, №9. с. 198 – 205.

⑨ Гинс Г. К. Идеальный и реальный человек в гражданском праве. // Русское обозрение, 1920, №1.

⑩ Гинс Г. К. Семья и брак в Советской России // Русское обозрение, 1921, №5.

⑪ Гинс Г. К. Русская революция в плане мировой истории. // Русское обозрение, 1921, №6 – 7. с. 149 – 168.

⑫ Гинс Г. К. Контуры Международной политики. // Русское обозрение, 1921, №3 – 4. с. 120 – 127.

⑬ Гинс Г. К. Характерная чёрта мировозрения Л. Н. Толстого. // Русское обозрение, 1921, №1 – 2. с. 230 – 240.

⑭ Гинс Г. К. Рецепты спасения. // Русское обозрение, 1921, №1 – 2. с. 51 – 77.

点》①《在华外国公司》②《享有中国特权的贸易公司》③《中国新股份法》④《俄国言论报十年》⑤《在蒙古历史发展中的国家体制与法律》(1932 年在哈尔滨出版单行本)⑥《中国之民商法之合并》⑦《普希金诞辰100 周年》⑧《盖尼与普希金的创作》⑨《普希金作品中的俄国历史》⑩《普希金的理想与当代的现实》⑪《普希金作品中的光明与黑暗》⑫《依据中华民国新法规登记注册的贸易公司与企业》⑬《俄国知识分子与法律科学(法学的教育任务)》⑭《中国民法所规定之时效是否溯及既往》⑮《我与报

---

①　Гинс Г. К. Основные черты хозяйства КВжд.//Вестник Маньчжурии. 1927, №2. c. 16 - 22.

②　Гинс Г. К. Иностранные товарищества в Китае.//Вестник Маньчжурии. 1930, №6. c. 67 - 74.

③　Гинс Г. К. Тороговое товарищество по китайскому праву.//Вестник Маньчжурии. 1930, № 3. c. 59 - 71.

④　Гинс Г. К. Новый акционерный закон Китая.//Вестник Маньчжурии. 1930, №5. c. 60 - 68.

⑤　Гинс Г. К. За десять лет《Русское Слово》//Русское слово. 1930. 1 июля.

⑥　Гинс Г. К. Монгольская государственность и право в их историческом развитии.//Вестник. китайского. права. - Харбин, 1931. - Сб. 3. c. 167 - 212. - то же. - Харбин, 1932. 53 c.

⑦　Гинс Г. К. Гражданский кодекс Китая и торговое право//Вестник. китайского. права. - Харбин, 1931. - Сб. 1. c. 235 - 238.

⑧　Гинс Г. К. Столетие со дня смерти А. С. Пушкина (1837 - 1937)//Россия и Пушкин: сборник статей (1837 - 1937). - Харбин, 1937. c. V - Ⅷ.

⑨　Гинс Г. К. Гений и творчество А. С. Пушкина.//Россиия и Пушкин: сборник статей (1837 - 1937). - Харбин, 1937. c. 1 - 9.

⑩　Гинс Г. К. Русское прошлое в произведениях А. С. Пушкина//Россиия и Пушкин: сборник статей (1837 - 1937). - Харбин, 1937. c. 19 - 30.

⑪　Гинс Г. К. Идеалы А. С. Пушкина и современая действительность//Россия и Пушкин: сборник статей (1837 - 1937). - Харбин, 1937. c. 10 - 18.

⑫　Гинс Г. К. Ясное и сокровенное в произведениях А. С. Пушкина//Россия и Пушкин: сборник статей (1837 - 1937). - Харбин, 1937. c. 31 - 41.

⑬　Гинс Г. К. Регистрация торговых товариществ и предприятий по новым законам Китайской Республики.//Экономический. бюллетень - 1930, №12. c. 19 - 23.

⑭　Гинс Г. К. Русская интеллигенция и наука права. (Воспитальные задачи законоведения)//Вопросы школьной жизни, 1925, №3. c. 48 - 61.

⑮　Гинс Г. К. Об обратной силе сроков давности, установленных гражданским кодексом Китая//Вестник. китайского. права. 1931. - Сб. 2. c. 193 - 197.

纸、杂志合作的 35 年：活动自述》① 等三十二篇文章，出版了《公共物品之公用法：水法基本理论（第一部分）》② 《公共物品之公用法：现代水法（第二部分）》③ 《水法与公共物品之公用》④ 《工业化的日本》⑤ 《法律中的新思想与现代的基本问题》⑥ 《法学说与政治经济学：法学教程》⑦ 《中国的新法与登记注册条例》⑧ 《通往未来国家之路：从自由主义到利益一致论》⑨ 《普希金与俄国民族自觉》⑩ 《中国商法概论》⑪ 《满洲国民法中的自由与强迫》⑫ 《欧洲走向何方？欧洲的意外灾难》⑬ 《企业主》⑭ 《新法与企业家的活动》⑮ 《新经济与新法：文集》⑯ 和《建立在社会心理

---

① Гинс Г. К. 35 лет моей работы в газетах и журналах : автобиографический обзор проф. Г. К. Гинса//Заря. 1940. 6 октября.

② Гинс Г. К. Право на предметы общего пользования. Часть. I. Основы водного права. – Харбин : Тип.《Заря》, 1926. 116 с.

③ Гинс Г. К. Право на предметы общего пользования. Часть. II. Современное водное право. – Харбин : Русско – маньчжурская книготорговля, 1928. 244 с.

④ Гинс Г. К. водное право и предметы общего пользования. – Харбин : Русско – маньчжурская книготорговля, 1928. 257 с.

⑤ Гинс Г. К. Индустриализованная Япония. – Харбин : Типография КВЖД, 1925. 69 с.

⑥ Гинс Г. К. Новые идеи в праве и основные проблемы современности. Вып. 1. – Харбин : Тип. Чинарева, 1931. 282 с ; Вып. 2. 1932. с. 283 – 654.

⑦ Гинс Г. К. Учение о праве и политическая экономия. Вып. 1. Курс законоведения. – Харбин, 1933. 105 с.

⑧ Гинс Г. К. Новые законы и правила регистрации в Китае. – Харбин, 1930. 80 с.

⑨ Гинс Г. К. На путях к государству будущего. От либерализма к солидаризму. – Харбин : Тип. Чинарева, 1930. 210 с.

⑩ Гинс Г. К. А. С. Пушкин и русское национальное самосознание. 1837 – 1937. – Харбин, 1937. 45 с.

⑪ Гинс Г. К. Очерки торгового права Китая. Вып. 1. Торговые товарищества с прил. текста законов. – Харбин, 1930. 160 с.

⑫ Гинс Г. К. Свобода и принуждение в гражданском кодексе Маньчжу – ди – го. Т. 1. – Харбин, 1938. 24 с.

⑬ Гинс Г. К. Quo Vadis Europa？ Европейская катастрофа. – Харбин : Изд. тов - ва《Заря》, 1941. 336 с.

⑭ Гинс Г. К. , Цыкман Л. Г. Предприниматель. – Харбин : Изд. Л. Г. Цыкман, 1940. 282 с.

⑮ Гинс Г. К. Новое право и предпринимательство. – Харбин, 1940. 64 с.

⑯ Гинс Г. К. Новая экономика и новое право : сб. ст. – Харбин : Дом объединения, 1940. 237 с.

学与比较法学基础上的法通论》① 等大约二十种著作。

二　代表著作主要内容及学术评价

在 Г. К. 金斯的多部著作中,《水法与公共物品之公用》《权利与强权：法与政治理论概览》《通往未来国家之路：从自由主义到利益一致论》《法律中的新思想与现代的基本问题》《法制及文化（法制构成及发展等额进行）》《企业主》等著作最具代表性,构成了 Г. К. 金斯的"利益一致论"思想体系的整个链条。

来华后,Г. К. 金斯在学术研究上的第一个重要领域是其为移民局工作时所从事的水法研究。该项研究成为 Г. К. 金斯后续关于水法研究成果迭出的结果,最终于1928年在哈尔滨出版了著作《水法与公共物品之公用》,1929年也以同名论文在巴黎顺利通过硕士论文答辩。

该书包括引言、第一部分、第二部分等十章内容。引言为公共物品之公用法（民法中公共与私人利益的相互关系问题）,包括在技术层面上的公用及特性、谁属于公共物品之公用、法规的民法与公法阐述、公共物品之公用的法律规定、参与公用法、公共物品之公用法的保护、结论七部分。第一部分为水法基本理论,包括欧洲水法发展概览、俄国关于水的法规、俄国水利法规、水的所有权四章。第二部分为现代水法,包括引言、现代水法的理论条件、法国的法规、德国的水法、供水公司、水能、革命前后的俄国水法、结论等八部分。

《水法与公共物品之公用》最终成书,不是一蹴而就。该书的三部分曾作为独立部分或单独发表,或独立出版。引言部分以《公共物品之公用法：民法中公共与私人利益的相互关系问题》为题名于1925年发表在《法政学刊》第1期上；第一部分以《公共物品之公用法：水法基本理论（第一部分）》为题名于1926年发表在《法政学刊》第3期上,并于同年出版了单行本著作；第二部分以《公共物品之公用法：现代水法（第二部分）》为题名于1928年在哈尔滨直接出版了单行本著作。所以,本书

---

① Гинс Г. К. Общая теория права на основах социальной психологии и сравнительного правоведения. Вып. 1. – Харбин, 1937. 46с.

是由三个独立又有着密切关系的问题合并组成。Г. К. 金斯在《公共物品之公用法：现代水法（第二部分）》中指出了该现象的缘由，"既由于著者本人不相信能够写出本书［《公共物品之公用法：现代水法（第二部分）》——笔者注］，也由于收集和获得资料存在很大难度"。①

　　作者在文本中首先回答了什么是公共物品之公用、什么是公共物品之公用法。作者指出，"公共物品之公用应该被视为公民可以自由利用的所有国家与私人财产"，② 公共物品之公用法属于"绝对的独特的私法"。③ 作者将公用划分为五种基本形态：（1）实际性质的公用；（2）非流动物品公用；（3）建立在契约上的公用；（4）由共有而产生的公用；（5）来源于一个经济行会的公用。作者最后从技术层面把公用视为"概无例外"（包括利用铁路、街道、广场、水路、湖泊与海岸等），指出公用在技术层面的主要特点是：利用者范围的不确定性、自由实现公用的机会、所有利用者权利平等的特征。④ 在第一部分中，作者叙述了罗马、中世纪和现代水法的形式，强调"水法的全部历史充满了两种方式的斗争：个体——支配水的自由和国家——使水服从于法律规定的整个制度"。⑤ 在第二部分中，作者分析了水所有权、公法所有权、经济法及法、德、俄等国的水法问题，指出"公共物品之公用法或许只建立在私法原则上，为查明我们建立的制度环境，不应该向经济法的拼凑学科寻求帮助，而是求教于遥远的古老的不容置疑的公法与私法观念"。⑥ 在结论中，

---

　　① Гинс Г. К. Право на предметы общего пользования. Часть. Ⅱ. Современное водное право. - Харбин：Русско - маньчжурская книготорговля，1928. c. 1 - 2.

　　② Гинс Г. К. Право на предметы общего пользования. Часть. Ⅱ. Современное водное право. - Харбин：Русско - маньчжурская книготорговля，1928. c. 241.

　　③ Гинс Г. К. Право на предметы общего пользования. Часть. Ⅱ. Современное водное право. - Харбин：Русско - маньчжурская книготорговля，1928. c. 32.

　　④ Гинс Г. К. Право на предметы общего пользования（К проблеме взаимоотношений общих и частных интересов в гражданском праве）.//Известия юридического факультета，1925，№1，c. 25 - 26.

　　⑤ Гинс Г. К. Право на предметы общего пользования. Часть. Ⅰ. Основы водного права.//Известия юридического факультета，1926，№3，c. 48.

　　⑥ Гинс Г. К. Право на предметы общего пользования. Часть. Ⅱ. Современное водное право. - Харбин：Русско - маньчжурская книготорговля，1928. c. 42.

作者再次论及两个问题：水法与所有权学说、水法与公共物品之公用学说的相互关系，在水法中表达了私营经济利益团结一致的思想："水法是使个人与小集团的主动性协调一致的典范。"①

哈尔滨法政大学教授 А. В. 梁扎诺夫斯吉对《水法与公共物品之公用》一书给予了中肯的评价："著作涉及了特别是俄文学术文献中研究极弱的具有重要现实意义的题目。著作证实了作者付出了巨大的劳动。著作在内容上引人入胜。Г. К. 金斯教授的著作运用了大量丰富具有事实依据的文献资料，并对其给予了理论阐释。著作具有科学研究性质，并且该项研究在某些部分中针对所研究问题使用了非常有价值的资料。比如，俄国——高加索、克里木、突厥斯坦水利领域的水法研究，德国现代水法及水能法概论。关于这些问题，在俄国科学文献中被作者填补了空白。作者对根据该题目而提出的理论问题给予了解决办法。仿照 Л. И. 别特勒日次吉的方法，Г. К. 金斯不仅阐述了现行法律问题，而且把文献资料用于推论拟议法，并在某种程度上自己也做出了结论。所有这一切都让 Г. К. 金斯的著作给我们的学术文献带来了重要贡献。著作的题目——在公法与私法的边缘，论及了民法中公共利益与个人利益的相互关系，在行政法文献中提出的迫切问题（公法所有权、公法家关于公用的学说）和建立经济法新范畴的尝试引起了极大注意。所有这些研究在俄文文献中都极少被阐释。"②

从法律观视角来看，Г. К. 金斯属于法心理学学派，因为在大学期间就接受了自己的老师——俄国法心理学理论奠基人之一的 Л. И. 别特勒日次吉的法学思想。该学派认为，法是心理环境、本能和情感的不同类型产品。Л. И. 别特勒日次吉在自己的著作《与道德理论密切关联的法与国家理论》《法哲学概览：法心理学理论基础——对法本质现代观点的评论》《法与道德学习导论：情感心理学》等中阐释了透过人的心理所表现的国家与法、在需要服从与控制中表达出的人的心理特点。Л. И. 别特勒

---

① Гинс Г. К. Право на предметы общего пользования. Часть Ⅱ. Современное водное право. - Харбин：Русско - маньчжурская книготорговля，1928. с. 231.

② В. А. Рязановский Г. К. Гинс - водное право и предметы общего пользования. Харбин，1928.//Известия юридического факультета，1928，№6，с. 373.

日次吉发展了心理法的观点，把法分为"官方法"和"直观法"。"官方法"需经国家批准，在自己的变化过程中从不改变精神、经济与社会生活。"直观法"是动态法，根据作为个人心理特性与产品的社会文化成就随意改变。按照 Л. И. 别特勒日次吉的观点，心理学是所有其他社会形式的基础，例如道德。他认为，法律科学的重要目的——把制定法律政策作为旨在促进法律政策在心理以及人的行为中得以巩固的各项措施的总和；人的形式、制度、法规和行为的相互作用是无意识实现的，但随着社会学的诞生，通过"法律政策"本身产生了人类有意识实现的可能。Г. К. 金斯在 1928 年《法政学刊》第 5 期上和 1931 年第 9 期上分别撰文《Л. И. 别特勒日次吉政治学要义》与《Л. И. 别特勒日次吉学术之特点》，通过 Л. И. 别特勒日次吉的所有学术创作，进一步阐释了法心理学学派的思想和表达了对 Л. И. 别特勒日次吉的尊敬之情。

作为法心理学学派的代表，Г. К. 金斯认为，决定法的存在与作用的原因的根不在于国家组织社会的社会经济与阶级政治条件，而在于个体或社会群体的心理。在法心理学派的影响下，Г. К. 金斯开展了他的学术创造之路，并出版了《权利与强权：法与政治理论概览》《通往未来国家之路：从自由主义到利益一致论》《法律中的新思想与现代的基本问题》《法制及文化（法制构成及发展等额进行）》《企业主》等多部代表著作。

《权利与强权：法与政治理论概览》是 Г. К. 金斯在法心理学研究领域出版的第一部重要著作。该书是作者在哈尔滨法政大学所教授的《法与国家学习导论》课程的讲义，首先发表在了 1929 年第 7 期的《法政学刊》上，后又于当年出版了单行本著作。笔者没有查阅到该单行本著作，只能依据在《法政学刊》上的文本来分析。在文本的引言中，Г. К. 金斯指出，"在政治思想史中，周期性地再现把强权摆在非常显著的地位和赋予绝对意义的学说。20 世纪的"一战"和革命后，我们作为对这个题目重新再现兴趣的同时代人，尤其是德语文献，但与 19 世纪在政治学说中提出权利与强权问题时相比，当下对该题目的研究更加复杂。在俄文法律文献中已有关于这个问题的研究，但我们及时地做出了补充的尝试。我们的任务是：简要叙述关于权利与强权的重要学说，评价解决权利与强权之间相互关系问题的方法，分析权利与强权之间的有效相互关系、关于权利与强权的学说是怎样从历史成长至当今时代，并且尝试进行独立理论解决问题的方法（关于社会生活中的协调与积极—消极方式学说），最后阐述权利与强权在政治领域的作用，并把其用于伦理学评价和衡量伦理学文献的标准"。①

　　该文本包括引言、第一章——政治思想史中的权利与强权（从诡辩学派到列宁）、第二章——现代权利理论问题的提出、第三章——权利作为社会生活的协调方式、第四章——权利与强权的相互关系（强权是权利的缔造者、强权是权利的支柱、强权是权利发展的动因）、第五章——权利走向优先权的趋势、第六章——政治（政治的整体特点、历史上的实例、强权政治的危险、国际政治）、第七章——权利、强权与道德、结论等内容。

　　Г. К. 金斯在文本中指出，权利与强权是社会心理制度现象，权利首先应被视为心理感受，伴随着应有的意识；权利现象学应伴随着强权现象学，把权利与强权进行比较，权利是社会生活制度和体制的客观现实，在这种情况下强权也就不是不同类型实力的具体表现，而是这样的社会关系体系或那样的社会制度，在其中权利不具有支配作用；从主观心理角度看，比较权利与强权是对自己和别人行为的两种不同态度，从客观心理角度看，比较权利与强权是两种不同的社会关系体系；权利与强权是创造与改造社会生活的工具，政治可以解决这些任务；权利与强权是两个抽象概念，强权是现实的自发现象及其积极的表现，权利是根据人类的目标而形成的人的文化和改造了的生活现象。

　　通过分析权利与强权的相互关系问题后，Г. К. 金斯得出了结论，"我们把权利与强权作为两种影响人的行为的不同方式和两种社会制度体系进行比较……强权与权利作为两种平等的而非一种消灭另一种的方式，共同存在与发生影响。无论是在自然界，还是在社会中，都存在着积极的、消极的和积极—消极的过程。强权是积极的方式，权利是积极—消极的方式和静止性，保守主义是消极现象。它们处于不断的和积极的相

---

① Гинс Г. К. Право и сила. Очерки по теории права и политики. // Известия юридического факультета, 1929, №5, с. 6.

互影响。积极的方式带来持续的生命力与斗争，消极的方式使本就谨慎的积极力量更加得过且过，而积极—消极的方式能够平衡与协调对抗力量与利益"。"法制对强者和弱者都是有利的。权利应该高于强权。""人类的进步已经使权利在部分关系中占据稳固优势，现在权利又扩展至国家，并在未来覆盖到自己和国际关系。在强大力量方面强权没有遭到削弱，只是作为强制工具退居次要地位。"①

在文本的结论中，Г. К. 金斯通过分析世界大战所引起的后果和世界经济形势，提出了利益一致论的概念，"作为国内问题的利益一致论与作为国际问题的世界经济组织——两种思想证明了文化的高度紧张状态。类似的现象是病态的世界很快被医治好的征兆。战争是历史发展的动力，加快了许多进步的进程。处于一系列变革前夜的我们会越发加强人类中的权利原则，并创造新的更加辉煌的成就。它们是抛开权利之外任何强权都不能创造的"②。

《通往未来国家之路：从自由主义到利益一致论》是 Г. К. 金斯在法心理学研究领域出版的第二部重要著作。该书于 1930 年在哈尔滨出版。

该书分前言、第一编——关于利益一致论的整体学说（包括法制的演进及在法律学说中的反应、利益一致论在现代法中的表现、利益一致论哲学、利益一致论与所有权——经济组织等四章）、第二编——利益一致论作为法律体系（包括引言、工团主义的新形式、劳动宪章、阶级斗争与社会协调——现代劳动法的趋势、小团体国家——意大利法西斯体制、利益一致论在水法中的原则、国际法中的利益一致论等六章）、第三编——利益一致论作为进步的结果和因素（包括利益一致论是指导性思想、道德进步的依据、关于社会进步的学说、法律是进步的因素等四章）、结论等章。

Г. К. 金斯在该书作者的话中直接表达了写作意图，"本著作的任务——找到能够提供安排好国家与社会生活的未来方案。……利益一致

① Гинс Г. К. Право и сила. Очерки по теории права и политики.//Известия юридического факультета,1929,№5,с.109,112.

② Гинс Г. К. Право и сила. Очерки по теории права и политики.//Известия юридического факультета,1929,№5,с.109.

论在经济思想界已经占据了重要地位，在法律科学中也应该给以相应的地位。本著作的任务就是使读者相信，作为指导性思想的利益一致论能够用最符合当今时代倾向的基本精神重建国民经济、国家机构和国际关系。本书献给过去的圣彼得堡大学教授，现为华沙大学的 Л. И. 别特勒日次吉教授……利益一致经济的中间思想不再坚持它的关于经济结构的分散与集中形式的学说，但本著作热衷于 Л. И. 别特勒日次吉关于法与进步的学说。该学说所坚信的对人类未来的信心贯穿于本著作始终"①。

Г. К. 金斯在该书的前言中进一步表达了其意图，"什么样的原则属于未来？自由主义或者社会主义能帮助文化人类消除现代危机的恐慌吗？当改造现代社会生活时没有任何另外的原则能够成功地支配社会思想吗？我们研究的任务就在于此"②。"因此，本著作将在具有时代显著新现象的现代现实事实中致力于寻觅指导性思想"③。

《法律中的新思想与现代的基本问题》是 Г. К. 金斯在法心理学研究领域出版的第三部重要著作。该书分两卷，分别于 1931 年和 1932 年在哈尔滨出版。由于客观原因，非常遗憾，我们只查阅到该书的第一卷，但这并不影响我们的研究效果，因为在第一卷中作者已经表达出其主体思想。该书第一卷共 282 页，分三章 24 节，第一章为法与道德的心理学理论，包括法与道德的概念、法与道德的相互关系、法与宗教、公正（直觉法）、对外与对内法（自然法）、法与事实、法作为社会现象七节。第二章为法文化与社会教育学，包括法文化的本质、道德文化的类型、权利与强权、法中的理想人与现实人、空想与革命、法的追溯效力与教育作用、奖惩七节。第三章为法与经济，包括自由与调控经济、民法、私法个人主义行为范围、商法、竞争的界限、企业合并（辛迪加、托拉斯、康采恩）、关于辛迪加与托拉斯的法规、工业劳动法、连带责任经济、国

① Гинс Г. К. На путях к государству будущего. От либерализма к солидаризму. – Харбин：Тип. Чинарева，1930. с. 2.

② Гинс Г. К. На путях к государству будущего. От либерализма к солидаризму. – Харбин：Тип. Чинарева，1930. с. 9.

③ Гинс Г. К. На путях к государству будущего. От либерализма к солидаризму. – Харбин：Тип. Чинарева，1930. с. 10.

家的经济主动性等 10 节。

Г. К. 金斯在该书第一卷前言中明确了写作任务，"在健康环境中受过良好教育的一代有责任伸出双手帮助正在成长中的一代坚守法律文化的传统。这是本书的主要任务"[①]。"为了勾勒未来法律秩序的轮廓，研究当代法律客观实际的代表性事实，了解它的基本趋势，是十分有必要的。这是本书的第二个任务。"[②]

时任哈尔滨法政大学教授的 Н. 尼基尼佛洛夫指出，"两部书（笔者——《通往未来国家之路：从自由主义到利益一致论》和《法律中的新思想与现代的基本问题》）相互补充。著者在当代寻找能够使人类摆脱其所经历的错综复杂矛盾的指导性思想，并在现代先进社会向利益一致论方向发展的趋势中找到它。著者极力通过分析现实生活中的法律与事实弄清这个指导性思想。第一部书——《通往未来国家之路：从自由主义到利益一致论》关注的重心——分析小集团国家的原则与经验；第二部书——《法律中的新思想与现代的基本问题》关注的重心——著者发展了在《通往未来国家之路：从自由主义到利益一致论》书中提出的关于法进化的简短资料，并特别关注利益一致论在经济中的思想与实践"[③]。

作者在《通往未来国家之路：从自由主义到利益一致论》一书中指出，现代危机——自由主义危机。自由主义思想已深入人的意识，并贯彻到学说与法律之中，一直顽强地保持着自己的影响；但是，在自由秩序的内部深刻的改造已来临，在现代法律中主要体现在民法中渗透进公法基本原则。与此同时，与个人主义思想对立的集体主义思想旨在完全消灭自由主义秩序和使生产与分配合理化。此外，作者也对社会主义与共产主义学说给予了评论，做出了断然的论断，无论是个人主义，还是

---

① Гинс Г. К. Новые идеи в праве и основные проблемы современности. Вып. 1. – Харбин: Тип. Чинарева, 1931. с. 1.

② Гинс Г. К. Новые идеи в праве и основные проблемы современности. Вып. 1. – Харбин: Тип. Чинарева, 1931. с. 2.

③ Н. И. Никифоров Г. К. Гинс - На путях к государству будущего. От либерализма к солидаризму. Харбин, 1930. Его же. - Новые идеи в праве и основные проблемы современности. Харбин, 1931. //Известия юридического факультета, 1931, №9, с. 282.

社会主义，都不是当代的指导性原则。作者认为，利益一致论思想是当代的指导性思想，即"利益一致论是社会集团内部与社会集团之间法律关系体系，在体系之中所有参加者通过共同或协调一致的行动保障自己的利益，并有责任服从于所建立的强制秩序"①。据此，Г. К. 金斯提出的利益一致论不排除个人主义，但对个人主义作了修正，把个人视作非孤立的原子，而恰恰是整体的一部分。"意识到自我限制利益的人的利己主义是利益一致论的心理基础。"② 因此，利益一致论思想不是抽象的不切合实际的思想，因为它是在充分考虑现实条件——文化水平与社会心理的基础上形成的。

作者在现行法律、水法和现代国际法制意识中寻找并找到了利益一致论原则，同时认为，法律中的新思想（作者提出了另一个概念——不排除公法与私法的协调法③，即第三种法律类型）是强有力的教育工具，并在社会中巩固与扩大了利益一致的法律意识。从这个角度出发，作者详细分析了意大利法西斯主义体系及其法律。作者肯定地认为阶级斗争是现代自由主义秩序和政治斗争的产物，同时指出，在利益一致论体系中放弃阶级斗争并不意味着放弃有组织的工会斗争，工人与企业主的合作不应该排开他们的利益分歧，国家应该在调节这些分散的利益方面表现出主动精神。

《法律中的新思想与现代的基本问题》一书的中心部分阐述的是法与经济问题。作者从法心理学理论出发，力求解决法与经济的相互关系问题，认为法与经济的联系产生于具有法与经济行为各项动机的人的心理。据此指出，经济活动决定了心理，法心理影响了经济心理；经济的两种体系（集中与协调）符合法的两种体系。在第一种体系中，法心理的特

---

① Гинс Г. К. На путях к государству будущего. От либерализма к солидаризму. – Харбин：Тип. Чинарева，1930. с. 34.

② Гинс Г. К. На путях к государству будущего. От либерализма к солидаризму. – Харбин：Тип. Чинарева，1930. с. 41.

③ 1937 年 11 月 29 日，哈尔滨法政大学举行了最后一次教授委员会公开会议。Г. К. 金斯教授作了题为《新法》的学术报告，评价了作为协调法的新法律体系。它既不同于私法，也有别于公法。1940 年，Г. К. 金斯教授在其出版的《新经济与新法律：文集》从经济视角进一步阐述了协调法的理论体系。

点是自由的基本原则个体的独立占优势;在第二种体系中,占优势的是公共服务和决定社会利益的目的从属地位。而私法统治符合集中经济体系,公法统治符合协调经济体系。作者进一步力求阐明被公法与私法建立的心理动机,分析民法形式对国民经济的影响,详细研究了私法个人主义的界限问题,发展了《通往未来国家之路:从自由主义到利益一致论》一书中提出的现代国家经济作用增长的思想。这样,利益一致论思想就是预先确定了经济和未来国家的进一步发展的当代指导性思想。

确立了利益一致趋势在当代的存在后,作者提出了人类是否能成功从自由主义转向利益一致论的完全迫切的问题。从道德进步作为强权被权利不断替代和强制因素减弱的思想出发,作者解决了该问题。如果利益一致论扩大了自由和降低了强制规模,那么就可以说是进步了。按照作者的观点,利益一致论恰恰是符合法制文化进步的要求,因为它是用有文化修养的个人法制意识和新时代的社会趋势培养出的进步心理的产物。由此,作者对进步学说给予了简要评述,并确认了进步的不同种类——技术的、智力的和道德的,指出每一种进步都被某种适应、相互影响和积累法则支配。对于社会文化来说,作者认为道德进步是最突出的基本原则。道德进步的存在体现在法律基本原则的不断巩固与扩大、提供给人越拉越多的权利与自由、暴力的消除、惩罚的减弱和人的行为的道德化。Г. К. 金斯的道德进步思想充实了 Л. И. 别特勒日次吉提出的心理适应思想,在两部书中高呼权利先于强权,认为权利是道德进步的强有力因素。同时,权利是影响国民经济与社会生活的强大工具。Г. К. 金斯像自己的老师 Л. И. 别特勒日次吉一样,赋予了法政治或者建立在法心理学研究基础之上的社会教育学巨大意义。社会教育学应该培植民族性,培养和巩固为完善社会生活与繁荣法制文化必备的技能与性能。从这个视角,作者又特别强调了奖惩作为社会教育学的补充与重要手段的意义。①

作者在两部书的结论中更加明确表达了利益一致论思想,"利益一致

---

① Гинс Г. К. Новые идеи в праве и основные проблемы современности. Вып. 1. – Харбин: Тип. Чинарева, 1931. c. 126 – 147.

论能够成为指导性思想，因为它符合实现进步的条件：它接近现代人的心理，它切合当今时代的发展趋势，它提高了道德水平和促进了物质进步"。① "该思想（利益一致论——笔者注）阐明了其计划与目标的合逻辑性，并预先确定了经济与未来国家的发展，从而能够长时期充满创造性内容"。②

《社会心理学大纲：法与道德研究概论》一书首先在 1936 年第 12 期《法政学刊》上发表了长篇论文，后于同年在哈尔滨出版单行本著作。该书是 Г. К. 金斯在法心理学研究领域出版的第四部著作。与上述的个别著作一样，我们只找到了在学术杂志上发表的文本。Г. К. 金斯在文本的引言中指出，"因此，对人的环境的应有认识、忠于理想事业和为实现理想的斗争是进步的前提。本文阐述了关于人的心理的基本知识和作为健康政治必要前提的基本思想"。③

该文本分引言、第一章——关于人的行为的科学（心理中新倾向、И. П. 巴甫洛夫院士著作中的心理基础、心理学的基本现象、人与动物的比较心理）、第二章——人与社会（社会的产生、社会传统的意义、社会心理的形成、行为的机械化）、第三章——人的心理的复杂性（人的行为的主要特点、人与性格的类型、男女的心理差异）、第四章——行为动机（快感和收益对人的行为的影响、行为动机的多样化、消遣、恐惧行为）、第五章——精神文化（义务心理、审美趋向、研究与创作、宗教追求）、第六章——社会教育学（个体的形成、教育与纪律、文化影响、优生学与升华作用）、第七章——社会心理学与伦理学（伦理学的基本问题，义务的、必须的与强制的）、附录——当下概述（现代危机的特点、新社会思想、主要阶层的更替、未来法、当今时代的人与公民）等七章三十小节。

---

① Гинс Г. К. На путях к государству будущего. От либерализма к солидаризму. – Харбин: Тип. Чинарева, 1930. с. 209.

② Гинс Г. К. Новые идеи в праве и основные проблемы современности. Вып. 1. – Харбин: Тип. Чинарева, 1931. с. 282.

③ Гинс Г. К. Очерки социальной психологии. Введение в изучение права и нравственности. // Известия юридического факультета, 1936, №11, с. 5 – 6.

在文本中，作者从社会心理学视角进一步阐释了利益一致论思想，"每一个人的心理——多样化倾向的丰富宝物，人不是所有生命存在所固有的粗鲁和蒙昧无知倾向的人，人能够借助只有人所特有的作为文化结果的美好心理表现使人的精神境界变得高尚。我们的下一步任务——阐明人的生来如此的特性的改变，其使文化因素的高峰免遭危险是在何种影响下进行的"①。"心理学社会化是新生事物，即它对社会条件的适应，尤其是在思想的影响下"。②"人类文化的形成：语言、艺术、科学、伦理和宗教——社会心理学的产物。"③"人类拥有社会与精神文化进步的无限可能。通晓社会心理学不仅使这种信念得到巩固，而且能够把加快和改善进步的新手段交到政治学家与教育学家手里。"④"现代危机具有世界危机与长期危机性质。"⑤"必须对法制意识的基本原则进行修正，找到指导性思想。……当今时代缺失了指导性思想。……不可以杜撰指导性思想，它应符合为人预先指定的心理与文化水平。"⑥"过去的经验已经不止一次证明，回到旧世界是不能带来任何益处。经验也证明，仅在单一的公法利益或单一的私法利益基础上建设经济是不能成功的。因此，在即将来临新变革前，现在应该寻找能够协调上述两种原则的体系。利益一致论或许就是这样一种体系。利益一致论保护私有财产、倡导自由与竞争，把建立的原则引入某些群体关系之中。"⑦"利益一致论不授予国家有协调经济的权利，不把企业主变成国家的官吏，不消灭私有财产与竞

---

① Гинс Г. К. Очерки социальной психологии. Введение в изучение права и нравственности. //Известия юридического факультета, 1936, №11, с. 43 – 44.

② Гинс Г. К. Очерки социальной психологии. Введение в изучение права и нравственности. //Известия юридического факультета, 1936, №11, с. 65.

③ Гинс Г. К. Очерки социальной психологии. Введение в изучение права и нравственности. //Известия юридического факультета, 1936, №11, с. 216.

④ Гинс Г. К. Очерки социальной психологии. Введение в изучение права и нравственности. //Известия юридического факультета, 1936, №11, с. 232.

⑤ Гинс Г. К. Очерки социальной психологии. Введение в изучение права и нравственности. //Известия юридического факультета, 1936, №11, с. 233.

⑥ Гинс Г. К. Очерки социальной психологии. Введение в изучение права и нравственности. //Известия юридического факультета, 1936, №11, с. 236 – 238.

⑦ Гинс Г. К. Очерки социальной психологии. Введение в изучение права и нравственности. //Известия юридического факультета, 1936, №11, с. 241.

争。……利益一致论既否定自由主义国家的消极性，也否定社会主义国家过于自信的标新立异。……利益一致论改变的不仅是经济制度，而且还有国家制度，导致了与议会一样的或代替议会的各类经济集团的建立。但利益一致论的实质不是体现为外在的社会组织，而是改变了企业主与劳动群众的相互关系。"① "事实上，在法心理学中总是呈动态性和总是趋向稳定化。但静态因素与动态因素的对比关系不总是一致，因为直观法不总是与成文法产生冲突。在社会安康的时候，成文法与直观法之间的相互影响最为激烈；在革命前或过渡时期，反之。当今时代，在已经历的风暴与震荡的影响下，理所当然地发生了巨大转变，由此需要探寻新法。"② "当今时代的社会心理学坚信现存社会秩序的不可避免改造，并能预料到建立国民经济的未来变化趋向。该趋向把协调原则引入了国民经济，整体上获得了双重意思。如果经济自由被认为是健康经济政策的基础，那么把协调原则引入经济将会被作为临时和异常的措施仅局限于必要的修正。在这种情况下，协调原则不会给私营经济体系带来巨大危险。但是，如果改革者醉心于协调集中经济，那么他的举措将不可避免地导致现存体系的根本改造。经济政策的任务是看清某种体系的优势。我们认为，作为当今时代更适合人的心理并被千年经验检验的第一种原则是最好不过的。"③ "利益一致论要求对集体创造与精神文化的所有表现形式：艺术、科学与宗教具有敬意，因为它们保持着推动精神与物质进步的任何指导性思想都需要的美妙的和使人高尚的思想倾向。利益一致论必须强化道德意识、重建满怀合作新精神的道德与法律原则统治、尊重社会与国家及个人的创造。"④

《法制及文化（法制构成及发展等额进行）》一书于 1938 年在哈尔滨

---

① Гинс Г. К. Очерки социальной психологии. Введение в изучение права и нравственности.//Известия юридического факультета,1936,№11,с. 243 – 244.

② Гинс Г. К. Очерки социальной психологии. Введение в изучение права и нравственности.//Известия юридического факультета,1936,№11,с. 252.

③ Гинс Г. К. Очерки социальной психологии. Введение в изучение права и нравственности.//Известия юридического факультета,1936,№11,с. 255 – 256.

④ Гинс Г. К. Очерки социальной психологии. Введение в изучение права и нравственности.//Известия юридического факультета,1936,№11,с. 260.

出版。该书是原在 1938 年第 12 期的《法政学刊》上发表的长篇论文。
该书于 2012 年在莫斯科再版。该书是 Г. К. 金斯在法心理学领域研究的
又一部重要著作。

　　该书分引言、第一章——法制的起源（法制形成的方式与种类、法
制形成的主要方式、法制形成中的近况、个人的法制创造）、第二章——
法制的稳定（法制标准的统一、法制形式的统一、法心理学的集约化、
集中过程、法制的共同原则、法制的保守主义及其明确化、法制体系的
差别）、第三章——法制发展进程（关于法制发展的现有学说、社会文化
发展中的整体趋势、适应实际条件与法制的自我发展、法制社会化、法
制思想的发展、法制体系发展中的个人特点、法制发展中的复杂化原则、
革命与国内战争、法制中的空想）、结论等。

　　作者在该书引言中指出，"本书的名称《法制及文化》符合他的两个
基本论点：第一，法制是社会文化的产物，它的发展取决于在人的相互
影响的条件下形成的何种心理；第二，社会越文明，人对法制发展进程
的有意识影响在更大程度上就越强，人能使法制发展的进程服从于自己
的目的，并为人类文化的进一步成就开辟道路。"[1] 作者在结论中又指出，
"研究作为社会心理现象和社会文化产物的法制发展，大大扩展了知识和
深化了对法制发展进程的认识。……法制是社会文化的产物，因此法制
的发展原则上是依附于决定社会文化的水平与特点的条件进行的，服从
于社会心理学的共同法则。这就是本项研究的基本前提。"[2] "因此，在
Л. И. 别特勒日次吉教授著作问世之后，现代法律科学不能忽略主要由盎
格鲁－撒克逊心理学家在社会心理学领域提供的资料。……使用社会心
理学资料的目的是让法心理学理论走上新轨道，并在它的追随者面前开
辟新的广阔前景。如果本书能够引起对这个基本观点的兴趣，那么本书

---

　　[1]　Гинс Г. К. Право и культура. Процессы формирования и развития права. – Москва：
Издательство Юрлитинформ，2012. с. 36.

　　[2]　Гинс Г. К. Право и культура. Процессы формирования и развития права. – Москва：
Издательство Юрлитинформ，2012. с. 265.

的目的就完全达到了"。①

　　作者在书中就法制的起源、稳定和发展进程等问题阐述了他的政治法律思想："法制的起源问题也是法制的形成与发展问题。"②"当今时代，渐进的法制形成过程是心理对社会生活的实际条件的适应，以法规形式几乎完全被有意识的法制创造取代。"③"只有借助于社会心理学的资料才能阐明法制的形成过程。它是统一、集中、集约化与社会化的过程，适用于任何社会心理形式。"④"法律科学的意义也在于，它积累了逐渐成为持久不变的全部知识与结论。创建的学派完善与深化了自己奠基人的思想，并最终出版了几代人共同完成的学术著作和被公认为经典著作。"⑤"在法律的所有领域都显示出被杰出思想家提出的共同指导性思想的意义。共同指导性思想实际上具有指导性意义，并预先确定了社会发展的进程和法规的变动。"⑥"从理论上讲，我们思考任何一种法律制度，可以想出和实行任何一种法制体系。……但最近于现实的法制体系是在体系之中个体与建立的社会的相互关系不给任何一方造成损失。"⑦"法制发展问题能够成功的解决只有对文化的发展进程进行整体阐述。"⑧"社会文化的发展，这么说，与作为其表现形式之一的法制的发展，服从于'文化选择'或'文化适应'法则，它与'自然选择'或'生物适应'有着本

①　Гинс Г. К. Право и культура. Процессы формирования и развития права. – Москва：Издательство Юрлитинформ，2012. с. 40.

②　Гинс Г. К. Право и культура. Процессы формирования и развития права. – Москва：Издательство Юрлитинформ，2012. с. 59.

③　Гинс Г. К. Право и культура. Процессы формирования и развития права. – Москва：Издательство Юрлитинформ，2012. с. 95.

④　Гинс Г. К. Право и культура. Процессы формирования и развития права. – Москва：Издательство Юрлитинформ，2012. с. 104.

⑤　Гинс Г. К. Право и культура. Процессы формирования и развития права. – Москва：Издательство Юрлитинформ，2012. с. 114.

⑥　Гинс Г. К. Право и культура. Процессы формирования и развития права. – Москва：Издательство Юрлитинформ，2012. с. 136.

⑦　Гинс Г. К. Право и культура. Процессы формирования и развития права. – Москва：Издательство Юрлитинформ，2012. с. 169 – 170.

⑧　Гинс Г. К. Право и культура. Процессы формирования и развития права. – Москва：Издательство Юрлитинформ，2012. с. 171.

质上区别。"① "社会文化的发展在任何地方都不是同一进行的。必须首先确立它的整体趋向，然后解决各种情况与不正常。在文化适应服务共同利益方面，可以把整体趋向称为社会化。"② "理论法律学家的作用非常大。他们能够确切简练地表达出法制的指导性原则，是后辈人的老师和立法者的鼓舞者。……法律理论家能够把其他民族形成的思想与制度带到故土，指出现行法规的不足和使相信更新法规的必要性，经常提出最合理的新制度方案。……但新思想也并不是从天而降的，它应符合社会条件和需求以及考虑其他制度思想：宗教的、道德的、政治的和民族的。"③ "法制应符合它应用的条件。法制体系首先取决于其为人预先指定的人的文化水平。"④ "法制的发展进程在任何地方都不是同一进行的，不总是带有同一的连续性。"⑤ "法制社会化趋向把法制的进步变成了可能，但没有把法制变成必须履行的。法制适应它所应用的条件和所发生影响的环境。在条件与环境恶化的情况下，法制就不可避免地变得冷酷无情和发生倒退。"⑥

最后，作者对自己的研究给予了总结："适应实际环境是法制发展的基本方式。"⑦ "无论是法制的形成过程，还是法制的发展进程，最初进行地很慢和不明显，后来越来越快和有意识。人们控制了这个进程，也就

---

① Гинс Г. К. Право и культура. Процессы формирования и развития права. – Москва：Издательство Юрлитинформ，2012. с. 186.

② Гинс Г. К. Право и культура. Процессы формирования и развития права. – Москва：Издательство Юрлитинформ，2012. с. 195.

③ Гинс Г. К. Право и культура. Процессы формирования и развития права. – Москва：Издательство Юрлитинформ，2012. с. 208.

④ Гинс Г. К. Право и культура. Процессы формирования и развития права. – Москва：Издательство Юрлитинформ，2012. с. 223.

⑤ Гинс Г. К. Право и культура. Процессы формирования и развития права. – Москва：Издательство Юрлитинформ，2012. с. 237.

⑥ Гинс Г. К. Право и культура. Процессы формирования и развития права. – Москва：Издательство Юрлитинформ，2012. с. 247.

⑦ Гинс Г. К. Право и культура. Процессы формирования и развития права. – Москва：Издательство Юрлитинформ，2012. с. 265.

增加了该进程在社会文化领域成功的可能。"①

《企业主》一书于 1940 年在哈尔滨出版。该书是 Г. К. 金斯在后期创作中最具代表性的著作。该书于 1992 年在莫斯科被波谢夫出版社再版。该书被当代俄罗斯学者 Ю. Н. 叶果罗夫称为"在世界经济思想中专门致力于研究企业主的活动过程问题的最重量级著作之一，也是第一部关于企业主的活动的俄文著作。"② 此外，我们认为，该书也是 Г. К. 金斯从经济视角进一步阐述利益一致论思想的总结之作，亦是 Г. К. 金斯对法心理学领域研究的有益补充。需要特别说明的是，该书并非 Г. К. 金斯一人独立撰写，而是与在中国东北侨居多年的制糖厂老板和社会活动家——Л. Г. 齐克曼共同撰写。

该书分前言、导论、第一编——企业主的心理（包括企业主活动的本质、企业主活动的起源、企业主的历史类型、过去俄国的幸运企业主、企业主活动的动机、乐观主义与精打细算、现代经济文献对企业主活动的评价等七章）、第二编——离开企业主的经济（包括资本主义的末日来临了吗、集中经济的虚假优越性、社会主义的理论与实践等三章）、第三编——现代世界中企业主（包括美国人的作风与罗斯福总统的改革、日本企业主的活动——控制经济体系、国有与私营企业主活动的结合——混合体系、法西斯主义的经济体系、纳粹思想体系中的企业主、20 世纪的企业主与工人、新企业主法思想等七章）、第四编——社会与企业主（包括企业主与社会环境、企业干部问题等两章）、结论和附录等。

Г. К. 金斯在该书前言中记述了编写该书的缘起："当今时代，企业主不仅被轻视和不予注意，而且还常遭到一些社会阶层的憎恨，而企业主的活动对国民经济的积极意义更没有被认识到。"③

---

① Гинс Г. К. Право и культура. Процессы формирования и развития права. – Москва：Издательство Юрлитинформ，2012. с. 37.

② Егоров Ю. Н. Эволюция российской экономической науки в трудах учёных русского зарубежья：традиции и новаторство：Диссертации...доктора экономических наук：Москва，2009. с. 267.

③ Гинс Г. К.，Цыкман Л. Г. Предприниматель. – Харбин：Изд. Л. Г. Цыкман，1940. с. 1.

　　Г. К. 金斯又写了编写该书的具体过程。他说，编写该书的最初想法由 Л. Г. 齐克曼提出。Л. Г. 齐克曼从 1920 年起就在报刊上发表了《工商界的任务》《制糖业危机》《制糖业危机一直在持续》等文章和出版了《北满的制糖业》等著作，评价了世界范围内制糖业的现状，证实了如果各国不迫使输出国生产商达到谅解，那么制糖业经常性的危机不可避免，指出了制糖业对国家的益处，阐释了对制糖业健康发展的经济条件，提出了制定符合成本与正常利润的固定价格有利于国家合理监控制糖业的观点。Г. К. 金斯认为，Л. Г. 齐克曼的阐述具有更广泛的意义，不仅适用于制糖业，其所表达出的思想与 Г. К. 金斯本人在《走向未来国家之路》《社会心理学大纲》等著作提出的观点在某种程度上不谋而合。后来，在许多社会活动场所 Г. К. 金斯与 Л. Г. 齐克曼进行了会面与交流，使 Г. К. 金斯更加确信，他对利益一致论的理论建构缺少实践基础，而像 Л. Г. 齐克曼这样一个思想深刻的企业主能够成功补充自己生活经验的不足。紧接着 Л. Г. 齐克曼又在《霞光报》等报刊上发表了《社会与企业主》等文章，给他们提供了交流关于企业主在国民经济中的作用和重建国民经济的现代尝试等问题的新理由。正是在这些交流后，Л. Г. 齐克曼提出了出版一部关于企业主的著作，于是，他们就开始着手这项工作。"我们在国民经济任务领域的世界观的共同性和被 Л. Г. 齐克曼支持理解的我的关于利益一致论的学说，使我们的合作变得令人愉快和有成效。理论与实践、抽象的思想与 Л. Г. 齐克曼在自己的工作中获得的经验相结合，Л. Г. 齐克曼的经验首先来自于私有财产无限自由的环境；其次产生于控制经济的条件"。①

　　Г. К. 金斯指出，书中的许多内容，如贸易在国民经济中的作用、合作社与国有企业、企业主与工人的相互关系、在协调国民经济领域国家监控的方向与具体措施等，都是由 Л. Г. 齐克曼来完成的。"因此，本书是我们共同的集体创作。应该说，理论家与实践家在该问题的共同工作是最恰当的。"②

---

①　Гинс Г. К. , Цыкман Л. Г. Предприниматель. – Харбин : Изд. Л. Г. Цыкман , 1940. с. 3.

②　Гинс Г. К. , Цыкман Л. Г. Предприниматель. – Харбин : Изд. Л. Г. Цыкман , 1940. с. 3.

在书中，Г. К. 金斯还提出了研究企业主的理论视角，"我们对企业主的作用与意义的评价，是从对社会经济益处的考虑出发，而不是来自于抽象的思想"。[1]

作者在书中首先分析了企业主地位的特殊性，"企业主的活动与利用更多或更少的其他人的劳动密切相连"。"在员工的观念中，企业主的财富都是他们的劳动创造的。这是错误的思想。"[2] 作者反对把企业主视为"生来如此的、贪婪的、贪得无厌的、自私自利的剥削者——像鬼蜮"[3]。相反，"天才的企业主的诞生就像诞生了天才的演员、学者和发明家一样"[4]。按照作者的观点，"企业主是雇主的变种，只是雇主，而不是私有者。收藏品私有者与靠存款利息过活的私有者——不是雇主。悉心看护自己财产的住宅的主人——不是企业主。另一方面，尽管不拥有任何财产，但用别人的钱进行有组织演出的戏院老板，就是企业主。于是，戏院老板这个称谓用法语也直接称为企业主。"[5]"企业主的活动与所有权关系密切，但与自由的经济主动精神、与不受国家支配的分散经济的关系更紧密。"[6]

作者列举了关于企业主活动的不同定义，分析了概念的变化并得出结论，对现代经济来说，应从两个立场来分析企业主的活动："（1）企业主——拿自己的财产或自己的物质条件去冒险的人；（2）企业主是具有经验与特殊心理特质的人。"[7] 作者将企业主划分为两类："工厂主不仅要管理，而且力求建立与扩大生产，还热衷于事业的新发现、生产规模与生产产品的质量。生意人专注于因买卖价格差（地点与时间原因）引起的获得利益的机会。……工厂主的活动通常更复杂，因为它要求不仅规划和安排生产，而且要考虑市场需求和有利可图销售产品的可能。"[8] 作

---

① Гинс Г. К. , Цыкман Л. Г. Предприниматель. – Харбин：Изд. Л. Г. Цыкман，1940. с. 4.

② Гинс Г. К. , Цыкман Л. Г. Предприниматель. – Харбин：Изд. Л. Г. Цыкман，1940. с. 12.

③ Гинс Г. К. , Цыкман Л. Г. Предприниматель. – Харбин：Изд. Л. Г. Цыкман，1940. с. 13.

④ Гинс Г. К. , Цыкман Л. Г. Предприниматель. – Харбин：Изд. Л. Г. Цыкман，1940. с. 14.

⑤ Гинс Г. К. , Цыкман Л. Г. Предприниматель. – Харбин：Изд. Л. Г. Цыкман，1940. с. 24.

⑥ Гинс Г. К. , Цыкман Л. Г. Предприниматель. – Харбин：Изд. Л. Г. Цыкман，1940. с. 25.

⑦ Гинс Г. К. , Цыкман Л. Г. Предприниматель. – Харбин：Изд. Л. Г. Цыкман，1940. с. 26.

⑧ Гинс Г. К. , Цыкман Л. Г. Предприниматель. – Харбин：Изд. Л. Г. Цыкман，1940. с. 27.

者指出，企业主的活动离不开进取精神，其"在经济领域表现为实现计划与安排"。① "企业主的显著特性之一是它的经济乐观主义。在建立自己的计划时，企业主总是倾向于高估机会。……企业主相信自己事业的成功，像热爱自己的孩子一样热爱它，全神贯注于任何新办法和新改良。"② "企业主的乐观主义——这是经济进取精神的推动力，精打细算——这是企业主的自我保护力。企业主的这两个心理特性经常兼有，它们理所当然在不同程度上给予配合，例如，尤其是在最初情绪高昂时期乐观主义能够降低精打细算的程度，而精打细算能够变为任何情况和生意的利润都不能补偿的斤斤计较的吝啬。"③

作者也研究了企业主与工人的相互关系问题，承认企业主与工人均有利益的需求，不应消除它们为保护自己利益的斗争，为利益而斗争是最大的进步因素。"私利与阶级利益的世纪本身已消逝。对于企业主与工人，新的文化意识应该带来相互尊重，在对立的同时也带来了它们利益的共同性。新的文化意识也使私人利益服从于整体利益变得有必要。强迫的手段完全不适合于这样的文化根本改变。"④ 作者还研究了企业主与国家的相互关系问题，认为"企业主需要自由就像鱼儿需要水一样。进行创造性劳动的所有人：学者、发明家和艺术家都需要自由。但是，企业主的创造与他的大量员工的命运相连，而企业主的企业的命运与许多其他企业和个人的利益相连。"⑤ "国家应该振奋企业主活动的精神，保护企业主生意的利益和企业主主动精神的自由……"⑥ 此外，作者在书中对不同经济体系（自由、混合、控制、僵化的资本主义）中企业主的活动给予了阐述。

在附录中，附上了 Г. К. 金斯的个人文章《当代的指导性思想（Г. К. 金斯教授关于利益一致论的概述）》。该文是 Г. К. 金斯以专题形式

---

① Гинс Г. К. ,Цыкман Л. Г. Предприниматель. – Харбин：Изд. Л. Г. Цыкман,1940. с. 38.

② Гинс Г. К. ,Цыкман Л. Г. Предприниматель. – Харбин：Изд. Л. Г. Цыкман,1940. с. 87.

③ Гинс Г. К. ,Цыкман Л. Г. Предприниматель. – Харбин：Изд. Л. Г. Цыкман,1940. с. 96.

④ Гинс Г. К. ,Цыкман Л. Г. Предприниматель. – Харбин：Изд. Л. Г. Цыкман,1940. с. 226.

⑤ Гинс Г. К. ,Цыкман Л. Г. Предприниматель. – Харбин：Изд. Л. Г. Цыкман,1940. с. 227.

⑥ Гинс Г. К. ,Цыкман Л. Г. Предприниматель. – Харбин：Изд. Л. Г. Цыкман,1940. с. 17.

对利益一致论思想进行的总结性研究。Г. К. 金斯指出，"利益一致论思想与任何指导性思想一样不是徒劳无益的。它能够制定出一套完整的改造国家与经济制度的纲要"。"因为利益一致论把重要的中介功能委托给国家，前提是需要政权拥有最高权威和在协调矛盾利益方面有广泛权力，国家政权应该具有稳定性。""在经济制度的基础上，作为法律体系的利益一致论保护财产、竞争和企业主活动的自由。""某些独有的特征：在国家制度领域放弃民主模式，私营经济服从于已形成原则和国家的权威，利益一致论体系类似于现代极权主义国家的基本原则。但实际上集权制度是利益一致论的曲解。""利益一致论应该充满根据团结一致心理而来的特殊的道德意识。团结一致本身像世界一样古老，但直到现在它还只体现在很窄的关系领域。利益一致论体系认为，整个国家制度，主要是经济关系制度渗透了团结一致思想。""这个国家政策的新方向应该给企业主的活动最有利的影响。但企业主的心理应该适应新条件和社会生活原则，为此，首先需要弄清企业主自身的社会角色。如果企业主本人和他周围的人清醒地意识到，企业主的活动对国民经济的意义大到何种程度，在何种条件下企业主的活动能够得到发展，那么企业主与工人和消费者之间的应有的配合与合作都很容易解决。在服务于国民经济需要的所有机构中企业主阶层组织及其代表机构，是培养企业主利益一致论心理的最好的学校。"[①]

综上所述，Г. К. 金斯在其出版的几部重要著作中通过经济、法律和心理等视角研究利益一致论思想，得出了自己的一套理论体系。当代俄罗斯学者 Д. Ю. 阿列克谢耶夫在其论文中直接以论文名称对 Г. К. 金斯给予了总体评价，"Г. К. 金斯——俄国利益一致论的奠基人"[②]。

① Гинс Г. К. , Цыкман Л. Г. Предприниматель. ‒ Харбин：Изд. Л. Г. Цыкман, 1940. с. 276, 277 ‒ 278, 279, 280.

② Алексеев Д. Ю. Г. К. Гинс ‒ Основоположник российского солидаризма//Вестник Тихоокеанского государственного экономического университета. 2009. №2. с. 91 ‒ 98.

第二节 E. E. 雅什诺夫

一 生平简介与学术成就

关于 E. E. 雅什诺夫的生平活动的研究资料比较缺乏，目前可见的文献只有 A. 阿尔诺里多夫、B. 别列列申、E. 塔斯金娜、A. A. 西萨穆特迪诺夫等学者所撰写的《纪念 E. E. 雅什诺夫》① 《诗人 E. E. 雅什诺夫》② 《E. E. 雅什诺夫的生活道路》③ 《诗人、学者 E. E. 雅什诺夫》④ 等论文，以及 1947 年由 E. E. 雅什诺夫的妻子 Л. Г. 雅什诺娃在上海整理出版的《E. E. 雅什诺夫诗选》（序言）⑤。但根据这些资料，笔者基本上可以大致描述 E. E. 雅什诺夫的活动轨迹与学术成就。

E. E. 雅什诺夫，1881 年 11 月 16 日出生于距离雅罗斯拉夫尔 12 俄里的诺尔斯克手工工场。1897 年，E. E. 雅什诺夫毕业于雅罗斯拉夫尔市学校。1899—1904 年，由于热衷于政治斗争，E. E. 雅什诺夫三次被逮捕。1902—1904 年，E. E. 雅什诺夫在沃洛戈达流放期间在当地的报社工作，先后担任校对员和记者，并开始在《北方边陲》《萨马拉报》《萨马拉通信员》《下戈罗德报》等报纸上发表文章。为了维持生活，在流放期间 E. E. 雅什诺夫不得不在沃洛戈达省地方自治机关估价局从事统计员工作。1905 年，E. E. 雅什诺夫移居圣彼得堡，并在当地的《生活新闻》《同志》《呼声》《波涛》等报纸上发表了几十篇小说和诗歌。1906 年，E. E. 雅什诺夫出版了第一本诗集《在石头城》；1907 年出版了第二本诗集《青年之声》。1908 年，E. E. 雅什诺夫来到了突厥斯坦，在锡尔达里亚区移民事务局担任统计员，主要从事吉尔吉斯经济调查工作。1913—1914

---

① Арнольдов Л. Памяти Ев. Ев. Яшнова – //Шанхайская заря. 1943. – 26 июня.

② Перелешин В. Поэт Евгений Яшнов. //Новое Русское слово. – Нью – Йорк, 1972. – 11 июня.

③ Хисамутдинов А. А. Поэт и учёный Евгений Евгеньевич Яшнов. //Проблемы Дальнего Востока. 1999. №6. с. 219 – 234.

④ Таскина Е. Дороги Е. Е. Яшнова. //Проблемы Дальнего Востока. 1993. №4. с. 114 – 115.

⑤ Е. Е. Яшнов(1881 – 1943). //Яшнов Е. Е. Стихи. – Шанхай, 1947. с. V – XI.

年两年内，E. E. 雅什诺夫在萨马拉对农户与地主田产进行了调查；其间的 1913 年，E. E. 雅什诺夫还被派往波斯北部地区统计调查俄国移民经济。在中亚工作时期，E. E. 雅什诺夫通过枯燥的数字分析了当时的经济状况并对未来进行预测，在不同的杂志上发表了大量学术文章，主要是关于突厥斯坦历史以及各类经济与统计问题。1915 年初，E. E. 雅什诺夫回到了彼得格勒工作，在粮食特别会议事务局担任统计员。1917 年秋，E. E. 雅什诺夫来到了鄂木斯克，在高尔察克政府不同机构从事粮食与合作社统计工作，在鄂木斯克发行的杂志《西西伯利亚工业》上发表了有关西伯利亚经济的文章。1919 年末，E. E. 雅什诺夫从鄂木斯克跑到符拉迪沃斯托克，担任安东诺夫政府财政部顾问与秘书，结识了诗人 Вс. Н. 伊万诺夫、А. 涅斯梅洛夫、Л. 叶辛和国立远东大学哲学教师 Л. А. 赞德尔。1921 年，在哈尔滨生活的过去的鄂木斯克政府的同事的劝说下，E. E. 雅什诺夫来到了哈尔滨。中东铁路管理局局长 Б. В. 沃斯特罗乌莫夫热情接待了 E. E. 雅什诺夫，并委任他为中东铁路经济调查局代办，专职从事学术研究工作。

　　E. E. 雅什诺夫在中东铁路经济调查局一直工作到 1935 年。在哈尔滨生活期间，E. E. 雅什诺夫还积极参加在北京发行的俄文杂志《俄国评论》（哈尔滨俄侨学者 Г. K. 金斯担任主编）出版工作；是东省文物研究会工商股成员；1923 年，E. E. 雅什诺夫在莫斯科完成了两个月的旅行；1926 年，E. E. 雅什诺夫应邀参加了在哈巴罗夫斯克举行的第十届远东生产力研究会议；与俄国文学家、陀思妥耶夫斯基研究专家 А. С. 多里宁和国立远东大学哲学教师 Л. А. 赞德尔保持着书信联系。1935 年秋，E. E. 雅什诺夫离开哈尔滨，曾在天津、北京生活。1938 年，E. E. 雅什诺夫移居上海，继续从事学术研究工作，参加上海历史学会的会议，留有关于中国农业经济和中国历史问题研究的手稿。E. E. 雅什诺夫于 1943 年 6 月 25 日早晨 7 点在上海逝世。除学术研究外，E. E. 雅什诺夫也从未放弃早年的诗歌创作。1947 年，在 E. E. 雅什诺夫逝世 4 年后，他的妻子 Л. Г. 雅什诺娃整理了丈夫写的部分诗歌并在上海出版了《E. E. 雅什诺夫诗选》。

　　在学术研究上，E. E. 雅什诺夫的一生主要致力于中国农业（含中国东北)、历史问题的研究，在《俄国评论》《东省文物研究会杂志》《东省杂志》《满洲经济通讯》《中东经济月刊》《远东经济生活》《法政学刊》《中东铁路中央图书馆书籍绍介汇报（中国学文献概述)》等杂志和文集中发表了《国际社会问题》①《中东铁路与外贝加尔的货运量前景》②《北满的农业发展》③《太平洋问题》④《北满农产品》⑤《北满农业研究的重要性》⑥《黄豆》⑦《远东的中俄农业》⑧《三年来的北满》⑨《1927 年北满的粮食收成》⑩《满洲豆饼在日本的销售危机》⑪《满洲的垦殖前景》⑫《1928 年北满庄稼收成展望》⑬《北满农业的整体条件》⑭《1925 年北满收

---

① Яшнов Е. Е. Мировая социальная проблема.//Русское обозрение,1921,№3 – 4. с. 81 – 90.

② Яшнов Е. Е. Перспективы (квжд) грузооборота с забайкальем.//Известия Общества Изучения Маньчжурского Края,1922,№2,с. 14 – 21.

③ Яшнов Е. Е. Сельско – хозяйственное развитие Северной Маньчжурии.//Вестник Маньчжурии. 1925,№ 1 – 2. с. 17 – 24.

④ Яшнов Е. Е. Тихоокеанская проблема. Мысли и факты.//Вестник Маньчжурии. 1925, №3 – 4. с. 1 – 16.

⑤ Яшнов Е. Е. Продукция сельского хозяйства в Северной Маньчжурии.//Вестник Маньчжурии. 1926,№1 – 2. с. 1 – 11.

⑥ Яшнов Е. Е. Важность изучения крестьянского хозяйства в Северной Маньчжурии.//Вестник Маньчжурии. 1926,№3 – 4. с. 23 – 33.

⑦ Яшнов Е. Е. Соевые бобы.//Вестник Маньчжурии. 1926,№6. с. 55 – 65.

⑧ Яшнов Е. Е. Китайское и русское крестьянское хозяйство на Дальнем Востоке.//Вестник Маньчжурии. 1926,№9. с. 1 – 13.

⑨ Яшнов Е. Е. Северная Маньчжурия за три года.//Вестник Маньчжурии. 1927,№10. с. 6 – 8.

⑩ Яшнов Е. Е. Урожай хлеба в Северной Маньчжурии в 1927 году.//Вестник Маньчжурии. 1927,№12. с. 21 – 24.

⑪ Яшнов Е. Е. Кризис сбыта маньчжурских жмыхов в Японии.//Вестник Маньчжурии. 1928,№4. с. 10 – 16.

⑫ Яшнов Е. Е. Перспективы колонизации Маньчжурии.//Вестник Маньчжурии. 1928, №5. с. 30 – 41.

⑬ Яшнов Е. Е. Виды на урожай хлебов в Северной Маньчжурии в 1928 г.//Вестник Маньчжурии. 1928,№7. с. 43 – 44.

⑭ Яшнов Е. Е. Общие условия сельского хозяйства в Северной Маньчжурии.//Экономический. бюллетень. 1925,№1. с. 5 – 8.

成展望》①《1925 年北满的庄稼收成与余粮》②《四年来的收成》③《满
洲的黄豆加工》④《1928 年北满的庄稼收成》⑤《1926 年北满的庄稼
收成与余粮》⑥《1926 年北满庄稼收成展望》⑦《1927 年北满的农
业》⑧《北满农民的食物》⑨《满洲农业的前景》⑩《天宝山——图门铁
路》⑪《满洲的黄豆》⑫《1924 年北满庄稼收成展望》⑬《中国农户的收
入》⑭《中国农业》⑮《1924 年北满中国农户的支出》⑯《1924 年北满的庄

---

①　Яшнов Е. Е. Виды на уражай в Северной Маньчжурии 1925г. // Экономический. бюллетень. 1925, №29. с. 5 – 8.

②　Яшнов Е. Е. Уражай и избытки хлебов в Северной Маньчжурии в 1925г. // Экономический. бюллетень, 1925, №49, с. 3 – 5.

③　Яшнов Е. Е. Четыре года урожая. //Экономический. бюллетень, 1926, №1 – 2, с. 3 – 5.

④　Яшнов Е. Е. Производство соевых бобов в Маньчжурии. //Экономический. бюллетень. 1926, №11. с. 3 – 5.

⑤　Яшнов Е. Е. Урожай хлебов в Северной Маньчжурии в 1928 г. //Вестник Маньчжурии. 1928, №11 – 12. с. 41 – 45.

⑥　Яшнов Е. Е. Уражай и избытки хлебов в Северной Маньчжурии в 1926г. // Экономический. бюллетень, 1926, №51, с. 5 – 8.

⑦　Яшнов Е. Е. Виды на уражай хлебов в Северной Маньчжурии 1926г. // Экономический. бюллетень, 1926, №30, с. 3 – 6.

⑧　Яшнов Е. Е. Сельское хозяйство Северной Маньчжурии в 1927г. // Экономический. бюллетень, 1927, №1 – 2, с. 5 – 7.

⑨　Яшнов Е. Е. Питание крестьян в Северной Маньчжурии. //Экономический Вестник Маньчжурии, 1924, №45, с. 15 – 19.

⑩　Яшнов Е. Е. Перспективы Маньчжурского сельского хозяйства. //Экономический Вестник Маньчжурии, 1924, №1, с. 7 – 9.

⑪　Яшнов Е. Е. Тянь – бао – шань – Тумыньская железная дорога. //Экономический Вестник Маньчжурии, 1923, №4, с. 13 – 15.

⑫　Яшнов Е. Е. Маньчжурские бобы – //Экономический Вестник Маньчжурии, 1924, №7, с. 13 – 18.

⑬　Яшнов Е. Е. Виды на уражай хлебов в Северной Маньчжурии в 1924г. //Экономический Вестник Маньчжурии, 1924, №30, с. 3 – 6.

⑭　Яшнов Е. Е. Доходы китайского крестьянского хозяйства. //Экономический Вестник Маньчжурии, 1924, №36, с. 3 – 8.

⑮　Яшнов Е. Е. Китайское крестьянское хозяйство. //Экономический Вестник Маньчжурии, 1924, №32, с. 3 – 5.

⑯　Яшнов Е. Е. Расходы китайского крестьянского хозяйства в Северной Маньчжурии в 1924г. // Экономический Вестник Маньчжурии, 1924, №41 – 42, с. 14 – 19.

稼收成与余粮》①《1927 年北满的庄稼收成》②《农业、垦殖、货运量与铁路》③《北满的庄稼收成与余粮》④《播种面积、庄稼收成与垦殖》⑤《出口危机与满洲的农户》⑥《1931 年北满庄稼收成展望》⑦《1929 年北满的庄稼收成：来自中东铁路经济调查局的资料》⑧《中国农村消费的基础》⑨《1929—1930、1930—1931 年北满的出口损失》⑩《1930 年北满的谷类作物收成》⑪《北满庄稼收成登记》⑫《伪满洲国的人口与农业》⑬《中国历史与国民经济：关于中国历史危机理论》⑭《中国历史与经济特点》⑮

① Яшнов Е. Е. Уражай и избытки хлебов в Северной Маньчжурии в 1924г. // Экономический Вестник Маньчжурии, 1924, №47 – 48, с. 3 – 10.

② Яшнов Е. Е. Уражай хлебов в Северной Маньчжурии в 1927г. // Экономический. бюллетень, 1927, №48, с. 5 – 6.

③ Яшнов Е. Е. Сельское хозяйство. Колонизация. Грузооборот. Дороги. // Экономический. бюллетень, 1929, №1, с. 5 – 6.

④ Яшнов Е. Е. Уражай и избытки хлебов в Северной Маньчжурии. // Экономический Вестник Маньчжурии, 1923, №49, с. 3 – 11.

⑤ Яшнов Е. Е. Посевная площадь. Сбор хлебов. Колонизация. // Экономический. бюллетень, 1930, №2, с. 7 – 8.

⑥ Яшнов Е. Е. Кризис экспорта и Маньчжурское крестьянское хозяйство. // Экономический. бюллетень, 1931, №2, с. 5 – 7.

⑦ Яшнов Е. Е. Виды на уражай хлебов в Северной Маньчжурии в 1931г. // Экономический Вестник Маньчжурии, 1931, №17 – 18, с. 1 – 2.

⑧ Яшнов Е. Е. Урожай хлебов в Северной Маньчжурии в 1929 году: по материалам Экономического Бюро КВжд. // Вестник Маньчжурии. 1930, №1. с. 52 – 55.

⑨ Яшнов Е. Е. Основы быта китайской деревни. // Вестник Маньчжурии. 1930, №8. с. 53 – 62.

⑩ Яшнов Е. Е. Экспортные потери Северной Маньчжурии в 1929/30 и 1930/31 гг. // Вестник Маньчжурии. 1930, №10. с. 1 – 5.

⑪ Яшнов Е. Е. Урожай зерновых хлебов в Северной Маньчжурии в 1930 г. // Вестник Маньчжурии. 1931, №1. с. 23 – 25.

⑫ Яшнов Е. Е. Учет сбора хлебов в Северной Маньчжурии. // Вестник Маньчжурии. 1931, №4. с. 61 – 69.

⑬ Яшнов Е. Е. Население и крестьянское хозяйство Маньчжу – го. (По поводу данных учёта 1933г.). // Экономический. бюллетень. 1934, №1. с. 1 – 14.

⑭ Яшнов Е. Е. История и народное хозяйство Китая: к теории исторических кризисов в Китае. // Вестник Маньчжурии. 1929, №9. с. 72 – 86; №10. с. 65 – 77.

⑮ Яшнов Е. Е. Особенности истории и хозяйства Китая. // Известия юридического факультета, 1933, №10, с. 67 – 186.

《1932 年北满谷类作物收成展望》①《北满主要谷类作物产量》②《1933 年北满谷类作物收成展望》③《满洲是粮食的生产者与出口者》④《1933 年北满谷类作物收成》⑤《满洲农业领域的举措》⑥《满洲农民现状》⑦《1934 年北满谷类作物收成展望》⑧《近十年来满洲的农业》⑨《关于中国农业与人口的主要文献概述》⑩《关于亚洲生产方式的讨论》⑪《北满的垦殖及其前景》⑫《北满的垦殖与中东铁路》⑬《1922 年北满庄稼的收成与余粮》⑭

① Яшнов Е. Е. Урожай зерновых хлебов в Северной Маньчжурии в 1932 г.//Вестник Маньчжурии. 1932, №11 – 12. с. 1 – 4.

② Яшнов Е. Е. Урожайность главнейших зерновых хлебов в Северной Маньчжурии.//Вестник Маньчжурии. 1933, №12. с. 20 – 26.

③ Яшнов Е. Е. Виды на урожай зерновых хлебов в Северной Маньчжурии в 1933 г.//Вестник Маньчжурии. 1933, №16. с. 14 – 20.

④ Яшнов Е. Е. Маньчжурия как производитель и экспортер хлебов.//Вестник Маньчжурии. 1933, №20. с. 1 – 12.

⑤ Яшнов Е. Е. Урожай зерновых хлебов в Северной Маньчжурии в 1933 г.//Вестник Маньчжурии. 1934, №1. с. 23 – 30.

⑥ Яшнов Е. Е. Мероприятия в области сельского хозяйства Маньчжурии.//Вестник Маньчжурии. 1934, №3. с. 1 – 22.

⑦ Яшнов Е. Е. Современное положение крестьянства в Северной Маньчжурии.//Вестник Маньчжурии. 1934, №5. с. 1 – 11.

⑧ Яшнов Е. Е. Виды на урожай зерновых хлебов в Северной Маньчжурии в 1934 г.//Вестник Маньчжурии. 1934, №9. с. 1 – 9.

⑨ Яшнов Е. Е. Сельское хозяйство Маньчжурии за 10 лет.//Вестник Маньчжурии. 1934, №11 – 12. с. 1 – 13.

⑩ Яшнов Е. Е. Обзор основной литературы по сельскому хозяйству и населению Китая.//Библиографический сборник (Обзор литературы по китаеведению) под редакцией Н. В. Устрялова Харбин, I (IV), 1932, с. 1 – 28.

⑪ Яшнов Е. Е. Дискуссия об азиатском способе производства.//Библиографический сборник(Обзор литературы по китаеведению) под редакцией Н. В. Устрялова Харбин, II (V), 1932, с. 61 – 74.

⑫ Яшнов Е. Е. Китайская колонизация Северной Маньчжурии и её перспективы.//Экономическая Жизнь Дальнего Востока, 1928, №10, с. 114 – 116.

⑬ Яшнов Е. Е. Колонизация Северной Маньчжурии и Квжд.//Экономический Вестник Маньчжурии, 1923, №21 – 22, с. 21 – 26.

⑭ Яшнов Е. Е. Уражай и избытки хлебов в Северной Маньчжурии в 1922г.//Экономический Вестник Маньчжурии, 1923, №2, с. 5 – 8; №3, с. 13 – 17; №5, с. 19 – 21; №8, с. 14 – 19.

《1923 年北满庄稼收成展望》[①]《中东铁路专用线》[②]《1932 年北满谷类作物的收成》[③]《数字上的中国农业》[④]《中国人口与农业知识资料》[⑤]《关于"关于北满农业问题"一文》[⑥]《关于 1932 年北满农业生产条件》[⑦] 等七十七篇文章，出版了《北满农业》[⑧]《北满的垦殖及其前景》[⑨]《中国农业》[⑩]《数字上的中国农业》[⑪]《中国人口与农业（文献概述）》[⑫] 和《中国国民经济与历史特点》[⑬] 六部专著，留有《中国农业经济的模糊不清问题》[⑭] 和《作为孤立国家的中国》[⑮] 两部手稿。

二 代表著作主要内容及学术评价

本书从 E. E. 雅什诺夫所关注的中国农业和历史等两个重要领域进行

[①] Яшнов Е. Е. Виды на уражай хлебов в Северной Маньчжурии в 1923г. //Экономический Вестник Маньчжурии, 1923, №29, с. 1 – 4.

[②] Яшнов Е. Е. Железнодорожные подьездные пути к квжд. //Экономический Вестник Маньчжурии, 1924, №32, с. 5 – 9; №33, с. 1 – 7; №34, с. 1 – 6.

[③] Яшнов Е. Е. Урожай зерновых хлебов в Северной Маньчжурии в 1932г. //Вестник Маньчжурии. 1932, №1. с. 41 – 44.

[④] Яшнов Е. Е. Сельское хозяйство Китая в цифрах. //Вестник Маньчжурии. 1932, №6 – 7. с. 79 – 115; №8. с. 58 – 77; №9 – 10. с. 58 – 82.

[⑤] Яшнов Е. Е. Источники познания населения и крестьянского хозяйства Китая. //Вестник Маньчжурии. 1928, №2. с. 54 – 61; №3. с. 55 – 66; №7. с. 87 – 90.

[⑥] Яшнов Е. Е. По поводу статьи " К вопросу о крестьянском хозяйстве Северной Маньчжурии". //Вестник Маньчжурии. 1927, №6. с. 26 – 28.

[⑦] Яшнов Е. Е. Об условиях Сельскохозяйственной кампании 1932г. в Северной Маньчжурии. //Экономический. бюллетень, 1932, №17, с. 1 – 2.

[⑧] Яшнов Е. Е. Китайское крестьянское хозяйство в Северной Маньчжурии. Экон. очерк. – Харбин, тип. квжд, 1926. 525с.

[⑨] Яшнов Е. Е. Китайская колонизация Северной Маньчжурии и её перспективы. – Харбин, тип. квжд, 1928. 291с.

[⑩] Яшнов Е. Е. Очерк китайского крестьянского хозяйства. – Харбин, 1935. 231с.

[⑪] Яшнов Е. Е. Сельское хозяйство Китая в цифрах. – Харбин, 1933. 120с.

[⑫] Яшнов Е. Е. Население и сельское хозяйство Китая. (Обзор источников). – Харбин, изд. ОИМК, 1928. 119с.

[⑬] Яшнов Е. Е. Особенности истории и народное хозяйства Китая. – Харбин, 1933, 120с. (Из Известия юридического факультета.)

[⑭] Яшнов Е. Е. Темные проблемы экономики сельского хозяйства в Китае(рукопись).

[⑮] Яшнов Е. Е. Китай, как изолированное государство(рукопись).

分别介绍，主要以 E. E. 雅什诺夫出版的著作为分析对象。

在中国农业研究领域，E. E. 雅什诺夫出版了五部著作和留存有一份手稿。农业一直以来就是中国（含中国东北地区）的主要经济领域。它的发展不仅关涉到农业本身，而且还涉及其他经济领域（农产品加工、铁路运输等）。因此，从中东铁路正式运营起，中东铁路商务处就着手准备对中国东北，尤其是中东铁路所影响的区域进行农业及其与之相关的垦务方面的调查和研究。1908 年、1910 年、1911 年、1914—1915 年，中东铁路商务代表 A. П. 鲍洛班、B. Ф. 拉德金、П. H. 梅尼希科夫等开展了专项或部分调查与研究，并公开出版了笔者在前文已介绍过的《北满垦务农业志》《中东铁路商务代表 A. П. 鲍洛班 1911 年关于中东铁路所影响的北满地区垦务的调查报告》、B. Ф. 拉德金的《中国人在满洲和蒙古的垦务》《北满吉林省：1914 年和 1915 年中东铁路商务处代表 П. H. 梅尼希科夫、П. H. 斯莫利尼科夫、A. И. 齐尔科夫的调查报告》与《北满黑龙江省：1914 年和 1915 年中东铁路商务处代表 П. H. 梅尼希科夫、П. H. 斯莫利尼科夫、A. И. 齐尔科夫的调查报告》等报告。这些资料都具有十分重要的价值。继这些调查之后，新成立的中东铁路经济调查局也把农业和垦务调查作为重要工作之一。如前文所述，1921 年中东铁路经济调查局完成了第一次大规模的对北满的全面调查，并于 1922 年出版了《北满与中东铁路》一书。之后，中东铁路经济调查局于 1922—1924 年、1925—1927 年又进行了两次大规模调查：一次是对北满 24 个县农业收支状况的调查，一次是对北满 29 个县垦务状况的调查。E. E. 雅什诺夫正是在这两次调查资料的基础上，于 1926 年出版了《北满农业》、1928 年出版了《北满的垦殖及其前景》。

《北满农业》一书由十二部分和附录构成，共 525 页。第一部分为引言，主要记述了中东铁路经济调查局开展的农业收支状况调查的动机、面临的困难、调查方式（抽样调查）和具体调查计划。第二部分为文献资料，主要记述了该书中所利用的已有几种史料，如 A. П. 鲍洛班的《北满垦务农业志》和《中东铁路商务代表 A. П. 鲍洛班 1911 年关于中东铁路所影响的北满地区垦务的调查报告》、П. H. 梅尼希科夫等的《北满吉林省：1914 年和 1915 年中东铁路商务处代表 П. H. 梅尼希科夫、

П. Н. 斯莫利尼科夫、А. И. 齐尔科夫的调查报告》与《北满黑龙江省：
1914 年和 1915 年中东铁路商务处代表 П. Н. 梅尼希科夫、П. Н. 斯莫利
尼科夫、А. И. 齐尔科夫的调查报告》、中东铁路经济调查局编撰的《北
满与中东铁路》，以及农商部总务处统计科编撰的官方年度《农商统计报
告》。本部分通过资料比较，作者认为虽然这些资料在真实性、准确性上
不完全可信，但具有历史比较意义，而中东铁路经济调查局的调查资料
更接近真实性。第三部分为度量单位与货币单位，主要记述了北满中国
农业生产中的重量单位、长度单位、面积单位和货币单位（大洋和吊）
情况，以及各度量单位之间、货币单位之间的换算情况。第四部分为北
满总述，主要记述了北满的土地面积、地形地貌、河流、气候、土壤、
经济区划、交通、垦务、人口、土地所有制和土地使用制等情况。第五
部分为北满农业，主要记述了农作物种类、农具、肥料、田间耕作和轮
作、农作物耕种面积和比例、五谷收获之状况、畜牧业、北满在中国的
地位等情况。第六部分为农户的构成，主要记述了北满农户的性质、被
调查农户的整体特点、农户定居简史、农户的人口构成、劳动力与雇工
等情况。第七部分为农户的财产，主要记述了农户的固定财产构成及总
体情况、农户土地财产、农户建筑物财产、农户牲畜与家禽财产、农户
农具财产、农户家居用品和服饰财产（类别、价值）具体情况、农户固
定财产折旧、北满农业投资规模、中俄农户财产比较等内容。第八部分
为农户的收入，主要记述了农户的收入构成及整体评论、农户种子收入、
农户五谷收入、农户蔬菜收入、农户牲畜收入、农户割草收入、农户木
材收入、农户出租土地收入、农户其他实物收入（类别、数额）具体情
况、农户的市场占有率、农户的副业收入、中俄农户的现金储备比较、
北满农户收入总额、中俄农户收入比较等内容。第九部分为农户支出，
主要记述了农民支出构成及整体评论、农户实物和现金支出比较、农户
用于修建新的建筑物而购买农具的支出、农户用于牲畜的支出、农户雇
工支出、农户各种税费支出、农户汇率损耗、农户预防土匪支出、农户
贷款支出、农户其他支出（外出、供暖、照明、服饰、孩子教育、节日、
医药、婚丧、供奉神灵）等内容。第十部分为农民的食物，主要记述了
农民食物需求的构成及整体情况、食物支出额、农民餐桌上食物的种类、

农民的饮品与麻醉品、中俄农民食物比较等内容。第十一部分为农户一年劳作的结果，主要记述了北满农业收支平衡、北满农户五谷收支平衡、北满农业货币收支平衡和劳动力开支等内容。附录部分由农民生活用品年平均本地价格表和北满部分县耕种面积汇总表构成。第十二部分为结论，主要记述了关于北满农业现状与未来的整体结论、农业集约化的基本条件、农业强度测量和劳动集约型农业体制研究的重要性等问题。

《北满的垦殖及其前景》一书由上、下两编和结论构成，共 291 页。

上编为北满垦务的性质和历史，分三部分。第一部分为文献资料，除记述《北满农业》一书所用资料外，还介绍了所使用的一个重要史料，即 1919 年黑龙江省工业官方公报；此外，重点介绍了 1925—1927 年中东铁路经济调查局所进行的垦务调查计划及具体内容资料。第二部分为中国垦务的特点，主要通过北满与俄国远东的比较记述了北满农业人口状况、北满农业特点（劳动集约型）、北满农民财产、北满农民收支状况、北满中国垦务整体结论（北满的中国农民不具有移民性质，不是移民的产物，而是 5 亿人分化的产物，中国农民开发新土地几乎完全依靠私人积累，移民主体几乎为无产者）。第三部分为北满垦务史，主要记述了北满垦务的三个历史时期概况（中东铁路修筑前时期、中东铁路修筑后至20 世纪 10 年代末时期、20 世纪 20 年代以来时期）、北满垦务的主要形式（政府主导和农民自发）。

下编为北满的垦务区域及其垦务前景，分十部分。该编所记述的垦务区域为中东铁路经济调查局对北满进行调查时所划分的经济区划。该编记述了齐齐哈尔地区、安达地区、哈尔滨地区、松花江下游地区、伯都纳地区、中东铁路南线区域、中东铁路东线区域、乌苏里江沿岸区域、黑龙江沿岸区域和呼伦贝尔地区等 10 个区域所属省份的自然地理、土地面积、垦务过程、所辖县数量，以及所辖县的形成过程、自然地理（地理位置、土壤、气候）、土地面积（农业用地、荒地、林地）、人口、耕种面积、交通、土地价格等。该编所记述的齐齐哈尔地区所辖县包括龙江县、景星县、讷河县、农江县、布西线、甘井子县和牙鲁县；安达地区——安达县、林甸县、克山县、青冈县、拜泉县、明水县、依安县、龙镇县、海伦县、通北县、望奎县、兰西县和肇东县；哈尔滨地区——

滨江县、绥化县、绥棱县、呼兰县、巴彦县、庆城县和铁骊县；松花江下游地区——木兰县、通河县、汤原县、宾县、方正县、依兰县、伯力县、桦川县和富锦县；伯都纳地区——泰来县、大赉县、肇州县和扶余县；中东铁路南线区域——双城县、五常县、榆树县、德惠县和农安县；中东铁路东线区域——阿城县、通宾县、朱河县、苇河县、宁安县、穆棱县和密山县；乌苏里江沿岸地区——同江县、绥远县、饶河县、虎林县和宝清县；黑龙江沿岸地区——漠河县、呼玛县、瑷珲县、萝北县、绥东县和乌云县；呼伦贝尔地区——室韦县、呼伦县、胪膑县和奇干县。

结论部分记述了所用资料的性质问题、综合分析了垦务区域自然条件、未来新开垦可供耕种的耕地面积、未来可供移入人口规模以及开垦速度问题，并得出结论：在近十年内，北满的人口和耕种面积年平均增长率为3%—4%，如果以3%的速度增长，那么用不上25年人口将增长一倍，用不上40年耕种面积将增加三倍；如果以4%的速度增长，相应为20年和30年。

关于《北满农业》和《北满的垦殖及其前景》两部书的学术评价问题，首先需要重点谈及的就是两部书的史料价值。上文已述，两部书中最重要的支撑材料就是由中东铁路经济调查局于1922—1924年所进行的农户收支状况调查资料和1925—1927年所进行的垦务调查资料。这些调查资料是当时中东铁路经济调查局经过周密筹划实地调查而成，是关于北满农业和垦务方面的绝对重要资料。它不仅构成了《北满农业》和《北满的垦殖及其前景》两部书的主体材料，也使《北满农业》和《北满的垦殖及其前景》两部书成为后继学者研究20世纪20年代北满农业及垦务最为重要的史料书。尽管著者在书中明确指出上述调查材料中的数据带有主观性，但像这样的大型数据资料在当时是绝对少有的，因此其作为史料的参考价值也就非常重要了。

关于《北满农业》和《北满的垦殖及其前景》两部书的学术价值问题，俄罗斯学者对《北满农业》一书有过非常中肯的评论，笔者赞同这些意见。哈尔滨俄侨学者 Г. В. 迪基在《北满农业》一书序言中指出，该书在研究方法上（抽样调查）迈出了革命性的步子："《北满农业》一书绝对重要和完全无可争议的意义在于，在科学研究方法的基础上以事实与数字首次研究了满洲的农业。"[①] 当代俄罗斯学者评价《北满农业》一书是"客观研究反映与满洲和中国经济社会生活变革紧密相连的农民的最优秀的著作"[②]。在这部著作中作者首次评价了中国农业体制及其与俄国远东农业体制的差别，并突出中国农业集约性特点和满洲农业的半集约性（或劳动集约性）特点。正是因为这部史无前例的著作的问世，Е. Е. 雅什诺夫于 1928 年获得了俄国地理学会颁发的奖章。关于《北满的垦殖及其前景》一书的学术价值，目前还尚未见俄国学者的评论。笔者认为，《北满的垦殖及其前景》一书的学术价值不亚于《北满农业》一书。它是继 А. П. 鲍洛班、В. Ф. 拉德金、Д. А. 达维多夫[③]之后俄国学者出版的最新研究成果，不仅在研究方法上有重要区别，而且在研究时段上（以近年为主）也完全不同，是俄国学者出版的反映 20 世纪 20 年代北满垦务的最重要、最经典的一部著作。

以上两部著作是 Е. Е. 雅什诺夫对中国东北地区农业问题研究的集大成之作，代表了当时俄国学者在中国东北农业领域研究的最高水平。《中国人口与农业（文献概述）》《数字上的中国农业》《中国农业》《中国农业经济的模糊不清问题》等研究成果是 Е. Е. 雅什诺夫在中国农业整体研究上的综合研究成果。

《中国人口与农业（文献概述）》一书于 1928 年出版，是 Е. Е. 雅什诺夫继中国区域农业研究之后转向整体中国农业研究的第一个重要成果。该书的出版者按语中明确指出了其出版目的，"20 世纪 20 年代，中国经济、政治状况与发展前景引起了学界与社会各界的极大关注。由此，由于中国经济和社会条件的特殊性，产生了许多需要认真思考的有争议的问题。中国人口与农业问题自然占据首要位置。但是，关于中国人口与

---

① Яшнов Е. Е. Китайское крестьянское хозяйство в Северной Маньчжурии. Экон. очерк. – Харбин, тип. квжд, 1926. с. V.

② Гараева Л. М. Научная и педагогическая деятельность русских в Маньчжурии в конце XIX – первой половине XX века: Дис. . . кандидата исторических наук: Владивосток, 2009. с. 102.

③ 1911 年毕业于俄国东方学院，1910 年末至 1911 年初被东方学院派往中国满蒙地区实习，回国后由东方学院出版了其撰写的《满洲及东北蒙古洮南府移民政策》一书（Д. А. Давидов Колонизация Маньчжурии и С. – В. Монголии：（Области Тао – нань – фу）. – Владивосток：Изд. и печать Восточного ин – та, 1911. 185с. ）

农业问题的文献资料存在诸多不合逻辑以及矛盾和错误的地方，从而导致这些文献资料在使用过程中会产生多样化的或极其主观性的结论"。因此，"E. E. 雅什诺夫的著作向读者揭示了现有文献的特点，并允许他本人对这些文献进行应有的评价。"①

该书篇幅不长，仅119页，由三部分组成，即人口、农业与中国农业演进。第一部分研究了中国的人口数量、自然增长、人口密度、性别、年龄与职业构成等问题的数字资料，第二部分分析了耕地面积与农业人口数量的数字资料，第三部分阐述了作者个人对中国农业演进的看法。前两部分是作者对现有数字材料的客观评述。其中，第一部分的内容在1928年第2、3期的《东省杂志》上发表，也是1927年12月16日作者在东省文物研究会工商股会议上所提交的报告材料，在本书中作者进行了修改和很大的补充。作者在书中对关于中国农业问题研究的主要文献，如李平华在纽约出版的《中国经济史》（1921）、巴什佛尔德的著作《中国阐释》（1919）、屈纳的著作《1918—1919年在东方学院讲授的中国物质与精神文化基础发展史教程》（1921）、中国海关与邮政局的统计报表、中东铁路经济调查局出版的《北满与中东铁路》（1922）、南京大学的中国分区域农业预算调查资料、E. E. 雅什诺夫出版的《北满农业》、国际饥荒救济委员会1922年关于中国10个县的调查资料、行政委员会统计局调查资料（1924）、中华民国总务厅统计科农商统计表等进行了介绍，并分析了上述文献中关于中国人口与农业数字的可信度与接近现实度。

在关于中国农业演进问题上，作者阐述了中国农业演进的主要方向，"在正常条件下，目前在中原地区通过租赁土地向其投入资本经营未必有利可图。由于土地价格极高，租金只能获得极低的利息，而把其投入工商企业中可保证更大的利润。显而易见，那些购买了土地又不打算亲自经营的人，也仅仅是把土地视为最可靠的财富而已。"②"在中国农业演进中，应区分开两个平行的影响。一个影响是经常性的，决定了人口增长，

① Яшнов Е. Е. Население и сельское хозяйство Китая.（Обзор источников）. – Харбин，изд. ОИМК，1928. с. 5.

② Яшнов Е. Е. Население и сельское хозяйство Китая.（Обзор источников）. – Харбин，изд. ОИМК，1928. с. 101.

并在土地生产效率增长比较低的情况下，导致了土地财产分散、农民分化缓慢和整个农业生产效率低。另一个影响（以大规模灾难为表现形式）对每一个地区都是临时性现象，但在整个中国却是经常性。它的影响表现在人口的骤减、农户数量的缩减、土地价格下降、农民分化加速。完全明显，第二个影响是由第一个影响直接引起的。当人口增长远远超过了产量的增长，那么一次小规模的歉收就引起大规模的饥荒。在不发生特别动荡的正常条件下，国家能够应付它，但受农业人口过密的制约国家几乎不可避免地快速进入社会大动乱"。"从这个角度看，整个中国的历史就是由不断的农业危机引起的饥荒、起义以及王朝更替。"①

整体上讲，E. E. 雅什诺夫不仅是俄国学术界，而且也是西方学术界第一次对关于中国农业与人口领域的文献进行整理、综合分析和评述的学者。在本书中 E. E. 雅什诺夫也指出了自身的局限性，如作者在序言中所言，"由于自己在中国东北的七年工作实践，非常熟悉中国东北的农业生活条件及其在数字中的反映。在这点上，对他来说，中原地区只是在文献中所熟知。在本书中，完全可能没有论及中国农业的一些事实与发展趋势。可以说，通晓整个中国的研究者是完全不存在的。应该承认，依靠一己之力是完全不能把中国农业问题阐述清楚的，它是长期集体努力的结果。"②

《数字上的中国农业》一书出版于 1933 年，篇幅也不长，仅 120 页。作者在引言中阐明了撰写该书的目的，"在中国学的任何一个领域都不像中国农业数量指标领域产生那么多混乱的观点。在很大程度上，这是因为致力于该领域的研究者没有条件收集所有现存的主要资料并进行比较分析。结果，他们被迫局限于利用偶然到手的数字，并没有给予它们应有的考虑与分析。所有这些困境在本书中大大被排除了。书中应该区别评价（数字中表达出来的），一方面是研究者本人的观点；一方面是被研

①　Яшнов Е. Е. Население и сельское хозяйство Китая.（Обзор источников）. – Харбин, изд. ОИМК, 1928. c. 103.

②　Яшнов Е. Е. Население и сельское хозяйство Китая.（Обзор источников）. – Харбин, изд. ОИМК, 1928. c. 11.

究者所使用的大量不同史料记载。"①

该书部分内容在 1932 年 6—10 期的《东省杂志》上发表。该书分 18 个部分,包括人口(数量、密度、增长量、构成)、度量衡、耕地面积、播种面积、灌溉与非灌溉土地、各类播种作物、作物的正常产量与收成、中国的粮食消耗、粮食的进出口、农民家庭的规模、农户的整体数量、农民的分化、分化的趋势、土地价格、土地租赁、永佃制、牲畜数量、中国的垦殖面积与垦殖前景等,比较性地分析了近年来关于中国农业的大量数字资料。书中没有对关于中国农业的文献史料进行评述,原因在于前文提到的著作《中国人口与农业(文献概述)》已做了专题研究,此外,作者在 1932 年由中东铁路中央图书馆发行的《中东铁路中央图书馆图书绍介汇报》上发表了专题论文《中国农业与人口主要文献述评》。

在结论部分,作者尝试评价所列举数字的动态意义,并提出自己关于中国社会经济演进的理论——中国是亚洲劳动集约化经济的典型国家。作者指出,中国的历史进程的"停滞性"并不是绝对的,中国历史不是直线发展的,而是呈波浪状前进的,经历了四个大的上升周期:周朝、汉朝、唐朝和明清时期(19 世纪中叶前),"直到现在,中国仍是一个工业上没有明显发展的农业国家,不得不承认人口密度大到令人恐惧。……在完全低于平均收成的条件下,引起了足够大规模的灾难。在中国的广阔地域内每年无论在何处都会出现歉收,随之就引起了大规模的饥荒"。作者还特别分析了当下中国危机与过去比较的主要特点:第一,当下危机恰逢中原各省人口接近 4.3 亿规模,毫无疑问,比唐时期危机之初多得多。此外,由于离开中原地区和出走海外,中国人口损耗在数量上超过了 7000 万。因此,现在危机的紧张局势或许更大。我们把它称为超危机。第二,中国在过去的历史周期内经历的是经济与文化的隔绝,现在它处于欧洲技术与文化和复杂的资本主义与社会主义总体作用的极大影响下。②

在附录中,该书补充了中国农业自然条件的概述,第一次用俄文提

---

① Яшнов Е. Е. Сельское хозяйство Китая в цифрах. – Харбин,1933. с.4.

② Яшнов Е. Е. Сельское хозяйство Китая в цифрах. – Харбин,1933. с.82.

供了评价中国气候的大量数字资料。

如果说《中国人口与农业（文献概述）》一书是 E. E. 雅什诺夫在中国整体农业研究上的第一次尝试专注文献整理与分析，那么《数字上的中国农业》一书是 E. E. 雅什诺夫在这一领域的深入研究，转入理论分析。

《中国农业》一书出版于 1935 年，是 E. E. 雅什诺夫出版的最后一部在中国整体农业研究领域的大部头著作。篇幅较长，共 231 页。该书分过去与现在的中国人口数量、人口密度，中国人口数量变化（出生率、死亡率、结婚率），中国人口的民族、性别、年龄和职业构成，中国农业的经济条件，土地问题，土地税，中国农村生活的某些特点，社会危机的因素等八章。

在该书中，作者用了近百页篇幅探讨中国人口问题，占据了本书的1/3 强。作者认为，之所以在该书中高度关注这个问题，是因为中国人口问题与农业问题有着紧密的联系。[①] 作者不仅利用上述几部书中所研究的资料，而且还利用了最新统计资料（1934 年），其中一部分资料首次以俄文形式面世、更有甚者首次以西文形式面世。

作者在书中对前三章内容首次给予了关联性研究，指出作者所处时代中国人口数量为 4. 5 亿—5 亿之间，中国人口（至少是农村人口）的高出生率与高死亡率并存，但在正常情况下出生率明显高于死亡率，人口的自然增长率每年超过 1%，中国农村人口数量不超过 70%；在近 20—25 年内，土地税、地租和农村放高利贷暴涨，中国城市人口的相对数量呈增长趋势，但增速完全很慢。中国农村的整体经济发展水平很低，中国农业的土地所有制与土地使用制严重恶化了中国农民的状况。在这样的条件下，即使正常的收成也将使部分人口不能吃饱甚至饥荒。自然法则现象是中国饥荒产生的直接原因。饥荒的频率与规模首先取决于人口过于稠密，其次为农业生产要素的分配不均衡。从这个层面讲，饥荒是农业危机的主要表现形式，恰恰是因为消费产品的不足，在基础上形成了本书最后两章所阐述的次危机征兆。

---

① Яшнов Е. Е. Очерк китайского крестьянского хозяйства. – Харбин, 1935. с. XIII.

作者在书中对中国农业与中国农村生活的整体发展特点给予了总结。作者指出，"中国农业的主要特点是劳动集约化，即人力超负荷与单位生产的高消费"。"该状况的形成有两个原因：第一，农业技术的稳定性和单位面积实际平均产量的稳定性；第二，耕地面积的相对稳定性。""中国农业的第二个显著特点是它的自给自足"①"大部分中国农民都处于半赤贫状态""中国农村人口的极端稠密很大程度上导致了中国农民的贫穷"②

关于中国农业问题的研究，E. E. 雅什诺夫在上海仍继续关注，留有《中国农业经济的模糊不清问题》一份手稿。作者专门探讨了中国农业危机问题。关于此问题，E. E. 雅什诺夫在《中国人口与农业（文献概述）》中就已提出，"大农业危机理论——在欧洲经济学家很少了解劳动集约化农业的条件下，截至目前还没有被研究的模糊不清的问题"。③ 在《中国农业经济的模糊不清问题》中 E. E. 雅什诺夫对此进一步探讨，"毫无疑问，——E. E. 雅什诺夫写道，目前中国经历了完全沉重的农业危机。资产阶级方向的学者把它解释为国家的遏止，极左派学者把其原因视为现存制度的不足和帝国主义者的掠夺政策。近十年内，第二种观点在中国经济学界获得了广泛呼应。遗憾的是，尽管关于该问题的文献非常丰富，但部分由于缺少可靠数字资料和部分由于许多研究者的偏见，使处于没有被阐述的许多文献经常造成应该奠定关于该题目任何评论的某些无疑义条件被忽视。由此，研究者就陷入了明显的，但又没有被他们发现的矛盾，并作出了不符合客观实际情况的结论。我的工作的目的——指出在我们对中国农业危机认识中的某些问题。"④

以上这些著作构成了 E. E. 雅什诺夫的"中国农业研究系列"。这在 E. E. 雅什诺夫之前的俄国中国学史甚至世界中国学史上都是绝乎仅有的事情，从而奠定了 E. E. 雅什诺夫在国际中国农业研究史上的

---

① Яшнов Е. Е. Очерк китайского крестьянского хозяйства. – Харбин, 1935. с. Ⅶ – Ⅷ.

② Яшнов Е. Е. Очерк китайского крестьянского хозяйства. – Харбин, 1935. с. 229 – 230.

③ Яшнов Е. Е. Население и сельское хозяйство Китая. (Обзор источников). – Харбин, изд. ОИМК, 1928. с. 111.

④ Собр. А. А. Хисамутдинов. Коллекция писем Е. Е. Яшнова.

独有地位。

《中国国民经济与历史特点》与《作为孤立国家的中国》是 E. E. 雅什诺夫对中国历史进行探讨的重要成果。

《中国国民经济与历史特点》一书出版于 1933 年，是 E. E. 雅什诺夫专门研究中国历史的理论著作。该书篇幅不长，共 120 页，是 E. E. 雅什诺夫从经济视角专门研究中国历史演进特点的代表著作，是对前述其著作中提出观点的进一步理论阐释。该书分中国历史概况（中华民族源流、中国历史传说时代、古典封建主义时代的中国、土地使用重新划分与古典封建主义危机、各民族的散居、以后历史的整体特点、汉朝、唐朝、宋元时期、明清时期）、中国历史的周期性（引言、中国历史中的周期性、关于中国历史周期性的解释、其他国家历史中的周期性、周期的概念、结论）、中国是劳动集约化经济国家（定居经济的主要类型、中国的劳动集约化经济）、中国历史阐释的尝试（分化与其他因素、关于"亚洲生产方式"问题的争论）、中国经历的危机（现代危机的特点、中国的前景）五章。该书部分内容以"中国历史与国民经济"为题在 1929 年第 9、10 期的《东省杂志》上发表。

作者在引言中明确指出了撰写该书的目的，"以亚洲国家中最为典型的中国为例，阐明亚洲经济类型的显著特征，我们认为，中国经济的劳动集约化完整地阐释了亚洲历史发展与经济现状的所有特点。这意味着，三个基本生产要素：土地、劳动和资本在中国与欧洲交往以前过度消耗的只是劳动以及与之关联的人口大量消费。劳动集约化成了生产的负担，造成了经常性的大规模贫困和缺少任何足够、定期的积累。与此同时，廉价的过度消耗劳动关闭了科学与技术进步之路。缺乏产品的消耗阻碍了足够活跃的对外贸易的产生。人口的自然增长引起了相对人口过于稠密现象的重复出现，继而产生了社会历史进程的周期性、繁荣时代与衰落、混乱和解体时代的扩张不断更替。总之，我们迈出了建构劳动集约化经济理论的第一步，抑或运用马克思的术语——'亚细亚生产方式'。"[①]

---

① Яшнов Е. Е. Особенности истории и народное хозяйства Китая. – Харбин, 1933. с. 1 – 2.

在上述思想指引下，E. E. 雅什诺夫指出，"对于中国（也包括所有亚洲国家），我们认为，人口规则现象可以被视为现在我们可见的这个链条上各环中最久远的"。"依我看，人口因素为认识中国经济的特点与中国历史进程提供了完全充足的目标。"①

《作为孤立国家的中国》的手稿是 E. E. 雅什诺夫来到上海后在上海俄侨历史学会会议上宣读的报告，探讨了中国历史上起义与革命周期性交替的理论。E. E. 雅什诺夫在报告的结论中指出，"如果无力预见自己的命运，那么是否意味着，身处异乡的我们也无力预见中国的命运。情况还会进一步恶化吗？在过去的中国，人口相对过密现象的合乎逻辑的连续以独特的历史周期形式引起了它的重复出现。但目前中国的情况在该方面明显发生了变化。在经济关系上，中国开始失去了自己的封闭性，并变成了粮食进口国。在政治舞台上，作为亚洲游牧或半游牧民族的北'夷'消失了。它的地位被欧洲的工业国和日本所取代。"②

综上所述，E. E. 雅什诺夫在其主要著作中，构建了自己对中国农业、历史的理论，并阐明了自己的观点。笔者姑且不对 E. E. 雅什诺夫提出的理论与观点的正确与否进行妄加评论。笔者想说的是，E. E. 雅什诺夫的研究范式是对中国农业与历史研究的一种尝试。

第三节　H. B. 乌斯特里亚洛夫

一　生平简介与学术成就

无论是政界，还是在学界，H. B. 乌斯特里亚洛夫比其他在华俄侨学者都更有影响力，是俄国路标转换派领袖者之一和民族—布尔什维主义思想家。在诸多在华俄侨学者当中，H. B. 乌斯特里亚洛夫是俄罗斯学者关注度最高、研究力度最强的俄侨学者，表现在以下几个方面：（1）发表文章数量最多，达百余篇之多；（2）出版了专门研究 H. B. 乌斯特里

---

①　Яшнов Е. Е. Особенности истории и народное хозяйство Китая. – Харбин, 1933. с. 4.

②　Собр. А. А. Хисамутдинов. Рукопись Е. Е. Яшнова.

亚洛夫的三部著作，均出自一人之手；①（3）召开了七次专门探讨 Н. В. 乌斯特里亚洛夫政治与学术活动的学术会议，并发行了会议文集《Н. В. 斯特里亚洛夫：卡卢加文集》；②（4）出版了《Н. В. 乌斯特里亚洛夫文选》③。笔者对这些浩繁的资料进行综合整理，梳理出 Н. В. 乌斯特里亚洛夫活动的重要历史阶段和主要事件。

　　Н. В. 乌斯特里亚洛夫，1890 年 11 月 25 日出生于圣彼得堡的一个医生家庭。1900 年，Н. В. 乌斯特里亚洛夫全家搬至卡卢加后，进入卡卢加皇家中学学习。1908 年，Н. В. 乌斯特里亚洛夫以银质奖章从卡卢加皇家中学毕业。同年 9 月进入莫斯科大学法律系学习。大学期间，Н. В. 乌斯特里亚洛夫积极参加大学生立宪民主党的活动，加入了莫斯科宗教哲学学会、莫斯科大学哲学小组、莫斯科科学哲学研究会等学术组织，深受俄国思想家 П. Б. 斯特鲁伟与 В. Л. 索洛维也夫、宗教哲学家 Е. Н. 特鲁别茨基、法学家 С. А. 科特里亚列夫斯基等人思想的影响。1913 年 6 月 1 日，Н. В. 乌斯特里亚洛夫从莫斯科大学毕业，获得一等文凭。1913 年 11 月 30 日，Н. В. 乌斯特里亚洛夫留莫斯科大学法哲学史与百科全书教研室准备教授职称。

　　1914 年春，Н. В. 乌斯特里亚洛夫被莫斯科大学派往德国进修。第一次世界大战前夕，Н. В. 乌斯特里亚洛夫返回莫斯科。1915 年 12 月，Н. В. 乌斯特里亚洛夫通过莫斯科大学国家法与法哲学硕士考试。1916 年春，Н. В. 乌斯特里亚洛夫又通过了国际法考试。其间，Н. В. 乌斯特里

①　Романовский В. К. Жизненный путь и творчество Николая Васильевича Устрялова（1890 – 1937）. – 2 – е изд. – Москва: Русское слово, 2009. – 606с; Николай Устрялов: от либерализма к консерватизму. – Нижний Новгород: Нижегородский ин – т развития образования,2010. –462с;Н. В. Устрялов в общественно – политической, научной и культурной жизни русского зарубежья（1920 – 1935 гг.）. – Нижний Новгород: Нижегородский ин – т развития образования,2017. с. 367.

②　Николай Васильевич Устрялов: Калужский сборник/Калужский гос. ун – т им. К. Э. Циолковского;［редкол.: Филимонов В. Я.（отв. ред.）и др.］. – Вып. 1 – 7. – Калуга,2004—2015.

③　Устрялов Н. В. Избранные труды/Сост., авторы коммент. В. Э. Багдасарян, М. В. Дворковая, автор вступ. ст. В. Э. Багдасарян. – М.: Российская политическая энциклопедия（РОССПЭН）,2010. с. 888.

亚洛夫在讲授了《普鲁东的政治学说》和《斯拉夫派的专制思想》两门必修课程后，被莫斯科大学聘为编外副教授。1917—1918 年，H. B. 乌斯特里亚洛夫在莫斯科大学讲授俄国政治思想史课程，同时受聘莫斯科商业学院法通论教研室助教和人民大学讲师。从 1916 年起，H. B. 乌斯特里亚洛夫更加积极参加莫斯科宗教哲学学会、莫斯科政治思想学会的活动，在公开出版物上探讨复杂的、严肃的社会问题，在《俄国之晨报》《俄国思想》《伟大俄国问题》杂志上发表了《第一批斯拉夫派的民族问题》《关于俄国帝国主义问题》《民族主义的本质问题》等十几篇重要政论性文章（含评论性）。在这些文章中，H. B. 乌斯特里亚洛夫广泛地宣传了爱国主义、国家主义、帝国主义和自由主义思想。他认为，爱国主义是对祖国及其人民、文化和国家的非理性赞美之情，国家是地球上万物存在的基础，对俄国来说帝国主义政策是符合历史发展规律和理所当然的，俄国应从君主专制国家改造为法制国家。因此，在俄国革命前夜，H. B. 乌斯特里亚洛夫基本上可以确定为坚持自由—保守主义观点的政治活动家。

1917 年 2 月至 10 月的政治事件成为 H. B. 乌斯特里亚洛夫的重要生活与政治实践课。最初，H. B. 乌斯特里亚洛夫热情地迎接二月革命，在新的条件下积极宣传立宪民主党的战略与策略，支持重建卡卢加立宪民主党组织，参加立宪民主党代表大会和社会活动家会议。但由于国家制度破坏和群众的极端化使国家陷入混乱时代引起了 H. B. 乌斯特里亚洛夫对二月革命及其宣传口号的失望。H. B. 乌斯特里亚洛夫在根本上重新审视自己对二月革命的态度，开始质疑民主制度能给国家改变什么，并坚持只有专制政权才能保存俄国国家体制。布尔什维克制度确立后，H. B. 乌斯特里亚洛夫是一位十足的十月革命批评者，关注布尔什维克在经济与行政领域的危害政策，指责布尔什维克在保卫国家上的无能和对俄国国家体制的破坏。与此同时，H. B. 乌斯特里亚洛夫也表现出了矛盾的心理，也承认俄国革命的真实存在及其源头上的俄国性，视俄国革命不仅具有破坏性，而且也是建设性的开始。整体上，在 H. B. 乌斯特里亚洛夫的思想意识中出现了接近于"民族布尔什维主义"的思想倾向。关于 H. B. 乌斯特里亚洛夫的思想动向和具体观点，在当时发行的《俄国之晨报》《卡卢加生活报》《前夕》周刊等报刊上大量刊登，也出版了《革命与战争》《什么是代表会议》《部长的责任》等几部政论性的小册子。

1918 年 7 月初，因《俄国之晨报》和《前夕》周刊的停刊，H. B. 乌斯特里亚洛夫的积极评论活动也随之中断。H. B. 乌斯特里亚洛夫被派往塔姆波夫为当地教师讲授法学课。从塔姆波夫返回后，H. B. 乌斯特里亚洛夫时而在莫斯科生活，时而来到卡卢加居住。1918 年 9 月 11 日，由于政治暗杀的威胁，H. B. 乌斯特里亚洛夫离开莫斯科来到彼尔姆，担任彼尔姆大学法律系编外副教授、国家法教研室主任，讲授国家法、法哲学与俄国政治思想史三门理论和实践课。1919 年 1 月 22 日，H. B. 乌斯特里亚洛夫被彼尔姆大学教授委员会推举为国家法教研室客座教授。1919 年 2 月 3 日，彼尔姆被高尔察克军队占领后，H. B. 乌斯特里亚洛夫应高尔察克政府邀请来到鄂木斯克，担任最高执政事务管理局和部长委员会法律顾问，积极参加了国内战争，成为俄国东部地区反布尔什维克运动的著名政治人物。H. B. 乌斯特里亚洛夫参与创办了出版局并担任局长和《俄国事业报》主编，宣传反布尔什维克运动的专制思想。1919 年 10 月末，鄂木斯克被占领后 H. B. 乌斯特里亚洛夫与高尔察克政府从鄂木斯克溃逃至伊尔库茨克。在新的工作地点，H. B. 乌斯特里亚洛夫恢复了出版局的活动和重新发行了《俄国事业报》。在伊尔库茨克，H. B. 乌斯特里亚洛夫对鄂木斯克政府的政治家们产生了不信任，把他们视作俄国的非挽救者和旧制度政权的维护者。H. B. 乌斯特里亚洛夫失去了对白俄胜利的信心，意识到停止国内战争的必要性，开始思考与新政权协调的问题。

在高尔察克政权崩溃后，H. B. 乌斯特里亚洛夫携妻子离开了祖国，于 1920 年 1 月末来到了哈尔滨。H. B. 乌斯特里亚洛夫倡议在哈尔滨创办高等学校，被推选为哈尔滨第一所高等学校——高等法律班首任校长（后来的法政大学），并教授法通论、国家法和法哲学史等课程，从 1922 年开始领导法政大学大学生哲学小组的活动，1929 年担任法政大学学报《法政学刊》第七期的编辑工作。

1925 年，H. B. 乌斯特里亚洛夫加入了苏联籍，获得了苏联护照。中东铁路管理局邀请 H. B. 乌斯特里亚洛夫担任中东铁路学务处处长一职。从 1928 年起，H. B. 乌斯特里亚洛夫也担任中东铁路中央图书馆馆长一职。1925 年夏，中东铁路管理局决定将 H. B. 乌斯特里亚洛夫派回苏联进行为期一个半月的了解苏联教育体制工作。Н. В. 乌斯特里亚洛夫参与了多项文化活动：1920 年，与诗人阿雷莫夫共同发行了文学杂志《窗》；1922—1923 年与 Г. 吉气共同出版了关于社会、经济与文化问题的《俄国生活》丛刊；1922 年末加入了哈尔滨商务俱乐部文学艺术小组；Н. В. 乌斯特里亚洛夫还担任《每日新闻》报主编，积极参加哈尔滨作家与新闻工作者协会的工作。此外，正如本课题第四章中所介绍，Н. В. 乌斯特里亚洛夫在担任中东铁路中央图书馆馆长时于 1932 年主编辑出版了两卷本的关于中国学文献概述的《中东铁路中央图书馆图书绍介汇报》。1934 年6 月 1 日，为了对抗法政大学的"政治化"，Н. В. 乌斯特里亚洛夫与其他教师一起离开了法政大学。1935 年 5 月 19 日，Н. В. 乌斯特里亚洛夫一家与中东铁路管理局苏籍职员一起离开了哈尔滨。6 月 2 日，Н. В. 乌斯特里亚洛夫一家抵达莫斯科。直到 11 月初，Н. В. 乌斯特里亚洛夫才被安排到莫斯科交通工程师学院经济地理教研室工作。回到苏联后，Н. В. 乌斯特里亚洛夫在《消息报》《真理报》上发表了《社会主义的自我认识》《民主革命者》《时代的盖尼》《世界反响的证明文件》等文章。1937 年 6 月 6 日，Н. В. 乌斯特里亚洛夫被指控参与反革命活动、反苏宣传和特务活动在莫斯科被逮捕，9 月 14 日在莫斯科被判处死刑并于当天执行死刑。1989 年 9 月 20 日，Н. В. 乌斯特里亚洛夫被平反。

在学术研究上，Н. В. 乌斯特里亚洛夫是一位在俄国政治思想史上享有声望的学者，是俄国路标转换派的领袖者之一，是俄国民族—布尔什维主义思想家。其重要学术成果都是在哈尔滨发表的，在《东省杂志》《法政学刊》《中华法学季刊》上发表了《俄国在远东》[①]《北京形象》[②]《斯拉夫派的政治学说（斯拉夫派提出的专制思想）》[③]《伦理学之基础》[④]

---

① Устрялов Н. В. Россия на Дальнем Востоке//Вестник Маньчжурии. 1925, №1 – 2. с. 12 – 17.

② Устрялов Н. В. Образы Пекина.//Вестник Маньчжурии. 1925, №1 – 2. с. 85 – 88.

③ Устрялов Н. В. Политическая доктрина славянофильства (Идея самодержавия в славянофильской постановке).//Известия юридического факультета, 1925, №1, с. 47 – 74.

④ Устрялов Н. В. О фундаменте этики. Этико – философский этюд.//Известия юридического факультета, 1926, №3, с. 267 – 292.

《硕频高尔之道德学说》①《意大利之法西斯主义》②（同年在哈尔滨出版单行本著作）《哲学家柏拉图政治意见说》③（同年在哈尔滨出版单行本著作）《进化问题》④《德意志国粹社会主义》⑤（同年在哈尔滨出版单行本著作）《国法之意义》⑥《国家之要素土地人民》⑦十一篇文章，出版了《为俄国而斗争：文集》⑧《在革命的旗帜下：文集》⑨《泛欧洲问题》⑩《在新阶段》⑪《我们的时代：文集》⑫等八部政治思想史领域的著作。

二　代表著作主要内容及学术评价

1920 年秋，H. B. 乌斯特里亚洛夫在哈尔滨出版了自己的文集《为俄国而斗争》。它是 H. B. 乌斯特里亚洛夫来哈定居后出版的第一部著作。作者指出了出版该书的主要目的，在新条件下"向俄国爱国主义者提出他们进一步政治自觉的问题"，找到"服务祖国的新方式与新形式"，"初步拟定俄国民族爱国主义人士的新道路和新策略思想"。"该文集能够清楚和充分地表达出我坚信的对在具体政治领域体现出的俄国爱国意识所

---

① Устрялов Н. В. Этика Шопенгауэра.//Известия юридического факультета, 1927, №4, с. 235 – 284.

② Устрялов Н. В. Итальянский фашизм.//Известия юридического факультета, 1928, №5, с. 29 – 200. – то же, Харбин: Тип. – лит. Л. Абрамовича, 1928. 172с.

③ Устрялов Н. В. О политическом идеале Платона.//Известия юридического факультета, 1929, №7, с. 145 – 190. – то же, Харбин: Отделение типографии КВЖД, 1929. 46с.

④ Устрялов Н. В. Проблема прогресса.//Известия юридического факультета, 1931, №9, с. 33 – 70.

⑤ Устрялов Н. В. Германский национал – социализм.//Известия юридического факультета, 1933, №10, с. 273 – 358. – то же, Харбин: Тип. Н. Е. Чинарева, 1933. 86с.

⑥ Устрялов Н. В. Понятие государства.//Вестник. китайского. права. – Харбин, 1931. – Сб. 1. с. 11 – 23.

⑦ Устрялов Н. В. Элементы государства.//Вестник. китайского. права. – Харбин, 1931. – Сб. 2. с. 31 – 42.

⑧ Устрялов Н. В. В борьбе за Россию: сб. ст. – Харбин: Изд.《Окно》, 1920. 80с.

⑨ Устрялов Н. В. Под знаком революции: сб. ст. – Харбин:《Русская жизнь》, 1925. – 354с.; 2 – е изд., перераб. и доп. – Харбин: Полиграф, 1927. 415с.

⑩ Устрялов Н. В. Проблема Пан – Европы. – Харбин: Отделение типографии КВЖД, 1929. 17с.

⑪ Устрялов Н. В. На новом этапе. – Шанхай, 1930. 43с.

⑫ Устрялов Н. В. Наше время: сб. ст. – Шанхай, 1934. 202с.

经历的看法"。①

　　文集《为俄国而斗争》篇幅较短，不足百页，收录了《转折》《武装干涉》《前景》《同盟者与我们》《忠于自我》《先前的争论》《两个恐惧》《日本与我们》《不成熟的议论》《弗兰格尔》《民族主义逻辑》《爱国》《惶恐不安的心》和《高尔察克元帅》等十四篇政论性文章。收录的这些文章是 H. B. 乌斯特里亚洛夫从 1920 年 2—10 月陆续发表在《满洲报》和《生活新闻报》上的。

　　H. B. 乌斯特里亚洛夫的文集《为俄国而斗争》的出版标志着民族—布尔什维主义作为思想的真正产生。正如俄国著名思想家 M. 阿古尔斯基在《民族—布尔什维主义思想》一书中所言，H. B. 乌斯特里亚洛夫的文集《为俄国而斗争》是"明确表达俄国民族—布尔什维主义的第一个纲领"。② 由此，H. B. 乌斯特里亚洛夫成为俄国民族—布尔什维主义思想的奠基人。当代俄罗斯学者 B. K. 罗曼诺夫斯基指出，高尔察克政权的崩溃、苏波战争的爆发以及 H. B. 乌斯特里亚洛夫个人的世界观（接受辩证法、国家主义和爱国主义）等主客观因素促成了 H. B. 乌斯特里亚洛夫民族—布尔什维主义思想的产生。③ H. B. 乌斯特里亚洛夫在文集《为俄国而斗争》中旗帜鲜明地阐明了民族—布尔什维主义思想的实质：复兴国家体制、恢复国家的经济实力、巩固国家在世界上的国际影响、对抗西方、联合保护国家的苏维埃政权与俄国爱国主义者力量，克制革命与进化苏维埃制度、逐渐消除暴力共产主义、恢复文化传统。我们理解，H. B. 乌斯特里亚洛夫把民族—布尔什维主义视为通过接受革命、布尔什维主义和克服它们的空想来复兴俄国国家体制的思想。

　　H. B. 乌斯特里亚洛夫在文集《为俄国而斗争》中提出民族—布尔什维主义思想后，在苏联国内、侨民界产生了多重轰动效应。据 B. K. 罗曼诺夫斯基在《H. B. 乌斯特里亚洛夫：从自由主义到保守主义》一书中指出，H. B. 乌斯特里亚洛夫的民族—布尔什维主义思想首先遭到了当时在

　　① Устрялов Н. В. В борьбе за Россию：сб. ст. – Харбин：Изд.《Окно》,1920. с. 1.

　　② Агурский М. Идеология национал – большевизма. – М.：Алгоритм,2003. с. 65.

　　③ Романовский В. К. Николай Устрялов：от либерализма к консерватизму. – Нижний Новгород：Нижегородский ин – т развития образования,2010. с. 192 – 199.

哈尔滨生活的好朋友 B. H. 伊万诺夫和 Л. B. 郭里齐娜、国外俄国保守主义思想的主要代表人物之一和俄国专制思想的拥护者 И. A. 伊里因、国外俄国自由保守思想的主要代表 П. Б. 斯特鲁维、左翼立宪民主党领袖 П. H. 米柳科夫、社会民主党领袖 Ю. 马尔托夫和 П. 加尔维等的坚决反对或严厉批判。① 可以说，H. B. 乌斯特里亚洛夫关于接受十月革命和与布尔什维主义妥协的号召从最初就不为许多俄国侨民所接受。但由于俄国国内和国际政治局势的变化，在欧洲侨民界发生了关于对待苏维埃俄国问题的辩论。在此进程中，形成了巴黎立宪民主党成员 Ю. B. 克柳齐尼科夫的妥协立场。他批评了在侨民界关于继续与布尔什维克斗争必要性的主导观点。为了转变立宪民主党侨民对布尔什维克俄国的敌对立场，Ю. B. 克柳齐尼科夫把一小撮赞成者召集到自己的周围，准备出版一部文集，表达自己的观点。由此，H. B. 乌斯特里亚洛夫成为他们关注和邀请的对象。这样，1921 年，在布拉格出版了包括 H. B. 乌斯特里亚洛夫的文章《热月政变之路》在内的文集《路标转换》。在文集中，他们集中表达了承认俄国革命、同自己的人民和祖国和解、克服俄罗斯民族分裂的思想。正是因为文集《路标转换》的出版，包括 H. B. 乌斯特里亚洛夫在内的这些人被称为路标转换派。从路标转换派所居留地域上讲，他们分为三类：以 H. B. 乌斯特里亚洛夫为代表的远东派，以 Ю. B. 克柳齐尼科夫为代表的欧洲派，以 И. Г. 列日涅夫为代表的俄国国内派。从政治立场上讲，他们分为两类：以 H. B. 乌斯特里亚洛夫为代表的右派，以 Ю. B. 克柳齐尼科夫为代表的左派。他们的共同点是，接受十月革命、放弃与布尔什维克的武装斗争、承认苏维埃政权并与其和解；他们的分歧是，承认布尔什维克政权、对待新经济政策和对于制度改革问题的接受程度与条件。Ю. B. 克柳齐尼科夫一派认为，接受新俄国，必须放弃旧俄国，与布尔什维克共同应对新经济政策后重新走向革命的创造道路。俄国国内的路标转换派比 Ю. B. 克柳齐尼科夫一派更"左"。他们把俄国革命视为伟大世界进步的一环，把新经济政策看作严重的危险和能引起新

---

① Романовский В. К. Николай Устрялов：от либерализма к консерватизму. – Нижний Новгород：Нижегородский ин – т развития образования，2010. c. 229 – 244.

资产阶级的出现。H. B. 乌斯特里亚洛夫进一步阐明了克制革命、苏维埃制度的平稳过渡、经济发展放缓等思想。[①]

正是由于存在明显的分歧，H. B. 乌斯特里亚洛夫更加积极地在俄国社会中宣传民族—布尔什维主义思想，让布尔什维克成为使国家走向新经济正常运行轨道的推动者。因此，在 20 世纪 20 年代 H. B. 乌斯特里亚洛夫撰写的政论性评论文章中，新经济政策、法国热月政变和革命"国有化"等问题成为 H. B. 乌斯特里亚洛夫讨论的中心话题。由此，1925年，H. B. 乌斯特里亚洛夫在哈尔滨出版了第二本重要文集——《在革命的旗帜下》（篇幅较长，达 354 页）。该书于 1927 年经 H. B. 乌斯特里亚洛夫修改和补充后在哈尔滨出版了修订版，篇幅增加到 415 页。该书分为两部分，第一部分为民族—布尔什维主义（政论性文章），包括《转折》《武装干涉》《忠于自我》《弗拉格尔》《战胜极度痛苦的处境》《布尔什维主义的重生》《俄国的历史演变》《小洋萝卜》《热月政变之路》《民族—布尔什维主义》《回国问题》《革命曙色》《路标与革命》《进化与策略》《三次斗争》《路标以后》《会面的意义》《左派朋友》《异同寻常》《失去与回归的俄国》《革命的逻辑》《俄国的未来》《周年纪念》《十二大》《回答左派》《十三大》《俄国思想》《七年》《世俗》《主要根据》《主要问题》《路标转换主义》《二月革命》《十月民族化》《列宁以后》《十四大》《联共布危机》《两次评论》《富足》《两种反应》等四十一篇文章；第二部分为俄国思想（时代哲学概述），包括《纪念列宁》《革命中的知识分子与人民》《现代民主危机》《革命宗教》《俄国之星》《真理的悲剧》《布洛克诗歌中的俄国》《1914—1924 年》《谈俄国民族》《来自1926—1927 年的札记片段》《佩斯杰里》《关于权力的合理性与历史权力》《信仰，抑或空话》《今日世界面孔》《青铜骑士》《先知的谬论》十六篇文章。与 1925 年版本相比，1927 年版本第一部分补充了《十月民族化》《十四大》《联共布危机》《机会主义》《列宁以后》五篇文章；第二部分补充了《佩斯杰里》《谈俄国民族》《来自 1926—1927 年的札记片

---

① Романовский В. К. Николай Устрялов：от либерализма к консерватизму. – Нижний Новгород：Нижегородский ин – т развития образования，2010. c. 212 – 225.

段》三篇文章，重新刊印了文集《为俄国而斗争》中的《转折》《武装干涉》《弗兰格尔》《忠于自我》四篇文章，剔除了《纪念 В. Д. 那波科夫》《俄国在远东》《过去》《佩佩利亚耶夫元帅》四篇文章。这些文章是 Н. В. 乌斯特里亚洛夫在 1920—1927 年间发表在哈尔滨发行的杂志《松花江之夜》、杂志《窗》《俄国生活》丛刊、《生活新闻报》上发表，部分文章在布拉格出版的《路标转换》文集和在巴黎发行的杂志《路标转换》上发表。

在该书中，Н. В. 乌斯特里亚洛夫指出，实行新经济政策时期的俄国沿着民族—布尔什维主义道路前进，发生了克制革命以及革命的世俗与民族化，布尔什维主义与革命一同进化，但不是在思想上，而是在实践上；实行新经济政策时期的俄国经济促进了与新经济政策紧密关联的新社会集团（农民、新资产阶级、"专家"）的出现，并在国家中产生了新的社会关系；这些集团与社会关系决定了俄国的未来，不允许把俄国退回到过去，革命的俄国变成了"资产阶级"的私有国家。据此，我们认为，新经济政策的实践允许 Н. В. 乌斯特里亚洛夫以热月政变思想充实了民族—布尔什维主义，Н. В. 乌斯特里亚洛夫把热月政变视为革命的第二天。根据 Н. В. 乌斯特里亚洛夫的预测，俄国的热月政变在苏维埃政权的旗帜下将持续多年，热月政变的纲领能够联合"温和"的布尔什维克和俄国的非布尔什维克社会。Н. В. 乌斯特里亚洛夫确信，民族—布尔什维主义完全可以恢复国家体制、再度唤起爱国主义、联合各民族、保存文化和使俄国重建民族国家。

当时的哈尔滨俄侨学者 Е. Е. 雅什诺夫对 1925 年版本的《在革命的旗帜下》给予了评价："书的主要论题不是报上的日常琐事，而是在各方面对俄国——国内和国外——知识分子最重要的问题，即他们对待俄国所发生的变革、当下的俄国政权、祖国与个人命运的态度。""因此，无论是在俄国国内，还是在国外，Н. В. 乌斯特里亚洛夫的文集能够拥有众多而又很敏感的读者，尤其是在哈尔滨更明显。"①

----

① Е. Яшнов Н. Устрялов.《Под знаком революции》, Харбин. //Вестник Маньчжурии, 1925. №8 – 10. с. 156 – 157.

　　H. B. 乌斯特里亚洛夫的两部文集中所阐述的思想使 H. B. 乌斯特里亚洛夫本人在 20 世纪 20 年代成为布尔什维克领导托洛茨基、列宁、季诺维耶夫、布哈林、斯大林等关注和批评的重要对象。原因有二：一是布尔什维克领导对 H. B. 乌斯特里亚洛夫的预测感到非常恐惧；二是利用 H. B. 乌斯特里亚洛夫在党内与不同政见者进行政治斗争。1921 年 3 月 5 日，《真理报》发表了文集《为俄国而斗争》的评论文章；1925 年 10 月 28 日，苏共中央政治局会议专门讨论了文集《在革命的旗帜下》的问题；在苏联共产党第十一次代表大会至第十四次代表大会上，H. B. 乌斯特里亚洛夫都会成为布尔什维克领导提到的重要人物。尽管从整体上布尔什维克领导把 H. B. 乌斯特里亚洛夫仍视为"阶级敌人"，但是他的在创造新俄国中必须考虑民族因素的思想直接或间接被领导层所接受，并在当时的政治实践中得到反映。[①]

　　正如 H. B. 乌斯特里亚洛夫在文集《在革命的旗帜下》第二版序言中所言，"文集的主题与迫切的党内问题相吻合：这一方面证实了文集主题的生命力；一方面文集主题的内在性也反映了当下苏联的政治倾向"。[②]

　　1928 年以后，在国内国际政治斗争的环境中，苏联的发展进入了新阶段——开始第一个五年计划、结束新经济政策、国家集体化和工业化、全面加强中央集权、民族国家利益至上。这些重大历史变化引起了 H. B. 乌斯特里亚洛夫的密切关注和深度思索，由此诞生了他的另外两部文集《在新阶段》和《我们的时代——文集》。它们的出版标志着 H. B. 乌斯特里亚洛夫的民族——布尔什维主义思想也进入了新阶段，并产生了新变化。

　　文集《在新阶段》中的多数文章于 1930 年 4 月 1—6 日在《哈尔滨承宣官》报上连载。1930 年 6 月，文集《在新阶段》在上海正式出版了单行本小册子，并在"前提——新经济政策发展的辩证过程""新经济政策与执政党——新经济政策的衰落""反新经济政策——社会主义进军"

---

　　① Романовский В. К. Николай Устрялов：от либерализма к консерватизму. – Нижний Новгород：Нижегородский ин – т развития образования，2010. с. 263 – 275.

　　② Устрялов Н. В. Под знаком революции：сб. ст. – 2 – е изд.，перераб. и доп. – Харбин：Полиграф，1927. с. V.

"历史的激情""当前大家关注的事件——理性之声""前景——三种出路""消极的忠诚——路标转换派——专家与革命"等七部分的基础上，又补充了 6 月 14—15 日在《哈尔滨承宣官》报上连载的《来自于彼岸》中的一篇文章。《我们的时代——文集》（202 页）于 1934 年在上海出版，分为上下两部分，第一部分为从新经济政策到苏联社会主义（政论性文章），包括《十七大后》《П. Н. 米柳科夫的功勋》《无阶级社会》《论苏联民族》《十五年》《论革命的赋税》六篇文章；第二部分为统一之路（时代哲学概述），包括《统一之路（认识我们的时代）》《新世界》《食粮与信仰》《两种信仰（社会哲学片段)》《札记片段》五篇文章。其中《论苏联民族》（1931 年 5 月 24 日）、《论革命的赋税》（1931 年 5 月 17 日）曾在天津发行的报纸《晨报》上发表；《新世界》在 1932 年 10 月 13、14、16 日的《哈尔滨承宣官》报上连载；《食粮与信仰》是 Н. В. 乌斯特里亚洛夫于 1933 年出版的《德国国粹社会主义》一书的最后一章，经重新修改和补充后才被集中刊印；《两种信仰》发表在 1929 年哈尔滨法政大学发行的报纸（一年中仅发行了一次）《法律系学生日》上；其余文章均为首次刊印。

在文集《在新阶段》中，Н. В. 乌斯特里亚洛夫公开地站在了反新经济政策拥护者一方。他指出，没有震荡不可能建成社会主义，不可以停留在美好的新经济政策立场上，非新经济政策被共产党人作为小资产阶级的投降行为所接受，按照布尔什维克的方式实现农村集体化，竭尽全力进行工业化，社会主义进军能够成功实现，在新阶段知识界在苏维埃政权的领导下必须无条件支持布尔什维克政权的方针政策、保持对祖国非常积极的忠诚、全力促进政权的成功改造。该文集的出版明确证明了 Н. В. 乌斯特里亚洛夫的政治意识和他的民族—布尔什维主义思想已布尔什维克化，而作为民族—布尔什维主义思想组成部分的热月政变思想也被抛弃。

Н. В. 乌斯特里亚洛夫在《我们的时代——文集》中指出，"文集《在新阶段》是《我们的时代——文集》中文章的直接前作"。① Н. В. 乌

---

① Устрялов Н. В. Наше время : сб. ст. – Шанхай, 1934. с. Ⅶ.

斯特里亚洛夫在《我们的时代——文集》中用了大部分篇幅描写了苏联的成就，指出五年工业化的真正意义在于确立了苏维埃国家的强大世界角色。同时，Н. В. 乌斯特里亚洛夫强调，新经济政策的时代已成为过去和逝去的阶段，放缓发展的理论被事件的进程所抛弃，新经济政策时代的路标转换思想现在已是落后于时代的意识，苏联时代是俄国历史与俄国传统的延续，但已处在非常重要的新阶段和建构了另一种历史文化情调，俄国的灭亡是为了复活苏维埃帝国。这样，1934 年，Н. В. 乌斯特里亚洛夫亲自撕下了自己的思想标语，因为苏维埃政权成功实现了国家强大和繁荣。

从 Н. В. 乌斯特里亚洛夫的民族—布尔什维主义的发展轨迹看，我们认为，Н. В. 乌斯特里亚洛夫把民族—布尔什维主义视为动态发展的学说。在新阶段他放弃了新经济政策时代的民族—布尔什维主义思想中某些关键元素，但民族—布尔什维主义思想中的国家利益至上、强国和爱国主义原则没有改变。

20 世纪 20 年代，在欧洲产生了新的社会现象——法西斯主义。起初，欧洲社会没有看到法西斯主义的任何威胁。但在 20 世纪 20 年代末至 30 年代初，许多有影响力的欧洲政治活动家完全热衷于鼓吹法西斯主义。他们把法西斯运动视为社会发展的新趋势，把它的发展不仅在经济上，而且在精神上与经历危机的欧洲文明复兴紧密相连。法西斯主义运动也在侨民中得到了响应。一些侨民知识分子企图利用法西斯主义对抗布尔什维主义。法西斯主义也引起了年轻一代俄侨的广泛兴趣。在这种背景下，政治活动家、学者对这一社会政治现象给予了高度关注。Н. В. 乌斯特里亚洛夫就是全面分析法西斯主义与欧洲法西斯化的最有影响的学者之一。

1928 年，Н. В. 乌斯特里亚洛夫先在《法政学刊》第 5 期上刊登了长文《意大利法西斯主义》，后于同年在哈尔滨出版了同名单行本著作。该书于 1999 年在莫斯科首次再版，2012 年以《意大利——法西斯主义的策源地》为书名再次再版。此后，1933 年，Н. В. 乌斯特里亚洛夫又在《法政学刊》第 10 期上刊登了长文《德意志国粹社会主义》，同年在哈尔滨也出版了同名单行本著作。该书于 1989 年在莫斯科再版。

Н. В. 乌斯特里亚洛夫在《意大利法西斯主义》一书前言中阐明了自

己关注意大利和意大利法西斯主义的缘由，"现代世界中最可借鉴和能说明问题的文明民族应属于两个国家：俄国与意大利"。"近十年来意大利的政治事件吸引了我足够敏锐的目光，引起了我完全紧张的兴致。""本书探讨的是法西斯主义问题。到目前，在俄文文献中该现象被关注的还远远不够。本书首先解决的恰恰是了解法西斯主义和认识它的实质"。"本书阐述法西斯运动的历史和试图揭示它产生的前提条件，描绘法西斯主义的思想与社会政治面貌。""当然，法西斯主义是现代意大利生活中的优先属性。只有在它家乡的土壤上才能理解法西斯主义。这不意味着，法西斯主义的个别要素在类似的环境和其他国家不能显现。但是，作为历史事实体现在完整性和具体性方面，法西斯主义完全是特殊的意大利条件的产品。历史不喜欢按照模式发展，它的道路是独特的和不可复制的。"①

《意大利法西斯主义》一书篇幅较长，近 200 页，除前言与结论外，正文包括第一次世界大战前意大利的人民与政权、侨民——贫穷人的帝国主义、第一次世界大战（中立主义，抑或干涉主义）、和平（毁坏的胜利与战争的遗产）、革命来临、民族暴动（第一批法西斯主义者）、墨索里尼、法西斯主义思想要义、法西斯主义的社会面貌、走向政权之路、新手、法西斯主义的思想更新、那不勒斯会议、胜利后的强权政治、党内改革、法西斯专政国家、法西斯国家的对外政策等十八部分。

H. B. 乌斯特里亚洛夫详细分析了培植法西斯主义发展环境的 20 世纪意大利社会的民族主义、大国主义和帝国主义倾向的内外因素。H. B. 乌斯特里亚洛夫认为，把不协调的意大利社会变成"统一的爱国者阵营"的第一次世界大战是法西斯主义的强有力的催化剂。除了客观条件外，H. B. 乌斯特里亚洛夫也强调了主观因素，指出墨索里尼个人把法西斯主义的历史可能变成了历史现实，更指出了意大利法西斯运动拥有广泛的社会基础，阐述了法西斯主义思想的本质是致力于实现新的国家体制基础，认为法西斯主义是反民主和反自由主义的热潮，在这点上与布尔什维主义有着惊人的相似，但也存在着明显的差别：布尔什维克建设的是阶级国家和确立的是无产阶级专政，而墨索里尼做的是把党国变成全民

---

① Устрялов Н. В. Италия – колыбель фашизма. – Издательство：Эксмо，2012. с. 5 – 7.

族的化身和捍卫者。H. B. 乌斯特里亚洛夫进一步指出，确立国家对阶级和社会集团的首要作用是意大利法西斯主义者各项改造的主题，抛开对外政策（扩张与帝国主义）方面，评价意大利法西斯主义是不全面的。通过系统研究，H. B. 乌斯特里亚洛夫得出了结论："法西斯的革命"在国际领域没有把任何新的东西带给历史，是现代欧洲完全熟知的民族帝国主义现象，无论是在对外政策领域，还是在经济政策领域，法西斯主义都没有说出"新意"，它感兴趣的只是在旧世界发展中发现新时机的征兆。"继俄国革命之后，意大利在它的内外进程中的尝试留下的也仅是现代人类所经历历史时代的文化思想和社会政治的显著特征。"①

毫无疑问，20 世纪 20 年代为 H. B. 乌斯特里亚洛夫思考法西斯主义的本质提供了很多素材，但"历史还没有对法西斯革命作出总结"。②1933 年 1 月，法西斯主义者在德国获得了政权，重新引起了 H. B. 乌斯特里亚洛夫对法西斯主义问题的关注。1933 年夏，他的关于法西斯主义的第二部著作《德意志国粹社会主义》出版。

该书篇幅不长，不足百页，由群众党、国粹社会主义运动的历史条件、1920 年的 25 条、第三帝国的对外政策、种族主义与反犹太主义、国粹主义（国家与政党）、社会纲领与社会主义、寡头（双重游戏）、国粹社会主义的社会环境、走向政权之路、胜利后和结论十二部分组成。

书中探究了德国国粹社会主义产生的源流与条件，分析了它的本质，研究了希特勒的内外政策，阐释了国粹社会主义的社会基础，厘清了国粹社会主义与意大利法西斯主义、俄国布尔什维克主义的异同。

该书从德国工人党的发展谈起，指出政党获得成功发展有两个层面的原因：一是现代时代的特点，群众参与历史的积极性使然；二是战后德国的环境使国粹社会主义思想盛行。H. B. 乌斯特里亚洛夫总结了德国纳粹党纲领的主要特点：迫切性、做法清楚、政治上的大锤思考哲理、社会目标的折中主义、联合不同矛盾利益集团。H. B. 乌斯特里亚洛夫分析了国粹社会主义纲领中的三个关键思想——种族、民族和劳动社会，

---

① Устрялов Н. В. Италия – колыбель фашизма. – Издательство：Эксмо，2012. с. 214.

② Устрялов Н. В. Италия – колыбель фашизма. – Издательство：Эксмо，2012. с. 204.

特别强调纳粹主义者的成功不在于种族的热潮，而在于民族的热潮。H. B. 乌斯特里亚洛夫认为，在 20 世纪 30 年代德国抛弃了自由主义、确立了民族专制制度，与意大利法西斯主义和俄国布尔什维主义有着明显的相似性，但区别也极明显：列宁的学说把党与工人阶级捆绑在一起，而意大利与德国的法西斯主义是旨在建设超阶级的民族国家政党，共产党维护的是选举制原则，而希特勒和墨索里尼执行的是领袖主义和集权等级原则。H. B. 乌斯特里亚洛夫谈及第三帝国的对外政策纲领时，指出了它的军事性与侵略性。国粹社会主义的社会基础在 H. B. 乌斯特里亚洛夫眼里绝对是多样的，但纳粹党只接收了两类人：不安分的平民阶层和资产阶级保守阶层，这两类人是纳粹党社会立场两面性和含糊性的结果。H. B. 乌斯特里亚洛夫就此进一步指出，历史要求选择道路，因为阶层不可以被欺骗。

当代俄罗斯学者 B. K. 罗曼诺夫斯基对 H. B. 乌斯特里亚洛夫关于意大利法西斯主义和德国国粹社会主义的研究结论给予了总结性分析，笔者赞同他的观点。他做出了四点总结：第一，欧洲的专制是文明人类所遭受严重与极度共同危机的结果，但它不是源于那些民族的落后与不文明，而在于在危机时期世界观的扭曲与欲望至深；第二，轻率与冒失地燃起民族主义情感导致了危险的后果；第三，欧洲的法西斯主义没有给世界提供一个原创性的新思想，只是在旧世界背景中新动态的征兆；第四，尽管意大利法西斯主义、德国国粹社会主义和布尔什维主义之间有相似性，但这些思想都产生于特殊的民族条件，每一个思想都有本民族的根。[①]

此外，在《在革命的旗帜下》《在新阶段》《我们的新时代——文集》等文集所收录的《革命中的知识分子与人民》《佩斯杰里》《关于权力的合理性与历史权力》《谈俄国民族》《十月民族化》《论苏联民族》《先知的谬论》《新世界》《俄国的未来》《周年纪念》《失去与回归的俄国》《二月革命》《革命曙色》《路标以后》《布尔什维主义的重生》《进化与策略》《纪念列宁》《今日世纪面孔》《统一之路（认识我们的时

---

① Романовский В. К. Николай Устрялов: от либерализма к консерватизму. - Нижний Новгород: Нижегородский ин - т развития образования, 2010. с. 359 - 360.

代)》《食粮与信仰》《1914—1924 年》《现代民主危机》《无阶级社会》《俄国思想》等文章中以及在《法政学刊》《中华法学季刊》上发表的《国法之意义》《国家之要素土地人民》《斯拉夫派的政治学说（斯拉夫派提出的专制思想)》等文章中，H. B. 乌斯特里亚洛夫也论述了俄国革命与祖国的未来、俄国社会思想史、民族与民族国家的命运、20 世纪世界发展趋势等问题。

H. B. 乌斯特里亚洛夫将 1917 年俄国革命划分为两个发展阶段，即 1921 年前的破坏阶段（解决的是国际主义任务）和 1921 年后的创造阶段（解决的是民族任务）。H. B. 乌斯特里亚洛夫认为伟大俄国革命的历史意义在于，它向俄国和全世界提出了大量迫切的社会、民族和国家层面的问题。H. B. 乌斯特里亚洛夫指出，在革命进程中，对俄国危机负有责任的知识分子在管理国家和创建新国家体制方面显得完全无能，相反俄国人民展现了新国家建设者的最好品质。俄国的未来与从革命中诞生的社会力量紧密相连，新俄国应按照符合民族利益和革命新变化的有机发展逻辑存在。H. B. 乌斯特里亚洛夫以 П. И. 佩斯杰里为例，阐释了俄国激进主义的源流、布尔什维主义的思想史前时期和实践。H. B. 乌斯特里亚洛夫分析了斯拉夫派的政治学说，研究了他们的关于在人类生活中精神因素优先和俄国历史发展特殊性的给予俄国思想与文化巨大影响的思想。H. B. 乌斯特里亚洛夫通过研究赫尔岑揭示了社会主义、革命和救世论思想在俄国知识界的产生与发展。通过社会运动个别代表的活动和思想确定，"文明俄国"在准备俄国革命方面做出了"贡献"，侨民知识界对俄国危机及其后果应负有自己的责任。H. B. 乌斯特里亚洛夫也在思索所处时代的特点、欧洲现状与未来、资本主义与民主的命运、在世界一体化进程的条件下民族主义与国际主义的相互关系。他把 20 世纪最初的十年称为转折关头时代、过渡时期和人类历史严重危机时期，指出它的主要特征在于时代的病态转换和严重的危机。H. B. 乌斯特里亚洛夫深刻认识到 20 世纪世界发展的趋势——资本主义的本质发生改变、出现了民主危机、极权主义抬头、世界一体化进程加快、全球化开始、民族因素强化，特别强调人类历史多元发展的必要性，认为在新的世界战争威胁面前各民族团结起来是最迫切的任务。H. B. 乌斯特里亚洛夫还探讨了拥有社会历史与精神文化特性的民族的本质特征，认为俄罗斯民族是有着厚重历史、文化和对作为客观历史现实的世界有自己认知的民族，在过去俄罗斯民族承担了国家利益至上的重要使命，在苏维埃的条件下扮演团结的角色。H. B. 乌斯特里亚洛夫又讨论了国家的世界历史重要性，认为国家的要素为土地、人民和政权，强调土地在国家生活中起到了决定性的作用，是民族形成与文化发展的重要因素。与此同时，H. B. 乌斯特里亚洛夫对历史中法律原则限度、法规与历史法则相互影响、法律与道德的相互关系、法律在国家与民族生活中的意义与功能等问题还进行了分析。

总之，笔者认为，上述 H. B. 乌斯特里亚洛夫出版的著作及表达的思想和观点，无论是在当时还是在当下，都是独一无二的，留下的都是宝贵的精神文化遗产。

第四节　Э. Э. 阿涅尔特

一　生平简介与学术成就

由于 Э. Э. 阿涅尔特在俄国学术界的声誉与影响力，因此，关于 Э. Э. 阿涅尔特的生平活动与研究，俄国学者不仅早有记载，而且留有比较详实的资料。笔者查阅到《Э. Э. 阿涅尔特：五十年科学与实践活动纪念》[①]《Э. 阿涅尔特生平一页（来自于学者私人档案资料）》[②]《地质学家与矿山工程师——Э. Э. 阿涅尔特》[③] 三篇文章和《鲜为人知的阿涅尔特：来自档案研究的笔记》[④] 等一部百页的著作。笔者依据这些研究资料，把 Э. Э. 阿涅尔特的生平活动与学术成就介绍给国内学术界。

---

①　Жернаков В. Н. Эдуард Эдуардович Анерт. К пятидесятилетию научной и практической деятельности(1889 – 1939)//Известия Клуба естествознания и географии ХСМЛ. 1941. №1. с. 1 – 8.

②　Бельчич Ю. В. Эдуард Анерт. Страница Биографии. (по материалам личного архив учёного)//Россия и современный мир. 2004. №3. с. 1162 – 170.

③　Ремизовский В. И. Геолог и горный инженер Эдуард Эдуардович Анерт//Вестник Сахалинского музея. 1955. №2. с. 156 – 175.

④　Кирилов Е. А. Неизвестный Анерт. Записки из опыта архивных изысканий. – Хабаровск: Издание ДВ регионального центра АЕН РФ. 1999. с. 102.

　　Э. Э. 阿涅尔特，1865 年 7 月 25 日出生于诺沃格奥尔吉耶夫斯克要塞的一个军事工程师家庭。1875 年，Э. Э. 阿涅尔特进入奥伦堡涅普柳耶夫斯克军事中学学习。两年后，由于父亲到圣彼得堡工程总局工作，Э. Э. 阿涅尔特转入圣彼得堡第三军事中学学习。1883 年，Э. Э. 阿涅尔特毕业于圣彼得堡亚历山大罗夫斯克武备中学。1889 年 5 月，Э. Э. 阿涅尔特毕业于圣彼得堡叶卡捷琳娜二世矿业学院。从矿业学院获得毕业文凭后，Э. Э. 阿涅尔特进入布良斯克州马里采夫工厂工作，从 1890 年至 1892 年负责工厂的耐火黏土、铁矿石的开采工作。与此同时，Э. Э. 阿涅尔特也开始了个人的田野勘探工作，1890 年成功地勘探到铁矿石，1893 年在顿涅茨煤田戈里什诺站发现了煤炭。从 1893 年至 1895 年，Э. Э. 阿涅尔特调入财政部化学实验室担任助理实验员。其间，Э. Э. 阿涅尔特成为皇家自由经济学会专业知识委员会会员并负责该会机关刊物的发行工作、皇家科技协会教科书移动博物馆创办者之一。1895 年初，Э. Э. 阿涅尔特成为矿山工程师协会会员。从 1895 年 3 月至 1896 年初，Э. Э. 阿涅尔特又被授命为阿穆尔铁路矿山—地质勘探地质队高级工程师。1896 年春，应 И. В. 穆什科托夫教授的坚决要求，Э. Э. 阿涅尔特被俄国地理学会派往中国东北和北朝鲜进行地理与地质调查。1896 年夏，Э. Э. 阿涅尔特游览了牡丹江的瀑布、镜泊湖，从吉林坐船沿松花江考察了一个月，在当时还没有发展起来的哈尔滨目睹了特大洪水。在 1896—1897 年冬返回圣彼得堡并作了关于自己考察的报告后，Э. Э. 阿涅尔特再次被派往中国东北。

　　1897—1898 年，Э. Э. 阿涅尔特受俄国皇家地理学会和中东铁路工程建设局委托，对俄国远东地区和中国东北地区的矿产地与煤矿进行了考察与勘探工作。这次考察的结果是，由俄国皇家地理学会于 1904 年在圣彼得堡出版了《满洲考察》一书。由于该书的出版，Э. Э. 阿涅尔特获得了 Н. М. 布尔热瓦尔斯基奖章。在这次考察期间，Э. Э. 阿涅尔特顺便完成了在天津、上海和长崎的旅行。1899 年春，Э. Э. 阿涅尔特来到了哈尔滨，在向中东铁路总工程师报告矿产勘查结果后经日本、夏威夷群岛、北美和西欧返回了圣彼得堡。1901 年，根据中东铁路工程建设局的请求和俄国地质委员会的指派，Э. Э. 阿涅尔特沿中东铁路西线齐齐哈尔至外贝加尔段进行了煤矿区的勘探与地质勘查工作。在该次勘查与勘探中，Э. Э. 阿涅尔特与中东铁路矿山工程师 H. H. 布罗尼科夫共同发现了扎赉诺尔煤矿。

从 1901—1913 年，Э. Э. 阿涅尔特作为矿山地质勘查队长在阿穆尔省和雅库特省产金区、萨哈林半岛进行了矿山地质勘查。由于出色的工作，1911 年，Э. Э. 阿涅尔特被选举为地质委员会地质学家；1912 年，受邀为交通部乌苏里铁路隧道加固问题工程师委员会做技术鉴定；1913 年，当选为俄国地质委员会中最有权威、资格最老的地质学家，并被授予相当于大学教授的职衔。从 1913 年起，Э. Э. 阿涅尔特在乌苏里边区进行了有计划的工作，既包括系统的地形测量，也包括铁矿、煤矿及其他矿区的勘查与勘探。与此同时，Э. Э. 阿涅尔特还受聘为国家杜马萨哈林港口建设委员会、财政部新建铁路分析委员会、俄国采金业主和采铂业主谘议处、战后工业发展计划地貌与矿藏研究所、远东矿产问题俄国军工委员会顾问和鉴定人，也是俄国科学院俄国生产力研究委员会成员，对从乌拉尔和阿尔泰边区到滨海边区南部的矿产地进行鉴定评估。1915 年，地质委员会成立了远东部，Э. Э. 阿涅尔特被任命为远东部负责人。1916—1917 年冬，Э. Э. 阿涅尔特在彼得格勒度过，主要从事被收集到的地质资料的加工、撰写研究报告和文章、校对准备出版的著作等工作。1917 年夏季，Э. Э. 阿涅尔特被地质委员会派往俄国远东考察。1917 年秋，Э. Э. 阿涅尔特成为政府职员联合会会员。其间，Э. Э. 阿涅尔特在一所专门的海洋学校教授俄国与中国东北经济地理与地质学课程。1918 年春，Э. Э. 阿涅尔特又成功地获得新政权允许，去俄国远东进行夏季地质勘查。正是这次地质勘查使 Э. Э. 阿涅尔特永远离开了彼得格勒。

在去符拉迪沃斯托克的途中，Э. Э. 阿涅尔特经历了不同政权的更替。高尔察克西伯利亚政府暂时稳定后，应著名地质学家 П. П. 古德科夫的邀请，Э. Э. 阿涅尔特从符拉迪沃斯托克来到鄂木斯克，同意担任高尔察克政府工商部矿业司司长。1919 年夏，Э. Э. 阿涅尔特受西伯利亚地质委员会指派在滨海边区新季耶夫斯克区进行地质勘查。苏维埃政权在远东倾覆后，Э. Э. 阿涅尔特作为高尔察克政府工商部副部长被派往伊尔库茨克、赤塔、符拉迪沃斯托克等地。1919 年，Э.Э. 阿涅尔特在符拉迪沃斯托克被任命为工商部远东事务最高全权代表委员会委员。1920 年 5 月 11 日，Э.Э. 阿涅尔特在符拉迪沃斯托克联合当地的地质学家正式组建了远东地质委员会，并当选为主席。从 1923 年 1 月 2 日至 1924 年 6 月 1 日，Э.Э. 阿涅尔特还兼任俄国地质学会远东分会主席。

从 1920 年起，Э.Э. 阿涅尔特继续之前在中国东北地区的地质勘查与勘探工作。至 1922 年，Э.Э. 阿涅尔特经常往返于符拉迪沃斯托克与哈尔滨之间。1920 年受聘为中东铁路沿线斯基捷里斯基继承人煤炭公司和穆棱煤碳工业公司总顾问，一直受聘到 1939 年。1922 年，Э.Э. 阿涅尔特积极参加了在哈尔滨成立的东省文物研究会工作，被选举为地质与自然地理学股股长和博物馆地质学科主任，后又成为研究会终身会员。1924 年 7 月 1 日，由于与上级的一个同事产生了尖锐冲突，Э.Э. 阿涅尔特辞去了俄国地质学会远东分会主席一职，并移居哈尔滨，担任中东铁路管理局工程师。但 Э.Э. 阿涅尔特仍以编外人员身份与俄国地质学会远东分会保持联系。1929 年，Э.Э. 阿涅尔特被选为中国地质勘探学会名誉通讯会员。1930 年 9 月，Э.Э. 阿涅尔特在哈尔滨加入了德国籍。1929—1944 年，Э.Э. 阿涅尔特一直担任青年基督教会哈尔滨自然地理学研究会主席。同时，Э.Э. 阿涅尔特也是哈尔滨布尔热瓦尔斯基研究会、哈尔滨俄国工程师协会会员。1931 年 5 月，Э.Э. 阿涅尔特成为东省特区文物研究所专职科研人员，并被指派为东省特区第一科学考察队副队长。1933 年，Э.Э. 阿涅尔特完成了对日本的考察，在东京大学和大阪大学举行了关于中国东北地区矿产资源的讲座。1935 年下半年，Э.Э. 阿涅尔特应伪满洲国大陆科学院邀请在新京为即将入职的政府行政人员举办了满学培训班。

Э.Э. 阿涅尔特也是国际上许多学术组织和会议的会员。1926 年，Э.Э. 阿涅尔特成为在东京召开的第三届全太平洋科学大会会员；1931 年，成为在巴黎召开的世界地理学大会会员；1933 年，成为在华盛顿召开的第十六届世界地质学大会会员（提交了名为《满洲矿区的纬向分布》的报告）；从 1934 年起成为环太平洋山脉地质研究国际委员会会员；1937 年，在慕尼黑被遴选为德国科学院名誉通讯院士；1939 年，成为在旧金山举行的第六届太平洋科学大会会员。此外，Э. Э. 阿涅尔特也是应用地质学、采金业与矿山测量术全俄代表大会代表、乌苏里边区研究第一届代表大会代表、纽约美国地理学会名誉会员、中国冶金学与矿物学研究所名誉通讯院士、柯尼斯堡大学自然科学名誉博士。

伪满洲国成立后（1934 年），Э. Э. 阿涅尔特应邀担任了满铁地质研究所和伪满洲国大陆科学院及其哈尔滨分院地质学家顾问。1939 年，哈尔滨的学术界举行了庆祝 Э. Э. 阿涅尔特从事学术研究和实践 50 周年纪念活动。1945 年日本投降后，Э. Э. 阿涅尔特担任哈尔滨地方志博物馆馆长。1946 年 12 月 25 日，Э. Э. 阿涅尔特逝世于哈尔滨。

Э. Э. 阿涅尔特一直致力于俄国远东、中国尤其是东北地区的地质、矿藏和矿山工业研究，来哈尔滨生活前就已从事多年的关于俄国远东与中国东北地区地质、矿藏的勘探与研究，在《矿山杂志》《俄国皇家地理学会通报》等刊物上发表了《1897—1898 年满洲的地质勘探》[1]《1901年在中东铁路齐齐哈尔西部地区的地质矿物调查》[2]《俄国地理学会满洲考察预先报告》[3] 等文章，出版了《1896—1898 年在满洲东部的煤炭与其他矿藏的勘查与勘探》[4]《1896、1897—1898 年满洲考察》[5]《俄国萨哈林东海岸的地质勘查：1907 年萨哈林矿山考察报告》[6]《西伯利亚产金区

①　Анерт Э. Э. Геологические разведки, произведенные в 1897 – 1898гг в Маньчжурии.// Горный Журнал, 1900, Ⅲ, №9, с. 390 – 429；Ⅳ, №10, с. 28 – 83.

②　Анерт Э. Э. Горногеологическое исследование вдоль Китайской Восточной железной дороги к западу от Цицикара в 1901 г. //Геол. иссл и разведки по линии Сиб. ж. д, вып. 26, СПБ, 1903, с. 1 – 76.

③　Анерт Э. Э. Предварительный отчёт Маньчжурской экспедиции Русского географического общества. Часть геологическая. //ИРГО, ⅩⅩⅩⅢ, 1897, вып. 4, с. 152 – 192.

④　Анерт Э. Э. Поиски и разведки на каменный уголь и другие ископаемые в восточной Маньчжурии в 1896/1898 годах. – Санкт – Петербург: тип. П. П. Сойкина, 1900. 95с.

⑤　Анерт Э. Э. Путешествие по Маньчжурии, Экспедиции 1896, 1897 – 1898гг. – Спб., тип. Акад. наук, 1904. 566с.

⑥　Анерт Э. Э. Геологические исследования на восточном побережье русского Сахалина: Отчет Сахал. горн. экспедиции 1907 г. – Санкт – Петербург: тип. М. М. Стасюлевича, 1908. 219с.

地质勘查：阿穆尔—滨海产金区》①《中东铁路区域资源清查情况》② 等
著作，其中 1904 年在圣彼得堡出版的《1896、1897—1898 年满洲考察》
是 Э. Э. 阿涅尔特之前在中国东北地质勘探和调查的基础上进行的全面总
结研究。该书奠定了 Э. Э. 阿涅尔特在中国东北地质研究上的学术地位。

移居哈尔滨后，Э. Э. 阿涅尔特在俄国远东与中国地质研究上更加深
入，在《东省文物研究会杂志》《东省杂志》《中东铁路中央图书馆书籍
绍介汇报》《基督教青年会哈尔滨自然地理学研究会年鉴》和《基督教青
年会哈尔滨自然地理学研究会通报》等杂志上发表了《满洲市场上的煤
炭》③《中国的矿山工业资源》④《中国矿山工业》⑤《北京的中国地质研
究所》⑥《关于热河、察哈尔和绥远矿物资源的新资料》⑦《满洲的矿山工
业》⑧《关于满洲与中国地质的新文献》⑨《北满历史地质学资料》⑩《满
洲的矿山工业及关于矿物资源的评估资料》⑪《北满是世界上鲜被研究的

---

① Анерт Э. Э. Геологические исследования в золотоносных областях сибири. Амурско -
Приморский золотоносный район. - СПБ. : Тип. М. М. Стасюлевича. Вып. 21 : Маршрутные
геологические исследования в средней части бассейна верхнего течения реки Зеи. 1915. 139с.

② Анерт Э. Э. Положение дел учета ресурсов района КвЖд. - Харбин, изд. КВЖД, 1921.
16с.

③ Анерт Э. Э. Каменный уголь на Маньчжурском рынке. //Известия Общества Изучения
Маньчжурского Края, 1924, №5. с. 5 - 9.

④ Анерт Э. Э. Гороно - промышленные ресурсы Китая. //Вестник Маньчжурии. 1929, №9.
с. 66 - 71 ; №10. с. 57 - 64.

⑤ Анерт Э. Э. Горная промышленность Китая. //Вестник Маньчжурии. 1929, №11.
с. 100 - 112 ; 1930, №2. с. 90 - 98.

⑥ Анерт Э. Э. Китайский геологический институт в Пекине. //Вестник Маньчжурии. 1933,
№1. с. 86 - 89.

⑦ Анерт Э. Э. Новые данные о горных богатствах Жэхэ, Чахара и Суйюаня. //Вестник
Маньчжурии. 1933, №5. с. 43 - 48.

⑧ Анерт Э. Э. Горная промышленность Маньчжурии. //Вестник Маньчжурии. 1933, №6.
с. 21 - 26.

⑨ Анерт Э. Э. Новая литература по геологии Маньчжурии и Китая. //Вестник
Маньчжурии. 1933, №10 - 11. с. 106 - 109.

⑩ Анерт Э. Э. Материалы для исторической геологии Северной Маньчжурии. //Ежегодник
Клуба естествознания и географииХСМЛ, Вып. I, Харбин, 1934. с. 93 - 102.

⑪ Анерт Э. Э. Горная промышленность Маньчжурии и новые данные об оценке горных
богатств. //Вестник Маньчжурии. 1933, №14 - 15. с. 27 - 40.

国家之一》①《满洲矿业研究史》②（同年在哈尔滨出版单行本）《北满的年度春汛与 1932 年的水灾》③（同年在哈尔滨出版单行本）《地质学与北满动植矿（第一编地质及矿）》④《阿什河流域石灰岩石炭二叠动物区系》⑤《关于呼伦贝尔达赉湖中的沥青矿及其周围的地质》⑥《有益于北满矿产地研究的最新地理物理学方法》⑦ 16 篇文章，出版了《北满矿产志》⑧《远东的矿藏》⑨《满洲的矿山工业》⑩ 等五部单行本著作。本课题以 Э. Э. 阿涅尔特在华侨居期间出版的《北满矿产志》《远东的矿藏》《满洲的矿山工业》三部代表著作为例，分析 Э. Э. 阿涅尔特在俄国远东与中国东北地质研究上的主要方向和学术贡献。

---

① Анерт Э. Э. Северная Маньчжурия как одна из раименее изученных страны земного шара. // Известия Общества Изучения Маньчжурского Края. 1926 , №7. с. 24 – 44.

② Анерт Э. Э. К истории исследований и горного дела в Маньчжурии // Известия Клуба естествознаний и географии ХСМЛ. Харбин, 1941. с. 9 – 46. – то же, Харбин, 1941. 46 с.

③ Анерт Э. Э. Ежегодние половодья и наводнение 1932 года в Северной Маньчжурии. // Ежегодник Клуба естествознания и географии ХСМЛ, Вып. I, Харбин, 1934. с. 51 – 88. – то же, Харбин, 1934. 59 с.

④ Анерт Э. Э. Библиография по геологии, полезным ископаемым, флоре и фауне Северной Маньчжурии. Ч. 1. Геологии и полезные ископаемые. // Библиографический Бюллетень. под редакцией Н. Н. Трифонова и Е. М. Чепурковского (Харбин), I, 1927, с. 4 – 18.

⑤ Анерт Э. Э. Пермо – карбоновая фауна известняков с речки Ашихэ. // Ежегодник Клуба естествознания и географии ХСМЛ, Вып. I, Харбин, 1934. с. 103 – 105.

⑥ Анерт Э. Э. Ueber das Bitumen – Vorkommen am Talai – nor – See in der Barga und die Geologie der Umgedenden. // Ежегодник Клуба естествознания и географии ХСМЛ, Вып. I, Харбин, 1934. с. 91 – 92.

⑦ Анерт Э. Э. Библиография по новейшим геофизическим методам исследования месторождений полезных ископаемых в связи с возможными их значением для Северной Маньчжурии. // Под редакцией Н. В. Устрялова и Е. М. Чепурковского. Библиогр. бюллетень. б – ки КВЖД, т. II, 1928 – 1929, с. 14 – 24.

⑧ Анерт Э. Э. Полезные ископаемые Северной Маньчжурии / Труды Общества изучения Маньчжурского края. – Харбин: Издательство Общества изучения Маньчжурского края, 1928. – Вып. 1. 236 с.

⑨ Анерт Э. Э. Богатства недр Дальнего Востока. – Хабаровск: Кн. дело; Владивосток: Кн. дело, 1928. 932 с.

⑩ Анерт Э. Э. Горная промышленность Маньчжурии. – Харбин, 1934. 102 с.

二 代表著作主要内容及学术评价

至 20 世纪 20 年代中期，中国东北地区的经济获得了长足进展，其中工业扮演了极为重要的角色。这与中国东北区域丰富的自然资源的开发密切相关。因此，中国东北地区丰富的自然资源不仅受到本地工业界的注意，而且也成为苏联、西欧、日本和美国工业界的关注对象。而矿产资源是工业界关注度最高的领域，因为采矿工业是它们获得高额利润的投资行业。但直到《北满矿产志》一书出版前，关于中国东北矿产资源的信息可供查阅的只有中东铁路经济调查局出版发行的《北满煤炭》和 Л. И. 柳比莫夫的《扎赉诺尔煤矿》两部书。然而，这两部书又都只是关于中国东北煤炭资源和煤炭产地的个别领域研究的图书，难以满足工业界对中国东北各类矿产资源信息的需求。因此，着手编撰一部系统记述中国东北各类矿产资源的图书被提上了日程，因为它将对中国东北区域经济的发展产生非常重要的实践意义。这项编撰工作由移居哈尔滨的采矿工程师、地质学家和东省文物研究会地质学股股长 Э. Э. 阿涅尔特来完成，因为 Э. Э. 阿涅尔特是公认的地质专家。该项工作还得到了东省文物研究会的大力支持，这与东省文物研究会本身就有对中国东北自然资源进行研究的目的有关。所以，考虑到采矿工业在中国东北经济中的巨大意义，东省文物研究会于 1928 年在哈尔滨出版发行了 Э. Э. 阿涅尔特撰写的《北满矿产志》一书。

《北满矿产志》一书由正文四部分和附录构成，共 227 页。第一部分为北满总述，主要记述了北满地理位置、地域范围、人口、气候、地形、地貌和地质结构等。第二部分为矿产的种类，主要记述了北满的矿产划分为金属矿和非金属矿两类，其中金属矿 13 种、非金属矿 26 种，合计 39 种矿产。本部分以表格形式记载了以上 39 种矿产在北满的分布地和储量、开发状态和用途，其中金属矿分布在 257 个区域、非金属矿分布在 271 个区域，合计 528 个区域拥有矿产资源；工业用途金属矿分布在 52 个区域、非工业用途金属矿分布在 10 个区域，未探明用途金属矿分布在 195 个区域；工业用途非金属矿分布在 127 个区域，非工业用途非金属矿分布在 20 个区域，未探明用途非金属矿分布在 124 个区域；合计工业用途的矿产分布在 179 个区域，非工业用途的矿产分布在 30 个区域，未探明用途的矿产分布在 219 个区域。第三部分为矿产地的分布与地质条件概述，首先从整体上记述了上述 39 种金属矿和非金属矿在北满的分布地的地质条件，其次分述了一些重要金属矿和非金属矿分布地的具体情况。第四部分为北满矿产资源的开采，简要记述了非金属矿（尤其是煤炭）和金属矿（尤其是黄金）资源的开采量及其利用情况。书后附录了 11 种表格，记录了北满矿区面积、黄金开采、煤炭的技术分析、煤炭的开采与销售、北满对采矿工业品的需求等。

《北满矿产志》一书的价值首先在于它的资料性。Э. Э. 阿涅尔特将其穷尽 30 年所收集的资料以及百余种关于北满矿产的文献汇集于《北满矿产志》一书中，使得《北满矿产志》一书成为关于北满矿产资料的综合数据报告。这个关于北满矿产资源的资料报告也由此成为了学术界研究北满矿业和工业界了解北满矿产资源的案头必备之书。上文已述，《北满矿产志》一书算不上是第一部关于北满矿产资源的著作。著者 Э. Э. 阿涅尔特对《北满矿产志》一书作出了自己的评价：《北满矿产志》一书不是对北满矿产及其产地的全面概述，也不是对个别矿产地记述的终结，是关于北满矿产问题的概述性描述和手册指南。《北满矿产志》一书是未来详述和研究北满个别矿产地，以及全面研究北满矿产资源的导论性著作[①]。关于这部书的评价问题，当代俄罗斯学者也给予了评说：《北满矿产志》一书不仅是俄国地质学家多年科学探索的结果，而且也是北满地质研究一定阶段结束的标志[②]。正是因为该书的巨大价值和影响，《北满矿产志》于 1929 年和 1931 年又分别被译成英文和中文出版。

《满洲的矿山工业》于 1934 年在哈尔滨出版，篇幅为 102 页，是继《北满矿产志》之后 Э. Э. 阿涅尔特出版的又一力作。该书是 Э. Э. 阿涅尔特在中国东北地区矿藏研究的基础上进一步深化研究的产物，即中国

---

① Э. Э. Анерт Полезные ископаемые Северной Маньчжурии/Труды Общества изучения Маньчжурского края. - Харбин：Издательство Общества изучения Маньчжурского края,1928. - Вып. 1. с. 9.

② Гараева Л. М. Научная и педагогическая деятельность русских в Маньчжурии в конце XIX - первой половине XX века：Дис. . . кандидата исторических наук：Владивосток,2009. с. 62.

东北矿山工业研究。Э. Э. 阿涅尔特在该书前言中指出了撰写目的，"只是使读者了解满洲矿山工业的现状及其未来的发展能力"，而非"评价与列举所有已知或经常谈及的矿区与非矿区以及所有地方小型而又通常存在时间不久的原始矿山企业"，"全面详尽地评价新发现矿产地的地质资源与未来矿业发展的经济能力"。[①]

该书分两部分论述，即矿山工业的历史、现状，其中现状部分占据93页的篇幅。这与该书撰写的初衷极为吻合。在满洲矿山工业现状部分，作者就中国东北采金业，冶铁业，制铂业，制铜工业，制银铅工业，煤炭工业，黄铁矿工业，制锰钨钼工业，制沥青与油页岩工业，石油开采业，制碱业，制盐业，制石膏业，制矿泉业，制萤石，长石，石灰岩，白云石，菱镁岩业，水泥工业，建材与技术材料业，磨料业，次等宝石业，彩石业等多个矿山工业领域的现状进行了介绍。在书中，作者"不仅描述了满洲矿山工业产生的历史、个别矿产的利用程度、矿山企业的生产与设备现状以及其在令人难以忍受的生活与法律条件下所碰到的发展难题，也指出了矿山工业的个别领域的发展能力以及预言当生活与法律条件得到好转和满洲的整体活力得到提高、巩固之时满洲的矿山工业将迎来一个美好的发展前景"。[②]

综合分析中国东北矿山工业的发展现状，作者指出，"除了南满铁路的某些大型企业和北满的少量煤矿外，在满洲还没有大型矿山工业。总之，该类工业暂时还处于极其落后的发展状态"[③]。"中东铁路使北满成为了满洲矿业——采金业、煤炭工业等的开路先锋和推动了北满矿业从弱小和原始的作坊转变为现代型的大企业。""在满洲矿业的整体发展中，南满大大超过了北满，时至今日，北满的矿业仍处于萌芽与弱小的状态，而南满的矿山工业却获得巨大成功。""但北满的自然资源非常丰富，并且还拥有在南满几乎完全没有的广袤的研究甚少的深林，其可能蕴藏着更多且暂时未知的资源。这点预示着满洲的矿山工业将有很好的发展

---

① Анерт Э. Э. Горная промышленность Маньчжурии. – Харбин, 1934. с. 1.

② Анерт Э. Э. Горная промышленность Маньчжурии. – Харбин, 1934. с. 99.

③ Анерт Э. Э. Горная промышленность Маньчжурии. – Харбин, 1934. с. 2.

前景。"①

可以说，《北满矿产志》与《满洲的矿山工业》是 Э. Э. 阿涅尔特在中国东北地质研究上的姊妹篇。前者是矿产资源的分布与储量研究，后者是矿产资源的开发研究。

《远东的矿藏》于 1928 年在哈巴罗夫斯克和符拉迪沃斯托克两地同时出版。该书是 Э. Э. 阿涅尔特在俄国远东地质研究上的集大成之作。据作者在序言中所说，该书起初是 Э. Э. 阿涅尔特在 1917 年为《地貌与矿藏》杂志撰写的系列文章，在经过有充分根据的批评和多次修改后，《地貌与矿藏》杂志编辑部准备刊印单行本并将全文翻译成英文。由于无法左右的情况，《地貌与矿藏》杂志在 1921 年末临时停刊了，因此，Э. Э. 阿涅尔特的《远东的矿藏》手稿被《地貌与矿藏》杂志编辑部返还回来。六年后，俄国"图书事业"股份公司建议 Э. Э. 阿涅尔特出版他的这个著作。但此刻距离该书的最初撰写时间已过去了差不多十年。这期间，又产生了许多新资料和新信息。然而，已成为俄侨的 Э. Э. 阿涅尔特不可能掌握完整、足够的资料，因此 Э. Э. 阿涅尔特请求符拉迪沃斯托克的地质学家 И. А. 普列沃布拉仁斯基和 П. И. 阿列克谢耶夫斯基能够给予帮助。因此，《远东的矿藏》一书在补充新资料和新信息后才正式面世。②

该书由引言、正文和结论三部分组成，篇幅超长，达 932 页。引言部分包括远东的地理定义与分类、整体自然地理条件、矿藏与地质构造的关系、矿产品的本地消耗与来源及周边地区的资源与矿产品消耗四章。正文部分包括燃料（煤炭、泥炭、沥青岩、石油）、石墨、铁矿、锰矿、铜矿、钼矿、银铅锌矿、锑矿、砷矿、汞矿、铋矿、金矿、宝石、黄铁矿、萤石、硫磺、云母、石棉、石膏、石灰石、大理石、水泥、建筑石、铂、磷钙土、水力、碘、耐火与保温材料、食盐、矿泉、温泉三十一章。结论部分为远东矿业的发展前景。作者在书中不仅就上述几十种在俄国远东已探测到的矿产的主要分布地、储量和用途进行了详细介绍，也阐

---

① Анерт Э. Э. Горная промышленность Маньчжурии. – Харбин, 1934. с. 100.

② Анерт Э. Э. Богатства недр Дальнего Востока. – Хабаровск : Кн. дело ; Владивосток : Кн. дело, 1928. с. XI.

述了俄国远东的自然地理条件、地质构造、矿产的开发状态及矿业的发展前景。作者指出，"俄国远东的资源非常丰富与富足，完全有能力满足本地区的需求"，但进入外部市场的动力不足，因此建议国家和社会组织"（1）制定与国家同步的边区工业发展计划；（2）进行长期资源统计与利用研究工作；（3）制定道路建设和实现当前任务的计划；（4）出台提高边区尤其是矿区的文化措施；（5）在行政与立法领域创造促进矿业产生与发展的条件；（6）制订可持续的调查计划（调查区域内未知的资源和研究矿业产生的条件）"①。

如果说 Э. Э. 阿涅尔特的《北满矿产志》是关于中国东北北部地区矿产资源的百科全书，那么，Э. Э. 阿涅尔特的《远东的矿藏》则是当之无愧的关于俄国远东矿产资源的百科全书。

第五节　И. И. 谢列布列尼科夫

关于 И. И. 谢列布列尼科夫生平活动的资料，目前相对比较完整，一部分保存在俄罗斯联邦国家档案馆，一部分保存在俄罗斯伊尔库茨克州国家档案馆，一部分保存在美国胡佛战争与和平研究所。21 世纪以来，俄罗斯已有学者陆续整理和研究 И. И. 谢列布列尼科夫的生平档案资料，发表了诸如《А. Н. 和 И. И. 谢列布列尼科夫夫妇：生平概述》②《天津的谢列布列尼科夫夫妇》③《А. Н. 和 И. И. 谢列布列尼科夫夫妇——不

① Анерт Э. Э. Богатства недр Дальнего Востока. – Хабаровск: Кн. дело; Владивосток: Кн. дело, 1928. с. 826.

② Хисамутдинова А. А. Александра Николаевна и Иван Иннокентьевич Серебренниловы. Биографическиф очерк. // Китай и русская эмиграция в дневниках И. И. и А. Н. Серебренниковых. В 5 т. Том I: 《Покажемысчастливытем, чтоничтонеугрожаетнам…》 (1919 – 1934) / Сост., вступ. ст., подготовкатекста, биографическийсловарь икоммент. А. А. Хисамутдинова; Общаяред. СМ. Ляндреса. – М.: 《Российскаяполитическаяэнциклопедия》 (РОССПЭН), 2006. с. 16 – 44.

③ Хисамутдинов А. А. Серебренниковы из Тяньцзина // Зап. Рус. акад. группы в США. – Нью – Йорк, 1994. – Т. XXVI. V. 26. pp. 295 – 316.

贪私利的学者》①《杰出的西伯利亚人：И. И. 谢列布列尼科夫在天津逝
世五周年》②《И. И. 谢列布列尼科夫的创作：纪念 И. И. 谢列布列尼科
夫活动四十周年》③《与众不同的纪念日：纪念 И. И. 谢列布列尼科夫文
学、学术、社会与国务活动四十周年》④《作为西伯利亚地方主义者生活
与工作的 И. И. 谢列布列尼科夫（1882—1953）》⑤《И. И. 谢列布列尼科
夫：生活道路与西伯利亚知识分子观点的演进（1882—1920）》⑥ 等论著。
这些资料完整的勾勒出了 И. И. 谢列布列尼科夫一生活动的链条。笔者
根据这些文献资料以及 И. И. 谢列布列尼科夫个人所撰写的回忆录，把
И. И. 谢列布列尼科夫的生平简介与主要活动、重要著作主要内容介绍给
国内，以了解其一生尤其是在华的学术成就。

一　生平简介与学术成就

И. И. 谢列布列尼科夫，1882 年 7 月 14 日出生于伊尔库茨克州威尔
赫连斯基县兹那缅斯科耶村，1953 年 6 月 19 日卒于天津。И. И. 谢列布
列尼科夫在兹那缅斯科耶村的国民教育部学校接受了良好的初等教育。
1893 年，11 岁的 И. И. 谢列布列尼科夫通过考试进入伊尔库茨克男子古
典中学学习。在中学时代，И. И. 谢列布列尼科夫对西伯利亚的历史、自
然、民族问题就表现出了浓厚的兴趣，也表现出了文学天赋。1901 年 5
月 30 日，И. И. 谢列布列尼科夫中学毕业，并获得了银质奖章。当年秋，

① Хисамутдинов А. А. И. И. и А. Н. Серебренниковы – учёные бессребреники//Проблемы Дальнего Востока. 1996. №5. с. 154 – 162.

② Б. П. Выдающийся сибиряк：5 лет со дня смерти в Тяньцзине 19 июня 1953 г. И. И. Серебренникова //Рус. жизнь（Сан - Франциско）. —1958. —24 июня（№4136）.

③ Талызин М. Творчество И. И. Серебренникова：К 40 – летию деятельности И. И. Серебренникова//Харбинское время. Харбин. 1941. 6 марта.

④ Незаурядный юбилей：К 40 – летию лит., науч., обществ. и гос. деятельности И. И. Серебренникова//Голос эмигранта（Харбин）. 1941. – 9 марта.

⑤ Шиловский М. В. 《 Буду жить и работать как сибирский областник 》. И. И. Серебренников（ 1882 - 1953 ）//Общественно - политическая жизнь Сибири, XX век. – Новосибирск：Новосиб. ун - т, 2006. – Вып. 7. с. 57 – 69.

⑥ Сергеевна Р. О. Иван Иннокентьевич Серебренников：жизненный путь и эволюция взглядов сибирского интеллигента（ 1882 - 1920 гг. ）：диссертации … кандидата исторических наук. ：Иркутск, 2009. 327с.

И. И. 谢列布列尼科夫进入圣彼得堡军事医学院学习。受当时大学生运动的影响，1902 年 2 月 8 日，И. И. 谢列布列尼科夫参加了大学生集会并被逮捕，拘留 10 天。根据军事部的命令，И. И. 谢列布列尼科夫于 1902 年春天被从军事医学院除名。退学后的 И. И. 谢列布列尼科夫返回了伊尔库茨克。1902 年夏，И. И. 谢列布列尼科夫找到一份从伊尔库茨克至贝加尔区间的铁路旅客检票员的差事。从 1902 年起，И. И. 谢列布列尼科夫在伊尔库茨克开始积极与当地的政党和政治流放犯接触与合作。1905 年初，因参加筹备和组织了亚历山大中央监狱"罗曼诺夫人"越狱逃跑事件，И. И. 谢列布列尼科夫被判入狱三个月。1905 年 4 月初被从伊尔库茨克州监狱释放。

1905 年夏，经过长期思想斗争，И. И. 谢列布列尼科夫决定加入社会民主革命党，并被选举为伊尔库茨克委员会委员。1906 年 1 月 1 日凌晨，由于破坏战时管制制度，И. И. 谢列布列尼科夫在伊尔库茨克儿童广场人民剧院被逮捕，被判入狱 3 个月。1906 年 4 月 1 日从亚历山大中央监狱被释放。两天后，И. И. 谢列布列尼科夫又被召进警察局，并通告他必须离开伊尔库茨克，禁止在伊尔库茨克和西伯利亚大铁路附属各县生活。在此情况下，И. И. 谢列布列尼科夫选择了去圣彼得堡生活。1906 年秋，И. И. 谢列布列尼科夫宣布退出社会民主革命党，脱离政治活动。1907 年 4 月，妻子 А. И. 彼得罗娃①嫁给了 И. И. 谢列布列尼科夫，成为其一生的朋友和助手。1907 年 6 月 20 日早晨，因曾参加社会民主革命党组织，И. И. 谢列布列尼科夫被突然逮捕，并关进"十字架"监狱。1908 年 1 月初被从"十字架"监狱释放，并离开了圣彼得堡，在图拉省、伊

_____

① А. И. 彼得罗娃出嫁后改姓为 А. И. 谢列勃连尼科娃，其 1883 年 3 月 15 日出生于俄罗斯远东地区的奥克明斯基耶·连斯耶矿区，1902 年毕业于伊尔库茨克贵族女子中学，从事俄语教师工作。教学之余，А. И. 谢列布列尼科娃也从事环贝加尔铁路波兰人流放犯的教育工作。自 1907 年起成为谢列布列尼科夫的妻子。她于 1920 年末应 Г. К. 金斯教授之邀来到北京，为教授撰写的《西伯利亚、同盟者、高尔察克》一书作校对员。1922 年移居天津，担任俄语和文学教师工作，并在《俄国民族协会公报》《中国敲钟人》《亚洲复兴》《亚洲之光》等报刊上发表过 200 多首诗歌。А. И. 谢列布列尼科娃酷爱诗歌，自 1937 年开始从事从英、法、德文中翻译中国诗歌和日本诗歌的工作，1955 年 1 月 20 日离开中国前往奥斯陆，之后到美国，在旧金山担任《俄罗斯生活》报的校对员，1975 年 4 月 12 日逝世。

尔库茨克州等辗转流离。1908 年末，内务部特别会议仍以 И. И. 谢列布列尼科夫曾参加社会民主革命党组织为由惩罚其流放沃洛格达州 2 年。但他携妻子秘密潜回到故乡伊尔库茨克生活，处于非法居留状态。在圣彼得堡生活期间，И. И. 谢列布列尼科夫开始从事学术研究工作，关注西伯利亚与伊尔库茨克州的历史、民族等问题，与在圣彼得堡发行的《西伯利亚问题》杂志合作，并为其撰写了九篇关于在伊尔库茨克发生的 1905 年 10—12 月和 1906 年 1 月的革命事件的文章。离开圣彼得堡后，И. И. 谢列布列尼科夫开始与伊尔库茨克的报纸《西伯利亚》合作，1908 年、1909 年，谢列布列尼科夫以 И. С.、И. И. С.、И. 伊尔金斯基、观察家、西伯利亚人等为署名发表了大量关于西伯利亚的大事记、简讯、书刊简介和专题历史文章。1910 年夏，И. И. 谢列布列尼科夫结识了俄国皇家地理学会东西伯利亚分会会员 И. А. 波德郭尔朋斯基，从此与俄国皇家地理学会东西伯利亚开展合作。1910 年、1911 年两年内，И. И. 谢列布列尼科夫在《俄国皇家地理学会东西伯利亚分会通报》上发表了六篇关于西伯利亚历史、统计经济和异族人问题的文章。至此，И. И. 谢列布列尼科夫最终确定自己在学术研究上的主要方向：西伯利亚历史、西伯利亚边区统计经济和西伯利亚异族人问题。

1910 年秋，И. И. 谢列布列尼科夫受邀参加伊尔库茨克市杜马铺设伊尔库茨克至连斯克边区委员会工作。这成为 И. И. 谢列布列尼科夫人生命运改变的重要事件。借此时机，他积极通过个人的争取和多个部门的支持，至 1912 年秋，使对其的一切处罚和限制全部被撤销与解除。1911 年和 1912 年夏，受伊尔库茨克市杜马和西伯利亚及改善生活研究会伊尔库茨克分会委托，И. И. 谢列布列尼科夫领导了对伊尔库茨克至连斯克边区区间地区和伊尔库茨克州手工业的经济调查。1911 年的调查资料被 И. И. 谢列布列尼科夫于 1911—1912 年在《西伯利亚报》上发表了 6 篇文章，并于 1912 年出版了《关于伊尔库茨克至日加洛沃铁路区域经济状况、该条铁路的预计货运量及延展至博代博市的报告》。这是 И. И. 谢列布列尼科夫出版的第一部关于伊尔库茨克州经济的单行本著作。1912 年的调查资料被 И. И. 谢列布列尼科夫于 1913 年先在《西伯利亚》报发表了十三篇文章，于 1914 年在伊尔库茨克州统计委员会促进下出版了 71

页的《伊尔库茨克州手工业（当下伊尔库茨克州手工业评价资料)》，后
又于 1915 年在圣彼得堡出版的《农村经济与农业统计科通报》第 11 卷
上全文刊登。

在从事经济调查之时，И. И. 谢列布列尼科夫对伊尔库茨克州的历史
古迹也产生了极大的兴趣。在第一次调查期间，И. И. 谢列布列尼科夫成
功考察上连斯克县的 5 处教堂。1911 年 11 月 5 日，И. И. 谢列布列尼科
夫在俄国皇家地理学会东西伯利亚分会博物馆作了一场《关于伊尔库茨
克州历史古迹及其保护措施》的报告。该报告后在 1912 年的《西伯利亚
档案》杂志上发表。1915 年，该报告又以《伊尔库茨克州古老的木制结
构建筑术遗迹》为名出版了单行本。

在上述两次调查尤其是获得真正自由之后，И. И. 谢列布列尼科夫更
加积极地参与社会政治活动。1912 年 10 月 27 日，И. И. 谢列布列尼科夫
成为俄国皇家地理学会东西伯利亚分会正式会员。1913 年 12 月 5 日，
И. И. 谢列布列尼科夫被选举为学会干事会干事。1913 年 12 月 18 日担任
学会编辑委员会委员。1915 年 4 月 8 日被选举为学会负责人。1913 年 2
月被选举为西伯利亚及改善生活研究会伊尔库茨克分会副主席。1912 年
10 月成为伊尔库茨克州学术档案委员会委员和该会干事会干事。1913 年
2 月 18 日，И. И. 谢列布列尼科夫被正式任命为伊尔库茨克市杜马秘书。
1915 年 2 月 10 日，И. И. 谢列布列尼科夫成为全俄城市联盟救助伤病军
人伊尔库茨克委员会委员；9 月 16 日，被选举为该委员会副主席；9 月
23 日，被任命为该委员会下设的军事技术处（保障武器装备）处长。
1916 年 6 月 30 日，И. И. 谢列布列尼科夫以全俄城市联盟救助伤病军人
伊尔库茨克委员会代表在西伯利亚地区工厂会议兼职。

在十月革命前，除了各项社会政治活动外，在学术研究上，И. И. 谢
列布列尼科夫也作了一些工作，主要集中在对西伯利亚的民族史、人口
史等问题进行了重点研究，在《俄国皇家地理学会东西伯利亚分会通报》
《西伯利亚及改善生活研究会伊尔库茨克分会通报》《西伯利亚档案》等
杂志上发表了《东西伯利亚异族人的构成与职业》《伊尔库茨克州的原著
民（伊尔库茨克州与伊尔库茨克市史料)》（1915 年出版单行本）《Г. Н.
波塔宁与地方主义》《布里亚特经济史》《伊尔库茨克州的古老建筑与教

堂》《C. 列梅佐夫〈西伯利亚绘图书〉作品中的伊尔库茨克州》（1913年出版单行本）等重要文章（部分文章出版了单行本）。

在 1908 年至 1917 年的社会、政治、学术活动中，И. И. 谢列布列尼科夫在西伯利亚赢得了尊重、信任与声誉。1917 年俄国二月革命后，И. И. 谢列布列尼科夫是完全支持资产阶级临时政府的，因为他对新政府的国家民主改造充满了希望。为了捍卫西伯利亚人的利益，И. И. 谢列布列尼科夫积极组织地方主义者组织和宣传地方主义思想。1917 年俄国十月革命后，И. И. 谢列布列尼科夫站在了反苏维埃势力一边，曾担任过白卫军高尔察克政府和西伯利亚政府的部长。从 1918 年夏，И. И. 谢列布列尼科夫对布里亚特人的经济活动进行了调查研究，该项工作于 1919 年在赤塔结束，所取得的成果是 И. И. 谢列布列尼科夫撰写了一部《布里亚特人及其经济生活方式与土地使用》[①] 的重要民族学著作。该著由于政治原因在当时没有出版，直到六年后才在上乌丁斯克公开出版。1919 年，И. И. 谢列布列尼科夫在伊尔库茨克军区司令部工作，负责《伟大俄国报》的发行工作。

1920 年 3 月 19 日，И. И. 谢列布列尼科夫夫妇被迫侨居中国哈尔滨，借助哈尔滨西伯利亚人的帮助，解决了住处。来到异国后，И. И. 谢列布列尼科夫夫妇并没有放弃自己喜爱的之前从事的工作（学术与教育）。为了解和研究中国，И. И. 谢列布列尼科夫立刻申请加入了满洲俄国东方学家学会，从事经济研究，多次在中东铁路经济调查局的前身——哈尔滨经济小组作报告，撰写了《西伯利亚牲畜数量与结构问题资料》《蒙古畜牧业调查计划》两篇经济统计的文章。1920 年夏，И. И. 谢列布列尼科夫在哈尔滨出版了《为作战军队订购肉的蒙古考察队的资料》[②]。1920 年

---

① Серебренников И. И. Буряты：их хозяйственный быт и землепользование. Т. 1/Под ред. проф. Н. Н. Козьмина；[Бурят－Монгол. науч. о－во им. Доржи Банзарова]. － Верхнеудинск：Бурят－Монгол. изд－во，1925. － Ⅷ，с. 226.

② Серебренников И. И. Материалы к вопросу о состоянии котоводства у бурят Иркутской губернии и Забайкальской области. － Харбин：Изд. Монгол. экспедиции по заготовке мяса для действующей армии，1920. －83с；Материалы к вопроу о численности и оставе кота в Сибири. － Харбин：Изд. Монгол. экспедиции по заготовке мяса для действующей армии，1920. с. 60.

4 月，应哈尔滨合作社培训班负责人 Т. В. 卜托夫的邀请，И. И. 谢列布列尼科夫在培训班上讲授了西伯利亚学课程；1920 年秋，其讲义以单行本形式在哈尔滨出版。这是他作为西伯利亚地方主义者活动的总结。И. И. 谢列布列尼科夫也在 1920 年 3 月开办的哈尔滨高等经济法律班（1922 年更名为哈尔滨法政大学）教授统计学课程。在教学的同时，他还以笔名老哈尔滨人在《俄国之声》报发表了多篇地方志和评论文章。他的妻子负责整理稿件，也在该报上发表了几篇简讯。1920 年 12 月，应企业主 В. В. 诺萨奇 - 诺斯科夫之邀，И. И. 谢列布列尼科夫夫妇来到北京，管理其向俄国驻北京传教士团所租赁的印刷所。И. И. 谢列布列尼科夫夫妇在印刷所印刷的《俄国评论》杂志上发表了多篇文章。在北京期间，И. И. 谢列布列尼科夫夫妇完成了多次考察，参观了北京的历史名胜古迹，并用俄文编撰出了第一本关于北京的旅游指南①。1921 年春，印刷所停止了存在，И. И. 谢列布列尼科夫夫妇继续留在使团。1922 年初，根据大司祭英诺肯提乙请求，他重新恢复了《中国福音报》的发行，并在其上发表了关于阿尔巴津人的文章。1922 年下半年，在被聘为天津公共商业学校校长后，И. И. 谢列布列尼科夫夫妇最终决定移居天津，在学校教授东方学课程。在哈尔滨俄侨 Г. К. 金斯教授和青岛俄侨出版商 Г. Г. 杰里别尔格建议下，И. И. 谢列布列尼科夫很快就在天津开办了一家私人书店。1923 年秋又开办了一家私人图书馆。1925 年 1 月，И. И. 谢列布列尼科夫夫妇在天津俄侨协会所在的商业中心购买了一套住宅，并将书店与图书馆搬至住宅内楼下。很快，И. И. 谢列布列尼科夫放弃了在学校授课，全身心地经营自己附带图书馆的书店。

在天津，И. И. 谢列布列尼科夫也积极地与外界交流和融入天津的社会生活，如 1925 年夏 И. И. 谢列布列尼科夫夫妇在天津结识了雅库特著名社会活动家 А. А. 谢苗诺夫、1925 年在书店迎接了著名旅行家 П. К. 科兹洛夫、与伊尔库茨克的柯子明教授等有着书信往来、与伊尔库茨克大学保持着联系、1926 年春获得邀请参加俄国地理学会东西伯

---

① Серебренников И. И. Русский путеводитель по Пекину и его окретностям. - Пекин：тип. Рус. духовной миссии，1923. с. 67.

利亚分会成立 75 周年庆祝大会、在公众场合举行了《苏联经济评论》
《中国人的民间信仰》《中国的萨满教》《太平洋沿岸问题》等多场公
开综述性的演讲、与当地俄侨学者联合成立了存在大约两个月的学术
小组。

　　1927 年 2 月 28 日，И. И. 谢列布列尼科夫夫妇把拥有 1400 册图书的
书店转让给了科祖林夫妇，决定去欧洲生活。在大连等疗养地度过了夏
天后，И. И. 谢列布列尼科夫夫妇又放弃了去欧洲的想法并返回了天津。
回到天津后，И. И. 谢列布列尼科夫夫妇继续积极参与社会活动，其间，
И. И. 谢列布列尼科夫从事数学补习教师工作，他的妻子从事俄语与文
学、英语补习教师工作。И. И. 谢列布列尼科夫成为天津俄国公共俱乐部
领导会议成员，也是天津俄国民族协会创办者之一及其机关报《天津俄
国民族协会报》主编（1928 年 8 月 13 日至 1932 年 11 月）。与流亡国外
的同乡（布拉格的 И. А. 雅库舍夫、美国的 Г. Д. 格列本希科夫、日本的
Г. И. 切尔特科夫）、布拉格的俄国国外历史档案馆、美国胡佛战争与和
平研究所、密歇根大学列梅尔教授、太平洋通讯学院卡尔德尔教授等进
行通信交流，或提供调查资料，或提供在华俄侨出版物和关于远东革命
与战争的手稿资料。

　　从 1929 年起，И. И. 谢列布列尼科夫开始撰写回忆文章和回忆录，
反映本人亲身经历的俄国革命与国内战争事件与在哈尔滨、北京和天津
的侨居生活。1929 年，И. И. 谢列布列尼科夫在布拉格发行的《自由西
伯利亚》俄文杂志上发表了第一篇名为《西伯利亚政府历史一页》的回
忆文章。1937 年初，И. И. 谢列布列尼科夫在天津出版了《我的回忆录
（1917—1919）》第一卷[①]；1940 年 12 月初在天津出版了《我的回忆录
（1920—1924）》第二卷[②]。И. И. 谢列布列尼科夫在记录个人与历史的同
时，也通过其他事件亲历者记录同样的历史。И. И. 谢列布列尼科夫一直
在思考撰写一部大部头的关于国内战争影响的著作。为此，他收集了各

[①]　Серебренников И. И. Мои воспоминания：［в2 т.］. Т. 1：В революции（1917 – 1919）. –
Тяньцзин：［Наши знания］，1937. 289с.

[②]　Серебренников И. И. Мои воспоминания：［в2 т.］. Т. 2：В эмиграции，（1920 – 1924）. –
Тяньцзин：［Наши знания］，1940. 262с.

类文件、日记、信件，采访了事件的见证者与参加者。1936 年，И. И.
谢列布列尼科夫在哈尔滨出版了《大撤退——流散亚洲的白俄军队》①一
书。И. И. 谢列布列尼科夫通过另一种方式记录了俄国革命与国内战争所
导致的白军残余分子悲惨漂泊的历史，同样是带有回忆录性质的著作。
与此同时，И. И. 谢列布列尼科夫也应当时的社会名流之邀为其整理和加
工自己的回忆录。1938 年在天津出版了经 И. И. 谢列布列尼科夫加工润
色的俄国远东著名企业主 И. В. 库拉耶夫的《在幸福的星空下：回忆
录》，1940 年在上海出版了 В. И. 冈基穆罗夫公爵委托撰写的《冈基穆尔
公爵：历史概述》。

　　为了总结自己活动的结果，И. И. 谢列布列尼科夫以纪念形式举办了
几次庆祝活动，如 1940 年在华侨居 20 周年的庆祝活动、1941 年学术生
涯 40 周年的庆祝活动等。

　　太平洋战争的爆发迫使 И. И. 谢列布列尼科夫与外界停止了联系。
И. И. 谢列布列尼科夫夫妇在天津成立的华北俄侨反共中央委员会（类似
于哈尔滨的满洲俄侨事务局）的管理与支持下开展文化社会与学术活动，
如 1943 年 7 月结束了独一无二的可以撕页的日历的编撰工作并由"我们
的知识"出版社印刷。该日历中登载了许多关于日本、中国、中国蒙古
地区、中国东北地区和西伯利亚等地的东方学文章，以及中国、日本和
朝鲜诗歌作品。

　　第二次世界大战后，И. И. 谢列布列尼科夫选择了继续留在中国侨居
生活。在艰难的条件下，И. И. 谢列布列尼科夫并没有停止学术活动，仍
着手出版《亚洲史》第 2 卷，为旧金山俄国文化馆撰写关于天津定期出
版物史的资料。1948 年 12 月末，И. И. 谢列布列尼科夫开始变卖家财，
把私人图书馆转给了欧洲俱乐部"孔斯特"。1949 年，И. И. 谢列布列尼
科夫又把自己的教学资料捐赠给了天津的俄侨学校和图书馆，同时也出
售了住宅。之后，И. И. 谢列布列尼科夫夫妇一同在天津生活了三年多。
在丈夫在天津去世一年半后，И. И. 谢列布列尼科夫的妻子也离开了中

---

① Серебренников И. И. Великий отход: Расеяние по Азии белых русских армий, 1919 –
1923. – Харбин, 1936. 264 с.

国，辗转到欧洲，于 1956 年 1 月 20 日在美国定居。1975 年 4 月 12 日，
А. Н. 谢列勃连尼科娃在美国旧金山逝世。

　　И. И. 谢列布列尼科夫的生平活动史是一部通过这个西伯利亚知识
分子生活道路史而反映出的西伯利亚史和俄国史，同时也反映了其所侨
居国——中国的历史。这也体现在 И. И. 谢列布列尼科夫在华期间所发
表学术成果上。30 余年间，И. И. 谢列布列尼科夫在《俄国评论》《中
国福音报》《亚细亚时报》《公报》《华俄月报》《东省杂志》《言论
报》《中东经济月刊》《喉舌报》《凤凰报》《亚洲复兴报》《自由西伯利
亚》（布拉格）、《日本与日本人》（东京）、《天津俄国民族协会公
报》《西伯利亚》（东京）《中国日报》《对外事务》（纽约）、《太平
洋历史评论》（格伦代尔）等俄、日、英文报刊上发表了《中东铁路沿
线职工生活评价》[①]《纪念 Г. Н. 波塔宁》[②]《阿尔巴津人：历史概述》[③]
《西伯利亚学简讯》[④]《中国经济地理概论》[⑤]（1926 年在哈尔滨出版单行
本）、《北平历史资料》[⑥]《北京的历史故事与传说》[⑦]《重新审视西伯利亚
问题》[⑧]《中国的民间信仰》[⑨]《中国军队中的俄罗斯人：历史资料》[⑩]

---

　　① Серебренников И. И. К характеристике быта линейных служащих Китайской Восточной
ж. д. // Рус. обозрение(Пекин). 1921. №5. с. 226 – 236.

　　② Серебренников И. И. Памяти Г. Н. Потанина//Рус. обозрение. 1920. №1. с. 226 – 233.

　　③ Серебренников И. И. Албазинцы:Ист. очерк//Китайский благовестник(Пекин). 1922.
№1. – то же,Пекин:т – во“Восточное просвещение”,типо – литография Российской духовной
миссии. 1922. 15с. (同年在北京出版单行本)。

　　④ Серебренников И. И. Новости сибиреведения//Вестник Азии(Харбин). 1925. №53.

　　⑤ Серебренников И. И. Очерк экономичекой географии Китая//Вестник Азии(Харбин). 1925.
– Кн. 53. с. 1 – 113. – то же,Харбин:Рус. – Маньчжурская книготорговля,1926. – 113с.

　　⑥ Серебренников И. И. Бэйпин:Ист. правка//Гун – Бао(Харбин). 1928. №267.

　　⑦ Серебренников И. И. Из пекинских легенд и раказов//Вестн. рус. нац. общины
(Тяньцзин). 1928. №22.

　　⑧ Серебренников И. И. К пересмотру сибирских вопросов//Сибирь（Токио）. 1928. –
Июнь. – На яп. яз.

　　⑨ Серебренников И. И. Китайские народные поверья//Вестник Маньчжурии(Харбин).
1929,№4. с. 70 – 81.

　　⑩ Серебренников И. И. Русские в китайских войсках:Ист. справка//Вестн. рус. нац.
общины(Тяньцзин). 1928. №2.

《南中国的土著人》① 《关于中国农业人口预算调查问题》② 《中国包扎材料的特点（生活与经济因素）》③ 《苏维埃俄国的经济状况》④ 《抱怨：中国生活故事》⑤ 《中国的神话与宗教崇拜：信仰、风俗、仪式》⑥ 《从经济视角看太平洋问题》⑦ 《西伯利亚大铁路四十年》⑧ 《今日外蒙古》⑨ 《西伯利亚政府的未来》⑩ 《西伯利亚人记事》⑪ 《西伯利亚的征服》⑫ 《北京的西伯利亚圣物》⑬ 《阿尔巴津人》⑭ 《中国工艺品上的奇特图形》⑮ 《叶尔马克旗帜》⑯ 《中国萨满教》⑰ 《俄国在华利益》⑱ 《城主

① Серебренников И. И. Аборигены южного Китая//Вестн. Маньчжурии (Харбин). 1929. №9. с. 60 – 66.

② Серебренников И. И. К вопросу о бюджетных исследованиях крестьянского населения Китая//Экон. бюл. : Прил. к журн.《Вестн. Маньчжурии》. 1929. №20.

③ Серебренников И. И. К характеристике перевязочных средств в Китае: (бытовые и экон. факторы)//Экон. бюл. : Прил. к журн.《Вестн. Маньчжурии》. 1929. №23 – 24.

④ Серебренников И. И. Экономичекое положение Советкой России//Япония и японцы (Токио). 1929. – Нояб. – На яп. яз.

⑤ Серебренников И. И. Возмездие: Расказ из китайской жизни//Слово (Шанхай). 1930. №472.

⑥ Серебренников И. И. Мифы и религиозный культ в Китае: поверья. Обычаи. Обряды//Вест. Маньчжурии(Харбин). 1930. №4. с. 68 – 77.

⑦ Серебренников И. И. Тихоокеанская проблема с экономической точки зрения// Вольная Сибирь (Прага). 1930. № 9. с. 47 – 63.

⑧ Серебренников И. И. К сорокалетию Сибирской железной дороги//Слово (Шанхай). 1931. №769.

⑨ Серебренников И. И. Outer Mongolia today//Foreign Affairs (NewYork). 1931. – April.

⑩ Серебренников И. И. О будущем сибирского правительства//Слово: Рождественкое ил. прил. к газ. (Шанхай). 1932. – 18 дек.

⑪ Серебренников И. И. Памятка сибиряка//Слово: Рождественское ил. прил. к газ. (Шанхай). 1932. – 18 дек.

⑫ Серебренников И. И. Покорение Сибири//Слово(Шанхай). 1932. №1306.

⑬ Серебренников И. И. Сибирская реликвия в Пекине//Слово: Рождественское ил. прил. к газ. (Шанхай). 1932. – 18 дек.

⑭ Серебренников И. И. Albazinians//The China Journal(Shanghai). 1932. – July.

⑮ Серебренников И. И. Strange Figures of Chinese Handicraft//The China Journal. 1932. – September.

⑯ Серебренников И. И. Знамя Ермака//Слово(Шанхай). 1933. №1339.

⑰ Серебренников И. И. О шаманизме в Китае//Парус(Шанхай). 1933. №11.

⑱ Серебренников И. И. Русские интересы в Китае//Парус(Шанхай). 1933. №17,18.

的婚礼：故事》① 《在游戏中：来自西伯利亚的回忆》② 《回忆首都的学习》③ 《第十四妾：中国生活故事》④ 《夺回的幸福：中国生活故事》⑤ 《在天堂：故事》⑥ 《在战场上：中国生活故事》⑦ 《中国的丧葬费》⑧ 《恩琴伯爵初评》⑨ 《海军上将高尔察克之死》⑩ 《西伯利亚的自治运动及其未来》⑪ 《亚洲的童话故事》⑫ 《18、19 世纪俄罗斯人在中国》⑬ 《叶尔马克前在西伯利亚与阿拉斯加的俄罗斯人》⑭ 《中国的宗教歌曲》⑮ 《我和高尔察克海军上将的见面》⑯ 《伊尔库茨克的地方主义者集团》⑰

---

① Серебренников И. И. Свадьба городского бога：Рассказ//Парус（Шанхай）. 1932. №8 – 9.

② Серебренников И. И. В бирюльки：Из сиб. воспоминаний//Феникс（Шанхай）. — 1936. —№24.

③ Серебренников И. И. За учением в столицу：Из воспоминаний//Возрождение Азии（Харбин）. — 1940. —№2371.

④ Серебренников И. И. Четырнадцатая наложница. Рассказ из китайской жизни // Парус（Шанхай）. —1933. —№10.

⑤ Серебренников И. И. Отвоеванное благополучие：Рассказ из китайской жизни // Парус. —1933. —№10.

⑥ Серебренников И. И. В Храме неба：Рассказ//Слово（Шанхай）. —1930. —№460.

⑦ Серебренников И. И. На поле битвы：Рассказ из китайской жизни //Слово（Шанхай）. —1930. —№448.

⑧ Серебренников И. И. Funeral Money of China //Парус. —1933. —№4.

⑨ Серебренников И. И. Барон Унгерн：Опыт характеристики//Слово（Шанхай）. 1934. №1769.

⑩ Серебренников И. И. Смерть адмирала Колчака//Слово（Шанхай）. 1934. – 7 февр.

⑪ Серебренников И. И. The Siberian Autonomous movement and its Future//The Pacific Historical Review（Clendale, California）. 1934. Vol. 3, No. 4, pp. 400 – 415.

⑫ Серебренников И. И. Из сказок Азии//Феникс（Шанхай）. 1935. №12,16, 20.

⑬ Серебренников И. И. О русских в Китае в XVIII и XIX толетиях//Феникс（Шанхай）. 1935. №10.

⑭ Серебренников И. И. О русских в Сибири и Аляске до Ермака//Слово（Шанхай）. 1935. №2144.

⑮ Серебренников И. И. Китайские религиозные гимны//Вестн. Китая（Тяньцзин）. 1936. №3. с. 11 – 12.

⑯ Серебренников И. И. Из моих встреч с адмиралом Колчаком//Возрождение Азии（Харбин）. — 1940. —№2377.

⑰ Серебренников И. И. Иркутская группа областников：Из воспоминаний//Слово：Рождественское ил. прил. к газ.（Шанхай）. 1932. – 18 дек.

《流浪人：故事》① 《红矛：故事》② 《鬼把戏：故事》③ 《孔子与子路》④
《出使中国的第一个信使（西伯利亚哥萨克 И. 彼特林）》⑤《出使阿勒坦
汗使团》⑥《明朝末代皇帝的最后一天》⑦ 《铁木真》⑧《第一批俄国汉学
家》⑨《俄国军队拯救了外国人的天津》⑩《皇太极》⑪《御林军中的俄罗
斯人》⑫《纪念卡塔纳耶夫将军》⑬《中国诗歌》⑭《坐地户：天津的习
俗》⑮《唐努—图瓦共和国》⑯ 《军事统计领域》⑰ 《伊尔库茨克商人》⑱

① Серебренников И. И. Блуждающие души：Рассказ //Слово：Ил. прил. к газ. (Шанхай). —
1931. —17 мая.

② Серебренников И. И. Красные пики：Рассказ//Слово（Шанхай）. —1931. —№819.

③ Серебренников И. И. Проделки гуя：Рассказ//Слово（Шанхай）. —1931. —№717.

④ Серебренников И. И. Конфуций и дзылу. (перевел с гнглийского)//Вестн. Китая
（Тяньцзин）. 1936. №1. с. 5 – 7.

⑤ Серебренников И. И. Первый гонец в Китай：(Сиб. казак Иван Петлин)//Возрождение
Азии（Тяньцзин）. 1938. №1820.

⑥ Серебренников И. И. Посольство к Алтын – Хану//Возрождение Азии (Тяньцзин).
1938. №1830.

⑦ Серебренников И. И. Последний день последнего Императора династии Мин//
Возрождение Азии（Тяньцзин）. 1938. №1837.

⑧ Серебренников И. И. Темучин//Возрождение Азии（Тяньцзин）. 1938. №1848.

⑨ Серебренников И. И. Первые русские синологии//Возрождение Азии（Тяньцзин）. 1938.
№1854.

⑩ Серебренников И. И. Русские войска спали иностранный Тяньцзин//Возрождение Азии
（Тяньцзин）. 1938. №1857.

⑪ Серебренников И. И. Абахай//Возрождение Азии（Харбин）. 1939. №2085.

⑫ Серебренников И. И. Русские в гвардии китайских императоров//Новая заря（Харбин）.
1938. –6 авг.

⑬ Серебренников И. И. Памяти генерала Катанаева//Возрождение Азии (Харбин). 1939.
№2083.

⑭ Серебренников И. И. Поэзия Китая//Возрождение Азии（Харбин）. 1939. №2081.

⑮ Серебренников И. И. Старожил：Из тяньцзинской старины//Возрождение Азии
（Харбин）. 1939. №2096.

⑯ Серебренников И. И. The Tanna – Tuva Republic//The China Journal (Shanghai). 1939. –
November.

⑰ Серебренников И. И. Из области военной статистики//Возрождение Азии (Харбин).
1940. №2461.

⑱ Серебренников И. И. Иркуткие купцы//Возрождение Азии（Харбин）. 1940. №2362.

《中国新年》①《孔子》②《儒学》③《一个年老游手好闲人的栖身之所：中国日常琐事》④《端午节》⑤《俄国驻北京传教士团的汉学活动：文献概述》⑥（同年在北京出版单行本）、《纪念西伯利亚征服350周年》⑦《西伯利亚政府史》⑧等七十余篇文章，出版了《现存中国的民俗与迷信》⑨《亚洲史：中国内地、蒙古、满洲与西伯利亚历史文章、随笔和故事集》⑩《中国诗歌之花》⑪（与妻子合著）等5部著作。

二　代表著作主要内容及学术评价

《中国经济地理概论》是И. И. 谢列布列尼科夫在华出版的第一部比较有影响的学术著作。该书是И. И. 谢列布列尼科夫于1925年发表在《亚细亚时报》第53期上的一篇长篇论文，1926年以单行本形式在哈尔滨正式出版。它是И. И. 谢列布列尼科夫来华后在学术上向中国研究转型的第一个大部头成果。И. И. 谢列布列尼科夫之所以在中国研究上首先

---

① Серебренников И. И. Китайский Новый год//Возрождение Азии（Харбин）. 1940. №2378.

② Серебренников И. И. Конфуций//Возрождение Азии（Харбин）. 1940. №2467.

③ Серебренников И. И. Учение Конфуция//Возрождение Азии（Харбин）. 1940. №2477.

④ Серебренников И. И. Пристанище Старого Гуляки: Из китайской прозы//Так же. №2369.

⑤ Серебренников И. И. Праздник Пятой Луны//Возрождение Азии（Харбин）. 1940. №2480.

⑥ Серебренников И. И. Синологическая деятельность Русской духовной миссии в Пекине: Библиогр. очерк//Кит. Благовестник. 1941. №4. с. 26－42；№5. с. 31－40；№6. с. 47－50. － то же, Пекин, 1941. 38с.

⑦ Серебренников И. И. Памяти 350－летия завоевания Сибири//Слово. Шанхай, 1932. 18 дукабря.

⑧ Серебренников И. И. К истории Сибирского правительства//Сибирский архив. Прага: Издание Общества Сибиряков в ЧСР, 1929. №1. с. 5－22.

⑨ Серебренников И. И. Текущий китайский фольклор и китайские суеверия. － Тяньцзин: Знание, 1932. 46с.

⑩ Серебренников И. И. К истории Азии: Сборник статей, очерков и рассказов из истории Китая, Монголии, Маньчжурии и Сибири. Т. 1. Тяньцзинь: Victoria road, 1941. －444с.（Т. 2 не издан, находится в рукописи в архиве Гуверовского института, США）.

⑪ Серебрянникова А. Н., Серебрянников И. И. Цветы китайской поэзии: Сб. стихотворений －Тяньцзин: Издание автора. 1938. 168с.

选择了经济研究，其一在于其过去的经济研究实践；其二是"对中国经济生活给予通俗的总体述评"。①

在正文中，И. И. 谢列布列尼科夫以 87 页篇幅分专题概述性介绍了当时中国的面积、地貌、气候、动植物区系、矿藏、交通、人口、农业、蔬菜栽培、果树栽培、林业、养蚕业、矿业、畜牧业、家禽业、捕鱼业、狩猎业、金融业、加工业、贸易、主要城镇等情况。在附录中，И. И. 谢列布列尼科夫以 19 页篇幅介绍了中国的货币与度量衡、中国经济研究文献和中国东北地区研究史。

由于该书所关注的当下性和通俗性，所以在出版后的一段时间内曾作为符拉迪沃斯托克国立远东大学东方系的使用教材。

关于该书的总体评价问题，И. И. 谢列布列尼科夫在序言中写道，"本人不是东方学专家，意外地来到中国生活，在这里丧失了学术环境，因此事先请求宽容，如果在我的著作中专家们发现了任何错误和不准确。同时，我认为自己研究中国经济的著作的出版又是完全恰逢其时，尤其是当太平洋问题引起西方世界的关注以及有必要及时更新我们关于太平洋上的大国之一 ——中国经济知识之际"。②

该书在文献运用上也限制了著作的学术性，正如作者在其自传中所言，"作为商业学校的校长与教师，除部分教育实践，还兼营书店，不能抽出更多时间收集所研究问题的文献资料，只能利用闲暇时间进行中国经济研究，为此不得不使用英文文献"。尽管存在一定缺陷，但总体而言，《中国经济地理概论》是一部当时以俄文出版的关于中国宏观经济的重要著作。

《亚洲史：中国内地、蒙古、满洲与西伯利亚历史文章、随笔和故事集》是 И. И. 谢列布列尼科夫独立出版的最重要的学术著作。该书于 1941 年在天津华北反共中央委员会的资金支持下于天津出版，占据 442 个版面。该书的出版起源于 20 世纪 30 年代 И. И. 谢列布列尼科夫在报刊

---

① Серебренников И. И. Очерк экономичекой географии Китая. - Харбин：Рус. - Маньчжурская книготорговля，1926. с. 4.

② Серебренников И. И. Очерк экономичекой географии Китая. - Харбин：Рус. - Маньчжурская книготорговля，1926. с. 4.

上发表的一些带有历史民族性质的中国故事，在读者中的良好反响促使 И. И. 谢列布列尼科夫产生了出版一本这样的单行本著作的想法。1941 年 1 月，"我们的知识"出版社出版了 И. И. 谢列布列尼科夫的著作，取名为《亚洲史：中国内地、蒙古、满洲与西伯利亚历史文章、随笔和故事集：第一卷》。以集冠名，顾名思义，И. И. 谢列布列尼科夫的《亚洲史》并非是以时间为经、以重大历史事件为纬探讨亚洲区域整体历史的发生、发展与演进的规律，而是收录 И. И. 谢列布列尼科夫所撰写的关于亚洲区域个别国家与地区历史的单篇文章、随笔和故事。

《亚洲史：中国内地、蒙古、满洲与西伯利亚历史文章、随笔和故事集》篇幅较长，收录了《中世纪的西伯利亚》《13—16 世纪俄罗斯人在中国》《叶尔马克前西伯利亚的俄罗斯人》《西伯利亚的征服》《出使中国的第一个信使（西伯利亚哥萨克 И. 彼特林）》《出使阿勒坦汗使团》《明朝末代皇帝的最后一天》《第一批俄国汉学家》《皇太极》《铁木真》《康熙》《成吉思汗》《尼布楚条约》《伊杰斯游记》《乾隆》《钦定四库全书》《速不台》《忽必烈》《耶律楚材》《李世民》《李白》《成吉思汗与长春真人》《王安石》《龙骨（安阳发掘工作）》《秦始皇》《努尔哈赤》《张骞》《汉武帝》《长城》《诸葛亮》《朱棣》《朱元璋》《古代中国的军事艺术》《李自成》《朝圣者——法显》《孔子与儒学》《老子与道教》三十七篇文章、随笔和故事，其中部分在《亚洲复兴》报上发表。

从《亚洲史：中国内地、蒙古、满洲与西伯利亚历史文章、随笔和故事集》所收录文章看，在区域上包括中国中原地区，蒙古地区，东北地区，俄国西伯利亚地区，在领域上包括中国帝王将相、西伯利亚史、中国文化名人、中国艺术、中国史书、中国文字、中俄关系。

我们认为，И. И. 谢列布列尼科夫的《亚洲史：中国内地、蒙古、满洲与西伯利亚历史文章、随笔和故事集》是一部不完整的亚洲史，只是部分亚洲区域史，且在研究内容上学术性上有所欠缺，正如作者在序言中指出，"不奢求历史随笔能进入学术著作行列之中""该文集的目的是在俄文和外文文献中普及关于中国及其毗邻国家的历史知识。文集中一部分随笔只是简要复述俄国与外国学者的相关著作；第二部分在许多历史资料研究的基础上带有编纂性质；第三部分带有作者的独创见解和历史理论"。作者在"自序"中还写道,"如果该文集促进了俄国读者群对在旧俄学校中长期忽视又少为人知的中国历史和整个亚洲历史的兴趣——本人的目的就达到了"①。

但仅从上述这几点来认识《亚洲史:中国内地、蒙古、满洲与西伯利亚历史文章、随笔和故事集》的价值那只是处于浅层次的分析,还需要从学术史的高度来认识《亚洲史:中国内地、蒙古、满洲与西伯利亚历史文章、随笔和故事集》的价值。我们认为,《亚洲史:中国内地、蒙古、满洲与西伯利亚历史文章、随笔和故事集》在当时不仅是以俄文出版的第一部亚洲区域史,更是在世界上出版的第一部亚洲区域史。

И. И. 谢列布列尼科夫本打算出版《亚洲史:中国内地、蒙古、满洲与西伯利亚历史文章、随笔和故事集》第二卷,但不知何原因第二卷没有正式公开出版,其手稿现保存在美国胡佛战争与和平研究所档案馆。由于客观条件所限,笔者无法亲临胡佛战争与和平研究所档案馆查阅该手稿,所以也就暂无法知晓第二卷所写内容,只能期待有恰当的时机能到访美国查阅,以补充现存的缺憾。

1938 年,由 И. И. 谢列布列尼科夫与妻子 А. Н. 谢列勃连尼科娃在天津共同出版的《中国诗歌之花》,是 И. И. 谢列布列尼科夫在中国文学研究上的一次尝试,是一项值得重视的重要成果。

И. И. 谢列布列尼科夫夫妇不懂中文,因此,他们合著的《中国诗歌之花》不是从中文原文,而是从英、法、德文译本,以及部分俄文译本再度翻译编选的。为了使译文更接近于原文,译者有意采用自由体句式,即不考虑音节、韵脚来翻译中国诗歌。两位译者在"译序"中写道:"我们希望,我们的选集,甚至在它的形式方面,能够给读者关于中国诗歌的内容、形象、主题和性质特点的一般概念。"② 这本译作出版后,在当时的俄侨读者中获得好评。如 1939 年 1 月 19 日在哈尔滨出版的《霞光报》上发表了 А. 涅斯梅洛夫的评论,指出其译文的优点是:"诗句处处

---

① 在该书"自序"中,作者没有标出页码。

② Серебренников И. И. И. И. Серебренников: Биография. – Тяньцзинь: Изд. авт., 1940. с. 13 – 14. Серебрянникова А. Н., Серебрянников И. И. Цветы китайской поэзии: Сб. стихотворений – Тяньцзин: Издание автора. 1938. с. 3.

表现出弹性和韵律的适合主题。每一个有文化的俄国读者都明白，这部著作对于我们理解直率深刻的中国精神可能具有巨大的意义。除此之外，当然，这部诗集还是对俄罗斯艺术文学翻译的珍贵贡献。"①

《中国诗歌之花》共 168 页，附录有"中国宗教颂歌"，由天津前德租界山东路 19 号理想出版社出版。全书分为五个部分。第一部分是《诗经》选译，共 25 首。其各篇篇名均采用意译，如将《郑风·将仲子》译作"给年轻人"；《邶风·静女》译作"赞叹"；《鄘风·桑中》译作"男人的花心"等。这样的译名，如果不考察诗句内容，即便中国人也无法看出原作是哪一篇。从具体诗句的翻译来看，应该说译者对诗中意象有着比较准确的理解。如《静女》篇中"静女"的"静"字，俄译作"简朴的"，而不是照字面意思译成"静静的"，就很好地把握住了原诗女主人公形象的特点。

诗集第二部分是"没有收进《诗经》的民歌"，只有 2 首，即《罗敷》和《长城谣》。从这个编排顺序上可以看出俄罗斯汉学和文学研究一贯重视民间作品的特点，即使数量少，也要排在前面。第三部分"中国诗人的诗歌"篇幅最大，共 140 首。收有屈原、徐干、枚乘、石崇、陶渊明、王勃、孟浩然、李白、宋之问、杜甫、韩愈、白居易、李适、戴叔伦、杜牧、李商隐、邵雍、王安石、司马光、陆游、蒲松龄、乾隆皇帝等人的作品，时间跨度上下两千多年。其中李白诗数量最多（45 首），其次为杜甫（15 首），王维诗 9 首、白居易诗 8 首，反映了这些诗人在域外翻译中的知名度和译者对他们作品的喜爱。第四部分是"不知名的中国诗人作品"，共 10 首。这些诗是何人何篇，现已难于查考，但从译者所译篇名来看，如《生活》《命运》《何时与何地》《抱怨》《梦醒》《男人的希望》《宴会上》《隐士》《友谊》《摇篮曲》等，估计都是表现日常生活情感的抒情作品。

诗集第五部分"现代中国诗人的作品"，共 10 首。其中有徐志摩的《山中》和《夜半松风》、李广田的《虹》、戴望舒的《烦忧》和《深闭的园子》、冯文炳（笔名）的《掐花》、何其芳的《夜歌》、林庚的《沪之雨夜》、陈梦家的《铁马之歌》和《白俄老人》等。

关于这部译文诗集的价值，我国学者李逸津在其博客中给予了总结性评价，笔者赞同他的观点，"以往治 20 世纪中俄文学关系的学者所掌握的俄苏汉学家研究中国现代诗歌的情况，往往限于苏联时期官方主流学者对中国革命诗人作品的评论，而这些由俄国境外侨民汉学家编选翻译的中国现代诗歌，有他们自己的选择标准和艺术理解，有助于我们更全面地把握中国现代文学在海外传播的真实面貌，更充分地了解我国分属不同流派的现代诗人、作家在异域读者心目中的实际地位和声誉，对于 20 世纪中国文学海外传播史的研究，具有极为宝贵的史料意义"。①

第六节　H. A. 谢特尼茨基

一　生平简介与学术成就

关于 H. A. 谢特尼茨基的生平活动与研究资料，从 2000 年后才开始有学者进行整理与研究，专门的成果有《H. A. 谢特尼茨基》②《俄国哲学家 H. A. 谢特尼茨基：从中东铁路到内务部人民委员会》③《H. A. 谢特尼茨基：命运与创作的重要阶段》④ 三篇文章。其中，《H. A. 谢特尼茨基》《H. A. 谢特尼茨基：命运与创作的重要阶段》两篇文章的作者——俄罗斯科学院世界文学研究所高级研究员、哲学博士A. Г. 加切耶娃是俄罗斯学术界唯一一位以 H. A. 谢特尼茨基为重要研究对象的学者。她分别于 2003 年和 2010 年主编出版了《20 世纪 20—30 年

---

① 李逸津：《一部俄侨在天津出版的中国诗歌译作——谢列布列尼科夫妇的〈中国诗歌之花〉》，载于 http：//blog. sina. com. cn/s/blog_48c6bf9a0101fn6m. html.

② Гачеева А. Г. Николай Александрович Сетницкий//Сетницкий Н. А. Избранные сочинения/сост. , авт. вступ. ст. и коммент. : А. Г. Гачева. - Москва: Российская политическая энциклопедия（РОССПЭН）,2010. с. 5 - 60.

③ Макаров В. Г. Русский философ Николай Сетницкий: от КВЖД до НКВД//Вопросы философии. 2004. №7. с. 136 - 157.

④ Гачеева А. Г. Н. А. Сетницкий. Вехи судьбы и творчества//Из истории философско - эстетической мысли 1920 - 1930 годов. Вып. 1；Н. А. Сетницкий：［Сост. - Е. Н. Берковской（Сетницкой）,А. Г. Гачевой；Подгот. текста и коммент. - А. Г. Гачевой］. - Москва：ИМЛИ РАН, 2003. с. 7 - 50.

代哲学—美学思想史：H. A. 谢特尼茨基》和《H. A. 谢特尼茨基文选》，并在其中撰写了上述两篇关于 H. A. 谢特尼茨基的长篇研究性论文。笔者依据上述两位学者的研究成果，对 H. A. 谢特尼茨基的生平活动及学术成就向国内学术界予以介绍。

　　H. A. 谢特尼茨基，1888 年 12 月 12 日出生于沃伦省奥里郭波尔市一个统计员家庭，1937 年逝世于苏联。1908 年，H. A. 谢特尼茨基 H. A. 谢特尼茨基从彼得罗科夫省古典中学毕业后，进入圣彼得堡大学东方语言系学习。一年后，由于家庭经济原因，H. A. 谢特尼茨基转入法律系学习。在大学期间，H. A. 谢特尼茨基努力追求自身知识的完整性，除学习人文科学（哲学史、法律、东方语言），还学习物理数学系的 3 门课程，研究了政治经济学，做了有关哲学、宗教意识的报告，对心理分析学也产生了浓厚的兴趣。在当时，关于理想、历史事件意义及其最终目的成为 H. A. 谢特尼茨基思考的主要题目。H. A. 谢特尼茨基对 1911 年在《哲学与心理学问题》杂志上发表的 П. И. 诺夫郭罗德采夫的《关于社会理想》的文章给予了关注。文章作者坚决反对社会空想主义，坚信在世界上是完全不能确立完善的社会与国家制度的，生命与历史现象的本质是相对和暂时的，因此不能变成绝对的道德理想。H. A. 谢特尼茨基不赞成 П. И. 诺夫郭罗德采夫的观点，更倾向于圣彼得堡大学教授、法心理学理论创始人 Л. И. 彼特拉日茨基的学说。H. A. 谢特尼茨基听了 Л. И. 彼特拉日茨基讲授的许多课程，并参加了 Л. И. 彼特拉日茨基组建的法哲学研究小组。Л. И. 彼特拉日茨基的《关于观念人与理想社会概念》《法政治学》观点与 П. И. 诺夫郭罗德采夫的学说大相径庭，深信社会整体是有协调可能的。1913 年，Л. И. 彼特拉日茨基与 П. И. 诺夫郭罗德采夫之间展开了关于自然法问题的辩论，H. A. 谢特尼茨基站在了 Л. И. 彼特拉日茨基一边。在大学生活的后期，H. A. 谢特尼茨基结识了 M. A. 雷斯涅尔教授，并在其组建的国家哲学研究小组作了多场报告。

　　1914 年大学毕业后 H. A. 谢特尼茨基进入工商部工作，不久迎娶了地方自治机关医生 O. И. 杜比亚格的女儿。1915 年秋，H. A. 谢特尼茨基应征参军。一年后，H. A. 谢特尼茨基返回彼得格勒，继续过去的工作，并在《城市经济》杂志上发表了几篇评论与通讯性质的文章。

1917 年二月革命后，H. A. 谢特尼茨基回到了敖德萨的父母身边，在地方劳动委员会工作，后又在敖德萨城市管理局担任劳动保护领域的统计员。1918 年初，对 H. A. 谢特尼茨基来说，发生了与后来成为 H. A. 谢特尼茨基多年好朋友和志同道合的哲学家、诗人的 A. K. 郭尔斯基的历史性会面。A. K. 郭尔斯基毕业于莫斯科神学院，在敖德萨神学班、当地中学授课，与敖德萨的许多诗人保持紧密联系，为《南方音乐杂志》《南方之光》等杂志撰稿，是当地当时文学界的代表人物。他使 H. A. 谢特尼茨基了解了 19 世纪末 20 世纪初俄国宗教哲学奠基者之一的 H. Φ. 费多罗夫的遗产。俄国革命与国内战争使 H. A. 谢特尼茨基一家人的生活陷入了艰难处境，为了养活家庭不得不到处搬迁，从敖德萨到基辅，再到敖德萨。从 1919 年末在敖德萨最终确立苏维埃政权后，H. A. 谢特尼茨基一家的生活不断好转。他在敖德萨大学政治经济学与统计学教研室工作，发表了经济与统计性质的文章和评论。H. A. 谢特尼茨基与 A. K. 郭尔斯基的友谊得到进一步巩固，他们一起参加画家、作家、演员与音乐家联合会的会议。1920—1922 年，H. A. 谢特尼茨基先后担任敖德萨省统计局副局长、局长一职。1922 年，H. A. 谢特尼茨基在敖德萨出版了在人文领域的第一本小册子《统计学、文学与诗歌》。1922—1923 年，H. A. 谢特尼茨基与 A. K. 郭尔斯基一起搬到莫斯科，并结识了另一位思想家 B. H. 穆拉维耶夫。从此，三位思想家结成了创作联盟，共同探讨历史、文化与宗教问题。关于经济建设的原则及其最终目的和方向、关于人对它周围自然环境与宇宙环境的态度，是 1920 年代 H. A. 谢特尼茨基哲学经济研究的中心工作之一。关于这方面的主要成果基本上都是 H. A. 谢特尼茨基离开苏联后在哈尔滨撰写的。1923—1924 年，H. A. 谢特尼茨基担任最高国民经济委员会商务处官员。1924—1925 年，H. A. 谢特尼茨基又担任邮电委员会官员。

1925 年 11 月 12 日，H. A. 谢特尼茨基全家搬到哈尔滨，在中东铁路经济调查局任职，从事中国东北贸易与经济问题研究，同时在哈尔滨法政大学授课，并领导哈尔滨法政大学经济研究小组。H. A. 谢特尼茨基在哈尔滨与路标转换派的领袖和民族—布尔什维主义思想家——H. B. 乌斯特里亚洛夫交往密切，积极参加 H. B. 乌斯特里亚洛夫领导的哲学研究小组。可能恰恰是与 H. B. 乌斯特里亚洛夫特殊关系的原因，H. A. 谢特尼茨基经历了悲惨的命运。H. A. 谢特尼茨基也与哈尔滨的文学界联系紧密，其中包括诗人 A. И. 涅斯梅洛夫、作家 B. H. 伊万诺夫和 C. Г. 斯基塔列茨、文学艺术联合会——丘拉耶夫卡的年轻诗人与教育家 A. 阿恰伊尔，并参与诗歌创作和在哈尔滨、上海等地出版了《巴弗提：史诗》（1927）、《Валаам：长诗》（1931）、《触景生情：长诗》（1935）三部诗集。1928 年 4 月 29 日，H. A. 谢特尼茨基被公派到欧洲调查黄豆市场，访问了德国、法国和荷兰。1934 年 6 月，由于保留苏联国籍，H. A. 谢特尼茨基被迫停止在哈尔滨法政大学授课。1931—1935 年，H. A. 谢特尼茨基也在哈尔滨工学院运输经济系授课。

在哈尔滨侨居期间，H. A. 谢特尼茨基也积极从事出版活动，个人出资在哈尔滨出版了好友 A. K. 郭尔斯基的著作，如以笔名 A. K. 郭尔诺斯塔耶夫于 1928 年出版的《在逝者面前：Л. H. 托尔斯泰与 H. Ф. 阶多洛夫》和 1929 年出版的《地球上的乐园：Ф. M. 陀思妥耶夫斯基与 H. Ф. 阶多洛夫》，以笔名 A. 奥斯特罗米洛夫于 1928—1933 年出版的四本小册子《H. Ф. 阶多洛夫与现实》，1928—1930 年再版了 H. Ф. 阶多洛夫所著的《共同事业哲学》第一卷，在巴黎发行的杂志《道路》、报纸《欧亚》等上发表了没有出版的《共同事业哲学》第三卷中的许多资料。

1935 年 6 月，在中东铁路出售后 H. A. 谢特尼茨基与 H. B. 乌斯特里亚洛夫两人携全家返回了莫斯科。1935 年 6—9 月，H. A. 谢特尼茨基被安排在疏散委员会工作。从 1935 年 9 月至 1936 年 5 月，H. A. 谢特尼茨基在莫斯科—喀山铁路计划处担任经济专家。1936 年夏末，H. A. 谢特尼茨基进入苏联科学院世界经济与政治研究所工作，重新恢复中国经济研究工作。1937 年春，好友 A. K. 郭尔斯基从流放地回到莫斯科中，他们又开始共同创作，但好景不长，1937 年 9 月 1 日夜至 2 日，H. A. 谢特尼茨基因叛国罪被逮捕。1937 年 11 月 4 日，H. A. 谢特尼茨基被执行死刑。

在学术研究上，H. A. 谢特尼茨基主要从事哲学与中国东北经济问题的研究，在《中东铁路中央图书馆书籍绍介汇报》《东省杂志》《法政学刊》上发表了《北满的对外贸易》①《满洲的借贷平衡》②《世界油料市场》③《大连港》④《黄豆在世界油料生产和贸易中的地位》⑤《满洲与世界黄豆市场：来自于中东铁路经济调查局的资料》⑥《满洲出口发展的威胁》⑦《满洲榨油工业是否能改善》⑧《满洲在中国对外贸易中的地位》⑨《1911—1930年中东铁路的黄豆运输》⑩《满洲的税捐》⑪《满洲国的税收政策》⑫《关于满洲城市研究问题》⑬《满洲帝国的预算》⑭《中国谷物和留种油料植物的对外贸易及其产品加工》⑮《中东铁路上的皇家审判》⑯

① Сетницкий Н. А. Внешняя торговля Северной Маньчжурии. //Вестник Маньчжурии. 1927, №2. с. 44－54.

② Сетницкий Н. А. Расчетный баланс Маньчжурии. //Вестник Маньчжурии. 1927, №9. с. 20－29.

③ Сетницкий Н. А. Мировой рынок масличных. //Вестник Маньчжурии. 1927, №11. с. 11－18.

④ Сетницкий Н. А. Порт Дайрен: окончание. //Вестник Маньчжурии. 1927, №12. с. 27－34.

⑤ Сетницкий Н. А. Место соевых бобов в мировом производстве и торговле масличными продуктами. //Вестник Маньчжурии. 1929, №2. с. 1－11.

⑥ Сетницкий Н. А. Маньчжурия и мировой рынок соевых бобов: по материалам Экономического Бюро КВжд. //Вестник Маньчжурии. 1930, №1. с. 70－76.

⑦ Сетницкий Н. А. Угроза развитию маньчжурского экспорта. //Вестник Маньчжурии. 1930, №3. с. 16－21. - то же, Харбин, 1931. - 16с. (1931 год расширенный после издания)。

⑧ Сетницкий Н. А. Возможно ли оздоровление Маньчжурской маслобойной промышленности. //Вестник Маньчжурии. 1930, №4. с. 43－51.

⑨ Сетницкий Н. А. Место Маньчжурии во внешней торговле Китая. //Вестник Маньчжурии. 1930, №5. с. 18－22.

⑩ Сетницкий Н. А. Перевозки соевых бобов на КВжд по кампаниям с 1911－1930 г. //Вестник Маньчжурии. 1930, №10. с. 38－42.

⑪ Сетницкий Н. А. Налоги и пошлины в Маньчжурии. //Вестник Маньчжурии. 1933, №18－19. с. 52－75.

⑫ Сетницкий Н. А. Налоговая политика Маньчжу－Го. //Вестник Маньчжурии. 1933, №20. с. 13－23.

⑬ Сетницкий Н. А. К вопросу об изучении городов Маньчжурии. //Вестник Маньчжурии. 1933, №21. с. 1－13.

⑭ Сетницкий Н. А. Бюджет Маньчжу－Ди－Го. //Вестник Маньчжурии. 1934, №11－12. с. 14－33.

⑮ Сетницкий Н. А. Внешняя торговля Китая зерновыми хлебами и масличными семенами и продуктами их переработки. //Вестник Маньчжурии. 1928, №11－12. с. 1－12; 1929, №1. с. 8－16.

⑯ Сетницкий Н. А. Царская Фемида на КВжд. //Вестник Маньчжурии. 1930, №10. с. 43－49.

《关于油料与黄豆市场问题的资料》①《吉林省地方之经济》②（同年出版单行本）、《论阶多洛夫对于资本主义之见解》③（同年出版单行本）、《俄国哲学家（索洛夫姚夫暨阶多洛夫）对于中国之推想》④（同年出版单行本）、《弗拉基米尔·亚历山大洛维奇·科日弗尼科夫（生平与学术活动）》⑤《营业简说》⑥（同年出版单行本）、《最后目的》⑦《苏联、中国与日本——协调的开始之路》⑧（同年出版单行本）二十四篇文章，出版了《满洲财政概述》⑨《世界市场上的黄豆》⑩《最后目的》⑪（部分内容以同名题目在 1929 年第 7 期《法政学刊》上发表）等九部单行本著作。

二　代表著作主要内容及学术评价

从 H. A. 谢特尼茨基的生活与工作经历来看，其表现在学术研究上主要是哲学与经济学两大领域。本书以 H. A. 谢特尼茨基所出版的《最后目的》和《世界市场的黄豆》两部代表著作为例，以见 H. A. 谢特尼茨

---

① Сетницкий Н. А. Библиография по вопросам масличных рынком и рынков соевых бобов. //Библиографический Бюллетень. под редакцией Н. Н. Трифонова и Е. М. Чепурковского (Харбин), Т. 3. вып. I, 1930, с. 19 – 21.

② Сетницкий Н. А. Местные финансы Гиринской провинции. – Харбин, Тип. квжд, 1928. – 36 с. //Изв. юрид. фак. в Харбине. 1928. №6. с. 19 – 45.

③ Сетницкий Н. А. Капиталистический строй в изображении Н. Ф. Федорова. //Изв. юрид. фак. в Харбине. 1926. №3. с. 9 – 25. – то же, Харбин, 1926. 17 с.

④ Сетницкий Н. А. Русские мыслители о Китае (В. С. Соловьев и Н. Ф. Федоров). //Изв. юрид. фак. в Харбине. 1926. №3. с. 191 – 222. – то же, Харбин, 1926. 39 с.

⑤ Сетницкий Н. А. Владимир Александрович Кожевников. Жизнь и научная деятельность. //Изв. юрид. фак. в Харбине. 1927. №4. с. 323 – 328.

⑥ Сетницкий Н. А. Эксплоатация. Очерк. //Изв. юрид. фак. в Харбине. 1928. Т. V. с. 215 – 258. – то же, Харбин, 1928. 45 с.

⑦ Сетницкий Н. А. О конечном идеале. //Изв. юрид. фак. в Харбине. 1929. №7. с. 191 – 256.

⑧ Сетницкий Н. А. СССР, Китай и Япония. Начальные пути регуляции. //Изв. юрид. фак. в Харбине. 1933. №10. с. 187 – 248. – то же, Харбин, 1933. 62 с.

⑨ Сетницкий Н. А. Очерки финансов Маньчжурии: Сб. ст. – Харбин, Тип. квжд, 1934. с. 68.

⑩ Сетницкий Н. А. Соевые бобы на мировом рынке. – Харбин, Изд. Экон. бюро квжд, 1930. 331 с.

⑪ Сетницкий Н. А. О конечноми деале. – Харбин, 1932. 352 с.

基在上述两大领域的学术贡献。

《最后目的》一书于 1932 年在哈尔滨出版，是奠定 Н. А. 谢特尼茨基在历史哲学研究和关于理想学术构建领域具有影响力的重要成果。

该书由两部分构成，第一部分共 100 页，题名与该书名同名，是 Н. А. 谢特尼茨基在 1929 年第 7 期《法政学刊》上发表的《最后目的》一文的基础上补充了两章内容，包括引言、关于理想、理想与悲剧、理想的实现、近期理想、末世论与理想、远大理想、关于末世论理想学说的文献资料等八章；第二部分共 249 页，题名为关于最后目的学说资料，包括关于末世论理想问题的几个绪论性评论、什么是神启、神圣的耶路撒冷、千年王国、肥荡妇、舌战、新史诗、野兽、目击者、烙印十章。

据俄罗斯学者证实，该书是 Н. А. 谢特尼茨基历时 14 年才最终完成。还在 1918—1923 年，Н. А. 谢特尼茨基就已着手该书的撰写，并写完了书中第一部分中的某些章节，如《关于理想》《理想的实现》等，同时也收集了关于神的启示现存诠释的历史概述资料和拟定了第二部分提纲与编写计划。遗憾的是，Н. А. 谢特尼茨基未能把这些资料随身携带到哈尔滨。Н. А. 谢特尼茨基在撰写该书的过程中得到了好友 А. К. 郭尔斯基的大力支持与帮助。没有随身携带的资料被 А. К. 郭尔斯基以书信形式寄给 Н. А. 谢特尼茨基。书中的主要思想在与好友 А. К. 郭尔斯基的辩论（在莫斯科时就已开展）与书信往来中进行了讨论。1927—1928 年，А. К. 郭尔斯基在莫斯科宗教哲学界人士中宣读了未来要出版的著作《最后目的》中个别章节中的部分片段。这些文章是 Н. А. 谢特尼茨基 1927 年从哈尔滨寄给好友 А. К. 郭尔斯基的。[①]

在俄国哲学思想史上，俄国宇宙论是占据重要地位的哲学思想流派，代表人物为哲学家 Н. Ф. 阶多洛夫，其在经典著作《共同事业哲学》中深刻、完整地表达了宇宙论。该流派又分为自然哲学和宗教哲学两个分支流派。俄国宇宙论自然哲学家提出了新人本主义学说，建构了人是通过长期努力引起演化的有意识创作的动因，并有责任把世界发展过程引

---

① Сетницкий Н. А. Избранные сочинения/［сот.，автор вступ. ст.，коммент. А. Г. Гачева］. − М.：Российская политическая энциклопедия，2010. с. 642.

向符合最高精神道德理想的学说；俄国宇宙论宗教哲学家直接迎合了宇宙论哲学家灵生圈的学说，在自己的创作中提出了历史的无罪经验与人的无罪经验，以及神人、发展着的基督教、人类子女参加神的主持理想等观点。H. A. 谢特尼茨基属于俄国宇宙论宗教哲学学派，并成为这个流派的主要代表学者之一。

H. A. 谢特尼茨基在书中主要研究了历史无罪的完整经验与在历史中人的创造无罪的完整经验，并在其历史哲学反思中重点关注理想与理想创造问题。在第一部分中，H. A. 谢特尼茨基建构了理想理论，为人类的完整与绝对理想确定了条件与必要性，提出了历史的任务在于实现人类的完整与绝对理想的论断。第二部分中，H. A. 谢特尼茨基凭借约翰神的启示研究了神人演变的历史，认为该演变的终点是在上帝的耶路撒冷的光荣与光辉中消失的人与创世主合为一体；H. A. 谢特尼茨基深信，爱的信徒的启示应该以新的方式被笃信具有三千年历史的基督教的人类全神贯注的、负责的、一本正经的宣读，并认真严肃地对待最后的选择问题：人类与谁创造未来的历史——与"它的时代的统治者，抑或基督"。

在 H. A. 谢特尼茨基的《最后目的》一书出版后，俄国著名哲学家 H. A. 别尔加耶夫于当年在侨民宗教哲学杂志《道路》上刊发了书评文章，指出"H. A. 谢特尼茨基是 H. Φ. 阶多洛夫学派的主要代表之一……H. A. 谢特尼茨基是一个比较缺少传统宗教、民粹主义斯拉夫派、父权制氏族成分的人，而这些成分在 H. Φ. 阶多洛夫身上表现得却很强。当然，H. A. 谢特尼茨基的著作与唯物共产主义思想不着边际，甚至还与之分庭抗礼，尽管根据书名看不明显，但在书中还是有些苏联元素，更现代的元素，有极端现实论、社会性和对未来的绝对指向性。……我看到了与 H. Φ. 阶多洛夫的明显不同。H. Φ. 阶多洛夫的关注点首先是对待死去父亲的态度和父亲再生后儿子的责任。H. A. 谢特尼茨基的关注点是世界混乱的协调与建设热潮，在未来、儿子与过去、父亲之间更关注的是未来与儿子。全书充满了对人的力量和人对安排美好生活的崇高使命的坚信。著作在很大篇幅上对启示进行阐释的尝试。……H. A. 谢特尼茨基坚信神启与预言存在着天壤之别。神启不是不可避免的、无法阻止的、注定要发生的未来的预言。神启永远是主动创造未来的号角，为人类前行开辟道路。……Н. А. 谢特尼茨基试图以启示为根据，而不是以基督教教义为根据来论证基督教的社会活动。启示获得了完全的社会阐释，它的象征意义具有社会学属性。Н. А. 谢特尼茨基总是在各方面批驳神秘论者的人的消极源泉的论断。Н. А. 谢特尼茨基对理智、组织、科学与技术、克服一切非理性和神秘上充满了乐观的信心。对 Н. А. 谢特尼茨基来说，终极理想是完全能实现的。Н. А. 谢特尼茨基与 Н. Ф. 阶多洛夫本人一样提出了关于恶的基本问题。……对 Н. А. 谢特尼茨基来说，恶是大自然混乱、非理性的、本能的力量。……Н. А. 谢特尼茨基完全拒绝在大自然中看见美、和谐、诸神智慧的再现，大自然对他绝对是协调、组织和合理化对象，只有竭尽全力主动地对待大自然，决不能完全消极地对待。在这个世界观中完全没有宇宙学，大自然的问题仅仅是技术问题。但技术力量同时也是天体演化学问题。更重要的是，Н. А. 谢特尼茨基与整个 Н. Ф. 阶多洛夫学派一样，缺乏能够证明人的活动与力量正确性的经过良好训练的人类学、关于人的哲学与宗教学素养。……回答关于恶、世界的非理性、人的力量源泉等基本问题，对于 Н. Ф. 阶多洛夫学派来说，最主要的是——通过人的活动战胜死亡。我本人深信，没有人的参与与活动，战胜死亡是不可能的，这是神人的事业。根据 Н. А. 谢特尼茨基书中的一些篇章可以做出结论，对于 Н. А. 谢特尼茨基来说，基督只是起了复活、战胜死亡的模范作用，其他人应该跟着他走。基督以死亡消灭死亡，通过有意的接受与复活战胜死亡。因此，对待死亡的两面性是基督教所特有的。但 Н. А. 谢特尼茨基显然不需要任何神秘和秘密宗教仪式。战胜死亡首先变成了技术（广义上）问题。书中关于技术的两面性、技术恶化和人的宗教活动等问题研究得很薄弱。……Н. А. 谢特尼茨基所代表的世界观的类型是属于社会学类型的，在他那里社会学优先于人类学与宇宙学。于是，著作《最后目的》提出了一个我非常感兴趣的问题，在关于人的崇高使命的基督学说领域向前迈出了一步"。①

《世界市场的黄豆》一书于 1930 年在哈尔滨出版，是 Н. А. 谢特尼

---

① Бердяев Н. А. Н. А. Сетницкий. О конечном идеале.//Журнал "Путь", 1932. №36. с. 93 – 95.

茨基在世界经济领域具有重要影响的成果。

该书篇幅也比较长，共331页，由黄豆在世界生产与油料及其加工产品贸易中的地位、黄豆的欧洲市场（销售的整体条件）、德国的黄豆市场、荷兰的豆油市场、英国的黄豆市场、其他欧洲国家的黄豆市场（丹麦、瑞典、挪威、意大利、法国等）、东亚的黄豆市场（销售的整体条件）、日本的黄豆市场（日本列岛、朝鲜、中国台湾地区）、其他黄豆市场（荷属东印度公司、美国、苏联）、满洲与世界黄豆市场（结论、前景与任务）等十章，以及附录（关于黄豆的播种面积、了解豆油与黄豆市场的史料与资料）构成。

作者在书中指出，黄豆在世界油料作物中占据第一位，它的产量为1510万吨，与欧洲进口商所确定的700万—900万吨的数字存在巨大比较差；在黄豆生产的总量上，中国的比重占86%；日本次之，占9.3%；其他国家只占很小的份额，但这并不意味着中国在世界黄豆市场供给上长期处于垄断地位，在欧美各国也进行了大规模的黄豆栽培的试验，很快中国的垄断地位将迎来有力的对抗，并最终失去垄断地位，况且已经失去了部分垄断地位。黄豆生产国的黄豆出口额占黄豆生产总量的比重非常小，如1923年出口额为11亿公斤、1927年为19.5亿公斤，而年度总产量分别为135亿公斤、148.9亿公斤。黄豆进入欧洲市场的份额很低，但整体上呈飞速发展状态，如1927年为8.2亿公斤、1923—1927年平均5.7亿公斤、1909—1913年五年内总共才2.8亿公斤。参与黄豆世界贸易的国家有12个，而参与豆油贸易的国家达16个，6个国家为黄豆主要进口国。德国是欧洲黄豆的主要消费者，1928年的消费量达84.77万吨，但英国与荷兰掌控了德国的黄豆销售市场。荷兰主要进口的是豆油，1928年进口了4.14万吨，1927年甚至达到了7.54万吨。英国和丹麦是仅次于荷兰的黄豆销售市场。远东国家——日本是最大的黄豆消费国，1922—1926年平均进口43.87万吨黄豆（73%为油料种子）、55.33万吨豆油、159万吨豆饼。

在分析欧洲和世界市场后，作者在书中最后一章专门探讨了满洲在世界黄豆出口中的作用，得出了北满是欧洲黄豆市场的主要供应商，南满是日本豆饼和欧洲豆油的主要供应市场，并做出结论和提出了未来发展前景："需要黄豆，因此必须购买它，因为北满是黄豆的唯一供应商，所以北满操纵了黄豆市场价格。""黄豆是目前世界油料市场的主要商品，占据第一位，与其他油料商品相比具有某些独特性。第一，集生产市场与消费市场于一身；第二，近年来世界对黄豆的需求相对稳定。""上述特性与黄豆的销售和使用条件紧密相关"，"作为商品的黄豆的这些特性还完全没有被在国际贸易（欧美）领域起决定意义的世界市场所关注"，"目前黄豆被欧洲市场予以全新的评价"，"一战时期与战后在榨油工业中应用和强化了萃取生产技术，大大地提高了从油料原料中生产油的利润率，在技术进一步更新的情况下消除了溶剂味的优质饲料产品能够进入市场"，"一战后德国的局势引起了其民族工业与国际榨油（英—荷）工业联合会的激烈竞争"，"这个因素被在油脂市场上的德国竞争者所关注，利用国内国际油价失调来打压德国的榨油工业"，"德国市场的变化引起了诸多后果：作为一战前豆饼进口国和保持畜牧业高速发展的德国，变成了饲料产品输出国，且其畜牧业获得了爆炸式发展"，"目前德国农业陷入了极为艰难的处境"，"一战后十年内黄豆在欧洲市场上的状况明显恶化"，"生产集中在一个市场影响了黄豆的地位"，"在满洲当地的特殊条件下黄豆生产应垄断经营"，"与生产者垄断倾向做斗争的消费市场已成常态"，"所有这些状况迫使作为世界黄豆供应商的满洲提出一个是否能掌控欧洲市场的问题，当与它竞争的强大市场出现和成为实际力量之际"，"关于满洲黄豆未来的问题也是采取一系列措施的问题，它能够巩固满洲商品在世界市场上的地位和预测从新出现市场的潜在竞争"，"最简单的措施是，优先强有力地稳住和保证黄豆在欧洲市场上的地位，并时刻能遏制新生产市场的发展：第一，通过晒干和筛选形式改善豆类商品质量和整体上保证满洲出口原料质量；第二，尽可能通过活跃本地生产者的主动性（合作社、信贷机构等）在最初的生产环节上减少商品生产网；第三，减轻税负"。①

作者在书的前言中明确阐明该书撰写和出版的缘由。书中指出，"在

---

① Сетницкий Н. А. Соевые бобы на мировом рынке. – Харбин, Изд. Экон. бюро квжд, 1930. с. 280 – 287.

关于满洲市场的一系列问题中，摆在第一位的是关于满洲生产的主要产品——黄豆销售问题。因此，中东铁路经济调查局打算出版关于满洲粮食贸易的系列著作，其中包括必须研究的黄豆销售市场问题。题名为《世界市场上的黄豆》的本书就是这项工作的结果。在书中，我们能够最大限度的利用资料，尝试提供尽可能完整的作为世界市场商品的黄豆销售情况"。[①] 俄侨学者在《东省杂志》1930 年第 3 期上对本书给予客观评价："关于黄豆的文献极少，尤其是俄文文献。如果排除在苏联出版的 2—3 本科普性小册子，所有关于黄豆的俄文文献主要集中在中东铁路发行的期刊——《东省杂志》《中东半月刊》和个别出版物，或者与中东铁路有关的出版物。关于黄豆的文章仅是在近年才开始在苏联的专业出版物中出现，而关于黄豆技术与经济的专门著作几乎未出版。由此，最近出版的 H. A. 谢特尼茨基的著作《世界市场上的黄豆》具有特别的意义与价值，作者在书中把现有关于黄豆问题的文献集中分析进行了第一次完全成功的尝试，于是奠定了关于黄豆经济研究的大部头著作的基础。"[②]

第七节　И. И. 加巴诺维奇

一　生平简介与学术成就

关于 И. И. 加巴诺维奇，很长时间内研究者极少。由于特殊历史环境，尽管在中国工作，但 И. И. 加巴诺维奇不为当时的中国学者所承认，因为当时的中国学者不关注 И. И. 加巴诺维奇所研究的俄国远东少数民族问题；尽管他是俄国人，但俄国学者也不了解他，因为侨民学者的著作很长时间内不允许在俄国国内出版和研究。从 20 世纪 80 年代起，学术界开始关注 И. И. 加巴诺维奇。我们查阅了大量研究文献，找到了关于

---

① Сетницкий Н. А. Соевые бобы на мировом рынке. - Харбин, Изд. Экон. бюро квжд, 1930. с. 1.

② В. Выхристов Н. А. Сетницкий. Соевые бобы на мировом рынке. Изд. Экон. бюро квжд, 1930.//Вестник Маньчжурии. Харбин, 1930. №3. с. 33.

И. И. 加巴诺维奇的生平活动及学术评价的几种主要文献资料①。一是1981 年由 И. И. 加巴诺维奇的好友 В. Н. 热尔纳科夫撰写的小册子《И. И. 加巴诺维奇教授》②，一是 1994 年由美国学者约翰·斯蒂芬出版的著作《俄国远东史》③，一是由俄侨史专家 А. А. 西萨穆特迪诺夫教授撰写的《我向所有的俄国民主知识分子分享了我坚信的信仰（И. И. 加巴诺维奇）》④ 一文，一是俄罗斯学者 М. 科瓦列夫撰写的《从圣彼得堡到堪培拉：И. И. 加巴诺维奇的生平与学术著述》⑤ 一文。笔者根据这些零散的文献，完全可以清晰地描述出 И. И. 加巴诺维奇一生的活动轨迹。

　　И. И. 加巴诺维奇，中文名何邦福（音译），1891 年 7 月 21 日出生于圣彼得堡的一个小官吏家庭。1909 年 5 月以优质奖章从圣彼得堡第八中学毕业后，И. И. 加巴诺维奇进入圣彼得堡大学历史语文系学习。大学期间，著名学者 А. С. 拉波－达尼列夫斯基的历史方法学课给予了 И. И. 加巴诺维奇极大影响；除了学习历史与外语，И. И. 加巴诺维奇对社会科学（政治经济学、法理论）也产生了浓厚兴趣，1912 年秋，经国民教育部允许，可以在法律系听课。1913 年，И. И. 加巴诺维奇大学毕业，并获得了一等文凭。И. И. 加巴诺维奇在圣彼得堡大学法律系继续深造到1914 年春，第一次世界大战的爆发打断了他的学习计划，很快应征入伍，被派往前线作战部队。从军校速成班结业后，И. И. 加巴诺维奇转入军官。1915 年春，И. И. 加巴诺维奇被派往波兰作战。1916 年春，И. И.

---

① 关于这些成果的著者在 И. И. 加巴诺维奇生平信息的记载上存在一些出入，如关于 И. И. 加巴诺维奇来华时间和逝世年问题，В. Н. 热尔纳科夫、А. А. 西萨穆特迪诺夫认为其来华时间是 1925 年、逝世年为1979 年，但 М. 科瓦列夫认为是 1926 年夏和 1983 年。笔者认同后者的时间推断，因为这是 М. 科瓦列夫从 И. И. 加巴诺维奇的女儿及澳大利亚学者处获得的确切信息。

② Жернаков В. Н. Профессор Иван Иванович Гапанович. – Австралия：Мельбурнский университет，1981. c. 7.

③ Stephan J. J. The Russian Far East：A History. – Stanford University Press，1994. p. 482.

④ Хисамутдинов А. А. У меня были вера, которую я разделял со всей русской демократической интеллигенции（И. И. Гапанович）//О чем рассказали китайские львы. К истории Восточного института. – Владивосток.：Издательство ДВГТУ，2010. c. 162 – 171.

⑤ Ковалев М. В. От Петербурга до Канберры：жизнь и научные труды профессора И. И. Гапановича.//Acta Slavica Iaponica. 2014，№34 – pp. 69 – 93.

加巴诺维奇参加了布鲁西洛夫突围。1917 年，И. И. 加巴诺维奇在罗马尼亚方面军服役了一年。1917 年末返回了故乡彼得格勒。一系列的军事行动与突如其来的革命事件使 И. И. 加巴诺维奇感触颇深，决定尽早远离政治。于是，1918 年，И. И. 加巴诺维奇来到了勘察加。但在遥远的俄国边陲，И. И. 加巴诺维奇仍没有脱离政治。他首先成为勘察加州政府成员，后又担任勘察加州驻符拉迪沃斯托克全权代表（1920 年）。在勘察加生活期间，И. И. 加巴诺维奇进行了几次考察，其中包括在勘察加北部地区对科里亚克人的民族学考察。在这些考察的基础上，И. И. 加巴诺维奇撰写了一系列关于勘察加人口与经济问题的文章，在 1932 年出版了关于科里亚克人现状及养鹿业意义的《勘察加的科里亚克人》一书。

1920 年夏，И. И. 加巴诺维奇返回勘察加首府彼得罗巴甫洛夫斯克。由于当地政权的更迭，1921 年秋，И. И. 加巴诺维奇又回到了符拉迪沃斯托克，很快融入当地的知识界，著名旅行家 B. К. 阿尔谢尼耶夫、民族学家史禄国、人类学家 E. M. 切布尔科夫斯基成为他的好朋友。他在国立远东大学地方志研究所工作，不仅授课，也从事远东少数民族人类学研究。И. И. 加巴诺维奇同时也是阿穆尔边区研究会（俄国地理学会符拉迪沃斯托克分会）会员。此间，И. И. 加巴诺维奇补充了关于俄国东北部地区经济状况的信息。1924 年，И. И. 加巴诺维奇在《远东经济生活》杂志上发表了关于勘察加养鹿业的第一篇学术文章。1925 年又在莫斯科发行的《北亚》杂志上发表了关于勘察加土著居民的文章。这些资料允许 И. И. 加巴诺维奇于 1926 年在符拉迪沃斯托克出版了一本关于勘察加自然、人口与经济的小册子。离开符拉迪沃斯托克前（1925 年夏），И. И. 加巴诺维奇作为考察队成员参加了对阿姆贡地区的土著居民及经济情况的调查。调查结果后在哈尔滨发行的《东省杂志》上发表。1926 年 4 月，И. И. 加巴诺维奇在哈巴罗夫斯克举行的远东生产力研究第一届会议上作了题为《南鄂霍次克海岸一带的通古斯族》的报告。

在从事学术活动的同时，1922 年冬，И. И. 加巴诺维奇与朋友在阿穆尔河下游地区开办了一家经营废矿供应的企业。但随着新经济政策的废止，И. И. 加巴诺维奇的企业在 1925 年也破产了。

预感到自己将来会受到政治牵连，1926 年夏，И. И. 加巴诺维奇移居中国。起初，И. И. 加巴诺维奇在哈尔滨短暂地生活，成为满洲俄国东方学家学会会员，并在一次公开会议上作了一场关于俄国远东少数民族生活的报告，同时也在《中东经济月刊》和《东省杂志》上发表了几篇学术性文章。И. И. 加巴诺维奇也在东省文物研究会博物馆工作过一段时间，从事民族学与人类学研究。在博物馆，И. И. 加巴诺维奇与 B. H. 热尔纳科夫关系密切。离开哈尔滨后，И. И. 加巴诺维奇去了上海，主要从事教育活动，在法租界市政学校任外语教师，也在俄文和其他西文报刊上刊登了一些关于俄国远东的文章。1928 年，为了研究欧洲殖民主义现象及其对亚太地区发展的影响问题，И. И. 加巴诺维奇从上海来到了菲律宾，在马尼拉生活了近两年，在菲律宾半岛收集到了丰富的研究资料，撰写了关于中国人在菲律宾和西班牙在菲律宾的殖民侵略问题的文章。由于在菲律宾没有找到合适的工作，1930 年，И. И. 加巴诺维奇又从马尼拉返回到了上海生活。

1931 年，И. И. 加巴诺维奇应北平国立清华大学历史系主任蒋廷黻教授邀请来到高校担任历史教授，教授古俄国史、希腊与罗马史。大学的工作为 И. И. 加巴诺维奇创造了有利的学术环境，当时 И. И. 加巴诺维奇撰写了几部奠基性著作，而关于古亚细亚族的著作，由于战争，手稿均被毁。1937 年后，国立清华大学首先迁移长沙，后又转至昆明。И. И. 加巴诺维奇也随之辗转了 8 年。1945 年秋，И. И. 加巴诺维奇在重庆短暂逗留一个月后回到北京，继续在国立清华大学担任历史教授，后在国立北京大学担任历史教授。在某些时间，И. И. 加巴诺维奇还担任大公报顾问。在中国高等院校调整后，И. И. 加巴诺维奇在北京大学教授俄语与文学课程。1953 年，И. И. 加巴诺维奇在北京出版了一本为大学生编写的《俄语口语学习课本》。

1953 年，И. И. 加巴诺维奇携妻子移居澳大利亚堪培拉女儿处。1955 年，И. И. 加巴诺维奇在堪培拉大学新成立的俄语系（1960 年该系并入澳大利亚国立大学）教授俄语与文学。1964 年末，И. И. 加巴诺维奇在澳大利亚国立大学退休；1967 年在悉尼定居。在澳大利亚生活期间，И. И. 加巴诺维奇在《团结报》（墨尔本）、《苏联研究所通报》（慕尼黑）、《新杂志》（纽约）、《墨尔本斯拉夫人研究》等报刊上发表了近 30

篇关于苏美关系、俄澳关系、苏联史学、俄国文学以及回忆性文章，还撰写了关于欧洲人的地理调查与重商主义时代欧洲的扩张等两部未出版的著作。退休后的 И. И. 加巴诺维奇也经常在悉尼、堪培拉、墨尔本等地的大学作报告，如在新南威尔士大学作了俄国在东亚的扩张的专门报告。1983 年 1 月 27 日，И. И. 加巴诺维奇逝世于澳大利亚悉尼。

　　从以上所介绍的文献中可知，在 И. И. 加巴诺维奇一生的学术生涯中，其共发表 50 篇（部）学术作品，主要围绕东南亚问题、中国问题、俄国远东民族与开发、俄国史学问题等方面开展研究，其中一半以上的作品（含重要成果）都是在中国创作的。笔者仅就 И. И. 加巴诺维奇在中国发表的成果给予介绍。从 1925 年至 1953 年，И. И. 加巴诺维奇在《东省杂志》《北亚》（莫斯科）、《中东经济月刊》《皇家亚洲学会北华支会会刊》《中国社会与政治科学评论》《中国日报》（上海）、《清华学报》《广州大学学报》《自由西伯利亚》（布拉格）等报刊上用俄、英文发表了《中国人在菲律宾》[1]《在菲律宾》[2]《青岛生活》[3]《养鹿业在远东的意义》[4]《阿姆贡通古斯与涅吉达尔人及其未来：来自东省文物研究会的资料》[5]《在文化经济关心中的太平洋问题》[6]《P. 恩德柳斯在蒙古的考察》[7]《中国的机器进口》[8]《南美人的亚洲起源》[9]《中国的罂粟种植与

---

①　Гапанович И. И. Китайцы на Филиппинах//Вестник Маньчжурии. 1929, №6. с. 26 – 29.

②　Гапанович И. И. На Филиппинах//Вестник Маньчжурии. 1928, №11 – 12. с. 12 – 17.

③　Гапанович И. И. Жизнь Циндао//Вестник Маньчжурии. 1927, №7. с. 39 – 42.

④　Гапанович И. И. Значение оленеводства на Дальнем Востоке//Вестник Маньчжурии. 1926. №11 – 12. с. 99 – 102.

⑤　Гапанович И. И. Амгунские тунгусы и негидальцы, их будущность: из материалов ОИМК//Вестник Маньчжурии. 1927, №11. с. 45 – 48; 1927, №9. с. 43 – 46; 1927, №8. с. 30 – 35.

⑥　Гапанович И. И. Тихоокеанская проблема в культурно – этническом отношении//Вестник Маньчжурии. 1926, №8. с. 3 – 9.

⑦　Гапанович И. И. Экспедиция Р. Эндрюса в Монголии//Вестник Маньчжурии. 1926, №7. с. 148 – 164.

⑧　Гапанович И. И. Импорт машин в китае//Экономический. бюллетень, 1926, №50, с. 6 – 8.

⑨　I. Gapanovitch, The Asiatic origin of South American man//Journal of the North China Branch of the Royal Asiatic Society. 1931, V. LII, pp. 172 – 198.

鸦片生产》①《南鄂霍次克海岸一带的通古斯族》②《勘察加科里亚克人民族学基本问题》③ 《西班牙在菲律宾的遗产》④ 《俄国在黑龙江上的扩张》⑤《满洲地区的中俄关系》⑥《历史综合推理导论》⑦《古今问题》⑧《白令海峡的理论民族学问题》⑨《北方的垦殖体制》⑩ 等十九篇文章，出版了《勘察加：自然人口与经济》⑪《勘察加的科里亚克人：部落现状及其养鹿业的意义》⑫ 《满洲地区的中俄关系》⑬ 《两次革命：俄国与法国》⑭《俄国在东北亚：过去与现在的北方垦殖》⑮《俄国在东北亚：北方的资源及其经营与条件》⑯《境外俄国的俄国史学——俄国历史研究

---

① Гапанович И. И. Выращивание мака и производства опия в китае//Экономический. бюллетень,1927,№16,с.5 - 7.

② Гапанович И. И. Тунгус южно - Охотского побережья//Производительные силы Дальнего Востока. Вып. 5. Человек. Хабаровск - Владивосток,1927. с. 113 - 122.

③ Гапанович И. И. Основные вопросы этнографии камчатских коряков//Вольная Сибирь. - Прага. ,1928. - Кн. 3. с. 138 - 148.

④ I. Gapanovitch, Spanish legacy in the philippines//The China Journal. 1930. V. XII, No. 1, January, pp. 29 - 32; No. 2, February, pp. 91 - 95.

⑤ I. Gapanovitch, Russian Expansion on the Amur//The China Journal. 1931. V. XV, No. 4, October, pp. 173 - 182.

⑥ I. Gapanovitch, Sino - Russina Relations in manchuria,1892 - 1906.//Chinese Social and Political Sciences Review. Vo. XVII ,1933 - 1934,pp. 283 - 306,457 - 479.

⑦ I. Gapanovitch, Introduction to Historical Synthesis. //Canton University Journal,Canton,1936.

⑧ I. Gapanovitch, Ancient and modern problems//The Tsing Hua Journal,Peiping,1937,Vol. 12, pp. 196 - 218.

⑨ Гапанович И. И. Этнологические проблемы Берингова пролива//Вольная Сибирь. - Прага. ,1929. - Кн. 6 - 7. с. 104 - 110.

⑩ Гапанович И. И. Колониальная система на Севере//Вольная Сибирь. - Прага. ,1930. - Кн. 9. с. 84 - 96.

⑪ Гапанович И. И. Камчатка. Природа, население, хозяйство. - Владивосток,1926. 40с.

⑫ Гапанович И. И. Камчатские коряки. Современное положение племени и значение его оленного хозяйства. - Тяньйзынь. 1932. 98с.

⑬ I. Gapanovitch, Sino - Russina Relations in manchuria,1892 - 1906. Peiping,1933,50p.

⑭ I. Gapanovitch, Two Revolutions compared;Russia and France compared. Peiping,1935,20p.

⑮ Гапанович И. И. Россия в Северо - Восточной Азии. Ч. I. Колонизация Севера в прошлом и настоящем. - Пекин,1933. 187с.

⑯ Гапанович И. И. Россия в Северо - Восточной Азии. Ч. II. Богатства Севера, их эксплуатация и возможности. - Пекин,1934. 197с.

导论》①《历史综合推理方法》② 等八部著作。

二　代表著作主要内容及学术评价

本书将对 И. И. 加巴诺维奇在华出版的七部著作择其要者进行内容介绍和学术评价。从七部著作的研究问题领域，笔者将其分为三类：一是关于俄国政治领域的《满洲地区的中俄关系》和《两次革命：俄国与法国》；二是关于俄国远东边疆民族区域问题领域的《勘察加的科里亚克人：部落现状及其养鹿业的意义》《俄国在东北亚：北方的资源及其经营与条件》《俄国在东北亚：过去与现在的北方垦殖》；三是关于俄国史学与历史研究方法问题领域的《境外俄国的俄国史学——俄国历史研究导论》和《历史综合推理方法》。

《满洲地区的中俄关系》和《两次革命：俄国与法国》两部著作篇幅都极短，其中《两次革命：俄国与法国》这本小册子比较有代表性，该书 1935 年出版于北平。1917 年俄国革命事件是侨民社会思想家关注最热门的题目。И. И. 加巴诺维奇也加入了思考俄国革命事件的行列，而且还另辟蹊径，把俄国革命与法国革命进行比较来分析俄国革命的独特性。

И. И. 加巴诺维奇认为，许多共同的原因构成了两次革命爆发的基础，但俄国革命与法国革命相比，存在许多显著的特性，"俄国革命不是法国革命的翻版"。③ 在 И. И. 加巴诺维奇的理解中，法国革命的特点在于封建制度的瓦解、资产阶级成为新的政治力量，而俄国革命导致了专制制度的瓦解、贵族阶层的衰落、对地主的社会大洗劫、财产的重新分配。④ И. И. 加巴诺维奇还认为，在布尔什维克取得政权后，俄国革命并没有结束，1928 年进入了新阶段，类似于法国的热月政变。老布尔什维克已不起任何作用了，服务于党派利益的小资产阶级代表取代了他们的

---

① I. Gapanovitch, Russina Historiography outside Russina. An introduction to the study of Russina history. Peiping,1935,187p.

② I. Gapanovitch, Metnods of Historical Synthesis. Commercial Press. Shanghai,1940, p. 190.

③ I. Gapanovitch, Two Revolutions compared：Russia and France compared. Peiping,1935. p. 2.

④ I. Gapanovitch, Two Revolutions compared：Russia and France compared. Peiping,1935. p. 3.

地位，这些人使党逐渐走向变质并最终灭亡。① 为此，И. И. 加巴诺维奇作出了结论：现在的俄国独裁者也毫不例外，斯大林无论如何也不是列宁的最佳接班人；列宁关于斯大林威望的评价很低：他预言，斯大林将破坏和消灭革命。②

在 И. И. 加巴诺维奇的历史认识中，他承认苏联在"一五"时期取得了成就，但也指出现存的一些难以解决的问题将成为苏维埃国家出现危机与毁灭的原因。由此，И. И. 加巴诺维奇做出来预测，如果共产党政权将要灭亡，那么在俄国恢复秩序比 18 世纪末的法国将会更加艰难。③

尽管《两次革命：俄国与法国》这本小册子仅 20 页的篇幅，但И. И. 加巴诺维奇不仅以独特的视角给予了阐释，而且还就俄国革命与苏联的社会现实进行关联研究，阐明了历史学家的鲜明观点。但从整体上看，笔者赞同 M. 科瓦列夫的观点，该书的"政论性成分要比学术性更多一些"。④

《境外俄国的俄国史学——俄国历史研究导论》和《历史综合推理方法》两部用英文出版的著作是 И. И. 加巴诺维奇在史学理论问题研究上的重要代表作。《境外俄国的俄国史学——俄国历史研究导论》一书于1935 年出版于北平，篇幅为 187 页。该书专注研究在俄国以外出现的俄罗斯学文献、俄国形象在外国知识文化中的演进等内容。书中不仅论及俄国侨民学者的著作，而且也研究了英国、德国、意大利、美国、法国和捷克斯洛伐克等国学者的著作。1946 年，该书被翻译成法文在巴黎出版⑤。它的文本被俄国东方学家法国高等东方语言学校 B. П. 尼基汀教授注释和补充。

И. И. 加巴诺维奇指出，外国对俄国历史的研究出现于 19 世纪末，而第一次世界大战和 1917 年的俄国革命加快了这一进程。И. И. 加巴诺

---

① I. Gapanovitch, Two Revolutions compared：Russia and France compared. Peiping, 1935. p. 20.

② I. Gapanovitch, Two Revolutions compared：Russia and France compared. Peiping, 1935. p. 18.

③ I. Gapanovitch, Two Revolutions compared：Russia and France compared. Peiping, 1935. p. 17.

④ Ковалев М. В. От Петербурга до Канберры：жизнь и научные труды профессора И. И. Гапановича.//Acta Slavica Iaponica. 2014, №34. p. 86.

⑤ I. Gapanovitch, Historiographie russe hors de la Russie. Paris. Paris. 1946, 215p.

维奇将外国俄罗斯学发展划分为三个历史时期：（1）1881—1905年；
（2）1905—1918年；（3）1918—1931年。当代俄罗斯学者 B. И. 采比洛
娃把 И. И. 加巴诺维奇的历史分期解释为：第一个时期是学者探寻必择
其一的俄国史观阶段，第二个时期是如何完善历史研究方法的阶段，第
三个时期是重新思考和评价俄国历史经验的阶段。[①] И. И. 加巴诺维奇从
西方的视角划分外国俄罗斯学的历史分期，可能会不为其他学者所接受。
在这点上，И. И. 加巴诺维奇本人也承认它有局限性。

　　И. И. 加巴诺维奇认为，英国研究者唐纳德·麦肯齐·华莱士和法国
历史学家阿纳托尔·列鲁阿－保利叶、阿里弗列德·拉姆波的工作促进
了西方俄罗斯学的建立；K. 瓦里舍夫斯基、托马斯·马萨里克、詹姆
士·梅沃尔、伯纳德·裴尔斯等学者的工作推动了俄罗斯学知识的进一
步发展；而 Б. Э. 诺里德、E. Ф. 什穆尔洛、Д. П. 斯维亚托波尔克－米尔
斯基等侨民学者在使外国人了解俄罗斯上发挥了巨大作用。他们的著作
被翻译成西文，引起了很多人的广泛兴趣。

　　在 И. И. 加巴诺维奇的著作中，批评性评论俄国史学中的现代流
派——马克思主义与欧亚主义占据了一定的篇幅。他关注的重心是这两
个流派的杰出代表 M. H. 波克罗夫斯基和 Г. B. 维尔纳德斯基的著作。[②]

　　可以说，И. И. 加巴诺维奇在自己的著作中对近50年内在外国出版
的主要俄国史著作进行了综合评价。正如俄罗斯学者所言，"时至今日，
И. И. 加巴诺维奇的著作大概是国外俄罗斯学综合研究的唯一一次尝
试"。[③] 非常遗憾的是，这样一部重要的著作，到目前为止，仍没有出版
俄文版，同样也没有出版中文版，而北京版和巴黎版也早已成为了稀有
图书。

　　《历史综合推理方法》一书于1940年出版于上海，篇幅为190页。
И. И. 加巴诺维奇决定撰写该书源于在历史综合推理方法领域尚未见到这

　　① Цепилова В. И. Историческая наука Русского Зарубежья в литературе 20 – 80 – х гг. XX
столетия//Документ. Архив. История. Современность：Сб. нау. тр. Вып. 9. Екатеринбург，2008. с. 243.

　　② I. Gapanovitch，Historiographie russe hors de la Russie. Paris. Paris. 1946，pp. 92 – 108.

　　③ Ковалев М. В. От Петербурга до Канберры：жизнь и научные труды профессора И. И.
Гапановича.//Acta Slavica Iaponica. 2014，No. 34. p. 85.

样的系统性著作，其能够阐明过去的研究经验与当下的理论分析。因此，И. И. 加巴诺维奇提出了具体的研究任务：分析奠定历史综合推理的基础原则及其运用到具体史料中的条件。

И. И. 加巴诺维奇认为，20 世纪上半叶历史科学经历了非同寻常的跨越。与其他俄侨学者比较，И. И. 加巴诺维奇能够认识到新方法流派的出现与发展，而不是千方百计地抓住实证论准则不放。在《历史综合推理方法》书中，И. И. 加巴诺维奇不仅仅局限于一种历史综合推理。他深入分析了主要的史学流派，阐述了迫切的理论问题（如在历史研究中使用数学方法问题和使用历史比较语言学前景问题）。他向读者展示了经典著作以及与自己同时代人的著作中的高深知识。

И. И. 加巴诺维奇坚信，在现代条件下未必完全能突出历史过程的完整阐释，而是在阐释的同时突出排他的治学方法。И. И. 加巴诺维奇指出，现代史学的主要趋势之一是从素朴实在论跨越形而上的自然主义转向了批判现实主义。依据 И. И. 加巴诺维奇的理解，历史现实主义与历史的崇高精神是现代史学的两个突出特点。历史更多地不是呈现走向极幸福目的的平静与缓慢趋势，而是人类活动的激流进程、全部矛盾与痛苦。①

被 И. И. 加巴诺维奇所经历过的历史事件更加加深和强化了他对历史认识的上述观点。在《历史综合推理方法》一书的结尾处，И. И. 加巴诺维奇写道，"该书是在第一次世界大战时期在亚洲撰写出来的，而它的刊印是在欧洲爆发第二次世界大战时期。所发生的那么多重要事件已经成为历史。在欧洲乃至全世界都取得了重大进步。任何人不可否认，我们生活在大变革时代，虽然他们的结局还不明朗。我们现在处在何处，又将要去往何处？这涉关所有人的利益，因此历史学家也不能把那些令人震惊的事件放在一旁，许多问题尤其是理论研究领域也困扰着历史学家"。②

《勘察加的科里亚克人：部落现状及其养鹿业的意义》与《俄国在东

---

① I. Gapanovitch, Metnods of Historical Synthesis. Commercial Press. Shanghai,1940,p. Ⅲ.

② I. Gapanovitch, Metnods of Historical Synthesis. Commercial Press. Shanghai,1940,p. 179.

北亚：过去与现在的北方垦殖》（上卷）、《俄国在东北亚：北方的资源及
其经营与条件》（下卷）是 И. И. 加巴诺维奇在俄国远东边疆民族问题研
究上的最重要代表作。如上文所述，在勘察加生活期间 И. И. 加巴诺维
奇就已开始了俄国远东民族学研究，在《远东经济生活》和《北亚》等
杂志上发表了关于勘察加的文章，并于 1926 年在符拉迪沃斯托克出版了
《勘察加：自然、人口与经济》的小册子。这些论著确定了 И. И. 加巴诺
维奇的主要学术方向——俄国远东边疆民族研究。И. И. 加巴诺维奇的论
著不仅进行了理论阐述，而且更富实践意义。И. И. 加巴诺维奇试图构建
勘察加边区垦殖开发的最佳模式，并在此基础上提出了合理利用自然资
源、少数民族经济结构与生活方式渐进过度、工农业生产平衡发展的建
议。И. И. 加巴诺维奇认为，当时在俄国远东所进行的垦殖实践是低效
的，建议在精确的学术分析的基础上尝试采用新的垦殖方式。

　　正是在前期研究的基础上，И. И. 加巴诺维奇在中国利用自己曾在勘
察加考察的私人印象和回忆，以及被他所收集的民族学与统计资料，继
续其在俄国远东东北区域历史、民族与经济的研究，分别于 1932 年、
1933 年、1934 年在天津和北平出版了上述三部极具史料价值的著作。
《勘察加的科里亚克人：部落现状及其养鹿业的意义》一书篇幅不长，仅
有 88 页，分科里亚克人民族源流、勘察加的养鹿业、科里亚克人的社会
与世界观、俄国人对科里亚克人的影响、科里亚克人的生活、古老的科
里亚克语言等七个小章节，对 20 世纪初科里亚克人的物质与精神文化、
生活与生产方式、经济等内容进行了研究。尽管该书出版于 80 多年前，
正如当代俄罗斯学者所言，"是任何一位研究东北亚民族的专家案头必备
之书"。[①]

　　上下卷本的《俄国在东北亚：过去与现在的北方垦殖》（上卷）、
《俄国在东北亚：北方的资源及其经营与条件》（下卷）是 И. И. 加巴诺
维奇在俄国远东东北部区域垦殖问题研究上的最基础的著作。该书共 388

① Решетов А. М. Иван Иванович Гапанович: страницы биографии русского ученого -
энциклопедиста//Краеведческие записки Камчатского областного краеведческого музея. Вып. 12. -
Петропавловск - Камчатский,2003. с. 39.

页，上卷186页，下卷202页。该书原定在一卷内刊印，但由于北平的印刷条件所限才分两卷印刷。

该书阐述了俄国东北地区垦殖的过去与现状及其资源开发问题。上卷包括地理、历史、土著人、俄罗斯人、外国人、日本与美国在北方、地方行政管理等七部分。下卷包括狩猎与养鹿业、捕渔业、矿业、副业、骑士岛与养兽业、交通与通讯、俄国控制下的阿拉斯加、北方的垦殖体系等八部分。И. И. 加巴诺维奇整体研究了勘察加与楚科奇的地理、历史、行政管理、传统手工业、基础设施状况、人口问题，描述了当地居民——土著与俄罗斯人的生活，分析了主要社会阶层的状况，显示了文化间的相互影响进程。

И. И. 加巴诺维奇认为，俄国远东东北部地区不可能成为定点移民区，因为"这里的垦殖政策永远超过垦殖条件，因此进行了多种目的的尝试，在治理形式上也多于其他西伯利亚地区"。① "勘察加与俄国领土的其他部分差别在于——与大陆隔绝使其与当时的许多外国移民区很相似。这里没有发生连续的民族迁移。因此，勘察加不像其他地区能够完全并入俄国：直到今天，那里的一些民族事实上也没有成为俄国臣民。俄国征服的文化影响表现得更弱。勘察加的遥远与隔绝决定它拥有以下历史特点：（1）晚于其他许多地区并入俄国；（2）征服它极其艰难、占领它持续时间非常长；（3）俄国在任何一个地方的征服与治理都不像在勘察加表现得那么强硬与残暴；（4）勘察加的垦殖进程一直处于初级阶段；（5）作为一块海外土地，不与宗主国联系的勘察加极其稳固并尝试脱离宗主国（1855年的英法人联合进攻和1905年的日本人进攻），这种状况与很早就产生的地区分离主义密切相关（18世纪的别涅夫斯基暴动）。②

И. И. 加巴诺维奇将勘察加的垦殖进行了历史分期：第一个时期，17—18世纪的征服期；第二个时期，18—19世纪的垦殖期；第三个时

① Гапанович И. И. Россия в Северо - Восточной Азии. Ч. Ⅰ. Колонизация Севера в прошлом и настоящем. - Пекин, 1933. с. 37.

② Гапанович И. И. Россия в Северо - Восточной Азии. Ч. Ⅰ. Колонизация Севера в прошлом и настоящем. - Пекин, 1933. с. 38.

期，19—20 世纪的衰落期。① И. И. 加巴诺维奇指出，"利益推动了几百年政府在西伯利亚的政策：17 世纪，政府热衷于掌控西伯利亚的毛皮；18 世纪，政府寻找矿藏，首先是金矿；19 世纪，开辟新的领地，为此开始有计划地向西伯利亚移民"。"在远东，这个进程推迟了大约一个世纪，而在勘察加才刚刚开始。勘察加虽然已开始进行岩石开采，但仍然没有看见垦殖的第二个时期，于是非一种尝试就能确定时间：利用岩石开采变成农业区。因为没有合适的农业人口和有利的自然条件，勘察加的管理只能是沿着没有希望的道路上徘徊。"②

　　И. И. 加巴诺维奇深刻地指出，俄国东北地区的垦殖实践的效果欠佳，因为东北欧亚大陆对俄国来说是典型的开发移民区。③ 未来区域的发展依赖于矿业，但占据首要地位的是黄金开采；其次为石油勘探。④ 与此同时，И. И. 加巴诺维奇也建议，仿照阿拉斯加通过养鹿业合理化途径改造农业，安排好鹿肉、鹿奶和鹿皮的深加工。⑤ И. И. 加巴诺维奇也指出，只有尊重传统的经济制度、少数民族的生活方式和传统，才能实现经济与生态的平衡，否则反之。⑥ И. И. 加巴诺维奇的观点在 20 世纪 30 年代的苏联得到了印证，因为苏维埃政权没有考虑到上述因素，从而出现了让楚科奇人成为定居居民的尝试以失败而告终，而科里亚克人养鹿业的集体化导致了一半鹿群数量减少的结果。

　　综合评价上下卷本的《俄国在东北亚》一书，笔者认为，它是以俄文出版的第一部关于俄国东北部地区研究的综合性著作，为俄国东北部

---

　　① Гапанович И. И. Россия в Северо – Восточной Азии. Ч. Ⅰ. Колонизация Севера в прошлом и настоящем. – Пекин, 1933. с. 47.

　　② Гапанович И. И. Россия в Северо – Восточной Азии. Ч. Ⅰ. Колонизация Севера в прошлом и настоящем. – Пекин, 1933. с. 38 – 39.

　　③ Гапанович И. И. Россия в Северо – Восточной Азии. Ч. Ⅱ. Богатства Севера, их эксплуатация и возможности. – Пекин, 1934. с. 179.

　　④ Гапанович И. И. Россия в Северо – Восточной Азии. Ч. Ⅱ. Богатства Севера, их эксплуатация и возможности. – Пекин, 1934. с. 83 – 108, 180 – 183.

　　⑤ Гапанович И. И. Россия в Северо – Восточной Азии. Ч. Ⅱ. Богатства Севера, их эксплуатация и возможности. – Пекин, 1934. с. 39 – 40.

　　⑥ Гапанович И. И. Россия в Северо – Восточной Азии. Ч. Ⅰ. Колонизация Севера в прошлом и настоящем. – Пекин, 1933. с. 104 – 106.

地区的历史研究、经济史研究、民族史研究奠定了基础。与此同时，这样一部非常有价值的著作出自于俄侨身份的 И. И. 加巴诺维奇之手，情理之中的是与 И. И. 加巴诺维奇曾经的生活、工作息息相关，更为重要的是 И. И. 加巴诺维奇对祖国边疆区域发展的关注与无限期望。正是因为这样一部独特的著作，И. И. 加巴诺维奇的名字才为研究俄国东北部地区历史研究的学界所关注。

第八节　B. A. 梁扎诺夫斯基

一　生平简介与学术成就

关于 B. A. 梁扎诺夫斯基的生平活动资料，目前可查阅到的有《B. A. 梁扎诺夫斯基教授——学术与实践活动二十五年（1908—1933）》[①]《纪念 B. A. 梁扎诺夫斯基教授》[②]《俄国侨民教授 B. A. 梁扎诺夫斯基的生平与活动》[③]《法学教授与东方学家 B. A. 梁扎诺夫斯基》[④]《〈关于蒙古法律及文化对于俄国法律文化之影响〉著作的引言》[⑤]《关于 B. A. 梁扎诺夫斯基及其法学思想》[⑥] 六篇文章。综合这些资料，笔者可以描述出 B. A. 梁扎诺夫斯基大致简略的活动轨迹。

B. A. 梁扎诺夫斯基，1884 年 1 月 1 日出生于科斯特罗马省，1968 年 2 月 19 日逝世于美国奥克兰。1903 年，B. A. 梁扎诺夫斯基毕业于科斯特

① Профессор В. А. Рязановский. К двадцатипятилетию учёной и практической деятельности(1908 – 1933) //Известия юридического факультета,1933,X,c. 359 – 365.

② Заверняев И. С. Памяти профессора В. А. Рязановского//Русская жизнь. 1968. – 26 июня.

③ Сонин В. В. Жизнь и деятельность российского профессора – эмигранта В. А. Рязановского (1884 – 1968 гг.)//Вологдинские чтения：Тез. докл. научн. – техн. конф. Международная политика и право. – Владивосток：ДВГТУ,1998. c. 23 – 24.

④ Хисамутдинов А. А. Профессор юриспруденции и востоковед В. А. Рязановский// Проблемы Дальнего Востока. 2003. №2. c. 136 – 142.

⑤ Мелихов Г. В. Вводная статья к публикации：К вопросу о влиянии монгольской культуры и монгольского права на русскую культуру и право.//Вопросы истории,1993,№7. c. 152 – 163.

⑥ Треушников М. К. Об авторе и его правовых идеях//Рязановский В. А. Единство процесса：Учебное пособие. – М. ,2005. c. 5 – 12.

罗马古典中学；1908 年，莫斯科大学法律系毕业。在大学期间，B. A. 梁扎诺夫斯基开始热衷于法哲学研究，认真听了 C. H. 特鲁别茨基和 Π. И. 诺夫郭罗德采夫教授的理论与实践课。在二年级时，B. A. 梁扎诺夫斯基被公派到德国学习了六个月。在高年级，B. A. 梁扎诺夫斯基对民法课程又表现出了浓厚的兴趣。1908 年春大学毕业后，涅非奇耶夫教授建议 B. A. 梁扎诺夫斯基留校准备教授职称。但 B. A. 梁扎诺夫斯基的身体状况不允许其接受这个建议和留在首都。B. A. 梁扎诺夫斯基来到下诺夫哥罗德定居，从事司法实践工作（先法官，后律师）。与此同时，B. A. 梁扎诺夫斯基与自己的老师保持密切联系，并继续学习民法为获得教授职称做准备。战胜疾病后，B. A. 梁扎诺夫斯基于 1911 年来到德国留学深造。国民教育部长卡索与莫斯科大学的冲突事件对 B. A. 梁扎诺夫斯基产生了不利影响。大部分过去的法律系教授离开了莫斯科大学，由此 B. A. 梁扎诺夫斯基与莫斯科大学中断了联系，这种状况也耽搁了 B. A. 梁扎诺夫斯基的硕士考试。几年后，B. A. 梁扎诺夫斯基才在喀山大学通过了硕士考试。

1914 年秋，B. A. 梁扎诺夫斯基受邀担任雅罗斯拉夫尔省杰米多夫法政学校民法教研室编外副教授，教授民事诉讼课程。1915—1917 年，B. A. 梁扎诺夫斯基一直以杰米多夫法政学校编外副教授身份在那里教授民事诉讼和民法课程。1917 年秋，B. A. 梁扎诺夫斯基在顿斯科伊大学通过民法硕士论文答辩后，主持杰米多夫法政学校民法教研室客座教授事务，并工作到 1917—1918 学年末。在杰米多夫法政学校工作期间，B. A. 梁扎诺夫斯基也积极准备博士论文答辩，但 1918 年的国内战争使他的答辩手稿遗失了。

1918 年秋，B. A. 梁扎诺夫斯基携妻子来到托木斯克，主持托木斯克大学民法与诉讼教研室客座教授事务（1918—1919 教学年）；半年后，B. A. 梁扎诺夫斯基到了伊尔库茨克，主持伊尔库茨克大学民法与诉讼教研室客座教授事务（1919—1920 教学年）；1920 年深秋，在高尔察克政府崩溃后，B. A. 梁扎诺夫斯基来到了符拉迪沃斯托克，主持国立远东大学民法与诉讼教研室客座教授事务（1920—1921 年、1921—1922 年教学年）。1921 年秋，B. A. 梁扎诺夫斯基接受哈尔滨法政大学的邀请，受聘民法与诉讼教研室主任、客座教授。

据上述资料记载，从 1911 年起，В. А. 梁扎诺夫斯基就已开始从事法学研究，至来华前，在《法与公证通报》《司法部杂志》《法》《法通报》《法律评论》等杂志上发表了《关于在立遗嘱时不识字的人要求有证明人的权利问题》《关于境外俄罗斯人所立遗嘱问题》《关于罗马尼亚民法在比萨拉比亚的使用问题》《依据法令的起诉保障和强制执行》《行政司法》《苏维埃俄国的人民法院》《苏维埃俄国法院的设立》等近十篇文章，在下诺夫哥罗德、雅罗斯拉夫尔等地出版了《俄罗斯人在日本占领的萨哈林州的法律状况》《布里亚特人习惯法》《俄国法律中的夫妻死后继承》《俄国法律中的尊亲属继承》《同父同母、同父异母和异父同母的兄弟姐妹继承》《统一诉讼法》（1924 年在哈尔滨再版）六部著作。

1922 年末，在滨海边区白色政权彻底被粉碎后，В. А. 梁扎诺夫斯基携全家正式移居哈尔滨，在哈尔滨法政大学教授民法、中国民法、民事诉讼、罗马法基本原理等课程。1924 年秋—1929 年 3 月，В. А. 梁扎诺夫斯基担任法政大学校长，同时也兼任法政大学毕业考试委员会主席。在担任法政大学校长期间，法政大学是处于繁荣发展的黄金期，В. А. 梁扎诺夫斯基对大学的发展作出了突出贡献，表现在开设经济科、扩大师资力量和招生数量、开办了中国学生预科班、加快了图书馆建设、发行了会刊、扩大了学术影响力、发表了大量学术成果等。1929 年 3 月，В. А. 梁扎诺夫斯基卸任校长后被教授委员会推选为哈尔滨法政大学荣誉教授。1935 年，В. А. 梁扎诺夫斯基全家来到天津生活，继续从事学术研究。1938 年，В. А. 梁扎诺夫斯基从天津移居美国旧金山，任美国伯克利大学俄国与欧洲史教授。侨居美国后，В. А. 梁扎诺夫斯基仍笔耕不辍，其学术方向转向了俄国文化领域，如1947—1948 年在纽约出版了两卷本的篇幅达 1400 页的《俄国文化历史概述》①，为美国俄罗斯学的发展作出了积极的贡献。

除在大学工作外，В. А. 梁扎诺夫斯基也从事法律实践工作，身兼数职，曾兼任下诺夫哥罗德法庭书记员和律师、雅罗斯拉夫尔和托木斯克

---

① Рязановский В. А. Обзор русской культуры. исторический очерк: В 2 томах: Т. 1. 638с. ; Т. 2. Ч. 1. 557с. ; Т. 2. Ч. 2. 222с. – Нью – ЙоркИзд. авт, 1947 – 1948.

地方法庭副庭长、符拉迪沃斯托克司法局民事厅厅长、中东铁路法律处
处长和律师等职务。从 1925 年起，B. A. 梁扎诺夫斯基还兼任中东铁路
中央图书馆委员会主席。

在华侨居期间，在繁忙的教学与社会实践之余，B. A. 梁扎诺夫斯基
也要抽出时间从事学术研究，发表了许多成果。纵观 B. A. 梁扎诺夫斯
基的学术成果，其主要集中在法律问题上，在《亚细亚时报》《东省杂志》
《法政学刊》《中华法学季刊》《中东铁路中央图书馆书籍绍介汇报（中
国学文献概述）》（第 4 集）等杂志和文集上发表了《中国法（文献）》①
《蒙古法文献述论：历史概述》②《中国民法的基本法规》③（1926 年在哈
尔滨出版单行本，同年被翻译成英文出版）《蒙古部落习惯法的两份文
献》④《中国矿业法要义》⑤《中国森林法要义》⑥《中国土地法要义》⑦
《中国之新民律》⑧《中国不动产之法律关系》⑨《蒙古部落习惯法》⑩《中

①　Рязановский В. А. Китайское право. (библиография).//Вестник Маньчжурии. 1928,
№3. с. 88 – 93. То же.//Под редакцией Н. В. Устрялова и Е. М. Чепурковского. Библиогр.
бюллетень. 6 – ки КВЖД, т. Ⅱ, 1928 – 1929, с. 4 – 14. То же.//Известия юридического
факультета, №6, 1928, с. 361 – 372.

②　Рязановский В. А. Библиография памятников монгольского права. Исторический
очерк.//Библиографическй сборник（Обзор литературы по китаеведению）под редакцией Н. В.
Устрялова（Харбин, Ⅱ（Ⅴ）, 1932, с. 281 – 311.

③　Рязановский В. А. Основные институты китайского гражданского права.//Вестник
Маньчжурии. 1926, №5. с. 18 – 27; №6. с. 19 – 35. – то же, Харбин. тип. КВЖД, 1926. 82с.

④　Рязановский В. А. Два памятника обычного права монгольских племен.//Вестник
Маньчжурии. 1929, №11. с. 1 – 7; 1930, №1. с. 1 – 14.

⑤　Рязановский В. А. Горное право Китая. (Основные начала).//Известия
юридического факультета, 1928, №6. с. 81 – 113.

⑥　Рязановский В. А. лесное право Китая. (Основные начала).//Известия
юридического факультета, 1928, №6. с. 114 – 136.

⑦　Рязановский В. А. Земельное право Китая. (Основные начала).//Известия
юридического факультета, 1928, №6. с. 3 – 80.

⑧　Рязановский В. А. Новое гражданское право Китая.//Известия юридического
факультета, 1927, №4. с. 297 – 322.

⑨　Рязановский В. А. Правоотношения по недвижимостям в Китае.//Известия
юридического факультета, 1925, №1. с. 1 – 10. – то же, Харбин. тип. КВЖД, 1925, 9с. (1925 年在
哈尔滨出版单行本)。

⑩　Рязановский В. А. Обычное право монгольских племен.//Вестник Азии, 1923, №51. с. 1 –
114; 1924, №52. с. 23 – 141. (1929 年翻译成英文结集在哈尔滨出版)

国民法上消减时效之廻溯力》①《蒙古法与世界法之比较》②《阿尔泰人与捷列乌特人习惯法的一些特点》③《蒙古法律及文化对于俄国法律文化之影响》④《成吉思汗法别》⑤ 15 篇文章，出版了《蒙古法历史概览（以习惯法为主）》⑥《中国土地和山林法要义》⑦《现代中国民法》⑧《古代俄国绘画研究》⑨《蒙古法的基本法则》⑩《西伯利亚游牧部落的习惯法》⑪ 等 11 部单行本著作。此外，为了让俄国人进一步了解中国的民法和深入研究，B. A. 梁扎诺夫斯基还组织翻译并编辑出版了中国民法典，如 1927 年出版了由 K. B. 乌斯朋斯基翻译的两卷本的《中华民国民法典草案》⑫、

---

① Рязановский В. А. О применении погасительной или исковой давности с обратною силою по новому китайскому законодательству. //Вестник. китайского. права. – Харбин, 1931. – Сб. 2. с. 187 – 191.

② Рязановский В. А. Монгольское право и сравнительное правоведение. //Известия юридического факультета, 1929, №7. с. 287 – 302. – то же, Харбин: [б. и.], 1929. с. 16. (同年出版单行本, 1933 年被译成英文出版)

③ Рязановский В. А. Некоторые чёрты обычного права алтаев и телеутов. //Вестник. китайского. права. – Харбин, 1931. – Сб. 3. с. 163 – 166.

④ Рязановский В. А. К вопросу о влиянии монгольской культуры и монгльского права на русскую культуру и право. – Харбин: Художественная тип. , 1931. – 31с. – "Отд. оттиск из т. 9. 《Известия Юридического факультета О. Р. В. П. в г. Харбине》". с. 1 – 32. (1931 年在哈尔滨出版单行本)

⑤ Рязановский В. А. Великая Яса Чингиз Хана. – Харбин: Тип. Н. Е. Чинарева, 1933. – 65с. "Отд. оттиск из т. 10. 《Известий Юридического факультета О. Р. В. П. в г. Харбине》". с. 3 – 66. (1933 年出版单行本)

⑥ Рязановский В. А. Монгольское право (Преимущественно обычное). Исторический очерк. – Харбин, 1931. 306с.

⑦ Рязановский В. А. Основные начала земельного, горного и лесного права Китая. Харбин. отделение тип. КВЖД, 1928. 135с.

⑧ Рязановский В. А. Современное гражданское право Китая: Вып. 1: Очерк действующего китайского гражданского права. Харбин. тип. 《Заря》, – 1926, 196с. ; Вып. 2: Новое гражданское право Китая. 1927. 109с.

⑨ Рязановский В. А. Об изучении древней русской живописи. – Харбин: [б. и.], 1934. 51с.

⑩ V. A. Riasanovsky. Fundamental Principles of Mongol Law. Tientsin: Telberg's International Bookstores, 1937. 338p.

⑪ V. A. Riasanovsky. Customary law of the nomad tribes of Siberia. Tientsin [б. и.], 1938. 151p.

⑫ Проект Гражданского уложения Китайской Республики: Кн. 1 – 2/Под ред. проф. В. А. Рязановского. Пер. с кит. К. В. Успенского. – Харбин: [б. И]. – Кн. 1: Положения общие. 1927. – 47с. ; Кн. 2: Обязательства. 1927. с. 53 – 177.

1931—1935 年出版了由王岑容翻译的五卷本的《中华民国民法典》①。

二 代表著作主要内容及学术评价

概括起来，B. A. 梁扎诺夫斯基的法律研究成果主要分为两类：蒙古法和现代中国法。

在蒙古法领域，B. A. 梁扎诺夫斯基出版了《蒙古法历史概览（以习惯法为主）》《蒙古法律及文化对于俄国法律文化之影响》《蒙古法的基本法则》《西伯利亚游牧部落的习惯法》《蒙古法与世界法之比较》《成吉思汗法别》等著作，其中《蒙古法历史概览（以习惯法为主）》《蒙古法律及文化对于俄国法律文化之影响》《蒙古法的基本法则》《西伯利亚游牧部落的习惯法》是在蒙古法领域中的最重要研究成果，但《蒙古法的基本法则》《西伯利亚游牧部落的习惯法》两部著作以英文出版，现在不易查阅到。因此，本书主要以著作《蒙古法历史概览（以习惯法为主）》为研究对象，以窥 B. A. 梁扎诺夫斯基在蒙古法领域的研究成就与贡献。

《蒙古法历史概览（以习惯法为主）》一书包括引言、第一编蒙古法（分成吉思汗及其继任者时代蒙古人共同法、卫拉特同盟时代法、北蒙古法、适用于蒙古的中国法、自治蒙古法、中国法对蒙古法的影响、蒙古法对俄国法的影响等七章）、第二编布里亚特法（分布里亚特人、外别加尔布里亚特人习惯法、伊尔库茨克布里亚特人习惯法、布里亚特人的司法机构等四章）、第三编卡尔梅克法（分卡尔梅克人历史资料、顿罗布喇什汗对 1640 年法典的补充、1822—1827 年卡尔梅克法汇编、卡尔梅克人的司法机构等四章）、结论（蒙古法与比较法学）和附录（蒙古部落习惯法古代文献）等部分。

该书中所研究的主体内容并非首次发表，曾以《蒙古部落习惯法》为题名在 1923 年第 51 期、1924 年第 52 期的《亚细亚时报》上发表，后

---

① Гражданский кодекс Китайской республики. Кн. 1 – 5/Пер. с китайск. яз. Ван Цзэн – Жунь, под ред. проф. В. А. Рязановского. – Харбин：Тип. Кит. Вост. жел. дор. – Кн. 1：Положения общие. 1931. 27 с；Кн. 2, ч. 1：Обязательства. 1932. 39 с；ч. 2：Различные виды обязательств. 1935. 30 с；Кн. 3：Вещное право. 1932. 32 с；Кн. 4：Семья. 1934. 31 с；Кн. 5：Наследование. 1933. 21 с.

于 1929 年结集以英文在哈尔滨出版单行本，而附录中的内容也在 1929 年第 11 期、1930 年第 1 期的《东省杂志》上发表。在此基础上，经 B. A. 梁扎诺夫斯基进行大幅修订，出版了 1931 年版本的《蒙古法历史概览（以习惯法为主）》一书。

B. A. 梁扎诺夫斯基在该书序言中指出，"本书的任务——在蒙古人、布里亚特人和卡尔梅克人等主要蒙古部落法律资料的基础上对蒙古法给予整体叙述"。"蒙古法的重要性首先在于其本身是在欧亚大陆两大板块民族史中保留明显痕迹的民族法律创造的表现。此外，蒙古法的重要性其也是社会学与比较法学研究的材料。……最后，对俄罗斯人来说，研究蒙古法的重要性更在于，俄国在蒙古—鞑靼人政治统治之下长达两个多世纪"。"著作带有历史概述性质，是对蒙古法历史给予系统性概括的尝试。研究蒙古法主要制度的发展进程，对其近况给予整体评价和指出它的发展趋势——本书的主要目的"。[1]

在《蒙古法历史概览（以习惯法为主）》的每一编中，作者都采用一种叙述风格，即整体阐述该民族古代法律文献产生史、它的适用领域与时代，每一个古代法律文献的内容评介（包括氏族生活、奖惩、物权、司法机构与诉讼）。该书有两章最引人注目，第一编第七章提出和分析了蒙古法对俄国法的影响问题；最后一章，也即结论，把已获资料和比较法学资料进行了比较。作者在书中提出了一些自己对蒙古法认识的重要论点："蒙古—鞑靼人对俄国法的影响微乎其微，并带有非实质性的次要性质。"[2] "由于两个民族社会发展的客观条件，尤其是两种文化的差异——整体上的蒙古文化和部分的蒙古法律文化，不能给予和没有给予俄国文化和法律以重大影响"。"成吉思汗没有影响到罗斯，甚至没能对罗斯给以影响，因为他创造的是另一种民族文化（游牧），不能满足俄罗斯民族的需要。蒙古—鞑靼人没有为罗斯创造任何专门的法典（类似于后来满族人为蒙古创造的法典），这是由于其文化水平处于低层次阶段使

---

① Рязановский В. А. Монгольское право (Преимущественно обычное). Исторический очерк. – Харбин, 1931. c. 3, 4.

② Рязановский В. А. Монгольское право (Преимущественно обычное). Исторический очерк. – Харбин, 1931. c. 143.

然"。"因此，蒙古法对俄国法没有产生直接影响：既没有借助使用蒙古法典，也没有颁布专门的法典。"①"保持畜牧文化和附带各项非常重要规则的宗法氏族制度（氏族分类、父系家长制、不动产所有权缺失、民事流传弱化发展）的畜牧民族法律是蒙古法的基础。""蒙古法是基础，布里亚特法与卡尔梅克法是蒙古法的特别分支。……布里亚特法比卡尔梅克法更具独立性。毫无疑问，布里亚特部落很早就脱离了整个蒙古家族，因此很早就走上了自己独特的发展之路。布里亚特人独立制定了自己的有着共同的畜牧游牧文化和宗法氏族关系制度的法律习惯，并独立创造了自己的法典和规则——法律习惯汇编。相反，卡尔梅克人只是在不久前的17世纪才脱离整个蒙古（卫拉特）基础，但长时间还与卫拉特部保持着紧密的联系。它们带着已经形成的法律习惯出现在南俄草原上，并接受了蒙古—卫拉特法典准则。于是，卡尔梅克法的所有进一步发展，由于卡尔梅克人生活环境的不断变化呈现出的只是蒙古—卫拉特法典的形式变体"。②"以蒙古人、布里亚特人和卡尔梅克人为主要表现的蒙古法向我们阐释了宗法氏族关系的确定形成类型"。③"蒙古人的家庭生活方式——严格的宗法制度。家庭的领导——家长、父亲、男人拥有更大的权力"④，"在氏族制度依附条件下蒙古部落的国家观念不强"⑤，"在社会关系方面，蒙古人不是同一身份地位群体，而是有阶级属性"⑥，"蒙古人的社会关系的最初形态不是现代的宗法氏族制度，而是社会关系的宗法

①　Рязановский В. А. Монгольское право（Преимущественно обычное）. Исторический очерк. – Харбин, 1931. с. 129.

②　Рязановский В. А. Монгольское право（Преимущественно обычное）. Исторический очерк. – Харбин, 1931. с. 273.

③　Рязановский В. А. Монгольское право（Преимущественно обычное）. Исторический очерк. – Харбин, 1931. с. 275.

④　Рязановский В. А. Монгольское право（Преимущественно обычное）. Исторический очерк. – Харбин, 1931. с. 276.

⑤　Рязановский В. А. Монгольское право（Преимущественно обычное）. Исторический очерк. – Харбин, 1931. с. 280.

⑥　Рязановский В. А. Монгольское право（Преимущественно обычное）. Исторический очерк. – Харбин, 1931. с. 282.

氏族制度取代了母权制，这个过程伴随着一个不断强化的过程。"①

当时在哈尔滨法政大学工作的 Г. 杰里别尔格教授在 1931 年第 9 期《法政学刊》上撰文对《蒙古法历史概览（以习惯法为主）》给予了专评，笔者认同他的观点。Г. 杰里别尔格教授指出了《蒙古法历史概览（以习惯法为主）》一书的部分问题。如关于本书的写作范式问题，"被作者采用的以古代文献为线索的叙述方式，而非以法律制度为线索的叙述方式，未必能达到所提出的目的"。② 但整体上 Г. 杰里别尔格教授给予了肯定性评价："应该说，从整体上对该书给予我们的评价，我们认为它具有重大学术价值。据我所知，该书是第一次对在七个世纪内属于伟大亚洲部落法律生活的文献资料进行系统性分析的尝试。作者对早就公开的文献资料补充了新史料（见该书附录）。作者通过自己的研究囊括了蒙古部落的所有主要领域，并正确地阐述了中国法对蒙古法、蒙古法对俄国法的影响问题。作者把比较法学研究方法运用到蒙古法文献资料上，可以说，把蒙古法文献资料放进了氏族生活方式演进的整体示意图中。这样，作者确认了这个整体示意图的正确性。"③

在现代中国法领域，B. A. 梁扎诺夫斯基出版了《中国土地和山林法要义》《现代中国民法》《中国民法的基本法规》《中国不动产之法律关系》等著作，其中著作《现代中国民法》最具代表性，本课题将给予重点介绍。

《现代中国民法》分两卷，分别于 1926 年和 1927 年在哈尔滨出版，1927 年、1928 年在哈尔滨又分别出版两卷本英文版。第一卷为现行中国民法概论，包括总则（包括法律文献、地方法律冲突、自然人是法律的主体、法人、物是法律的客体、法律事实与法律行为、法律事件、法律实施与保护、个人的权利）、物权（包括总则、占有、所有权、限制物

---

① Рязановский В. А. Монгольское право（Преимущественно обычное）. Исторический очерк. – Харбин,1931. с. 306.

② Г. Г. Тельберг. В. А. Рязановский. – Монгольское право（Преимущественно обычное）. Исторический очерк. Харбин,1931.//Известия юридического факультета,1929,Ⅸ,с. 278.

③ Г. Г. Тельберг. В. А. Рязановский. – Монгольское право（Преимущественно обычное）. Исторический очерк. Харбин,1931.//Известия юридического факультета,1929,Ⅸ,с. 281.

权、物权的分类、物权取得的方式、物权的消灭、地役权、建筑房屋权、永佃制、商业企业的特殊物权）、抵押权（总论、中国法、优先购买权、购买出售不动产权、矿物开采权）、知识产权（包括概念、著作权、技术发明权）、债权（包括总论、债务产生的基础、债务的改变、执行与消灭、个别契约债务、正常租赁、劳务契约、承包、委托、寄存、合伙经营、两造和解）、亲属（包括由婚姻产生的关系、订婚的条件与障碍、婚姻的无效、举行婚姻的形式与仪式、解除婚姻关系与离婚、夫妻的个人与财产关系、父母与孩子、亲属关系）、继承（包括总论、法律继承、祖先崇拜继承、财产继承、遗嘱、指定继承人的义务、由于被继承人债务而引发的继承人的责任）七部分。第二卷为中国新民法，包括总则（包括人、物、法律行为、期限计算、无效时效）、债权（包括总论、契约、单方意思表示——当众允诺报答、无委托打非亲属关系的官司）两部分。

　　B. A. 梁扎诺夫斯基在《现代中国民法》第一卷开篇中阐述了研究中国民法所面临的巨大困难："中国没有实质性民法，法院遵循的主要是习惯法，而各省的习俗又千差万别，对外国人来说开展研究尤其困难，需要众多的法律学家精通语言、了解民族的生活方式和多年的专研。"① 但 B. A. 梁扎诺夫斯基也指出了一些有利条件，如包括家庭法、土地法、继承法在内的中国古老的法典——《大清律例》很早就被国外学者研究和翻译成多种外文；近十年内颁布了 1923 年的《商标法》、1921 年的《民事诉讼条例》、1914 年的《矿业法规》、1915 年的《著作权条例》等有关民法的法令；1925 年、1926 年完成了《中华民国民法典草案》的两部分；最高法院出版了两卷本的《中华民国最高法院关于民事与商事的摘要汇编（1912—1918）》（该两卷于 1924 年、1925 年被中华民国政府顾问——法国的 J. 艾斯卡尔教授翻译成法文，部分内容被著名法学家郑天锡以《中华民国最高法院关于民法一般原则、义务与商法的决议》为题名于 1923 年翻译成英文，郑天锡的英文版后于 1925 年和 1926 年被俄侨

---

① Рязановский В. А. Современное гражданское право Китая: Вып. 1: Очерк действующего китайского гражданского права. Харбин. тип.《Заря》, 1926. с. 3.

波布拉斯基和古力维奇在哈尔滨翻译成俄文）、一卷本的《中华民国最高法院关于民事与商事的摘要汇编（1919—1923）》（该卷被俄侨郭穆波耶夫和乌斯朋斯基翻译成俄文，但没有出版，此外，他们两人还翻译了前两卷的总则部分）；用西语撰写出版了关于中国民法的极个别文献，以英国学者贾米森的《中国家庭与商法》（1921）为代表。"所有上述资料已经提供了论述成体系的现行中国民法的基础，我们在本书中尝试完成这样的任务。"①

在 B. A. 梁扎诺夫斯基的《现代中国民法》的第一卷中，他主要以《最高法院关于民事与商事的摘要汇编》为基础材料，不仅摘录和援引《最高法院关于民事与商事的摘要汇编》中最高法院关于总则、物权、抵押权、债权、知识产权、亲属、继承等问题的句子，用以确定最高法院的基本态度，同时还记述了欧洲法与主要学说关于这些问题的看法，特别强调了欧洲法律体系对最高法院的实践的极大影响，指出在中国没有国家的法律科学的情况下中国民法受到了日本法的影响，通过它又直接受到法国法（民法典）和德国法（商法典）的影响。

B. A. 梁扎诺夫斯基分析了中国民法的特点："现行中华民国民法是过渡时期法，因为在某种程度上以清法典中的一些准则尤其是法律习惯为基础的旧体系，仍然维持着自己的影响，但已经受到了现代生活条件与借助于新法令以及最高法院的诠释活动找到表现自我之路的现代思想的影响。"②

哈尔滨法政大学教授 Г. К. 金斯在 1928 年第 4 期的《东省杂志》上对 B. A. 梁扎诺夫斯基的《现代中国民法》第一卷给予了评价："可以公正地说，B. A. 梁扎诺夫斯基教授的书（《现代中国民法》第一卷）是关于现行中国法的第一部不错的教学参考书。……对于学术目的，B. A. 梁扎诺夫斯基教授的书将具有中国民法教程试作的意义。依照 B. A. 梁扎诺

---

① Рязановский В. А. Современное гражданское право Китая: Вып. 1: Очерк действующего китайского гражданского права. Харбин. тип.《Заря》,1926. с. 5.

② Рязановский В. А. Современное гражданское право Китая: Вып. 1: Очерк действующего китайского гражданского права. Харбин. тип.《Заря》,1926. с. 5.

夫斯基的著作，很容易转入进一步和更深入的研究中国法的某些方面。"①

　　В. А. 梁扎诺夫斯基的《现代中国民法》第二卷以法典编纂委员会于
1925 年、1926 年公布的《中华民国民法典草案》的总则和债权两部分为
研究对象，对总则中的人、物、法律行为、期限计算、无效时效，债权
中的债务的概念与种类、债务的来源、债务对象、债务生效、债权转让
与授权、债务关系的消失、18 种契约类型、单方意思表示——当众允诺
报答、无委托打非亲属关系的官司等内容进行了分析。

　　В. А. 梁扎诺夫斯基非常关注《中华民国民法典草案》，如他自己所
言，"了解最高法院的法律创造活动使我们相信，现代私法学说经常通过
民法典草案间接和直接影响最高法院的活动。为补充现行法的不足，最
高法院总是热衷于草案的准则（以法则形式），因此草案的准则（通过间
接途径）成为现行法的组成部分。这种状况以及学术研究的目的促使我
们对能够很快成为现行法典的中国新法——草案法进行概述性研究"。②
从这个意义上讲，《现代中国民法》第二卷是第一卷的"自然补充"。③

　　但如 Г. К. 金斯教授所言，"著者没有成功地完成拟定的计划——给
予草案完整性地评价，不得不仅局限于阐述草案最有意义的部分"。④ 然
而，这种状况是不以 В. А. 梁扎诺夫斯基教授的意志为转移的，因为《中
华民国民法典草案》的其他部分内容在 В. А. 梁扎诺夫斯基研究之时一直
没有修订完。为了弥补缺憾，В. А. 梁扎诺夫斯基也做出了展望，"我们
只有补充上被创造出的中国矿业法、森林法和水法概述，成系统的现行
中国民法概论才算完结。我们下一步的工作，就是尽可能着手研究中国

　　① Г. К. Гинс. В. А. Рязановский. – Современное гражданское право Китая：Вып. 1：Очерк
действующего китайского гражданского права. Харбин, 1926；Вып. 2：Новое гражданское право
Китая，1927. //Вестник Маньчжурии，1928. №4. с. 2.

　　② Рязановский В. А. Современное гражданское право Китая：Вып. 1：Очерк действующего
китайского гражданского права. Харбин. тип.《Заря》，1926. с. 6.

　　③ Рязановский В. А. Современное гражданское право Китая：Вып. 2：Новое гражданское
право Китая. – Харбин. тип.《Заря》，1927. с. 107.

　　④ Г. К. Гинс. В. А. Рязановский. – Современное гражданское право Китая：Вып. 1：Очерк
действующего китайского гражданского права. Харбин, 1926；Вып. 2：Новое гражданское право
Китая，1927. //Вестник Маньчжурии，1928. №4. с. 3.

的矿业、森林法和水法问题"。① B. A. 梁扎诺夫斯基部分地实现了该想法，在《现代中国民法》第二卷出版的第二年，作为《现代中国民法》补充的他的另一部著作——《中国土地和山林法要义》正式出版。

由于客观原因，尽管两卷本的《现代中国民法》还没有完全形成体系，但 Г. К. 金斯教授仍给予了公正地总体评价：在 B. A. 梁扎诺夫斯基的《现代中国民法》出版之前，"关于中国民法整体评论的著作还没有用任何一种欧洲语言出版"；"B. A. 梁扎诺夫斯基教授的书是目前为止用俄文论述中国民法的唯一一部著作，而且也是欧洲文献中系统论述现行中国民法的著作"。"由我们评论的 B. A. 梁扎诺夫斯基教授的书被翻译成英文出版后，奠定了西方学者研究中国法律的新阶段的开始。"②

---

① Рязановский В. А. Современное гражданское право Китая: Вып. 2: Новое гражданское право Китая. - Харбин. тип.《Заря》,1927. с. 107.

② Г. К. Гинс. В. А. Рязановский. - Современное гражданское право Китая: Вып. 1: Очерк действующего китайского гражданского права. Харбин, 1926; Вып. 2: Новое гражданское право Китая, 1927.//Вестник Маньчжурии, 1928. №4. с. 1.

第 五 章

民国时期在华俄侨学术
活动的特点、影响及价值

第一节　主要特点

一　时局变迁影响了民国时期在华俄侨学术活动的兴衰

　　1894 年，日本挑起的甲午中日战争彻底改变了东北亚区域原有的政治平衡。俄国为了自身利益，导演了"三国干涉还辽"，赢得了当时清政府的"信任"，构建了针对日本的所谓"中俄同盟"。这样，俄国取得了在中国东北修筑铁路（中东铁路）的特权。随着 1898 年中东铁路的修筑和 1903 年的运营，大批俄侨来到中国，形成了俄侨涌入中国的第一次浪潮。哈尔滨因而迅速崛起，成为之后半个多世纪俄侨在中国从事政治、经济、文化活动的最为重要的中心，亦是民国时期在华俄侨学术活动的中心。这样，在 19 世纪末 20 世纪初俄侨涌入中国的背景下，在华俄侨学术活动在清末兴起，在民国初年初步发展。

　　1917 年，俄国爆发十月革命成为东北亚区域政治中的重大事件。经过苏维埃俄国国内战争和反武装干涉战争后，第一个社会主义国家——苏联的成立不仅使大批敌视和不相信苏维埃政权长久的白俄流亡国外，而且也改变了区域内的国际关系格局，在东北亚地区形成了新型的国家间关系。经过多年的交涉，1924 年中苏两国建立了外交关系，共同管理中东铁路。尽管日本视苏联为洪水猛兽，千方百计把苏联排挤在东北亚国际关系体系之外。但对苏俄革命绞杀失败后，日本对苏采取了缓和政策，于 1925 年也建立了外交关系。于是，在原有俄侨的基础上，又一大批俄侨来到中国尤其是哈尔滨，形成涌入俄侨的第二次浪潮。尽管其间中苏出现冲突乃至战争，但对俄侨在华的活动没有根本上的影响。于是，迎来了在华俄侨学术活动的繁荣发展。

1931 年，日本发动的"九·一八事变"再次改变了东北亚区域的政治平衡。对苏联来说，日本占领中国东北是对苏联的挑战。但苏联鉴于世界局势，对日本又无可奈何，只好于 1935 年把中东铁路出售给日本扶植的伪满洲国。这对俄侨在哈尔滨的活动是致命的打击。除少数俄侨继续在哈尔滨活动，大批俄侨从哈尔滨迁出流亡其他国家，少量迁往中国上海、天津等城市。10 年后的 1945 年是在华俄侨命运的又一转折点。为了恢复失去的利益，在大国协调后，1945 年苏联悍然出兵中国东北，与中国再度共管中东铁路。这使一大批俄侨再度从中国尤其是哈尔滨迁出，仅有少数俄侨在苏联的驻华部门工作。在这一政治大变革下，在华俄侨学术活动走向了衰落。

二　研究领域涉及人文社会科学与自然科学，但以人文社会科学为主

笔者根据前文中所列文献进行分析，民国时期在华俄侨学者的学术研究领域涉及政治学、法学、社会学、民族学、人类学、历史学、经济学、文学、教育学、军学、考古学、宗教学、哲学、语言学、图书与情报学、艺术学、医学、地质学、地理学、物理学、化学、生物学、气象学、动物学、植物学、农学、建筑学等。可以说，从大学科领域来划分，民国时期在华俄侨学者的研究也分为人文社会科学研究与自然科学研究。

我们从民国时期在华俄侨学者所发表成果数量统计上看，在出版著作上，民国时期在华俄侨学者至少出版了 390 部学术著作，其中绝大多数为人文社会科学领域，而自然科学领域的著作也仅几十部而已；在学术文章发表上，在民国时期在华俄侨学者至少发表的 1900 余篇学术文章中，其中关于自然科学领域的学术文章仅 180 篇，连十分之一都不到。

由此可见，在民国时期在华俄侨学者的学术研究所涉猎的人文社会科学与自然科学两大领域中，人文社会科学是民国时期在华俄侨学者学

术研究的主要领域，占据主导地位。

三　学术研究主要是在学术机构和其他行政机构的推动下有组织进行的

我们通过前文对俄侨学者生平活动的记述中可以看出，民国时期在华俄侨学者的身份千差万别，所从事行业领域广泛，很多并非职业的俄侨学者，其中不乏一些俄侨学者或没有加入各专业俄侨学术团体，或也不在与学术研究有关的专门的俄侨学术机构工作，有的虽然具有俄侨学者身份，却在中国人或日本人兴办的机构工作，本身是出于兴趣与热爱进行学术研究的，记述了他们所生活时代的重要事件和感怀。

然而，我们认为，民国时期多数在华俄侨学者或是在华俄侨学术机构的专职工作人员与研究者，或是在华俄侨专业学术团体的会员，或是在华俄侨行政机构中参与学术研究的工作人员。

他们在满洲俄国东方学家学会，满洲农业学会，满洲教育学会，东省文物研究会，中东铁路中心医院医生协会，上海俄国医学会，"陆海军"俄国第一军事科学学会，基督教青年会哈尔滨自然地理学研究会，满洲俄侨事务局考古学，博物学与人种学研究青年会，布尔热瓦尔斯基研究会，生物委员会，天津中国研究会，上海俄国东方学家学会，苏联侨民会哈尔滨自然科学与人类学爱好者学会，哈尔滨法政大学，哈尔滨中俄工业大学校，哈尔滨东方文言商业专科学校东方学学会，中东铁路中央图书馆，中东铁路天文台，中东铁路经济调查局，中东铁路地亩处，中东铁路商务处，中东铁路医务处，俄国边防独立兵团外阿穆尔军区等二十几个重要学术机构或行政机构推动下，根据其活动宗旨与机构特点开展有针对性的调查与研究活动，具有极强的目的性与组织性。

虽然，受政治等因素的制约，一些机构存在的时间很短，一些机构在发展的鼎盛时期又骤然衰落，但上述机构不仅没有出现过断档，而且还此起彼伏的创建，甚至很长时间内呈现出多个机构齐头并进的状态。总之，这些机构在在华俄侨的学术研究中扮演了调查与研究的组织者，成果刊发载体的创办者和调查报告与研究著作、资料的出版者的角色。

四　学术活动的性质呈现出多元性

评价民国时期在华俄侨学术活动的性质问题，首先要看在华俄侨学者工作的机构本身所属的类型，即属于哪一种类型的机构。在这里，我们主要分析由俄侨创办的机构，而不包括俄侨学者所工作的由日本人或中国人等创办的机构。

从我们在正文和附录中所介绍的各机构来看，基本上包括三种类型，即军事机构、行政与业务兼具机构、学术机构。其中，军事机构——俄国边防独立兵团外阿穆尔军区；行政与业务兼具机构——中东铁路天文台、医务处、商务处、地亩处、经济调查局等；学术机构——满洲俄国东方学家学会，满洲农业学会，东省文物研究会，中东铁路中央图书馆，天津中国研究会，"陆海军"俄国第一军事科学学会，上海俄国医学会，上海俄国东方学家学会，中东铁路中心医院医生协会，基督教青年会哈尔滨自然地理学研究会，满洲俄侨事务局考古学、博物学与人种学研究青年会，布尔热瓦尔斯基研究会，生物委员会，苏联侨民会哈尔滨自然科学与人类学爱好者学会等。

从机构的类型看，无论是作为军事机构的俄国边防独立兵团外阿穆尔军区，还是作为行政与业务兼具机构的中东铁路天文台、医务处、商务处、地亩处、经济调查局等，它们的学术活动都与服务于俄国在中国东北的部分与整体利益密切相关，以获取各种情报信息为主要活动目标。因此，从这个层面讲，该两类机构完全具有侵略性质。但从历史发展阶段演进看，又不能对行政与业务兼具机构——中东铁路天文台、医务处、商务处、地亩处、经济调查局等的性质一概而论。1924 年中苏建立正式外交关系后，中东铁路由中苏两国共管，因而上文所述的中东铁路所属的天文台、医务处、商务处、地亩处与经济调查局等机构也统由中苏共管。由此，这些机构的性质也就发生了根本性的改变，由单一的侵略性质的机构变成了中苏合办性质。

从表面上看，任何学术机构无疑都是以学术研究为基本目的。满洲俄国东方学家学会，满洲农业学会，东省文物研究会，中东铁路中央图书馆，基督教青年会哈尔滨自然地理学研究会，满洲俄侨事务局考古学、博物学与人种学研究青年会，天津中国研究会，上海俄国医学会，上海俄国东方学家学会，中东铁路中心医院医生协会，"陆海军"俄国第一军事科学学会，布尔热瓦尔斯基研究会，生物委员会，苏联侨民会哈尔滨自然科学与人类学爱好者学会等学术机构也不例外，这在各学术机构所提出的目的中表现得最为明显。因此，上述学术机构的活动首先均具有学术性。但从实质上看，上述学术机构又不是清一色的以学术研究为唯一目的，所以，对它们活动的性质也要区别对待。得到中东铁路管理局政治上与经费上支持的满洲俄国东方学家学会、满洲农业学会，或以服务俄国在亚洲的国家利益，或以发展东北地区农业服务铁路经营为目的。由此，这两个学术机构又具有半官方性质，而它们的学术活动也就在很大程度上带有了官方性质。东省文物研究会、中东铁路中央图书馆都是在中国地方行政当局的直接参与下成立与发展的，本身都具有中俄合办性质，它们的学术活动都是服务于本地的区域经济发展与文化需求。

第二节　重要影响

第一，公开举办学术讲座和报告，介绍了西方的社会政治、文学艺术、历史、法律、教育、哲学、经济、医学等知识，促进了西方文明和先进的科学技术在中国的传播，对中国历史文化和国情有了深厚的了解并把其介绍给普通的俄国人，使西方文明与东方文明的互补过程得到了进一步发展。

举办学术报告或讲座是多数在华俄侨学术机构活动的重要内容。根据前文的数字统计，民国时期在华俄侨学术机构中的满洲俄国东方学家学会共举办了114场学术报告和讲座，满洲教育学会为68场，东省文物研究会为508场，哈尔滨法政大学为133场，哈尔滨东方文言商业专科学校东方学学会为90场，上海俄国医学会为130场，布尔热瓦尔斯基研究会为47场，基督教青年会哈尔滨自然地理学研究会为794场，满洲俄侨事务局考古学、博物学与人种学研究青年会为85场，生物委员会为195场，苏联侨民会哈尔滨自然科学与人类学爱好者学会为254场，合计举办了2400余场学术报告或专题讲座。

以满洲俄国东方学家学会、满洲教育学会、哈尔滨法政大学、上海俄国医学会、哈尔滨东方文言商业专科学校东方学学会等为代表的在华俄侨学术机构通过举办学术报告或专题讲座,介绍了西方(包括俄国、日本)的社会政治、文学艺术、历史、法律、教育、哲学、经济、医学等科学知识,促进了西方文明和先进的科学技术在中国的传播;以东省文物研究会、布尔热瓦尔斯基研究会、基督教青年会哈尔滨自然地理学研究会、满洲俄侨事务局考古学、博物学与人种学研究青年会、生物委员会、苏联侨民会哈尔滨自然科学与人类学爱好者学会等为代表的在华俄侨学术机构通过运用西方的研究方法研究了中国的历史文化与国情,并通过举办学术报告或专题讲座形式把中国历史文化与国情知识介绍给了普通的俄国人。这样,民国时期在华俄侨学术机构通过举办学术报告或专题讲座使西方文明与东方文明在中国大地上的相互交流得到了充分发展。

第二,进行学术研究,既推动了俄罗斯域外科学的发展,形成了独特的体系和学派,也推动了其所侨居地或区域的学术研究。

纵观俄国侨民国外侨居史,无论俄国侨民身居何国、何地,无论是出于何种目的,由于其自身较高的文化素质和教育水平,继续着在国内的学术传统,把学术研究延伸到侨居国、侨居地,推动了俄罗斯域外科学的发展。

民国时期在华俄侨学者也进行了极为活跃的学术研究。他们通过创建各类学术团体和高等学校、创办专业类学术期刊、进行实地调查考察、开展对外学术交流、发行统计年鉴、开办特色图书馆、举办学术报告与专题讲座和发表论著等多种彼此相互关联的形式,使俄国学术在中国开枝散叶、生根发芽,并形成了独特的体系与学派。

民国时期俄侨学者在中国从事学术研究,更多的是根植于近代中国与俄国的国情,以及与中俄有着错综复杂关系的大国与区域的国情、地区局势与国际环境。因此,民国时期在华俄侨学者的学术研究以中俄两国,尤其是中国为重点研究对象,构建了独特的俄罗斯中国学体系,形成了俄罗斯中国学的哈尔滨学派(本书在结论中将展开论述)。

民国时期在华俄侨学者并非侨居中国一地,而是遍布在哈尔滨、天津、北京、乌兰巴托、上海等重要城市。在这些俄国侨民侨居的重要城市中，天津、北京、上海属于国内发达城市，国内学者的学术研究在这些城市内开展得比较活跃，但是，包括俄侨学者在内的外侨学者的学术研究也有一定的发展，成为这些城市学术发展的一部分。以钢和泰、卜朗特、史禄国、И. И. 加巴诺维奇、И. И. 谢列布列尼科夫、В. Д. 日加诺夫、Л. В. 阿尔诺里多夫等为代表的俄侨学者，在各自领域取得了丰硕成果，一些领域不仅对民国时期中国学术的发展注入了新鲜血液和引领了某一学科的发展，更是对上述城市的学术研究起到了助推作用。

由于俄国人的开发，尽管哈尔滨、乌拉巴托等城市获得了飞速发展，走向了都市化，但因本土学者极为匮乏，导致了城市内中国学者的学术研究非常弱化，从而使本地的学术研究由俄国侨民来操控。毫不夸张地说，俄侨学者改变了这两座城市学术贫瘠的沙漠状态，其贡献是不应否定的。

第三，创办具有重要影响力的学术刊物，搭建了学术交流的平台与媒介，推动了俄罗斯人在华办刊的进程。

创办学术期刊几乎是每一个在华俄侨学术机构都极力经营的主要工作。从1909年起，在华俄侨学术机构——满洲俄国东方学家学会发行了东方学会刊——《亚细亚时报》（1909—1927），开启了在华俄侨学术机构创办学术期刊的先河。继《亚细亚时报》之后，《北满农业》（1913—1923）《亚洲俄国的教育事业》（1913—1919）、《满洲教育学会通报》（1922—1923）、《医学杂志》（1921—1924）、《东省文物研究会杂志》（1922—1928）、《东省文物研究会松花江水产生物调查所著作集》（1925—1928）、《陆海军》（1926—1936）、《远东医学通报》（1933—1935）、《基督教青年会哈尔滨自然地理学研究会年鉴》（1934）、《基督教青年会哈尔滨自然地理学研究会通报》（1941—1945）、《华俄月刊》（1936）、《满洲博物学家》（1936—1937）、《布尔热瓦尔斯基研究会文集》（1942）、《哈尔滨地方志博物馆通报》（1945）、《苏联侨民会哈尔滨自然科学与人类学爱好者学会通报》（1946—1955）、《哈尔滨中俄工业大学校著作集与通报》（1923—1934）、《法政学刊》（1925—1938）、《在远东》（1931—1933）、《中东铁路中央图书馆图书绍介汇报》（1927—1932）、《满洲经济通讯》（1923—1934）、《东省杂志》（1925—1934）、《中东经济月刊》（1925—1934）等相继发行，共23种，涵盖东方学、教育学、医学、军学、农学、经济学、法学、工学、地理学、图书馆学、民族学等多个学科门类的专业学术领域。

上述学术期刊在俄国出版史上均是独一无二的，以《亚细亚时报》《亚洲俄国的教育事业》《东省杂志》《法政学刊》等为代表的学术期刊，不仅发表了数千篇在华俄侨学者的调查与研究文章，也为在华俄侨学者之间以及在华俄侨学者与外界之间搭建了学术交流的平台与媒介，成为传播在华俄侨学者与外界学者学术研究成果的最重要的载体，在发行地境外均有广泛影响。

上述学术期刊在中国出版史上更是独树一帜。在20世纪上半叶的近代中国，二十几种俄文学术期刊不间断发行，绝对是史无前例。这与在华俄侨学者们的不懈努力是分不开的。这些学术期刊不仅是在华俄侨出版业的重要组成部分，更是其中的独特风景线。正是由于这些学术期刊的活跃发展，从而助推了俄罗斯人在华出版业的兴旺。

第四，开办图书馆和博物馆，促进了俄罗斯人在华图书馆和博物馆事业的发展与兴起，为学术研究提供了资料基础和使知识文化得到更大的普及。

据笔者在前文中所述，民国以前，早在18世纪末，俄国驻北京传教士团就在北京开办了在华的第一个俄侨图书馆，19世纪中叶以后，俄侨在天津、库伦、哈尔滨、旅顺等地相继开办了多个图书馆，其中哈尔滨占据绝对优势，使俄罗斯人在华图书馆事业的兴起获得了一定程度的发展。

民国时期，俄侨在华所开办的图书馆也主要集中在哈尔滨、天津、北京、上海、库伦等地，至少开办了80家图书馆，在数量上远远超过民国以前时期，而哈尔滨仍是俄侨开办图书馆数量最多的城市。其中，为了满足学术研究和教学需要，在华俄侨学术机构也开办了至少10个图书馆，包括满洲俄国东方学家学会图书馆、满洲教育学会图书馆，哈尔滨工业大学校图书馆，哈尔滨法政大学图书馆，哈尔滨东方文言商业专科学校东方学学会图书馆，东省文物研究会图书馆，基督教青年会哈尔滨自然地理学研究会图书馆，上海俄国医学会图书馆，满洲俄侨事务局考古学、博物学与人种学研究青年会图书馆，中东铁路中央图书馆等。

从数量上看，上述图书馆只占了民国时期开办的图书馆总量的八分之一，但其产生的效果却是其他图书馆所无法取代的。第一，这些图书馆都属于学术型图书馆，包括东方学、教育学、工程技术、法律、医学、自然地理学、地方志等学科门类的专业图书馆。第二，开办了亚洲规模最大、在世界上有相当影响的专业图书馆——中东铁路中央图书馆。这些学术型图书馆的开办与经营大大补充了俄侨所开办图书馆的类型，而且扩充了图书馆的藏书种类和满足不同群体的学术研究需要，不仅推动了俄侨学术的长足进展，也使在华俄侨图书馆事业获得了繁荣发展。

工商业、文化教育的发展与学术研究的繁荣也催生了在华俄侨博物馆（陈列馆）事业的兴起。从目前掌握的资料信息可知，民国时期在华俄侨所开办的博物馆（陈列馆）中具有重要影响的几乎都属于在华俄侨学术机构发起兴办，包括东省文物研究会博物馆，哈尔滨东方文言商业专科学校东方学学会货样博物馆，满洲俄侨事务局考古学、博物学与人种学研究青年会博物馆，上海俄国医学会病理解剖陈列馆，其中以东省文物研究会博物馆的影响最大。

这些在华俄侨博物馆通过考察与研究收集各类展品、举办展览会（美术展、摄影展）、为他者举办展览会提供场地、接待参观等多种形式，展示学术研究成果、宣传普及科学文化知识和教化民众等方面起到了积极作用。此外，在华俄侨博物馆，尤其是东省文物研究会博物馆，也传播了西方的博物馆文化，对近代黑龙江，特别是哈尔滨的博物馆事业的开创作出了重要贡献；同时，更为当代黑龙江省博物馆事业的重建与发展奠定了历史基础。

第五，发行统计年鉴，加入了近代中国编纂统计年鉴的行列，成为近代中国出版的第一部具有现代意义的地方统计年鉴。

发行统计年鉴是一个国家、一座城市走向现代化的重要标志。据王世伟在《中国早期年鉴编纂出版述略》一文中指出，在近代中国共编纂出版了 100 种各类年鉴，包括综合性年鉴、专业性年鉴和地方性年鉴三种类型，特别强调"奉天图书馆 1909 年 7 月出版的《新译世界统计年鉴》是中国第一部具有现代意义的年鉴，也是第一部翻译年鉴，在中国年鉴发展史上占有重要的地位"①。据此,宋克辉认为,"沈阳是我国近代统计年鉴诞生的摇篮"。②

　　从以上资料可以得出结论,哈尔滨市既不是近代中国最早发行统计年鉴的城市,也不是中国东北地区第一个发行统计年鉴的城市。但从另外一个角度看,哈尔滨市又在近代中国年鉴出版史上地位独特,需要特别提及。据相关资料记载分析,由外国侨民在近代中国发行的第一部统计年鉴为 1910 年以英文出版的《中国基督教年鉴》(1910—1939 年,共发行 21 卷)。又据前文《中国早期年鉴编纂出版述略》附录中记载,由国人发行的近代中国第一部地方统计年鉴在 1929 年出版,由国人发行的近代东北地区第一部地方统计年鉴于 1931 年在沈阳出版。③ 据此我们做出进一步的判断,由中东铁路经济调查局于 1921 年发行的《东省铁路统计年刊》,是由外国侨民以俄文发行的近代中国第一部统计年鉴,是在中国东北地区发行的第一部统计年鉴。

　　从整体上看,由于中东铁路经济调查局发行的《东省铁路统计年刊》,使哈尔滨这座城市加入了近代中国发行统计年鉴的行列,成为近代中国出版的第一部具有现代意义的地方统计年鉴。而且,它又呈现出自己的显著特点:一是十余年连续发行,不多见;二是以两种文字同时发行,有时也会用第三种语言出版,更是不多见;三是由俄侨学者起初独立发行到中俄学者共同发行,极为罕见。

　　如前文所述,该统计年鉴记载了中东铁路行政机构、客货运输、各站业务、辅助营业、中国东北北部地区主要经济状况等内容,是研究中东铁路经营史与中国东北北部地区经济的最重要统计资料。因此,《东省铁路统计年刊》在近代中国年鉴出版史上是绝不能被忽略的。

　　第六,开展对外学术交流,有利于外部世界(包括俄国在内)对中

---

　　① 王世伟:《中国早期年鉴编纂出版述略》,《年鉴工作与研究》1994 年第 1 期,第 113 页。

　　② 宋克辉:《沈阳是我国近代统计年鉴诞生的摇篮》,《年鉴信息与研究》2004 年第 6 期,第 55 页。

　　③ 王世伟:《中国早期年鉴编纂出版述略》,《年鉴工作与研究》1994 年第 1 期,第 117—121 页。

国的了解。

民国时期，在华俄侨通过对外经贸往来、艺术团体巡回演出、报刊传播、图书交换等多种交流形式，使外部世界（包括俄国在内）对中国的了解得到了进一步深化。

由于在华俄侨学术活动的活跃发展，开展对外学术交流是在华俄侨学术机构或学者进行学术活动的一个表现形式，也成为外部世界（包括俄国在内）了解中国的重要方式。

在华俄侨学术机构通过派遣在华俄侨学者赴欧美国家进行学术访问和境外俄侨学术机构研修、派遣在华俄侨学者赴境外参加全俄重要代表会议或其他国家主办的国际学术会议，邀请境外俄国、日本、芬兰、法国、瑞典等国学术机构及欧美国家俄侨学术机构学者鉴定学术成果，邀请境外俄国、美国、日本、法国等国及欧美国家俄侨学术机构知名学者来华进行学术报告或讲座，与境外多家学术机构交换所出版的学术出版物（含学术著作），派出以《东省杂志》为首的在华俄侨学术出版物参加国际出版物展览会等多种形式积极开展了对外学术交流。

正是在华俄侨学术机构通过与外部世界的学术交流，直接与在华学者的互动交流、阅览在华俄侨出版物上关于中国的学术文章及关于中国的学术著作等方式，使外部世界（包括俄国在内）了解到了一个多样的历史与现实的中国，为中外文化交流作出应给予肯定的积极贡献。

第七，把学术研究成果应用于教学，发展了俄侨在华教育和近代中国的高等教育事业。

从前文所述的在华俄侨学者的生平活动中已知，民国时期许多在华俄侨学者本身就在一些教育机构工作，或在在华教育机构工作，或在中国的教育机构工作，即使在其他行政或学术机构工作，但也在许多教育机构兼职授课。

这些在华俄侨学者首先发展了俄侨在华教育事业，主要是中等职业教育、培训教育和高等教育。他们把学术研究成果应用于教学，尤以编写讲义或教材为突出形式，如 П. В. 什库尔金为中东铁路哈尔滨商业学校编写的《东方学简明教程》① 和《哈尔滨商业学校汉语教科书》，В. А. 梁扎诺夫斯基、Г. К. 金斯、М. В. 阿布罗西莫夫、И. И. 尼基弗洛夫等学者为哈尔滨法政大学编写的《民法教程》②《中国商法概论》《法学说与政治经济学（法学教程）》《政治经济学》《货币价值：货币价值理论导论》《经济与社会学说史概述（从柏拉图到希特勒）》等多部教材，А. П. 希奥宁在哈尔滨东方文言商业专科学校工作期间编写了《俄汉新辞典》，И. И. 谢列布列尼科夫为哈尔滨合作社培训班编写了讲义《西伯利亚学：在哈尔滨合作社培训班上的讲义手稿》③，哈尔滨中俄工业大学校教师在其发行的《哈尔滨中俄工业大学校通报与著作集》上发表的几十篇论文几乎都是该校教师为学生授课的讲义，等等。在华俄侨学者尤其对以哈尔滨法政大学、哈尔滨中俄工业大学校等为主的在华俄侨高等教育事业的发展作出了积极的努力。

而一些在中国教育机构工作的在华俄侨学者，如卜朗特、史禄国、И. И. 加巴诺维奇等，不仅也编写教材或讲义，而且直接将学术研究成果在所工作的北洋政府外交部俄文专修馆、清华大学等进行教授，为近代中国高等教育事业的发展作出了一定的贡献。

第三节　当代价值

民国时期在华俄侨学术活动的直接结果就是出版了几百部学术专著和发行了二十几种刊登了数千篇学术性文章的学术刊物。从今天的视角来看这些学术成果，笔者认为，其具有极为重要的历史价值与现实价值。

① Шкуркин П. В. Восточная Азия. Сокращенный учебник востоковедения. – Харбин：Типография Я. Эленберга, 1926. 198 с.

② Рязановский В. А. Лекции по гражданскому праву：В 5 вып. 2 – е издание. – Харбин：Тип. КВЖД. Вып. 1：Общая часть. 1924. 85 с. Вып. 2：Общая часть. 1925. 113 с. Вып. 3：Вещные права, права присвоения, права на продукты духовного творчества. 1923. 101 с. Вып. 4：Права обязательственные. 1924. 107 с. Вып. 5：Права семейные и наследственные. 1924. 81 с.

③ Серебренников И. И. Сибиреведение：конспект лекций, читанных на кооперативных курсах в г. Харбине в мае – июне 1920 года. Харбин, 1920. 210 с.

一　历史价值

1. 反映了俄侨所生活时代的诸多历史事实和事件

民国时期，在俄国、中国国内政治经济形势及国际局势发生深刻变化的背景下，俄侨（其中包括在华俄侨学者）从国内侨居中国，并进行了各项活动，经历了所生活时代的诸多历史事实与事件。

一些历史事实与事件被在华俄侨学者通过学术研究在其著述中完整地记录下来。由于这样的事实与事件非常多，笔者仅举几个具有代表性的例子，以窥一斑。

如1910—1911年，在中东铁路沿线发生了震惊世界的特大鼠疫事件，在华俄侨学者 B. M. 鲍古茨基、Э. П. 贺马拉－鲍谢尔科夫斯基主编的《1910—1911年中东铁路附属地哈尔滨及其郊区的肺鼠疫：关于防疫局活动医学报告》和《远东的鼠疫与中东铁路管理局的防疫举措》两部书中，列举了大量数据，记载了中东铁路附属地及哈尔滨鼠疫的发生原因、防疫过程、防疫举措与当时中国尤其是哈尔滨恶劣的医疗卫生情况。

又如，1917年俄国爆发革命，使俄国历史发生了根本性的转折，经过殊死斗争，最终确立了苏维埃政权，并建立了世界上第一个社会主义国家——苏联，根据自身所处的历史环境，苏联先后实施了新经济政策、全面加强中央集权、国家集体化与工业化、民族国家利益至上等关乎国家发展命运的战略，使苏联迅速发展成为有别于其他国家的世界强国；与此同时，在欧洲也掀起了法西斯主义运动，把其视为复兴欧洲文明的新社会发展趋势。这些具有时代意义的重大历史事件在在华俄侨学者 H. B. 乌斯特里亚洛夫的学术研究中均给予了关照。在其出版的《为俄国而斗争》《在革命的旗帜下》《在新阶段》《我们的时代》等著作中对俄国革命、苏联的政治经济等问题进行了跟踪性的研判，《意大利法西斯主义》和《德意志国粹社会主义》等著作记录了法西斯主义运动在意大利与德国产生的缘由、发展环境与具体过程，并给予了否定性评价。

再如，1929年的世界经济危机对世界格局产生了深远影响，也波及了早已卷入国际市场的中国东北。关于此事件及事态发展过程和影响，在华俄侨学者在1930—1931年的《东省杂志》《中东经济月刊》上发表了几十篇俄文学术文章，记录了当时世界经济危机在欧洲各国的爆发与事态发展，更对中国东北经济（工商业、农业、对外贸易等）影响方面给予了详实记载。

2. 补全了中国历史文献中没有记载的许多内容

在近代中国，尤其是中国边疆地区，由于远离政治、经济、文化中心，地处边塞，文化教育落后，文化名人、学人向来极度匮乏，所以关于本地区的学术研究就显得异常薄弱与落后，留下的中文文献更是不多。而民国时期在华俄侨学者的学术研究恰恰弥补了这一缺憾。这在中国的东北边疆地区表现得最为明显。

中东铁路是中俄两国人民在中国东北地区共同修筑的，尽管在很长时间内管理权一直被俄国人掌控，但中东铁路的经营在客观上对中国东北地区的开发起到了积极的作用。中东铁路无论是在地缘政治上，还是在地缘经济与区域开发上，都占据十分重要的地位。这自然得到后来学界，尤其是中国学界的关注。民国时期在华俄侨学者 E. X. 尼鲁斯、Π. C. 季申科等出版的《中东铁路沿革史（1896—1923）》《中东铁路十年（1903—1913）》等俄文著作，以及其他俄侨学者在《满洲经济通讯》《东省杂志》《中东经济月刊》上发表的几百篇俄文学术文章，记载了中东铁路的修筑、国际争端与商业、文化、教育、新闻出版等多种经营活动。这些史料都是中文文献中所没有记载的，补充了中文文献的不足。

由于中东铁路的修筑与经营，中国东北地区尤其是北部地区人口增长迅速与经济开发速度加快，为了经营铁路与加速开发，中东铁路商务处、地亩处与经济调查局，哈尔滨市自治公议会等机构组织在华俄侨学者 A. Π. 鲍洛班、Π. H. 梅尼希科夫、Б. A. 伊瓦什科维奇、E. E. 雅什诺夫、B. A. 科尔马佐夫、B. И. 苏琳、Л. И. 柳比莫夫、B. B. 索尔达托夫等在中东铁路附属地进行了多次经济、地理、人口等多领域的调查与普查，并出版了《北满农业垦务志》《齐齐哈尔经济概述》《中东铁路商务代表 A. Π. 鲍洛班 1911 年关于中东铁路所影响的北满地区垦务的调查报告》《北满吉林省：1914 年和 1915 年中东铁路商务代表 Π. H. 梅尼希科夫、Π. H. 斯莫利尼科夫、A. И. 齐尔科夫的调查报告》《北满黑龙江省：1914 年和 1915 年中东铁路商务代表 Π. H. 梅尼希科夫、Π. H. 斯莫利尼科夫、А. И. 齐尔科夫的调查报告》《中东铁路商务代表 П. Н. 梅尼希科夫关于黑龙江省和内蒙古哲里木盟的调查报告》《满洲的森林》《北满农业》《北满的垦殖及其前景》《呼伦贝尔经济概述》《北满与哈尔滨的工业》《东省林业》《扎赉诺尔煤矿》《北满与中东铁路》《1913 年 2 月 24 日哈尔滨市及其郊区的 1 日人口普查》等多部著作。这些著作是在华俄侨学者运用西方的调查与研究方法进行数字统计与分析，这在当时中国东北北部地区的学术研究中中国本土学者难以做到的。因此，这些史料在学术文献中都是独一无二的，都是中文文献中不能给予记载的。

二　现实价值

第一，留下了不可再生的文化遗产，成为世界文化遗产不可分割的一部分，具有极大的收藏价值。

截至今天，在华俄侨学者所出版的学术著作、在华俄侨学术机构所创办的期刊或文集最早的已有百余年的历史，最晚的也超过了 70 年，其本身都已成为不可再生的物质文化遗产，成为世界文化遗产不可分割的一部分，被完好地保存了下来。据考察，民国时期在华俄侨学术出版物主要散落于世界各地的相关收藏机构。这源于当时在华俄侨与世界的极为活跃的交流。当下，一些重要学术机构与图书馆也纷纷开始搜罗这些俄侨学术出版物。

目前，俄罗斯、美国、日本、捷克、法国等国家的学术机构和图书馆将俄侨文献列为重要收藏品，尤以俄罗斯、美国最为重视。俄罗斯的莫斯科列宁图书馆、俄罗斯科学院远东研究所中国学图书馆、俄罗斯科学院远东分院图书馆、哈巴罗夫斯克边疆区档案馆、符拉迪沃斯托克阿穆尔边区研究会、圣彼得堡国立图书馆等，美国的夏威夷大学图书馆、斯坦福大学胡佛战争与和平研究所等，是国外最重要的收藏机构。在国内，在华俄侨学术出版物曾一度被破坏，进入 21 世纪以来，以北京国家图书馆、黑龙江省图书馆、哈尔滨市图书馆、黑龙江省博物馆、吉林大学亚细亚文库等收藏机构的收藏最为完备，重视程度最高。现今，包括在华俄侨学术出版物在内的俄侨文献已被作为机密文献收藏，对外封闭，禁止读者查阅。

第二，学术研究价值。

民国时期绝大多数在华俄侨学者在隶属机构的组织与推动下，创建各类学术团体、成立高等学校和专门学术研究机构、兴办图书馆与博物馆、举办学术讲座与报告、开展对外学术交流、创办学术刊物、发行统计年鉴、开展专题调查研究、举办展览会和举行考察与参观等，进行了不间断的并在一定时期内获得繁荣发展的学术活动，构建了别具一格的独特的在华俄侨学术体系。

但在国内以往的学术史研究中，民国时期在华俄侨的学术活动几乎不在民国学术史的研究视野之内，成为民国学术史研究中缺失的一环。我们认为，这主要是因为对民国时期在华俄侨学术活动的研究一直是学术研究中的空白点，不为学界所深入了解。然而，民国时期在华俄侨的学术活动本身就丰富了民国学术史的内容。因此，从深入民国学术史研究的角度出发，民国时期在华俄侨的学术活动具有极为重要的学术研究价值。

民国时期在华俄侨学者为后世留存了关于俄国、日本、中国尤其是中国东北边疆地区考古学、民族学、人类学、地理学、动植物学、经济学、历史学、地质学、语言学、宗教学、教育学、政治学、图书馆学、民俗学、蒙古学、自然科学等多个学科领域的丰富的学术遗产。

从前文所介绍和分析的在华俄侨学者的学术成果来看，从区域或国别视角来分析，上述领域的成果更多关注的是中国问题尤其是中国东北边疆问题，以及中俄关系问题与俄国问题。所以，民国时期在华俄侨学术活动的成果对当下我们研究中国东北边疆史、中俄关系史、俄罗斯中国学史、俄国史等多个专业领域也具有同样重要的学术研究价值。

结　　论

　　民国时期，我国出现了空前的学术繁荣，造就了一大批享誉世界的学术大师，为近代中国学术事业的发展作出了巨大贡献。作为一个特殊群体——在华俄侨学者，如全书所述，在民国时期开展了非常活跃的学术活动，推动了民国学术的发展，作出了应得到肯定的学术贡献。关于此问题，笔者提出三点想法，是为本书的结论。

　　补充了民国时期中国俄罗斯学的研究成果。与清代相比，民国时期中国俄罗斯学得到了长足发展。中国学者的研究主要集中在两个方面，一是对俄国史（含苏联）的翻译、介绍，如娄壮行编著的《俄国史》、顾谷宜撰写的《俄国史纲》等；二是出版了一批有关沙皇俄国侵华历史的书籍，如陈登元的《中俄关系述略》、陈博文的《中俄外交史》、何汉文的《中俄外交史》、王正廷的《俄罗斯侵略中国痛史》、黎孤岛编著的《俄人东侵史》、文公直编著的《俄罗斯侵略中国史》、陈复光的《有清一代之中俄关系》等。可以说，民国时期中国学者对中国俄罗斯学的研究与发展起到了推动作用。

　　在民国时期中国俄罗斯学的发展进程中，在华俄侨学者 К. И. 扎依采夫、И. И. 加巴诺维奇、В. Ф. 伊万诺夫、А. И. 波革列别茨基、Г. К. 金斯等也自觉不自觉地参与了其中。他们出版了《东正教在苏俄》（1947）、《认识东正教》（1948）、《俄国知识分子与共济会》（1934）、《俄国在东北亚》（1933、1934）、《俄国与普希金》（1937）、《俄国在远东》（1922）、《秘密外交：俄国对外政策与国际共济会》（1937）、《普希金与共济会》（1940）、《苏联地理》（1931）、《战争与革命时期远东的货币流

通与纸币》（1924）、《俄国史 862—1920》（1936）、《基辅罗斯历史概述》
（1949）、《为俄罗斯而斗争》（1920）、《我们的时代》（1934）、《在革命
的旗帜下》（1927）、《我们：俄罗斯国家体制的历史文化基础》（1926）、
《通往未来国家之路》（1930）、《东正教世界与共济会》（1935）、《苏联
农业与农民》（1939）等多部至今仍具有重要学术价值的著作，补充了民
国时期中国俄罗斯学的研究成果。

　　形成了俄罗斯中国学的哈尔滨学派。俄罗斯中国学从产生起，至今
已有三百多年的历史。从其研究主体看，呈现出多元化的特点，外交
官、军官、传教士团成员、旅行家、在华俄侨学者、职业中国学家构成
了其研究主体，对推动俄罗斯中国学的研究作出了不可磨灭的贡献①。
其中，在华俄侨学者更是一个特殊的研究群体。其特殊性表现在以下两
个方面：他们长期生活在中国，亲身经历了中国所发生的重大事件；他
们之中有许多受过高等教育的知识分子、教授和学者。据不完全统计，
他们的数量仅在哈尔滨一地至少有上百位。他们利用相当有利的特殊条
件，在中国开办出版印刷机构，成立研究机构，发行刊物，对中国进行
研究，其成果颇多。据书中统计，到中华人民共和国成立时，在华俄侨
学者共出版了关于中国问题的著作两百多部（其中关于中国东北边疆
地区的学术著作占一半以上）和发表学术文章 2900 余篇（其中关于中
国东北边疆地区的学术文章 2000 余篇），所涉及问题众多，代表成果丰
多。仅以出版的著作为例，如《呼伦贝尔》（1912）、《满洲简史》
（1917）、《中东铁路十年（1903—1913）》（1914）、《中国艺术》
（1915）、 《1913 年 2 月 24 日哈尔滨及其郊区的 1 日人口普查》
（1914）、《远东的鼠疫及其中东铁路管理局的防疫举措》（1912）、《满
洲的森林》（1915）、《中国传说》（1921）、《中国古代简史》（1927）、
《中国商法概论》（1930）、《中国现代道德问题》（1927）、《中国币制
考与近代金融》（1929）、《北满经济评论》（1925）、《北满与哈尔滨的
工业》（1928）、 《满洲及其前景》（1930）、 《北满粮食贸易概述》
（1930）、《东省林业》（1930）、《扎赉诺尔煤矿》（1927）、《呼伦贝尔

---

① 参见 Скачков П. Е. Очерки истории русского китаеведения. М. : Наука, 1977.

经济概述》（1928）、《北满农业》（1926）、《中国人口与农业（文献概述）》（1928）、《中国行政法概述》（1929）、《北满的矿藏》（1928）、《中东铁路沿革史（1896—1923）》（1923）、《北满经济书目》（1929）、《中国商人》（1926）、《北满的煤炭》（1924）、《中国行会》（1928）、《中国新年》（1927）、《现代中国民法》（1926、1927）、《中国劳动：北满企业的劳动条件》（1931）、《北满的税捐》（1923）、《15 年来哈尔滨商业学校历史概述》（1931）、《北满吉林省：1914 年和 1915 年中东铁路商务委员 П. Н. 梅尼希科夫、П. Н. 斯莫利尼科夫、А. И. 齐尔科夫的调查报告》（1916）、《北满黑龙江省：1914 年和 1915 年中东铁路商务委员 П. Н. 梅尼希科夫、П. Н. 斯莫利尼科夫、А. И. 齐尔科夫的调查报告》（1918）、《北满与中东铁路》（1922）、《东省特区》（1927）、《东省特区的税捐》（1927）、《北满与东省铁路指南》（1927）、《北满经济地图册》（1931）、《北满的垦殖及其前景》（1928）、《哈尔滨报喜鸟教堂史》（1942）、《满洲与中国内地的铁路》（1932）、《中国农业》（1935）、《中国国民经济与历史特点》（1933）、《数字上的中国农业》（1933）、《伪满洲国十周年纪念文集》（1942）、《满洲财政概述》（1934）、《满洲经济概述》（1934）、《满洲经济地理概述》（1934）、《中国经济地理概论》（1931）、《事实与数字上的现代满洲》（1936）等。

毫不夸张地说，在俄罗斯中国学发展史上，在华俄侨学者功不可没，是俄罗斯中国学家队伍的当然成员，颇有建树者有 П. Н. 梅尼希科夫、А. П. 鲍洛班、П. С. 季申科、И. А. 多布罗洛夫斯基、П. М. 格拉迪、В. В. 索尔达托夫、Э. П. 贺马拉－鲍尔谢夫斯基、Б. А. 伊瓦什科维奇、П. В. 什库尔金、Г. К. 金斯、А. И. 波革列别茨基、В. А. 科尔玛佐夫、В. В. 恩格里菲尔德、Э. Э. 阿涅尔特、Е. Х. 尼鲁斯、Н. Г. 特列特奇科夫、Б. П. 托尔加舍夫、В. Я. 托尔玛乔夫、Н. А. 谢特尼茨基、А. Е. 格拉西莫夫、В. А. 梁扎诺夫斯基、Г. Г. 阿维那里乌斯、Н. П. 阿福托诺莫夫、Н. В. 乌斯特里亚洛夫、М. К. 科玛洛娃、В. И. 苏林、Е. Е. 雅什诺夫、Л. И. 柳比莫夫、В. В. 包诺索夫、А. С. 卢卡什金等。

之所以说民国时期在华俄侨学者形成了俄罗斯中国学的哈尔滨学派，原因之一为在华俄侨学者绝大多数都在哈尔滨生活；之二为他们的著作绝大多数是在哈尔滨出版的；之三为他们的研究成果关注最多的是中国东北边疆地区，构建了独特的中国东北边疆学体系。

在一定程度上说，填补了民国时期哲学、教育学、经济学、社会学、民族学（人类学）、法学、政治学、史学等学科某个领域的学术空白。民国时期，中国学术已完全实现了从四部之学到七科之学的学术分科，这是中国学术的跨越式发展。在此过程中，史学、哲学、经济学、法学、政治学、社会学等学科体系得到建立和发展。这与一大批国内学者的辛勤耕耘密不可分。①

同样，在各学科发展过程中在华俄侨学者也作出了积极的贡献。在经济学研究上出版了 Г. К. 金斯的《企业主》（1937）、М. В. 阿布罗西莫夫的《货币的价值》（1928）和《作为世界货币的白银问题》（1933）、Н. А. 谢特尼茨基的《世界市场上的黄豆》（1930），在社会学研究上出版了 М. В. 阿布罗西莫夫的《社会收入分配的不公平》（1924）、Н. И. 尼基弗洛夫的《社会风险》（1942），在法学研究上出版了 Г. К. 金斯的《法与力量》（1929）、《法与文化》（1938）、《法律中的新思想与当前的主要问题》（1931），在哲学研究上出版了 Н. А. 谢特尼茨基的《论终极理想》（1932）和 В. Н. 伊万诺夫的《人的事业：文化哲学的经验》（1932），在政治学研究上出版了 Г. К. 金斯的《意大利法西斯主义》（1928）和《德国纳粹主义》（1933），在教育学研究上出版了 М. Н. 叶尔绍夫的《学校与国家问题》（1926），在民族学（人类学）研究上出版了史禄国的《族体：民族和民族志现象变化的基本原则研究》（1923），在史学研究上出版了 М. Н. 叶尔绍夫的《东方与西方——过去与现在：在历史叙述中东西方问题的主要条件》（1935）。这些著作使一些在华俄侨学者在西方学界赢得了极大声誉，如在哈尔滨法政大学工作多年后移

---

① 麻天祥：《中国近代学术史》，武汉大学出版社 2007 年版；张岂之主编：《中国近代史学术史》，中国社会科学出版社 1996 年版；左玉河：《中国近代学术体制之创建》，四川人民出版社 2008 年版。

居美国伯克利的著有十余部专著的 Г. К. 金斯教授被誉为公认的法学专家；从 1922 年开始至 1939 年逝世于北京的史禄国（俄文名希罗科戈罗夫）教授，一直在中国上海、厦门、北京等地大学尤其是辅仁大学、清华大学任教和从事学术研究，出版了《满族的社会组织》《北方通古斯的社会组织》两部鸿篇巨著，被誉为中国民族学（人类学）的鼻祖，中国社会学和人类学的奠基人之一费孝通就师从于此人。

附 录 一

在华俄侨学术机构举办的部分
学术报告或讲座

1. 满洲俄国东方学家学会

报 告 年	报 告 人	报 告 题 目
1909—1912 年	Н. К. 诺维科夫	《与远东社会政治状况密切相关的俄国东方学家学会的任务》
		《关于在哈尔滨开办东方语言培训班的方案》
	И. А. 多布罗洛夫斯基	《外国居民在华的治外法权与社会管理》
		《北京成立咨议局》
	А. П. 鲍洛班	《与中东铁路活动紧密相连的北满农业垦务》
		《中国在满洲与东北蒙古的垦殖问题》
	В. А. 瓦西里耶夫	《关于在哈尔滨开办工商博物馆的必要性》
	А. В. 司弼臣	《中国现代社会政治流派》
	А. В. 格列本希科夫	《阿穆尔沿岸地区移民概述》
	П. Н. 梅尼希科夫	《俄国在蒙古的贸易》
	В. В. 诺尔曼	《中国的货币流通》
	Б. В. 弗洛杰	《关于中国政治事件中的蒙古》
1913—1916 年	Н. П. 施泰因菲尔德	《北满货币流通的最新中国改革方案》
	В. В. 索尔达托夫	关于《中东铁路商务代表 А. П. 鲍洛班 1911 年关于中东铁路所影响的北满地区垦务的调查报告》一书的评论
	Б. В. 弗洛杰	《1912 年中国的金融和贸易短评》
	В. В. 索尔达托夫	《中东铁路附属地的农业互助》
	Н. П. 施泰因菲尔德	《五十俄里免税带的关闭对俄国垦殖的损害；未来的哈尔滨是中国的贸易中心》
	Н. П. 马佐金	《东方学院的民族学和历史学》

报告年	报告人	报 告 题 目
1913—1916 年	M. A. 波路莫尔德维诺夫	《1913 年远东事件述评》
	И. K. 阿法纳西耶夫	《乌苏里边疆区的经济状况》
	M. A. 波路莫尔德维诺夫	《关于当前世界形势对远东国家事态的影响》
	H. П. 施泰因菲尔德	《俄日接近》
	M. A. 波路莫尔德维诺夫	《中国行政管理的演化》
	П. B. 什库尔金	《中国人对袁世凯的反应》
	Г. A. 索福克罗夫	《远东的军阀统治》
	П. P. 别兹威尔希	《满洲和阿穆尔沿岸地区初级学校地方志（东方学）导论》
	H. H. 加拉因	《中东铁路兽医队的蒙古考察方案》
	П. B. 什库尔金	《日中冲突》
	H. C. 谢尼科 - 布拉内依	《关于近十年朝鲜的政治生活》
	И. A. 多布罗洛夫斯基	《袁世凯及其登上帝位之路》
	И. И. 别杰林	《Г. H. 波塔宁作为旅行家》
	H. П. 马佐金	《与远东家庭史相关的社会学与东方学》
	П. H. 斯莫利尼科夫	《日本在内蒙古东北部的铁路建设》
	H. П. 施泰因菲尔德	《关于日本在南满影响的强化对俄国在北满的经济补偿问题》
	П. H. 梅尼希科夫	《由于满洲与阿穆尔沿岸地区铁路建设的发展带来的俄国在满洲垦殖的近期前景》
	П. M. 格拉迪	《中国戏院的起源、历史发展与现状》
		《中国建筑》
	Г. A. 索福克罗夫	《中国的君主专制共和国》
	И. И. 别杰林	《日本武士的道德准则》
	B. K. 阿尔谢尼耶夫	《阿穆尔河（黑龙江）流域自然地理简况》
		《我们的美国》
		《西伯利亚异族人的萨满及它们对自然的万物有灵观》
		《东西伯利亚的经济问题》
		《乌苏里边区与满洲的古代遗迹》

报告年	报告人	报告题目
1917—1919 年	Н. Г. 齐尔斯科夫	《从中国人视角看战时中俄关系性质》
	屈纳（Л. К. Kepp）	《关于中东铁路附属地的金融经济状况》
	А. М. 罗岑法尔布	《西伯利亚的生产力（矿业）》
	Б. В. 斯克沃尔佐夫	《对中国有着经济意义的植物与植物产品》
	屈纳	《中东铁路附属地的金融状况》
	Б. В. 斯克沃尔佐夫	《中国的动物区系与植物区系》
	П. В. 什库尔金	《蒙古问题现状》
1920 年之后	А. 彼得罗夫	《关于西伯利亚自治》
	Ф. Ф. 达尼棱科	《印度瑜伽的宇宙观（东方神秘主义）》
	别佐布拉佐夫	《伟大的印度之路》
		《伟大的印度之路路线》
		《（塔吉克斯坦）萨雷兹湖》
	И. А. 波采鲁耶夫	《关于塔兰奇人和东干人》
	别佐布拉佐夫	《通往帕米尔高原和阿富汗的道路（旅行印象）》
	Н. Д. 米诺洛夫	《外贝加尔的寺庙（扎仓）》
	Я. А. 杨科列维奇	《萨哈林，自 1905 年废除苦役后，农业、捕鱼业、森林资源和采矿业的历史》
	П. В. 什库尔金	《中国与远东的前景》
	Ф. Ф. 达尼棱科	《中国的文字和诗歌》
	Н. Д. 米诺洛夫	《东突厥斯坦的古迹》
	Б. В. 斯克沃尔佐夫	《在吉林和黑龙江省栽培山稻》
	Ф. Ф. 达尼棱科	《印度瑜伽术的哲学》
	П. В. 什库尔金	《古中国文献资料中关于俄国领土的某些资料》
		《满洲的灰蓝山雀》
	Э. Э. 阿涅尔特	《关于我从朝鲜越过松花江上游到汉德郡区域的路线回忆》
	Г. Г. 阿维那里乌斯	《中国的法院及法律诉讼形式》
	И. И. 波波夫	《东北西伯利亚问题》
	В. В. 邱特柳莫夫	《北满森林考察旅行》
		《牡丹江流域的森林考察》
	Н. Н. 库兹明	《布里亚特人的起源》
	Б. В. 斯克沃尔佐夫	《关于满洲的小麦种植》

报告年	报告人	报告题目
1920 年之后	В. В. 邱特柳莫夫	《拉林河上游的考察》
	Н. Н. 库兹明	《关于米努辛斯克的杂技》
		《М. Н. 鲍格达诺夫及其对布里亚特历史的研究》
	И. К. 费多罗夫	《1920 年 2—5 月从邱古恰克到北京的旅行印象》
	П. В. 什库尔金	《中国的文字和中国的新字母表》
	А. Л. 涅梅洛夫	《关于 1920 年 10 月至 1921 年 8 月发生在库伦的事件》
	Б. В. 斯克沃尔佐夫	《北满的水稻栽培》
		《满洲的河龟》
	Ф. И. 涅恰耶夫	《乘着汽车游遍蒙古（旅行印象)》
	И. Г. 巴拉诺夫	《中国的行政体制》
	С. Н. 乌索夫	《北京的美国学校"华阴学堂"的汉语教育》
	А. 格拉西莫夫	《在满洲用河贝生产的纽扣》
	Б. В. 斯克沃尔佐夫	《满洲甘草根的采掘》
	В. И. 苏林	《关于北满的木材贸易》
		《满洲的森林及其经济意义》
	П. В. 什库尔金	《关于在中东铁路附属地学校学习汉语的必要性问题》
		《苏维埃俄国的东方研究》
		《关于安德柳斯的蒙古考察》
	Н. Э. 斯朋格列尔	《关于中国人的宗教》
		《欧洲人和日本人对日本学校的评价》
		《现代日本》
		《日本的工人问题》
	И. Г. 巴拉诺夫	《中国解梦书》
	Е. 季托夫	《关于通古斯的民族学和考古学研究（以贝加尔区域为主)》
	Н. П. 阿福托诺莫夫	《亚细亚时报》（1—52 期）杂志上刊登的图书编目和系统指南》

2. 满洲教育学会

报告年	报告人	报 告 题 目
1913 年 2 月	Н. В. 鲍尔佐夫	《俄国学校三十年》
1913 年 3 月	К. Д. 费德洛夫 С. И. 科扎科维奇	《自然科学教育的意义》
1913 年 5 月	С. И. 科扎科维奇	《农民的素养和教育》
1913 年 9 月 15 日	К. С. 费阿尔科夫斯基	《同酗酒行为斗争的现代方式》
	М. К. 科斯汀	《教育不端行为的普遍性及同它们的斗争》
1913 年 10 月 24、25 日	Б. И. 施瓦利	《婴儿的最初岁月和在胎盘内的生活》
1913 年 10 月 31 日、11 月 1 日	М. К. 科斯汀	《小孩的精神生活》
1913 年 11 月 7、8 日	А. И. 考夫曼	《哺乳期孩子的喂养方式及评价》
1913 年 11 月 17、18 日	М. А. 奥克萨科夫斯基 В. Л. 巴果金	《现代教育的理念问题》
1914 年 8 月 29 日	М. К. 杜纳耶夫斯基	《同普鲁士霸权主义相关的近些年欧洲事件评论》
	Н. В. 鲍尔佐夫	《海涅和德国人》
1914 年 10 月 26 日	鲍尔科夫尼克	《当下的国际事件影响了远东国家的政治局势》
1914 年 11 月 30 日	Н. И. 彼得罗夫	《荷兰的国民意识教育》
	И. А. 巴甫洛夫斯基	《电影和戏剧是审美教育的工具》
1914 年 12 月 14 日	Н. В. 鲍尔佐夫	《三个世界》（摘自 В. И. 拉门斯基的著作《三个世界》）
1915 年 1 月 11 日	М. К. 科斯汀	《爱国主义和民族主义是当下战争的因素和学校教育的要素》
	С. И. 科扎科维奇	《法国男子中学的教学计划和大纲》
1915 年 2 月 15 日	П. А. 罗希洛夫	《关于西欧和俄国卫校监督机构的工作职责》
	Н. П. 阿福托诺莫夫	《阿穆尔边疆区人民教育的需求》
1915 年 3 月 8 日	Н. И. 彼得罗夫	《瑞士的国民意识教育》
1915 年 8 月 16 日	В. В. 索尔达托夫	《中学经济地理学教育的意义》
	Г. Д. 雅新斯卡果	《一种美式教育理念》

续表

报告年	报告人	报告题目
1916 年 1 月 5 日	А. П. 法拉丰托夫	《关于西伯利亚的贸易法规机关》
1916 年 2 月 13 日	Н. В. 鲍尔佐夫	《纪念 К. Д. 乌申斯基》
	П. А. 罗希洛夫	《纪念 Ф. Ф. 埃里斯曼》
1916 年 2 月 22 日	Т. П. 高尔捷也夫	《关于乌苏里尼科利斯克女子中等师范学校对南乌苏里植物带的保护性工作》
	М. К. 科斯汀	《关于在社团杂志上刊载的边疆区教学文选资料汇编》
1916 年 3 月 12 日	Н. В. 鲍尔佐夫	《关于第三届全俄实验心理学代表大会》
	В. М. 萨拉莫诺夫	《哈尔滨市牙科学校的第一次实验》
1916 年 4 月 16 日	С. А. 叶楞斯基	《纪念 Д. И. 季霍米罗夫》
	Н. В. 拉鲍奇金	《纪念 М. М. 科瓦列夫斯基》
1916 年 5 月 1 日	Н. П. 阿福托诺莫夫	《纪念莎士比亚》
	И. А. 巴甫洛夫斯基	《哈姆雷特是世界性的典型》
	И. И. 卡斯邱奇科	《莎士比亚著作中为人所知的典型》
1916 年 7 月 31 日	Н. П. 阿福托诺莫夫	《西伯利亚历史教育中的 Г. Н. 波塔宁》
1916 年 9 月 22 日	Д. А. 齐亚科夫	《社会和文明教育的原则》
	И. А. 巴甫洛夫斯基	《文化工作 30 年》
1916 年 9 月 26 日	А. 那卡诺姆	《日本的国民教育》
	К. 塔卡加什	《日本的铁路教育》
1916 年 10 月 21 日	Н. П. 阿福托诺莫夫	《阿穆尔国民教育的历史》
1916 年 11 月 7 日	М. К. 科斯汀	《列夫·托尔斯泰是哲学家》
1916 年 12 月 5 日	И. И. 卡斯邱奇科	《教育问题》
1917 年初	Д. А. 齐亚科夫	《个人和社会教育的原则》
	М. К. 科斯汀	《儿童的游戏和娱乐》
	Н. В. 鲍尔佐夫	《中学俄语教学中的某些缺点》
	Н. П. 阿福托诺莫夫	《1916 年 12 月 27 日—1917 年 1 月 4 日在莫斯科召开的第一次语文学家代表大会》
1918 年 2 月 10 日	М. К. 科斯汀	《家庭、学校和教会对孩子信仰培养的相互关系》
	Д. А. 齐亚科夫	《关于信仰的培养》
		《教会学校教育的培养性质》

续表

报告年	报告人	报告题目
1921 年 3 月 9 日到 30 日	Н. П. 阿福托诺莫夫	《满洲教育学会的活动及存在评论》
	П. А. 罗希洛夫	《在美国的俄国大学生》
	С. И. 郭利亚诺夫	《教育理念的进化》

3. 东省文物研究会

1923—1925 年

自然科学股

报告人	报告年	报告题目
Н. П. 阿福托诺莫夫	1924 年	《关于 1924 年 3 月自然科学股赴蜜蜂小站考察的总结报告》
А. И. 亚历山大洛夫	1925 年	《关于在横道河子站收集昆虫标本的有关事宜》
Я. И. 阿拉钦	1924 年	《昆虫的语言——关于昆虫发声的简短介绍》
Н. А. 巴依科夫	1923 年	《关于北满哺乳类动物的冲动问题》
	1924 年	《满洲的老虎》
		《蛇以及它们在自然界的作用》
		《北满的蛇》
	1925 年	《一套牡丹江湖泊的图画和卡片》
		《北满的马鹿和马鹿养殖业》
А. В. 巴尔塔舍夫	1925 年	《关于俄国皇家地理学会特罗伊茨克—恰克图分会博物馆的工作》
		《关于莫斯科青年自然科学家生态站的有关事宜》
А. А. 鲍罗托夫	1924 年	《关于哈尔滨市松花江的水文学工作》
		《关于松花江的水位线和流出量，附有图表》
		《阿穆尔河及其支流流域》
А. Д. 沃叶伊科夫	1924 年	《关于北满啮齿类动物研究的必要性》
А. Я. 加夫里克	1925 年	《关于北京大学》
Н. В. 戈鲁霍夫	1924 年	《1909—1924 年蜜蜂小站的周边环境。报告人详细描述了蜜蜂小站周边森林消失的情况》
	1925 年	《关于砧木对嫁接的影响》
		《关于在春季风暴下强大的西南风对东省文物研究会北满植物园植物的影响》
		《关于根河的考察》

1923—1925 年		
自然科学股		
报告人	报告年	报告题目
T. П. 高尔捷也夫	1923 年	《关于哈尔滨松花江水产生物调查所的建设》
		《关于东省文物研究会博物馆植物标本的建设》
	1924 年	《关于哈尔滨市植物园的建设》，附带详细的计划和未来构想
		《关于被树木植被覆盖的滨海边疆区的简介》
		《关于蜜蜂小站植物群和乔木植被的预报告》
		《乌苏里边区树木和灌木林目录》
		《东省文物研究会博物馆馆藏编目》
		《关于自然科学股所举办的报告
		《关于东省文物研究会博物馆土壤学股的组建》
	1925 年	《关于接待学校参观团》
		《关于北满中东铁路沿线的植物研究》
		《保护自然是自然科学股的主要任务之一》
K. B. 格罗霍夫斯基	1924 年	《呼伦贝尔哈拉哈河谷地的矿物质能源》
多尔谢特	1925 年	《华北考察工作的一年》
A. H. 卡拉姆津	1923 年	《达斡尔的燕子》
Д. П. 克列尔	1924 年	《松花江的淡水虾》
И. B. 科兹洛夫	1924 年	《爱河会让站区域冬季植物考察》
		《石头河子站冬季植物考察》
		《关于秋末松花江的考察》
	1925 年	《关于爱河会让站周边地区的野稻杂生植物》
		《关于东省文物研究会昆虫收藏品的加工问题报告》
		《关于北满生长的野生水稻茭草 lurcz》
		《关于 1924 年中东铁路学务处校园花园中的树种发芽问题》
		《关于滨海边疆区冷杉 Abies hollophila 在中东铁路石头河子站区域的遗留》
A. H. 科里施塔弗维奇	1924 年	《关于东亚植物的起源》

1923—1925 年		
自然科学股		
报告人	报告年	报 告 题 目
В. В. 科鲁舒里	1925 年	《关于满洲的小麦及其未来前景》
В. В. 拉曼斯基	1925 年	《关于美国人的蒙古考察》
		《可用作教具的地图画册》
П. А. 罗希洛夫	1925 年	《关于全国名医杰兹亚科夫之死》
		《关于中东铁路中俄职员生病率的比较》
А. С. 卢卡什金	1925 年	《1923 年涡轮机在齐齐哈尔站的飞行》
А. И. 马尔德诺夫－涅仁	1924 年	《在阿穆尔和滨海省进行农业经济作物栽培的生物学研究和实验》
А. С. 梅谢尔斯基 Б. М. 维利米洛维奇	1924 年	《哈尔滨市饮用水研究的工作计划以及松花江水产生物调查所细菌部的组建》
П. Алндр. 巴甫洛夫	1923 年	《关于春末观测自然的调查问卷分发情况的汇报》
		《关于哈尔滨市的降雨强度和降水量》
	1924 年	《北满昼夜、年度空气湿度和温度的动态》
		《近 20 年松花江的开化和结冻》
		《关于 1924 年在列宁格勒举办的物理学代表大会》
		《气候因素对 1910 年、1911 年和 1921 年哈尔滨市傅家甸瘟疫流行的影响》
	1925 年	《П. А. 罗希洛夫的生平和活动》
П. Алкс. 巴甫洛夫	1923 年	《关于宋站近郊盐碱湖的考察》
		《关于北满城墙一带的动物学考察》
	1924 年	《关于北满大兴安岭区域的动物学考察》
		《1923 年东省文物研究会博物馆爬行动物收藏品》
		《满沟站周边地区的蝾螈研究》
		《当地软骨鱼的生物学研究》
		《关于哈尔滨市和满沟站周边地区的草蜥养殖场》
	1925 年	《神圣不可侵犯的蒙古蛇》
		《哈尔滨市周边地区的爬行动物》
	1925 年	《关于蒙古的麻蜥》
		《关于北满的蟾蜍》
		《拉满江子站的群蛇出洞现象》

续表

1923—1925 年		
自然科学股		
报告人	报告年	报 告 题 目
Б. В. 斯克沃尔佐夫	1923 年	《关于北满新的有趣的生物体》
		《哈尔滨周边地区丝虫 Zydnemaies 的发展研究》
		《北满 L 种小麦研究》
	1924 年	《关于淡水研究的国际学会》
		《关于北满某些沼泽和旧河床的微生物群研究》
		《北满藻状菌纲研究》
		《有关 1918 年到 1921 年哈尔滨市周边地区植被的发展问题》
		《北满野生苹果的有趣外形》
		《哈尔滨周边地区庙台子站和弓形沼之间的水库研究》
		《满洲的新品种苹果》
		《满洲的单细胞生物研究》
		《北京池塘的微生物研究》
		《囊裸藻品种的研究》
	1925 年	《哈尔滨周边地区褐色水螅的研究》
		《1924 年哈尔滨周边地区春天自然界的复苏》
		《对北满野生梨的研究》
		《哈尔滨市周边地区春季植物的研究》
		《关于满洲高水罐花的研究》
		《三月花季的松花江水》
		《关于北满的李子》
		《1925 年哈尔滨杂交苹果的尝试》
		《关于哈尔滨商业学校学生到奇拉吉河稻田地考察的有关事宜》
		《关于北满的新类藤本植物》
		《兴安岭的两类新种类硅藻》
		《对尼科利斯克—乌苏里斯克市周边地区原生物的研究》
		《哈尔滨市周边地区绿色 fladeliata 中的新品种》
		《牡丹江河谷地的新品种硅藻》

1923—1925 年		
自然科学股		
报告人	报告年	报 告 题 目
В. Я. 托尔马乔夫	1924 年	《关于哈尔滨市附近蝶蟓的发现》
Е. А. 哈尔洛娃	1924 年	《对哈尔滨市周边地区水的化学成分研究实验设备的安装方案》
		《松花江水质化学成分分析实验》
	1925 年	《关于哈尔滨水质的化学成分》
		《关于哈伦阿尔山疗养地的水质化学成分分析》
А. А. 雅科夫列夫	1923 年	《关于 1923 年春季自然界数据资料的研究》
	1924 年	《1923 年春北满的气象学条件》
	1925 年	《基于 1923—1924 年气象资料关于自然复苏的调查总结》
		《关于覆盖在北满的积雪新情况》
Б. П. 雅科夫列夫	1923 年	《对 Percottus Glehni Dyb 的生物学研究》
	1924 年	《白雉鸡》
	1925 年	《关于古北极雕枭种类的新资料》
		《关于当地红狼的几点认识》
		《东省文物研究会收藏品中北满的动物世界》
地质和自然地理学股		
Э. Э. 阿涅尔特	1923 年	《赴苏维埃俄国的私人考察以及关于某些研究机构的活动信息》
		《关于 1923 年 1 月在北京召开的远东地质学家代表大会》
	1924 年	《关于巴黎的 T. де. 夏尔丹对东省文物研究会博物馆馆藏哺乳动物化石的鉴定结论》
		《关于 1924 年在北京召开的地质学家代表大会》
		《侏罗纪、白垩纪和第三纪含煤地层的分类》
		《关于宁古塔近郊的石头河》
		《满洲地质简况》
	1926 年	《关于二层甸子——二道河子区域山体岩石的研究在它们成为建筑和道床材料方面是有益的》

1923—1925 年		
地质和自然地理学股		
报 告 人	报告年	报 告 题 目
В. П. 沃杰尼科夫	1924 年	《关于北满岩石中的银—铅》
И. В. 科兹洛夫	1924 年	《关于哈尔滨周边地区中东铁路试验田的考察》
Т. П. 高尔捷也夫	1924 年	《关于北满的土壤》
К. В. 格罗霍夫斯基	1924 年	《关于从海拉尔到成吉思汗古城的考察以及对海拉尔西南方"碱"湖研究的可能》
А. Н. 科里施塔弗维奇	1924 年	《关于满洲和邻国植物群的产生与发展问题研究的历史概述（印痕展示）》
А. И. 拉夫鲁申	1925 年	《关于穆棱河中游地质研究区域植物收集成果的几点认识》
		《关于古昆虫学的几点认识》
		《关于北满二叠石炭纪的地层研究》
В. В. 拉曼斯基	1924 年	《关于二克山和克东火山研究的必要性》
П. Алндр. 巴甫洛夫	1925 年	《关于北满土壤的温度》
		《关于北满的风暴》
А. А. 布林	1925 年	《电—气象学的问题和任务》
В. Я. 托尔马乔夫	1925 年	《哈尔滨周边地区第一处猛犸象残留物遗迹》
《工商学股》		
Э. Э. 阿涅尔特	1923 年	《关于赴苏维埃俄国的私人考察》
А. И. 安东戈斯基	1925 年	《解决太平洋问题的途径》
		《各国解决太平洋问题的经济筹备》
В. А. 阿尼西莫夫	1923 年	《远东木材加工业的前景》
А. М. 巴拉诺夫	1924 年	《中东铁路影响区域中的蒙古》
		《关于同蒙古的贸易》
Т. В. 布多夫	1925 年	《营口的贸易》
Б. М. 维里米洛维奇	1924 年	《关于中国制奶业经营的状况》
А. Д. 沃叶伊科夫	1925 年	《关于北满和滨海边疆区的水稻种植》
Н. Ф. 沃龙采维奇	1925 年	《在大连召开的工业贸易展览会》
В. К. 维克里斯托夫	1925 年	《关于新疆》
А. Е. 格拉西莫夫	1923 年	《北满的中国税收》

1923—1925 年		
工商学股		
报告人	报告年	报 告 题 目
M. H. 国尔维茨	1923 年	《苏联的城市经济部》
M. M. 格林斯金	1925 年	《当代形势下鄂霍次克海沿岸一带》
H. B. 戈鲁霍夫	1925 年	《当地的葡萄酒酿造业及它的前景》
Г. H. 吉气	1923 年	《满洲的出口和运输业》
A. П. 德米特里耶夫	1925 年	《北满的亚麻业》
H. M. 多布罗霍托夫	1924 年	《亚麻是一种商品》
H. C. 杰菲洛夫	1924 年	《北满的货币流通》
	1925 年	《上海是中国的商业中心》
B. H. 卡萨特金	1923 年	《中东铁路的税率政策》
K. K. 库尔捷耶夫	1923 年	《海参崴作为港口的过去和未来》
A. И. 科罗波夫	1924 年	《俄国当下的经济危机》
科列斯托夫斯基	1924 年	《哈尔滨市自治公议会的财政状况》
П. E. 科唯尔科夫	1925 年	《中东铁路和南满铁路相互关联性述评》
П. H. 卡尔波夫	1925 年	《兴安岭考察（采金业和其他形式的边区工业）》
A. M. 拉夫罗夫	1923 年	《远东的捕鱼和毛皮加工业》
K. Я. 卢克斯	1923 年	《俄国的农业状况》
П. A. 罗希洛夫	1923 年	《旱獭毛皮加工业、兽医卫生以及经济型养蜂业的前景》
A. C. 梅谢尔斯基	1925 年	《蒙古的俄人兽医学以及它的工作对畜牧业的意义》
Л. K. 梅德韦杰夫	1925 年	《中东铁路南线货物运输的竞争》
B. B. 诺萨奇 - 诺斯科夫	1925 年	《在主要经济活动领域评估中的满洲经济状况和未来的经济前景》
A. M. 奥克罗科夫	1923 年	《日本的经济状况》
Э. K. 奥扎尔宁	1925 年	《关于中国的新疆》
A. M. 普里萨德斯基	1924 年	《北满的产奶畜牧业和制奶业的前景》
A. И. 波革列别茨基	1925 年	《北满金币流通的前景》
Л. Ф. 拉德琴科	1924 年	《中东铁路去除水分的大豆》
Б. B. 斯克沃尔佐夫	1924 年	《满洲大豆的质量》

1923—1925 年		
工商学股		
报告人	报告年	报 告 题 目
И. Ф. 萨拉维依	1925 年	《勘察加水产品工业的现状》
А. Г. 斯科尔斯特	1925 年	《1924 年的白银市场》
П. Ю. 西雷克	1925 年	《中国的日本棉纱业》
Б. П. 托尔加舍夫	1925 年	《煤炭、石油和铁》
	1923 年	《俄国远东的工业发展》
В. А. 切尔登采夫	1925 年	《满洲的大豆和某些大豆制品》
E. E. 雅什诺夫	1923 年	《外贝加尔货运量的前景》
	1924 年	《国际市场上的产油豆类》
	1925 年	《欧洲和太平洋国家》
历史民族学股		
Я. И. 阿拉钦	1924 年	《中国的文化》
А. М. 巴拉诺夫	1923 年	《满洲的历史地图》
	1924 年	《萨满的跳神作法》
	1924 年	《关于成吉思汗城墙土堤以及祖鲁海图站近郊废墟的历史资料》
К. В. 格鲁霍夫斯基	1924 年	《夏季祖鲁海图站近郊土堤和废墟调查的考察报告》
Н. В. 戈鲁霍夫	1924 年	《夏季祖鲁海图站近郊土堤和废墟调查的考察报告》
И. А. 齐亚科夫	1924 年	《关于嫩江上游的考察》
梅尔瓦尔特	1923 年	《佛陀的祖国》
П. В. 罗文斯基	1923 年	《满洲的萨满教》
Н. А. 斯佩什涅夫	1923 年	《人、动物和上帝》
В. Я. 托尔马乔夫	1924 年	《关于博物馆馆藏的古代物品》
П. В. 什库尔金	1923 年	《我是怎样在红胡子那做客的》
	1924 年	《中国人的游戏》
	1925 年	《关于道教》
	1925 年	《八仙》

1926 年		
地质和自然地理学股		
报告人	日期	报告题目
Э. Э. 阿涅尔特	2 月 18 日	《勘查建筑材料采石场以及这种勘查同地理学、岩石学和土壤学的关系》
А. И. 亚历山大洛夫	4 月 16 日	《在北满横道河子站周边地区和哈尔滨城搜集的隐翅虫科（Caliopfera）、甲虫科目录》
Ф. И. 安托诺夫－涅申	9 月 24 日	《蜜蜂河区域的蜜源植物和蜜蜂采蜜期》
Н. А. 巴依科夫	3 月 26 日	《1926 年进行的森林冬季考察》
	8 月 6 日	《关于帽儿山—五常堡区域的考察》
	9 月 10 日	《满洲的驯狗业》
	11 月 19 日	《北满的手工业区和用地》
А. А. 鲍罗托夫	8 月 27 日	《对 А. А. 巴洛托夫的文章〈阿穆尔河的开化和解冻〉的几点认识》
	12 月 17 日	《松花江河道因底部受湍急溪流冲刷而形成的变迁》
А. Д. 沃叶伊科夫	11 月 26 日	《满洲果树栽培的气候条件》
Т. П. 高尔捷也夫	1 月 26 日	《哈尔滨周边地区挖掘到的猛犸象牙的土壤和山体特征描述》
	3 月 12 日	《关于远东地区植物的命名（书评）》
	4 月 19 日	《自然科学股在北满养蚕业中扮演的可能性角色》
		《关于东省文物研究会植物学股创建的植物学分类法》
	10 月 10 日	《关于 1926 年夏土壤—植物学研究的简要报告》
G. H. 多塞特	11 月 12 日	《沿着锡兰、苏门答腊和爪哇岛游历》
К. Ф. 叶果洛夫	3 月 19 日	《巴黎、伦敦和纽约博物馆》
	4 月 2 日	《关于放射性岩石》
И. Б. 科兹洛夫	3 月 12 日	《松花江下游的植被》
	3 月 26 日	《关于黄羊的活动》
	11 月 12 日	《关于虎头林场禁伐地段植被与地况的一些认识》
	12 月 10 日	《博物馆新收集的树种样品》
В. А. 科里秋金	8 月 6 日	《关于 1926 年从中东铁路高林子站区域采集的东省文物研究会博物馆的收藏品》

1926 年		
地质和自然地理学股		
报 告 人	日 期	报 告 题 目
В. Л. 科马洛夫	11 月 25 日	《满洲的植物考察》
В. В. 科鲁舒里	11 月 26 日	《北满的小麦病》
A. C. 梅谢尔斯基	1 月 29 日	《关于维也纳大学的研究咨询部》
	3 月 19 日	《关于收集动物身上带传染病病原体寄生虫的事宜》
П. Алкс. 巴甫洛夫	5 月 27 日	《关于 1926 年 5 月到帽儿山站和二道河子站考察的总结》
	8 月 6 日	《关于 1926 年在中东铁路高林子站区域为东省文物研究会博物馆收集的标本》
		《关于 1926 年 8 月考察哈尔滨和庙台子周边地区旧河道和湖泊的情况》
	10 月 1 日	《关于某些蝮蛇》
	10 月 15 日	《关于博物馆收藏品中的某些新品种爬行动物》
П. Алндр. 巴甫洛夫	7 月 30 日	《关于距离博克图站和雅鲁站 391 俄里的常年冻土》
	9 月 24 日	《关于北满冬季温度的变化》
	10 月 22 日	《关于世界语（国际用语）》
	11 月 12 日	《在满洲发掘出的动物骨骼化石》
И. М. 普柳辛科	11 月 5 日	《用小榆树叶喂养蚕的经验》
В. С. 波克罗夫斯基	12 月 17 日	《去哈伦—阿尔山考察总结》
В. М. 萨维奇	5 月 5 日	《关于中锡霍特—阿林山脉的考察》
	8 月 27 日	《关于对哈尔滨市苗圃和农业试验田考察的结果》
Б. В. 斯克沃尔佐夫	4 月 9 日	《对北京城周边地区海藻的研究资料》
		《中国的硅藻》
		《对南京地区囊裸藻的研究》
	7 月 30 日	《关于天津城区的硅藻》
		《新的稀有衣藻品种》
		《关于北满的新鞭毛虫》
	8 月 6 日	《1926 年哈尔滨和庙台子旧河道和湖泊考察》

续表

1926 年		
地质和自然地理学股		
报 告 人	日 期	报 告 题 目
Б. В. 斯克沃尔佐夫	9 月 10 日	《关于北满菱属品种的研究》
		《北满黄豆的新品种》
		《野生坚果研究》
		《关于单叶蝉的研究》
	10 月 1 日	《中国南部鼓藻科目录》
		《关于中国的某些藻状菌》
	11 月 19 日	《哈尔滨商业学校学生进行的（1924 年、1925 年、1926 年）3 年春季物候学观测》
	11 月 26 日	《松花江地下浮游植物（群落）研究》
В. Я. 托尔马乔夫	11 月 5 日	《在北满发展养蚕业的可能性》
	12 月 24 日	《关于一种满洲蝴蝶的发展》
Е. М. 车布尔科夫斯基	6 月 3 日	《关于国立远东大学附属研究所的工作》
А. А. 雅科夫列夫	9 月 24 日	《关于阿穆尔河（黑龙江）流域开化与封冻的补充报告》
	10 月 1 日	《关于绒毛期的鸭宝宝》
	10 月 22 日	《关于 1926 年 10 月初哈尔滨气温突然骤降》

1926 年		
医学卫生学及兽医学股		
报 告 人	日 期	报 告 题 目
С. Я. 别尔拉德斯基	不详	《梅毒的古往今来》
С. М. 维赫杰尔	不详	《哈尔滨中东铁路学校学生接种防猩红热疫苗的结果》
Б. М. 维里米罗维奇	不详	《关于野山羊对圈养羊瘟疫的感染问题》
		《关于苏联兽医业状况，来自于参加莫斯科兽医学学术会议的出差报告》
А. С. 梅谢尔斯基	不详	《新成立的满洲家畜病研究所》
Н. Е. 洛杰茨威格	不详	《胃、肝、肾外科手术治疗中的 X 光照片的呈现以及标本切片（或麻醉剂）》

1926 年		
医学卫生学及兽医学股		
报告人	日期	报 告 题 目
А. П. 图尔宾	不详	《关于季梯尔和莫列克教授在 1912 年出版的 3 卷本著作"家畜内科及病理学"章节中所介绍的利用二氧化硫治疗马的蛔虫病的有关事宜》
Н. А. 季霍诺夫	不详	《中东铁路沿线乳品厂的特点》
П. К. 法尼茨基	不详	《关于霍乱及治疗霍乱瘟疫方案的当前状况》
Д. В. 萨赫诺维奇	不详	《1926 年中东铁路实验室对霍乱病菌的研究》
历史民族学股		
А. М. 巴拉诺夫	不详	《关于北满的古迹考察计划》
А. М. 巴拉诺夫	5 月 26 日	《关于 1925 年历史—民族学股的活动报告》
А. М. 巴拉诺夫	11 月 9 日	《满洲的历史往事》
А. М. 巴拉诺夫	12 月 2 日	《关于从锡伯古城领地运来的石刻碑》
Н. А. 巴依科夫	5 月 26 日	《生命之根（人参）》
Д. П. 班捷列耶夫	7 月 30 日	《关于雅金福（比丘林）中国研究的活动和著述》
В. Я. 托尔马乔夫	11 月 9 日	《满洲考古发掘短评》
В. Я. 托尔马乔夫	12 月 30 日	《关于公元前最后一个世纪中国和欧洲国家的贸易关系》
М. С. 邱宁	7 月 30 日	《关于海拉尔近郊古城的考察》
Е. М. 车布尔科夫斯基	12 月 30 日	《国外出版的最新考古科学著作述评》
工商学股		
Г. Г. 阿维那里乌斯	11 月 12 日	《中国银行和监察机关发行的纸币》
А. К. 格里果里耶夫	2 月 12 日	《阿穆尔沿岸地区及其垦殖的条件》
Н. В. 戈鲁霍夫	3 月 12 日	《早熟大豆》
М. Д. 格列波夫	3 月 15 日	《在满洲气候条件下培育大豆的可能性及用氮和磷施肥土壤对大豆培育的意义》
М. Н. 国尔维茨	11 月 19 日	《国际通用的度量衡标准及中东铁路对这种标准的改革》
А. В. 伊万诺夫	12 月 24 日	《远东的森林资源和木材加工业》
Н. И. 莫洛佐夫	3 月 15 日	《满洲大豆的化学成分》
В. Н. 别斯特里科夫	2 月 12 日	《俄国滨海边区的发展前景》

续表

1926 年		
工商学股		
报告人	日期	报告题目
А. И. 波革列别茨基	4 月 16 日	《中国的对外贸易，它的受益国，关税会议》
	11 月 12 日	《对上一个话题的补充性报告》
Б. В. 斯克沃尔佐夫	3 月 15 日	《东省文物研究会对大豆研究的成果》
А. А. 索科洛夫	3 月 15 日	《关于 19 世纪八九十年代在俄国土地上栽培大豆试验的资料及栽培没有取得进展的原因》
Д. И. 索洛维耶夫	5 月 14 日	《远东地区的收支状况》
Ф. Ф. 杰棱齐耶夫	3 月 15 日	《欧洲和中国栽培大豆方式的优劣》
	12 月 17 日	《大豆的栽培》
П. С. 季申科	11 月 5 日	《滨海边区经济活动的几点特征》
В. В. 恩格里菲里德	3 月 19 日	《中国的海关自治》
Е. Е. 雅什诺夫	10 月 29 日	《远东地区的中俄经济》

1927 年		
报告部门	报告人	报告题目
自然地理学股	Э. Э. 阿涅尔特	《关于黑河地区的最近信息》
		《满洲是地球上还未被研究过的地区之一》
		《在北满可以观赏到什么样的景观》
		《关于 1927 年夏季的地理考察》
		《关于在达赉和爱河南沟—小石头河两次考察结果的通报》
		《关于利用地球物理学方法研究地下资源的开采和技术特点》
	Э. И. 阿米诺夫	《关于黑河地区五道沟隘口新发现的黄金》
	А. А. 鲍罗托夫	《关于冬季水位的观测记录》
		《关于松花江水混浊度的研究》
		《关于中东铁路工务处松花江第八测量队某些工作的结果》
	А. Д. 沃叶伊科夫	《关于 1927 年秋季的严寒》

1927 年		
报告部门	报告人	报 告 题 目
自然地理学股	Т. П. 高尔捷也夫	《关于高林子周边地区地势和土壤的几点认识》
		《北满土壤研究的现状及未来的研究方案》
	М. К. 高尔捷也夫	《关于北满土壤研究的问题（中东铁路沿线土壤调查方案）》
	П. Ф. 康斯坦季诺夫	《关于北满土壤研究的问题》
	П. Алндр. 巴甫洛夫	《大兴安岭的隧道对"兴安"气象站近处空气温度的影响》
	В. Я. 托尔马乔夫	《制作易碎物体微小标本的最新方法》
	К. Н. 秋梅涅夫	《关于松花江河床变化的问题》
	Я. Д. 弗里杰尔	《关于北满的采金业》
	Е. А. 哈尔洛娃	《关于一年各时间段松花江水的化学成分》
	В. 什杰茨涅尔	《嫩江流域上游自然地理概况》
	А. А. 雅科夫列夫	《关于远东的气象观测现状及在北满的近期任务》
动植物学股	Т. П. 高尔捷也夫	《关于博物馆大型植物标本的最后安装问题》
		《关于满洲杏的新种类》
		《关于蒲公英的新种类》
		《关于在别兹沃德内会让站偶然发现的 ефедры》
	И. В. 科兹洛夫	《关于在高林子站搜集到的植物的几点认识》
		《关于 1927 年春季考察中东铁路爱河站的报告》
		《关于洮南府周边地区植物和可能有的百色花鸢尾科新种类的几点认识》
		《在植物园混合林带培植植物的初始年成果》
		《关于索契的松球果》
		《关于 1926 年博物馆满洲森林生物科的报告》
		《朝鲜雪松花朵的构造》
		《关于满洲茭白的发芽》
		《多瓣形状的开着黄花的阿穆尔雪花莲》

续表

1927 年		
报告部门	报告人	报 告 题 目
动植物学股	Б. В. 斯克沃尔佐夫	《关于高林子站区域的植物区系》
		《关于北满吉林和黑龙江省植物区系的资料》
		《兴凯湖的硅藻》
		《关于贝加尔湖硅藻的研究》
		《北满植物学研究》
		《关于北满榛树和椴树品种的研究》
	А. И. 亚历山大洛夫	《北满天牛科巨型甲虫》
		《关于在北满确定统一的动物地理学单位》
		《关于划清中国喜马拉雅区域的边界及绘制适合挂在墙壁上的地图》
		《关于在石头河子周边地区发现的朝鲜隐翅前睾吸虫》
		《关于白腰小天牛及其生物学特性和观察的几点认识》
		《关于 1927 年 4 月末在横道河子站周边地区的考察》
		《关于白腰小天牛的生物学研究》
		《关于新种天牛的某些资料》
	В. Н. 阿林	《关于制作虫卵生物标本的问题》
	Н. А. 巴依科夫	《满洲可猎取野兽的踪迹》
		《满洲熊》
		《Ю. М. 杨科夫斯基在 Сидемя 的鹿场》
		《猞猁驯养的经验》
		《满洲密林的自然和生活习俗》
	Т. П. 高尔捷也夫	《关于利用大型野生动物胴体制作学术标本》
	И. А. 德久里	《关于满洲虎特性的几点认识》
	А. В. 伊万诺夫	《满洲森林过度砍伐带来的动物区系和植物区系的消失》
	В. А. 科里秋金	《关于 1926 年夏季在高林子站周围采集鳞翅类昆虫的几点认识》

续表

1927 年		
报告部门	报告人	报 告 题 目
动植物学股	A. C. 卢卡什金	《关于在北满捕捉野兔的罕见方法之一》
		《关于 Pall 羚属黄羊的生物学研究》
		《关于 1927 年 4 月在齐齐哈尔周边考察的结果》
		《关于哺乳动物和鸟类的反常现象研究》
		《关于 1927 年考察的报告》
	П. Алкс. 巴甫洛夫	《1926 年夏在高林子采集天蛾》
		《对洮南府区域爬行动物的几点认识》
		《关于 1927 年新采集的蔷薇科植物》
		《关于 1927 年东省文物研究会博物馆新增的蛇标本》
		《关于当地动物区系中凤蝶属概念界定的几点认识》
		《关于博物馆收藏的阿波罗绢蝶种和鳞翅目搜集品处理的几点认识》
	B. B. 包诺索夫	《关于去洮南府区域的动植物考察资料》
	Л. A. 萨马林	《关于在石头河子站周边地区收集鸟类和哺乳类动物两周的考察成果》
	B. Я. 托尔马乔夫	《关于北满的禁猎制度》
	Б. П. 雅科夫列夫	《北满的鱼鹰》
		《1927 年松花江水产生物调查所夏季工作的成果》
		《野鸡》
历史民族学股	H. A. 巴依科夫	《满洲密林中原住民的生活习俗和方式》
	И. И. 加巴诺维奇	《关于阿姆贡的通古斯》
	B. 伊万诺夫	《中国的诗歌》
	П. П. 马雷赫	《巴尔古津的鄂伦春人》
	Д. П. 巴恩杰列耶夫	《比丘林》
		《满洲的民俗考察与博物馆历史藏品的补充》
		《斯帕法里的生平资料》

续表

1927 年		
报告部门	报告人	报 告 题 目
历史民族学股	B. B. 包诺索夫	《博物馆收藏品中的青铜镜子》
		《关于喇嘛教的祭礼之一》
		《关于去锡伯城考察的有关情况》
	Б. В. 斯克沃尔佐夫	《照片中的民族风俗资料》
	E. И. 季托夫 – 图玛诺夫	《哈尔滨人的俄语》
		《现代通古斯学》
	П. В. 什库尔金	《关于满洲和朝鲜半岛上建立的古代国家的某些资料》
	A. A. 鲍罗托夫	《阿穆尔河（黑龙江）与松花江》
	A. E. 格鲁斯基诺伊 – 什瓦尔茨曼	《日本诗歌中的短歌体裁》
	B. 什杰茨涅尔	《关于在墨尔根以北考察的有关情况》
考古学股	A. Я. 阿福多辛科夫	《反映中国原始建筑物的象形文字的演变》
		《对蒙古石头上的刻字的一致鉴定》
	Э. Э. 阿涅尔特	《关于在扎赍诺尔煤矿露天采矿场发现杨柳筐残迹》
		《关于地中海与太平洋的主要断代带和由于大西洲问题导致的强烈与平缓的变化》
	王明福	《关于阿什河流域哈尔滨附近的小城遗址》
	A. Д. 沃叶伊科夫	《在海林附近发现的石矛头》
	A. И. 加里奇	《河南的甲骨》
		《安德尔森教授在奉天省的考古发掘》
		《关于中国药店中的两座青铜雕像》
		《在 Гвазель 的最新发现》
		《中国与埃及的文字》
		《关于大西洲的一些信息与结论》
	A. E. 格拉西莫夫	《神奇的矿山》
	B. B. 郭鲁布佐夫	《图坦卡蒙墓中的宝藏》
	A. B. 格列本希科夫	《在满洲地图学领域中的地理术语学》

1927 年		
报告部门	报告人	报 告 题 目
考古学股	К. В. 格罗霍夫斯基	《符拉迪沃斯托克附近的古石器遗迹》
		《查干湖岸上的村》落
		《关于成吉思汗古城的简况》
	К. Ф. 叶果罗夫	《关于中国刀形硬币的新发现》
	Т. Э. 叶特玛尔	《借助同族凝聚反应确定部族的起源及发展》
	В. А. 科尔玛佐夫	《关于成吉思汗边墙和 Джангин 勇士陵墓的传说》
		《乌鲁木齐盐湖近郊的村落》
	А. С. 卢卡什金	《宁古塔和齐齐哈尔古时遗留的纪念碑》
		《海拉尔近郊的村落》
	А. П. 李希恩科	《关于在青海省中国古钱币的新发现》
	П. П. 马雷赫	《Л. Я. 什腾别尔格是青年科学工作者的导师》
	И. Н. 穆赫雷宁	《中国乐器喇叭与笙的音律》
	Т. Т. 纽赫基林	《古代中国的长笛》
		《关于香坊近郊阿什河沿岸上的小镇》
	А. Ф. 涅杰里斯基	《关于中国考古学著作的新成果》
	П. Алкс. 巴甫洛夫	《喇嘛甸子站近郊的考古发现》
		《关于达赉湖考古研究计划的问题》
		《再谈关于达赉湖的研究》
	Д. П. 班杰列耶夫	《达赉湖区域的石器时代遗迹》
		《古老的额尔古纳河沿岸上的小镇》
		《Л. Я. 什腾别尔格在地方学中的意义》
		《Ю. 加尔涅尔关于山西省西徐亚人的青铜器的文章》
	Ф. В. 彼得罗娃	《从石碑上获得拓字的新方法》
	В. В. 包诺索夫	《在古城遗址中发现中国钱币的意义》
		《关于在锡伯城废墟考察的成果》
		《萨满图像中满洲古代的服饰》
		《青铜镜上图像中满洲古代的服饰和发式》
	Е. Д. 斯科拉霍多娃 - 兹维列娃	《大西洲》

1927 年		
报告部门	报告人	报 告 题 目
考古学股	И. С. 斯库尔拉托夫	《来自于象形文字中的中国人的古老习俗》
		《关于富拉尔基的龟甲》
		《关于汉语与俄语的相似性》
	Л. А. 斯洛鲍德奇科夫	《关于满洲出土的两枚无法描述的中国古代钱币》
		《仰韶文化》
	Р. М. 扎林	《关于在程会让站附近的考古发现》
	Е. И. 季托夫－图曼诺夫	《阿齐尔时代卵石上的图形与作为灵魂体现的澳大利亚丘林加的相似性》
		《关于东西伯利亚考古学研究的新成果》
		《安德尔森教授在甘肃的发掘》
		《历史与史前》
		《中国最新考古研究的成果》
		《中国与西伯利亚的古代交流》
		《Л. Я. 什腾别尔格作为文化史家》
		《原始基因技术》
	В. Я. 托尔马乔夫	《关于戈的信息（戟的一种）》
		《关于满洲的嘎拉哈文化问题》
		《关于 А. К. 库兹涅佐夫文章〈康登小镇及近郊的遗址〉的评论》
		《关于在大连举行的远东科研人员代表大会与在篦子窝附近的发掘》
		《关于在哈尔滨附近发现的猛犸牙》
		《现代双城堡地区的简史》
		《关于阿什河附近的海龟形状的古老的石碑和石垫》
		《关于爱河站（海林与山石）附近的小镇》
		《陶赖昭附近古城的发现》
		《古老的中国乐器——喇叭与笙》
		《西伯利亚的非石器乐器》

1927 年		
报告部门	报告人	报 告 题 目
考古学股	Б. П. 托尔加舍夫	《魏格纳关于南北美洲与欧洲、非洲分离的学说》
	P. 托里	《日本的石器时代》
	M. C. 邱宁	《在陶赖昭旁古镇考察》
		《在海拉尔古镇遗址发掘结果》
	E. M. 车布尔科夫斯基	《关于非石器时期可能有的字母》
		《关于地理分布方式问题》
		《关于与 Л. Я. 什腾别尔格的几次会面》
		《孔子的对手〈关于哲学家老子的札记〉》
	П. В. 什库尔金	《我们文化的摇篮》
	杨林福	《关于中国艺术》
语言学股	C. H. 乌索夫	《关于汉语教授的自然方法》
	И. И. 别杰林	《关于分专业学习汉语的问题》
	Л. И. 沃罗诺夫	《中国政府民信局外籍职员汉语学习体系》
	H. A. 兰德森	《关于学校教授英语的方法问题》
	B. M. 车布尔科夫斯基	《关于语言教授的共性原则》
	H. И. 康拉德	《关于日语学习问题》
	H. И. 康拉德	《苏联东方学》
	B. 什杰茨涅尔	《西藏东部的自然与人口》
	E. И. 季托夫 – 图曼诺夫	《纪念语言学家 M. A. 卡斯特朋》
法学股	H. B. 乌斯特里亚洛夫	《俄罗斯民族》
	Ф. A. 瓦里登	《中国的法案宪章草案》
	E. X. 尼鲁斯	《悼念俄国法学家 A. Ф. 科尼》
	B. B. 恩格里菲里德	《关于中国的不平等条约》
	H. Г. 特列特奇科夫	《关于中国的劳动法》
发展当地文化股	A. A. 拉齐科夫斯基	《东省文物研究会图书馆的特殊任务》
	Д. П. 班杰列耶夫	《书刊简介（实质与边界）》
		《满洲活动家的生平词典》
		《布罗克加乌兹与叶福龙编写的百科全书词典中的亚洲学（满学）资料》

续表

1927 年		
报告部门	报告人	报 告 题 目
发展当地文化股	М. С. 邱宁	《关于编写满洲书目的问题》
	П. А. 喀莫国夫	《关于东省文物研究会图书馆与书刊处的辅助制度》
	Н. П 阿福托诺莫夫	《亚洲俄国的教育事业》与《满洲教育学会通报》杂志上刊登文章的目录索引
		《美洲的俄国学校》
工商学股	Г. Н. 维特	《履带拖拉机及在北满应用的条件》
	А. Д. 沃叶伊科夫	《北满亚麻的播种》
		《北满黄豆的种类》
	А. Е. 格拉西莫夫	《松花江上游地区商品资源与手工业生产统计》
	德鲁里	《德国旅行印象》
	А. В. 伊万诺夫	《北满树种的比较意义》
		《北满木材加工业的近期任务》
	Н. И. 科雷沙	《沿着满洲乘坐汽车 611 公里》
	Г. Я. 马良列夫斯基	《豆制品制作》
	А. В. 马拉库耶夫	《中国对外贸易及在国际交换中的地位》
	И. И. 波尔费罗夫	《预防啮齿动物的细菌方法》
	А. И. 波革列别茨基	《日本的金融危机》
	А. Н. 谢特尼茨基	《满洲的对外贸易》
	Д. И. 索洛维耶夫	《北满的粮食贸易》
	П. С. 季申科	《关于哈尔滨市贸易现状的评价》
	Б. П. 托尔加舍夫	《北满的矿产资源》
	А. Я. 沙涅克	《北满的水源与废水处理的条件》
	В. В. 恩格里菲里德	《与北满林业相关的中国森林法的基本特征》
	Е. Е. 雅什诺夫	《中国人口》
	М. Д. 格列波夫	《日本豆饼销售危机》

	1927 年	
报告部门	报告人	报 告 题 目
医学卫生学及兽医学股	Б. М. 唯里米罗维奇	《关于中东铁路防疫站防治狂犬病的活动》
	С. М. 魏赫杰尔	《关于学生的健康状况（来自校园保健医生秋季调查的资料)》
	Л. Л. 金茨通	《日本工厂中的日籍妇女及其劳动的卫生条件》
	И. Д. 克尼亚泽夫	《关于哈尔滨市实验室防治狂犬病的活动》
	И. Л. 卡尔尼茨基	《关于 1921—1926 年中东铁路帕斯杰罗夫斯克站防治狂犬病的活动》
	А. С. 梅谢尔斯基	《南满铁路在满洲与朝鲜的卫生—兽医机构》
	А. Н. 季霍诺夫	《关于北满的养羊业》
	И. А. 尤霍茨基	《关于在哈尔滨市铺设供给松花江水管道的问题》

4. 哈尔滨东方文言商业专科学校东方学学会

报告人	报告时间	报 告 题 目
А. Г. 杜杜卡洛夫	1928 年 11 月 11 日	《佛、佛事、佛学和佛教协会》
	1930 年 2 月 23 日	《Б. 贝科夫在中国》
М. 格罗莫夫	1928 年 11 月 18 日	《中国人的灵魂是什么样的?》
Н. 特列特奇科夫	1928 年 12 月 9 日	《北满经济文献资料述评》
В. 阿基涅茨	1928 年 12 月 16 日	《道教》
	1929 年 11 月 17 日	《蒙古民族风俗概述》
	1930 年 5 月 4 日	《喇嘛教》
	1930 年 3 月 16 日	《那乃人的艺术》
В. 诺萨奇 - 诺斯科夫	1929 年 2 月 17 日	《关于国家的使命，特别是中国》
А. 贝特赫尔	1929 年 3 月 10 日	《朝鲜的经济生活》
М. П. 果洛瓦切夫	1929 年 3 月 17 日	《台湾岛的历史》
И. 谢噶尔	1929 年 3 月 24 日	《中国妇女》
Е. 卡拉施尼科夫	1929 年 3 月 31 日	《中国的对外贸易》
З. 阿斯塔费耶娃	1929 年 4 月 14 日	《中国的乡村生活》
А. 格涅杰科	1929 年 4 月 21 日	《孙中山三民主义之一》

报告人	报告时间	报 告 题 目
П. 沃罗宁	1929 年 4 月 28 日	《孙中山三民主义之二》
А. 贝特赫尔	1929 年 5 月 28 日	《孙中山三民主义之三》
А. И. 加里奇	1929 年 2 月 3 日	《欧洲基督教前时代的佛教》
	1929 年 10 月 13 日	《依据考古学资料判断出古人出现的时间和地点》
	1930 年 10 月 26 日	《中国哲学家朱熹的理论学说》
Е. Х. 尼鲁斯	1929 年 10 月 20 日	《世界大战以及日本与中国的参战》
	1929 年 11 月 10 日	《世界大战（续）》
Н. 斯维尼因	1929 年 11 月 3 日	《中国土地私有制的历史》
	1929 年 6 月 26 日	《佛教》
Ф. 基列夫	1929 年 11 月 27 日	《唯物辩证法》
А. 瓦西列夫斯基	1929 年 12 月 8 日	《成吉思汗的生平及活动》
А. 托尔斯捷涅夫	1929 年 12 月 22 日	《阿穆尔河的航运》
	1929 年 2 月 24 日	《北满的木材加工业》
В. Т. 什申	1930 年 3 月 1 日	《人类思想史》
	1930 年 3 月 9 日	《古希腊哲学史》
Г. Г. 阿维那里乌斯	1930 年 3 月 23 日	《中国的手工业者同业公会》
М. 卡尔波娃	1930 年 5 月 18 日	《西方佛教的复兴》
А. 马采多恩斯基	1930 年 11 月 2 日	《红胡子（民族学研究）》
М. П. 郭洛瓦切夫	1930 年 11 月 9 日	《美国的税率政策》
А. 卡西亚纽克	1930 年 11 月 30 日	《古代中国宗教及老子哲学的主要思想观念》
А. 马采多恩斯基	1930 年 12 月 21 日	《红胡子（续）》
Г. 萨德科夫斯基	1931 年 2 月 15 日	《人参》
А. 克斯汀	1931 年 3 月 1 日	《俄日战争的原因》
Ф. Э. 布杰恩科	1931 年 3 月 8 日	《世界经济危机及在地方市场上的反映》
Л. 斯塔罗科特利茨卡娅	1931 年 3 月 15 日	《东突厥斯坦》
А. И. 戈拉日丹采夫	1931 年 3 月 22 日	《白银作为货币》
А. П. 希奥宁	1931 年 4 月 26 日	《关于东突厥斯坦的专题介绍》

5. 基督教青年会哈尔滨自然地理学研究会

报告年	日期	报告人	报告题目
1929 年	4 月 11 日	П. Алкс. 巴甫洛夫	《关于两栖类动物科学研究的几点看法》
		В. В. 包诺索夫	《关于蒙—藏历法》
		Т. П. 高尔捷也夫	《关于研究会的章程及其任务》
	4 月 18 日	С. М. 别列日诺夫	《细胞学通论（生物学概论）》
		В. В. 包诺索夫	《远东的祭礼》
		И. В. 科兹洛夫	《北满的苔藓》
	4 月 25 日	П. Алкс. 巴甫洛夫	《远东地区的龟》
	5 月 16 日	Т. П. 高尔捷也夫	《满洲自然界的特有现象》
		П. Алкс. 巴甫洛夫	《澳大利亚侏罗纪时期的遗址之一》
		В. В. 包诺索夫	《满洲历史》
	5 月 23 日	Э. Э. 阿涅尔特	《北满地质研究史》
		И. А. 孔斯特	《危地马拉》
	5 月 30 日	И. А. 孔斯特	《危地马拉》
		В. В. 包诺索夫	《外贝加尔考古拾遗以及它们同满洲的关联》
	6 月 2 日	Т. Де. 夏尔丹	《北满逗留印象记及在华北地区和蒙古东部地区见闻差异之比较》
	6 月 6 日	А. С. 卢卡什金	《哈尔滨近郊松花江畔的捕鱼业》
		А. А. 格雷佐夫	《远东的基督教青年会》
	6 月 20 日	А. В. 伊万诺夫	《远东调查对象评定方式》
	6 月 27 日	И. В. 科兹洛夫	《中东铁路西线的草地植被》
		В. В. 包诺索夫	《基于考古发现的满洲古代服饰》
	7 月 4 日	В. В. 包诺索夫	《古代佛教》
	9 月 12 日	В. 什捷茨涅尔	《奎尔帕特岛》
	10 月 10 日	В. Н. 热尔纳科夫	《松花江在北满运输中的作用》
	10 月 17 日	В. В. 包诺索夫	《关于白城遗址的新资料》
		В. В. 彼得罗夫	《情绪在人类生活中的意义》
	10 月 24 日	С. М. 别列日诺夫	《情绪的种类》
	10 月 31 日	Л. В. 奥谢汀斯基	《乘坐德国轮船从大连到汉堡旅行杂记》
		А. В. 伊万诺夫	《土地面积和地图学的研究方法》
	11 月 7 日	А. В. 伊万诺夫	《土地面积和地图学的研究方法》
		В. В. 彼得罗夫	《感性的和致病的情绪》

续表

报告年	日期	报告人	报告题目
1929 年	11 月 21 日	В. Н. 热尔纳科夫	《呼兰城》
		Л. В. 奥谢汀斯基	《巡游西欧城市印象记》
	11 月 28 日	В. В. 包诺索夫	《远东考古的一个错误》
	12 月 5 日	Н. В. 戈鲁霍夫	《三河地区的农业和生活习俗》
	12 月 12 日	В. В. 包诺索夫	《古罗斯的萨满教》
	12 月 28 日	В. А. 扎斯普金	《三河地区的矿产》
		Т. П. 高尔捷也夫	《三河地区的土壤与地貌》

报告年	日期	报告人	报告题目
1930 年	1 月 5 日	В. В. 彼得罗夫	《& 射线与人》
	1 月 23 日	В. В. 包诺索夫	《郭洛德采夫教授对石器时代分期的推断》
		Э. Э. 阿涅尔特	《19 世纪末的吉林》
	2 月 6 日	А. С. 卢卡什金	《北满新石器时代的新发掘》
	2 月 21 日	А. А. 格雷佐夫	《关于 Н. К. 列里赫的书〈亚洲之心〉的几点看法》
	2 月 26 日	В. Ф. 刘德	《北满的毛毛虫和荨麻属蝴蝶》
		И. В. 科兹洛夫	《天津博物馆》
	3 月 20 日	П. Алкс. 巴甫洛夫	《东省特别行政区博物馆馆藏引人注目的两栖和爬行类动物标本》
	3 月 27 日	П. Алкс. 巴甫洛夫	《北满的天蛾》
		В. Ф. 刘德	《中国民间寓言故事（在北满搜集）》
	4 月 1 日	Н. В. 戈鲁霍夫	《动物体感观和智商的个人观测结果》
	4 月 3 日	Т. П. 高尔捷也夫	《土壤样本的采集方式》
	4 月 11 日	Э. Э. 阿涅尔特	《西南局考察印象记》
	5 月 1 日	А. А. 鲍罗托夫	《额尔古纳河》
	5 月 8 日	А. Д. 沃叶伊科夫	《满洲植物区系中的雪花莲》
		В. В. 包诺索夫	《阿什河下游的遗址》
	5 月 11 日	В. Н. 热尔纳科夫	《世界经济危机对北满出口额的影响》
	5 月 31 日	П. А. 谢维尔内伊	《关于生命之神秘宫殿的传说》
	6 月 11 日	В. Н. 热尔纳科夫	《世界经济危机对北满出口的影响》
	8 月 3 日	Т. П. 高尔捷也夫	《简论俄国亚洲部分的新土壤分布》

续表

报告年	日期	报告人	报 告 题 目
1930 年	8 月 18 日	В. В. 包诺索夫	《夏季考察报告》
	9 月 25 日	Н. В. 戈鲁霍夫	《在过去满洲农业学会果园中的某些观测结果》
		В. В. 包诺索夫	《1930 年夏搜集的考古文物展览》
	10 月 2 日	А. А. 克斯汀	《1930 年的"秋老虎"反常现象》
		Т. П. 高尔捷也夫	《植物园的现状》
	10 月 9 日	А. А. 克斯汀	《西伯利亚四趾北蝗的生物学研究》
	10 月 16 日	Т. П. 高尔捷也夫	《绘制北满的假想土壤分布图的尝试》
		В. В. 包诺索夫	《德雷沃莫的亚麻厂》
	10 月 23 日	В. Н. 热尔纳科夫	《奉天的经济发展和增长》
		А. С. 卢卡什金	《齐齐哈尔近郊新石器时代新发掘》
	10 月 30 日	Э. Э. 阿涅尔特	《穆棱地区的地质状况》
	11 月 6 日	Б. П. 雅科夫列夫	《灰色松鸡被关养后毛色的变化》
		В. В. 包诺索夫	《阿什河古墓发掘》
	11 月 13 日	А. А. 鲍罗托夫	《潜水工作》
	11 月 20 日	А. В. 伊万诺夫	《雪松是满洲东部主要的植物和经济品种》
	11 月 27 日	В. Н. 热尔纳科夫	《银城子考察记》
		Э. Э. 阿涅尔特	《纪念 И. 开普勒逝世 300 周年》
	12 月 11 日	А. В. 伊万诺夫	《关于森林调查的方法》
		А. Д. 沃叶伊科夫	《辽东半岛的落花生作物》
	12 月 18 日	Э. Э. 阿涅尔特	《发生在煤矿区的一件趣事》
		А. А. 鲍罗托夫	《一年四季松花江水粒子中的矿物质含量》

报告年	日期	报告人	报 告 题 目
1931 年	1 月 22 日	П. Алкс. 巴甫洛夫	《天津博物馆和那里的工作条件》
		Т. П. 高尔捷也夫	《哈尔滨周边地区的猛犸象遗迹》
	2 月 5 日	П. Алкс. 巴甫洛夫	《华北同满洲蛾类动物的比较》
		В. Н. 热尔纳科夫	《大连经济评论》
	2 月 12 日	Э. Э. 阿涅尔特	《中东铁路经济调查局编北满经济地图册》
			《穆拉科希与 Г. 特列瓦尔塔绘制的土地使用图》

续表

报告年	日期	报告人	报告题目
1931 年	2 月 19 日	А. И. 亚历山大洛夫	《关于水芋幼虫的几点认识》
		А. А. 克斯汀	《南满水栖北螈新品种遗迹》
	3 月 5 日	Ю. М. 杨科夫斯基	《北朝鲜经济评论》
	3 月 9 日	А. В. 伊万诺夫	《木质造纸业是远东的新兴事业》
	3 月 12 日	Х. Л. 黑格	《美国的民族公园》
	3 月 19 日	Э. Э. 阿涅尔特	《天然黄金及其产地》
		В. В. 包诺索夫	《北满的考古遗迹》
	3 月 26 日	А. А. 克斯汀	《为地质学家的研究所组织的考察》
		Э. Э. 阿涅尔特	《组织科考和旅行》
		В. В. 包诺索夫	《在考古考察时摆脱困境的方法》
	3 月 26 日	Т. П. 高尔捷也夫	《土壤—植物学研究的有效方法》
	4 月 2 日	И. А. 齐亚科夫	《从上海到川边》
	4 月 23 日	И. А. 齐亚科夫	《中国西南地区的异族族群》
	4 月 30 日	К. В. 戈罗霍夫斯基	《黑龙江省某火山区域的一次考察》
	5 月 7 日	Э. Э. 阿涅尔特	《根据满洲的黄金资源条件和俄国市场情况预测满洲淘金业的发展前景》
	5 月 14 日	Э. Э. 阿涅尔特	《北平周边的人类和哺乳类动物化石以及山东境内的恐龙化石发掘的结果》
		К. В. 戈罗霍夫斯基	《黑龙江省某火山区域的一次考察》
	5 月 27 日	В. В. 包诺索夫	《在顾乡屯挖掘出的新动物骨骼遗物》
	5 月 28 日	В. В. 包诺索夫	《顾乡屯的发掘结果》
		А. В. 伊万诺夫	关于 В. И. 苏林的《东省林业》一书的几点认识
	6 月 4 日	Н. В. 戈鲁霍夫	《去年雨水对果树和灌木丛春季发芽的影响》
		Т. П. 高尔捷也夫	《对松花江中发掘出的猛犸象股骨的几点认识》
		А. С. 卢卡什金	《小岭站考察时的物候学和鸟类学研究》
	6 月 11 日	А. В. 伊万诺夫	《北满木材运输的路线》
		В. Н. 热尔纳科夫	《北满工业现状》
	6 月 25 日	Т. П. 高尔捷也夫	《北满的蔷薇及其多瓣形状》
	8 月 27 日	И. В. 科兹洛夫	《华北柞树研究资料》
		П. Алкс. 巴甫洛夫	《黄河—白河博物馆中的两栖类爬行动物和鳞翅目动物标本》

报告年	日期	报 告 人	报 告 题 目
1931 年	9 月 3 日	В. В. 包诺索夫	《关于顾乡屯发掘的补充资料》
		А. С. 卢卡什金	《哈尔滨顾乡屯的古生物发掘工作》
		Т. 因	《中国的古生物学研究和顾乡屯的发掘》
	9 月 10 日	И. В. 科兹洛夫	《天津城市植被的共性》
		Н. В. 戈鲁霍夫	《果树的潜在授粉》
	9 月 24 日	И. В. 科兹洛夫	《北满植物园的森林带》
		Н. В. 戈鲁霍夫	《新害虫和新的马林果疾病》
	10 月 1 日	Э. Э. 阿涅尔特	《东省特别行政区文物研究所的第一次科考和在穆棱河矿区初期工作介绍》
	10 月 8 日	Р. Л. 彭德列东	《哈尔滨和呼海区域的土壤研究》
		А. И. 亚历山大洛夫	《关于蕨类原叶体的几点认识》
	10 月 22 日	Н. В. 戈鲁霍夫	《砧木对嫁接苗的影响》
		В. Н. 热尔纳科夫	《哈尔滨的商会》
	10 月 29 日	Г. В. 库克辛	《牡丹江的镜泊湖和瀑布》
	11 月 5 日	А. С. 卢卡什金	《东省特别行政区文物研究所第一次考察队动—植物分队工作结果的初步介绍》
	11 月 5 日	А. В. 伊万诺夫	《关于采购北满铁路所需枕木的事宜》
	11 月 7 日	Г. 布雷里	《北京猿人是人类，因为他懂得火的使用》
	11 月 12 日	А. С. 卢卡什金	《满洲的日本环形鸭与环形禽类》
		А. И. 基里洛夫	《横道河子区域的植物储备》
	11 月 14 日	Г. 布雷里	《西欧驯鹿捕猎者的艺术作品》
	11 月 19 日	В. В. 包诺索夫	《镜泊湖周边的历史遗迹（东省特别行政区文物研究所第一考察队工作汇总）》
	11 月 26 日	В. В. 包诺索夫	《顾乡遗骸中的古人类遗迹》
		Н. В. 戈鲁霍夫	《苹果的形状取决于种子胚胎的数量》
	12 月 3 日	В. Ф. 刘德	《关于萨满的几点认识》
		В. В. 包诺索夫	《北满新的边墙》
	12 月 10 日	В. Ф. 刘德	《关于满洲鼩鼱的几点看法》
		А. С. 卢卡什金	《关于残存的在悬崖峭壁上孵蛋的鸽子的事例》
	12 月 17 日	Т. М. 季霍米洛夫	《关于中东铁路前十年史的个人看法》
	12 月 21 日	Ю. М. 杨科夫斯基	《北朝鲜的日常生活方式及状况》

报告年	日期	报 告 人	报 告 题 目
1932 年	1 月 21 日	Н. В. 戈鲁霍夫	《1931 年夏观测到的哈尔滨植物生长的反常现象》
		Т. П. 高尔捷也夫	《关于植物的反常现象》
	2 月 19 日	В. Н. 热尔纳科夫	《松花江下游北部县市的经济状况》
	2 月 25 日	А. В. 伊万诺夫	《关于"自然与民族学爱好者"协会在哈尔滨的产生问题》
		В. Н. 热尔纳科夫	《松花江下游南部县市的经济状况》
		Т. П. 高尔捷也夫	《В. Н. 热尔纳科夫在松花江下游谷地搜集的土壤论述》
	3 月 3 日	В. В. 包诺索夫	《满洲东部的新石器时代》
	3 月 10 日	А. В. 巴尔塔舍夫	《纪念 Д. И. 门捷列夫》
		甘基姆洛夫 А. П. 库兹涅佐夫	《Д. И. 门捷列夫是经济学家和社会活动家》
	3 月 17 日	Е. Г. 泰图洛娃	《自然科学家歌德》
		Т. П. 高尔捷也夫	《植物学家歌德》
	3 月 24 日	В. А. 切尔登采夫	《豆制食品》
	3 月 31 日	В. В. 包诺索夫	《关于东方学家 И. О 和 К. Н. 出版的《在远东》汇编第一期》
	4 月 14 日	Н. В. 戈鲁霍夫	《当地果树栽培的下一步工作》
		М. А. 菲尔索夫	《苏联和其他国家养兽业的现状》
	4 月 16 日	Н. В. 戈鲁霍夫	《几种春季活动生物的观测结果》
	4 月 21 日	П. Алкс. 巴甫洛夫	《天津黄河—白河博物馆工作》
		А. А. 克斯汀	《1931 年两栖类生物的考察结果》
		В. В. 包诺索夫	《顾乡屯古人类的新遗迹》
	5 月 5 日	А. С. 卢卡什金	《宁古塔县的捕鱼业》
		В. Ф. 刘德	《关于 1930—1931 年小岭站区域收集的鼹鼠》
	5 月 12 日	А. С. 卢卡什金	《哈尔滨冬春两季的捕鱼量》
	5 月 19 日	В. Ф. 刘德	《小岭站区域收集的啮齿类动物》
		М. А. 菲尔索夫	《动物园事业的现状及其目的和任务》
	5 月 26 日	А. С. 卢卡什金	《日本动物保护的现有条件》
		М. А. 菲尔索夫	《关于建议市政当局在哈尔滨开办动物园的问题》

报告年	日期	报告人	报 告 题 目
1932 年	6 月 2 日	Э. Э. 阿涅尔特	《汉城、大连、旅顺和哈尔滨地质研究机构出版物》
	6 月 16 日	A. C. 卢卡什金	《东省特别行政区文物研究所第一考察队收集的鱼类》
	6 月 23 日	Э. Э. 阿涅尔特	《北满 U 型带火山》
	6 月 30 日	B. B. 包诺索夫	《萨尔浒城的废墟》
		M. A. 菲尔索夫	《白色海雕的生物特征》
	7 月 7 日	T. П. 高尔捷也夫	《北满和滨海区域的藤本植物》
		H. B. 戈鲁霍夫	《简论 A. Д. 沃耶依科夫的文章〈满洲的气候〉》
	9 月 8 日	Э. Э. 阿涅尔特	《洪水泛滥的起源和特征，地下河床、水层和最低水位线的作用》
		A. A. 鲍罗托夫	《松花江水文测量的实践意义》
	9 月 15 日	H. B. 戈鲁霍夫	《北满苹果育种杂交经验》
		B. B. 包诺索夫	《关于白城废墟南部宫殿的几点认识》
	9 月 22 日	H. B. 戈鲁霍夫	《哈尔滨地区的野生苹果》
		B. B. 包诺索夫	《关于扎赉诺尔出土古代骨质工具的新资料》
	9 月 29 日	A. C. 卢卡什金	《雅鲁河谷地的捕鱼业》
	10 月 6 日	H. B. 戈鲁霍夫	《当地养蜂业的几个典型》
		B. B. 包诺索夫	《宁古塔区域的某些建筑和风习特色》
	10 月 13 日	H. B. 戈鲁霍夫	《当地果树栽培计划》
	10 月 20 日	B. B. 包诺索夫	《萨满石碑与佛教庙堂》
		Э. Э. 阿涅尔特	《满洲湖泊的类型》
		B. H. 热尔纳科夫	《由中东铁路经济调查局出版的满洲新地图的几点认识》
	10 月 27 日	T. П. 高尔捷也夫	《南乌苏里植物区系植物保护区〈滨海边区南部自然保护经验〉》
		A. C. 卢卡什金	《齐齐哈尔近郊新发现的新石器时代遗址》
	11 月 3 日	H. B. 戈鲁霍夫	《三种美观而又有益的植物》
		B. B. 包诺索夫	《满洲古代的筑城类型》
	11 月 9 日	B. H. 热尔纳科夫	《松花江下游北部县市的经济状况》

续表

报告年	日期	报告人	报 告 题 目
1932 年	11 月 10 日	М. А. 菲尔索夫	《紫貂业》
		В. Ф. 刘德	《小岭站旅行印象记》
	11 月 17 日	Э. Э. 阿涅尔特	《背着鱼篓旅行》
		А. С. 卢卡什金	《暑期去齐齐哈尔进行动物考察的结果》
		В. В. 包诺索夫	《古时满洲帆船的修补》
	11 月 22 日	А. С. 卢卡什金	《齐齐哈尔水灾印象记》
	11 月 24 日	А. А. 克斯汀	《西伯利亚蝾螈生物学研究资料》
		М. И. 尼基金	《老勺沟附近的蝴蝶》
	12 月 1 日	А. С. 卢卡什金	《穆棱河和绥芬河植被分界线短评》
	12 月 8 日	Н. В. 戈鲁霍夫	《哈尔滨的水果进口以及对当地果树栽培的影响》
		В. В. 包诺索夫	《南非新石器时代文化同满洲新石器时代文化的比较》
	12 月 15 日	В. Н. 热尔纳科夫	《满洲的荞麦出口》
		Н. В. 戈鲁霍夫	《有效的果树栽培方式》
	12 月 22 日	В. Н. 热尔纳科夫	《哈尔滨近郊的制砖业》
		Э. Э. 阿涅尔特	《松花江秋季和春季汛期水深之比较》
		А. С. 卢卡什金	《当前齐齐哈尔周边地区的鸟类研究》
	12 月 29 日	Т. П. 高尔捷也夫	《Ч. 达尔文是土壤动物学说的创立者》
		Е. Г. 泰图洛娃	《Ч. 达尔文和他的意义》

报告年	日期	报告人	报 告 题 目
1933 年	1 月 26 日	Э. Э. 阿涅尔特	《根据 Б. 普列齐克的信推断他的行走路线》
		В. В. 包诺索夫	《基于考古勘查对满洲河流走向变迁的研究》
		В. Н. 热尔纳科夫	《纪念研究会会员 A. E. 格拉西莫夫的发言》
	2 月 2 日	В. В. 包诺索夫	《满洲石器时代的农业和畜牧业》
		Э. Э. 阿涅尔特	《关于建筑材料研究的某些想法》
	2 月 9 日	Э. Э. 阿涅尔特	《关于满洲金属矿和含煤带探查问题的尝试》
		Э. Э. 阿涅尔特	《中国内地和满洲公共图书馆的数量简讯》
	2 月 16 日	А. Л. 基里洛夫	《横道河子站区域早春植物研究》
		М. А. 菲尔索夫	《圈养紫貂的饲养（动物）》

报告年	日期	报 告 人	报 告 题 目
1933 年	2 月 23 日	Т. П. 高尔捷也夫	《关于保护哈尔滨的飞禽》
		А. С. 卢卡什金	《哈尔滨的鸟类》
	3 月 2 日	А. С. 卢卡什金	《黄鼠狼的新品种》
	3 月 9 日	Н. В. 戈鲁霍夫	《北满的砧木》
		Э. Э. 阿涅尔特	《地质学家梁比宁记述的黑龙江中方沿岸沉积物中的黑龙江 Маньчжурозавр》
		В. Н. 热尔纳科夫	《关于满洲教育协会》
	3 月 16 日	Э. Э. 阿涅尔特	《内蒙古的矿产资源》
	3 月 23 日	М. А. 菲尔索夫	《养兔业及其对毛皮业的影响》
	3 月 30 日	Э. Э. 阿涅尔特	《Э. 特林克列尔和 Д. Т. 库埃尼鲁尼、卡拉科鲁姆、吉玛莱的中亚考察团》
		А. С. 卢卡什金	《关于满洲的野山羊》
	4 月 6 日	Э. Э. 阿涅尔特	《1930 年前林德格彭的民族学研究以及根据他关于特林克列尔考察文章的补充性报告》
	4 月 27 日	В. В. 包诺索夫	《哈尔滨附近埋藏骨骼化石的新区域》
		В. Н. 热尔纳科夫	《海伦县的经济状况》
	5 月 4 日	В. И. 科尼科夫	《厄瓜多尔的自然、居民、山脉，厄瓜多尔的俄国人以及联合政府》
		Н. В. 戈鲁霍夫	《关于 С. И. 雅科夫列夫编写的小册子中的阿穆尔大马哈鱼的活动》
	5 月 11 日	А. С. 卢卡什金	《深海中的生命》
		В. В. 包诺索夫	《个别时期北满的历史文化特征》
	5 月 18 日	В. Н. 热尔纳科夫	《满洲的朝鲜侨民》
	6 月 8 日	Т. П. 高尔捷也夫	《满洲无树林区域的土壤构成和山矿通风的特性》
		Э. Э. 阿涅尔特	《巴比伦的水利工程技术设备和伊拉克新的灌溉设计方案〈关于规范松花江修筑水上游泳池的问题〉》
	6 月 15 日	Т. П. 高尔捷也夫	《北满蔷薇花的生物形态学特征》
		Н. В. 戈鲁霍夫	《去年春汛对哈尔滨栽种植物的影响》
	7 月 1 日	Г. Л. 萨德科夫斯基	《25 个世纪的佛教》

续表

报告年	日期	报告人	报 告 题 目
1933 年	7 月 1 日	В. В. 包诺索夫	《满洲古代佛教的痕迹》
	7 月 8 日	А. А. 瓦诺夫斯基	《神话故事和圣经》
	9 月 21 日	В. Н. 热尔纳科夫	《阿什河旅行印象记》
		Н. В. 戈鲁霍夫	《对大自然观察的几个案例》
	9 月 28 日	Э. Э. 阿涅尔特	《勘探石油指南》
		А. С. 卢卡什金	《夏季考察中东铁路西线的总体印象》
	10 月 5 日	М. И. 尼基汀	《中国医学史》
	10 月 12 日	Н. В. 戈鲁霍夫	《对一种植物的介绍》
	10 月 5 日	Э. Э. 阿涅尔特	《一种有趣的矿物质》
		И. Г. 巴拉诺夫	《大连的展览会》
	10 月 12 日	В. Ф. 刘德	《1933 年中东铁路雅鲁站周边地区夏季动物活动总结》
		А. А. 克斯汀	《关于 1933 年东亚黑斑蛙的第二产卵期》
		П. Алкс. 巴甫洛夫	《关于自然学家在青岛周边地区考察的条件》
	10 月 19 日	В. В. 包诺索夫	《关于 1933 年夏在东京城的日本考古发掘的通告》
		Н. В. 戈鲁霍夫	《三河地区及其发展潜力》
		А. А. 克斯汀	《1932 年由天主教会出版的 П. А. 巴甫洛夫编写的天津博物馆两栖类动物目录索引》
	10 月 26 日	А. М. 斯米尔诺夫	《1933 年夏中东铁路巴里木站附近的地质考察》
		Т. П. 高尔捷也夫	《关于黄土起源问题的现状》
		Э. Э. 阿涅尔特	《纪念李希霍芬男爵》
	11 月 2 日	П. Алкс. 巴甫洛夫	《蝴蝶的毁灭》
		А. А. 克斯汀	《松花江的主宰者〈西伯利亚的蝶螈是哈尔滨本地人崇拜的对象〉》
	11 月 9 日	А. М. 斯米尔诺夫	《关于满洲花岗石的一些研究成果》
		Н. В. 戈鲁霍夫	《1933 年哈尔滨的养蜂季》
		П. Алкс. 巴甫洛夫	《俄国的钻石》
	11 月 16 日	П. Алкс. 巴甫洛夫	《华北的海龟》
		В. Н. 热尔纳科夫	《关于日本人在渤海京城的发掘》

续表

报告年	日期	报 告 人	报 告 题 目
1933 年	11 月 16 日	В. В. 包诺索夫	《现代哈尔滨的老居民点》
	11 月 23 日	А. М. 斯米尔诺夫	《关于北满地理状况的某些问题》
		А. И. 巴拉诺夫	《史前人类学的新发现》
		П. Алкс. 巴甫洛夫	《山东的一桩奇事》
	11 月 30 日	Э. Э. 阿涅尔特	《日本考察印象记》
		М. А. 菲尔索夫	《在滨海地区活捉老虎》
	12 月 7 日	Э. Э. 阿涅尔特	《Б. 普列齐克沿着兴安岭从中东铁路向北一直到 Околдой 秃峰的路线》
		Н. В. 戈鲁霍夫	《因严寒而冬季休眠的植物》
	12 月 14 日	А. М. 斯米尔诺夫	《关于矿物地区》
		Н. В. 戈鲁霍夫	《怎样在低洼地种植》
		В. Н. 热尔纳科夫	《现代文献中的未来人》
		В. В. 包诺索夫	《对 В. Н. 热尔纳科夫关于〈现代文献中的未来人〉的几点认识》
	12 月 21 日	А. А. 克斯汀	《来自齐齐哈尔站周边和大兴安岭山脉东部地区的动物学研究》
		Э. Э. 阿涅尔特 А. М. 斯米尔诺夫	《镭、镭矿的产地及其利用》
	12 月 28 日	Т. П. 高尔捷也夫	《纪念 В. В. 多古恰耶夫教授的〈俄国的黑土〉面世 50 周年》
		Н. В. 戈鲁霍夫	《北满条件下播种冬季作物黑麦的新方法》
		М. И. 尼基汀	《哈尔滨的从台湾运来的民俗和动物收藏品》
	1 月 26 日	Э. Э. 阿涅尔特	《从 Б. 普列奇科信件中探索出的考察路线》
	3 月 30 日	Э. Э. 阿涅尔特	《Э. 特林克列和德 – 杰拉 – 库安伦、卡拉国鲁姆、吉玛莱的中亚考察》
	4 月 6 日	Э. Э. 阿涅尔特	《林特格莱 1930 年前的民族考察以及基于他的文章对 Тринклер 考察的补充性报告》
	5 月 4 日	В. И. 科尼科夫	《厄瓜多尔的自然和居民、矿业以及移民厄瓜多尔和邻国的俄国人》
	6 月 8 日	Э. Э. 阿涅尔特	《巴比伦的水利工程设施和新的伊拉克灌溉方案〈关于寻找控制松花江河的适宜方案〉》
	12 月 7 日	Э. Э. 阿涅尔特	《Б. 普列奇科沿着大兴安岭从中东铁路往北一直到秃峰周边的考察路线》

报告年	日期	报告人	报告题目
1934 年	1 月 25 日	А. М. 斯米尔诺夫	《关于对研究薄弱和没有涉猎的领域进行地质学田野考察的方法》
		М. В. 谢苗诺夫	《1933 年春哈尔滨植物的生长》
		В. Н. 热尔纳科夫	《1933 年满洲的科学考察和参观概述》
	2 月 1 日	М. И. 尼基汀	《满洲蝴蝶的地理分布》
		В. В. 包诺索夫	《运到北满博物馆的两具青铜人像》
	2 月 8 日	Н. В. 戈鲁霍夫	《当地的葡萄种植业》
		А. С. 卢卡什金	《关于在北满给鸟类身体佩戴环物标志的可能》
	2 月 22 日	Э. Э. 阿涅尔特	《华盛顿地质学大会和在美国的地质考察》
	3 月 8 日	А. М. 斯米尔诺夫	《断定地质时代的现代方式》
	3 月 15 日	А. И. 巴拉诺夫	《在美索不达米亚的发掘地的考古新发现》
	3 月 22 日	Н. В. 戈鲁霍夫	《苹果的属地性以及形态学特征》
		В. В. 包诺索夫	《纪念 С. Ф. 奥里布尔戈院士》
		Э. Э. 阿涅尔特	《1918 年前同 С. Ф. 奥里布尔戈院士的私人会面》
	3 月 29 日	М. И. 尼基汀	《关于满洲的害虫》
	4 月 15 日	Т. П. 高尔捷也夫	《北满的土壤分布图》
		Х. Л. 黑格	《菲律宾的历史与文化》
	4 月 19 日	В. Н. 热尔纳科夫	《阿城县经济概况》
		М. И. 尼基汀	《士兵的鮰—懒熊作为哈尔滨郊区观赏鱼之一种》
	4 月 26 日	В. Н. 热尔纳科夫	《1933—1934 年北满的毛皮市场》
	5 月 3 日	Л. В. 奥谢津斯基	《帕米尔（世界屋顶），基于个人的回想》
	5 月 10 日	А. С. 卢卡什金	《哈尔滨的鸟类及其保护措施》
		Г. С. 叶夫谢耶夫	《关于远飞的鸟类》
		М. И. 尼基汀	《鸟类——花园的朋友》
		И. Г. 巴拉诺夫	《辽东南部的民间信仰》
	5 月 24 日	А. И. 亚历山大洛夫	《关于榆树叶虫的生物学研究》
		В. В. 包诺索夫	《海拉尔近郊的城市废墟》
	5 月 31 日	М. И. 尼基汀	《松花江谷地的大自然爱好者》
	6 月 7 日	А. С. 卢卡什金	《海拉尔河上游的短期考察》

续表

报告年	日期	报告人	报告题目
1934 年	6 月 7 日	М. И. 尼基汀	《关于果树蚜虫的几点认识》
		. В. 戈鲁霍夫	《怎样消灭蚜虫》
	6 月 10 日	Н. К. 列里赫	《喜马拉雅研究所》
		Ю. Н. 列里赫	《喜马拉雅研究所的科研工作和西藏考察》
	6 月 14 日	Т. П. 高尔捷也夫	《1934 年中东铁路经济调查局出版的《满洲》一书述评》
		Э. Э. 阿涅尔特	《1934 年由中东铁路经济调查局出版的〈满洲〉书评（序言、第一章）》
		Н. В. 戈鲁霍夫	《1934 年由中东铁路经济调查局出版的〈满洲〉书评（第二章）》
		В. Н. 热尔纳科夫	《1934 年中东铁路经济调查局出版的〈满洲〉一书评论（主要是第六、七、八、九、十章）》
		А. С. 卢卡什金	《1934 年中东铁路经济调查局出版的〈满洲〉一书的评论（第四章）》
		В. В. 包诺索夫	《1934 年中东铁路经济调查局出版的〈满洲〉一书的评论（第五章）》
		И. Г. 巴拉诺夫	《关于远东地区波斯人的二元分化》
	6 月 21 日	Н. В. 戈鲁霍夫 Т. П. 高尔捷也夫	《满洲具有代表性的葡萄科》
		А. И. 亚历山大洛夫	《关于松花江水产生物调查所设置的必要性》
	9 月 6 日	В. Н. 热尔纳科夫	《松花江区域经济概况》
		М. И. 尼基汀	《松花江站周边地区的昆虫和植物研究》
		В. В. 包诺索夫	《松花江站区域考察的考古资料搜集的科学描述》
		А. С. 卢卡什金	《去松花江站区域考察的总体印象和结果》
	9 月 13 日	В. В. 包诺索夫	《奎屯沟的萨满节》
		В. Н. 热尔纳科夫	《纪念经济学家 П. Н. 梅尼希科夫》
	9 月 20 日	А. С. 卢卡什金	《新的鸟类遗址和北满鸟类研究》
		М. А. 菲尔索夫	《关于滨海省鸟类的新资料》
	10 月 4 日	М. П. 戈里高里耶夫	《自古流传下来的日本物语口头文学》
	10 月 11 日	В. Н. 热尔纳科夫	《满洲的经济分布》

续表

报告年	日期	报 告 人	报 告 题 目
1934 年	10 月 11 日	А. Л. 基里洛夫	《横道河子的灌木丛》
		М. А. 菲尔索夫	《被蝮蛇咬伤后的治疗》
	10 月 18 日	В. Н. 热尔纳科夫	《克山区域经济概况》
		В. В. 包诺索夫	《来自顾乡屯的石器旧火山岩》
		М. И. 尼基汀	《马家沟上游考察》
	10 月 25 日	В. В. 包诺索夫	《关于顾乡区域地质考察的新资料》
		В. Н. 热尔纳科夫	《北朝鲜考察印象》
	11 月 1 日	В. Н. 热尔纳科夫	《拉宾铁路》
		М. А. 菲尔索夫	《纪念 В. Л. 杜洛夫〈从动物心理学创始人的角度〉》
	11 月 15 日	Е. Г. 泰图洛娃	《纪念 А. Э. 布勒姆（逝世 50 周年）》
		Э. Э. 阿涅尔特	《纪念地理学之父 А. 维尔纳教授》
	11 月 22 日	Т. П. 高尔捷也夫	《Н. К. 列里赫院士关于土壤植物考察研究的预报告》
		А. А. 克斯汀	《关于 Н. К. 列里赫院士爬虫学考察的简短报告》
		Ю. Н. 列里赫	《关于 Н. К. 列里赫院士呼伦贝尔科考工作的简短预案》
	11 月 29 日	А. С. 卢卡什金	《伊万—果尔河考察》
		А. А. 克斯汀	《满洲两栖类动物的特有种类》
	12 月 6 日	Э. Э. 阿涅尔特	《关于研究满洲的两本有趣的书》
		Э. Э. 阿涅尔特	《关于满洲各专业研究工作的通告》
	12 月 13 日	В. Н. 热尔纳科夫	《北朝鲜港口及其对"北满"的经济价值》
		А. И. 巴拉诺夫	《哈尔滨植物园的局部描述》
	12 月 20 日	Э. Э. 阿涅尔特	《满洲的地貌结构及与其相关的领域》
	12 月 27 日	А. М. 斯米尔诺夫	《中东铁路巴林—雅鲁站区域的地质研究》
		М. И. 尼基汀	《满洲的鲫鱼生物》

报告年	日期	报告人	报告题目
1935 年	1 月 24 日	H. B. 戈鲁霍夫	《阿穆尔葡萄的叶子》
		B. H. 热尔纳科夫	《1934 年满洲科考和参观简述》
	1 月 31 日	Э. Э. 阿涅尔特	《萨尔州的地理状况及经济价值》
	2 月 14 日	Э. Э. 阿涅尔特	《从古至今关于地壳变迁的解说理论之一》
		Э. Э. 阿涅尔特	《建立在金星运行基础上的古代五月历法》
	2 月 21 日	B. H. 热尔纳科夫	《世界海洋运输业危机》
		A. Л. 基里洛夫	《关于横道河子站区域的毛茛植物》
	2 月 28 日	Б. A. 斯特尔热舍夫斯基	《中国的婚姻及其习俗》
	3 月 7 日	M. И. 尼基汀	《群山环绕的满洲东部蝴蝶的特征》
	3 月 14 日	B. Ф. 刘德	《北满的兔子》
		A. Л. 基里洛夫	《横道河子站区域白天活动的鳞翅目》
	3 月 21 日	M. A. 菲尔索夫	《供人类役使的驯鹿》
		A. A. 克斯汀	《关于日本两栖动物区系的最新资料》
	3 月 28 日	B. B. 包诺索夫	《在伦敦召开的第一届人类学与民族学国际代表大会总结报告》
		B. Ф. 刘德	《关于俩兄弟的索伦寓言》
	4 月 4 日	B. B. 包诺索夫	《根河河口遗址在历史中的阐释》
	4 月 11 日	A. C. 卢卡什金	《关于豹和雪豹（来自 H. A. 巴依科夫于 1935 年 4 月 3 日发表在《霞光报》上的信》
		B. H. 热尔纳科夫	《关于林德格彭的小册子《满洲西北部的达斡尔人、索伦人和赫哲人的萨满服饰》的几点看法》
	4 月 18 日	A. M. 斯米尔诺夫	《地槽理论的发展》
		M. И. 尼基汀	《来自日本蝴蝶标本的描述》
	5 月 4 日	T. Де. 夏尔丹	《在广西省的科考》
		Г. 布雷里	《关于北京人的新资料》
	5 月 9 日	A. M. 斯米尔诺夫	《被 Б. 普列克克和 B. 什杰茨涅尔沿兴安岭北部地区采集岩石的加工成果》
		B. H. 热尔纳科夫	《松花江枯水期的出现及枯水期时的远景规划》
	5 月 16 日	H. B. 戈鲁霍夫	《中东铁路地亩处农业科 12 年内的工作》书评

报告年	日期	报 告 人	报 告 题 目
1935 年	5 月 16 日	М. И. 尼基汀	有关《中东铁路地亩处 12 年农业工作》一书中昆虫学章节的评论》
	5 月 23 日	А. М. 斯米尔诺夫	《达赉湖区域采集岩石的加工成果》
		В. В. 包诺索夫	《关于近些年布尔热瓦尔斯基研究会的工作》
	5 月 30 日	И. Г. 巴拉诺夫	《关于俄国年轻人科学素养的培养问题》
	6 月 13 日	В. В. 包诺索夫	《关于阿什河两次考察的考古学结论》
		В. Г. 杰伊别尔里赫	《满洲王朝研究的新资料》
	6 月 20 日	Т. П. 高尔捷也夫	《关于满洲的植物区系》
		Н. В. 戈鲁霍夫	《1935 年的几次春季考察》
		М. И. 尼基汀	《哈尔滨苹果树的害虫》
	9 月 19 日	А. М. 斯米尔诺夫	《松花江区域的地层学研究和古生物采集》
		В. В. 包诺索夫	《1935 年夏的考古勘查》
		А. А. 克斯汀	《亚布力站区域植物考察的初期资料》
	9 月 26 日	Г. 法赫列尔 - 哈乌克	《周游现代土耳其》
	10 月 3 日	М. И. 尼基汀	《1935 年夏哈尔滨周边地区昆虫考察的总结》
		В. В. 包诺索夫	《最新考古学文献》
	10 月 10 日	Т. П. 高尔捷也夫	《北满东部森林植物研究的方法》
	10 月 17 日	Н. В. 戈鲁霍夫	《当地杏的变种》
		Э. Э. 阿涅尔特	《关于在大陆科学院大同培训班上讲授的自然满学》
	10 月 24 日	М. И. 尼基汀	《1935 年哈尔滨周边地区的鱼类考察》
		А. А. 克斯汀	《西伯利亚蝶螟的幼虫发展阶段研究》
	10 月 31 日	А. М. 斯米尔诺夫	《关于白垩纪的龟》
		Н. В. 戈鲁霍夫	《北满的水果和浆果种植业》
	11 月 7 日	В. В. 包诺索夫	《关于呼兰考古考察的预告》
		В. Ф. 刘德	《索伦人的信仰》
	11 月 14 日	В. Н. 热尔纳科夫	《去舒兰和吉林县考察印象记》
	11 月 21 日	А. М. 斯米尔诺夫	《松花江区域白垩纪沉积层构造的剖面》
		Н. В. 戈鲁霍夫	《关于科瓦列夫和克斯汀的"蔷薇科李亚科灌木种的研究"的评价》
	11 月 28 日	А. М. 斯米尔诺夫	《远东地质学研究的新文献》

报告年	日期	报告人	报 告 题 目
1935 年	12 月 5 日	Т. П. 高尔捷也夫	《新面世的中国和满洲土壤分布图》
		Б. С. 斯莫拉	《克东附近的古城废墟资料》
	12 月 12 日	Н. В. 戈鲁霍夫	《北满植物变迁的原因及意义》
		М. И. 尼基汀	《哈尔滨松花江流域鱼类生态学研究的某些资料》
	12 月 26 日	Г. 法赫列尔 – 哈乌克	《白头山峰考察印象记》
		Г. Г. 阿维那里乌斯	《现代文献和回忆录中的欧俄北部》

报告年	日期	报告人	报 告 题 目
1936 年	1 月 30 日	И. Г. 巴拉诺夫	《关于呼伦贝尔草原贸易的问题》
	2 月 6 日	А. А. 克斯汀	《满洲的雨蛙》
		В. В. 包诺索夫	《关于〈满洲博物学家〉文集的几点认识》
	2 月 13 日	А. И. 巴拉诺夫	《北满葫芦科植物的典型》
		Е. Г. 泰图洛娃	《动物的国家和社会生命属性》
	2 月 20 日	Т. П. 高尔捷也夫	《满洲假设土壤分布图》
		М. И. 尼基汀	《来自朝鲜蝴蝶标本的描述》
	2 月 27 日	А. Л. 基里洛夫	《关于北满生物的变迁问题》
		Н. В. 戈鲁霍夫	《生物变迁的经典案例及其原因》
	3 月 5 日	Е. Г. 泰图洛娃	《И. П. 巴甫洛夫院士及其著述》
		П. К. 法尼茨基	《И. П. 巴甫洛夫院士是一位天才生理学家》
	3 月 12 日	А. М. 斯米尔诺夫	《土壤分类新近试验之一》
		Г. Г. 阿维那里乌斯	《新大陆旅行》
	3 月 19 日	А. И. 巴拉诺夫	《银杏——东亚针叶植物之一》
		М. И. 尼基汀	《关于满洲集权文学的信息》
	3 月 26 日	А. С. 卢卡什金	《对莫斯科动物园中雪兔和松鼠的实验总结》
		А. А. 克斯汀	《满洲的蟾蜍》
	4 月 2 日	А. М. 斯米尔诺夫	《岩石学的美国学派》
		Э. Э. 阿涅尔特	《纪念伟大的俄国旅行家 Г. Е 格鲁姆 – 格尔日迈洛夫》
		Т. П. 高尔捷也夫	《关于林业学家 Б. А. 伊瓦什科维奇的个人回忆》

报告年	日期	报告人	报 告 题 目
1936 年	4 月 2 日	В. Н. 热尔纳科夫	《纪念卓越的蒙古研究专家 Г. Ф. 奥斯鲍尔尼教授》
	4 月 23 日	Н. В. 戈鲁霍夫	《1935/1936 年冬季与 1930—1931 年冬季的比较》
		А. С. 卢卡什金 А. А. 克斯汀	《在里斯本召开的第十二届国际动物学大会》
	4 月 30 日	А. С. 卢卡什金	《海獭和海狸皮》
	5 月 7 日	М. И. 尼基汀	《琵琶湖鱼类标本描述》
		В. В. 包诺索夫	《哈尔滨周边地区石器时代新遗物的发掘》
	5 月 14 日	В. Н. 热尔纳科夫	《第三届国际土壤学大会》
		Т. П. 高尔捷也夫	《满洲植物地理分布图和绘制新假设的植物地理分布图的尝试》
	5 月 22 日	В. В. 包诺索夫	《哈尔滨周边地区葬着干尸的古墓》
	5 月 28 日	Н. В. 戈鲁霍夫	《在哈尔滨可以种植何种苹果》
	6 月 4 日	Г. Г. 阿维那里乌斯	《日本北海道移民》
		А. А. 克斯汀	《北满的枫树》
	6 月 11 日	А. 伊奥尔根森	《日本佛教的发展》
	6 月 18 日	Н. В. 戈鲁霍夫	《1936 年春植物物候和气象观测结果》
		В. В. 包诺索夫	《奉天博物馆的考古展品》
	9 月 5 日	Г. 斯洛乌卡	《1936 年 6 月 19 日北海道观测到的日食结果》
	9 月 10 日	Е. Г. 泰图洛娃	《拉宾铁路四家房站考察印象》
		Э. Э. 阿涅尔特	《纪念俄国科学院院长 А. П. 卡尔平斯基》
		В. Н. 热尔纳科夫	《关于自然地理学研究会夏季考察的工作报告》
	9 月 24 日	Т. П. 高尔捷也夫	《带触角的淡水水蛇》
		В. В. 包诺索夫	《亚沟站区域的岩画》
	10 月 1 日	П. Ф. 奥尔洛夫	《青岛疗养地的自然条件》
	10 月 8 日	М. А. 菲尔索夫	《养兽业的最新发展时期》
	10 月 15 日	Н. В. 戈鲁霍夫	《蜜蜂活动的几个问题和事实》
		В. В. 包诺索夫	《哈尔滨周边地区的石像》
	10 月 22 日	А. М. 斯米尔诺夫	《满洲国东部地区含石英斑岩的年代问题》

续表

报告年	日期	报告人	报告题目
1936 年	10 月 22 日	М. И. 尼基汀	《1936 年夏玉泉车站（二层甸子）昆虫考察》
	10 月 29 日	В. Н. 热尔纳科夫	《哈尔滨的罐头业》
		Б. С. 斯莫拉	《白城遗址上的古代石碑》
	11 月 5 日	В. Н. 热尔纳科夫	《北满的毛皮市场》
		М. И. 尼基汀	《在玉泉站周边地区利用醉人诱饵捕捉蝴蝶的结果》
	11 月 12 日	А. М. 斯米尔诺夫	《А. 格拉鲍教授的脉动理论》
		Н. В. 戈鲁霍夫	《1936 年夏秋植物物候和气象观测结果》
	11 月 19 日	А. И. 巴拉诺夫	《满洲的矮生樱桃》
		М. И. 尼基汀	《阿穆尔河流域（黑龙江）的鱼类》
	11 月 26 日	Э. Э. 阿涅尔特	《穆棱煤矿考察印象记》
		В. Н. 佩斯特里科夫	《在大兴安岭山麓中钓三文鱼》
	12 月 3 日	Л. В. 奥斯特科维奇	《中国艺术带给了欧洲什么》
	12 月 10 日	Т. П. 高尔捷也夫	《二克山火山群的土壤和植被》
		В. Н. 热尔纳科夫	《二克山火山群（依据文献资料和个人的研究）》
	12 月 17 日	А. М. 斯米尔诺夫	《物质运动》
	12 月 24 日	Л. В. 奥斯科维奇	《澳门在中国同欧洲交往中的作用》
		Б. С. 斯莫拉	《哈尔滨管辖下的磨里盖村庄的城市遗址》
		Н. В. 戈鲁霍夫	《满洲坚果的果实》

报告年	日期	报告人	报告题目
1937 年	1 月 21 日	А. 那法纳伊尔	《古代亚洲的基督教印迹》
	1 月 28 日	Э. Э. 阿涅尔特	《中亚地质气候历史变迁》
	2 月 11 日	Г. К. 金斯	《普希金和俄国民族》
	2 月 18 日	А. 那法纳伊尔	《杜布罗夫尼克城——达尔马提亚的一粒珍珠》
		А. С. 卢卡什金	《圈养紫貂繁殖的最新资料》
		В. Н. 热尔纳科夫	《纪念土壤学家 К. Ф. 马尔布特》
	2 月 25 日	В. Н. 热尔纳科夫	《拖拉机在美国工业、贸易和农业中的运用》
	3 月 4 日	Э. Э. 阿涅尔特	《大哈尔滨的地势构造》

续表

报告年	日期	报告人	报 告 题 目
1937 年	3 月 11 日	Э. Э. 阿涅尔特	《大哈尔滨的地质学》
		А. А. 鲍罗托夫	《大哈尔滨区域松花江沿岸的水利工程和水文测量工作的结果》
	3 月 18 日	В. В. 包诺索夫	《大哈尔滨地区地下出土的动物遗迹》
	3 月 24 日	А. И. 巴拉诺夫	《大哈尔滨的杂生植物》
	3 月 25 日	Т. П. 高尔捷也夫	《关于大哈尔滨的土壤层》
	4 月 1 日	Б. В. 斯克沃尔佐夫	《对哈尔滨及周边地区植物的研究》
		Н. В. 戈鲁霍夫	《哈尔滨市的花园》
	4 月 8 日	Н. В. 戈鲁霍夫	《大哈尔滨的果树栽培业》
		А. С. 卢卡什金	《大哈尔滨的哺乳动物区》
	4 月 15 日	М. И. 尼基汀	《大哈尔滨鱼类繁殖的适宜区域》
	4 月 22 日	А. А. 克斯汀	《大哈尔滨的两栖类动物区》
	5 月 13 日	М. И. 尼基汀	《大哈尔滨的田螺》
		А. А. 克斯汀	《大哈尔滨的爬行动物区》
	5 月 20 日	М. И. 尼基汀	《大哈尔滨的蝴蝶和金龟子》
	5 月 27 日	В. В. 包诺索夫	《大哈尔滨地域的史前居民点》
	5 月 30 日	И. Г. 巴拉诺夫	《哈尔滨的极乐寺和文庙》
	6 月 3 日	В. В. 包诺索夫	《大哈尔滨区域的历史》
	6 月 17 日	Г. Г. 阿维那里乌斯	《哈尔滨城市建设的开端与发展》
	9 月 16 日	В. В. 包诺索夫	《拉林地区域的考察》
	9 月 23 日	Н. В. 戈鲁霍夫	《果树学家 И. В 米丘林及其著述》
	9 月 30 日	В. В. 包诺索夫	《关于顾乡屯发掘工作的初步通报》
		Н. В. 戈鲁霍夫	《果树的害虫以及同它们的斗争》
	10 月 7 日	Э. Э. 阿涅尔特	《关于满洲过去的地理信息》
	10 月 18 日	В. Н. 热尔纳科夫	《1936/1937 年北满的毛皮业》
	10 月 21 日	А. 那法纳伊尔	《印度的基督教》
	10 月 28 日	В. В. 包诺索夫	《顾乡屯发掘工作的初期阶段》
		М. И. 尼基汀	《满洲蝴蝶动物地理学研究的最新资料》
	11 月 11 日	Н. В. 戈鲁霍夫	《哈尔滨的葡萄及其栽培》
	11 月 25 日	А. М. 斯米尔诺夫	《菲律宾岛上的 7 个月》
	12 月 2 日	Н. В. 戈鲁霍夫	《关于满洲坚果的初略报告》

续表

报告年	日期	报告人	报告题目
1937年	12月2日	В. В. 包诺索夫	关于新出版的《满洲博物学家》文集的几点意见
		А. А. 克斯汀	《松花江站周边地区的新石器时代》
	12月9日	Л. М. 雅科夫列夫	《成高子站附近的石像残迹》
		В. В. 包诺索夫	《程会让站地区的考察》
	12月16日	М. А. 菲尔索夫	《满洲梅花鹿的分布》
	12月23日	В. В. 包诺索夫	《拉林河河口考察》
		Б. С. 斯莫拉	《"大金帝国光荣胜利"的刻字纪念碑》
	12月30日	В. Н. 热尔纳科夫	《14个火山国家自然地理概况》

报告年	日期	报告人	报告题目
1938年	1月20日	Т. П. 高尔捷也夫	《14个火山国的土壤》
	1月27日	А. А. 克斯汀	《14个火山国的木质植物类型》
	2月3日	В. В. 包诺索夫	《基于考古资料的老勺沟—陶赖昭区域松花江河床的变迁》
	2月10日	А. А. 鲍罗托夫	《阿穆尔河流域（黑龙江）浮动运输业的产生与发展（待续）》
	2月17日	М. И. 尼基汀	《亚布力车站昆虫考察的结果》
	2月24日	И. Г. 巴拉诺夫	《中国的戏园》
	3月3日	А. А. 鲍罗托夫	《阿穆尔河流域（黑龙江）蒸汽运输业的产生与发展（待续）》
	3月24日	Г. А. 索福克罗夫	《西方与东方的艺术》
	3月10日	В. В. 包诺索夫	《古石器时代的彩色写生艺术和雕塑》
	3月17日	Н. В. 戈鲁霍夫	《农业作物的春化过程和阶段性发展》
	3月24日	Г. А. 索福克罗夫	《西方和东方的艺术》
	3月31日	Н. В. 戈鲁霍夫	《萨满教和萨满》
	4月14日	А. А. 鲍罗托夫	《松花江上航运业的发展》
	5月5日	В. Н. 热尔纳科夫	《北满的陶器业》
	5月12日	Б. В. 斯克沃尔佐夫	《阿什河下游的植物区》
	5月19日	Н. В. 戈鲁霍夫	《育种和杂交》
		А. С. 卢卡什金	《吸血和寄生的苍蝇以及同它们的斗争》

续表

报告年	日期	报告人	报 告 题 目
1938 年	5 月 26 日	В. Н. 热尔纳科夫	《哈尔滨的肥皂业》
	6 月 1 日	Л. М. 雅科夫列夫	《民族学札记》
	6 月 9 日	А. М. 斯米尔诺夫	《菲律宾矿山工业的主要发展阶段》
	6 月 16 日	А. М. 斯米尔诺夫	《野外地质工作中航空摄影的利用》
	9 月 8 日	Т. П. 高尔捷也夫 Н. В. 戈鲁霍夫	《土壤学家学会指导手册》
	9 月 15 日	Л. М. 雅科夫列夫	《著名俄国旅行家 Н. Н. 米克卢赫－马克莱的生平及活动》
	9 月 22 日	А. М. 斯米尔诺夫	《讷河—布西区域考察印象记》
		Т. П. 高尔捷耶夫	《稠李通常 7 月末枝繁叶茂并且结果》
	9 月 29 日	Т. П. 高尔捷也夫	《程站区域的植物和土壤》
		Л. М. 雅科夫列夫	《天理村附近的古城》
	10 月 6 日	М. И. 尼基汀	《到亚布力站区域考察孔多木植公司的印象》
	10 月 13 日	Т. П. 高尔捷也夫	《依据已故 Г. Д. 亚辛斯基的植物标本浅谈乌克兰的植物区系》
	10 月 13 日	М. И. 尼基汀	《纪念著名昆虫学家 А. 杰伊茨》
	10 月 20 日	В. Н. 热尔纳科夫	《帽儿山站及其周边区域》
		Л. М. 雅科夫列夫	《磨里盖遗址上的新资料》
	10 月 27 日	А. М. 斯米尔诺夫	《А. 格拉鲍教授的地壳史理论》
	11 月 2 日	И. Г. 巴拉诺夫	《中秋节》
	11 月 3 日	Т. П. 高尔捷也夫	《Н. М. 布尔热瓦尔斯基是博学多识的旅行家》
		Б. С. 斯莫拉	《Н. М. 布尔热瓦尔斯基的生平及科学活动》
	11 月 10 日	В. Н. 热尔纳科夫	《满洲的鸬鹚捕鱼业》
		М. И. 尼基汀	《亚布力车站昆虫学研究的结果》
	11 月 17 日	А. М. 斯米尔诺夫	《浮选法原理〈有益矿石开采的最新方式〉》
	11 月 24 日	В. В. 包诺索夫	《团山上的城市遗址》
		Н. В. 戈鲁霍夫	《对动物和植物的几点研究》
	12 月 1 日	В. Н. 热尔纳科夫	《哈尔滨的鱼市》
		Н. В. 格鲁霍夫	《资深新闻评论家的经验》
	12 月 8 日	А. С. 卢卡什金	《关于北满的捕鱼业和鱼产品加工业》

续表

报告年	日期	报告人	报告题目
1938 年	12 月 15 日	Н. В. 戈鲁霍夫	《在阶段性发展理论基础上培育新种类的植物》
		М. И. 尼基汀	《帽儿山车站"糖头"山近郊的蝴蝶》
	12 月 22 日	А. М. 斯米尔诺夫	《讷河区域的地质研究》
	12 月 29 日	А. Г. 维施尼亚科夫斯基	《哈尔滨地区松花江河床的变迁以及同洪水斗争的举措》

报告年	日期	报告人	报告题目
1939 年	1 月 26 日	И. Г. 巴拉诺夫	《中国的音乐》
	2 月 2 日	Т. П. 高尔捷也夫	《细胞的分裂》
		Н. В. 戈鲁霍夫	《现代遗传学中的遗传假想》
	2 月 9 日	Э. Э. 阿涅尔特	《日本的地理状况》
	2 月 16 日	Э. Э. 阿涅尔特	《日本地质学》
		Т. П. 高尔捷也夫	《关于日本火山的几点认识》
	2 月 23 日	Т. П. 高尔捷也夫	《日本的土壤》
		А. И. 巴拉诺夫	《日本植物区系概述》
	3 月 2 日	А. Х. 维杰梅耶尔	《日本阿尔卑斯山上的植物区系和日本的药用植物》
	3 月 9 日	М. И. 尼基汀	《基于地理状况的日本昆虫界》
	3 月 16 日	А. С. 卢卡什金	《日本的动物界》
	3 月 23 日	М. И. 尼基汀	《日本的蝴蝶》
	3 月 30 日	Т. П. 高尔捷也夫	《阿穆尔河的无根植物与北满留种植物的典型》
		А. А. 克斯汀	《日本的两栖和爬行动物》
	4 月 11 日	А. М. 斯米尔诺夫	《满洲地貌结构的形成及对通风条件构成的影响》
	4 月 20 日	М. И. 尼基汀	《日本的鱼类》
		В. Н. 热尔纳科夫	《关于基督教青年会哈尔滨自然地理学研究会展览的汇报》
	4 月 27 日	И. Г. 巴拉诺夫	《纪念 П. П. 施密特教授》
	5 月 4 日	И. Г. 巴拉诺夫	《日本的人口》

续表

报告年	日期	报 告 人	报 告 题 目
1939 年	5 月 11 日	Н. В. 季谢尔曼	《在日本的日本寺庙做客》
	5 月 25 日	М. 萨卡伊	《日本和基督教》
	6 月 1 日	В. В. 包诺索夫	《关于在现代哈尔滨所在地新发现 12 世纪城市的预告》
		Л. М. 雅科夫列夫	《民俗文化札记》
	6 月 8 日	И. С. 斯库尔拉托夫	《半世纪前的西伯利亚和满洲》
		В. В. 包诺索夫	《关于在哥本哈根召开的第二届民族学和人类学国际代表大会的汇报》
	6 月 22 日	В. Н. 热尔纳科夫	《参观大连、旅顺和奉天博物馆》
	9 月 7 日	А. М. 斯米尔诺夫	《群山环绕的热河省》
	9 月 14 日	А. С. 卢卡什金	《满洲野鸡的天然饲料》
		Л. М. 雅科夫列夫	《花色游蛇蛋的孵化研究》
	9 月 28 日	В. С. 斯塔里科夫	《阿穆尔游蛇的生物学研究》
	10 月 5 日	Н. В. 戈鲁霍夫	《蜂蜜作为商品》
	10 月 12 日	П. В. 拉门斯基	《东京的天文馆》
	10 月 19 日	В. В. 包诺索夫	《成吉思汗边墙的勘查结果》
	10 月 26 日	Н. В. 戈鲁霍夫	《健康、食物与维他命》
	11 月 2 日	В. С. 斯塔里科夫	《亚布力车站区域带须的大型金龟子》
		В. В. 包诺索夫	《哈尔滨周边地区石器时代的雕塑》
		И. Г. 巴拉诺夫	《中秋节》
	11 月 9 日	М. И. 尼基汀	《亚布力车站区域新型昆虫遗迹》
	11 月 23 日	А. С. 卢卡什金	《关于在北满发现第一例印度白鹛和某些东亚稀有鸟类的化石》
		Л. М. 雅科夫列夫	《玉泉站区域金王朝的贵族墓地》
	11 月 30 日	А. М. 斯米尔诺夫	《P. 什塔乌布的大地构造学理论》
		В. С. 斯塔里科夫	《小兴安岭石器时代早期的遗址遗物（北黑铁路辰清站）》
	12 月 7 日	В. В. 包诺索夫	《呼和浩特古城遗址》
	12 月 14 日	Л. М. 雅科夫列夫	《松峰山上新发现的 1200 年石刻碑》
	12 月 16 日	Н. В. 戈鲁霍夫	《М. Ю. 莱蒙托夫著作中的自然界》
	12 月 21 日	В. Н. 热尔纳科夫	《当前帽儿山区域的经济状况》
	12 月 28 日	В. Н. 热尔纳科夫	《吉林—穆拉河旅行印象记》

报告年	日期	报 告 人	报 告 题 目
1940 年	2 月 1 日	A. X. 维杰梅耶尔	《大豆及豆类产品对病人及恢复健康的作用》
	2 月 8 日	Л. B. 奥斯特科维奇	《古圣彼得堡的历史地理概况》
	2 月 22 日	H. B. 戈鲁霍夫	《作为商品的石蜡》
		B. H. 热尔纳科夫	《纪念 C. 托古那格教授》
	2 月 29 日	Б. B. 斯克沃尔佐夫	《北满的蔬菜栽培》
	3 月 7 日	B. H. 热尔纳科夫	《关于满洲城市研究的一些问题》
	3 月 14 日	H. A. 巴依科夫	《满洲的狩猎场》
	3 月 21 日	M. И. 尼基汀	《满洲的农作物昆虫》
		B. H. 热尔纳科夫	《在旧金山召开的第六届太平洋学术大会》
	3 月 28 日	A. M. 斯米尔诺夫	《满洲的沙尘暴》
	4 月 4 日	M. И. 尼基汀	《热河省的蝴蝶》
	4 月 11 日	B. H. 热尔纳科夫	《宁古塔的毛皮市场》
	4 月 18 日	T. П. 高尔捷也夫	《关于室内某些珍稀植物栽培的几点认识》
		B. H. 热尔纳科夫	《纪念 C. M. 史禄国教授》
	5 月 9 日	M. И. 尼基汀	《关于热带蝴蝶的王国》
	5 月 16 日	Э. Э. 阿涅尔特	《满洲矿业史》
	5 月 20 日	И. Г. 巴拉诺夫	《关于夏至现象的几点认识》
	5 月 23 日	A. M. 斯米尔诺夫	《近些年的铝制工业》
	5 月 30 日	M. A. 菲尔索夫	《北满养兔业的现状》
	6 月 13 日	B. K. 列里赫	《关于姜家站哈尔滨铁路局等俄籍职工农业合作社的经营》
	6 月 20 日	П. B. 拉门斯基	《关于彗星的起源》
	9 月 7 日	Б. B. 斯克沃尔佐夫	《哈尔滨的花卉栽培》
	9 月 12 日	Э. Э. 阿涅尔特	《1940 年 8 月在大连和新京召开的全满洲地理学大会》
	9 月 26 日	T. П. 高尔捷也夫	《去奉天、大连和旅顺考察》
	10 月 3 日	A. M. 斯米尔诺夫	《到吉林和奉天省考察的印象》
	10 月 17 日	H. A. 巴依科夫	《喜马拉雅（山）》
	10 月 10 日	A. X. 维杰梅叶尔	《日本矮生植物的分布及历史》
	10 月 31 日	T. П. 高尔捷也夫	《灰钙土的含碱程度及其上的植被》
		M. И. 尼基汀	《关于亚布力站蝴蝶的最新资料》
	11 月 7 日	Э. Э. 阿涅尔特	《西伯利亚的开发与研究史》

报告年	日期	报告人	报 告 题 目
1940 年	11 月 14 日	Б. В. 斯克沃尔佐夫	《关于滨州铁路萨尔图站区域草原植被的研究》
	11 月 21 日	А. С. 卢卡什金	《关于达赉湖夏季土拨鼠生物学研究的最新资料》
	11 月 28 日	А. М. 斯米尔诺夫	《关于罗马尼亚的地震》
		П. В. 拉门斯基	《一轮红日前水星的运转》
	12 月 5 日	В. Н. 热尔纳科夫	《满洲毛毯业》
	12 月 12 日	Б. В. 斯克沃尔佐夫	《关于帽儿山的植被研究》
	12 月 26 日	А. С. 卢卡什金	《达赉湖夏季考察的结论和印象》
		В. В. 包诺索夫	《八里城遗址》

报告年	日期	报告人	报 告 题 目
1941 年	1 月 23 日	Л. В. 奥斯特科维奇	《发达国家出生率的下降》
	1 月 30 日	Б. В. 斯克沃尔佐夫	《关于热河省的植被研究》
	2 月 6 日	Б. В. 斯克沃尔佐夫	《哈尔滨及郊区茶薰子栽培》
		М. И. 尼基汀	《新几内亚岛的蝴蝶》
	2 月 13 日	Н. А. 巴依科夫	《满洲东部的秃峰》
	2 月 20 日	В. Н. 热尔纳科夫	《北满松节油和树脂的生产和市场》
		М. И. 尼基汀	关于 D. M. 西克的《朝鲜蝴蝶名录》一书的介绍
	2 月 27 日	В. Н. 热尔纳科夫	《纪念 M. A. 菲尔索夫》
		А. А. 克斯汀	《亚洲东北部和满洲植被的分布图》
	3 月 6 日	А. М. 斯米尔诺夫	《太平洋的构造和演化》
		В. С. 斯塔里科夫	《呼兰城郊遗址》
	3 月 13 日	Б. В. 斯克沃尔佐夫	《滨江省阿什河区域满族人的洋葱及其文化》
		М. И. 尼基汀	《大兴安岭东侧山坡的蝴蝶》
	3 月 20 日	А. М. 斯米尔诺夫	《太平洋流域的地质学研究》
	3 月 27 日	В. М. 维塔里索夫	《哈尔滨的芍药、菖蒲及其栽培》
		Б. В. 斯克沃尔佐夫	《哈尔滨的大丽菊及其栽培》
	4 月 3 日	В. С. 斯塔里科夫	《北满动物界流行的盲症》
	4 月 10 日	М. И. 尼基汀	《哈尔滨消失的蝴蝶区系》

报告年	日期	报告人	报 告 题 目
1941 年	5 月 1 日	А. Х. 维杰梅叶尔	《人参在医学上的价值
	5 月 8 日	И. Г. 巴拉诺夫	《中国人的家族观念和家族的意义》
	5 月 15 日	А. И. 巴拉诺夫	《从哈尔滨到小林地区的春季植物》
	5 月 23 日	А. М. 斯米尔诺夫	《关于北满白垩纪沉积物的分布问题》
	6 月 5 日	А. М. 斯米尔诺夫	《1941 年 5 月 6 日发生在北满的地震（来自报告人私人及其他人的印象)》
		Т. П. 高尔捷也夫	《个人和他人记忆中的 1941 年 5 月 6 日发生在哈尔滨的地震》
	6 月 12 日	Т. П. 高尔捷也夫	《北满的主要植物种类及其分布》
	6 月 21 日	Б. В. 斯克沃尔佐夫	《芍药的栽培及其分布》
	6 月 26 日	В. В. 包诺索夫	《索伦人习俗研究》
	9 月 6 日	Б. В. 斯克沃尔佐夫	《花卉展对发展花卉栽培业的意义》
	9 月 11 日	М. И. 尼基汀	《在哈尔滨意外发现的蝎子》
		А. И. 巴拉诺夫	《中国人的家族观念》
	9 月 18 日	Э. Э. 阿涅尔特	《勘探与进行预测的地球物理方法》
		А. А. 克斯汀	《哈尔滨水库中的潜水虾》
	9 月 25 日	М. И. 尼基汀	《哈尔滨松花江沿岸一带的夜行害虫区》
	10 月 3 日	П. В. 拉门斯基	《1941 年 9 月 21 日的日食》
	10 月 9 日	А. И. 巴拉诺夫	《关于大丽菊形态学研究》
		В. В. 包诺索夫	《关于索伦人习俗的补充资料》
	10 月 16 日	В. Н. 热尔纳科夫	《营口是古已有之的手工工业中心》
	10 月 23 日	А. И. 巴拉诺夫	《关于测定古气候的新式生物学方法》
		А. М. 斯米尔诺夫	《关于沼泽和水洼地的研究》
	10 月 30 日	В. Н. 热尔纳科夫	《关于满洲民族公园的问题》
	11 月 6 日	М. И. 尼基汀	《扎兰屯站区域的昆虫考察》
	11 月 13 日	В. В. 包诺索夫	《萨满教和索伦人的宗教观》
	11 月 20 日	В. В. 包诺索夫	《鄂尔多斯旗的蒙古寺庙》
	11 月 27 日	В. С. 斯塔里科夫	《满洲丛林中的采参人》
	12 月 11 日	А. А. 克斯汀	《满洲丘状蛤蟆研究》
	12 月 17 日	Т. 米亚塔克	《沿着太平洋南部岛屿旅行》
	12 月 25 日	В. Н. 阿林	《加利福尼亚的残骸种及其生物学》
		М. И. 尼基汀	《纪念著名自然学家 Ф. 季宝里德逝世 75 周年》

报告年	日期	报告人	报告题目
1942 年	1 月 22 日	В. Н. 阿林	《孟氏表皮线虫蝴蝶及其生物学和新形态》
		И. Г. 巴拉诺夫	《哈尔滨的佛塔》
	1 月 29 日	В. В. 包诺索夫	《诺明河的达斡尔人》
		В. Н. 热尔纳科夫	《到华达旗达斡尔村庄考察印象记》
	2 月 5 日	А. А. 克斯汀	《关于蝮蛇——满洲的毒龙》
		В. С. 斯塔里科夫	《Цунхэ 谷地两座古城遗址》
	2 月 12 日	М. И. 尼基汀	《关于满洲稀有双翅目蝴蝶的某些资料》
	2 月 19 日	В. С. 斯塔里科夫	《北满条件下泛喜草作为蜜源植物栽培》
		Л. М. 雅科夫列夫	《中国人的新年版画和寓意美好的对联》
	2 月 26 日	П. И. 奥巴林	《纪念 Г. 伽利烈逝世 300 周年》
	3 月 5 日	А. И. 巴拉诺夫	《朝鲜雪松》
	3 月 12 日	Л. М. 雅科夫列夫	《关于中俄绘画手册中的一幅封面版画》
		В. С. 斯塔里科夫	《治疗牙痛的神秘手段》
	3 月 19 日	А. И. 巴拉诺夫	《关于白头山植被的新资料》
	3 月 26 日	М. И. 尼基汀	《北黑铁路辰清站区域的蝴蝶》
	4 月 16 日	Н. А. 巴依科夫	《满洲的捕兽业》
	4 月 23 日	А. А. 克斯汀	《西伯利亚蝰蝌的生物学研究新资料》
		И. Г. 巴拉诺夫	《中国的习俗礼仪》
	4 月 30 日	В. В. 包诺索夫	《哈尔滨近郊可探测的中亚史前文化》
	5 月 7 日	М. И. 尼基汀	《亚布力站区域的自然复苏》
	5 月 21 日	В. Н. 热尔纳科夫	《热河省的经济地理概况》
	5 月 28 日	В. Н. 热尔纳科夫	《满洲帝国的新地图册》
		М. И. 尼基汀	《玉泉站区域的春季考察》
	6 月 4 日	В. В. 包诺索夫	《来自颜河的萨满》
	6 月 11 日	Л. М. 雅科夫列夫	《满洲和中国的夏至》
		В. Н. 阿林	《纪念考古学家和自然学家 Б. Я. 托尔马乔夫》
	9 月 10 日	В. В. 包诺索夫	《银河上的（Хэ Дуй－джана）萨满仪式》
	9 月 17 日	М. И. 尼基汀	《到亚布力站考察木植公司区域印象记》
	9 月 24 日	Л. М. 雅科夫列夫	《满洲帝国和中国的殡葬习俗和鬼节》
	10 月 1 日	В. С. 斯塔里科夫	《人参的传说和历史资料》
	10 月 8 日	М. И. 尼基汀	《亚布力站旁孔多木植公司林区昆虫学研究的结论》

续表

报告年	日期	报告人	报 告 题 目
1942 年	10 月 15 日	А. И. 巴拉诺夫	关于 И. В. 科兹洛夫的《再谈远东分布的白属种植物》手稿的评论
	10 月 22 日	Т. П. 高尔捷也夫 В. Н. 热尔纳科夫	《滨绥铁路成高子站王林寺区域老堆积物上的土壤和植被》
	10 月 29 日	В. В. 包诺索夫	《帽儿山周边地区史前文化的新遗址》
		Л. М. 雅科夫列夫	《民俗杂记》
	11 月 5 日	Т. П. 高尔捷也夫	《关于满洲的无根草植物》
		А. И. 巴拉诺夫	《哈尔滨郊区的鸡冠花》
	11 月 12 日	В. Н. 阿林	《满洲蝴蝶的活动（蝴蝶种）》
	11 月 19 日	Л. М. 雅科夫列夫	《满洲帝国和中国人信仰中的轮回论》
		А. И. 巴拉诺夫	《纪念中国植物志研究者 Г. 汉德里－马采基博士》
	11 月 26 日	М. И. 尼基汀	《满洲蝴蝶的保护色现象》
		Л. М. 雅科夫列夫	《关于满洲帝国、中国的民间信仰和神话故事中的某些植物》
	12 月 10 日	М. И. 尼基汀	《东亚南部国家的自然》
		Э. Э. 阿涅尔特	《东亚南部的资源》
	12 月 17 日	А. И. 巴拉诺夫	《关于三叶草植物的几点认识》
		А. А. 克斯汀	《关于大陆科学院哈尔滨分院博物馆两栖和爬行动物标本的收藏》
	12 月 24 日	В. Н. 热尔纳科夫	《甘窑是满洲制陶业的中心》

报告年	日期	报告人	报 告 题 目
1943 年	1 月 21 日	В. С. 斯塔里科夫	《蜂蜡及其使用》
		Л. М. 雅科夫列夫	《神话和艺术中的龙》
	1 月 28 日	А. И. 巴拉诺夫	《关于鸭跖草的形态和种类的资料》
	2 月 4 日	В. С. 斯塔里科夫	《现代农业中养蜂业的意义》
		Л. М. 雅科夫列夫	《中国版画的象征意义》
	2 月 11 日	М. И. 尼基汀	《满洲蝴蝶黑变病的鲜明案例》
	2 月 18 日	В. С. 斯塔里科夫	《蜂蜜的营养和药用属性》
		В. Н. 热尔纳科夫	《纪念大陆科学院院长直木》

续表

报告年	日期	报告人	报 告 题 目
1943 年	2 月 25 日	М. И. 尼基汀	《最新日本昆虫文献述评》
		Л. М. 雅科夫列夫	《汉族人和满族人的迷信和假想》
	3 月 4 日	А. И. 巴拉诺夫	《哈尔滨区域的酸模植物》
	3 月 12 日	В. С. 斯塔里科夫	《驯养的蜜蜂》
	3 月 18 日	Э. Э. 阿涅尔特	《关于东亚的最新地理和地质文献述评》
		В. Н. 热尔纳科夫	《新京大陆科学院第四次代表大会》
	3 月 25 日	М. И. 尼基汀	《对满洲害虫生物学的某些研究》
	4 月 1 日	В. С. 斯塔里科夫	《苇河县的养蜂业》
	4 月 8 日	Т. П. 高尔捷也夫	《满洲的无根草》
		А. И. 巴拉诺夫	《松花江河谷里有一个狭窄的地形》
	4 月 15 日	И. Г. 巴拉诺夫	《传播宗教的方式》
		Л. М. 雅科夫列夫	《柳树作为民间信仰的一种客体》
	5 月 20 日	А. И. 巴拉诺夫	《关于植物的新研究成果》
		Э. Э. 阿涅尔特	《关于利用地质研究成果的几点认识》
	6 月 10 日	Э. Э. 阿涅尔特	《哈尔滨博物馆的诞生及其文化意义》
		Т. П. 高尔捷也夫	《博物馆的土壤标本、腊叶标本、其他植物标本和植物园》
		В. Н. 热尔纳科夫	《大陆科学院博物馆的现状》
	6 月 17 日	М. И. 尼基汀	《满洲害虫的春天》
		Э. Э. 阿涅尔特	《源自理论和研究领域的几点新认识》
	9 月 9 日	В. В. 包诺索夫	《近期考察索伦的科学结论》
	9 月 16 日	Н. Н. 普里卡西科夫	《北满种植菊苣的历史》
		А. Т. 古谢夫	《关于北满种植菊苣的经验》
	9 月 23 日	Л. М. 雅科夫列夫	《Дичин 河山谷的马鹿狩猎场》
	9 月 30 日	Э. Э. 阿涅尔特	《关于满洲的地震强度以及 15 世纪以来发生在满洲的地震情况》
	10 月 7 日	Л. Р. 茨德吉科	《西红柿及其种植经验》
		И. М. 加莫夫	《西红柿在哈尔滨的种植》
	10 月 16 日	А. Т. 古谢夫	《关于在北满种植菊苣的经验》
	10 月 21 日	М. И. 尼基汀	《1943 年季节性昆虫的观测和新发现》
	10 月 28 日	В. П. 诺维茨基	《海洋航行和发现短评》

续表

报告年	日期	报告人	报 告 题 目
1943 年	10 月 28 日	В. В. 包诺索夫	《帽儿山站周边地区史前文化的新遗址》
	11 月 11 日	В. В. 沃依纽什	《两户蜂箱》
	11 月 18 日	Т. П. 高尔捷也夫	《汤旺河中游的浮雕、土壤和植被》
	11 月 25 日	А. А. 克斯汀	《对北满藤本植物、灌木和某些树木果实重量的研究》
		Л. М. 雅科夫列夫	《齐齐哈尔地区达斡尔人和索伦人遗址》
	12 月 2 日	М. И. 尼基汀	《松花江沙虫的活动》
	12 月 9 日	П. В. 拉门斯基	《纪念哥白尼逝世 400 周年》
	12 月 16 日	А. И. 巴拉诺夫	《关于哈尔滨近郊植物的研究》
	12 月 23 日	Э. Э. 阿涅尔特	《开采石油、煤炭和铁矿的新方式以及以此为途径开发的新俄国工业区》
	12 月 30 日	В. С. 斯塔里科夫	《柳叶菜作为含蜜的药用植物》

6. 布尔热瓦尔斯基研究会

报告人	报告年	报 告 题 目
考古和民族学部（16 篇报告）		
А. Г. 马里亚夫金	1940 年 1 月 21 日	《哈尔滨近郊黄山的旧石器文化遗迹》
В. В. 包诺索夫	1937 年 12 月 26 日	《哈尔滨附近黄山区域的两个勿吉时代古城遗址》
	1938 年 12 月 21 日	《阿城附近的小城子遗址》
	1939 年 12 月 17 日	《原始人的寿命》
	1940 年 1 月 21 日	《黄山旧石器时代的特征》
	1940 年 3 月 24 日	《成高子和程站间的史前遗址》
	1940 年 12 月 29 日	《松花江中游的史前文化》
Б. С. 斯莫拉	1939 年 12 月 17 日	《奉天的阜陵》
В. С. 斯塔里科夫	1937 年 12 月 26 日	《拉林河中游区域的遗址》
	1938 年 11 月 2 日	《辰清站附近小兴安岭山脉的史前文化遗址》
	1939 年 12 月 17 日	《亚布力站周边的史前文化遗址》
	1940 年 5 月 18 日	《成高子站周边的史前文化遗址》

报告人	报告年	报告题目
考古和民族学部（16 篇报告）		
Л. M. 雅科夫列夫	1938 年 2 月 28 日	《汉族人和满族人生活习俗观感》
	1939 年 1 月 17 日	《1938 年夏阿什河沿岸 12 世纪古墓发掘的设想》
	1940 年 1 月 21 日	《民族风俗观感》
	1940 年 2 月 24 日	《布尔热瓦尔斯基研究会会员在张林子区域的科学勘探》
自然科学部（7 篇报告）		
A. И. 巴拉诺夫	1938 年 12 月 21 日	《促进花的交叉授粉》
	1940 年 3 月 24 日	《枯草花授粉的特性》
	1940 年 5 月 18 日	《满洲东部的常绿蕨类真菌》
T. П. 高尔捷也夫	1939 年 3 月 24 日	《关于日本火山的印象》
H. B. 戈鲁霍夫	1940 年 11 月 24 日	《关于莘沙河站支线原始森林考察的印象》
B. Ф. 刘德	1938 年 3 月 13 日	《阿什河河口区域的哺乳动物》
Б. B. 斯克沃尔佐夫	1938 年 1 月 30 日	《黄山区域的植被》
其他问题（14 篇报告）		
H. A. 巴依科夫	1939 年 4 月 13 日	《关于同 H. M. 布尔热瓦尔斯基会见的回忆》
C. B. 格拉西莫夫	1940 年 5 月 18 日	《1940 年的周年纪念日》
A. A. 克斯汀	1940 年 11 月 24 日	《海军上将 A. B. 高尔察克的侦查活动》
B. B. 包诺索夫	1937 年 11 月 14 日	《关于 1937 年夏研究会工作的报告》
	1938 年 4 月 10 日	《研究会创建 9 周年纪念感言》
	1938 年 11 月 15 日	《关于 1938 年夏布尔热瓦尔斯基研究会工作的报告》
	1939 年 4 月 13 日	《研究会成立 10 周年纪念日感言》
	1939 年 11 月 11 日	《关于 1939 年夏布尔热瓦尔斯基研究会工作的报告》
	1940 年 11 月 24 日	《关于 1940 年夏布尔热瓦尔斯基研究会的工作报告》

报告人	报告年	报 告 题 目
其他问题（14 篇报告）		
Б. С.　斯莫拉	1938 年 11 月 2 日	《纪念研究会的创办人（H. M. 布尔热瓦尔斯基逝世 50 周年）》
В. С.　斯塔里科夫	1940 年 11 月 24 日	《纪念远东研究者 В. К. 阿尔谢尼耶夫逝世 10 周年》
Л. M.　雅科夫列夫	1938 年 4 月 10 日	《纪念 H. H. 米科鲁西·马克来》
	1939 年 2 月 28 日	《纪念 П. П. 谢苗诺夫 – 田山斯基逝世 25 周年》
	1939 年 4 月 13 日	《纪念 H. M. 布尔热瓦尔斯基诞辰 100 周年》
考古和民族学部（6 篇报告）		
В. В.　包诺索夫	1941 年 2 月 2 日	《肇州县区域的历史废墟》
	1941 年 3 月 2 日	《关于顾乡屯石器工具的新资料（依据 П. 皮埃尔·泰亚尔·德·夏尔丹的文章）》
	1941 年 3 月 30 日	《在哪能找到古肇州的废墟》
	1941 年 12 月 7 日	《索伦人在远东民族中的语言和位置》
В. С.　斯塔里科夫	1941 年 2 月 2 日	《渤海国建立前满洲的民族信息》
С. В.　格拉西莫夫	1941 年 3 月 30 日	《俄国人在巴勒斯坦的研究（基于 Г. 卢克亚诺夫的工作）》
自然科学部（2 篇报告）		
В. С.　斯塔里科夫	1941 年 3 月 2 日	《满洲的槲寄生》
Л. M.　雅科夫列夫	1941 年 3 月 30 日	《取茸养鹿业》
其他问题（2 篇报告）		
С. В.　格拉西莫夫	1941 年 11 月 6 日	《大主教 H. 卡姆恰茨基的活动》
В. В.　包诺索夫	1941 年 11 月 16 日	《关于 1941 年研究会会员活动的工作汇报》

7. 满洲俄侨事务局考古学、博物学与人种学研究青年会

报 告 日 期	报 告 人	报 告 题 目
1935 年		
6 月 3 日	И. К. 科瓦尔楚克－科瓦尔	在浙江省山上的两周
8 月 8 日	И. К. 科瓦尔楚克－科瓦尔	关于古生物学的简讯
	З. В. 丘卡耶娃	赴弯湖考察
7 月 30 日		《在顾乡屯的考察》
10 月 12 日	К. А. 热烈兹尼亚科夫	《去吉林省和安东省考察》
11 月 13 日		《喇嘛僧生活中的传奇》
9 月 10 日	И. П. 萨瓦捷耶夫	《中国的商标》
	К. С. 季卡列娃	《松花江旁沙丘考察》
8 月 8 日		《杂交植物——本格紫堇》
10 月 4 日	Т. П. 高尔捷也夫	《植物分类》
12 月 2 日		《满洲的原始森林》
	С. М. 谢苗诺夫	《进化论观念的发展》
10 月 25 日	Н. А. 巴依科夫	《在印度密林中的自然学家》
	Н. П. 郭尔洛夫	《弯湖旁的啮齿动物考察》
1936 年		
1 月 15 日	В. И. 德久里	《同地理学家 Ф. 哈乌克到热河省考察》
3 月 28 日	В. Я. 托尔马乔夫	《满洲历史简讯》
6 月 12 日	Т. П. 高尔捷也夫	《土壤学家的户外工作》
6 月 14 日	М. Я. 沃尔科夫	(埃及)《西奈省鄂伦春人的宗教信仰》
6 月 23 日	В. Я. 托尔马乔夫	《满洲历史简讯——续》
7 月 31 日	И. С. 马尔楚科娃	《槽刨花的结构研究》
	Ю. С. 辛	《军人墓地考察》
8 月 7 日	В. Я. 托尔马乔夫	《满洲历史简讯——续》
		《满洲历史简讯——续》
8 月 14 日	И. С. 马尔楚科娃	《北满铁路苗圃考察》
	К. А. 热烈兹尼亚科夫	《克山猛犸象和犀牛头骨的发掘》
	В. Я. 托尔马乔夫	《满洲历史简讯——续》

续表

报告日期	报告人	报告题目
	1936 年	
8 月 21 日	Л. А. 热烈兹尼亚科夫	《弯湖的动物区系》
		《长满杂草的弯湖》
	Ю. С. 辛	《植物学家在弯湖中收集的植物》
	Е. Ф. 科杰尔金娜	《巨大的睡莲》
	Р. К. 科瓦里楚克	《阿什河考察》
8 月 28 日	И. С. 马尔楚科娃	《军人墓地考察》
		《在军人墓地收集的植物》
	Е. Ф. 科杰尔基纳	《弯湖沼泽地的植物》
	В. Я. 托尔马乔夫	《满洲历史简讯——续》
9 月 25 日	К. А. 热烈兹尼亚科夫	《雍梁城废墟的第二次考察》
10 月 2 日		《满洲帝国的新省份》
10 月 2 日	Н. Н. 巴依科娃	《阿穆尔游蛇生物的信息》
10 月 9 日	В. Я. 托尔马乔夫	《满洲历史简讯——续》
10 月 9 日	В. А. 波别列热日尼克	《到石人谷的考察》
10 月 9 日	М. Я. 沃尔科夫	《满洲的萨满》
10 月 22 日	В. Я. 托尔马乔夫	《满洲历史简介——续》
10 月 22 日	К. А. 热烈兹尼亚科夫	《宾县考察》
11 月 13 日	О. К. 亚历山大洛娃	《吉林市考察》
11 月 13 日	В. П. 阿布拉姆斯基	《关于射线敏感性的信息》
11 月 20 日	К. А. 热烈兹尼亚科夫	《关于满洲的森林》
11 月 27 日	Е. Ф. 科杰尔金娜	《傅家甸考察》
12 月 4 日	К. А. 热烈兹尼亚科夫	《到牡丹江市考察》
12 月 4 日	Ю. С. 辛	《关于朝鲜》

续表

报告日期	报告人	报告题目
植物和动物学股宣读的报告和工作总结		
1936 年		
9 月 10 日	Б. В. 斯克沃尔佐夫	《程站和成高子站废墟的植被》
9 月 24 日		《关于松花江周边的水中植物》
9 月 24 日		《热河省的植物学考察》
10 月 1 日		《哈尔滨的柽柳装饰性灌木丛》
10 月 1 日		《哈尔滨市美国葡萄的栽培》
10 月 8 日		《块茎秋海棠的栽培实验》
10 月 11 日		《弯湖考察》
10 月 29 日		《二层甸子站周边地区的舌状蕨类》
		《北满的泥炭沼泽》
11 月 23 日		《К. А. 热烈兹尼亚科夫在通化收集的树木收藏品的鉴定》
10 月 1 日	В. М. 奇科拉乌洛夫	《关于收集植物的工作》
11 月 23 日	Е. Ф. 科杰尔金娜	《对顾乡屯特勒斯森林旱地斜坡的植物研究》
11 月 23 日	Л. А. 热烈兹尼亚科娃	《Амид Маак 的龟甲》
《考古和生态学股宣读的报告和总结》		
1936 年		
8 月 16 日	В. И. 德久里	《满洲的宗教教义》
9 月 2 日	Р. К. 科瓦尔楚克	《满洲农民的务农工具》
9 月 2 日	К. А. 热烈兹尼亚科夫	《雍梁城废墟考察》
10 月 7 日		《中国人的墓葬》
9 月 16 日	И. П. 萨瓦捷耶夫	《关于北满的碾米机》
9 月 16 日	В. Я. 托尔马乔夫	《考古学导论》
10 月 7 日	В. А. 波别列热日尼克	《石人沟区域的考察》

8. 哈尔滨自然科学与人类学爱好者学会（1947—1949）

	植物学	
Б. В. 斯克沃尔佐夫	1947 年 12 月 19 日	《关于满洲的剪股颖属植物研究》
		《关于 А. И. 库兹明从海拉尔寄来的香雪球 lenense》
	1947 年 12 月 26 日	《关于 Н. К. 列里赫在呼伦贝尔后兴安考察时收集的植物标本中的禾本科植物》
Б. В. 斯克沃尔佐夫	1948 年 1 月 2 日	《地方稠李的生物学研究》
	1948 年 1 月 9 日	《满洲鹅观草属植物中的牧草》
	1948 年 1 月 16 日	《满洲和外贝加尔的高山禾本科植物》
	1948 年 1 月 23 日	《关于在满洲遇见的 Atropis 中的草本植物》
		《齐齐哈尔地区的草藨》
		《外贝加尔的针叶树》
		《关于北满的拂子茅属植物》
	1948 年 1 月 30 日	《关于结大果实的山楂树》
		《满洲的映山红》
		《关于北满的拂子茅属植物》
	1948 年 2 月 6 日	《关于哈尔滨向日葵害虫的 selerotinia libertiana 菌》
	1948 年 2 月 20 日	《关于哈尔滨的大稠李》
		《哈尔滨周边地区 Фидалисы 的栽培》
		《满洲收集的叶片标本中的禾本科植物》
		《北满生长的 Agropirum 中的禾本科植物》
Б. В. 斯克沃尔佐夫	1948 年 3 月 5 日	《1946 年 8 月水灾过后马家沟河沿岸出现的植物研究》
		《北满的早熟禾属植物》
		《关于植物学小组团体的规划》
	1948 年 3 月 12 日	《关于三河地区的小麦》
		《北满的早熟禾属植物》

续表

植物学		
Б. В. 斯克沃尔佐夫	1948 年 3 月 19 日	《北满的无核葡萄》
		《哈尔滨周边地区普通酸模属植物的胎生形式》
		《哈尔滨地区某些有趣的禾本科植物》
	1948 年 3 月 26 日	《关于核盘菌真菌——哈尔滨胡萝卜和向日葵的害虫》
	1948 年 4 月 16 日	《1948 年 4 月 12 日石灰岩旅行植物考察的成果》
	1948 年 12 月 9 日	《在哈尔滨城区菜园里存储雪的经验》
	1948 年 12 月 16 日	《在哈尔滨区域栽培的新种酸浆植物》
	1948 年 12 月 23 日	《对北满大青山和张广才岭植被和植物的研究史》
		《1948 年 7 月 3 日和 2 日在老虎山顶峰采集的植物》
		《1948 年 6 月 30 日至 7 月 3 日老虎沟和冷山站站周边地区采集的野菜》
	1949 年 1 月 20 日	《关于用根苗培育野苹果的有关事宜》
		《在南满被日本人发现的亚热带和热带新蕨类植物》
		《老虎山和老虎沟的蕨类植物》
	1949 年 2 月 3 日	《满洲的白毛蘑和它们的使用》
		《大兴安岭的新种类植物 Zygadenis sibiricus（L）Aza gray》
		《1940 年距离苇沙河站森林带 41 公里处采集到的蕨类》
	1949 年 2 月 10 日	《关于北满冷山站周边山区培植春麦的有关事宜》
		《哈尔滨市政府树木试验田里的朝鲜螺旋状枝干落叶松》
	1949 年 3 月 31 日	《北满松江省森林中的蕨类及其使用》
		《北满松江省人工湖区域的植物类型》

植物学		
Т. П. 高尔捷也夫	1948 年 2 月 27 日	《1948 年松花江沿线夏季地理植物学研究大纲》
	1948 年 5 月 14 日	《地方性植物的春季生长研究》
	1948 年 5 月 28 日	《满洲婆婆纳属植物种类的简要报告》
	1948 年 12 月 2 日	《在煤渣上栽培农作物的尝试》
A. И. 巴拉诺夫	1948 年 1 月 2 日	《小形叶榆树研究》
	1948 年 3 月 12 日	《关于哈尔滨苏联学校新教科书中的植物学教材》
		《苏联科学院植物学研究所出版的关于植物名录的最新著作》
	1948 年 3 月 26 日	《苋菜轴藜属植物的研究》
	1948 年 4 月 23 日	《植物的蜜腺》
	1948 年 12 月 9 日	《关于 И. В. 格鲁舍维茨基在自然杂志上发表的文章——关于乌苏里边区考察时发现的深棕色紫其属植物根部逆向生长的介绍》
	1948 年 12 月 16 日	В. И. 波缅斯基对《俄国植物史概述》一书的评论——发表在《苏联图书》杂志 1948 年第 8 期
	1948 年 12 月 23 日	《老虎山凸峰上的植物研究》
	1949 年 2 月 10 日	关于 1948 年《自然》杂志上刊发的文章《土库曼的植物园》和 C. Ю. 李普师茨的书《俄国植物学 II》的图书简讯
	1949 年 2 月 3 日	《现代科学杂志上刊发的植物学文章短评》
	1949 年 4 月 7 日	《老虎山和老虎沟植物带及其研究方法》
	1949 年 4 月 14 日	《植物学简讯》
	1949 年 4 月 26 日	《哈尔滨区域的藜属植物研究》

续表

动 物 学		
В. Н 阿林	1947 年 12 月 26 日	加利福尼亚大型鞘翔目生物学研究
П. Алкс. 巴甫洛夫	1948 年 1 月 2 日	《关于来自达赉湖的鳗》
	1948 年 1 月 16 日	《林德别尔卡教授〈远古黄河区域及其鱼类发展史〉一书简述》
	1948 年 2 月 13 日	《鱼类养殖业（苏联文献摘录）》
	1948 年 3 月 12 日	《鱼类养殖业（苏联文献摘录）（下）》
		《来自松花江的 Амида Маака – 软骨鱼》
	1948 年 4 月 23 日	《青岛周边地区的动物学收藏品》
В. В. 楚布里亚耶夫	1948 年 2 月 6 日	《满洲淡水中含有的人类寄生虫（日文文献摘录）》
	1948 年 3 月 5 日	《虱类——满洲的人类寄生虫（日文文献摘录）》
	1948 年 4 月 9 日	《松花江水蛭研究 Clepsina chinensis》
		《中东铁路富拉尔基站的铁线虫》
	1948 年 12 月 9 日	《老虎沟林区硬蜱科虫传播的传染病》
	1949 年 12 月 23 日	《老虎沟冷山站区域有毒的生物》
	1949 年 4 月 14 日	《有外在覆盖物的哺乳动物和鸟类是有限制因素的外寄生物》
	1948 年 5 月 12 日	《源自汤原县的由硬蜱虫传染的梨浆虫病研究（南岔区域）》
А. Ю. 巴涅维茨	1948 年 12 月 16 日	《欧洲野牛的残遗种》
历 史 和 民 族 学		
В. Н 阿林	1948 年 2 月 6 日	《中国医学中的昆虫》
	1948 年 5 月 14 日	《昆虫——中国人日常生活中的音乐家》
К. А. 热烈兹尼亚科夫	1949 年 4 月 23 日	《古世界历史教科书摘要》
А. Г. 马里亚夫金	1948 年 5 月 7 日	《黄山的旧石器时代》
	1948 年 12 月 9 日	《关于北满旧石器时代的最新资料》
Б. П. 莫莫特	1948 年 5 月 14 日	《程站和成高子小站之间区域遗址中陶瓷的分类》
	1949 年 2 月 24 日	《满洲古城废墟中的中国瓷器》
	1949 年 5 月 5 日	《哈尔滨地区黄山的新石器时代研究》

历史和民族学		
A. 热尔纳科夫	1949 年 1 月 20 日	《野生薯蓣——满洲的中国药用植物》
H. B. 季谢尔曼	1949 年 1 月 27 日	《中国史研究的新学派》
	1949 年 5 月 19 日	《现代中国文学中的新流派》
		吕振羽的《中国民族简史》一书简介
	1949 年 3 月 10 日	《中国文字的产生》
		《从呼兰向东流向的松花江左岸的金朝古城》
Б. B. 斯克沃尔佐夫	1949 年 11 月 10 日	《在中国民间医学中薯蓣的多用性》

地质学和自然地理学		
A. Ф. 德鲁仁	1947 年 12 月 27 日	《被积雪覆盖的满洲》
		《远东永久冻土遗存》
	1948 年 2 月 13 日	《哈尔滨气象站的现状》
	1948 年 3 月 20 日	《第一座哈尔滨气象站的组建》
	1948 年 3 月 26 日	苏联自然地理文摘。《"巴伦支和白海"以及"苏联位于地层深处的丰富资源"》
	1948 年 4 月 2 日	《雷和闪电》
	1948 年 4 月 30 日	《中国长春铁路哈尔滨工学院气象站的建立》
	1949 年 2 月 10 日	《大气层中的光照现象》
	1949 年 2 月 17 日	《1948 年哈尔滨的地下黑市以及 1949 年 1 月出现在市面上的酒精和香槟的混合物》
B. B. 楚布里亚耶夫	1947 年 12 月 27 日	《满洲挖掘出的鱼化石》
	1947 年 12 月 27 日	《据日本文献资料记载的满洲冰川纪化石遗存》
	1948 年 1 月 2 日	《在哈尔滨顾乡屯挖掘到的鸵鸟化石遗存》
	1948 年 1 月 16 日	《满洲狼化石遗存》
	1948 年 1 月 23 日	《黄山丘陵和阿什河谷地毗邻部分的地理概况》
	1948 年 2 月 20 日	《地质学和自然地理学会的工作计划和总结》

地质学和自然地理学		
В. В. 楚布里亚耶夫 А. Ф. 德鲁仁	1948 年 2 月 20 日	《松花江的冬汛及其原因》
П. Алкс. 巴甫洛夫	1947 年 12 月 27 日	《兴安站侏罗纪时期鱼类遗存》
	1948 年 1 月 23 日	《热河毗邻地区的华北金矿区域考察》
	1948 年 2 月 6 日	《关于汤原的矿源》
	1948 年 2 月 20 日	《基于 T. де. 夏尔丹对大兴安岭虾类和鱼类化石的研究工作》
Б. В. 斯克沃尔佐夫	1947 年 12 月 27 日	《满洲永久性冻土的文献资料》
А. Ю. 巴涅维茨	1947 年 12 月 27 日	《地质学和自然地理学协会秋季考察报告》
А. И. 巴拉诺夫	1948 年 1 月 16 日	《关于哈尔滨地区黄山区域的树化石遗存》
	1948 年 2 月 20 日	《关于满洲的自然地理区划》
	1949 年 1 月 20 日	《小岭站周边地区矿山的考察》
А. Г. 马里亚夫金	1948 年 1 月 16 日	T. де. 夏尔丹和列鲁阿《中国哺乳类动物化石》一书的简介
		苏联自然地理文摘。《从俄国自然地理学会文选中摘取的两篇关于永久性冻土的文章》
	1948 年 1 月 23 日	中国出版的《世界地图》简介
	1949 年 3 月 31 日	《北满松江省的人工湖》
А. Ю. 巴涅维茨	1948 年 2 月 20 日	《关于哈尔滨泥炭的新信息它们的化学成分及使用的可能性》
		《希比内山的无烟煤——俄国新的煤炭基地》
	1948 年 3 月 5 日	苏联自然地理文摘。《"新领地"和"弗兰西斯·约瑟夫的领地"》
	1948 年 3 月 19 日	《突厥汗征讨的"新领地"和"弗兰西斯·约瑟夫的领地"以及弗兰格尔群岛和科曼多斯基群岛》

	地质学和自然地理学	
Т. П. 马卡棱科	1948 年 3 月 19 日	《关于 1947—1948 年哈尔滨地区松花江的冬汛及其原因》
	1948 年 4 月 2 日	《松花江的洪水》
В. В. 邱特柳莫夫	1948 年 4 月 9 日	《关于 30 年前赴汤旺河支流考察的回忆》
В. С. 斯塔里科夫	1949 年 1 月 20 日	《汤旺河上游地理状况简述》
Т. П. 高尔捷也夫	1949 年 2 月 17 日	《В. В. 达库恰耶夫是土壤学家培训班的开拓者（创始人）》

	养 蜂 学	
А. А. 科罗多诺夫	1948 年 12 月 16 日	1948 年的养蜂季
Г. А. 吉利科夫	1949 年 1 月 13 日	《蜜蜂的过冬与它们的饮食保障》
	1949 年 3 月 6 日	《养蜂园的春季活动》
	1949 年 3 月 24 日	《出蜜量的运用》
	1949 年 5 月 18 日	《1949 年科洛姆波站区域蜜蜂养殖业》
	1949 年 6 月 1 日	《对蜜蜂采蜜量的培训》
Н. М. 普里亚斯金	1949 年 5 月 25 日	《蜂群的主要监测》
Е. А. 吉利科娃	1949 年 1 月 13 日	《普罗科波维奇，蜜蜂养殖学的创始人》
	1949 年 1 月 13 日	《三河地区的高加索蜜蜂》
Н. В. 戈鲁霍夫	1949 年 2 月 10 日	《我们是否了解满洲的蜜源植物》
А. А. 科罗多诺夫	1949 年 2 月 20 日	《俄国蜜蜂养殖的斯达汉诺夫方法》
А. Я. 热尔托诺果夫	1949 年 2 月 27 日	《1948 年蜜蜂的出室》
Ф. А. 菲列诺克	1949 年 3 月 13 日	《蜂群发展中的温度影响》
Л. П. 费多洛夫	1949 年 3 月 30 日	《1948 年科洛姆波站区域的养蜂季》
И. П. 巴拉古洛夫	1949 年 4 月 6 日	《养蜂人的梦想》
	1949 年 5 月 4 日	《春季活动的初步阶段》
Ф. А. 言切诺克	1949 年 4 月 13 日	《蜂王的培育》
	1949 年 4 月 20 日	《蜜蜂养殖的方法》
	1949 年 4 月 27 日	《蜜蜂养殖的方法（完结）》

养 蜂 学		
Ф. А. 杨切诺克	1949 年 5 月 4 日	《过冬和过冬后蜂王的保护》
	1949 年 5 月 11 日	《蜂王的接替》
	1949 年 5 月 11 日	《在养蜂园蜜蜂的羁留站》
	1949 年 5 月 18 日	《蜂蜡的提取》
	1949 年 5 月 25 日	《双母本和双壳系统的蜜蜂养殖学》
	1949 年 5 月 25 日	《蜜蜂的人工分群》
	1949 年 6 月 8 日	《蜂蜡的提取（续）》
	1949 年 6 月 29 日	《蜂蜡的提取（终）》
	1949 年 7 月 20 日	《现代蜂箱适宜于什么样的条件》
А. Д. 扎朵丽娜	1949 年 6 月 8 日	《蜂群的快速扩充》
И. П. 拉古洛夫	1949 年 7 月 6 日	《现代化的蜂箱》

农 业		
А. А. 科罗多诺夫	1948 年 2 月 15 日	《苏联和美国人工采集蜂蜜的高科技》
Ф. М. 安托诺夫 – 涅申		《关于满洲的养蜂人协会》
Ф. А. 杨切诺克	1948 年 3 月 3 日	《关于提高人工采蜜的手段》
	1948 年 3 月 24 日	《关于养蜂的方法》
	1948 年 4 月 7 日	《人为迁移蜂王以及在过冬住所中对它们的保护》
Г. А. 吉利科夫		《蜜蜂在过冬住所的新现象》
А. А. 科罗多诺夫	1948 年 3 月 17 日	《关于蜂蜡的提取》
	1948 年 4 月 28 日	《养蜂园的春季活动》
А. И. 巴拉诺夫	1948 年 4 月 14 日	《关于蜜源植物中的蜜腺》
Т. П. 高尔捷也夫	1948 年 4 月 21 日	《关于北满的蜜源植物》
И. Е. 贝克尔	1948 年 5 月 11 日	《月科小山羊的喂养》
М. М. 西干诺娃		《哈尔滨市山羊养殖业对俄国农业的意义》

		农　业
Б. В. 斯克沃尔佐夫	1948 年 1 月 15 日	《哈尔滨城常用蔬菜培育从成熟初期到采摘的周期》
	1948 年 4 月 10 日	《中国长春铁路的苗圃》
	1948 年 5 月 11 日	《苏联药材的研究》
		《满洲中医的药用植物及它们的使用》
	1949 年 1 月 16 日	《1948 年哈尔滨市中长铁路苗圃培育出的顶部患有黑粉病的马铃薯实验》附有收藏品展示
		《1948 年哈尔滨市中长铁路苗圃培育出的南瓜—вехотка 的培育经验》
	1949 年 1 月 30 日	《1948 年哈尔滨市中长铁路苗圃培育出的西红柿喷洒杀虫剂的尝试》
		《苏联采取的提高双线植物生长的斯达汉诺夫方式》
		《马林果以及在哈尔滨市对它的栽培》
	1949 年 2 月 27 日	《关于苏联采用的向日葵人工授粉的方法》
	1949 年 2 月 27 日	《1948 年哈尔滨市中长铁路苗圃培育的美国烟草实验》
	1949 年 3 月 13 日	《1948 年哈尔滨市中长铁路苗圃种植从伏罗洛夫斯基市引进的卷心莴苣的尝试》
	1949 年 3 月 21 日	《在哈尔滨给西红柿喷洒杀虫药的尝试》
	1949 年 3 月 28 日	《哈尔滨市 1946—1947 年冬季果树的死亡》
		《在哈尔滨市种植甜菜的可能性》
		《关于在哈尔滨市菜园里种植酸浆植物和菇鸟的有关事宜》
	1949 年 4 月 10 日	《在哈尔滨市培植欧洲防风属植物的实验，附带防风属植物根茎展示》
	1949 年 4 月 18 日	《哈尔滨市地方小皇后苹果树和中国樱桃的生长期》
	1949 年 4 月 10 日	《1949 年哈尔滨市进行的卷心菜和香芹菜种子种植的实验》

农 业		
A. Л. 卡纳尼言茨	1948 年 3 月 13 日	《哈尔滨市为医治春季果树而喷洒杀虫剂：理论与实践》
	1948 年 3 月 27 日	《对于哈尔滨菜园来说，最好的苹果、李子和梨的种类》
	1949 年 3 月 13 日	《哈尔滨市果园的照料》
	1949 年 3 月 21 日	《在哈尔滨市栽培花生的尝试》
P. Э. 马祖尔	1948 年 3 月 27 日	《带毛兔皮及对它们的侍弄》
П. И. 巴拉诺夫斯基	1949 年 1 月 30 日	《哈尔滨市马铃薯培育实验，伴有黑粉病展示》
	1949 年 2 月 13 日	《1948 年哈尔滨市四季豆的栽培实验》
C. Г. 拉塔	1949 年 2 月 13 日	《1948 年哈尔滨市胶合板厂培育马铃薯的尝试，伴有黑粉病展示》
	1949 年 2 月 27 日	《苏联南部夏季栽种的马铃薯》
	1949 年 3 月 8 日	《适宜哈尔滨市条件的马铃薯栽培技术》
	1949 年 3 月 21 日	《在哈尔滨市种植美国西红柿的尝试》
	1949 年 3 月 27 日	《哈尔滨市卷心菜的栽培技术，害虫及同害虫的对抗手段》
	1949 年 4 月 10 日	《在哈尔滨市播种胡萝卜和甜菜种子的实验》
	1949 年 4 月 11 日	《关于在哈尔滨市培植茄子和甜辣椒的有关事宜》
П. И. 克维特科	1949 年 2 月 13 日	《果树的正确栽培，伴有样本展示》
	1949 年 2 月 27 日	《哈尔滨市三年内培育出的能在煤渣上种植的马铃薯的实验》
	1949 年 3 月 14 日	《米丘林学说及对哈尔滨菜园的意义》
	1948 年 3 月 27 日	《哈尔滨市私人果树苗圃协会》
	1949 年 3 月 27 日	《卢卡舍夫"奥里亚"和"杰玛"号梨树在哈尔滨市栽培的二十年观察》
	1949 年 3 月 28 日	《哈尔滨市栽培的果树种类》
	1949 年 4 月 4 日	《按照米丘林的方法播种种子和培育实本苗的技术》
	1949 年 4 月 18 日	《哈尔滨市桃和葡萄的栽种》

	农　业	
Л. Р. 齐德季科	1949 年 3 月 21 日	《1949 年在哈尔滨进行的西红柿杂志实验》
Г. Д. 别兹卢奇科	1949 年 3 月 27 日	《1948 年哈尔滨市生长的马铃薯种类展示》
А. М. 米洛尼奇		《哈尔滨市种植的马林果展览》
В. И. 伊万诺夫	1949 年 4 月 4 日	《И. В. 米丘林工作的四个阶段》
	1949 年 4 月 18 日	《Л. 布尤尔帮克和他在美国研发新种植物的工作》
Ф. М. 杜鲍维茨	1949 年 4 月 10 日	《在哈尔滨进行的以播种方式种植多瓣芍药花的尝试》
И. С. 巴夫理琴科	1949 年 4 月 11 日	《在帽儿山站培植莛草的试验》
А. М. 巴古丁		《在哈尔滨培植 вехотка 南瓜的试验》
Н. Н. 布多夫金	1949 年 4 月 18 日	《哈尔滨市大草莓的栽培试验》
	《其他领域》	
В. П. 巴别内舍夫	1948 年 12 月 26 日	《关于满洲苏联鼠疫防疫队工作的几点看法》
Б. В. 斯克沃尔佐夫	1948 年 1 月 9 日	《关于〈1946 年苏联科学院科研工作简述〉一书》
		《哈尔滨自然科学与人类学爱好者学会成员报告集萃》
	1948 年 1 月 16 日	《东省文物研究会松花江生态所工作的历史资料》
	1948 年 2 月 20 日	《哈尔滨市场上茶的替代品》
	1948 年 2 月 26 日	《茶的替代品——柳叶菜茶叶》
	1948 年 3 月 26 日	《北满药用鼠尾草的替代品》
	1948 年 4 月 23 日	《茶的替代品》
П. Алкс. 巴甫洛夫	1948 年 1 月 16 日	《纪念东省文物研究会博物馆保守派人物 Б. П. 雅科夫列夫》
	1948 年 2 月 20 日	《松花江谷地研究委员会的工作计划》
	1948 年 5 月 14 日	《苏联的鱼品业》
Н. В. 戈鲁霍夫	1948 年 1 月 30 日	《汤旺河区域考察印象》

农 业		
A. A. 科罗多诺夫	1948 年 2 月 13 日	《蜂蜜就是苏联人的药》
A. Г. 马里亚夫金	1948 年 2 月 20 日	《Л. C. 别尔格研究员的周年纪念》
T. П. 马卡棱科	1948 年 3 月 12 日	《从航运的视角研究松花江河》
B. B. 楚布里亚耶夫	1948 年 3 月 19 日	《1945 年、1946 年、1947 年哈尔滨流行的鼠疫》
	1948 年 5 月 7 日	《关于哈尔滨市与流行性疾病相关的地方居民的多虱性》
	1949 年 4 月 7 日	《伟大的俄国生物学家 И. И. 米奇尼科夫诞辰 100 周年》
B. C. 斯塔里科夫	1948 年 4 月 2 日	《B. K. 阿尔谢尼耶夫——乌苏里边区的研究者，他的生平及科研活动》
	1948 年 5 月 28 日	《小兴安岭西南方山脉的春天》
	1949 年 3 月 24 日	《（汤旺河区域）诺沃波克罗夫卡村周边地区的自然、地理、森林、工业和狩猎》
	1949 年 5 月 12 日	《关于哈尔滨自然科学与人类学爱好者学会丛刊第 9 期的评论》
T. П. 高尔捷也夫	1948 年 4 月 2 日	《同 B. K. 阿尔谢尼耶夫的私人会见》
	1948 年 5 月 28 日	《关于松花江谷地研究委员会考察的初步报告》
Б. П. 马莫特	1949 年 2 月 24 日	艾尔米塔日国立出版的《中国瓷器》一书的评论
A. И. 巴拉诺夫	1949 年 2 月 24 日	《抗生素的保护性和植物的有益物质》
	1949 年 5 月 5 日	《关于苏联国家绿化的计划》
A. M. 斯米尔诺夫	1949 年 2 月 24 日	《辽东半岛考察的印象》
A. Ю. 巴涅维茨	1949 年 3 月 31 日	《芒属禾本科植物实践利用的可能性》

附 录 二

在华俄侨学者工作的相关
部分重要机构简介

1. 俄国边防独立兵团外阿穆尔军区:1897 年 5 月,中东铁路公司以保护铁路员工和铁路设施为借口,单方面组建了中东铁路护路队(薛衔天的研究称其为护路军,见《中东铁路护路军与东北边疆政局》,社会科学文献出版社 1993 年版),隶属于俄国边防独立兵团阿穆尔军区,直接归俄国财政大臣指挥。从中东铁路护路队成立之日起,其 800 名士兵就随中东铁路的第一批勘探队开进中国东北。到 1897 年 10 月,中东铁路护路队已组建 10 个骑兵连,拥有 1390 人;1901 年初,经不断扩编,组建了 28 个步兵连——6082 人、33 个骑兵连——4197 人。这些人都源源不断地开进以哈尔滨为中心的中东铁路沿线。与中东铁路工程建设局一样,中东铁路护路队司令部也设在了哈尔滨。中东铁路护路队是俄国在华设立的第一个军事组织,在其存在的最初时间里主要参与了防治 1899 年营口爆发的鼠疫工作、与袭击铁路员工的土匪作战、镇压中国东北地区的义和团运动等。

考虑到中东铁路护路队在镇压义和团运动中的作用以及俄国将陆续撤出在义和团运动时期开进东北的俄国军队,为了俄国在东北的地缘政治利益,1901 年 2 月,俄国政府决定提升中东铁路护路队的地位,并将其改编为俄国边防独立兵团外阿穆尔军区。1901 年 5 月,沙皇批准的外阿穆尔军区的建制为 55 个步兵连、55 个骑兵连、25 个教导队和 6 个炮兵连。外阿穆尔军区仍由财政大臣直接指挥,下设司令部、经济科、医疗

与兽医处、司法处和炮兵部队。外阿穆尔军区的主要任务是：保护铁路
沿线车站的建筑物、保护筑路工作、参加路基抢修、监视铁路区域、抗
击和追捕凶犯、充当警察职能、保护领事馆和道胜银行分行、牲畜检验
检疫（1909 年前）等。尽管在清朝存在的最后几年里，外阿穆尔军区进
行了几次改组，但其主要任务没有改变。除了上述任务外，外阿穆尔军
区还进行了对中国、日本的军事调查，设立宪兵警察局与日本特务角逐，
直接参与 1904—1905 年的日俄战争和 1910—1911 年东北地区的防治鼠疫
活动。

据《中东铁路护路军与东北边疆政局》一书研究，民国初年，俄国
边防独立兵团外阿穆尔军区在俄国政府的命令下利用中国爆发辛亥革命
之际，于 1912—1913 年先后充当了俄国制造和支持呼伦贝尔"独立"、
内蒙古王公"乌泰叛乱"和胁迫北洋政府"罢免黑龙江都督宋小濂"事
件的急先锋。但第一次世界大战的爆发扼止了外阿穆尔军区在华的进一
步丑恶活动。俄国边防独立兵团外阿穆尔军区的兵力陆续被调往前线，
几乎被抽空了。为填补空缺，俄国政府又从国内抽调了一些民兵大队派
往中东铁路附属地，与没有被抽调派往前线的俄国边防独立兵团外阿穆
尔军区部分军人组成新的护路军。与此同时，在前线厮杀的俄国边防独
立兵团外阿穆尔军区的部分军人不愿充当战争的炮灰又逃回了中东铁路
附属地。这些人在十月革命后发生了急剧分化，在中国东北大地上掀起
了新的一轮政治风波，最终被历史所淘汰。

2. 中东铁路管理局：1903 年 7 月 1 日，中东铁路正式进入运营状态，
1898 年迁入哈尔滨的中东铁路工程建设局也正式更名为中东铁路管理局，
作为中东铁路公司在哈尔滨进行直接经营与管理铁路及附属地的执行机
构，Д. Л. 霍尔瓦特被任命为首任局长。从此时起，中国东北大地上所发
生的许多事情都与中东铁路管理局有着千丝万缕的关系。由俄国把持的
中东铁路管理局本应是一个管理铁路经营事务的机构，却俨然地方政府
一样。

在清末民初，中东铁路管理局在社会政治活动方面主要体现在以下
几个方面：（1）为了维护社会秩序和保障社会治安，1903 年 10 月设立了
警务处。随之在哈尔滨和中东铁路沿线成立了警察局和警察署，并从俄

国边防独立兵团外阿穆尔军区抽调官兵组建了警察部队；（2）为了对中东铁路附属地进行行政管理，1903 年 10 月，专门成立了"哈尔滨市公共事业特别委员会"，控制了中东铁路哈尔滨附属地的行政管理权；1905 年底，又成立了由中东铁路管理局局长、路局帮办、铁路警察局长、俄国边防独立兵团外阿穆尔军区司令、外阿穆尔铁道兵团旅司令组成的"特别委员会"及其"地方委员会"，全面加强对铁路的行政管理；1906 年 1 月设立了民政部，下辖警务处、铁路交涉局、医疗卫生处、牲畜检验检疫处、学务处、地亩处、报纸编辑部七个部门。该部实质上成为了中东铁路附属地的中央行政机构。1907—1908 年，中东铁路管理局在哈尔滨和中东铁路沿线导演并成立听命于自己的"自治政府"，即哈尔滨市自治公议会及中东铁路满洲里、海拉尔、齐齐哈尔、横道河子、博克图站城镇自治公议会。由此，中东铁路管理局基本上控制了哈尔滨及中东铁路沿线重要城镇的行政权力。1910 年，为了保障俄国在中东铁路附属地的官方机构行动的统一，还成立了以中东铁路管理局局长、路局帮办、哈尔滨总领事（1907 年设立）和边境地方法院院长、检察官组成的"特别委员会"。

　　与此同时，中东铁路管理局也设立了商务处、天文台、印刷所、材料处、电务处、车务处、进款处、会计处、机务处、工务处、总务处、法律处、房产处、航运处、华俄秘书处等多个直属处室，从经济等其他方面开展活动。

　　十月革命后至 1935 年，中东铁路经历了沙俄残余势力独控（1917 年末至 1919 年 3 月）、协约国"共管"（1919 年 3 月至 1922 年末）、中国临时保护（1923—1924 年 9 月）、中苏共管（1924 年 9 月至 1935 年）等几个发展阶段。尽管期间中国政府收回了中东铁路附属地的军警权、司法权、市政管理权等权益，于 1920 年 3 月驱赶了 Д. Л. 霍尔瓦特。与十月革命前相比，尽管中国不断地实质性参与中东铁路的经营与管理，但在中东铁路的行政管理权上，仍由俄国人掌控，中东铁路管理局局长一职仍一直由俄国人来担任。为了服务于铁路的经营和东省特别行政区的发展，十月革命后中东铁路管理局又增设了经济调查局与中央图书馆两个重要内设机构。1935 年，中东铁路被苏联出售给日本扶植的伪满洲国，中东铁路管理局及其所属处室被日本人接管，走向了另外一条道路。

3. 中东铁路天文台：为了配合中东铁路的施工，1898 年春，中东铁路工程建设局设置了天文台，下辖气象科、哈尔滨气象总台和中东铁路沿线各气象分台。中东铁路进入经营状态后，中东铁路天文台转向服务于工农业生产。从 1898 年至 1935 年，中东铁路天文台一直由 П. Алнгr. 巴甫洛夫主持工作，开展不间断的气象观测和从事关于中国东北的气候研究。

4. 中东铁路医务处：从 1898 年 6 月起，在中东铁路沿线车站一面坡、富拉尔基和哈尔滨等地相继开办了小型医院。在 1903 年 7 月 1 日中东铁路正式进入经营状态之时，Ф. A. 雅森斯基总医生和 Э. П. 赫马拉 - 鲍尔谢夫斯基副总医生，被任命为中东铁路管理局医务处处长与副处长。这标志着中东铁路管理局医务处正式设立。1921 年 6 月，Ф. A. 雅森斯基被免职，由 A. H. 戈里国利耶夫接任医务处处长一职。1924 年 6 月，由于 A. H. 戈里国利耶夫逝世，И. Я. 沃斯卡诺夫接任医务处处长一职。中苏共管中东铁路后，中东铁路管理局医务处走向了中国化的进程。从 1925 年 2 月起，医务处处长一职均由中国人担任，分别为魏立功、李希震（1930 年初）、郭光武（1934 年）。

中东铁路医务处的主要任务是给予铁路职工及家庭成员医疗救助、给予俄国边防独立兵团外阿穆尔军区军人及家庭成员提供医疗服务、监测中东铁路附属地卫生状况、执行法医和警医功能、防治鼠疫、公职人员体检、给予私人医疗救助。

与中东铁路管理局天文台的命运一样，中东铁路管理局医务处也存在到 1935 年。在其历史演进过程中，中东铁路管理局医务处发展了俄侨在华的医疗卫生事业，在中东铁路附属地建立了医疗网，兴办了以中东铁路中心医院为主的医疗机构（成立了中东铁路中心医院医生协会和开办了哈尔滨市产科学校、哈尔滨高等医科学校），对俄国侨民及当地中国人进行了医学教育、诊治和医疗救助，有力防治了中国东北地区的公共卫生事件——1910—1911 年中国东北爆发的鼠疫、1919 年和 1932 年的霍乱。

5. 中东铁路地亩处：1904—1905 年的日俄战争不仅改变了东北亚地

区的国际政治格局，而且也拉动了区域经济的发展。中东铁路附属地出现了大量的工商企业，由此产生了关于经营属于铁路的地段、各地段的出租、企业注册、贸易监管、对企业征税改善城镇建设等一系列问题。在此之前，所有这些问题由中东铁路总务处、工务处和警察局等多个部门共同监管。事态的发展使中东铁路管理局觉得非常有必要成立一个特别的处室专门管理这些重要的社会经济领域。1904 年 11 月 5 日，中东铁路管理局设立了一个名叫中东铁路沿线管理与土地开发处的机构。1904年 11 月 15 日，M. K. 科克沙罗夫被任命为中东铁路沿线管理与土地开发处处长。从 1905 年 1 月 1 日起，中东铁路沿线管理与土地开发处更名为中东铁路管理局地亩处。

中东铁路管理局地亩处的主要职能在于通过短期和长期出租土地的方式经营铁路附属地土地；管理租用土地的契约和甘结以及土地用户转让土地的公证文件；管理工商企业的事务、发放工商企业经营许可证，登记、征收当地各工商企业的税金；管理村镇的公用事业；制定各项商业法及与经营土地有关的法规；掌管破坏社会秩序和行政法令有关的司法工作等。按照这些业务，中东铁路管理局地亩处"凡租放地亩，征收税捐，开辟道路，规划户居等事悉属之"。

在不同时期，中东铁路管理局地亩处下设会计、林场、农业、农业化学实验室、苗圃、土地测量、对外监察等重要科室。1924 年中苏共管中东铁路前，中东铁路管理局地亩处内只设俄籍处长一人；中苏共管中东铁路后，中东铁路管理局地亩处内设俄籍处长一人（先后为 M. K. 高尔捷也夫、A. И. 伊万诺夫、C. И. 库磁聂错夫），添设华籍副处长一人（先后为何孝元、蔡运昌）。这一方面证明了中东铁路管理局地亩处很长时间内一直由俄国人独控；另一方面证明了中东铁路管理局地亩处胡作非为的时代结束。据资料统计，到 1913 年，中东铁路管理局地亩处所属和强占地段达 86122 俄亩、林地 13.3 万俄亩，所获经营收益达 400 万卢布。这是在中东铁路管理局地亩处史上占有土地最多的时期。十月革命后，中国政府逐渐收回被中东铁路管理局地亩处非法强占的土地。而由俄、华籍人员共同管理的中东铁路管理局地亩处继续经营属于中东铁路的合法土地。

6. 中东铁路商务处：俄国修筑中东铁路的重要目的之一就是通过经营铁路开展商务活动获取高额商业利润。还在 1902 年时，中东铁路就进入了临时运营状态。为了管理中东铁路的商务工作，本年中东铁路管理局设立了保障铁路商业收入的另一重要机构——中东铁路管理局商务处。不仅在俄国，而且在欧洲都很有名望的铁路活动家、铁路法与铁路运价领域专家和铁路经济资深行家 К. П. 拉扎列夫被任命为中东铁路管理局商务处首任处长。

中东铁路商务处主要处理以下业务：（1）制定旅客、行李、货物与邮件运输条例；（2）制定铁路与河运旅客、行李和货物运输运价规则；（3）发布运输运价、条例和条件的公文指令；（4）铁路各站与辅助企业依商务处的运输运价与条例处理业务；（5）管理为铁路需要设立的商务事务所、海关事务所、城市车站和运输办事处；（6）办理中国邮件与邮包业务；（7）办理旅客与货主的申诉业务；（8）办理铁路、轮船公司、运输企业之间直接联运业务；（9）办理仓储、寄卖与贷款业务，解决粮仓、油库和各车站、港口货场的经营问题；（10）统计铁路与河运运输；（11）开展铁路附属地的经济调查，研究附属地工商业发展的条件。

截至 1935 年，在 К. П. 拉扎列夫之后，有 В. А. 罗曼、Г. Г. 科贝林斯基、В. П. 列别深斯基、З. В. 斯拉乌塔、П. А. 齐斯特亚科夫、И. А. 米哈伊洛夫、П. П. 迪切斯库洛夫、П. Н. 梅尼希科夫、М. К. 拉果金等相继担任中东铁路管理局商务处处长一职。中东铁路管理局商务处处长一职清一色由俄国人担任，足以说明中东铁路管理局商务处对俄方的重要性。中东铁路管理局商务处曾内设有运价科、申诉科、辅助企业、统计、黄豆保管、翻译、合同、寄卖贷款等科室。中东铁路管理局商务处通过在铁路车站、重要城市与码头设立商务与海关事务所、运输办事处、仓库、货场，并指派专人从事寄卖贷款、仓储、报关、保管、旅客、货物与行李运输、保险等商业活动。中东铁路管理局商务处分设的办事机构遍布满洲里、碾子山、海拉尔、富拉尔基、昂昂溪、小蒿子、安达、满沟、对青山、庙台子、哈尔滨、傅家甸、阿什河、一面坡、宁古塔、乌吉密河、海林、牡丹江、下城子、绥芬河、双城堡、蔡家沟、三岔河、陶赖昭、松花江、窑门、宽城子、丰天、大连、营口、上海和符拉迪沃斯托克等铁路车站以及一些重要城市。

7. 伪满大陆科学院哈尔滨分院：1937 年 1 月成立，其前身为 1929 年由东省特别行政区接收的东省文物研究会改组的东省特区文物研究会（1931 年更名为东省特区文物研究所，包括 Э. Э. 阿涅尔特、Т. П. 高尔捷也夫、Г. Я. 马利亚列夫斯基、А. И. 亚历山德罗夫、А. С. 卢卡什金、В. В. 包诺索夫、В. Н. 热尔纳科夫、М. А. 菲尔索夫、Б. П. 雅科夫列夫、И. В. 科兹洛夫、П. А. 巴甫洛夫在内大批俄侨学者在该所工作）。伪满洲国成立后，东省特区文物研究所被纳入伪满洲国科研管理系列，1934 年更名为北满特区文物研究所，1936 年又改称为滨江省立文物研究所。为了整合所有研究机关，强化北满研究机关的科研实力，1937 年 1月伪满洲国将其移交给伪满大陆科学院，并改称为伪满大陆科学院哈尔滨分院。伪满大陆科学院哈尔滨分院由日本人担任院长，下设研究室、博物馆等机构，Э. Э. 阿涅尔特、Т. П. 高尔捷也夫、А. С. 卢卡什金、В. В. 包诺索夫、В. Н. 热尔纳科夫、М. А. 菲尔索夫、Б. П. 雅科夫列夫、А. И. 尼基汀、Л. М. 雅科夫列夫等俄侨学者先后在该院工作。在伪满大陆科学院哈尔滨分院存在期间，进行了大量考察、参观和科学旅行；参加伪满大陆科学院长春本部一年一度的科学代表大会，并在会上提交科学报告。伪满大陆科学院哈尔滨分院没有自己的出版社和出版刊物，其科研人员的研究成果以英文和日文刊载在伪满大陆科学院的出版物上，共发表了 40 多篇文章。1945 年随着伪满洲国的灭亡，伪满大陆科学院哈尔滨分院不复存在。

8.《远东报》：中东铁路机关报，是出现在哈尔滨最早的中文报纸。1906 年 3 月 14 日由中东铁路公司出资创办，隶属于中东铁路新闻出版处。《远东报》由俄国东方学院毕业生司弼臣、多布罗洛夫斯基等人联合创办。《远东报》虽为俄国人所办，但从创办到停刊，始终聘华人为报纸主笔。在开办初期，仅以路内员工为读者对象，报道内容亦与俄人在中东铁路和哈尔滨活动相关，初为四开四版，以后逐渐增加版面，有时为六版或八版。由于经费充足，编辑力量雄厚，报纸办得颇有特色。发行量之大、地区之广在哈尔滨报纸当中居首位，当时除了在哈尔滨和中东路沿线广泛发行外，还先后在辽、吉、黑三省一些城镇建立了分馆。分馆既是推销中心，也是招揽广告、传播消息的场所。第一次世界大战期间，《远东报》利用各国远东前线消息的有利条件，在各国首都、通商大埠，派驻"勋"，负责推销和搜集新闻情报，把世界置于报纸当中，一时间该报成为在哈尔滨控制舆论、独家垄断新闻的报章。俄国十月革命以后，随着沙俄政府的垮台和盘踞在中东铁路的沙俄残余势力彻底失败，《远东报》失去资助，不得不于 1921 年 4 月 1 日停刊。

9. 中东铁路商业学校：哈尔滨第一所中等职业学校，开办于 1906 年，由男子商业学校与女子商业学校组成，满洲教育协会主席、中东铁路教学科科长 H. B. 鲍尔佐夫多年一直担任校长一职。仅在 1910—1925 年，学校就毕业了 583 名男青年和 364 名女青年，培养了大批商业人才。学校执行不同于俄国商业学校 7 年制教学计划，而是 8 年制的教学计划，允许毕业生进入大学学习。除普通和专门课程外，男学生要必修英语、德语、汉语和拉丁语课程。女学生要专修俄语和数学教法课程，免修汉语课程。起初，学校只招收俄国学生，从 1911 年起开始招收中国学生。学校拥有自己的 2 栋教学楼、化学和生物实验室、地理研究室、艺术学校、体育场。从 1906—1927 年，学校一直归中东铁路教学科管理；从 1927 年起接受东省特别行政区国民教育厅第四处管理，并更名为东省特别行政区第一商业学校，专招收苏联铁路员工子女。由于日本对哈尔滨教育的控制，学校大约于 1937 年被迫关闭。

参考文献

一　中文文献

［俄］科罗斯·托维茨:《俄国在远东》,李金秋、陈春华、王超进译,商务印书馆 1975 年版。

［俄］尼古拉·阿多拉茨基:《东正教在华两百年史》,阎国栋、肖玉秋译,广东人民出版社 2007 年版。

［俄］尼古拉·班特什－卡缅斯基:　《俄中两国外交文献汇编:1619—1792》,中国人民大学俄语教研室译,商务印书馆 1982 年版。

［俄］尼·维·鲍戈亚夫连斯基:《长城外的中国西部地区》,新疆大学外语系俄语教研室译,商务印书馆 1980 年版。

［俄］尼·伊·维谢洛夫斯基:《俄国驻北京传教士团史料(第一册)》,商务印书馆 1978 年版。

［俄］斯卡奇科夫:《俄罗斯汉学史》,柳若梅译,社会科学文献出版社 2011 年版。

［美］雷麦:《外人在华投资》,蒋学楷、赵康节译,商务印书馆 1999 年版。

［苏］鲍里斯·罗曼诺夫:《俄国在满洲》,陶文钊译,商务印书馆 1980 年版。

［苏］P. 卡鲍:《图瓦历史与经济概述》,辽宁大学外语系俄语专业七二年级工农兵学员译,商务印书馆 1976 年版。

［英］琳达·本森等:《新疆的俄罗斯人——从移民到少数民族》,《世界民族》1990 年第 6 期。

陈开科：《巴拉第与晚清中俄关系》，上海书店出版社 2008 年版。

刁绍华：《中国（哈尔滨—上海）俄侨作家文献存目》，北方文艺出版社 2001 年版。

傅于琛：《从旧世界到新世界的外蒙古》，上海生活印刷所 1938 年版。

《汉口租界志》编纂委员会：《汉口租界志》，武汉出版社 2003 年版。

黄定天：《东北亚国际关系史》，黑龙江教育出版社 1999 年版。

江梅：《新疆俄罗斯人研究》，新疆大学，硕士学位论文，2003 年。

来新夏：《天津的九国租界》，天津古籍出版社 2004 年版。

乐峰：《东正教史》，中国社会科学出版社 1999 年版。

李丹慧：《新疆苏联侨民的历史考察》，《历史研究》2003 年第 3 期。

李萌：《缺失的一环——在华俄国侨民文学》，北京大学出版社 2007 年版。

李兴耕等：《风雨浮萍——俄国侨民在中国（1917—1945）》，沈桂萍摘译，中央编译出版社 1997 年版。

厉声：《新疆对苏贸易史（1600—1990）》，新疆人民出版社 1993 年版。

林军：《帝俄在哈尔滨的东方学家协会》，《北方文物》1987 年第 1 期。

林军：《中苏外交关系（1917—1927）》，黑龙江人民出版社 1990 年版。

刘欣欣：《哈尔滨西洋音乐史》，人民音乐出版社 2002 年版。

卢明辉等：《旅蒙商：17 世纪至 20 世纪中原与蒙古地区的贸易关系》，中国商业出版社 1995 年版。

麻天祥：《中国近代学术史》，武汉大学出版社 2007 年版。

马蔚云：《从中俄密约到中苏同盟——中东铁路六十年》，社会科学文献出版社 2016 年版。

孟宪章等：《苏联出兵东北》，中国大百科全书出版社 1995 年版。

孟宪章：《中苏经济贸易史》，黑龙江人民出版社 1992 年版。

南开大学政治学会：《天津租界及特区》，商务印书馆 1926 年版。

彭传勇等：《俄罗斯哈巴罗夫斯克边疆区档案馆藏在华俄侨出版物述略》，《黑河学院学报》2017 年第 11 期。

彭传勇等：《哈尔滨俄侨中国学家：生平·活动·著述》，中国社会出版社 2014 年版。

彭传勇等：《黑龙江地域俄侨中国学研究初探》，《黑河学院学报》2013 年第 5 期。

彭传勇等：《民国时期哈尔滨俄侨学术活动的文化遗产》，《西伯利亚研究》2014 年第 5 期。

彭传勇等：《中东铁路史研究的经典著作——E. X. 尼鲁斯的〈中东铁路沿革史（1896—1923）〉，评介》，《边疆经济与文化》2016 年第 10 期。

彭传勇：《〈东省杂志〉中的中国东北边疆史地研究》，《学术交流》2016 年第 12 期。

彭传勇：《俄侨学者 И. А. 多布罗洛夫斯基及其〈满洲的黑龙江省〉》，《黑河学院学报》2014 年第 4 期。

彭传勇：《俄（苏）与外蒙古关系研究（1911—1945）》，黑龙江人民出版社 2010 年版。

彭传勇：《〈奉俄协定〉是苏联重新控制中东铁路的"再保险条约"》，《西伯利亚研究》2010 年第 3 期。

彭传勇：《汉学家 B. A. 鲁达科夫的中国东北考察及其在俄国汉学史上的地位》，《西伯利亚研究》2013 年第 5 期。

彭传勇：《民国时期在华俄侨的学术活动》，《中国社会科学报》2014 年 11 月 26 日。

彭传勇：《〈亚细亚时报〉中的中国边疆史地研究》，《北方文物》2014 年第 4 期。

饶良伦：《1917—1931 年期间旅哈俄侨概况》，《北方文物》2000 年第 1 期。

尚克强等：《天津租界社会研究》，天津人民出版社 1996 年版。

沈志华：《苏联专家在中国》，新华出版社 2009 年版。

石方等：《哈尔滨俄侨史》，黑龙江人民出版社 2003 年版。

石金焕等：《巴依科夫的"中国东北自然生态"》，《边疆经济与文化》2017 年第 5 期。

石金焕等：《从〈满洲猎人笔记〉看哈尔滨俄侨作家 Б. А. 巴依科夫"生态伦理观"的建构》，《黑龙江社会科学》2016 年第 6 期。

石金焕等：《民国时期在华俄侨文化史研究述评》，《黑龙江史志》2014 年第 5 期。

石金焕等：《在华俄侨作家"离散"创作研究》，中国社会出版社 2017 年版。

宋家泰：《东北九省》，中华书局 1948 年版。

宿丰林：《早期中俄关系史研究》，黑龙江人民出版社 1999 年版。

汪之成：《俄侨音乐家在上海（1920s—1940s）》，上海音乐学院出版社 2007 年版。

汪之成：《上海俄侨史》，上海三联书店 1993 年版。

王铁崖：《中外旧约章汇编（1689—1901）》，生活·读书·新知三联书店 1957 年版。

王亚民：《20 世纪中国俄罗斯侨民文学研究》，兰州大学，博士学位论文，2007 年。

吴绍磷：《新疆概观》，中华书局 1933 年版。

吴文衔：《黑龙江考古民族资料译文集第一集》，北方文物杂志社 1991 年编辑出版。

肖玉秋：《俄国传教士团与清代中俄文化交流》，天津人民出版社 2009 年版。

肖玉秋：《俄国驻北京传教士团东正教经书汉译与刊印活动述略》，《世界宗教研究》2006 年第 1 期。

肖玉秋：《试论俄国东正教驻北京传教士团文化与外交活动》，《世界历史》2005 年第 6 期。

徐雪吟：《俄国皇家东方学会与东省文物研究会》，《黑龙江史志》2010 年第 12 期。

徐振宇：《政治大变动背景下的上海俄侨（1945—1950）》，华东师范大学，硕士学位论文，2008 年。

许慈青：《青岛人口问题研究（1912—1949）》，青岛大学，硕士学位论文，2008 年。

薛衔天等：《民国时期中苏关系史》，中共党史出版社 2009 年版。

薛衔天：《中东铁路护路军与东北边疆政局》，社会科学文献出版社 1993 年版。

阎国栋：《俄国汉学史》，人民出版社 2006 年版。

曾问吾：《中国经营西域史》，上海商务印书馆 1936 年版。

张大军：《外蒙古现代史》，兰溪出版有限公司 1983 年版。

张凤鸣：《中国东北与俄国（苏联）经济关系史》，中国社会科学出版社 2003 年版。

张建华：《20 世纪 20—30 年代北京的俄国侨民及其社会生活》，《俄罗斯学刊》2014 年第 2 期。

张建：《入清俄罗斯人研究》，中国社会科学院近代史研究所博士后报告，2014 年。

张岂之：《中国近代史学学术史》，中国社会科学出版社 1996 年版。

张绥：《东正教和东正教在中国》，学林出版社 1986 年版。

赵永华：《华俄文新闻传播活动史》，中国人民大学出版社 2006 年版。

中国社会科学院近代史研究所：《沙俄侵华史》，中国社会科学出版社 2007 年版。

左玉河：《中国近代学术体制之创建》，四川人民出版社 2008 年版。

二　外文文献

Аварин В. Я. Независимая Маньчжурия. М. : Партиздат, 1934.

Автономов А. С. Дипломатическая деятельность русской православной Миссии в Пекине в XVIII – XIX вв. // Вопросы истории, 2005. №7.

Аблова Н. Е. История КВЖД и российской эмиграции в Китае (первая половина XX в.). Мн. : БГУ, 1999.

Аблова Н. Е. КВЖД и российская эмиграция в Китае: Международные и политические аспекты истории (первая половина XX века). M : Русская панорама , 2005.

Аксенова Е. П. , Горяинов А. Н. Русская научная эмиграция 1920 –
1930 – х гг. // Славяноведение , 1999 , №4.

Алкин С. В. Археолог Владимир Яковлевич Толмачев//《На пользу и
развитие рус. науки》: Сб. ст. Чита , 1999.

Алкин С. В. Русские археологи в Маньчжурии//Годы , люди , судьбы.
История российской эмиграции в Харбине. Материалы международной
научной конференции, посвящённой 100 – летию г. Харбина и КВЖД.
Москва , 1998.

Алкин С. В. Материалы к изучению деятельности русских археологов
в Маньчжурии//100 – летие города Харбина и КВЖД. Материалы
конференции. Новосибирск , 1998.

Алкин С. В. Археологические и этнографические исследования В. В.
Поносова в Маньчжурии (к биографии исследователя)//Вторые чтения
имени г. И. Невельского. Хабаровск , 1990.

Алкин С. В. В. Я. Толмачев в Китае (1922 – 1942)//Вторые
Берсовские чтения. Екатеринбург , 1994.

Алкин С. В. Археологические и этнографические исследования В. В.
Поносова в Маньчжурии//Вторые чтения имени Г. И. Невельского.
Хабаровск , 1990.

Аргус. По стопам Пржевальского : К десятилетию Национальной
организации исследователей – пржевальцев в Харбине//Рубеж. Харбин ,
1939. 27 мая. №22.

Андреев Г. И. Революционное движение на КВЖД в 1917 – 1922 гг. –
Новосибирск : Наука , 1983.

Архив известного харбинского востоковеда, выпускника Восточного
Института 1903 года , Павла Васильевича Шкуркина//http://www. vostoch-
nik. ru/pvsh/opis. html

Аурилене Е. Е. Российская эмиграция в Китае : 1920 – 1950 – е гг.
Хабаровск : Част. коллекция , 2008.

Аурилене Е. Е. , Потапова И. В. Русские в Маньчжоу – Ди – Го： 《Эмигрантское правительство》. Хабаровск. 2004.

Балакшин П. Финал в Китае. Возникновение, развитие и исчезновение Белой Эмиграции на Дальнем Востоке. Сан – Франциско – Париж – Нью – Йорк：Книгоиздательство Сириус, 1958.

Баконина С. Н. Церковная жизнь русской эмиграции на Дальнем Востоке в 1920 – 1931 гг. на материалах Харбинской епархии. Москва： Издательство ПСТГУ, 2014.

Белоглазов Г. П. Русская земледельческая культура в Маньчжурии (сер. XVII – пер – треть XIX в.). Владивосток, 2007.

Белоглазова С. Б. История русских школ в Квантунской области (конце XIX – начало XX в.)//Россия и АТР, 2011. №3.

Белов Е. А. Россия и Монголия (1911 – 1919гг.). М. ：Институт востоковедения РАН, 1999.

Борисова И. Д. Россия и Монголия：очерки истории российско – монгольских и советско – монгольских отношений (1911 – 1940гг.). Владимир：Изд – во ВГПУ, 1997.

Вишняков О. В. История создания и деятельности охранной стражи КВЖД и Заамурского округа ОКПС 1897 – 1918. Хабаровск：Хабаровский пограничный институт ФСБ России. 2011.

Гавалов Г. Научная деятельность русских в Маньчжоу – Ди – Го： Юбилейный очерк//Заря. 1942. – 1 марта.

Гараева Л. М. Научная и педагогическая деятельность русских в Маньчжурии в конце XIX – первой половине XX века：Дис. . . кандидата исторических наук：Владивосток, 2009.

Глебов Н. Дипломатические функции Пекинской Православной Духовной Миссии//Китайский Благовестнтк (Юбилейный сборник 1685 – 1935), 1935. №6.

Горкавенко Н. Л. , Гридина Н. П. Российская интеллигенция в изгнании：Маньчжурия 1917 – 1946 гг. Очерк истории. Владивосток, 2002.

Говердовская Л. Ф. Общественно - политическая деятельность русской эмиграции в Китае в 1917 - 1931 гг. Москва, 2000.

Говердовская Л. Ф. Образовательная и научная деятельность русской эмиграции в Китае. 20—40 - е годы XX в. // Россия и АТР, 2006, №3.

Государственный архив Российской Федерации. Сводный каталог (база данных) печатных изданий Русского Зарубежья 1918 - 1991 годов. Библиографический указатель. Москва, 2010.

Государственный архив Хабаровского края. Печатные издания харбинской россики: Аннотированный библиографический указатель печатных изданий, вывезенных хабаровскими архивистами из Харбина в 1945 году. Хабаровск: Частная коллекция, 2003.

Дальний Восток России - Северо - Восток Китая: исторический опытвзаимодействия и перспективы сотрудничества. М - лы междунар. науч - практ. конфер. Хабаровск: Частная коллекция, 1998.

Дальневосточный архив П. В. Шкуркина: Предварит. опись. // http://www. pandia. ru/386119/.

Даревская Е. М. Сибирь и Монголия : Очерки рус. - монг. связей в конце XIX - нач. XX в. Иркутск: Изд - во Иркут. ун - та, 1994

Дубаев М. Л. Политическая борьба в среде русской эмиграции на востоке (Китай, первая половина XX века): диссертации ⋯ кандидата исторических наук: Москва, 2000.

Единархова Н. Е. Русское консульство в Урге и Я. П. Шишмарев. Иркутск: Репроцентр А1, 2008.

Еропкина О. И. Русская школа в Маньчжурии первой трети XX века: тенденции развития и проблемы: дис... кандидата педагогических наук. : Москва, 2002.

Жернаков В. Н. Владимир Васильевич Поносов/ вступ. слово от авт. , ред. серии N. Christesen. Мельбурн: Мельбурнский ун - т, 1972.

Жернаков В. Н. Тарас Петрович Гордеев. Окленд: [Б. и.]. 1974.

Забияко А. А. , Забияко А. П. , Левошко С. С. , Хисамутдинов А. А.

Русский Харбин : опыт жизнестроительства в условиях дальневосточного фронтира. Благовещенск : Амурский гос. ун − т. 2015.

История Маньчжурии XVII − XX вв. : библиографический указатель. Кн. 1, Труды по истории Маньчжурии на русском языке（1781 − 1975гг.）: Владивосток , 1981.

Кириллов Е. Неизвестный Анерт : Зап. из опыта арх. разысканий. − Хабаровск , 1993.

Киселева Г. Б. Русская библиотечная и библиографическая деятельность в Харбине, 1897 − 1935 гг. : Дис... кандидата педагогических наук : Санкт − Петербург , 1999.

Козлов А. В. Национал − большевизм Н. В. Устрялова : истоки, сущность, эволюция : диссертации... кандидата исторических наук : Москва , 2008.

Колесникова С. В. Исследователь Маньчжурии В. Н. Жернаков // 100 − летие города Харбина и КВЖД. Материалы конференции. Новосибирск. 1998.

Комиссарова Е. Н. Белогвардейская эмиграция в Синьцзяне в 1920 − 1935 гг. : Диссертации... кандидата исторических наук : Барнаул , 2004.

Косинова О. А. Традиции российского педагогического Зарубежья на территории Китая в конце XIX − первой половине XX веков : диссертации... доктора педагогических наук : Москва , 2009.

Кротова М. В. Харбин − аванпост русской промышленности, торговли и культуры в Маньчжурии, 1898 − 1917гг. : диссертации ··· кандидата исторических наук : Санкт − Петербург , 1995.

Кротова М. В. Генерал В. Н. Касаткин : неизвестные страницы жизни в Харбине. // Новый исторический вестник , 2012. №3.

Кузнецов Т. В. Русская книга в Китае（1917 − 1949）. Хабаровск : ДВГНБ , 2003.

Кузнецова Т. В. Деятели русского книжного дела в Китае в 1917—1949 гг. : Биогр. словарь. Хабаровск : Дальневост. гос. науч. б − ка , 1998.

Лазарева С. И. , Шпилева А. И. Российская эмиграция и развитие образования в Маньчжурии 20 – 40 – х годов XX века. //Ойкумена,2012. №3.

Лузянин С. Г. Россия – Монголия – Китай в первой половине XX века：Политические взаимоотношения в1911 – 1946гг. М. ：ОГНИ,2003.

Ляпсенкова Л. Н. Культурное наследие российской эмиграции в Маньчжурии：диссертации. . . кандидат исторических наук：Санкт – Петербург,2008.

Малышенко Г. И. Общественно – политическая жизнь Российского казачества в дальневосточной эмиграции (1920 – 1945 гг)：диссертации. . . доктора исторических наук：Омск,2007.

Майский И. М. Современная Монголия. Иркутск,1921.

Мелихов Г. В. Маньчжурия далёкая и близкая. М. ,1991.

Мелихов Г. В. Российская эмиграция в Китае (1917 – 1924 гг.). М. , 1997.

Мелихов Г. В. Российская эмиграция в международных отношениях на Дальнем Востоке. 1925 – 1932. М. ,2007.

Мелихов Г. В. Белый Харбин：середина 20 – х. М. ：Русский путь,2003.

Обухова О. В. Русская эмиграция "первой волны" в Китае как политическое явление：диссертации. . . кандидата политических наук：Уссурийск,2007.

Павловская М. А. Краткий очерк по истории Общества изучения Маньчжурского края г. Харбин (1922 – 1928). //Вопросы археологии, истории и этнографии Дальнего Востока. Вл – к,1997.

Павловская М. А. Исследование Маньчжурии и стран Восточной Азии Экономическим бюро КВЖД (1921 – 1934). / Россия и Восток： взгляд из Сибири. Т. 2. Иркутск,1998.

Павловская М. А. История общества русских ориенталистов (Харбин,1909 – 1927 гг.). /Российские соотечественники в Азиатско – Тихоокеанском регионе. Перспективы сотрудничества Вл – к,2003.

Павловская М. А. . Харбинская ветвь российского востоковедения, начало XX в. – 1945 г. 1999: диссертации... кандидата исторических наук Владивосток:1999.

Пайчадзе С. А. Книжное дело на Дальнем Востоке. Дооктябрьский период. Новосибирск,1991.

Пайчадзе С. А. Русская книга в странах Азиатско – Тихоокеанского региона (Очерки истории второй половины XIX – начала XX столетий). Новосибирск:Издательство ГПНТБ СО РАН, 1999.

Полански П. Русская печать в Китае, Японии и Корее:Каталог собрания Библиотеки им. Гамильтона Гавайского университета. М. : Пашков дом,2002.

Писаревская Я. Л. Российская эмиграция Северо – Восточного Китая, середина 1920 – х – середина 1930 – х гг. : Социально – политический состав, быт, реэмиграция : диссертации... кандидат исторических наук : Москва,2001.

Печерица В. Ф. Духовная культура русской эмиграции в Китае. Владивосток,1998.

Потапова И. В. Русская система образования в Маньчжурии. 1898 – 1945 годы:диссертации... кандидата исторических наук. Хабаровск,2006.

Поздняев Д. Православие в Китае(1900 – 1917 гг.). Москва. ,1998

Ратманов П. Э. Вклад Российских врачей в медицину Китая (20 век):диссертации... доктора медицинских наук Москва,2010.

Ратманов П. Э. История врачебно – санитарной службы Китайской Восточной железной дороги (1897 – 1935 гг.). Хабаровск:ДВГМУ. 2009.

Ревякина Т. В. Проблемы адаптации и сохранения национальной идентичности российской эмиграции в Китае:Начало 1920 – середина 1940 – х гг. :диссертации... кандидата исторических наук:Москва,2004.

Романовский В. К. Жизненный путь и творчество Николая Васильевича Устрялова, (1890 – 1937). – 2 – е изд. М. : Русское слово,2009.

Романовский В. К. Н. В. Устрялов – профессор Харбинского юридического факультета∥Проблемы Дальнего Востока,2007. №2.

Россияне в Азиатско – Тихоокеанском регионе. Сотрудничество на рубеже веков. Владивосток,1999.

Русские юристы первой половины XX века（А. Л. Блок, Е. Н. Трубецкой, Г. К. Гинс）:государственно – правовые взгляды: историко – правовые очерки／Отв. ред. : Михальченко С. М. – Брянск: РИО Брянского гос. ун – та,2011.

Серебренников И. И. Мои воспоминания. Т. 2:В эмиграции（1920 – 1940）. Тяньцзинь:Наше знание,1940.

Сладковский М. И. История торгово – экономических отношений народов россии с китаем（до 1917г. ）. М. :Издательство《Наука》,1974.

Сладковский М. И. История торгово – экономических отношений СССР с Китаем（1917 – 1974）. Москва:Наука,1977.

Смирнов С. В. Российские эмигранты в Северной Маньчжурии, начало 1920 – х – 1945 гг. : Проблема социальной адаптации: диссертации. . . кандидата исторических наук:Екатеринбург,2002.

Солодкая М. Б. Издательская деятельность русской эмиграции в Китае:Харбин, Шанхай:1917 – 1947 гг. : диссертация. . . кандидата исторических наук:Краснодар,2006.

Стародубцев Г. С. Юридический факультет в Харбине（К 80 – летию со дня основания）∥Юридическое образование и наука,2000. №2.

Стародубцев Г. С. Вопросы международного права на страницах《Известий юридического факультета》в Харбине（1925 – 1938）∥Право и жизнь. 2000. №26.

Стародубцев Г. С. Русское юридическое образование в Харбине（1919—1937）∥Проблемы Дальнего Востока,2000. №6.

Симуков А. Д. Труды о Монголии и для Монголии. Т. 1. Осака:Государственный музей этнологии,2007.

Тамазанова Р. П. Журнал "Вестник Азии" в системе русскоязычных периодических изданий в Маньчжурии (Харбин, 1909 – 1917 гг.): Дис. . . . канд. филол. наук: Москва, 2004.

Таскина Е. П. Байков Н. //Проблемы дальнего востока, 1991. №2.

Таскина Е. Русский Харбин. – М. , 1998.

Таскина Е. Синологи и краеведы Харбина//Проблемы Дальнего Востока. 1997. №2.

Треушников М. К. Об авторе и его правовых идеях//Рязановский В. А. Единство процесса: Учебное пособие. М. , 2005.

Устрялов Н. В. Избранные труды/сост. , авт. коммент. : В. Э. Багдасарян, д – р ист. наук, М. В. Дворковская, канд. ист. наук; авт. вступ. ст. : В. Э. Багдасарян; Ин – т обществ. мысли. М. : РОССПЭН, 2010.

Франкьен Ив; Шергалин Е. Э. ; Новомодный Е. В. Михаил Аркадьевич Фирсов (1879 – 1941) - орнитолог, краевед и натуралист// Русский орнитологический журнал, 2010, Том19, Экспресс – выпуск 612.

Франкьен И. , Шергалин Е. Э. Орнитолог Борис Павлович Яковлев (1881 – 1947) – первый директор Музея Общества изучения Маньчжурского края (ОИМК)//Рус. орнитол. журн, 2010. №19 (600).

Федорова Ю. С. Русская православная церковь в Северо – восточном китае 20 – 30 годы XX в. //Россия и АТР, 2004. №3.

Хисамутдинов А. А. Российская эмиграция в Китае: Опыт энциклопедии. Владивосток. , 2002.

Хисамутдинов А. А. Следующая остановка – Китай: Из истории русской эмиграции. Владивосток, 2003.

Хисамутдинов А. А. Синолог П. В. Шкуркин: 《. . . не для широкой публики, а для востоковедов и востоколюбов》//Изв. Вост. ин – таДальневост. гос. ун – та, 1996. №3.

Хисамутдинов А. А. Профессор юриспруденции и востоковед Валентин Рязановский//Проблемы Дальнего Востока, 2003. №2. Х102ъХисамутдинов А. А. Е. Е. Яшнов – историк и поэт//Проблемы Дальнего Востока, 2002. №4.

Хисамутдинов А. А. Г. К. Гинс：Биография∥Зап. Рус. акад. группы в США. – Нью – Йорк,1999 – 2000. №30.

Хисамутдинов А. А. Дальневосточное востоковедение：Исторические очерки/Отв. ред. М. Л. Титаренко；Ин – т Дал. Востока РАН. М. ：（ИДВ РАН）,2013.

Хисамутдинов А. А. Русские волны на Пасифике：из России через Китай, Корею и Японию в Новый Свет. Пекин – Владивосток：Рубеж,2013.

Хисамутдинов А. А. Русское слово в стране иероглифов：К истории эмигрантской печати, журналистики, библиотековедения и архивов. Владивосток：Издательство Дальневосточного университета,2006.

Хисамутдинов А. А. Общество изучения Амурского края. Часть 2. Деятели и краеведы. Владивосток：Издательства ВГУЭС. 2006.

Хисамутдинов А. А. Российские толмачи и востоковеды на Дальнем Востоке. Материалы к библиографическому словарю. Владивосток：Изд – во Дальневост. ун – та. 2007.

Хисамутдинов А. А. О чем рассказали китайские львы. К истории Восточного института. – Владивосток：изд – во ДВГТУ,2010.

Хисамутдинов А. А. Общество русских ориенталистов в Харбине.∥Восток,1999. №3.

Хисамутдинов А. А. По странам рассеяния. Ч. 1. Русские в Китае. Владивосток,2000.

Хисамутдинов А. А. Российская эмиграция в Азиатско – Тихоокеанском регионе и Южной Америке：Биобиблиографический словарь. Владивосток：Изд – во Дальневост. ун – та,2000.

Черкашина С. А. Культурная деятельность русской эмиграции в Китае：1917 – 1945гг. ：диссертации... кандидата культурологии：Санкт – Петербург 2002.

Чимитдоржиев Ш. Б. Россия и Монголия. М. Наука. 1987.

Чудодеев Ю. В. Советские военные советники в Китае, 1937 –

1942гг. //Проблемы Дальнего Востока,1988. №2.

Шубина С. А. русская православная миссия в Китае(ⅩⅧ – начало ⅩⅩ вв.):Диссертации... кандидата исторических наук. Ярославль,1998.

Яхимович С. Ю. Колония советских граждан в северной маньчжурии: социально – политический аспект (1924 – 1935 гг.): диссертации... кандидата исторических наук. Хабаровск,2012.

Якимова С. И. Жизнь и творчество ВС. Н. Иванова в Историко – литературном контексте ⅩⅩ века:Диссертации.. Доктора филологических наук:Хабаровск,2002.

Яковкин Е. В. Русские солдаты квантунской армии. Москва: Вече,2104.

Библиографический бюллетень Центральной библиотеки КВЖД. (Харбин,1927 – 1930).

Вестник Азии. (Харбин,1909 – 1927).

Вестник. китайского. права. (Харбин,1931).

Вестник Маньчжурии. (Харбин,1925 – 1934).

Ежегодник клуба естествознания и географии ХСМЛ. (Харбин, 1934).

Известия Клуба естествознания и географии ХСМЛ. (Харбин,1941, 1945).

Известия Общества Изучения Маньчжурского Края. (Харбин,1922 – 1928).

Известия Харбинского краеведческого музея. (Харбин,1946. №1.).

Известия юридического факультета. Высшая школа в Харбине. (Харбин,1925 – 1938).

Записки Харбинского общества естествоиспытателей и этнографов. (Харбин,1946 – 1950).

На Дальнем Востоке. (Харбин,1931).

Сельское хозяйство в Северной Маньчжурии. (Харбин, 1913 – 1923).

Труды. Сунгарийской речной биологической станции. (Харбин, 1925 - 1928).

Экономический. бюллетень. (Харбин, 1925 - 1934).

Экономический Вестник Маньчжурии. (Харбин, 1923 - 1924).

Натуралист Маньчжурии: Сб. /Секция молодых археологов, натуралистов и этнографов Союзанац. молодежи при БРЭМе. (Харбин, 1936 - 1937)

Сб. научных работ Пржевальцев. (Харбин, 1942).

Bulletin of the Institute Scientific Research. (Hsinking, 1937 - 1942).

Report of the Manchuria Research Institute. (Hsinking, 1936 - 1943).

后　　记

　　本书是在 2013 年度国家社会科学基金青年项目结项成果的基础上进行大幅修改后完成的，并得到了中央财政支持地方高校发展专项"黑河学院俄罗斯远东智库建设"专项资金出版资助。本书同时也是黑龙江省教育厅科研业务费项目"哈尔滨俄侨文化活动及价值研究（2019—KYY-WF—0442）"阶段性成果。

　　回首 2013 年立项时的激动心情，至今无法用语言来表达，功夫不负有心人，所研究课题得到了国家和专家们的认可，但高兴之余，头脑又立刻警醒自己，我要向国家交上一份合格的答卷，要向学界提交一份经得起推敲的学术成果。

　　然而，这一切又谈何容易。在具体研究过程中，遇到了诸多难以想象的困难和问题：首先课题组一些重要成员由于单位工作繁忙和个人原因，退出了课题研究小组，绝大多数的撰写任务完全落在了课题负责人及两名课题组成员身上；其次是国内有关俄侨的文献几乎都被列为文物予以保护，不允许查阅和复制，无奈之下，笔者只得多次往返于中国黑河—俄罗斯莫斯科、圣彼得堡、符拉迪沃斯托克、布拉戈维申斯克等查阅文献，消耗了大量时间与经费；再次是数量浩繁的多语种外文文献的翻译与整理，需要精通外语知识与多学科领域的背景知识；最后是前人的研究极其薄弱，无可借鉴的成果与研究经验，使课题研究无可借鉴。

　　但是，困难是可以克服的，发扬铁人精神，有条件要上，无条件创造条件也要上。总之，踏平坎坷成坦途，终于在 2018 年 12 月末完成了沉甸甸的有一定厚度的书稿，并于 2019 年 3 月初向国家社科工作办申请结项。值得庆贺的是，我们的研究成果于 2019 年 8 月末顺利通过了国家验收，得到了专家的肯定，鉴定等级良好。这是对我们多年潜心研究的莫大鼓励。

我们所研究的课题是一项系统、复杂的研究工程，需要研究者持续多年的花费心力研究。我们的研究是在对民国时期在华俄侨学术活动研究上的初步尝试，把该领域的一些基本史实呈现给学界，以引起学界的关注。

由于自身学识、外语功底、文献掌握等问题的局限，本书中可能会出现谋篇布局、翻译错误（尤其是有少量文献涉及艰深的地名、人名等专有名词，为了防止出现低级错误，我们没有做直接翻译）和史料不足（由于年代久远，导致一些文献完全消失，从而使少量文献难以查到，只能通过相关资料佐证，但即使了解到了著述名称和著者，又没有具体页码的记载）等瑕疵，恳请各位同行不吝赐教，给予批评与指正。

本书本为六章，但囿于篇幅和经费所限，只能忍痛割爱，砍掉了第一章 10 余万字的内容。如有机会和条件的话，我们再将第一章内容扩充单独出版。

本书的近一半内容由彭传勇研究员、博士后完成，石金焕研究员撰写了 22 万字，彭传怀副研究员撰写了 21 万字。

最后，真诚地感谢在课题研究过程中给予我们莫大帮助的单位领导、同事，以及老师、同学、中俄专家等。同时，对负责本书编辑工作的责任编辑安芳女士的辛勤付出表示衷心地感谢。

2021 年 2 月 22 日
作者写于黑龙江畔